KUHMINSA

한 발 앞서나가는 출판사, 구민사
독자분들도 구민사와 함께 한 발 앞서나가길 바랍니다.

구민사 출간도서 中 수험서 분야

- 용접
- 자동차
- 조경/산림
- 품질경영
- 산업안전
- 전기
- 건축토목
- 실내건축

- 기술사
- 기계
- 금속
- 환경
- 보일러
- 가스
- 공조냉동
- 위험물

전문가를 위한 첫걸음, 구민사는 그 이상을 봅니다!

전국 도서판매처

   알라딘 영광도서

- 일산남부서점
- 안산대동서적
- 대구북앤북스
- 대구하나도서
- 부산브레인박스
- 포항학원사
- 울산처용서림
- 창원그랜드문고
- 순천중앙서점
- 광주조은서림

www.kuhminsa.co.kr

자격증 시험 접수부터 자격증 수령까지!

1. 필기 원서 접수
큐넷(www.q-net.or.kr)
필기 시험은 회원 가입 후
인터넷 접수만 가능
(사진 파일, 접수비(인터넷 결제) 필요)
응시자격 요건 반드시 확인

2. 필기 시험
입실 시간 미준수 시 시험 응시 불가
준비물 : 수험표, 신분증, 필기구 지참

5. 실기 시험
필답형과 작업형으로 분류
원서 접수 시 선택한 장소와
시간에 맞게 시험을 봅니다.
준비물 : 수험표, 신분증,
필기구 지참!

6. 최종합격 확인
큐넷(www.q-net.or.kr)
사이트에서 확인

전문가를 위한 첫걸음, 구민사는 그 이상을 봅니다!

상시시험 12종목
굴착기운전기능사, 지게차운전기능사, 미용사(일반), 미용사(피부), 미용사(네일) 미용사(메이크업), 조리기능사(양식, 일식, 중식, 한식), 제과·제빵기능사

3. 필기 합격 확인
큐넷(www.q-net.or.kr) 사이트에서 확인

4. 실기 원서 접수
큐넷(www.q-net.or.kr) 응시 자격 서류는 **실기시험 접수기간(4일 내)에** 제출해야만 접수 가능

7. 자격증 신청
인터넷으로 신청
(상장형 자격증 발급을 원칙으로 하며, 희망 시 수첩형 자격증 발급 신청 / 발급 수수료 부과)

8. 자격증 수령
인터넷으로 발급(출력)
(수첩형 자격증 등기 수령 시 등기 비용 발생)

D-DAY 60 — 고수열강 피복아크용접기능사 합격 플랜 D-60일

(위의 플랜은 가장 이상적인 것이므로 참고하여 개인의 입장과 일정에 맞춰 준비하시기 바랍니다.)

월요일	화요일	수요일	목요일	금요일	토요일	일요일
D-60	D-59	D-58	D-57	D-56	D-55	D-54
제 1편. 아크 용접					제 2편. 기타 용접 및 저항용접, 절단	
D-53	D-52	D-51	D-50	D-49	D-48	D-47
		제 3편. 용접작업 안전		제 4편. 용접 재료		
D-46	D-45	D-44	D-43	D-42	D-41	D-40
제 4편. 용접 재료			제 5편. 설계, 시공·검사 및 도면 해독			
D-39	D-38	D-37	D-36	D-35	D-34	D-33
				제 6편. 용접 실습		
D-32	D-31	D-30	D-29	D-28	D-27	D-26
최근 기출문제 및 CBT 복원문제풀이						

D-DAY 60 — 놓친 부분 다시보기

월요일	화요일	수요일	목요일	금요일	토요일	일요일
D-25	D-24	D-23 이론 복습 (O / X)	D-22	D-21	D-20	D-19 문제 풀이 (O / X)
D-18	D-17	D-16 이론 복습 (O / X)	D-15	D-14	D-13	D-12 문제 풀이 (O / X)
D-11	D-10	D-9 이론 복습 (O / X)	D-8	D-7	D-6	D-5 문제 풀이 (O / X)
D-4	D-3	D-2 이론 복습 (O / X)	D-1			

📖 시험장 가기 전에 TIP!

Q : 계산기를 따로 가져가야 하나요?
A : 시험을 치르는 PC에 설치된 계산기를 이용하실 수 있습니다.(개인 계산기 지참 가능)

Q : PC로 시험을 치르면 종이는 못쓰나요?
A : 시험장에서 필요한 사람에 한해 종이를 제공합니다. 시험장마다 상황이 다를 수 있으니 전화로 해당 시험장의 상황을 파악해보시길 권장합니다. 이 때, 시험이 끝나고 종이 반납은 필수입니다.

고수열강 피복아크용접기능사 필기&실기 교재 개정편을 펴면서....
(이산화탄소가스아크용접/가스텅스텐 아크용접기능사 포함)

　최근 들어 조선과 해양 플랜트 산업 등 용접관련 산업이 눈부시게 발전하고 있으며, 높은 기량을 가진 용접사의 필요성도 높아지고 있습니다.
　따라서 자격증만 취득하고 경험이 없는 용접사보다는 체계적인 교육훈련과 경험을 바탕으로 철저히 시험하고 검증된 용접사가 요구되고 있으나 국내 젊은이들의 기피로 외국인들을 훈련시켜 현장에 투입하고 있어 안타깝습니다.
　산업 사회가 급변함에 따라 2023년부터 용접기능사 관련 자격도 국제화에 맞추어 '용접기능사'가 '피복아크용접기능사'로, '특수용접기능사'가 '이산화탄소가스아크용접기능사', '가스텅스텐아크용접기능사'로 세분화되어 자격시험이 수행되고 있습니다.
　필자는 1973년부터 지금에 이르기까지 산업현장과 교육현장에서 '금속과 용접' 한 분야만을 고집하면서 꾸준히 기술을 익히고 학생들을 지도하여 왔으며, 모 공단의 이론 및 실기 교재의 집필, 문제 출제와 검토 등을 해오면서 대학의 용접 분야 전공자 및 현장 종사자, 용접 자격 시험 준비를 하는 분들에게 꼭 필요한 교재를 남겨야겠다는 일념에서 2012년 9월 말 '핵심 용접공학'을 출간하였고, 많은 분들이 자격 시험 준비를 위한 수험서 집필을 요구함에 따라 '고수열강 용접·특수용접기능사', '고수열강 용접산업기사/기사', '고수열강 용접실습', '고수열강 용접기능장, 핵심 용접실무실습', '핵심 금속·용접야금학개론' 등의 교재를 출간하였으며, 학생들이나 수험생들의 많은 호평을 받고 있습니다.
　이번에 용접 관련 기능사 자격 제도가 변경됨에 따라 필기시험 범위가 다소 바뀌었으며(시험 범위는 종목에 관계없이 동일함), 실기 시험 진행 방법도 바뀜에 따라 본 교재도 그에 맞추어 이론과 실기시험 체제로 바꾸어 수정 보완하였으며, 특히 기출문제 총 2720문제 중에서 동일하거나 거의 유사한 문제 약 710문제를 교재에 편집 안된 2013년 이전 문제의 중복 안되는 문제로 바꿈에 따라 실질적인 문제 수를 대폭 증가시켰고 문제에 대한 해설을 대폭 보강하였으며, 실기시험 방법을 실제 시험과 같게 수정 보완함으로써 수험서로서 부족함이 없는 알찬 지침서가 되도록 편집하였습니다.

　다만 집필 중에 최대한 오류가 없도록 검토하고 수정하였지만 아직도 발견되지 못한 잘못된 부분은 다음 개정판 출판 시 수정할 것을 약속드립니다.
　끝으로 이 책이 나오기까지 격려와 조언을 주신 학계와 산업체의 많은 분들과 이 책의 출판을 위해 적극적으로 도움주신 도서출판 구민사 조규백 대표님과 직원 여러분께 깊은 감사를 드립니다.

저자

CONTENTS

제1편 아크 용접

제 1장 용접 개요   3
    제1절 용접의 개요 및 원리   3

제 2장 피복 아크용접   6
    제1절 피복 아크용접의 개요   6
    제2절 아크용접 장비 및 기구   8
    제3절 피복 아크용접봉   14
    제4절 피복 아크용접작업   20

제 3장 특수(아크) 용접   25
    제1절 서브머지드 아크용접   25
    제2절 불활성가스 아크용접(TIG/MIG)   30
    제3절 이산화탄산가스 아크용접(CO_2/MIG)   38
    제4절 플라스마 아크용접   43
    제5절 일렉트로 슬래그 및 가스용접   45
    제6절 레이저용접, 전자 빔 용접   47

제2편 기타 용접 및 저항용접, 절단

제 1장 기타 특수 용접   53
    제1절 기타 특수 용접   53
    제2절 압접   55

제 2장 전기 저항 용접   57
    제1절 전기 저항 용접   57

제 3장 가스절단 및 아크 절단   61
    제1절 가스절단용 가스   61
    제2절 가스 절단 장치 및 기구   65
    제3절 가스 절단   67
    제4절 특수 절단, 가스 가공   71
    제5절 아크 절단   72

제3편　용접작업 안전

제 1장　작업 안전　77
- 제 1절　산업 재해　77
- 제 2절　작업일반 안전　77
- 제 3절　기계 작업 안전　80
- 제 4절　용접 및 절단의 안전　82

제4편　용접 재료

제 1장　금속재료 총론　87
- 제 1절　개요　87
- 제 2절　금속의 결정 구조　89
- 제 3절　금속, 변태, 평형 상태도　91
- 제 4절　금속의 강화 기구　93
- 제 5절　응고 조직　95
- 제 6절　소성가공　96

제 2장　철강 재료　101
- 제 1절　철강 제조, 분류, 탄소강　101
- 제 2절　특수(합금)강, 주철　105

제 3장　열처리 및 표면 경화　114
- 제 1절　일반 열처리　114
- 제 2절　항온 열처리, 표면 경화　117

제 4장　비철 금속재료　121
- 제 1절　구리와 그 합금　121
- 제 2절　알루미늄과 그 합금　125
- 제 3절　기타 비철 합금　127

제 5장　각종 금속의 용접　131
- 제 1절　철강, 주철의 용접　131
- 제 2절　스테인리스강의 용접　134
- 제 3절　비철금속의 용접　135

CONTENTS

제5편 설계, 시공 · 검사 및 도면 해독

제 1장 용접 설계   141
- 제1절 용접 구조물의 설계   141
- 제2절 용접이음부의 강도   143

제 2장 용접 시공   153
- 제1절 용접시공, 경비, 용착량계산   153
- 제2절 용접 준비   155
- 제3절 본용접 및 후처리   157
- 제4절 용접온도, 분포, 잔류응력   161
- 제5절 변형, 결함과 방지 대책   163

제 3장 용접부 검사와 시험   169
- 제1절 비파괴, 파괴 시험, 검사   169
- 제2절 용접성 시험   181

제 4장 도면해독(용접도면해독)   185
- 제1절 제도의 개요   185
- 제2절 도면의 종류와 크기   185
- 제3절 문자와 선   188
- 제4절 투상법   190
- 제5절 도형의 표시 방법   192
- 제6절 스케치   201
- 제7절 치수 표시법   201
- 제8절 재료 기호 및 표시 방법   205
- 제9절 용접이음부의 기호   207

제6편 용접 실습

제 1장 피복 아크용접   219
- 제 1절 비드놓기 피복 아크용접   219
- 제 2절 아래보기 자세 V형 맞대기 피복아크용접   227
- 제 3절 수평 자세 V형 맞대기 피복 아크 용접   235
- 제 4절 수직 자세 V형 맞대기 피복 아크 용접   239
- 제 5절 T형 필릿 피복 아크용접하기   244

제 2장 이산화탄소가스아크용접   250
- 제 1절 아래보기 자세 V형 맞대기 CO_2 용접   250
- 제 2절 수평 자세 V형 맞대기 CO_2 용접   255
- 제 3절 수직 자세 V형 맞대기 CO_2 용접   260
- 제 4절 T형 필릿 이산화탄소가스아크용접 용접하기   262

제 3장 가스텅스텐아크용접   267
- 제 1절 연강판 V형 맞대기 TIG 용접   267
- 제 2절 스테인리스강판 V형 맞대기 TIG 용접   272
- 제 3절 스테인리스강관 T형 필릿 TIG 용접   278

제 4장 피복아크 · 이산화탄소가스아크 · 가스텅스텐아크용접기능사 실기   281
- 제1절 자격 종목별 용접법과 자세, 과제   281
- 제2절 피복아크용접기능사   282
- 제3절 이산화탄소가스아크용접기능사   286
- 제4절 가스텅스텐아크용접기능사   290

부록 최근 기출문제

2013년
- 제1회 피복아크용접기능사 ... 295
- 제2회 피복아크용접기능사 ... 304
- 제4회 피복아크용접기능사 ... 314
- 제5회 피복아크용접기능사 ... 324

- 제1회 이산화탄소가스아크용접기능사/가스텅스텐아크용접기능사 ... 333
- 제2회 이산화탄소가스아크용접기능사/가스텅스텐아크용접기능사 ... 342
- 제4회 이산화탄소가스아크용접기능사/가스텅스텐아크용접기능사 ... 352
- 제5회 이산화탄소가스아크용접기능사/가스텅스텐아크용접기능사 ... 362

2014년
- 제1회 피복아크용접기능사 ... 372
- 제2회 피복아크용접기능사 ... 381
- 제4회 피복아크용접기능사 ... 390
- 제5회 피복아크용접기능사 ... 399

- 제1회 이산화탄소가스아크용접기능사/가스텅스텐아크용접기능사 ... 408
- 제2회 이산화탄소가스아크용접기능사/가스텅스텐아크용접기능사 ... 417
- 제4회 이산화탄소가스아크용접기능사/가스텅스텐아크용접기능사 ... 426
- 제5회 이산화탄소가스아크용접기능사/가스텅스텐아크용접기능사 ... 43531

2015년
- 제1회 피복아크용접기능사 ... 443
- 제2회 피복아크용접기능사 ... 453
- 제4회 피복아크용접기능사 ... 463
- 제5회 피복아크용접기능사 ... 472

- 제1회 이산화탄소가스아크용접기능사/가스텅스텐아크용접기능사 ... 481
- 제2회 이산화탄소가스아크용접기능사/가스텅스텐아크용접기능사 ... 490
- 제4회 이산화탄소가스아크용접기능사/가스텅스텐아크용접기능사 ... 499
- 제5회 이산화탄소가스아크용접기능사/가스텅스텐아크용접기능사 ... 508

2016년
- 제1회 피복아크용접기능사 ... 518
- 제2회 피복아크용접기능사 ... 528
- 제4회 피복아크용접기능사 ... 537
- 제5회 피복아크용접기능사 CBT 복원 기출 문제 ... 546

- 제1회 이산화탄소가스아크용접기능사/가스텅스텐아크용접기능사 ... 555
- 제2회 이산화탄소가스아크용접기능사/가스텅스텐아크용접기능사 ... 565
- 제4회 이산화탄소가스아크용접기능사/가스텅스텐아크용접기능사 ... 574
- 제5회 이산화탄소가스아크용접기능사/가스텅스텐아크용접기능사 CBT 기출복원문제 ... 583

제1회
- 피복아크용접기능사 CBT 기출복원 문제 ... 592
- 이산화탄소가스아크용접기능사/가스텅스텐아크용접기능사 CBT 기출복원 문제 ... 602

제2회
- 피복아크용접기능사 CBT 기출복원 문제 ... 612
- 이산화탄소가스아크용접기능사/가스텅스텐아크용접기능사 CBT 기출복원 문제 ... 621

제3회
- 피복아크용접기능사 CBT 기출복원 문제 ... 630
- 이산화탄소가스아크용접기능사/가스텅스텐아크용접기능사 CBT 기출복원 문제 ... 639

제4회
- 피복아크용접기능사 CBT 기출복원 문제 ... 648
- 이산화탄소가스아크용접기능사/가스텅스텐아크용접기능사 CBT 기출복원 문제 ... 658

제5회
- 피복아크용접기능사 CBT 기출복원 문제 ... 668
- 이산화탄소가스아크용접기능사/가스텅스텐아크용접기능사 CBT 기출복원 문제 ... 677

※ 기출복원 문제란?
2016년 5회부터 반영되는 CBT시행에 따라 저자께서 수검자들의 도움으로 최대한 유형에 가깝게 복원한 문제입니다. 앞으로도 높은 적중률을 위해 노력하겠습니다.

이 책의 구성과 특징

01 출제 예상문제형 요약

이론 내용을 이해하기 쉽고 공부하기 편하도록 예상문제형으로 요약하여 체계적인 이론학습형 문제로 구성하였습니다.

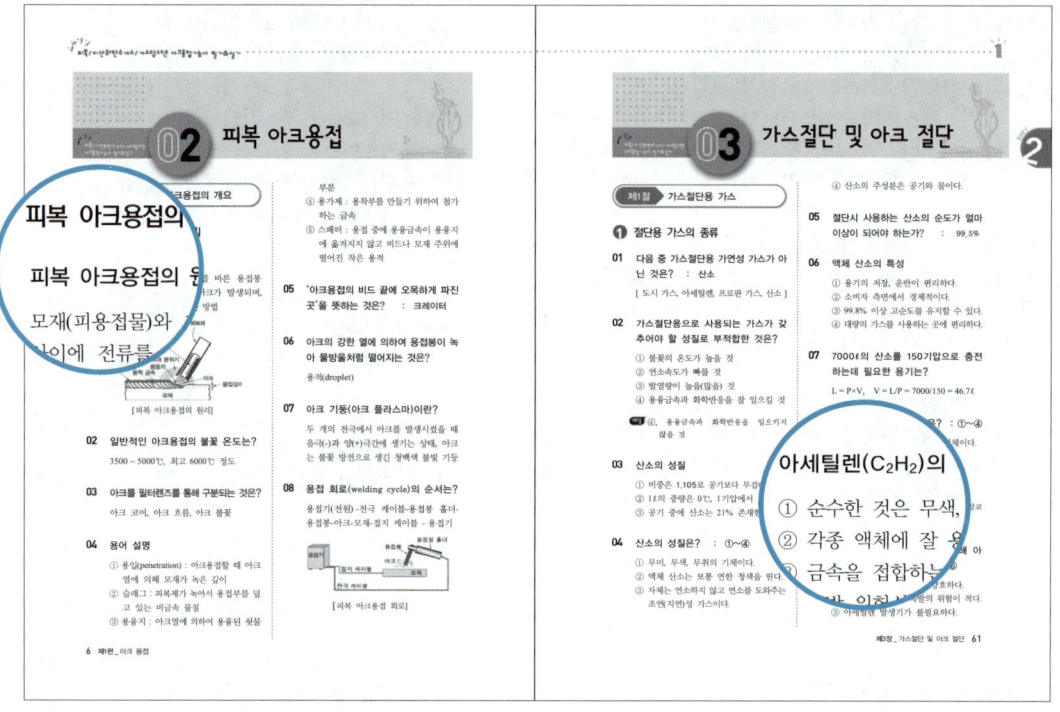

02 용접 실습편 수록

용접 실습편에서는 실기시험에 대비한 준비과정과 작업방법을 상세하게 설명하였습니다.

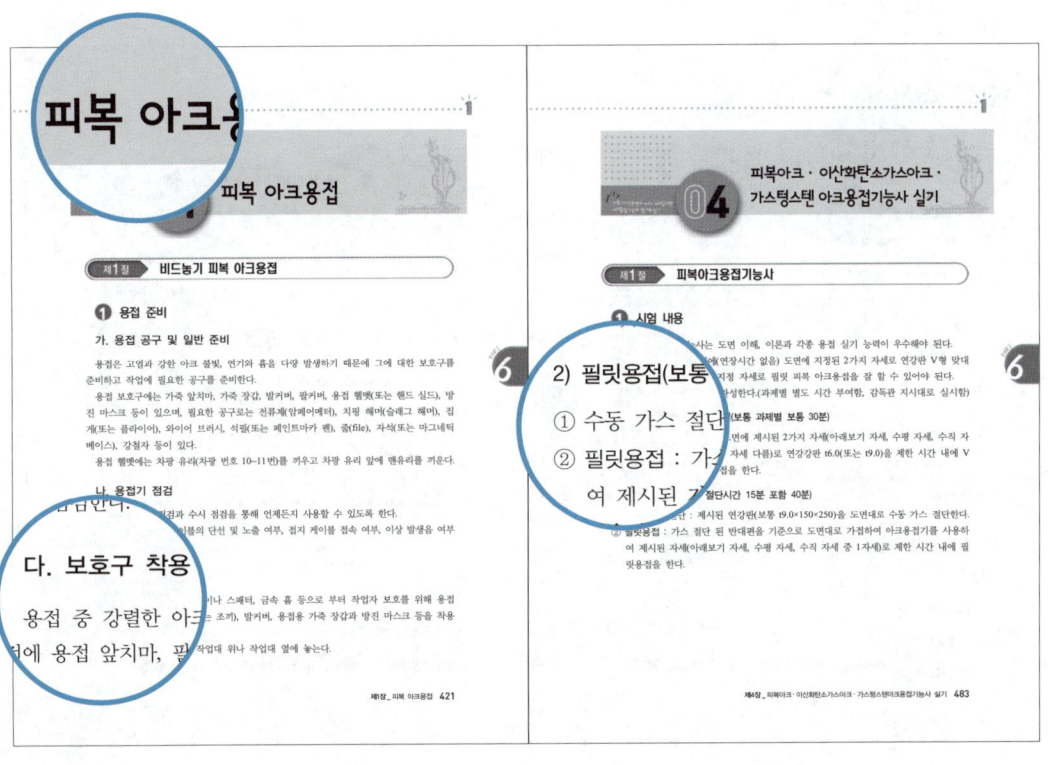

이 책의 구성과 특징

03 필기 최근 기출문제 및 기출복원문제 수록

- 2013년부터 2016년까지 최근 기출문제와 16년 5회부터 반영되는 CBT 기출복원문제를 수록하였습니다.
- 상세한 해설과 별(★)표로 중요도를 표시해 쉽게 학습할 수 있도록 하여 실전시험에 대비하였습니다.

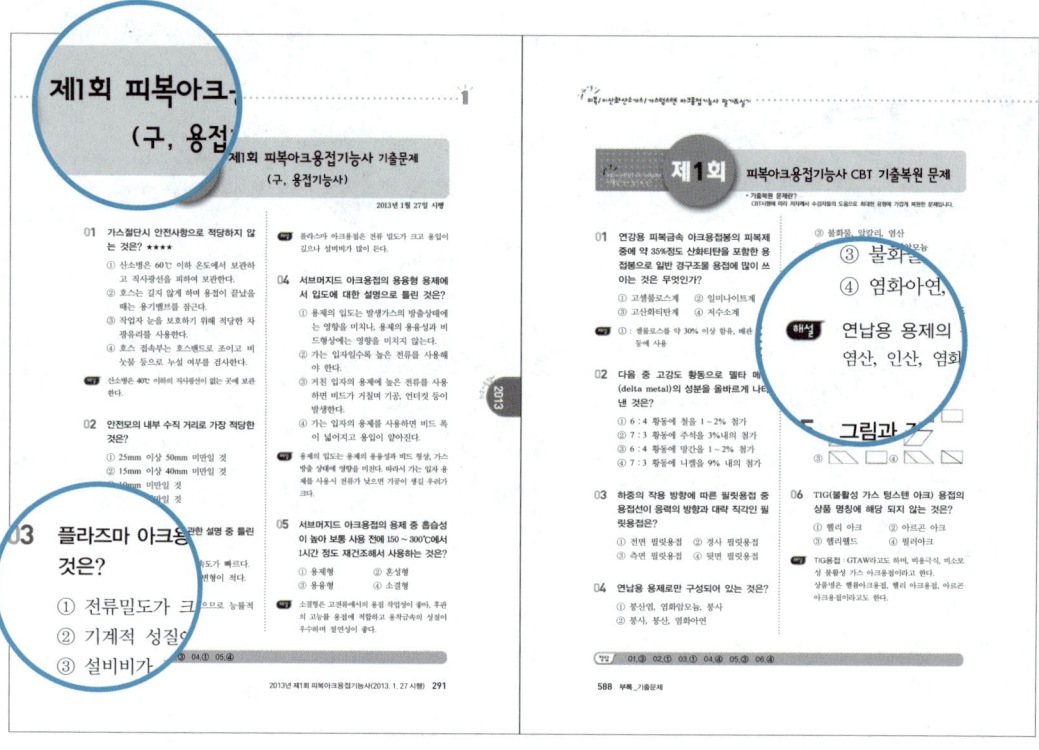

출제기준 – 피복/이산화탄소가스/가스텅스텐아크용접기능사 필기

직무 분야	재료	중직무 분야	용접
자격종목	피복/이산화탄소가스/가스텅스텐아크용접기능사	적용기간	2023.1.1.~2026.12.31.

필기과목명	문제수	주요항목	세부항목
아크용접, 용접안전, 용접재료, 도면해독, 가스절단, 기타용접	60	1. 아크용접 장비준비 및 정리정돈	1. 용접장비 설치, 용접설비 점검, 환기장치 설치
		2. 아크용접 가용접작업	1. 용접개요 및 가용접작업
		3. 아크용접 작업	1. 용접조건 설정, 직선비드 및 위빙 용접
		4. 수동·반자동 가스절단	1. 수동·반자동 절단 및 용접
		5. 아크용접 및 기타용접	1. 맞대기(아래보기, 수직, 수평, 위보기)용접, T형 필릿 및 모서리용접
		6. 용접부 검사	1. 파괴, 비파괴 및 기타검사(시험)
		7. 용접 결함부 보수용접 작업	1. 용접 시공 및 보수
		8. 안전관리 및 정리정돈	1. 작업 및 용접안전
		9. 용접재료준비	1. 금속의 특성과 상태도 2. 금속재료의 성질과 시험 3. 철강재료 4. 비철 금속재료 5. 신소재 및 그 밖의 합금
		10. 용접도면해독	1. 용접절차사양서 및 도면해독(재도 통칙 등)

출제기준 – 피복아크용접기능사 실기

직무 분야	재료	중직무 분야	용접
자격종목	피복아크용접기능사	적용기간	2023.1.1.~2026.12.31.

실기과목명	주요항목	세부항목
피복아크용접 실무	1. 피복아크용접 도면 해독	1. 용접기호 확인하기
		2. 도면 파악하기
		3. 용접절차사양서 파악하기
	2. 피복아크용접 재료 준비	1. 모재 준비하기
		2. 용접봉 준비하기
		3. 용접치공구 준비하기
	3. 피복아크용접 작업안전보건관리	1. 용접작업 안전수칙 파악하기
		2. 용접작업장 주변정리 상태점검하기
		3. 용접 안전보호구 점검하기
		4. 안전 점검하기
		5. 물질안전보건자료 점검하기
	4. 수동·반자동 가스절단	1. 수동·반자동 절단기 조작 준비하기
		2. 수동·반자동 절단기 조작하기
		3. 수동·반자동 가스절단 측정 및 검사하기
		4. 수동·반자동 절단기 유지·관리하기
	5. 피복아크용접 장비준비	1. 용접장비 설치하기
		2. 용접설비 점검하기
		3. 환기장치 설치하기
	6. 피복아크용접 가용접 작업	1. 모재치수 확인하기
		2. 용접부 이음형상 확인하기
		3. 용접부 가용접하기
	7. 피복아크용접 비드쌓기	1. 용접조건 설정하기
		2. 직선비드 용접하기
		3. 위빙 용접하기
	8. 피복아크용접 맞대기용접	1. 용접부 온도관리하기
		2. 아래보기 자세 용접하기
		3. 수직 자세 용접하기
		4. 수평 자세 용접하기
		5. 위보기 자세 용접하기
	9. 피복아크용접 필릿용접	1. T형 필릿 용접하기
		2. 모서리 용접하기
	10. 피복아크 용접부 검사	1. 용접 전 검사하기
		2. 용접 중 검사하기
		3. 용접 후 검사하기
	11. 피복아크용접 작업 후 정리정돈	1. 전원차단하기
		2. 용접작업장 정리정돈하기
		3. 용접작업 후 안전점검하기

출제기준 – 이산화탄소가스아크용접기능사 실기

직무 분야	재료	중직무 분야	용접
자격종목	이산화탄소가스아크용접기능사	적용기간	2023.1.1.~2026.12.31.

실기과목명	주요항목	세부항목
이산화탄소가스 아크 용접 실무	1. CO_2 용접 도면해독	1. 용접기호 확인하기
		2. 도면 파악하기
		3. 용접절차사양서 파악하기
	2. CO_2 용접 재료준비	1. 모재 준비하기 2. 용접와이어 준비하기
		3. 보호가스 준비하기 4. 백킹재 준비하기
	3. CO_2 용접 작업안전관리	1. 용접작업 안전수칙 파악하기
		2. 용접작업장 주변정리 상태점검하기
		3. 용접 안전보호구 점검하기
		4. 안전 점검하기
		5. 물질안전보건자료 점검하기
	4. 수동·반자동 가스절단	1. 수동·반자동 절단기 조작 준비하기
		2. 수동·반자동 절단기 조작하기
		3. 수동·반자동 가스절단 측정 및 검사하기
		4. 수동·반자동 절단기 유지·관리하기
	5. CO_2 용접 장비준비	1. 용접장비 설치하기
		2. 용접용 재료 설치하기
		3. 용접장비 점검하기
	6. CO_2 용접 가용접작업	1. 모재치수 확인하기
		2. 홈가공하기
		3. 가용접하기
	7. 솔리드와이어용접 비드쌓기	1. 솔리드와이어용접 비드쌓기 조건 설정하기
		2. 솔리드와이어 선택하기
		3. 솔리드와이어용접 보호가스 선택하기
		4. 솔리드와이어용접 비드 용접하기
	8. 솔리드와이어 맞대기용접	1. 용접부 온도관리하기
		2. 아래보기 자세 용접하기
		3. 수직 자세 용접하기
		4. 수평 자세 용접하기
		5. 위보기 자세 용접하기
	9. CO_2 용접 필릿용접	1. T형 필릿 용접하기 2. 모서리 용접하기
	10. 플럭스코드와이어 맞대기 용접	1. 용접부 온도관리하기
		2. 아래보기 자세 용접하기
		3. 수직 자세 용접하기
		4. 수평 자세 용접하기
	11. CO_2 용접 용접부 검사	1. 용접 전 검사하기
		2. 용접 중 검사하기
		3. 용접 후 검사하기
	12. CO_2 용접 작업 후 정리정돈	1. 보호가스 차단하기
		2. 전원 차단하기
		3. 작업장 정리·정돈하기

출제기준 – 가스텅스텐아크용접기능사 실기

직무 분야	재료	중직무 분야	용접
자격종목	가스텅스텐아크용접기능사	적용기간	2023.1.1.~2026.12.31.

실기과목명	주요항목	세부항목
가스텅스텐아크용접 실무	1. 가스텅스텐아크용접 도면해독	1. 도면 파악하기
		2. 용접기호 확인하기
		3. 용접절차사양서 파악하기
	2. 가스텅스텐아크용접 재료준비	1. 모재 준비하기 2. 용가재 준비하기
		3. 용접소모품 준비하기 4. 보호가스 준비하기
	3. 가스텅스텐아크용접 작업안전 보건관리	1. 용접작업 안전수칙 파악하기
		2. 용접작업장 주변정리 상태점검하기
		3. 용접 안전보호구 점검하기
		4. 용접설비 안전 점검하기
		5. 물질안전보건자료 점검하기
	4. 가스텅스텐아크용접 장비준비	1. 용접장비 설치하기
		2. 보호가스 설치하기
		3. 용접토치 설치하기
		4. 용접장비 시운전하기
	5. 가스텅스텐아크용접 가용접작업	1. 모재치수 확인하기
		2. 그루브가공 확인하기
		3. 가용접하기
		4. 조립상태 확인하기
	6. 가스텅스텐아크용접 비드쌓기	1. 용접 조건 설정하기
		2. 가스텅스텐아크 직선비드 용접하기
		3. 가스텅스텐아크 위빙 용접하기
	7. 가스텅스텐아크 용접 맞대기용접	1. 용접부 온도관리하기
		2. 아래보기 자세 용접하기
		3. 수직 자세 용접하기
		4. 수평 자세 용접하기
		5. 위보기 자세 용접하기
	8. 가스텅스텐아크용접 필릿용접	1. 가스텅스텐아크 T형 필릿 및 온둘레필릿 용접하기
		2. 가스텅스텐아크 모서리 용접하기
	9. 가스텅스텐아크 용접부 검사	1. 용접 전 검사하기
		2. 용접 중 검사하기
		3. 용접 후 검사하기
	10. 가스텅스텐아크용접 작업 후 정리정돈	1. 보호가스 차단하기
		2. 전원 차단하기
		3. 작업장 정리 · 정돈하기

PART 01

아크 용접

Chapter 01 용접 개요

Chapter 02 피복 아크용접

Chapter 03 특수(아크) 용접

피복/이산화탄소가스/가스텅스텐 아크용접기능사 필기&실기

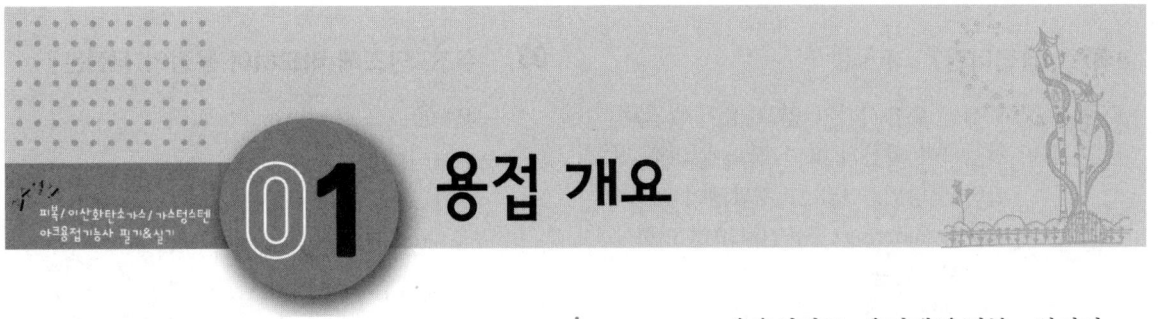

01 용접 개요

제1절 용접의 개요 및 원리

1 용접의 원리와 종류

01 용접의 원리

접합할 2개 이상의 금속의 접합 부분을 용융 또는 반용융 상태에서 용가재를 첨가하여 접합시키는 기술(야금학적 접합법)

02 금속과 금속 원자 간의 접합 가능한 인력 범위는?

수 Å(옹그스트롱, 10^{-8} cm, 1억분의 1cm)

03 실제는 원리대로 접합이 안되는 이유?

① 금속 표면에 매우 얇은 산화 피막이 덮여 있고 요철이 있기 때문이다.
② 따라서 전기, 가스, 압력 등의 에너지를 이용하여 영구 결합을 시키게 된다.

04 용접의 대분류에 속하지 않는 것은?

① 단접   ② 융접
③ 납접(땜)   ④ 압접

〔해설〕 ①, '단접'은 압접법의 일종이다.

05 융접(fusion welding)이란?

① 접합하고자 하는 물체의 접합부를 가열·용융시키고 용가재(용접봉, 와이어, 납 등)를 첨가하여 접합하는 방법
② 종류 : 피복 아크용접, CO_2 용접, 불활성 가스 아크용접, 서브머지드 아크용접, 가스용접, 테르밋 용접, 스터드 용접

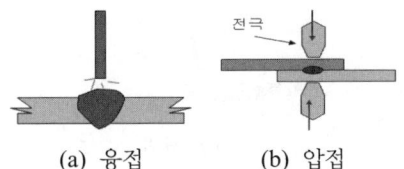

(a) 융접   (b) 압접

06 용접 분류 방법 중 아크용접에 해당하는 것은?

① 프로젝션 용접   ② 마찰 용접
③ 초음파 용접   ④ 서브머지드 용접

〔해설〕 ④, 서브머지드 아크용접은 융접의 일종
①, ②, ③ : 압접의 일종

07 압접이란

모재를 겹치거나 맞대어 가압하고 용가재없이 냉간 또는 가열 후 모재가 용융되었을 때 압력을 가하여 접합하는 방법

08 다음 중 압접법에 속하지 않는 것은?

① 레이저 용접   ② 마찰 용접
③ 냉간 압접   ④ 초음파 용접

〔해설〕 ①, 레이저 용접은 융접법의 일종임
② 압접 종류 : ②, ③, ④ 외에 전기저항 용접, 단접, 고주파 용접 등

09 납접이란? ①~③

① 모재를 용융시키지 않고 용가재(납)를 첨가하여 확산과 표면 장력에 의해 접합하는 방법, 연납땜, 경납땜이 있음
② 연납땜(soldering) : 융점 450℃ 이하에서 녹는 납땜
③ 경납땜(brazing) : 융점 450℃ 이상에서 녹는 납땜

참고 경납땜 종류 : 가스 납땜, 로내 납땜, 담금 납땜, 저항 납땜, 유도가열 납땜 등

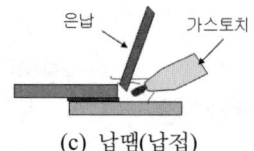

(c) 납땜(납접)

② 용접의 특징

01 용접의 일반적인 장점은? : ①~⑤

① 재료가 절약되며, 공수가 감소된다.
② 이음의 효율, 제품의 성능과 수명이 향상된다.
③ 기밀, 수밀, 유밀성이 우수하다.
④ 용접준비 및 작업이 비교적 간단하다.
⑤ 보수와 수리가 용이하다.

02 용접 구조물을 리벳 구조물과 비교할 때 용접 구조물의 장점은? : ①~④

① 리벳에 비하여 구멍뚫기 작업 등의 공정수가 적다.
② 리벳 접합에 비하여 강도가 크고 무게도 경감된다.
③ 리벳구멍에 의한 유효 단면적의 감소가 없으므로 이음효율이 높다.
④ 작업의 자동화가 용이하다.

03 주조, 단조에 비교하여 용접의 장점은? ①~④

① 목형이나 주형이 필요 없다.
② 복잡한 구조물의 제작이 용이하다.
③ 재료의 두께에 제한이 없다.
② 용접부 강도가 크다.

04 용접의 단점으로 틀린 설명은?

① 내부 결함이 생기기 쉽다.
② 저온 취성(메짐)에 의해 인성이 높아지기 쉽다.
③ 응력 집중에 대해 매우 민감하다.
④ 품질 검사가 곤란하며, 용접 모재의 재질이 변질(변형)되기 쉽다.

해설 ②, 저온 취성(메짐)에 의해 파괴가 발생하기 쉽다.

③ 용접 자세와 용접 열원

01 용접 자세

① 아래보기 자세(F : Flat position) : 재료는 수평, 용접봉은 아래로 향한 자세
② 수평자세(H : Horizontal posion) : 모재, 수직, 용접선 수평인 자세
③ 수직 자세(V : Vertical position) : 용접선이 수직이 되게 하는 용접 자세
④ 위보기자세(O : Overhead posion) : 용접봉을 위로 향하여 용접하는 자세
⑤ 전 자세(All position) : 위 자세의 2~4가지 전부를 응용하는 자세

(a) 아래보기 자세 (b) 수평 자세 (c) 수직 자세

 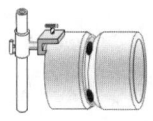 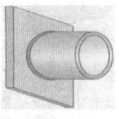

　　(d) 위보기 자세　(e) 전자세(5G)　(f) 전자세 필릿(5F)

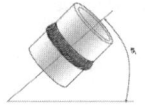 

　　　(g) 45도경사자세(6G)　　(h) 45도경사자세(6GR)

02 용접 자세와 기호의 연결 : ①~⑤

① 아래보기 자세 - F(1G, 1F)
② 수평 자세 - H(2G, 2F)
③ 수직 자세 - V(3G, 3F)
④ 위보기 자세 - O(4G, 4F)
⑤ 전자세의 용접 기호 - AP(5G, 5F)

참고 G : 맞대기 이음, F : 필릿 이음,
( )안은 국제 공인 자세 기호임

03 용접 작업을 구성하는 주요 요소는?

용접 재료(모재), 열원, 용가재

04 용접에 이용되는 에너지

전기 에너지, 가스 에너지, 전자파 에너지, 기계적 에너지, 화학적 에너지

05 전기 에너지를 이용하는 용접법이 아닌 것은? : 테르밋 용접

[피복 아크 용접, 테르밋 용접, 불활성 가스 아크 용접, 스터드 용접, CO_2 용접]

06 다음 중 전기 저항열을 이용하는 용접법이 아닌 것은?

① 점용접　　② 프로젝션 용접
③ 전자 빔 용접　④ 심용접

해설 ③, 전자 빔 용접은 용접법의 일종임

07 금속의 화학 반응열을 이용하는 용접법은? : 테르밋 용접

08 다음 중 전자파를 이용하는 용접법이 아닌 것은? : 서브머지드 용접

[전자 빔 용접, 레이저 용접, 고주파 용접, 서브머지드 용접]

09 다음 중 기계적 에너지를 이용하는 용접법이 아닌 것은? : 스터드 용접

[마찰 용접, 초음파 용접, 냉간 압접, 스터드 용접]

10 용접법의 선택은

사용 목적이나, 모재의 재질, 구조물의 형상 등에 따라 적합한 용접법을 선택

④ 용접의 역사

01 용접법의 종류와 개발한 사람

① 탄산가스 아크용접 : 소와
② 불활성가스 아크용접 : 호버트
③ 일렉트로 슬래그 용접 : 빠돈
④ 전기 저항용접 : 톰슨
⑤ 테르밋 용접 : 골스 슈미트
⑥ 서브머지드 아크용접 : 케네디
⑦ 피복 금속아크용접 : 슬로비아노프

02 다음 중 금속 아크용접법의 개발자는?

슬로비아노프

[소아, 빠돈, 슬로비아노프, 톰슨, 케네디]

02 피복 아크용접

제1절 피복 아크용접의 개요

1 피복 아크용접의 원리

01 피복 아크용접의 원리

모재(피용접물)와 피복제를 바른 용접봉 사이에 전류를 통하면 아크가 발생되며, 이 아크열로서 용접하는 방법

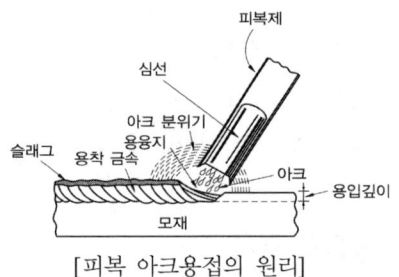

[피복 아크용접의 원리]

02 일반적인 아크용접의 불꽃 온도는?

3500 ~ 5000℃, 최고 6000℃ 정도

03 아크를 필터렌즈를 통해 구분되는 것은?

아크 코어, 아크 흐름, 아크 불꽃

04 용어 설명

① 용입(penetration) : 아크용접할 때 아크열에 의해 모재가 녹은 깊이
② 슬래그 : 피복제가 녹아서 용접부를 덮고 있는 비금속 물질
③ 용융지 : 아크열에 의하여 용융된 쇳물 부분
④ 용가재 : 용착부를 만들기 위하여 첨가하는 금속
⑤ 스패터 : 용접 중에 용융금속이 용융지에 옮겨지지 않고 비드나 모재 주위에 떨어진 작은 용적

05 "아크용접의 비드 끝에 오목하게 파진 곳"을 뜻하는 것은? : 크레이터

06 아크의 강한 열에 의하여 용접봉이 녹아 물방울처럼 떨어지는 것은?

용적(droplet)

07 아크 기둥(아크 플라스마)이란?

두 개의 전극에서 아크를 발생시켰을 때 음극(-)과 양(+)극간에 생기는 상태, 아크는 불꽃 방전으로 생긴 청백색 불빛 기둥

08 용접 회로(welding cycle)의 순서는?

용접기(전원)-전극 케이블-용접봉 홀더-용접봉-아크-모재-접지 케이블 - 용접기

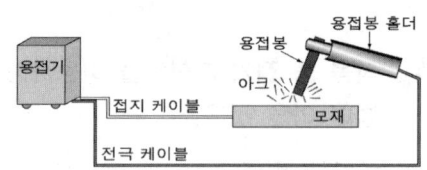

[피복 아크용접 회로]

❷ 피복 아크용접의 특성

01 피복 아크용접이 가스용접에 비해 장점 (우수한 점)이 아닌 것은?

① 직접 용접에 이용되는 열효율이 높다.
② 열의 집중성이 좋아 효율적인 용접을 할 수 있다.
③ 용접 변형이 적어 얇은 판 용접에 좋다.
④ 기계적 강도가 양호(우수)하다.

해설 ③, 변형은 적고, 두꺼운 판 용접에 좋다.

02 피복 아크용접의 단점은? : ①~③

① 전격(감전)의 위험성이 있다.
② 가스용접에 비해 유해 광선의 발생이 많다.
③ 흄 가스의 발생이 많다.

❸ 아크, 아크전압 분포와 극성

01 아크 현상

모재와 용접봉 사이에 전원을 걸고 봉 끝을 모재와 살짝 접촉시켰다가 띄면 두 전극 사이에서 일어나는 불꽃 방전 현상

02 피복 아크용접시 아크를 통하여 얼마의 전류가 흐르는가? : 10~500A

03 아크 부(부저항) 특성

일반적으로 전기는 옴의 법칙에 따라 동일 저항에 흐르는 전류는 그 전압에 비례하지만, 아크의 경우는 그 반대로 전류가 커지면 저항이 작아져서 전압도 낮아지는 현상

04 직류 아크전압 분포에서 음극 전압 강하를 V_K, 양극 전압 강하를 V_A, 아크 기둥의 전압 강하를 V_P라 할 때 전체의 전압 V_a은? : $V_a = V_K + V_P + V_A$

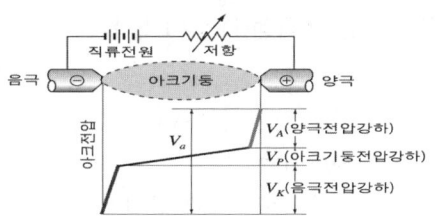

[아크전압 분포]

05 전기 회로에서 동일 저항에 흐르는 전류는 그 전압에 비례한다는 법칙은?

옴의 법칙

06 극성의 특성은?

전자의 충격을 받은 양(+)극이 음극보다 발열량이 커서 60~75%, 음극은 25~40%(약 30%) 정도 열이 발생한다.

07 직류 정극성의 특성은? : ①~③

① 직류 피복 아크용접에서 모재를 (+), 용접봉(홀더)을 (-)에 연결한 경우의 극성
② 모재의 용입이 깊고, 비드 폭이 좁다.
③ 탄소강 용접 등 일반적으로 많이 쓰인다.

08 교류(AC)

① 1초에 120회의 전원이 끊어지는 현상으로 아크가 불안정한 원인이 된다.
② 용접기 제작이 쉽고 고장이 적어 관리가 편하므로 많이 사용되고 있다.
③ 교류는 1/2은 정극성, 1/2은 역극성을 형성하므로 정극성과 역극성의 중간 정도이다.

09 ACHF는 무슨 기호인가?

'고주파 중첩 교류'를 나타내는 기호

10 직류 역극성(DCRP)의 특성

① 용접봉의 녹음이 빠르고, 모재 녹음이 느리므로 비드 폭이 넓고 용입이 얕다.
② 모재의 발열량이 적다.
③ 박판, 비철 금속 용접에 적합하다.

11 직류 아크용접의 역극성에 대한 결선상태가 맞는 것은? : 용접봉(+), 모재(−)

극 성	정극성(DCSP)	역극성(DCRP)
극성 그림	직류용접기 ⊖용접봉 ⊕모재	직류용접기 ⊕용접봉 ⊖모재
용접부 형상	− + 열 분배 (−)에서 30% (+)에서 70%	+ − 열 분배 (+)에서 70% (−)에서 30%

12 직류 역극성을 이용하는 용접법은?

GMAW(CO_2/MAG, MIG 용접, FCAW), 아크 에어 가우징

13 극성에서 용입 깊이가 깊은 것부터 순서

DCSP > AC, ACHF > DCRP

> **해설** 극성 기호
> ACHF : 고주파 중첩 교류, AC : 교류

④ 용접 입열, 용융 속도

01 용접 입열(weld heat input)이란?

① 용접부의 외부에서 주어지는 열량,
② 용접입열이 부족하면 용입불량, 용착불량 등의 결함이 발생하기 쉽다.

02 용접 입열 중 용접 모재에 흡수되는 열량은? : 용접 입열의 65~75%

03 아크전류가 200A, 아크전압이 25V, 용접 속도가 15cm/min인 경우 단위 길이 1cm당 발생하는 입열(전기적 에너지)은 얼마인가?

$$H = \frac{60EI}{V} = \frac{60 \times 25 \times 200}{15} = 20000J$$

04 용접입열이 20000J/cm, 아크전압이 40V, 용접 속도가 20cm/min으로 용접했을 때 아크 전류는 얼마인가?

$$I = \frac{VH}{60E} = \frac{20 \times 20000}{60 \times 40} = 167A$$

05 용융 속도(welding rate)

① 아크전류 × 용접봉쪽 전압 강하,
② 단위 시간당 소비되는 용접봉의 길이 또는 무게로 나타낸다.

06 용접 속도(아크속도, 운봉속도)와 가장 관계 있는 사항은? : ①~③

① 용접봉의 종류 및 전류값
② 끝가공 모양 및 이음의 모양(형상)
③ 모재의 재질 및 위빙 유무

제2절 아크용접 설비 및 기구

❶ 용접기의 특성

01 수하 특성(drooping characteristic)

전류-전압의 특성, 아크용접에서 부하 전류가 증가하면 단자 전압이 저하하는 현상

02 수하 특성이 수동(피복아크, TIG)용접에 적용되는 이유는?

아크 길이가 변하여도 전류 변화는 적기 때문에

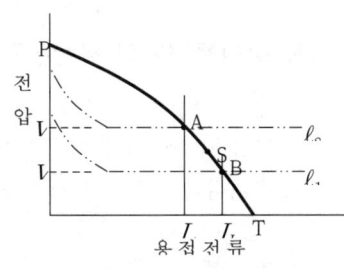

[수하 특성]

03 정전류 특성

① 아크 길이는 변하여도 아크전류는 별로 변하지 않는다.
② 피복 아크용접기에 알맞은 특성
③ 용입과 용접봉 녹음이 거의 일정하다.

04 상승 특성(rising characteristic)

부하 전류가 증가하면 단자 전압도 다소 높아지는 특성

05 정전압 특성(CP 특성)

① 부하 전류가 변하여도 단자 전압은 거의 변하지 않는 특성, 전류 밀도가 높고 자기 제어 특성을 갖고 있음
② 아크 길이에 따라 와이어 녹는 속도가 변하면서 적당한 아크 길이를 유지하는 특성

06 정전압 특성이 이용되는 용접법은?

자동 또는 반자동 용접, 서브머지드 아크 용접, 불활성 가스 금속 아크용접

07 아크전류가 일정할 때 아크전압이 높아지면 용접봉의 용융속도가 늦어지고, 아크전압이 낮아지면 용융속도는 빨라지는 특성은?

아크길이 자기제어 특성

❷ 피복 아크용접기의 종류와 특성

01 교류 아크용접기의 종류는?

가포화 리액터형, 탭 전환형, 가동 코일형

02 교류 아크용접기의 특성은? : ①~④

① 직류 아크용접기보다 무부하 전압이 높아 감전의 위험이 크다.
② 취급이 쉽고 고장이 적다.
③ 발전형 직류 아크용접기에 비해 소음이 적다.
④ 직류 아크용접기에 비해 아크가 불안정하나 아크 쏠림 현상이 없다.

03 교류 아크용접기의 특성은? : ①~③

① 보통 변압기와 같이 구조가 간단하고 가격도 싸며 보수가 쉽다.
② 용접 변압기와 병렬로 역률 개선용 콘덴서를 사용한다.
③ 2차 단자전압은 높은 무부하전압에서 20~30V의 아크전압으로 저하한다.

04 가동 철심형의 단점은? : ①~③

① 광범위한 전류 조정이 어렵다.
② 아크가 직류에 비해 불안정하다.
③ 철심 부위의 간격이 있을 때 소음이 난다.

05 가포화 리액터형의 장점은? : ①~③

① 기계 마멸이 적다.
② 전기적으로 전류 조정을 한다.
③ 가변 저항에 의해 전류를 조정하기 때문에 원격 전류 조정이 가능하다.

06 탭전환형 교류 아크용접기의 단점은? ①~③

① 탭 전환부의 소손이 많다.
② 넓은 범위의 전류 조정이 어렵다.
③ 무부하 전압이 높다.

07 교류 아크용접기 내부에 장치된 철심의 재질은? : 규소강

08 교류 아크용접기의 표시판에 AW 200의 의미는?

정격 2차 전류 200A 값

09 일반적으로 KS 규격에 의한 AW 400 이하와, AW 500의 무부하(개로) 전압은?

AW400 : 70~80V, AW500 : 95V 이하

10 교류 아크가 직류 아크보다 불안정한 이유는?

전류값이 1사이클에 2번 0(단전)이 되므로

11 교류 아크용접기의 정격 2차 전류의 조정 범위는? : 20~110%

참고 예 : AW 200인 교류 아크용접기로 조정할 수 있는 전류 값은? : 40~220A

12 교류 용접기에 역률 개선용 콘덴서를 사용하였을 때, 그 이점은? : ①~③

① 전압 변동률이 적어진다.
② 전원 용량이 적어도 된다.
③ 배전선의 재료가 절감된다.

13 직류 아크용접기의 특성은? : ①~⑤

① 아크가 안정되나, 아크 쏠림이 있다.
② 무부하 전압이 낮아 감전의 위험이 적다.
③ 정류기형은 정류기의 소손 및 먼지, 수분 등에 의한 고장에 주의해야 한다.
④ 발전기형은 소음이 나고 회전부에 고장이 많다.
⑤ 교류 아크용접기보다 보수나 점검에 있어서 더 많은 노력이 필요하다.

14 직류 아크용접기의 종류가 아닌 것은?

① 엔진 구동형   ② 전동 발전형
③ 정류기형   ④ 가동 철심형

해설 ④, 가동 철심형은 교류 용접기임

15 정류기형 용접기에 사용되는 정류기는?

셀렌정류기, 실리콘정류기, 게르마늄정류기

16 온도 상승에 따른 정류기의 파손 온도는?

① 셀렌 정류기 : 80℃
② 실리콘 정류기 : 150℃ 이상

17 직류 아크용접기의 무부하 전압은?

보통 40~60V 정도이다.

[직류 아크용접기의 종류와 특성]

종류	특징
발전기형 (전동 발전, 엔진 구동형)	• 완전한 직류를 얻으나, 보수와 점검이 어렵다. • 옥외나 교류 전원이 없는 장소에서 사용한다.(엔진형) • 회전하므로 고장나기 쉽고 소음이 난다. • 구동부, 발전기부로 되어 고가이다.
정류기형	• 소음이 없고, 취급이 간단하며, 가격이 싸고 보수가 간단하다. • 교류를 직류로 정류하므로 불완전한 직류다. • 정류기의 파손에 주의한다.

18 아크용접기의 용량을 나타내는 것은?

정격 2차 전류, 입력(kVA)

19 아크를 계속 유지하는데 필요한 전압은?

20~30V

20 역률과 효율

① 역률 : 전원 입력에 대한 아크 입력과 2차측의 내부 손실의 합인 소비 전력의 비율
② 효율 : 소비 전력에 대하여 순수 아크 출력의 비율

21 AW-200, 무부하 전압 80V, 아크전압 30V인 교류 용접기를 사용할 때 역률과 효율은? (단, 내부 손실은 4kW이다.)

$$역률 = \frac{소비\ 전력(kW)}{전원\ 입력(kVA)} \times 100$$

$$= \frac{30 \times 200 + 4000}{80 \times 200} \times 100 = 62.5\%$$

$$효율 = \frac{아크출력(kW)}{소비\ 전력(kW)} \times 100$$

$$= \frac{30 \times 200}{30 \times 200 + 4000} \times 100 = 60\%$$

22 사용률(duty cycle)

용접기가 정격 전류로 아크를 발생하여 용접하는 아크 시간과 발생하지 않는 휴식 시간의 비(10분을 기준으로 한다.)

23 피복 아크용접기를 4분 사용하고 6분 정도 쉬었다면 이 것의 정격 사용률은?

$$사용률 = \frac{아크\ 발생\ 시간}{아크\ 발생\ 시간 + 휴식\ 시간} \times 100$$

$$= \frac{4}{4+6} \times 100 = 40\%$$

24 AW-300 용접기의 규정된 정격 사용률은? : 40%

25 허용 사용률

실질적으로 용접 작업할 때는 용접기의 정격 전류보다 낮은 전류로 용접하는 경우가 많은데, 이 경우는 정격 사용률 이상으로 작업할 수 있으며, 이 때의 사용률

26 피복 아크용접시 실제 사용 전류가 120A, 정격 2차전류가 300A일 때 허용 사용률은? (단, 정격 사용률은 40%다.)

허용사용률

$$= \frac{정격\ 2차\ 전류^2}{실제\ 용접\ 전류^2} \times 정격\ 사용률$$

$$= \frac{300^2}{120^2} \times 40 = 250\%$$

27 허용 사용률이 100% 이상이면 용접기 사용은? : 연속 사용이 가능하다.

28 전압이 30V이고 전류가 150A라면 전력량은?

전력(P) = VI = 30×150 = 4500W
     = 4.5kW

29 1차 입력이 24kVA이고, 1차 측 전원 전압이 200V일 때 퓨즈 용량은?

퓨즈용량 = $\frac{24000}{200}$ = 120

30 다음은 용접기 취급상의 주의 사항이다. 틀린 것은?

① 정격 사용률을 엄수하여 과열을 방지한다.
② 2차측의 탭 전환은 반드시 아크를 발생시키면서 시행한다.
③ 가동 부분 및 냉각 팬(fan)은 점검을 충분히 한 후에 기름을 친다.
④ 정기적으로 점검하여 항상 사용 가능하도록 유지한다.

해설 ②, 2차측의 탭 전환은 반드시 아크를 중지한 후 시행한다.

31 용접기를 설치해서는 안되는 장소는?

①~④

① 수증기, 습기, 먼지가 많은 곳이나, 옥외의 비바람이 치는 곳
② 휘발성 기름이나 가스가 있는 곳이나, 유해한 부식성 가스가 존재하는 장소
③ 진동이나 충격을 받는 곳이나, 폭발성 가스가 존재하는 곳
④ 주위 온도가 -10℃ 이하인 곳

32 용접기의 구비 조건

① 구조 및 취급이 간단하며, 능률이 좋을 것
② 전류 조정이 쉽고 일정한 전류가 흐를 것
③ 아크 발생이 쉽고, 유지가 용이하며, 사용 중에 온도 상승이 작을 것
④ 무부하 전압을 높게 하지 않을 것
⑤ 절연이 완전하고 습기가 많거나 고온에서도 충분히 견뎌야 한다.
⑥ 단락되었을 때 흐르는 전류가 너무 크지 않을 것
⑦ 역률 및 효율이 좋을 것
⑧ 가격이 저렴하고 사용 경비가 적을 것

③ 아크용접용 기구

01 전격 방지기는?

교류 아크용접기는 무부하 전압이 85~95V로 높으므로 용접하지 않을 때(무부하시)는 전압을 20~30V 이하로 유지하고, 용접봉을 모재에 접촉하는 순간 릴레이가 작동하여 용접 작업이 가능하도록 하여 용접사를 보호하기 위한 장치

02 전격 방지기는 무부하시 그 전압을 몇 V 정도로 유지하게 되어 있는가?

30V 이하

03 전격(감전) 방지 대책은? : ①~③

① 용접기 내부에 함부로 손을 대지 않는다.
② 맨손으로 홀더나 용접봉을 만지지 않는다.
③ 가죽 장갑, 앞치마, 발덮개 등 규정된 보호구를 반드시 착용한다.

04 용접봉 건조가 불충분할 경우는?

용접금속 중에 용해되는 가스로 내균열성이 현저하게 떨어져 균열 발생이 생기기 쉬우며, 기공, 피트의 원인이 되기도 한다.

05 교류 아크가 직류 아크보다 불안정한 이유는?

전류값이 1사이클에 2번 0이 되므로

06 2차 무부하 전압이 70V, 2차 부하 전류가 200A일 때 1차측입력(전원 입력)은 얼마인가?

1차측 입력=70×200=14000VA=14kVA

07 용접기 케이블의 규격

[케이블의 적정 크기]

용접기의 용량(A)	200	300	400
1차측케이블 (지름 mm)	5.5	8	14
2차측 케이블 (단면적 mm^2)	38	50	60

08 용접기의 1차선에 대하여 2차선에 굵은 도선을 사용하는 이유는?

2차선의 전압이 낮고 전류가 많이 흐르기 때문에

09 용접기의 전기 도선에 용량이 낮은 것을 사용할 경우 어떤 결과를 가져오는가?

전류가 낮아져 아크가 불안정하게 되고 도선에서 열이 난다.

10 아크용접 보호구는?

용접헬멧, 핸드실드, 용접용 장갑, 앞치마, 조끼, 발커버, 팔커버 등

11 용접 기구 중 머리에 쓰고 헬멧 속에 신선한 공기를 불어넣는 공기 호스가 달려있는 것은? : 환기 헬멧

(a) 용접 헬멧

(b) 핸드 실드   (c) 자동 용접 헬멧

12 용접 종류별 차광도 번호

① 연납땜 : 2~4번
② 피복 아크용접 : 10~12번

[용접 전류와 차광도]

용접전류 (A)	차광도	용접전류 (A)	차광도
30 이하	6	30~45	7
45~75	8	75~100	9
100~200	10	150~250	11
200~300	12	300~400	13
400 이상	14		

13 헬멧이나 핸드 실드의 차광 유리 앞에 맨유리를 끼우는 이유?

차광 유리(필터 렌즈)를 보호하기 위하여

14 탄소 아크용접에 사용되는 차광도 번호는?

13~14

15 필터렌즈(차광유리)의 크기는?

50.8×108mm

16 용접 홀더

① 용접봉을 물고 전류를 통하여 아크를 발생하게 하는 기구
② 완전 절연형(안전 홀더, A형)과 손잡이 부분만 절연된 B형이 있으며,
③ 해당 번호는 정격 전류 A를 나타낸다.
　　(예 300호 : 정격 전류 300A 사용 가능)

[완전 절연형　　　　[손잡이 부분만
(안전 홀더, A형)]　　　절연형 B형]

17 용접봉 안전 홀더를 사용하는 이유는?

감전 방지

18 홀더 및 어스선의 접속이 불량할 때는? : ①~③

① 접촉 저항이 심해서 저항열에 의한 단자 등이 소손될 수 있다.
② 아크가 일어나지 않거나 불안정하거나, 전력의 손실이 많아진다.
③ 감전(전격)의 위험이 있다.

19 용접기 설치시 1차 입력이 10kVA 이고 전원전압이 200V 이면 퓨즈 용량은?

$$\frac{1차 입력}{전원전압} = \frac{10 \times 1000}{200} = 50A$$

20 용접기의 유지보수 및 점검시에 지켜야 할 사항은? : ①~④

① 용접 케이블 등의 파손된 부분은 절연 테이프로 감아야 한다.
② 2차측 단자의 한쪽과 용접기 케이스는 접지를 확실히 해 둔다.
③ 탭 전환의 전기적 접속부는 자주 샌드페이퍼 등으로 잘 닦아 준다.
④ 용접기에서 가동 부분 냉각팬을 점검하고 주유해야 한다.

제3절 피복 아크용접봉

① 피복 아크용접봉 종류와 특성

01 피복 아크용접봉이란

봉 외부에 피복제가 도포된 전극봉(용가재, filler metal)라고도 하며, 용접할 모재 사이의 틈을 메워 주며, 용접 품질을 좌우하는 주요한 재료.

02 피복 아크용접봉의 형상은? : ①~④

① 심선의 지름은 1~10mm 정도이다.
② 봉의 길이는 350~900mm 정도이다.
③ 피복제 무게가 전체의 10% 이상이다.
④ 심선 중 25mm 정도를 피복하지 않고, 다른 쪽은 아크 발생이 쉽도록 약 1mm 정도 피복하지 않았다.

03 심선의 5가지 화학 성분 원소는?

C, Si, Mn, S, P

04 피복 아크용접봉 1종 기호는?

SWRW 1A

05 연강용 피복 아크용접봉의 심선은 주로 어떤 재료가 사용되는가?

저탄소강(저탄소 림드강)

06 연강용 피복 아크용접봉의 규격이 아닌 것은? : 2.2mm

[2.0mm, 2.2mm, 3.2mm, 4.0mm]

> 해설 심선 지름은 1.0, 1.4, 2.0, 2.6, 3.2, 4.0, 4.5, 5.0, 5.5, 6.0, 6.4, 7.0 ~ 10.0까지 있다.

07 용접봉의 품질로서 규격이 요구하고 있는 것이 아닌 것은?

① 피복제의 성질   ② 편심률
③ 심선의 치수   ④ 용착법

> 해설 ④, 용접봉 선택시 가장 중요한 사항은 심선재질이다.

08 심선 지름 굵기의 일반적인 허용 오차는? : ±0.05mm

09 피복 아크용접시 발생하는 가스 중 가장 많이 발생하는 가스는? : CO

10 피복 아크용접봉은 피복제의 무게가 전체의 몇 % 정도 되는가? : 10%

11 다음 중에서 피복 아크용접봉으로 갖추어야 할 조건으로 맞지 않는 것은?

① 아크를 안정하게 할 것
② 용착금속의 탈산 정련 작용을 할 것
③ 용착 효율을 높일 것
④ 심선보다 피복제가 더 빨리 녹을 것

> 해설 ④, 심선이 녹는 열에 의해 피복제가 녹기 때문에 피복제가 늦게 녹으며, 피복제는 용접 작업이 용이하게 하고, 용착금속의 성질을 우수하게 하며, 슬래그가 용이

하게 제거될 것이 필요하다.

12 교류 아크용접기를 사용할 때 피복 용접봉을 사용하는 가장 큰 이유는?

용착금속의 질을 양호하게 하기 위해

13 피복 아크용접봉의 피복제의 작용은? ①~④

① 아크 안정과 산화, 질화 등의 해를 방지하여 용착금속을 보호한다.
② 용적(globule)을 미세화한다.
③ 용착금속에 필요한 합금 원소를 첨가
④ 피복제는 전기 절연 작용을 한다.
⑤ 용착금속의 응고와 냉각 속도를 느리게 하여 급랭을 방지한다.

14 피복제의 작용(역할)은? ①~⑤

① 파형이 고운 비드를 만든다.
② 모재 표면의 산화물을 제거한다.
③ 용착 효율을 높인다.
④ 슬래그 제거를 쉽게 한다.
⑤ 스패터(spatter)의 발생을 적게 한다.

15 KS에서 피복제의 허용 편심률은?

3% 이내

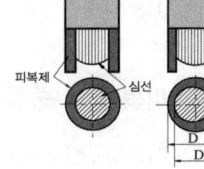

> 해설 이보다 크면 아크 쏠림 등 아크가 불안정하다.

편심률 = $\dfrac{D-D'}{D} \times 100$

16 피복제의 성분에 포함된 것은?

아크 안정제(안정 성분), 고착제
탈산제(탈산 성분), 합금제(합금 성분),

슬래그 생성제, 가스 발생제 등

17 피복제의 종류 중 아크 안정제는?

형석, 규사, 산화티타늄(TiO_2), 규산나트륨(Na_2SiO_3), 규산칼륨(K_2SiO_3) 등

18 피복 아크용접봉에서 아크 안정제가 아닌 것은?

① 붕사 ② 석회석($CaCO_3$)
③ 산화티타늄 ④ 규산칼륨

해설 ①, 황산(H_2SO_4)은 피복제로 사용되지 않는다.

19 피복제의 종류 중 슬래그 생성제에 포함되지 않은 것은?

① 규사(SiO_2) ② 운모
③ 페로망간 ④ 마그네사이트

해설 ③, 슬래그 생성제 : 석회석, 이산화망간(MnO_2), 형석, 장석(석면), 붕사, 산화철, 일미나이트, 산화티탄, 규산나트륨 등

20 피복제의 종류 중 가스 발생제는?

녹말, 톱밥(목재), 셀룰로스, 탄산바륨($BaCO_3$) 등

21 피복제의 종류 중 합금제는?

페로망간(Fe-Mn), 페로실리콘(Fe-Si), 니켈, 몰리브덴, 크롬, 구리, 바나듐 등

22 피복제의 종류 중 탈산제는?

① 용융금속 중의 산화물을 탈산 정련하는 작용을 하는 것
② 규소철(Fe-Si), 망간철(페로망간, Fe-Mn), 망간, Al, 소맥분 등

23 피복제의 종류 중 고착제는?

물유리(규산나트륨 : Na_2SiO_3), 규산칼륨(K_2SiO_3) 소맥분, 해초, 아교, 젤라틴, 카세민, 아라비아 고무, 당밀

24 아크 발생열에 의해 피복제가 분해되어 CO, CO_2, 수증기 등의 가스가 되는 가스 실드식 피복제 성분은?

셀룰로오스

25 피복 아크용접에서 용접부 보호방식은?

슬래그 생성식, 반가스 발생식, 가스 발생식

26 슬래그 생성식은?

무기물형 슬래그를 많이 생성하여 용착금속의 냉각속도를 느리게 하는 방식

27 가스 발생식의 특성은?

슬래그 제거가 쉽고 아크가 안정하나, 스패터가 많으며, 유독 가스를 발생이 많다.

28 피복제의 무게는 봉 전체의 몇 %인가?

약 10% 정도임

29 교류 아크용접기를 사용할 때 피복 용접봉을 사용하는 가장 큰 이유는?

용착금속의 질을 양호하게 하기 위해

30 용접봉의 표시법 설명은?

[KS E 4316, AWS E7016]

E : 전극(피복 아크용접봉)
43 : 최소(저) 인장 강도 kgf/mm^2
70 : 최소 인장강도 $70 lb/in^2$

16 : 피복제 계통(0, 1 : 전자세, 6 : 피복제 종류, 저수소계)

31 일미나이트계(E4301)의 특성은?

①~④

① 주성분 : 30% 이상의 일미나이트(TiO_2·FeO)와 사철 등을 30% 이상 포함한 슬래그 생성계이다.
② 특성 : 가격이 저렴하며, 작업성과 용접성이 우수하며, 전자세 용접봉
③ 슬래그는 비교적 유동성이 좋고 용입 및 기계적 성질도 양호하다.
④ 용도 : 일반 구조물, 각종 압력 용기, 조선, 건축, 철도 등에 사용한다.

32 라임티탄계(E4303)의 특성은? ①~④

① 주성분 : 산화티타늄을 30% 이상, 석회석을 포함한 슬래그 생성계
② 특성 : 슬래그의 유동성이 좋고, 비드 외관이 깨끗하고 언더컷이 적다.
③ 슬래그 제거가 쉽고 용입이 얕다.(피복제는 두껍다)
④ 용도 : 기계, 차량, 일반 강재의 박판 용접에 적합하다.

33 고셀룰로스계(E4311)의 특성은?

①~④

① 셀룰로스를 20~30% 정도 포함한 봉.
② 가스에 의한 산화, 질화를 방지한다.
③ 용융금속 이행 형식은 스프레이형이다.
④ 아연 도금 강판, 저장 탱크, 배관 용접, 용입이 깊어 아주 좁은 홈의 용접

34 고셀룰로스계(E4311)의 특성은?

①~④

① 피복제가 얇아 슬래그 생성이 적고 스패터가 심하다.(가스 발생식)
② 비드 파형이 거칠고 용입이 깊다.
③ 수직 자세와 위보기 자세에 좋다.
④ 유독 가스가 발생한다.

35 고산화티탄계(E4313, AWS E6013)의 특성은? : ①~④

① 산화티타늄(TiO_2)이 약 30% 함유함
② 아크가 안정되고 스패터가 적으며, 슬래그 박리성도 대단히 좋고 비드의 외관이 좋다.
③ 작업성이 좋고 전자세 용접이 가능하다.
④ E4324는 E4313과 유사하나, 능률 향상을 위해 철분을 함유한 봉이다.

36 용입이 비교적 얕아 얇은 판 용접에 적당하며, 용접 중에 고온 균열을 일으키기 쉬운 용접봉은? : 고산화티탄계

37 저수소계(E4316, E7016)의 특성은?

①~③

① 석회석($CaCO_3$) 등의 염기성 탄산염을 주성분으로 하고 형석(CaF_2), 페로 실리콘 등을 배합한 용접봉이다.
② 다른 봉보다 습기의 영향을 더 많이 받으므로 사용하기 전에 건조해야 한다.
③ 아크 분위기 조성 중 일산화탄소(CO)가 가장 많이 포함하였으며, CO_2가 23.6%, H_2가 6.9% 정도 다른 봉에 비해 1/10 정도로 현저히 적다.

38 저수소계(E4316, E7016)의 특성

① 일미나이트계 용접봉을 사용할 때 보다 예열 온도가 낮아도 좋다.

② 아크가 다소 불안정하며, 작업성이 나쁘다.

39 피복 아크용접봉 중 저수소계(E 4316) 용접봉에 많이 포함한 가스는?

일산화탄소(CO) : 50.7%

40 균열에 대한 감수성이 좋아서 구속도가 큰 구조물의 용접이나 고탄소강 및 황이 많은 강의 용접에 적합한 봉은?

저수소계

41 다음 피복 아크용접봉 중 용착금속의 충격값이 가장 높은 것은?

저수소계(E 4316)

42 철분 산화티탄계(E4324)의 특성

① 주성분 : 고산화티탄계에 철분을 약 50% 정도 첨가시킨 용접봉(E4313과 비슷함)
② 특성 : 우수한 작업성과 고능률성을 갖춘 것으로 스패터가 적고 용입이 얕다.

43 철분 산화저수소계(E4326)의 특성은? ①~③

① 주성분 : 저수소계 용접봉 피복제에 철분을 30~50% 정도 첨가한 용접봉이다.
② 특성 : 용착 효율이 좋고 능률적이며, 스패터가 적다.
③ 기계적 성질이 우수하고 슬래그 박리성이 E4316보다 좋으며, 작업성도 좋다.

44 철분 산화철계(E4327)의 특성은? ①~③

① 주성분 : 산화철에 규산염을 첨가하여 산성 슬래그를 생성시킨 것이다.
② 특성 : 용착 효율이 좋고 능률적이며, 스패터가 적은 스프레이형이다.
③ 용입이 양호하며, 슬래그 제거가 양호하다.

45 철도 레일을 일미나이트계 용접봉으로 용접한 결과 균열이 생겼다면 어떤 용접봉을 사용해야 되겠는가?

저수소계

46 철분계 봉의 종류는?

E4324, E4326, E4327 등 철분계 용접봉은 수평 필릿 자세(H-Fill)에 적합하다.

47 철분 산화티탄계(E4324) 용접봉은 철분이 몇 % 함유되어 있는가?

30% 이상 함유하여 능률을 향상시킴

48 용입이 얕은 봉은?

티탄계로 E4303, E4313, E4324가 있다.

49 피복 아크용접봉 기호와 피복제 계통을 각각 연결한 것은? : ①~⑧

① E4301 : 일미나이트계
② E4303 : 라임 티타니아계
③ E4311 : 고셀룰로오스계
④ E4313(E6013) : 고산화티탄계
⑤ E4316(E7016) : 저수소계
⑥ E4324 : 철분 산화티탄계
⑦ E4326 : 철분 저수소계
⑧ E4327 : 철분 산화철계

50 기계적 성질이 E4313과 큰 차이가 없

는 피복 아크용접봉은? : E4324

해설 E4324는 티탄계에 철분을 더 포함한 철분산화티탄계를 뜻하며, 끝에서 2번째 자리는 일반적으로 용접 자세의 의미로, 2의 숫자는 아래보기 및 수평 필릿 자세의 봉을 뜻한다.

51 용융 슬래그의 염기도를 나타내는 식은?

$$염기도\ P = \frac{\Sigma 염기성\ 성분(\%)}{\Sigma 산성\ 성분(\%)}$$

52 피복봉 종류별 염기도가 높은 순서

E4316(0.9) > E4301(-0.1) > E4327(-0.7) > E4303 : -0.9 > E4311(-1.3) > E4313 : -2.0 순이다.

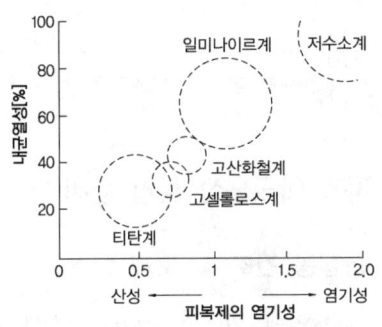

[피복아크용접봉의 내균열성 비교]

53 피복 아크용접봉의 용적 이행형식은?

단락형, 분무(스프레이)형,
글로뷸러(핀치 효과, globular transfer)형

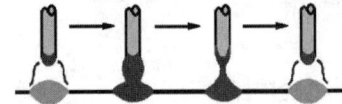

(a) 단락 이행(short circuit transfer)

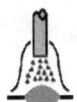 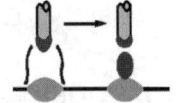

(b) 분무 이행   (c) 입상 이행

54 용적이 용융지에 접촉되어 단락되고, 표면 장력의 작용으로 모재에 옮겨가 용착되는 형식으로, 맨(비)피복봉 사용할 때 많이 볼 수 있는 형은? ; 단락형

55 피복제의 일부가 가스화하여 가스를 뿜어내면서 미세한 용적이 모재에 옮겨가서 용착되는 용적 이행형은?

분무 이행(spray transfer)

56 비교적 큰 용적이 단락되지 않고 모재로 옮겨가는 용적 이행 상태는?

글로뷸러형(입상이행형, 핀치 효과형)

❷ 고장력강 등 피복아크 용접봉

01 고장력강용 피복 아크용접봉의 특성은?
①~④

① 항복점이 392MPa(40kgf/mm^2), 인장강도가 490MPa(50kgf/mm^2) 이상이다.
② 탄소 함유량을 적게 하여 노치 인성 저하와 메짐성을 방지한다.
③ 구조물 용접에 특히 적합하다.
④ 판두께를 얇게 할 수 있어 무게 경감과 재료의 절약, 내식성 향상 등을 목적으로 사용된다.

02 고장력강의 종류는? ; ①, ②

① 종류 : HT70 : 70~801kgf/mm^2, HT80 : 80~901kgf/mm^2
② 종류는 KSD 7006 : 2023에 최저 인장강도 490N/mm^2, (구, 50kgf/mm^2)

520N/mm², 570N/mm², 610N/mm², 690N/mm², 750N/mm², 780N/mm² 급이 규정되어 있다.

03 주철용 피복 아크용접봉의 성분은?

1.7~3.5%C, 0.6~2.5%Si, 0.2~12%Mn, 0.5%P, 0.1%S

04 주철 피복봉의 특성은? : ①~④

① 주철의 용접은 주로 결함 및 파손된 주물의 수리(보수)에 이용된다.
② 주철은 실온에서 거의 연성이 없고 매우 여리다.
③ 연강 및 탄소강에 비해 용접이 어려워 전, 후 처리와 선택이 중요하다.
④ 종류 : 니켈계, 모넬 메탈봉, 연강용 용접봉 등이 있다.

05 스테인리스강 피복 아크용접봉의 특성

① 티탄계 : 루틸을 주성분으로 하며, 아크가 안정되고 스패터가 적으며, 슬래그 제거성도 양호하다.
② 우리나라의 스테인리스강 용접봉은 거의 티탄계이다.
③ 종류 : E 308, E 308L, E 309, E 309 Mo, E 310, E 316
④ 용도 : X선 검사 성능이 양호하여 고압 용기나 중구조물 용접에 쓰인다.

06 동 및 동합금용 피복 아크용접봉 특성

① 주로 탈산 구리 용접봉 또는 구리 합금 용접봉이 사용되고 있다.
② 연강에 비해 열전도도와 열팽창 계수가 크기 때문에 용접에 어려움이 있다.

❸ 피복 아크용접봉 선택과 관리

01 용접봉의 선택과 건조는? : ①~④

① 저수소계 봉 : 사용 전에 300 ~ 350℃에서 1~2시간 정도 건조 후 사용
② 일반봉 : 70 ~ 100℃에서 30분 ~ 1시간

02 용접봉 선택

봉은 피용접물의 재질, 사용 목적에 따라 선택하고, 작업성과 용접성을 고려해야 된다.

03 용접봉 보관 및 취급시 주의 사항

① 습기에 민감하므로 진동이 없고 하중을 받지 않는 건조한 장소에 보관한다.
② 사용 중에 피복제가 떨어지지 않도록 통에 넣어 운반하여 사용하도록 한다.

제4절 ▶ 피복 아크용접작업

❶ 피복 아크용접 작업 준비

01 용접봉 건조 및 모재 청소

도면 이해, 필요한 용접봉의 선택과 건조, 모재 청결(기름, 녹, 페인트 및 기타 불순물은 기공, 균열의 원인)

02 용접 설비 점검 및 보호구 착용

용접기의 이상 유무를 점검하고 전류를 조정한 후 보호구를 착용한다.

03 환기 장치

용접 장소는 환기 및 통풍이 잘 되게 하여 유해 가스 및 분진을 흡입하지 않도록 한다.

❷ 피복 아크용접작업

01 아크 발생법

점찍기법과 긁기법이 있으며, 작업자의 편의에 따라 선택한다.

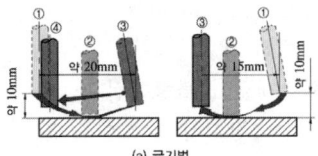
(a) 긁기법

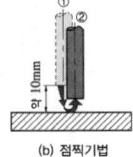
(b) 점찍기법

02 아크용접시 용접봉 각도에 대한 사항

① 용접봉 각도란 봉이 모재와 이루는 각으로 진행각과 작업각으로 구분한다.
② 진행각은 용접봉과 용접선이 이루는 각도로서 용접봉과 수직선 사이의 각도로 표시한다.
③ 용접봉 각도에 따라 용접 품질이 좌우될 수 있다.

03 용접 전류는 대체로 용접봉 단면적 1mm²에 대하여 얼마 정도의 전류 밀도를 택하는가? : 10~11A 정도

04 아크(용접) 전류 설정

① 피용접물의 재질, 모양, 크기, 이음의 형상, 예열, 용접봉 크기와 종류, 용접 속도, 용접사의 숙련도 등에 따라 결정
② 일반적으로 용접봉 지름 3.2 : 80~120A, 지름 4.0 : 120~160A 적용함
③ WPS를 기준으로 설정한다.

05 용접(운봉) 속도

① 모재에 대한 용접선 방향의 아크 속도
② 모재의 재질, 이음 모양, 용접봉의 종류와 지름 및 전류값에 따라 다르다.
③ 동일 조건에서 용접 속도를 증가시키면 비드 폭이 좁아지고 용입도 얕아진다.

④ 용입의 정도는 용접 전류값을 용접 속도로 나눈 값에 따라 결정된다.

06 아크 길이

① 모재 표면에서 용접봉 끝까지의 거리
② 적정 아크 길이 : 보통 용접봉 심선 지름의 1배 정도(3mm 정도)이며, 아크길이를 짧게 하는 것이 좋다.
③ 아크전압은 아크 길이에 비례하여 증가하고, 용접 전류는 반대로 감소한다.

07 아크 소멸과 크레이터

① 아크 소멸 : 용접을 정지하려는 곳에서 아크 길이를 짧게 하여 크레이터를 채운 후 용접봉을 빠른 속도로 들어 올린다.
② 크레이터 : 아크 중단 부분이 오목하거나 납작하게 파진 부분을 말하며, 이곳은 불순물과 편석이 남게 되고 균열이 발생할 수 있으므로 이곳을 채워야 된다.

08 접지 클램프의 접속이 불량할 때 일어나는 현상은?

아크 불안정, 과도한 열 발생, 전력 낭비

09 두께 3.2mm인 연강판을 지름 2.6mm의 피복 아크용접봉으로 용접하려고 할 때 가장 적당한 용접 전류값은?

50 ~ 70A

해설 계산에 의한 전류 :
$\frac{\pi d^2}{4} \times 10 \sim 11(\text{단면적당}) = 53 \sim 58A$

10 위빙은 용접봉을 용접 방향에 대하여 옆으로 이리 저리 움직이며 용접하는

방법이다. 백스텝 운봉법은 어느 자세에 적합한가? : 수직 상진법

11 용접봉을 용접 방향에 대하여 옆으로 이리 저리 움직이며 용접하는 방법을?

위빙

12 위빙 폭은 심선 지름의 몇 배가 적합한가? : 2~3배

13 여러 가지 운봉법

① 직선(straight) 비드 : 용접봉을 일정한 각도를 유지하며 용접선에 따라 직선으로 움직이며 놓은 비드
모든 자세의 박판 용접, 홈 용접의 이면 비드 형성시 사용한다.

② 위빙(weaving) 비드 : 비드를 넓게 할 때 사용, 운봉각을 일정하게 유지하며, 위빙 폭은 심선 지름의 2~3배로 한다. 언더컷 발생에 주의한다.

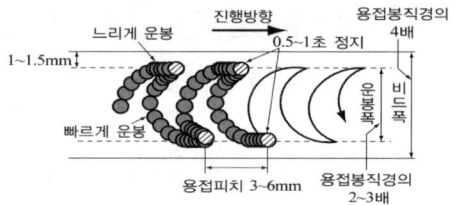

14 우측 그림과 같은 운봉법은 어느 자세에 적합한가? : 수직사제

15 피복 아크용접시 적정 아크 길이는?

보통 3mm 정도 유지,
봉 지름이 2.6 이하는 심선 지름과 같이 하는 것이 좋다.

16 아크 길이가 길 때 현상은? : ①~⑤

① 아크전압은 높아지고, 아크가 불안정해지며, 용입 불량, 언더컷이 생기기 쉽다.
② 열량이 많아지고, 스패터의 발생이 많아진다.(심해진다)
③ 용착금속의 재질이 불량해진다.
④ 비드 외관이 불량해지고, 블로우 홀(기공)이 생길 수 있다.
⑤ 용융 금속이 산화 및 질화되기 쉽다.

17 아크(자기) 쏠(불)림 현상이란? ①~③

① 직류 용접기에서 +극과 -극 사이에서 생성되는 자력(자장)에 의해 아크가 한쪽으로 쏠리는 현상
② 용접 전류에 의해 아크 주위에 발생하는 자장이 용접봉에 대하여 비대칭일 때 일어난다.
③ 짧은 용접선으로 작은 물건을 용접할 때 나타난다.

18 아크쏠림(arc blow) 방지대책은?

①~⑤

① 직류 대신 교류 용접으로 하며, 용접봉 끝을 쏠림 반대방향으로 기울인다.
② 가접부 또는 이미 용접이 끝난 용착부를 향하여 용접한다.
③ 이음의 처음과 끝에 엔드탭을 사용하며, 용접부가 긴 경우 후퇴 용접법으로 한다.
④ 접지점을 가능한 한 용접부에서 멀리하며, 접지점 2개를 연결한다.
⑤ 아크 길이를 짧게 한다.

19 자기 불림의 현상이 가장 강하게 일어나는 용접기는?

정류기형(직류 용접기)

20 피복 아크용접에서 일반적인 아크 속도는? : 8~30cm/min가 적당

21 다층 용접시 비드의 두께를 몇mm 이하로 유지해야 풀림 및 피이닝(peening) 효과를 얻을 수 있는가? : 3mm 이하

❸ 피복 아크용접 결함 원인과 대책

01 용접 결함의 대분류는?
성질상 결함, 구조상 결함, 치수상 결함

02 성질상 결함의 종류는?
강도(인장, 압축, 충격, 피로 등), 내식성, 경도, 부식

03 구조상 결함의 종류는?
언더컷, 오버랩, 균열, 기공, 슬래그 섞임, 용입불량, 용착불량, 은점, 선상 조직, 피트

04 치수상 불량(결함)의 종류는?
치수오차, 형상불량, 변형, 각도 불량

05 전류의 세기와 관계없는 결함은?
선상조직, 은점

참고 선상 조직 : 용착금속의 파면에 서릿발 모양의 매우 미세한 주상정이 병렬하며, 비금속 개재물이나 기공을 포함한 것

06 용접전류가 낮아질 때 일어나는 현상은?
오버랩, 용입 불량(얕음), 용착 불량 등

07 전류가 높아질 때 일어나는 현상은?
스패터링이 많고, 용입이 깊어지며, 용접봉이 가열되기 쉽고 언더컷이 생기기 쉽다.

08 용입 부족(불량)의 원인
① 이음 설계의 결함이 있을 때
② 용접 속도가 너무 빠를 때
③ 용접전류가 낮을 때

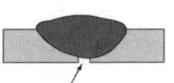
용입 불량

09 오버랩이 생기는 원인으로 틀린 것은?
① 용접 전류가 너무 높을 때
② 운봉 및 유지 각도가 불량할 때
③ 부적당한 봉을 사용했을 때
④ 용접 속도가 너무 느릴 때

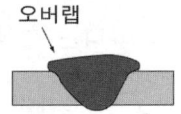
오버랩

해설 ①, 용접 전류가 너무 낮으 때

10 언더컷의 발생 원인
① 전류가 너무 높거나 아크 길이가 길 때
② 부적당한 봉을 사용했을 때
③ 용접 속도가 너무 빠를 때
④ 운봉 및 유지 각도가 불량할 때

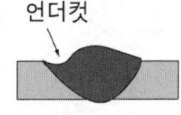
언더컷

11 스패터는 어떤 경우에 생기는 원인이 아닌 것은?
① 운봉 각도가 부적당할 때
② 봉에 습기가 많고, 아크 길이가 길 때
③ 용접 전류가 높을 때
④ 모재의 온도가 높을 때

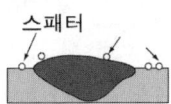
스패터

해설 ④, 모재의 온도가 낮을 때

12 용접시 기공발생의 방지대책은? ①~⑤

① 예열하거나 후열한다.
② 건조된 용접봉을 사용하며, 모재를 깨끗이 한다.
③ 저수소계 봉을 사용한다.
④ 적정 아크 길이 유지, 적정 전류 사용
⑤ 용접 속도를 조금 늦춘다.

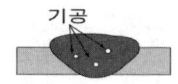
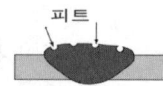

13 아크용접을 할 때 불로 홀 등의 발생으로 용접부의 외표면에 작은 홈이 나타나는 현상은? : 피트

14 습기가 있는 용접봉을 사용하면 일어나는 현상으로 옳지 않은 것은? ④

① 피복제가 벗겨지기 쉽고 아크가 불안정하다.
② 용착금속의 기계적 성질이 불량해진다.
③ 불로 홀(blow hole)이 생긴다.
④ 가스 발생이 많아져 용접부 보호가 촉진된다.

15 용접시 균열이 발생하는 원인은? ①~⑤

① 이음 강성이 큰 경우
② 부적당한 용접봉 사용시
③ 모재에 합금 원소가 많을 때
④ 과대 전류 및 과대 속도일 때
⑤ 모재에 유황 함량이 많을 때

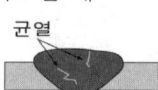

16 선상 조직의 발생원인과 대책

① 용착금속의 냉각속도가 빠를 때,
② 모재 재질 불량

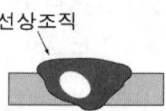

17 슬래그 섞임의 원인과 방지 대책

① 슬래그를 깨끗이 제거한다.
② 적정 전류 선택, 운봉을 잘한다.
③ 이음부 설계를 잘한다.
④ 봉의 적정 각도를 유지한다.
⑤ 예열, 후열을 한다.
⑥ 운봉속도를 조절한다.

18 아크 분위기는? ; ①~③

① 피복제는 아크열에 의해서 분해되어 많은 가스를 발생한다.
② 저수소계(E4316) 이외의 용접봉은 일산화탄소와 수소 가스가 대부분이다.
③ 가스는 주로 피복제 중의 유기물, 탄산염, 습기에서 발생한다.

19 용접 중 용융금속 중에 가스의 흡수로 인한 기공이 발생되는 화학 반응식을 나타낸 것은?

① FeO + Mn → MnO + Fe
② 2FeO + Si → SiO₂ + 2Fe
③ FeO + C → CO + Fe
④ 3FeO + 2Al → Al₂O₃ + 3Fe

해설 ③, 반응식에서 MnO, SiO₂, Al₂O₃ 등은 모두 탈산 반응으로 가스를 제거하는 역할을 한다.

20 수평 필릿 자세 용접에서 언더컷은 어디에 생기는가?

비드 위쪽의 토우 부분에 생기기 쉽다.

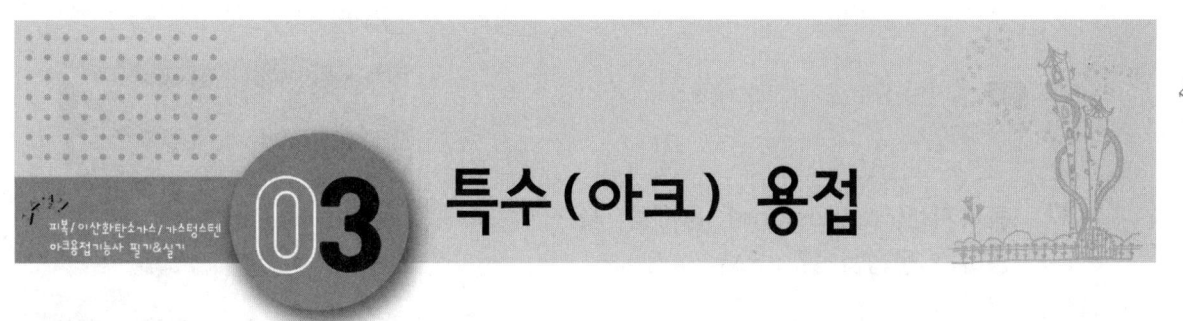

03 특수(아크) 용접

제1절 서브머지드 아크용접

1 원리 및 특징

01 서브머지드 아크용접(SAW)의 원리는?

용접할 모재에 입상의 용제(flux)를 살포한 후 용제 속에 비피복 와이어를 넣고 모재 및 전극 와이어를 용융시켜 용접부를 대기로부터 보호하면서 용접하는 방법

참고 SAW : Submerged Arc Welding

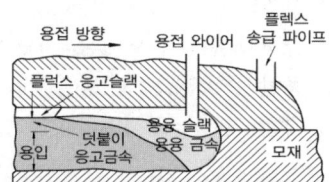

[서브머지드 아크용접의 원리]

02 서브머지드 아크용접 특성(장점)은? ①~④

① 대(고)전류 사용으로 전류 밀도가 높아 용입이 깊어 후판 용접이 용이하다.
② 작업능률(용착속도)이 피복 금속 아크용접에 비하여 판두께 12mm에서 2~3배, 25mm에서 5~6배, 50mm에서 8~12배 빠르(높)다.
③ 용착금속의 기계적 성질이 우수하다.
④ 비드 외관이 곱(아름답)다.

03 잠호(불가시) 용접의 특징은? : ①~③

① 개선각을 작게 하여 용접 패스 수를 줄일 수 있다.
② 유해 광선이나 퓸(흄, fume) 등이 적게 발생되어 작업 환경이 깨끗하다.
③ 이음부의 청정(수분, 녹, 스케일 제거 등)에 특히 유의하여야 한다.

04 SAW 용접법의 단점으로 틀린 것은?

① 두꺼운 판 용접에서 비효율적이다.
② 용접선이 곡선이거나 짧으면 비능률적이다.
③ 용제 속에서 아크가 발생되므로 육안으로 식별이 불가능하다.
④ 용접선이 수직인 경우 적용이 곤란하다.(용접 자세에 제약을 받는다.)

해설 ①, 두꺼운 판 용접에서 효율적이다.

05 SAW 용접법의 단점은? ①~③

① 장비의 가격이 비싸다.(고가이다)
② 개선 가공 및 루트 간격에 정밀을 요한다.(루트 간격 0.8mm 이하, 홈 각도 오차 ±5도)
③ 용접 입열이 커(많아) 변형이 크고, 열영향부가 넓다.

06 서브머지드 아크용접의 다른 명칭으로 불리우는 것에 속하지 않는 것은?

① 잠호 용접   ② 유니언 멜트 용접
③ 헬리 아크용접   ④ 불가시 아크용접

제3장_특수(아크) 용접   25

> **참고** ③, 헬리 아크용접은 티그용접의 다른 이름이다.

07 콤퍼지션(composition) 용제를 사용하는 용접법은? : SAW 용접\

> **해설** SAW 용접법은 용제(flux)가 필요한 용접법이다.

08 다음 용접법 중 이음부의 청정(수분, 녹, 스케일 제거 등)에 특히 유의하여야 하는 용접법은? : 서브머지드 아크용접

❷ 용접 장치

01 서브머지드 아크용접 장치의 구성에 관한 설명은? : ①~④

① 전원으로 직류나 교류 모두 사용되며, 직류는 시설비가 많(비싸)고 자기불림 현상이 매우 심하다.
② 정전압 특성의 직류 아크용접기는 아크 발생의 용이성, 전류 조정이 우수한 점이 많다.
③ 용접 전류는 용접 전원으로부터 접촉 팁에서 용접 전극을 통하여 공급된다.
④ 얇은 판의 고속도 용접에서는 약 400A 이하의 낮은 전류에서 직류 역극성으로 시공하면 아름다운 비드를 얻는다.

02 서브머지드 아크용접기에서 용접 헤드(welding head)의 구성은?

와이어 송급 장치, 전압 제어장치, 접촉(콘텍트) 팁, 용제(flux) 호퍼, 주행 대차

> **참고** 가이드 레일, 수냉동관은 헤드가 아니다.

[서브머지드 아크용접기의 헤드]

03 SAW 용접에서 75mm의 후판을 한꺼번에 용접이 가능한 용접기는? : ④

① 반자동(UMW, FSW)형 : 최대 전류 900A
② 경량(DS, SW)형 : 최대 전류 1200A
③ 표준 만능(UE, USW)형 : 최대 전류 2000A
④ 대형 : 최대 전류 4000A

04 다전극 방식 서브머지드 아크용접법

① 다전원 연결 : 텐덤식
② 동일전원 연결 : 횡병렬식
③ 직렬 연결 : 횡직렬식

05 다전극 서브머지드 아크용접시 두(2)개의 전극 와이어를 각각 독립된 전원에 연결하는 방식으로 비드 폭이 좁고 용입이 깊으며, 용접 속도가 빠른 방식은?

텐덤식(tandem process)

> **해설** 텐덤식은 배관(파이프라인) 용접에 적합

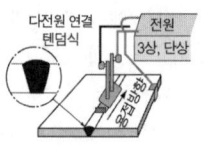
[텐덤식]

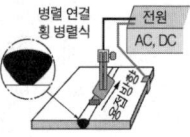
[횡병렬식]

06 서브머지드 아크용접에서 두 개의 전극

(와이어)을 똑같은(동일) 전원에 접속하며, 비드 폭이 넓고 용입이 깊은 용접부가 얻어져 능률이 높은 다전극 방식은?

횡병렬식(parallel transverse process)

07 다전극식 서브머지드 아크용접법에서 비교적 용입이 얕아 주로 스테인리스강 등의 덧붙이(육성) 용접에 흔히 사용하는 용접방식은?

횡직렬식

③ 용접 재료

01 서브머지드 아크용접시 사용하는 용제의 구비 조건

① 아크 발생이 잘 되고 적당한 용융 온도 및 점성 온도 특성을 가질 것
② 합금 성분의 첨가, 탈산, 탈유 등의 결과로 양질의 용접금속이 얻어질 것
③ 용접 후 슬래그 박리성이 양호하며, 양호한 비드를 형성할 것

02 서브머지드 아크용접시 사용하는 용융형 용제(fusion type flux)의 특징으로 옳지 않은 것은?

① 광물성 원료를 1300℃ 이상으로 용융한 후 분쇄하여 적당한 입자로 만든 것
② 입도는 12×150[mesh] 등이 잘 쓰인다.
③ 미국의 린데 회사의 것이 유명하다.
④ 낮은 전류에서는 입도가 미세한 용제를 사용하면 기공 발생이 적다.

해설 ④, 낮은 전류에서는 입도가 큰 용제를 사용하면 기공 발생이 적다.

03 서브머지드 아크용접시 사용하는 용융형 용제의 특징은? : ①~④

① 흡습성이 적(없)어 재건조 불필요, 미용융 용제는 재(반복) 사용이 가능하다.
② 비드 외관이 아름답고, 용제의 화학적 균일성이 양호하다.
③ 고속 용접성이 양호하고, 보관이 편리하다.
④ 용접 전류에 따라 입자 크기가 다른 것을 사용해야 하며, 용접시 산화나 분해되는 원소는 첨가해선 안된다.

04 용융형 용제의 주성분은?

규산(SiO_2), 산화마그네슘, 이산화망간, 알루미나(Al_2O_3), 산화망간, 산화철, 산화나트륨, 산화바륨, 산화티타늄, 산화칼륨 등

05 용융형 용제의 주 용도는?

고장력강 용접, 저온용기 용접, 건축, 교량 구조재 용접, 극후판 용기류의 다층 용접

06 원료 광석 가루, 합금제. 탈산제 등을 규산나트륨과 같은 점결제와 함께 용융되지 않을 정도로 소결하여 입도를 조정한 용제는?

소결형 용제(sintered type flux)

07 서브머지드 아크용접에서 소결형 용제의 특징은? : ①~③

① 고전류에서의 용접 작업성이 좋다.
② 전류에 상관없이 동일한 용제로 용접이 가능하다.
③ 용융형 용제에 비하여 용제의 소모량이 적고 경제적이다.

08 서브머지드 아크용접에서 소결형 용제의 특징은? : ①~③

① 강력한 탈산 작용이 있으며, 용착 금속에 합금 원소의 첨가가 쉬워 기계적 성질의 조정이 자유롭다.
② 저온 소결형 용제는 400~550℃에서 소결하고, 고온 소결형 용제는 800~1000℃에서 소결한다.
③ 큰 입열로 용접성이 양호하며, 수소, 산소의 흡수가 적다.

09 저합금강이나 스테인리스강의 용접에 적합한 용제는? : 소결형 용제

참고 소결형 용제 용도 : 고장력강 용접, 저온용기 용접, 조선의 후판 용접, 덧살 용접

10 용제 중 흡습성이 가장 높은 것은?

소결형 : 흡습량 허용값은 0.5% 이하

참고 흡습성 정도 : 용융형 < 혼성형 < 소결형

11 혼성형 용제(bonded type flux)는?

분말상 원료에 고착제(물유리 등)를 가하여 비교적 저온(300~400℃)에서 건조하여 제조한 것

참고 혼성형 용제 : 습기에 민감하므로 건조한 곳이나 오븐에 구워 저장해야 된다.

12 입도를 표시할 때 8×200은?

8메시보다 가늘고, 200메시보다 거친 것

참고 입도 20×D : 20메시에서 D는 미분(dust)의 표시

13 용제의 입자가 클수록 용입은 어떻게 되는가? : 용입이 깊어진다.

14 용융형 용제의 입도 12×150에 적당한 전류는? : 500×800A

입도 치수	8×48	12×65	12×150	12×200	20×D
적정 전류	600>	600>	500×800	500×800	800

15 서브머지드 아크용접에서 용접용 와이어는?

코일상의 금속선으로 릴에 감겨져 있으며, 와이어 표면은 구리 도금한 것이 보통이다.

16 망간의 함유량에 따른 서브머지드 아크용접 와이어의 분류

① 저망간계 : 0.6%Mn 이하
② 중망간계 : 1.25%Mn 이하
③ 고망간계 : 2.25%Mn 이하

17 SAW 용접용 코일의 표준 무게

① 작은 코일(S) : 12.5kgf
② 중간 코일(M) : 25kgf
③ 큰 코일(L) : 75kgf
④ 초대형 코일(XL) : 100kgf

18 서브머지드 아크용접 와이어 지름은?

2.0, 2.4, 3.2, 4.0, 4.8, 6.4, 7.9, 12.7이 있으며, 2.4 ~ 7.9mm가 주로 사용된다.

19 와이어 종류 중 서브머지드 아크용접의 연강에 주로 사용되는 것은?

US 36, US 43, US 47

참고 US 410은 연강용으로 사용되지 않는다.

20 단층, 다층 또는 맞대기 용접, 필릿 용접에 적용되며, G 20, G 80 등의 용제와 맞추어 사용되는 와이어는?

US 36

21 서브머지드 아크용접용 와이어 표면에 구리를 도금한 이유는? : ①~③

① 접촉팁과 전기 접촉을 좋게 한다.
② 와이어에 녹슴을 방지한다.
③ 송급 롤러와 접촉을 원활히 한다.

④ 용접 작업

01 서브머지드 아크용접의 V형 맞대기 용접시 루트면 쪽에 받침쇠가 없는 경우에 알맞은 홈 각도, 루트 간격과 루트면의 설명으로 틀린 것은?

① 홈 각도 : ±5°
② 루트 간격 : 0.8mm 이하
③ 루트면 : 7~16mm
④ 후판의 루트 간격 : 8mm 이상

> **해설** ④, 후판도 루트 간격이 크면 안된다. 그리고 홈각도가 크면 용입이 깊고, 작으면 용입은 얕아진다.

02 서브머지드 아크용접시 전류가 증가하면 어떻게 되는가?

용입이 급증하(깊어지)며 비드 높이도 높아지고 오버랩도 생긴다.

03 서브머지드 아크용접에서 아크전압이 낮을 때 일어나는 현상은?

용입이 깊어지고, 비드 폭이 좁아진다.

> **참고** 아크전압이 증가하면 아크 길이가 길어지고 비드 폭이 넓어지면서 평평한 비드가 형성된다.

04 서브머지드 아크용접의 용접 조건으로 옳지 않은 것은?

① 와이어 돌출 길이를 길게 하면 와이어의 저항열이 많이 발생하게 된다.
② 와이어 지름이 증가하면 용입도 증가한다.
③ 용착량과 비드 폭과 용입은 용접 속도의 증가에 거의 비례하여 감소한다.
④ 홈 각도가 크면 용입이 깊어진다.

> **해설** ②, 전류 밀도가 감소하므로 용입이 낮(얕)아진다.

05 서브머지드 아크용접기로 아크를 발생할 때 모재와 용접 와이어 사이에 놓고 통전시켜주는 재료는? : 스틸 울

> **해설** 과거엔 스틸 울을 놓고 통전시켜 아크를 발생, 요즘은 고주파 발생 장치를 사용

06 서브머지드 아크용접시 아크 길이가 길면 일어나는 현상은?

용입은 얕고 비드 폭이 넓어진다.

07 서브머지드 아크용접의 시공시 뒷받침(backing)을 사용하는 이유

① 단층 용접으로 뒷면까지 완전 용입이 필요한 경우
② 루트면의 치수가 용융 금속을 지지할 수 없을 정도일 때(용락의 우려)
③ 루트 간격이 0.8mm를 넘을 경우 수동 용접에 의해 누설 방지 비드를 놓거나 받침을 사용해야 된다.

08 서브머지드 아크용접의 시공시 사용하는 받침의 종류는?

멜트 백킹, 구리 받침쇠, 컴퍼지션 백킹, 세라믹

> 참고 가스 백킹은 사용하지 않는다.

09 뒷받침 사용 방법

① 두께가 얇은 판의 I형 맞대기 용접, 두꺼운 판의 V형, U형 용접에는 구리 받침이나 받침 용제 사용
② 입열량이 높을 경우 수랭식 받침 사용
③ 구리판 대신에 내화성이 큰 컴퍼지션 용제 받침 사용
④ 구리 뒷받침의 홈 깊이는 0.5~1.5mm, 폭 6~20mm 정도로 만든다.
⑤ 판두께가 3.5mm 이하의 판에서는 홈을 파지 않는다.
⑥ 구리판 대신 모재와 동일한 재료로 받쳐 완전 용입하는 것도 좋다.

> 참고 Al판은 열전도는 좋으나 용융점이 낮으므로 받침판으로 사용할 수 없다.

10 엔드 탭 사용 이유와 형상

① 용접이 시점, 종점에 결함이 많이 발생하므로 이것을 방지하기 위해
② 형상 : 모재와 홈의 형상이나 두께, 재질 등이 동일한 것의 부착이 필요하다.
③ 용접 후 절단 제거, 또는 중요한 이음에서는 큰 엔드 탭을 붙여 용접 후 절단하여 기계적 성질 시험용으로 사용한다.

11 어느 용접이나 용접 속도가 증가하면?

모재의 입열이 감소되어 용입이 얕아지고 비드 폭이 좁아진다.

12 진행 방향의 영향

전진법은 용입이 감소하며 비드 폭이 증가하고, 비드 면이 평평해지며, 후진법은 반대 현상이 일어난다.

13 SAW 용접의 기공 발생 원인은?

용접 속도 과대, 전압 부적당, 용제의 건조 불량, 용접부 표면 불결, 이면 슬래그 미제거

14 서브머지드 아크용접시 모재에 수분이 있을 경우 예열 방법과 온도는?

가스 불꽃으로 60~80℃ 정도 예열

제2절 불활성 가스 아크용접 (TIG/ MIG)

1 원리 및 특징

01 불활성 가스 아크용접의 원리

불활성 가스 분위기 속에서 텅스텐 전극봉 또는 와이어와 모재 사이에서 아크를 발생하여 그 열로 용접하는 방법

> 참고 불활성 가스 텅스텐 아크용접(TIG 용접)과 불활성 가스 금속 아크용접(MIG 용접)법이 있다.

02 불활성가스 아크용접의 장점은?

①~⑤

① 산화하기 쉬운 금속의 용접이 쉽다.
② 모든(전) 자세의 용접이 용이하며, 열 집중성이 좋아 고능률적이다.
③ 피복제와 플럭스(용제)가 필요없다.
④ 아크가 안정되어 스패터가 적고, 조작이 용이하다.

⑤ 용접 변형이 비교적 적다.

03 불활성 가스 아크용접의 단점은? ①~③

① 장비비가 고가이고 이동해서 사용하기 힘들다.
② 실드 가스가 바람에 의해 불려나갈 수 있어 옥외 작업이 힘들다.
③ 토치가 접근하기 힘든 경우(곡선, 짧은 용접부)에는 용접하기 어렵다.

04 다음 중 불활성 가스 아크용접을 하는데 가장 부적합한 금속은? : 주강

[주강, 스테인리스강, 알루미늄, 구리와 그 합금, 내열강]

> **참고** 주강은 일반 피복 아크용접이나 CO_2 용접 등으로도 용접성이 양호하므로 가격이 비싼 불활성 가스를 사용하는 용접법을 채용하면 비경제적이다.

② 불활성 가스 텅스텐 아크용접

01 TIG(Tungsten Inert gas) 용접의 개요와 원리

텅스텐 전극봉을 사용하여 발생시킨 아크로 모재와 용접봉을 녹이면서 용접하는 방법

02 불활성 가스 텅스텐 아크용접에 관한 사항은? : ①~⑤

① 비소모(비용극)식 불활성 가스 아크용접법이라고도 한다.
② 주로 아르곤(Ar) 가스를 사용한다.
③ 교류나 직류를 다 사용할 수 있다.
④ 용접봉이 전극이 될 수 없다.(용가재다.)
⑤ 주로 3mm 이하의 박판에 이용된다.

03 TIG 용접의 특성은? : ①~③

① 피복제 및 용제가 불필요하다.
② 산화하기 쉬운 금속의 용접이 용이하고 용착부의 제성질이 우수하다.
③ 낮은 전압에서 용입이 깊다.

04 TIG 용접의 단점은? : ①~③

① 불활성 가스와 용접기의 가격이 비싸 운영비와 설치비가 많이 든다.
② 바람의 영향을 받으므로 방풍 대책이 필요하다.
③ 후판 용접에서는 다른 아크용접에 비해 비효율적이(능력이 떨어진)다.

05 불활성 가스 텅스텐 아크용접의 상품 명칭은?

헬리 아크, 헬리 웰드, 필러 아크 등

[TIG 용접기 형상]

06 불활성가스 텅스텐 아크용접에서 직류 정극성(DCSP, DC straight polarity)에 관한 설명은? : ①~③

① 모재측에 양(+)극, 토치측에 음(-)극을 연결한 방식
② 용입이 깊으며, 직경이 적은 전극에서 큰 전류를 흐르게 할 수 있으며, 그다지 가(과)열되지 않는다.

③ 스테인리스강 용접에 적합하다.

07 직류 역극성(DCRP, DC reverse polarity)의 특성 설명으로 틀린 것은?

① 모재측에 음(-)극, 토치측에 양(+)극을 연결한 방식
② 용입이 깊고 폭이 넓으며, 전극이 저온으로 전극 수명이 길다.
③ 정극성보다 4배의 큰 전극이 필요하다.
④ Ar 가스 사용시 청정 작용(cleaning action)이 있다.

[해설] ②, 용입이 얕고 폭이 넓으며, 전극이 고온으로 가열되어 끝이 녹기 쉽다.

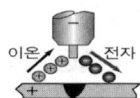 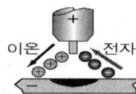 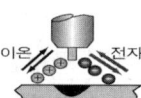
[직류 정극성]   [직류 역극성]   [고주파 교류]

08 고주파 교류(CHF)

① 교류 아크용접기에서 아크 안정을 얻기 위하여 상용 주파의 아크 전류에 고전압(2000~3000V)의 고주파(300~1000kc, 약전류)를 중첩하는 방식
② 용접 전류가 부분적 정류되어 불평형하므로 용접기가 탈(소손할) 염려가 있다.

09 TIG 용접의 극성에서 정류 작용 방지를 위해 2차 회로에 삽입하는 것은?

축전지, 리액터 또는 직렬 콘덴서, 정류기

[해설] 초음파는 아니다.

10 TIG 교류 용접시 용접 전류에 고주파 전류를 더하였을 때의 장점

① 전극을 모재에 접촉시키지 않고 쉽게 아크를 발생시킬 수 있다.

② 아크가 매우 안정되며 아크가 길어져도 끊어지지 않는다.
③ 전극의 수명이 길어 경제적이다.
④ 일정한 지름의 전극에 비해 광범위한 전류의 사용이 가능하다.

11 TIG용접에서 중간 형태의 용입과 비드 폭을 얻을 수 있으며 청정 효과가 있어 Al이나 Mg 등의 용접에 사용되는 전원은?

고주파 중첩 교류(ACHF) 전원

12 다음 문장에서 ( )안에 들어갈 적합한 단어의 순서는? : 음전기, 모재

[불활성가스 텅스텐(TIG) 아크용접법에서 직류 정극성에서는 ( )를 가진 전자가 ( )에 강하게 충돌하므로 깊은 용입을 일으키게 된다.]

13 TIG 용접에서 토치를 수랭해주는 용접 전류의 범위는? : 200A 이상

[참고] 학자에 따라 100A 이상 또는 200A 이상으로 논하고 있으나 장시간 사용할 경우는 100A 이상은 수랭식을 사용하는 것이 안전하다.

14 티그(TIG) 용접에서 텅스텐 전극봉의 고정을 위한 장치는? : 콜릿 척

15 가스 노즐(캡)

세라믹이나 동으로 만들어지며, 크기는 가스 분출 구멍의 크기로 정해지며, 보통 4~13mm가 주로 사용된다.

16 펄스 TIG 용접기의 특징은? : ①~⑥

① 저주파 펄스 용접기와 고주파 펄스 용접기가 있다.
② 직류 용접기에 펄스 발생회로를 추가한다.
③ 20A 이하의 저 전류에서 아크의 발생이 안정하다.
④ 전극봉의 소모가 적어 수명이 길다.
⑤ 0.5mm 이하의 박판 용접도 가능하다.
⑥ 좁은 홈의 용접에서 아크의 교란 상태가 발생되지 않아 안정된 상태의 용융지가 형성된다.

17 TIG 용접의 전극봉에서 전극의 구비 조건으로 옳지 않은 것은?

① 고용융점의 금속일 것
② 전자 방출이 잘 되는 금속일 것
③ 전기 저항률이 높은 금속일 것
④ 열전도성이 좋은 금속일 것

해설 ③, 전기 저항률이 낮은 금속일 것, 여기에 가장 적합한 금속은 텅스텐이다.

18 순텅스텐 전극(AWS : EWP, KS : YWP)의 특성은? : ①~③

① 토륨 함유봉에 비해 가격이 저렴하나, 전자 방사능력은 떨어진다.
② 교류에서 불평형 전류가 감소된다.
③ 저전류용, Al, Mg합금용접에 적합하다.

19 토륨 함유 텅스텐 전극의 특성

① 토륨을 1% 또는 2% 함유한 것이 있다.
② 전극 소모가 적으나 교류에서 좋지 않다.

20 TIG 용접에 사용되는 토륨 텅스텐 봉(AWS : EWTh1, EWTh2)은 순 텅스텐 봉에 비해 장점은? : ①~④

① 가격이 비싸나, 전극의 수명이 길다.
② 전자 능력이 현저하게 뛰어나며, 불순물이 부착되어도 전자 방사가 잘 되며 아크가 안정하여 아크 발생이 쉽다.
③ 저전류나 저전압, 전극 온도가 낮아도 접촉에 의한 오손이 적다.
④ 주로 강, 스테인리스강, 동합금 용접에 사용된다.

21 지르코늄 함유 텅스텐 전극(AWS : EWZr)의 특징

① 지르코늄 0.15~0.5% 함유한 것으로 고전류용이다.
② Al, Mg 용접에서 순텅스텐의 단점을 보완한 것이다.

22 불활성 가스 아크(TIG)용접에서 순 텅스텐 전극봉의 색은? : 녹(백)색

AWS 기호	식별용 색		사용 전원
	AWS	KS	
EWZr	갈색	-	ACHF
EWTh1	황색	황색	DCSP
EWTh2	적색	적색	DCSP
란탄 함유봉	흑색 0.8~1.2%	골드 1.3~1.7%	ACHF

23 TIG 용접에 사용되는 란탄 함유 텅스텐 봉의 특성

① 강, 스테인리스, 각종금형 용접, Al용접에 탁월함
② 순텅스텐+토륨전극 장점 결합한 전극

24 텅스텐 전극봉 가공의 가공법은? ①~③

① 전극봉 선단 각은 30~50°가 적당하다.
② 정극성은 뾰쪽하게 가공한다.(강, 스테인리스강 용접) 아크 집중성이 좋아져 용입이 깊고 불순물이 적게 붙어 전자 방사 능력이 높아진다.
③ 역극성에 사용할 경우 둥글게 가공한다.(알루미늄, 마그네슘 합금 용접)

(a) 양호하게 가공함　(b) 경사 방향 불량
(c) 가공 방향 반대임　(d) 방향, 끝단 떨어짐
[전극봉의 가공]

25 텅스텐 전극의 수명을 길게 하는 방법은? : ①~④

① 노즐 끝에서의 전극의 돌출 길이를 길게 하지 않는다.
② 모재와 용접봉과의 접촉에 주의한다.
③ 과대 전류를 피한다.
④ 용접 후 전극 온도가 약 300℃로 되기까지 가스를 흘러 보호한다.

26 TIG 용접에서 텅스텐 전극봉은 가스 노즐의 끝에서부터 몇 mm 정도 도출시키는가? : 3~6mm

27 TIG 용접으로 필릿 이음할 때 적합한 전극 돌출 길이는? : 5~6mm

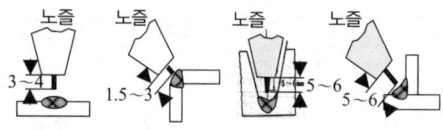

참고 용접시 돌출 길이가 지나치게 길면 보호가 불안전하게 되고 너무 짧으면 작업성이 나쁘다.

28 불활성 가스 아크용접에 많이 사용되는 유량계의 방식은? : 부유식

29 TIG 용접시 사용하는 뒷받침 재료는?

용제, 불활성 가스, 금속, 세라믹

해설 점토는 사용하지 않는다.

30 불활성 가스 아크용접에 주로 사용되는 가스는? : ①, ②

① 주로 아르곤 사용, 헬륨, 아르곤-헬륨, 아르곤-탄산가스, 아르곤-산소
② 아르곤은 헬륨보다 무거워 보호 능력이 좋으며, 전류 밀도가 크고 청정작용이 있으나, 아크전압이 낮아 경합금, 후판 용접에는 적합하지 않다.

31 불활성 가스 아크용접에서 사용되는 아르곤 가스는 일반적으로 1기압에서 6500L 양을 몇 기압으로 충전하는가?

아르곤 가스(Ar)는 일반적으로 14MPa(140기압kgf/mm^2)으로 충전한다.

32 불활성 가스 아크용접에서 사용되는 헬륨의 특성은? : ①~③

① 아르곤보다 가벼우므로 아르곤 가스와 같은 보호 효과를 얻으려면 아르곤보다 2배 정도의 유량을 분출해야 된다.
② 아크전압이 아르곤보다 높아 용접 입열이 크므로 Al, Mg 등 경합금 후판 용접에 적합하다.
③ 용입이 비교적 깊고 비드 폭이 좁아진다.

33 불활성 가스 아크용접에 주로 사용되는 혼합 가스의 혼합은? : ①~③

① 아르곤과 헬륨의 혼합 비율은 25 : 75

가 많이 쓰인다.
② 알루미늄과 동합금 용접에서 용입이 깊고 기공이 적게 발생한다.
③ 스테인리스강의 용접에서는 아르곤에 산소를 1~5% 혼합하면 깊은 용입과 양호한 외관을 얻을 수 있다.

34 TIG 용접의 V형 맞대기 용접에 적용 가능한 모재 두께는? : 6 ~ 20mm

참고 I형 맞대기 용접에는 3mm까지

35 다음 중 TIG 용접 작업 중 아크 원더링(흔들림)이 생기는 원인으로 옳지 않은 것은?

① 전극의 전류 밀도가 낮고, 전극의 선단이 오손되어 있을 때
② 전극의 끝이 불량한 경우
③ 자기의 영향을 받지 않은 경우
④ 아르곤 가스에 공기가 혼입한 경우

해설 ③, 자기의 영향을 받은 경우

36 가스 유량이 과다하게 유출되는 경우 일어나는 현상은?

난류 현상이 생겨 아크가 불안정해지고 기공 발생 등 용접금속의 품질이 나빠진다.

37 TIG 용접을 할 때의 안전 및 유의사항은? ; ①~④

① 세라믹 노즐은 단단하여 부서지기 쉬우므로 토치에 장착 때 주의해야 한다.
② 전기 연결 부분의 접합 상태를 점검한다.
③ 가스의 누설 여부를 비눗물로 검사한다.
④ 냉각수 누출, 가스 누설 유무 검사한다.

❸ 불활성 가스 금속 아크용접

01 불활성 가스 금속 아크용접의 원리

불활성 가스를 사용하여 용접부를 보호하며 연속적으로 공급되는 와이어와 모재 사이에서 발생하는 아크열을 이용하여 용융 접합하는 용극(소모)식 아크용접법

02 소모식인 불활성가스 금속 아크(MIG) 용접법의 상품명이 아닌 것은?

① 에어 코메틱 용접법
② 넬륨 - 아크 용접법
③ 시그마 용접법
④ 필러 - 아크 용접법

해설 ④, (TIG 용접 상품명), 불활성가스 금속 아크 용접법의 상품명으로는 ①, ②, ③ 외에 아르고노트 용접법이 있다.

03 불활성 가스 금속 아크용접의 특성

① 아름답고 깨끗한 비드를 얻을 수 있다.
② 피복 아크용접이나 TIG 용접에 비해 전류 밀도가 높아 용착 효율이 높고 고능률적이(용융 속도가 빠르)다.
③ 모재의 변형과 스패터 발생이 적다.
④ CO_2 용접에 비해 아크가 안정하다.

04 MIG 용접법의 특징에 대한 설명은? ①~④

① 반자동 또는 전자동 용접기로 용접속도가 빠르다.
② 정전압(상승) 특성 직류 용접기가 사용된다.(GMAW 용접 대부분 적용)
③ 아크 자기 제어 특성이 있다.
④ 대체로 모든 금속(각종 금속) 용접에 다양하게 적용할 수 있다.

⑤ 바람의 영향을 받기 쉬우므로 방풍 대책이 필요하다.

05 불활성 가스 금속 아크(MIG) 용접에 관한 설명은? : ①~④

① 용접 후 슬래그 또는 잔류 용제를 제거가 필요없다.
② 주 용적 이행은 스프레이(분무)형이다.
③ 용접부의 기계적 성질이 우수하다.
④ 전자세 용접이 가능하고 열 집중이 좋다.

06 불활성 가스 금속 아크용접의 특성(징)은? : ①~③

① 직류 역극성 적용으로 청정 작용에 의해 산화막이 강한 금속(알루미늄, 마그네슘 등)의 용접이 쉽다.
② 일반적으로 가는 와이어일수록 용융 속도가 빠르다.
③ 전류 밀도가 높아 3mm 이상의 후판(두꺼운 판) 용접에 능률적이다.

07 청정 효과(Cleaning action)가 있는 용접법은?

불활성가스 금속 아크용접

08 MIG 용접 제어 장치는? : ①~③

① 아르곤 가스 개폐 제어
② 용접 와이어의 기동 장치 및 속도 제어
③ 용접 전압의 투입 차단 제어

09 와이어 송급 장치의 종류

와이어를 밀어 송급하는 식(push type), 당기는 식(pull type), 밀고 당기는 식(push-pull type), 더블 푸시-풀식

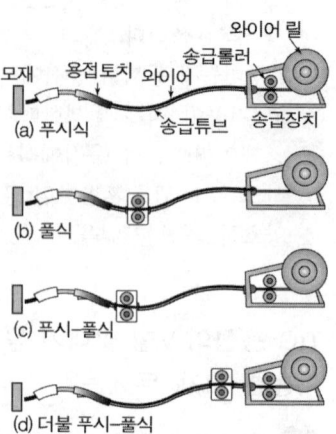

[와이어 송급 장치의 종류]

10 MIG 용접 장치의 송급 롤러는? ①~⑦

① 와이어와 접촉하여 마찰력에 의해 와이어를 미는 힘을 주는 역할을 한다.
② 홈의 형태에 따라 V형, U형, 로울렛형 등이 있다.
③ 사용하는 와이어의 재질이나 굵기에 따라 적당한 것을 선택하면 된다.
④ V형 : 지름이 2.4mm 이하의 경질 와이어에 쓰인다.
⑤ U형 : 와이어 표면 손상을 주어서는 안 되는 경우에 사용한다.
⑥ 로울렛형 : 3.2mm 이상의 연한 와이어에 적합하다.
⑦ 롤러의 가압 방식은 롤러 2개만 사용하는 2단식과 4개의 롤러를 사용하는 4단식이 있다.

11 MIG 용접 토치의 구성은?

전원 케이블, 가스 송급 호스, 스위치 케이블

12 MIG 용접시 상시 전류가 몇 A 이상일 경우 수냉식 토치를 사용해야 되는가?

200A 이하에는 공랭식, 200A 이상은 수

냉식이 사용된다.

13 전류 밀도 계산식?

$$\frac{용접 전류}{전극의 단면적}$$

14 불활성 가스 금속 아크(MIG) 용접의 전류 밀도는 피복 아크용접에 비해 약 몇 배 정도인가? : 6~8배

> **참고** MIG 용접 전류 밀도는 티그 용접의 2배,

15 불활성 가스 금속 아크용접에서 용적 이행 형태의 종류는?

단락이행, 입상이행, 스프레이(분무상) 이행

16 아크 기류 중에서 용가재가 고속으로 용융, 미세입자의 용적으로 분사되어 모재에 용착되는 용적 이행은?

스프레이 이행

> **참고** 스프레이 이행은 고전압, 고전류에서 Ar 이나 He 가스를 사용하는 경합금 용접에서 나타난다.
> 입상 이행은 와이어보다 큰 용적으로 용융되어 이행하며 주로 CO_2 가스를 사용할 때 나타난다.

17 MIG 용접에서 단락 이행형이 일어나는 경우는?

용접 전류가 적(낮)은 경우

18 CO_2-O_2 가스 아크용접에서 용적 이행에 미치는 영향은?

핀치 효과, 증발 추력, 실드 효과

19 MIG 용접의 용착률은? : 약 98%

20 불활성 가스 금속 아크용접에서 가스 공급 계통의 확인 순서는?

용기 → 감압 밸브 → 유량계 → 제어 장치 → 용접 토치

21 불활성 가스 유량 조정기의 설치는?

유량 눈금관이 수직되게 설치한다.

22 미그 용접시 탄산가스나 산소를 혼합하여 사용할 경우 적당한 비율은?

탄산가스 : 3~25%, 산소 : 1~5%

23 MIG 용접시 혼합가스의 예

[보호 가스 종류별 특성]

가스 종류	특성 및 용도
아르곤+탄산가스	아크가 안정되고 용융금속의 이행을 빨리 촉진시켜 스패터를 줄일 수 있다. 연강, 저합금강, 스테인리스강 용접.
Ar+He(90%)+CO_2	단락형 이행형으로, 주로 오스테나이트계 스테인리스강 용접에 사용된다.

24 불활성 가스 금속 아크(MIG) 용접에서 사용되는 와이어로 적절한 지름은?

$\phi 1.0$~2.4mm

25 MIG 용접시 일반적으로 사용하는 차광 유리의 차광도 번호는? : 12~13번

26 불활성 가스 금속 아크용접(MIG)에서 적정 아크 길이는?

6~8mm

27 토치의 노즐과 모재와의 거리는?

10 ~ 15mm가 적당

28 MIG 전자동 용접에서 아크길이는 될 수 있는 대로 짧게 하는 것이 좋으나 너무 짧을 경우 어떤 현상이 일어나는가?

스패터나 기포가 생기기 쉽다.

제3절 이산화탄산가스 아크용접 (CO_2/MAG)

1 원리 및 특징

01 CO_2 아크용접의 원리

MIG 용접의 불활성 가스 대신에 CO_2 가스를 사용하는 것으로 용접 장치의 기능과 취급은 MIG 용접과 거의 같다.

02 CO_2 아크용접에 대한 설명은?

①~④

① 용극식 용접법이며, 전자세 용접이 가능하다.
② 용착금속의 기계적, 야금적(금속학적) 성질이 매우 좋다.(우수하다.)
③ 산화 및 질화가 없고 용착 금속의 성질이 우수하다.
④ 단락 이행(솔리드 와이어 사용시)에 의해 박판 용접이 가능하다.

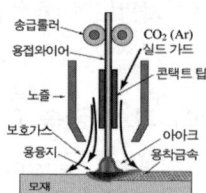

[CO_2 용접의 원리]

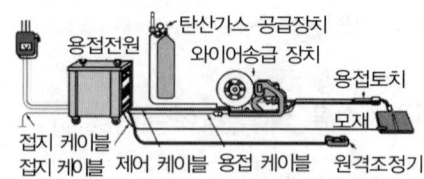

03 이산화 탄산가스 아크용접의 장점

① 전류 밀도가 높아 입열이 커서 용입이 깊고, 용융속도가 빠르다.
② 자동, 반자동의 고속 용접이 가능하다.
③ 아르곤 가스에 비하여 가스 가격이 저렴하여 용접 경비가 절약된다.
④ 용제를 사용하지 않아 슬래그의 혼입이 없고, 용접 후의 처리가 간단하다.
⑤ 가시 아크이므로 시공이 편리하다.

참고 플럭스 코어드 와이어를 사용할 경우는 슬래그가 생성된다.

04 이산화 탄산가스 아크용접의 단점

① 바람의 영향을 받으므로 풍속 2m/sec 이상에서는 방풍 장치가 필요하다.
② 비드 외관이 다른 용접법보다 약간 거칠다.
③ 적용되는 재질이 철계통에 한정되어 있다.

2 CO_2 아크용접의 종류

01 이산화 탄산가스 아크용접에서 보호 가스와 용극 방식에 의한 분류

① 비용극식 : 탄소 아크법, 텅스텐 아크법
② 용극식
 ㉠ 순 CO_2 법
 ㉡ 혼합 가스법 : 02번 참조
 ㉢ CO_2 용제 병용법 : 03번 참조

(a) 아코스 아크법 (b) 퓨즈 아크법 (c) 유니온 아크법

02 CO_2 아크용접법에서 혼합 가스법은?

CO_2-CO법, CO_2-Ar법, CO_2-Ar-O_2법, CO_2(75%)-O_2(25%)법

참고 수소(H_2)는 철강 중에 헤어 크랙의 원인이 되므로 사용해서는 안된다.

03 용제가 들어있는 와이어 이산화탄소법과 관련이 있는 용접법은?

아코스 아크법, 퓨즈 아크법, NCG법, 유니언 아크법이 있다.

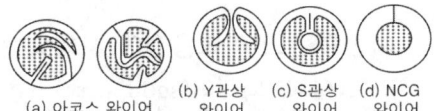

[복합 와이어의 종류]

04 유니언 아크법은?

자성 용제(플럭스)가 CO_2 가스와 같이 송급되어 강선에 직류 용접 전류에 의한 자력으로 자성 플럭스가 강선에 부착하여 용접이 행하여지는 용접법

05 용제 함유 와이어를 사용하는 이산화탄소 아크용접법에서 용제의 역할은?

탈산제, 아크 안정제, 슬래그 생성제

06 탄산가스(CO_2) 아크용접법은 주로 어떤 금속에 쓰이는가?

철(연)강 용접

❸ CO_2 아크용접 장치, 용접재료

01 CO_2 아크용접의 보호 가스 설비의 구성

가스 용기, 압력 조정기 및 유량계, 호스 등으로 구성되어 있음

02 CO_2 가스 용기의 색깔과 가스 충전 구멍의 나사의 방향은?

청색, 오른 나사

03 CO_2 가스 충전 용기

용기에 완전 충전된 액체 상태의 CO_2 가스는 용기 상부에 약 10% 정도가 기체로 존재한다.

04 CO_2 아크용접의 압력 조정기는?

액체 탄산가스가 기화하면서 온도가 내려가 결빙되므로 히터 장치와 유량계가 부착된 조정기를 사용해야 된다.

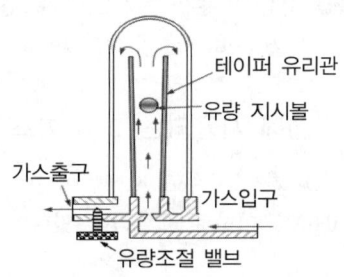

05 CO_2 가스 아크용접의 보호 가스 설비에서 히터 장치가 필요한 이유는?

액체 가스가 기체로 변하면서 열을 흡수하기 때문에 조정기의 동결을 막기 위해

06 이산화탄산가스의 특성 설명으로 틀린 것은?

① 비중은 0.903 정도로 공기보다 가볍다.
② 무색, 무취, 무미의 기체이다.
③ 대기 중에서 기체로 존재한다.
④ 공기 중에 농도가 높으면 눈, 코, 입 등에 자극을 느끼게 되며, 농도가 높으면 유해하다.

해설 ①, 비중은 1.53 정도로 공기보다 무겁다. 물에 잘 녹는다. 상온에서 쉽게 액화하므로 저장, 운반이 쉽고 비교적 가격이 저렴하다.

07 CO_2 아크용접에서 혼합 가스의 일반적인 혼합 비율은?

CO_2 20~25% : 아르곤(Ar) 75~80%

08 가스 메탈 아크용접(GMAW)에서 보호 가스를 아르곤(Ar)과 CO_2 또는 O_2를 소량 혼합하여 용접하는 방식은?

MAG(혼합가스, metal active gas) 용접

참고 GMAW 용접 중에 CO_2 가스만 사용하는 CO_2 용접, 아르곤만 사용하는 MIG 용접

09 용접에 사용되는 CO_2 가스 순도

CO_2 가스는 순도 99.9% 이상이며, 수분이 0.02% 이하로 제한되어 있다.

10 상온 1기압하에서 액화 탄산 1kg이 완전히 기화되면 몇 L의 CO_2가 되는가?

약 510L 기체 탄산가스 기화

11 CO_2 가스에 산소(O_2)를 첨가한 효과로 틀린 것은?

① 용입이 얕아 박판 용접에 유리하다.
② 슬래그 생성량이 많아져 비드 외관이 개선된다.
③ 용융지의 온도가 상승된다.
④ 불순물이 떠오르기 쉬우므로 용착강이 청결하다.

해설 ①, 용입이 깊어 후판 용접에 유리하다.

12 CO_2 아크용접에서 Ar과 CO_2를 혼합한 가스를 사용할 경우는? : ①~④

① 스패터의 발생이 적다.
② 용착 효율이 양호하다.
③ 박판의 용접 조건 범위가 넓어진다.
④ 혼합비는 아르곤이 80%일 때 용착 효율이 가장 좋다.

13 이산화탄소 아크용접용 와이어 종류

솔리드 와이어와 복합 와이어가 있다.

14 이산화탄소 아크용접에 사용되는 솔리드(실체) 와이어(solid wire)

① 단면 전체가 균일한 강으로 되어 있는 와이어
② 녹슴과 전기가 잘 통할 수 있도록 구리 도금하여 20kgf 정도의 릴이나 큰 통에 담겨져 시판되고 있다.

15 이산화탄소 아크용접에 사용되는 복합 와이어(flux cord wire)

대상의 강판에 탈산제, 아크 안정제, 합금 원소등 용제를 넣어 둥글게 특수 가공한 와이어

16 CO_2 가스 아크용접에서 솔리드 와이어와 비교한 복합 와이어의 특징은? ①~③

① 양호한 용착금속을 얻을 수 있다.
② 스패터가 적고, 아크가 안정된다.
③ 비드 외관이 깨끗하며 아름답다.

17 탄산가스를 이용한 용극식 용접에서 용강 중에 산화철(FeO)을 감소시켜 기포를 방지하기 위해 와이어에 첨가하는 원소는?

Si(규소), Mn(망간)

18 다음 중 탄산가스 아크용접에 사용되는 와이어의 지름 종류가 아닌 것은?

2.6mm

[0.9mm, 1.2mm, 2.0mm, 2.6mm]

19 CO_2 가스 아크용접의 솔리드 와이어 용접봉에 대한 설명으로 YGA – 50W – 1.2 – 20에서 "50"이 뜻하는 것은?

50 : 용착금속의 최소(저) 인장강도

참고 Y : 용접 와이어, G : 가스 실드용접, A : 내후성강, W : 종류(화학성분), 20 : 무게, 1.2 : 와이어 지름

20 CO_2 아크용접용 와이어 중 용제가 들어있는 와이어의 사용 전 건조 온도와 시간은?

200~300℃, 1시간 정도

21 반자동 CO_2 가스 아크 편면(one side) 용접시 뒷댐 재료로 가장 많이 사용되는 것은? : 세라믹 제품

참고 맞대기 용접시 뒷댐재 사용은 표면 비드와 함께 이면 비드를 형성하여 이면 가우징 및 이면 용접을 생략할 수 있다. 뒷댐재 재질은 세라믹, 수냉 동판, 글라스 테이프 등이 있다.

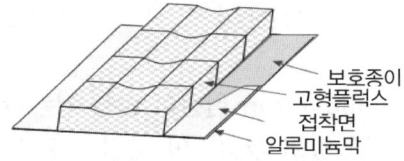

[세라믹 뒷댐판]

22 CO_2 가스 아크용접에서 허용되는 바람의 한계 속도는? : 1~2m/sec

참고 바람이 1~2m/sec 이상이면 기공 발생 우려가 있으므로 방풍 장치를 설치해야 된다.

④ CO_2 가스 아크용접 작업

01 전진법의 특징

① 용접선이 잘 보이므로 운봉을 정확하게 할 수 있다.
② 비드 높이가 낮고 평탄한 비드가 형성된다.
③ 스패터가 비교적 많으며 진행 방향쪽으로 흩어진다.
④ 용착금속이 아크보다 앞서기 쉬워 용입이 얕아진다.

02 후진법의 특징

① 전진법 특성 ①~④의 반대의 특성을 갖는다.
② 비드 형상이 잘 보이기 때문에 비드 폭 높이 등을 억제하기 쉽다.

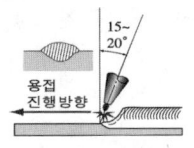
[전진법]
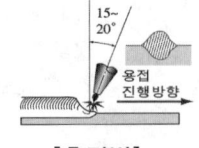
[후진법]

03 puckering 현상이 발생하는 한계 전류 값의 주원인이 아닌 것은?

① 와이어 지름 ② 후열 방법
③ 보호 가스 조성 ④ 용접 속도

해설 ②, 퍼커링(puckering) 현상 : 용접전류가 과대할 때 주로 용융풀 앞기슭으로부터 외기가 스며들어 비드 표면에 주름진 두터운 산화막이 생기는 현상

04 이산화탄소 아크용접의 시공법에서 와이어의 용융 속도는 아크전류와 어떤 관계인가? : 비례한다.

해설 전류를 높게 하면 와이어의 녹아 내림이 빠르고 용착률과 용입이 증가한다.

05 이산화탄산가스 아크용접에서 아크전압이 높을 때 비드 형상은?

비드가 넓어지고 납작해지며, 지나치게 높아지면 기포가 발생한다.

해설 아크전압이 너무 낮으면 볼록하고 좁은 비드를 형성한다.

06 CO_2 아크용접의 보호 가스 설비에서 적당한 가스 유량은?

① 낮은(저) 전류에는 10~15ℓ/min,
② 높은(고) 전류에는 20~25ℓ/min 정도

07 이산화탄소 아크용접의 저전류 영역 (약 200A 미만)에서 팁과 모재 간의 적당한 거리는? : 10~15mm

08 CO_2-O_2 가스 아크용접에서 용적이행에 미치는 영향이 아닌 것은? : ③

① 핀치 효과 ② 증발 추력
③ 플라스마 효과 ④ 실드 효과

09 CO_2 가스 아크용접에서의 기공과 피트의 발생 원인은? : ①~④

① 탄산가스가 공급되지 않는다.(노즐에 스패터 부착 등)
② 노즐과 모재 사이(와이어 돌출거리) 너무 길(멀)다.
③ 모재나 와이어가 흡습되거나, 오염, 녹, 페인트가 있다.
④ 가스 순도가 낮거나, 압력이나 유출량이 과다하다.

해설 기공 방지대책은 발생 원인의 반대로 처리하면 된다.

10 CO_2 가스 아크용접에서 다공성이란?

질소, 수소, 일산화탄소 등에 의한 기공, 기공이 많이 발생할 수 있는 성질을 말함.

11 탄산가스용접시 비드 외관이 불량하게 되었을 경우 올바른 시정 조치는?

운봉 속도를 고르게, 모재의 과열을 피하고, 전류, 전압을 적정치로 맞추어야 된다.

12 CO_2 아크용접에서 공기 중에 CO_2 가스가 있으면 일어나는 현상? ①~④

① CO_2의 체적이 0.1% 이상이면 건강에 유해

② 3~4%이면 두통이나 뇌빈혈 우려
③ 15% 이상이면 위험 상태
④ 30% 이상이면 치사량이 된다.

13 CO_2 용접시 작업자가 가장 중독을 일으키기 쉬운 가스는?

일산화탄소

14 공기의 유통이 잘 되지 않는 장소에서 하면 안되는 용접법은?

탄산가스(CO_2), 불활성 가스 아크용접

15 보호 가스의 공급 없이 와이어 자체에서 발생한 가스에 의해 아크 분위기를 보호하는 용접 방법은?

논 가스 아크용접

16 논 실드 아크용접의 특징 중 맞지 않는 것은?

① 실드 가스나 용제가 필요하지 않는다.
② 논 가스 아크법에는 직류만 사용한다.
③ 바람이 있는 옥외 작업이 가능하다.
④ 용접 비드가 아름답고 슬래그 박리성이 좋다.

해설 ②, 직류, 교류를 다 사용할 수 있다.
용접 장치가 간단하며, 운반이 편리하나, 와이어 가격이 비싸다.
저수소계 피복 아크용접봉과 같이 수소의 발생이 적다.

제4절 플라즈마 아크용접

① 원리 및 특징

01 플라즈마 아크용접이란?

10000~30000°C 이상의 플라즈마를 한쪽으로 분출시켜서 모재를 가열 용융하여 용접하는 법

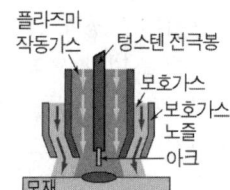

[플라즈마 아크용접의 원리]

02 플라즈마 제트 용접법이란? : ①, ②

① 기체를 가열하면 고온이 되면서 기체 원자는 전리되어 양이온(+)과 음이온(-)으로 혼합되고 기체는 도전성을 띤 가스체로 변하는 현상을 이용
② 도체의 표면에 집중적으로 흐르는 성질인 표피 효과와 전류의 방향이 반대인 경우에는 서로 근접해서 흐르는 성질인 근접 효과를 이용하여 용접부를 가열하여 용접하는 방법

03 플라즈마 아크용접의 장점에 대한 설명은? ; ①~⑤

① 열적, 자기적 핀치 효과에 의해 전류 밀도가 크므로 용입이 깊고 비드 폭이 좁으며, 용접 속도가 빠르므로 능률적이다.
② 열(에너지)의 집중성이 좋기 때문에 I형 홈 용접이면 충분하고 용접봉의 소모가 적다.
③ 용접부의 금속학적, 기계적 성질이 좋으며 변형도 적다.
④ 수동 용접도 쉽게 할 수 있고, 숙련을 요하지 않는다.
⑤ 각종 재료의 용접이 가능하다.

04 플라스마 제트 용접의 단점은?

①~⑤

① 두 개의 가스 보호가 필요하다.
② 대기로부터 접합부가 보호되어야 하며, 용접부에 경화 현상이 일어나기 쉽다.
③ 모재 표면의 오염에 민감하다.
④ 설비비가 많이 들고, 무부하 전압이 높다.
⑤ 용접 속도가 크므로 가스의 보호가 불충분하다.

05 플라스마 아크용접에 사용되는 전원은 일반 아크용접기보다 몇 배의 높은 무부하 전압이 필요한가?

2~5배

06 플라스마 제트 용접에서 얻어지는 온도는 얼마 정도인가?

1만(10000)~3만(30000)℃

❷ 보호 가스

01 전극 보호 성능이 좋으며, 모든 금속의 용접에 사용될 수 있으나, 열전도도가 낮아 불균일한 용접이 될 가능성이 있는 가스는? : 아르곤

02 아르곤에 수소 혼입시의 효과

① 수소 분자가 원자로 해리될 때 아크 기둥의 해리 에너지를 빼앗아 아크를 수축하면서 열적 핀치효과가 생기며 용접 속도를 증진시킬 수 있다.
② 수소는 열전도율이 높고 가스 분출 속도를 증가시키는 기능이 있다.

03 플라즈마 아크용접시 보호 가스로 수소를 혼입하여서는 안되는 것은?

구리(Cu), 티탄(Ti)

> 참고 매우 적은 양의 수소를 혼입하여도 용접부가 약화될 위험성이 크므로 보호 효과가 매우 큰 순수 아르곤이나 헬륨을 사용해야 된다.

04 헬륨의 특성

① 아르곤에 비해 25% 이상 용접 입열을 증대시키므로 열전도도가 높은 구리, 알루미늄 합금, 후판 티타늄 용접에 적합하다.
② 아르곤과 같은 효과를 얻으려면 가스 유량은 1.5~2배 이상 증가시켜야 된다.

05 아르곤+헬륨 혼합가스의 특성은?

아르곤에 헬륨을 혼합하면 발열량이 높아 용입 깊이가 깊고 용접속도가 빠르다. 주로 반응 금속의 용접에 사용된다.

06 아르곤에 헬륨을 몇 % 이상 혼합하면 노즐이 과열될 수 있는가? : 75%

> 참고 He의 비율이 75% 이상이 되면 노즐이 과열될 위험이 크므로 낮은 범위의 부하(load) 상태에서만 가능하다.

07 플라즈마 용접으로 스테인리스강을 용접할 경우 집중성이 강한 아크를 얻으려면 아르곤에 수소를 몇 % 혼합하는 것이 적당한가? : 5~10%

❸ 플라스마 용접 장치

01 플라스마 이행법에 의한 분류

이행형 아크, 중간형 아크, 비이행형 아크

02 이행형 아크(Transferred Arc)

① 텅스텐 전극봉을 (-극)으로, 전도체인 모재를 (+극)으로 연결한 직류 정극성 방식
② 가열 효율이 높으며, 전극이 비소모성이므로 피가열물의 오염이 적다.

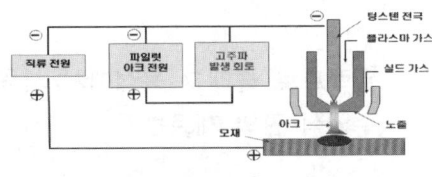

[이행형 아크]

03 중간형 아크형

이행형 아크와 비이행형 아크를 병용한 형

04 비이행형 아크(non transferred arc)

① 텅스텐 전극봉을 (-극)으로, 수냉합금 노즐을 (+극)으로 연결하여 전극과 노즐 사이에서 아크를 발생하며, 모재에는 전기 연결이 안되는 방식
② 에너지 손실이 크나, 토치를 모재에서 멀리하여도 아크에 영향이 없다.
③ 비전도체인 내화물, 암석, 콘크리트나 주철, 비철, 스테인리스강 등의 절단 및 용사(溶射)에 주로 사용한다.

제5절 일렉트로 슬래그 및 가스용접

1 일렉드로 슬래그 용접

01 일렉트로 슬래그 용접법이란?

①, ②

① 후판 양측에 수랭동판을 대고 용융 슬래그 속에서 전극 와이어를 공급하여 용융 슬래그의 저항열에 의하여 와이어와 모재를 용융시켜 용접하는 방법
② 연속 주조식 단층 용접법, 가장 두꺼운 판을 용접할 수 있다.

참고 일렉트로 가스 아크용접과 같이 단층 수직 상진 용접법의 일종

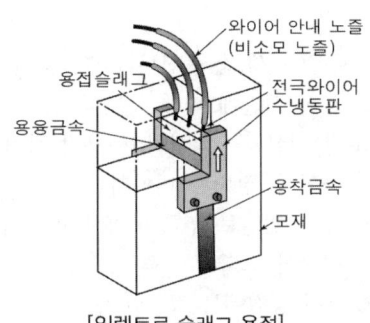

[일렉트로 슬래그 용접]

02 일렉트로 슬래그 용접의 장점은?

①~⑤

① 용융속도가 빠르며, 용접 품질이 우수하다.
② 다전극 사용이 가능, 다전극을 이용하면 더욱 능률을 높일 수 있다.
③ 변형이 적고 최단 시간의 용접법이다.
④ 단 1회(1패스)로 후판 용접이 이루어지므로 능률적이다.
⑤ 기공 생성 및 슬래그 섞임 등이 없다.

03 일렉트로 슬래그 용접의 장점은?

①~⑤

① 홈 형상은 I형 그대로 사용되므로 용접홈 가공 준비가 간단하다.
② 용제 소비량은 SAW에 비하여 약 1/20 정도로 매우 적다.

③ 대형 용접에서는 SAW에 비하여 용접 시간, 홈 가공비, 준비 시간 등이 1/3 ~ 1/5 정도로 감소된다.
④ 스패터 발생이 적으며, 조용하고 용융 금속의 용착량은 100%가 된다.
⑤ 용접의 일종, 선박, 보일러 등 후(두꺼운)판의 용접에 적합하다.

04 일렉트로 슬래그 용접의 단점은?

①~⑥

① 용접 진행 중 용접부를 관찰할 수 없다.
② 용접 시간에 비해 준비 시간이 길다.
③ 장비 설치가 복잡하고, 냉각 장치가 요구되며, 장비가 비싸다.
④ 높은 입열로 인하여 횡방향의 수축과 팽창이 크다.
⑤ 박판 용접에는 적용할 수 없고, 용접부의 기계적 성질이 저하될 수 있다.
⑥ 소모 노즐의 경우 자체의 저항 발열 때문에 1m 이하에 적합하다.

05 일렉트로 슬래그 용접에서 용접기의 주체는?

제어 장치, 와이어 릴, 용접 헤드

참고 접촉팁은 용접기의 주체가 아니다.

06 일렉트로 슬래그 용접에 사용하는 와이어로서 가장 적당한 것은?

지름 2.4 ~ 3.2mm 정도의 솔리드 선

참고 연강용은 서브머지드 아크용접과 같은 0.35~1.10% Mn의 저합금강을 사용한다.

07 일렉트로 슬래그 용접에서 용착금속의 무게 1kg$_f$에 대하여 용제는 몇 g$_f$이 필요한가? : 50gf

08 일렉트로 슬래그 용접 용제의 주성분은?

산화규소(SiO_2), 산화망간(MnO), 산화알루미늄(Al_2O_3) 등

09 일렉트로 슬래그 용접을 할 때 몇 A (암페어)가 필요한가?

400 ~ 1000A

10 일렉트로 슬래그 용접에서 사용되는 수냉식 판의 재료는? : 구리

11 일렉트로 슬래그 용접의 전원은?

교류나 직류의 수하 특성 전원을 사용한다.

12 일렉트로 슬래그 용접의 와이어 송급 장치는?

전압 제어 방식으로 하고, 정전압 특성의 전원을 사용할 때는 정속도 와이어 송급 장치로 한다.

❷ 일렉트로 가스용접

01 일렉트로 가스(엔크로스) 용접이란?

일렉트로 슬래그 용접과 유사하나, 사용 열원이 아크이며, 슬래그 대신 실드 가스로 CO_2나 아르곤 가스로 보호하는 용접

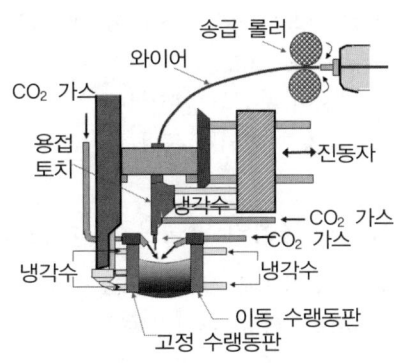

[일렉트로 가스용접]

02 일렉트로 가스용접의 특징은? ①~③

① 용접 가능한 두께는 10~35mm(중후판)이며, 다층 용접의 경우 60~80mm까지 가능하다.
② 용접 변형이 작고 작업성이 좋다.
③ 조선, 고압 탱크, 원유 탱크 등에 널리 쓰인다.

03 일렉트로 가스용접의 장점은? ①~④

① 일렉트로 슬래그 용접과 거의 유사하다.
② 수동 용접에 비하여 용융 속도는 약 4배, 용착금속은 10배 이상이 된다.
③ 용접 장치가 간단하고 취급이 쉬우며 숙련을 요구하지 않는다.
④ 용접 홈의 기계 가공이 불필요하며 가스절단 그대로 용접할 수 있다.

04 일렉트로 가스용접의 단점

① 정확한 조립이 요구되며, 이동용 냉각 동판에 급수 장치가 필요하다.
② 스패터 및 가스의 발생이 많다.
③ 바람의 영향을 많이 받으므로 풍속 3m/sec 이상시 방풍막이 필요하다.
④ 용접 시작부와 끝부분에는 수축공이 생기므로 탭판을 써서 용접 후 절단하거나 용접 후 교정해야 한다.

05 일렉트로 가스용접의 전극 와이어는?

솔리드 와이어, 복합 와이어

참고 전극 와이어의 공급은 자동으로 공급된다.

06 ∅1.6 와이어를 사용하여 일렉트로 가스용접할 경우 적정 전류, 전압은?

전류 250~400A, 전압 28~40V

07 일렉트로 가스용접법으로 I형, V형 홈 용접시 적정 루트 간격은?

I형은 12~22mm, V형 홈은 1~7mm

08 다음 중 일렉트로 가스용접용 가스로 적합하지 않은 것은? : H_2

[H_2, CO_2, Ar, He]

09 일렉트로 가스용접시 적당한 이산화탄소의 공급량은? : 25~30ℓ/min

제6절 레이저용접, 전자 빔 용접

❶ 레이저 용접

01 레이저 용접의 원리

강렬한 에너지를 가진 단색 광선 레이저 빔을 모재에 조사하여 순간적(1~20 ms)으로 약 6000~6400℃ 온도로 키홀 내에서 용융 용착, 냉각되어 용접된다.

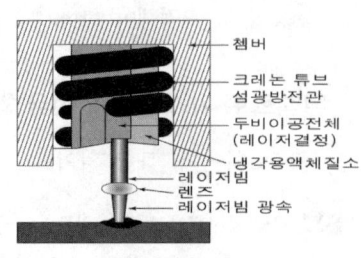

[레이저 용접의 원리]

02 원자와 분자의 유도방사에 의한 광의 증폭, 빛 에너지을 이용하여 용융하는 용접법은? : 레이저 용접

03 레이저 용접의 용도

절단, 용접, 표면 육성 용접, 열처리, 정밀 드릴링, 열변형 문제되는 정밀 용접 등 모든 분야

04 레이저 용접(laser welding)의 장점(특성)은? : ①~④

① 모재의 열변형이 거의 없다.
② 이종 금속의 용접이 가능하다.
③ 입력 에너지의 제어성이 좋아 미세하고 정밀한 용접을 할 수 있다.
④ 비접촉식 용접으로 모재의 손상이 없다.

05 레이저 용접(laser welding)의 장점(특성)은? : ①~③

① 진공 중에서 용접이 가능하다.
② 대기 중에서 용접할 수 있어 진공실이 필요없고 X선 방출이 없다.
③ 자장의 영향을 받지 않으며, 열에너지가 높아 용접 속도가 빨라 고속용접과 자동화가 가능하다.

06 레이저 용접의 특징은? : ①~③

① 루비 레이저와 가스(CO_2) 레이저의 두 종류가 있다.
② 광선이 용접의 열원이다.
③ 열 영향 범위가 좁다.

07 레이저 용접의 단점은? : ①~④

① 장비 가격과 정밀한 지그 장치가 필요하므로 초기 투자비용이 크다.
② 금속 증기 및 실드 가스의 플라스마화에 의해 용입 깊이가 저하할 수 있다.
③ 재질에 따라 고온 균열이 발생할 우려가 있다.
④ 열전도성이 좋은 재료(Cu, Al 등)는 반사율이 높아 용접이 어렵다.

08 레이저 용접시 표면이 순간적으로 가열되는 온도는? : 6000~6400℃

09 아크용접법과 비교할 때 레이저-하이브리드 용접법의 특징은? : ①~⑤

① 용접 중 흄(Fume)의 발생이 적다.
② 적외선, 자외선 등의 유해 광선이 적은 용접을 할 수 있다.
③ 입열량이 낮고, 용접속도가 빠르며, 용입이 깊다.
④ 용접 공정의 자동화를 용이하다.
⑤ GMAW 용접에 비해 높은 용접 속도와 깊은 용입, 변형 최소화가 가능하다.

❷ 전자 빔 용접

01 전자 빔 용접의 원리

전자빔 발생기의 음극에서 방출하는 열전자를 고전압에 의해 양극으로 가속시킨 높은 에너지를 가진 전자 빔을 고진공 분위

기 속에서 용접물에 고속도로 조사시켜 용접면을 가열, 용융시켜 용접물을 접합시키는 방법

02 전자 빔 용접(일렉트론 빔 용접)에 적용하는 진공도는?

$10^{-4} \sim 10^{-6}$ mmHg 정도

03 전자 빔 용접의 일반적인 특징은?

① ~ ⑤

① 불순가스에 의한 오염이 적다.
② 용접 입열이 적으므로 용접 변형이 매우 적다.
③ 에너지 밀도가 높아 용융부나 열영향부가 좁다.
④ 용융 속도가 빠르고 고속 용접이 가능하다.
⑤ 같은 두께 용접시 입열량이 피복 금속 아크용접에 비해 1/50 정도, 용입 깊이와 폭의 비는 20 : 1

04 전자 빔 용접의 장점으로 틀린 것은?

① 고진공 속에서 용접하므로 대기와 반응되기 쉬운 활성 재료도 쉽게 용접된다.
② 박판, 두꺼운 판의 용접이 가능하다.
③ 용접을 정밀하고 정확하게 할 수 있다.
④ 에너지 집중이 적기 때문에 저속으로 용접이 된다.

해설 ④, 에너지 집중이 가능하기 때문에 고속으로 용접이 된다.

05 전자 빔 용접의 장점은? : ① ~ ④

① 예열이 필요한 재료를 예열 없이 국부적으로 용접할 수 있다.
② 잔류 응력이 적으며, 야금학적 기계적 성질이 매우 좋다.
③ 광범위한 이종금속의 용접이 가능하다.
④ 다층 투과 기능을 가지고 있어 다판 용접이 가능하다.

06 전자 빔 용접의 단점은? : ① ~ ④

① 배기 장치가 설치되어야 한다.
② 진공 중에서 용접이 이루어지므로 모재의 크기는 제한받는다.
③ 진공도 조정 등 다음 작업을 위한 준비 시간이 길다.
④ 기공 및 합금 성분의 감소 원인이 발생된다.

07 전자 빔 용접의 단점은? : ① ~ ⑤

① 전자빔 용접기의 설치비, 장비 가격이 고가이(많이 든)다.
② 일반 용접에 비해서 용접 단품과 치구의 가공 정밀도가 보다 높이 요구된다.
③ 진공 분위기를 형성하기 위해서 진공 배기 시간이 필요하므로 생산성이 저하된다.
④ 용접시 발생되는 X-Ray가 인체에 해를 끼칠 수 있다.
⑤ 강자성체 금속의 경우 탈자가 필요하다.

08 전자 빔 용접 중 경화 현상이 발생할 경우 어떠한 조치를 취해야 하는가?

용접부가 좁을 경우 발생하며, 모재를 예열 및 후열하여 속도를 조절한다.

09 W, MO 같은 고융점이며, 대기에서 반응하기 쉬운 금속 등의 용접에 가장 적합한 용접법은? : 전자 빔 용접

MEMO

PART 02

기타 용접 및 저항용접, 절단

Chapter 01 기타 특수 용접 및 압접

Chapter 02 전기 저항 용접

Chapter 03 절단(가스 절단, 아크 절단)

피복/이산화탄소가스/가스텅스텐 아크용접기능사 필기&실기

01 기타 특수 용접

제1절 기타 특수용접

❶ 원자 수소 아크용접

01 원자 수소 아크용접의 원리는?

수소 기류 중에서 2개의 텅스텐 전극 사이에 아크를 발생시키면 수소 분자(H_2)가 아크열에 의해 원자 수소(H)로 해리되고 이 원자상태의 수소가 용접물의 표면에서 냉각되어 분자상 수소로 재결합할 때 방출하는 열을 이용하여 용접한다.

02 원자 수소 아크용접의 특성

① 연성이 좋은 용착금속을 얻을 수 있다.
② 발열량이 높아 용접 속도가 빠르고 변형이 작다.
③ 토치 구조의 복잡성, 기술적인 난이도, 비용 과다 등으로 사용이 줄고 있다.

03 원자 수소 아크용접의 적용 범위

절삭 공구, 고속도강 바이트, 고도의 기밀, 유밀이 요하는 내압 용기

04 원자 수소 용접에 사용되는 홀더의 전극은? : 텅스텐봉

05 원자 수소 아크용접시 수소 불꽃의 길이는? : 70mm 정도

❷ 아크 스터드 용접

01 볼트나 환봉을 피스톤형의 홀더에 끼우고 모재와 볼트 사이에 순간적으로 아크를 발생시켜 용접하는 방법은?

스터드 용접

[아크 스터드 용접의 원리]

02 스터드 용접의 용접장치는?

직류 용접기, 용접건, 용접헤드, 제어장치

03 스터드 용접에서 페룰의 역할은?

용융금속의 산화 및 유출 방지, 용착부의 오염 방지, 아크로부터 눈 보호

04 스터드 아크용접의 일반적인 아크 발생 시간은? : 1.0 ~ 2초

05 스터드 아크용접에 적용되는 재료로 가장 좋은 것은? : 저탄소강

❸ 테르밋 용접

01 테르밋 용접의 원리

도가니에 넣은 테르밋제의 강한 화학(테르밋) 반응에 의해 고온(2800℃)이 되며 이 열에 의해 생긴 용융금속을 접합 부분에 주입하여 용접하는 방법

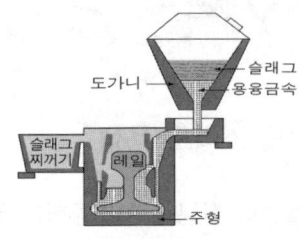

[테르밋 용접의 원리]

02 테르밋 용접이란?

금속 산화물이 알루미늄에 의하여 산소를 빼앗기는 반응에 의해 생성되는 열을 이용하여 금속을 용접

03 레일 및 선박의 프레임 등 비교적 큰 단면적을 가진 맞대기 용접과 보수 용접에 적합한 용접법은? : 테르밋 용접

04 테르밋 용접의 특징은? : ①~⑦

① 전원(전기)이 필요하지 않는다.
② 용접 시간이 짧고, 용접 작업이 단순하다.
③ 특이한 모양의 홈을 요구하지 않는다.
④ 발열제의 작용으로 용접이 가능하다.
⑤ 용접 후 변형이 적다.
⑥ 용접용 기구가 간단하며, 설비비도 싸다.

05 테르밋제는?

산화철(FeO, Fe_2O_3)과 알루미늄(Al) 분말을 약 3~4:1의 중량비로 혼합한 배합제

06 테르밋 용접시 점화제는?

과산화바륨과 마그네슘

07 테르밋제의 발화에 필요한 온도와 테르밋 반응에 의한 온도는?

① 발화에 필요한 온도 : 1000℃ 이상
② 반응에 의한 온도 : 약 2800~3000℃

08 용융 테르밋 용접법의 용접 홈의 예열 온도는? : 800~900℃(강의 경우)

④ 단락 옮김 아크용접

01 단락 옮김 아크용접이란?

가는 솔리드 와이어를 아르곤, 이산화 탄산가스 또는 그 혼합 가스의 분위기 속에서 하는 용접

02 단락 옮김 아크용접법의 특성

① 용접 중의 아크 발생 시간이 짧아진다.
② 모재의 열입력도 적어진다.
③ 용입이 얕아진다.
④ 2mm 이하(0.8mm 정도의 얇은) 판 용접에 사용된다.

03 단락 옮김 아크용접법은 1초에 몇 번의 단락이 일어나는가? : 100회 이상

04 단락 옮김 아크용접에 사용되는 마이크로 와이어는?

연강의 용접에서 규소-망간계로, 지름이 0.76mm, 0.89mm, 1.14mm인 가는 와이어가 쓰인다.

5 아크 점 용접법

01 아크 점용접에 적용할 판두께는?

대부분 1.0~3.2mm 정도의 위판과 3.2~6.0mm 정도의 아래 판을 맞추어 용접

02 아크 점용접시 몇 mm까지는 구멍을 뚫지 않고 용접이 가능한가? : 6.0mm

> 참고 6.0mm 이상은 구멍을 뚫고 플러그 용접으로 시공한다.

제2절 압 접

1 가스 압접법

01 가스 압접법의 특징은? : ①~⑤

① 이음부 탈탄층이 전혀 없다.
② 장치가 간단하고 작업이 기계적이다.
③ 원리적으로 전력이 불필요하다.
④ 이음부에 첨가제가 필요없다.
⑤ 설비비가 싸고, 숙련이 필요하지 않다.

02 가스 압접법의 가열원은?

주로 산소-아세틸렌 불꽃

2 초음파 용(압)접

01 초음파 압접이란?

2개의 모재에 압력을 가해 접촉시킨 다음 접촉면에 상대 운동을 시켜 접촉면에서 발생하는 열을 이용하여 이음 압접하는 용접법

02 초음파 용접법의 특징은? : ①~⑤

① 극히 얇은 판, 필름도 쉽게 용접된다.
② 판 두께에 따라 강도가 크게 변화한다.
③ 이종 금속의 용접도 가능하다.
④ 냉간 압접에 비하여 변형도 작다.
⑤ 용접물의 표면 처리가 간단하며 압연한 그대로의 재료도 용접이 쉽다.

03 초음파 용접에서 접합물에 초음파를 얼마 이상으로 하여 횡진동을 주는가?

18kHz 이상

04 초음파 용접의 용도는?

금속은 0.01~2mm, 플라스틱류는 1~5mm 정도의 얇은 판의 접합에 적합하다.

3 고주파 용접

01 고주파 용접이란?

도체의 표면에 집중적으로 흐르는 성질인 표피 효과와 전류의 방향이 반대인 경우에는 서로 접근해서 흐르는 근접 효과를 이용해 용접부를 가열하여 용접하는 방법

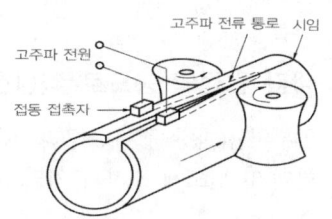

[고주파 용(압)접]

02 고주파 용접의 특성은? : ①~⑤

① 모재의 접합면 표면에 어느 정도 산화막이나 더러움이 있어도 지장없다.
② 이종 금속의 용접이 가능하다.

③ 고주파 저항 용접은 고주파 유도 용접에 비해 전력의 소비가 적다.
④ 가열 효과가 좋아 열영향부가 적다.
⑤ 고주파 유도 용접법과 고주파 저항 용접법이 있다.

03 표피효과(skin effect)와 근접효과(proximity effect)를 이용하여 용접부를 가열 용접하는 방법은?

고주파 용접(high-frequency welding)

④ 냉간 용(압)접

01 상온에서 강하게 압축함으로써 경계면을 국부적으로 소성 변형시켜 압접하는 방법은? : 냉간 압접

02 냉간 압접의 특성은? ; ①~⑤

① 접합부에 열영향이 없다.
② 접합부의 전기 저항은 모재와 거의 같다.
③ 압접 공구가 간단하며, 숙련이 필요하지 않다.
④ 단점 : 철강은 용접부가 가공 경화된다.
⑤ 겹치기 압접은 눌린 흔적이 남는다.

03 냉간 압접의 용도로 적당한 것은?

알루미늄(가장 잘됨), 구리, Ni, Pb 등의 맞대기, 반도체 소자의 기밀 봉착

⑤ 폭발 압접

01 폭발 압접의 특징은? : ①~⑤

① 이종 금속의 접합이 가능하다.
② 용접 작업이 비교적 간단하다.
③ 고용융점 재료의 접합이 가능하다.
④ 접합이 견고하므로 성형이나 용접 등의 가공성이 양호하다.
⑤ 단점 : 화약을 사용하므로 위험하며, 압접시 큰 폭발음과 진동이 있다.

⑥ 마찰 용접

01 마찰 용접이란?

2개의 접합물(모재)을 맞대어 상대 운동을 시키고 그 접촉면에 발생하는 마찰열을 이용해 접합하는 방법

02 마찰 용접(friction welding)의 특성은? ①~⑤

① 취급과 조작이 간단하다.
② 치수 정밀도가 높고 재료가 절약된다.
③ 국부 가열이므로 열영향부의 너비가 좁고 이음 성능이 좋다.
④ 용접 시간이 짧아 작업 능률이 높다.
⑤ 이종 금속의 접합이 가능하다.

03 마찰 압접의 단점은? : ①~③

① 피용접물의 형상, 치수, 길이, 무게 등에 제한을 받는다.
② 플래시 용접보다 용접 속도가 늦다.
③ 상대 각도를 필요로 하는 것은 용접이 곤란하다.

(1) 마찰 압접 (2) 마찰 교반 용접

02 전기 저항 용접

제1절 전기 저항 용접

1 전기 저항 용접의 개요

01 전기 저항 용접법의 원리

용접부에 대전류를 통전시켜 생기는 주울열을 열원으로 접합부를 가열과 동시에 큰 압력을 주어 금속을 접합하는 용접법

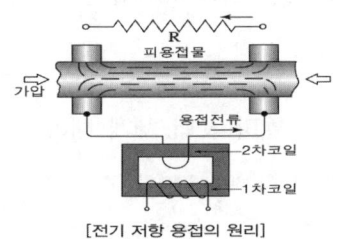

[전기 저항 용접의 원리]

02 저항 용접의 특징은? ; ①~④

① 줄의 법칙을 응용하였다.
② 박판 용접에 매우 좋다.
③ 용접봉 및 용제가 필요없다.
④ 대전류, 저전압을 사용한다.

03 저항 용접의 장점은? ; ①~④

① 가열 시간이 짧다.
② 정밀한 용접이 가능하다.(정밀도가 높다.)
③ 열손실이 적고, 열에 의한 변형이 적다.
④ 용착금속의 조직이 양호하다.

04 전기 저항 용접의 3대 주요 요소는?

통전 전류, 통전 시간, 가압력

05 저항 용접의 전원은?   : 교류

06 전기 저항 용접의 종류

① 겹치기 용접 : 점 용접, 프로젝션 용접, 심 용접
② 맞대기 용접 : 업셋 용접, 업셋 버트 용접, 플래시 용접, 퍼커션 용접

07 저항 용접법 중 주로 기밀, 수밀, 유밀성을 필요로 하는 탱크의 용접 등에 적합한 용접법은?   : 심 용접법

08 저항 용접의 주 재료는?   : 철강

09 고탄소강, 합금강은 전기 저항이 크다. 용접전류는 연강 용접전류의 얼마 정도로 해야 하는가?

90% 정도, 가압력은 10% 정도 증가한다.

10 저항 용접에서 용접이 가능한 전압은?

10V 이하

11 저항 용접기의 구성 요소는?

용접 변압기, 단시간 전류 개폐기, 전극

12 전기 저항 용접과 가장 관계가 깊은 법칙과 발열량 계산식은?

발열량 $H(cal) = 0.24 I^2 R t$

(H : 발열량 cal, I : 전류 A, R : 저항 Ω, t : 통전시간 sec)

> 참고 전기 저항 용접시 전류가 1000A, 전기 저항이 10Ω(옴), 시간이 0.5초일 경우 전기 저항열은?
>
> $H(cal) = 0.24 I^2 R t$
> $= 0.24 \times 1000^2 \times 10 \times 0.5 = 1200 kJ$

② 점 용접

01 점(스폿, spot) 용접의 원리는?

용접할 재료를 2개의 전극 사이에 놓고 가압 상태에서 전류를 통하여 발생한 저항열을 이용하여 접합부를 가열 융합한다.

02 점 용접의 특징은? : ①~④

① 재료가 절약되고, 작업의 공정수가 감소하며, 작업 속도가 빠르다.
② 작업에 숙련이 필요없다.
③ 용접 변형이 비교적 적다.
④ 가압력에 의하여 조직이 치밀해진다.

03 점 용접의 종류는?

직렬식, 인터랙식, 단극식, 다전극식, 맥동식,

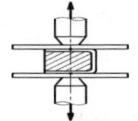
(a) 직렬식

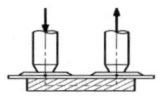
(b) 인터랙식

(c) 다전극식

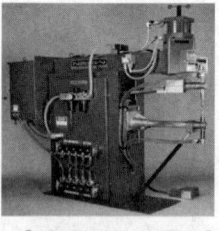
[점 용접기의 형상]

04 너깃(nugget)이란?

점 용접시 접합부의 일부분이 용융되어 바둑알 형태의 단면으로 된 것

(a) 전류과소 (b) 전류적당 (c) 전류과대

05 저항용접에서 용접전류가 작을수록 너깃(nugget)의 크기는? : 작게 된다.

06 Al을 점 용접으로 할 경우 전류는 연강보다 얼마나 더 세게 해야 하는가?

연강보다 30~50% 높고, 통전시간은 짧게

07 끝면이 50~200mm의 반경 구면이며 점 용접 팁으로 가장 널리 쓰이는 전극은?

R형 팁, 용접 품질이 우수하고 수명이 길다.

08 점 용접의 전극 재질로 쓰이는 것은?

순구리, 구리 합금

> 해설 구리 용접에는 크롬, 티타늄, 니켈 등이 첨가된 구리 합금이 많이 쓰인다.

09 전극의 구비 조건은?

재질은 전기 및 열전도율이 크고 충격이나 연속 사용에 견디며, 고온에서도 기계적 성질이 저하되지 않아야 한다.

10 경합금을 점(spot) 용접할 때 산화 피막 및 유지류를 제거하는 적당한 방법은?

산, 알칼리 사용

❸ 심 용접

01 심(seam) 용접의 원리

원형 전극 사이에 용접물을 끼워 전극에 압력을 주면서 전극을 회전시켜 모재를 이동하면서 점 용접을 반복하는 방법

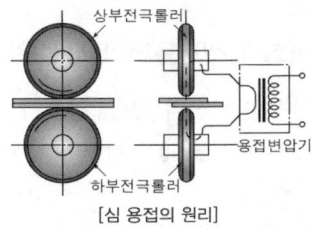
[심 용접의 원리]

02 심(seam) 용접의 특징은? : ①~④

① 기밀, 수밀, 유밀 유지가 용이하다.
② 용접에 비해 판두께는 얇다.
③ 0.2 ~ 4mm 정도의 박(얇은)판에 사용한다.(속도는 아크용접의 3~5배 빠름)
④ 점 용접에 비해 판두께는 얇다.

03 심 용접시 같은 재료의 점 용접보다 전류 밀도는 몇 배로 하며, 전극의 가압력은 몇배로 하는가?

전류 밀도 : 1.5 ~ 2.0배
가압력 : 1.2 ~ 1.6배 정도로 크다.

04 심 용접기의 구조는?

가압장치, 용접 변압기, 로어암, 전극, 전류 조정기, 시간 제어 장치, 전극 구동 장치

05 심 용접의 종류는?

매시 심 용접, 맞대기 심 용접, 포일 심 용접

06 매시 심(mash seam) 용접이란?

1.2mm 이하의 얇은 판을 판두께 정도로 겹쳐 겹쳐진 폭 전체를 가압하여 접합법,

07 맞대기 심(butt seam) 용접이란?

주로 심 파이프를 만드는 방법이며, 판 끝을 맞대어 가압하고 2개의 전극 롤러로 맞댄 면을 통전하여 접합하는 방법

08 모재를 맞대어 놓고 이음부에 같은 종류의 얇은 판(포일)을 대고 가압하는 심 용접법은?

포일 심(foil seam) 용접

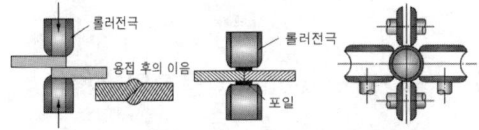
[메시 심용접   포일 심용접   맞대기 심용접]

09 심 용접에 적당한 판두께는?

0.2 ~ 4mm

10 심 용접법의 통전 방법은?

단속(띔) 통전, 연속통전, 맥동 통전

11 심 용접에서 용접부에 홈이 파여지는 결함을 방지하기 위하여 전류를 차단하여 용접부를 냉각한 다음 다시 통전하는 방법은? : 단속 용접법

12 연강 심 용접에서 모재의 과열을 방지하기 위해 통전 시간과 중지 시간의 비율은 얼마 정도로 하는가? : 1 : 1

13 경합금 단속 통전법에서 통전시간과 휴지 시간의 비는? : 1 : 3 정도로 한다.

14 심 용접의 용접 속도는 아크용접(수동) 속도와 어떻게 다른가?
피복아크용접에 비해 3 ~ 5배 빠르다.

④ 프로젝션 용접

01 접합할 모재의 한쪽 또는 양쪽에 돌기를 만든 후 대전류와 압력을 가해 접합하는 용접법은? : 프로젝션 용접

02 돌기(projection) 용접의 장점
① 응용 범위가 넓고, 신뢰도가 높다.
② 이종 금속 및 두께가 다른 것을 용접할 수 있다.
③ 전극의 수명이 길고 작업 능력도 높다.
④ 외관이 아름답다.
⑤ 거리가 짧은 점 용접이 가능하다.

03 프로젝션 용접의 단점으로 틀린 것은?
① 용접 설비가 고가이(비싸)다.
② 돌기부가 확실하지 않으면 용접 결과가 나쁘다.
③ 특수한 전극을 설치할 수 있는 구조가 필요하다.
④ 용접 속도가 느리다.

해설 ④, 용접 속도가 빠르고 용접 피치를 작게 할 수 있다.

04 프로젝션(돌기) 가공의 가장 적당한 높이는? : 판두께의 약 1/3

05 프로젝션 용접에서 전류의 증가에 크게 영향을 주는 조건은?
돌기(프로젝션)의 크기와 형상, 돌기 수

⑤ 기타 전기 저항 용접

01 버트(업셋) 용접의 장점은?
불꽃의 비산이 없다. 업셋이 매끈하다. 용접기가 간단하고 가격이 싸다.

02 플래시 용접의 특징은? : ①~⑤
① 가열 범위가 좁고 열영향부가 좁다.
② 산화물 개입이 적고, 신뢰도가 높다.
③ 용접면의 끝맺음 가공을 정확하게 할 필요가 없다.
④ 종류가 다른 재료의 용접이 가능하다.
⑤ 접합부가 돌출되는 단점이 있다.

03 플래시 용접의 3단계는?
예열, 플래시, 업셋

04 업셋 용접시 가압력은 보통 얼마 정도인가? : $0.1 \sim 0.5 kgf/cm^2$

05 콘덴서에 저축된 전기적 에너지를 사용하는 용접법은? : 퍼커션 용접

06 퍼커션 용접이란? : 방전 충격 용접

03 가스절단 및 아크 절단

제1절 가스절단용 가스

1 절단용 가스의 종류

01 다음 중 가스절단용 가연성 가스가 아닌 것은? : 산소

[도시 가스, 아세틸렌, 프로판 가스, 산소]

02 가스절단용으로 사용되는 가스가 갖추어야 할 성질로 부적합한 것은?

① 불꽃의 온도가 높을 것
② 연소속도가 빠를 것
③ 발열량이 높을(많을) 것
④ 용융금속과 화학반응을 잘 일으킬 것

해설 ④, 용융금속과 화학반응을 일으키지 않을 것

03 산소의 성질

① 비중은 1.105로 공기보다 무겁다.
② 1ℓ의 중량은 0℃, 1기압에서 1.429g
③ 공기 중에 산소는 21% 존재한다.

04 산소의 성질은? : ①~④

① 무미, 무색, 무취의 기체이다.
② 액체 산소는 보통 연한 청색을 띤다.
③ 자체는 연소하지 않고 연소를 도와주는 조연(지연)성 가스이다.
④ 산소의 주성분은 공기와 물이다.

05 절단시 사용하는 산소의 순도가 얼마 이상이 되어야 하는가? : 99.5%

06 액체 산소의 특성

① 용기의 저장, 운반이 편리하다.
② 소비자 측면에서 경제적이다.
③ 99.8% 이상 고순도를 유지할 수 있다.
④ 대량의 가스를 사용하는 곳에 편리하다.

07 7000ℓ의 산소를 150기압으로 충전하는데 필요한 용기는?

L = P×V,   V = L/P = 7000/150 = 46.7ℓ

08 아세틸렌(C_2H_2)의 특성은? : ①~④

① 순수한 것은 무색, 무취의 기체이다.
② 각종 액체에 잘 용해된다.
③ 금속을 접합하는데 사용한다.
④ 폭발 위험성이 있다.

참고 물에 1배, 석유에 2배, 벤젠에 4배, 알코올에 6배, 아세톤에 25배 용해한다.

09 발생기 아세틸렌과 비교한 용해 아세틸렌의 특성은? : ①~⑥

① 순도가 높아, 용접부가 양호하다.
② 운반이 편리하고, 폭발의 위험이 적다.
③ 아세틸렌 발생기가 불필요하다.

④ 가격은 비싸나, 시설비가 적게 든다.
⑤ 불순물에 의한 강도 저하가 적다.
⑥ 카바이드 찌꺼기가 나오지 않아 깨끗하다.

10 아세틸렌 1ℓ의 무게는 15℃ 1기압에서 얼마인가? : 1.176g

11 비중이 0.906으로 공기보다 가벼우며, 산소와 반응시 3000℃ 이상 높은 열을 얻을 수 있는 가스는? : 아세틸렌

12 아세틸렌 가스의 폭발과 관계는?

온도, 압력, 진동, 충격

13 아세틸렌의 기압과 온도에 따른 위험

① 1.3기압 이하 : 안전
② 505~515℃ : 폭발 온도
③ 780℃ 이상 : 산소 없어도 자연 폭발

14 아세틸렌가스를 15℃에서 몇 기압(kgf/cm^2) 이상으로 압축하면 충격, 가열 등의 자극을 받아 분해 폭발할 수 있는가?

$1.5 kgf/cm^2$ (2기압 이상 압축 : 자연 폭발)

15 아세틸렌가스의 자연발화 온도는?

406~408℃

16 산소와 아세틸렌의 혼합비가 얼마일 때 폭발 위험이 가장 큰가? (단위는 %)

산소 : 아세틸렌 = 85 : 15

17 아세틸렌과 어떤 가스가 화합할 때 가장 폭발 위험이 큰가? : 인화 수소

18 아세틸렌 가스와 접촉하면 폭발성 화합물이 생성되므로, 배관이나 토치, 연결구에 사용해서는 안되는 물질은?

수은(Hg), 은(Ag), 구리(62% 이상의 구리)

참고 위와 화합하면 120℃ 부근에서 폭발성 화합물을 생성폭발 위험이 있다.

19 용해 아세틸렌의 용해량은 15℃ 15기압에서 아세톤 1ℓ에 아세틸렌 몇 ℓ가 용해되는가?

1기압에서 25배× 15기압 = 375ℓ가 된다.

20 아세틸렌 용기 속의 다공질 물질의 다공도의 정도는? : 75~92% 미만

21 아세틸렌 용기에 다공 물질과 아세톤을 침윤시키는 이유는?

아세틸렌가스를 기체 상태로 압축하면 폭발할 위험이 있으므로 아세톤에 많이 용해되는 아세틸렌을 충전하기 위함

22 용해 아세틸렌의 취급상 주의 사항? ①~③

① 저장 장소는 화기와 멀리하며, 통풍이 잘 되며, 40℃ 이하에서 보관한다.
② 저장실 전기 설비는 방폭 구조여야 한다.
③ 사용 전에 비눗물 누설 검사를 한다.

23 용해 아세틸렌의 취급시 주의 사항

① 직사 광선을 피하고 용기 밸브는 1/4~1/2만 연다.

② 용기는 안전을 위해 세워둔다.(뉘어 사용하면 아세톤이 유출)
③ 사용 후 반드시 약간의 잔압(0.1kgf/cm²)을 남겨둔다.
④ 용기의 가용전 안전밸브는 105±5℃에서 녹게 되므로 끓는 물을 붓지 않는다.

24 용해 아세틸렌 1kgf 이 기화하였을 때 15℃, 1kgf/cm²에서 몇 ℓ의 가스가 나오는가? : 905ℓ

25 15℃ 1기압하에서 용해 아세틸렌 병 전체 무게가 61kgf, 빈병의 무게가 56kgf일 때 아세틸렌 가스의 용적은?

C = 905(A-B) = 905(61-56) = 4525ℓ

26 프로판(LP)의 성질(특성)은?   ①~⑤
① 액화가 쉬워 용기에 넣어 수송하기 쉽다.
② 공기보다 무거우며, 무색·무취의 가스로, 쉽게 기화하며 발열량이 높다.
③ 증발 잠열이 크며, 발열량이 높아 열효율이 높은 연소 기구의 제작이 쉽다.
④ 폭발 한계가 좁아 안전도가 높다.
⑤ 팽창률이 크고 물에 잘 녹지 않는다.

27 프로판 가스 절단에서 프로판 : 산소의 혼합 비율은?   1 : 4.5

28 다음 중 액화 석유 가스(LPG)의 주성분이 아닌 것은?   : 아세틸렌

[부탄, 프로판, 프로필렌, 아세틸렌]

29 수소의 성질
① 폭발 범위가 넓은 가연성 가스이다.
② 모든 가스 중에서 가장 가볍다.

③ 고온 고압에서 수소 취성이 일어난다.
④ 무색, 무취, 무미이며 인체에 해가 없다.

해설 수소의 용도 : 납의 용접(납땜), 수중 절단, 인조보석 세공

30 다음 중 기체를 가벼운 것부터 무거운 순서로 된 것은?

수소 > 아세틸렌 > 공기 > 산소

해설
- H_2(수소)   비중 : 0.069
- C_2H_2(아세틸렌)   비중 : 0.906
- CH_4(메탄)   비중 : 0.55
- C_3H_8(프로판)   비중 : 1.52

30 백심이 뚜렷한 불꽃을 얻을 수 없고 청색의 겉불꽃이 쌓인 무광의 불꽃은?

수소 불꽃

31 아세틸렌과 프로판 가스 보관시 환기구는 어디에 설치해야 되는가?

아세틸렌은 상단에, 프로판은 하단에 설치 (비중 때문에)

32 가스별 발열량이 가장 높은 것은? ⑤
① 수소 : 3050 kcal/Nm³
② 메탄 : 9520 kcal/Nm³
③ 아세틸렌 : 13600 kcal/Nm³
④ 프로판 : 24320 kcal/Nm³
⑤ 부탄가스 : 29500 kcal/Nm³

33 다음 중 산소와 반응시 발열량이 가장 높은 것은?   : 프로판

[프로판, 메탄, 아세틸렌, 도시 가스]

해설 ① 프로판 발열량 : 20780 kcal/Nm³
② 메탄 발열량 : 14515 kcal/Nm³

제3장_ 가스절단 및 아크 절단

③ 아세틸렌 발열량 : 12690 kcal/Nm³
④ 도시 가스 발열량 : 7120 kcal/Nm³

34 가스 종류별 충전 온도와 압력

① 산소 : 35℃에서 15MPa(150kgf/cm²)
② 수소 : 35℃에서 15MPa(150kgf/cm²)
③ 아세틸렌 : 15℃에서 1.55MPa (15.5kgf/cm²)

❷ 산소-아세틸렌 불꽃

01 산소-아세틸렌 불꽃의 3대 구성은?
불꽃심, 속불꽃, 겉불꽃

02 산소-아세틸렌 불꽃의 구성 온도가 가장 높은 것은? : 속불꽃

참고 속불꽃(내염) : 약 3200~3500℃
겉불꽃(외형) : 약 2000℃ 정도
불꽃심(백심) : 약 1500℃

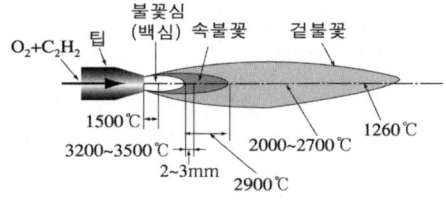

[산소-아세틸렌 불꽃 구성]

03 백심에서 2~3mm 떨어진 속불꽃 부분의 온도는? : 3200~3500℃

04 산소-아세틸렌 불꽃의 종류는?
탄화 불꽃, 중성 불꽃, 산화 불꽃

05 아세틸렌 과잉 불꽃이란?
산소-아세틸렌 불꽃에서 매연을 내면서 적황색으로 타는 불꽃

06 탄화(아세틸렌 과잉) 불꽃의 특성은? ①~③

① 백심과 겉불꽃 사이에 연한 청색의 제3의 불꽃, 아세틸렌 깃(페더)이 있다.
② 용도 : 산화를 방지할 스테인리스강, 스텔라이트, 모넬메탈 용접
③ 알루미늄 ; 중성이나 약한 탄화 불꽃으로 용접

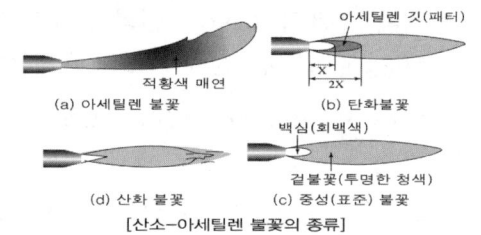

[산소-아세틸렌 불꽃의 종류]

07 중성 불꽃(표준 불꽃)의 특성

① 금속에 화학적 영향 적다. 백심 불꽃 끝에서 2~3mm 앞쪽에서 용접한다.
② 탄소강(연강) 용접에 사용

08 중성 불꽃의 산소와 아세틸렌 가스의 이론적인 혼합비는? : 2.5(1½) : 1

09 산화(산소 과잉) 불꽃의 용도는?
중성 불꽃에 비해 백심 부근에서 연소가 완전히 일어나 산화성 분위기가 되므로 일반 철강 용접에는 사용하지 않고 구리, 황동 등의 가스용접에 주로 이용된다.

10 불꽃의 최고 온도가 가장 높은 것은?

산소 - 아세틸렌 불꽃

해설 산소-아세틸렌 불꽃은 3430℃, 산소-수소 불꽃은 2900℃, 산소-프로판 불꽃은 2820℃, 산소-메탄 불꽃은 2700℃

제2절 가스 절단 장치 및 기구

❶ 가스 용기

01 산소병은 어떤 제조 방법으로 만드는가?

만네스만법

해설 봄베라고도 하며 고압으로 압축하여 사용되므로 이음매 없는 용기로 제조한다.
용기재료 : 인장강도 5.59MPa (57kgf/cm^2), 연신률 18% 이상일 것

02 산소 용기의 크기를 내용적(대기 중에서 환산량)에 따라 구분하면?

33.7(5000)ℓ, 40.7(6000)ℓ, 46.7(7000)ℓ

03 33.7ℓ 용기에 충전된 산소를 대기 중에서 환산한 용적은?

5000ℓ(33.7ℓ×150 = 5055ℓ)

04 산소 용기의 취급시 주의 사항은?

①~⑤

① 가스 설비는 기름 묻은 천으로 닦지 않는다.
② 병은 반드시 캡을 씌워 이동하며, 충격을 주지 안는다.
③ 40℃ 이하 온도에서 보관한다.
④ 화기로부터 5m 이상 거리를 둔다.
⑤ 직사 광선을 피해야 한다.

05 아세틸렌 용기의 내용적별 크기는?

내용적 : 30ℓ, 40ℓ, 50ℓ

(a) 아세틸렌 용기 (b) LPG(프로판) 용기

❷ 용기의 도색, 검사 및 각인

01 가스용기에서 충전 가스의 용기 도색으로 틀린 것은?

① 산소 - 녹색   ② 프로판 - 회색
③ 탄산가스 - 백색   ④ 아세틸렌 - 황색

해설 ③, 탄산가스 병 : 청색

[충전 용기의 도색]

가스종류	용기색상	가스종류	용기색상
아르곤	회색	암모니아	백색
의료산소	백색	수소	주황색

02 용기의 각각의 각인 기호와 뜻

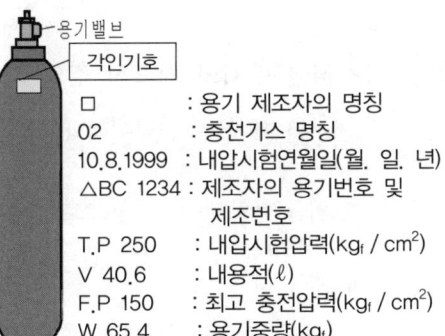

□   : 용기 제조자의 명칭
02   : 충전가스 명칭
10.8.1999 : 내압시험연월일(월, 일, 년)
△BC 1234 : 제조자의 용기번호 및 제조번호
T.P 250 : 내압시험압력(kgf / cm^2)
V 40.6   : 내용적(ℓ)
F.P 150 : 최고 충전압력(kgf / cm^2)
W 65.4   : 용기중량(kgf)

03 다음 중 가스 용기의 각인 사항에 포함

되지 않는 것은? : ③

① 내용적　② 내압시험압력
③ 가스충전일시　④ 용기의 번호

04 용기에 각인되는 TP와 FP의 의미는?

TP : 내압 시험압력, FP : 최고 충전압력

05 압축 산소 용기의 TP와 FP는?

① TP : 최고충전압력×5/3배(250kgf/cm²)
② FP : 35℃에서 14.7MPa(150kgf/cm²)

06 아세틸렌 용기의 TP와 FP는?

① TP : 최고 충전 압력×3배
② FP : 15℃에서 15.5kgf/cm²

③ 가스절단 토치, 호스, 조정기

01 가스절단 토치의 구성은?

손잡이, 혼합실, 팁

참고 혼합실 : 연소 가스와 산소를 혼합하는 부분

02 토치의 능력은? : 팁의 구멍 크기

03 가스절단 토치의 취급상 주의 사항

① 점화된 토치를 아무 곳이나 방치하지 않는다.
② 토치를 망치 등 다른 용도로 사용해서는 안된다.
③ 팁이 과열되었을 때는 산소 밸브를 약간 열고 물 속에서 냉각시킨다.
④ 점화 전에 토치의 안전 여부를 점검한다.

04 가스 절단용 호스의 내경 중 가장 많이 사용되는 호스 내경은? : 7.9mm

해설 호스의 내경은 6.3, 7.9, 9.5mm가 있으며, 7.9mm가 가장 많이 사용된다.

05 가스 호스의 적정 길이는? : 5m

참고 호스 내 청소시 산소 사용하면 안됨

06 가스 호스 색과 내압시험 압력

① 산소 호스 색 : 녹색, 또는 검정색
　내압 시험 : 90kgf/cm²
② 아세틸렌, 프로판 호스 색 : 적색
　내압 시험 : 10kgf/cm²으로 실시

07 가스를 작업시 필요한 압력으로 낮추는데 필요한 것은? : 압력 조정기

[산소 압력 게이지]

08 압력 조정기(스템형)의 작동 순서는?

부르동관 - 캘리브레이팅 링크 - 섹터 기어 - 피니언 - 눈금판

09 산소 조정기의 밸브 시트에 사용하는 에보나이트는 몇 ℃에서 연화하는가?

70℃에서 연화한다.

제3절 가스절단

1 가스절단의 개요

01 가스절단의 원리는?

절단 부분을 예열 불꽃으로 가열(800~900℃)한 후 고압 산소를 분출시키면 철과 산소가 연소 반응을 일으켜 산화철이 되면서 고압 산소의 기류에 밀려 절단된다.

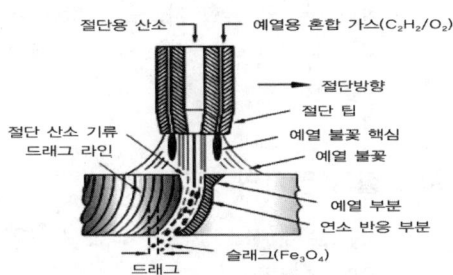

[가스절단의 원리]

02 가스절단에 주로 사용하는 방법은?

산소(O_2) - 아세틸렌(C_2H_2),
산소 (O_2) - 프로판 가스(C_3H_8)
현장에서는 거의(대부분) 산소-프로판 가스가 사용된다.

2 가스절단에 미치는 인자

01 가스절단에 영향을 주는 요소

절단재, 예열 온도, 절단 속도, 산소의 순도, 팁의 형상과 크기

02 가스절단 속도에 영향을 주는 요소는?

팁의 구멍, 절단 산소 압력, 산소의 순도, 예열 온도, 팁과 모재간 거리

03 가스절단시 절단 속도는? : ①, ②

① 모재의 온도가 높을수록, 절단 산소의 압력이 높을수록, 산소 소비량이 많을수록 비례하여 증가한다.
② 산소의 순도나 팁의 모양에 따라 다르다.

04 가스절단 조건은? : ①~④

① 절단재의 산화 연소 온도가 용융점보다 낮을 것(낮아야 된다.)
② 생성된 산화물의 용융온도는 모재의 용융온도보다 낮고, 유동성이 좋을 것
③ 절단재는 불연성 물질을 품고 있지 않을 것
④ 산화 반응이 격렬하고 발열량이 많을 것

05 가스절단에서 산소 중에 불순물이 증가할(산소의 순도가 낮을) 때 결과는? ①~③

① 절단 개시 시간이 길고, 절단 속도가 늦어진다.
② 산소의 소비량이 많아진다.
③ 절단면이 거칠고, 슬래그의 이탈성이 나쁘며, 절단 홈의 폭이 넓어진다.

06 가스절단시 예열 불꽃이 약할 경우는? ①~③

① 절단이 잘 안되거나, 절단이 중단되기 쉬우며, 절단 속도가 느려진다.
② 절단면이 더럽고 역화를 일으키기 쉽다.
③ 드래그가 커지고, 뒷면까지 통과하기 어렵다.

07 가스절단시 예열 불꽃이 너무 세면 ①, ②

① 절단면 위의 기슭이 잘 녹게 된다.
② 모재 뒤쪽에 슬래그가 달라 붙는다.

08 가스절단시 모서리가 둥글게 녹아내리는 이유는? : ①, ②

① 예열불꽃이 강할 때, 산소압력이 낮을 때
② 절단 속도가 느릴 때, 모재가 과열되어 기류에 의해

09 가스절단시 모재 표면과 백심과의 거리가 너무 가까울 때 일어나는 현상은? : ①~③

① 절단면 상부가 용융되어 둥글게 된다.
② 절단부가 현저하게 탄화한다.
③ 절단 폭이 넓어진다.

10 절단시 사용하는 산소의 순도는?

99.5% 이상 사용, 순도가 낮으면 작업 능률이 급격히 저하된다.

11 가스절단이 곤란한 금속의 절단법은?

분말 절단, 플라스마 아크절단 등을 이용

❸ 가스절단 장치

01 가스절단기의 구조는?

산소와 아세틸렌을 혼합하여 예열용 가스를 만드는 부분과 고압 산소만 분출하는 부분으로 되어 있다.

02 가스절단기의 종류

① 형식에 따라 : 프랑스식, 독일식
② 압력에 따라 : 저압식 토치(0.07 kg/cm² 이하), 중압식 토치(0.07~0.4kg/cm²)

③ 팁의 형식에 따라 : 동심형(프랑스식), 이심형(독일식)

03 아세틸렌과 산소가 거의 같은 압력으로 혼합실에서 공급되는 것으로 산소 분출구를 가지고 있지 않는 구조의 토치는?

중압식 토치

04 독일식(A형, 불변압식) 절단 토치는?

절단 산소와 혼합 가스를 각각 다른 팁에서 분출시키는 이심형 팁이며, 예열 팁과 산소팁이 있는 토치

05 절단 장치의 구성은?

절단 토치, 산소, 가연성가스, 가스용 호스, 압력 조정기

06 이심형 팁의 특징은? : ①~③

① 절단면이 매우 아름답다.
② 예열 불꽃용 팁과 절단 산소용 팁이 분리되어 있다.
③ 직선 절단에 매우 능률적이다.

해설 동심형 : 곡선, 직선 절단 모두 가능하며, 절단면도 좋다.

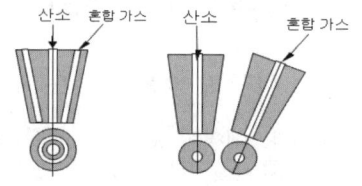

(a) 동심형   (b) 이심형

07 보통의 팁에 비해 산소의 소비량이 같을 때 다이버젠트형 팁의 특징과 절단 속도는?

고속 분출에 적합, 20~25% 증가

08 자동 가스절단은? : ①~③

① 곧고 긴 물체의 직선 절단
② V형, X홈 가공
③ 불규칙한 곡선, 짧은 곡선은 곤란

④ 가스절단 방법

01 가스절단 팁의 백심과 모재 표면과의 적당한 거리는? : 1.5~2.0mm

02 수동 절단에서 판재 6~9mm 절단시 적당한 절단 속도는?

400~500mm/min

03 드래그(drag) 라인이란? : ①, ②

① 가스절단을 일정 속도로 실시할 때 절단 홈의 하부에 절단이 지연되는데 그 절단면을 보면 거의 일정한 간격의 나란한 곡선
② 가스절단시 드래그는 가스절단의 양부를 결정한다.

04 그림에서 드래그 길이는? : ②

①은 모재 두께,
③은 드래그 라인,
④는 절단 나비(gap)

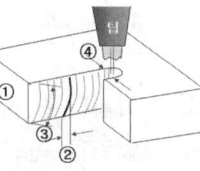

05 표준 드래그(drag) 길이는?

판두께의 20%(1/5t) 정도

$$드래그(\%) = \frac{드래그\ 길이(mm)}{판\ 두께(mm)} \times 100$$

06 보통 절단시 판두께가 12.7mm일 때 표준 드래그의 길이는 몇 mm인가?

판두께의 20%, 12.7×0.2 = 2.54mm

07 연강판을 절단할 때 절단 부분의 예열 온도는? : 약 800~1000℃

08 가스 절단기 설치 전, 후 점검 및 주의사항으로 적당하지 않은 설명은? ③

① 접속부에 비눗물로 누설 검사를 한다.
② 가스의 종류에 맞는 색깔의 호스를 접속한다.
③ 용기의 고압 밸브는 3회전 이상 돌린다.
④ 고압밸브를 열 때 출구 쪽에 서지 않는다.

09 팁 끝이 모재에 닿아 순간적으로 팁 끝이 막히거나 과열 등으로 팁 속에서 폭발음이 나며 불꽃이 꺼졌다가 다시 나타나는 현상을? : 역화

10 팁 끝이 순간적으로 막혀 가스분출이 나빠지고 토치의 가스 혼합실까지 불꽃이 도달되어 토치가 빨갛게 되는 현상은?

인화

> **해설** 가스 절단시 역류, 역화, 인화의 원인 : 팁 끝의 막힘, 팁의 과열, 팁시트의 접촉 불량

11 역화시 방지대책으로 적당하지 않은 것은?

① 산소 밸브를 차단한다.
② 팁을 물에 식힌다.
③ 토치의 기능을 점검한다.
④ 산소의 압력을 높인다.

> **해설** ④, 가스 용접 중 역화 현상이 발생하면 제일 먼저 토치의 산소 밸브를 차단시킨다.

12 가스 절단 작업 중에 탁탁 소리가 날 경우 방지 대책으로 부적당한 것은? ④

① 불을 끄고 산소를 약간 열어 물에 식힌다.
② 아세틸렌 양의 상태를 조사한다.
③ 산소의 양의 부족 여부를 조사한다.
④ 노즐을 모재에 살짝 닿게 한다.

13 가스 절단 중 고무호스에 인화가 일어 났을 때 제일 먼저 해야 할 일은? ③

① 호스를 꺾는다.
② 산소 밸브를 잠근다.
③ 아세틸렌 밸브를 잠근다.
④ 토치를 찬 물에 담근다.

> 해설) 역화시는 제일 먼저 산소 밸브를 닫으며, 인화시는 아세틸렌 밸브를 먼저 닫는다.

14 팁이 막혔을 때 청소하는 방법은?

팁 클리너로 제거한다.

> 해설) 팁 클리너 : 팁 구멍을 청소하는 기구로, 황동, 연강 등의 선으로 만들며, 팁 구멍보다 작은 것을 쓴다.

15 가스 절단이 연속적으로 이루어질 수 있는 이유는?

산화시 연소하면서 발열하기 때문에

> 해설) 철 1kgf이 연소시 철 65%가 FeO가 되었을 때 약 750kcal의 발열을 가져오므로 연속 가열이 된다.

16 가스 절단에서 절단 속도와 관계없는 것은?

병 속의 압력

[팁의 구멍, 산소 압력, 산소 순도, 병 속의 압력]

17 가스절단이 가장 잘 되는 금속은?

연강, 주강

> 해설) 탄소량이나, 합금 원소가 많을수록 절단이 곤란해진다.

18 가스 절단으로는 절단이 잘 되지 않는 금속은? : 구리, 알루미늄

[순철, 연강, 구리, 주강, 알루미늄]

> 해설) 주철, 스테인리스강, 구리, 알루미늄 등은 분말 절단, 플라스마 아크 절단 등을 한다.

19 텅스텐이 몇 % 이상이 되면 가스 절단이 곤란한가? : 20%

> 해설) 텅스텐 12 ~ 14%까지는 가스 절단 가능

20 자동 절단이 곤란한 형태는?

불규칙한 곡선 절단

21 수동 절단에서 판재 6 ~ 9mm 절단시 적당한 절단 속도(mm/min)는?

400 ~ 500

22 아름다운 절단면을 얻기 위해서 산소 압력을 어느 정도로 하면 좋은가?

3~4kgf/cm²

> 해설) 아세틸렌가스의 압력은 0.1 ~ 0.3kgf/cm²

❺ 산소-LP 가스절단

01 가스절단에서 완전 연소시 가스의 이론적인 혼합 비율은?

① 프로판 : 산소 = 1 : 4.5
② 아세틸렌 : 산소 = 1 : 1

02 LP 가스의 장점은? : ①~③

① 이동 수송이 편리하다.
② 안전도가 높으며 관리가 용이하다.
③ 폭발 한계가 낮고, 발열량이 높다.

03 가스절단 작업에서 LP(프로판) 가스와 아세틸렌 가스 사용시의 비교

① 점화나 중성 불꽃 형성은 아세틸렌 가스가 더 쉽다.
② 박판 절단시는 아세틸렌이 우수하다.
③ 프로판 사용시 슬래그 제거가 쉽고, 포갬 절단이 빠르(우수하)다.
④ 절단면은 프로판이 더 깨끗하다.
⑤ 산소 소비는 프로판이 더 많이 든다.

04 LP 가스용 절단 팁 설계는? ①~③

① 토치의 혼합실을 크게 하여 팁에도 충분히 혼합할 수 있게 설계한다.
② 예열 불꽃의 구멍을 크게 하고 개수를 많이 하여 불꽃이 불려 꺼지지 않게 한다.
③ 팁 끝의 슬리브를 약 1.5mm 정도 가공면보다 깊게 한다.

제4절 특수절단, 가스 가공

① 특수 절단

01 분말 절단의 특징

① 철, 비철금속, 콘크리트도 절단 가능하다.
② 산소 소비량이 적다.
③ 보통의 토치 팁에 분말을 주체로 하는 보조 장치가 필요하다.

02 오스테나이트계 스테인리스강의 절단에 적합하지 않은 절단법은? : ①

① 철분 절단   ② 용제 절단
③ 플라스마 절단 ④ 레이저 절단

04 철분 분말 절단을 하면 안되는 것은?
오스테나이트계 스테인리스강
[주철, 주강, 콘크리트, 오스테나이트계]

> **해설** 오스테나이트계 스테인리스강의 절단에 철분 절단시 철분이 혼입될 위험성이 크다.

03 용제 분말 절단에 사용되는 용제의 주성분은? : 탄산소다

05 수중 절단의 특징은? : ①~④

① 예열용 연소 가스는 육상과 비교하여 압력을 높게 조정한다.
② 수중 절단에 사용되는 가스 : 수소, 아세틸렌, 벤젠
③ LP 가스는 압력을 가하면 쉽게 액화되므로 잘 사용하지 않음
④ 수중 절단은 수중 45m까지 가능하다.

06 수중 8m 이상에서 절단 작업할 때 사용하는 가스는? : 수소

> **참고** 수소는 압력을 가해도 기포 발생이 적어 많이 사용되며, 아세틸렌은 수압에 의하여 폭발 가능성이 있다.

07 수중 절단에서 산소압력과 예열가스의 양은 공기 중 보다 몇 배 필요한가?

산소압력은 1.5~2배, 예열가스는 4~8배

08 수중 절단시 절단 속도는?

12~50mm/min 정도로 한다.

09 산소창 절단에 이용되는 강관의 안지름과 길이는?

안지름 3.2~6mm, 길이 1.5~3m

10 산소창 절단의 용도는?

용광로, 평로의 tap 구멍의 천공, 강괴 절단, 암석의 천공, 두꺼운 판의 절단, 주강 슬래그의 덩어리 절단

> **참고** 알루미늄판, 구리판 절단은 불가능함

11 포갬(겹치기) 절단(stack cutting)

얇은 판(6mm 이하)을 여러 장 포개어 틈이 없도록(최소 틈새 0.08mm 이하) 압착한 후 절단하는 방법

12 워터 제트 절단(water jet cutting)

물을 3500~4000bar 이상 초고압으로 압축한 후 0.75mm의 노즐로 음속 이상으로 분사시켜 절단

❷ 가스 가공

01 가스 가우징의 용도는? : 용접 홈 가공

02 가스 가우징 작업의 속도는 가스절단 때 보다 몇 배 빠른가? : 2.5배

03 가스 가우징 작업에 있어서 홈의 깊이와 나비의 비는? : 1:1~1:3

04 가스 가우징시 산소와 아세틸렌의 압력은?

보통 3~7kgf/cm^2(294~686kPa), 아세틸렌의 경우 0.2~0.3kgf/cm^2(19.6~29.4kPa)

05 스카핑의 특징은? ; ①~③

① 강괴 표면 탈탄층 및 흠 제거에 사용
② 가우징 토치에 비해 능력이 크다.
③ 주로 넓은 표면의 흠을 제거할 때 사용

06 냉간재를 스카핑할 경우 스카핑의 속도는? : 5~7m//min

07 스카핑시 사용되는 산소의 압력은?

0.5~0.7MPa(5~7kgf/mm^2)

제5절 ▶ 아크절단

❶ 산소, 탄소 아크절단 등

01 비철 금속 절단에 바람직한 절단법은?

아크절단 또는 분말 가스절단

02 탄소 아크절단(carbon arc cutting)

탄소 또는 흑연 전극과 모재 사이에 아크를 일으켜 절단하는 방법

> **참고** 전극봉은 전도성 향상을 위해 표면에 구리 도금한 것을 사용한다.

03 탄소 아크절단에 적합한 전원은?

직류, 교류 모두 사용되나, 주로 직류 정극성을 사용한다.

04 금속 아크절단의 특징

① 교류 및 직류 용접기를 사용하여 절단 전용 피복 용접봉으로 절단하는 방법
② 피복제는 발열량이 많고 산화성이 풍부한 것 사용

05 산소 아크절단의 특징

① 중공(속이 빈)의 피복 용접봉과 모재 사이에 아크를 발생시켜 용융시키고, 중공의 전극봉에 고압 산소를 분출하여 절단하는 방법
② 전원은 보통 직류 정극성이 사용되나 교류도 가능하다.

06 플라스마 젯 절단의 원리는?

플라즈마 아크의 바깥 둘레를 강제로 냉각하여 생성된 10000 ~ 30000℃의 고온, 고속의 플라즈마를 이용한 절단

07 플라스마 젯 절단에 사용하는 가스는?

Al, 경금속에는 아르곤과 수소의 혼합 가스를 사용하며,
스테인리스강에는 질소와 수소 혼합 가스를 사용한다.

② 아크 에어 가우징

01 아크 에어 가우징의 특징은? ①~⑥

① 가스 가우징보다 모재에 악영향이 거의 없다.
② 가스 가우징보다 2 ~ 3배의 작업 능률을 얻을 수 있다.
③ 용접 결함 특히 균열의 발견이 쉽다.
④ 아크열을 이용하며, 압축 공기가 필요함
⑤ 조작법이 간단하고, 응용 범위가 넓으며, 경비가 저렴하다.
⑥ 용융금속을 순간적으로 불어내므로 모재에 악영향을 주지 않으며, 소음이 적다.

02 아크 에어 가우징의 용도는?

주강, 주물, 스테인리스강 경합금 절단에도 사용된다.

03 아크 에어 가우징에 적합한 극성은?

직류 역극성(DCRP)

04 아크 에어 가우징 작업시 알맞은 압축 공기의 압력은?

① 5~7 kgf/cm² 정도, 질소, Ar도 가능하다.
② 콤프레셔(공기 압축기)는 3마력(HP) 이상의 압축력이 필요하다.

05 가우징봉은? : ①, ②

① 탄소와 흑연의 혼합물인 탄소와 흑연으로 제조하며, 사용 전원에 따라 직류용과 교류용이 있다.
② 전기를 잘 통할 수 있도록 표면에 구리 도금을 사용한다.

MEMO

PART 03

용접작업 안전

Chapter 01 작업 안전

Chapter 02 산업 안전

Chapter 03 용접 안전

피복/이산화산소가스/가스텅스텐 아크용접기능사 필기&실기

01 작업 안전

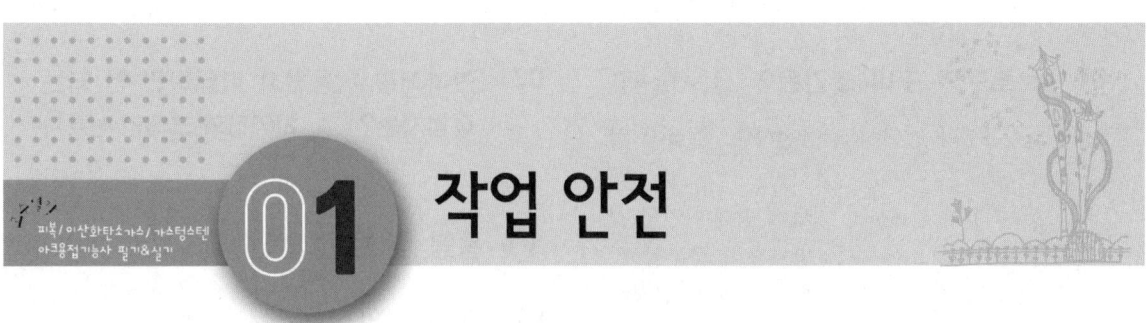

제1절 산업 재해

❶ 재해와 안전

01 국제노동기구(ILO)의 재해의 정의

근로자가 물체와 물질 또는 타인과 접촉 또는 물체나 작업 조건 속에 몸을 두었기 때문에, 근로자의 작업 동작 때문에 사람에게 상해를 주는 것

02 안전이란?

직·간접으로 인명 및 재산상의 손실이 생기는 산업 재해를 사전에 막기 위한 여러 가지 활동

❷ 재해 원인과 상호 관계

01 고장난 기계, 조명 불량, 안전 장치 불량 등에 의한 재해는 무슨 원인에 의한 재해인가?   : 설비의 원인

02 재해가 가장 많은 전동 장치는? : 벨트

03 재해가 가장 많은 계절은 언제인가?

여름(7~8월), 휴일 다음 날 많이 발생

04 하루 중 가장 사고가 많이 일어나는 시간은 언제인가?   : 오후 3시

❸ 산업 재해율

01 재해 발생 손실의 정도를 나타내는 것은?   : 강도율

02 A 공장에서 연간 15건의 재해가 발생했다. 1일 8시간 연간 300일 근무한다면 도수율은 얼마인가? (단, 근로자 수는 350명이다.)

1) 연 근로 시간수
    = 350명×8시간×300일= 840000시간

2) 도수율 = $\frac{15}{840000} \times 1000000 = 17.86$

연 근로 시간 100만 시간 중에 18 발생

03 평균 근로자 수가 400명인 직장에서 10명의 재해자가 발생했다면 연천인률은?

연천인률 = $\frac{10}{400} \times 1000 = 25$

근로자수 1000명당 25명의 재해자 발생

제2절 작업일반 안전

❶ 작업 복장 및 보호구

01 보호구의 구비 조건은? : ①~④

① 구조가 간단하고 안전하며, 손질이 쉬울 것
② 착용이 간편하며, 작업에 방해가 안될 것
③ 유해 요소에 대한 방호성이 충분할 것
④ 재료의 품질이 좋고, 사용 목적에 적합하며, 사용자에게 잘 맞을 것

02 아크 안전 보호구의 종류가 아닌 것은?

와이어 브러시

[핸드 실드, 헬멧, 보호 안경, 앞치마, 발커버, 용접조끼, 와이어 브러시]

03 피복 아크용접시 용접 작업자의 얼굴이나 머리를 보호하기 위한 보호구는?

용접 핸드 실드나 용접 헬멧

04 아크용접 공구 중 머리에 쓰고 헬멧 속에 신선한 공기를 불어넣는 공기 호스가 달려 있는 것은? : 환기 헬멧

05 안전모의 일반 구조는? : ①~③

① 모체, 착장체 및 턱끈을 가질 것
② 착장체의 구조는 착용자의 머리 부위에 균등한 힘이 분배 되도록 할 것
③ 착장체의 머리 고정대는 착용자의 머리 부위에 고정하도록 조절 할 수 있을 것

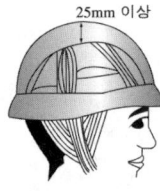
25mm 이상

06 안전모의 내부 수직거리로 가장 적당한 것은? : 25mm 이상 50mm 미만일 것

07 귀마개를 착용하고 작업하면 안 되는 작업자는? : 하역장의 크레인 신호자

❷ 통행 및 운반 안전

01 통행시 안전 수칙

① 통행로 위의 높이 2m 이하에 장애물이 없을 것
② 기계와 다른 시설물 사이의 통행로 폭은 80cm 이상으로 할 것

02 통행로에 계단 설치시 고려 사항

① 견고한 구조로 하며, 경사가 너무 심하지 않게 할 것
② 높이 3m를 초과할 때에는 높이 3m마다 계단 참을 설치할 것
③ 각 계단의 간격과 나비는 동일하게 하며, 적어도 한쪽에는 손잡이를 설치할 것

❸ 작업 환경

01 작업별 적정 조도

① 거친 작업 : 75Lux 이상(75~150)
② 보통 작업 : 150Lux 이상(150~300)
③ 정밀 작업시 : 300Lux 이상(300~600)
④ 초정밀 작업 : 750Lux 이상(750~3000)

02 작업장의 가장 바람직한 온도

① 온도 : 여름 : 25~27℃, 겨울 : 15~23℃
② 바람직한 상대 습도 : 50~60%

03 주물 작업, 채석, 연마 작업에 종사하는 사람들에게 많이 올 수 있는 직업병은?

규폐증

04 모든 사람들이 불쾌감을 느낄 수 있는 불쾌지수는? : 80 이상

> 참고) 70 이하인 때 쾌적
> - 70 이상이면 불쾌감
> - 75 이상이면 과반수 이상의 사람들이 불쾌감을 호소

05 일반 작업장의 소음의 허용 한계값은 얼마로 정하는가? : 85 ~ 95dB

4 화재 및 폭발

01 연소의 3요소는? : 가연물, 산소, 점화원

02 연소 후 재를 남기는 화재의 종류는? A급 화재

> 참고) B급 화재 : 유류화재, C급 화재 : 전기화재
> D급 화재 : 금속화재, E급 화재 : 가스화재

03 초기 전기 화재나 소규모 인화성 액체 화재에 적합한 것은? : CO_2 소화기

04 방화 대책의 구비 조건은?

화재 경보기, 소화기, 방화벽, 스프링 클러, 비상구, 방화사

> 참고) 출입 표시, 스위치관은 방화대책이 아님

05 화재 및 폭발방지 조치로 틀린 것은? ③

① 대기에 가연성 가스를 방출시키지 말 것
② 필요한 곳에 방화 설비를 설치할 것
③ 용접 작업 부근에 점화원을 둘 것
④ 배관에서 가연성 증기의 누출 여부를 철저히 점검할 것

06 가스 종류별 체적당 폭발 상한과 하한계

① 부탄 : 1.8 ~ 8.4%
② 프로판 가스 : 2.1 ~ 9.5%
③ 아세틸렌 : 2.5 ~ 81.0%
④ 수소 : 4.0 ~ 74.5%

> 참고) 폭발 한계가 가장 큰 것은 아세틸렌이다.

07 인체에 혈액은 체중의 약 3.3% 정도이다. 이 중에 몇 % 이상 흘리면 사망하는가? : 50%

08 응급 처치의 3대 요소는?

기도 유지, 쇼크 방지, 상처 보호

> 참고) 응급 처치 4단계(요소)는 기도 유지, 쇼크 방지, 지혈, 상처 보호

09 가벼운 충돌 또는 부딪침으로 인하여 생기는 손상으로 일반적으로 피부 표면에 창상이 없는 상처를 뜻하는 것은?

타박상 - 냉찜질을 할 것

10 창상(절창, 열창, 찰과상)을 입었을 때의 응급 조치로 부적합한 것은? ①

① 상처 주위를 깨끗이 소독할 것
② 상처를 자극하지 말고 노출시킬 것
③ 냉찜질을 할 것
④ 먼지, 토사가 붙어 있을 때는 무리하게 떼어내지 말 것

11 피부가 붉고 쑥쑥 아픈 정도이며, 피부층 중의 가장 바깥 층인 표피의 손상만

을 가져온 화상은? : 1도 화상

12 표피와 진피 둘 다 영향을 미친 화상으로 통증과 물집이 생기는 화상은?

제2도 화상

13 표피, 진피, 하피까지 영향을 미쳐 피부가 검게 되거나 반투명 백색이 되어 위험한 상태의 화상은? ; 제3도 화상

14 화상자의 응급조치시 주의사항의 하나

화상자의 의복을 벗기지 않는다.

15 제1도 화상이라도 화상 부위가 신체의 몇 % 이상이면 위험한가?

30%

5 안전 표지와 색채

01 미국 철강회사(US steel)의 게리(Gary) 사장이 제창한 것을 개선한 것은?

안전 제1, 품질 제2, 생산 제3

> 참고 게리 사장이 최초에 제창 : 품질 제1, 생산 제2, 안전 제3

02 산업안전 관리에 대한 기업주의 각성을 촉구하고 근로자의 주의를 환기시키기 위한 표지는? : 녹십자 표지

03 산업 안전 보건법 시행 규칙상 안전 색채

① 파란색 : 안전을 표시하는 색채 중 특정 행위의 지시 및 사실의 고지 등

② 흰색 : 글씨 및 보조색, 통로, 정리 정돈 등을 나타내는 색

04 화학 물질 취급 장소에서의 유해 위험 경고 이외의 위험 경고 주의 표지, 기계 방호물, 방사능 위험을 나타내는 색채는?

노랑색

05 안전, 피난, 위생, 구호, 진행, 대피, 구호소 위치 등을 나타내는 색은?

녹색

제3절 기계 작업 안전

1 기계 작업 안전

01 좁은 탱크 안에서 작업시 주의 사항

① 산소를 공급하여 환기시킨다.
② 환기 및 배기 장치를 한다.
③ 가스 마스크를 착용한다.

02 작업시의 안전 수칙은? : ①~④

① 장갑을 끼지 않는다.
② 넓은 면은 톱 작업하기 전에 삼각줄로 안내 홈을 만든다.
③ 드릴 작업에서 생긴 쇠밥은 손으로 제거하지 않는다.
④ 줄눈에 끼인 쇠밥은 와이어 브러시로 제거한다.

03 해머 작업 안전사항과 거리가 먼 것은?

②

① 보호 안경을 착용하고 작업할 것
② 장갑을 끼고, 해머를 자루에 꼭 끼울 것
③ 대형 해머를 사용시 능력에 맞게 사용하며, 처음에는 서서히 칠 것
④ 좁은 곳에서 사용하지 말 것

❷ 주요 공작기계 작업 안전

01 공작 기계 일반 안전 수칙으로 바르지 못한 것은? : ③

① 기계 위에 공구나 재료를 올려놓거나, 기계의 회전을 손이나 공구로 멈추지 말 것
② 이송 중에 기계를 정지시키지 말며, 가공물, 절삭 공구의 설치를 확실히 할 것
③ 절삭 공구는 길게 설치하고, 절삭성이 나쁘면 느리게 절삭할 것
④ 칩이 비산할 때는 보안경을 쓰며, 절삭 중 절삭면에 손이 닿지 않도록 할 것

해설 칩을 맨손으로 제거해서는 안되며, 절삭 공구는 짧게 설치해야 된다.

02 선반 작업의 안전 사항으로 바르지 못한 것은? : ④

① 가공물을 설치할 때는 전원 스위치를 끄고 설치할 것
② 적당한 크기의 돌리개를 선택하고 심압대 스핀들이 많이 나오지 않게 할 것
③ 공작물의 설치가 끝나면 척, 렌치류는 곧 빼어 놓을 것
④ 편심된 가공물을 설치할 때는 심압대의 중심을 맞출 것.

03 드릴 작업의 안전 수칙은? ; ①~④

① 회전하는 주축이나 드릴에 손이나 걸레를 대거나 머리를 가까이 하지 말 것

② 드릴은 좋은 것을 사용하고, 섕크에 상처나 균열이 있는 것은 사용하지 말 것
③ 가공 중에 드릴의 절삭성이 나빠지면 곧 드릴을 재연삭하여 사용할 것
④ 드릴을 고정하거나 풀 때는 주축을 완전 고정시킨(멈춘) 후 실시할 것

04 드릴 작업 중 안전 수칙으로 틀린 것은? ③

① 작은 물건은 바이스나 고정구로 고정하고 직접 손으로 잡지 말 것
② 얇은 물건을 드릴 작업할 때는 밑에 나무 등을 놓고 구멍을 뚫을 것
③ 구멍이 거의 뚫릴 무렵에는 가공물이 회전하기 쉬우므로 이송을 빠르게 할 것
④ 가공 중 드릴이 가공물에 박히면 곧 바로 기계를 정지시키고 손으로 돌려서 드릴을 뽑을 것

05 연삭 작업 중 안전 수칙은? ①~④

① 숫돌은 반드시 시운전에 지정된 사람이 설치할 것
② 숫돌은 기계에 규정된 것을 사용하며, 숫돌 커버는 벗겨진 채 사용하지 말 것
③ 숫돌차 안지름은 축 지름보다 0.05~0.15 mm 정도 클 것
④ 플랜지와 숫돌 사이에는 플랜지와 같은 크기의 패킹을 양쪽에 끼우고 너트를 너무 강하게 조이지 말 것

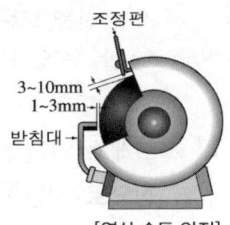

[연삭 숫돌 안전]

06 연삭숫돌과 받침대의 간격은 얼마 이하로 유지해야 되는가? : 3mm

07 [연삭기는 시운전시(연삭 숫돌 설치 후) ( )분, 작업 개시 전에는 ( )분 이상 공회전한 후 사용해야 된다.]
여기서 ( )안에 들어갈 순서는?

3, 1

08 프레스의 안전 작업 수칙은? ①~④

① 패달을 불필요하게 밟지 말 것
② 2명 이상이 작업할 때는 신호를 정확하게 하고 안전 상태 확인 후 조작할 것
③ 손질, 수리, 조정 및 급유 중에는 반드시 기계를 멈추고 실시할 것
④ 작업이 끝나면 반드시 스위치를 끌 것

09 프레스의 안전장치는?

광전자식, 양수 조작식, 손 쳐내기식, 수인식 방호 장치 등

10 프레스 작업 중 광전식 안전 장치에 대한 설명으로 적당하지 않은 것은? ①

① 급정지 장치가 없는 구조의 프레스를 사용할 것
② 프레스 정지 기능에 알맞은 안전 거리가 확보될 것
③ 스트로크 적정 길이에 따라 광축수가 알맞을 것
④ 안전울 또는 가이드를 병행하여 사용할 수 있을 것

11 프레스 안전 장치 중 양수 조작식의 특징으로 적당한 설명이 아닌 것은? ④

① 1행정 1정지 기능이 있는 프레스에 사용할 것
② 양수 버튼의 거리는 300mm 이상일 것
③ 양손으로 동시에 0.5초 이내 버튼을 눌렀을 때만 작동할 것
④ 스트로크 적정 길이에 따라 광축수가 알맞을 것

해설 ④는 광전식 안전 장치에 대한 설명이다.

제4절 용접 및 절단의 안전

1 전기(아크) 용접 안전

01 아크용접의 재해라 볼 수 없는 것은?

① 아크 광선에 의한 전안염(전광성 안염)
② 강렬한 빛과 고온의 열, 스패터 비산으로 인한 화상
③ 역화로 인한 화재
④ 전격에 의한 감전

해설 ③, 역화로 인한 화재는 가스용접이나 절단시 발생하는 것이다.

02 아크용접시 광선에 의하여 초기에 인체에 일어나기 쉬운 가장 타당한 재해는?

자외선 때문에 각막과 망막에 자극을 주어 결막염을 일으킨다.

03 전광성 안염은? : ①, ②

① 급성은 아크 불빛을 본 후 4~8시간 후에 일어나며, 보통은 24~29시간 후면 정상으로 된다.
② 심하면 결막염을 일으키거나 실명할 수도 있다.

04 전광성 안염이 발생하였을 때의 응급 조치는?

냉습포 찜질을 한 다음 치료를 받는다. 심하면 안과 의사의 진료가 필요하다.

05 안염이나 피부 손상 방지를 위해 용접 작업자가 반드시 사용해야 하는 것은?

용도에 맞는 작업복, 핸드 실드, 용접 헬멧 착용

06 높은 곳에서 아크용접을 할 때 케이블의 처리 중 옳은 것은?

적당한 고리에 고정시킨 다음 작업한다.

> 참고 팔에 감거나, 발, 어깨에 감고 하면 매우 위험하다.

07 아크용접시 지켜야 할 안전 수칙

① 옥외 작업장에서 우천시는 절대 용접하지 않는다.
② 습기가 찬 곳에서는 작업을 금한다.
③ 코드의 피복이 찢어졌으면 곧 수리한다.
④ 홀더 선이나 어스선은 접촉이 완전해야 한다.

08 피복아크용접 작업 중 정전이 되었을 때의 안전 사항은?

전원 스위치는 off의 위치에 놓는다.

09 전격(감전)의 재해 주요 원인

① 용접 중 홀더가 신체에 접촉될 때나, 맨손으로 홀더에 용접봉을 물릴 때
② 손상된 케이블에 접촉된 경우
③ 비가 오거나 젖은 장갑, 작업복을 입고 용접하는 경우
④ 물이 묻은 상태에서 스위치 조작을 하거나, 전원 스위치를 켜두고 용접기를 수리할 때

10 아크용접 작업 중 전격이 될 수 있는 요소로서 가장 적합한 것은?

어스의 접지가 불량할 때

11 피복 아크용접기의 누전시 조치 사항으로 가장 부적합한 것은? : ④

① 전원 스위치를 내리고 누전된 부분을 절연시킨 후 용접한다.
② 용접기의 접지 상태를 점검, 조치한다.
③ 용접 케이블의 손상 부분을 절연한다.
④ 전원만 바꾸고 계속 용접한다.

12 이동식 전기 기기에 감전 사고를 막기 위해 설치해야 하는 것은?

접지 설비

13 감전의 위험으로부터 용접 작업자를 보호하기 위해 교류 용접기에 설치하는 것은? : 전격 방지 장치

14 전격 방지 대책은? : ①~④

① 용접기의 내부에 손을 대지 않는다.
② 홀더나 용접봉은 절대 맨손으로 취급하지 않는다.
③ 가죽 장갑, 앞치마, 발덮개 등 규정된 보호구를 반드시 착용한다.
④ TIG 용접시 전극봉을 교체할 때는 항상 전원 스위치를 차단하고 교체한다.

15 아크 작업을 할 때 빛을 가리는 이유는?

빛 속에 강한 자외선과 적외선이 눈의 각막을 상하게 하므로

16 용접 작업장 주위에 차광막을 치는 이유는?

인접 작업자의 눈을 보호하며, 작업에 방해되지 않게 하기 위하여

17 접지 클램프를 잘못 접속했을 때 생기는 사항은?

전력 낭비, 아크가 불안정, 열이 과도하게 발생, 발열로 케이블 접속부가 고장난다.

18 아크용접기 몸체에 어스를 시키는 이유는?

누전되었을 때 작업자의 안전을 위하여

19 피복 아크용접 작업 중 가스 중독 원인

① 용접 흄(fume)의 흡입
② 유해 가스 흡입

20 CO_2 가스 아크용접시 작업장의 이산화탄소 농도에 따른 인체의 반응

① 3~4%일 때 : 두통 및 뇌빈혈
② 15% 이상 : 인체에 위험한 상태
③ 30% 이상 : 치명적인 위험

❷ 가스용접 및 절단의 안전

01 가스 설비 취급 및 작업장 안전

① 산소 밸브는 기름이 묻지 않도록 한다.
② 가스 집합 장치는 화기를 사용하는 설비로부터 5m 이상 떨어진 장소에 설치
③ 검사받은 압력 조정기를 사용하고, 가스 호스의 길이는 최소 3m 이상 되어야 한다.

02 가스 절단 작업에서 안전기는 어디에 설치하는가?

아세틸렌 발생기와 토치 사이

03 가스 절단 작업시 주의 사항

① 반드시 보호 안경을 착용한다.
② 산소 호스와 아세틸렌 호스는 색깔을 구분하여 사용한다.
③ 납이나 아연 합금, 도금 재료를 절단시 중독될 우려가 있으므로 주의한다.
④ 용기 부근에서 인화 물질의 사용을 금한다.
⑤ 좁은 장소에서 작업할 때 항상 환기에 신경쓴다.

04 아세틸렌 용기 누설부에 불이 붙었을 때 제일 우선으로 해야 하는 조치는?

용기의 밸브를 잠근다.

05 가스 절단 작업 중 역류 발생시 응급 조치 방법은?

산소 밸브를 먼저 잠그고 아세틸렌 밸브를 잠근다.

06 산소-아세틸렌 절단작업 중 용기의 밸브 부근에서 발화되었다면 그 원인은?

산소 밸브에 기름이 묻었다.

07 압력 용기 성능 검사 유효 기간은 1년이다. 아세틸렌 장치의 성능 검사는 몇 년인가? : 3년

PART 04

용접 재료

Chapter 01 금속재료 총론

Chapter 02 철강 재료

Chapter 03 열처리 및 표면 경화

Chapter 04 비철 금속재료

Chapter 05 각종 금속 용접

피복 / 이산화산소가스 / 가스텅스텐 아크용접기능사 필기&실기

01 금속재료 총론

제1절 개요

1 금속

01 금속의 구비 조건(공통적 성질)으로 옳지 않은 것은?

① 모든 금속은 상온에서 고체이며 결정체이다.
② 비중이 크고 경도 및 용융점이 높고, 열과 전기의 양도체이다.
③ 빛을 반사하고 고유의 광택이 있다.
④ 산화 방지를 위해 표면 처리나 도금이 가능하다.
⑤ 가공이 용이하고 전연성이 크다.

해설 ①, 수은(Hg)을 제외하고 상온에서 고체이며 결정체이다.

02 B(붕소), Si(규소) 등 금속적 성질과 비금속적 성질을 갖는 것을 무엇이라 하는가? : 준금속

03 신금속이란?

정보, 전자, 에너지, 우주, 항공, 자동차 및 수송기기, 의료 기기 등 첨단 산업 분야에 불가결한 요소가 되는 금속

04 경금속과 중금속의 구분의 기준은?

비중 4.5(학자에 따라 비중 5.0을 기준으로 하는 경우도 있다.)

05 경금속의 종류는?

Al(2.7), Mg(1.74), Ti(4.5), Be(베릴륨 1.83) 등

06 중금속의 종류는?

Fe(7.89), Ni(8.9), Cu(8.96), 크롬(7.19), W(텅스텐 19.3), Au(금 19.3), Pt(백금 21.4) 등

07 가장 무거운 금속과 가벼운 금속은?

① 무거운(중) 금속 : Ir(이리듐 22.5)
② 가벼운(경) 금속 : Li(리튬 0.53)

08 연성이 큰 순서로 나열한 것은?

Au > Ag > Al > Cu > Pt > Pb

09 다음 중 전연성이 가장 큰 재료는?

7·3 황동

[구리, 6·4 황동, 7·3 황동, 청동]

10 다음 중 연성이 가장 큰 재료는?

순철

[순철, 탄소강, 경강, 주철]

11 전연성이 매우 커서 10^{-6}cm 두께의 박판으로 가공할 수 있으며, 왕수(王水) 이외에는 침식, 산화되지 않는 금속은? : 금(Au)

12 합금이란? : ①~③

① 순금속은 100% 순도의 금속을 말하나 거의 실존하지 않는다.
② 합금이란 한 가지 금속에 한 가지 이상의 금속 또는 비금속을 첨가하여 기계적, 물리적, 화학적 성질을 개선시킨 금속
③ 성분 원소의 수에 따라 2원 합금, 3원 합금, 다원 합금으로 분류한다.

13 강에서 탄소량이 증가할수록 경도는?

증가한다.

> **참고** 경도 크기 : 순철 < 탄소강(연강 < 경강) < 주철

14 일반적으로 성분 금속이 합금(alloy)이 되면 나타나는 특징으로 틀린 것은?

① 경도, 강도, 내마멸성 등 기계적 성질이 높아진다.(개선된다.)
② 전기 저항이 증가한다.
③ 용융점과 열전도율이 낮아진다.
④ 주조성, 내식성, 내열성, 내산성 등이 낮아진다.

> **해설** ④ 주조성, 내식성, 내열성, 내산성 등이 향상된(높아진)다.

❷ 금속 재료의 특성

01 경도(hardness)란

재료의 국부 소성 변형에 대한 재료의 저항성을 나타내는 정도, 공석강(0.85%C) 이하에서는 인장강도와 비례한다.

02 탄소강의 인장강도가 41kgf/mm²일 경우 브리넬 경도(HB)는 얼마인가?

$$HB = \frac{인장강도}{0.32 \sim 0.36} = \frac{41}{0.34} = 121(kgf/mm^2)$$

03 인성(toughness)

충격에 대한 재료의 저항을 뜻하며, 연신률이 큰 재료가 충격 저항도 크다.

04 피로(fatigue)와 피로한도란? ①, ②

① 피로 현상 : 작은 인장 또는 압축 응력에서도 장시간 동안 연속적으로 반복하여 작용시키면 결국 파괴되는 현상
② 피로 한도 : 이때 파괴되지 않고 충분한 내구력을 가질 수 있는 최대 한계

05 크리프 한도(creep limit)란? ①, ②

① 크리프 : 금속재료를 탄성 한도 내의 하중을 걸어 장시간 경과하면 변형이 증가하는 현상
② 크리프 한도 : 변형이 증대될 때의 한계 응력

06 비중(Specific gravity)

① 비중 : 4℃의 순수한 물을 기준으로 몇 배 무거우냐 가벼우냐를 수치로 나타낸다.
② 비중 = $\frac{제품의\ 무게}{제품과\ 같은\ 체적의\ 물\ 무게}$

07 Mg, Al, Fe, Cu, W의 비중

1.74, 2.67, 7.89, 8.9, 19.1

[주요 금속의 비중]

원소기호	원소명	비중	원소기호	원소명	비중
Mg	마그네슘	1.74	Ni	니켈	8.9
Al	알루미늄	2.67	Co	코발트	8.9
Ti	티타늄	4.51	Cu	구리	8.9
V	바나듐	5.6	Mo	몰리브덴	10.2
Zn	아연	7.13	Hg	수은	13.5
Mn	망간	7.3	W	텅스텐	19.1
Fe	철	7.89	Au	금	19.3

08 용융점이란?

고체 금속재료를 어떤 온도에서 가열하거나 냉각하면 녹아 액체가 되거나 응고하여 고체가 되는 용융 현상이 생기는 온도점

[주요 금속의 용융점]

원소기호	원소명	용융점(℃)	원소기호	원소명	용융점(℃)
Li	리튬	180	Mn	망간	1245
Zn	아연	420	Ni	니켈	1453
Mg	마그네슘	650	Co	코발트	1495
Al	알루미늄	660	V	바나듐	1725
Ag	은	961	Cr	크롬	1875
Au	금	1063	Mo	몰리브덴	2610
Cu	동(구리)	1083			

09 용융점이 가장 낮은 금속과 높은 금속은?

수은 : -38.4℃,   텅스텐(W : 3410℃

10 납과 주석(Sn)의 비중과 용융점은?

Pb(납) : 비중은 11.34, 용융점은 327℃
Sn(주석) : 비중은 7.28, 용융점은 232℃

11 열전도율(heat conductivity)

길이 1cm에 대하여 1℃의 온도차가 있을 때 1cm²의 단면적을 통하여 1초간에 전해지는 열량(단위 : cal/cm·sec℃)

12 열전도율이 큰 금속의 순서

Ag > Cu > Au > Al > W > Mg > Pb

13 전기 전도율

① 일반적으로 열전도율이 좋은 금속이 전기 전도율도 좋다.
② 전기 전도율이 큰 순서 : Ag > Cu > Au > V > Al > Mg > Mo > W > Co > Ni > Fe

14 비열(specific heat)

단위 물질 1gf의 온도를 1℃ 올리는데 필요한 열량, 예) 물 1gf을 1℃ 높이는데 필요한 열량은 1cal(단위 : cal/gf℃, kcal/kgf℃)

15 선(열)팽창계수

단위 길이의 봉을 1℃ 증가시킬 때 팽창한 길이와 원래 길이에 대한 비율

열팽창계수 = $\dfrac{\ell' - \ell}{\ell(t' - t)}$

(ℓ' : 늘어난 길이, ℓ : 처음 길이 t' : 가열된 온도, t : 처음 온도)

16 강자성체 금속은? : Fe, Ni, Co

제2절 금속의 결정 구조 등

① 금속의 결정 구조

01 결정에 대한 다음 설명은? : ①~③

① 결정격자를 공간격자, 결정체를 이루고 있는 작은 입자를 결정입자라 한다.

② 결정입자와의 경계를 결정 경계라 한다.
③ 결정 경계 내에 원자가 만드는 가장 간단한 격자를 단위포(단위 격자)라 한다.

02 결정(공간) 격자

금속의 대표적인 결정 격자 : 체심 입방 격자, 면심 입방 격자, 조밀 육방 격자 등

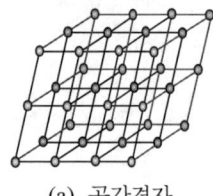 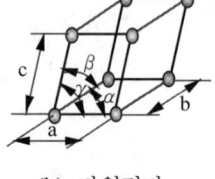

(a) 공간격자　　　(b) 단위격자

03 격자 상수를 설명한 것은? : ①~③

① 단위포의 한 변(모서리)의 길이, 단위포의 3축 방향의 길이를 의미한다.
② 단위포의 3축 방향의 길이, 크기는 수 Å(옹그스트롱) 정도이다.
③ 금속의 격자 상수는 보통 2.5~3.3 Å 정도이다.

❷ 순금속의 결정 구조

01 브라베의 결정격자에 대한 설명은?

①, ②

① 결정격자의 원자 배열은 금속의 종류와 온도 및 대칭선에 따라 다르며 성질도 다르다.
② 광물학에서 7 결정계, 14 결정격자형으로 세분하고 있다.

02 체심 입방 격자(BCC)에 대한 설명은?

①, ②

① 배위수는 8, 격자 내의 총원자수가 2개 (격자점의 원자 1/8×8)+(체심에 있는 원자 1)
② 원자 충진률은 68%이다.

03 금속 결정격자 중에 전연성이 적고 용융점이 높으며, 강도가 큰 특성을 가진 것은? : 체심 입방 격자

04 다음의 금속 중 체심 입방 격자의 종류가 아닌 것은? : Ni, Cu

[Mo, W, Cr, V, α철, δ철, Ni, Cu]

05 면심 입방 격자(FCC : face centered cubic lattice)에 대한 설명으로 틀린 것은?

① 배위(인접원자)수는 4, 격자 내의 총원자수가 12개이다.
② 원자 충진률은 74%이다.
③ 전연성과 전기 전도도가 크며 소성 가공성이 우수(양호)하다.
④ 종류 : Ni, Cu, Al, Ag, Au, Pb, γ철, Pt 등

해설 ①, 배위(인접원자)수는 12, 격자 내의 총원자수가 4개
(격자점의 원자 1/8×8)+(면심에 있는 원자 1/2×6)

06 다음 중 면심 입방 격자가 아닌 것은?

V, α철

[Ni, Cu, Al, Ag, Au, Pb, V, α철, γ철]

07 조밀 육방 격자(HCP)에 대한 설명은? ①~④

① 배위수는 12, 귀속 원자 수는 2개다.
② 전연성이 불량하여 소성 가공성이 나

쁘(좋지 않)고, 접착성도 적다.
③ 종류 : Mg, Zn, Ti, Cd, Be, Hg 등
④ Mg, Zn 등은 압연, 인발이 안된다.

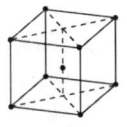 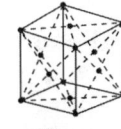 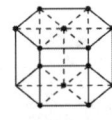
 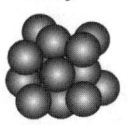 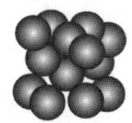

(a) 체심 입방 격자   (b) 면심 입방 격자   (c) 조밀 육방 격자
[결정격자의 종류]

08 청백색의 조밀 육방 격자 금속이며 비중이 7.18, 용융점이 420℃인 금속명은?

Zn(아연)

제3절 ▶ 금속 변태, 평형 상태도

❶ 금속의 상률과 변태

01 상률(phase rule)이란?   ①, ②

① 성분의 수와 상의 수 관계, 즉 물질이 여러 가지 상으로 될 때 그들 상 사이의 평형 관계를 나타내는 법칙
② 기체, 액체, 고체는 하나의 상태이고, 기체는 몇 개의 물질이 존재해도 1상, 용액도 균일하면 1상이다.

02 자유도 계산식은?   : ①~③

① 불균일계의 평형상태를 결정하는 상태량 : 압력, 온도, 성분의 농도
② 물의 3중점(triple)의 자유도
$F = n + 2 - P = 1 + 2 - 3 = 0$
③ 응고계의 자유도 : $F = n + 1 - P$

(n : 성분수, P : 상의 수)

참고 물의 3중점에서는 고체, 액체, 수증기(기체) 공존하므로 상의 수 3개, 성분수는 1, 자유도는 0이다. 순금속의 자유도 0이다.

❷ 금속의 변태

01 변태란

물이 기체, 액체, 고체로 변하는 것과 같이 금속이 온도에 따라 결정격자의 모양이나 조직, 성질이 변하는 상태

02 동소(격자) 변태란?

동일(같은) 원소가 온도에 따라 고체 상태에서의 원자 배열의 변화, 즉 고체 상태에서 서로 다른 공간격자 구조를 갖는 변태

03 순철이 910℃를 경계로 체심 입방 격자와 면심 입방 격자로 변하는 변태?

동소변태(A3 변태)

해설 순철은 A_3 변태점(910℃)에서 α철 ↔ γ철로 변태
A_4 변태점 : 철에서 1410℃, 변태점을 경계로 γ철 ↔ δ철로 변태

04 주요 금속들의 동소 변태점

① Co : 477℃   ② Fe : 910, 1410℃
③ Sn : 18℃   ④ Ti : 833℃

05 자기 변태란?   : ①~③

① 자기 변태 : 원자의 배열, 격자의 배열 변화는 없고 자성 변화만 일어나는 변태
② 순철의 자기 변태점(A2, Curie point) : 768℃

③ 강자성체 금속의 자기 변태점 : Ni(358℃), Co(1160℃)

❸ 각종 상태도

01 고체상태의 합금에 나타나는 상의 종류?

순금속, 고용체, 금속간 화합물의 3가지

02 순금속 A에 B 원소가 일정하게 고용되어 용융 상태나 고체 상태에서도 기계적 방법으로는 각 성분 금속을 구분할 수 없는 것? : 고용체

03 고용체의 반응은?

고체 A + 고체 B ⇌ 고체 C

04 고용체의 종류

침입형, 치환형, 규칙 격자형 고용체

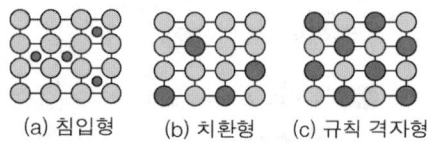

(a) 침입형   (b) 치환형   (c) 규칙 격자형

05 두 원자의 원자 반경이 현저하게 차이가 있을 때 형성되는 고용체는?

침입형 고용체

해설 원자 반경이 현저하게 작은 C, O, N 등이 철에 고용할 경우 침입형 고용체가 된다.

06 포정(peritectic) 반응이란

용융 상태에서 냉각하면 일정 온도에서 정출된 고용체와 이와 공존한 융액이 서로 반응을 일으켜 새로운 고용체를 만드는 반응

L 용액 + G(α고용체) ⇌ F(β고용체)

07 2개의 성분 금속이 액체에서 고체로 정출되어 기계적으로 혼합된 조직을 무엇이라고 하는가? : 공정

참고 공정점 : 합금 용융점 중 가장 낮은 용융점
공정반응 : 용액E → 결정A + 결정B

08 공석

① 고체 상태에서 고상의 조직이 석출하여 얻어진 조직
② 철강의 공석점 : 0.8(0.85)%C, 723℃
③ 공석 반응 : $\beta = \alpha + \gamma$

09 상온에서 공석강의 현미경 조직은?

펄라이트(Pearlite)

10 금속 간에 친화력이 클 때 화학적으로 결합되어 성분 금속과는 다른 성질을 가지는 독립된 화합물은?

금속간 화합물(intermetallic comp.)

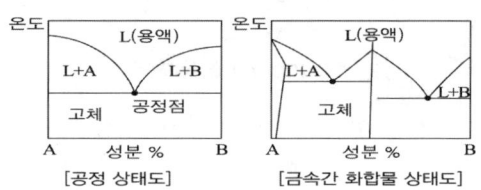

[공정 상태도]   [금속간 화합물 상태도]

11 강의 표준(기본) 조직은?

페라이트, 오스테나이트, 펄라이트, 시멘타이트

참고 레데브라이트 : 주철 조직
열처리 조직 : 마텐사이트, 투르스타이트, 소르바이트, 베이나이트

12 강에서 펄라이트(pearlite) 조직에 대한 설명 중 틀린 것은?

① 0.8%C, 723℃에서 생긴 공석강 조직
② 페라이트와 시멘타이트의 층상 조직
③ 강도, 경도는 페라이트보다 크며, 자성이 있다.
④ 4.3%C, 1130℃에서도 생긴다.

해설 ④, 공정 조직인 레데브라이트가 생긴다.

펄라이트 생성 과정
γ고용체 결정 경계에서 시멘타이트 핵 생성 → 시멘타이트 핵 성장 → 시멘타이트 핵 주위에 α고용체 생성 → α고용체 입자에 시멘타이트 생성

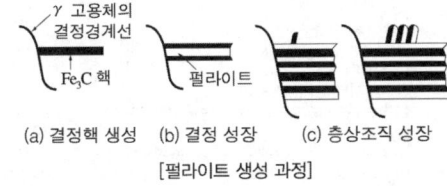

(a) 결정핵 생성 (b) 결정 성장 (c) 층상조직 성장
[펄라이트 생성 과정]

13 시멘타이트(cementite) 조직이란?

Fe와 C의 화합물

14 철강 표준 조직의 경도 순

시멘타이트 > 레데뷰라이트 > 펄라이트 > 페라이트 > 오스테나이트

15 레데브라이트 조직은?

① 포화하고 있는 2.01%C의 γ고용체와 6.67% C의 Fe_3C의 공정 조직
② Fe-C 상태도에서 1130℃, 4.3%C에서 생성되는 공정 주철 조직

16 다음 중 순철에 없는 변태는?

A_1 변태(탄소강에서 일어난다.)

[A_1 변태, A_2 변태, A_3 변태, A_4 변태]

제4절 금속의 강화 기구

1 금속재료의 강화기구

01 금속의 강화 방법(기구)은?

고용체 강화, 분산 강화, 가공 경화, 석출 강화, 결정립 미세 강화, 합금원소 첨가, 담금질

02 합금의 석출 경화와 관계되는 것은?

냉각 속도, 석출 온도, 과냉도이다.

03 고용체 강화의 종류는? : ①~③

① 격자 변형 효과에 의한 강화
② 코트렐 효과에 의한 강화
③ 규칙 격자 효과에 의한 강화

참고 결정립 조대화에 의한 강화는 일어나지 않는다.

04 제2상이 고용체로부터의 분말 야금법이나 내부 산화법 등에 의해 형성될 경우의 강화는? : 분산 경화

05 결정입자가 미세할수록, 결정입계가 많을수록 경도가 높아지는 성질을 이용한 강화법은?

결정립 미세화에 의한 강화

06 고체의 내부에서 조성 구조가 서로 다른 새로운 상(相)이 생성되고, 이 석출상의 형성으로 합금이 경화하는 현상은?

석출 경화(Precipitation Strength.)

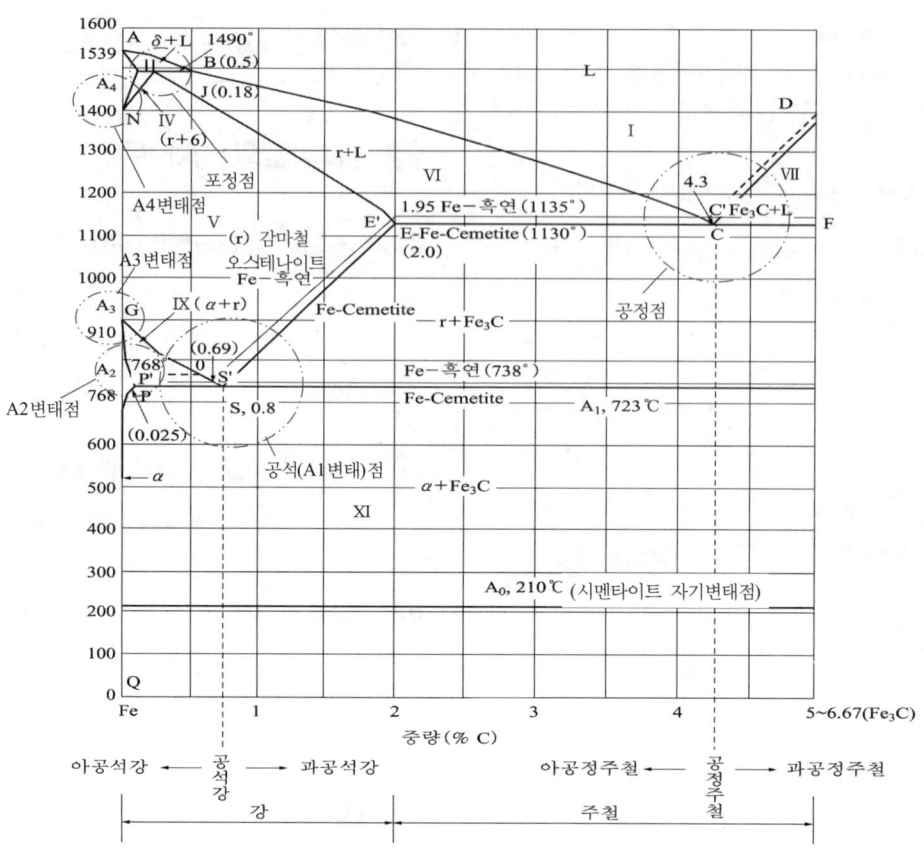

A	순철의 응고점(1539℃)	C	Fe-C계의 공정점 탄소량 (1130℃, 4.3%C)	M	순철의 A_2 변태점
AB	δ 고용체에 대한 액상선	ECF	공정선(C가%~6.67%)	MO	강의 A_2 변태선(768℃)
AH	δ 고용체에 대한 고상선	ES ~ Fe_3C	Fe_3C의 초석선(Acm선) r고용체에서 Fe_3C가 석출하는 온도	S	공석점(723℃ 약0.8%C)pearlite공석점 $(α] \rightleftarrows [r] + [Fe_3C])$
BC	r 고용체에 대한 고상선	Fe_3C	6.67%C를 함유하는 백색침상의 금속간 화합물	E	r 고용체의 C의 포화량(2.0%)
HJB	포정선(1490℃)	G	순철의 A_3변태점(910℃ $[α] \rightleftarrows [r]$)	PSK	A_1변태선(공석선)
N	순철의 A_4 변태점(1400℃)	GOS	α 고용체의 초석선	PQ	α고용체의 탄소용해도 곡선
P	α고용체의 탄소포화점(0.02%C)	GP	C0.025% 이하의 순철에서 α 고용체로부터 석출하는 온도		

제5절 응고 조직

① 금속의 응고

01 1차 조직(응고 조직)

용융 상태로부터 응고가 끝난 그대로의 조직

02 응고 후 냉각하는 사이에 열처리에 의한 변태나 가공에 의한 소성 변형에 의해 1차 조직을 파괴한 조직은?

2차 조직

03 냉각 곡선(cooling curve)

① 금속을 용융상태에서 냉각시킬 때 그 온도와 시간의 관계를 나타낸 곡선
② 순금속은 융점과 용점이 동일함
③ 합금은 융점과 용점이 차이가 있음

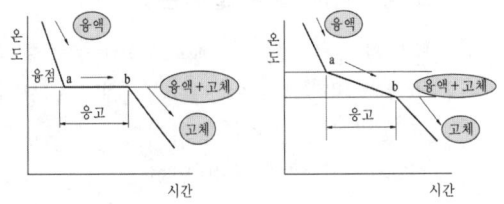

[순금속의 냉각 곡선]   [합금의 냉각 곡선]

② 결정의 생성과 발달

01 단결정이란?

결정의 핵이 1개로 크게 성장하면 수정과 같은 단일 결정이 된다.

> 참고 대부분의 금속은 무수히 많은 결정이 모인 다결정체이지만, 수정처럼 결정립 하나로 형성된 결정을 단결정이라 한다.

02 결정의 형성 순서는?

핵 발생 → 결정의 성장(수지상 결정) → 결정 경계 형성

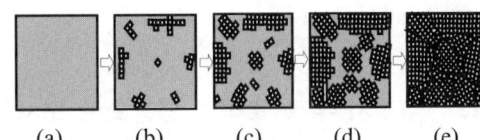

(a)   (b)   (c)   (d)   (e)

(a) 용융금속, (b) 결정핵 생성
(c) 결정 성장 초기, (d) 결정 성장
(e) 결정 경계 형성

03 용융금속의 단위 체적 중에 생성한 결정핵의 수(핵 발생 속도)를 N, 결정 성장 속도를 G로 할 때 결정립의 크기 S와의 관계는?

$S = f \cdot G/N$

04 결정립의 대소를 결정짓는 것은?

① 성장 속도 G에 비례하고 핵 발생 속도 N에 반비례한다.
② 급랭(N>G)하면 핵발생 속도가 매우 커지므로 결정립이 미세화되고, 서랭(G>N)하면 조대화된다.

06 단위 체적 내에 결정 핵의 생성이 결정의 성장보다 많으면(N>G)?

결정 입자의 수가 많아지므로 결정립은 미세해진다.

③ 응고 조직

01 용융 금속에 나타나는 것은?

등축정, 주상정, 수지상정

02 주형에 주입된 용융금속이 응고시 주형 벽에서 중심을 향한 가늘고 긴 서릿발 (막대) 모양으로 생성되는 조직은?

주상 조직

03 주조시 주상 조직의 영향으로 모서리 부분이 취약하므로 주조시 각진 부분을 어떻게 해야 되는가? : 라운딩한다.

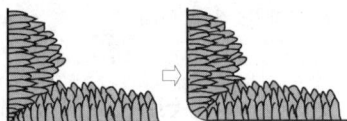

04 금속이 응고할 때 나뭇가지와 비슷한 모양으로 성장한 조직은?

수지상 조직

05 주물에서 용탕이 응고할 때 응고 온도차에 따라 농도 차이를 일으키는 현상은?

편석

06 편석 중에 인(P), 황 등의 불순물들이 강괴 속에 긴 띠 모양으로 남아 있을 경우 압연, 단조 등의 작업시 파손이 일어날 수 있다. 이 띠 모양은?

고스트 라인

07 용접에서 적층 성장이란?

하나의 결정 표면에 다른 결정이 일정한 결합 관계를 가지며 성장하여 얇은 막을 만드는 것과 같이 성장하는 것

08 용접부에 결정립의 편석이 생길 경우 어떤 결함 생성에 큰 영향을 주는가?

기공, 편석층에 따라서 생기기 쉽다.

09 용접금속의 결정립 미세화 방법은?

용접 중에 자기 교반, 초음파 진동, 합금 원소 첨가 등을 한다.

10 용융 금속에 진동을 주면 어떤 현상이 일어나는가(이점이 있는가)?

결정립의 미세화, 기공 발생 방지, 용접 균열 방지, 잔류 응력 발생 방지의 효과가 있다.

제6절 ▶ 소성가공

❶ 소성가공의 개요

01 소성변형에 대한 설명은?

재료가 탄성 한계 이상 외력이 증가되면 변형이 진행되며 외력을 제거해도 원상태로 돌아가지 못하고 변형이 남아 있는 성질(소성)에 의해 생긴 변형

02 슬립(slip)이란?

금속의 규칙적인 결정이 탄성 한도 이상의 외력에 의해 미끄럼을 갖는 변형

> **참고** 가장 미끄럼이 생기기 쉬운 면과 방향을 슬립 면 및 슬립 방향이라고 한다.

03 특정 결정면을 경계로 처음의 결정과 경(거울)면적 대칭 관계에 있는 원자 배열을 갖는 소성변형은?

쌍정(twin)

04 원자나 원자면이 더 있거나 탈락되어 있는 불완전한 결정체 부분을? : 전위

05 다음 중 쌍정이 잘 일어나지 않는 금속은?

Fe, Cr

[Bi, Zn, Sn, Sb, Cu, Mg, Fe, Cr]

06 소성가공에 이용되는 성질은?

가단성, 가소성, 연성, 접합성

07 전연성이 높은 금속의 순서는?

금 > 은 > 알루미늄 > 구리 > 주석 > 철 > 니켈의 순

> 참고 전성 : 넓게 퍼지는 성질, 연성 : 길이 방향으로 늘어나는 성질, 대체로 연성이 좋으면 전성도 좋으므로 전연성이라 한다.
> 연성이 큰 순서 : 금 > 은 > 알루미늄 > 철 > 니켈 > 구리 > 주석 순

08 바우싱거 효과(bauschinger effect)

금속 재료가 먼저 받은 것과 반대방향에 대하여는 탄성한도나 항복점이 현저히 저하되는 현상

09 가공경화(strain hardening)

재료에 외력을 가하여 변형시키면 원래의 재료보다 강해지는 현상

> 참고 강도, 경도 증가, 연신률, 단면 수축률 감소, 내부응력이 증가된다.

10 기계 또는 구조물 설계시 발생하는 외력을 감안해 안전하다고 간주하는 최대치는? : 허용응력

11 풀림처리시 조대한 결정립이 형성되는 원인이 아닌 것은? : ④

① 풀림 온도가 너무 높은 경우
② 풀림 시간이 너무 긴 경우
③ 냉간 가공도가 너무 적은 경우
④ 용질 원소의 분포가 양호한 경우

12 소성가공에 해당되는 것은?

엠보싱, 인발(잡아 늘임 작업), 압연, 단조, 프레스, 압출, 전조 등

> 참고 기계가공 : 선삭, 브로칭, 드릴링, 연삭

13 상온 가공에 의하여 내부 응력을 일으킨 결정 입자가 가열에 의하여 그 모양은 변하지 않고 내부 응력이 감소되어 가는 과정을? : 회복

14 재결정이란?

회복 구간 이상 가열하면 파괴된 결정에서 새로운 결정이 생성되는 현상

15 재결정 온도에 대한 설명은? ①, ②

① 가공도가 클수록, 결정 입자가 미세할수록 재결정 온도는 낮아진다.
② 재결정온도 이하의 소성가공을 냉간(상온) 가공, 재결정온도 이상의 가공을 열간(고온) 가공이라 한다.

16 금속별 재결정 온도

① W : 1200℃ ② Fe : 450℃
③ Cu 200~300℃ ④ 은, 금 : 200℃

17 재결정 온도가 상온 이하로 가공경화

가 일어나지 않는 금속은?

납 Pb(재결정 온도 : -3℃),
주석 Sn(재결정 온도 : -7~25℃)

18 소성가공의 특징

① 주물에 비해 치수가 정확하며, 재료의 성질이 강해진다.
② 균일한 제품을 대량 생산할 수 있다.
③ 재료를 경제적으로 사용할 수 있다.
④ 금속의 조직이 치밀해지며, 경도와 강도가 커진다.
⑤ 복잡한 형상 가공은 어렵다.

19 냉간(상온) 가공(cold working)의 특징

① 강도 증가 및 연신률 감소되며, 제품의 치수가 정확하고 가공면이 아름답다.
② 가공 방향으로 섬유조직이 되어 방향에 따라 강도가 달라진다.

> **참고** 섬유조직 : 미세한 실모양의 조직으로 섬유세포가 모여서 된 조직, 관다발 조직, 온실조직

20 열간(고온) 가공(hot working)의 특징

① 작은 동력으로 큰 변형을 발생시키며, 균일한 재질을 얻을 수 있다.
② 가공도를 크게 할 수 있고 거친 가공에 적합하나, 산화되기 쉽고 정밀 가공이 곤란하다.

21 프레스 작업에서 스프링 백(spring back)이 커지는 원인은? : ①~④

① 동일(같은) 두께의 판에서 굽힘 각도가 예리할수록(작을수록), 굽힘 반지름이 클수록
② 다이의 어깨 너비가 작을수록

③ 탄성한도 및 경도, 강도가 클수록
④ 같은 판재에서 굽힘 반지름이 같을 때에는 두께가 얇을수록

> **참고** 스프링 백 현상 : 굽힘가공에서 굽힘력을 제거하면 탄성 때문에 탄성변형 부분이 원상태로 돌아가 굽힘각도와 굽힘 반지름이 커지는 현상

22 물체에 소성변형을 주어 변형에 대한 저항을 증대시켜 강화시키는 방법은?

가공 경화

> **참고** 가공 경화 : 냉간 압연, 냉간 단조 등의 가공도가 증가함에 따라 점점 경도, 강도가 증가하게 되는데 이 현상

23 담금질한 후 시간이 경과함에 따라 경도가 높아지는 현상은?

시효 경화(age hardening)

24 시효 경화의 단계를 설명한 것은?

1단계 : 용체화 처리, 2단계 : 급랭, 3단계 : 시효

❷ 소성가공의 종류

01 재료를 회전하는 롤러 사이에 통과시켜 성형하는 소성 가공법은? : 압연

02 압연가공의 종류

인발 압연, 분괴 압연, 형재 압연, 판재 압연

03 열간 압연강판과 비교한 냉간 압연강판의 장점은? : ①~⑤

① scale 부착이 없고 판의 표면이 깨끗하고 아름답다.
② 성형과 치수가 정밀, 정확하다.
③ 표면처리하면 내식성이 우수하다.
④ 기계적 성질(개선)과 가공성이 우수하다.
⑤ 가공경화로 인장강도, 항복점, 경도는 증가, 연신률과 단면수축률은 감소한다.

04 지름 500mm, 길이 500mm의 롤러로 두께 25mm의 연강판을 두께 20mm로 열간 압연할 때 압하율은?

$$압하율 = \frac{H_0 - H_1}{H_0} \times 100\%$$
$$= \frac{(25-20) \times 100}{25} = 20\%$$

(H_0 : 롤러 통과(변형) 전 두께,
H_1 : 롤러 통과(변형) 후 두께)

05 압출(extruding) 가공

실린더 모양의 컨테이너에 빌렛(금속)을 넣고 한쪽에서 램에 압력을 가하여 밀어내어 가공하는 소성가공

06 압출가공의 종류

직접(전방) 압출, 간접 압출(후방 압출, 역식 압출), 충격 압출법

07 인발(drawing)이란?

테이퍼(taper) 구멍을 가진 die의 안쪽에 소재를 밀착시키고 다이(die)의 바깥 구멍을 통하여 철사 등 연성 재료를 축(길이) 방향으로 당기어 외경을 감소시키는 가공법

참고 봉이나 선재를 만드는 방법

08 인발에 영향을 주는 인자(조건) (인발작업에서 인발력(引拔力)이 결정되기 위한 인자는)

인발재의 재질, 인발력, 단면 감소율, 다이(die) 각, 다이(die) 마찰, 윤활법, 역장력, 인발 속도 등

09 인발 작업에서 역장력이란?

재료를 인발하면 지름이 작아지는 가공성을 가지므로 인발력보다 작은 장력을 인발 방향과 반대 방향에 작용시키면 (역장력) 다이가 그만큼 저항을 적게 받게 된다.

10 인발 작업에서 지름 5.5mm의 와이어를 ϕ4mm로 가공하려고 한다. 이때의 단면 수축률 및 가공도는?

① 단면 감소(수축)율
$$\phi = \frac{A_0 - A_1}{A_0} \times 100\%$$
$$= \frac{4^2 - 5.5^2}{5.5^2} \times 100 = 47\% (감소)$$

② 가공도
$$\varnothing = \frac{A_1}{A_0} \times 100 = \frac{4^2}{5.5^2} \times 100 = 53\%$$

(A_0 : 가공 전 단면적, A_1 : 가공 후 단면적)

11 인발 작업시 사용하는 윤활제는?

고형 윤활제(비누, 흑연, 석회), 그리스, 아연 도금

참고 경질금속 인발에는 Pb, Zn 등을 도금하여 사용하며, 식물유에 비누를 첨가하고 물을 섞어서 만든 콤파운드를 사용한다.

12 강의 가열 온도별 불꽃색

① 암갈색 : 600℃   ② 갈적색 : 650℃
③ 휘적색 : 800℃   ④ 황적색 : 900℃
⑤ 황색 : 1000℃   ⑥ 휘황색 : 1000℃
⑦ 백색 : 1200℃   ⑧ 휘백색 : 1300℃

13 단조(forging)란?

해머나 기계(프레스)로 두들겨 성형시키는 가공법, 자유 단조와 형 단조가 있다.

14 온도에 따른 단조(forging) 작업의 종류

① 냉간 단조 : 스웨이징, 콜드 헤딩, 코이닝
② 열간 단조 : 해머 단조, 프레스 단조, 업셋 단조, 압연 단조

15 단조용 탄소강의 구비 조건은?   ①~③

① 탄소와 황의 양이 적을 것
② 메짐이 없는 강재일 것
③ 가단성이 좋고, 조직이 미세할 것

16 단조작업을 한 방향으로 가공할 때 결정 입자가 한 방향으로 미끄러져 나타난 섬유상의 조직은?   : 단류선

참고 단류선 방향으로 기계적 성질이 향상됨

17 단조온도에 관한 설명은?   : ①~④

① 너무 급하게 고온도로 가열하지 않는다.
② 재질이 다르면 고온에서 체적 단조 온도가 다르게 된다.
③ 필요 이상의 고온으로 너무 오래 가열하지 말고 균일하게 가열한다.
④ 단조 온도를 단조 최고 온도(1200℃)보다 높게 하면 산화가 심하다.

참고 주철은 단조가공이 불가(不可)하다.

18 단조작업의 종류

업세팅(up setting), 늘이기(drawing), 넓히기, 단짓기(setting down), 스웨이징(swaging)

19 단조용 해머

드롭(낙하) 해머 , 파워 해머

20 단조 프레스의 용량이 5ton, 단조물의 유효단면적이 500mm²인 재료를 효율 80%로 단조할 때, 재료의 변형저항 σ_e은?

① $Q = \dfrac{A\sigma_e}{\eta}$

$\therefore \sigma_e = \dfrac{Q}{A}\eta = \dfrac{5 \times 10^3}{500} \times 0.8$

$= 8\text{kg}_f/\text{mm}^2$

② 유압프레스 용량

$Q = \dfrac{AK_f}{\eta}$ kgf

(A : 단조물의 유효 단면적 mm²,
σ_e : 단조재료의 변형 저항 kgf/mm²,
η : 프레스(단조해머) 효율 0.7~0.8)

46 전조 기어의 특징은?   : ①~④

① 제작이 간단하며, 재료가 절약된다.
② 압력에 의하여 결정 조직이 치밀해진다.
③ 연속적인 섬유조직을 가장 강력한 재질로 된다.
④ 정확한 기어의 제작은 어렵다.

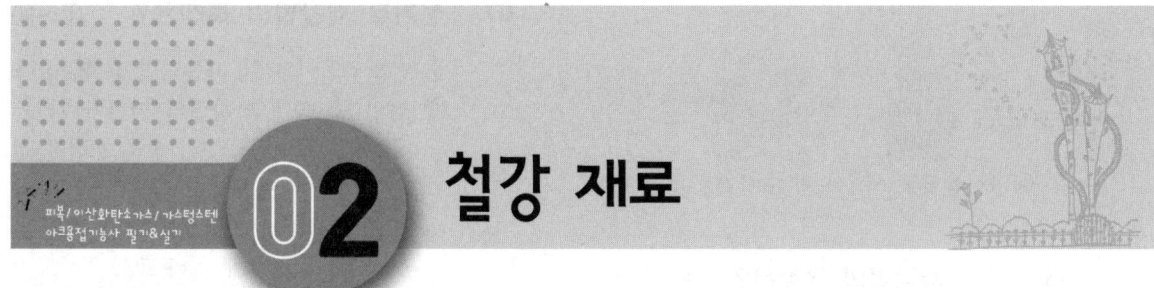

02 철강 재료

제1절 철강 제조, 분류, 탄소강

1 제철법

01 제철과 제강

① 제철 : 철광석을 용광로에 녹여서 선철을 얻는 방법
② 제강 : 선철을 정련하고, 성분을 조정하여 가단성을 부여하는 방법

02 제선 재료

철광석, 연료(코크스), 용제(석회석 $CaCO_3$, 형석) 등

03 제련용 철광석은 몇 % 이상의 철(Fe) 성분을 함유해야 경제성이 있는가? : 40 ~ 60%

04 제선에 쓰이는 용광로는? : ①, ②

① 철광석을 코크스, 석회석, 망간 등을 써서 용해하여 선철을 얻는 노(고로)
② 크기 : 1일 제선할 수 있는 량을 톤으로 표시(Ton/1일)

05 용광로에 사용되는 고체 연료로 가장 많이 사용되는 것은? : 코크스(cokes)

06 강의 탈산제의 종류는?

페로-실리콘(Fe-Si), 알루미늄(Al), 페로-망간(Fe-Mn),

> 참고 Fe-Ni(페로 니켈)은 주로 합금제로 사용된다.

07 선철을 파단면에 따라 구분한 것은?

회선철, 반선철, 백선철

08 선철의 용도는

90% 이상이 강 제조에, 10%는 주철 제조

2 제강법

01 제강법의 종류는?

평로 제강, 도가니 제강, 전기로 제강법

> 참고 용광로는 제강(강의 제조)할 수 없다.

02 노안에 용융 선철을 주입하고 공기나 산소를 불어넣어 탄소, 규소, 그 밖의 불순물을 산화 제거하는 제강법은?

전로 제강법

> 해설 로 내 내화물의 종류에 따라 : 토마스(염기성)법, 베서머(산성)법이 있다.

제2장_철강 재료 101

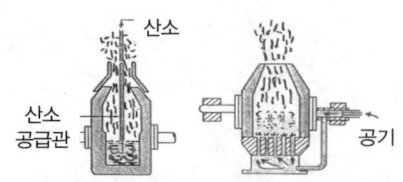

(a) 순산소 공급 전로   (b) 바닥에서 송풍하는 전로

03 전로 제강법의 특성은?

연료가 필요없어 값싸게 대량 생산할 수 있으나, N, P, O 등이 많아 강질이 나쁘다.

04 제강법 중 토마스법과 관계없는 것은?

① 페로 망간으로 산화한다.
② 노의 내면에 염기성 내화물을 사용한다.
③ 원료는 저규소 고인선을 사용한다.
④ 전로 제강법의 일종이다.

해설 ①, 페로 망간으로 탈산한다. 염기성(토마스)법에서는 규소의 연소가 어렵다. 산성(베세머)법은 위의 ②, ③과 반대이다.

05 평로(반사로) 제강법

① 축열식 반사로를 사용하여 가스나 중유로 용해, 정련하는 제강법
② 성분을 쉽게 조절, 고철도 사용 가능함
③ 제강량 전체의 80%로 대량 생산한다.

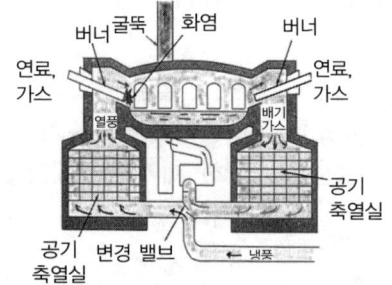

06 전기로 제강법의 종류

저항로(식), 유도로(식), 아크로(식)

07 전기로 제강법의 특징은? : ①~④

① 온도조절이 쉬워, 고온정련이 가능하다.
② 정련 중 슬래그 성질의 변화가 가능
③ 용강의 산화가 적으며, 성분 조절을 정확히 할 수 있다.
④ 공구강, 특수강의 제조에 가장 좋은 로이나 전기 소모가 많다.

08 다음 중 강을 제조하는데 가장 좋은 제품을 얻을 수 있는 로는? : 전기로

[전로, 평로, 전기로, 도가니로]

09 전로, 평로, 전기로의 크기 표시는?

1회에 용해할 수 있는 제강의 량을 톤으로 표시한다.(Ton/회)

10 도가니로

크기는 1회에 용해할 수 있는 구리의 무게 (kg)를 번호로 표시
예 : 500번로 : 1회에 500kg의 구리를 용해

11 주조로(용선로 : 큐폴라)

주철 용해에 사용, 크기는 1시간에 용해할 수 있는 선철의 무게를 Ton으로 표시(T/h)

12 강괴의 종류

림드강, 세미킬드강, 킬드강, 캡드강

13 다음 중 림드강에 대한 설명

① 탈산이 불충분하며, 편석을 일으킨다.
② 기공이 생기며, 가스의 방출이 있다.
③ 탄소가 0.3% 이하인 연강 제조에 좋다.

14 킬드강에 대한 설명 중 옳지 않은 것은?

① 로 내에서 강탈산제를 사용하여 충분히 탈산시킨 것이다.
② 헤어 크랙이 생기기 쉽다.
③ 수축관이 생겨 강괴의 10~20%를 잘라 버린다.
④ 주로 전로에서 만들어지는 고급강이다.

해설 ④, 킬드강은 평로, 전기로에서 만들어지며 고급강에 쓰인다.

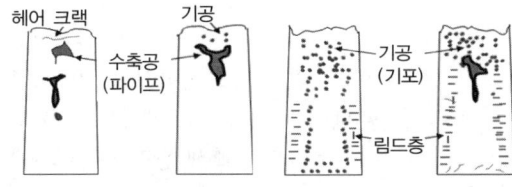

(a) 킬드강 (b) 세미킬드강 (c) 림드강 (d) 캡드강

❸ 순철(pure iron)

01 순철은? : ①, ②

① 탄소 함유량이 0.05% 이하의 철
② 고온에서 산화 작용이 심하며, 해수, 산, 화학 약품에 약하다.

02 순철의 종류와 동소체는?

① 종류 : 카보닐철, 전해철, 암코철 등
② 동소체 : α철, γ철, δ철의 3개

03 순철의 기계적 성질은?

① 인장 강도 18~25kg/mm²,
② 연신률 40~50%, 브리넬 경도 60~65

04 순철의 특성은? : ①~③

① 조직은 페라이트이다.
② 상온에서 전연성이 풍부하고 단접성, 용접성이 좋으나, 열처리는 안 된다.
③ 용도 : 강도가 낮아 기계 재료에는 부적

당하나, 투자율이 높아 변압기, 발전기용 박(얇은)철판, 전·자기 재료에 쓰임

❹ 철강의 분류와 탄소강

01 탄소강의 특성

① 가격이 저렴하며, 다량 생산, 기계적 성질이 우수하다.
② 극연강, 연강, 반연강은 단접이 잘 된다.
③ 상온 및 고온에서 가공성이 우수하여 소성 변형 가공이 용이하다.

02 저온에서 인장강도, 탄성 계수, 항복점 등은 증가하나 연신률, 단면 수축률, 충격값이 감소되는 현상을?

저온 취성(P가 원인임)

03 강은 200~300℃에서 인장 강도와 경도가 최대이며, 연신률과 단면 수축률은 최소로 되는 현상을? : 청열 취성

04 적열(고온) 취성

황은 철과 화합하여 FeS를 형성하며 FeS의 용융점은 980℃ 정도로서 단조나 열처리시 고온 크랙의 원인이 되어 생기는 성질

05 탄소강에 함유된(철강의) 대표적인 5원소는? : C, Si, Mn, P, S

06 탄소강의 기계적 성질에서 경도와 인장 강도가 상승하면 같이 상승하는 성질은?

항복점

07 탄소강을 판두께에 따른 구분하면

① 박판 : 두께 1(3)mm 이하
② 중판 : 1(3) ~ 6mm
③ 후판 : 6mm 두께 이상

08 강 종류별 탄소 함유량

① 강 : 0.05~2.01%C
  ㉠ 저탄소(연)강 : 0.05 ~ 0.30%C, 용접성 양호, 열처리 불량, 용접 구조용 사용
  ㉡ 중탄소(경)강 : 0.3 ~ 0.5%C, 기계 구조용으로 사용함, 열처리 가능함
  ㉢ 고탄소강 : 0.5 ~ 0.8%C, 기계 구조용
  ㉣ 탄소공구(최경)강 : 0.6~1.5%C, 줄, 톱날 등 공구에 사용됨
② 주철 : 2.01~6.67%C

09 단접은 잘되나 높은 온도에서 물이나 기름에 급히 담가 식혀도 단단해지지 않는 탄소강은?   : 반연강

10 탄소강에 함유된 원소 중에 규소에 관한 설명으로 옳지 않은 것은?

① 용융금속의 유동성을 좋게 한다.
② 충격 저항을 감소시킨다.
③ 인장 강도, 탄성 한계, 경도가 증가된다.
④ 단접성을 향상시킨다.

> **해설** ④, 규소는 연신률 및 충격치, 단접성을 감소시킨다. 보통 0.3 ~ 0.5% 정도 함유

11 탄소강에 함유된 망간(Mn)

① 탄소 다음으로 중요한 원소로, 탈산제로 작용하며,
② 강도, 경도, 인성, 점성, 담금질성 증가, 연성 감소, 황의 해(적열 취성) 제거로 고온 가공을 쉽게 한다.

12 탄소강에 함유된 인(P)의 영향

① 보통 0.05% 이하로 제한하며,
② 강도, 경도 증가, 연신률 감소, 결정립을 거칠게 하며,
③ 제강시 편석을 일으키기 쉬우며 냉간(취성) 메짐을 일으킨다.

13 황의 분포를 검사하는 설퍼 프린트법이란?

강재를 황산(H_2SO_4) 용액 중에 침적시킨 브로마이드 인화지로 밀착시켜 10~20분 방치 후 떼어 내면 황이 존재하는 경우 인화지에 흑갈색 또는 흑색 반점으로 나타난다.

14 탄소강에 함유된 수소(H_2)는?

강을 여리게 하고, 산, 알칼리에 약하며, 헤어 크랙, 은점의 원인이 된다.

15 탄소강에서 헤어 크랙은?

비금속 개재물의 주변이나 결정립계의 경계 등에 수소의 함유량에 비례하여 발생한 머리카락 같이 미세한 균열

16 레일을 만드는데 적합한 탄소강의 탄소 함유량?   : 0.4 ~ 0.5%C

> **해설** 0.4 ~ 0.5% 탄소강은 크랭크 축, 차축, 기어, 스프링, 피아노선, 캠, 볼트, 파이프 등의 제조에 사용된다.

17 스프링, 외륜, 피아노선에 사용하는 탄소강의 탄소량은?   : C 0.4 ~ 0.7%

18 스프강, 피아노선재의 특성

탄성 한계가 높고 충격 및 피로에 대한 저항성이 크며 급격한 진동을 완화하고 에너지 축적을 위해 사용하는 강인한 강

19 선재강

① 연강선재 : 0.06~0.25%C, 전신선, 리벳못, 나사류
② 경강선재 : 0.25~0.8%C, 나사, 와이어로프, 스프링
③ 피아노선재 : 매우 강인한 강선으로, 인발 중에 파텐팅 열처리하여 소르바이트 조직으로 만든 것이다.

20 탄소강에 P, S, Pb, Se 등을 첨가시켜 절삭(쾌삭)성을 향상시킨 강은?

쾌삭강, (Mn을 첨가하면 메짐성이 방지됨)

21 탄소 공구강(STC)의 탄소 함유량

① 0.6 ~ 1.5%,
② 200℃ 이상에서 경도가 저하. 용도는 일반 공구인 줄강, 다이스, 톱강

22 공구강의 구비 조건

① 경도, 강도(내마멸성과 강인성)가 크며, 고온에서도 경도가 유지될 것
② 열처리가 쉬울 것
③ 가공이 쉽고 가격이 쌀 것

23 침탄강에 부적당한 원소는? : Al

[Ni, Cr, Mo, Al]

해설 Al은 질화강에 적합하다.

24 표면 경화용강 중 질화용 강

① 강재 표면에 NH_3(암모니아)나 질소를 사용하여 질화시켜 표면 경도를 높인 강
② Ni, Cr, Al 원소를 함유한 강이 좋다.

제2절 특수(합금)강, 주철

❶ 특수강(alloy steel)의 개요

01 합금강이란? : ①~③

① 탄소강에 특수 원소를 1~ 2종 이상 첨가시켜 뛰어난 특징을 갖게 제조한 강
② 저합금강 : 합금 원소 10% 미만 첨가한 강, 저 강도 기계부품용
③ 고합금강 : 합금 원소 10% 이상 첨가한 강, 내식, 내마모 등 특수 목적 재료용

02 특수원소의 강에 미치는 영향

① Ni : 강도, 인성, 저온충격 저항성, 내열성 등을 향상
② Cr(크롬) : 내식성, 내열성, 내마모성 향상
③ W(텅스텐) : 고온 강도, 경도 증가
④ Mo(몰리브덴) : 고온 강도 경도 증가, 뜨임 취성 방지
⑤ Si(규소) : 전자기 특성과 내열성을 증가
⑥ Al, Ti : 결정립의 미세화
⑦ B(붕소) : 미량 첨가로도 담금질(소입)성을 현저하게 향상

참고 특수 원소 대부분은 담금질 효과가 큼, 자경성(스스로 경화되려는 성질)이 있다.

❷ 구조용 특수강

01 강인강이란?

탄소강보다 높은 강인성을 갖기 위해 탄소강에 Ni, Cr, Mn 등 특수 원소를 첨가한 강

02 초강인강이란? : ①, ②

① Ni-Cr-Mo계에 Mn, Si, V 등을 첨가하여 인장강도를 150~200kgf/mm² 로 높인 강
② 중량이 가볍고 강력한 부분(로케트, 미사일용 등)에 사용

03 고장력강의 특성은? : ①~④

① 일반적으로 항복 강도 294MPa(30kgf/mm²), 인장강도 490MPa(50kgf/mm²) 이상, 연신률 20% 이상이다.
② C량이 0.2% 이하, Cr, Ni, Mo, V, B 등을 약간 첨가해 항장력을 강화한 강
③ 용접성, 저온 인성, 내후성, 내식성, 가공성이 우수하다.
④ 하이텐(high tensile steel : HT)이라고도 한다.

04 저망간강(듀콜강)의 특성은? ①~④

① 1~2% Mn을 함유하여 인장강도가 크고 전연성이 비교적 적은 저급 고장력강
② 펄라이트(pearlite) 망간강이라고도 함.
③ 종류 : Mn-V-Ti계, Ni-Cr-Mo계
④ 용도 : 구조용 부품, 주로 철탑, 기중기, 고압용기, 롤러, 조선, 차량, 교량, 건축 등

05 망간 10~14%의 강으로 상온에서 오스테나이트 조직이며, 각종 광산 기계, 기차 레일의 교차점, 냉간 인발용의 드로잉 다이스 등의 용도로 쓰이는 것은?

하드 필드강(고망간강)

06 고망간강(하드필드강)의 특성

① 상온에서 오스테나이트 조직을 가진다.
② 오스테나이트 망간강, 하드 필드강, 수인강이라고도 한다.

07 다음 중 구조용 특수강의 종류가 아닌 것은? : 고속도강(공구강임)

[강인강, 니켈-크롬강, 스프링강, 고속도강]

❸ 공구용 특수강

01 절삭용 합금 공구강(STS)

① 경도와 절삭성 향상을 위해 고탄소강에 Mn, Cr, Ni, W, Co, V 등을 첨가한 강
② 용도 : 바이트, 탭, 드릴, 줄 등(STS 2, 11)

02 내충격용 합금 공구강(STS 4, 43)

① 정, 펀치, 스냅 등 내충격성과 인성이 필요한 강
② 절삭용에 비해 탄소량이 비교적 낮고 Cr, W, V 등을 첨가한 강

03 고탄소강에 Mo, Cr, W, V 등을 첨가한 강으로 일명 하이스(H.S.S.)라고도 부르는 것은? : 고속도강

04 표준형 고속도강의 성분은?

18W-4Cr-1V 강

05 고속도강(SKH)

① 담금질-뜨임하여 인성을 높인 강으로 600℃까지 경도가 유지 함
② 담금질 온도 : 1250~1350℃, 뜨임 온도 : 550~580℃
③ 용도 : 드릴, 엔드밀 등 비교적 고속 절삭에 사용한다.

06 W 고속도강에서 1250℃에서 담금질

한 상태보다도 뜨임하였을 때 550 ~ 580℃에서 경도가 크게 되는 현상은?

2차 경화

07 코발트를 주성분으로 한 Co-Cr-W-C 의 합금으로 대표적인 주조 경질 합금은?

스텔라이트(stellite)

해설 스텔라이트는 고속도강보다 2배 정도 절삭속도가 크다.

08 스텔라이트의 특성

① 상온에서는 고속도강보다 연하나 600℃ 이상에서는 더 경하다.
② 단조가 곤란하고, 절삭 가공이 어려워 연삭(연마)나 성형가공해서 사용한다.
③ 800℃에서도 경도가 유지되나, 인성이 작다. 열처리가 불필요하다.

09 WC, TiC, TaC 등의 금속 탄화물 분말에 Co를 첨가하여 용융점 이하로 소결 성형한 합금은? ; 초경합금

10 초경질 합금(소결 합금)의 점결제로 사용되는 것은? : Co 분말

해설 초경질 합금 또는 초경합금이라고 하며 소결하여 제조한 소결 합금의 일종이다.

11 초경합금의 종류가 아닌 것은? ③

① S종(강 절삭용) ② D종(다이스용)
③ E종(세라믹용) ④ G종(주철 절삭용)

12 다음 중 초경합금의 상품명이 아닌 것은?

① 카블로이(미국) ② 미디아(영국)

③ 당갈로이(일본) ④ 노듈러(독일)

해설 ④, 노듈러 주철은 구상 흑연 주철을 일본에서 부르는 상품명이다.

13 세라믹 공구가 가지고 있는 특성과 관계없는 것은?

① 내부식성과 내산화성이 있다.
② 비자성체이고 비전도체이다.
③ 철과 친화력이 없다.
④ 초경합금에 비해 항장력이 크다.

해설 ④, 세라믹은 내열성은 좋으나 충격치와 항장력이 낮다.

14 Al_2O_3(알루미나)를 주성분으로 하여 1600 ℃에서 소결 성형한 합금으로, 무기질 고온 소결재의 총칭은? : 세라믹

15 시효 경화 합금의 특성

① 뜨임 시효에 의하여 경도를 크게 증가시킨 합금, SKH보다 수명이 길다.
② 대표적인 시효 경화 합금 : Fe-W-Co계 (5-4-8) 합금

④ 주 강

01 주강품에 다량의 탈산제를 첨가하는 이유는? : 기포 발생의 방지를 위해

해설 망간도 탈산제이며 합금제이므로 기포 발생 방지에 효과가 크다.

02 주강품 2종(Mn, Cr, SC)의 화학 성분 중 탄소의 함량은? : 0.2 ~ 0.3%

03 다음은 주강품의 용도이다. 맞지 않는

것은? : 측정기, 게이지부품

[기어, 차량 부품, 조선재, 보일러 부품, 측정기, 게이지 부품, 운반 기계]

해설 측정기나, 게이지 부품은 불변강을 사용

04 주강품의 특성은? : ①~④

① 수축률이 주철의 2배(20/1000) 정도로 수축이 크다.
② 주조 상태는 조직이 억세고, 메지므로 주조 후 반드시 풀림처리가 필요하다.
③ 형상이 복잡하여 단조로서는 만들기 곤란할 때 사용한다.
④ 주철로서 강도가 부족할 때 사용한다.

❺ 특수 용도(목적)용 특수강

01 Cr 함유량이 몇 % 이하일 때 내식강 이라고 하는가? : 12%

02 조직별 스테인리스강의 종류

페라이트계, 마텐사이트계, 오스테나이트계, 석출 경화계

03 페라리트계 스테인리스강에 관한 설명 으로 틀린 것은? : ①

① 황산에서도 내식성을 잃지 않는다.
② 강자성체며, 강인성 및 내식성이 있다.
③ 열처리에 의해 경화할 수 없다.
④ 유기산이나 질산에 침식되지 않는다.
⑤ 일반용품, 건축용, 장식용, 식품공업, 기계 부품 등에 주로 사용된다.

04 페라이트계 스테인리스강 중 시그마 (σ)상을 소실시키기 위한 급랭 전의

가열 온도는? : 930~980℃

05 마텐사이트계 스테인리스강

① 13% Cr계로, STS 410이 대표적이다.
② 열처리에 의해 경화하고 담금질성을 가지며, 강자성체이다.
③ 용도 : 일반용품, 칼, 기계 부품, 의료용 기기, 밸브 등에 주로 사용

06 스테인리스강 중에서 용접에 의해 경화 가 심하므로 예열을 필요로 하는 것은?

마텐사이트계

07 각종 스테인리스강 중 의료용 기구, 절삭 부품 등에 적합한 것은?

Cr 13% 정도와 C 0.15% 이상의 것

08 18Cr ~ 8Ni 강(STS 304)이 대표적이 며, 비자성체이며 내산 및 내식성이 우 수한 스테인리스강은?

오스테나이트계

09 오스테나이트계 스테인리스강의 특 징은? : ①~④

① 인성과 전연성이 좋아 가공이 용이하다.
② 열팽창계수가 탄소강의 1.5배, 열전도율은 약 60%로 변형과 잔류 응력이 문제되며, 탄화물이 결정입계에 석출하기 쉽다.
③ 염산, 묽은 황산, 염소가스, 황산염 용액에 대한 내산성이 약하다.
④ 용도 : 일반용품, 화학 공업, 항공기, 원자력 발전, 차량, 주방 기구, 식기, 의료용

10 18-8강(오스테나이트계 스테인리스강)의 입계 부식 방지법

탄소량을 낮추거나(탄화 크롬 억제) Ti, Nb, Ta 등을 첨가해서 Cr4C 대신 TiC, NbC 등이 형성되게 한다.

11 18-8강의 입계 부식 방지를 위해 첨가되는 원소가 아닌 것은? : Cr

[Ti, Nb, Ta, Cr, Mo]

12 위의 문제 보기에서 스테인리스강의 산화물 안정 요소가 아닌 것은? : Cr

13 스테인리스강의 내황산성을 높이기 위하여 첨가하는 원소는? : Mo

14 석출 경화형(Precipitation Hardening) 스테인리스강

① Austenite계의 우수한 내열성, 내식성과, Martensite계의 경하나, 부족한 내식성 및 가공성을 충족시키기 위해 석출 경화 현상을 이용한 스테인리스강
② 종류 : STS 630과 STS 631이 있다.

15 17-4PH강(STS 630)

① 17%Cr-4%Ni-3~5%Cu-Nb-Ta 합금
② 고용화 열처리하여 Martensite(Cu가 과포화된) 조직 얻음
③ 우수한 내식성과 높은 강도, 경도를 갖춘 것이다.

16 Ni 35 ~ 36% 함유한 Fe-Ni 합금으로, 열팽창 계수가 매우 적어 줄자, 시계추, 정밀 부품, 바이메탈 등에 쓰이는 것은? : 인바(invar)

17 불변강의 종류와 특성

① 초인바super invar) : Ni 29 ~ 40% 함유. Co 5% 이하 함유한 합금, 인바보다 열팽창계수가 더 적다.
② 코엘린바 : 탄성이 극히 적고 공기나 물에 부식이 안된다. 스프링, 태엽에 쓰인다.
③ 퍼어멀로이 : Fe-70~90%Ni 합금의 대표적인 것, 투자율이 큰 합금이다.

18 Ni36, Cr12% 함유한 것으로 탄성이 매우 적으며 열팽창 계수도 적어 시계 바늘, 태엽, 스프링, 지진계 등에 쓰이는 것은? : 엘린바(elinvar)

19 열팽창 계수가 유리나 백금과 같고 전구의 도입선, 진공관 도선용으로 사용되는 불변강은? : 플레티나이트

해설 폴레티나이트 : Ni 42 ~ 46%, Cr 18%의 Fe - Ni - Co 합금

20 베어링강

탄성 한도와 피로 한도가 높아야 하며, 고탄소 크롬강이 많이 쓰임

21 내열강에 많이 사용되는 첨가 원소는?

크롬, 니켈, 규소 등

22 내열강(내열 재료)의 구비 조건은?

①~④

① 열팽창 계수 및 열응력이 작을 것
② 고온에서 화학적으로 안정할 것

③ 고온에서 경도 및 강도 등의 기계적 성질이 좋을 것
④ 주조, 소성 가공, 절삭 가공, 용접 등이 쉬울 것

23 내열강의 용도와 재료
① 용도 : 버너의 노즐, 내연 기관의 밸브
② 종류 : 인코넬-X, SUH-34, 하스텔로이-B

24 초내열강
Fe, Cr, Ni, Co를 모체로 한 합금, 19-9DL(815℃), 팀켄 16-25-6(815℃), N-155(980℃), 인코넬 X(980℃), 하인스 합금 21(980℃) 등이 있다.

25 서멧(cermet)
① 초내열강은 900℃ 이상 고온에서 견딜 수 없어 이를 개선한 것,
② 경질 및 2000~3500℃ 부근의 고융점을 가진 산화물(Al_2O_3), 탄화물(TaC, WC), 붕화물(TaB_2, CrB) 등과 Co, Ni 분말과의 복합체로 된 것

26 규소강
자기 감응도가 크고 잔류 자기 및 항자력이 작아 변압기나 교류 기계의 철심 등에 쓰이는 강

6 주철(cast iron)

01 주철의 특성은? : ①~④
① 마찰 저항이 좋고 절삭 가공이 쉽다.
② 흡진성이 있어 진동이 많은 것에 쓰임
③ 주물 표면이 단단하(굳)고 녹이 잘 슬지 않으며, 도색도 잘 된다.
④ 용융점이 낮고 유동성이 좋아 주조성이 주강보다 좋다.(복잡한 형상도 쉽게 주조할 수 있다.)

02 주철의 장점으로 옳지 않은 것은?
① 주조성이 좋으며, 크고 복잡한 것도 제작할 수 있다.
② 인장 강도, 휨강도, 충격값은 크나 압축 강도는 작다.
③ 금속재료 중에서 단위 무게당의 값이 싸다.
④ 주물의 표면은 굳고 녹이 슬지 않으며, 또 칠도 잘 된다.

해설 ②. 주철은 압축 강도가 인장 강도의 3배 정도 크며 충격값은 적어 경취한 금속이다.

03 주철의 단점
① 인장강도는 강에 비해 작고 취성이 크다.
② 연신률이 작고, 고온에서도 소성 변형이 안된다.

04 주철이 주강보다 우수한 성질은?
주조성

[주조성, 인장 강도, 경도, 충격값]

05 내식성, 내압성이 특히 우수하며 가스 압송관, 광산용 양수관 등에 가장 많이 사용하는 관은? : 주철관

06 주철의 성장이란?
주철이 온도 650~950℃에서 가열과 냉각을 반복하면 부피가 증가하여 변형, 균열이 발생하는 현상

07 주철의 성장 원인은? : ①~⑥

① 시멘타이트(Fe_3C)의 흑연화에 의한 팽창
② A_1 변태에서 체적 변화에 따른 팽창
③ 불균일한 가열로 인한 팽창
④ 페라이트 중에 고용 원소인 Si의 산화에 의한 팽창
⑤ Al, Si, Ni, Ti 등의 원소에 의한 흑연화에 의한 팽창
⑥ 흡수되어 있는 가스의 팽창에 의해 재료가 항복되어 생기는 팽창

08 주철의 성장 방지 방법

① 흑연의 미세화(조직 치밀화)
② 흑연화 방지제 첨가
③ 탄화물 안정제(흑연화 방지제) 첨가 (Mn, Cr, Mo, V 등 첨가로 Fe_3C의 분해 방지)
④ Si의 함유량 감소(내산화성이 큰 Ni로 Si의 함유량 감소 가능)

09 주철을 파단(파)면의 색에 따른 종류

회주철, 반주철, 백주철

10 파면이 회색이며, Mn량이 적고 냉각 속도가 느릴 때 생기며, 주소성이 좋고 절삭성도 좋아 각종 구조재, 공작 기계 베드 등에 쓰이는 것은? : 회주철

11 주철에서 흑연화 촉진 원소

① 흑연화 촉진 원소는 칠(chill) 층을 얇게 하는 원소도 된다.
② C, Si, Al, Ti, Ni, Cu, Co, P, Zn

12 흑연화 방해 원소는? : ①, ②

① 칠(chill)층 생성 원소, 탄화물 안정제로서 시멘타이트 생성이 많아지게 하는 원소
② S, Cr, V, Mn, Mo 및 세륨(Se) 등

13 주철의 전 탄소량이란? : ①, ②

① 화합탄소와 유리탄소(Fe_3C+C)를 합한 것
② 강(steel) 탄소가 화합 탄소((Fe_3C)로 존재하나 주철에서는 화합 탄소와 유리 탄소(흑연)로 존재한다.

참고 전탄소량 =흑연(유리 탄소)+화합 탄소

14 마우러 조직도란?

탄소와 규소의 함유량에 따른 주철의 조직 관계를 나타낸 조직도이다.

참고 규소는 흑연의 정출, 석출에 큰 영향, 규소량이 많으면 흑연량이 많아진다.

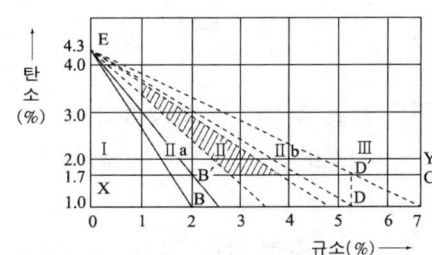

[마우러 주철 조직도]

① Ⅰ구역 : 백(극경) 주철(펄라이트+Fe_3C)
② Ⅱa구역 : 경질주철(펄라이트+Fe_3C+흑연)
③ Ⅱ구역 : 펄라이트 주철(펄라이트+흑연)
④ Ⅱb구역 : 회(보통) 주철
⑤ Ⅲ구역 : 페라이트 주철(페라이트+흑연)

15 주철에서 유리 탄소(흑연)는?

규소가 많고 냉각 속도가 느릴 때 회주철이 생성한다.

제2장_ 철강 재료 111

16 주철에서 화합 탄소(Fe_3C)는?

망간이 많고 냉각 속도가 빠를 때 생성(백주철)된다.

17 주철의 주조 응력 제거를 목적으로 하는 주조 응력 제거 풀림 방법은?

500~600℃로 6~10시간 풀림

18 주철의 바탕 조직은?

페라이트, 펄라이트, 시멘타이트, 흑연의 혼합 조직

19 고급 주철의 바탕은? : 펄라이트 조직

20 보통 주철(회주철 : GC 1~3종)

3~3.5%C의 주철, 불순물이나 강도를 규정하지 않은 표준 주철, 일반 가정용품, 공작 기계 베드 등에 쓰임

21 보통 주철(3~3.5%C의 회주철)의 인장강도는? : 12~20kg/mm²(118~196MPa)

22 고급 주철(회주철 : GC 4~6종)

① 2.5~3.2%C이고 펄라이트와 미세한 흑연으로 된 인장강도 25kg/mm² (250MPa) 이상인 강인(강하고 질긴) 주철
② 국화상 흑연, C, Si(단, 1<Si<3) 양이 $\frac{(C+Si)}{1.5}$=4.2~4.4%가 되면 고급 주철이 된다.

23 저탄소 저규소 선철과 다량의 강 스크랩을 배합 용해하여 Fe-Si, Ca-Si를 접종시켜 제조하여 미세한 펄라이트 조직으로 개량 접종 처리한 주철은?

미하나이트 주철

> **해설** 인장강도 35~45kg/mm²(343~ 441MPa), 담금질이 가능하며, 강력 구조용, 내마모용, 내부식용, 내열 기관용 등

24 미하나이트 주철 중에 존재하는 흑연의 형태는? : 구상 흑연

25 구상 흑연 주철의 제조

저 황(S) 용융 선철에 Mg, Ce(세슘) 등을 첨가 접종시켜 편상흑연을 구상화시킨 주철

26 구상 흑연 주철의 특성은? : ①~③

① 주조 상태의 인장강도는 50~70kgf/mm², 연신률 2~6%이다.
② 다른 이름 : 연성 주철(닥타일 주철, 구상 흑연 주철, 노듈러 주철
③ 불스 아이(황소 눈) 조직이라고도 함

27 구상 흑연 주철에 있어서 마그네슘(Mg)의 첨가가 많고 탄소, 특히 규소가 적을 때 냉각 속도가 빠를 때 나타나는 조직은?

시멘타이트형

> **해설** 규소는 흑연화 원소이며 규소가 적고 냉각 속도가 빠르면 백선화가 커지게 되므로 조직은 시멘타이트가 생긴다.

28 구상 흑연 주철의 설명 중 틀린 것은?

① 기계 부속품, 화학 기계 부속품, 주괴 주형 등에 쓰인다.
② 특히 내마모성이 우수하다.
③ 인장 강도는 100~120kgf/mm²이다.
④ 조직에는 펄라이트, 시멘타이트, 페라

이트가 있다.

해설 ③, 구상 흑연 주철의 주조 상태의 인장 강도는 50 ~ 70kgf/mm², 연신률 2 ~ 6%, 풀림 상태의 인장 강도는 45 ~ 55kgf/mm², 연신률은 12 ~ 20%이다.

29 용융 상태에서 금형 등에 주입하여 급랭시켜 접촉면을 백선화시켜 단단하고 내부는 강인한 성질을 갖게 한 백주철은?

칠드 주철

30 칠드(냉경) 주철의 용도는?

기차의 바퀴, 압연 롤러, 분쇄기의 롤러에 많이 사용

31 니켈의 흑연화 능력은 규소에 비교해 얼마 정도인가? : 1/2 ~ 1/3 정도임

32 주철에서 흑연화로 칠(chill) 층을 얇게 하는 원소가 아닌 것은? : Cr, V

[C, Si, Al, Ti, Ni, P, Cr, V]

해설 Cr, Mo, Mn, V 등은 흑연화 방지제이며, 탄화물 안정제로서 시멘타이트 생성이 많아지므로 칠층을 두껍게 하는 원소다.

33 스테다이트(steadite) 조직의 조성은?

페라이트 + Fe_3C + Fe_3P

34 가단 주철

백주철을 풀림 처리하여 탈탄과 Fe_3C의 흑연화에 의해 연성(가단성)을 크게 한 주철, 주강의 중간 정도의 특성을 가진 주철

35 백심 가단 주철(WMC)

① 백주철을 철광석, 밀 스케일 등과 함께 풀림상자에 넣고 950 ~ 1000℃로 70~100 시간 가열 풀림처리하여 표면을 탈탄 후 서랭시킨 주철
② 강도는 흑심 가단 주철보다 다소 높으나 연신률은 낮다.

36 흑심 가단 주철(BMC)

Fe_3C의 흑연화가 목적이므로 저탄소, 저규소 백주철을 풀림(900~950℃로 가열하여 20~30시간 유지)하여 흑연화시킨 주철

37 흑심 가단주철의 2단계 풀림의 목적은?

펄라이트 중의 시멘타이트의 흑연화

38 흑심 가단주철의 흑연화를 완전히 하지 않기 위해 2단계 흑연화를 생략하거나, 열처리 중간에서 중지하여 제조한 주철은?

펄라이트 가단주철

39 다음의 어떤 부품에 가단주철이 가장 많이 쓰이는가? : 관이음쇠

[화학 기계 부품, 수도관, 관이음쇠]

40 고규소 주철

규소 14% 이상 함유한 주철, 진한 황산과 초산에는 사용 가능하나 진한 열염산에는 약하며, 절삭 가공이 안되고 취성이 크다.

41 규소의 함유량 14% 정도의 고규소 주철로서 내산 주철로도 유명한 것은?

듀리론

03 열처리 및 표면 경화

제1절 일반 열처리

❶ 열처리의 개요

01 열처리의 목적

① 조직의 미세화, 기계적 특성을 향상
② 내부 응력과 변형 감소, 강의 연화
③ 기계적 성질(강도, 연성, 내마모성, 내피로성, 내충격성 등) 향상
④ 표면 경화, 성질 변화

02 일반 열처리의 종류 4가지는?

담금질(quenching), 뜨임(tempering), 풀림(annealing), 불림(normalizing)

03 항온 열처리의 종류는?

항온풀림, 오스템퍼, 마템퍼, 마퀜칭

❷ 열처리

01 일반 열처리의 종류와 냉각 방법

① 담금질 : 급랭   ② 불림 : 공랭
③ 풀림 : 로냉   ④ 뜨임 : 서랭, 급랭

02 담금질(quenching) 방법

탄소강을 Ac_3 또는 Ac_1 변태점 이상 30~50℃로 가열하여 균일한 오스테나이트 조직으로 한 후 급랭하는 열처리

03 담금질과 가장 관계가 깊은 것은 무엇이며, 담금질의 목적은?

변태점과 가장 관계 깊으며, 재질의 경화, 강화가 목적이다.

> 참고 담금질 후 뜨임하여 사용한다.

04 다음 중 담금질 효과와 관계없는 것은?

자성

[가열온도, 냉각속도, 냉각제, 자성]

05 경화능이란?

강을 담금질할 때 경화하기 쉬운 정도, 즉 마텐사이트 조직을 얻기 쉬운 성질, C%, 합금 원소량에 의해 좌우된다.

06 질량효과란?   : ①, ②

① 강종의 크기에 따라 담금질할 때 내외부의 담금질 효과가 다르게 되는 현상
② 질량효과가 크다는 것은 질량(무게 = 부피)이 크면 냉각이 늦게 되어 열처리가 잘 안 된다는 뜻

07 재질이 같은 탄소강을 열처리할 때 질량 효과가 가장 큰 것은?   : ④

① 지름 10mm인 구
② 지름 20mm인 구
③ 1변이 15mm인 정육면체

④ 1변이 20mm인 정육면체

08 다음 중 질량효과가 가장 큰 금속은?

저탄소강

[저탄소강, 고탄소강, 니켈(Ni), Cr, Mo, Mn 등을 함유한 특수강]

09 담금질한 후 시간이 경과함에 따라 경도가 높아지는 현상은? : 시효 경화

10 담금질 온도로 가열한 후 공랭에 의해 경화되는 현상은? : 자경성

11 열처리 조직 중 냉각 속도가 빠를 때부터 생기는 순서(경도가 큰 것부터)

마텐사이트 M > 트루스타이트 T > 소르바이트 S > 펄라이트 P > 오스테나이트 A

12 Ar″ 변태란?

오스테나이트 → 마텐사이트.

13 오스테나이트(austenite) 조직

① 고온에서 안정한 조직이나 상온에서는 불안정하여 다른 조직으로 변하려 한다.
② 전기 저항은 크나 경도가 작고, 강도에 비해 연신률이 크다.

참고 최대 2%까지 탄소를 함유하고 있으며 γ철에 시멘타이트가 고용되어 있다.

14 펄라이트(pearlite) 조직이란?

오스테나이트를 서랭했을 때 A1 변태가 700℃ 정도에서 완료된 페라이트와 시멘타이트의 층상 조직,

연성이 크며, 절삭 및 상온 가공성이 양호하다.

15 마텐사이트(martensite)

① 강을 담금질(순랭)할 때 얻어지는 무확산 변태의 조직, HB 720 정도이다.
② 열처리 조직 중에서 가장 경취하다.
③ 체심 입방 격자의 백색 침상 조직이다.
④ 부식 저항이 크고 강자성체이며, 경취한 성질이 있다.

16 마텐사이트 변태로 인한 팽창의 시간적 차이에 따라 발생하기 쉬운 현상은?

담금질 균열

17 마텐사이트 조직을 300 ~ 400℃에서 뜨임하거나, 오스테나이트로 가열된 강을 유랭할 때 나타나는 조직은?

투르스타이트(troostite)

18 투르스타이트(troostite) 조직의 특성

① 페라이트와 미세 시멘타이트의 혼합 조직, 인성이 크며, 부식이 잘 된다.
② 경도 : 마텐사이트 > 투르스타이트(HB 400 정도) > 소르바이트

19 강도와 탄성을 동시에 필요로 하는 구조용 강재에 가장 많이 사용되는 담금질 조직은? : 소르바이트

20 소르바이트(sorbite) 조직은? ①~③

① 오스테나이트로 가열된 강을 유랭보다 느리게 냉각시켰을 때, 마텐사이트를 500 ~ 600℃로 뜨임시 생성

② 페라이트와 미세 시멘타이트의 혼합 조직으로 흑색의 침상 조직이다.
③ 투르스타이트보다 경도는 낮으며 부식도 잘되나 인성은 높다.(HB 270)

21 단접은 잘되나 높은 온도에서 물이나 기름에 급히 담가 식혀도 단단해지지 않는 것은?

극연강, 연강, 반연강은 단접은 잘되나 열처리 효과는 적다.

22 다음 금속 중에 담금질할 수 없는 것은?

초경합금, 주철

[중탄소강, 고탄소강, 초경합금, 합금강, 주철]

23 0.9%C 탄소강을 오스테나이트 상태로 가열 후 냉각법에 따른 조직 관계

① 수중 냉각(수냉)시 : 마텐사이트
② 기름 냉각(유냉)시 : 트루스타이트
③ 공기 중 냉각(공랭)시 : 소르바이트
④ 노중 냉각(로랭)시 : 펄라이트

24 심랭 처리(sub zero treatment)

① 서브제로 처리. 0점 이하 처리라고도 한다.
② 담금질 경화강 중의 잔류 오스테나이트를 마텐사이트화하는 처리
③ 방법 : 담금질 직후 -80℃(드라이 아이스, 일반 심랭 처리)나, -196℃(액체 질소, 초심랭 처리)로 행하며, 곧 뜨임 작업을 해야 한다.

25 불림(normalizing)의 열처리법은?

탄소강을 Ac_3 또는 A_{cm}선 이상 30~50℃로 가열한 후 공랭하는 열처리

26 불림(normalizing)의 목적

① 강의 표준 조직을 얻기 위해
② 주조 또는 과열 조직의 미세화, 균일화
③ 냉간가공, 단조, 주조 등에 대한 내부 응력의 제거, 결정 입자를 미세화

27 풀림(소둔 : annealing) 열처리 방법은?

강을 Ac_3 또는 Ac_1 이상 30~50℃로 가열한 후 로 속에서 서랭하는 열처리(로랭)

28 풀림의 주 목적은?

연화, 용접, 단조 등으로 생긴 잔류 응력을 제거, 성분의 균일화, 구상화

29 저온 풀림과 고온 풀림을 구분하는 변태점은? : A_1 변태점(723℃)

30 고온 풀림과 저온 풀림의 종류

① 고온 풀림 : 완전 풀림, 확산 풀림, 항온 풀림
② 저온 풀림 : 재결정 풀림, 응력 제거 풀림, 프로세스 풀림, 구상화 풀림

31 풀림의 종류

① 완전 풀림 : A3 변태점 이상 30~50℃ 정도의 높은 온도에서 오스테나이트 조직으로 가열한 후 서랭한다.
② 확산 풀림 : 주괴의 편석을 제거하기 위해 1050~1300℃로 가열한 후 서랭한다.
③ 재결정 풀림 : 재결정 온도보다 약간 높은 600℃에서 풀림하는 열처리
④ 응력 제거 풀림 : A1 이하의 온도 (500~600℃)에서 잔류 응력 제거 처리
⑤ 프로세스 풀림 : 가공 경화된 재료를 A3보다 낮은 온도에서 풀림

32 완전 풀림의 목적은?

가공 경화된 조직의 연화

33 용접부의 잔류 응력 제거법

로 내 풀림법, 국부 풀림법, 피이닝법, 응력 제거 풀림

34 주조, 단조, 압연, 용접 등으로 생긴 내부 응력 제거에 적합한 열처리는?

응력 제거 풀림(가열 온도 : Ac1 이하)

35 주철 용접부의 경화층을 연화시키기 위한 가열 온도는? : 500~650℃

36 강재 속에 망상의 시멘타이트를 A_1 변태점 부근에서 일정 시간 유지한 다음 서랭하여 구상화시키는 풀림은?

구상화 풀림

37 뜨임(소려 : tempering) 방법은?

담금질 경화된 강을 변태가 일어나지 않는 A_1점 이하에서 가열한 후 서랭 또는 공랭하는 열처리

38 뜨임의 목적은? : ①~③

① 담금질한 재료의 경도가 너무 높아 가공이 곤란할 때
② 담금질한 강의 경취함을 줄이고 인성을 갖게 하기 위해
③ 담금질시 잔류한 응력 제거로 균열 방지, 강도와 인성 유지

39 저온 뜨임

① 잔류응력 제거, 경도가 요구될 때 담금질강을 100~250℃에서 가열 후 공랭
② 잔류 오스테나이트(A) 조직이 마텐사이트(M) 조직으로 변화
③ 마텐사이트 조직을 약 400℃로 뜨임 처리하면 트루스타이트(T) 조직으로 변화

40 고온 뜨임

① 담금질한 강의 경도를 일부 저하시키고 인성 증가를 위해 500~600℃에서 가열 후 급랭처리
② 트루스타이트(T) 조직이 소르바이트(S) 조직으로 변화

41 뜨임 취성을 방지할 목적으로 첨가하는 원소는? : 몰리브덴(Mo)

42 뜨임 열처리할 때 가열 온도에 따른 색

- 220℃ : 황색
- 260℃ : 자주색
- 280℃ : 보라색
- 300℃ : 청색
- 350℃ : 회청색
- 400℃ : 회색

43 스프링의 휨, 비틀림 등의 반복 응력에서 피로 한도를 향상시키는데 이용되는 방법은? : 쇼트 피이닝

44 온도에 따른 뜨임 조직

마텐사이트 →400℃→ 트루스타이트 →600℃→ 소르바이트 →700℃→ 입상 팔라이트

제2절 항온 열처리, 표면 경화

① 항온 열처리

01 항온 열처리란?

오스테나이트 상태의 강을 냉각 중에 어떤 온도에서 냉각을 중지하고 항온을 유지시켜 변형이 적고 경도와 인성을 얻는 처리

참고 ① TTT 곡선을 이용, 담금질과 뜨임 공정을 동시에 할 수 있다.
② 담금질에서 오는 변형이나 균열(파손)을 방지하기 위한 열처리이다.

02 항온 열처리(T.T.T) 곡선

S 곡선, C 곡선,, [그림]은 공석강을 A1 변태 온도 이상 가열하여 오스테나이트화한 후에 A1 변태 온도 이하로 항온 유지 후 냉각시켰을 때 얻어진 온도, 시간, 곡선

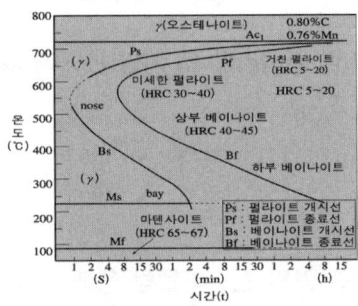

03 항온 열처리와 관계되는 것

TTT 곡선, C곡선, S곡선, 염욕, 연욕, 베이나이트 조직, 변형 및 균열 감소, 균열 방지

04 S(C, TTT) 곡선에서 Ms, Mf점은?

Ms 점 : 마텐사이트 변태 시작점,
Mf 점 : 마텐사이트 변태 끝나는 점

05 베이나이트(bainite)

① 페라이트와 시멘타이트의 미립 혼합 조직, 마텐사이트와 트루스타이트의 중간 조직
② 상부 베이나이트 : Ar' 변태(350~550℃)에서 얻어지는 우모상의 조직
③ 하부 베이나이트 : Ar"(350℃ 이하)에서 얻어지는 는 침상 조직
④ HB 340으로 경도, 인성이 풍부하다.

06 항온(등온) 풀림(ausannealing)

① S곡선의 코 혹은 그 이상의 온도 (600~700℃)에서 짧은 시간에 실시
② 연화가 목적이며 공구강, 특수강, 자경성이 있는 강의 풀림에 적합하다.

07 오스템퍼링(austempering)

① 하부 베이나이트 담금질이라고 부르며, Ms점 상부의 과냉 오스테나이트에서 계속 변태 완료하기까지 항온을 유지하고 공랭하는 처리
② 강인성이 크고 변형, 균열이 방지되는 베이나이트 조직을 얻을 수 있다.

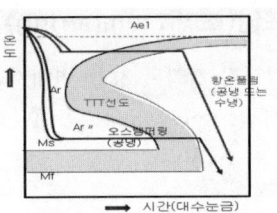

08 마템퍼링(martempering)이란?

① 오스테나이트 조직으로 가열한 강을 Ms점과 Mf점 사이에서 열욕 담금질하여 항온변태 후 공랭하는 열처리
② 베이나이트+마텐사이트 조직 얻음

09 마퀜칭(marquenching)

일반 담금질의 경우 Ms점 이하로 급랭하

면 담금질 균열이 발생하기 쉬운 담금질 균열 위험 온도 구역을 서랭시키는 열처리

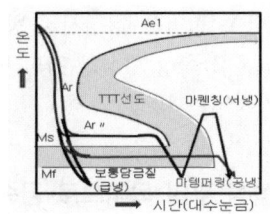

10 고온에서 측정할 수 있는 열전대

① R형 열전대(백금 Pt·13% : 백금 로듐 Rh/Pt) 0~1600℃
② K(구 : CA)형 열전대(Chromel / Alumel) : 200~1250℃
③ J(구 : IC)형 열전대(Iron/Constantan) : 0~750℃
④ T(구 : CC)형 열전대(Copper/ Constantan) : 200~350℃

❷ 표면 경화

01 표면 경화법의 개요

① 강재의 표면을 경화시켜 내부의 인성과 표면의 내마모성을 얻기 위한 열처리
② 종류 : 침탄법, 질화법, 시안화법(침탄 질화법), 화염 경화법, 고주파 경화법, 시멘테이션 등

02 침탄법이란? : ①, ②

① 저탄소(연)강 등을 침탄재 속에 넣고 가열하여 표면에 탄소를 침투시킨 후 담금질 열처리하여 표면의 경도를 높이는 열처리
② 종류 : 고체 침탄법, 액체 침탄법, 가스 침탄법이 있다.

03 침탄 질화법에 사용되는 액체 침탄제는?

시안화나트륨(NaCN)

> **참고** 액체 침탄제는 NaCN, KCN 등이 있으며 침탄 촉진제로 탄산 바륨 등이 쓰인다.

04 침탄강을 액체 침탄제 속에 넣고 어느 정도 가열하면 침탄되는가?

950~1000℃에서 4~7시간

05 침탄 작업시 일부 침탄을 방지를 위해 실시하는 방법은? : Cu(구리)도금

06 침탄 깊이를 결정하는 것은?

침탄제의 종류, 강재 종류, 침탄 온도, 시간에 따라 결정된다.

07 담금질한 침탄강을 뜨임하는데 적당한 온도는? : 150~250℃

08 질화법

철강 재료를 500~550℃의 암모니아(NH_3) 기류 중에서 50~100시간 가열하여 강재 표면에 질화층을 형성시키는 처리

09 질화법의 특징

① 질화층이 얇고 경도는 침탄한 것보다 높으며, 마모 및 부식 저항이 크다.
② 담금질 할 필요가 없고 변형도 적다.
③ 600℃ 이하의 온도에서는 경도가 감소되지 않으며 산화도 잘 안 된다.

10 질화강에 해당하는 것은?

Al-Cr-Mo강

> 참고 질화에 좋은 원소는 Al, Cr, Mo이다.

11 침탄법이 질화법보다 좋은 점은?

경화 후 수정이 가능하다.

12 침탄법과 비교한 질화법의 특징

① 처리 후 담금질이 필요없다.
② 처리 온도가 낮다.
③ 경화층의 깊이가 낮고, 변형이 적다.

13 질화를 방지하기 위한 방법은?

Ni, Sn을 사용하여 도금한다.

14 일반적인 작업에서 적당한 질화 깊이는?

0.4 ~ 0.8mm

15 화염 경화법(열처리)

① 0.4%C 이상의 탄소강 표면에 화염으로 표면만을 가열하여 오스테나이트로 만든 후 급랭하여 표면층만을 담금질하는 방법
② 경화층의 깊이는 불꽃의 온도, 가열 시간, 불꽃 이동 속도로 조절한다.

16 고주파 경화법

0.4% 이상 강재의 표면에 고주파 전류를 통하여 가열 후 수냉하여 담금질하는 처리

17 고주파 유도 가열법의 장점

① 가열 시간이 짧아 산화, 탈탄될 염려가 없고, 응력을 최소화 할 수 있다.
② 복잡한 형상에도 이용된다.
③ 값이 저렴하여(싸게 들어) 경제적이다.

18 금속 침투법(Metallic cementation)

부품 표면에 다른 금속을 피복시켜 합금층 및 금속 피막을 형성시켜 방식성, 내식성, 내고온 산화성 향상과 경도 및 내마모성을 증가시키는 방법

19 내식성 부여 목적으로 금속 표면에 Zn 분말을 침투시키는 금속 침투법은?

세라다이징(sheradizing)

20 크로마이징(chromizing)이란?

0.2% C 이하의 연강 표면에 Cr 분말을 넣고 환원성 또는 중성 분위기에서 1000~1400℃로 가열하여 Cr을 확산 침투

21 칼로라이징(calorizing)법은?

통 안에 Al 분말을 넣고 고온의 환원성 또는 중성 분위기에서 확산 풀림하여 Al을 확산 침투시킴

22 실리코나이징(Sillconizing)이란?

규소 분말 중에 제품을 넣어 환원성 분위기에서 가열하여 규소를 침투시키는 방법

23 쇼트 피닝(shot peening)

금속 부품의 표면에 작은 강철 볼(shot ball)을 금속의 표면에 고속으로 투사하여 금속의 표면을 두드려 주는 냉간가공의 일종

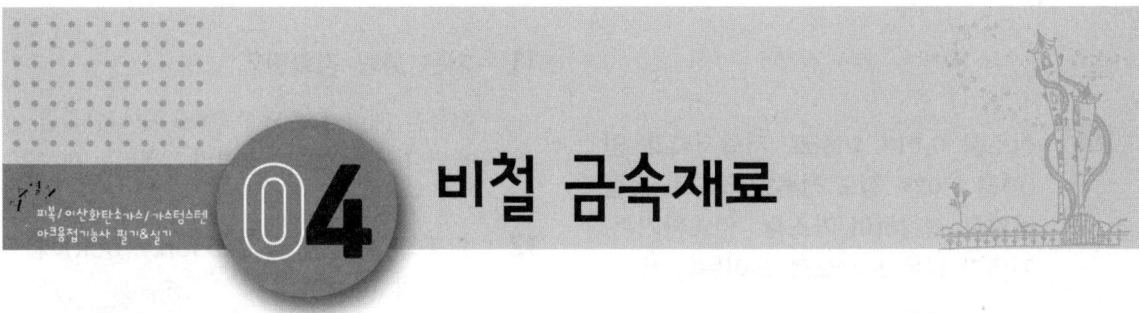

04 비철 금속재료

제1절 구리와 그 합금

❶ 구리(Cu)의 성질

01 구리(Cu)의 성질(특성)은? : ①~④
① 아름다운 광택이 있다
② Zn, Sn, N), Ag 등과 합금이 쉽다.
③ 상온 가공하면 가공률 70% 부근에서 인장강도가 최대이며, 연신률, 단면 수축률은 감소한다.
④ 전연성이 좋아 가공성이 풍부하다.

02 구리의 성질을 설명한 것으로 틀린 것은?
① 전기 전도율이 좋(양도체)다.
② 부식이 잘 되며, 강자성체이다.
③ 비중이 8.96 용융점은 1083℃이다.
④ 불순물 등은 전기 전도율을 저하시킨다.

해설 ②, 구리는 부식이 잘 안되며, 비자성체이다. 변태점이 없어 열처리가 안된다.

03 구리의 경도 표시법을 쓰시오.
① O : (연질)   ② 1/2H : (1/2경도)
③ 3/4H : (3/4경도) ④ H : (경질)

04 구리의 인장 강도는 가공도 몇 %에서 최대가 되는가? : 70%

05 동의 제련 과정에서 ( )안을 채우시오.

동광석 → 용광로 → ① → 전로 → ②
→ 전기로(전기동) → 반사로(탈산동)

해설 ① 메트, ② 조동(거친 구리)

❷ 순동의 종류

01 동(구리)의 종류
조동, 전기동, 정련동, 탈산동, 무산소동

02 조동(거친 구리)의 특성은?
동광석을 고로에서 용해한 20~40%Cu의 황화 구리(CuS)와 황화철의 혼합물을 전로에서 산화 정련한 순도 98~99.5%의 거친 동

03 전기동(electric copper)의 특성
① 조동을 전기분해하여 음극에서 얻은 동
② 순도는 99.6%이나, 메짐성 있어 가공이 어렵다.

04 정련 구리(정련동, tough pitch copper)
① 전기동을 반사로에서 산화 및 환원 용해시켜 불순물을 제거하고 정련한 구리
② 내식성, 전연성, 강도가 좋으나, 수소 취성의 우려가 있어 용접에 부적당하다.
③ 용도 : 판, 선, 봉 판 제조

05 정련 구리의 산소 함유량은?

0.02 ~ 0.04%, 순도 99.9%

06 산소를 0.01% 이하로 저하시키고 인(P)을 0.02% 정도 잔류한 것으로 용접용으로 적합하여 가스관, 열교환기관, 기름과 같은 도관으로 쓰이는 것은?

   탈산 동(구리)

07 무산소 구리(무산소동, OFHC)

   ① 고순도 전기동을 불활성 가스나 진공 중, 환원성 분위기에서 용해하여 산소량을 0.001~0.002 % 이하로 감소한 것
   ② 수소 메짐성을 완전 방지한 구리
   ③ 전기 전도율이 가장 좋으며 용접성, 내식성, 전연성이 뛰어나고, 내피로성과 유리와의 밀착성도 좋다.
   ④ 용도 : 전자기기, 유리봉입선, 진공관

   〔참고〕 무산소동은 구리관 제조에는 쓰이지 않음

08 상온(냉간) 가공에서 경화된 구리의 완전 풀림 방법은?

   가공 경화된 것은 600 ~ 650℃에서 30분 정도 풀림 또는 수랭하여 연화한다.

   〔참고〕 열간 가공은 750 ~ 850℃에서 행한다.

09 구리의 재결정 온도는? : 150 ~ 200℃

10 황동(Cu-Zn계)의 기계적 성질

   ① Zn 30% 부근에서 연신률이 최대이나, 인장강도는 45% Zn 부근에서 최대, 그 이상에는 급감한다.
   ② 6 : 4 황동은 고온 가공성이 좋으나 7 : 3 황동은 고온 가공성이 나쁘다.

11 저온 풀림 경화란?

   황동을 재결정 온도 이하(저온)에서 풀림하면 가공 상태보다 오히려 경화되는 현상

12 황동의 자연 균열(season crack)의 원인과 방지법은? : ①, ②

   ① 원인 : 암모니아(NH_3) 가스 중에서 가공용 황동이 잔류 응력에 의해 자연 균열이 발생하는 현상
   ② 방지법 : 아연 도금이나 도장으로 표면 보호, 저온 풀림하여 잔류 응력을 제거

13 황동 가공재를 상온에서 방치, 또는 저온 풀림 경화된 스프링재는 사용 중 시간의 경과에 따라 강도 등 여러 성질이 나빠지는 현상을? : 경년 변화

14 탈아연 부식의 원인과 방지법

   ① 황동이 해수 등 부식성 물질 등에 장시간 접촉하면 황동의 표면부터 아연이 용해되어 부식되는 현상
   ② 부식 방지법 : 아연 조각 연결, 30% Zn 이하 황동 사용, 전류에 의한 방식

15 고온 탈아연 현상은 표면이 깨끗할수록 심하다. 방지하는 방법은?

   표면에 산화물 피막을 형성한다.

❸ 황동의 종류, 특성과 용도

01 황동의 특성

   ① 상온에서도 전연성이 있어 연신률이 크며 상온 가공이 용이하다.
   ② 냉간 가공에 의한 가공 경화가 크다.

02 아연 8~20%의 황동으로 황금색이며, 연성이 커 장식용이나 전기용 밸브 등에 쓰이는 구리 합금은? : 톰백(tombac)

03 황동 중에서 Cu-20% Zn 합금으로 전연성 좋고 색이 아름다워 장식용 악기, 등에 사용되는 것은? : 로우 브레스

> 해설 Cu - 5%Zn 합금(gilding metal)
> Cu - 10%Zn 합금(commercial bronze)

04 7:3 황동에 관한 설명으로 틀린 것은?
① 상온에서 연신률이 좋으며, 대표적인 가공용 황동이다.
② 판재, 봉재, 관재 등을 만들 수 있다.
③ 열간 가공이 용이하다.
④ 냉간 가공에 의한 가공 경화가 크다.

> 해설 ③. 열간 가공성 나쁨, 7:3 황동(cartridge brass)은 황동 중에 값이 가장 비싸다.

05 문쯔메탈(Muntz metal)
① 60Cu-40Zn(6:4) 합금, 내식성이 다소 낮고, 탈아연 부식을 일으키기 쉽다.
② 상온에서 7:3 황동에 비하여 전연성이 낮고 인장강도가 높다.
③ 아연 함유량이 많아 가격이 가장 싸며, 고온 가공하여 상온에서 완성한다.

06 주석 황동(tin brass)
황동의 내식성을 개량하기 위해 6:4 황동이나 7:3 황동에 1~2% 정도의 주석을 넣은 특수 황동(어드미럴티, 네이벌 황동)

07 7:3 황동에 주석을 1% 정도 첨가하여 탈아연 부식을 억제하고 내식성 및 내해수성을 증대시킨 특수 황동은?
에드미럴티 황동

> 해설 복수기관, 용접봉에 사용된다.

08 6:4 황동에 Sn을 1% 첨가한 합금으로 내식성이 커 스프링 및 선박 기계용에 널리 쓰이는 황동은? : 네이벌 황동

09 델타메탈(철 황동)의 특성과 용도
① 6:4 황동에 철을 1~2% 첨가한 것
② 강도가 크고, 내식성도 좋다.
③ 용도 : 광산 기계, 선박용 기계, 화학 기계 등에 사용

10 6:4 황동에 Fe, Mn, Ni 등을 첨가해 취약하지 않고 강력하며 내식성, 내해수성을 증가시킨 것은? : 고강도 황동

11 고강도 황동의 종류
① 델타메탈, NM 청동
② 망간 청동 : 망간을 넣으면 강도는 크나 경취해진다.
③ 듀리나 메탈 : 7:3 황동에 2% Fe와 소량의 Sn, Al을 첨가한 것으로, 주조재, 가공재로 쓰인다.

12 6:4 황동에 약 10%Ni을 첨가해 선박 프로펠러재로 쓰이는 것? : NM 청동

13 7:3 황동에 Ni를 15~20% 함유한 합금으로 색깔이 아름답고 변색하지 않으며 가공성이 좋아 담배 케이스, 은 대용품, 가정용 기구 등에 쓰이는 것은? : 양은(양백)

④ 청동의 종류, 특성과 용도

01 청동의 성질을 설명한 것으로 틀린 것은?

① 황동에 비해 가공성이 불량하다.
② 15% Sn 이상이면 취성이 있어 상온 가공이 곤란하다.
③ 주조성, 내식성이 양호하며, 강도와 내마멸성이 크다.
④ 연신률은 아연 4%에서 최대이다.

해설 ④, 연신률은 주석 4%에서 최대, 인장 강도는 17~20% Sn에서 최대가 된다. 경도는 Sn 30%에서 최대이다.

02 포금의 주성분? : Cu 90%, Sn 10%

참고 포금 : 기계 부품에 사용되는 청동의 총칭

03 알루미늄 청동

① Cu-8~12%Al 합금으로 자기 풀림 현상을 갖고 있다.
② 황동, 다른 청동에 비해 강도, 경도, 인성, 내마모성, 내피로성 등이 우수하다.
③ 화학 공업용 기기, 선박, 항공기, 자동차 부품에 사용한다.

04 주석 청동에 납을 첨가하여 윤활성이 좋게 한 것으로 베어링, 패킹 등에 널리 이용되는 것은? : 연청동

05 인청동

① 열간 취성이 있고 편석이 생기기 쉬워 균열이 발생하기 쉽다.
② 청동에 인(P)을 탈산제로 첨가 후 0.05~0.5% 남게 하여 내마멸성을 높인 것
③ 베어링, 밸브 시이트용에 쓰인다.

06 구리에 30~40% Pb(납)을 첨가한 것으로 베어링 등에 쓰이는 것은?

켈밋(kelmet metal)=납청동

해설 켈밋 주성분은 Cu, Pb, Zn이다.
고하중, 고속의 베어링 소재로 적합하다.

07 규소 청동의 종류별 성분, 특성

① 에버듀르 : Cu-3~4%Si-1~1.2%Mn
② 실진청동 : Cu-3.2%~5%Si-9~16% Zn
내식성과 주조성이 매우 우수함, 터빈 날개, 선박기계 부품 등에 사용됨
③ 허큘로이 : Cu-0.78~3.5%Si-1.6%Fe 이하 -1.6%Mn-9~16%Sn
강력하고 내식성이 우수하여, 화학 공업용으로 사용됨

08 호이슬러 합금의 주성분은?

Cu-Mn에서 Al, Si 등을 첨가한 것

09 뜨임 시효 경화성이 있어서 내식성, 내열성, 내피로성 등이 좋으므로 베어링, 고급 스프링 등에 이용되며, 인장 강도도 133kg/mm^{2}에 달하는 청동은?

베릴륨 청동(Be-bronze)

참고 구리에 Be를 2~3% 첨가한 것

10 구리-니켈계의 합금에 소량의 규소를 첨가하여 강도와 전기 전도도를 향상시킨 합금은? : 콜슨 합금

11 Cu + Ni 45% 합금으로, 전기 저항성이 좋아 온도 측정용 열전대, 표준 전기 저항선용으로 쓰이는 것은? : 콘스탄탄

제2절 알루미늄과 그 합금

❶ 알루미늄의 성질

01 알루미늄의 특성은? : ①~④

① 비중 2.7(경금속), 용융점이 약 660℃ 이며, 면심입방격자이다.
② 전기와 열의 좋은 전도(양도)체이다.
③ 전연성이 우수하고 주조가 쉬우며, 용접성이 좋다.
④ 용도 : 항공기, 자동차의 구조재, 의약품 및 식품 포장 재료, 송전선의 재료

참고 칼날 및 키 등의 소재로는 약하다.

02 다음은 알루미늄의 성질을 설명한 것이다. 틀린 것은? : ②, (반대임)

① 표면에 산화 피막이 생겨 내식성이 우수하다.
② 용융점이 높아 고온 강도가 크다.
③ 알루미늄은 염산, 황산 등 무기산, 바닷물에 침식된다.
④ 대기 중에는 내식력이 강하다.

03 급랭으로 얻은 과포화 고용체에서 과포화된 용해물을 분석하여 물질을 분리 안정시키는 것은? : 석출 경화

참고 알루미늄에서 기계적 성질의 개선은 석출 경화나 시효 경화로 얻는다.

04 알루미늄의 담금질 효과와 같이 강도와 경도가 시간의 경과와 더불어 증가되는 현상은? : 시효 경화

참고 자연 시효 : 실온에 방치하여 생기는 시효

05 담금질된 Al 재료를 어느 정도로 가열하면 시효 현상을 촉진시킬 수 있는가? : 160℃ 정도(인공 시효)

06 알루미늄의 방식(산화 피막)법은?

황산법, 크롬산법, 알루마이트법(수산법)

07 알루미늄의 양극 산화 피막법에 쓰이는 전해액이 아닌 것은? : ④

① 탄산염, 수산   ② 유산동(황화물)
③ 초산염   ④ 염화물

❷ Al 합금의 종류

01 내식성 알루미늄(Al) 합금

① 하이트로날륨
② 알민 : Al + Mn계, 내식성 우수함
③ 알드레이 : Al + Mg + Si계, 강인성 있고 큰 가공변형에도 잘 견딤

02 하이드로날륨(마그날륨)

① Al-Mg계 대표적인 내식용 Al 합금
② 두랄루민의 내식성 향상을 위해 Al에 12%Mg 이하를 첨가한 Al-Mg계 합금
③ 내식성, 고온 강도, 절삭성, 연신률이 우수하고 비중이 작다.

03 실루민의 주조시 금속 나트륨을 0.05~0.1% 첨가하여 잘 교반하고 주입하면 규소가 미세한 공정으로 되어 기계적 성질이 개선되는 방법은? : 개량 처리

04 알루미늄-규소계 합금으로 실루민이 대표적인 금속인데 이 금속의 "개량 처

리법" 중 틀린 것은? : ①
① 시안화법   ② 플루오르 화합물법
③ 금속 나트륨법 ④ 수산화 나트륨법

05 Al-Si 합금
① 실루민(미국 : 알팩스 alpax)은 Al-10~14%Si 함유한 Al-Si계 대표적 합금
② 금속 나트륨, 불화물, 가성 소다 등으로 개량 처리하여 조직을 미세화한 것이다.
③ 수축이 비교적 적고 기계적 성질이 우수하다.
④ 내열성이 커서 내연기관의 피스톤 등에 이용된다.

06 Al - Cu 3~8%, Si 3~8%이며, 주조성이 좋고 시효 경화성이 있는 Al-Cu-Si계의 대표적인 합금은? : 라우탈

07 Al-Si에 Cu, Mg를 첨가한 특수 실루민으로 Na 개질 처리한 내열합금으로 피스톤 재료로 널리 쓰이는 알루미늄 합금 중 열팽창계수가 가장 적은 것은?
로-액스(Lo-Ex)

해설 ④, 열팽창계수 크기 : 실루민 > 로-액스

08 알루미늄에 Mg을 넣으면?
내식성이 좋아지고 강도와 연신성을 갖는다.

09 내열성이 좋아 내연 기관의 실린더, 피스톤, 실린더 헤드 등에 많이 사용되는 Al 합금은? : Y 합금

해설 성분 : Al - Cu 4%, Ni 2%, Mg 1.5%

10 코비탈륨이란
Y 합금의 일종, Y 합금에 Ti, Cu를 약간 첨가한 것, 피스톤 재료에 쓰인다.

11 피스톤 재료의 필요한 성질
① 팽창 계수와 비중이 작을 것
② 열전도도, 고온 강도와 경도가 클 것

해설 내연 기관은 팽창 계수가 작아야 된다

12 비행기 몸체로 주로 쓰기 위하여 개발된 합금은? : 두랄루민

13 두랄루민에 대한 설명은? : ①~③
① 대표적인 시효 경화 합금, 대기 중에서는 내식성이 우수하나 해수에는 약하고 부식 균열이 생기기 쉽다.
② 성분 : Al - Cu4% - Mg0.5% - Mn0.5%
③ 비중이 작아 자동차나 항공기 부품에 이용된다. 대표적인 것 : 2017 합금

14 초두랄루민
① 보통 두랄루민에 Mg을 다소 증가하고, Si를 감소시켜 시효 경화시킨 합금, 2024계가 있다.
② 인장강도가 $50kgf/mm^2$ 이상으로 항공기의 구조재와 리벳 등에 이용된다.

15 가공용 Al 합금의 종류
① A1000계(순수 Al, 99.00% 이상) : 가공성, 내식성 등이 좋으나, 강도는 낮다.
② A2000계(Al-Cu계) : 두랄루민, 초두랄루민인 2017, 2024가 대표적이다.
③ A3000계(Al-Mn계) : Mn 첨가로 순Al의 가공성, 내식성의 저하없이 강도를

증가시킨 것(3003이 대표적)

④ A4000계(Al-Si계) 합금 : 4043은 용융 온도가 낮아 용접 와이어, 브레이징 납 재로 사용된다.

⑤ A5000계(Al-Mg계) 합금 : Mg 첨가량이 적은 합금, 장식용재, 고급 기물로 사용되는 5N01과, 차량용 내장 천장재, 기물재로 쓰이는 5005가 대표적이다.

⑥ A6000계(Al-Mg-Si계) 합금 : 강도, 내식성이 양호해 대표적인 구조재이다. 6063은 뛰어난 압출성이 있어 건축용 새시, 구조재로 사용된다.

⑦ A7000계(Al-Zn계) 합금 : 시효 경화성이 우수하며, 항공기, 철도 차량, 스포츠용품 등 높은 강도의 구조재에 사용

16 고력 합금의 표면에 내식성이 좋은 합금이나 알루미늄판을 붙여 사용하는 단련용 알루미늄 합금은?   : 클래드재

제3절 기타 비철 합금

1 니켈과 그 합금

01 니켈(Ni)의 성질

① 면심입방격자, 360℃에서 자기 변태함
② 용융점 1455℃, 비중 8.9이며, 상온에서 강자성체이다.
③ 질산에 약하나 알칼리에 대해선 저항력이 크고 내마멸성도 우수하다.
④ 냉간 및 열간 가공(1000~1200℃)이 잘되고 내식성, 내열성이 크므로, 화폐, 식품 공업용, 진공관, 도금 등에 사용된다.

02 모넬메탈의 설명(특성)

① 니켈 65~75%, 철 1.0~3.0%, 나머지는 구리로 된 합금이다.
② 인장강도가 80kgf/mm^2 정도이며, 내식성이 커서 내연 기관 밸브, 밸브 시트에 사용된다.

03 니켈 합금 중 내식성이 우수하고 주조성과 단련이 잘되어 화학 공업용으로 널리 사용되는 것은?

65~70% Ni 합금(모넬메탈)

04 모넬메탈(monel metal)의 종류 중 유황을 넣어 강도는 희생시키고 피삭성을 개선한 것은?   : R-monel

05 콘스탄탄

① Ni 40~45% - Cu 합금
② 온도 측정용 열전쌍, 표준 전기 저항선용으로 사용된다.

06 니켈과 크롬 합금으로 높은 전기 저항, 내산성, 내열성을 가진 합금은?

니크롬

07 인코넬이란

니켈에 Cr 13~21%, Fe 6.5% 첨가한 것으로 내식성이 우수하고 내열용이 좋아 진공관의 필라멘트 재료에 사용된다.

08 알루멜

Ni에 3% Al 첨가, 고온 측정용 열전대 재료, 최고 1200℃까지 사용한다.

09 크로멜

Ni에 10 Cr 첨가, 고온 측정용 열전대 재료, 최고 1200℃까지 사용한다.

10 니켈-구리 합금으로 화폐, 자동차의 방열기 등의 재료로서 많이 사용되는 합금은? : 백동(큐프로니켈)

> 해설 구리-니켈계 청동, 니켈 15～20%, 아연 20～30%에 구리를 함유한 것이다.

❷ 마그네슘과 그 합금

01 마그네슘(Mg)에 관한 설명(특성)

① 실용 금속 중 가장 가벼워서 비중이 1.74, 용융점은 650℃이다.
② 조밀 육방 격자이며, 고온에서 발화하기 쉽다.
③ 열팽창계수가 Fe의 2배 이상 크다.

02 마그네슘의 원료가 되는 것은?

간수, 마그네시아, 마그네사이트

03 비중이 1.75～2.0 인데 비하여 인장 강도는 15～35kg/mm²까지 도달하므로 강도 비중비가 커서 경합금 재료로 매우 적합한 특징을 가진 합금은?

마그네슘 합금

04 상온 가공에 의해 변형, 경화된 금속이 상온에 방치하면 스스로 재결정을 일으켜 연화되는 현상은?

자발 풀림(spontaneous annealing)

> 참고 자발 풀림을 일으키는 금속 : 주석, 납, 카드뮴(Cd), 아연 등의 연질 금속

05 Mg-Al계 합금

① 인장강도는 6% Al에서 최대, 연신률과 단면 수축률은 4%에서 최대가 된다.
② Al은 주조 조직의 미세화로 기계적 성질을 향상, Mn은 내식성을 좋게 한다.

06 Mg-4～6%Al계의 대표적인 합금은?

도우 메탈(dow metal)

07 Mg-Al-Zn계 합금의 대표적인 것은?

일렉트론

❸ 티타늄(Ti)과 그 합금 티타늄

01 티타늄의 특징을 설명한 것으로 적합하지 않은 것은?

① 철의 1/2 무게로 철과 유사한 인장 강도(50kgf/mm² 정도)를 얻을 수 있다.
② 비강도가 크고, 고온에서 내식성이 좋다.
③ 고온 저항 즉, 크리프(creep) 강도가 크다.
④ 바닷물 및 500℃의 고온에서는 스테인리스강보다 내식성이 나쁘다.

> 해설 ④, 티타늄은 용융점이 1776℃, 비중이 4.5 정도이며, 강도는 Al이나 Mg보다 크고(50kgf/mm²) 해수나 고온에서 스테인리스강보다 내식성이 우수하다.

02 다음은 티타늄의 특성을 설명한 것이다. 틀린 것은?

① 열팽창 계수 및 탄성 계수 등이 작다.
② 전기 저항이 크다.
③ 고온에서 O_2, N_2, C와 반응하기 쉬우므로 용해 주조가 쉽고 용접성도 좋다.
④ 염산, 황산에는 침식되나 질산, 강알칼리에는 강하다.

해설 ③, 고온에서 O_2, N_2, C와 반응하기 쉬우므로 용해 주조가 어렵고 용접성도 나쁘다.

03 Ti-Mn계 합금

C-110M은 인장강도 1039Mpa, 항복점 980Mpa (100kgf/mm²) 및 연신률 14% 정도이다.

04 Ti-Al계 합금

① 내열성이 좋아 300℃ 이상의 크리프 강도가 개선된다.
② 가공성은 나쁘므로 단조재로 이용한다.

05 Ti-Al-Sn계 합금

① Ti에 5% Al, 2.5% Sn 합금
② 비중이 4.44로서 순금속보다 가볍고 항복점이 70~90kgf/mm²로 크다.
③ 짧은시간이면 600℃까지 견디므로 가스 터빈의 구조재로 사용된다.

06 Ti-Al-V계 합금

① Ti-6% Al-4% V이며, Al에 의하여 강도를 얻고 V에 의하여 인성을 개선한 것
② 420℃까지 고온 크리프 저항이 크므로 가스 터빈의 날개 및 디스크에 사용된다.

④ 아연 및 기타 합금

01 아연에 대한 설명은? : ①~④

① 조밀 육방격자, 청백색의 연한 금속이다.
② 비중이 7.1, 용융점이 419℃이다.
③ 산, 알칼리, 해수 등에 부식된다.
④ 철판, 철선의 도금, 건전지, 인쇄판, 다이 케스팅용, 황동 및 기타 합금에 이용

02 Zn에 4% Al을 함유한 합금을?

자마크(Zamak : 미국), 마자크(mazak : 영국)

03 가공용 Zn 합금

① Zn-Cu계, Zn-Cu-Mg계, Zn-Cu-Ti계 등이 있다.
② 봉재, 선재, 판재, 건축용, 탱크용, 전기 기기 부품, 자동차 부품, 일상용품 등

04 주석의 성질

① 비중 7.3, 용융점 232℃이며, 13℃에서 동소 변태한다.
② 재결정 온도가 상온으로 가공 경화가 일어나지 않아 소성 가공이 용이하다.
③ 저융점 금속으로 독성이 없어 의약품, 포장용 튜브, 주석박, 식기, 장식기 등에 사용된다.

05 주석에서 백주석과 회주석을 구분하는 변태 온도는? : 13.2℃

참고 13.2℃ 이상은 백주석(β - Sn),
13.2℃ 이하는 회주석(α - Sn)
문헌에 따라 18℃로 된 것도 있다.

06 Sn에 4~7% Sb, 1~3% Cu를 함유하는 Sn 합금을 무엇이라 하는가?

퓨터(pewter) = 브리타니아 메탈

참고 장식용품에 사용된다.

07 주석보다 용융점이 더 낮은 합금의 총칭으로서 납, 주석, 카드뮴의 두 가지 이상의 공정 합금이라고 보아도 무관한 합금은? : 저용융점 합금

제4장_비철 금속재료

08 납, 주석 합금으로 주로 퓨즈, 활자, 안전 장치, 정밀 모형 등에 사용되는 저용융점 합금의 종류와 융점

① 우드 메탈, 리포워츠 합금 : 68℃
② 뉴턴 합금 : 94℃
③ 로즈 합금 : 100℃
④ 비스무트 땜납 : 113℃

09 납(Pb)에 대한 설명은? : ①~④

① 면심 입방 격자, 아주 연한 금속이다.
② 비중 11.34, 용융점이 326℃
③ 주조성이 나쁘다. 인체에 유해하다.
④ 방사선이 투과할 수 없다.(방사선 차폐)

10 질산 및 고온의 진한 염산에는 침식되나 다른 산에는 저항이 크므로 내산용 기구로 사용되고 가용성 화합물이 인체에 해를 주는 재료는? : 납(Pb)

11 Sn, Pb, Zn, Sb, Cu가 함유된 합금명은?

화이트 메탈(white metal)

12 베어링 합금의 종류 중 주석계 화이트 메탈은? : 베빗 메탈(babbit metal)

13 베빗 메탈의 장점은? ①~④

① 고온에서도 성능이 좋고 중하중의 기계용으로 적합하다.
② 비열이 작고 열전도도가 크다.
③ 유동성과 주조성이 좋다.
④ 인성이 있어 충격과 진동에 잘 견딘다.

14 Sn 및 Pb계 화이트 메탈의 베어링 합금으로 필요한 조건은?

비중이 작고 열전도가 클 것

15 베어링(Bearing)용 합금으로 사용되지 않는 것은? : 자마크

[베빗메탈, 오일리스, 화이트메탈, 자마크]

16 카드뮴계 베어링 합금

Cd에 Ni, Ag, Cu 등을 넣어 경화한 합금은 고온 경도와 피로 강도가 화이트 메탈보다 우수하여 하중이 큰 고속 베어링에 사용된다.

17 오일리스 베어링은? ①~⑤

① 구리와 주석, 탄소의 합금이다.
② 기름 보급이 곤란한 곳에 적당하다.
③ 큰 하중, 고속 회전부에는 부적당하다.
④ 구리, 주석, 흑연 분말을 혼합하여 휘발성 물질을 가한 후 가압 성형한 것이다.
⑤ 다공질 재료에 윤활유가 들어있어 항상 급유할 필요가 없다.

18 오일리스 베어링의 주요 합금 원소는?

Cu, Sn, C

19 주철 함유 베어링

① 주철에 가열 냉각을 반복시켜 생긴 다공질화와 흑연상 발달 상태에 기름을 함유시키면 좋은 베어링이 된다.
② 고속 고하중에 잘 견디고 내열성이 있으므로 대형 베어링으로 제조

05 각종 금속의 용접

제1절 철강, 주철의 용접

1 순철 및 탄소강, 저합금강 용접

01 순철의 용접성

① 매우 연하며, 용접성이 좋아 피복 아크 용접 등 연강과 같은 조건으로 용접한다.
② 용접 속도를 약간 낮추는 것이 좋다.

02 강에서 용접성이 가장 좋은 것은?

킬드강(순철)과 저탄소강

03 모재의 열팽창 계수에 따른 용접성에 대한 설명으로 옳은 것은?

열팽창 계수가 작을수록 용접하기 쉽다.

04 연강용 피복 아크용접봉으로 용접했을 때 일반적으로 나타나는 금속 조직은?

페라이트 조직

05 피복 아크용접이 가장 어려운 재료는?

티타늄 > 주철 > 주강 > 탄소강

06 저탄소(연)강의 용접을 피복 아크용접할 경우 용접 방법은?

① 일반적으로 일미나이트계나 고산화티 탄계 용접봉 사용, 구속이 큰 부분에는 저수소계(E4316) 용접봉을 사용한다.
② 후판(25mm 이상)의 경우 예열, 후열, 용접봉 선택 등에 주의가 필요하다.

07 중탄소강에 덧붙임 용접을 할 때 고려할 사항은? : ①~③

① 반드시 150~250℃ 정도로 예열할 것
② 예열할 수 없을 때는 급랭을 피할 것
③ 예열할 수 없을 때는 고장력강용 저수소계 용접봉으로 밑깔기 용접을 할 것

08 고탄소강의 용접 : ①, ②

① 비드 위의 활꼴 균열은 고탄소강일수록 용접 속도가 빠를수록 생기기 쉽다.
② 고탄소강의 용접 균열을 방지하려면 아크용접에서는 전류를 낮춘다.

09 고탄소강 용접시 예열을 하지 않았을 때 나타나는 효과 중 틀린 것은?

① 단층 용접에서 담금질 조직이 된다.
② 단층 용접에서 경도가 높다.
③ 2층 용접에서는 모재의 열영향부가 뜨임 효과를 받는다.
④ 2층 용접에서 최고 경도는 매우 저하한다.

해설 ③, 고탄소강의 용접시 2층 용접에서 모재의 열영향부가 풀림 효과를 받으므로

최고 경도가 매우 저하된다.

10 고탄소강의 용접이 어려운 이유는?　①~④

① 열영향부의 경화가 현저해서 비드 균열을 일으키기 쉽기 때문에
② 단층 용접에서는 예열하지 않으면 열영향부가 담금질 조직이 되기 때문에
③ 예열, 후열이 필요하고 용접봉도 능률이 낮은 저수소계를 써야 하기 때문에
④ 급랭 경화가 심하기 때문에

11 탄소강의 탄소 함유량에 따른 예열 온도는?　①~④

① 0.2% 이하 : 90℃ 이하
② 0.2 ~ 0.3% : 90 ~ 150℃
③ 0.3 ~ 0.45% : 150 ~ 260℃
④ 0.45 ~ 0.8% : 260 ~ 420℃

12 중탄소강이나 고탄소강 용접시 일반적인 후열 온도는?　: 600 ~ 650℃

13 고탄소강 용접봉은?　: ①~③

① 모재와 같은 재질의 저수소계 용접봉
② 오스테나이트계 스테인리스강봉
③ 특수강 용접봉

14 일반 고장력강 용접의 용접

① HT50~60급강은 연강과 거의 같이 용접하면 되나,
② 합금 성분의 영향으로 담금질 경화성이 크고 열영향부의 연성 저하로 용접 균열을 일으킬 염려가 있다.

15 고장력강 용접시 주의 사항

① 잘 건조된 저수소계 용접봉을 사용하여 아크 길이를 짧게 하여 용접해야 한다.
② 위빙 폭을 크게 하지 말 것(심선 지름의 3배 이하)
③ 엔드탭을 사용하거나 시작점 20~ 30mm 앞에서 아크를 발생하여 예열하며 시작점으로 후퇴하여 시작점부터 용접한다.

16 고장력강 피복 아크용접봉 중 위보기 자세에 부적합한 것은?　: E 5326

[E 5316, E 5003, E 5000, E 5326]

17 저합금강 용접시 망간(Mn)이 용접부에 미치는 영향은?　: 인장 강도 향상

18 용접입열이 일정할 경우 냉각 속도가 가장 빠른 것은?　: 구리

[연강, 구리, 스테인리스강, 알루미늄]

> **해설** 열전도도가 가장 높은 것이 구리이다.

❷ 주철의 용접

01 주철의 용접에 관한 설명

① 용접 후에는 풀림 처리를 한다.
② 가스용접으로 용접 시공할 때에는 대체로 주철 용접봉을 사용한다.
③ 수축이 커서 균열이 생기기 쉽다.
④ 용접 응력이 작게 되도록 용접한다.

02 주철의 용접

① 열간 용접은 500~600℃로 가열한 후에 행하는 방법이며,
② 냉간 용접은 상온 또는 저온(200~400℃)에서 행하는 용접이다.

03 주철의 모재에 연강 용접봉을 사용하면 균열이 생기는 이유는?

강과 주철의 탄소의 함유량, 용융점, 팽창계수가 다르므로

해설 강과 주철의 운봉법이 다른 것과는 관계 없다.

04 주철 용접시 주의 사항으로 틀린 것은?

① 균열의 보수는 균열의 연장 방지를 위하여 균열의 끝에 작은 구멍을 뚫는다.
② 비드의 배치는 가능한 길게 한다.
③ 가열되어 있을 때 피닝 작업을 하여 변형을 줄이는 것이 좋다.
④ 가능한 가는 지름의 용접봉을 사용한다.

해설 ②, 주철의 비드 배치는 가급적 짧게 하고 좁은 비드를 놓는다.

05 주철의 용접이(연강 용접에 비하여) 곤란한 이유는? : ①~④

① 여리며 급랭에 의한 백선화로 수축이 커서 균열이 생기기 쉽다.
② 일산화탄소 가스가 발생되어 용착금속에 기공(blow hole)이 생기기 쉽다.
③ 취성이 크며 주조시 잔류 응력 때문에 모재에 균열이 발생되기 쉽다.
④ 장시간 가열에 의한 흑연의 조대화, 주철 속에 기름, 모래 등의 존재 경우 용착 불량이나 모재와 친화력이 나쁘다.

06 주철 주물의 아크용접시 사용하는 용접봉이 아닌 것은? : 크롬-니켈봉

[모넬메탈봉, 순 니켈봉, 크롬 - 니켈봉, 연강봉, 주철봉]

07 주철의 아크용접에 대한 사항은? ①~④

① 용접에 의한 경화층이 생길 때에는 500~650℃ 정도로 가열하면 연화된다.
② 용접 직후 냉각할 때 응력 제거 또는 줄이기 위하여 피닝(peening)한다.
③ 토빈 청동에 의한 용접의 경우는 예열을 하지 않아도 된다.
④ 모넬메탈 용접봉(Ni 2/3, Cu 1/3), 니켈봉, 연강봉 등이 사용된다.

08 회주철의 보수 용접에서 가스용접으로 시공할 때의 사항은? : ①~④

① 탄소 3.5%, 규소 3~4%, 알루미늄 1%의 주철 용접봉을 사용한다.
② 용제를 충분히 사용하고 용접부를 필요 이상 크게 하지 않는다.
③ 용제는 붕사 15%, 탄산나트륨 15%, 탄산수소나트륨 70%, 소량의 알루미늄 분말 혼합제가 쓰인다.
④ 중성 또는 약한 탄화 불꽃이 좋다.

09 주철의 보수 용접 방법의 종류는?

버터링법, 스터드법, 로킹법, 덧살 올림법, 비녀장법 등

10 주철의 보수 용접 등에서 효과가 크며 용착금속의 첫층에 모재와 잘 어울리는 성분의 용접봉으로 용착시킨 후 저수소계봉 등으로 접합시키는 방법은?

버터링법

11 가늘고 긴 용접을 할 때 용접선에 직각이 되게 꺾쇠 모양으로 직경 6mm 정도의 강봉을 박고 용접하는 방법은?

스터드법

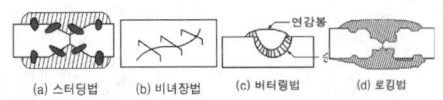
(a) 스터딩법 (b) 비녀장법 (c) 버터링법 (d) 로킹법

12 일반적으로 주철 용접이 쓰이는 곳은?

보수 용접

제2절 스테인리스강의 용접

❶ 스테인리스강의 용접

01 스테인리스강 용접에 대한 사항은?

①~③

① 산화크롬의 생성 방지를 위해 불활성 가스나, 용제 등으로 보호해야 한다.
② 탄소강보다 전기 저항이 크므로 가열 시간이 길면 안 된다.
③ 연강에 비해 선(열)팽창계수는 50% 이상 크고 열전도율은 낮아 용접 변형과, 균열이 발생할 수 있다.

02 스테인리스강 피복 아크용접

① 직류의 경우 역극성이 사용된다.
② 연강보다 10~20% 정도 낮은 전류로 작업한다.
③ 용입 불량이 생기기 쉬우므로 용접 홈 가공, 치수, 가접 등에 주의해야 한다.
④ 판두께 1mm 이하는 용락의 위험성이 크므로 주의해야 한다.

03 불활성 가스 텅스텐 아크용접(TIG 용접)으로 스테인리스강을 용접하는 방법은? : ①~⑥

① pipe 용접에서는 인서트 링(insert ring)을 이용한다.
② 기름, 녹, 먼지 등을 완전히 제거한다.
③ 전원은 직류 정극성이 좋다.
④ 0.4~8mm 정도의 박판의 용접에 좋다.
⑤ 토륨(Th) 함유 텅스텐 전극봉이 좋다.
⑥ 텅스텐 전극의 끝부분은 뾰쪽하게 연마하여 열집중이 되게 한다.

04 스테인리스강을 TIG 용접하는 이유는?

아크 안정이 좋고, 용접금속의 오손이 적다.

05 스테인리스강의 불활성 가스 금속 아크(MIG) 용접법은? : ①~③

① TIG 용접에 비해서 두꺼운 판의 용접에 이용되며, 아크 집중성이 좋다.
② 지름 0.8~1.6mm 정도의 심선을 전극으로 하여 직류 역극성으로 용접한다.
③ 용접이 고속도로 아크 방향으로 방사되므로 어떠한 방향이라도 용접할 수 있다.

06 스테인리스강을 불활성 가스 아크용접할 때 아크 안정과 스패터 방지를 위한 적당한 가스는?

아르곤에 산소 2~5% 혼합 사용

07 스테인리스강 가스용접 및 저항 용접

① 가스용접 : 불순물의 혼입, 탄소 함유량의 증대등으로 거의 쓰이지 않는다.
② 저항 용접 : 널리 적용하며 연강보다 낮은 전류에 높은 가압력으로 용접한다.

❷ 스테인리스강 조직 종류별 용접

01 용접성이 가장 좋은 스테인리스강은?

오스테나이트계

[마텐사이트계, 석출 경화계, 페라이트계, 오스테나이트계]

해설 용접성 정도 : 오스테나이트계 > 페라이트계 > 마텐사이트계

02 페라이트계 스테인리스강의 용접

① 예열 온도는 200℃ 정도, 층간 온도는 80% 정도로 한다.
② 용접 후 후열 처리를 하면서 서랭한다.
③ 열영향부의 조대화로 취성 방지를 위해 가는 봉 사용과 저전류로 용접한다.

03 마텐사이트계 스테인리스강의 용접

① 성형성은 좋으나 용접성이 불량하다.
② 용접에 의해 급열, 급랭시 마텐사이트를 생성하며, 균열 발생의 우려가 있고,
③ 탄소량이 많을수록 잔류 응력이 커져 용접성이 나빠진다.
④ 경화 방지를 위해 용접 직후 냉각 전에 700~800℃로 가열 유지 후 공랭한다.
⑤ 후열 처리가 불가능할 때는 18% Cr-12% Ni-Mo 함유봉을 사용한다.

04 오스테나이트계 스테인리스강의 용접

① 용접성이 우수하여 예열을 하지 않는다.
② 층간 온도를 320℃ 이하로 한다.
③ 용접봉은 모재의 재질과 같은 것, 가능한 한 가는 봉을 사용한다.
④ 아크 중단 전에 크레이터를 채운다.

05 스테인리스강(오스테나이트계)의 용접시 주의할 사항으로 옳지 않은 것은?

① 용접 전에 용접할 곳을 예열해야 한다.
② 가스 용접은 하지 않는다.
③ 용접 시공시 고정 공구 및 냉각 용구를 쓰면 효과적이다.
④ 용접 후 480~680℃ 범위를 급랭하여 입계 부식을 방지한다.

해설 ①, 용접할 곳을 예열하지 않는다.

06 오스테나이트계 스테인리스강을 용접하여 사용 중에 용접부에서 녹 또는 입계 부식 방지법은? : ①~④

① Ti, V, Nb 등이 첨가된 재료를 사용한다.
② 저탄소의 재료(판, 봉)를 선택한다.
③ 용접 후 1050~1100℃로 용체화 처리를 하고 공랭하든지 850℃ 이상 가열하여 수냉 담금질을 한다.
④ 낮은 전류값으로, 짧은 아크로 용접하여 용접 입열을 억제한다.

07 스테인리스 강판을 납땜하기 곤란한 이유는? : 강한 산화막이 있으므로

08 동일 형상, 조건에서 용접 입열이 일정할 경우 냉각 속도가 가장 빠른 것은?

구리 > Al > 연강 > 스테인리스강

제3절 비철금속의 용접

❶ 구리 및 그 합금의 용접

01 구리 합금의 용접 조건은? ①~⑥

① 비교적 넓은 루트 간격과 홈 각도를 크게 취한다.
② 가접은 비교적 많이 한다.
③ 용접봉은 용접성이 좋고 용접 후의 균열이 적은 것이라야 한다.

④ 용가재는 모재와 같은 것을 사용한다.
⑤ 구리에 비해 예열 온도가 낮아도 되며, 토치나 가열로 등을 사용한다.
⑥ 용제 중 붕사는 황동, 알루미늄 청동, 규소 청동 용접에 많이 사용된다.

02 구리 합금 용접에 사용하는 용접봉은?

토빈 청동봉, 규소 청동봉, 에버듀르 청동봉, 인청동봉, 무산소구리봉이 쓰인다.

03 순구리의 피복 아크용접법

① 예열을 충분히 행할 수 있는 단순한 구조물의 경우에 쓰이고 있다.
② 예열 온도는 250℃, 층간 온도는 450~550℃ 정도가 필요하다.
③ 직류, 교류가 모두 사용되며, 직류의 경우 직류 역극성이 좋다.

04 구리 합금의 용접에 사용하기 곤란한 용접법은? : 피복 아크용접

05 구리 용접이 철강 용접에 비하여 어려운 이유로 틀린 것은?

① 열전도율이 높고 냉각 효과가 크기 때문에 균열이 발생하기 쉽다.
② 구리 중의 산화 구리를 포함한 부분이 순수한 구리에 비하여 용융점이 낮다.
③ 수소처럼 확산성이 큰 가스를 석출하고 그 압력 때문에 더욱 약점이 조성된다.
④ 구리는 용융될 때 심한 질화를 일으켜서 질소를 흡수하여 질화부를 만든다.

해설 ④, 구리는 용융될 때 심한 산화를 일으켜서 가스를 흡수하여 기공을 만든다.

06 불활성 가스 텅스텐 아크용접으로 구리를 용접하는 방법은? : ①~⑤

① 판두께 6mm 이하에 사용된다.
② 토륨(Th) 함유 텅스텐봉을 사용한다.
③ 직류 정극성(DCSP)을 사용한다.
④ 용가재는 탈산된 구리봉을 쓴다.
⑤ 99.8% 이상의 고순도 아르곤 가스를 사용하는 것이 좋다.

07 구리 용접할 때 열의 발산이 빠르므로 일반적으로 예열온도는? : 400~450℃

08 불활성 가스 금속 아크용접(MIG 용접)

① 판두께 6mm 이상에 많이 사용하며, 용접 전 300~500℃로 예열하는 것이 좋다.
② 구리, 규소, 청동, 알루미늄 청동 등의 용접에 가장 적합하다.

09 구리 합금을 가스용접법으로 할 때 장점은?

장치가 간단하고, 얇은 판에 적당하며, 황동 용접이 가능하다. (단점은 변형이 크다.)

10 황동의 가스용접시 무엇의 증발로 작업이 곤란한가? : ②

① 규소(Si)   ② 아연(Zn)
③ 구리(Cu) ④ 주석(Sn)

❷ 알루미늄 용접

01 알루미늄은 철강에 비하여 일반 용접이 극히 곤란한 이유는? ①~③

① 팽창 계수가 약 2배, 응고 수축이 1.5배로, 변형과 응고 균열이 생기기 쉽다.
② 산화Al은 높아(약 2050℃) 용융되지 않

아 유동성을 해치고, 융합을 방해한다.
③ 산화 Al의 비중(4.0)은 보통 Al보다 크므로, 용융금속 표면에 떠오르기 어렵다.

02 알루미늄은 철강에 비하여 일반 용접이 극히 곤란한 이유 중 틀린 것은?

① 단시간에 용접 온도를 높이는데 높은 열원이 필요하다.
② 지나친 융해가 되기 쉽다.
③ 고온 강도가 나쁘며 용접 변형이 크다.
④ 팽창 계수가 매우 작다.

해설 ④, 팽창 계수가 강에 비해 2배 이상 크다.

03 알루미늄 주물의 용접봉으로 적당한 것은?
알루미늄-규소 합금봉

04 알루미늄 용접 후 변형을 잡는 방법은?
피이닝(피닝)

05 알루미늄 용접시 화학적인 청소 방법은?
2%의 질산 또는 10%의 더운 황산으로 세척한 다음 물로 씻어낸다.

06 알루미늄 가스용접법
① 염화물의 용제와 탄화 불꽃을 사용하며, 200~400℃로 예열을 한다.
② 토치는 큰 것을 쓰며, 알루미늄은 용융점이 낮으므로 조작을 빨리해야 한다.

07 Al 합금의 용접에서 변형 방지를 위해 박판의 용착법은? ; 스킵법

08 알루미늄을 불활성가스 텅스텐 아크용 접법할 때 적합한 전원과 극성은?
고주파 장치가 붙은 교류

09 알루미늄의 불활성 가스 아크용접
① 용접시 청정 작용이 있다.
② MIG 용접시는 Al 와이어를 사용하며, 직류 역극성으로 대전류를 사용한다.
③ TIG 용접에서 아크를 발생할 때 텅스텐과 모재의 접촉을 피하기 위해 고주파 전류를 쓴다.
④ 텅스텐 전극이 오염되지 않게 한다.
⑤ 열 집중성이 좋고 능률적이므로 예열은 필요치 않을 때가 많다.

10 알루미늄 합금을 전기 저항 용접할 때 가장 많이 사용되고 있는 방법은?
점(spot) 용접

11 알루미늄 용접에 사용되는 용제는?
염화리듐(LiCl), 알칼리 금속의 할로겐 화합물, 염화칼륨(KCl)

12 알루미늄 합금 용접에 사용되지 않는 용접법은? : 테르밋 용접

13 고탄소강, 알루미늄, 티타늄 합금, 몰리브덴 재료 등을 용접하기에 가장 적합한 용접법은? : 전자 빔 용접
[SAW, TIG 용접, 전자 빔 용접, 레이저 용접, 플라즈마 용접]

MEMO

PART 05

설계, 시공·검사 및 도면 해독

Chapter 01 　용접 설계

Chapter 02 　용접 시공

Chapter 03 　용접부 검사와 시공

Chapter 04 　도면해독(용접도면해독)

Chapter 05 　투상도법, 도형 표시 방접

Chapter 06 　치수 및 재료 기호 표시 방법

Chapter 07 　용접 제도

피복/이산화산소가스/가스텅스텐 아크용접기능사 필기&실기

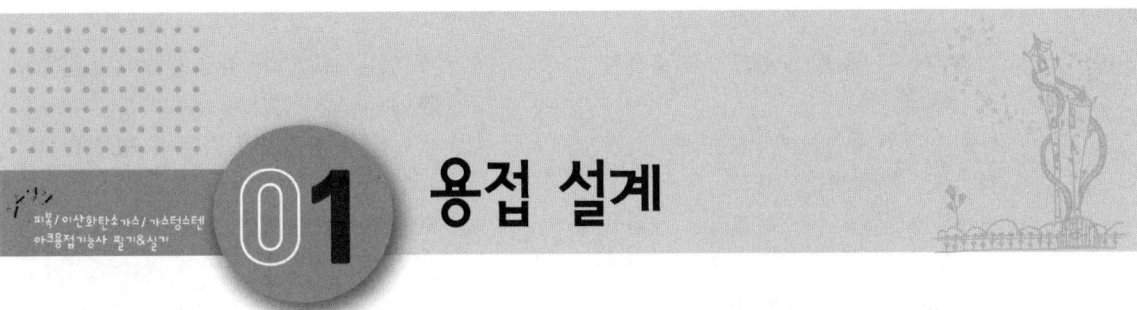

01 용접 설계

제1절 용접 구조물의 설계

1 개요

01 용접설계시 고려 사항은? : ①~③

① 용접 구조물의 여러 특성의 고려와 용접이음의 강도와 변형을 예측한다.
② 저비용(최적)의 시공법 및 용접법을 선정한다.
③ 신뢰성있는 용접 시공, 작업 관리 및 용접 후처리법을 선정한다.

02 용접 설계시 고려 사항 인자

용접 방법, 용접 자세, 판두께 및 이음의 종류, 변형 및 수축, 용입 상태, 경제성 및 모재의 성질 등

03 용접 구조 설계의 고찰사항은? ①~③

① 용접 품질 검사 항목을 소량화(적게)하여 품질 보증의 질 향상
② 용접 작업의 간소화 설계 등 이음의 성능과 비용 최소화
③ 용착량의 최소화의 설계(용착량이 적게 드는 홈, 이음 형태 선택)

2 용접설계상 주의 사항

01 구조물 설계의 원칙의 설명은? ①~④

① 구조물 전체가 외력에 안전하게 견딜 수 있게 한다.
② 안전성이 각 부분에 균등하게 될 수 있게 한다.
③ 강도가 약한 필릿 용접을 피하고 가능한 한 맞대기 용접을 하도록 한다.
④ 불연속성을 피한 합리적이고 간편하게 이해할 수 있는 구조로 한다.

11 용접 구조의 설계상 주의 사항

① 용착금속은 가능한 한 다듬질 부분에 포함되지 않도록 한다.
② 리벳과 용접을 혼용할 때는 충분한 검토를 한다.
③ 두꺼운 판 용접시에는 용입이 깊은 용접법을 이용하여 층수를 줄인다.
④ 용접 치수는 요구 강도 이상 크게 하지 않으며, 접합부재의 균형을 고려한다.

12 용접 구조의 설계상 주의 사항

① 구조상의 불연속부, 단면 형상의 급격한 변화 및 노치를 피한다.
② 용접성, 노치 인성이 우수한 재료를 선택하여 시공하기 쉽게 설계한다.
③ 판면에 직각으로 인장 하중이 작용할 경우 판의 이방성에 주의한다.
④ 변형 및 잔류응력을 경감시킬 수 있도록 하며, 수축이 불가능한 용접은 피한다.

13 용접설계상 주의할 사항은? : ①~④

① 이음부에서 가능한 모멘트가 작용하지 않도록 할 것
② U형의 경우 등 가능한 좁은 루트간격과 적은 홈 각도를 선택할 것
③ 현저하게 서로 다른 부재끼리 용접하지 말 것
④ 압연 형재, 주단조품, 파이프 등을 이용하거나 굽힘 가공, 프레스 가공 등을 이용하여 용접이음을 감소시킨다.

28 용접 설계시 일반적인 주의 사항

① 용접에 적합한 구조로 한다.
② 용접 구조물의 제 특성을 고려한다.
③ 용접성을 고려한 사용 재료의 선정 및 열영향 문제를 고려한다.
④ 부재 및 이음은 가능한 한 조립작업, 용접 및 검사를 하기 쉽도록 한다.

14 용접설계시 일반적인 주의 사항은?

①~⑤

① 결함이 생기기 쉬운 용접 방법은 피한다.
② 용접이음은 가능한 한 적게(용접선의 수 최소화) 하고 용접선을 분산시킨다.
③ 열 또는 기계적 방법으로 잔류응력을 완화시킨다.
④ 용접 길이는 가능한 한 짧게, 용접하기 쉬운 구조로(쉽도록) 설계한다.
⑤ 현장 용접을 적게 하고 공장 용접을 많이 하도록 한다.

16 용접이음 설계시 일반적인 주의 사항으로 옳지 않은 것은?

① 가능한 한 능률이 좋은 아래보기 용접을 많이 할 수 있도록 설계한다.
② 필릿 용접 등 강도가 강한 이음은 될 수 있는대로 먼저 하고 맞대기 용접을 후에 하도록 한다.
③ 가능한 한 용접량이 적은 홈 형상을 선택한다.
④ 맞대기 용접은 이면 용접 등 완전 용입이 되게하여 용입 부족이 없도록 한다.

해설 ②, 필릿 용접 등 강도가 약한 이음은 될 수 있는대로 피하고 맞대기 용접을 하도록 한다.

17 용접이음 설계시 일반적인 주의 사항

① 최소 10° 정도는 전후좌우로 용접봉을 움직일 수 있게 설계 한다.(a, b)
⑤ 판두께가 다를 때 얇은 쪽에서 3~5 정도 이상의 구배를 주어 이음한다.(c)
⑥ 용접이음을 1개소로 집중시키거나 너무 접근하여 설계하지 않는다.(d)
⑦ 용접선은 가능한 한 교차하지 않게 설계하고, 교차가 필요한 경우에는 [그림 (e), (f)]와 같이 스캘럽을 설계한다.

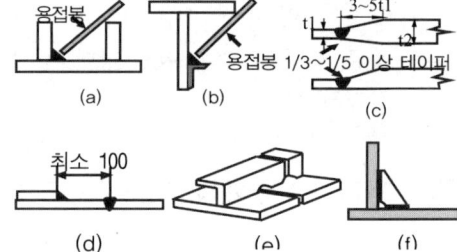

18 용접 설계시 경비를 절감시키기 위한 유의 사항은? : ①~④

① 합리적이고 경제적인 설계
② 효과적인 재료 사용 계획
③ 용접봉의 적절한 선정과 그 경제적 사용 방법
④ 능률이 좋고 결함이 적은 구조로 설계

19 용접이음부의 형태를 설계할 때 고려사

항은? : ①~③

① 판이 너무 두껍지 않을 경우 가능한 한 (편)면에서 용접할 수 있도록 고안할 것
② 적당한 루트간격과 홈 각도를 택할 것
③ 너무 깊은 홈을 피할 것

20 용접부의 강도 및 강성 설계시 주의사항은? : ①~③

① 응력의 흐름이 부드럽게 되도록 한다.
② 국부변형이나 응력집중이 없도록 한다.
③ 구조물 전체가 밸런스가 맞도록 한다.

21 중판 이상의 두꺼운 판의 용접을 위한 홈 설계시 주의 사항으로 적합하지 않은 것은?

① 홈의 단면적은 가능한 작게 한다.
② 루트 반지름은 가능한 작게, 홈 각은 크게 한다.(U형, H형의 경우)
③ 루트간격의 최대치는 사용 용접봉의 지름 이하로 한다.
④ 두꺼운판의 용접에서는 단면 V형 홈보다 양면 V형이나, H형 홈을 선택한다.

해설 ②, 루트 반지름은 가능한 크게, 홈 각은 작게 한다.(U형, H형의 경우)

❸ 용접 구조 설계의 요소

01 용접성(weldability)에 대한 설명은? ①, ②

① 용접성이란 용접 시공의 쉽고 어려움, 즉 용접 시공 중 혹은 시공 후에 있어서 용접부의 품질과 건전성을 확보하기 위한 용접의 난이를 표현하는 것
② 용접성은 접합(이음) 성능과 사용 성능으로 구분할 수 있다.

02 탄소강(연강)의 연신률과 단면 수축률(저온 특성)은? : ①~④

① -100℃까지 거의 변화가 없다.
② -160 ~ -170℃ 부근부터는 급격하게 연성이 저하한다.
③ -180℃ 액체 산소에서의 연신률은 약 10% 이하로 떨어진다.
④ 재료에 노치가 있는 경우 0℃ 부근에서도 인성이 상당히 저하한다.

제2절 용접이음부의 강도

❶ 용접이음

01 용접을 하기 위한 이음의 종류를 결정하는 조건이 아닌 것은? : 피복제

[구조물의 재질과 종류, 이음 형상, 용접 방법, 피복제 종류]

02 기본 용접이음의 종류가 아닌 것은?

겹치기 이음, 전면 필릿 이음

참고 전면 필릿 이음은 필릿 이음의 종류이다.

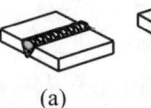 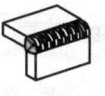 
 (a)   (b)   (c)   (d)

(a) 맞대기 이음   (b) 모서리 이음
(c) 변두리 이음   (d) 겹치기 필릿 이음

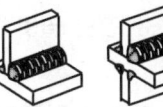  
 (e)   (f)   (g)   (h)

(e) T형 필릿 이음   (f) +자형 필릿 이음
(g) 전면 필릿 이음   (h) 측면 필릿 이음

03 기본 용접부 모양(형상)의 종류가 아닌 것은? : ④

① 맞대기(홈 용접) ② 필릿 용접
③ 플러그 용접 ④ 겹치기 용접

04 용접이음의 선택시 고려 사항으로 틀린 것은? : ③

① 각종 이음의 특성, 구조물의 종류, 형상
② 하중의 종류 및 크기
③ 용접 조직 및 열영향부 크기
④ 용접 방법 판두께 및 재질
⑤ 용접 변형 및 용접성
⑥ 이음의 준비 및 설계에 요하는 비용

05 형상에 따른 필릿 용접의 종류는?

연속 필릿 용접, 단속 지그재그 필릿 용접, 단속 병렬 필릿 용접

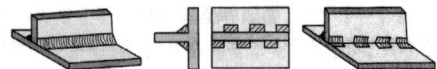

(a) 연속필릿 (b) 단속 지그재그필릿 (c) 단속 병렬필릿

06 하중 방향에 따른 필릿 용접의 종류

전면 필릿, 측면 필릿, 경사 필릿 용접

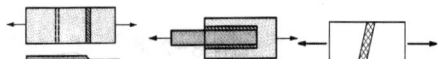

(a) 전면 필릿 (b) 측면 필릿 (c) 경사 필릿

07 용접선이 응력(하중)의 방향과 대략 직각인 필릿 용접은? : 전면 필릿 용접

08 접합할 두 부재를 겹쳐놓고 한쪽의 부재에 드릴 등으로 둥근 구멍을 뚫고 그 곳을 용접하는 이음은? : 플러그 용접

 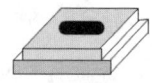

(a) 플러그 용접 (b) 슬롯 용접

09 슬롯 용접이란?

접합할 2부재의 한쪽에 좁고 긴 홈을 만들어 놓고 그 곳을 용접하는 이음

10 플레어 용접

얇은 판의 맞대기 용접의 경우 용접이 어렵거나 용접이 되었다 해도 충분한 강도를 유지할 수 없게 되므로 판의 한쪽을 J자형으로 구부려서 맞대어 용접하는 방법

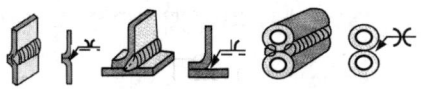

(a) 플레어V형 (b) 플레어베벨형 (c) 플레어X형

11 육성(덧살 올림) 용접의 용도는?

① 마모된 부분이나 부족한 치수를 보충하는 덧쌓기(육성)
② 내식성, 내마모성 등에 뛰어난 금속을 모재 표면에 접합하여 사용하는 표면 내식(경화) 육성 용접

❷ 용접 홈의 종류와 특징, 선택

01 맞대기 용접 등에서 홈을 만드는 이유 (홈 가공의 필요성)가 아닌 것은? : ④

① 용입을 양호하게 하기 위하여
② 이음효율의 향상을 위하여
③ 작업성의 개선을 위하여
④ 덧살 올림 용접을 위하여

02 용접 홈 각도와 베벨 각도, 루트면 및 루트간격 사이의 상관 관계에 대한 설

명으로 적합한 것은? : ①~③

① 홈 각도가 작을 때는 루트간격은 넓게, 루트 면은 작게 해야 된다.
② 루트간격이 좁을 때는 루트면을 작게
③ 루트간격이 좁을 때는 홈 각도를 크게

03 용접 홈 설계시 고려 사항은?

용접 방법, 용접 자세, 판두께

04 맞대기 용접이음 홈의 각부 명칭

① 베벨각 : 모재에 용접할 홈 끝면과 부재 표면에 수직인 평면 사이의 각(β)
② 홈 각도 : 접합할 두 부재 사이에 가공한 각도(α)
③ 루트간격 : 용접이음에서 2개의 모(부)재 사이의 홈 밑부분의 간격(g)
④ 루트 면 : 용접부의 밑바닥 부분에 있어서의 접합면(f)
⑤ 개선 깊이 : 용접되는 두 모재 접합부위에 두는 홈의 깊이(d)
⑥ 루트 반지름 : 용접에서 J형 및 U형, H형 밑바닥 면의 둥근 홈의 반지름

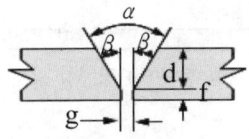

05 연강의 용접이음에서 설계상 이음 강도가 가장 큰 것은?

맞대기 이음 > 모서리 이음 > 전면 필릿 이음 > 플러그 이음

06 맞대기 용접의 홈의 모양은?

정방형(구, I, 평형), 단면 V형, 단면 개선형(V, 베벨형), 단면 U형, 단면 J형, 양면 V(X)형, 양면 개선(K)형, 양면 U(H)형

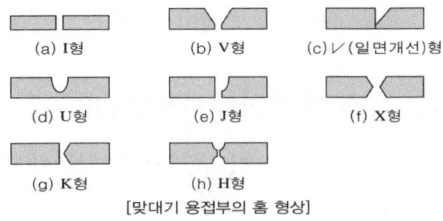

(a) I형 (b) V형 (c) V(일면개선)형
(d) U형 (e) J형 (f) X형
(g) K형 (h) H형
[맞대기 용접부의 홈 형상]

07 변형이 가장 적은 용접이음 형식은?

H형 > X형 > U형 > V형 순

08 피복 아크용접봉으로 강판의 판 두께에 따라 맞대기 용접에 적용하는 개선 홈 형식은? : ①~④

① 정방(I, 평)형 : 판 두께 6.0mm 이하
② 단면 V형 : 판 두께 6.0~20mm 정도
③ V(단면 개선)형 : 판 두께 6.0~20 mm
④ 양면V(X)형 : 판 두께 10~40mm 정도

09 정방형(I, 평형) 홈에 대한 설명으로 옳지 않은 것은?

① 용접 홈 가공이 쉽다.
② 루트간격을 좁게 하면 용접금속의 양도 적어져서 경제적인 면에서 우수하다.
③ 후판에서도 완전 용입시킬 수 있다.
④ 손(수동) 용접에서는 판 두께 6mm 이하의 경우에 사용된다.

해설 ③, 후판에서는 완전하게 이음부를 녹일 수 없다.(완전 용입 곤란)

10 단면 V형(단면 개선(V)형) 홈 용접의 특징은? ①~④

① 홈 가공은 비교적 쉽다.
② 한쪽에서 완전용입을 얻는데 적합하다.

③ 판두께가 두꺼워지면 용착금속의 양이 증대, 각 변형이 커진다.

11 U형 홈 용접의 특징의 설명은? ①~③

① 두꺼운 판을 한쪽에서 완전한 용입을 얻는데 적합하나, 홈 가공이 어렵다.
② 루트 반지름은 가능한 한 크게 한다.
③ 루트간격을 0으로 해도 작업성이 좋고 용입도 좋다.

12 단면 U형 이음에서 루트 반지름은 될 수 있는대로 크게 한다. 그 이유는?

충분한 용입

해설 용착량을 줄이기 위함이며, 개선 각도는 10° 정도로 한다.

13 양면 V(X)형 홈과 같이 양면 용접이 가능한 경우에 용착금속의 양과 패스 수를 줄일 목적으로 사용되며 모재가 두꺼울수록 유리한 홈의 형상은?

H형 홈

14 판두께가 다른 두 판을 맞대기 용접할 경우 두께가 두꺼운 판의 양면 또는 한 면에 주는 적당한 기울기(경사)는?

1 : 3 ~ 5

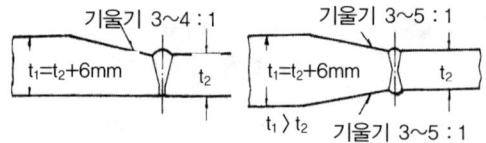

③ 용접이음부 강도 설계

01 그림에서 맞대기 용접부의 목 두께는?

t1

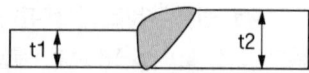

02 필릿 용접이음의 각부 명칭을 나타낸 것으로 틀린 것은?

① ⓑ : 모재   ② b : 이론 목두께
③ ⓓ : 용입깊이   ④ h : 다리길이(각장)

해설 ①, 용착금속

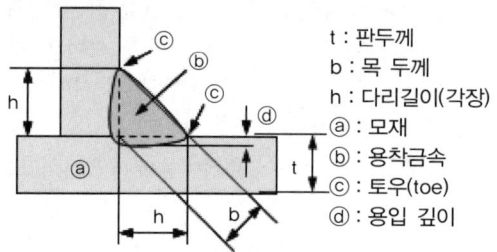

t : 판두께
b : 목 두께
h : 다리길이(각장)
ⓐ : 모재
ⓑ : 용착금속
ⓒ : 토우(toe)
ⓓ : 용입 깊이

03 필릿 용접부 표면의 비드의 형상

볼록형과 평면형, 오목형이 있으며 필릿 용접부는 약간 볼록형이 좋다.

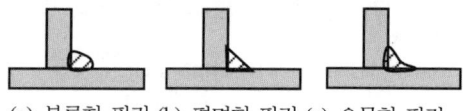

(a) 볼록형 필릿 (b) 평면형 필릿 (c) 오목형 필릿

04 필릿 용접의 목 두께(Thickness of throat)에 대한 설명은? : ①~④

① 이론 목 두께와 실제 목 두께가 있다.
② 강도 계산은 이론 목 두께를 적용한다.
③ 부재의 두께가 다른 경우 얇은 쪽 부재의 두께를 기준으로 한다.
④ 실제 목 두께 : 용입을 고려한 용입의 루트부터 필릿 용접의 표면까지의 최단 거리

참고 맞대기 홈 용접에서는 접합하는 용접부 두께,

필릿 용접에서 이음의 루트부터 빗면까지의 거리로 한다.

05 필릿 용접의 목 단면적에 대한 설명은?

'목 두께×용접선의 유효 길이'로 한다.

06 필릿 이음의 루트에서 필릿 용접 비드 끝(토우, toe)까지의 거리는?

다리 길이(목 길이, 각장, : Leg length)

07 필릿(fillet) 용접의 다리 길이는 판두께의 몇 % 정도가 적당한가? : 70%

참고 목 두께는 다리 길이의 약 70%(다리 길이 ×COS45°) 정도로 한다.

08 필릿 용접에서 이음 강도를 간편법으로 계산할 경우 목 두께는?

각장 × cos 45°= 각장×0.707
약 70~71%

참고 이론 목 두께 a와 용접 다리 길이(각장, 목 길이) z관계는? : a ≒ 0.7z

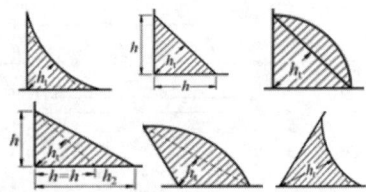

09 필릿 용접부의 단면에서 용접부(이음)의 루트부터 표면까지의 최단 거리는?

이론 목 두께

10 필릿 용접의 정확한 목 두께 치수 a 표시로 옳은 것은?

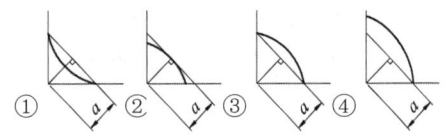

해설 ③, 필릿용접에서 이론 목두께는 루트부에서 각장(용접부가 90°인 경우)에 대해 45°경사거리이며, 양쪽 비드 끝단과의 수평 거리까지 이다.
오목 비드의 경우 오목부와 수직인 수평 거리까지이다.

11 그림에서 이론 목 두께는?

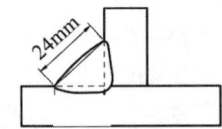

다리(목) 길이(h)=변길이×cos 45°
       = 24×0.707=17
목 두께(t) = 다리 길이×cos 45°
       =17×0.707 = 12

12 전면 필릿 이음의 인장강도(σ_f)는?

① 전용착금속의 인장강도(σ_w)와 대략 비례하며,
② 연강의 경우 전용착금속 인장강도의 약 90%($\sigma_f = 0.9\sigma_w$) 정도가 된다.

13 양쪽 T 이음에서 최대 전단응력은?

$\sin\theta = \cos\theta$, 즉 θ=45°일 때

$$\tau_{max} = \frac{P}{2h_t\ell} \text{ kgf/mm}^2$$

14 편심 하중을 받는 필릿 용접부에 있어서의 전단응력이 목 단면에 균일하게 분포되어 있다고 하면 전단응력 τ 는?

$$\tau = \frac{P}{A} = \frac{P}{2h_t \ell} = \frac{P}{2\ell \times h \cos 45°} = \frac{0.707P}{\ell h}$$

15 겹치기 이음의 종류는? : ①~③

① 한쪽 겹치기(single)
② 양쪽 겹치기(double),
③ 저글(joggle)

16 겹치기 이음시 유의 사항과 겹침의 최대값은? : ①~④

① 한쪽 겹치기 이음은 가능한 한 사용하지 않는 것이 좋으며,
② α =30~45°가 되도록 하는 것이 좋다.
③ 판두께가 다를 경우에는 얇은 쪽을 취한다.
④ 겹치기 되는 부분의 길이 b는 구조물의 종류에 따라 다르지만, 일반적으로 최대값은 판두께의 4배 이내로 한다.

참고 h≤12mm에서 b≥(2h+10)~4h mm

h≤16mm에서 b≥(2h+15)~4h mm

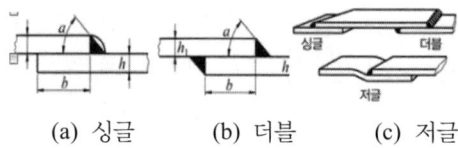

(a) 싱글   (b) 더블   (c) 저글

17 플러그 용접에서 전단 강도는 일반적으로 구멍의 면적당 전용착금속 인장강도의 몇 % 정도로 하는가?

60 ~ 70%

18 맞대기 용접의 인장강도를 1로 볼 때 T형 필릿 용접의 인장강도는 맞대기 용접의 얼마 정도 되는가? : 0.8

19 V형 홈 맞대기 용접에서 보강 쌓기의 두께는 보통 모재 두께의 몇 %인가?

20%

20 맞대기 용접이음에서 단순 인장력이 작용할 경우 인장응력의 계산식은?

$$\sigma = \frac{P}{A} = \frac{P}{a\ell} = \frac{P}{h\ell} \text{ kgf/mm}^2$$

참고 부분 용입의 경우 인장응력 계산식

$$\sigma = \frac{P}{(h_1 + h_2)\ell} \text{ kgf/mm}^2$$

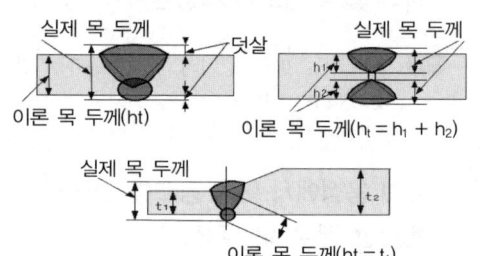

21 그림과 같이 맞대기 용접을 한 것을 P = 29.4kN의 하중으로 잡아당겼다면 인장응력(강도)은 몇 MPa인가?

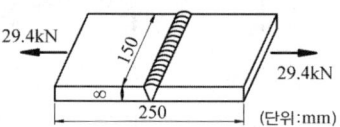

인장응력(σ) = $\frac{P}{A} = \frac{P}{hl} = \frac{29.4}{0.008 \times 0.15}$
= 24500kPa = 24.5MPa

22 맞대기 이음에서 14.7kN의 인장력을 작용시키려고 한다. 판두께가 6mm일 때 필요한 용접 길이는? (단, 허용 인장응력은 68.6MPa이다.)

$$\sigma = \frac{P}{A} = \frac{P}{hl}$$

$$\therefore l = \frac{P}{\sigma h} = \frac{14.7}{0.006 \times 68.6 \times 10^3}$$
$$= 0.0357\text{m} = 35.7\text{mm}$$

23 그림과 같은 겹치기 이음의 필릿 용접을 하려고 한다. 허용응력을 8N이라 하고, 인장 하중 5000N, 판두께가 12mm라 할 때 필요한 용접 길이는?

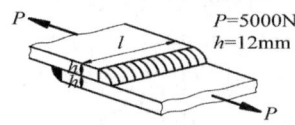

$$\sigma = \frac{0.707P}{A} = \frac{0.707}{hl}P \text{에서}$$
$$l = \frac{0.707}{h\sigma}P = \frac{0.707 \times 5000}{12 \times 8}$$
$$= 36.8\text{ mm}$$

24 맞대기 용접이음에서 모재의 인장강도는 45MPa이며, 용접 시험편의 인장강도가 47MPa²일 때 이음효율은?

$$\text{이음효율} = \frac{\text{시험편 인장 강도}}{\text{모재 인장 강도}} \times 100$$
$$= \frac{47}{45} \times 100 = 104.4\%$$

25 강판의 길이 180mm, 두께 12mm인 강판에 78.43kN을 가하기 위해 맞대기 용접하고자 한다. 이음효율이 80%라면 용접 두께는? (단, 허용응력은 58.8MPa다.)

$$\sigma = \frac{P}{hl\eta}, \quad h = \frac{P}{\sigma l\eta} = \frac{78.43 \times 10^{-3}}{58.8 \times 0.18 \times 0.8}$$
$$= 9.26 \times 10^{-3}\text{m} = 9.26\text{mm}$$

26 맞대기 양면 용접시의 기초 이음효율?

70%

참고 한면 받침쇠 사용 용접 : 80%,
받침쇠 없는 한면 용접 : 70%,
양면 전후 필릿 용접 : 70%

27 용접 이음의 유효 길이는?

용접의 시단부와 종단부를 제외한 길이로 나타낸다.

해설 시단부와 종단부는 불완전한 용접부가 되기 쉬우므로 이 부분을 제외한 길이를 유효 길이라 한다.

28 단순 굽힘을 받는 맞대기 용접에서 완전 용입 상태로 용접을 할 때 최대 굽힘 모멘트 식은? : $M = \sigma Z$

참고 최대 굽힘 응력은 $\sigma = \dfrac{M}{Z}$

(σ : 최대 굽힘 응력, Z : 단면 계수, M : 최대 굽힘 모멘트)

1) 그림과 같이 완전 용입된 맞대기 용접 이음의 굽힘 모멘트 $M_b = 0.95\text{kN}$가 작용할 때 최대 굽힘 응력 MPa은? (단, $t = 30\text{mm}, l = 200\text{mm}$로 한다.)

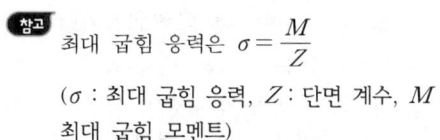

$$\sigma_b = \frac{M}{Z} = \frac{M}{\dfrac{lt^2}{6}} = \frac{6M}{lt^2} = \frac{6 \times 0.95}{0.2 \times 0.03^2}$$
$$= 31666.66\text{kPa} = 31.67\text{MPa}$$

29 그림과 같이 용접된 이음에 P = 186kN이 작용할 때 용착금속이 받는 응력은?

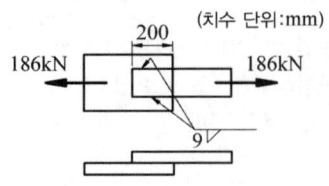

$$\tau = \frac{0.707P}{hl} = \frac{0.707 \times 186}{0.009 \times 0.2}$$
$$= 73056 \text{kPa} = 73.06 \text{MPa}$$

④ 용접이음의 피로 강도

01 피로수명(fatigue life)에 대한 설명

① 피로 : 작은 하중이라도 반복 작용하면 재료에 응력이 생기게 되는 현상
② 피로 파괴 : 피로 응력이 커져서 생긴 손상(균열 발생, 파단 등)
③ 피로수명 : 피로 파괴까지의 하중, 변위 또는 응력의 반복 횟수
④ 한 곳에 반복 하중이 작용하여 파괴되는 경우 피로 파괴의 일종이다.

02 피로수명 3단계는?

균열 발생 단계 - 파단 단계 - 균열 전파 단계

03 일반적으로 피로 강도 측정에 대한 반복 횟수는? : $10^6 \sim 10^7$

① 저사이클 피로 : 전수명 시간에 걸리는 응력 및 변형의 반복 횟수를 105회 이하 하는 경우
② 고사이클 피로 : 응력 및 변형의 반복 횟수를 105회 이상으로 하는 경우

04 피로 시험에서 S-N 선도는?

응력 S - 반복횟수 N

**05 피로 강도 측정에서 압력 용기, 선박,

항공기 등 전수명 시간에 걸리는 응력 및 변형에 대한 반복 횟수는 얼마인가?**

10^5회 이하 (저사이클 피로 반복회수)

06 피로 강도 향상법은? : ①~④

① 이면 용접으로 완전 용입시킬 것
② 풀림 등으로 잔류응력을 완화시킬 것
③ 가능한 한 응력집중부에는 용접이음부를 설계하지 말 것
④ 표면 가공 또는 표면 처리, 다듬질 등에 의한 단면이 급변하는 부분을 피할 것

07 용접부의 피로 강도 향상법

① 덧붙이 크기를 가능한 최소화시킬 것
② 냉간 가공 또는 야금적 변태 등에 따라 기계적인 강도를 높일 것
③ 항복점 등에 의하여 외력과 반대 방향 부호의 응력을 잔류시킬 것

08 피로강도 향상에 크게 영향을 미치는 요인은?

응력 제거 풀림(annealing), 그라인딩 가공, 용접부의 덧붙이 제거

09 그림과 같은 필릿 용접이음 중 반복 하중에 견디는 능력이 가장 우수한 것은?

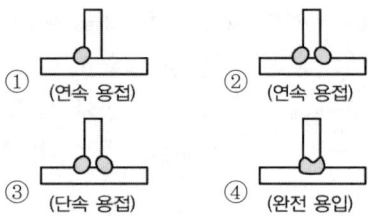

해설 ④, 완전 용입부가 피로강도가 가장 우수하다.

❺ 용접이음의 충격 강도

01 용접이음에서의 노치 충격 저항에 미치는 조건

① 용착금속, 열영향부(HAZ) 및 모재의 저항력의 합성 등에 의하여 결정되며,
② 노치가 생기는 위치에 따라서 달라진다.

02 취성 파괴의 일반적 특성 설명 중 틀린 것은?

① 온도가 낮을(저온일)수록 발생하기 쉽다.
② 항복점 이하 평균 응력에서도 발생한다.
③ 연성이 적은 상태에서 판 표면에 거의 수직이며 평탄하게 일어난다.
④ 저응력 파괴의 전파 속도는 최고 약 2000m/sec에 달한 경우도 있다.
⑤ 파괴의 기점은 응력과 변형이 균일하는 형상적, 구조적 연속부의 재질 열화가 존재하는 부분에서 발생하기 쉽다.

참고 ⑤ 파괴 기점은 응력과 변형이 집중하는 구조적, 형상적 불연속부나 국부적 재질 열화가 존재하는 부분에서 발생하기 쉽다.

03 노치 등 단면 변화에 따른 응력집중 형상

응력집중이란 용접부의 결함 부분에서 국부적으로 응력이 증가하는 현상이다. 노치부(b~d) 등은 평탄부(a)에 비해 응력집중이 커진다.

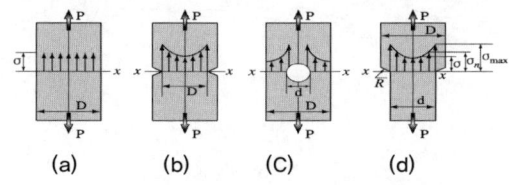

[단면 변화와 응력집중의 형상]

04 다음과 같은 평판에 각종 결함이 존재할 때 A점에의 응력집중이 어떤 경우에 가장 큰가?

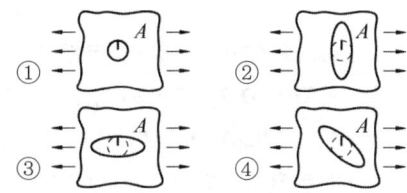

해설 ②, ①과 ②를 생각할 수 있는데 ②가 노치가 크므로 ②번이다.

05 두께가 다른 판을 맞대기 용접할 때 응력 집중이 가장 적게 발생하는 것은?

②

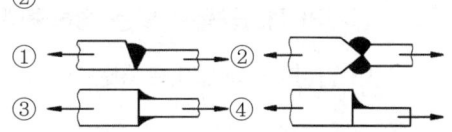

06 그림과 같은 용접이음에서 형상 계수가 가장 큰 부분은? : b 부분

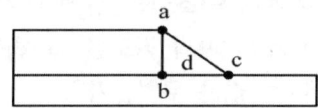

참고 그림에서 용접 끝 a 부분에서 약 4.7, 루트 b 부분에서 6~7 정도이다.
완전 용입된 겹치기 필릿 용접을 한 부분으로 보면 형상계수가 가장 큰 부분은 부분은 C가 된다.

07 공칭응력이 40MPa, 응력집중계수가 2이면 최대응력은 몇 MPa인가?

응력집중계수 $a_k = \dfrac{\sigma_{max} \text{최대응력}}{\sigma_n \text{공칭응력}}$,

최대응력 = a · 공칭응력
= $2 \times 40 = 80$

6 허용응력 및 안전률

01 구조물을 설계할 때 각 부분에 발생되는 응력이 어떤 크기의 값을 기준으로 하여 그 이내이면 안전하다고 인정되는 최대 허용치는? : 허용응력

02 구조물이나 기계 부품을 안전하게 사용하려면 사용 응력은 허용응력보다 항상? 작아야 한다.

03 강재의 허용응력은 보통 정하중에 대하여 인장강도의 얼마로 하는가? : $\frac{1}{4}$ 값

> **참고** 최근 고장력강에 대하여는 인장강도의 1/3(항복점의 약 40%) 응력이 쓰인다.

04 기계나 구조물의 안전을 유지하는 정도로서 파괴 강도를 그 허용응력으로 나눈 값은 무엇인가? : 안전률

05 안전률의 값은? : 언제나 1보다 크다.

06 용착금속의 인장강도 392MPa에 안전률 8이라면 이음의 허용응력은?

$$안전률 = \frac{인장\ 강도}{이음의\ 허용응력}$$

$$이음의\ 허용응력 = \frac{인장강도}{안전률}$$

$$= \frac{392}{8} = 49\text{MPa}$$

$$= 49000\text{kN}$$

07 일반적으로 정하중시 용접이음의 연강의 안전률은? : 3

[용접이음의 안전률]

재료	정하중	동하중		충격하중
		반복	교번	
주철, 취약한 금속	4	6	10	15
일반 구조용강	3	5	8	12
주강	3	5	8	15
구리 및 유연한 금속	5	6	9~10	15
목재	7	10	15	20
석재	15	25	-	-

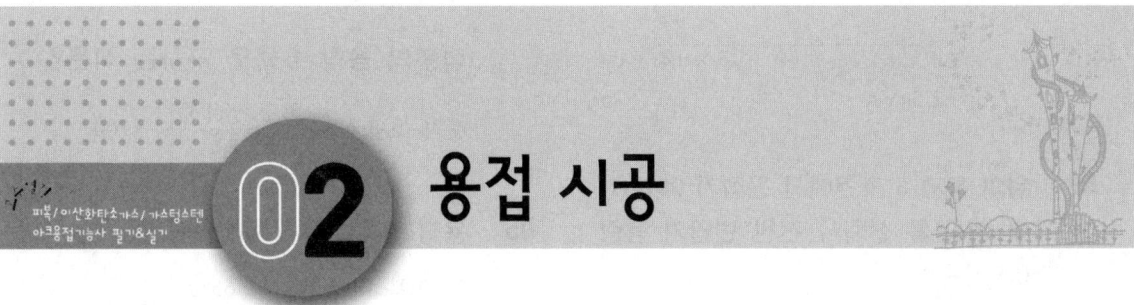

02 용접 시공

제1절 용접시공, 경비, 용착량계산

❶ 용접 시공(welding procedure)

01 공정 계획(process plan)의 종류는? ①~③

① 공정표 및 산적표 작성
② 공작법 결정
③ 가공표 및 인원 배치표 작성

참고 용접 절차 사양서 작성은 공정계획의 종류가 아니다.

02 공정표 및 산적표에 대한 설명은? ①~④

① 공정표는 각 공정의 일정별 계획, 재료 및 주요 부품 입고 시기, 완성 예정일 등을 표시한 표이다.
② 산적표란 작업 구분별 공정표를 모아 소요 공수의 표를 만든 것이다.
③ 산적표는 한곳에 집중되지 않게, 가급적 평탄(공사량의 평균화)해야 된다.
④ 공정 계획을 세울 때는 공정표와 산적표를 만들어야 한다.

03 용접기의 부하률 계산식은?

$$\frac{평균전류}{최대전류}$$

05 작업 장소가 용접기 설치장소와 멀리 떨어진 곳일 경우의 설명은? ①~④

① 1차측 케이블을 길게 한다.
② 용접기를 작업자 가까이 둔다.
③ 케이블 단면적은 사용 전류와 사용률 및 케이블의 길이에 따라서 선정한다.
④ 2차측 케이블은 길이가 길수록 단면적이 큰 것을 설치한다.

06 공장에 정격 전류 300A, 무부하 전압 80V, 평균 전류 200A, 사용률 a 40%, 용접기 설치시 용접기 부하율과 최대 용량은?

용접기 부하율 $\beta = \dfrac{200}{400} = 0.67$

용접기 최대용량

$P = \dfrac{300 \times 80}{1000} = 24\text{kVA}$

07 위의 문제 6 조건에서 용접기 1대를 설치시 전원 변압기 용량(kVA)은?

$Q = \sqrt{a} \cdot \beta \cdot P = \sqrt{0.4} \times 0.67 \times 24$
$= 10.169\text{kVA}$

08 위의 문제 6 조건에서 용접기 9대 (2~10대)를 설치시 전원 변압기 용량(kVA)은? (n : 용접기 수)

$\beta = 0.67, \quad P = 24\text{kVA}$
$Q = \sqrt{n \cdot a} \sqrt{1 + (n-1)a}\, \beta \cdot p$

$$= \sqrt{9 \times 0.4} \sqrt{1 + (9-1) \times 0.4} \times 0.67 \times 24$$
$$= 62.5 \text{kVA}$$

09 위의 문제 6 조건에서 용접기 20대(11대 이상)를 설치시 전원 변압기 용량(kVA)은?

$\beta = 0.67$, $P = 24\text{kVA}$
$Q = n \cdot \alpha \cdot \beta \cdot P$
$= 20 \times 0.4 \times 0.67 \times 24 = 128.6\text{kVA}$

❷ 용접 비용(경비)

01 주요 용접 비용 계산에 포함될 사항은?

인건(노무)비, 재료비, 시공비, 제외 경비

참고 관리비는 제외 경비의 세부 사항이다.

02 용접 작업의 경비를 절감시키기 위한 유의 사항 중 틀린 것은?

① 가공 불량에 의한 용접의 손실 최소화
② 실제 용접 작업의 효(능)율 향상
③ 위보기 자세의 시공
④ 대기 시간 최소화
⑤ 조립 정반 및 용접 지그의 활용에 의한 능률 향상

해설 ③, 용접 지그를 사용하여 능률이 좋은 아래보기 자세의 시공

03 제외 경비에 포함되는 것은?

공정 관리비, 영업비, 기계 감가 상각비

참고 보호 가스비는 직접 재료비에 속한다.

04 용접봉의 소요량을 판단하거나 용접 작업 시간을 판단하는데 필요한 용접봉의 용착 효율을 구하는 식은?

용착 효율 $= \dfrac{\text{용착 금속의 중량}}{\text{용접봉 사용 중량}} \times 100$

05 용접 종류별 용착 효율(용착률) ①~④

① 피복 아크용접봉 : 65%
② 플럭스 내장 와이어의 반자동 용접 : 75~85%
③ 가스 보호 반자동 용접 : 92%
④ SAW용접, 일렉트로 슬래그 용접 : 100%

06 일반적으로 연강의 아크 용접시 용접봉의 지름이 4~5mm일 때 용착률은?

60~70%

07 일반적으로 서브머지드 아크 용접에서 $1g_f$의 용접봉이 용착되면 몇 g_f의 플럭스가 소모되는가? : 1.5~$2g_f$

08 용접 작업 시간을 맞게 나타낸 것은?

용접 작업 시간 $= \dfrac{\text{아크 시간}}{\text{아크 시간률}}$

참고 노임 = 작업 시간×노임 단가

09 용접소요 시간과 용접작업 시간의 비는?

아크 타임

10 능률이 좋은 공장에서 수동 용접의 작업 계수(아크 타임)는 평균 얼마인가?

35~40%

참고 자동 용접의 작업 계수는 40~50%이다.

11 용접 속도와 뒤틀림 관계는?

용접 속도가 빠를수록 뒤틀림이 적어진다.

제2절 용접 준비

1 용접 준비

01 다음은 용접에 대한 일반적인 준비 사항이다. 틀린 것은?

① 모재 재질 확인 ② 용접기의 선택
③ 용접봉의 선택 ④ 용접 비드 검사

[해설] ④, 지그의 결정, 용접공 선임 등이 있으며, 용접 비드 검사는 용접 중의 검사다.

02 용접 전 꼭 확인해야 할 사항으로 틀린 것은?

① 예열, 후열의 필요성을 검토한다.
② 용접 전류, 용접 순서, 용접 조건을 미리 선정한다.
③ 용접 시험기 준비 여부를 확인한다.
④ 이음부의 페인트, 녹, 기름 등의 불순물을 제거한다.

[해설] ③ 용접 시험기 준비 여부를 확인은 용접 후에 하는 사항이다.

03 이음 준비 사항으로서 홈 가공에 대한 설명으로 적합하지 않은 것은?

① 피복 아크용접에서 홈 각도는 70~90°가 적당하다.
② 용접 균열은 루트간격이 좁을수록 적게 발생된다.
③ 대전류를 사용하는 서브머지드 아크용접에서 루트간격은 0.8mm 이하, 루트

면은 7~16mm로 하는 것이 좋다.
④ 홈 가공은 가스 절단법에 의하나 정밀한 것은 기계 가공에 의하기도 한다.

[해설] ①, 피복 아크용접에서 홈 각도는 54~70°가 적당하다.

04 용접 작업에 직접 관계되는 설비는?

용접기, 용접 케이블, 전원 변압기, 가스 절단기 등

[참고] 용접봉은 용접재료임

05 지그의 사용 목적이 아닌 것은?

① 용접 작업을 쉽게 한다.
② 제품의 신뢰성과 정밀도를 높인다.
③ 용접 작업이 어려운 제품을 용접할 때 사용한다.
④ 대량 생산할 때 사용한다.

[해설] ③, 지그는 구속력이 클 수 있으므로 잔류 응력이 많이 발생할 수 있으며, 시간이 적게 걸리므로 대량 생산의 경우에 작업 능률이 높다.

06 용접용 지그의 종류는?

가접(가용접) 지그, 용접 포지셔너, 역변형 지그, 매니플레이트

(a) 포지셔너   (b) 회전 테이블

(c) 회전 롤러   (d) 벨트식 포지셔너

07 다음 중 제품의 치수를 정확하게 하기 위해 사용하는 지그(jig)는? : 역변형 지그

[역변형 지그, 포지셔너, 회전 지그, 매니 플레이트]

08 용접 조립을 잘하기 위해 잡아매는 공구는? : 용접 지그

09 지그나 포지셔너, 회전 테이블의 역할을 다할 수 있는 종합적인 기구로서 작업 능률을 향상시킬 수 있는 기구는?

매니플레이트

10 모재의 홈 가공을 V형으로 했을 경우 엔드탭(end tap)은 어떤 조건으로 하는 것이 가장 좋은가?

엔드탭은 비드 시점과 종점에 붙이는 보조판으로 가능한 한 홈의 형상과 판두께를 동일하게 해야 된다.

② 이음 준비

01 홈 가공

① 용입의 홈각도를 적당하게 하여 용착 금속량을 적게 하는 것이 좋다.
② 피복 아크 용접의 홈각도는 일반적으로 54~70°가 적합하다.

02 루트간격

① 용접 균열을 막기 위해서 루트간격이 좁을수록 좋다.
② 서브머지드 아크 용접의 시공 조건 : 루트간격 : 0.8mm 이하, 루트면 : 7~16mm

03 가용접(tack welding)에 대한 사항은? ①~③

① 가용접은 본용접을 실시하기 전에 좌우의 홈 부분을 잠정적으로 고정하기 위한 짧은 용접이다.
② 본용접을 실시할 홈 안에 가용접을 하는 것은 바람직하지 못하다.
③ 가용접에는 본용접보다는 지름이 약간 가는 용접봉을 사용한다.

참고 가접을 잘 못하면 용접 시공에 어려움이 많을 수 있다.

04 가접시 일반적인 주의 사항은? ①~④

① 강도상(하중을 받는) 중요 부분에는 가접을 피한다.
② 가접부의 슬래그를 완전히 제거하며, 균열 등 결함부는 깎아낸다.
③ 본용접자와 동등한 기량을 갖는 용접자가 가접을 시행한다.
④ 본용접과 같은 조건의 온도에서 예열한다.

참고 실제 사용 조건과 같은 온도에서 예열을 한다는 아니다.

05 가접의 일반적인 주의 사항은? ①~④

① 개선 홈 내의 가접부는 백치핑으로 완전히 제거한다.
② 가용접 위치는 부품의 끝 모서리나 각 등과 같이 응력이 집중되는 곳은 피한다.
③ 가접부와의 간격은 일반적으로 판두께의 15~30배 정도로 하는 것이 좋다.
④ 가접 비드의 길이는 판두께에 따라 변경한다.

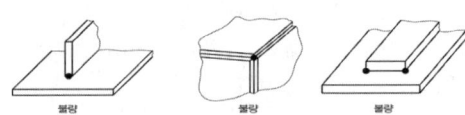

(a) 가접 위치 부적당함

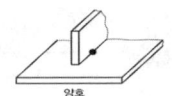  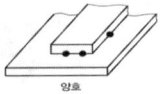

(b) 가접 위치 적당함

06 피복 아크용접의 맞대기 용접에서 보수 요령

① 루트간격이 6mm 이하일 때 : 한쪽 또는 양쪽을 덧살올림 용접 후 깎아내고 규정 간격으로 홈을 만들어 용접한다.
② 루트간격이 6 ~ 16mm 이상일 때 : 두께 6mm 정도의 뒤판을 대서 용접한다.
③ 루트간격이 16mm 이상일 때 : 판의 전부 또는 길이 약 300mm를 대체한다.

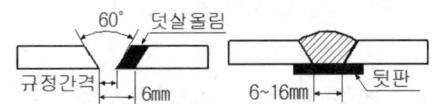

(a) 루트간격 6mm 이하   (b) 6~16mm

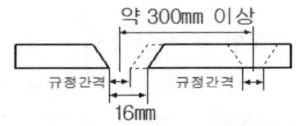

(c) 루트간격 16mm 이상일 때

07 필릿 용접에서 보수 용접 요령

① 루트간격이 1.5mm 이하일 때 : 그대로 규정된 목 길이(각장)로 용접한다.
② 루트간격이 1.5 ~ 4.5mm일 때 : 그대로 용접해도 좋으나 넓혀진 만큼 각장을 증가시킬 필요가 있다.
③ 루트간격이 4.5mm 이상일 때 : 라이너를 넣던지 부족한 판을 300mm 이상 잘라내서 대체한다.

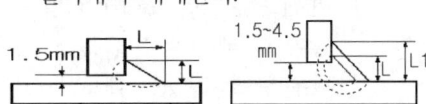

(a) 루트간격 1.5mm 이하 (b) 1.5~4.5mm

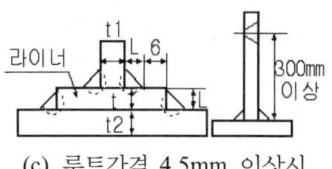

(c) 루트간격 4.5mm 이상시

제3절 본용접 및 후처리

1 용착법과 용접 순서

01 용착법 중에서 용접 방향에 의한 분류법은? : 전진법, 후진법

02 용착법 중 용접 순서에 따른 분류는?
전진법, 후진법, 대칭법, 비석법, 교호법

03 전진법에 대한 설명은? : ①, ②
① 이음의 한쪽에서 다른 쪽 끝으로 용접을 진행하는 방법
② 용접 시작 부분의 수축보다 끝나는 부분의 수축이 더 크고 잔류응력도 더 큰 용착법

04 용접 이음이 짧다던지 변형 및 잔류 응력이 별로 문제가 되지 않을 때에 사용하기 좋은 용착법은? : 전진법

> **해설** 전진법은 이음의 한쪽에서 다른 쪽 끝으로 용접을 진행하는 방법이다.

05 그림과 같은 용접 순서의 용착법은?
대칭법

4 ← 2 → 1 → 3 ←

06 그림과 같은 용착법은? : 후진법

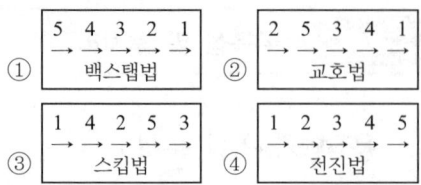

07 다음 용착법 중 용접 변형이 많은 용착법은? : ④

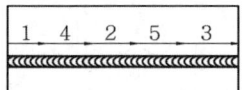

08 아크용접 작업에서 판이 매우 얇은 경우나 용접 후 비틀림이 생길 염려가 있을 때 가장 적합한 용착법은?

비석법

09 그림과 같이 용접 길이를 짧게 나누어 간격을 두면서 용접하는 방법은?

비석(스킵)법

참고 비석법 : 잔류응력의 발생이나 변형이 적은 용착법이다.

10 한 부분의 몇 층을 용접하다가 이것을 다른 부분의 층으로 연속시켜 전체가 계단 형태의 단계를 이루도록 용착시켜 나가는 방법은? : 케스케이드법

11 한 개의 용접봉을 살을 붙일만한 길이로 구분해서 홈을 한 부분씩 여러 층으로 쌓아올린 다음 다른 부분으로 진행하는 용착법은? : 전진 블록법

 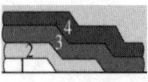 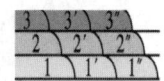

(a) 빌드업법 (b) 케스케이드법 (c) 전진블록법

12 빌드업(덧살 올림, build-up sequence)법의 설명은? : ①~④

① 각층마다 용접 전 길이를 연속하여 용접하는 방법
② 한랭시나 구속이 클 때, 판 두께가 두꺼울 때에는 첫 층에 균열이 생길 우려가 있는 용착법
③ 변형이나 잔류 응력을 고려하지 않고 보통 사용하는 법
④ 다층 중에서 가장 많이 사용되는 방법

13 용접 우선 순위는(순서를 결정하는 사항은)? : ①~⑤

① 동일 평면 안에 많은 이음이 있을 때에는 수축은 되도록 자유단으로 보낸다.
② 물품의 중심에 대하여 항상 대칭으로 용접한다.
③ 가능한 한 수축이 큰 맞대기 이음을 먼저 용접하고 수축이 작은 필릿 이음을 뒤에 용접한다.
④ 용접물의 중립축에 대하여 수축력 모멘트의 합이 0이 되도록 한다.
⑤ 큰 구조물에서는 구조물의 중앙에서 끝으로 향하여 용접을 실시한다.

14 용접 순서를 결정하는 사항은? ①~④

① 리벳(또는 볼트 조립) 작업과 용접을 같이 할 때는 용접을 먼저 한다.
② 좌우는 될 수 있는 대로 동시에, 대칭으로 용접한다.
③ 필요에 따라 전체를 여러 개의 블록으로 분할하고 각기 블록 안에서 대칭으

로 용접하여 변형을 상쇄한다.
④ 교차하는 맞대기 용접이음의 경우 순서를 정한다.(그림 참조)

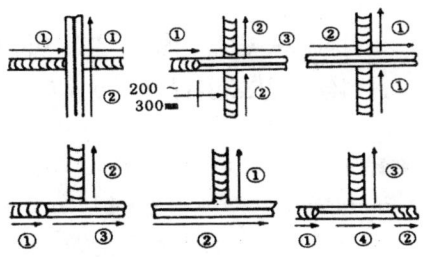

15 용접의 일반적인 순서는?

재료준비 → 절단가공 → 가접(가용접) → 본용접 → 검사

❷ 예열과 후열

01 다음은 용접시 냉각 속도(cooling rate)에 대한 사항이다. 틀린 것은?

① 냉각 속도는 동일 입열량이더라도 열이 확산하는 방향이 많을수록 커진다.
② 얇은 판보다 두꺼운 판이 냉각 속도가 크다.
③ T형 이음보다는 맞대기 이음이 냉각 속도가 크다.
④ 냉각 속도를 완만하게 하고 또 급랭을 방지하는 방법으로 예열 및 큰 입열량으로 용접한다.

해설 ③, T 이음이 맞대기 이음보다 냉각 속도가 크다.

02 동일 조건에서 냉각 속도에 영향을 미치는 사항은?

재질, 크기, 용접 전류, 아크 전압, 용접 속도, 판두께, 이음 형상, 예열 유무

참고 보호 가스는 냉각 속도와 관계가 적다.

03 냉각 속도에 영향을 미치는 용접 조건은?

다른 조건이 같은 경우는 용접 전류가 낮을수록 또 용접 속도가 클(빠를)수록 냉각 속도는 증가한다.

04 같은 판두께, 같은 용접 조건에서 필릿 용접의 본드부의 냉각 속도는 맞대기 용접의 냉각 속도보다 얼마 정도 빠른가?

1.4배 정도

05 긴 용접 비드의 경우 크레이터 부분이 중앙부의 냉각 속도보다 얼마 정도 빠른가? : 2배 정도

06 열전도도나 비열 등 열적 상수가 다른 재료는 당연히 냉각 속도도 달라진다. 오스테나이트계 스테인리스강은 탄소강의 냉각 속도보다 어떠한가?

2/3 정도 느리다.

07 같은 판두께에서 A1 합금은 탄소강에 비해 냉각속도는 어떠한가?

3~7배 빠르다.

08 예열은 전체 예열과 국부 예열이 있는데, 작은 물건이나 변형이 많은 경우는?

전체 예열을 행한다.

09 국부 예열의 경우 가열 범위는?

용접선 양쪽에 50~100mm 정도로 한다.

10 판두께 25mm 이상 연강 용접시 기온이 0℃ 이하일 때의 예열 방법은?

0℃ 이하에서 용접하면 저온 균열이 발생하기 쉬우므로 이음부의 양쪽 약 100mm 폭을 50~100℃로 가열하는 것이 좋다. 다층 용접의 경우 제2층 이후는 이전 층의 열로 예열 효과를 얻기 때문에 예열을 생략할 수 있다.

11 고탄소강, 저합금강, 주철 등 급랭에 의하여 경화, 균열이 생기기 쉬운 재료의 적당한 예열 온도는? : 50~350℃

12 주철 및 고급 내열 합금의 예열 온도는 얼마로 하는가? : 500 ~ 550℃

참고 저수소계 용접봉을 사용하면 예열 온도를 낮출 수 있다.

13 알루미늄 합금 및 구리 합금 등 열전도도가 커서 이음부의 열집중이 부족하여 융합 불량이 생기기 쉬운 재료의 적당한 예열 온도는?

200 ~ 400℃ 정도

14 용접시 예열을 하는 목적은? ①~④

① 균열의 방지, 기공 생성 방지
② 기계적, 화학적 성질의 향상
③ 경도 감소, 경화 조직 석출 방지
④ 변형, 잔류응력의 감소(경감)

15 저온 균열이 일어나기 쉬운 재료에 용접 전에 균열을 방지할 목적으로 온도를 올리는 작업은? : 예열

16 후열처리의 종류는?

응력 제거 풀림, 완전 풀림, 고용체화 열처리

17 일반적으로 탄소 당량이 얼마 이하이면 용접성이 양호한가? : 0.4 이하

참고 0.45~0.5 정도면 약간 곤란하게 되며, 0.5 이상이면 대단히 곤란하다.

18 탄소강 및 저Mn강(HT 50)에 대한 탄소 당량 계산식

① $Ceq(\%) = C + \frac{1}{6}Mn + \frac{1}{5}(Cr + Mo + V) + \frac{1}{15}(Ni + Cu)$, (I.I.W 채택)

② $Ceq = \%C + \frac{1}{4}\%Mn + \frac{1}{20}\%Ni + \frac{1}{10}\%Cr + \frac{1}{40}\%Cu - \frac{1}{50}\%Mo - \frac{1}{10}\%V$
 (미국 용접학회에서 채택)

③ $Ceq = \%C + \frac{1}{6}\%Mn + \frac{1}{24}\%Si + \frac{1}{40}\%Ni + \frac{1}{5}\%Cr + \frac{1}{4}\%Mo + \frac{1}{14}\%V$
 (가장 대표적인 식, 일본, JIS Z 채택)

19 직후열(좁은 의미의 후열)

용접 후 급랭에 의한 균열 방지 목적으로 용접 후에 용접부를 소정의 온도까지 가열한 후 소정의 시간 동안 유지시키는 조작

20 후열 온도와 그 유지 시간의 결정 조건

재료 종류와 두께, 잔류응력, 용접부 형상, 확산성 수소량, 예열의 유무와 그 온도 등

21 후열처리의 효과는? : ①~④

① 저온 균열의 원인이 되는 확산성 수소를 방출시킨다.
② 온도가 높고 시간이 길수록 수소 함량은 낮아진다.
③ 잔류응력을 제거한다.
④ 후열 온도가 높을수록 조직이 조대해진다.

참고 실제 시공에서는 예열 온도를 높게 할 수 없으므로 후열에 의한 잔류응력 제거가 유리하다.

22 A_1 이하의 저온 풀림 온도에서 유지 시간은? : 판두께 25mm당 1시간 정도

23 용접부의 각부 명칭

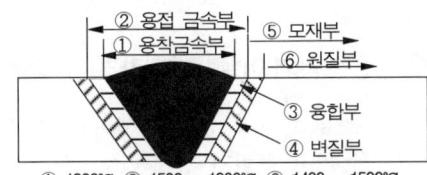

① 1800℃ ② 1500 ~ 1800℃ ③ 1400 ~ 1500℃
④ 900 ~ 1400℃ ⑤ 500 ~ 1200℃ ⑥ 500℃ 이하

① 용착금속부(weld metal zone) : 모재와 용접봉이 녹아서 굳어진 부분
② 열 영향부(heat affected zone) : 변질부, 용접부 부근의 모재가 급열, 급랭되어 변질된 부분
③ 원질부(unaffected zone) : 모재가 열 영향을 크게 받지 않은 부분
④ 본드(bond of weld) : 용접 금속과 모재와의 경계

24 아래 그림에서 탄소강을 아크용접한 매크로 조직 용접부 중 열영향부를 나타낸 곳은? : b

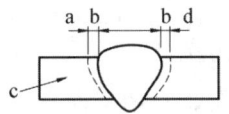

제4절 용접온도 분포, 잔류응력

❶ 열 사이클, 용접 온도 분포

01 금속 중 냉각 속도가 가장 느린 것은?

열전도율이 클수록 냉각속도도 빠르(크)다.
은 > 구리 > 알루미늄 > 강 > 스테인리스강 순으로 냉각속도가 느리다.

02 다음 그림 중에서 용접 열량의 냉각 속도가 가장 큰 것은? : ④

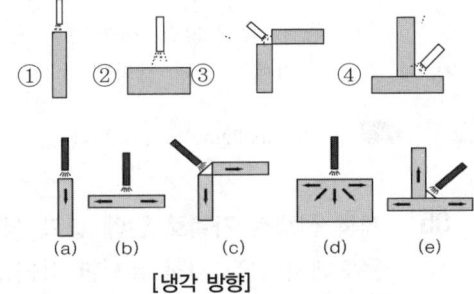

[냉각 방향]

❷ 잔류응력(residual stress)

01 용접이음에서 잔류응력 발생에 영향을 미치는 요인은?

이음의 형상, 모재의 크기, 용접 순서, 외적 구속여부

02 용접부의 응력 분포에 대한 설명은?
①~④

① 박판 : 모재의 변형은 크나 잔류응력은 작다.
② 후판 : 모재의 변형은 작으나 잔류응력은 크다.
③ 용접이음 형상, 용접 입열, 판두께, 용착 순서, 외적 구속 등에 따라 영향을 받는다.
④ 외력의 작용이 없어도 자체의 저항력에 견디지 못하면 균열이 발생한다.

03 용착금속량의 감소에 의한 잔류응력 경감법

① 용착금속량을 적게 하면 수축 변형량과 잔류응력의 크기도 작아진다.
② 용착금속량을 줄이는 법 : 용접 홈의 각도를 작게 하고, 루트간격을 좁힌다.

04 용접 후 응력 제거 방법은?

로내 풀림, 국부 풀림, 저온 응력 완화법, 피닝법, 기계적 응력 완화법

참고 불림(normalizing)법은 아니다.

05 제품 전체를 가열로 안에 넣고 적당한 온도에서 일정 시간 유지한 다음 노내에서 서랭하는 응력 제거 방법은?

노내 풀림법

06 국부 풀림법

용접선 좌우 양측을 각각 약 250mm의 범위나 또는 판두께의 12배 이상의 범위를 일정한 온도와 시간을 유지시킨 후 서랭하는 법, 유도 열 이용법이 좋음

07 잔류 응력을 완화하는 방법(린데법) 중에서 저온 응력 완화법의 설명은?

용접선의 양 측을 정속으로 이동하는 가스 불꽃에 의하여 나비 약 150mm 범위를 100~200℃로 가열한 후 즉시 수냉하여 용접선 방향의 인장응력을 완화하는 방법

08 잔류 응력을 경감시키기 위한 다음 설명 중 틀린 것은?

① 적당한 용착법과 용접 순서를 선정할 것
② 용착금속의 양(量)을 될 수 있는 대로 증가시킬 것
③ 적당한 포지셔너(Positioner)를 이용할 것
④ 예열을 이용할 것

해설 ②, 용착금속의 양(量)이 많으면 더 팽창과 수축이 많아져 잔류 응력도 커진다.

09 응력 제거 어닐링 효과가 될 수 없는 것은?

① 용접 잔류 응력의 제거
② 치수 틀림의 방지
③ 응력 부식에 대한 저항력 증대
④ 예열이 용이

해설 ④, annealing(풀림)의 효과 중 예열이 용이한 것과는 무관하다.

10 기계적 응력 완화법

잔류응력이 존재하는 구조물에 어떤 하중을 걸어 용접부를 약간 소성 변형시킨 다음 하중을 제거하는 법

11 용접 구조용 압연 강재(SM275)나 탄소강의 노내 및 국부 풀림의 유지 온도와 시간은?

625±25℃, 판두께 25mm에 대해 1h

12 피닝(피이닝)법이란? : ①, ②

① 용접부를 끝이 구면인 해머로 가볍게 때려 용착금속부의 표면에 소성 변형을 주어 인장응력을 완화시키는 잔류 응력 제거법
② 200℃ 이상에서 실시해야만 효과가 있다.

13 피닝(peening)의 목적은?

잔류응력 제거, 변형 및 응력 제거, 소성 변형을 주어 내부 응력을 완화

14 다음은 용접 변형과 잔류 응력을 감소시키는 방법이다. 틀린 것은? : 뜨임

[역변형법, 도열법, 피닝법, 뜨임법]

해설 뜨임은 담금질한 강에 인성을 부여하기 위한 열처리법의 일종이다.

15 용접 구조물은 용접 후에 변형이 생기게 된다. 다음 중 용접 후의 상태는?

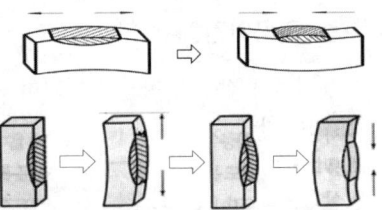

제5절 변형, 결함과 방지 대책

① 용접 변형과 교정

01 면내, 면외 변형의 종류

① 면내 변형 : 평판 혹은 곡면판에서 판면 접선방향으로의 변형 횡 수축, 종 수축, 회전 변형 등
② 면외 변형 : 평판 또는 곡면판에 있어서 면과 직교하는 방향의 변형, 면내 변형과 반대되는 개념의 변형 각 변형(횡 굴곡, 종 굴곡), 좌굴 변형, 비틀림 변형 등

02 용접선에 직각 방향으로 발생하는 수축은? : 횡(가로) 수축

참고 세로(종)수축 : 용접선과 같은 방향으로의 변형

03 그림의 맞대기 용접 판의 비드 수축은 무슨 수축인가? ; 가로 방향 수축

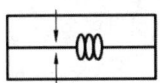

해설 가로 방향(횡) 수축 : 용접선에 대하여 직각 방향의 수축을 말한다.

04 용착금속은 팽창과 수축에 따른 변형이 일어나게 되며, 응력이 형성되어 남은 응력은? : 잔류응력

05 용접에서 변형이 생기는 가장 큰 이유는? : 용착금속의 팽창과 수축

06 용접 시공과 수축량에 대한 설명은? ①~④

① 피복제 : 별 영향이 없다.
② 용접봉 지름 : 봉 지름이 클수록 수축이 작다.
③ 루트간격 : 클수록 수축이 크다.
④ 홈 형상 : V형 이음은 X형 이음보다 수축이 크다.

07 맞대기 이음의 세로(종) 수축

일반적으로 용접이음의 세로 수축량은 1/1000(1m) mm 정도이다.

08 맞대기 이음에서 가로 수축의 특징

① 동일 조건에서 용착금속량은 단위 용접 길이당의 입열량에 비례하므로 용착금속량이 증가하면 가로 수축도 크게 된다.
② 같은 판두께에서도 루트간격이 클수록, 또한 X형보다 V형 홈의 용접이 가로 수축이 크게 된다.
③ 알루미늄, 스테인리스강 용접의 경우 $a/C\rho$ 값이 연강보다 크므로 Al은 4배, 스테인리스강 STS은 2배 정도 더 크다.
④ 서브머지드 아크용접의 가로 수축량이 피복 아크용접보다 1/2 정도 적다.

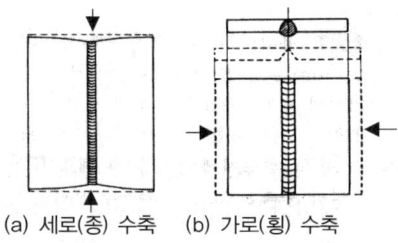

(a) 세로(종) 수축   (b) 가로(횡) 수축

09 필릿 용접이음의 가로 수축

① 용접부가 비드놓기와 유사한 현상으로 맞대기 용접보다 용착금속 자체의 수축이 자유롭지 못하기 때문에 가로 수축이 훨씬 적다.
② 필릿 용접의 가로 수축량도 용착금속량 또는 필릿 목 길이(각장)에 따라 달라진다.

10 맞대기 용접과 필릿 용접 중 어느 쪽이 수축량이 더 큰가? : 맞대기 용접

11 회전 변형의 특징은? : ①~④

① 회전 변형이란 맞대기 용접에서 홈 간격이 벌어지거나 좁혀지는 변형을 말한다.
② 용접 속도가 빠르고 용접 전류가 높을 경우에 일어난다.
③ 피복 아크용접(수동 용접)은 홈 간격이 좁혀지게 된다.
④ 입열량이 큰 서브머지드 아크 용접은 홈 간격이 벌어지게 된다.

12 회전 변형의 방지 대책은? : ①~④

① 미리 수축을 예측하여 예측량 만큼 벌려 놓거나 가접을 튼튼히 한다.
② 필요한 경우 용접 끝을 구속한 후 용접한다.
③ 길이가 긴 경우 2명 이상의 용접사가 길이를 정하여 놓고 동시에 용접한다.
④ 대칭법, 후퇴법, 비석법 등의 용착법을 택한다.

13 종 굴곡이란?

용접선과 같은 방향으로 완만한 곡선을 이루는 변형

14 후판 용접에서 용착금속의 표면과 뒷면이 비대칭이므로 온도 분포가 판 두께 방향으로 불균일하기 때문에 판의 횡수축이 표면과 이면이 다르게 되어 모재가 용접부 방향으로 굽혀지는 변형은?

각변형(횡 굴곡, 가로 굽힘 변형)

15 각변형의 특징은? : ①~③

① 층수가 많으면 많을수록 각변형이 크다.
② 용접시 직경이 굵은(큰) 용접봉을 사용하면 층수가 줄어 각변형이 적다.
③ X형 용접의 경우 1~2층에서는 각변화가 거의 없으나, 3층째 부터는 급격하게 각변형이 일어난다.

16 각변형을 줄이는(방지) 방법은? ①~⑥

① 용접에 지장이 없는 범위에서 개선 각도는 작게 한다.
② 역변형을 주거나 구속 지그로 구속한 후 용접한다.
③ 판두께가 얇은 경우 첫 패스측의 개선 깊이를 크게 한다.
④ 뒤쪽에서 물에 적신 석면포 등으로 열을 식히면서 용접한다.
⑤ 후퇴법, 대칭법, 비석법 등을 채택하여 용접한다.
⑥ X형 홈의 경우 상하 6:4~7:3 정도로 비대칭 홈으로 용접한다.

17 모재 열영향부의 인성과 노치 취성 악화의 원인 중 가장 거리가 먼 것은?

① 이음 설계가 부적당할 때
② 냉각 속도가 너무 빠를 때
③ 용접봉이 부적당할 때
④ 모재로부터 탄소 합금 원소가 과도하게 가해졌을 때

해설 ① 이음 설계가 부적당한 것과 인성은 무관하다.

18 필릿 용접에서 그림과 같은 변형을 무슨 변형이라고 하는가?

[종굴곡 변형]

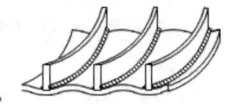
[좌굴 변형]

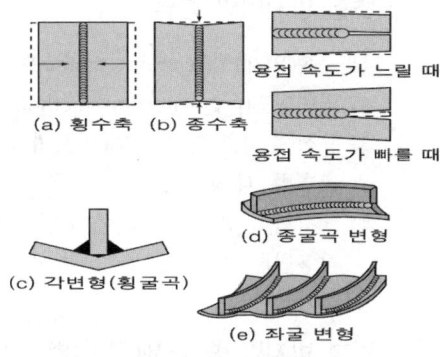
[용접 변형의 종류]

19 뒤틀림 방지법의 용접 요령으로 뒤틀림을 억제하는 방법이 아닌 것은?

① 이음의 용입은 될수록 적게 하고 맞춤의 이가 잘 맞도록 한다.
② 단면의 중축 또는 중심선 양쪽에 균형 있는 용착을 시켜 나간다.
③ 필릿용접부보다 맞대기 용접부를 먼저 용접한다.
④ 밖에서부터 중앙으로 용접을 진행한다.

해설 ④ 길이가 긴 용접부는 중앙에서 밖으로 용접해나가야 된다.

20 좌굴 변형에 대한 설명은? : ①~②

① 용접선에 대한 압축 열응력으로 인하여 일어나는 비틀림 변형으로, 얇은(박)판의 용접에서 많이 일어난다.
② 동일 제품을 동일 조건으로 용접하여도 제품에 따라 다양하게 변형이 일어난다.

21 좌굴 변형 방지법은? : ①, ②

① 용착 순서를 고려하여 열량을 적당히 분산시키는 방법을 선택한다.
② 이음 부근의 좌굴 변형을 구속하고 용접한다.

22 변형 방지법의 종류

① 구속(억제)법(restraint method)
② 역변형법(pre-distortion method)
③ 용접 순서를 바꾸는 법(비석법, 후퇴법, 교호법, 대칭법 등)
④ 냉각법(수냉 동판법, 살수법, 석면포 사용법)

23 변형 방지법 중 억제(구속)법 설명은?
①~④

① 강제적으로 변형을 억제하는 방법이다.
② 소성 변형이 일어나기 쉬운 장소를 구속하는 것이 원칙이다.
③ 용접물을 지그 등에 고정하여 변형을 억제한다.
④ 억제하는 힘이 너무 크면 잔류응력이 커져서 균열이 생기기 쉽다.

24 잔류응력을 경감시키기 위한 방법은?
①~④

① 적당한 용착법과 용접 순서를 선정할 것
② 용착금속의 양(量)을 될 수 있는대로 최소화시킬 것
③ 적당한 포지셔너(Positioner)를 이용할 것
④ 예열을 이용할 것

25 용접 변형과 잔류응력 경감 방법은?
①~③

① 용접 전 변형 방지책으로는 역변형법을 쓴다.
② 용접 시공에 의한 경감법으로는 대칭법, 후진법, 스킵법 등이 쓰인다.
③ 용접금속부의 변형과 응력을 제거하는 방법으로는 풀림을 한다.

26 모재에 대한 열전도를 막음으로써 변형을 경감하는 방법은? : 도열법

27 용접 변형 방지법 중 용접 전에 방지 대책은? : 억제(구속)법, 역변형법

28 역변형법(pre-distortion method)

용접에 의한 변형을 미리 예측하여 용접 전에 용접 반대 방향으로 적당량 변형을 준 후 용접하는 방법

29 시험편이나 박판에 많이 사용되는 변형 방지법은? : 역변형법

참고 용접 후 변형을 바로 잡기 어려울 때 사용하면 효과적이다.

30 맞대기 용접시 일반적인 루트간격 D의 역변형(용접 끝단 루트간격) 계산식은?

$D = (d + 0.005\ell)$

(d : 아크 시작점에서의 루트간격, D : 아크가 끝나는 지점(즉, 역변형으로 벌려 주어야 할 간격), ℓ : 전체 용접 길이)

참고 이 식이 반드시 옳은 것은 아니고, 모재의 두께, 용접법의 종류, 용접 속도, 전류의 세기 등에 따라서 달라지므로 실험이나 경험치에 의하는 것이 가장 좋다.

31 용접선의 전 길이를 대략 용접봉 하나로 용접할 수 있는 길이로 구분하여 국부 구간의 용접은 전진하지만 전체 구간의 용접 방향은 용접 방향에 대하여 후진하는 용착법은? : 후퇴법

32 용접 변형을 방지법 중에 냉각법(cooling

method)은?

살수법, 수냉 동판법, 석면포 사용법

33 용접선의 뒷면이나 옆에 용접열을 열 전도성이 큰 구리판을 대어 열을 흡수 하여 용접 부위의 열을 식히는 변형 방지법은? : 수냉 동판법

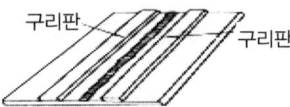

34 용접선의 뒷면이나 옆에 물에 적신 석면포나 헝겊을 대어 용접열을 냉각시키는 변형 방지법으로 살수법에 비하여 간단한 방법이기 때문에 널리 쓰이는 법은? ; 석면포 사용법

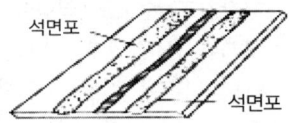

35 변형 방지법 중 살수법이란
① 얇은 판의 용접부의 뒷면에서 물을 뿌려주는 법이다.
② 이 변형 방지법은 용접 진행 중에 사용되는 것이 보통이지만, 얇고 넓은 철판의 변형을 바로 잡는데도 널리 쓰이고 있다.

36 용접 후 처리에서 변형을 교정하는 일반적인 방법으로 틀린 것은?

① 형재에 대하여 직선 수축법
② 두꺼운 판에 대하여 수냉한 후 압력을 걸고 가열하는 법
③ 가열한 후 해머로 두드리는 법
④ 얇은 판에 대한 점 수축법

해설 ②항은 두꺼운 판에 대하여 가열 후 압력을 가하고 수냉하는 방법이다.

37 변형 교정법 중 얇은 판에 대한 점 수축법의 시공 조건에 적합하지 않은 것은?

① 가열 온도 : 100~200℃
② 가열 시간 : 30초
③ 가열 점의 지름 : 20~30mm
④ 가열 점의 중심 거리(판두께 2.3mm인 경우 60~80mm)

해설 ①, 가열 온도 : 500~600℃

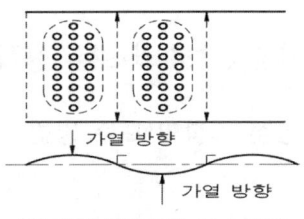

[박(얇은) 판에 대한 점 수축법]

38 변형 교정법 중 가열 후 해머링법은?

중·후판의 국부 변형에 적합하며, 변형 부분을 가열한 후 해머로 두드려 변형을 교정하는 방법

39 변형 교정법 중 형재에 대한 직선 수축법은?

판두께 방향으로 수축량이 다른 것을 이용하여 변형을 교정하는 방법으로 판의 표면과 이면의 온도차를 크게 하기 위하여 표면에서 가열하는 동시에 이면에서 수냉하는 방법

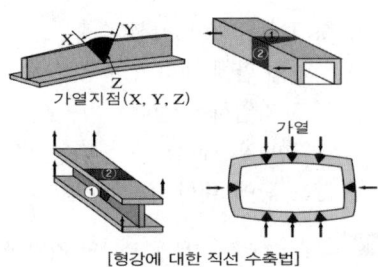

[형강에 대한 직선 수축법]

40 변형 교정법 중 롤러에 거는 법은?

어느 정도 후판에 적합하며, 판재나 직선재 등의 변형 교정에 이용되며 변형 부분을 롤러를 통과시키며 교정하는 방법

41 변형 교정 법 중 절단에 의한 정형과 재용접은 어떤 경우에 실시하는가?

변형 부분이 크고 교정이 어려운 경우

❷ 결함의 보수와 보수 용접

01 용접 결함의 보수 방법

① 언더컷 : 가는 용접봉을 사용하여 재용접한다.
② 오버랩, 기공, 슬래그 섞임 : 일부분을 연삭하여(깎아내고) 재용접한다.

02 용접 결함이 언더컷일 경우 결함의 보수 방법은?

가는 용접봉을 사용하여 보수한다.

03 용접 결함을 보수할 때, 결함 끝부분을 드릴로 구멍을 뚫어 정지 구멍을 만들고 그 부분을 깎아내는 용접 결함은?

균열

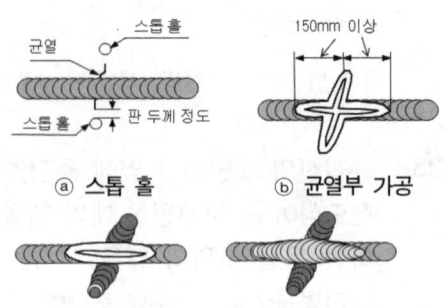

ⓐ 스톱 홀   ⓑ 균열부 가공
ⓒ 균열부 1차 용접 ⓓ 균열부 마무리 용접
[균열의 보수 용접 순서]

04 결함이 용접부 강도에 미치는 영향

① 언더컷, 기공 : 일반적으로 영향이 작지만 그 양이 많아지면 강도를 크게 저하시키게 된다.
② 균열 : 상당히 큰 영향을 미쳐 용접이음 강도를 현저하게 저하시킨다.
③ 용접 결함은 피로 강도 > 충격 강도 > 인장강도 순으로 영향이 크다.
④ 그 원인은 결함부는 다른 부분에 비해 단면 변화나 결함의 영향으로 응력집중 현상이 크기 때문이다.
⑤ 응력집중률이 커지면 평균 응력(σ n)이 낮아도 최대 공칭 응력(σ max)이 높아지기 때문이다.

05 천이 온도는 재료가 연성 파괴에서 취성 파괴로 변화하는 온도 범위를 말한다. 철강의 천이 온도는?

400 ~ 600℃

03 용접부 검사와 시험

제1절 비파괴, 파괴 시험, 검사

❶ 비파괴 검사

01 시험 부위에 따른 비파괴 시험 종류

① 표면 결함 검사 : 외관 검사, 침투 탐상 시험, 자분 탐상 시험, 전자 유도 시험
② 내부 결함 검사 : 방사선 투과 시험과 초음파 탐상 등
③ 기타 : 음향 탐상 시험, 응력 측정 시험, 내압 시험, 누설 시험 등

02 다음 검사법 중 작업 검사에 속하지 않는 것은 어느 것인가?

① 용접공의 기량   ② 제품의 성능
③ 용접 설비   ④ 용접 시공 상황

〈해설〉 ②, 용접부 검사는 작업 검사와 완성 검사로 나눈다.
작업 검사 : 용접을 하기 위하여 용접 전, 용접 중, 용접 후에 용접공 기량, 용접 재료, 설비, 시공, 후처리 등
완성 검사 : 용접한 제품이 만족할 만한 성능을 가졌는지 아닌지를 검사

03 용접 전의 작업 검사 사항이 아닌 것은?

① 용접 기기, 보호 기구, 지그, 부속 기구 등의 적합성을 조사한다.
② 용접봉은 겉모양과 치수, 용착금속의 성분과 성질 등을 조사한다.
③ 홈의 각도, 루트간격, 이음부의 표면 상태 등을 조사한다.
④ 후열처리, 변형 교정 작업, 치수의 잘못 등에 대해 검사한다.

〈해설〉 ④, ④항은 용접 후의 작업 사항에 해당

04 시험체의 형상 혹은 기능에 변화를 주는 일 없이 결함, 품질이나 형상을 조사하는 시험

비파괴 시험(NDT)

05 비파괴 검사법과의 연결

① 누수 검사 : 수압 또는 공기압 이용
② 침투 검사 : 용제 및 형광물질 침투
③ 자분 검사 : 누설 자속 이용
④ 방사선 투과 검사 : X선 투과

06 다음 중 시험체 표면 검사에 적합한 시험법이 아닌 것은?

① 외관(육안) 시험(검사)
② 침투 탐상시험, 자분 탐상시험
③ 맴돌이(와류) 탐상시험
④ 방사선 투과 검사

〈해설〉 ④, UT, RT는 내부 검사에 적용함

07 용접부의 검사법 중 비파괴 시험으로 비

드 외관, 언더컷, 오버랩, 용입불량, 표면 균열 등의 검사에 가장 적합한 것은?

외관(육안) 검사(VT, Visual test)

해설 용접부 외관의 좋고 나쁨에 대하여 육안 또는 확대경 등으로 검사

08 외관 검사(VT, Visual test)의 장점이 아닌 것은?

① 다른 검사 방법보다 비용이 적게 된다.
② 용접 구조물 제작 후에 검사할 수 있다.
③ 용접이 끝난 즉시 보수해야 할 불연속부를 검출, 제거할 수 있다.
④ 대부분 큰 불연속만을 검출하나 기타 다른 방법에 의해 검출되어야 할 불연속부도 예측할 수 있게 된다.

해설 ②, 제작 전, 제작 중, 제작 후에 할 수 있다.

09 외관 검사(VT)의 단점은? : ①~③

① 일반적으로 용접부의 표면에 있는 불연속 검출에만 제한된다.
② 용접 작업 순서에 따라 육안 검사를 늦게 하면 이음부를 확인하기 곤란하다.
③ 검사원의 경험과 지식에 따라 크게 좌우된다.

10 침투 탐상 검사(PT, Penetrant test)

① 용접부 표면을 세척한 후 침투액 침투, 잔여 침투액 제거, 건조시킨 후 현상, 결함을 판별하는 비파괴 검사법
② 침투액에 따라 염료 침투 탐상법과 형광 침투 탐상법이 있다.

11 침투 탐상법의 적용(용도)

자성, 비자성 불문하고 철, 비철, 플라스틱 등 거의 모든 재질의 표면 결함을 검출

12 침투 탐상 검사의 장점은? ①~⑤

① 제품의 크기, 형상 등에 크게 구애를 받지 않는다.
② 고도의 숙련이 요구되지 않아 검사원의 경험과 지식에 크게 좌우되지 않는다.
③ 국부적 시험과 미세한 균열도 탐상이 가능하며, 판독이 쉽다.
④ 비교적 비용이 적(가격이 저렴하)고, 시험 방법이 간단하다.
⑤ 자기 탐상 시험으로 검출되지 않는 금속 재료도 검출할 수 있다.

13 침투 탐상 검사법의 단점은? ①~⑤

① 표면의 결함(균열, 피트 등)이 열려있는 상태이어야 검출 가능하다.
② 온도, 주변 환경에 민감하고 침투제가 오염되기 쉽다.
③ 검사체의 표면이 침투제와 반응하여 손상되는 제품은 탐상할 수 없다.
④ 표면이 너무 거칠거나 기공이 많으면 허위 지시상을 만든다.
⑤ 후처리가 요구된다.

14 용접부의 미소한 균열이나 작은 구멍들을 신속하고 용이하게 검출하는 방법으로 비자성 재료에 많이 이용하는 시험법은?

형광 침투 검사

15 형광 침투 탐상(검사)법의 검사 순서?

전처리(세척) - 침투 - 잔여액 제거 - 현상제 살포 - 건조 - 검사

16 염료 침투 탐상 검사법

① 형광 침투액 대신에 적색 염료를 주체로 한 침투액과 백색의 현상제를 사용하는 방법
② 형광 침투법과 동일하나 보통의 전등 또는 햇빛 아래서도 검사할 수 있다.

(a) 전처리   (b) 침투 처리   (c) 잔여액 제거

(d) 현상 처리   (e) 결함 관찰

17 자분(자기) 탐상 검사(MT)

시험체를 자화하여 미세한 자성체의 분말을 검사체 표면에 산포하면 생기는 누설 자속의 변화를 관찰하여 결함의 유무 및 그 상황을 확인할 수 있는 검사법

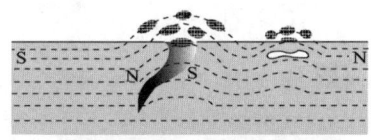

[자분 탐상 시험의 원리]

18 전류를 통하여 자화가 될 수 있는 금속(철, 니켈 등) 또는 그 합금으로 제조된 구조물이나 기계 부품의 표면부에 존재하는 결함을 검출하는 비파괴 시험법은?   : 자분 탐상 시험

19 검사물의 자화 방법은?

극간법(M), 전류관통법(B), 코일법(C), 축통전법(EA), 프로드법(P), 직각통전법(ER)

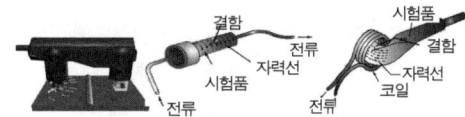
(a) 극간법   (b) 관통법   (c) 코일법

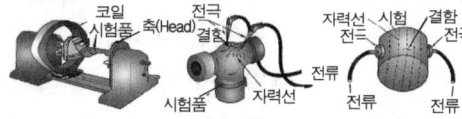
(d) 축 통전법   (e) 프로드법   (f) 직각 통전법

20 자분 탐상시 검출이 가능한 결함의 깊이는 표면에서?   : 5mm 이내

21 자분 탐상 검사법의 장점으로 틀린 것은?

① 정밀한 전처리가 요구되지 않으며, 검사법 습득이 쉽고, 검사가 신속, 간단하다.
② 결함 모양이 표면에 직접 나타나 육안으로 관찰할 수 있다.
③ 내부 기공, 슬래그 섞임 검사에 가장 적합하며, 시험편의 크기, 형상 등에 구애를 받지 않는다.
④ 자동화가 가능하며, 비용이 저렴하다.

해설 ③, 표면 균열 검사에 가장 적합하며, 시험편의 크기, 형상 등에 구애를 받지 않으나, 기공, 슬래그 섞임 등 내부 검사는 불가능하다.

22 자분 탐상 검사법의 단점?   : ①~③

① 불연속부의 위치가 자속 방향에 수직이어야 한다.
② 강자성체 재료의 표면 결함 검사에 한하며, 내부 결함의 검사가 불가능하다.
③ 탈자(자기 제거) 등 후처리가 필요하다.

23 자기 탐상 검사법에서 시험체에 자화하는 전원 적용

① 표면 결함 검출 : 교류
② 내부 결함 검출 : 직류

24 대상물에 X선 또는 γ선을 투과시켜 시험체의 두께와 밀도 차이에 의한 방사선 흡수량의 차이에 따라 필름에 나타나는 상으로 결함이나 내부 구조 등을 관찰(판별)하는 비파괴 검사법은?

방사선 탐상 검사(RT, radiographic test)

25 X선 투과 검사

① 용접이음부 반대편에 필름을 놓고 X선을 투과시키면 모재부와 용접부의 두께 차이에 의해 X선의 투과량이 달라지고, 용접부는 모재부와 구별된다.
② 균열, 융합 불량, 용입 불량, 기공, 슬래그 섞임, 비금속 개재물, 언더컷 등의 검사가 주목적이다.
③ 종사자는 X선 피폭량을 검사받아야 된다.

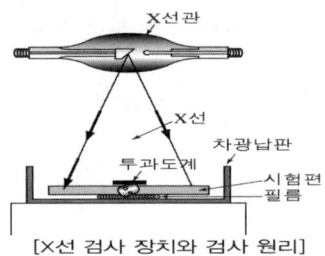

[X선 검사 장치와 검사 원리]

26 γ선 투과 검사

① 방사성 물질이 발생하는 γ선의 전리 작용, 사진 작용, 형광 작용을 이용하며, X선보다 투과력이 더 크기 때문에 X선으로 투과하기 힘든 두꺼운 판에 사용한다.
② 사용되는 방사선 물질 : 천연 방사선 동위 원소(라듐) 또는 인공 방사선 동위 원소(코발트 60, 세슘 134 등)

27 방사선 투과 검사의 특징은? ①~④

① 모든 용접 재질에 적용할 수 있다.
② 모재가 두꺼워도 검사가 가능하다.
③ 내부 결함 검출에 용이하다.
④ 검사의 신뢰성이 높다.

28 방사선 투과 검사의 장점으로 옳지 않은 것은?

① 필름에 검사 결과를 영구적으로 보관할 수 있다.
② 재질, 자성의 유무, 두께의 대소, 형상, 표면 상태에 관계없이 내부 결함 검사에 적용할 수 있다.
③ 주변 재질과 비교하여 1% 이상의 흡수차를 나타내는 경우도 검출될 수 있다.
④ 미세 기공, 미세 균열, 라미네이션 등도 검출 가능하다.

해설 ④, 미세 기공, 미세 균열, 라미네이션 등은 검출되지 않는 경우도 있다.

29 방사선 탐상 검사법의 단점은? ①~④

① 현상이나 필름을 판독해야 한다.(요즈음은 영상으로 판독할 수 있으며, 자료 보관도 가능하다.)
② 미세 기공, 미세 균열, 라미네이션 등은 검출되지 않는 경우도 있다.
③ 다른 비파괴 검사 방법에 비하여 안전 관리에 특히 주의하여야 한다.
④ 방사선의 입사 방향에 따라 15° 이상 기울어져 있는 면상 결함은 검출되지 않는다.

30 다음 중 비파괴 검사법 중 가장 신뢰성

이 높은 것은? : RT

[MT, RT, VT, ET]

31 X선으로 투과하기 힘든 후판 검사에 적합한 것은? : γ선 투과 검사

참고 γ선은 X선보다 파장이 짧고 투과력이 강하다.

32 다음 중 γ선원으로 사용되는 원소가 아닌 것은?

① 이리듐 192　② 코발트 60
③ 세슘 134　④ 크롬 256

해설 ④
①, ②, ③ 외에 천연 방사선 동위 원소인 라듐

33 용접부에 X선 검사가 어려운 결함은?

선상 조직, 미소 균열, 은점, 라멜라 테어, 라미네이션 변질층 등

34 용접 후 X선 검사시 방사선 차단제로 차단벽에 사용하는 것은? : 납판

참고 납은 X선의 투과력이 가장 작은 금속재료이다.

35 통상 방사선 투과 시험으로 두께의 1~2%의 결함이 검출되어야 하며, 이것을 확인하기 위하여 피검사물 표면에 부착하여 그 상을 동시에 촬영하는 것은? : 투과도계

36 방사선 탐상에 사용하는 투과도계에 대한 설명은?

지름이 약간씩 다른 가는 철사 7~10개를 같은 간격으로 나란하게 배열하여 만든 철 심형과 유공형이 있다.

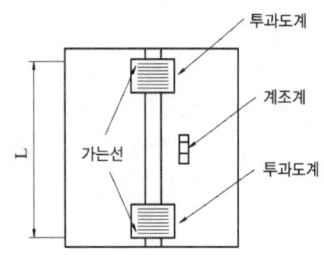

[투과도계와 계조계 배치의 예]

37 KSD에서 규정한 방사선 투과 시험 필름 판독에서 종별 결함 명칭

① 1종 결함 : 둥근 블로홀 및 이와 유사한 결함
② 2종 결함 : 슬래그 섞임 및 이와 유사한 결함
③ 3종 결함 : 갈라짐(균열) 및 이와 유사한 결함
④ 제4종 결함 : 텅스텐 혼입

38 결함별 X선 투과 검사에서 필름 판독

① 기공 ; 0.1~수 mm 정도의 검은 둥근 점
② 언더컷 : 가늘고 긴 검은 선
③ 슬래그 : 검은 반점
④ 용입 부족 ; 검은 직선
⑤ 스패터 : 백색 둥근 점

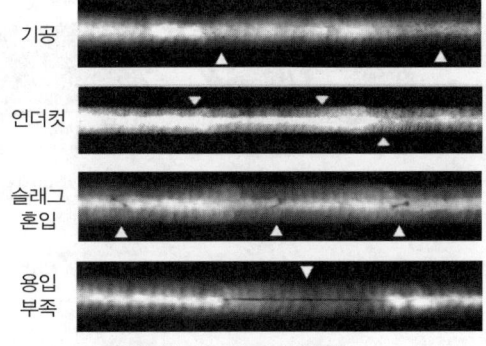

[결함별 X선 필름의 상태]

39 초음파 검사(UT, Ultrasonic test)

① 초음파란 실제로 귀를 통해 들을 수 없는 짧은 음파을 말하며,
② 0.5~15 MHz의 초음파를 시험체 내로 보내어 시험체 내에 존재하는 불연속을 검출하는 방법

40 초음파 탐상법의 장점은? : ①~④

① 탐상 결과를 즉시 알 수 있으며 자동 탐상이 가능하다.
② 감도가 높아 미세한 결함(0.1mm 정도까지 검출)을 검출할 수 있다.
③ 시험체의 한 면에서도 검사가 가능하며, 결함의 위치와 크기를 비교적 정확히 알 수 있다.
④ 초음파의 투과 능력이 커서 수 m 정도의 두꺼운 부분도 검사가 가능하다.

41 초음파 탐상의 단점

① 시험체의 표면이나 형상이 탐상할 수 없는 조건에서는 탐상이 불가능한 경우가 있다.
② 시험체의 내부 조직의 구조 및 결정 입자가 조대하거나 전체가 다공성일 경우는 정량적인 평가가 어렵다.

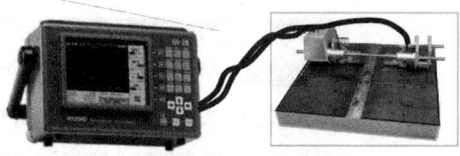

[초음파 탐상기의 형상과 소형 스캐너를 이용한 결함 검사]

42 초음파 탐상법의 종류는?

투과법, 펄스 반사법, 공진법

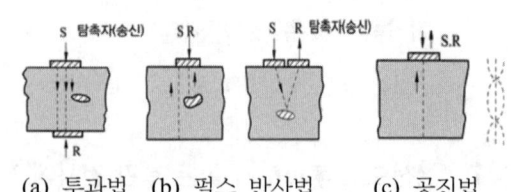

(a) 투과법   (b) 펄스 반사법   (c) 공진법

43 투과법

펄스 초음파 또는 연속파를 검사 물체 속에 투과하고 뒷면에서 이를 수신하여 초음파의 장해 및 쇠약 정도로 결함 판별

44 펄스 반사법

① 일반적으로 널리 사용하는 법
② 초음파의 펄스(pulse)를 시험체의 한쪽 면으로부터 송신하여 그 결함에서 반사되는 반사파의 형태로 결함을 판정

45 공진법

① 검사 물체의 두께에 따라 어떤 특정 주파수일 때 검사 물체 속에 초음파의 정상파가 생겨 공진하므로 그 상황을 근거로 하여 결함을 검출할 수 있다.
② 판두께, 라미네이션 검출이 가능하다.

46 초음파 탐상법에 사용되는 초음파는?

0.5 ~ 15MHz

47 초음파 검사시 초음파 속도

① 철강 중(속) : 6000m/sec
② 공기 중 : 330m/sec
③ 물 속 : 1500m/sec

48 수직 탐상법(straight beam technique)

초음파의 진행 방향을 검사 물체의 표면에

수직으로 전달시켜 내부 결함의 상태를 검사하는 방법

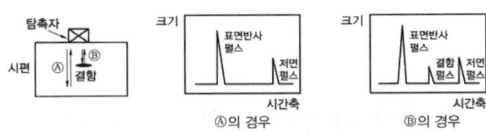

49 탐상면에 대하여 초음파를 경사각으로 주사하여 탐촉자에서 멀리 떨어진 결함이나 불연속한 곳을 감지하는 방법은?

사각 탐상법

50 초음파 탐상법 중 사각 탐상법 설명은? ①~③

① 저면 반사가 나타나지 않으므로 결함 탐상이 용이하다.
② 용접부나 복잡한 모양의 검사체의 검사에 적당하다.
③ 용접부와 같은 비드파가 있을 경우에도 비드 표면을 가공하지 않아도 된다.

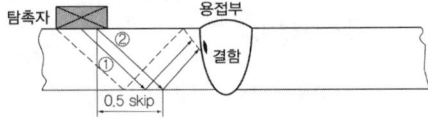

51 수압 검사(WPT, water pressure test)

용접 용기나 탱크에 물을 넣고 소정의 압력을 주어 물이 누설될 때까지의 압력을 측정하여 내압 검사를 하며, 누설 여부를 검사하여 용접 결함을 판정하는 시험

52 탱크나 용기 용접부의 기밀, 수밀을 검사하는데 가장 적합한 검사 방법은?

누설 검사

53 누설 검사(LT, Leak test)

검사체 내·외부에 적용한 기체나 액체 등의 유체가 검사체 내부와 외부의 압력 차이에 의해 결함을 통해 흘러 들어가거나 나오는 것을 적당한 검출 매체를 통해 결함의 존재 유무 및 위치를 확인하는 방법

54 용접부의 검사에서 교류의 자장에 의한 금속 내부에 와류(맴돌이) 작용을 이용하는 것은? : 맴돌이 전류(와류) 검사

55 와류 검사(ET, Eddy current test)의 원리

교류가 흐르는 코일을 금속 등의 도체에 가까이 가져가면 도체의 내부에는 맴돌이 전류가 발생하며, 이 와전류의 임피던스가 검사체 표면 근방의 불연속에 의하여 변화하는 것을 관찰하여 결함을 찾아내는 방법

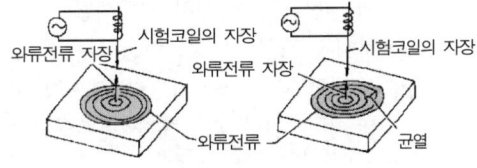

56 와전류 탐상 검사의 장점은? ①~④

① 결함의 크기, 두께 및 재질의 변화 등을 동시에 검사할 수 있다.
② 응용 분야가 넓고, 결함 지시가 모니터에 전기적 신호로 나타나므로 기록 보존과 재생이 용이하다.
③ 검사체의 표면으로부터 깊은 내부 결함, 비자성 금속 탐상이 가능하다.

④ 표면부 결함의 탐상 감도가 우수하며 고온에서의 검사가 가능하다.

57 와전류 탐상 검사의 장점은? : ①~④

① 고속자동화가 가능하여 능률 좋은 On-line 생산의 전수 검사가 가능하다.
② 얇은 시험체, 가는 선, 구멍의 내부 등 다른 비파괴 검사법으로 검사가 곤란한 것도 적용할 수 있다.
③ 비접촉법으로 프로브를 접근시키거나, 원격 조작으로 좁은 영역이나 홈이 깊은 곳의 검사가 가능하다.
④ 결함의 크기를 추정할 수 있어 결함 평가에 유용하다.

58 와류 탐상법의 단점은? : ①~⑤

① 표면 아래 깊은 곳의 결함은 검출이 곤란하다.
② 검사를 통해 얻은 지시로 직접 결함의 종류, 형상 등을 판별하기 어렵다.
③ 강자성체 금속에 적용이 어렵고 검사의 숙련도가 요구된다.
④ 검사 대상 이외의 재료적 인자의 영향에 의한 잡음이 검사에 방해될 수 있다.
⑤ 지시는 시험 코일이 적용되는 전 영역의 적분치가 얻어지므로 관통형 코일의 경우 결함 위치를 알 수 없다.

59 오스테나이트계 스테인리스강 등의 검출에 편리한 새로운 검사법은?

맴돌이(와류) 탐상 시험

60 음향 시험(AE)

하중을 받고 있는 물체의 균열 또는 국부적인 파단으로부터 방출되는 응력파를 분석하여 소성 변형, 균열의 생성 및 진전 감시 등 동적 거동을 파악하고 결함부의 유무 판정 및 재료의 특성 평가에 이용하는 기법

❷ 파괴(기계적) 시험

01 다음 중 파괴 시험에 해당되지 않는 것은?

① 비중 시험   ② 균열 시험
③ 기계적 시험   ④ 침투 시험

해설 ④는 비파괴 시험에 해당된다.

02 경도 시험법의 종류는?

브리넬 경도 시험, 로크웰 경도 시험, 비커스(Victors) 경도 시험, 쇼어 경도 시험

03 철강 재료에 지름 5mm 또는 10mm의 강구(볼)를 500 ~ 3000kg의 하중으로 시험 표면에 압입한 후 이 때 생기는 오목 자국의 표면적을 측정하는 경도 시험법은?

브리넬 경도 시험(HB)

참고 담금질한 강이나 침탄강 등의 경도 측정에는 부적합하다.

04 로크웰 B 경도 시험

① 지름이 1.588mm인 강구를 사용하여 기본 하중 10kgf으로 0점을 맞춘 후, 100kgf을 가해 지시계(dial indicator)에 나타나는 수치로 경도를 측정하는 시험
② 담금질 열처리를 하지않은 강재의 경도 측정에 적용

05 로크웰 C 경도시험

① 꼭지각이 120°인 원뿔형 다이아몬드

압입자를 사용하여 기본 하중 10kgf로 0점을 맞춘 후 150kgf의 하중을 가하여 지시계(dial indicator)에 나타나는 수치로 경도를 측정하는 시험

② 담금질 열처리를 실시한 강재의 경도 측정에 적용

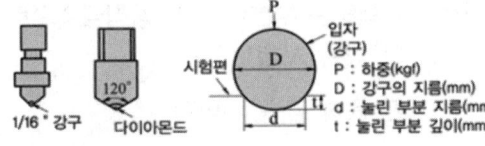

[브리넬 경도시험]

06 용접 재료 시험에서 꼭지각 136°의 다이아몬드 사각 추를 1~120kgf의 하중으로 밀어 넣어 시험하는 경도 시험법은? : 비커스 경도 시험

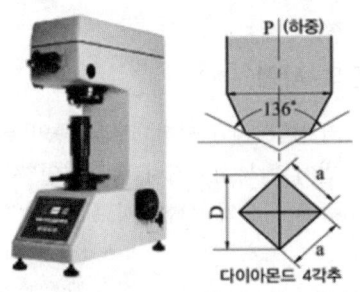

[비커스 경도 시험]

07 일정한 높이에서 어떤 무게의 추를 낙하시켜 탄성 변형에 대한 반발 저항으로 경도를 나타내는 시험법은?

쇼어 경도 시험

08 경도 시험의 경도 계산식

① 브리넬 경도 = $\dfrac{P}{\pi d t}$

② 비커스 경도 = $\dfrac{하중(kg)}{오목 자국 표면적(mm^2)} = \dfrac{1.8544P}{D^2}$

③ 쇼어 경도 = $\dfrac{10000}{65} \times \dfrac{h}{h_0}$

(h_0 : 낙하 물체의 높이 25cm, h : 낙하 물체의 튀어 오른 높이)

09 경도 시험 별 압입자의 종류

① 브리넬 경도 : 5mm, 10mm의 강구
② 로크웰 B경도 : 1.588mm 강구
③ 로크웰 C경도 : 120°의 원추형 다이아몬드
④ 비커스 경도 : 대면각 136°의 사각추 다이아몬드
⑤ 쇼어 경도 : 반발형 추

10 금속재료 시험법과 시험 목적(내용)

① 인장 시험 : 인장강도, 항복 강도, 연신률 측정
② 경도 시험 : 용접에 의한 경화 정도 검사
③ 굽힘 시험 : 재료의 연성 유무를 검사
④ 충격 시험 : 용접부의 인성 유무 검사
⑤ 수압 시험 : 용접부 기밀, 수밀 여부 검사
⑥ 침투 검사 : 용접부 표면 가까이의 기공, 피트, 균열 등 검사
⑦ X선 시험 : 기공, 슬래그 섞임 검사

11 시험편을 인장 파단시켜 항복점, 인장 강도, 연신률, 단면 수축률, 탄성 한도 등을 조사하는 시험법은? : 인장 시험

12 용접이음에서 인장 시험이 쓰이는 곳은?

맞대기 용접, 전면 필릿 용접, 스폿 용접 등에 대한 이음의 인장강도 측정

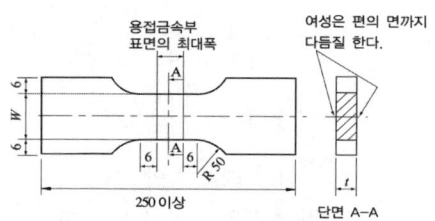

[판 용접부 등의 인장 시험편의 예]

13 탄소강의 인장시험 곡선 설명

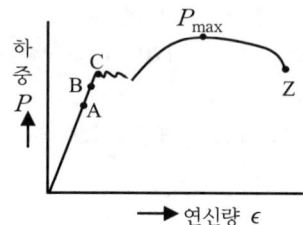

A : 비례 한도, B : 탄성한도,
C : 상 항복점, P_{max} : 최대 하중점,
Z : 실제 파단점

14 판두께 12mm, 용접부 길이 200mm 부분에 하중 5000N이 작용할 때 인장강도는?

$$\sigma = \frac{P}{A} = \frac{5000}{12 \times 200} = 2.08(\text{kgf/mm}^2)$$

15 굽힘(굴곡) 시험

① 모재 및 용접부의 연성과 안정성을 조사
② 굽힘 시험편을 180°까지 굽힘
③ 굽힘 시험의 3 종류 : 표면 굽힘 시험, 이면 굽힘 시험, 측면 굽힘 시험

16 용접이음의 굽힘 시험을 하는 목적은?

용접부가 유해한 결함이 없고 충분한 연성을 가지는 건전한 이음을 확인할 목적

17 용접 작품의 평가에서 용접 시험편의 터짐(균열)의 합계 길이, 기공 및 터짐(균열)의 개수를 판정하여 시험하는 방법은?

굽힘 시험법

18 시험하는 부분이 전부 용착금속으로 되어 있는 시험편은?

전 용착 금속 시험편

19 전단 시험

① 용접에서 전단 강도가 문제가 되는 스폿 용접 등에 적용하고 있다.
② 스폿 용접에서 1개의 스폿 용접당 파괴 하중을 구하게 되며 너깃의 면적을 계측하면 공칭 파괴 전단응력을 구할 수 있다.

20 동적 시험

① 기계적(파괴) 시험으로 하중의 부여 방법이 반복적이거나 충격적인 시험
② 종류 : 충격 시험, 피로 시험

21 시험편에 V형 또는 U형 등의 노치(notch)를 만들고 충격적인 하중을 주어서 파단시키는 시험법은?

충격 시험

[충격 시험기의 형상]

22 충격 시험법의 종류

① 샤르피식(Charpy type) 충격 시험 : 시험편을 단순보 상태로 설치하고 시험
② 아이죠드식(Izod type) 충격 시험 : 시험편을 내다지보 상태로 설치하고 시험

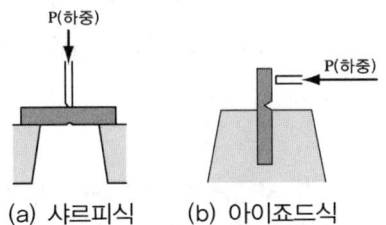

(a) 샤르피식   (b) 아이죠드식

23 파괴 시험에서 충격 시험은 무엇을 알기 위한 시험인가? : 연성, 인성

24 시험편에 규칙적인 주기를 가지는 반복(교번) 하중을 걸고 하중의 크기와 파단이 될 때까지의 되풀이 횟수에 따라 강도를 측정하는 시험법은?

피로 시험

해설 재료가 인장강도나 항복 강도 측면에서 안전 하중 상태라 하더라도 작은 힘이 수없이 반복할 경우 파괴될 수 있다.

25 피로 시험시 반복 회수는?

① 고사이클 피로 시험 : 2×10^5번 이하
② 저사이클 피로 시험 : $2 \times 10^{6 \sim 7}$번

26 S-N 곡선은 무슨 시험에서 얻어진 것인가? : 피로 시험

참고 S는 응력을, N은 반복 횟수를 의미하며 피로 시험에 의해 얻어진 곡선이다.

27 피로 시험에서 하중이 일정 값보다 작을 경우에는 무수히 많은 반복 하중이 작용하여도 재료는 파단하지 않는 상태를?

피로 한도

28 용접부의 완성 검사에 사용되는 비파괴 시험이 아닌 것은?

① 방사선투과 시험 ② 형광 침투 시험
③ 자기 탐상법   ④ 현미경 조직 시험

해설 ④, 현미경 시험은 파괴 시험법 중 금속학적 시험법에 속한다.

❷ 금속학적 시험

01 금속학적 시험의 종류

육안 조직 시험, 현미경 조직 시험, 파면 시험

02 필릿 용접부의 모서리 용접부를 해머 또는 프레스로 굽힘 파단하여 그 파단면의 용입 부족, 결함(균열, 슬래그 섞임, 기공) 등을 육안으로 검사하는 방법은?

파면 시험

03 파면 시험의 용도는?

맞대기 시험편의 인장 파면, 충격 파면 또는 모서리 용접 및 필릿 용접 파면 검사 등

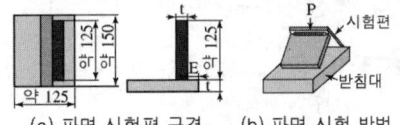

(a) 파면 시험편 규격   (b) 파면 시험 방법

[필릿 용접부의 파면 시험편 규격과 시험 방법]

04 결정의 파면이 은백색으로 빛나는 파면

은 어떤 파면인가? : 취성 파면

참고 쥐색의 치밀한 파면은 연성 파면이다.

05 매크로(macro) 조직 시험이란?

용접부의 단면을 연삭기나 샌드 페이퍼 등으로 연마하고 적당한 부식(macro-etching)을 해서 육안이나 10배 정도의 저배율 확대경 등으로 관찰하는 조직 시험법

06 매크로 조직 검사로 알 수 있는 결함은?

열영향부의 범위, 결함의 유무, 다층 용접 열영향부의 범위, 용입의 좋고 나쁨, 다층 용접에서 각 층의 양상

07 다음 중 매크로 조직 검사로 알 수 없는 결함은? : ③

① 다층 용접 열영향부의 범위
② 용입의 좋고 나쁨
③ 기공 및 비드밑 균열
④ 다층 용접에서 각 층의 양상

08 철강에 주로 사용되는 매크로 부식액이 아닌 것은?

① 염산 1 : 물 1의 액
② 염산 3.8 : 황산 1.2 : 물 5.0의 액
③ 수산 1 : 물 1.5의 액
④ 초산 1 : 물 3의 액

해설 ③, 부식을 한 다음 곧 세척하고 건조시켜서 시험한다.

09 다음 중 스테인리스강의 부식 시험에 사용되지 않는 것은? : ③

① 00cc 황산+420cc의 증류수에 녹인 비등액
② 50g의 결정 황산구리
③ 500cc의 염산
④ 65% 초산 비등액

10 구리, 황동, 청동의 현미경 조직을 보기 위한 부식액으로 가장 적합한 것은?

염화 제2철 용액

11 현미경 시험용 부식제 중 알루미늄 및 그 합금용에 사용 되는 것은?

수산화나트륨액

해설 이 외 수산화칼륨, 플루오르화 수소액 등이 있다.

12 철강의 연마한 단면에 9%의 희석 황산액에 적신 사진용 브로마이드 인화지를 붙여 적당한 시간이 지난 다음 떼어 내면 황의 편석부에 해당하는 부분이 갈색으로 변하게 되는데 이 시험법은?

설퍼 프린트법

참고 철강 재료에서 황의 분포 상태를 알기 위하여 실시하는 시험의 일종

13 용접 후 용접부의 용제 및 슬래그 제거 시 화학적 처리를 할 경우에 사용하는 세척액은?

2%의 질산 또는 10%의 더운 황산

❸ 화학적 시험

01 화학적 시험법의 종류는?

부식 시험, 수소 시험, 화학 분석 시험법

02 수소 시험에서 수소량 측정 방법은?

45℃ 글리세린 치환법, 진공 가열법, GC법, 수은 치환법 등

03 수은 치환법의 특성

① 설비가 간단하며, 측정치의 신뢰성이 높다.
② 수은을 사용하므로 위험성(수은 중독)이 있다.

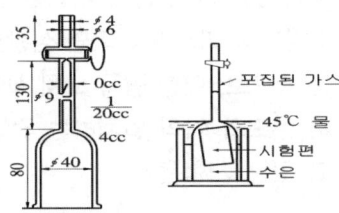

[수은 중에서 확산성 수소 포집 방법]

04 다음은 수소 시험에 대한 설명이다. 틀린 것은?

① 수소량의 측정에는 45℃ 글리세린 치환법과 진공 가열법이 있다.
② 일반적으로 수소량 그 자체에는 제한이 없다.
③ 저수소계 용접봉의 용접금속의 수소량에 대해서는 제한이 있다.
④ 용접 전 모재 중에 있는 수소량을 알기 위해서는 가열하지 않고 수소를 포함하는 방법이 있다.

해설 ④, 전수소량 또는 용접 전 모재 중의 수소량을 알기 위하여는 진공 중에서 800℃로 가열하여 수소를 포집하는 진공 가열법을 병용해야 된다.

05 스테인리스강, 구리 합금, 모넬메탈 등 내식성 금속 또는 합금 용접부의 부식 시험에 적당한 시험은?

응력 부식 시험

06 용접부의 부식 원인은?

모재의 열영향으로 응력이 집중했을 때

제2절 용접성 시험

1 용접부 연성 시험

01 용접성 시험 중 용접부 연성 시험 방법의 종류는? : ①~⑤

① 킨젤(KinZel) 시험
② 코머렐(Kommerell) 시험
③ 연속 냉각 변태 시험(CCT 시험)
④ 재현 열영향부 시험
⑤ IIW 최고 경도 시험

02 용접 구조물의 안전성 신뢰성을 높이기 위한 시험 방법으로 올바르지 않은 것은? ③

① 노치취성 시험   ② 용접연성 시험
③ 표면투과 시험   ④ 구속균열 시험

03 킨젤(Kinzel) 시험

200×75×19mm의 표면에 세로 길이로 비드를 놓은 후 이에 직각으로 1.27mm 깊이의 V노치를 붙인 시험편을 굽혀 용접부의 연성이나 균열을 조사하는 시험

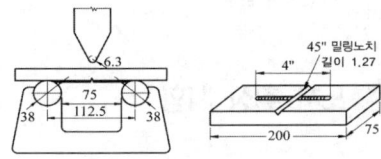

[킨젤 시험]

04 재현 열영향부 시험

직경 7mm의 환봉 시험편에 대전류를 흐르게 하여 그 온도 변화가 아크 용접 열영향부 본드의 가열 냉각열 사이클과 동일하게 되도록 용접열 사이클 재현 장치를 써서 재현 열영향부를 인장 시험하는 방법

05 세로 비드 노치 굽힘 시험의 대표적인 연성(굽힘) 시험법은?

코메렐(균열) 시험

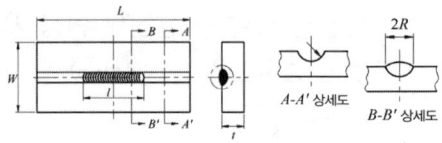

06 급속 가열한 환봉 시험편을 여러 속도로 냉각하여 변태의 생성과 종료 온도를 구하고 실온에서 경도와 조직 시험 및 굽힘 충격 시험을 하는 시험법은?

연속 냉각 변태(CCT) 시험

> **참고** 저합금 고장력강 열영향부의 연성을 조사하는 방법으로 쓰인다.

07 IIW 최고 경도 시험(KSB 0893로 규정)

국제용접학회에서 규정한 연성시험법, 강판 위에 아크 전압 24V±4V, 아크 전류 170A±10A, 용접 속도 150± 10mm/min으로 조건을 설정한 후 비드 용접을 하고, 그 직각 단면 내의 본드와 최고 경도를 측정하는 방법

❷ 노치 취성 시험

01 용접성 시험 중 노치 취성 시험법의 종류는? : ①~⑦

① 카안 인열(Kahn tear) 시험
② 샤르피 충격 시험
③ 슈나트(Schnadt) 시험
④ 2중 인장 시험
⑤ 로버트슨(Robertson) 시험
⑥ 반데어 비인(Van der Veen) 시험
⑦ DWT(낙중) 시험

02 시험편을 판 구멍에 삽입한 핀으로 잡아당겨 파괴시켜서 파면 상황을 조사하는 것으로, 대형 광폭 노치 시험편의 천이 온도와 거의 일치하는 것이 인정되고 있는 시험은?

카안 인열(Kahn tear) 시험

03 샤르피 충격 시험

구조용강의 노치 취성 시험에 V 노치(아이죠드 노치)를 붙이고 단순보 상태에서 중앙에 집중 충격하중을 가하여 충격 시험을 하는 방법, 세계 각국에서 공통적으로 쓰이고 있다.

04 슈나트(Schnadt) 시험

샤르피 충격 시험편의 압축 측을 일부 제거하고 그 대신 경도가 높은 원주로 바꾼 것이며, 노치 선단의 반경을 여러 가지로 바꾸어 예리한 것과 둔탁한 것이 쓰인다.

05 2중 인장 시험

시험편 좌측을 잡아당겨서 취성 균열을 발생시키고 균열이 우측의 본체를 관통하는지를 조사하는 시험

06 시험편의 노치부를 액체 질소로 냉각하고

반대쪽을 가스 불꽃으로 가열하여 거의 직선적인 온도 구배를 주고, 시험편의 양 끝에 하중을 가한 상태로 노치부에 충격을 가하여 균열 상태를 알아보는 시험법은?

로버트슨 시험

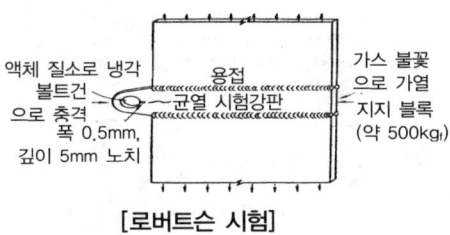

[로버트슨 시험]

07 반데어 비인(Van der Veen) 시험

노치 굽힘 시험의 일종으로, 판의 측면에 프레스 노치를 붙여 굽힘 시험하고, 최대 하중시의 시험편 중앙의 처짐이 6mm가 되는 온도를 연성 천이 온도로 하고, 연성 파면의 깊이가 32mm(판 폭의 중앙)가 되는 온도를 파면 천이 온도로 하고 있다.

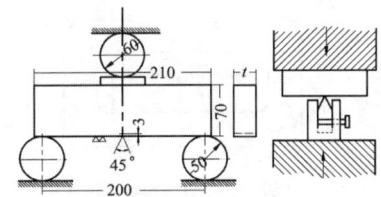

[반데어 비인 시험]

08 DWT(낙중) 시험

강판의 표면에 덧붙이용의 딱딱하고 부서지기 쉬운 비드를 용접하고 이것에 예리한 노치를 붙여 반대측에서 무게 27kgf의 중추를 1.83m 높이에서 낙하시켜 파단한다.

[낙중 시험]

③ 용접 균열 시험

01 용접성 시험 중 용접 균열 시험법의 종류는? : ①~⑥

① T형 필릿 균열 시험
② 겹침 용접(CTS, 열적 구속도) 균열 시험
③ 바텔(Battelle) 비드 밑 균열 시험
④ 분할형 원주 홈 균열 시험
⑤ 리하이 구속(Lehigh restraint) 균열 시험
⑥ 휘스코(Fisco) 균열 시험

02 T형 필릿 균열 시험

수직판의 양끝을 밑판에 가용접한 후 한쪽에 필릿 용접하여 구속한 후 계속해서 반대편을 용접하면서 균열 상태를 관찰하는 시험법

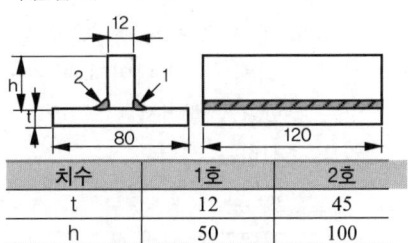

치수	1호	2호
t	12	45
h	50	100

[T형 필릿 균열 시험]

03 겹침 용접(CTS) 균열 시험

시험편을 겹쳐서 양측을 고정한 후 좌우 양면에 필릿 시험 용접한 다음 24시간 경과 후 3개의 시험편을 만들어 판면 내의 비드 밑 터짐을 주로 조사한다.

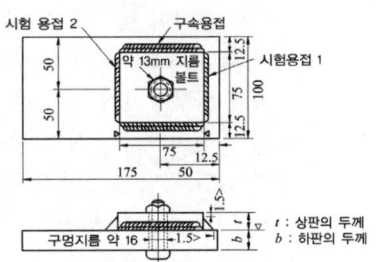

[겹침 용접(CTS) 균열 시험]

04 바텔 비드 밑 균열 시험

소형 시험편 표면에 소정의 조건으로 비드를 놓고 24시간 방치 후 절단하여 비드의 길이에 대한 비(%)로 균열을 검사하는 방법

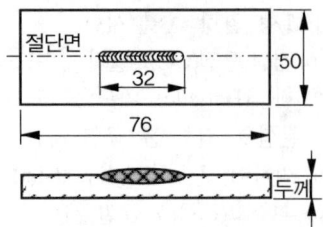

[바텔 비드 밑 균열 시험]

05 분할형 원주 홈 균열 시험

한변의 길이 50mm의 정사각형 시편 4개를 가접한 후 원주 홈을 파서 지름 4mm 용접봉으로 S점에서 F점까지 속도 150mm/min으로 시계 방향으로 비드를 붙인 후 냉각시켰다가 나머지 원주를 용접한 다음 분할편을 찢어서 비드 파면 내의 균열을 조사하는 시험

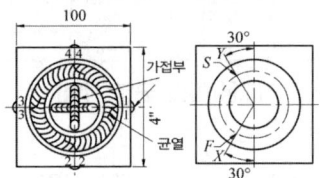

[분할형 원주 홈 균열 시험]

06 리하이 구속 균열 시험

① 주변에 가공하는 slit의 길이를 변경시킴으로써 시험 비드에 미치는 열적 조건(냉각 속도)을 같게 하면서 역학적 구속을 바꾸어 균열 시험을 한다.
② 슬리트 길이를 감소시켜 구속이 어떤 값 이상이 되면 균열이 발생하기 시작하는 임계 슬리트 길이가 있다.

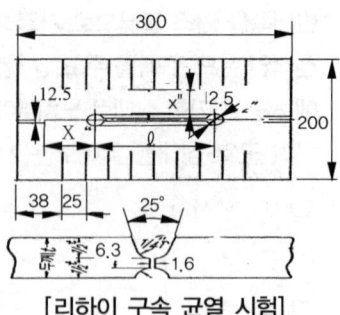

[리하이 구속 균열 시험]

07 휘스코(Fisco) 균열 시험

지그에 맞대기 용접 시험편을 볼트로 단단히 붙인 다음 비드를 놓아 균열 여부를 조사하는 방법

08 휘스코(Fisco) 균열 시험의 특성

① 고온 균열 시험에 적합하다.
② 제현성이 좋다.
③ 시험재를 절약할 수 있다.

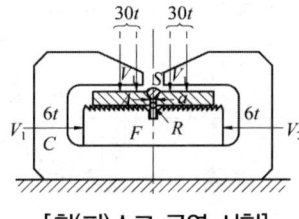

[휘(피)스코 균열 시험]

04 도면해독(용접도면해독)

제1절 제도의 개요

1 제도의 정의와 규격

01 기계, 구조물 등의 제작 전에 세밀히 검토하여 제작 계획을 종합하는 기술은?

설계(Design)

02 설계자의 요구 사항을 제작자에게 전달하기 위하여 선·문자·기호 등을 사용하여 제도 규격에 맞추어 도면을 작성하는 과정은? : 제도(Drawing)

03 제도의 정의에 대한 설명 중 옳은 것은?

문자, 선, 기호 등을 이용하여 물체의 정도, 재료 및 공정 등을 도면에 작성하는 과정

2 제도의 규격

01 KS B 0001로 기계 제도 통칙이 제정 공포되어 일반 기계 제도로 규정한 해는?

1961년

02 KS 규격의 필요성에 대한 설명은?

도면을 보고 작업자가 오해가 없이 설계자의 뜻을 확실히 이해 및 전달시키기 위해

약호는? : ISO

[KS 부문별 분류 기호]

분류 기호	KSA	B	C	D	R	V	W	X
부문	기본	기계	전기	금속	수송기계	조선	항공	정보산업

04 KS 규격에서 기계 부문을 표시하는 것은? : KS B

제2절 도면의 종류와 크기

1 도면의 종류

01 용도에 따른 분류

① 계획도 : 설계자의 설계의도와 계획을 나타낸 도면
② 제작도 : 물품을 제작에 필요한 모든 정보를 충분히 전달하기 위한 도면(공정도, 시공도, 상세도)
③ 주문도 : 발주자가 제작자에게 제시하는 도면
④ 승인도 : 발주자의 승인을 얻기 위한 도면
⑤ 견적도 : 견적을 내기 위한 도면
⑥ 설명도 : 물품의 기능, 구조, 원리, 취급법 등을 표시한 도면, 카탈로그, 취급 설명서 등에 사용

02 내용에 따른 분류

부품도	물품을 구성하는 각 부품을 자세히 그린 도면
조립도	전체적인 조립을 나타내는 도면
부분 조립도	복잡한 물품을 부분으로 나누어 조립도를 나타내는 도면
기초도	기계를 설치하기 위하여 콘크리트, 철강작업 등을 하기 위한 도면
배치도	물품의 배치를 나타내는 도면
배근도	철근의 치수와 배치를 나타낸 도면(건축, 토목)
장치도	장치공업에서 각 장치의 배치, 제조 공정의 관계 등을 나타낸 도면
스케치도	기계나 장치 등의 실체를 보고 프리핸드로 그린 도면

03 표현 형식에 따른 분류

① 외관도 : 대상물의 외형 및 최소한의 치수를 나타낸 도면

② 전개도 ; 대상물을 구성하는 면을 평면으로 전개한 도면

③ 곡면선도 : 선체, 자동차 차체 등의 곡면을 여러 개의 선으로 표현한 도면

④ 입체도 : 사투상법, 투시도법에 의해 입체적으로 표현한 도면

04 성격(성질)에 따른 분류

① 원도 : 제도 용지나 컴퓨터로 작성된 최초의 도면

② 트레이스도 : 연필로 그린 원도 위에 트레이싱지를 놓고 연필 또는 먹물로 그린 도면, 청사진도나 백사진도의 원본

③ 복사도 : 트레이시도를 원본으로 하여 복사한 도면, 청(백)사진, 전자 복사도 등

05 다음 중 도면의 종류를 내용에 따라 분류한 것이 아닌 것은?

① 부품도   ② 배치도
③ 계획도   ④ 기초도

해설 ③, 계획도는 용도에 따른 분류이다.

❷ 도면의 크기 및 양식

01 도면의 크기

도면 크기의 종류와 윤곽 치수(단위 : mm)

호칭	치수(a×b)	c (최소)	d(최소)	
			철하지 않을 때	철할 때
A0	841×1189	-	-	-
A1	594×841	20	20	25
A2	420×594	10	10	25
A3	297×420			
A4	210×297			

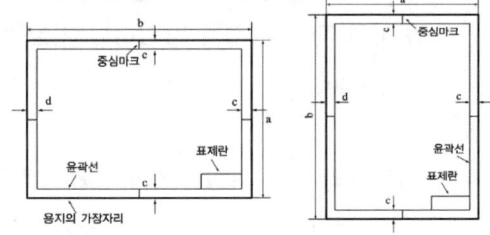

[도면의 테두리, 윤곽 치수 표시]

02 제도 용지의 가로와 세로의 비가 맞는 것은? : 1.414 : 1

03 A₀ 제도 용지의 면적은? : 약 1m²

해설 A₀ 용지의 넓이는 841×1189 = 999.949mm² 이므로 m²로 고치면 약 1m²가 된다.

04 도면의 크기이다. A₄의 크기는?

210×297mm

해설 A4 : A₀ 용지를 2^4으로 절단한 크기(16절지)이다

05 도면의 양식

① 도면에는 윤곽선, 표제란, 중심 마크를

반드시 표기해야 한다.
② 윤곽선 : 도면 용지의 안쪽에 그려진 내용을 확실히 구분할 수 있는 선
③ 중심 마크 : 도면을 마이크로 필름으로 촬영하거나 복사할 때 기준이 되는 것
④ 윤곽선, 중심 마크는 0.5mm 이상의 굵은 실선으로 그린다.
⑤ 비교 눈금은 도면을 축소 또는 확대했을 경우 그 정도를 알기 위한 눈금, 도면의 아래쪽에 있는 중심 마크를 중심으로 좌우에 마련한다.

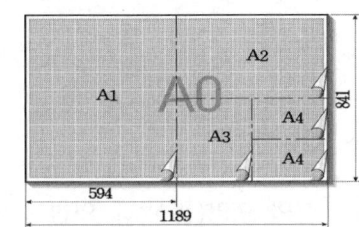

[제도 용지의 크기]

③ 척도

01 척도

물체의 실제 크기와 도면에서의 크기와의 비율

02 척도의 종류

① 현척(실척) : 도형을 실물과 같은 크기로 그리는 척도, 도면은 실물과 같은 크기로 것이 원칙(1 : 1)
② 축척 : 도면에 도형을 실물보다 작게 제도하는 척도(1 : 2, 5 : 5, 1 : 10, 1 : 20, 1 : 50, 1 : 100, 1 : 200)
③ 배척 : 도면에 도형을 실물보다 크게 제도하는 척도.(2 : 1, 5 : 1, 10 : 1, 20 : 1, 50 : 1)
④ 모든 척도의 치수 기입은 실물의 치수를 기입한다.

03 척도를 공통적으로 표시할 경우 어디에 표시해야 되는가? : 표제란

04 그림이 치수와 비례하지 않을 경우에 표시하는 방법으로 옳지 않은 것은?

① 치수 밑에 밑줄을 긋는다.
② "비례척이 아님"이라고 기입한다.
③ NS(none scale) 등의 문자를 기입한다.
④ 해당 치수에 (　　)를 한다.

해설 ④, 해당 치수에 (　　)를 하는 경우는 참고 치수를 표시하는 것이다.

05 1/2 척도에서 120mm를 도면에 기재하고자 할 때 얼마로 기재하는가?

120

해설 도면에 표시되는 치수는 척도에 관계없이 해당 치수를 기입해야 된다.

06 부품표(명세표)를 표제란 바로 위쪽에 붙여서 작성하는 경우 품번의 기입 방법은?

아래에서 위로 쓴다.

07 부품표를 우측 상단에 작성하는 경우 품번 기입은? : 위에서 아래로 쓴다.

08 일반적으로 표제란의 위치는?

오른쪽 아래

09 표제란에 기입 사항은?

도면번호, 도명, 투상법, 척도, 각법, 제도자, 검토자, 제도 연월일, 공사명

10 부품표에 기입할 사항은?

품번, 품명, 수량(개수), 무게, 재질

11 일반적인 경우 도면을 접을 때의 크기로 가장 적당한 것은? : A₄

12 일반적으로 도면을 접을 때 도면의 어느 것이 겉으로 드러나게 정리해야 하는가?

표제란이 있는 부분

제3절 문자와 선

1 문자

01 문자의 표시법

① 도면에는 문자는 한글, 숫자, 영문, 로마자 등이 쓰이나, 가능한 문자는 적게 쓰고 기호로 나타낸다.
② 도면에 기입하는 문자는 가능한 간결하게, 가로 쓰기를 원칙으로 한다.
③ 한글은 도면의 품명, 요목표 등에 사용하며, 고딕체로 수직으로 쓴다.
④ 같은 도면에서는 같은 높이로 하며, 문자의 크기는 문자의 높이로 표시한다.

02 제도용 문자의 크기는 무엇으로 나타내는가? : 문자의 높이

해설 2.24, 3.15, 4.5, 6.3, 9mm의 5종

03 일반적으로 문자의 나비는 높이의 얼마로 하며 서체는 어떤 것을 적용하는가?

80 ~ 100%, 고딕체

04 숫자와 로마자 서체

① 주로 아라비아 숫자가 쓰이며 고딕체, 로마체, 이탤릭체, 라운드리체 등이 있다.
② 숫자 크기 : 2.24, 3.15, 4.5, 6.3, 9mm의 5종
③ 로마자는 주로 대문자를 사용하며, 위 5종, 12.5, 18mm 7종이 있다.

05 숫자나 로마자의 글자체는 원칙적으로 수직에 대하여 어떻게 쓰는가?

오른쪽으로 15° 경사체

2 선(line)

01 선의 모양(형상)에 의한 종류

실선, 파선, 쇄선(1점, 2점)

02 굵은 실선(thick line)

① 굵은 실선 : 연속적으로 연결된 0.35 ~1.0mm의 선(주로 0.5mm를 많이 사용)
② 용도 : 외형선, 물체의 보이는 겉모양을 표시하는 선, ──────
③ 아주 굵은 선 : 굵기가 0.7~2.0mm인 선(주로 1mm를 많이 사용)
 - 얇은 판 등을 표시

03 가는 실선(thin line) ────────

① 굵기가 0.18~0.5mm인 선(주로 0.25mm를 많이 사용),
② 용도 : 치수선, 치수보조선, 인출선, 지시선, 해칭선, 파단선(자유실선)

04 치수를 기입할 때 필요하지 않는 선은?

① 파단선   ② 치수 보조선

③ 치수선　　　④ 지시선

해설 ①, 물체의 부분 단면의 표시를 할 때 사용하는 불규칙한 자유실선

05 각종 기호를 따로 기입하기 위하여 도형에서 빼내는 선은? : 지시선

06 파선 --------
짧은 선이 일정한 간격으로 반복되는 선, 실선의 약 1/2, 치수선 보다 굵게 한다.

07 보이지 않는 외형을 나타내는 선으로 사용되는 선은? : 파선(숨은선, 은선)

해설 물체의 외형 중 보이지 않는 부분은 파선을 사용하여 표시하며, 용도로는 숨은선(은선, hidden outline)이라고 한다.

08 1점 쇄선 —–-—–
① 길고 짧은 2종류 선을 번갈아 나열한 선
② 가는 1점 쇄선, 굵은 1점쇄선이 있다.
③ 굵은 1점 쇄선 용도 : 열처리 부분 등 특수한 가공을 실시하는 부분을 표시

09 기어나 체인의 피치선 등은 어느 선으로 표시하는가? : 가는 일점 쇄선

해설 가는 일점 쇄선은 중심선, 피치선 등의 표시에 사용된다.

10 가는 2점 쇄선
① 긴 선과 2개의 짧은 선을 번갈아 규칙적으로 나열한 선, —––--—
② 용도 : 가상선

11 절단선
① 가는 1점 쇄선 끝에 굵은 선과 화살표 사용) ↑ – – ↑
② 용도 : 단면을 그리는 경우, 그 절단 위치를 표시하는 선

12 파단선
① 가는 실선, 자유곡선, ∽
② 물체의 일부를 파단한 곳을 표시하는 선, 끊어 낸 부분을 표시하는 선

13 다음 중 선의 용도에 따른 분류에 속하지 않는 것은?
① 외형선　　　② 가상선
③ 중심선　　　④ 가는 실선

해설 ④, ④는 선의 모양(형태)에 따른 종류이다.

14 가상선(2점 쇄선)의 용도
① 도시된 물체의 앞면을 표시하는 선
② 인접 부분을 참고로 표시하는 선
③ 가공 전, 가공 후의 모양을 표시하는 선
④ 이동 부분의 위치를 표시하는 선
⑤ 공구, 지그 등의 위치를 참고로 표시 선

15 가상 투상도가 쓰이는 경우 중 틀린 것은?
① 물체의 평면이 경사진 경우에 모양과 크기가 변형 또는 축소되어 나타나는 경우
② 반복을 표시하는 경우
③ 물체 일부의 모양을 다른 위치에 나타내는 경우
④ 도형 내에 그 부분의 단면도를 90° 회전하여 나타내는 경우

제4장 _ 도면해독(용접도면해독)

해설 ①, 물체의 경사진면에는 이 면에 직각인 투상면을 투상하는 보조 투상도를 사용한다.

16 기초도에서 기초 위에 설치되는 기계는 다음 중 어느 선으로 나타내는가?

가상선

17 선의 우선 순위

도면에서 2종류 이상의 선이 같은 장소에서 중복될 경우 선의 우선 순위에 따라 그린다.
외형선-숨은선-중심선-무게 중심선-치수 보조선-치수선, 인출선

18 선 긋기 일반 사항

① 평행선은 선 굵기의 3배 이상, 선과 선의 틈새는 0.7mm 이상으로 한다.
② 밀접한 교차선의 경우 선 간격을 선 굵기의 4배 이상으로 한다.
③ 많은 선이 한 점에 집중하는 경우 선 간격이 선 굵기의 약 3배가 되는 위치에서 선을 멈춰 점의 주위를 비우는 것이 좋다.
④ 1점 쇄선 및 2점 쇄선은 긴 쪽 선으로 시작하고 끝나도록 한다.
⑤ 실선과 파선, 파선과 파선이 서로 만나는 부분은 이어지도록 긋는다.
⑥ 1점 쇄선(중심선)끼리 만나는 부분은 이어지도록 긋는다.
⑦ 파선이 서로 평행할 때는 서로 엇갈리게 그린다.

19 두 개의 삼각자(정삼각형, 직삼각형)를 사용하여 그을 수 없는 각도는?

[15°, 75°, 105°, 115°, 130°, 150°]

해설 115°, 130°, 2개의 삼각형(등각, 직각)으로 그릴 수 있는 각도는 15°로 나눌 수 있는 각도이다.

제4절 투상법

❶ 투상법의 종류

01 투상도

어떤 물체에 광선을 비추어 하나의 평면에 맺히는 형상, 크기, 위치 등을 일정한 법칙에 따라 표시하는 것이다.

02 투상도의 종류

정투상도, 등각 투상도, 부등각 투상도, 사향(사투상)도, 투시도

03 정투상도

① 3개의 투상화면(입화면, 평화면, 측화면) 중간에 물체를 놓고 평행 광선에 의해 투상되는 모양을 그린 도면
② 제1각법과 제3각법이 사용된다.
③ 투상선과 투상면과의 관계는 수직이다.

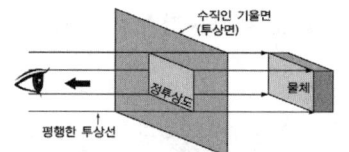

[정투상도의 원리]

04 기계 제도에서는 어떤 방법을 사용하는 것이 원칙인가? : 정투상법

05 투상면에 대해 경사진 평행 광선에 의

해 투상한 것으로 기울어진 각도가 같은 투상도는? : 등각 투상도

해설 등각 투상도는 물체를 입체적으로 도시하기 위해 수평선과 2축의 각도가 30°를 이루며, 2축과 90°를 이룬 수직축의 3축이 투상면 위에서 120°의 등각이 되도록 물체를 투상한 것

06 부등각 투상도

서로 직교하는 3개의 면 및 3개의 축에 각이 서로 다르게 경사져 있는 그림으로 2각이 같은 것을 2축 투상도, 3각이 전부 다른 3축 투상도

07 사향(사투상)도

물체의 주요면을 투상면에 평행하게 놓고 투상면에 대하여 수직보다 다소 옆면에서 보고 측면의 변을 일정한 각도만큼 기울여 표시하는 것이다.

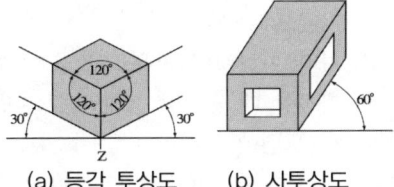

(a) 등각 투상도   (b) 사투상도

08 시점에 가까운 부분을 크게 시점에서 멀수록 작게 나타나며 물체를 본 그대로를 그리는 도법은? ; 투시도

해설 투시도는 물체를 원근감을 갖도록 그린 그림으로 토목, 건축 제도에 주로 사용.

❷ 제1각법과 제3각법

01 제1각법

① 투상면 앞쪽에 물체를 놓고 물체의 앞쪽에서 투상면에 수직으로 비치는 평행광선과 같은 투상선으로 물체의 모양을 투상면에 그리는 것
② 눈→물체→투상면의 식으로 배열
③ 건축, 조선 제도에 주로 쓰인다.

02 정면도를 중심으로 각각 보는 위치와 정반대되는 쪽에 투상도가 그려지는 각법은? : 제1각법

03 제3각법

① 물체를 제3각 안의 투상면 뒤쪽에 물체를 놓고 물체의 앞쪽 투상면에 물체를 그리는 것
② 눈→투상→물체의 식으로 배열 각법
③ 기계 제도에서는 3각법을 사용하는 것이 원칙이다.

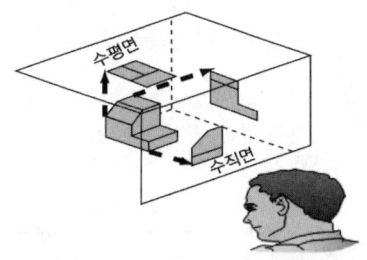

04 제1각법과 제3각법의 기호

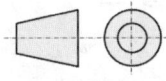 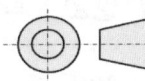

(a) 제1각법 기호   (b) 제3각법 기호

해설 표제란에 '제1각법', 또는 '제3각법'의 문자나 위 그림과 같은 각법의 대표 기호를 표시한다.
한국, 미국, 캐나다, 일본 등은 제3각법,, 독일, 프랑스, 스위스 등은 제1각법 사용

05 제1각법과 비교한 제3각법의 장점

① 각 투상도의 비교가 쉽고 치수 기입이 편리하다.
② 정면도를 중심으로 할 때 물체의 전개도와 같기 때문에 그림을 보기가 쉽다.
③ 특히 긴 물체나 경사면을 갖는 물체는 제 3각법으로 표현하는 것이 편리하다.
④ 제1각법은 관련 형상을 표현한 투상도가 멀리 떨어져 있으므로 형상 이해 및 치수 판독시 잘못을 일으키기 쉽다.

06 다음 중 제3각법의 장점이 아닌 것은?

① 각 관계도의 배열이 실물의 전개도와 다르므로 대조가 편리하다.
② 보조 투상도 및 국부 투상도를 그릴 때는 도면을 보기 쉽다.
③ 각 관계도가 가까운 곳에 있으므로 도면 대조에 편리하다.
④ 정면도를 기준으로 상하 좌우에서 본 그대로 상하 좌우에 그린다.

해설 ①, 도면의 배열이 실제로 사물을 보는 것과 같은 위치에 있다.

제5절 ▶ 도형의 표시 방법

❶ 필요한 투상도의 수

01 1면도

정면도 하나로 충분한 원통, 각기둥, 평판 등과 같이 단면의 모양이 균일하고 모양이 간단한 물체를 표현할 때 적용한다.

02 2면도

평면형 또는 원통형인 간단한 물체는 정면도와 평면도나 다른 면도 2면으로서 완전하게 표현할 수 있을 경우 적용한다.

03 3면도

3개의 투상도로 완전히 도시할 수 있는 것을 말하며, 정면도, 평면도, 우측면도를 주로 택한다.

❷ 투상도의 선택과 종류

01 투상도 선택의 원칙

① 숨은선이 적게 되는 투상도를 택하며, 정면도를 중심으로 그 위쪽에 평면도, 또는 오른쪽에 우측면도를 택하는 것이 원칙이다.
② 정면도와 평면도 또는 정면도와 측면도의 어느 것으로 나타내어도 좋은 경우는 투상도 배치가 좋은 쪽을 택한다.

02 도형의 방향 선정에 대한 설명 중 틀린 것은?

① 그 부분의 가공량이 가장 많은 공정을 기준으로 한다.
② 가장 가공량이 많은 공정을 기준으로 가공할 때 놓여진 상태와 같은 방향으로 도면에 표시한다.
③ 작업의 중점이 되는 부분이 오른쪽에 오도록 그린다.
④ 그리기 편한대로 그린다.

해설 ④, 원칙에 맞추어 그려야 이해가 쉽고 적용하기 편하다.

03 정투상도의 선택

① 물체의 특징, 모양, 치수를 가장 명료하게 나타내는 쪽을 선택하고 이것을 중심으로 측면도, 평면도 등을 보충한다. 다만 비교 대조가 불편할 때는 숨은선으로 표시해도 무방하다.

② 물체는 될 수 있는대로 안전하고 자연스러운 위치를 나타낸다.
③ 조립도 등 주로 기능을 나타내는 도면은 대상물을 사용하는 상태로 표시한다.

04 물체의 모양을 가장 잘 나타낼 수 있는 면은 어디에 배치하는가?

정면도

05 입체의 높이가 나타나지 않는 투상도는?

평면도

06 기어나 벨트 풀리의 정면도는 다음 중 어느 것이어야 하는가?

축 방향에서 본 그림

07 국부 투상도(local view)

정면도 하나만으로 충분한 도면이 키 홈 때문에 불필요한 평면도까지 그리게 되는 것을 피하여 키 홈 부분만 나타낸 것처럼 그려진 투상도이다.

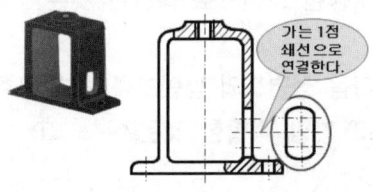

08 부품을 정면도 외에 측면도나 평면도를 다 그릴 필요가 없을 때 일부분만 그린 것을 무엇이라고 하는가?

국부 투상도

09 다음 그림의 A와 같은 투상도를 무엇이라 하는가?   : 부(보조) 투상도

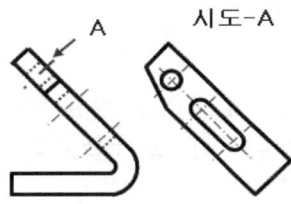

해설 정투상도로 표현하기 어려운 경사진 부분을 경사면과 평행한 위치에 경사면에 수직으로 투상하면 경사진 부분의 실제 모양을 나타내기가 쉽다.

10 부분 투상도

그림의 일부를 도시하는 것으로도 충분한 경우에 일부분만 표시한다. 생략한 부분과 경계를 파단선(가는 실선)으로 나타내고, 명확한 경우에는 생략이 가능하다.

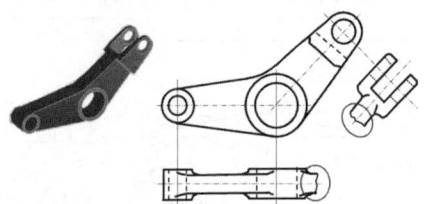

11 확대 투상도

특정한 부분의 도형이 너무 작아 그 부분을 상세하게 표현하거나 치수 기입을 할 수 없을 때 그 부분을 가는 실선으로 에워싸고 문자로 표시하며, 확대 표현한다.

12 회전 투상도

대상물의 일부가 어느 각도를 가지고 있기 때문에 그 모양을 나타내기 위해 그 부분을 회전해서 실제 모양을 나타내는 투상도

13 아래 도면 (1)을 보고 평면면도로 적합한 것을, 도면 (2)를 보고 정면면도로 적합한 것을 보기에서 고르시오.

(1)-①, (2)-③

14 아래 도면 (3)을 보고 정면도로 적합한 것을 보기에서 고르시오. : ③

15 아래 도면 (4)를 보고 우측면도로 적합한 것을 보기에서 고르시오. : ⑧

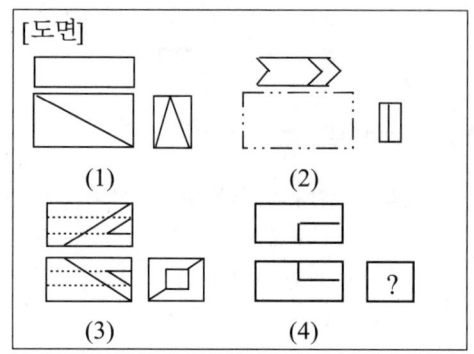

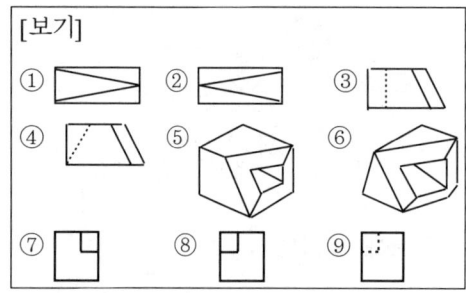

16 다음 그림과 관계되는 평면도는 어느 것인가? ③

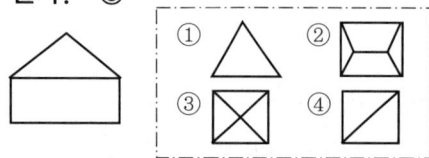

17 아래 입체도 (1)을 보고 좌측면도로 적합한 것을 보기에서 고르시오. : ②

18 아래 입체(겨냥)도 (2)를 보고 평면도로 적합한 것을 보기에서 고르시오 : ③

19 아래 입체도 (3)에서 화살표 방향으로 투상한 도면으로 적당한 것은? : ⑥

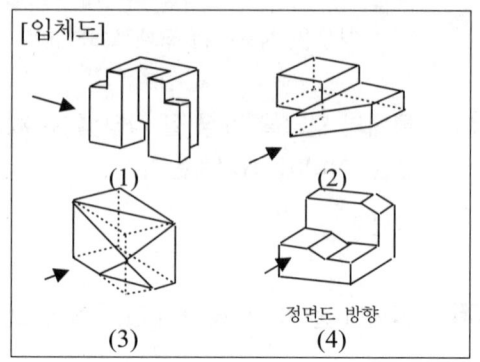

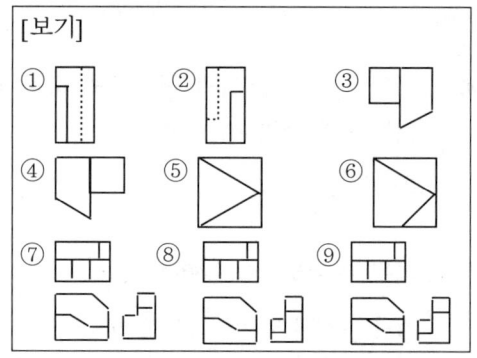

20 위의 입체도 (4)에서 화살표 방향으로 투상한 도면으로 적당한 것은? : ⑧

21 다음 정면도와 평면도를 보고 우측면도로 가장 적합한 것은? : ①

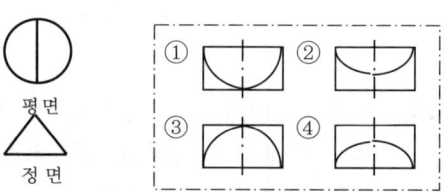

22 다음 도면은 정면도와 우측면도만 도시되어 있다. 제3각 투상에서 평면도로 적당한 것은 어느 것인가? : ①

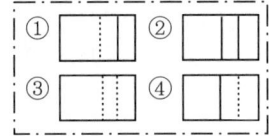

해설 ②, 배면도가 아니라 평면도이다.

23 화살표 방향이 정면도일 경우 평면도로 가장 적합한 것은? : ①

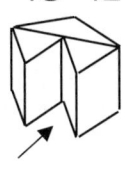
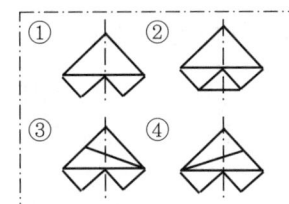

27 다음은 3각법으로 그린 투상도이다. 옳게 투상한 것은 어느 것인가? : ④

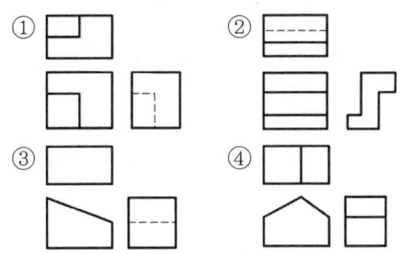

24 다음 도면에서 잘못된 것은? : ③

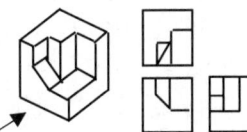

① 정면도　② 측면도
③ 평면도　④ 측면도, 평면도

28 다음 투상도는 어느 겨냥도에 해당되는가? : ③

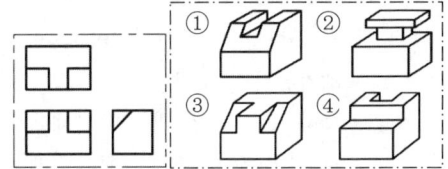

25 다음에 나타낸 정면도에 해당되는 평면도는? : ②

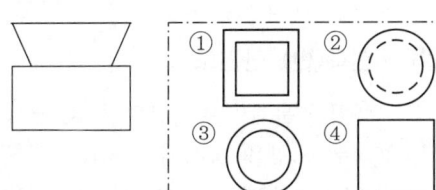

29 다음은 3각법으로 그린 투상도이다. 틀린 것은 어느 것인가? : ③

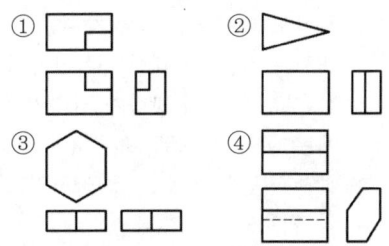

26 다음 그림을 3각법으로 제도했을 때 투상도의 이름이 틀린 것은?

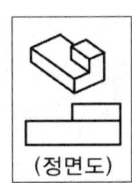
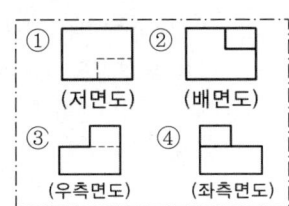

❸ 단면의 표시법

01 단면도를 하는 이유

① 물체 내부 모양이나 구조가 복잡한 경우
② 투상도에 숨은선이 많아 정확하게 형상을 읽기 어려울 때

04 단면도 표시법

절단 또는 파단하였다고 가상하여 물체 내부가 보이는 것과 같이 표시하면 대부분의 숨은선이 생략되고 외형선으로 도시되며, 해칭이나 스머징한다.

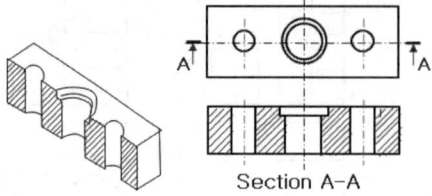

02 단면의 원칙

① 원칙적으로 기본 중심선으로 절단한 면으로 표시한다.
② 필요한 경우 기본 중심선이 아닌 곳에서 절단하여 그려도 되며, 숨은선은 이해가능하면 생략한다.
③ 상하 또는 좌우 대칭인 물체에서 외형과 단면을 동시에 나타낼 때에는 보통 대칭 중심의 위쪽 또는 오른쪽을 단면으로 나타낸다.

03 절단면 설치 위치와 한계 표시 방법

① 투상도에서 절단면 설치 위치와 한계 표시는 가는1점 쇄선으로 나타내며, 시작 부분과 선의 방향이 달라지는 부분에는 굵은 선으로 표시한다.
② 절단 평면의 기호는 정면도에 그 문자와 기호를 표시한다.
③ 부분 단면의 단면선은 단면의 한계를 표시하는 불규칙한 프리 핸드로 그린다.

04 해칭(hatching) 또는 스머징법

① 절단면을 단면하지 않은 면과의 구별을 위하여 가는 평행 경사선(해칭선)이나 스머징으로 표시한다.
② 같은 부품의 단면은 단면 부위가 멀리 떨어져 있더라도 방향과 간격은 같아야 한다.
③ 서로 인접한 여러 단면의 해칭은 각도를 30°, 45°, 60° 또는 간격을 달리한다.

05 도면에서 어떤 경우에 해칭을 하는가?

절단 단면을 표시할 경우

06 단면도의 종류

온단면도, 한쪽 단면도, 부분 단면도, 계단 단면도, 회전 단면도

07 온(전) 단면도에 대한 설명 중 틀린 것은?

① 물체의 1/2을 절단한 것이다.
② 물체의 전면을 단면도로 표시한 것이다.
③ 단면선은 30°로 긋는 것이 원칙이다.
④ 중심선을 지나는 절단 평면으로 전면을 자르는 것이다.

해설 ③, 단면선은 45°로 긋는 것이 원칙.

08 한쪽(반) 단면도

대칭인 물체의 중심선을 기준으로 내부와 외부 모양을 동시에 나타내도록 물체의 1/4을 잘라내어 나타낸 단면도. 단면은 중심선을 기준으로 오른쪽 또는 위쪽에 표현

09 부분 단면도(local sectional view)

물체에서 단면을 필요로 하는 임의의 부분에서 일부만을 떼어낸 단면으로, 단면의 경계는 파단선을 프리핸드(가는 자유실선)로 표시한다.

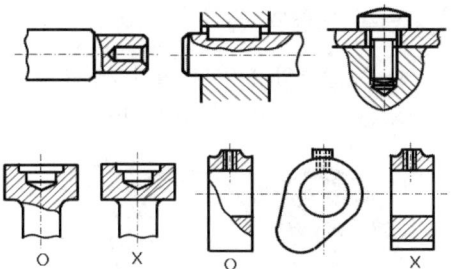

10 다음 도면 중 회전 단면이 아닌 것은?

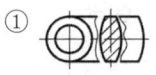 

 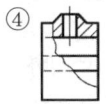

해설 ④, 부분 단면도이다.

11 회전 단면도

① 핸들, 벨트 풀리, 기어, 바퀴의 암(arm), 림(rim), 리브, 훅(hook), 축등의 절단면을 90도 회전하여 그린 단면도.
② 물체를 파단선으로 자르고 절단한 곳에 단면을 나타낸다.
③ 회전 단면 작성시 사용되는 선은 파단한 경우 굵은 실선, 도면 내에 그리는 경우 가는 실선으로 그린다.

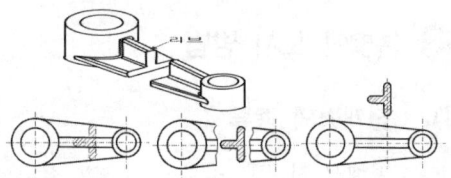

12 다음과 같은 구조물의 도면에서 A, B의 단면도는?

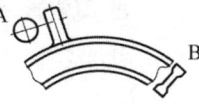

회전 단면도

13 계단 단면도

절단면이 투상면에 평행 또는 수직한 여러 면으로 되어 있어 명시할 곳을 계단 모양으로 절단하여 나타낸 도면이다.

14 얇은 부분의 단면도

① 가스켓, 철판 및 형강 제품 등 얇은 제품의 단면은 1개의 굵은 실선으로 표시
② 개스켓(Gasket), 양철판(Tin-Plate) 또는 형강 같은 극히 얇은 단면은 굵게 흑색실선으로 표시하고 이들 사이의 간격은 백색 공간으로 표시한다.
③ 해칭선은 그림이나 글자에 대하여 중단될 수 있으나 외형선 밖으로 연장되어서는 안된다.

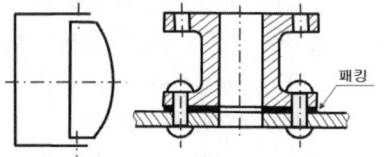

15 길이 방향으로 절단하지 않는 부품

① 속이 찬 원주 및 각주 모양의 부품 : 축(Shaft), 핀, 볼트, 너트(Nut), 와셔, 작은 나사, 멈춤 나사, 리벳(Rivet), 키(Key), 테이퍼 핀, 볼 베어링의 볼 등
② 얇은 부분(단면하면 잘 못 판독 염려가 있는 것 : 리브(Rib), 웨브(Web) 등
③ 부품의 특수한 부분(단면하면 모양이 불확실해 지는 것) : 암(Arm), 기어의 이(Tooth) 등

16 다음 단면도 중 옳게 도시된 것은? ②

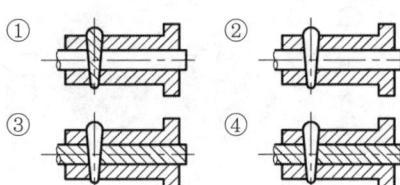

17 다음 그림과 같이 특정 부분을 옳게 그려진 것은? : ①

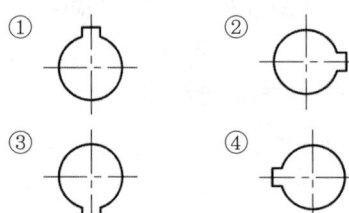

④ 도형의 생략

01 도형의 생략 원칙

① 도면은 가급적 간단 명료하고 깨끗하게 그려 제도 시간과 노력은 적게 한다.
② 좌우 상하 대칭인 물체는 한쪽만 그려도 이해하는데 지장이 없는 경우 한쪽을 생략할 수 있다.
③ 일직선 위에 같은 간격, 같은 크기로 뚫린 많은 구멍은 처음과 마지막 부분의 몇 개만 그리고, 나머지 부분은 구멍의 중심 위치만 표시한다.

02 대칭 도형의 생략

① 대칭인 도형의 한쪽을 생략하여 그릴 때에는 그림 (a)와 같이 중심선 양 끝에 대칭 도시 기호를 그려 넣어야 한다.
대칭 도시 기호는 가는 실선으로 그린다.
② 중심선을 조금 넘게 그린 경우에는 대칭 도시 기호를 그리지 않는다. (b) 생략한 부분과의 경계는 파단선으로 그린다.

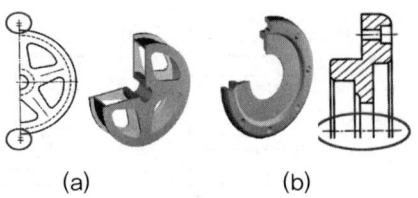

03 반복 도형의 생략

같은 종류의 모양이 여러 개 규칙적으로 있는 경우 다음과 같이 생략이 가능하다.

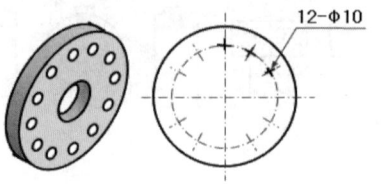

04 도형의 중간 부분의 생략

일정한 단면 모양의 부분 또는 테이퍼 부분이 긴 경우에는 중간 부분을 절단하여 짧게 도시할 수 있다.

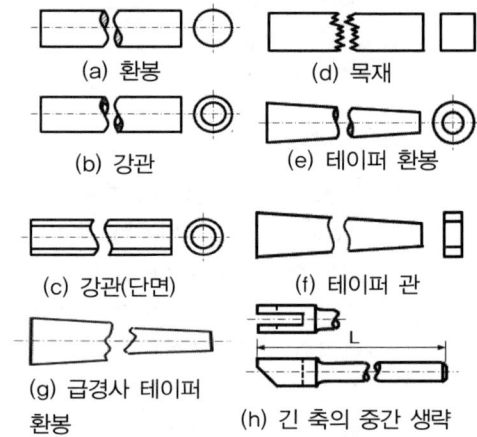

⑤ 특별한 도시 방법

01 전개법의 종류

평행선 전개법, 방사선 전개법, 삼각형 전개법

02 입체의 모양을 한 평면 위에 펼쳐서 그린 그림을 무엇이라고 하는가?

전개도

**03 판금 작업 중 전개도를 그리는 방법(종

류)으로 옳지 않은 것은?

① 삼각형법 ② 방사선법
③ 직각법   ④ 평행선법

해설 ③, 원뿔 전개에는 방사선법이 좋다.

04 그림과 같이 안지름 550mm, 두께 6mm, 높이 900mm 인 원통을 만들려고 할 때 소요되는 철판의 크기로 가장 적당한 것은? (단, 양쪽 마구리는 트여진 상태이며 이음매 부위는 고려하지 않는다.)

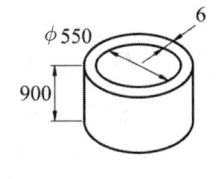

해설 900×1747
원통 굽힘 소재 길이 계산은 내경으로 표시된 경우는 (내경+t)×3.14를 외경으로 표시된 경우는 (외경-t)×3.14로 계산한다.

05 다음 경사 방향으로 절단된 원뿔을 전개할 때 옳은 것은? ①

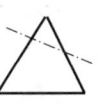

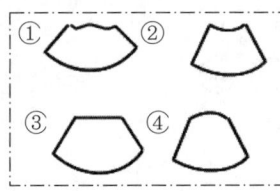

06 다음 원추를 단면한 표면에서 수직되게 보았을 때 어떤 모양이 되는가?

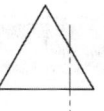

포물선

08 원통에 정원을 뚫었을 때 전개도는? ④

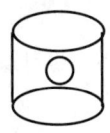
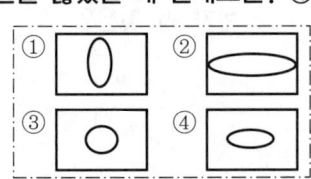

07 다음은 정면도를 보고 전개한 것이다. 바르게 전개된 것은? : ②

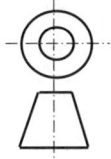
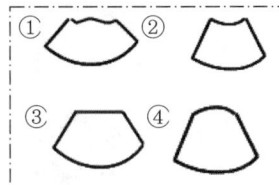

09 평행선 전개법

주로 각기둥이나 원기둥을 전개할 때 사용하며, 한쌍의 삼각자, 디바이더나 컴퍼스만 있으면 가능하다.

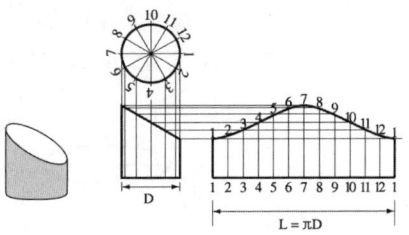

(a) 물체   (b) 정면도와 평면도를 그린다.

10 삼각형 전개법

입체의 표면을 여러 개의 삼각형으로 나누어 전개하는 방법이다. 꼭지점이 너무 멀리 떨어져 있어서 방사선 전개도법을 적용하기 어려운 원뿔이나 편심 원뿔, 각뿔 등의 전개도에 많이 사용한다.

11 방사선 전개법

각뿔이나 원뿔의 전개에 사용하며 꼭지점을 중심으로 방사형으로 전개시키는 방법

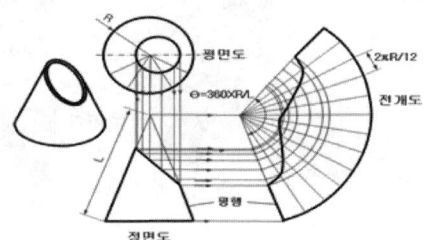

12 구형 등에 평면의 표시

도형 내에 특정한 부분이 평면인 것을 표시할 필요가 있을 때는 가는 실선(0.25mm)을 대각선으로 그어준다.

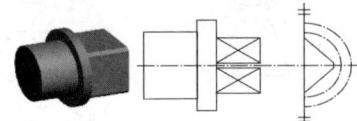

13 특수 가공 부분의 표시

물체의 일부분에 특수 가공을 하는 경우에는 그 범위를 외형선과 평행하게 약간 떼어서 굵은 일점 쇄선으로 표시한다.

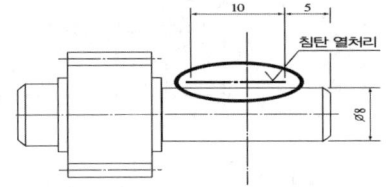

14 상관체와 상관선

① 상관체 : 2개 이상의 입체가 서로 관통하여 하나의 입체로 된 것
② 상관선 : 상관체가 나타난 각 입체의 경계선

15 지름이 같은 원기둥과 원기둥이 직각으로 만날 때의 상관선 표시는? : 직선

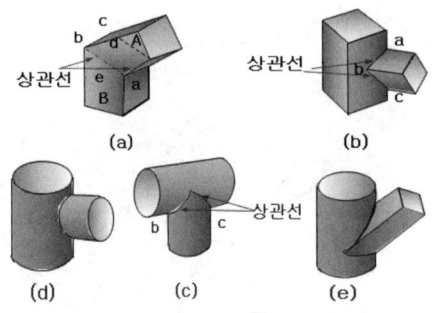

16 다음은 지름이 같은 상관체의 그림이다. 상관선이 맞지 않는 것은? ②

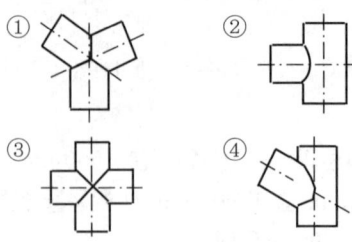

17 표준 부품의 표시

① KS규격에 규정된 표준 부품이나 시중 판매품을 사용할 경우는 간략도를 그리고 주요 치수를 기입하면 된다.
② 볼트, 와셔, 핀, 구름 베어링 등

18 특정 모양 부분의 표시 방법

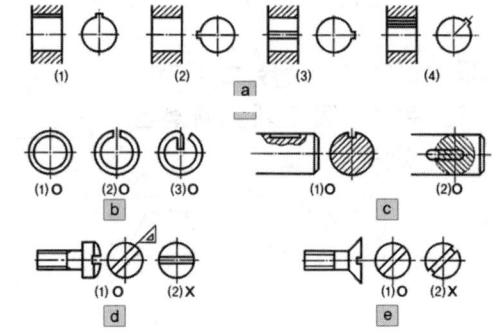

제6절 스케치

❶ 스케치 개요와 방법

01 스케치도의 필요성에 대한 설명 중 관계가 먼 것은?

① 실물을 보고 실물과 같은 물건을 만들고자 할 때

② 기계를 개조할 필요가 있을 때
③ 기계, 기구의 일부가 파손되어 그 부품을 만들고자 할 때
④ 기계 기구 등을 새로 구입할 때

해설 ④, 기계 기구 등을 새로 구입할 때나 제작도를 오래 보존할 경우는 스케치가 필요없다.
스케치도는 제3각법으로 그리는 것이 원칙이다.

02 다음은 스케치도에 대한 설명이다. 틀린 것은?

① 프리 핸드로 그린다.
② 규격품은 따로 도면을 작성한다.
③ 가공방법, 끼워 맞춤 정도 등을 기입한다.
④ 조립에 필요한 사항을 기입한다.

해설 ②, 규격품은 따로 도면을 작성하지 않고 바로 부품표에 규격을 기입하면 된다.

03 스케치 방법

부품의 모양에 따라서 프리 핸드법, 프린트법, 본(모양) 뜨기법, 사진 촬영법 등이 있다.

04 스케치할 때 부품의 표면에 광명단을 칠한 후 종이에 대고 눌러서 실제 모양을 뜨는 방법을 무엇이라고 하는가?

프린트법

해설 스케치할 때 광면단 등 도료를 발라 실형을 뜨는 방법을 프린트법이라고 한다.

05 스케치할 물체를 직접 종이에 대고 그리는 방법은? : 본(모양) 뜨기법

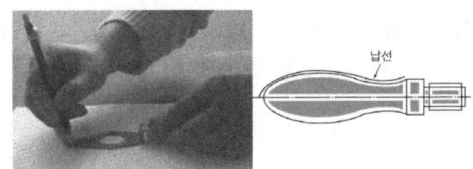

[직접 본뜨기법]   [간접 본뜨기법]

06 사진 촬영법

사진 촬영법 적용시 크기를 알기 위해 자 또는 길이의 기준이 되는 물건과 같이 촬영하는 것이 좋다.

07 스케치할 때 재질 판정법이 아닌 것은?

②

① 색깔이나 광택에 의한 판정법
② 피로 시험에 의한 판정법
③ 불꽃 검사에 의한 판정법
④ 경도 시험에 의한 판정법

08 스케치에 의하여 제작도를 완성할 경우 제도 순서를 나열한 것은?

전체 조립도 - 부품도 - 부분 조립도

제7절 치수 표시법

1 치수의 종류와 기입의 원칙

01 다음 중 도면에 기입되는 치수의 종류가 아닌 것은?

① 재료 치수   ② 소재 치수
③ 여유 치수   ④ 마무리(완성)치수

해설 ①, 재료 치수 ; 구조물 등의 제작에 사용되는 재료의 다듬질 치수를 포함한 치수

02 제도에서는 특별히 명시하지 않은 경우 어느 치수를 기입하는게 원칙인가?

마무리(완성) 치수

03 치수 종류의 특성

① 재료 치수 : 구조물 등 제작에 사용되는 재료의 다듬질 치수를 포함한 치수
② 소재 치수 : 주물이나 단조품 등 반제품의 치수
③ 완성(마무리) 치수 : 완성 제품의 치수

04 치수 기입의 일반 원칙(주의 사항)

① 정확하고 이해하기 쉽게 한다.
② 제작 공정이 쉽고 가공비가 최저로서 제품이 완성되는 치수로 한다.
③ 치수는 주로 정면도에 집중되게 하며, 일부 평면도나 측면도에 표시할 수 있다.
④ 두께 치수는 주로 평면도나 측면도에 기입한다.
⑤ 수직선에 대하여 시계 반대 방향 30° 이하의 부분에는 치수 기입을 피한다.
⑥ 수평 치수선에 대하여는 위쪽으로 향하게, 수직 치수선에는 왼쪽 방향으로 치수선 중앙 치수선 위에 기입한다.

05 치수의 단위

① 길이 : 보통 완성 치수를 mm 단위로 하며, 단위는 붙이지 않는다.
치수의 소수점은 아래 점으로 표시하며, 치수 문자의 자리수가 많은 경우라도 3자리마다 콤마는 찍지 않는다.
② 각도 : 보통 '도'로 표시하며, 필요한 경우 숫자의 오른쪽에 도, 분, 초(°, ″, ′)를 기입한다.

06 다음 중 치수 기입시 주의 사항으로 적합하지 않은 것은?

① 계산하지 않고 치수를 볼 수 있게 한다.
② 제품이 완성되는 치수로 한다.
③ 치수는 주로 정면도에 집중되게 기입한다.
④ 두께 치수는 반드시 우측면도에 기입한다.

해설 ④, 두께 치수는 가급적 평면이나 측면도에 기입한다.

07 치수 기입시 주의 사항이 아닌 것은?

① 치수는 치수선이 교차하는 곳에 기입하지 않는다.
② 여러 개의 구멍 치수 기입시 치수선의 간격을 동일하게 한다.
③ 대칭 도형의 치수선을 생략할 경우 중심선을 넘도록 그린다.
④ 원호가 180°를 넘는 경우 R로 표시한다.

해설 ④, 원호가 180°를 넘는 경우 ϕ로 표시한다.

08 치수 기입법에서 올바르게 설명한 것은?

같은 치수를 기호 문자로 기입하고 수치는 별도로 할 수 있다.

해설 특별히 명시하지 않은 치수는 완성 치수이며, 작업자가 계산하지 않도록 기입한다.

09 다음 중 치수선에 치수 기입시 위치

① 수평 치수선에 대하여 위쪽으로 향하게
② 수직 치수선에 대하여 좌측으로 향하게

10 치수와 같이 사용되는 문자, 기호

구분	기호	구분	기호
지름	ϕ	판두께	t
반지름	R	원호 길이	⌒
구의 지름	Sϕ	45° 모따기	C
구의 반지름	SR	참고 치수	( )
정사각형 변	□		

11 다음 중 치수와 같이 사용되는 기호가 아닌 것은 어느 것인가?

① □ 5 ② ⊠ 5
③ 구ϕ5 ④ R 5

해설 ⊠는 원형 물체 등에 키 홈 등 평면임을 나타내는 도시법이다.

❷ 치수 기입의 구성 요소

01 치수 구성요소

치수는 두개의 선이나 평면 사이 등 상호 간의 거리를 표시하기 위해 사용하며, 치수선과 치수 보조선, 인출선, 지시선 등으로 나타내며, 0.3mm 이하의 가는 실선으로 그린다.

02 치수선 표시 예

① 수치가 적용되는 구간을 나타내며, 외형선과 평행하게, 외형선에서 10~15mm 정도 띄어서 그리며, 끝부분은 화살이나 검은 점으로 나타낸다.
② 외형선, 다른 치수선과 중복을 피한다.
③ 외형선, 숨은선, 중심선, 치수 보조선은 치수선으로 사용하지 않는다.
④ 화살표의 길이와 폭의 비율은 보통 4 : 1 정도로 하며, 보통 3mm 정도로 하며, 같은 도형에서는 같은 크기로 한다.

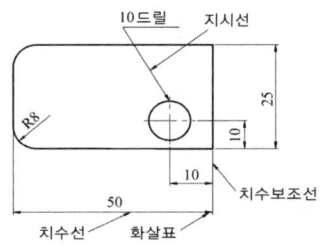

03 치수 보조선

① 치수선을 긋기 위한 보조선으로 도형의 외형선에서 1mm 정도 띄어 외형선과 수직 또는 경사지게 긋는다.
② 테이퍼부의 치수를 나타낼 때는 치수선과 60° 경사로 긋는 것이 좋다.
③ 치수 보조선의 길이는 치수선과 교차점보다 약간(약 3mm) 길게 긋도록 한다.

04 지시선과 인출선

구멍 치수나 가공 방법, 지시 사항, 부품 기호 등을 기입하기 위해 경사지게 그리며, 지시선은 60도 사용이 일반적이다.

05 다음 도면에서 지름 8mm의 구멍의 수는 모두 몇 개인가? : 38

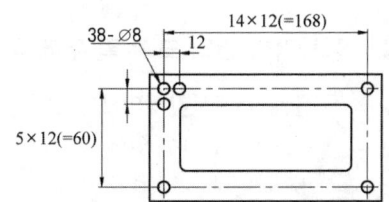

06 다음과 같은 도면에서 A와 B 부분의 치수가 빠져있다. 옳은 치수는 얼마인가?

A : 1240, B : 1480

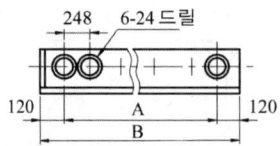

해설 A부분의 치수는 6-4드릴이며, 1칸의 간격이 248이므로 (구멍수 - 1) × 1칸의 간격 = (6 - 1) × 248 = 1240이 된다. B 치수는 A + 양측 간격 = 1240 + 240 = 1480이 된다.

❸ 여러 가지 치수 기입 방법

01 지름 및 반지름 치수 기입

① 지름의 치수 기입 : 치수 앞에 지름 기호를 붙이며, 지름의 크기가 다르며 연속되고 길이가 짧아 치수를 기입할 공간이 작은 경우 인출선을 끌어내어 기입한다.

② 반지름의 치수 기입 : 물체의 모양이 원형으로 반지름 치수를 표시할 때 치수선의 화살표를 원호 쪽에만 붙이고 반지름 기호 R을 붙인다.

③ 구의 지름은 치수 앞에 'Sϕ'를, 구의 반지름은 'SR'을 붙인다.

02 정사각형 변의 크기 및 두께 치수 기입

① 물체가 정사각형의 모양을 한 경우 해당 단면의 치수 앞에 정사각형 기호 □를 붙인다.

② 두께 : 판재는 보통 평면 상태를 정면도로 하며 투상도 안에 t자를 붙이고 치수를 기입함이 원칙이나 알아보기 쉬운 적당한 위치에 기입한다.

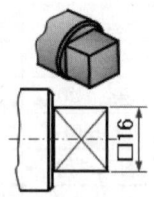 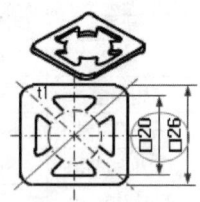

(a) 단면에 직접 기입   (b) 한 변에 치수를 기입

03 현, 원호 및 곡선 치수 기입

① 현 길이 : 원칙적으로 측정할 방향으로 현의 직각에 치수 보조선을 긋고 현에 평행하게 치수선을 그어 치수를 기입한다.

② 원호 : 현의 길이와 같이 치수 보조선을 긋고 그 원호와 동심의 원호로 치수선을 그은 후 치수를 기입하고 원호 기호 ⌢를 붙인다.

③ 원호로 구성된 곡선 : 원호 반지름과 그 중심 또는 원호와의 접선 위치까지를 기입한다.

④ 원호로 구성되지 않은 곡선 : 기준면 기준 또는 곡선상 임의 점 위치를 기점 기호로 표시하고 좌우로 치수를 기입한다.

04 각도, 호, 현의 표시법

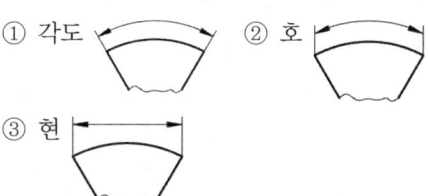

05 구멍 치수 기입

① 같은 크기의 구멍이 하나의 투상도에 여러 개 있을 경우 구멍으로부터 지시선을 긋고 그 위에 '구멍수-구멍 치수'를 기입한다.

② 피치 간격 치수는 '피치 총수×1개의 피치 치수(=전체 치수)'를 기입한다.

③ 구멍이 원으로 그려져 있는 투상도에 기입시 구멍의 크기 치수 다음에 '깊이' 문자 기호와 깊이 치수를 기입한다. 드릴 끝의 원뿔 부분은 포함하지 않은 깊이이다.

06 테이퍼 및 기울기 치수 기입

테이퍼는 원칙적으로 중심선 위에 기입하나, 기울기 크기와 방향을 별도로 지시할 때는 인출선을 써서 기입한다.
기울기는 기울어진 면의 위로 약간 띄워서 기입한다.

07 모따기 치수 기입

① 모따기 각도가 45° 이하일 때는 보통의 치수 기입 방법과 같이한다.
② 모따기 각도가 45°일 때는 'C7' 또는 7×45°

08 형강, 강관 등의 치수 기입

'형강기호 세로 길이(A)×가로 길이(B)×두께(t) - 길이(L)로 기입한다.
① 앵글 : L A × B × t - L
② 부등변 앵글 : L A × B × t1 ×t2- L
③ ㄷ형강 : ㄷ A × B × t1 ×t2- L
④ I형강 : I A × B × t - L
⑤ H형강 : H A × B × t - L

09 다음 둥근 머리 리벳 중 공장 리벳 이음 작업을 나타낸 것은? : ②

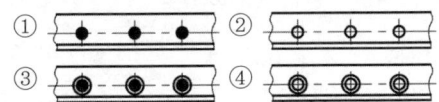

해설 ① 현장 리벳이음

10 치수 기입시 주의 사항

① 치수 수치는 절대 도면 선 위에 표시하지 않는다.
② 치수 수치는 치수선이 교차하는 곳에 기입하지 않는다.
③ 인접해서 연속되는 경우 동일 직선상에 가지런히 긋고 기입한다.
④ 여러 개의 구멍 치수 기입시 치수선의 간격을 동일하게 한다.
⑤ 대칭 도형의 치수선을 생략할 경우 중심선을 넘도록 그린다.
⑥ 동일 형상의 다른 치수는 기호를 써서 별도로 표시할 수 있다.
⑦ 서로 경사진 모따기, 둥글기가 있을 때는 두 면의 교차점을 표시하고 치수 보조선을 끌어내어 치수선을 긋는다.
⑧ 원호가 180°를 넘는 경우 지름으로 표시하는 것이 원칙이다.
⑨ 가공, 조립시에 기준면이 있는 경우 기준면을 기준으로 기입한다.
⑩ 서로 관련되는 치수를 한곳에 모아서 기입하는 것이 좋다.

제8절 재료 기호 및 표시 방법

1 재료 기호의 구성

01 재료 기호 구성

재료 기호는 영문자와 아라비아 숫자로 구성되어 있으며, 보통 3부분으로 표시하나, 다섯 자리로 표시하기도 한다.
4번째는 제조법, 5번째는 제품 형상 표시

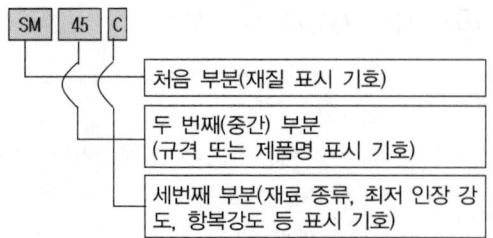

기호	기호의 의미	적 용
5A	5종 A	SPS 5A
A	A종	Sn400 A
C	탄소 함량 (0.10~0.15%)	SM 12 C
330	최저 인장 강도 또는 항복점	WMC 330

02 처음 부분 : 재질

기호	재 질	기호	재 질
Al	알루미늄	MSr	연강
Bs	황동	S	강
Cu	구리 또는 그 합금	SM	기계 구조용강
PB	인 청동	WM	화이트 메탈

03 두 번째(중간) 부분 : 규격명, 제품명

영문자의 머리글자(대문자)로 표시하고 판·봉(bar), 선재와 주조품, 단조품 등과 같은 제품의 모양에 따른 종류나 용도를 표시한다.

기 호	제품명 또는 규격명
B, C	B : 봉(bar), C : 주조품
F, K	F : 단조품, K : 공구강
BC / BsC	청동주물 / 황동주물
DC / CS	다이케스팅 / 냉간압연재
CP	냉간 압연 연강판
HP	열간 압연 연강판
G / KH	고압가스용기 / 고속도공구강
MC / NC	가단주철품 / 니켈크롬강
NCM	니켈 크롬 몰리브덴강
P, W	P : 판(plate), W : 선(wire)
PW	피아노 선(piano wire)
S / SW	일반구조용압연재 / 강선
TC / WR	탄소공구강 / 선재(wire rod)

04 세 번째 부분

재료의 종류 번호, 최저 인장 강도와 제조 방법, 열처리 방법 등을 표시한다.

05 네 번째 부분

구 분	기호	기호의 의미
조질도 기호	A	풀림 상태(연질)
	H / 1/2H	경질 / 1/2 경질
표면 마무리 기호	D	무광택 마무리
	B	광택 마무리
열처리 기호	N / Q	불림 / 담금질, 뜨임
	SR	시험편에만 불림
형상기호	P	강판
	□ / 6	각재 / 6각강
	I / C	I형강 / 채널
기 타	CF	원심력 주강판
	CR	제어 압연 강판
	R	압연 그대로의 강판

❷ 재료 기호 표시의 예

01 SS 275(KS D) 3503의 일반 구조용 압연강재 등

1) SS 275

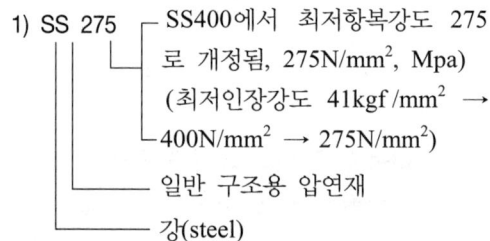

- SS400에서 최저항복강도 275로 개정됨, 275N/mm², Mpa) (최저인장강도 41kgf/mm² → 400N/mm² → 275N/mm²)
- 일반 구조용 압연재
- 강(steel)

2) SM 45C

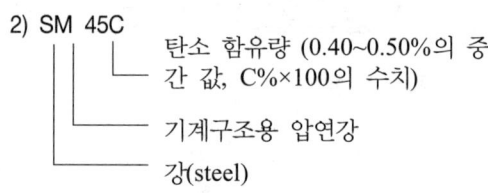

- 탄소 함유량 (0.40~0.50%의 중간 값, C%×100의 수치)
- 기계구조용 압연강
- 강(steel)

02 머리부터 끝까지 전체 치수로 호칭 길이를 표시하는 리벳은?

접시 머리 리벳

> **해설** 리벳의 호칭법은 종류, 호칭, 지름×길이, 재료이다.

03 재료 기호표시에서 첫 번째 기호는 무엇을 뜻하는가? : 재질

04 재료 기호 표시에서 세번째 부분에 표시하는 내용이 아닌 것은?

① 재료 종류   ② 최저 인장 강도
③ 탄소 함유량   ④ 제품 규격

> **해설** ①, SB41 : S : 재질, 강, B : 보일러, 41 : 최소인장강도

05 냉간 압연 강판 및 강대 1종을 나타내는 것은?

SCP 1

06 SM10C에서 10C는 무엇을 뜻하는가?

탄소 함유량

> **해설** 10C는 탄소 함유량을 뜻하며, 탄소 함유량에 100을 곱한 숫자이며, 탄소 함유량이 0.07~0.13% 범위의 강재를 나타낸다.

07 용접용 KS 재료 기호가 SM 355 CN으로 표시되었을 때의 설명 중 틀린 것은?

① 용접 구조용 압연 강재이다.
② 최고 인장강도가 $355kgf/mm^2$이다.
③ C는 A, B, C의 C종이다.
④ N은 노말라이징 열처리한 재료를 표시한다.

> **해설** ②, 용접구조용 압연강재 기호 SWS 400, 490이 SM 275, 355로 변경되었다.
> 즉, 최저 인장강도가 400, 490(N/mm^2)에서 최저 항복강도 275, 355 MPa(N/mm^2)로 변경되었다.

08 다음 중 기계 구조용 탄소강 강재를 나타내는 것은?

① SF330   ② SM30C
③ SS275   ④ SC37

> **해설** SS41에서 SS400으로, 다시 SS275 로 변경되었음, 41, 400은 최저 인강장도가 $41kgf/mm^2$에서 $400N/mm^2$으로 또 다시 최저 항복강도가 $275N/mm^2$(MPa)로 개정되었다.
> SF : 단조강, SC : 주강

제9절 용접이음부의 기호

1 용접 이음부 기호 개정

구, KSB 0052 용접기호는 2023년도에 폐지되고 2024년 12월 'KSBISO2553 (2019) 용접 이음부 기호'로 개정되었다.

02 용접 이음부 기호란

용접 구조물의 설계 및 제작 도면에 설계자가 생각하고 있는 이음 형식과 홈의 형상, 필릿의 목 길이, 용입 깊이, 비드 표면의 다듬질 방법, 용접 장소, 용접법 등을 나타내기 위해 KSB 0052와 ISO2553을 통합해 2024년 12월에 제정된 기호이다.

03 용접 기호의 일반 사항은? ①~④

① 용접 이음부는 일반적으로 제도 규격에 근거하여 나타낸다.
② 이음부에 대하여 규격에 있는 기호 표

시법을 채용하고 있다.
③ 기호 표시법은 기초 기호, 보조 기호, 치수 표시, 보조 지시 사항으로 구성하고 있다.
④ 기초 기호와 보조 기호는 필요에 따라 조합하여 표시한다.

② 용접 이음부 기호

01 용접 홈 맞대기 이음 형상과 기초 기호, 명칭

① ㅛ : 플래어 V 용접
② ㅣㄈ : 플래어 개선 용접
③ ∥ : 정방형(구, 평형, I형) 맞대기 용접
④ V : 단면 V 맞대기 용접
⑤ V : 단(일)면 개선 맞대기 용접
⑥ Y : 넓은 루트면을 가진 단면 V 맞대기 용접
⑦ Y : 넓은 루트면을 가진 단면 개선 맞대기 용접
⑧ Y : 단면 U 맞대기 용접
⑨ Y : 단면 J 맞대기 용접
⑩ X : 양면 V(구, X형) 맞대기 용접
⑪ K : 양면 개선(구, K형) 맞대기 용접
⑫ X : 양면 U(구, H형) 맞대기 용접
⑬ X : 넓은 루트면을 가진 양면 V 용접
⑭ K : 넓은 루트면을 가진 양면 개선 맞대기 용접
⑮ V : 가파르게 경사진(구, 개선각이 급격한) V 맞대기 용접
⑯ V : 가파르게 경사진(구, 개선각이 급격한 일면 개선) 맞대기 용접

02 기타 기본이음 형상과 기호, 명칭

① Ⅲ : 가장자리(edge) 용접
② ⌒ : 오버래이(구, 표준 육성) 용접
③ ⌣ V : 뒷(이)면 용접
④ △ : 필릿 용접
⑤ ⊓ : 플러그 용접 플러그 또는 슬롯 용접(미국)
⑥ ○ : 점 용접
⑦ ⊖ : 심(seam) 용접
⑧ ⊗ : 스터드 용접

⑨ ▽ : 스테이크 용접

⑩ 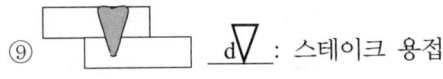 ⊠ : 대체하는 단순화된 맞대기 용접(요구 품질, 예로 WPS 등에 근거한 경우 사용, 완전 용입의 경우 치수 붙이지 않음)

⑪ : 넓은 루트면을 가진 양면 개선 용접과 필릿 용접(본래 90° 우회전 하여 표시함)

03 그림의 용접이음의 명칭

① 겹치기 이음 :
② 모서리 이음 :
③ 변두리 이음 :
④ 맞대기 이음 :

04 용접 보조 기호란

용접 보조 기호는 기본 기호에 이 기호를 사용해 기초 기호를 보조하는 역할을 하는 것

05 용접 보조 기호의 설명

1) 비드 모양의 기호
① 볼록비드 : ⌒
② 오목 비드 : ⌣
③ 동일 평면(평평하게 마감처리) : ─
④ 매끄럽게 혼합된 토우(구, 끝단을 매끄럽게 함) : ⌣

2) 기타 용접 보조 기호
① ▽ : 편면 마감 처리한 V형 맞대기 용접

② ⨆ : 이면 용접이 있으며 표면 모두 평면 마감 처리한 V 맞대기 용접

③ ✕ : 볼록 양면 V 용접

④ ⌐ : 오목 필릿 용접

⑤ ⨄ : 넓은 루트면이 있고 이면 용접된 V형 맞대기 용접

⑥ ⅴ : 서페이서

⑦ ⍌ : 소모성 삽입물

⑧ 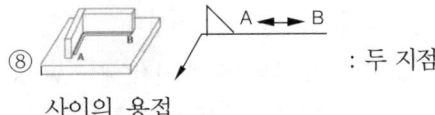 : 두 지점 사이의 용접

⑨ : 명시된 루트 용접 덧살(맞대기 용접부)(검은 부분임)

06 다음 용접 기호의 설명은?

필릿 용접부의 토우를 매끄롭게 함

07 다음 용접 기호의 뜻은?

① ⌈M⌉ : 영구 패킹(구, 영구적인 덮개판 사용)

② ⌈MR⌉ : 제거성/일시적인(구, 제거 가능한) 백킹

08 다듬질 방법의 보조 기호

G : 연삭, C : 치핑, M : 기계 가공, F : 지정하지 않음

09 기본 용접 기호

이음부 세부사항을 전달하지 않은 기호, 화살표선, 기준선 및 꼬리를 포함하여야 한다.

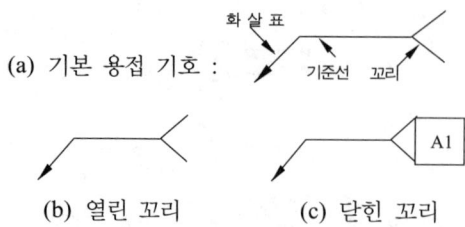

(a) 기본 용접 기호 :

(b) 열린 꼬리   (c) 닫힌 꼬리

10 꼬리의 형상과 기재사항

① 꼬리 형상은 열린 꼬리와 닫힌 꼬리가 있다.
② 꼬리는 품질 등급, 용접 공정, 용가제, 용접 자세, 이음부를 만들 때 고려해야 할 보충 정보를 나타내며,
③ 닫힌 꼬리는 특정 지시(예 : WPS, PQR 또는 다른 문서에 따른 참조를 나타낼 목적일) 때 사용해야 한다.

11 기준선과 용접 기호 시스템

용접 기호 시스템은 A, B가 있으며, 동일 도면에서 혼용해서는 안된다.

1) 시스템 A : 기호 표시는 실선과 점선을 구성하는 이(2)중 기준선을 기본으로 한다.

   ① 점선은 기준선과 동일한 길이로 표시하며, 실선 위나 아래로 그려도 되나 가능하면 밑에 그린다.
   ② 점선은 대칭 용접부와 점 용접, 심 용접의 경우 생략한다.
   ③ A 시스템에서 화살표쪽 용접일 때는 실선 위에 용접 기초 기호를, 화살표 반대쪽 용접일 때는 점선 위에 붙인다.

2) 시스템 B : 기호 표시는 단일 기준(실)선을 기본으로 한다.

   ① B 시스템에서 화살표쪽 용접일 때는 실선 아래에 용접 기초 기호를, 화살표 반대쪽 용접일 때는 실선 위에 붙인다.

3) A, B 시스템 모두 치수, 보충 정보, 보조 기호는 기준선에 붙여 그려야 한다.

12 용접 시공 내용의 기재 시스템

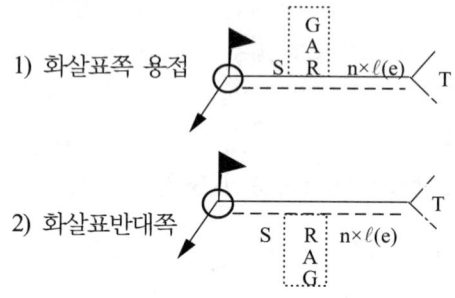

1) 화살표쪽 용접

2) 화살표반대쪽

(a) 시스템 A 적용의 경우

(a) 시스템 B 적용의 경우(화살표쪽 용접)
(기준선 위에 용접 기초기호가 붙으면 반대쪽 용접)

13 용접 기호 기재 방법

① 용접 이음부의 보조 기호로는 치수, 강도(S), 용접 방법 등을 표시하는데, 치수의 숫자 중에서 가로 단면의 주요 치수는 용접부 기본 기호의 좌측에 기입한다.

② 세로단면 방향의 치수는 일반적으로 기초(구, 기본) 기호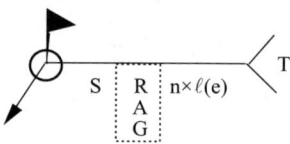의 우측 $n \times \ell(e)$에 기입한다.

③ 표면 모양(−) 및 다듬질 방법(G) 등의 보조 기호는 용접부의 모양 기호 표면에 근접하여 기재한다.

④ 전방위(구, 전(온)둘레) 용접 : 용접부 전

체를 용접할 경우 사용, 기준선과 화살표선의 교차점에 원형을 붙인다.

⑤ 현장 용접이란 구조물 등을 설치하는 현장에서 용접을 하라는 의미이며, 현장 용접부는 화살표선과 기준선 연결 교점에 수직으로 깃발을 높이게 붙인다.

- 전방위(구, 일주, 전둘레) 용접(○), 현장 용접(▶), 현장 전방위 용접(◉) 등

⑥ 꼬리 부분(T)에는 용접 자세, 용접 방법 등을 기입한다.

14 전방위(구, 전(온)둘레) 용접 기호의 사용 제한

① 용접부가 같은 지점에서 출발하지 않고 끝나지 않는 경우
② 용접부 종류가 변경되는 경우, 예로 필릿 용접에서 맞대기 용접부로
③ 용접부 치수가 변경되는 경우
④ 용접부가 원형 또는 길게 늘어진 구멍의 원주의 경우

15 기초 기호(∨, ×, Ж, △ 등)

① S : 홈 깊이, 용접부 두께
② R : 루트 간격
③ A : 홈의 각도
④ G : 다듬질 방법의 보조 기호(G : 연삭, C : 치핑, M : 기계 가공, F : 지정하지 않음)
⑤ n : 이음부(단속 필릿 등)의 수
⑥ ℓ : 이음부(단속 필릿 용접의 용접 등) 길이, 슬롯 용접의 홈 길이 또는 필요한 경우
⑦ (e) : 단속 필릿 용접, 플러그 용접, 슬롯 용접, 점 용접 등의 피치(용접부 끝과 인접 용접부 사이의 거리)
⑧ T : 특별 지시 사항(J, U형 등의 루트 반지름, 용접 자세, 용접 방법, 비파괴 시험 보조기호, 기타 등)
⑨ ○ : 전(온)둘레 용접

16 플러그, 점, 심 용접 및 프로젝션 용접부

① 플러그 이음부 : 기초 기호는 기준선 위의 중앙에 붙이며, 화살표쪽과 반대쪽 관련이 없으며, A 시스템의 경우 점선은 생략할 수 있다.
② 프로젝션 용접부 : 기준선 위나 아래에 기초 기호를 놓아야 하며, 용접 공정은 식별되어야 한다.

17 여러개의 기준선

① 2개 이상의 기준선은 일련의 작업을 나타낼 목적으로 사용하며,
② 첫 번째 작업은 화살촉에 가장 가까운 기준선 위에 나타내며, 후속 작업은 다른 기준선 위에 순차적으로 나타내야 한다.
③ 길이 치수 : 용접부 공칭 길이 치수는 기초 기호 오른쪽에 놓여야 한다.

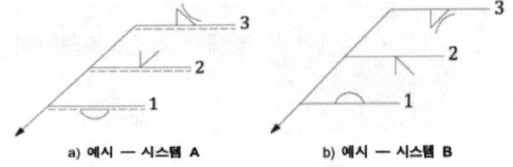

a) 예시 — 시스템 A   b) 예시 — 시스템 B

(1 : 첫번째 작업, 2 : 두번째 작업, 3 : 세번째 작업)

18 각도별 이음부 종류의 구분법

① 0° ≤ α ≤ 5° : 겹치기/필릿
② 0° ≤ α ≤ 30° : 가장자리

③ $5° \leq α \leq 45°$: 필릿
④ $30° \leq α \leq 135°$: 모서리, 필릿
⑤ $135° \leq α \leq 180°$: 맞대기

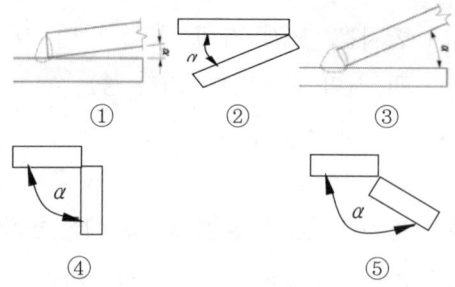

19 용접부에서 ┌M┐은 무엇을 뜻하는가?

영구 패킹(구, 영구적인 덮개판 사용)

20 제거성/일시적인(구, 제거 가능한) 백킹을 나타내는 기호는?

┌MR┐

21 맞대기 이음에서 ⌒ 기호는 무엇을 나타내는가?

명시된 루트 용접 덧살(맞대기 용접부)

22 아래 왼쪽 그림과 같은 용접 기호를 올바르게 설명한 것은?

화살표쪽 단면 V 맞대기 용접, 루트간격 3mm, 홈각도 60°

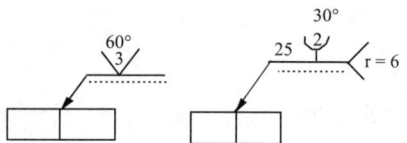

23 위의 우측 도면에서 맞대기 이음에 대한 KS 용접기호의 설명은?

단면 U 맞대기 용접기호로서 화살표쪽 홈 깊이 25mm, 루트 반지름 6mm, 홈각도 30°, 루트간격 2mm이다.

24 다음 도면의 용접 기초기호의 설명은?

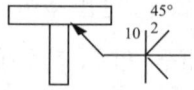

양면 개선(구, K형) 맞대기 용접으로 홈의 각도 45° 루트 간격 2mm, 홈의 깊이는 10mm이다.

25 필릿 용접부 표시방법

s : 실재 목 두께
a : 이론 목 두께,   z : 다리 길이(각장)

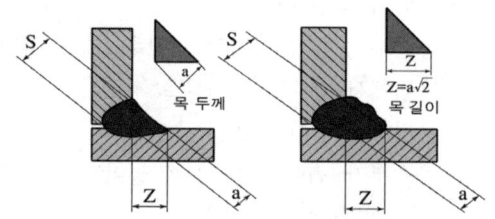

26 다음 도시의 용접 기호를 설명은?

①~④

① 왼쪽은 연속 필릿 용접, 오른쪽은 단속 필릿 용접을 뜻한다.
② 양쪽 다리 길이(각장)는 6mm이다.
③ 단속 용접 수는 3개소이다.
④ 단속 용접 길이는 단속 용접부 길이는 60mm, 용접부와 용접부 사이의 간격은 100mm이다.

27 다음 도면의 용접 기호는 어떠한 용접을 나타내는가?

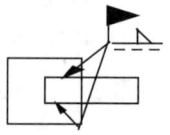

연속 필릿 현장 용접

> 참고
> ① 병렬 단속 필릿 용접 :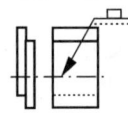
> ② 화살표 방향 플러그 용접 :
> ③ 전방위(구, 일주) 현장용접 :
> ④ 심(seam) 용접 :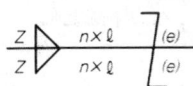

28 다음 용접기호는 무엇을 뜻하는가?

지그재그 단속 필릿 용접부
(Z : 다리 길이(각장), a일 경우 : 목 두께)

29 플러그 용접에서 사용하는 다음 기호에서 d와 s는 무엇을 뜻하는가?

d : 접착면에서의 구멍 지름
s : 구멍을 부분적으로 채울 경우 채우는 깊이
d 대신 C는 : 슬롯 용접에서 접촉면에서 길게 늘어진 구멍의 폭

30 프로젝션 용접부의 표시

프로젝션의 지름 d=5mm, 프로젝션 간격(e)로 n개의 용접 개수를 가지는 프로젝션 용접의 표시이다.

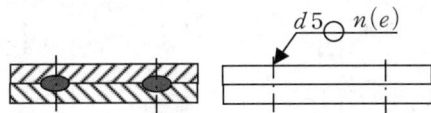

31 그림과 같은 심 용접이음에 대한 용접기호 표시 설명 중 틀린 것은?

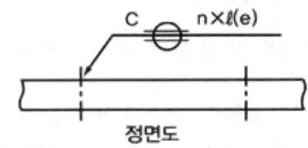

① C : 접착면에서 요구되는 심 용접부 폭 (용접부의 너비)
② n : 용접부의 수
③ ℓ : 용접길이
④ e : 용접부의 깊이

해설 ④ e : 인접한 용접부 간의 거리

32 V 맞대기 용접에서 S의 의미는?

S∨ : 용입 깊이(S가 없는 경우 완전 용입을 뜻함)

33 V 맞대기 이음에서 h6s8의 의미는?

h6s8∨ : h6 : 공칭 용입깊이 8mm
        s8 : 실제 용입깊이 6mm

34 아래 좌측 용접 기호에서 교차점에서의 원(O)은 무엇을 의미하는가? : ②

① 현장 용접   ② 전방위 용접
③ 점 용접   ④ 심 용접

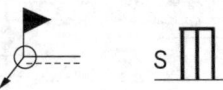

35 위의 우측 기호는 무슨 용접을 의미하는가? : 가장자리 용접

36 d ◯ n×ℓ(e) 기호에서 (e)는 무엇을 나타내는가?

점 용접부의 중심에서 중심사이의 거리

해설 (e) : 점용접, 플러그 용접 등에서는 용접부 중심에서 중심사이의 거리를 의미함
d : 용접부 지름

37 아래 좌측과 같은 꺾임 용접 기호의 경우 실재 용접부 형상으로 올른 것은?

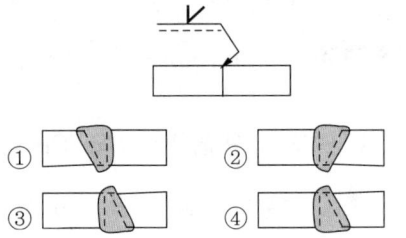

① ② ③ ④

해설 ①, 꺾임 화살표 위치와 반대로 보면 됨

38 용접보조 기호의 설명 중 틀린 것은?

① G : 연삭 ② C : 치핑
③ M : 기계 가공 ④ F : 줄 가공

해설 ④, F : '지정하지 않음'을 의미함

39 용접부 주요 치수 표시법

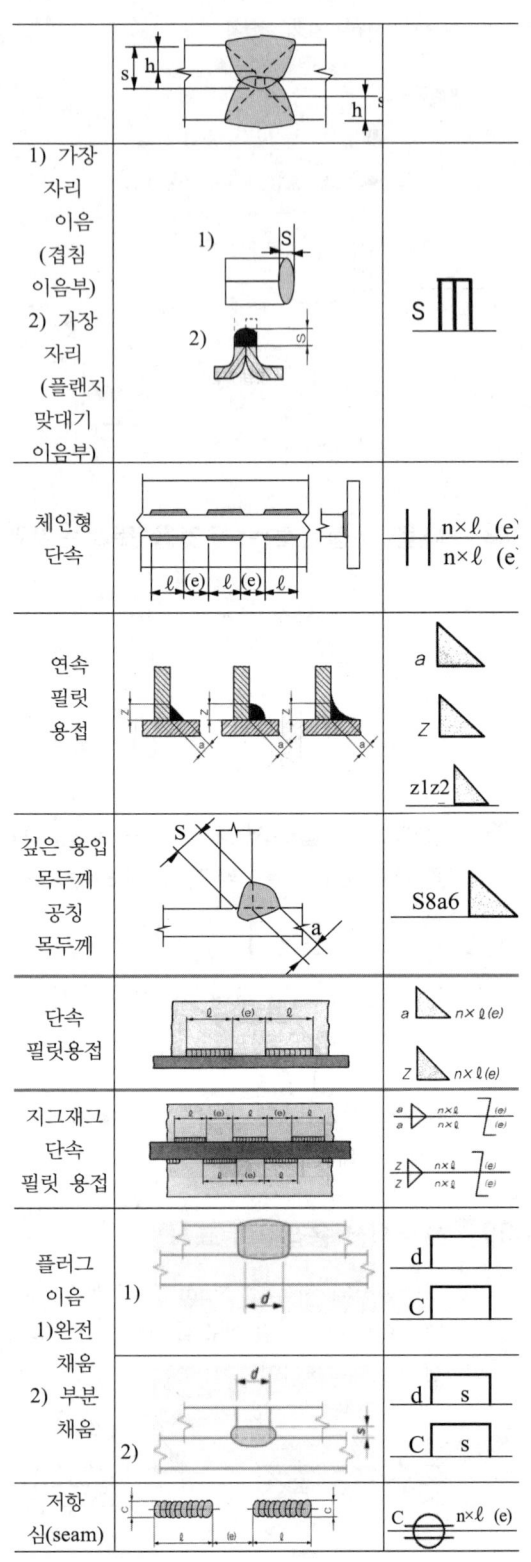

용접		
용융 심 용접부		
단속 플러그 이음		d⌐⌐ n×ℓ(e)
점용접 (저항 및 용융 점용접)		d ● n×ℓ(e)

용접부 종류	시스템 A 용접기호	용접부 예시	시스템 B 용접기호
1. 단면 개선 맞대기 - 꺾인 화살표 사용			
2. 양면 개선 맞대기 - 꺾인 화살표 사용			
3.1 단면 개선 맞대기용접부 (화살표쪽)			
3.2 필릿 이음(화살표 반대쪽)			

MEMO

PART 06

용접 실습

- **Chapter 01** 피복 아크용접
- **Chapter 02** 이산화탄소가스아크용접
- **Chapter 03** 가스텅스텐아크용접
- **Chapter 04** 피복아크 · 이산화탄소가스아크 · 가스텅스텐아크용접기능사 실기

피복/이산화산소가스/가스텅스텐 아크용접기능사 필기&실기

01 피복 아크용접

제1절 비드놓기 피복 아크용접

❶ 용접 준비

가. 용접 공구 및 일반 준비

용접은 고열과 강한 아크 불빛, 연기와 흄을 다량 발생하기 때문에 그에 대한 보호구를 준비하고 작업에 필요한 공구를 준비한다.

용접 보호구에는 가죽 앞치마, 가죽 장갑, 발커버, 팔커버, 용접 헬멧(또는 핸드 실드), 방진 마스크 등이 있으며, 필요한 공구로는 전류계(암페어메터), 치핑 해머(슬래그 해머), 집게(또는 플라이어), 와이어 브러시, 석필(또는 페인트마카 펜), 줄(file), 자석(또는 마그네틱 베이스), 강철자 등이 있다.

용접 헬멧에는 차광 유리(차광 번호 10~11번)를 끼우고 차광 유리 앞에 맨유리를 끼운다.

나. 용접기 점검

용접기는 정기 점검과 수시 점검을 통해 언제든지 사용할 수 있도록 한다.

특히 실습 전에는 케이블의 단선 및 노출 여부, 접지 케이블 접속 여부, 이상 발생음 여부 등을 점검한다.

다. 보호구 착용

용접 중 강렬한 아크 불빛이나 스패터, 금속 흄 등으로 부터 작업자 보호를 위해 용접 전에 용접 앞치마, 팔커버(또는 조끼), 발커버, 용접용 가죽 장갑과 방진 마스크 등을 착용한다.

헬멧(또는 핸드 실드)을 작업대 위나 작업대 옆에 놓는다.

❷ 아래보기 자세 비드놓(쌓)기

가. 비드놓기

피복 아크(전기) 용접에서 비드(bead) 놓기란 모재(연강판)에 용접봉을 용융시켜 일정한 폭과 높이로 용융지를 형성하는 작업이다. 이 때 아크길이(용접봉 끝 부분과 모재와의 높이)는 심선 지름의 1배 이하(보통 2~3mm)를 유지한다.

용접시 피복 아크용접봉의 길이가 한정되어 있기 때문에(E4316, ϕ3.2 봉은 350mm, ϕ4.0 봉은 400mm), 용접봉이 소모되면 용접이 끝나는 부분에서 비드 잇는 부분이 발생되며, 시작 부분과 끝 부분에 대한 용착도 양호하게 해야 된다.

또한 용접은 모재가 적당한 깊이로 용융(용입)되어야 하므로 모재의 재질과 형상, 용접부의 위치, 봉의 굵기 등에 따라 적당한 전류를 조절해야 된다.

나. 아래보기 자세 좁은 비드놓기

비드놓기는 실제로 두 물체를 용접하는 것이 아니고 판 위에 용융지를 일정하게 형성하는 방법으로, 제품을 양호하게 용접하기 위한 가장 중요한 연습법이다.

비드는 좁은 폭으로 놓는 방법과 넓은 폭으로 놓는 방법이 있다.

좁은 비드 놓기법은 아크를 발생하여 작업각과 진행각을 유지하며 진행 방향으로만 일정한 속도로 진행하여 얻어진 비드이다.

비드를 놓을 때 용접봉 끝의 아크 불빛을 보지 말고 용접봉 뒤에 형성된 용융지를 관찰하여 일정한 폭으로 연결되는지를 확인하고 용접봉 앞쪽의 용접하고자 하는 용접선을 관찰하며 진행하고 비드가 끝나는 부분에서는 크레이터 처리를 하여 마무리를 한다.

1) 모재 고정

모재의 한쪽 끝에서 약 5mm 정도 띄워서 모재 끝선과 평행하게 석필 등으로 금긋기(직선 연습을 위해 필요함)를 하여 작업대 위에 용접선이 좌우가 되게 작업자와 평행하게 작업대 앞쪽에 놓는다.

2) 전류 조절

교류 아크용접기의 전류 조절 핸들을 움직여 ϕ3.2 용접봉은 100~140A, ϕ4.0 용접봉은

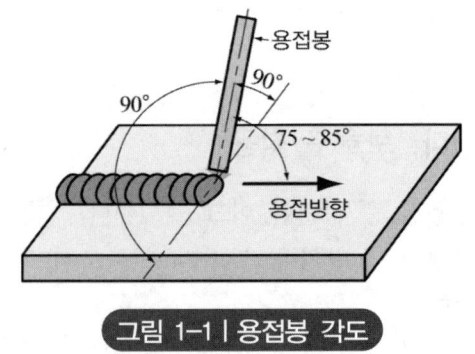

그림 1-1 | 용접봉 각도

120~160A로 조절한다.

전류 조절 핸들은 일반적으로 오른쪽 방향으로 돌리면 전류가 높아지며, 왼쪽으로 돌리면 낮아진다.

직류(DC) 아크용접기의 경우는 정극성으로 결선하고 볼륨 스위치를 사용하여 전류를 조절한다.

3) 좁은 비드놓기

작업대 앞에 편하게 앉아 용접봉을 용접 홀더에 직각으로 물린 후 자세를 바로 잡고 용접 시작부를 확인한 후 헬멧을 착용하고 모재의 왼쪽 끝 금긋기한 선 부근에서 아크를 발생하여 불빛으로 금긋기한 선을 빨리 확인하고 시작점으로 이동한다.

이 때 작업각(진행 방향에 대한 직각 방향의 각)은 90°, 진행각(후진법의 경우)을 75~85°로 유지하며 아크길이가 심선 지름의 1배 이하(보통 2~3mm)가 되도록 유지하며 일정한 속도로 우진한다.

우진(오른손잡이 기준)할 때 아크 이전의 비드 폭을 확인하고 진행 방향을 확인하면서 진행해야 된다.

4) 비드 잇기 및 크레이터 처리

진행 중 아크가 끊어졌거나 용접봉이 다 소모되어 비드를 연결해야 할 경우 잇는 부분이 층이 생기지 않게 이어야 된다.[그림 1-2 참조]

모재 끝부분의 크레이터 처리는 비드 끝 부분에서 모서리가 녹기 1~2mm 직전에 아크를 잠시 끊은 후 다시 일으키기를 2~3회 정도 실시하여 볼록하게 채운다.

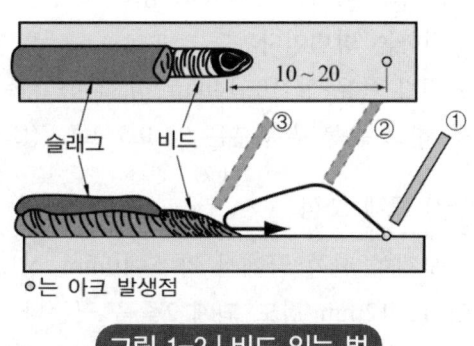

그림 1-2 | 비드 잇는 법

5) 용접부 청소와 검사

1줄의 비드놓기가 끝나면 슬래그(slag)와 스패터를 제거하고 깨끗하게 청소한 후 용접부를 검사한다.

비드의 외관을 관찰하여 비드가 일직선이며 파형, 폭, 높이 등이 일정한지, 언더컷, 오버랩, 시점과 종점(크레이터) 처리의 양·부 등을 파악한다.

6) 반복 실습

모든 기술은 반복에 의한 숙련 정도에 달려 있다. 검사에서 나타난 잘못된 점을 고치려고 노력하며 다음 비드를 놓는다. [그림 1-4 참조]

다음 비드는 이전 비드와 모재의 경계선에 용접봉의 1/3~1/2 정도 위치하도록 하며 이전 작업 1)~5)를 잘 할 수 있을 때까지 반복 실습한다.

7) 정리 정돈

작업이 완전히 끝나면 용접기와 메인 스위치를 끄고 홀더선 등을 정리하며, 사용했던 공구를 공구함에 정리한 다음 주위를 깨끗이 청소한다.

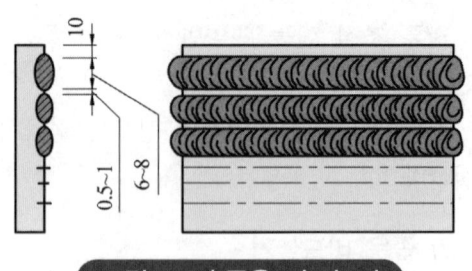

그림 1-3 | 좁은 비드놓기

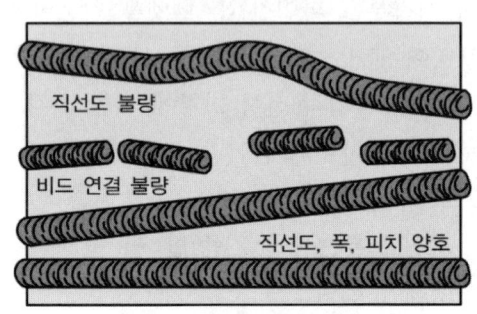

그림 1-4 | 비드 잇는 법

다. 아래보기 자세 넓은 비드놓기

넓은 비드놓기는 용접 진행 방향에 대하여 직각 방향으로 용접봉 지름의 2~3배 정도 넓게, 비드 피치는 3~4mm 정도 되게 움직이며 우진하는 방법이다.

위빙 폭은 약 10~14mm 정도(비드 폭은 12~16mm)가 적당하며, 운봉 중심부는 좀 빠른 듯 하고 운봉 끝부분은 약 0.5~1초 정도 멈추는 듯 하면서 진행한다. [그림 1.5 참조]

1) 모재 고정

모재의 한쪽 끝에서 약 5~10mm 정도 띄워서 모재 끝선과 평행하게 석필 등으로 폭이 약 10~12mm 정도 되게 2줄을 긋는다.

금긋기한 모재를 좁은 비드놓기와 동일한 방법으로 모재의 용접선이 작업자와 평행이 되게 놓는다.

2) 전류 조절

전류를 ϕ3.2 용접봉은 90~130A, ϕ4.0 용접봉은 110~150A로 조절한다.

위빙 비드놓기 전류는 좁은 비드놓기 전류보다 약 10A 정도 낮게 하는 것이 좋다. 왜냐하면 위빙 폭이 넓기 때문에 모재에 가열되는 입열량이 많아 언더컷이 생길 우려가 있기 때문이다.

3) 넓은 비드놓기

용접봉을 홀더에 직각으로 물린 후 자세를 바로 잡고 헬멧을 착용한 다음 모재의 왼쪽 끝 금긋기한 선 부근에서 아크를 발생하여 금긋기한 선을 빨리 확인하고 시작점으로 이동한다.

작업각과 진행각은 좁은 비드와 같이 하고 금긋기한 두 선을 확인하며 일정한 운봉 폭과 피치를 유지하며 위빙하면서 일정한 속도로 우진한다.

위빙 방법은 [그림 1-5]와 같이 용접 피치와 폭이 일정하며, 위빙의 양끝에서 0.5~1초 정도 멈추는 듯 하며 우진한다.

비드는 모재의 왼쪽 끝에서 우측 끝까지 쌓아야 된다.(우진법의 경우)

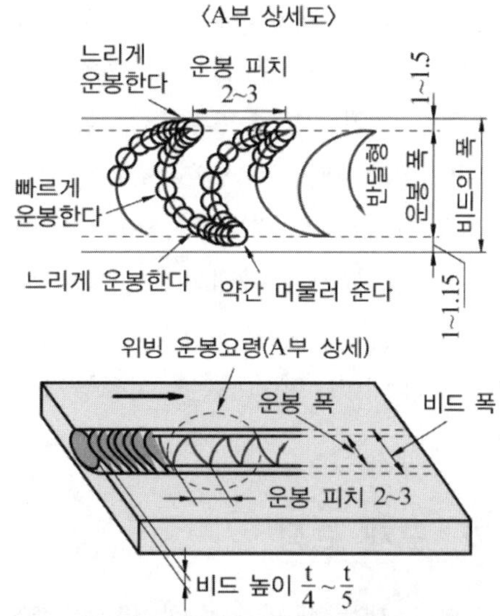

그림 1-5 | 넓은 비드 피치와 비드 폭

4) 비드 잇기 및 크레이터 처리

용접 중 어떤 원인으로 아크가 끊어졌거나 용접봉이 전부 소모된 경우 비드 끝 부분을 깨끗이 청소한 후 크레이터 부분을 충분히 용융시키며 이전 비드와 폭과 높이가 동일하도록 맞춘 후 위빙하여 진행한다.

크레이터 부분은 크레이터 폭과 넓이보다 약간 좁게 타원으로 좁히며 용적을 2~3회 채운다.

5) 용접부 청소와 검사, 반복 실습

위빙 비드놓기는 직선(좁은) 비드놓기보다 많은 시간을 가지고 충분하게 숙련해야 되므로 각 비드마다 깨끗이 청소하여 비드 폭과 파형, 높이가 일정한지 검사하고 잘못된 점을 고치려고 노력하며 반복 연습을 한다. [그림 1-6 참조]

6) 정리 정돈

모든 작업이 끝나면 용접기와 사용했던 공구 등을 정리하고, 주위를 깨끗이 청소하는 습관을 가져야 된다.

③ 수평 자세 비드놓기

수평 비드놓기는 모재를 수직으로 세우고 용접선이 수평이 된 상태에서 일반적으로 좌에서 우측으로 우진하며 좁은 비드를 놓는 방법이다.

수평 비드놓기는 특별한 경우를 제외하고는 거의 겹치기 좁은 비드놓기를 한다.

수평 비드놓기가 아래보기 비드나 수직 놓기와 다른 점은 모재가 세워져 있고 모재의 용접선이 수평이며, 직선(좁은) 비드놓기를 한다는 것이다.

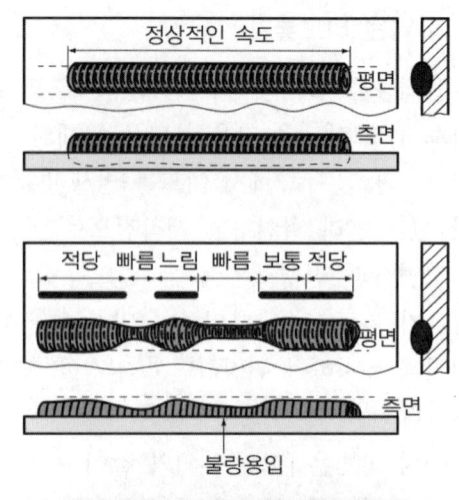

그림 1-6 | 넓은 비드의 양·부

가. 모재 고정

수평 자세는 모재가 수직이고 용접선이 수평이 되어야 하므로 적당한 지그가 필요하다.

모재에 비드놓기할 부분에 금긋기를 한 후 용접 지그에 모재의 금긋기한 용접선이 좌우로 수평이 되며, 앞으로 향하게 하고, 모재의 용접선이 가슴 정도 높이가 되게 작업하기 편한 높이로 고정한다.

이 때 모재가 작업자의 몸 중심보다 약간 좌측에 위치하는 것이 좋다. [그림 1-7 참조]

나. 전류 조절

수평 자세 전류는 아래보기 자세와 같이 해도 충분하다. $\phi 3.2$ 용접봉은 100~140A, $\phi 4.0$ 용접봉은 130~160A로 조절한다.

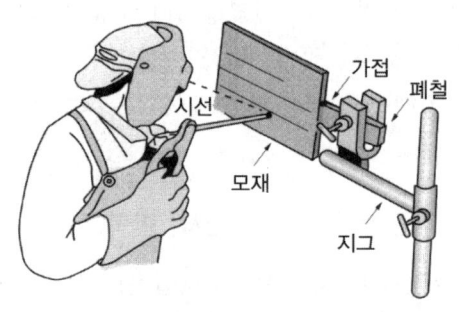

그림 1-7 | 수평 자세 시선 위치

다. 수평 비드놓기

작업대 앞에 편하게 앉아 몸을 우측으로 약 20~30° 회전한 자세에서 홀더를 잡고 헬멧을 쓴 후 용접 시점(좌측 끝) 가까이 용접봉 끝을 이동하여 아크를 발생한다.

아크가 안정되면 작업각(진행 방향에 수직한 각)과 진행각을 75~85°로 유지하며 비드 파형과 폭이 일정하도록 직선으로 우진한다. [그림 1-8 참조]

비드는 아래쪽에서 위로 쌓이도록 겹치기 비드를 놓아야 된다. [그림 1-9 참조]

라. 비드 잇기 및 크레이터 처리

비드 잇기나 크레이터 처리는 많은 반복 연습이 필요하다. 시점이나 잇는 부분, 크레이터 부분이 용입불량이나 기공, 슬래그 섞임 등 결함이 많이 발생하므로 주의해야 된다.

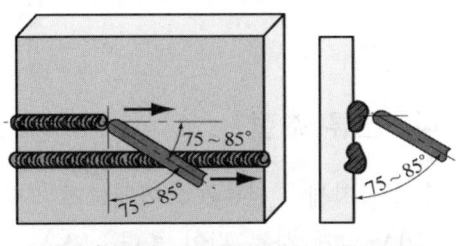

그림 1-8 | 수평 자세 용접봉 각도

마. 검사 및 반복 실습

비드를 깨끗이 청소한 후 비드 폭과, 피치, 파형의 균일도, 언더컷, 오버랩, 기공, 슬래그 섞임 등의 유무를 점검한 후 결함의 발생 원인을 파악하여 고치려고 노력하며 반복 실습한다.

용접부 청소가 끝나면 홀더를 잡고 용접봉의 피복제 하단 부분이 비드의 상부와 모재와의 경계선에 위치하도록 하여 직선으로 진행한다.

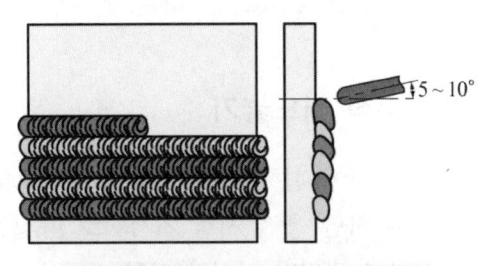

그림 1-9 | 수평 자세 겹치기 비드놓기시 작업각

❹ 수직 자세 비드놓기

수직 비드놓기는 모재를 수직으로 세우고 용접선이 수직이 된 상태에서 아래에서 위로 상진하며 비드를 놓는 방법이며, 일반적으로 위빙 비드를 놓는다.

필요에 따라서 위에서 아래로 내려오며 비드를 놓는 하진법이 있으나 아주 얇은 판을 사용하거나 하진용 용접봉을 사용할 경우에 적용한다.

수직 비드놓기가 아래보기 비드놓기와 다른 점은 모재가 수직으로 세워진 상태이므로 아크길이가 길거나 운봉 중 한곳에 멈춤이 일어나면 용융 금속은 바로 쳐지는 현상이 생기므로 비드 폭과 피치가 일정하도록 일정한 속도로 상진해야 된다.

가. 모재 고정

수직 자세는 모재의 용접선이 수직이 되어야 하므로 적당한 지그가 필요하다.

용접 지그에 모재의 용접선의 맨 위가 가슴 정도 높이가 되게 작업하기 편한 높이로 고정한다.

이 때 모재가 지그의 끝부분에 놓이게 되면 지그가 조금이라도 흔들리면 끝부분은 더 많이 움직이므로 지그 지주에 가까이 위치하도록 고정한다.

나. 전류 조절

수직 자세 전류는 아래보기 자세보다 10~20A 낮게 하는 것이 좋다. φ3.2 용접봉은 80~120A, φ4.0 용접봉은 120~140A로 조절한다.

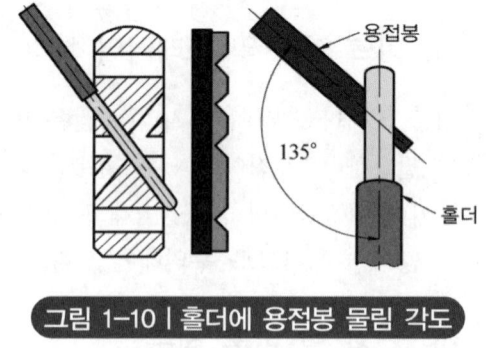

그림 1-10 | 홀더에 용접봉 물림 각도

다. 수직 비드놓기

작업대 앞에 편하게 앉아 몸을 우측으로 약 20~30° 회전한 자세에서 홀더를 잡고 헬멧을 쓴 후 하단 용접 시점 가까이로 용접봉 끝을 이동하여 아크를 발생한다.

아크가 안정되면 작업각(진행 방향에 수직한 각)은 90°, 진행 반대각을 75~85°로 유지하며 피치와 폭이 일정하도록 위빙하며 상진한다.

이 때 비드 폭이나 피치는 아래보기 자세 넓은 비드놓기와 동일하게 하면 되며, 비드의 중심부는 좀 빠르게, 양 끝은 0.5~1초 정도 머무름을 확실하게 하여 언더컷이 발생하지 않도록 한다.

라. 비드 잇기 및 크레이터 처리

비드 잇기나 크레이터 처리는 많은 반복 연습이 필요하다.

시점이나 잇는 부분, 크레이터 부분이 용입 불량이나 기공, 슬래그 섞임 등 결함이 많이 발생하므로 주의해야 된다.

비드 잇기법은 여러 가지가 있으나, [그림 1-11]과 같이 이전 비드 상단에서 아크를 발생

그림 1-11 | 수직 자세 비드 잇는 법

하여 끝의 능선 직전까지 내려온 후 좀 느리게 좌우로 1~2회 위빙한 후 정상 속도로 위빙하여 상진한다.

마. 검사 및 반복 실습

모든 기술은 반복 실습에 의해 숙련되는 것이므로 비드를 깨끗이 청소한 후 비드 폭과, 피치, 파형의 균일도, 언더컷, 오버랩, 기공, 슬래그 섞임 등의 유무를 점검한 후 결함의 발

생 원인을 파악하여 고치려고 노력하며 반복 실습한다.

다줄 비드놓기는 이전 비드와 약 1/4~1/3 정도 겹치도록 한다.

비드 겹침법은 이전 비드와 모재와의 경계선에서 약 12mm 폭으로 선을 긋고 용접봉 끝의 중심이 비드의 경계선과 금긋기 선에 오도록 하여 위빙하면 일정하게 겹침 비드가 형성된다. [그림 1-12 참조]

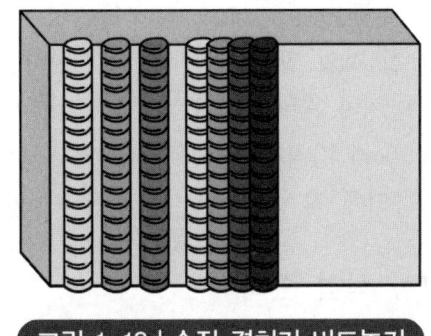

그림 1-12 | 수직 겹치기 비드놓기

제2절 아래보기 자세 V형 맞대기 피복아크용접

❶ 용접 준비

가. 재료 준비

맞대기 용접은 구조물 제작시 부족한 부재를 평행으로 연결하기 위한 작업으로 매우 중요한 작업이다.

용접할 연강판 t6 100×150×30~35° 2매, 연강판 t9 125×150×30~35°로 가공된 2매를 준비한다.(자격시험의 경우 시험장에서 시험 일정에 따라 t6.0, t9.0 각각 4매, 또는 t6.0 4매, t9.0 4매가 제공됨)

개선 가공된 모재가 없으면 가스 절단이나 베벨가공 머신으로 가공하여 준비한다.

충분히 건조된 저수소계 피복아크용접봉 Ø3.2, Ø4.0를 준비하여 적당량을 보온통에 넣어둔다.

Ø3.2 용접봉은 보통 1층(백, 이면) 비드를 놓을 때 사용하며, Ø4.0은 2층 이상에 사용하는 것이 원칙이다. 시험장에서 모든 비드에 Ø3.2 용접봉만 사용하는데 2층 이상을 Ø4.0 용접봉을 사용할 경우 봉이 0.8mm 굵고 50mm가 더 길기 때문에 중간에 비드 이음을 줄일 수 있으며, 용접속도도 빨라지며, 더 중요한 것은 비드 패스 수를 줄일 수 있으므로써 수축 변형과 잔류응력이 적어지므로 평소 Ø4.0 용접봉을 사용하는 연습을 하는 것이 좋다.

나. 공구 준비

용접 작업 필요한 공구를 준비한다. 작업에 필요한 용접 헬멧(또는 핸드 실드), 가죽 장갑, 앞치마, 팔커버(또는 조끼), 발커버, 집게(또는 플라이어), 와이어 브러시(철솔 브러시), 줄, 30cm 강철자, 페인트마카 펜나 석필 등을 준비한다.

그 외에 직각자, 가접대, 소형 자석(또는 마그네틱 베이스), 보안경 등도 있으면 좋다.

다. 작업 준비

용접에 임하기 전에 작업복과 보호구를 착용하고 용접기의 이상 유무, 작동 상태를 점검한다. 그리고 도면을 보고 모재와 작업 내용을 확인한다.

❷ 모재 가공

가. 루트면 가공

30~35°로 베벨 가공된 연강판 모재의 개선 끝부분을 두께 1.5~2.5mm 정도 되도록 루트면을 가공한다.(작업자에 따라 다를 수 있으며, 6mm 판은 두껍게 가공하는 것이 좋다.)

이 때 두 모재의 루트면의 두께가 동일해야 한다. [그림 2-1 참조]

용접부 길이의 중심부에 석필이나 페인트마카 펜, 줄 등으로 선명하게 표시한다. 금긋기나 줄로 중심부를 표시하는 이유는 E4316, ∅3.2 용접봉으로 백 비드를 놓을 경우 하나의 봉으로 용접부 길이 150mm 끝까지 백 비드를 놓을 수 없으며, 비드 연결부나 시점 종점은 결함이 발생하기 쉽기 때문에 시험편 채취되는 부분이 비드 연결부가 되지 않게 하기 위해 중심부에서 아크를 끊고 여기서 비드 잇기를 해야 된다.

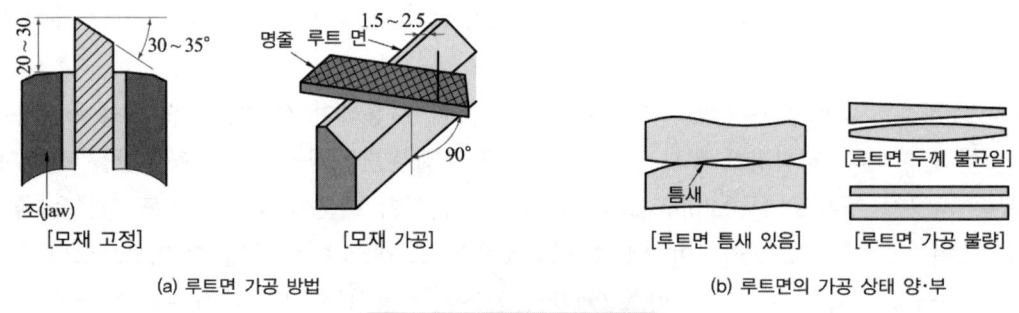

그림 2-1 | 루트면 가공

❸ 모재 가용접 및 역변형 주기

가. 전류 조절

가용접(가접) 전류를 110~140A 정도로 맞춘다.

나. 루트간격 조절

가접대 위에 모재의 개선면이 아래로 향하게 수평으로 놓고 한쪽은 2.5~3mm, 다른쪽은 3~3.5mm 정도로 맞추고 두 모재가 엇갈림이 없이 수평이 되게 고정한다.(루트간격은 작업자마다 다를 수 있음) 이 때 조절된 루트간격이 가접 중에 움직이지 않도록 무거운 것으로 눌러 주면 좋다.

다. 가용접(가접) 및 역변형 주기

1) 가용접

가용접은 본용접 전에 정한 위치에 용접물 부재를 잠정적으로 고정하기 위해 적당 위치에 짧게 하는 용접을 말한다.

가용접은 균열, 기공, 슬래그 혼입 등의 결함이 생기기 쉬우므로 원칙적으로는 본용접을 실시하는 홈 내나, 모서리, 중요부분에는 실시 않으나, 여기서는 시험편이므로 양 끝에 가접하여 작업 후 가용접 부분은 절단 제거하게 된다.

가용접은 필요에 따라 개선면이 밑으로 가게 하여 가접할 수 있으나 시험장에서는 감독관의 지시에 따라 실시한다.

가용접시 용접봉은 길이 100~150mm 정도의 짧은 것이 좋으며(흔들림이 적음), 두 모재의 한쪽 끝을 단단하게 가접한다. [그림 2-2 참조]

한쪽의 가접이 끝나면 반대편 끝의 루트간격을 확인하여 조정한 후 가접한 다음 가접부의 슬래그, 스패터, 이물질 등을 깨끗이 제거한다.

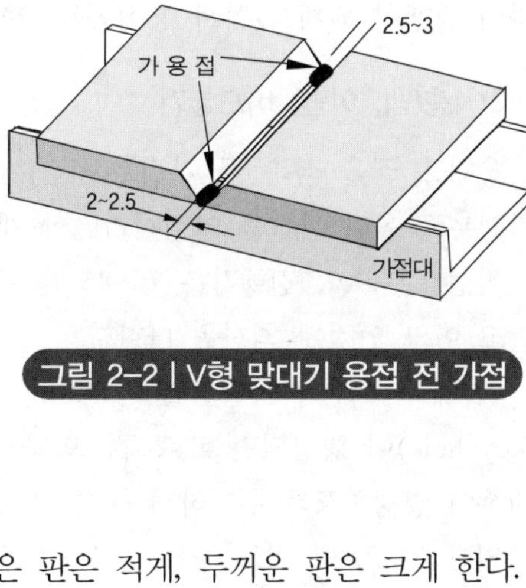

2) 역변형 주기

그림 2-2 | V형 맞대기 용접 전 가접

가접된 모재를 용접 방향 반대편으로 약 2~3° 정도 굽힌다. [그림 2-3 참조]

이 때 판두께와 용접 패스 수의 다소에 따라 얇은 판은 적게, 두꺼운 판은 크게 한다.

역변형을 주는 이유는 용접을 하게 되면 용접 방향으로 수축 변형이 생기므로 미리 이 변형을 용접 반대 방향으로 굽혀주면 용접 후에 두 모재가 수평 상태가 될 수 있다.

4 t6.0 연강판 아래보기 V형 맞대기

가. 모재 고정

가접된 모재의 용접선이 좌우로 수평이 되며, 개선 홈 부분이 위로 향하게 수평 작업대 위나 지그에 고정한다.

이 때 루트간격이 좁은 쪽이 왼쪽이 되게 하며 모재가 몸의 중심보다 약간 왼쪽에 놓는 것이 좋다.(오른손잡이 기준)

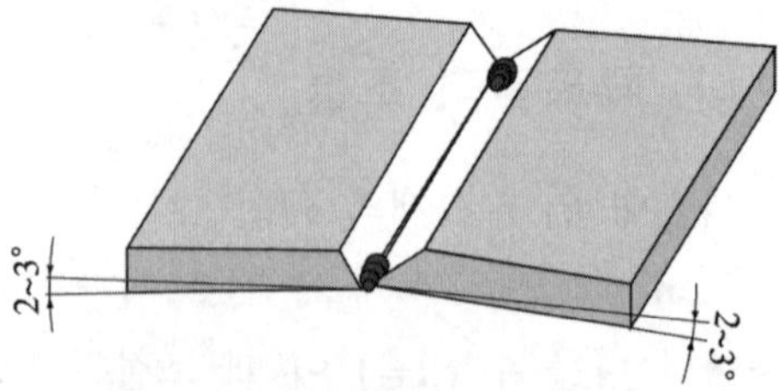

그림 2-3 | 맞대기 모재 역변형 주기

나. 1층(이면, back) 비드놓기

1) 전류 조절

용접기를 조작하여 전류를 80~95A 정도(ϕ 3.2 용접봉 사용시)로 조절한다.

전류는 판두께, 루트간격, 홈각도, 루트면의 두께, 작업자의 기량에 따라 다를 수 있으므로 표준 전류란 정할 수 없다.

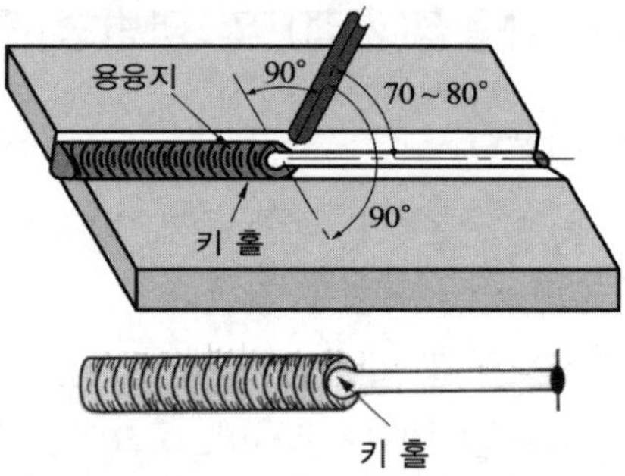

그림 2-4 | 이면 비드놓기 작업각과 진행각

다음 모재 앞에 작업하기 편한 자세로 모재와의 평행이 되게 앉아서 용접봉을 홀더의 손잡이와 90° 되게 물린다.

2) 1층(백, 이면) 비드놓기

용접봉 끝을 좌측 끝 가접부(시점) 가까이 옮기고 헬멧을 쓴 후 아크를 발생하여 좌측 가접부로 옮겨 아크를 안정시키면서 개선 홈 안쪽으로 봉을 서서히 밀어 넣는다.

작업각은 90°, 진행각은 75~85°를 유지하며,[그림 2-4 참조] 용접봉을 좌우로 움직이지 말고 아크 안정에 최선을 다한다.

이 때 시작부가 가열되면 약 5mm 정도는 위빙하지 말고 매우 천천히 우진하다가 키홀(key hole)이 형성되면 바로 루트면과 루트면 사이를 이전 용융지와 약 1/3 정도 겹치면서 키홀이 일정하도록 위빙하며 중심 표시 부분까지 우진한 후 아크를 끊는다.

일반적으로 백 비드놓기는 [그림 2-5]와 같이 3가지 방법이 있다.

휘핑법은 박판의 백 비드놓기시에 적용되며, 직선법은 루트간격 없이 두 모재를 맞대어 놓고 직선으로 전진하는 방법이다.

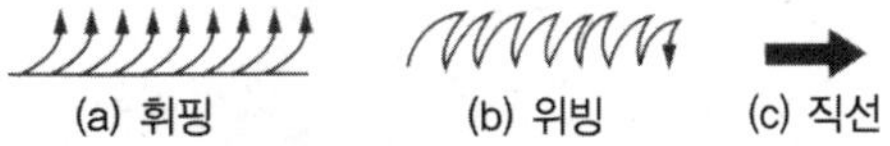

3) 비드 잇기

비드놓기가 끝난 부분을 깨끗이 청소한 후, 새 용접봉을 홀더에 물리고 이음부의 주위에서 아크를 발생하여 아크길이를 좀 길게 하면서 이음부의 위치를 확인하고 빨리 이음부 상단으로 옮긴다. [그림 2-6 참조]

이 때 봉을 좌우로 움직이지 말고 홈 안으로 서서히 밀어 넣으며 아크를 안정시킨 후 약 5mm 정도는 좌우로 움직이지 말고 느린 속도로 우진하며 키홀을 형성시킨다.

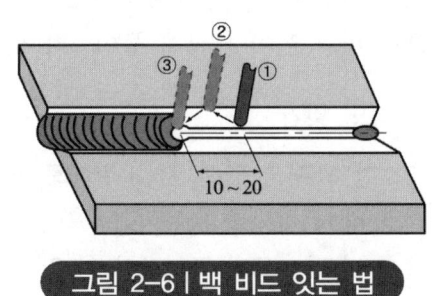

그림 2-5 | 이면 비드 운봉법의 종류

그림 2-6 | 백 비드 잇는 법

키홀이 형성되면 키홀의 크기를 일정하게 유지하며 위빙 방법에 의해 끝까지 우진하며 모재 표면보다 0.5~1mm 정도 낮게 1층 비드를 놓는다.

4) 크레이터 처리 및 용접부 청소하기

모재 끝의 1~2mm 부분에서 아크를 끊은 후 크레이터 처리를 한 후 용접부의 슬래그 및 스패터 등을 깨끗이 제거한다.

혹 용입이 불량하여 슬래그가 혼입한 경우 가는 송곳이나 좁은 정 같은 것으로 완전 제거해야 된다.

다. 표면 비드놓기

1) 2층(표면) 비드놓기

1층(백) 비드가 청소된 모재를 1층 비드놓기와 동일하게 모재를 고정하고 표면 비드 용접전류를 100~130A(ϕ3.2를 사용할 경우)로 조절한다.(자격 시험시 용접 중 모재의 방향을 바꾸면 안된다. 전진법, 후진법 병용하면 안된다.)

새 용접봉을 홀더에 물린 후 자세를 바로 잡고 백 비드 좌측 개선면 위의 한쪽 모서리에서 아크를 발생한다.

아크를 안정시키며 다음 모서리까지 약간 천천히 위빙한다. [그림 2-7 참조]

아크가 안정되면 작업각과 진행각을 일정하게

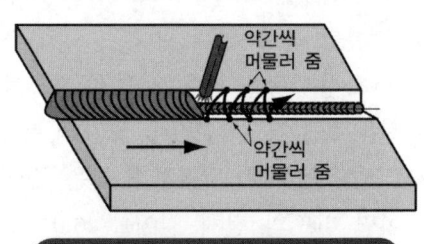

그림 2-7 | 표면 비드 놓는 법

유지하고 정상 속도로 위빙하며 우진한다.

위빙 폭은 개선면 상부 모서리와 모서리에 용접봉 끝의 1/2~1/3 정도가 오도록 하며, 위빙할 때 비드의 양 끝에 약 0.5~1초 정도 멈추는 듯 하여 언더컷이 생기지 않게 한다.

용접부 길이의 1/2 부분에서 아크를 끊은 후(Ø3.2 용접봉으로 끝까지 채울 수 없기 때문에 중심부에서 끊어야 됨) 용접부를 깨끗이 청소한다.

표면 비드 높이가 모재 높이보다 낮거나 5mm 이상 높지 않게 쌓아야 된다.

2) 비드 잇기

청소한 모재를 다시 처음 상태로 고정한 후 새 용접봉으로 아크를 발생하여 비드 잇는 방법과 같이 비드를 잇는다.

표면 비드는 모재 표면보다 약 2mm 정도 높이(자격 시험시 모재표면보다 낮거나(0mm), 5mm를 초과하면 안됨)로 쌓는다.

2층 이상은 Ø4.0(110~140A) 용접봉을 사용하는 것이 원칙이며, 2층을 중간을 끊지 않고 이음없이 한번으로 완성할 수 있으므로 평소 Ø4.0 봉으로 연습하는 것이 필요하다.

3) 크레이터 처리 및 용접부 청소, 검사하기

용접부 끝까지 위빙하여 진행한 후 끝 부분에서 크레이터 처리를 한 후 용접부를 깨끗이 청소한 후 검사한다.

❺ t9.0 연강판 아래보기 V형 맞대기

가. 모재 고정

판두께 t6의 모재와 같은 방법으로 고정한다.

나. 1층(이면, back) 비드놓기

t9의 모재는 t6보다 3mm 정도 두껍고 폭도 50mm 정도 더 크므로 t6 모재보다 5~10A 정도 전류를 높게 해야 된다.

ϕ3.2 용접봉을 사용할 경우 전류를 85~100A 정도로 조절한다.

전류 조절이 끝나면 t6 모재의 용접시와 동일하게 백 비드를 놓는다. 이 때 모재 두께의 1/2 정도 높이로 채워지게 하는 것이 좋다.

이면 비드의 전체 길이를 t6.0 모재의 용접과 같이 중심부를 기준으로 2번으로 완성한 후 슬래그와 스패터를 깨끗이 청소한다.

다. 2층 비드놓기

자세를 편안하게 잡고 전류를 100~130A(ϕ3.2를 사용할 경우)로 조절한 후 모재의 좌측 끝에서 아크를 발생하여 위빙하며 우진한다.

이 때 2층 비드가 모재 표면보다 0.5~1mm 정도 낮게 채워지게 하며, 개선면의 상부 모서리가 녹지 않게 하는 것이 좋다. [그림 2-8 참조]

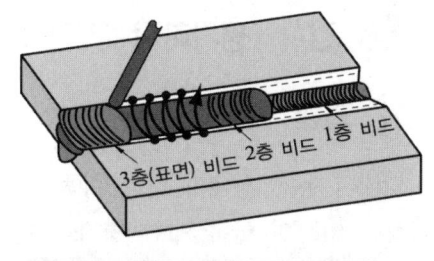

그림 2-8 | 2, 3층 비드 놓는 법

2층 비드놓기도 중심을 기준으로 2번으로 완성한다.

2층 이상은 ϕ4.0 용접봉(110~140A)을 사용하는 것이 원칙이며, 2층을 중간 이음없이 한번으로 완성할 수 있다.

비드놓기가 끝나면 비드를 깨끗이 청소한 후 다시 지그에 고정한다.

라. 3층(표면) 비드놓기

모재를 고정한 후 전류를 2층 비드놓기보다 10A 정도 낮게 100~130A(ϕ3.2를 사용할 경우)로 조절한다.

3층 비드놓기는 ϕ4.0 용접봉(120~150A)을 사용하는 것이 원칙이며, 중간 이음없이 한번으로 완성할 수 있다.

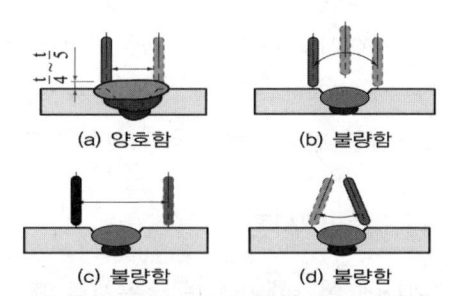

그림 2-9 | 표면 비드 운봉법 양·부

자세를 바르게 잡고 t6과 같은 방법으로 개선면 끝 모서리에서 모서리까지 비드를 놓는다. [그림 2-9 참조]

이 때 표면 비드는 모재 표면보다 약 2mm 정도 높게 쌓는다.(표면 비드 높이가 모재 높이보다 낮거나 5mm 이상 높으면 안된다.)

마. 검사 및 반복 실습하기

용접이 완료되면 용접부를 깨끗이 청소한 후 비드의 미려도, 파형, 높이, 결함(언더컷, 오버랩, 백비드 용입상태, 기공 등)을 검사한 후 잘못된 점을 시정하려고 노력하며 반복 실습한다.

자격시험 기준은 산업현장의 기준하고 상당한 차이가 있으나 자격시험을 준비하는 경우는 '❻항' 기준에 맞추어 실습한다.

6 검사, 평가하기 (자격시험 기준)

가. 외관 검사

맞대기 용접 상태가 다음 항목 중 하나라도 해당되면(이상이 있으면) 평가에서 제외하며, 이상이 없으면 굴곡 시험 평가를 한다.

① 도면의 지시대로 가용접되지 않은 경우, 전진법이나 후진법 혼용, 상진법과 하진법 혼용한 경우
② 10°이상 변형인 경우, 용접시 시험편을 고정하지 않고, 방향을 바꾸면서 용접한 경우
③ 비드 높이가 판두께보다 낮은 경우,(시점, 종점을 제외한 부분이 0mm 이하인 경우) 또는 표면 이면 비드 높이가 5mm 이상인 경우
④ 맞대기용접 시험편의 이면 비드(시점, 이음부, 종점 포함)의 불완전 용융부가 30 mm 이상인 경우
⑤ 시험편의 용락, 언더컷, 오버랩, 기공, 비드상태 등 구조상의 결함, 용접방법 등이 검사 규정에 벗어난 경우(누가 봐도 자격 수준에 미달되는 작품인 경우)
⑥ 이면 받침판을 사용했거나, 이면비드에 보강 용접을 한 경우

나. 굴곡 시험

외관에 이상이 없으면 굴곡시험 규정대로 시험편을 채취한다.

굽힘 시험기(보통 동력 프레스)를 사용하여 가공된 시험편을 [그림 2-10]과 같이 굽힘한 후 평가 기준에 의해 평가한다.

① 시험편당 연속된 균열 3mm 이하, 작은 균열의 길이 합이 7mm 이하, 작은 기공 등이 10개 이하일 것(초과시 0점)
② 시험편 4개 중 3개 이상이 ①의 결함이 없을 것 (2개 이상이 0점이면 오작처리함)

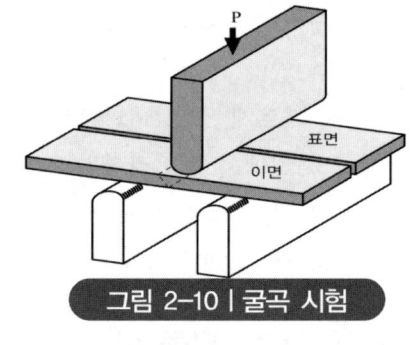

그림 2-10 | 굴곡 시험

제3절 수평 자세 V형 맞대기 피복 아크 용접

❶ 용접 준비와 모재 가공

용접 준비와 모재 가공은 '제2절 아래보기 자세 V형 맞대기 피복아크용접 ❶ 용접준비, 가. 재료 준비, 나. 공구 준비, 다. 작업 준비 ❷ 모재 가공 가. 루트면 가공'과 같이 하면 된다.

❷ 모재 가용접(tack welding) 및 역변형 주기

가접법이나 역변형을 주는 방법도 '제2절 아래보기 자세 V형 맞대기 피복아크용접 ❸ 가. 전류 조절, 나. 루트간격 조절, 다. 가용접(가접) 및 역변형 주기'와 같이 하면 된다.

❸ t6.0 연강판 수평 V형 맞대기

가. 모재 고정

가접된 모재를 용접 지그에 모재가 수직이며 용접선이 수평이 되게 작업하기 편한 높이로 고정한다.

이 때 루트간격이 좁은 쪽이 왼쪽이 되게 하며 용접선의 높이가 가슴 정도가 적당하다. 모재를 단단하게 고정하여 작업 중 움직이거나 떨어지지 않도록 해야 된다.

나. 1층(이면, back) 비드놓기

1) 1층 1/2 비드놓기

용접을 하려면 우선 전류를 맞추어야 된다. 이면 비드 전류를 아래보기 자세 전류와 같이 조절한다.

적정 전류는 모재의 홈각도, 루트면의 두께, 루트간격, 그리고 아크길이, 용접 속도 등에 따라 다르므로 적정 전류를 정하기 어려우나 일반적으로 80~95A(ϕ3.2 용접봉 사용시) 정도로 조절하면 무난하다.

모재에 대하여 몸의 각도를 20~30° 정도 우측으로 틀어 작업하기 편한 자세로 앉아 홀더를 잡는다.

용접봉 끝을 모재의 좌측 끝으로 옮긴 후 헬멧을 쓰고 아크를 발생하여 아크를 안정시키며 개선 홈 안쪽으로 봉을 밀어 넣는다.

작업각과 진행각은 75~85°를 유지한다.[그림 3-1 참조]

키홀이 생길 때까지 천천히 우진하다가 키홀(key hole)이 형성되면 바로 상하 루트면과 루트면 사이를 이전 용착부와 약 1/3 정도 겹치면서 키홀이 일정하도록[그림 3-2 참조] 위빙하며 중심 표시 부분까지 우진한 후 중심부에서 아크를 끊는다.

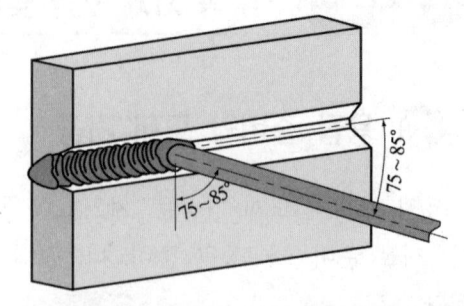

그림 3-1 | 수평 자세 작업각과 진행각

2) 이면 비드 잇기

아크가 끝난 부분을 깨끗이 청소하고 새 용접봉을 홀더에 물리고 이음부의 주위에서 아크를 발생하여 아크길이를 좀 길게 하면서 이음부의 위치를 확인하고 빨리 이음부로 옮긴다.

용접봉을 홈 안으로 서서히 밀어 넣으며 아크를 안정시키며 약 5~10mm 정도는 위빙없이 좀 느린 속도로 우진하여 키홀이 형성되면 위빙하면서 키홀의 크기를 일정하게 유지하며 용접부 끝까지 우진한다.

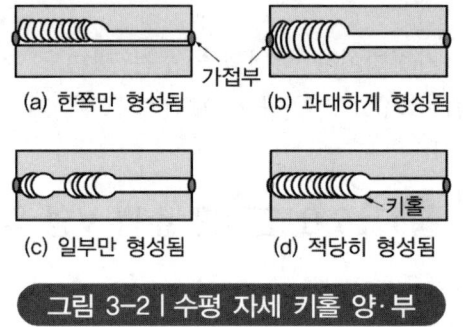

그림 3-2 | 수평 자세 키홀 양·부

1층 이면 비드는 모재 표면보다 1~1.5mm 정도 낮게 놓은 후 용접선 끝의 1~2mm 부분에서 크레이터 처리를 한다.

용접이 끝나면 용접부의 슬래그 및 스패터 등을 깨끗이 제거한다.

다. 2층(표면) 비드놓기

1) 2층 1패스 놓기

수평 자세 표면 비드는 겹치기 좁은 비드로 2패스로 완성한다. 전류는 1층보다 다소 높게 110~140A(ϕ3.2를 사용할 경우)로 조절한다.

자세를 바로 잡고 하단 모재의 왼쪽 끝 모서리와 1층 비드의 경계선에서 아크를 발생하여 아크를 안정시킨 후 위빙없이 좁은 비드로 용접선 끝까지 진행한다.

이 때 작업각과 진행각을 일정하게 유지하며 하단 모재의 개선 모서리 선에 용접봉의 하단~1/4 정도가 겹치도록 하며 진행한다.

이 때 전진법과 후진법을 혼용하면 안된다.
용접이 끝나면 깨끗이 청소한다.

2) 2층 2패스 놓기

상단 모재의 왼쪽 끝 모서리에서 아크를 발생하여 아크를 안정시킨 후 상단 모재의 개선 모서리 선에 용접봉 중심의 1/2 정도가 겹치도록 하며 용접선 끝까지 진행하고 우측 끝부분에서 크레이터 처리를 한다.

표면 비드는 모재 표면보다 약 2mm 정도 높게 쌓아야 된다.(자격시험에서 모재 표면보다 낮거나(0mm, 5mm 이상 높으면 안됨)

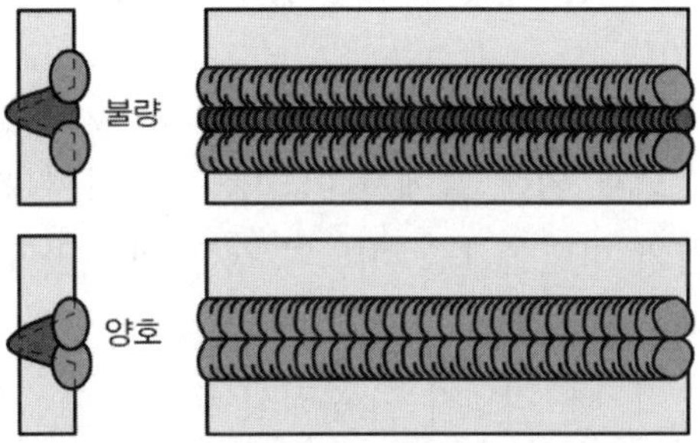

용접 후 용접부를 깨끗이 청소한다. [그림 3-3 참조]

그림 3-3 | 표면 비드놓기 양·부

❹ t9.0 연강판 수평 V형 맞대기

가. 1층(이면, back) 비드놓기

t9 모재의 이면 비드놓는 법은 t6 모재와 동일하게 실시하면 된다.

다만 판두께가 3mm 정도 더 두껍기 때문에 t6의 모재는 2층으로 완성했지만 t9 모재는 3층으로 완성하는 것이 일반적이다.

따라서 1층(이면) 비드는 모재 두께의 약 1/2 정도 높이로 쌓는 것이 적당하다.

나. 2층 비드놓기

2층 비드는 모재 표면보다 1~1.5mm 정도 낮게 채워지게 쌓는 것이 중요하다. 이 때 전류는 표면 비드보다 다소 높게 조절하는 것이 일반적이다.

1) 2층 1 패스 비드놓기

모재의 왼쪽 끝 시작점에서 아크를 발생하여 용접봉 끝의 중심을 1층 비드의 하단 개선 면과의 경계선에 맞춘다.

이 때 작업각은 수직선에 대하여 하단 모재와 95~110° 정도 되게 진행각은 75~85°로 유지한다. [그림 3-4 (a) 참조]

직선(좁은) 비드로 모재 끝까지 진행하며, 모재 표면보다 1~1.5mm 정도 낮게 채워지게 한다. 개선면의 상부 모서리가 녹지 않게 하는 것이 좋다.

비드를 깨끗이 청소한 후 지그에 고정한다.

2) 2층 2패스 비드놓기

모재 왼쪽 끝에서 아크를 발생하여 용접봉 끝의 하단을 1층 비드의 상단 개선면과의 경계선에 맞춘다.

이 때 작업각은 수직선에 대하여 75~85° 정도 되게, 진행각은 용접선에 대하여 75~85°로 유지한다.

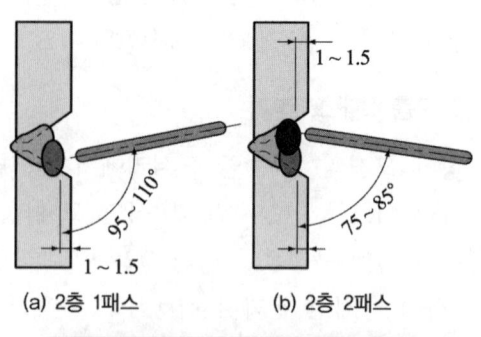

그림 3-4 | 2층 비드놓기 작업각

직선(좁은) 비드로 모재 끝까지 진행한다. 이 때 모재 표면보다 1~1.5mm 정도 낮게 채워지게 한다. 개선면의 상부 모서리가 녹지 않게 하는 것이 좋다.(개선 상부 모서리는 표면 비드놓기의 기준선이 됨)

비드를 깨끗이 청소한 후 지그에 고정한다.

다. 3층(표면) 비드놓기

1) 3층 1패스 비드놓기

t9의 모재의 수평 표면 비드는 좁은 비드 겹치기 3패스로 완성한다. 전류는 2층보다 다소 낮추는 것이 좋다.

특히 맨 위의 패스는 모재를 식히거나 전류를 낮추어서 비드를 놓아 언더컷을 방지해야 된다.

하단 모재의 왼쪽 끝에서 아크를 발생하여 아크를 안정시킨 후 하단 모재의 개선 모서리선에 용접봉의 하단이 1/4 정도 겹치도록 하며 일직선으로 우측 끝까지 진행한다.

이 때 작업각은 수직선에 대하여 하단 모재와 95~110°, 진행각은 75~85°를 유지하며 진행한다. [그림 3-5 (a) 참조]

우측 끝부분에서 크레이터 처리를 한다.

2) 3층 2패스 비드놓기

모재의 왼쪽 끝에서 아크를 발생하여 표면 1패스 비드와 1층 비드의 경계선에 용접봉 하단이 오도록 하여 작업각은 수직선에 대하여 하단 모재와 85~90°, 진행각은 75~85°를 유지하며 진행한다. [그림 3-5 (b) 참조]

우측 끝부분에서 크레이터 처리를 한다.

3) 3층 3패스 비드놓기

상단 모재의 왼쪽 끝에서 아크를 발생하여 상단 모재의 개선 모서리 선에 용접봉 중심의 1/3 정도가 겹치도록 하며 진행한다. 이 때 작업각과 진행각은 75~85°를 유지한다. [그림 3-5 (c) 참조]

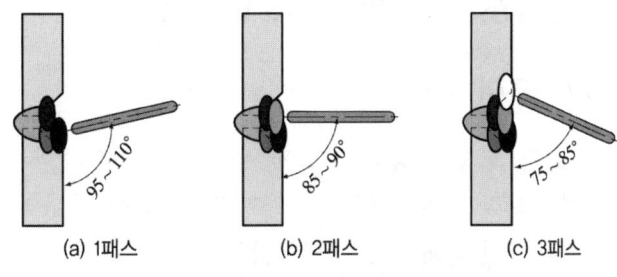

그림 3-5 | 3층 비드놓기 작업각

표면 비드는 모재 표면보다 약 2mm 정도 높게 쌓는다.(표면 비드 높이가 모재 높이보다 낮거나 5mm 이상 높으면 안된다.) 용접이 끝날 때 마다 용접부를 깨끗이 청소한다.

라. 검사 및 정리하기

표면 비드놓기가 끝나면 용접부의 슬래그와 스패터를 깨끗이 청소한 후 용접 상태(표면 비드 미려도, 폭, 높이, 시점과 종점 처리상태, 이음부 상태, 이면비드 돌출상태 등을 검사한다.

- 잘못된 점을 시정하려고 노력하며, 반복 실습한다.
- 실습이 끝나면 전원을 차단하고, 주위를 깨끗이 잘 정리 정돈한다.
- 자격시험 검사 기준은 '제2절 아래보기 자세 V형 맞대기 ❻'항을 참조한다.

제4절 수직 자세 V형 맞대기 피복 아크 용접

❶ 용접 준비와 모재 가공

용접 준비와 모재 가공은 '제2절 아래보기 자세 V형 맞대기 피복아크용접 ❶ 용접준비, 가. 재료 준비, 나. 공구 준비, 다. 작업 준비 ❷ 모재 가공 가. 루트면 가공'과 같이 하면 된다.

❷ 모재 가용접(tack welding) 및 역변형 주기

가접법이나 역변형을 주는 방법도 '제2절 아래보기 자세 V형 맞대기 피복아크용접 ❸ 가. 전류 조절, 나. 루트간격 조절, 다. 가용접(가접) 및 역변형 주기'와 같이 하면 된다.

③ t6.0 연강판 수직 V형 맞대기

가. 모재 고정

가접된 모재를 용접 지그에 용접선이 수직이 되게 작업하기 편한 높이로 고정한다. 이때 루트간격이 좁은 쪽이 아래가 되게 하며 상부의 높이가 가슴 정도가 적당하다.

모재를 단단하게 고정하여 작업 중 움직이거나 떨어지지 않도록 해야 된다.

나. 1층(이면, back) 비드를 놓기

1) 1층 1/2 비드놓기

이면 비드놓기는 맞대기 용접 중 가장 중요한 용접이며, 고난도의 기술을 요한다.

적당한 전류와 정교한 위빙으로 키홀을 형성하며 모재 표면보다 1~1.5mm 정도 낮게 쌓는 것이 중요하다.

용접을 하려면 우선 전류를 맞추어야 된다. 백 비드 전류를 아래보기 자세보다 다소 낮게, 75~90A 정도(ϕ3.2 용접봉 사용시)로 조절한 다음 용접봉을 홀더의 손잡이와 135° 되게 물린다.

모재 앞에 작업하기 편한 자세로 앉는다. 이때 몸과 모재와의 각도는 20~30° 정도 우측으로 틀어 앉아 홀더를 잡는다.

용접봉 끝을 모재의 하단 끝으로 옮긴 후 헬멧을 쓰고 아크를 발생하여 아크를 안정시키며 개선 홈 안쪽으로 봉을 밀어 넣는다.

작업각은 90°, 진행 반대각은 75~85°를 유지한다.[그림 4-1 참조]

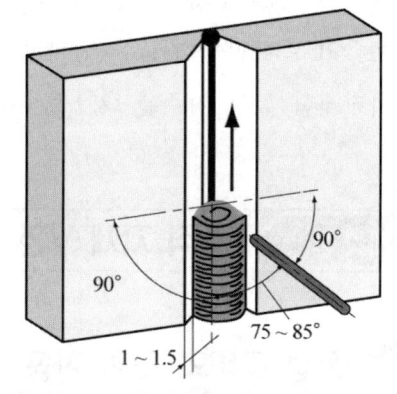

그림 4-1 | 수직 자세 작업각과 진행 반대각

키홀이 생길 때까지 좌우로 움직이지 말고 매우 천천히 상진(약 5mm 정도)하다가 키홀(key hole)이 형성되면 바로 루트면과 루트면 사이를 이전 용착부와 약 1/3 정도 겹치면서 키홀이 일정하도록 위빙하며 중심 표시 부분까지 상진한 후 중심부에서 아크를 끊는다.

2) 이면(back) 비드 잇기

아크가 끝난 부분을 깨끗이 청소하고 홀더에 새 용접봉을 물려 이음부의 주위에서 아크를 발생하여 아크길이를 좀 길게 하면서 이음부의 위치를 확인하고 빨리 이음부 상단으로 옮긴다.

용접봉을 홈 안으로 서서히 밀어 넣으며 아크를 안정시킨 후 약 5~10mm 정도는 좌우로 움직이지 말고 좀 느린 속도로 상진하여 키홀이 형성되면 키홀의 크기를 일정하게 유지하며 위빙 방법에 의해 끝까지 상진한다.

1층 백 비드는 모재 표면보다 1~1.5mm 정도 낮게 놓는다.

3) 크레이터 처리 및 청소하기

용접선 끝의 1~2mm 부분에서 아크를 잠시 끊었다 다시 발생하였다 하면서 2~3회 크레이터 처리를 한다.

용접이 끝나면 용접부의 슬래그 및 스패터 등을 깨끗이 제거한다.

다. 표면(2층) 비드놓기

1) 표면 1/2 비드놓기

표면 비드는 외관이므로 외관의 비드 모양을 보고 양·부를 판단하는 중요한 부분이다. 그리고 언더컷이나 처짐, 오버랩 등이 쉽게 발생될 수 있어 위빙 끝 부분의 약간 멈춤과 일정한 위빙 폭과 피치로 위빙하는 것이 필요하다.

우선 모재를 작업하기 편한 높이로 고정한 후 전류를 100~130A(ϕ3.2를 사용할 경우)로 조절한다.

자세를 바로 잡고 용접봉을 1층 비드의 하단 왼쪽 부근으로 옮긴 후 헬멧을 쓰고 아크를 발생하여 아크 빛으로 모재 하단의 모서리 부분으로 옮겨 아크를 안정시킨다.

아크가 안정되면 다음 모서리까지 약간 천천히 움직여 충분하게 용융되었을 때 위빙하며 상진한다. 위빙 폭은 개선면 상부 좌우 모서리에 용접봉 끝의 1/3~1/2 정도가 오도록 실시한다.

Ø4 용접봉(110~140A) 사용시는 중간 부분을 끊지 않아도 용접선 끝까지 비드를 놓을 수 있으며, 2층 이상은 Ø4 봉을 사용하는 것이 원칙이다.

위빙할 때 비드의 양 끝에서 약 0.5~1초 정도 멈추는 듯 하여 언더컷이 생기지 않게 한다.

용접이 끝나면 용접부 끝부분을 깨끗이 청소한다.

2) 표면 비드 잇기

용접봉 1개로 용접부 전체를 다 용착시킬 수 없을 때는 용접부 전체 길이의 중심에서 아크를 끊는다.

왜냐 하면 시점과 종점, 중심 부분은 10mm 정도는 제거되고 그 다음부터 약 38mm 부분은 굴곡 시험편 부분이 되므로 그 부분에서는 아크가 끊어지거나 비드 잇는 부분이 되어서는 안되기 때문이다.

비드를 이을 때 홀더에 새 용접봉을 물린 후 잇는 부근에서 아크를 발생하여 아크를 안정시킨 후 용접부 끝까지 위빙하여 진행한다.

이 때 상진법과 하진법 또는 상하를 바꾸어 2층이나 3층을 쌓으면 안된다.

표면 비드 높이가 모재 높이보다 낮거나 5mm 이상 높지 않게 쌓는다.

표면 비드 높이는 모재 표면보다 약 2mm 정도 높게 쌓는다. [그림 4-2 참조]

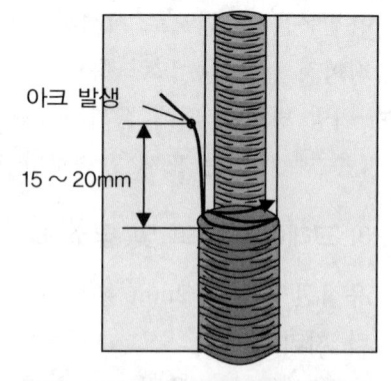

그림 4-2 | 수직 비드 잇는 법

3) 크레이터 처리 및 청소하기

용접부 끝 1~2mm 부분에서 크레이터 처리를 한 후 용접부를 깨끗이 청소한다.

④ t9.0 연강판 수직 V형 맞대기

가. 1층(이면, back) 비드놓기

t9 모재의 이면 비드놓는 법은 t6 모재와 동일하게 실시하면 된다. 다만 판두께가 3mm 정도 더 두껍기 때문에 전류를 약간 높여주거나 루트면을 얇게 해줄 필요가 있으며, t6의 모재는 2층으로 완성했지만 t9 모재는 3층으로 완성하는 것이 일반적이다.

따라서 1층(백) 비드는 모재 두께의 약 1/2 정도 높이로 쌓는 것이 적당하다.

나. 2층 비드놓기

2층 비드는 모재 표면보다 1~1.5mm 정도 낮게 채워지게 쌓는 것이 중요하다.

이 때 전류는 표면 비드보다 다소 높게 조절하여 쌓으면 1층과 용착도 잘 되지만 1층에 잔류할 수 있는 불순물이나 슬래그 등을 떠오르게 하는데 효과가 있다. [그림 4-3 참조]

2층 비드도 중심부에서 아크를 끊은 후 새 용접봉으로 비드를 잇기하여 2회로 완성한다.

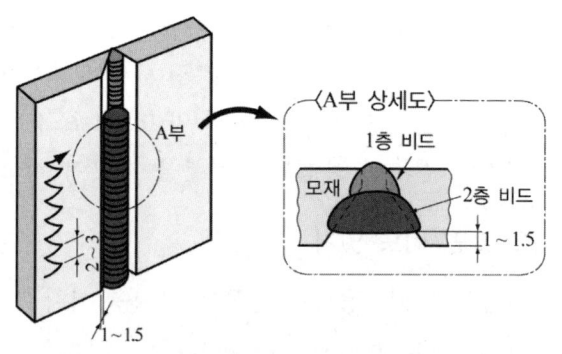

그림 4-3 | 수직 비드 2층 비드 높이

이 때 개선면의 상부 모서리가 녹지 않게 하는 것이 좋다.(용접봉 끝이 모재 표면보다 높으면 개선 끝 모서리가 녹게 됨)

이 때 상진법과 하진법을 혼용하거나 상과 하를 바꾸어 2층이나 3층을 쌓으면 안된다.

Ø4 용접봉 사용시는 표면 비드를 끊지 않아도 용접선 끝까지 비드를 놓을 수 있으며, 2층 이상은 Ø4 봉을 사용하는 것이 원칙이다.

용접이 끝나면 다음 층의 비드를 놓기 전에 비드를 깨끗이 청소해야 된다.

다. 표면 비드놓기

표면 비드는 t6 모재의 표면 비드놓기와 같은 방법으로 쌓는다. 따라서 개선면 상부의 모서리와 모서리 사이를 용접봉의 1/2~1/3 정도가 겹치도록 운봉하며, 운봉 끝부분에서 약간씩 멈춤을 실시하여 언더컷 등이 발생하지 않게 하여야 된다.

표면 비드도 2회로 나누어서 완성한다.

이 때 Ø4 용접봉 사용시는 표면 비드를 끊지 않아도 용접선 끝까지 비드를 놓을 수 있으며, 2층 이상은 Ø4 봉을 사용하는 것이 원칙이다.

표면 비드는 모재 표면보다 약 2mm 정도 높게 쌓고, 크레이터 처리를 한 후 아크를 끊은 후 용접부를 깨끗이 청소한다.(표면 비드 높이가 모재 높이보다 낮거나 5mm 이상 높으면 안된다.)

❺ 검사, 평가하기(자격시험 평가 기준)

표면 비드놓기가 끝나면 용접부의 슬래그와 스패터를 깨끗이 청소한 후 용접 상태(표면 비드 미려도, 폭, 높이, 시점과 종점 처리상태, 이음부 상태, 이면비드 돌출상태 등을 검사한다.

- 잘못된 점을 시정하려고 노력하며, 반복 실습한다.
- 실습이 끝나면 전원을 차단하고, 주위를 깨끗이 잘 정리 정돈한다.
- 자격시험검사 기준은 '제2절 아래보기자세 V형 맞대기 피복아크용접 ❻'항을 참조한다.

제5절 T형 필릿 피복 아크용접하기

필릿용접은 두 판을 겹치거나 T자형, 또는 +자형으로 놓고 용접하는 방법으로 용접부의 형상이 삼각형을 이루고 있는 용접을 말한다.

여기서 직각진 비드의 루트부에서 비드 끝까지의 길이를 각장(목길이)이라 하며, 루트부에서 비드 표면까지의 거리를 목두께라 한다.

목길이는 이론상 목길이와 실제 목두께로 구분하며, 목두께도 이론상과 실제 목두께가 있다.[그림 5-1 참조]

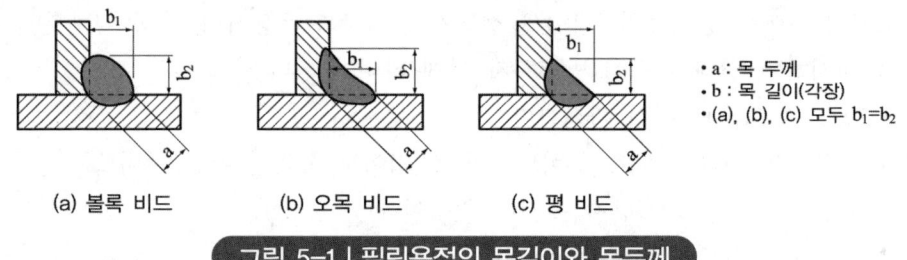

그림 5-1 | 필릿용접의 목길이와 목두께

❶ 가스 절단 준비

① 가스 절단을 위한 기본 공구와 라이터, 보안경, 직각자 등을 준비하고, 앞치마와 장갑, 보안경 등을 착용한다.
② 가스 절단 장치나 토치, 호스 연결부 등의 누설 여부를 점검한다.
③ 산소의 압력을 3~5kgf/cm², 프로판 가스(또는 아세틸렌가스)의 압력을 조절한다.

❷ 모재 가스 절단 및 가공 (자격시험 기준)

가. 모재에 금긋기와 모재 고정

① 시험 모재(연강판, t9×150×250)의 길이 방향(250mm)의 중심(길이 방향 끝단에서 125mm 부분)에 길이 방향과 직각으로 금긋기한다.[그림 5-2 참조]
② 가스 절단대 위에 가로 방향으로 20mm 정도 벌려지도록 내화 벽돌 2개를 나란히 놓고 그 위에 모재의 금긋기 선(절단할 선)이 2개의 내화 벽돌 사이의 홈 부분에 평행하게 놓는다.

나. 가스 절단

① 토치를 바르게 잡고 가스 절단 토치에 점화하여 적당한 세기의 중성 불꽃으로 조절한 다음 고압 산소 밸브를 열어 고압 산소의 분출 상태를 확인한다.

② 절단선 위에 토치를 서서히 움직여 적당히 예열한 후 모재 우측 끝 표면에서 팁 끝을 1.5~2mm 정도 띄워 900℃(노랑색) 정도로 예열한 후 고압 산소 밸브를 열어 절단이 개시되면 금긋기 선을 따라 좌측으로 진행하여 절단한다.

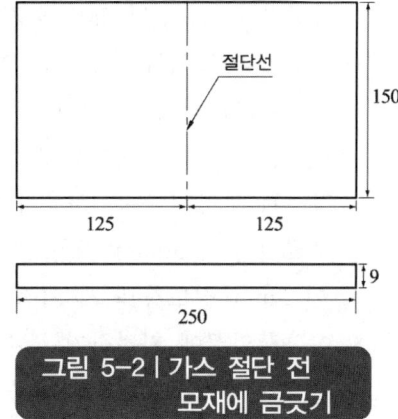

그림 5-2 | 가스 절단 전 모재에 금긋기

이 때 절단선을 5mm 이상 벗어나지 않도록 정밀하게 절단한다.

③ 절단은 원칙적으로 안내판 없이 해야 원칙이다.

④ 절단이 끝나면 고압 산소 밸브를 잠그고, 산소 밸브를 잠그고 프로판 가스 밸브를 잠가 소화한다.

⑤ 소화 후 고압 용기의 밸브를 잠근 후 다시 토치 밸브를 열어 호스 내부의 잔류 가스를 배출한 후 작업 전의 상태로 정리 정돈한 후 절단된 상태를 확인을 받는다. 이 때 절단면을 줄이나 그라인더 가공을 해서는 안된다.

⑥ 절단할 때 사용했던 장비나 공구를 정리하고 주위를 깨끗이 청소한다.

❸ 아래보기 자세 T형 필릿 피복 아크용접 (자격시험 기준)

가. 용접봉 장착 및 전류 조절

아래보기 자세 필릿용접할 수 있는 전류를 조절한다. E4316, $\phi 3.2(\phi 4.0)$ 용접봉을 용접 홀더에 물리고 전류를 110~140A(120~160A)로 조절한다.

나. 모재에 금긋기 및 가접

① 도면을 보고 절단된 반대편의 매끈한 면끼리 2개의 모재를 맞대어 놓고 [그림 5-3]과 같이 용접선 양끝에서 12.5±2.5, 절단면 반대편에서 12+0~4mm 부분을 석필이나 백색 페인트마카펜으로 금긋기한다.

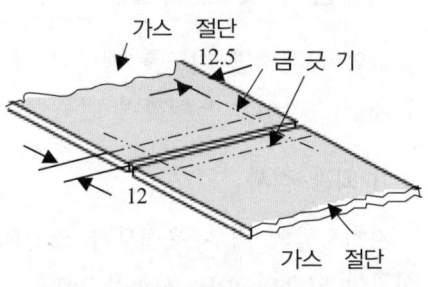

그림 5-3 | 필릿용접부 금긋기

② 금긋기가 완료된 모재를 도면에 따라 금긋한 쪽(150mm 부분)이 우측으로 가게 놓는다.
③ 또하나의 모재의 금긋기한 쪽(150mm 부분)이 아래로 가게 하여 수평판의 금긋기 선의 왼쪽이 되게 수직으로 세운다.(우측 끝에서 12+0~4mm 떨어지게 세움)
　이 때 마그네틱 베이스(또는 자석)를 수직판 안쪽에 받친 다음(베이스나 자석이 없는 경우는 보조대 등을 사용하여 직각으로 고정한다)
④ 양끝에서 약 30mm 안쪽(양쪽 끝의 비드가 놓이지 않는 부분이 아닌 곳)에 용접부 길이 5mm 정도가 되게 가접한다.[그림 5-4 참조]
⑤ 이 때 양끝에 가접하거나 수직판 안쪽(길이가 긴쪽)에 가접해선 절대 안되며, 가접부를 깨끗이 청소한다. 청소 중 금긋기 선이 지워진 경우 다시 긋는다.

다. 필릿용접

가접한 모재의 용접할 부분이 아래로 가며 용접선이 좌우가 되게 작업대 위에 [그림 5-5]와 같이 놓는다.

용접선 끝단에서 12.5±2.5mm 띄운 부분에서 아크를 발생하여 용접해야 할 부분을 확실하게 확인하여 주어진 각장(목길이) 6(4.8~9)mm으로 맞추어 작은 위빙을 하여 끝단 12.5±2.5mm 전까지 필릿용접한다.

필릿 각장은 6mm로 해야 되며, 각장의 -20~50%를 초과하지 않게 해야 된다.

특히 비드의 양끝 비용접부가 용접되지 않도록 해야 된다.

수직판 안쪽에 가접이나 용접부가 형성되어서는 안된다.

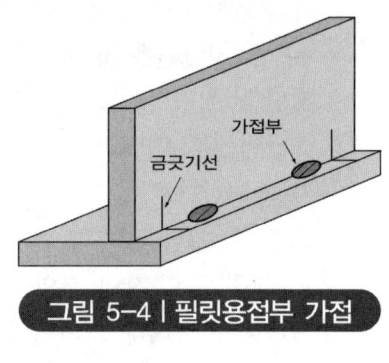

그림 5-4 | 필릿용접부 가접

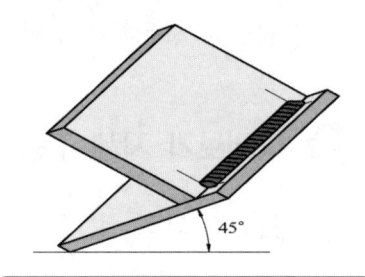

그림 5-5 | 아래보기 필릿용접

라. 검사 및 반복실습하기

작업이 끝나면 비드를 깨끗이 청소한 후 비드 파형, 높이, 각장 등을 검사한 후 잘못된 점을 시정하려고 노력하며 반복 실습한다.

1) 외관 검사

자격시험의 경우 용접부가 도면의 지시대로 용접되었는지 검사한 후 외관 검사를 하고 이상이 없으면 파면 시험을 한다.

필릿용접 상태가 다음 규정 중 하나라도 이상이 있으면 평가에서 제외하며, 이상이 없으면 파면 시험 평가를 한다.

① 가스 절단된 모재의 길이가 125±5mm 벗어나거나, 절단 작업 후 절단면에 줄이나 그라인더 등 가공을 한 경우
② 도면에 표기된 상태로 가용접을 하지 않는 경우
③ 필릿용접부에서 비드 폭과 높이가 각각 요구된 목길이(각장) 6mm(4.8~9mm)를 벗어난 경우

2) 파면 시험

굴곡 시험기 위에 평판을 놓고 필릿용접 작품의 용접부가 위로 향하도록 ∧자 모양으로 놓은 후 시험기로 ⌐⌐모양이 되도록 파단한다. [그림 5-6 참조]

평가 기준에 의해 평가하며, 아래 사항과 같은 경우 오작처리한다.

① 필릿용접 파단 시험 후 두 모재의 용입이 용접 길이의 50%가 되지 않은 경우
② 파단한 필릿용접 작품의 용접부 파면을 보고 용입불량, 용입 깊이, 슬래그 섞임 상태, 융합 부족, 모재의 박리, 기공, 피트 등의 유무 등이 기준에 벗어난 경우
③ 기타 검사 기준에 위배된 경우

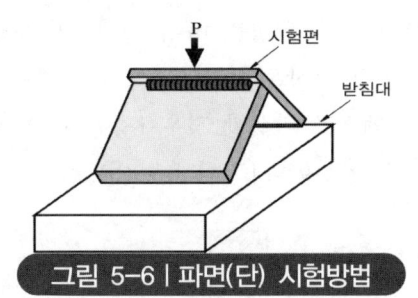

그림 5-6 | 파면(단) 시험방법

❹ 수평 자세 T형 필릿 피복 아크용접 (자격시험 기준)

가. 용접봉 장착 및 전류 조절

수평 자세 필릿용접할 수 있는 전류를 조절한다. E4316, $\phi 3.2(\phi 4.0)$ 용접봉을 용접 홀더에 물리고 전류를 110~140A(120~160A)로 조절한다.

나. 모재 고정

수평 자세의 경우 [그림 5-7]의 형상 그대로 작업대 위에 용접선이 작업자와 평행이 되며 좌우가 되게 고정한다.

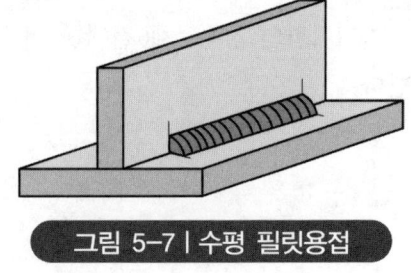

그림 5-7 | 수평 필릿용접

다. 필릿용접

작업하기 편한 자세로 앉아 홀더를 잡고 필릿용접부를 확인하여 용접봉 끝을 좌측 용접시점 가까이 위치한 후 헬멧을 쓰고 아크를 발생한다.

이 때 작업각은 45°, 진행각은 75~85°를 유지한다.[그림 5-8 참조]

1패스로 할 경우 가벼운 위빙으로 각장을 맞추어 용접한다.[그림 5-9 (a) 참조]

용접선 끝단에서 12.5±2.5mm 띄운 부분에서 아크를 발생하여 용접해야 할 부분을 확실하게 확인하여 주어진 각장(목길이) 6(4.8~9)mm으로 맞추어 작은 위빙을 하여 끝단 12.5±2.5mm 전까지 필릿용접한다.

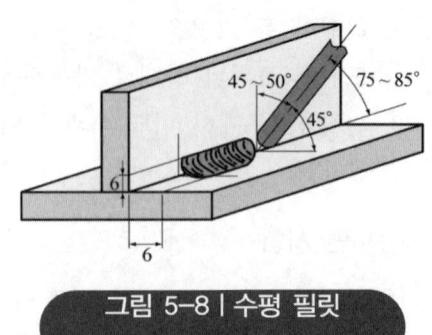

그림 5-8 | 수평 필릿 작업각과 진행각

필릿 각장은 6mm로 해야 되며, 각장의 -20~50%를 초과하지 않게 해야 된다.

3패스로 완성할 경우 1층은 아주 좁은 비드로 완성한 후 2층 2~3패스는 겹치기 좁은 비드로 완성한다.[그림 5-9 (b) 참조]

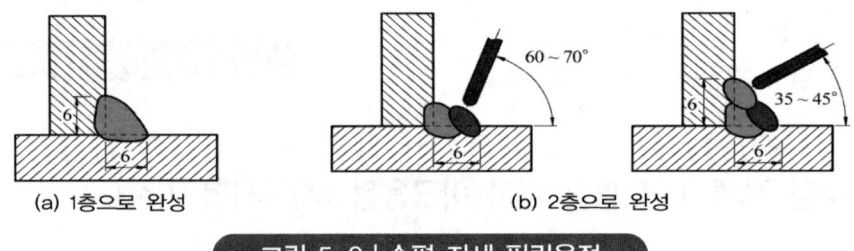

(a) 1층으로 완성　　　　(b) 2층으로 완성

그림 5-9 | 수평 자세 필릿용접

라. 검사 및 반복실습하기

작업이 끝나면 용접부 검사 및 반복 실습한다.

자격시험의 경우 '제6절 ❸ 아래보기 자세 T형 필릿 피복 아크용접 라.'항과 같이 검사한다.

❺ 수직 자세 필릿용접 (자격시험 기준)

가. 전류 조절

수직 자세 필릿용접할 수 있는 전류를 조절한다. 전류는 아래보기 자세보다 10~20A 낮게 조절한다.
E4316, ⌀3.2(⌀4.0) 용접봉을 용접 홀더에 물리고 전류를 100~130A (110~140A)로 조절한다.

나. 모재 고정

가접한 모재의 용접선이 수직이 되게 지그에 단단히 고정하여 작업하기 편한 높이로 조절한다.

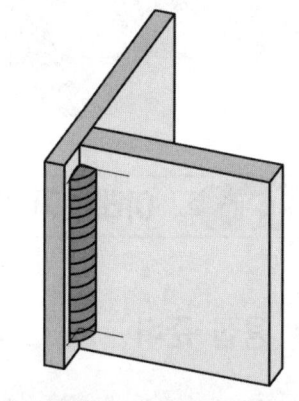

그림 5-10 | 수직 자세 필릿용접

다. 필릿용접

작업하기 편한 자세로 앉아 홀더를 잡고 필릿용접부를 확인하여 용접봉 끝을 하단의 용접 시점 가까이 위치한 후 헬멧을 쓰고 아크를 발생한다.
작은 반달형 위빙이나, 경사 밤형 또는 경사 삼각형법의 위빙으로 각장을 맞추어 용접한다.
용접선 끝단에서 12.5±2.5mm 띄운 부분에서 아크를 발생하여 용접해야 할 부분을 확실하게 확인하여 주어진 각장(목길이) 6(4.8~9)mm으로 맞추어 작은 위빙을 하여 끝단 12.5±2.5mm 전까지 필릿용접한다.
필릿 각장은 6mm로 해야 되며, 각장의 -20~50%를 초과하지 않게 해야 된다.
필릿용접시 양끝의 비용접부나 안쪽에 가접이나 용접부가 형성되지 않도록 주의한다.

라. 검사 및 반복실습하기

작업이 끝나면 용접부 검사 및 반복 실습한다.
자격시험의 경우 '제6절 ❸ 아래보기 자세 T형 필릿 피복 아크용접 라.'항과 같이 검사한다.

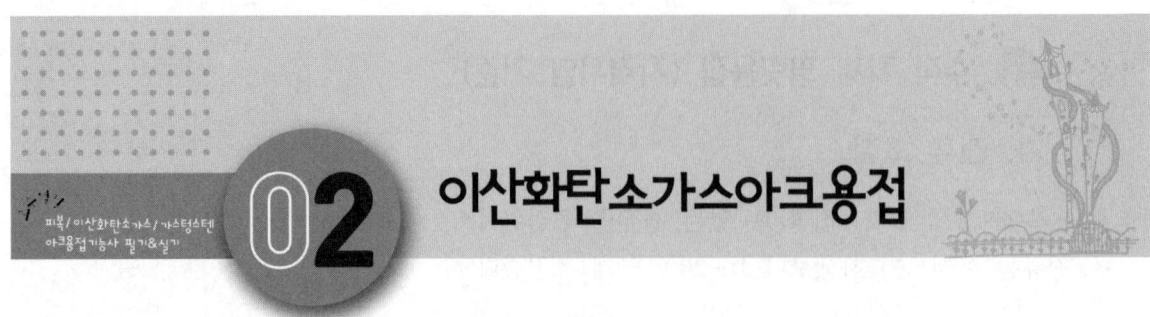

02 이산화탄소가스아크용접

제1절 아래보기 자세 V형 맞대기 CO_2 용접

❶ 용접 준비

용접 준비와 모재 가공은 '제2절 아래보기 자세 V형 맞대기 피복아크용접 ❶ 용접준비, 가. 재료 준비, 나. 공구 준비, 다. 작업 준비 ❷ 모재 가공 가. 루트면 가공'과 같이 하면 된다.

❷ 모재 가접 및 역변형 주기

가. 용접기 조작

CO_2 용접기의 전원 스위치를 넣고, 와이어 지름 전환 스위치 '0.9/1.2'를 와이어 지름에 맞추고, 크레이터 '유/무' 스위치를 '무 또는 유'에 놓는다.

'용접/점검(가스 체크)' 스위치를 점검에 놓고 가스 유량을 15(12~20)ℓ/min으로 맞춘 후 전류, 전압을 조절한다. [표 1-1 참조]

표 1-1 아래보기 V형 맞대기 용접 조건(t6.0, 솔리드 와이어 사용시)

층 수	용접전류	아크전압(V)	와이어 돌출 길이	가스 유량
1층(백) 비드	120~150A	20~22V	12~17mm	12~18 ℓ/min
2층(표면 비드)	140~170A	21~23V	10~15mm	12~18 ℓ/min

나. 가점(가용접) 및 역변형 주기

1) 가용접

가접대 위에 모재의 개선면이 위로 향하게 수평으로 놓고 한쪽은 2.0~2.5mm, 한쪽은

2.5~3.0mm 정도로 맞추고 두 모재가 엇갈림이 없이 수평이 되게 놓는다.(루트간격은 작업자마다 다를 수 있음)

토치를 잡고 토치의 와이어 끝을 한쪽 모서리에 겨누고 아크를 발생하여 빠른 속도로 양쪽 모서리를 왕복하면서 가접을 튼튼히 한다. [그림 1-1 참조]

이 때 가접 부위가 개선 홈쪽으로 돌출되지 않고 평탄한 모양이 되어야 한다.

가접이 끝나면 가접부의 슬래그나 스패터, 이물질 등을 깨끗이 제거한다.

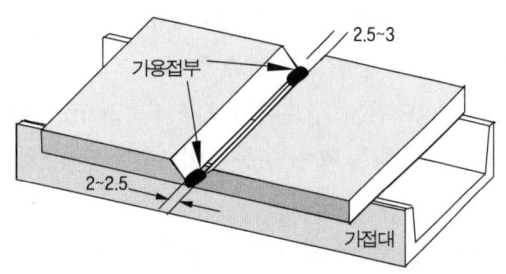

그림 1-1 | V형 맞대기 용접 전 가접

2) 역변형 주기

역변형은 용접 후에 용접방향으로 변형이 생기는 것을 용접 전에 가접된 모재를 용접 방향 반대편으로 약 2~3° 정도 굽혀주는 작업이다. 이 때 판두께와 용접 패스 수의 다소에 따라 얇은 판은 적게, 두꺼운 판은 크게 한다.

다. 모재 고정

작업대 위에 모재의 개선면이 위가 되며 용접선이 좌우로 평행이 되게 단단히 고정하여 놓는다.

이 때 가접 홈이 좁은 쪽이 왼쪽이 되며, 토치를 겨누어 편한 자세가 되어야 하며 모재가 작업자의 중심보다 약간 좌측에 있는 것이 좋다.

④ t6.0 연강판 V형 맞대기(솔리드 와이어 사용)

가. 1층(이면, back) 비드놓기

1층(이면) 비드놓는 방법은 여러 가지가 있으나 위빙법이 가장 많이 쓰인다. [그림 1-2 참조]

용접전류와 전압 등 용접 조건을 [표 1-1]과 같이 맞춘다.

용접 토치를 우측(또는 좌측) 끝부분에 대고 용접 토치의 작업각은 90°, 진행반대각 75 ~ 85°로 유지

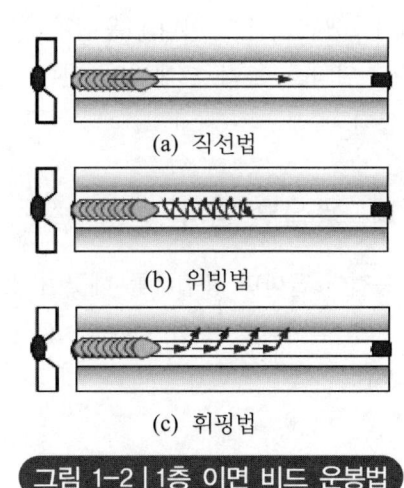

(a) 직선법

(b) 위빙법

(c) 휘핑법

그림 1-2 | 1층 이면 비드 운봉법

하고 자세를 취한 후 헬멧을 쓰고 스위치를 눌러 아크를 발생한다. [그림 1-3 참조]

와이어 돌출 길이를 10~15mm로 유지하며 전진법(또는 후진법)으로 운봉한다.

운봉 요령은 루트간격보다 1~2mm 넓게 톱니형이나 부채꼴형으로 운봉하며, 운봉 양끝에서 약 0.5~1초 머물러 준다.

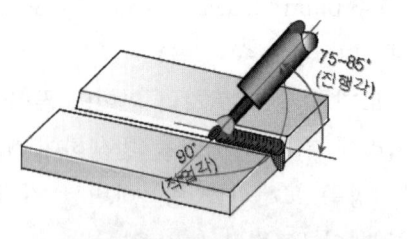

그림 1-3 | 1층 작업각과 진행각

키홀을 잘 관찰하여 일정한 크기의 키홀이 형성되도록 하며, 와이어 끝이 이전 비드를 1~2mm 정도 겹치게 운봉한다.(와이어가 키홀에 빠질 우려가 있음) [그림 1-4 참조]

이면 비드의 높이(모재 두께 6mm의 경우)는 모재 표면보다 1.5~2.0mm 정도 되게 한다.

1층 비드를 깨끗이 청소한 후 결함의 유무, 비드 상태 등을 점검하고, 2층 비드놓기를 할 수 있도록 작업대 위에 설치한다.

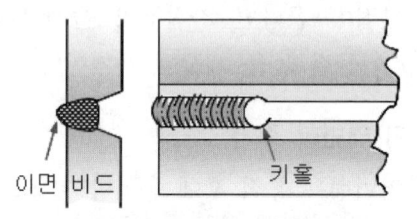

그림 1-4 | 1층 이면 비드와 키홀 유지

2) 2층(표면) 비드놓기

용접전류와 전압, 토치의 각도를 1층 비드놓기와 동일하게 유지하며 모재의 양 모서리까지 운봉한다. 언더컷, 오버랩 등의 결함이 없고 균일한 비드가 형성되도록 용융지를 잘 관찰하면서 진행한다.

표면 비드의 높이는 강관 표면보다 1.5~2mm 정도가 되게 진행한다.(비드 높이는 모재 두께의 20% 이하로 한다.) 용접부 끝 가까이에서 토치 스위치를 눌러 크레이터 전류로 크레이터를 채워준다.

나. 용접부 검사

용접이 끝나면 용접부를 깨끗이 청소한 후 용접부 외관을 검사하고 결함 유무를 검사한다. [그림 1-5 참조]

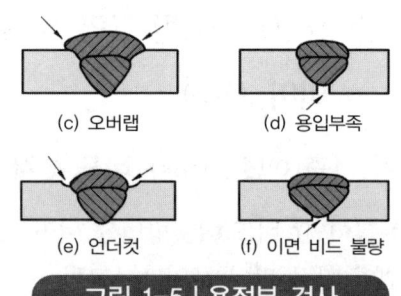

그림 1-5 | 용접부 검사

❺ t9.0 연강판 V형 맞대기(플럭스 코어드 와이어 사용)

가. 아래보기 자세 V형 맞대기 용접

1) 용접 준비

도면에 제시된 연강판 모재 t9.0×125×150×30 ~ 35°(도면에 따라 달라질 수 있음) 2개, 플럭스 코드 와이어 Ø1.2, 세라믹 백킹재(아래보기 자세용) 길이 150 ~ 175 1개를 준비한다. 기타 준비 사항은 피복 아크용접이나 CO_2 용접과 같이 한다.

2) 모재 가공

플럭스 코드 와이어를 사용하여 용접할 연강판 t9.0 100×150×30~35°의 경우는 루트면을 가공하지 않는다.

개선 가공이 안된 경우는 가스 절단기 등으로 '제1절. ❷'와 같은 방법으로 모재의 한쪽을 개선각 30 ~ 35°가 되게 가공한다.

3) 모재 가용접

와이어는 도면에서 요구하는 와이어의 재질(연강용 플럭스 코드 와이어 Ø1.2)과, 와이어 지름이 맞는 것을 송급 장치에 끼우고, '제1절. ❸ 가.'와 같은 방법으로 용접기를 조작한다.

개선면이 위로(필요에 따라 아래로 향할 수도 있음) 향하게 놓고 루트간격을 4 ~ 5mm로 맞춘 후 모재의 양끝을 약 10mm 이내의 비드가 되도록 가접한다.

이 때 가접된 뒷면의 세라믹 백킹재 부착 부분이 돌출되지 않도록 해야 되며, 돌출된 경우 평평하게 가공한다.

4) 세라믹 백킹재 부착

자세에 맞는 세라믹 백킹재를 용접 길이에 맞게 절단하여 접착 테이프를 펼쳐서 홈 부분이 아래로 가게 평판 위에 놓고 테이프가 바닥에 밀착되도록 손으로 다듬질한다.

세라믹 백킹재의 적색선이 좌우가 되게 위로 향하게 놓고 가접된 모재의 루트간격의 중심에 적색선이 홈이 오도록 맞춘 후 접착 은박지 위의 종이를 살짝 뜯으면서 밀착시킨 후 다시 한 번 위치가 정확한가 확인한 후 단단하게 밀착시킨다. [그림 1-6 참조]

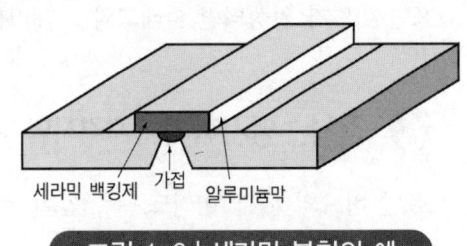

| 그림 1-6 | 세라믹 부착의 예

5) 모재 고정

세라믹 백킹재가 부착된 부분이 아래로 향하며 용접선이 좌우가 되게 작업대 위에 놓는다.

6) 1층(이면, back) 비드놓기

전류를 120~160A, 전압을 20~22V로 조절한 후 모재보다 약간 오른쪽에 앉아 자세를 편하게 한 후 토치를 잡고 용접선의 왼쪽 끝에서 오른쪽 끝까지 아크 발생 없이 천천히 움직여 보며 운봉에 지장이 없는지 여부를 가상 운봉하여본다.

와이어를 왼쪽 홈 끝에 위치한 후 헬멧을 쓰고 아크를 발생하여 아크를 안정시키며 작업각은 90°, 진행각은 60~80°가 되도록 하며, 두 모재의 루트간격 사이를 위빙하며 진행한다. [그림 1-7 참조]

이 때 와이어 끝이 이전 비드를 최소 1mm 이상 겹쳐서 위빙하여야 되며, 와이어 끝이 홈으로 빠질 경우 바로 아크가 끊어지므로 주의해야 된다.

운봉시 비드 폭의 양끝에서 약간씩 멈춤을 하며, 운봉을 천천히 하여 세라믹 백킹재의 홈에 채우는 기분으로 운봉을 해야 된다.

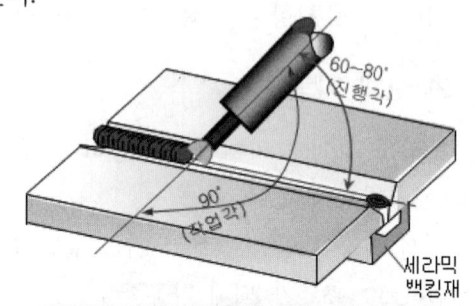

그림 1-7 | 아래보기 자세 V형 맞대기 FCAW 용접(세라믹 백킹재 부착)

3층으로 완성할 경우 1층 비드의 높이는 모재 두께의 약 1/2 정도 채워지게 쌓는다.

플럭스 코드 와이어를 사용하는 경우는 솔리드 와이어를 사용할 때보다 운봉 속도를 느리게 피복 아크용접보다는 빠르게 운봉하는 것과 슬래그 청소를 해야 된다는 점이 차이점이다.

이면 비드놓기를 완료하면 슬래그와 스패터를 깨끗이 청소한 후 결함 여부를 점검한다.

7) 2층 비드, 표면 비드놓기

2층 이상은 '제5절 ❶ 마. 2)~3)'과 같은 방법으로 실시하되, 솔리드 와이어를 사용할 때보다 운봉 속도를 느리게 피복 아크용접보다는 빠르게 운봉한다.

표면 비드가 완성되면 슬래그와 스패터를 깨끗이 제거하고 와이어 브러시로 깨끗이 청소한다.

❻ 검사, 평가하기 (자격시험 기준)

.표면 비드의 외관 미려도, 폭, 높이, 이면 비드의 용입상태 등을 검사한다.

맞대기 용접 자격시험은 '제2절 아래보기 자세 V형 맞대기 피복 아크 용접 ❻ 검사, 평가하기'와 같은 방법으로 외관 검사 후 이상이 없으면 굴곡시험하여 평가한다.

제2절 수평 자세 V형 맞대기 CO_2 용접

❶ 용접 준비

용접 준비와 모재 가공은 '제2절 아래보기 자세 V형 맞대기 피복아크용접 ❶ 용접준비, 나. 공구 준비, 다. 작업 준비'와 같이 하면 된다.

❷ 재료 준비 및 모재 가공

맞대기 용접할 연강판 t6 100×150×30~35° 2장, 연강판 t9 125×150×30~35°로 가공된 2장을 준비한다.

용접 와이어(솔리드 와이어 또는 플럭스 코어드 와이어)를 준비한다.(자격시험의 경우 시험장에 준비되어 있음)

주어진 모재를 가공한다.('피복아크용접 제2절 ❷ 모재 가공' 과 같이 하면 된다.)

❸ 모재 가접 및 역변형 주기

가. 용접기 조작

CO_2 용접기의 전원 스위치를 넣고, 와이어 지름 전환 스위치 '0.9/1.2'를 와이어 지름에 맞추고, 크레이터 '유/무' 스위치를 '무 또는 유'에 놓는다.

'용접/점검(가스 체크)' 스위치를 점검에 놓고 가스 유량을 15(12~20)ℓ/min으로 맞춘 후 전류, 전압을 조절한다. [표 2-1 참조]

표 2-1 수평 V형 맞대기 용접 조건(t6.0) (솔리드 와이어 사용시)

층 수	용접전류	아크전압(V)	와이어 돌출 길이	가스 유량
1층(백) 비드	120~150A	20~22V	12~17mm	12~18 ℓ/min
2층(표면 비드)	140~170A	21~23V	10~15mm	12~18 ℓ/min

나. 가점(가용접) 및 역변형 주기

1) 가용접

가접대 위에 모재의 개선면이 아래로 향하게 수평으로 놓고 한쪽은 2.0~2.5mm, 한쪽은

2.5~3.0mm 정도로 맞추고 두 모재가 엇갈림이 없이 수평이 되게 놓는다.(루트간격은 작업자마다 다를 수 있음)

토치를 잡고 토치의 와이어 끝을 한쪽 모서리에 겨누고 아크를 발생하여 빠른 속도로 양쪽 모서리를 왕복하면서 가접을 튼튼히 한다.

시험장에서는 개선면이 위로 가게 하여 가접을 하도록 규정된 경우는 시험 감독관 지시에 따라 실시한다.

이 때 가접 부위가 개선 홈쪽으로 돌출되지 않고 평탄한 모양이 되어야 한다. 가접이 끝나면 가접부의 슬래그나 스패터, 이물질 등을 깨끗이 제거한다.

2) 역변형 주기

역변형은 용접 후에 용접방향으로 변형이 생기는 것을 용접 전에 가접된 모재를 용접 방향 반대편으로 약 2~3° 정도 굽혀주는 작업이다. 이 때 판두께와 용접 패스 수의 다소에 따라 얇은 판은 적게, 두꺼운 판은 크게 한다.

다. 모재 고정

모재가 수직이 되며, 용접선이 수평이 되게 작업자의 가슴 높이로 단단하게 고정한다. 이 때 가접 홈이 좁은 쪽이 왼쪽이 되며, 토치를 겨누어 편한 자세가 되어야 하며 모재가 작업자의 중심보다 약간 좌측에 있는 것이 좋다.

❹ t6.0 연강판 V형 맞대기 (솔리드 와이어 사용)

가. 1층(이면, back) 비드놓기

용접 토치의 작업각을 80~85°, 진행각은 75~85°로 유지하고 좌측 가접부에 토치를 겨눈 후 헬멧을 쓰고 아크를 발생한다. [그림 2-1 참조]

와이어 돌출 길이를 약 15mm 정도 유지하며 상하 루트면 사이를 이전 비드의 용융지와

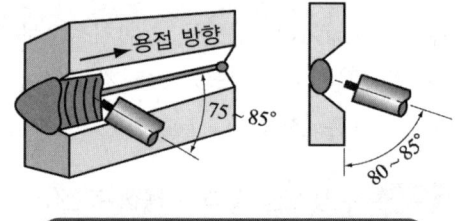

그림 2-1 | 1층 작업각과 진행각

1~2mm 겹치면서 운봉한다. 키홀을 일정하게 유지하면서 모재 표면보다 1~1.5mm 낮게 쌓는다.

나. 2층(표면) 비드놓기

1) 2층 1패스 비드놓기

1층 비드를 깨끗이 청소한 후 전류, 전압을 표 2-1과 같이 조절하여 하단 모재의 개선면

과 1층 비드와의 경계선에 와이어를 대고 좁은 비드로 2층 1패스를 놓는다.

이 때 비드의 높이는 약 2mm 정도 높게 놓으면 된다.

2) 2층(표면) 2패스 비드놓기

1패스와 같은 조건으로 상2층 1패스 비드 상부와 상부 모재의 모서리 사이에 토치를 겨누어 2층 2패스를 놓아 표면 비드를 완성한다.

표면 비드의 높이는 모재 표면보다 2mm 정도 높은 것이 적당하다. 모재 표면보다 낮거나(0mm 이하) 5mm를 초과하지 않게 쌓는다.

용접이 끝나면 깨끗이 청소한다.

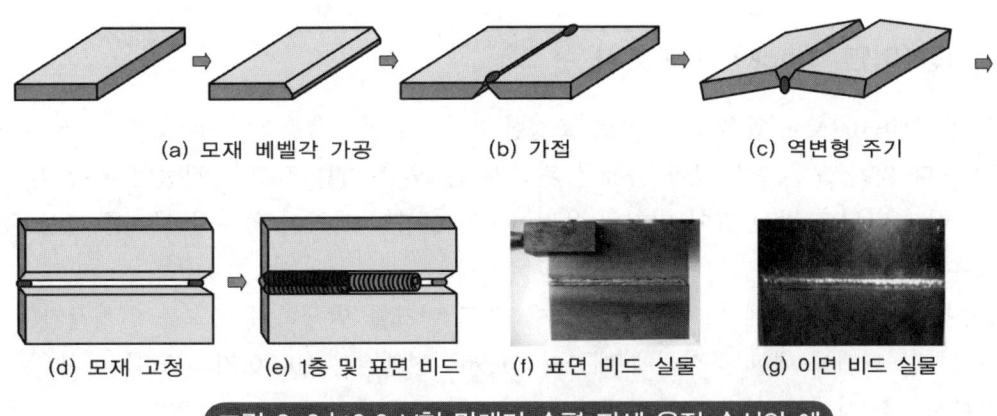

그림 2-2 | t6.0 V형 맞대기 수평 자세 용접 순서의 예

❺ t9.0 연강판 V형 맞대기 (플럭스 코어드 와이어 사용)

가. 용접 준비 및 세라믹 부착

1) 용접 준비

와이어는 도면에서 요구하는 와이어의 재질(연강용 플럭스 코어드 와이어 Ø1.2)과, 와이어 지름이 맞는 것을 송급 장치에 끼우고, '제1절. ❸ 가.'와 같은 방법으로 용접기를 조작한다.

개선면이 위로(필요에 따라 아래로 향할 수도 있음) 향하게 놓고 루트간격을 4~5mm로 맞춘 후 모재의 양끝을 약 10mm 이내의 비드가 되도록 가접한다.

이 때 가접된 뒷면의 세라믹 백킹재 부착 부분이 돌출되지 않도록 해야 되며, 돌출된 경우 평평하게 가공한다.

2) 세라믹 백킹재 부착

수평용 세라믹 백킹재를 용접 길이에 맞게 절단하여 접착 테이프를 펼쳐서 홈 부분이 아래로 가게 평판 위에 놓고 테이프가 바닥에 밀착되도록 손으로 다듬질한다.

세라믹 백킹재의 적색선이 좌우가 되게 위로 향하게 놓고 가접된 모재의 루트간격의 중심에 적색선이 홈이 오도록 맞춘 후 접착 은박지 위의 종이를 살짝 뜯으면서 밀착시킨 후 다시 한 번 위치가 정확한가 확인한 후 단단하게 밀착시킨다.

3) 모재 고정

세라믹 백킹재가 부착된 부분이 뒤로 가며, 모재가 수직이며, 용접선이 좌우 수평이 되게 작업대 지그에 단단히 고정한다.

용접선이 작업하기 편한 높이(가슴 정도)로 맞춘 후 단단하게 고정한다.

나. 1층(이면, back) 비드놓기

전류를 140~160A, 전압을 22~24V로 조절한다.

모재보다 약간 오른쪽에 앉아 자세를 편하게 한 후 토치를 잡고 용접선의 왼쪽 끝에서 오른쪽 끝까지 아크 발생 없이 천천히 움직여보아 운봉에 지장이 없는지 여부를 가상 운봉하여본다.

와이어를 왼쪽 홈 끝에 위치한 후 헬멧을 쓰고 아크를 발생하여 아크를 안정시키며 작업각은 하단 모재에 대한 수직선에 대하여 80~90°, 진행각은 60~70°가 되도록 하며, 두 모재의 루트간격 사이를 위빙하며 진행한다.

플럭스 코어드 와이어를 사용하는 경우는 솔리드 와이어를 사용할 때보다 운봉 속도를 느리게 피복 아크용접보다는 빠르게 운봉하는 것과 슬래그 청소를 해야 된다는 점이 차이점이다.

이면 비드놓기를 완료하면 슬래그와 스패터를 깨끗이 청소한 후 결함 여부를 점검한다.

다. 2층 비드놓기

2층 이상 전류도 1층 전류와 같게 조절한다. 2층 비드는 직선 또는 가벼운 반달 위빙을 하며 2줄로 완성한다.[그림 2-3 참조]

이 때 비드 높이가 모재 표면보다 1~1.5mm 낮게 쌓이도록 하면 된다. [그림 2-2 참조] 만약 1층의 높이가 높게 쌓여서 3층으로 완성하면 표면의 높이가 너무 높아질 경우는 2층 3패스로 완성해도 된다.

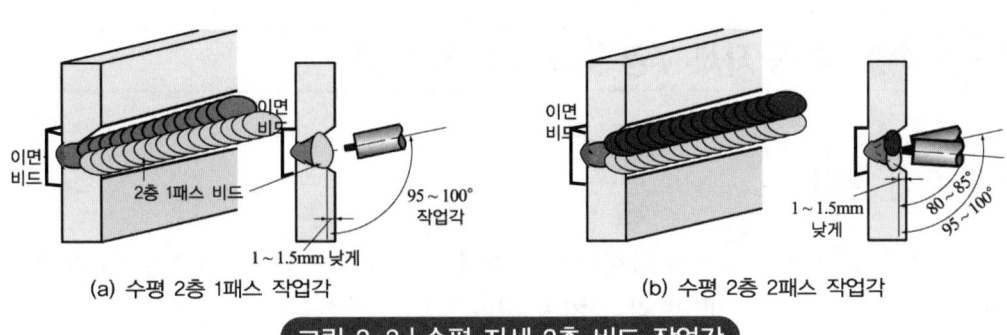

그림 2-3 | 수평 자세 2층 비드 작업각

라. 3층(표면) 비드놓기

겹치기 좁은 비드놓기를 하여 3줄로 완성한다. 각 층마다 슬래그와 스패터를 깨끗이 제거한 후 다음 층의 용접을 실시해야 된다.

표면 비드놓기 전의 비드 높이는 모재 표면보다 1~1.5mm 정도 낮은 정도가 적당하다.

3층 1패스 비드는 아래 모재의 상부 모서리에 와이어의 중심이 오도록 맞춘 후 작업각 85~90°, 진행각 75~85°를 유지하여 좁은 비드를 놓는다.

3층 2패스 비드는 겹치기 좁은 비드놓기를 하여 비드와 비드 사이의 골이 0.5mm 이내가 되며 각 비드가 평행이 되게, 모재 표면보다 1.5~3mm 이내가 되도록 쌓는다. 특히 표면 비드의 마지막 비드는 모재를 좀 식히거나 전류를 10~20A 낮춘 후에 실시하여 언더컷이 발생하지 않도록 하는 것이 좋다. [그림 2-4 참조]

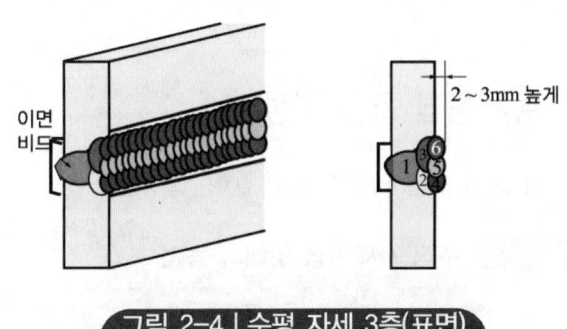

그림 2-4 | 수평 자세 3층(표면) 비드 높이

마. 검사 및 반복실습하기

표면 비드의 외관 미려도, 폭, 높이, 이면 비드의 용입상태 등을 검사한다.

맞대기 용접 자격시험은 '제2절 아래보기 자세 V형 맞대기 피복 아크 용접 ❻ 검사, 평가하기'와 같은 방법으로 외관 검사 후 이상이 없으면 굴곡시험하여 평가한다.

제3절 수직 자세 V형 맞대기 CO_2 용접

❶ 용접 준비

용접 준비와 모재 가공은 '제2절 아래보기 자세 V형 맞대기 피복아크용접 ❶ 용접준비, 나. 공구 준비, 다. 작업 준비'와 같이 하면 된다.

❷ 재료 준비 및 모재 가공

맞대기 용접할 연강판 t6 100×150×30~35° 2장, 연강판 t9 125×150×30~35°로 가공된 2장을 준비한다.

용접 와이어(솔리드 와이어 또는 플럭스 코어드 와이어)를 준비한다.(자격시험의 경우 시험장에 준비되어 있음)

주어진 모재를 가공한다.('피복아크용접 제2절 ❷ 모재 가공'과 같이 하면 된다.)

❸ 용접 조건 설정

용접 조건은 [표 3-1]과 같이 설정한다.

표 3-1 수직 자세 V형 맞대기 용접 조건

층 수	용접전류	아크전압(V)	와이어 돌출 길이	가스 유량
1층(백) 비드	110~140A	20~22V	12~17mm	12~18 ℓ/min
2~3층 비드	130~160A	21~23V	10~15mm	12~18 ℓ/min

❹ 모재 고정

모재의 용접부가 작업자 앞이 되며 수직이 된 상태에서 용접선이 수직이 되게 작업자의 가슴 높이로 단단하게 고정한다. 이 때 가접 홈이 좁은 쪽이 아래쪽이 되며, 토치를 겨누어 편한 자세가 되어야 되며 모재가 작업자의 중심보다 약간 우측에 있는 것이 좋다.

❺ t6.0 연강판 V형 맞대기 (솔리드 와이어 사용)

가. 1층(이면, back) 비드놓기

용접 토치의 작업각을 90°, 진행 반대각은 75~85°로 유지하고, [그림 3-1 참조] 하단 가접부에 토치를 겨눈 후 헬멧을 쓰고 아크를 발생한다.

와이어 돌출 길이를 약 15mm 정도 유지하며 좌우 루트면 사이를 이전 비드의 용융지와 1~2mm 겹치면서 운봉한다.

키홀을 일정하게 유지하면서 모재 표면보다 1~1.5mm 정도 낮게 쌓는다.

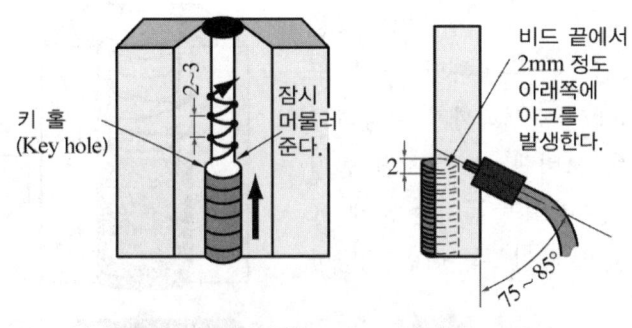

그림 3-1 | 수직 1층 작업각과 진행각

나. 2층(표면) 비드놓기

[표 3-1]과 같이 용접 조건을 설정하여 작업각 90°, 진행 반대각 75~85°를 유지하며 좌우 판의 모서리에서 모서리까지 위빙하며, 모재 표면보다 약 2mm 정도 높게 쌓는다. 이때 비드의 양끝에 언더컷이나 비드 처짐이 없도록 해야 된다.

❻ t9.0 연강판 V형 맞대기

가. 1층(이면, back) 비드놓기

1층 이면 비드놓기는 t6.0과 같은 방법으로 놓으면 된다. 이 때 와이어 끝은 이전 비드의 용융지를 1~1.5mm 정도 겹쳐 운봉하여 와이어가 홈 사이로 빠지지 않도록 해야 된다.

비드 높이는 모재 두께의 1/2 정도 쌓이는 정도가 적당하나, 1층 비드 높이가 높아 3층으로 완성하기 어려울 경우는 1층 비드 높이가 모재 표면보다 1.5mm 정도 낮게 쌓이도록 운봉해야 된다.

나. 2층 비드놓기

[표 3-1]과 같이 용접 조건을 설정하여 작업각 90°, 진행각 75~85°를 유지하며 모재 표면보다 1~1.5mm 낮게 쌓이도록 운봉한다. [그림 3-2 참조] 이 때 위빙의 양끝은 약간 멈추는 듯하며 중심부는 빠르게 진행한다.

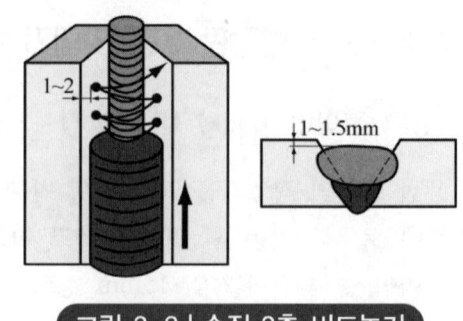

그림 3-2 | 수직 2층 비드놓기

다. 3층(표면) 비드놓기

[표 3-1]과 같이 용접 조건을 설정하여 2층 비드놓기와 같은 방법으로 운봉하되, 좌우 모재의 개선면 모서리에서 모서리까지 운봉하여 용입불량이나 언더컷, 오버랩, 비드 처짐 등이 없도록 운봉한다. 표면 비드의 높이는 모재 표면보다 2mm 정도 높게 쌓이도록 하면 적당하다. [그림 3-3 참조]

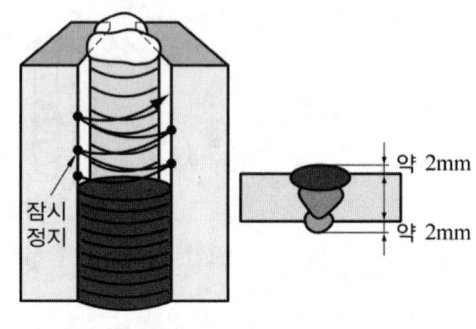

그림 3-3 | 수직 3층(표면) 비드놓기

라. 검사 및 반복실습하기

표면 비드의 외관 미려도, 폭, 높이, 이면 비드의 용입상태 등을 검사한다.

맞대기 용접 자격시험은 '제2절 아래보기 자세 V형 맞대기 피복 아크 용접 ❻ 검사, 평가하기'와 같은 방법으로 외관 검사 후 이상이 없으면 굴곡시험하여 평가한다.

제4절 ▶ T형 필릿 이산화탄소가스아크용접 용접하기

❶ 모재 가스 절단 및 가공

이산화탄소가스 아크용접에 의한 필릿용접의 경우도 '제6절 T형 필릿 피복 아크용접하기' ❶~❷와 같은 방법으로 실시한다.

❷ 아래보기 자세 T형 필릿 CO_2 용접(솔리드 와이어 사용)

가. 용접기 조작 및 유량 조절

용접기 조작은 '제1절 아래보기 자세 V형 맞대기 CO_2 용접'과 같은 방법으로 조작한다. 유량은 12~15ℓ/min로 조절한다.

나. 모재에 금긋기 및 가접 (자격시험 기준)

① 도면을 보고 절단된 반대편의 매끈한 면끼리 2개의 모재를 맞대어 놓고 [그림 4-1]과 같이 용접선 양끝에서 12.5±2.5, 절단면 반대편에서 12+0~4mm 부분을 석필이나 백색 페인트 마카 펜으로 금긋기한다.

② 금긋기가 완료된 모재를 도면에 따라 금긋한 쪽(150mm 부분)이 우측으로 가게 놓는다.

③ 또하나의 모재의 금긋기한 쪽(150mm 부분)이 아래로 가게 하여 수평판의 금긋기 선의 왼쪽이 되게 수직으로 세운다.(우측 끝에서 12+0~4mm 떨어지게 세움)

이 때 마그네틱 베이스(또는 자석)를 수직판 안쪽에 받친 다음(베이스나 자석이 없는 경우는 보조대 등을 사용하여 직각으로 고정한다)

④ 양끝에서 약 30mm 안쪽(양쪽 끝의 비드가 놓이지 않는 부분이 아닌 곳)에 용접부 길이 5mm 정도가 되게 가접한다.[그림 4-2 참조]

⑤ 이 때 양끝에 가접하거나 수직판 안쪽(길이가 긴쪽)에 가접해선 절대 안되며, 가접부를 깨끗이 청소한다. 청소 중 금긋기 선이 지워진 경우 다시 긋는다.

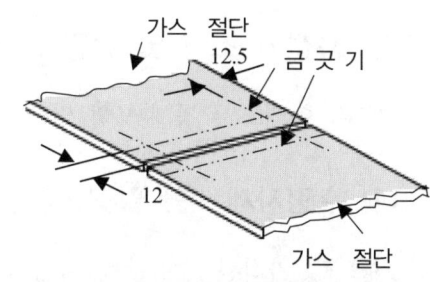

그림 4-1 | 필릿용접부 금긋기

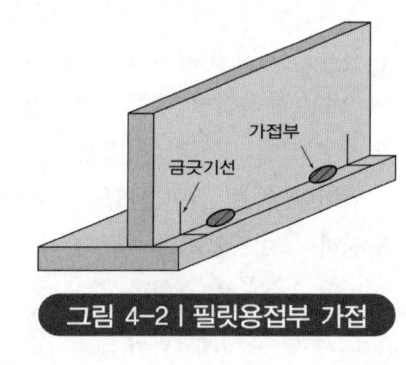

그림 4-2 | 필릿용접부 가접

다. 아래보기 T형 필릿용접 (자격시험 기준)

가접한 모재의 용접할 부분이 아래로 가며 용접선이 좌우가 되게 작업대 위에 놓는다.

용접선 끝단에서 12.5±2.5mm 띄운 부분에 토치의 와이어 끝을 살짝 대고 아크를 발생하여 용접해야 할 부분을 확실하게 확인하여 주어진 각장(목길이) 6mm으로 맞추어 작은 위빙을 하여 끝단 12.5±2.5mm 전까지 필릿용접한다.

솔리드 와이어이므로 볼록 비드가 생기기 쉬우니 위빙시 중심부는 빠르게, 좌우는 약간 멈춤하면서 위빙하여 진행해야 된다.

각장은 6mm로 해야 되며, 각장의 -20~50%(4.8~9)를 초과하지 않게 해야 된다.

특히 용접선의 양끝 비용접부가 용접되지 않도록 해야 되며, 수직판 안쪽에 가접이나 용접부가 형성되어서는 안된다.

필릿용접이 끝나면 깨끗이 청소한 후 각장은 맞는지, 비드 파형은 미려한지, 용접선 양끝 미용접부는 도면의 요구와 일치하는지 검사한다.

❸ 수평 자세 T형 필릿 CO_2 용접(솔리드 와이어 사용) (자격시험 기준)

가. 용접기 조작 및 유량 조절, 모재에 금긋기 및 가접

'제1절 아래보기 자세 V형 맞대기 CO_2 용접 가. 나.' 항과 같은 방법으로 실시한다.

나. 수평자세 T형 필릿용접

T형으로 가접된 수평판을 작업대에 수평이 되며 가접한 반대쪽 용접선이 좌우가 되게 수평자세가 되도록 작업대 위에 놓는다.

용접 토치의 작업각 45°, 진행각을 75~85°로 유지하고 자세를 취하고 용접 토치를 좌측 끝부분에 대고(후진법인 경우) 헬멧을 쓴 후 스위치를 눌러 아크를 발생한다.[그림 4-3 참조]

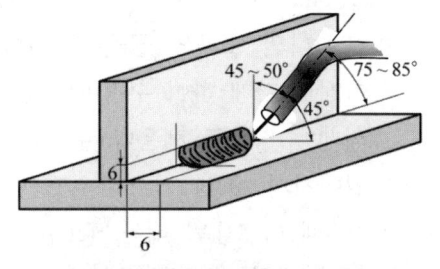

그림 4-3 | 수평 필릿 작업각과 진행각

와이어 돌출 길이를 15~20[mm]로 유지하며 작은 위빙을 하여 각장(목길이)을 맞추면서 우진하여 비드놓기를 완성한다.

만약 2층으로 완성할 경우는 1패스(1층)는 루트면 경계선을 따라 좁은 비드를 놓은 후 2층은 2패스로 완성한다.

1패스는 1층 비드의 하단과 모재의 경계선에 대고 작업각을 수직선에 대하여 30°로 유지하여 1층 비드를 2/3 정도 겹쳐지게 좁은 비드를 놓는다.

2층 2패스는 2층 1패스의 상단과 1층 비드 경계선에 대고 작업각을 70° 정도 유지하여 좁은 비드를 놓아 등각장이 되며 약간 볼록 비드가 되도록 완성한다.[그림 4-4 참조]

각 비드마다 크레이터 부분)에서 크레이터 전류로 크레이터 처리를 한다.

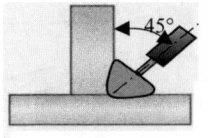 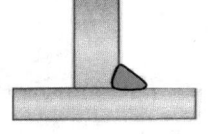  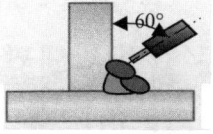

(a) 1층으로 완성   (b) 1층 직선 비드   (c) 2-1층 직선 비드   (d) 2-2층 직선 비드

그림 4-4 | 수평 T형 필릿용접

④ 수직 자세 T형 필릿 CO_2 용접 (솔리드 와이어 사용)

가. 용접기 조작 및 유량 조절, 모재에 금긋기 및 가접

'제1절 아래보기 자세 V형 맞대기 CO_2 용접 가. 나.'항과 같은 방법으로 실시한다.

나. 수직자세 T형 필릿용접 (자격시험 기준)

가접된 모재가 수직이 되며 용접선이 수직이 되게 지그에 고정하고 상단이 가슴 높이 정도 되게 작업하기 편한 높이로 맞춘다.

용접 토치의 와이어 끝을 루트면의 하단 끝에 옮긴 후 헬멧을 쓰고 스위치를 눌러 아크를 발생한다.

작업각 45°, 진행각을 75~85°가 되고, [그림 4-5 참조] 와이어 돌출 길이를 15~20[mm]로 유지한다.

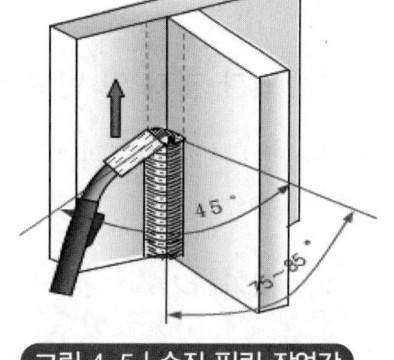

그림 4-5 | 수직 필릿 작업각

부채꼴 또는 백스텝법, 밤형, 삼각형법 등의 위빙법으로 위빙하여 각장(목길이)을 맞추면서 상진하여 비드놓기를 완성한다.(그림 4-6, 7 참조)

비드 끝부분(크레이터 부분)에서 토치 스위치를 눌러 크레이터 전류로 크레이터 처리를 한다.

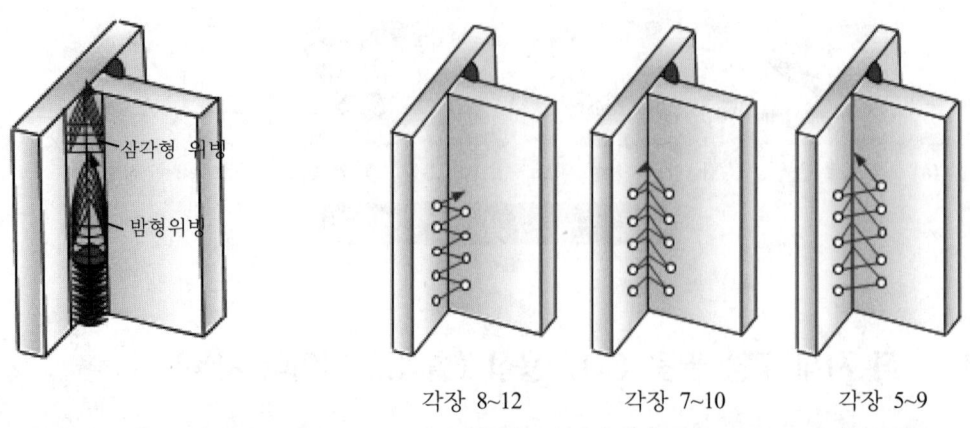

그림 4-6 | 수직 필릿 위빙법 예   그림 4-7 | 각장(목길이)에 따른 위빙법 예

5 검사하기 (자격시험 기준)

가. 외관 검사 및 반복 실습하기

용접이 끝나면 비드의 미려도, 각장 등을 점검한 후 잘못된 점을 시정하려고 노력하며 반복 실습한다.

나. 평가하기

자격 시험의 경우 '제1장 피복 아크용접, 제6절 T형 필릿 피복 아크용접하기, ❻ 검사하기' 기준에 의거 외관 검사를 한다.

외관 검사에서 이상이 없으면 파면 시험하여 평가한다.

03 가스텅스텐아크용접

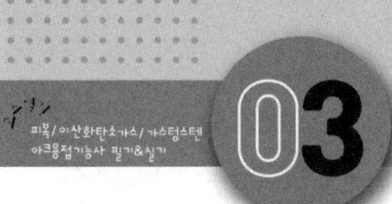

제1절 ▶ 연강판 V형 맞대기 TIG 용접

❶ 연강판 아래보기 자세 V형 맞대기

가. 작업 준비

1) 재료 준비

맞대기 용접할 연강판 t6 100×150×30~35°로 가공된 2장을 준비한다.(자격 시험의 경우 시험장에서 제공됨)

연강용 Ø2.4×1000, T-50 TIG 용접 전용봉을 준비한다.

세라믹 노즐(보통 6호, 8호, 시험장 규칙에 따름), 텅스텐 전극 Ø2.4(2~3개 미리 가공하여 준비)을 준비한다.

연습의 경우 개선 가공된 모재가 없으면 가스 절단이나 베벨가공 머신으로 가공하여 준비한다.

2) 공구 준비

TIG 용접 작업 필요한 용접 헬멧, 부드러운 TIG용 가죽 장갑, 앞치마, 집게(또는 플라이어), 와이어 브러시(철솔 브러시, 스테인리스강 용접시에는 스테인리스강 브러시나 황동 브러시 준비), 줄, 30cm 강철자, 페인트마카 펜이나 석필 등을 준비한다. 그 외에 가접대, 보안경 등도 있으면 좋다.

3) 작업 준비

용접에 임하기 전에 작업복과 보호구를 착용하고 용접기의 이상 유무, 작동 상태를 점검한다. 그리고 도면을 보고 모재와 작업 내용을 확인한다.

텅스텐 전극은 적색(토륨 2% 함유) 전극을 선택하여 전극 끝을 경사각 30도 정도로 뾰쪽하게 가공한 후(직류 정극성 사용시) 토치에 조립하여 노즐 끝에서 전극이 3~4mm 정도 돌출되게 맞춘다.

가접대, 바이스 클램프 등도 준비하면 좋다.

나. 모재 가공

개선 가공된 모재의 루트면을 0.5~1.0mm 정도 가공한다.(작업자마다 다를 수 있음)

다. 용접기 조작

1) 가스 유량 조절

'용접/점검' 스위치를 '점검'에 놓고 아르곤 가스 유량계를 8~12ℓ/min로 조절한 후 다시 '용접'으로 전환한다.

2) 크레이터 '유/무'선택

크레이터 '무/1회/반복' 전환 스위치는 평소 선택했던 대로 전환하는 것이 좋으나 보통 용접부 길이가 짧은 경우는 '무'를 선택한다.

크레이터 '무'를 선택한 경우는 토치 스위치를 'on'하면 용접전류에 의해 아크가 발생되며 스위치를 'off'하면 꺼진다.

크레이터 '일회'를 선택한 경우 최초 토치 스위치를 'on'하면 초기 전류로 아크가 발생되며, 스위치를 'off'하면 용접전류로 아크가 발생된다. 다시 스위치를 'on'하면 크레이터 전류로 아크가 발생되다가 스위치를 'off'하면 꺼진다.

크레이터 '반복'을 선택하면 '일회'의 기능이 계속 반복하게 되며 아크를 끊으려면 토치를 모재에서 떼어야 된다.

3) 극성 선택

극성을 연강판이나 스테인리스강은 직류 정극성으로 맞춘다.

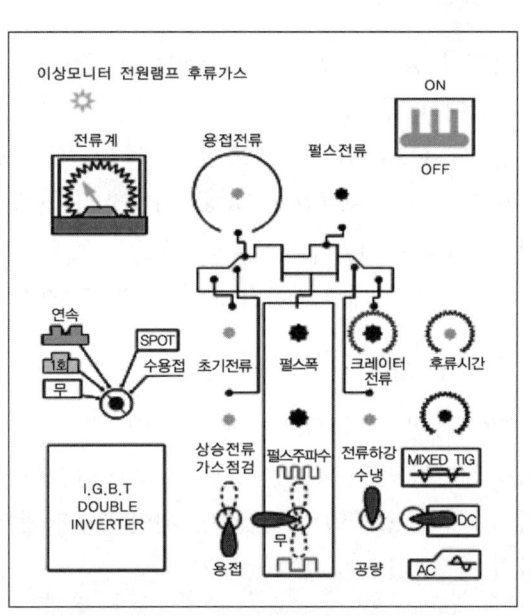

그림 1-1 | TIG 용접기 패널의 각종 스위치의 종류

4) 기타 조절

휴류 가스 조절 스위치는 약 5초 정도, 펄스 기능은 '무'로, 초기 전류에서 용접전류로 전환시키는 'up slop' 기능은 '0~2초'로, 용접전류에서 크레이터 전류로 전환하는 'down slop' 기능도 '0~2초'로 맞춘다. [그림 1-1 참조]

라. 가접

전류를 80~100A로 조절한 후 V형 맞대기 용접할 모재의 개선 홈이 위로 향하게 하여 루트간격을 한쪽은 2~3mm, 다른 한쪽은 2.5~3.5mm 정도로 맞추어 엇갈리지 않도록 나란히 맞대어 놓고 움직이지 않도록 고정한다.(작업자에 따라 다를 수 있음)

용접선 한쪽 끝을 약 5mm 정도 가접한다. 한쪽 가접이 끝나면 다른 끝 부분의 루트간격이나 엇갈림이 없나 확인한 후 다른 편도 동일한 방법으로 가접한다.

마. 1층(이면) 비드놓기

가접된 모재의 개선면이 위로 향하며, 용접선이 좌우 수평이 되며 아래보기 자세가 되도록 작업대 등에 고정한다.

이면 비드 전류는 80~100A 정도로 조절한다.

우측 끝 가접부에서 아크를 발생하여 작업각 90°, 진행 반대각은 70~80°를 유지하며 루트부를 가열하며 아크를 안정시킨다.

키홀이 형성되면 용접봉을 일정한 속도로 공급하며 좌진한다. [그림 1-2 참조]

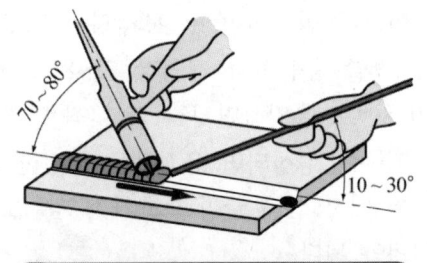

그림 1-2 | 아래보기 자세 운봉각

이 때 용접봉 끝이 보호가스 범위를 벗어나면 안되며 키홀 크기를 맞추어 일정하게 공급되어야 된다.

이 때 봉의 각도는 수평판 좌측에 대하여 10~30° 정도로 유지한다.

키홀의 크기를 일정하게 유지시키며 용접봉의 공급이 일정해야 백비드도 일정하게 형성되므로 작업각, 진행각, 운봉 등이 일정해야 된다.

바. 2층(표면) 비드놓기

1층 비드를 깨끗이 닦은 후 모재의 개선 상부의 모서리와 모서리 사이를 위빙하며 용접봉을 공급하여 2층 표면 비드를 놓는다.

표면 비드의 높이는 표면에서 약 1~1.5mm 정도면 적당하다.(비드 높이가 3mm를 초과하면 안됨)

❷ 연강판 수평 자세 V형 맞대기

가. 작업 준비, 모재 가공, 용접기 조작, 가접

재료 준비나 모재 가공, 용접기 조작, 가접법은 '❶ 연강판 아래보기 자세 V형 맞대기'와 같은 방법으로 실시하면 된다.

나. 1층(이면, back) 비드놓기

가접된 모재가 수직이며 용접선이 수평이 되도록 지그에 고정하여 작업하기 편한 높이로 조절한다.

용접전류를 80~100A 정도로 맞춘 후 작업하기 편한 자세로 앉아서 토치와 용접봉을 잡고 우측 끝 가접부에 전극을 가까이 위치한 후 스위치를 눌러 아크를 발생한다.

아크가 안정되면 두 모재의 루트부를 집중 가열 용융하며 작업각 75~85°, 진행각

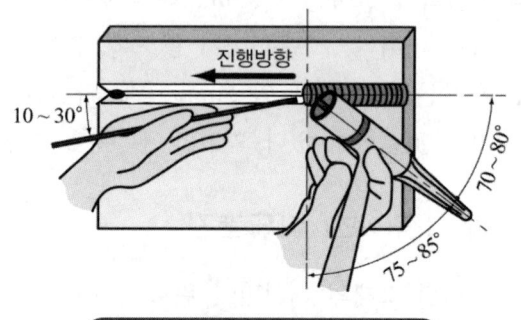

그림 1-3 | 수평 자세 운봉각

70~80°로 유지하면서 가접부 좌측 끝단을 가열하여 키홀을 형성시킨다.

키홀이 형성되면 용접봉을 일정한 속도로 공급하며 좌진한다. [그림 1-3 참조]

이 때 용접봉 끝이 보호가스 범위를 벗어나면 안되며 키홀 크기를 맞추어 일정하게 공급되어야 된다.

용접봉의 각도는 판의 좌측 기준 용접선에 대하여 10~15° 정도로 유지하며 키홀이 생기는 부분의 위쪽 모재의 개선면에 위치하여 용접봉이 공급되도록 하는 것이 좋다.

다. 2층(표면) 비드놓기

2층 비드를 놓을 때도 작업각과 진행 반대각, 용접봉의 각도는 1층 비드놓기와 같이 하면 되며, 수평 자세의 2층 비드는 1패스로 완성하는 방법과 2패스로 완성하는 방법이 있으나 1패스로 할 경우 비드 처짐에 주의해야 되며, 2패스(겹침 좁은 비드로 완성하면 무난하다.

1패스로 완성할 경우 비드의 처짐 현상이 생길 수 있으므로 위빙시 위쪽에 머무는 시간을 더주고 용접봉 공급도 용융지 끝 상단에 하는 것이 좋다. 표면 비드의 높이는 표면에서 약 1~1.5mm 정도면 적당하다.(비드 높이가 3 mm 를 초과하면 안됨)

③ 연강판 수직 자세 V형 맞대기

가. 작업 준비, 모재 가공, 용접기 조작, 가접

재료 준비나 모재 가공, 용접기 조작, 가접법은 '① 연강판 아래보기 자세 V형 맞대기'와 같은 방법으로 실시하면 된다.

나. 1층(이면, back) 비드놓기

맞대기 형상으로 가접된 모재를 용접선이 수직이 되도록 지그에 고정하여 작업하기 편한 높이로 조절한다.

용접전류를 75~95A로 맞춘 후 작업하기 편한 자세로 앉아서 토치와 용접봉을 잡고 하단 끝 가접부에 전극을 가까이 위치한 후 스위치를 눌러 아크를 발생한다.

아크가 안정되면 작업각 90°, 진행각 75~85°를 유지하면서 키홀을 형성시킨다.

키홀이 형성되면 키홀 크기를 일정하게 유지하면서 용접봉을 일정하게 공급하며 상진한다. [그림 1-4 참조]

이 때 용접봉의 각도는 용접선에 대하여 10~15° 정도로 유지하며 키홀이 생기는 부분의 개선면에 위치하여 용접봉이 공급되도록 하는 것이 좋다.

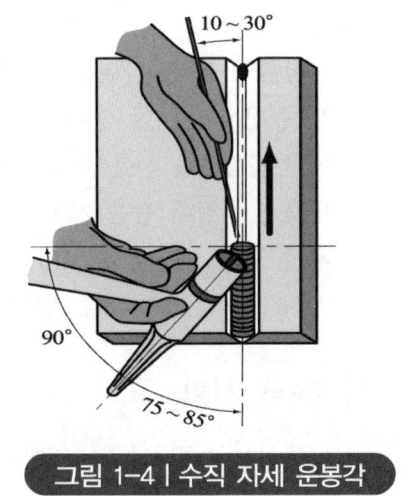

그림 1-4 | 수직 자세 운봉각

다. 2층(표면) 비드놓기

작업각과 진행 반대각, 용접봉의 각도는 1층 비드놓기와 같이 하면 되며, 비드의 처짐 현상이 생길 수 있으므로 주의가 필요하다.

개선면 상단의 모서리와 모서리 사이를 위빙하면서 용접봉을 공급하여 표면 비드를 형성한다. 표면 비드의 높이는 표면에서 약 1~1.5mm 정도면 적당하다.(비드 높이가 3 mm 를 초과하면 안됨)

④ 검사 및 평가하기

가. 외관 평가하기

용접이 끝나면 깨끗이 청소한 후 비드의 파형, 미려도, 높이 폭, 언더컷, 오버랩, 이면비드의 용착상태 등 외관 상태를 검사하고 잘못된 점을 시정하려고 노력하며 반복 실습한다. 자격 시험의 경우 외관 검사에서 다음 사항에 1개라도 해당될 경우 오작처리한다.
① 도면의 지시대로 가용접되지 않은 경우, 전진법이나 후진법 혼용, 상진법과 하진법 혼용한 경우
② 10°이상 변형인 경우
③ 비드 높이가 판두께보다 낮은 경우,(시점, 종점을 제외한 부분이 0mm 이하인 경우) 또는 표면 비드 높이가 3mm 이상인 경우
④ 맞대기용접 시험편의 이면 비드(시점, 이음부, 종점 포함)의 불완전 용융부가 20 mm 이상인 경우
⑤ 시험편의 용락, 언더컷, 오버랩, 기공, 비드상태 등 구조상의 결함, 용접방법 등이 검사 규정에 벗어난 경우(누가 봐도 자격 수준에 미달되는 작품인 경우)
⑥ 이면 받침판을 사용했거나, 이면비드에 보강 용접을 한 경우(단, 스테인리스강의 경우 세라믹 받침대 등을 사용할 수 있음, 은박지 등은 사용 불가함)
⑦ 용접 토치 부속품 교환시 지정된 지참공구목록(Ø2.4 텅스텐 전극봉, 세라믹노즐) 외 부품(콜릿척, 콜릿바디, 변형세라믹노즐 등), 장비, 시설을 사용한 경우

나. 굴곡 시험

외관에 이상이 없으면 굴곡시험 규정대로 시험편을 채취한다.

굽힘 시험기(보통 동력 프레스)를 사용하여 가공된 시험편을 [그림 4-4]와 같이 굽힘한 후 평가 기준에 의해 평가한다.
① 연속된 균열 3mm 이하, 작은 균열의 길이 합이 7mm 이하, 작은 기공 등이 10개 이하일 것
② 시험편 4개 중 3개 이상이 ①의 결함이 없을 것 (2개 이상이 0점이면 오작처리함)

제2절 스테인리스강판 V형 맞대기 TIG 용접

❶ 스테인리스강판 아래보기 자세 V형 맞대기

가. 작업 준비

1) 재료 준비

맞대기 용접할 스테인리스강판 t3 75×150×30~35°로 가공된 2장을 준비한다.(자격 시험의 경우 시험장에서 제공됨)

스테인리스강용 Ø2.4×1000, T-308 TIG 용접봉을 준비한다.

세라믹 노즐(보통 6호, 8호, 시험장 규칙에 따름), 텅스텐 전극 Ø2.4(2~3개 미리 가공하여 준비), 세라믹 백판, 은박지 등을 준비한다.

2 공구 준비

TIG 용접 작업 필요한 용접 헬멧, 부드러운 TIG용 가죽 장갑, 앞치마, 집게(또는 플라이어), 스테인리스강 브러시나 황동 브러시, 줄, 30cm 강철자, 페인트마카 펜이나 석필 등을 준비한다. 그 외에 가접대 등도 있으면 좋다.

3) 작업 준비

용접에 임하기 전에 작업복과 보호구를 착용하고 용접기의 이상 유무, 작동 상태를 점검한다. 그리고 도면을 보고 모재와 작업 내용을 확인한다.

텅스텐 전극은 적색(토륨 2% 함유) 전극을 선택하여 전극 끝을 경사각 30도 정도로 뾰족하게 가공한 후(직류 정극성 사용시) 토치에 조립하여 노즐 끝에서 전극이 3~4mm 정도 돌출되게 맞춘다.

가접대, 바이스 클램프 등도 준비하면 좋다.

나. 모재 가공

개선 가공된 모재의 루트면을 0~1.0mm 정도 가공한다.(작업자마다 다를 수 있음)

다. 용접기 조작

1) 가스 유량 조절

'용접/점검' 스위치를 '점검'에 놓고 아르곤 가스 유량계를 8~12ℓ/min로 조절한 후 다시 '용접'으로 전환한다.

2) 극성 선택

극성을 스테인리스강은 직류 정극성으로 맞춘다. 기타 피복 아크용접과 같은 방법으로 조작한다.

라. 가용접 및 세라믹판 부착 등

1) 가용접하기

전류를 70~100A로 조절한 후 V형 맞대기용접할 모재의 개선 홈이 위로 향하게 하여 엇갈리지 않도록 나란히 맞대어 놓고 루트간격을 한쪽은 2.5~3.0mm, 다른 한쪽은 3~3.5mm 정도 맞춘 후 움직이지 않도록 고정한다.

모재 한쪽 끝을 약 5mm 정도 가접한 후 엇갈림이 없나 루트간격이 맞나 확인한 후 다른 편도 동일한 방법으로 가접한다. 이 때 가접된 비드가 뒤로 튀어나오면 세라믹 판 부착시 판이 들리게 되므로 연삭하여 평평하게 해야 된다.

2) 시편 전용 뒷댐판 부착

오스테나이트계(300계열) 스테인리스강은 용접성이 우수하고 내식성이 좋지만 고온으로부터 급랭한 것을 재가열하면 고용되었던 탄소가 오스테나이트의 결정입계로 이동하여 탄화물(Cr_4C)이 석출해서 결정입계가 쉽게 부식하게 되는 입계부식을 일으킬 우려가 있다.

따라서 용접시 고온으로부터 공기와의 접촉을 막기 위해 뒷면에 불활성가스를 분출시켜 퍼지를 하는 것이 좋으나, 퍼지가 어려운 경우 임시방편으로 동(강)판 뒷댐판 사용, 세라믹 뒷댐판 사용, 은박지 테이프를 부착하는 방법이 사용되고 있다.

시험편(가접은 안해도 됨)을 [그림 2-1 (b)] 그림처럼 넣어 루트간격을 맞춘 후 단단히 고정한다.

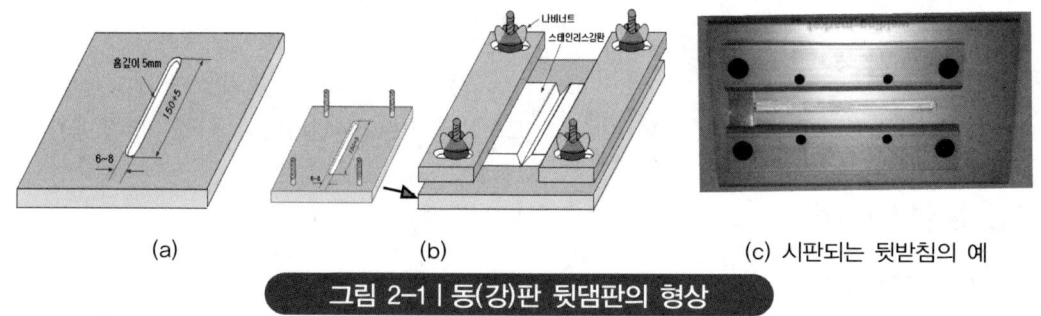

(a)　　　　　　　(b)　　　　　　　(c) 시판되는 뒷받침의 예

그림 2-1 | 동(강)판 뒷댐판의 형상

3) 세라믹 뒷댐판 부착

세라믹 뒷댐판은 열전도가 매우 나빠서 사용을 권장하지는 않으나, 공기 중에 노출되는 것보다는 좋기 때문에 사용되고 있다.

세라믹 뒷댐판은 시판되고 있으며, 1개의 마디가 25mm이므로 필요한 길이로 절단하여 사용하며, 자세에 따라 적합한 것을 사용하면 된다.

가접된 시험편의 뒷면이 튀어나온 경우 평평하게 가공해야 된다.

세라믹 백판의 테이프를 펴서 작업대 위에 수평으로 좌우가 되게 놓은 후 개선면이 위로 가게 하여 세라믹 백판의 붉은선이 루트간격 사이에 중심이 되도록 놓아 테이프를 단단히 붙인다.

부착된 전면(개선면)에서 가접부위 등을 은박지로 막아 보호가스 유출이 없도록 한다.

4) 모재 고정

준비된 모재를 작업대 위에 용접선이 좌우가 되며 모재가 수평이 되게, 아래보기 자세가 되도록 놓고 움직이지 않게 고정한다.

마. 1층(이면) 비드놓기

우측 끝에서 아크를 발생하여 두 모재가 맞닿은 루트부를 집중 가열하며 작업각 90°, 진행 반대각은 70~80°를 유지하며 가접부 왼쪽 끝을 가열하여 키홀을 형성한다. [그림 2-2 참조]

키홀이 일정한 크기가 유지되도록 키홀 부분에 용접봉을 공급하며 좌진한다. 이 때 용접봉 끝이 보호가스 밖으로 나오지 않도록 한다.

그림 2-2 | 아래보기 자세 운봉각

8자 위빙을 하는 경우 우측 끝 가접부에 동일 두께의 보조판을 놓고 노즐을 보조판에 대고 아크를 발생시켜 루트간격 사이를 매우 작은 8자 위빙하여 좌진하며 용접봉을 공급한다.

백 비드가 완성되면 황동 브러시로 깨끗이 닦는다.

바. 2층(표면) 비드놓기

2층 이상 비드를 놓을 때 용접부가 312℃ 이하(층간 온도)가 되도록 냉각시킨 후 다음 층 비드를 놓아야 된다.

세라믹 백판 사용의 경우 백 비드 부분에 다시 세라믹판을 붙이거나 은박지 테이프를 부착시켜 공기와의 접촉을 방지한다.

2층 비드를 놓을 때 전류를 백 비드 전류보다 약 10A 정도 낮춘 후 노즐의 한쪽을 가볍게 모재에 접촉시키고 두 모재의 개선 모서리 사이를 반달형 또는 8자형으로 움직여 용융지를 형성하고 용접봉은 용융지 끝부분에 유지시키면 2층 비드가 형성된다.

표면 비드의 높이는 모재 표면에서 약 1~1.5mm 정도면 적당하다.(비드 높이가 3mm 이상 되면 안됨)

❷ 수평 자세 V형 맞대기

가. 작업 준비, 모재 가공, 용접기 조작, 가접

작업 준비나 모재 가공은 용접기 조작, 가접법은 '제2절 ❶ 스테인리스강판 아래보기 자세 V형 맞대기 가.~라' 항과 같은 방법으로 실시하면 된다.

나. 1층(이면, back) 비드놓기

모재가 수직이며 용접선이 수평이 되도록 지그에 고정하여 작업하기 편한 높이로 조절한다.

용접전류를 70~100A 정도로 맞춘 후 작업하기 편한 자세로 앉아서 토치와 용접봉을 잡고 우측 끝 가접부에 전극을 가까이 위치한 후 스위치를 눌러 아크를 발생한다.

아크가 안정되면 두 모재의 루트부를 집중 가열 용융하며 작업각 75~85°, 진행각 70~80°로 유지한다.[그림 2-3 참조]

키홀이 형성되면 키홀 크기를 일정하게 유지하며 용접봉을 공급하며 좌진한다.

이 때 8자 위빙을 실시하면 더욱 안정되게 용접할 수 있다.

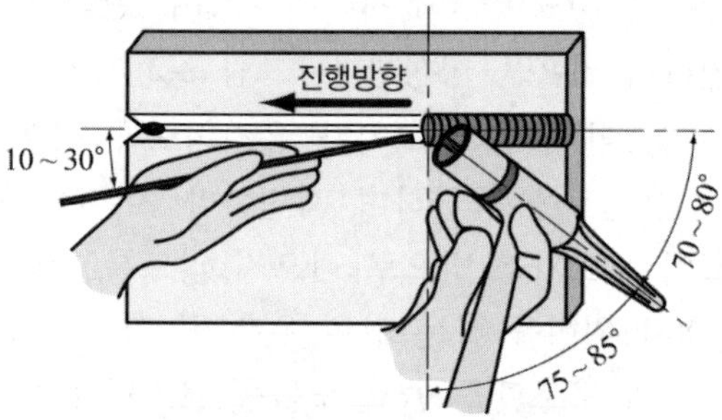

이 때 용접봉의 각도는 용접선에 대하여 10~15° 정도로 유지하며 키홀이 생기는 부분의 위쪽 모재의 개선면에 위치하여 용접봉이 공급되도록 하는 것이 좋다. 이 때 백 가스의 공급이 없으면 산화될 우려가 있으므로 주의가 필요하다.

그림 2-3 | 수평 자세 운봉각

다. 2층(표면) 비드놓기

스테인리스강의 경우 1층 용접이 끝나면 용접부의 온도가 312℃ 이하가 되도록 냉각시킨다.(층간 온도 유지)

세라믹 백판 사용의 경우 백 비드 부분에 다시 세라믹판을 붙이거나 은박지 테이프를 부착시켜 공기와의 접촉을 방지한다.

작업각과 진행 반대각, 용접봉의 각도는 1층 비드놓기와 같이 하면 되며, 수평 자세의 2층 비드도 1패스로 완성하는 방법과 2패스로 완성하는 방법이 있으나 1패스로 완성해도 무난하다. 다만 비드의 처짐 현상이 생길 수 있으므로 위빙시 위쪽에 머무는 시간을 더주고 용접봉 공급도 용융지 끝 상단에 하는 것이 좋다.

모재의 개선 모서리 사이를 반달형 또는 8자형으로 움직여 용융지를 형성하고 용접봉은 용융지 끝부분에 유지시키면 2층 비드가 형성된다.

❸ 수직 자세 V형 맞대기

가. 작업 준비, 모재 가공, 용접기 조작, 가접

작업 준비나 모재 가공은 용접기 조작, 가접법은 '제2절 ❶ 스테인리스강판 아래보기 자세 V형 맞대기 가.~라' 항과 같은 방법으로 실시하면 된다.

나. 1층(이면, back) 비드놓기

모재와 용접선이 수직이 되도록 지그에 고정하여 작업하기 편한 높이로 조절한다.

용접전류를 70~100A로 맞춘 후 작업하기 편한 자세로 앉아서 토치와 용접봉을 잡고 하단 끝 가접부에 전극을 가까이 위치한 후 스위치를 눌러 아크를 발생한다.

8자 위빙을 하면 좀더 안정되게 작업할 수 있다.

아크가 안정되면 두 모재의 루트부를 집중 가열 용융하며 작업각 90°, 진행각 75~85°를 유지하면서 키홀을 일정하게 형성시키며 용접봉을 공급하며 상진한다.

용접봉의 각도는 용접선에 대하여 10~15° 정도로 유지하며 키홀이 생기는 부분의 개선면에 위치하여 용접봉이 공급되도록 하는 것이 좋다.

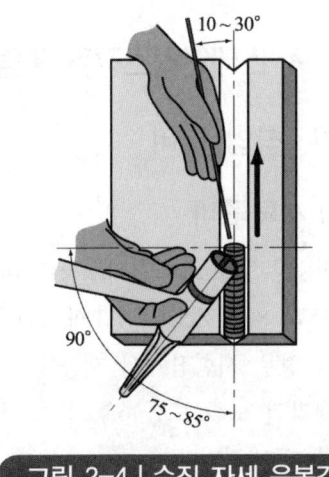

그림 2-4 | 수직 자세 운봉각

다. 2층(표면) 비드놓기

층간 온도 이하로 냉각시킨 후 다시 뒷면에 새 은박지를 부착시켜 산화가 일어나지 않게 한다. 작업각과 진행 반대각, 용접봉의 각도는 1층 비드놓기와 같이 하면 되며, 비드의 처짐 현상이 생길 수 있으므로 주의가 필요하다.

세라믹 백판 사용의 경우 백 비드 부분에 다시 세라믹판을 붙이거나 은박지 테이프를 부착시켜 공기와의 접촉을 방지한다.

작업각과 진행 반대각, 용접봉의 각도는 1층 비드놓기와 같이 하면 되며, 개선면 위의 모서리와 모서리 사이를 위빙하며 용접봉을 공급하여 표면 비드를 완성한다.

모재의 개선 모서리 사이를 반달형 또는 8자형으로 움직여 용융지를 형성하고 용접봉은 용융지 끝부분에 유지시키면 2층 비드가 형성된다.

④ 검사 및 평가하기

자격 시험의 경우 스테인리스강 맞대기 용접부도 '제1절 연강판 V형 맞대기 TIG 용접 ④ 검사 및 평가하기'와 같은 방법으로 평가한다.

제3절 스테인리스강관 T형 필릿 TIG 용접

① 스테인리스강관 T형 필릿 전둘레 용접

가. 작업 준비

1) 재료 준비

필릿용접할 스테인리스강판 t4 200×220 1장, 스테인리스강관 t3 80A×50L(수동배관용 KS D 3576 80A Sch10S) 1개, 스테인리스강 용접봉 Ø2.4×1000, T-308 3개를 준비한다.(자격 시험의 경우 시험장에서 제공됨)

세라믹 노즐(보통 6호, 8호, 시험장 규칙에 따름), 텅스텐 전극 Ø2.4(2~3개 미리 가공하여 준비) 준비한다.

2) 공구 준비

'① 스테인리스강판 맞대기 V형 TIG 용접'과 같은 방법으로 필요한 보호구와 공구를 준비한다.

3) 작업 준비

'① 스테인리스강판 맞대기 V형 TIG 용접'과 같은 방법으로 준비한다. 용접에 임하기 전에 작업복과 보호구를 착용하고 용접기의 이상 유무, 작동 상태를 점검한다. 그리고 도면을 보고 모재와 작업 내용을 확인한다.

나. 모재에 금긋기 및 가용접

스테인리스강판 t4 200×220을 작업대 위에 놓고 [그림 3-1 (a)와 같이 대각선으로 금을 긋는다.(판의 중심을 잡기 위함)

[그림 3-1 (b)와 같이 판의 중심점에서 강관 외경에 대한 반지름으로 각 대각선 방향에 금긋기 바늘(또는 페인트마카 펜이나, 석필 등)으로 마킹한다.

용접할 80A 스테인리스강관을 판에 대고 중심점에 맞춘 후 금긋기한다.

강관을 옆으로 한 후 중심원이 맞는지 확인한 후 다시 판의 원형 금긋기 선에 강관을 맞춘 후 움직이지 않게 고정한 후 판과 접촉하는 외경 원둘레 부분 3~4곳을 가용접한다. 가접 길이는 10mm 이하가 되게 해야 된다.

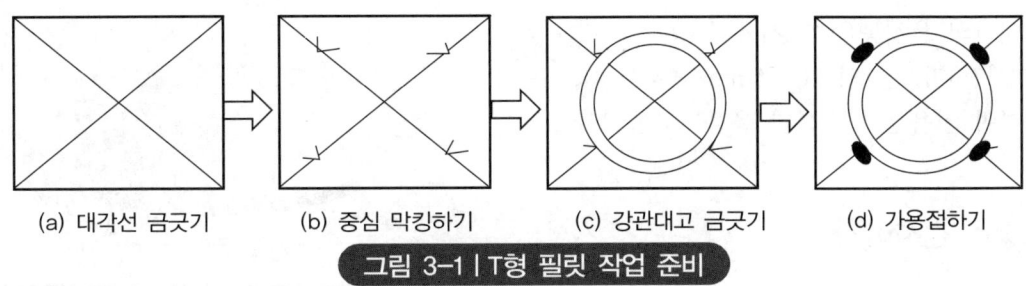

(a) 대각선 금긋기   (b) 중심 막킹하기   (c) 강관대고 금긋기   (d) 가용접하기

그림 3-1 | T형 필릿 작업 준비

다. 용접기 조작

'❶ 스테인리스강판 맞대기 V형 TIG 용접'과 같은 방법으로 가스 유량 조절, 전류 조절 기타 조절 등 용접기를 조작한다.

라. 수평자세 전둘레 T형 필릿용접하기(전주용접)

가접한 강관 T형 이음 형상의 강판 부분을 작업대 위에 수평자세 필릿용접부가 되도록 놓는다.[그림 3-2 참조]

편한 자세로 앉아서 [그림 3-3]과 같이 토치와 용접봉을 들고 우측 끝단쯤의 용접선에 전극을 가까이 한 후 아크를 발생한다.

이 때 강판쪽에 2/3 정도의 열이 가도록 각도를 맞추어 강판과 강관 접합부를 용융시킨다.

이 때 작업각은 약 45°, 진행각은 수평선에 대하여 70~80°, 용접봉은 10~30° 정도 유지하며 원 둘레를 따라 일정한 각도가 유지되도록 진행하여야 한다.

접촉부가 용융되면 용접봉을 공급하여 각장 3mm로 맞추어 전둘레를 수평 자세로 필릿 용접한다.

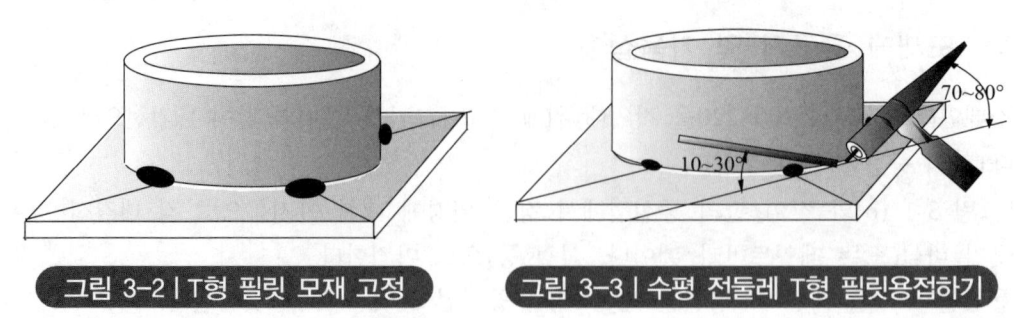

| 그림 3-2 | T형 필릿 모재 고정 | | 그림 3-3 | 수평 전둘레 T형 필릿용접하기 |

이 때 각장이 2.5mm 이하이거나 5mm를 넘지 않도록 해야 되며 가용접부를 충분히 가열용융시킨 후 용접봉을 공급하여 가용접 부분이 완전 용착되도록 해야 된다.[그림 3-4 참조]

하나의 용접봉을 다 사용한 경우 비드를 이을 때 이전 비드를 약 10~15mm 겹쳐서 아크를 발생하여 이음부가 충분히 용융되도록 해야 된다.

❷ 검사하기

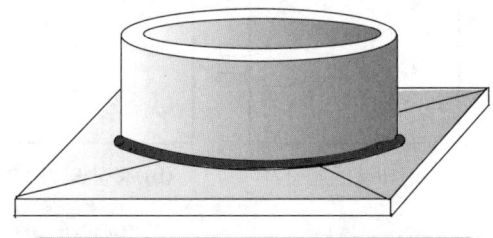

| 그림 3-4 | 전둘레 T형 필릿용접 완성품

필릿용접이 끝나면 용접부가 도면의 지시대로 용접되었는지 검사한 후 외관 검사를 하고 이상이 없으면 누수 시험을 한다.

가. 외관 검사

필릿용접 상태가 다음 규정 중 하나라도 이상이 있으면 평가에서 제외하며, 이상이 없으면 누수 시험을 한다.

① 파이프 온둘레 필릿용접(일주용접)에서 파이프 치수오차가 10 mm 이상 벗어난 경우
② 파이프 온둘레 필릿용접(일주용접)에서 이면부(파이프 및 밑판)의 산화 및 용락이 발생된 경우
③ 온둘레 필릿 용접(일주용접)부에서 비드 폭과 높이가 각각 요구된 목길이(각장)의 2.5 ~ 5mm 범위를 벗어난 경우

나. 누수 검사

파이프 온둘레 필릿용접(일주용접)에서 이음부가 1곳이라도 미세한 누수가 있으면 오작처리한다.

04 피복아크 · 이산화탄소가스아크 · 가스텅스텐 아크용접기능사 실기

제1절 자격 종목별 용접법과 자세, 과제

자격 종목	용접법	V형 맞대기 (외관검사, 굴곡시험, 일부 X선 검사)	T형 필릿 용접 (외관검사, 파단시험) (F, H, V 자세 중 1자세)	가스 절단 필답형 실기
피복아크 용접기능사	피복아크용접 (2시간)	F, H, V, O 자세 중 2자세 4개 굴곡시험	본인이 직접 가스 절단 한 모재 사용 (가스 절단 포함 40분)	
	가스절단(15분)			수동 절단(필수)
이산화탄소가스 아크용접기능사	CO_2 용접 (2시간)	솔리드와이어 맞대기용접(40분) 플럭스코어드와이어용접(40분) F, H, V 자세 중 2자세 굴곡시험	솔리드와이어 필릿용접 (가스 절단 포함 40분)	
	가스절단(15분)			수동 절단(필수)
가스텅스텐아크 용접기능사	TIG 용접 (2시간)	연강, 스테인리스강판 맞대기 F, H, V, O 자세 중 2자세	t4.0스테인리스강판에 t3.0 80A×50L파이프	
용접산업기사	피복아크용접	F, H, V, O 자세 중 1개(30분)		
	CO_2 용접	플럭스코어드 와이어 용접(40분) F, H, V 자세 중 1자세(X선시험)		
	TIG 용접	F, H, V, O 자세 중 1개(40분)		
용접기사	피복아크용접	F, H, V 자세 중 1개		필답형 실기 1시간 30분 작업형 실기 40분, 40분
	CO_2 용접	솔리드와이어 맞대기용접 F, H, V 자세 중 1자세		
용접기능장	CO_2 용접	플럭스코어드 와이어 용접 F, H, V 자세 중 1자세(40분), 외관 검사 후 X선 검사		약 5시간 정도
	TIG 용접	F, H, V, O 자세 중 1개(40분)		
	피복아크용접	용기제작(고정상태의 자세로 용 접 : 3시간30분)		

제2절 피복아크용접기능사

① 시험 내용

① 피복아크용접기능사는 도면 이해, 이론과 각종 용접 실기 능력이 우수해야 된다.
② 실기는 제한 시간 내에(연장시간 없음) 도면에 지정된 2가지 자세로 연강판 V형 맞대기 용접을, 또 한가지 지정 자세로 필릿 피복 아크용접을 잘 할 수 있어야 된다.
③ 전 과제를 2시간 내에 완성한다.(과제별 별도 시간 부여함, 감독관 지시대로 실시함)

1) V형 맞대기 피복 아크용접(보통 과제별 보통 30분)

아크용접기를 사용하여 도면에 제시된 2가지 자세(아래보기 자세, 수평 자세, 수직 자세 중 2자세, 시험일마다 자세 다름)로 연강강판 t6.0(또는 t9.0)을 제한 시간 내에 V형 맞대기 피복 아크용접을 한다.

2) 필릿용접(보통 가스 절단시간 15분 포함 40분)

① 수동 가스 절단 : 제시된 연강판(보통 t9.0×150×250)을 도면대로 수동 가스 절단한다.
② 필릿용접 : 가스 절단 된 반대편을 기준으로 도면대로 가접하여 아크용접기를 사용하여 제시된 자세(아래보기 자세, 수평 자세, 수직 자세 중 1자세)로 제한 시간 내에 필릿용접을 한다.

② 맞대기 및 필릿용접 도면, 모재

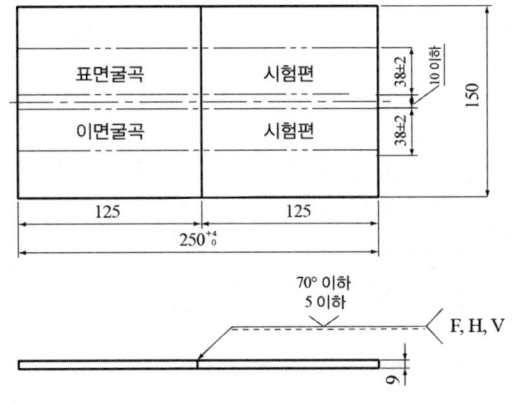

1) 시험편 피복 아크용접

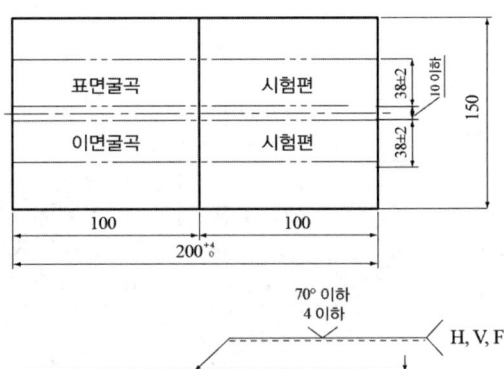

2) 시험편 피복 아크용접

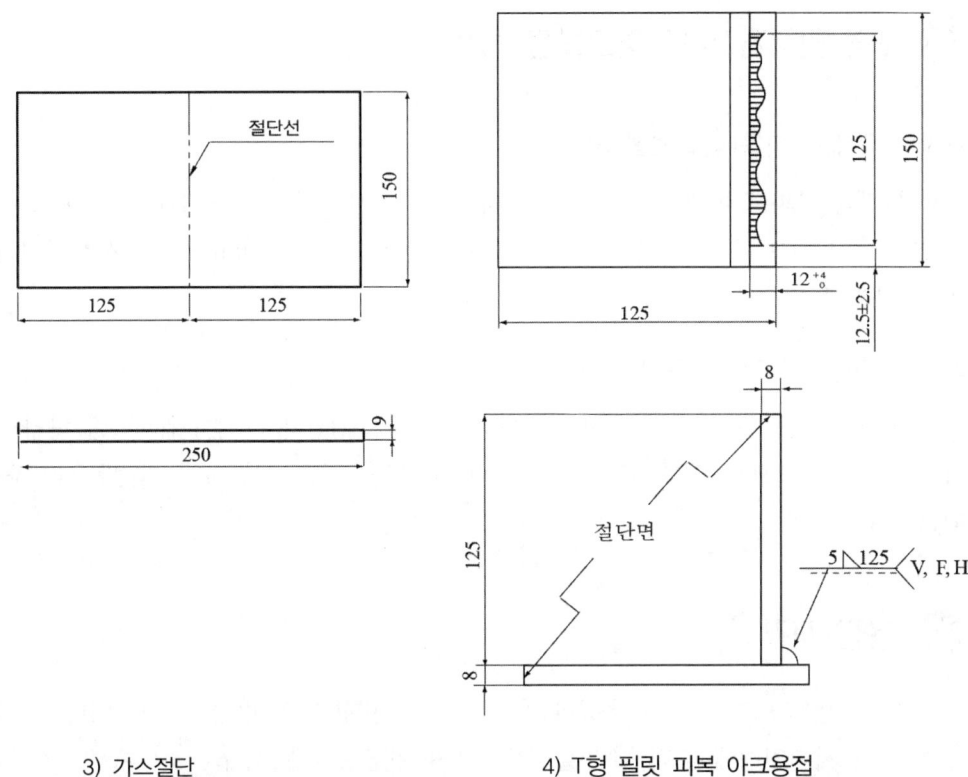

3) 가스절단 4) T형 필릿 피복 아크용접

그림 2-1 | 맞대기 피복 아크 및 가스 절단, 필릿 피복아크용접 도면

1) V형 맞대기 피복 아크용접 모재

V형 맞대기 모재의 재질은 연강판(SS400)이며, t6.0×100×150×30~35° 또는 t9.0×125×150×30~35° 판 중 동일한 판두께가 자세별 2매(총 4매) 또는 각각 다른 판두께가 자세별 2매(총 4매) 필요하며, 모재에 용접 길이 방향(150mm)으로 개선각 30~35°로 기계 가공이나 가스 절단해야 된다.

시험장에서는 개선 가공된 모재가 주어진다.(그림 2-1, 1), 2) 참조)

2) 필릿 피복 아크용접 모재

필릿용접 모재의 재질은 연강판(SS400)이며, t9.0×150×250의 모재 1매가 주어지며 도면에 따라 가스 절단한다.(그림 2-1 3) 참조)

❸ 피복 아크용접봉

피복 아크용접봉은 E7016 ⌀3.2, 4.0을 사용한다.(잘 건조된 용접봉 사용)

④ V형 맞대기 피복 아크용접 자세

1) V형 맞대기 피복 아크용접 자세

V형 맞대기 피복 아크용접 자세는 아래보기 자세(F), 수평 자세(H)와 수직(V) 자세 중 2가지의 자세가 나올 수 있으며, V형 홈 연강판 t6.0mm, t9.0mm 판을 사용하여 판두께별, 자세별로 연습해야 된다.

2) 필릿 피복 아크용접 자세

필릿 피복 아크용접 자세는 아래보기(F), 수평자세(H)와 수직자세(V) 중 하나의 자세가 나올 수 있으므로, V형 홈 연강판 t9.0mm 판을 가스 절단하여 가접한 후 자세별로 연습해야 된다.

⑤ 용접 시간

① 시험 시간은 보통 맞대기 용접과 가스 절단, 필릿용접 포함하여 2시간이나, 시험장 상황이나 시험일정에 따라 달라질 수 있으며 연장시간은 없다.
② V형 맞대기 피복 아크용접 : 보통 자세별 표준 시간 40분, 2자세이므로 80분 소요됨
③ 필릿 피복 아크용접 : 가스 절단(보통 15분) 포함하여 보통 표준 시간 40분

⑥ 맞대기 용접부 검사

가. 외관 검사

표면 비드는 외관 미려도(폭, 파형, 높이 균일 정도), 언더컷, 오버랩, 균열 유무, 시점과 종점처리 등을 검사하며, 이면 비드는 비드 폭, 파형의 균일 정도, 용입의 완전 여부, 비드 이음 부분의 양호 여부를 검사한다.(감독위원이 검사하여 기능 수준 부족으로 판단된 경우 오작처리함)

자격시험에서 각 용접법 및 자세별, 형상별 용접이 끝나면 외관 검사를 하며, 하나의 과제라도 수준 미달시 미완성 또는 오작처리 될 수 있다.

맞대기 용접 상태가 다음 규정 중 하나라도 해당되면 평가에서 제외하며, 이상이 없으면 굴곡 시험 평가를 한다.

① 도면의 지시대로 가용접되지 않은 경우, 전진법이나 후진법 혼용, 상진법과 하진법 혼용한 경우
② 비드 높이가 판두께보다 낮은 경우,(0mm 이하) 표면 비드 높이가 5mm 이상인 경우
③ 맞대기용접 시험편의 이면비드(시점, 이음부, 종점 포함)의 불완전 용융부가 용접부 길이의 30 mm 이상인 경우
④ 시험편의 용락, 언더컷, 오버랩, 기공, 비드상태 등 구조상의 결함, 용접방법 등이 검사 규정에 벗어난 경우
⑤ 이면 받침판을 사용했거나 이면 비드에 보강 용접한 경우
⑥ 도면 지시대로 용접하지 않은 경우, 도면에 표기된 상태로 가용접을 하지 않는 경우.
⑦ 맞대기 용접부의 변형 각도가 10°이상 초과한 경우

나. 굴곡 시험

1) V형 맞대기 시험편 절단

피복 아크용접 외관 검사 결과 양호한 수준으로 판단되면 용접선의 중심부를 약 10mm 정도 제거하고, 그 좌, 우측으로 굽힘 시험편 규격 크기(38±2mm)로 2개를 절단한다. 절단 방법은 가스 절단기, 동력 전단기 등을 사용하여 절단한다.

2) 덧붙이 가공

절단된 맞대기 용접 시험편의 덧붙이를 모재 두께까지만 연삭 다듬질 작업하여 제거하고 모서리 부분을 R1.5 정도 라운딩 가공한다.

3) 굴곡(굽힘)

① 굴곡 시험 지그는 판두께에 따라 적당한 지그를 사용하여 굴곡 시험한다.
② 시험시 자세별로 시험편의 하나는 이면 비드가 아래로 향하게 하며, 다른 하나는 표면이 아래로 가게 형틀의 중앙에 정확히 놓은 후 완전히 U자가 되도록 굴곡한다.

4) 굴곡 시험편 검사

굴곡 시험에서 다음에 해당되면 0점, 또는 오작처리한다.
① 시험편의 외관에 균열이 3mm 이상이거나 작은 균열의 합이 7mm를 넘은 경우
② 기공 등이 10개 이상인 경우(평가기준에 따라 달라질 수 있음)
③ 시험편 4개 중 2개 이상인 경우(오작처리)

❼ 필릿용접부 검사

가. 파단 시험

가스 절단된 모재의 길이가 125±5 mm를 벗어나는 경우 채점에서 제외되며, 외관 검사에서 이상이 없는 필릿용접부는 프레스로 ⋀상태로 놓고 ⌒가 되도록 파단한다.

나. 파면 검사

파단 시험 결과 다음에 해당되는 경우 채점에서 제외되거나 오작처리한다.
① 파단 시험한 결과 두 부품이 완전 분리되거나 1/3 이상 분리된 경우는 용접기능사로서의 수준에 미달된다고 판단되는 경우(시험위원 전원이 수준 미달로 판단시)
② 필릿용접 파단시험 후, 두 모재의 용입이 용접 길이의 50%가 되지 않는 경우

제3절 이산화탄소가스아크용접기능사

❶ 시험 내용

① 이산화탄소가스아크용접기능사는 도면 이해, 이론과 각종 용접실기 능력이 우수해야 된다.
② 실기는 제한 시간 내에(연장시간 없음) F자세, H자세, V자세로 V형 맞대기 CO_2 용접, 필릿 CO_2 용접을 잘 할 수 있어야 된다.
  - 솔리드 와이어 맞대기 용접 : 40분
  - 플럭스 코어드 와이어 맞대기 용접 : 40분
  - 가스절단 및 솔리드 와이어 필릿용접 : 40분

가. V형 맞대기 CO_2 용접

제시된 시간(보통 40분) 내에 솔리드 와이어를 사용하여 연강판(보통 t6.0)에 지정된 자세로 V형 맞대기 용접을 CO_2 용접을 한다.

제시된 시간(보통 40분) 내에 플럭스 코어드 와이어를 사용하여 연강판(보통 t9.0)에 지정된 자세로 V형 맞대기 용접을 CO_2 용접을 한다.

나. 솔리드 와이어 사용 필릿 CO_2 용접

제한시간(보통 15분) 내에 연강판(보통 t9.0×150×250)을 도면대로 수동 가스 절단하여, 도면대로 가용접 후 솔리드 와이어를 사용하여 연강판(보통 t9.0) 필릿용접을 제시된 시간 (가스절단 포함 40분) 내에 CO_2 용접을 한다.

❷ V형 맞대기 시험 도면 및 모재, 용가재

가. V형 맞대기 CO_2 용접 모재

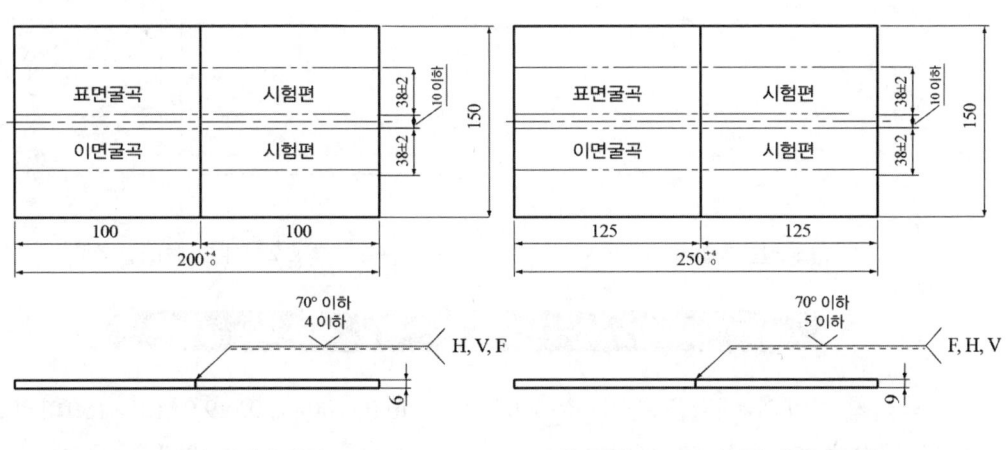

1) 솔리드 와이어 맞대기 용접
2) 플럭스코어드와이어 맞대기용접

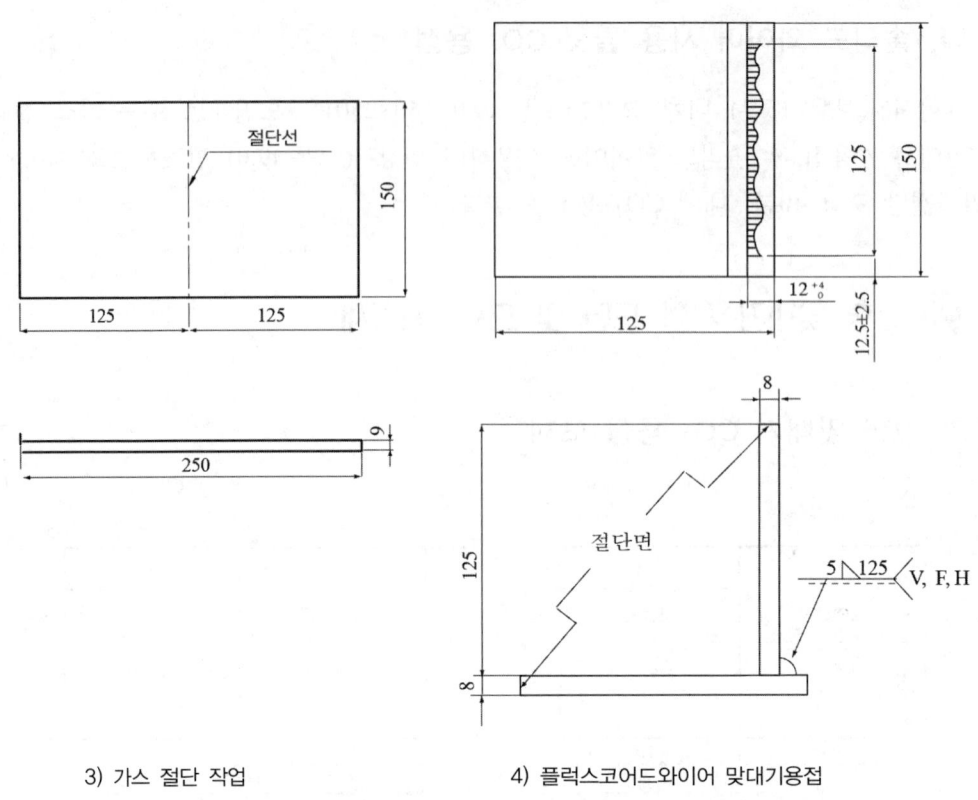

3) 가스 절단 작업 　　　　4) 플럭스코어드와이어 맞대기용접

그림 3-1 | 맞대기 CO_2 용접 및 가스 절단, 필릿 CO_2 용접 도면

　V형 맞대기 모재의 재질은 연강판(SS400)이며, t6.0×100×150, t9.0×125×150의 모재에 용접 길이 방향(150mm)으로 개선각 35°로 기계 가공된 모재 각각 2매가 필요하다.(그림 3-1 1), 2) 참조)

나. 필릿 CO_2 용접 모재

　필릿용접 모재의 재질은 연강판(SS400)이며, t9.0×150×250의 모재 1장을 준비한다.(그림 3-1 3), 4) 참조)

다. CO_2 용접 와이어

① CO_2 플럭스코어드와이어 Ø1.2 연강용 : 보통 t9.0 연강판 맞대기 용접
② 솔리드 와이어 ∅1.2 연강용 : 보통 t6.0 연강판 맞대기 용접, 필릿용접

❸ 용접 자세

가. V형 맞대기 CO_2 용접 자세

V형 맞대기 CO_2 용접 자세는 아래보기(F), 수평자세(H)와 수직자세(V) 중 2종의 자세가 나오므로, V형 홈 연강판(보통 t6.0mm) 판을 가접하여 솔리드 와이어를 사용하여 맞대기 용접한다.

V홈 연강판(보통 t9.0mm) 판을 가접하여 세라믹 받침판을 부착시킨 뒤 플럭스 코어드 와이어로 용접한다.

나. 필릿 CO_2 용접 자세

필릿 CO_2 용접 자세는 아래보기(F), 수평자세(H)와 수직자세(V) 중 하나의 자세가 나오므로, V형 홈 연강판 t6.0mm, t9.0mm 판을 가스 절단하여 가접한 후 자세별로 연습해야 된다.

❹ 용접 시간

① 시험 시간은 2시간이나 기준에 따라 달라질 수 있으며 연장시간은 없다.
② V형 맞대기 CO_2 용접 : 보통 과제별 표준 시간 40분
③ 필릿 CO_2 용접 : 가스 절단(15분 이내) 포함보통 표준 시간 40분

❺ 검사(평가)

가. 맞대기 및 필릿용접부 검사

이산화탄소가스아크용접기능사 평가 기준도 '제1절 피복아크용접기능사 ❻,❼ '항과 같은 방법으로 평가한다.

제4절 가스텅스텐아크용접기능사

❶ 시험 내용

① 가스텅스텐아크용접기능사는 도면 이해, 이론과 각종 용접실기 능력이 우수해야 된다.
② 실기는 제한 시간 내에(연장시간 없음) TIG 용접기를 조작하여 연강판과 스테인리스 강판에 V형 맞대기 TIG 용접한다.
③ 스테인리스강판과 강관을 가접하여 전둘레 필릿용접(보통 수평자세)을 한다.

가. V형 맞대기 TIG 용접

TIG 용접기를 사용하여 도면에 제시된 자세(아래보기자세, 수평 또는 수직 자세 중 1자세)로 주어진 연강판(보통 t6.0)에 맞대기 용접한다.

주어진 스테인리스강판 t4.0((또는 t3.0)을 제시된 시간(보통 40분) 내에 V형 맞대기 TIG 용접을 한다.(세라믹이나 은박지 등 백판 사용 필수)

나. 필릿 TIG 용접

스테인리스강판(보통 t4.0)과 스테인리스강관(80A)을 필릿 형상으로 가접하여 스테인리스강봉으로 전둘레(H자세) 필릿 가스텅스텐아크용접을 한다.

❷ V형 맞대기 시험 도면 및 모재, 용가재

가. V형 맞대기 TIG 용접 모재

V형 맞대기 TIG 용접 모재는 연강판 t6.0×100×150 2매, 스테인리스강판(STS304) t3.0 (또는 t4.0)×75×150의 모재에 용접 길이 방향(150mm)으로 개선각 35°로 기계 가공된 모재 각각 2매가 필요하다.(아래 도면 참조)

나. TIG 용접봉

연강용 TIG 용접봉(T-50) Ø2.4×1000과 스테인리스강봉(Y308) Ø2.4×1000이 사용된다.

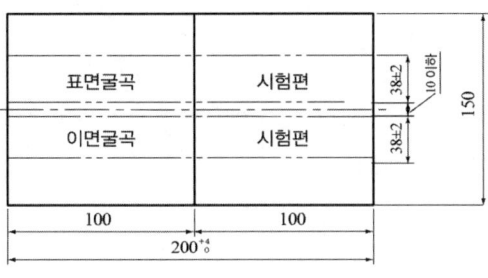
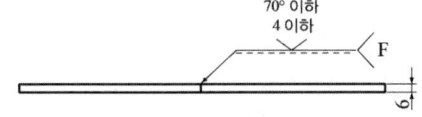

(a) 연강판 V형 맞대기 용접

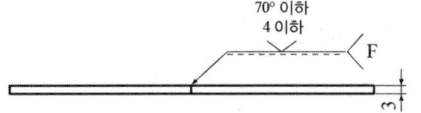

(b) 스테인리스강판 V형 맞대기 용접

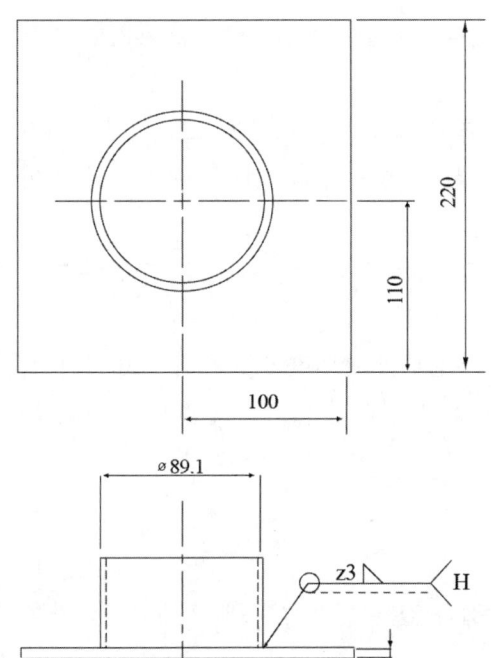

(c) 온둘레 필릿용접

주서
1. 시험편 맞대기 용접은 규정된 이면 받침판을 사용하여 용접합니다.
2. 시험편 맞대기용접은 전체길이(150mm)를 모두 용접하여야 합니다.(엔드탭 사용을 금한다.)
3. 파이프 온둘레 필릿용접 시 용접기호를 참고하여 작업합니다.
4. 파이프 온둘레 필릿용접은 감독위원에게 가용접 검사를 받아야 합니다.

❸ 용접 자세

가. V형 맞대기, 필릿 TIG 용접 자세

V형 맞대기 TIG 용접 자세는 아래보기(F), 수평(H)와 수직(V) 중 하나의 자세가 나온다. 전둘레 필릿 TIG 용접 자세는 보통 수평 자세로 용접선 전둘레를 회전시키면서 필릿용접한다.

④ 용접 시간

① 시험 시간은 보통 2시간이며, 과제에 따라 부여된다. 시험 장소에 따라 다를 수 있으니 시험 감독의 지시에 따라야 하며, 연장시간은 없다.
② TIG 용접 : 보통 과제당 표준 시간 40분

⑤ 검사(평가)

가. TIG V형 맞대기 용접부 외관 검사

① 각 용접법 및 자세별, 형상별 용접이 끝나면 외관 검사를 하며, 하나의 과제라도 수준 미달시 기능사 자격이 될 수 없다.
② 표면 비드는 외관 미려도(폭, 파형, 높이 균일 정도), 언더컷, 오버랩, 균열 유무, 시점과 종점처리 등을 검사하며, 이면 비드는 비드 폭, 파형의 균일 정도, 용입의 완전 여부, 비드 이음 부분의 양호 여부를 검사한다.
③ 스테인리스강판 V형 맞대기 TIG 용접 시험편의 경우 산화 정도가 심한 경우는 기능사 수준 미달이라고 판단한다.
④ 국가 자격 수준으로 용접부 외관이 양호하며, 용접부의 용입량이 모재의 표면까지 적당히 채워지고, 도면에 제시된 용접자세나 방법을 위반하지 않고 이면 비드에 보강하지 않아야 된다.

나. 굴곡 시험

① V형 맞대기 TIG 용접 시험편은 피복 아크용접과 같은 평가 기준에 의해 절단, 가공, 굽힘하여 평가한다.

다. 필릿용접부 외관 평가 및 누수시험

온둘레 필릿용접(일주용접)부에서 비드 폭과 높이가 각각 요구된 목길이(각장 3mm)의 2.5 ~ 5mm 범위를 벗어나거나, 파이프 온둘레 필릿용접(일주용접)에서 파이프 치수오차가 10mm 이상 벗어난 경우, 파이프 온둘레 필릿용접(일주용접)에서 이면부(파이프 및 밑판)의 산화 및 용락이 발생된 경우는 채점에서 제외한다.
외관 검사에서 이상이 없으면 약 10분 정도(시험장에 따라 다를 수 있음) 누수시험을 하며, 1곳이라도 미세한 누수가 있으면 오작으로 처리한다.

부 록

기출문제

피복아크용접기능사 필기
이산화탄소가스아크용접기능사 필기
가스텅스텐아크용접기능사 필기

※ 2023년부터 기존용접관련 기능사 종목이 피복아크용접기능사(구, 용접기능사),
 이화탄소가스아크용접기능사, 가스텅스텐아크용접기능사로 변경되었으나 필기 시험 범위는
 모두 동일하므로 편집된 모든 문제를 다 보시면 됩니다.
 교재 중 기존 범위에서 가스용접과 용접자동화 부분이 삭제됨에 따라 본문과 기출문제에서 해당 분야를
 모두 수정 보완하였으며, 가스용접과 용접자동화 부분의 기출문제와 2회 이상 반복 출제된 문제를 2013년
 이전 문제로 대체하여 총 2520문제 중 715문제(28.4%)를 교체하고 각 문제에 대한 해설을 보완하여
 실질적으로 문제의 질과 문제 수를 대폭 증가시켰습니다.
 2016년 5회부터는 CBT시행에 따라 수검자가 문제지를 가져올 수 없으므로 수검자들의 도움으로 최대한
 유형에 가깝게 복원한 문제입니다.
 앞으로도 높은 적중률을 위해 노력하겠습니다.

피복/이산화탄소가스/가스텅스텐 아크용접기능사 필기&실기

2013 제1회 피복아크용접기능사 기출문제
(구, 용접기능사)

2013년 1월 27일 시행

01 가스절단시 안전사항으로 적당하지 않는 것은? ★★★★

① 산소병은 60℃ 이하 온도에서 보관하고 직사광선을 피하여 보관한다.
② 호스는 길지 않게 하며 용접이 끝났을 때는 용기밸브를 잠근다.
③ 작업자 눈을 보호하기 위해 적당한 차광유리를 사용한다.
④ 호스 접속부는 호스밴드로 조이고 비눗물 등으로 누설 여부를 검사한다.

해설 산소병은 40℃ 이하의 직사광선이 없는 곳에 보관한다.

02 안전모의 내부 수직 거리로 가장 적당한 것은?

① 25mm 이상 50mm 미만일 것
② 15mm 이상 40mm 미만일 것
③ 10mm 미만일 것
④ 25mm 미만일 것

03 플라즈마 아크용접에 관한 설명 중 틀린 것은?

① 전류밀도가 크고 용접속도가 빠르다.
② 기계적 성질이 좋으며 변형이 적다.
③ 설비비가 적게 든다.
④ 1층으로 용접할 수 있으므로 능률적이다.

해설 플라즈마 아크용접은 전류 밀도가 크고 용입이 깊으나 설비비가 많이 든다.

04 서브머지드 아크용접의 용융형 용제에서 입도에 대한 설명으로 틀린 것은?

① 용제의 입도는 발생가스의 방출상태에는 영향을 미치나, 용제의 용융성과 비드형상에는 영향을 미치지 않는다.
② 가는 입자일수록 높은 전류를 사용해야 한다.
③ 거친 입자의 용제에 높은 전류를 사용하면 비드가 거칠며 기공, 언더컷 등이 발생한다.
④ 가는 입자의 용제를 사용하면 비드 폭이 넓어지고 용입이 얕아진다.

해설 용제의 입도는 용제의 용융성과 비드 형상, 가스 방출 상태에 영향을 미친다. 따라서 가는 입자 용제를 사용시 전류가 낮으면 기공이 생길 우려가 크다.

05 서브머지드 아크용접의 용제 중 흡습성이 높아 보통 사용 전에 150~300℃에서 1시간 정도 재건조해서 사용하는 것은?

① 용제형   ② 혼성형
③ 용융형   ④ 소결형

해설 소결형은 고전류에서의 용접 작업성이 좋아, 후판의 고능률 용접에 적합하고 용착금속의 성질이 우수하며 절연성이 좋다.

정답 01.① 02.① 03.③ 04.① 05.④

06 서브머지드 아크용접의 장점에 해당되지 않는 것은?

① 용접 진행상태의 좋고 나쁨을 육안으로 확인 할 수 있다.
② 개선각을 작게 하여 용접 패스 수를 줄일 수 있다.
③ 콘텍트 팁에서 통전되므로 와이어 중에 저항열이 적게 발생되어 고전류 사용이 가능하다.
④ 용접속도가 수동용접보다 빠르고 능률이 높다.

해설 SAW는 잠호 용접이므로 육안으로 용접 진행상태의 좋고 나쁨을 확인 할 수 없다.

07 가스절단에 따른 변형을 최소화 할 수 있는 방법이 아닌 것은?

① 적당한 지그를 사용하여 절단재의 이동을 구속한다.
② 절단에 의하여 변형되기 쉬운 부분을 최후까지 남겨 놓고 냉각하면서 절단한다.
③ 여러 개의 토치를 이용하여 평행 절단한다.
④ 가스절단 직후 절단물 전체를 650℃로 가열 한 후 즉시 수냉한다.

해설 가스절단 후 물체를 가열하거나 수냉할 필요가 없다.

08 아크용접작업에 의한 직접 재해에 해당되지 않는 것은?

① 감전   ② 화상
③ 전광성 안염   ④ 전도

해설 전도란 용기 등이 넘어지는 사고를 의미하며, 아크용접에서는 거의 일어나지 않는다.

09 CO_2 아크용접에서 가장 두꺼운 판에 사용되는 용접 홈은?

① U형   ② V형
③ J형   ④ H형

해설 모든 용접에서 홈의 형상은 판두께와 관계된다.

10 다음 중 응력제거 방법에 있어 로 내 풀림법에 대한 설명으로 틀린 것은?

① 일반 구조용 압연강재의 로 내 및 국부 풀림의 유지 온도는 725±50℃이며 유지시간은 판두께의 25mm에 대하여 5시간 정도이다.
② 잔류응력의 제거는 어떤 한계 내에서 유지온도가 높을수록, 또 유지시간이 길수록 효과가 크다.
③ 보통 연강에 대하여 제품을 노 내에서 출입시키는 온도는 300℃를 넘어서는 안된다.
④ 응력제거 열처리법 중에서 가장 잘 이용되고 또 효과가 큰 것은 제품 전체를 가열로 안에 넣고 적당한 온도에서 얼마동안 유지한 다음 노 내에서 서냉하는 것이다.

해설 풀림 유지 온도는 625±25℃이며, 판두께 25mm당 1시간 정도이다.

11 용접부의 시험 및 검사의 분류에서 충격시험은 무슨 시험에 속하는가?

① 화학적 시험   ② 낙하 시험
③ 기계적 시험   ④ 압력 시험

해설 정적 기계적 시험 : 경도 시험, 인장 시험, 크리프 시험, 굽힘 시험
동적 기계적 시험 : 피로 시험, 충격 시험

정답 06.① 07.④ 08.④ 09.④ 10.① 11.③

12 가연물 중에서 착화온도가 가장 낮은 것은?

① 수소(H_2) ② 일산화탄소(CO)
③ 아세틸렌(C_2H_2) ④ 휘발유(gasoline)

13 가스절단 작업시 유의할 사항으로 틀린 것은?

① 호스가 꼬여 있는지 확인한다.
② 가스절단에 알맞은 보호구를 착용한다.
③ 절단 진행 중에 시선은 절단면을 떠나도 된다.
④ 절단부가 예리하고 날카로우므로 상처를 입지 않도록 주의한다.

14 가연성 가스의 종류 중 산소와 혼합시 불꽃의 온도가 가장 높은 것은?

① 아세틸렌 ② 수소
③ 프로판 ④ 메탄.

15 피복아크용접에서 용접봉을 선택할 때 고려할 사항이 아닌 것은?

① 모재와 용접부의 기계적 성질
② 모재와 용접부의 물리적, 화학적 안정성
③ 경제성을 고려
④ 용접기의 종류와 예열 방법

16 용접부의 방사선 검사에서 γ 선원으로 사용되지 않는 원소는?

① 이리듐 192 ② 코발트 60
③ 세슘 134 ④ 몰리브덴 30

해설 몰리브덴은 방사선 동위 원소가 아니다.

17 다음 그림은 탄산가스 아크용접(CO_2 gas arc welding)에서 용접토치의 팁과 모재 부분을 나타낸 것이다. d부분의 명칭을 올바르게 설명한 것은?

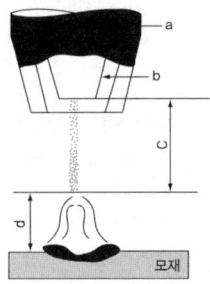

① 팁과 모재간의 거리
② 가스 노즐과 팁간 거리
③ 와이어 돌출 길이
④ 아크길이

해설 a : 노즐, b : 콘텍트 팁, c : 와이어 돌출 길이이다.

18 용극식 용접법으로 용가재와 모재 사이에 발생하는 아크의 열을 이용하여 용접하는 것은?

① 불활성가스 텅스텐 아크용접
② 전자 빔 용접
③ 이산화탄소 아크용접
④ 테르밋 용접

해설 용극식은 전극이 용접봉이 되는 것으로 피복아크용접, 이산화탄소용접 등이 이에 속한다.

19 피복 아크용접봉의 용접부 보호방식에 의한 분류에 속하지 않는 것은?

① 슬래그 생성식 ② 가스 발생식
③ 반가스 발생식 ④ 아크 발생식

해설 아크 보호 방식에 아크 발생식은 없다.

정답 12.④ 13.③ 14.① 15.④ 16.④ 17.④ 18.③ 19.④

20 특수 절단 및 가스 가공 방법이 아닌 것은?

① 수중 절단 ② 스카핑
③ 가스 가우징 ④ 치핑

해설 치핑 : 정, 끌 등을 이용하여 공작물을 깎는 작업

21 교류전원이 없는 옥외 장소에서 사용하는데 가장 적합한 직류 아크용접기는?

① 정류기형 ② 가동 철심형
③ 전동 발전형 ④ 엔진 구동형

22 티그 용접에서 텅스텐 전극봉의 고정을 위한 장치는?

① 세라믹 노즐 ② 인슐레이터
③ 콜릿 척 ④ 바디

해설 텅스텐 전극봉은 콜릿 척에 고정한다.

23 용접입열과 관련된 설명으로 옳은 것은?

① 아크 전류가 커지면 용접입열은 감소한다.
② 용접입열이 커지면 모재가 녹지 않아 용접이 되지 않는다.
③ 용접 모재에 흡수되는 열량은 10% 정도이다.
④ 용접속도가 빠르면 용접입열은 감소한다.

해설 용접입열은 아크 전류가 커지면 증가하며, 모재가 잘 용융될 수 있어 용입불량이 적어지며, 모재에 흡수되는 열량은 60~85% 정도 된다.

24 용접에 사용되는 가연성 가스인 수소의 폭발 범위는?

① 4~5% ② 4~15%
③ 4~35% ④ 4~75%

해설 수소 : 4~75%
아세틸렌 : 2.5~81%,
프로판 : 2.1~9.5%
일산화탄소 : 12.5~74%
암모니아 : 15~28%

25 서브머지드 아크용접의 용제 중 흡습성이 가장 높은 것은?

① 용제형 ② 혼성형
③ 용융형 ④ 소결형

26 가스절단에서 전후, 좌우 및 직선 절단을 자유롭게 할 수 있는 팁은?

① 이심형 ② 동심형
③ 곡선형 ④ 회전형

해설 이심형은 직선 절단에서는 매우 우수하나 곡선 절단의 경우는 어려움이 있다.

27 피복아크용접봉의 피복제에 들어있는 탈산제에 모두 해당되는 것은?

① 페로실리콘, 산화니켈, 소맥분
② 페로티탄, 크롬, 규사
③ 페로실리콘, 소맥분, 목재톱밥
④ 알루미늄, 구리, 물유리

해설 탈산제 : 페로실리콘, 페로티탄, 페로바나듐, 망간, 페로망간, 크롬, 소맥분, 목재 톱밥 등

28 다음 중 고압가스 용기의 색상이 틀린 것은?

① 산소 – 청색 ② 수소 – 주황색
③ 아르곤 – 회색 ④ 아세틸렌 – 황색

해설 산소 : 녹색, CO_2 : 청색

정답 20.④ 21.④ 22.③ 23.④ 24.④ 25.④ 26.② 27.③ 28.①

29 주철 용접이 곤란하고 어려운 이유가 아닌 것은?

① 예열과 후열을 필요로 한다.
② 용접 후 급랭에 의한 수축, 균열이 생기기 쉽다.
③ 단시간 가열로 흑연이 조대화되어 용착이 양호하다.
④ 일산화탄소 가스 발생으로 용착금속에 기공이 생기기 쉽다.

30 프로젝션 용접의 용접 요구조건에 대한 설명으로 틀린 것은?

① 성형에 의한 변형이 없고 용접 후 양면의 밀착이 양호할 것
② 상대 판이 충분히 가열될 때까지 녹지 않을 것
③ 성형시 일부에 전단 부분이 생기지 않을 것
④ 전류가 통한 후에 가압력에 견딜 수 있을 것

해설 프로젝션(돌기)는 전류를 통하기 전과 통하는 중에 가압력에 견딜 수 있어야 된다.

31 가스절단 작업에서 보통작업을 할 때 압력 조정기의 산소압력은 몇 kgf/cm² 이하이어야 하는가?

① 6 ~ 7   ② 3 ~ 4
③ 1 ~ 2   ④ 0.1 ~ 0.3

해설 산소 압력은 3~4kg/cm² 이하, 아세틸렌 압력은 0.1~0.3kg/cm² 정도로 한다.

32 강판용접 중 산화철을 환원시키기 위해 탈산제를 사용하는데 다음 반응식 중 맞는 것은?

① $FeO + Ti \leftrightarrows Fe + TiO_2$
② $FeO + Mg \leftrightarrows Fe + MgO_2$
③ $FeO + Al \leftrightarrows Fe + Al_2O_3$
④ $FeO + Mn \leftrightarrows Fe + MnO$

33 용접결함의 종류 중 성질상 결함에 해당되지 않는 것은?

① 인장강도 부족   ② 내식성의 불량
③ 항복강도 부족   ④ 표면 결함

해설 성질상 결함
- 기계적 성질 불량 : 인장강도, 항복강도, 경도, 피로부족 등.
- 화학적 성질 불량 : 부식(내식성불량)

34 케이블과 클램프 및 클램프와 용접물의 각 접속부는 잘 접속되어야 한다. 만일 접속이 나쁠 때 발생되는 현상이 아닌 것은?

① 전력이 절약된다.
② 접속부를 손상시킨다.
③ 접속부에서 열이 과도하게 발생한다.
④ 아크가 불안정하다.

해설 케이블과 클램프 및 클램프와 용접물의 접속이 불량하면 아크 불안정, 용접기 소손, 감전의 위험성이 높으며, 접속부에서 열이 과도하게 발생하므로 전력 소모도 늘어난다.

35 다음 중 피복 아크용접봉의 피복제가 연소 후 생성된 물질이 용접부를 어떻게 보호하는가에 따라 분류한 것은?

① 구조물 발생식   ② 기포 발생식
③ 슬래그 생성식   ④ 발화물 발생식

정답 29.③ 30.④ 31.② 32.④ 33.④ 34.① 35.③

36 다음 자기 불림(magnetic blow)은 어느 용접에서 생기는가?

① 가스 용접
② 교류 아크용접
③ 일렉트로 슬래그 용접
④ 직류 아크용접

해설 자기 불림은 아크쏠림이라고도 하며, 직류 사용시 자력의 발생으로 아크가 한쪽으로 쏠리는 현상이다.

37 아크에어 가우징에 사용되는 압축공기에 대한 설명으로 틀린 것은?

① 압축공기의 분사는 6~7kgf/cm² 정도가 좋다.
② 압축공기 분사는 항상 봉의 바로 뒤에서 이루어져야 효과적이다.
③ 압축공기가 없을 경우 긴급시에는 용기에 압축된 질소나 아르곤 가스를 사용한다.
④ 약간의 압력 변동에도 작업에 영향을 미치므로 주의한다.

해설 압축 공기의 압력은 6~7kgf/cm² 정도가 좋으며, 압력이 다소 변동되어도 작업에 영향이 없다. 압축 공기가 없는 경우 대용으로 질소나 아르곤 가스를 사용할 수 있으나 비용이 문제가 된다.

38 피복아크용접 중 3.2mm의 용접봉으로 용접할 때 일반적인 아크길이로 가장 적당한 것은?

① 1mm   ② 7mm
③ 5mm   ④ 3mm

해설 피복 아크용접의 아크길이는 일반적으로 심선 지름의 1배 이하(정도)를 적용한다.

39 텅스텐 전극과 모재 사이에 아크를 발생시켜 알루미늄, 마그네슘, 구리 및 구리합금, 스테인리스강등의 절단에 사용되는 것은?

① TIG 절단   ② MIG 절단
③ 탄소 절단   ④ 산소 아크 절단

해설 텅스텐 전극을 사용하는 절단법은 TIG 절단법이다.

40 철강의 종류는 Fe-C 상태도의 무엇을 기준으로 하는가?

① 질소함유량   ② 탄소함유량
③ 규소함유량   ④ 크롬함유량

해설 Fe-C 상태도는 철과 탄소가 온도와 성분량에 따른 조직 변화와 변태 관계 등을 알아보는 도표로 매우 중요하다.

41 탄소 공구강 및 일반 공구재료의 구비조건 중 틀린 것은?

① 상온 및 고온경도가 클 것
② 내마모성이 클 것
③ 가공 및 열처리성이 양호할 것
④ 강인성 및 내충격성이 작을 것

해설 공구강(공구용 재료)의 구비조건
① 열처리, 가공이 쉽고 가격이 저렴할 것
② 강인성 및 내충격성이 좋을 것

42 주강의 특성을 설명한 것으로 틀린 것은?

① 유동성이 나쁘다.
② 표피 및 인접부위의 품질이 양호하다.
③ 고온 인장강도가 낮다.
④ 주조시의 수축이 적다.

정답 36.④ 37.④ 38.④ 39.① 40.② 41.④ 42.④

43 질화처리 특성에 관한 설명으로 틀린 것은?

① 침탄에 비해 높은 표면 경도를 얻을 수 있다.
② 고온에서 처리되어 변형이 크고 처리 시간이 짧다.
③ 내마모성이 커진다.
④ 내식성이 우수하고 피로 한도가 향상된다.

44 Cr-Ni계 스테인리스강의 결함인 입계부식의 방지책 중 틀린 것은?

① 탄소량이 적은 강을 사용한다.
② 300℃ 이하에서 가공한다.
③ Ti을 소량 첨가한다.
④ Nb을 소량 첨가한다.

45 구리의 물리적 성질에서 용융점은 약 몇 ℃인가? ★★

① 660℃   ② 1083℃
③ 1538℃   ④ 3410℃

해설
- Al : 660℃
- Fe : 1538℃
- W(텅스텐) 3410℃

46 강을 동일한 조건에서 담금질할 경우 '질량효과(mass effect)가 적다.'의 가장 적합한 의미는?

① 냉간처리가 잘된다.
② 담금질 효과가 적다.
③ 열처리 효과가 좋다.
④ 경화능이 적다.

47 알루미늄 합금, 구리 합금 용접에서 예열 온도로 가장 적합한 것은?

① 200~400℃   ② 100~200℃
③ 60~100℃   ④ 20~50℃

48 마그네슘 합금의 성질 및 특징을 나타낸 것으로 적당하지 않은 것은?

① 바닷물에 접촉하여도 침식되지 않는다.
② 인장강도, 연신률, 충격값이 두랄루민보다 적다.
③ 피절삭성이 좋으며, 부품의 무게 경감에 큰 효과가 있다.
④ 비강도가 크고, 냉간가공이 거의 불가능하다.

해설 Mg과 그 합금
① 비중 1.74, 실용금속 중에서 가장 적다. 용융점은 650℃ 이다.
② 산류, 염류에는 침식되나, 알칼리에는 강하다.
③ 용도는 자동차, 배, 전기기기에 이용.

49 주석(Sn)에 대한 설명으로 틀린 것은?

① 은백색의 연한 금속으로 용융점은 232℃ 정도이다.
② 독성이 없으므로 의약품, 식품 등의 튜브로 사용된다.
③ 고온에서 강도, 경도, 연신률이 증가된다.
④ 상온에서 연성이 풍부하다.

해설 대부분의 금속은 고온에서 강도, 경도가 낮아지고 연신률은 증가, 주석은 저융점 금속으로 고온에서는 강도나 경도가 향상될 수 없다.

50 구조용 탄소강 주물의 기호 중 연신률(%)이 가장 큰 것은?

① SC 360   ② SC 410
③ SC 450   ④ SC 480

해설 재질 기호 뒤의 숫자는 최소 인장강도이므로 숫자가 적은 것이 인장강도가 적으므로 그에 상대적인 연신률은 크게 된다.

정답 43.② 44.② 45.② 46.③ 47.① 48.① 49.③ 50.①

51 제3각법에 대한 설명 중 틀린 것은?

① 우측면도는 정면도의 우측에 배치된다.
② 저면도는 정면도의 아래에 배치된다.
③ 정면도 위쪽에 평면도가 배치된다.
④ 평면도는 배면도의 위에 배치된다.

해설 평면도는 정면도 위에 배치한다.

52 그림은 제3각법으로 정투상한 정면도와 우측면도이다. 평면도로 가장 적합한 투상도는?

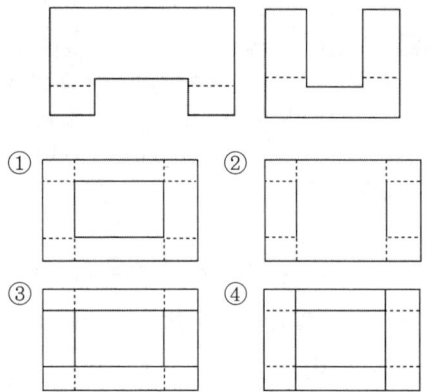

53 나사의 표시가 "M42×3 − 6H"로 되어 있을 때 이 나사에 대한 설명으로 틀린 것은?

① 암나사 등급이 6H이다.
② 호칭지름(바깥지름)은 42mm이다.
③ 피치는 3mm이다.
④ 왼 나사이다.

해설 나사는 나사 방향에 따라 왼 나사와 오른 나사가 있으며, 특별한 경우가 아니면 오른 나사를 사용하며 나사 방향을 붙이지 않으므로 위는 오른 나사이다.

54 그림과 같이 구조물의 부재 등에서 절단할 곳의 전후를 끊어서 90° 회전하여 그 사이에 단면형상을 표시하는 단면도는?

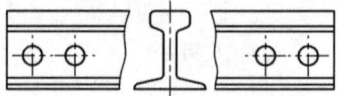

① 부분 단면도　② 한쪽 단면도
③ 조합 단면도　④ 회전 도시 단면도

55 관 끝의 표시 방법 중 용접식 캡을 나타내는 것은?

해설 ②는 막힌 플랜지 이음, ③은 나사 박음식 플러그이다.

56 호의 길이 치수를 가장 적합하게 나타낸 것은?

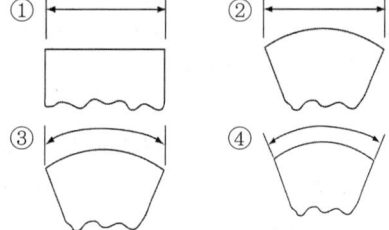

57 다음 용접기호에 따른 용접부의 모양으로 가장 옳은 것은?

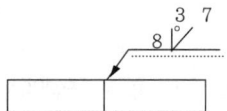

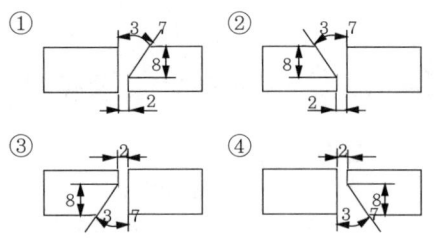

해설 용접기호가 실선에 있으므로 화살표쪽에서 용접함을 의미한다. ②는 경사선의 방향이 반대이다.

58 도면에서 표제란의 투상법란에 그림과 같은 투상법 기호로 표시되는 경우 몇 각법 기호인가?

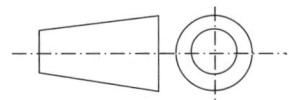

① 1각법 ② 2각법
③ 3각법 ④ 4각법

해설 ① KS(한국공업규격)에서는 3각법을 도면 작성 원칙으로 한다.

59 그림과 같은 제3각법 정투상도에서 누락된 우측면도를 가장 적합하게 투상한 것은?

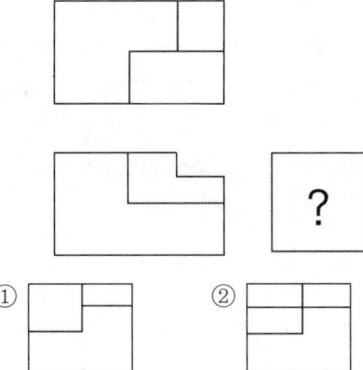

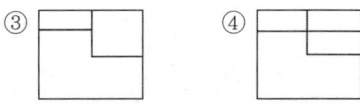

60 다음 중 비드 놓기 용접의 기호로 옳은 것은?

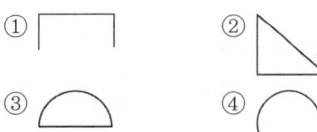

해설
① : 플러그 이음
② : 필릿용접
④ : 점용접

정답 58.③ 59.① 60.③

2013 제2회 피복아크용접기능사 기출문제 (구, 용접기능사)

2013년 4월 14일 시행

01 용착법의 설명으로 틀린 것은?

① 각 층마다 전체의 길이를 용접하면서 다층용접을 하는 방식이 덧살 올림법이다.
② 잔류응력이 다소 적게 발생하고 용접 진행 방향과 용착 방향이 서로 반대가 되는 방법이 후진법이다.
③ 한부분에 대해 몇 층을 용접하다가 다음 부분의 층으로 연속시켜 용접하는 것이 스킵법이다.
④ 한 개의 용접봉으로 살을 붙일만한 길이로 구분해서 홈을 한 부분씩 여러 층으로 쌓아 올린다음 다른 부분으로 진행 하는 용접방법이 전진 블록법이다.

해설 ③은 캐스 케이드법의 설명이다.

02 대전류, 고속도 용접을 실시하므로 이음부의 청정(수분, 녹, 스케일 제거 등)에 특히 유의하여야 하는 용접은? ★★

① 수동 피복 아크용접
② 반자동 이산화탄소 아크용접
③ 서브머지드 아크용접
④ 가스 용접

해설 서브머지드 아크용접은 용제와 와이어가 분리되어 공급되고 아크가 용제 속에서 발생되므로 용접부의 청정이 중요하며, 잠호 용접, 유니언 멜트 용접, 링컨 용접이라고도 한다.

03 금속재료 시험법과 시험 목적을 설명한 것으로 틀린 것은?

① 인장시험 : 인장강도, 항복점, 연신율 계산
② 경도시험 : 외력에 대한 저항의 크기 측정
③ 충격시험 : 인성과 취성의 정도 조사
④ 굽힘시험 : 피로한도 값 측정

해설 굽힘 시험은 재료의 연성 유무를 검사하거나, 용접부의 연성에 따른 균열 등을 검사하는 시험이다.

04 가스절단 속도와 절단산소의 순도에 관한 설명으로 옳은 것은?

① 산소 중에 불순물이 증가되면 절단속도가 빨라진다.
② 절단속도는 모재의 온도가 낮을수록 고속절단이 가능하다.
③ 절단속도는 절단산소의 압력이 높고, 산소 소비량이 많을수록 정비례하여 증가한다.
④ 산소의 순도(99% 이상)가 높으면 절단 속도가 느리다.

해설 산소의 순도가 높을수록 절단속도가 빨라지고, 산소의 순도가 저하되면 산소의 소비량이 증가한다. 또한 모재 온도가 높을수록 고속 절단이 가능하다.

정답 01.③ 02.③ 03.④ 04.③

05 CO₂ 가스 아크용접을 보호가스와 용극방식에 의해 분류했을 때 용극식의 솔리드 와이어 혼합 가스법에 속하는 것은?

① CO_2+C법
② CO_2+CO+Ar법
③ CO_2+CO+O_2법
④ CO_2+Ar법

해설 용극식 혼합 가스법 : CO_2 + O_2, CO_2 + Ar, CO_2 + O_2 + Ar, CO_2 + O_2 + Ar + He법 있다.

06 다음 중 연소를 가장 바르게 설명한 것은?

① 물질이 열을 내며 탄화한다.
② 물질이 탄산가스와 반응한다.
③ 물질이 산소와 반응하여 환원한다.
④ 물질이 산소와 반응하여 열과 빛을 발생한다.

해설 연소란 가연성 물질이 산소와 반응하여 빛과 열을 발생하는 현상을 말한다.

07 [그림]과 같이 길이가 긴 T형 필릿용접을 할 경우에 일어나는 용접 변형의 명칭은?

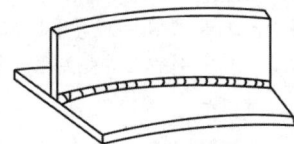

① 회전 변형
② 세로 굽힘 변형
③ 좌굴 변형
④ 가로 굽힘 변형

08 용접부의 외관검사시 관찰사항이 아닌 것은?

① 용입
② 오버랩
③ 언더컷
④ 경도

해설 경도는 육안으로 파악이 안된다.

09 연강용 피복 아크용접봉의 심선에 대한 설명으로 옳지 않은 것은?

① 탄소함량이 많은 것을 사용하면 강도가 증가되므로 유익하다.
② 주로 저탄소 림드강이 사용된다.
③ 황(S)이나 인(P)등의 불순물을 적게 함유해야 한다.
④ 규소(Si)의 양을 적게 하여 제조한다.

해설 용접봉의 심선은 저탄소 림드강을 사용하며, 탄소량이 많으면 균열 발생이 우려된다.

10 용접균열의 분류에서 발생하는 위치에 따라서 분류한 것은?

① 용착금속 균열과 용접 열영향부 균열
② 고온 균열과 저온 균열
③ 매크로 균열과 마이크로 균열
④ 입계 균열과 입안 균열

해설 용접 균열은 발생하는 위치에 따라 용착금속 균열과 용접 열영향부 균열로 분류한다.

11 불활성가스 텅스텐 아크용접에서 고주파 전류를 사용할 때의 이점이 아닌 것은?

① 전극을 모재에 접촉시키지 않아도 아크 발생이 용이하다.
② 전극을 모재에 접촉시키지 않으므로 아크가 불안정하여 아크가 끊어지기 쉽다.
③ 전극을 모재에 접촉시키지 않으므로 전극의 수명이 길다.
④ 일정한 지름의 전극에 대하여 광범위한 전류의 사용이 가능하다.

해설 아크가 안정되어 작업 중 아크가 약간 길어져도 끊어지지 않는다.

정답 05.④ 06.④ 07.② 08.④ 09.① 10.① 11.②

12 용접부 시험 중 비파괴 시험방법이 아닌 것은? ★★★

① 초음파 시험
② 크리프 시험
③ 침투 시험
④ 맴돌이 전류 시험

해설 크리프 시험은 파괴 시험 중 기계적 시험에 속한다.

13 용접홀더 종류 중 용접봉을 집는 부분을 제외하고는 모두 절연되어 있어 안전 홀더라고도 하는 것은?

① D형 ② C형
③ B형 ④ A형

해설 A형 용접 홀더 : 안전형 홀더, 전체가 절연된 홀더
B형 용접 홀더 : 비안전형 홀더, 손잡이 부분만 절연된 홀더. 현재 사용하지 않음.

14 다음 중 오스테나이트계 스테인리스강을 용접하면 냉각하면서 고온균열이 발생할 수 있는 경우는? ★★

① 아크길이가 너무 짧을 때
② 크레이터 처리를 하지 않았을 때
③ 모재 표면이 청정했을 때
④ 구속력이 없는 상태에서 용접할 때

15 다음 용착법 중 비석법을 나타낸 것은?

① 5 4 3 2 1
   → → → → →
② 2 3 4 1 5
   → → → → →
③ 1 4 2 5 3
   → → → → →
④ 3 4 5 1 2
   → → → → →

해설 스킵법은 비석법이라고 하며 용접 길이를 짧게 나누어 간격을 두면서 용접하는 방법이다.

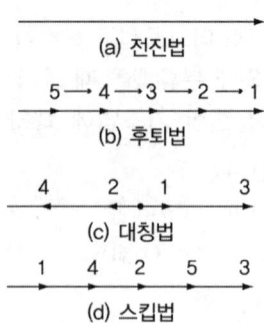

16 알루미늄을 TIG 용접법으로 접합하고자 할 경우 필요한 전원과 극성으로 가장 적합한 것은?

① 직류 정극성 ② 직류 역극성
③ 교류 저주파 ④ 교류 고주파

해설 알루미늄 용접은 고주파를 병용한 교류(ACHF)를 사용하면 청정작용도 있고 용접도 양호하다.

17 용접이음에 대한 특성 설명 중 옳은 것은?

① 이음효율이 높고 성능이 우수하다.
② 기밀, 수밀, 유밀성이 나쁘다
③ 변형의 우려가 없어 시공이 용이하다.
④ 복잡한 구조물 제작이 어렵다.

해설 용접은 기밀, 수밀, 유밀성이 우수하고, 복잡한 구조물 제작도 쉬우나, 수축 변형과 품질 관리 등이 문제가 된다.

18 KS에서 용접봉의 종류를 분류할 때 고려하지 않는 것은?

① 용접사 기량 ② 전류의 종류
③ 용접자세   ④ 피복제 계통

해설 용접사 기량은 용접봉 종류 분류와 관계없음

정답 12.② 13.④ 14.② 15.③ 16.④ 17.① 18.①

19 이산화탄소 아크용접에 사용되는 와이어에 대한 설명으로 틀린 것은?

① 용접용 와이어에는 솔리드 와이어와 복합와이어가 있다.
② 솔리드 와이어는 실체(나체)와이어라고도 한다.
③ 복합 와이어는 비드의 외관이 아름답다.
④ 복합 와이어는 용제에 탈산제, 아크안정제 등 합금원소가 포함되지 않는 것이다.

[해설] 복합 와이어는 용제에 탈산제, 아크 안정제 등 합금원소가 포함되는 것이다.

20 다음 [그림]에서 루트간격을 표시하는 것은?

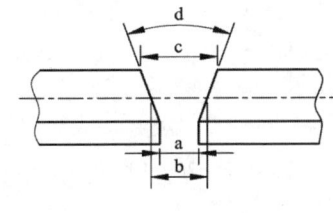

① a   ② b
③ c   ④ d

[해설] a : 루트간격
d : 홈각도

21 예열을 하는 목적에 대한 설명으로 맞는 것은?

① 냉각속도를 빠르게 하기 위해
② 용접부와 인접된 모재의 수축응력을 감소시키기 위해
③ 수소의 함량을 높이기 위해
④ 오버랩 생성을 크게 하기 위해

[해설] 예열의 목적 : 용접부 및 주변의 열영향을 줄이고, 냉각속도를 느리게 하여 취성 및 균열 방지

22 용접기의 보수 및 점검사항 중 잘못 설명한 것은?

① 습기나 먼지가 많은 장소는 용접기 설치를 피한다.
② 용접기 케이스와 2차측 단자의 두쪽 모두 접지를 피한다.
③ 가동부분 및 냉각팬을 점검하고 주유를 한다.
④ 용접케이블의 파손된 부분은 절연 테이프로 감아준다.

[해설] 용접기에는 반드시 접지를 하여 감전 사고가 일어나지 않게 해야 된다.

23 맞대기 용접, 필릿용접 등의 비드 표면과 모재와의 경계부에서 발생되는 균열이며, 구속응력이 클 때 용접부의 가장자리에서 발생하여 성장하는 용접균열은?

① 루트 균열   ② 크레이터 균열
③ 토우 균열   ④ 설퍼 균열

[해설] 토 균열(토우 균열) : 비드 표면과 모재와의 경계부분에 생기는 결함
용접 후 바로 각 변형을 주거나 무리하게 회전변형을 주거나 구속하면 발생한다.

24 안전, 보건표지의 색채, 색도기준 및 용도에서 색체에 따른 용도를 잘못 나타낸 것은?

① 빨간색 : 금지   ② 파란색 : 지시
③ 녹색 : 경고   ④ 하얀색 : 보조색

[해설] 안전표지와 색채 사용
① 적(빨간)색 : 방화금지, 규제, 고도의 위험, 방향표시, 소화설비, 화학물질의 취급 장소에서

정답 19.④ 20.① 21.② 22.② 23.③ 24.③

의 유해·위험 경고 등
② 청(파란)색 : 특정행위의 지시 및 사실의 고지
③ 녹색 : 안전지도, 위생표시, 대피소, 구호표시, 진행 등
④ 백색 : 통로, 정리정돈, 글씨 및 보조색

25 다음 중 가스절단 장치의 구성이 아닌 것은?

① 절단토치와 팁
② 산소 및 연소가스용 호수
③ 압력조정기 및 가스병
④ 핸드 실드

해설 핸드실드는 보호구이다.

26 산소와 아세틸렌 용기의 취급이 잘못된 것은?

① 아세틸렌 병은 세워서 사용하며 병에 충격을 주어서는 안된다.
② 산소병 운반 시는 충격을 주어서는 안 된다.
③ 산소병 내에 다른 가스를 혼합하면 안 되며 산소병은 직사광선을 피해야 한다.
④ 산소병의 밸브, 조정기, 도관 취부구는 반드시 기름이 묻은 천으로 깨끗이 닦아야 한다.

해설 기름이 묻은 천으로 닦을 경우 화재가 발생할 수 있다.

27 피복 아크용접봉 E4301은 어느 계통인가?

① 저수소계   ② 고산화티탄계
③ 일미나이트계 ④ 라임티타니아계

해설 E4313 : 고산화티탄계, E4316 : 저수소계
E4303 : 라임티타니아계

28 가스절단에서 드래그 라인을 가장 잘 설명한 것은?

① 예열온도가 낮아서 나타나는 직선
② 절단토치가 이동한 경로
③ 절단면에 나타나는 일정한 간격의 곡선
④ 산소의 압력이 높아 나타나는 선

해설 ① 드래그 가스절단면에 절단기류의 입구측에서 출구측사이의 수평거리이며, 일반적인 드래그의 길이는 판두께의 ($\frac{1}{5}$) 20% 정도이다.
② 드래그 = $\frac{드랙의 길이}{판두께} \times 100$

29 용접기 설치시 전원전압이 200V이고, 퓨즈 용량이 50A이면 1차 입력은 얼마인가?

① 4kVA   ② 6kVA
③ 8kVA   ④ 10kVA

해설 퓨즈의 용량 = $\frac{1차입력}{전원전압}$, 1차 입력=퓨즈 용량×전원전압=50×200=10000VA=10kVA

30 다음 중 직류 정극성을 나타내는 기호는?

① DCSP   ② DCCP
③ DCRP   ④ DCOP

해설
• DCSP : 직류 정극성
• DCRP : 직류 역극성 • AC : 교류

31 저수소계 피복 용접봉(E4316)의 피복제의 주성분으로 맞는 것은?

① 일미나이트   ② 산화티탄
③ 석회석   ④ 셀룰로스

해설 저수소계 용접봉의 피복제는 석회석, 형석이 주성분이다.

32 병렬접속저항에서 $R_1 = 4[\Omega]$, $R_2 = 5[\Omega]$, $R_3 = 10[\Omega]$일 때 합성저항은 약 몇 $[\Omega]$인가?

① 1.8　　② 18
③ 19　　④ 1.9

해설 $\frac{1}{R} = \frac{1}{4} + \frac{1}{5} + \frac{1}{10} = \frac{5}{20} + \frac{4}{20} + \frac{2}{20} = \frac{11}{20}$,
$\frac{1}{R} = \frac{11}{20}$ 에서 $R = \frac{20}{11} = 1.818$
따라서 병렬합성저항 $(R) = 1.8$

33 교류 아크용접기의 원격 제어 장치에 대한 설명으로 맞는 것은?

① 전류를 조절한다.
② 2차 무부하 전압을 조절한다.
③ 전압을 조절한다.
④ 전압과 전류를 조절한다.

해설 교류아크용접기 중에 원격 제어 장치가 가능한 것은 가포화 리액터형 용접기이다.

34 피복 아크용접봉의 피복제에 합금제로 첨가되는 것은?

① 규산칼륨　　② 페로망간
③ 이산화망간　　④ 붕사

해설 합금제에는 페로 실리콘, 페로티탄, 페로바나듐, 산화몰리브덴, 산화니켈, 망간, 페로 망간, 크롬, 페로크롬, 니켈, 구리 등이 있다.

35 100A 이상 300A 미만의 피복금속 아크용접시, 차광유리의 차광도 번호가 가장 적합한 것은?

① 4~5번　　② 8~9번
③ 10~12번　　④ 15~16번

해설 용접전류 100~200A는 용접지름 2.6~3.2mm

로 차광도 번호는 10번이 적당하다.

36 가스절단에서 절단 속도에 영향을 미치는 요소가 아닌 것은?

① 예열 불꽃의 세기
② 팁과 모재의 간격
③ 역화방지기의 설치 유무
④ 모재의 재질과 두께

37 피복 아크용접에서 차광도의 번호로 많이 사용하는 것은?

① 4~5　　② 7~8
③ 10~11　　④ 13~15

해설 일반적으로 피복아크용접에서는 차광도 번호 10~11번을 사용한다.

38 가스의 혼합비(가연성가스 : 산소)가 최적의 상태일 때 가연성 가스의 소모량이 10이면 산소의 소모량이 가장 적은 가스는?

① 메탄　　② 프로판
③ 수소　　④ 아세틸렌

39 연강용 피복 아크용접봉 중 아래보기와 수평 필릿 자세에 한정되는 용접봉의 종류는?

① E4316　　② E4324
③ E4304　　④ E4301

해설 용접봉 표시 기호 중 끝에서 2번째 숫자가 2는 아래보기와 수평 필릿 자세로 한정한다. E4324는 철분 고산화티탄계이다

정답 32.① 33.① 34.② 35.③ 36.③ 37.③ 38.③ 39.②

40 CO_2가스 아크용접에서의 기공과 피트의 발생 원인으로 맞지 않는 것은?

① 탄산가스가 공급되지 않는다.
② 모재의 오염, 녹, 페인트가 있다.
③ 가스노즐에 스패터가 부착되어 있다.
④ 노즐과 모재사이의 거리가 작다.

해설 용접부 내부에 발생하는 공기의 구멍을 기공 이라 하고, 용접부 외부에 생기는 것을 피트라고 한다.

41 탄소강에 관한 설명으로 옳은 것은?

① 탄소가 많을수록 가공 변형은 어렵다.
② 탄소강의 내식성은 탄소가 증가할수록 증가한다.
③ 아공석강에서 탄소가 많을수록 인장강도가 감소한다.
④ 아공석강에서 탄소가 많을수록 경도가 감소한다.

해설 아공석강은 탄소량이 0.8% 이하인 탄소강을 말하며, 탄소강은 탄소가 증가할수록 경도, 강도가 증가하며 내식성은 감소한다.

42 가단주철은 주조성이 우수한 백선주물을 만들고 열처리함으로써 강인한 조직과 단조를 가능케 한 주철인데 그 종류가 아닌 것은?

① 백심 가단주철
② 펄라이트 가단주철
③ 오스테나이트 가단주철
④ 특수 가단주철

43 다음 금속의 기계적 성질에 대한 설명 중 틀린 것은?

① 탄성 : 금속에 외력을 가해 변형되었다가 외력을 제거 했을 때 원래 상태로 돌아오는 성질
② 경도 : 금속표면이 외력에 저항하는 성질, 즉 물체의 기계적인 단단함의 정도를 나타내는 것
③ 취성 : 강도가 크면서 연성이 없는 것, 즉, 물체가 약간의 변형에도 견디지 못하고 파괴되는 성질
④ 피로 : 재료에 인장과 압축하중을 오랜 시간 동안 연속적으로 되풀이 하여도 파괴되지 않는 현상

해설 물질에 변형을 주었을 때 변형이 매우 작은데도 불구하고 파괴되는 경우, 그 물질은 깨지기 쉽다고 하고 그 정도를 취성이라 한다.

44 다이캐스팅 합금강 재료의 요구 조건에 해당되지 않는 것은?

① 유동성이 좋아야 한다.
② 열간 메짐성(취성)이 적어야 한다.
③ 금형에 대한 점착성이 좋아야 한다.
④ 응고수축에 대한 용탕 보급성이 좋아야 한다.

45 다음 중 고온경도가 가장 좋은 것은?

① 합금 공구강
② 고속도강
③ 탄소 공구강
④ WC–TiC–Co계 초경합금

해설 초경합금(분말야금 합금) : 고온경도, 압축강도, 내마모성 크나 충격에 취약하다. 상품명은 위디아, 미디아, 카볼로이, 텅갈로이, 절삭용 공구, 기계부품에 주로 사용

정답 40.④ 41.① 42.③ 43.④ 44.③ 45.④ 46.②

46 주석청동 중에 납(Pb)을 3 ~ 26% 첨가한 것으로 베어링, 패킹재료 등에 널리 사용되는 것은?

① 인청동 ② 연청동
③ 규소 청동 ④ 베릴륨 청동

해설
- 연청동 : 주석청동 중에 납(Pb)을 3~26% 첨가한 것
- 인청동 : 청동에 인을 첨가한 합금

47 페라이트계 스테인리스강의 특징이 아닌 것은?

① 표면 연마된 것은 공기나 물에 부식되지 않는다.
② 질산에는 침식되나 염산에는 침식되지 않는다.
③ 오스테나이트계에 비하여 내산성이 낮다.
④ 풀림상태 또는 표면이 거친 것은 부식되기 쉽다.

48 게이지용 강이 구비해야(갖추어야) 할 특성에 대한 설명으로 틀린 것은? ★★★ ★

① 담금질 응력 및 열팽창계수가 클 것(커야 한다.)
② 장시간 경과해도 치수의 변화가 적을 것(적어야 한다.)
③ 내마모성이 크고 내식성이 우수할 것(우수해야 한다.)
④ 담금질에 의한 변형 및 균열이 적을 것(적어야 한다.)

해설 응력이나 열팽창계수가 커지면 게이지를 사용하면서 변형이나 파손이 생길 수 있다. 이에 게이지 강의 제 역할을 할 수 없게 된다.

49 황동에 생기는 자연균열의 방지법으로 가장 적합한 것은?

① 수증기를 제거시킨다.
② 황동판에 전기를 흐르게 한다.
③ 황동에 약간의 철을 합금시킨다.
④ 도료나 아연도금을 실시한다.

50 가볍고 강하며 내식성이 우수하나 600℃ 이상에서는 급격히 산화되어 TIG 용접시 용접토치에 특수(Shield Gas) 장치가 반드시 필요한 금속은?

① Al ② Ti
③ Mg ④ Cu

해설 티타늄 : 비중 4.5, 융점 1760℃, 경도가 높고 강도는 탄소강과 같고, 비강도는 철의 약 2배, 고온에서 쉽게 산화하며 고가이다

51 그림의 형강을 올바르게 나타낸 치수 표시법은? (단, 형강 길이는 K이다.) ★★

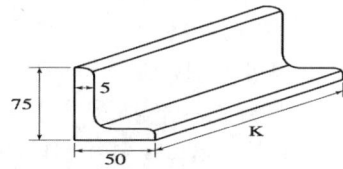

① L75 × 50 × 5 × K
② L75 × 50 × 5 − K
③ L50 × 75 − 5 − K
④ L50 × 75 × 5 × K

해설 L A(장축길이) × B(단축길이) × t (두께) − 형강 길이

정답 47.② 48.① 49.④ 50.② 51.②

52 판의 두께를 나타내는 치수 보조 기호는?

① C ② R
③ □ ④ t

해설
- C : 45도 모따기
- R : 반지름
- □ : 정사각형 변
- t : 두께

53 기계제도에 관한 일반사항의 설명으로 틀린 것은? ★★

① 도형의 크기와 대상물의 크기와의 사이에는 올바른 비례관계를 보유하도록 그린다. 다만, 잘못 볼 염려가 없다고 생각되는 도면은 도면의 일부 또는 전부에 대하여 이 비례 관계는 지키지 않아도 좋다.
② 선의 굵기 방향의 중심은 선의 이론상 그려야 할 위치 위에 있어야 한다.
③ 서로 근접하여 그리는 선의 선 간격(중심거리)은 원칙적으로 평행선의 경우, 선의 굵기의 3배 이상으로 하고, 선과 선의 간격은 0.7mm 이상으로 하는 것이 좋다.
④ 투명한 재료로 만들어지는 대상물 또는 부분은 투상도에서 전부 투명한 것(없는 것)으로 하여 나타낸다.

54 그림과 같은 제3각 투상도에 가장 적합한 입체도는?

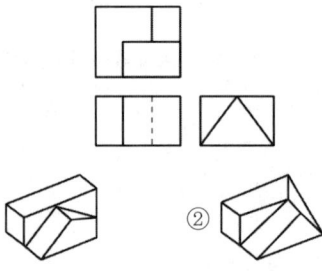

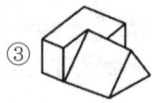 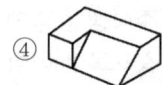

55 원호의 길이가 42mm를 나타낸 것으로 옳은 것은?

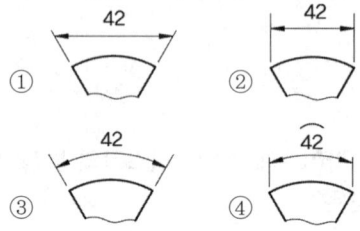

56 다음 용접기호의 설명으로 틀린 것은?

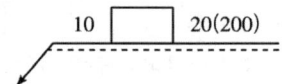

① 용접부 길이는 20mm이다.
② 플러그 용접을 의미한다.
③ 용접부 지름은 10mm이다.
④ 용접부 간격은 200mm이다.

해설 용접부 수는 20개이다.

57 물체에 인접하는 부분을 참고로 도시할 경우에 사용하는 선은?

① 가는 실선   ② 가는 파선
③ 가는 1점 쇄선   ④ 가는 2점 쇄선

해설 가는 2점 쇄선은 가상선으로 쓰인다. 즉, 인접부분을 참고로 표시, 도시된 단면의 앞쪽에 있는 부분을 표시, 가동하는 부분을 이동한계의 위치로 표시하는 데 사용한다.

정답 52.④ 53.④ 54.③ 55.④ 56.① 57.④

58 KS A 0106에 규정한 도면의 크기 및 양식에서 용지의 긴 쪽 방향을 가로방향으로 했을 때 표제란의 위치로 적절한 곳은?

① 오른쪽 하단 ② 오른쪽 상단
③ 왼쪽 상단   ④ 왼쪽 하단

해설) 표제란 기재 사항 : 도번, 도명, 척도, 투상법, 도면 작성일, 제도한 사람의 이름 등을 기입

59 그림과 같은 KS 용접기호의 용접 명칭으로 올바른 것은?

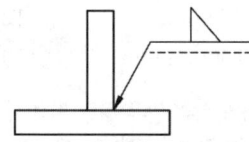

① 화살표쪽 삼각형 맞대기 용접
② 화살표 반대쪽 삼각형 맞대기 용접
③ 화살표쪽 필릿용접
④ 화살표쪽 점용접

해설) 실선 기준선에 용접 기호가 붙어 있으면 화살표쪽에서 용접함을 뜻하며, 점선에 붙어 있으면 화살표 반대쪽에서 용접함을 의미한다. 삼각형 모양은 필릿용접을 의미한다.

60 다음 투상도 표현 중 1각법으로 그려진 것은?

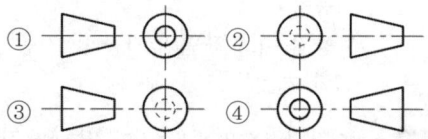

해설) 1각법은 정면도를 기준으로 좌측면도는 정면도 우측에 도시한다. 따라서 ③의 우측 원의 모양의 경우 정면도 좌측에서 본 좌측면도이다.

정답 58.① 59.③ 60.③

2013 제4회 피복아크용접기능사 기출문제
(구, 용접기능사)

2013년 7월 21일 시행

01 다음 중 용접의 일반적인 순서를 나타낸 것으로 옳은 것은?

① 재료준비 → 가접 → 본용접 → 절단가공 → 검사
② 절단가공 → 본용접 → 가접 → 재료준비 → 검사
③ 가접 → 재료준비 → 본용접 → 절단가공 → 검사
④ 재료준비 → 절단가공 → 가접 → 본용접 → 검사

02 피복 아크용접에서 직류 역극성으로 용접하였을 때 나타나는 현상에 대한 설명으로 가장 적절한 것은?

① 용접봉의 용융속도는 빠르고 모재의 용입은 직류 정극성보다 얕아진다.
② 용접봉의 용융속도는 늦고 모재의 용입을 직류정극성 보다 깊어진다.
③ 용접봉의 용융속도는 극성에 관계없으며 모재의 용입한 직류 정극성보다 얕아진다.
④ 용접봉의 용융속도와 모재의 용입은 극성에 관계없이 전류의 세기에 따라 변한다.

해설 역극성은 음(-)극인 판은 열이 약 30% 발생하여, 얇게 용융되는데, 양(+)극인 용접봉은 약 70%의 열이 발생하여 봉 녹음이 많다.

03 판두께가 20mm인 스테인리스강을 220A 전류와 2.5kgf/cm² 의 산소 압력으로 산소아크 절단하고자 할 때 다음 중 가장 알맞은 절단 속도는?

① 85mm/min   ② 120mm/min
③ 150mm/min ④ 200mm/min

해설 금속의 산소 아크 절단 조건
스테인리스강 판두께 20mm
전류 220A, 산소 압력 2.5kgf/cm²
절단 속도 200mm/min

04 레이저 용접이 적용되는 분야 및 응용 범위에 속하지 않는 것은?

① 우주 통신, 로켓의 추적, 광학, 계측기 등에 응용
② 가는 선이나 작은 물체의 용접 및 박판의 용접에 적용
③ 다이아몬드의 구멍 뚫기, 절단 등에 응용
④ 용접 비드 표면의 기공 및 각종 불순물의 제거

해설 레이저 용접은 미세한 용접이 가능하며 정밀 전자 부품의 용접에 활용되고 있다.

05 기계적 시험법 중 동적시험방법에 해당하는 것은?

① 크리프 시험   ② 피로 시험

정답 01.④ 02.① 03.④ 04.④ 05.②

③ 굽힘 시험 　　④ 인장 시험

해설 피로 시험은 작은 힘이 수없이 반복하여 작용하면 피로 파괴되는 동적 시험방법이다.

06 용접 이음을 설계할 때의 주의 사항으로서 틀린 것은?

① 용접 구조물의 제 특성 문제를 고려한다.
② 아래보기 용접을 많이 하도록 설계한다.
③ 용접성을 고려한 사용재료의 선정 및 열 영향 문제를 고려한다.
④ 강도가 강한 필릿용접을 많이 하도록 한다.

해설 용접 설계시 주의 사항
① 구조상의 노치부를 피한다.
② 필릿용접을 피하고 맞대기 용접을 하도록 설계한다.

07 용접금속에 수소가 잔류하면 헤어크랙의 원인이 된다. 용접시 수소의 흡수가 가장 많은 강은?

① 림드강　　② 세미 킬드강
③ 고탄소 림드강　④ 저탄소 킬드강

해설 용접시 수소의 흡수가 가장 많은 강은 저탄소 킬드강이다.

08 용접부의 시험과 검사에서 부식시험은 어느 시험법에 속하는가?

① 화학적 시험법　② 기계적 시험법
③ 물리적 시험법　④ 방사선 시험법

해설 부식시험 : 화학적 시험, 야금학적 시험이고, 방사선 시험은 비파괴검사 시험에 속한다.

09 전기 저항 용접법 중 극히 짧은 지름의 용접들을 접합하는데 사용하고 충전된 직류를 전원으로 사용하여 일명 충돌 용접이라고도 하는 용접은?

① 업셋 용접　　② 퍼커션 용접
③ 플래시 버트용접　④ 심용접

10 용접 작업시의 전격방지 대책으로 잘못된 것은?

① 홀더나 용접봉은 절대로 맨손으로 취급하지 않는다.
② TIG 용접시 텅스텐 전극봉을 교체할 때는 항상 전원 스위치를 차단하고 작업한다.
③ TIG 용접시 수냉식 토치는 과열을 방지하기 위해 냉각수 탱크에 넣어 식힌 후 작업한다.
④ 용접하지 않을 때에는 TIG용접의 텅스텐 전극봉을 제거하거나 노즐 뒤쪽으로 밀어 넣는다.

해설 TIG 용접시 수냉식 토치에 냉각수를 흐르게 하여 토치를 냉각하면서 용접을 한다.

11 가스절단에서 사용되는 아세틸렌 가스의 성질을 설명한 것 중 맞는 것은?

① 비중은 1.105이다.
② 15℃ 1kgf/cm^{2}의 아세틸렌 1리터의 무게는 1.176g이다.
③ 각종 액체에 잘 용해되며 물에는 6배 용해된다.
④ 순수한 아세틸렌 가스는 악취가 난다.

해설 비중은 0.906이며 각종 액체에 잘 용해되며 물에는 1배, 석유는 2배, 벤젠 4배, 알콜에는 6배, 아세톤에는 25배가 용해되고, 아세틸렌이 악취가 나는 것은 불순물이 함유되어 있기 때문이다.

정답 06.④ 07.④ 08.① 09.② 10.③ 11.②

12 작업장에 따라 작업 특성에 맞은 적당한 조명을 하여야 한다. 보통작업시 조도기준으로 적합한 것은?

① 1500Lux 이상 ② 600Lux 이상
③ 300Lux 이상 ④ 60Lux 이상

해설 작업별 조도 : ① : 초정밀 작업, ② : 정밀작업, ③ : 보통작업, ④ : 거친작업

13 용접 후열처리를 하는 목적 중 맞지 않는 것은?

① 용접 후의 급랭 회피
② 응력제거 풀림 처리
③ 완전 풀림 처리
④ 담금질에 의한 경화

해설 후열처리 목적은 응력제거 풀림, 완전 풀림, 불림, 고용체화 열처리, 선상 가열 등이 있다.

14 중탄소강의 용접에 대하여 설명한 것 중 맞지 않는 것은?

① 중탄소강을 용접할 경우에 탄소량이 증가함에 따라 800~900℃ 정도 예열을 할 필요가 있다.
② 탄소량이 0.4% 이상인 중탄소강은 후열처리를 고려해야 한다.
③ 피복 아크용접할 경우는 저수소계 용접봉을 선정하여 건조시켜 사용한다.
④ 서브머지드 아크용접할 경우는 와이어와 플럭스 선정시 용접부 강도 수준을 충분히 고려하여야 한다.

해설 중탄소강을 용접할 경우에 탄소량이 증가함에 따라 용접부에서 저온 균열이 발생될 위험성이 있으므로 100~200℃ 정도 예열을 할 필요가 있다.

15 TIG(불활성 가스 텅스텐 아크) 용접법에 대한 설명으로 틀린 것은?

① 교류나 직류전원을 사용할 수 있다.
② 텅스텐을 전극으로 사용한다.
③ 아르곤 분위기에서 한다.
④ 금속 심선을 전극으로 사용한다.

해설 TIG 용접법 : 텅스텐 봉을 전극으로 사용하여 아크를 발생시키고 그 열에 의해 용융된 용융지에 용접봉을 첨가하여 접합하는 용접법, 일반적으로 금속 심선은 GMAW(MIG / MAG / CO_2) 용접에 사용한다.

16 아크열이 아닌 와이어와 용융슬래그 사이에 통전된 전류의 저항열을 이용하여 용접하는 방법은?

① 전자빔 용접
② 테르밋 용접
③ 서브머지드 아크용접
④ 일렉트로 슬래그 용접

해설 일렉트로 슬래그 용접은 소련에서 개발된 단층 수직 상진 용접법으로 특히 원판의 용접에 적당하며, 1m 두께의 강판을 연속 용접이 가능하다.

17 솔리드 와이어 CO_2 가스 아크용접에서 CO_2 가스에 Ar가스를 혼합시 특징에 대한 설명으로 틀린 것은?

① 아크가 안정된다.
② 후판 용접에 주로 사용된다.
③ 스패터가 감소한다.
④ 작업성과 용접 품질이 향상된다.

해설 솔리드 와이어는 단락이행형으로 대체로 박판에 사용된다. 혼합가스를 사용하면 ①, ③ 등 품질의 향상을 기대할 수 있다.

정답 12.③ 13.④ 14.① 15.④ 16.④ 17.②

18 이산화탄소 아크용접시 이산화탄소의 농도가 몇 %가 되면 두통이나 뇌빈혈을 일으키는가?

① 3 ~ 4　　② 15 ~ 16
③ 33 ~ 34　④ 55 ~ 56

19 KS규격에서 화재안전, 금지표시의 의미를 나타내는 안전색은?

① 노랑　　② 초록
③ 빨강　　④ 파랑

[해설] 빨강 : 방화, 금지, 정지, 위험
노랑 : 주의(충돌, 추락)
초록 : 안전, 피난, 위생 및 구호, 진행
파랑 : 지시, 주의(보호구 착용 등 안전 위생을 위한 지시)

20 서브머지드 아크용접의 용접 조건을 설명한 것 중 맞지 않는 것은?

① 용접전류를 크게 증가시키면 와이어의 용융량과 용입이 크게 증가한다.
② 아크전압이 증가하면 아크길이가 길어지고 동시에 비드 폭이 넓어지면서 평평한 비드가 형성 된다.
③ 용착량과 비드 폭은 용접속도의 증가에 거의 비례하여 증가하고 용입도 증가한다.
④ 와이어 돌출길이를 길게 하면 와이어의 저항열이 많이 발생하게 된다.

[해설] 용착량과 비드 폭은 용접속도가 증가에 따라 줄어들고, 용입도 감소한다.

21 용접제품을 조립하다가 V홈 맞대기 이음 홈의 간격이 5mm 정도 벌어졌을 때 홈의 보수 및 용접방법으로 가장 적합한 것은?

① 그대로 용접한다.
② 뒷판을 대고 용접한다.
③ 덧살올림 용접 후 가공하여 규정 간격을 맞춘다.
④ 치수에 맞는 재료로 교환하여 루트간격을 맞춘다.

22 CO_2가스 아크용접할 때 전원특성과 아크 안정 제어에 대한 설명 중 틀린 것은?

① CO_2가스 아크용접기는 일반적으로 직류 정전압 특성이나 상승특성의 용접전원이 사용된다.
② 정전압 특성은 용접전류가 증가할 때마다 다소 높아지는 특성을 말한다.
③ 정전압 특성에서 아크의 길이 변동에 따라 전류가 증가 또는 감소하여도 아크길이를 일정하게 유지시키는 것을 "아크길이 자기 제어"라 한다.
④ 아크길이 제어 특성은 솔리드 와이어나 직경이 작은 복합와이어 등을 사용하는 CO_2가스 아크용접기의 적합한 특성이다.

[해설] 정전압특성(CP특성) : 전류가 변화여도 전압은 변화하지 않는 특성이다.

23 용해 아세틸렌을 충전했을 때 용기 전체 무게가 27kgf이고 사용 후 빈 용기 무게가 24kgf이었다면 순수 아세틸렌 가스의 양은?

① 2715　② 2025ℓ
③ 1125ℓ　　④ 648ℓ

[해설] 아세틸렌 가스 양 = 905(전체 무게 – 빈병 무게
∴ 905(27–24) = 2715

24 금속 아크용접법의 개발자는?

① 슬라비아노프 ② 푸세
③ 톰슨 ④ 베르나도스

해설 톰슨 : 전기 저항용접 개발
베르나도스 : 탄소아크용접 개발
푸세, 피카르 : 가스용접 개발

25 용접전류 150A, 전압이 30V일 때 아크 출력은 몇 kW인가?

① 4.2 ② 4.5
③ 4.8 ④ 5.8

해설
아크 출력 = 전압 × 전류

∴ $150 \times 30 = 4500W = 4.5kW$

26 플라즈마 제트 절단에서 주로 이용하는 효과는?

① 열적 핀치 효과 ② 열적 불림 효과
③ 열적 담금 효과 ④ 열적 뜨임 효과

해설 플라즈마 제트 절단에서는 열적 핀치효과를 이용한다.

27 피복 금속 아크용접에 대한 설명으로 잘못된 것은?

① 전기의 아크열을 이용한 용접법이다.
② 보통 전기용접이라고 한다.
③ 모재와 용접봉을 녹여서 접합하는 비용극식이다.
④ 용접봉은 금속 심선의 주위에 피복제를 바른 것을 사용한다.

해설 용극식 : 전기를 이용하는 용접에서 용접봉이나 와이어 자체가 전기를 통하는 전극이면서 용가재로 용융되는 형식의 용접을 용극식, 또는 소모식이라 한다.

28 피복 배합제 원료에 대한 역할이 올바르게 연결된 것은?

① 페로 실리콘 : 아크 안정제
② 페로 망간 : 탈산제
③ 페로티탄 : 고착제
④ 알루미늄 : 가스 발생제

해설
- 아크 안정제 : 산화티탄, 규산나트륨, 석회석, 규산칼륨 등
- 가스 발생제 : 녹말, 톱밥, 석회석, 탄산바륨, 셀룰로오스 등
- 탈산제 : 규소철, 망간철, 티탄철, 망간, 페로 망간, 크롬, 페로 크롬 등
- 고착제 : 규산나트륨, 규산칼륨 등

29 연강용 피복 아크용접봉 심선의 성분 중 고온균열을 일으키는 성분은?

① 황(S) ② 인(P)
③ 망간(Mn) ③ 규소(Si)

해설 적열취성(고온 취성) : 강이 900℃ 부근에서 붉은 색이 되면서 깨지는 성질. 원인은 S이다. 일명 고온 취성이라고도 한다.

30 다층 용접시 용접 이음부의 청정방법으로 틀린 것은?

① 녹슬지 않도록 기름걸레로 청소한다.
② 많은 양의 청소는 쇼트 블라스트를 이용한다.
③ 그라인더를 이용하여 이음부 등을 청소한다.
④ 와이어 브러시를 이용하여 용접부의 이물질을 깨끗이 제거한다.

해설 용접부에 기름이 잔류하면 기공, 개재물 혼입 등 용접 결함이 발생할 수 있다.

정답 24.① 25.② 26.① 27.③ 28.② 29.① 30.①

31 서브머지드 아크용접에서 본용접 시점과 끝나는 부분에 용접결함을 효과적으로 방지하기 위하여 사용하는 것은?

① 동판 받침   ② 백킹
③ 실링 비드   ④ 엔드탭

해설) 엔드탭은 용접의 시작부와 끝부분에 설치하는 보조판이므로 모재와 동일 재질이어야 한다.

32 강재의 절단부분을 나타낸 그림이다. ①, ②, ③, ④의 명칭이 틀린 것은?

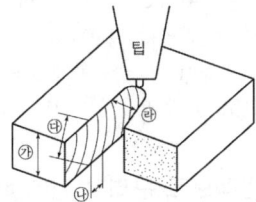

① ㉮ : 판두께   ② ㉯ : 드래그 라인
③ ㉰ : 드래그   ④ ㉱ : 피치

해설) ㉱는 절단 갭, 나비이다.

33 여러 사람이 공동으로 용접 작업을 할 때 다른 사람에게 유해광선의 해를 끼치지 않게 하기 위해서 설치해야 하는 것은?

① 차광막   ② 경계통로
③ 환기장치   ④ 집진장치

해설) 용접, 특히 아크용접의 경우 강력한 아크 불빛 때문에 다른 사람들의 눈을 뜨기 힘들게 하며 직접 보게 되면 전광염을 일으킬 수 있으므로 빛을 차단하는 막이 필요하다.

34 플라즈마 절단에 대한 설명으로 틀린 것은?

① 플라즈마는 고체, 액체, 기체 이외의 제4의 물리상태라고도 한다.
② 아크 플라즈마의 온도는 약 5000℃의 열원을 가진다.
③ 비이행형 아크 절단은 텅스텐 전극과 수냉 노즐과의 사이에서 아크 플라즈마를 발생시키는 것이다.
④ 이행형 아크 절단은 텅스텐 전극과 모재 사이에서 아크 플라즈마를 발생시키는 것이다.

해설) 아크 플라즈마는 10,000~30,000℃의 높은 열에너지를 가지는 열원이다.

35 CO_2가스 아크용접조건에 대한 설명으로 틀린 것은?

① 아크전압이 너무 낮으면 블록하고 넓은 비드를 형성하며, 와이어가 잘 녹는다.
② 아크전압을 높이면 비드가 넓어지고 납작해지며, 지나치게 아크전압을 높이면 기포가 발생한다.
③ 전류를 높게 하면 와이어의 녹아내림이 빠르고 용착률과 용입이 증가한다.
④ 용접 속도가 빠르면 모재의 입열이 감소되어 용입이 얕아지고, 비드 폭이 좁아진다.

해설) 이산화탄소 가스 아크용접에서 아크전압이 높아지면 비드가 넓어지고 납작해진다.

36 아세틸렌의 성질에 대한 설명으로 틀린 것은?

① 산소와 적당히 혼합하여 연소하면 고온을 얻는다.
② 공기보다 가볍다.
③ 아세톤에 25배 용해된다.
④ 탄화수소에서 가장 완전한 가스이다.

해설) 아세틸렌은 불포화 탄화수소의 일종으로 불완전한 상태의 가스이다.

정답) 31.④ 32.④ 33.① 34.② 35.① 36.④

37 가스절단에 사용되는 연료가스의 일반적 성질 중 틀린 것은?

① 불꽃의 온도가 높아야 한다.
② 연소속도가 늦어야 한다.
③ 발열량이 커야 한다.
④ 용융금속과 화학반응을 일으키지 말아야 한다.

해설 가연 가스는 불꽃 온도 즉 열효율이 높고 발열량이 크며, 다른 물질과 화학 반응이 일어나지 않으며, 연소속도는 빨라야 한다.

38 다음 중 용접법의 분류에 속하지 않는 것은?

① 융접　　② 압접
③ 납땜　　④ 리벳팅

해설 리벳팅은 기계적 접합 방법이다.

39 스테인리스강, 알루미늄 등과 같은 비철 합금을 절단할 수 없는 것은?

① 플라즈마 절단　② 가스 가우징
③ TIG 절단　　　④ MIG 절단

해설 가스 가우징은 용접 부분의 뒷면을 따내든지 U형, H형의 용접 홈을 가공하기 위한 가공법으로 비철 합금을 절단할 수 없다.

40 6 : 4 황동의 내식성을 개량하기 위하여 1% 전후의 주석을 첨가한 것은?

① 콜슨 합금　② 네이벌 황동
③ 청동　　　④ 인청동

해설 네이벌 황동은 판, 봉 등으로 가공되어 용접봉, 파이프, 선박용 기계에 사용되며 표준조성은 60Cu – 39.25Zn – 0.75Sn로 구성되어 있다.

41 주강에서 탄소량이 많아질수록 일어나는 성질이 아닌 것은?

① 강도가 증가한다.
② 연성이 감소한다.
③ 충격값이 증가한다.
④ 용접성이 떨어진다.

42 킬드강을 제조할 때 사용하는 탈산제는?

① C, Fe–Mn　② C, Al
③ Fe–Si, Al　　④ Fe–Mn, S

해설 킬드강 : Al, Fe–Si, Fe–Mn 등으로 완전 탈산시킨 강, 기공이 없고 재질이 균일하고, 기계적 성질이 좋아 고급 강재 제조에 쓰이나, 헤어크랙이 발생할 우려가 높다.

43 일반적으로 구리가 강에 비해 우수한 점이 아닌 것은?

① 화학적 저항력이 적어 부식이 용이
② 전기 및 열의 전도성이 양호
③ 전연성이 풍부하고 가공이 용이
④ 아름다운 광택과 귀금속 성질이 우수

해설 구리는 건조한 공기 중에는 산화되지 않으나 염기성 황산동, 염기성 탄산동 등에는 녹이 생긴다.

44 금속재료(소재)의 표면에 강이나 주철로 된 작은 입자($\phi 0.5mm \sim 1.0mm$)를 고속으로 분사시켜 표면 경도를 높이는 것은? ★★★

① 쇼트 피닝　　② 하드 페이싱
③ 화염 경화법　④ 고주파 경화법

해설 쇼트를 강재의 표면에 분사하여 표면층에 잔류 압축 응력을 발생케 하고, 또 가공경화에 의해서 이를 강화하는 일종의 표면 가공 경화법이다.

정답 37.② 38.④ 39.② 40.② 41.③ 42.③ 43.① 44.①

45 주철조직 중 γ 고용체와 Fe₃C의 기계적 혼합으로 생긴 공정주철로 A₁변태점 이상에서 안정적으로 존재하는 것은?

① 페라이트 ② 펄라이트
③ 시멘타이트 ④ 레데브라이트

[해설] 레데브라이트는 Fe−Fe₃C계 합금에 있어서, 오스테나이트와 시멘타이트와의 공정 조직이다. 실온에서는 오스테나이트가 펄라이트로 된다. 백주철의 조직이며, 극히 단단한 조직이다.

46 강의 재질을 연하고 균일하게 하기 위한 목적으로 아래 [그림]의 열처리 곡선과 같이 행하는 열처리는?

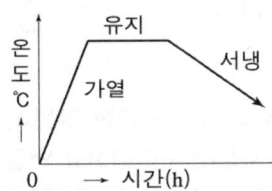

① 불림 ② 담금질
③ 풀림 ④ 뜨임

[해설] 풀림은 강을 적당한 온도로 가열해 일정한 시간 유지한 뒤, 노 속에서 냉각하는 열처리법이다.

47 오스테나이트계 스테인리스강의 표준성분에서 크롬과 니켈의 함유량은? ★★

① 10% 크롬, 10% 니켈
② 18% 크롬, 8% 니켈
③ 10% 크롬, 8% 니켈
④ 8% 크롬, 18% 니켈

[해설] 오스테나이트계 스테인리스강은 Cr 18%, Ni 8%를 함유하고 고용화 열처리 상태에서 오스테나이트 조직의 스테인리스강. 비자성이며 열전도율은 낮고, 냉간가공에 의한 경화성은 크다.

48 순철의 자기변태점은?

① A₁ ② A₂
③ A₃ ④ A₄

[해설] 순철의 자기변태점은 768℃로 A₂점이다.

49 알루미늄과 그 합금에 대한 설명 중 틀린 것은?

① 비중 2.7, 용융점 약 660℃이다.
② 알루미늄 주물은 무게가 가벼워 자동차 산업에 많이 사용된다.
③ 염산이나 황산 등의 무기산에도 잘 부식되지 않는다.
④ 대기 중에서 내식성이 강하고 전기와 열의 좋은 전도체이다.

[해설] 알루미늄은 염산 중에서는 빠르게 침식된다.

50 크로망실이라고도 하며 고온 단조, 용접, 열처리가 용이하여 철도용, 단조용 크랭크 축, 차축 및 각종 자동차 부품 등에 널리 사용되는 구조용 강은?

① Ni−Cr강 ② Ni−Cr−Mo강
③ M−Cr강 ④ Cr−Mn−Si강

[해설] 크로망실은 구조용 저합금강의 일종으로 Cr−Mn−Si−(Cr+Mn+Si = 2.5%) 강을 말한다. 주로 단조용 크랭크 축, 차축 및 보일러용 판이나 관재용으로 쓰인다.

51 물체가 대칭일 때 물체의 1/4을 잘라낸 것을 단면으로 나타낸 단면도를 무엇이라 하는가?

① 온(전) 단면도 ② 회전 단면도
③ 부분 단면도 ④ 한쪽(반) 단면도

[정답] 45.④ 46.③ 47.② 48.② 49.③ 50.④ 51.④

52 그림과 같은 입체를 화살표 방향을 정면으로 하여 제3각법으로 배면도를 투상하고자 할 때 가장 적합한 것은? ★★

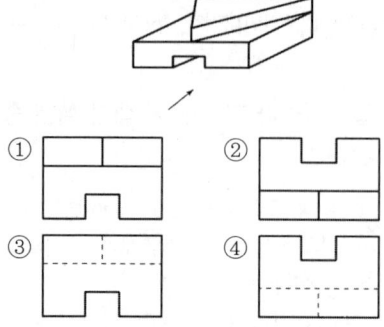

53 그림과 같은 용접 기호의 설명으로 틀린 것은?

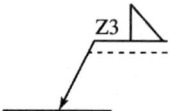

① 필릿용접부의 목두께가 3mm이다.
② 필릿용접부의 목길이가 3mm이다.
③ 화살표쪽에서 필릿용접하라는 표시이다.
④ 연속 필릿용접을 한다.

[해설] 필릿용접에서 기호 좌측에 z3은 목길이(각장)이 3mm라는 의미이다. 목두께의 경우 a3로 표시해야 한다.

54 그림과 같은 제3각법에 의한 정투상도의 입체도로 가장 적합한 것은? ★★

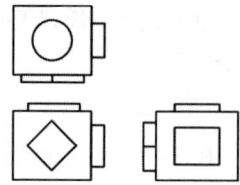

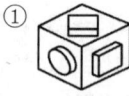 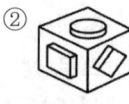
 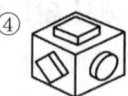

55 그림과 같은 물체를 한쪽 단면도로 나타낼 때 가장 옳은 것은?

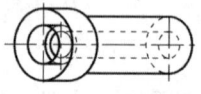

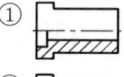 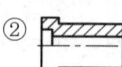
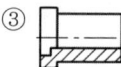 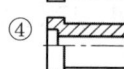

56 단면도에서 단면한 부분에 등간격의 선을 사용하지 아니하고 연필 혹은 색연필로 외형선 안쪽을 색칠한 것을 무엇이라 하는가?

① 스머징   ② 스케치
③ 코킹   ④ 해칭

[해설] 스머징 : 도면에 있어서 단면 표시의 한 방법으로, 단면도에서 복잡한 도형의 내부 형상을 분명하게 하는 경우에 연필로 단면을 옅게 칠한다.

57 그림과 같이 가공 전 또는 가공 후의 모양을 표시하는데 사용하는 선의 명칭은?

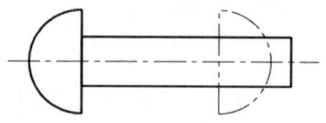

① 숨은선   ② 파단선
③ 가상선   ④ 절단선

[해설] 가상선은 가공 전 또는 가공 후의 모양 표시, 인접

정답 52.③ 53.① 54.③ 55.④ 56.① 57.③

부분을 참고로 표시, 되풀이 하는 것을 나타내는 데 사용한다.

58 판금작업시 강판 재료를 절단하기 위하여 가장 필요한 도면은?

① 조립도   ② 전개도
③ 배관도   ④ 공정도

해설
- 전개도 : 대상물을 구성하는 면을 평면으로 전개한 그림
- 조립도 : 2개 이상의 부품이나 부품 조립품을 조립한 상태에서 그 상호 관계와 조립에 필요한 치수 및 정보 등을 나타낸 도면
- 배관도 : 배관을 나타낸 도면
- 공정도 : 제조 공정의 도중 상태 및 일련의 공정 전체를 나타낸 제작도

59 도면의 척도 값 중 실제 형상을 확대하여 그리는 것이 아닌 것은?

① 1 : 1   ② $\sqrt{2}$: 1
③ 10 : 1   ④ 2 : 1

해설
- 배척 : 실물보다 크게 제도한 것으로 2:1, 5:1, 10:1 등
- 현척 : 실물과 같은 크기로 1:1
- 축척 : 실물보다 작게 제도한 경우로 1:2, 1:$\sqrt{2}$, 1:5 등이 있다.

60 그림에서 "□15"에 대한 설명으로 맞는 것은?

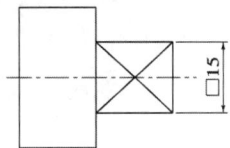

① 단면적이 15인 직사각형
② 한 변의 길이가 15인 정사각형
③ Φ15인 원통에 평면이 있음
④ 이론적으로 정확한 치수가 15인 평면

해설 그림에서 X형 대각선은 평면을 의미한다.

정답 58.② 59.① 60.②

2013 제5회 피복아크용접기능사 기출문제 (구, 용접기능사)

2013년 10월 12일 시행

01 CO_2 용접 중 와이어가 팁에 용착될 때의 방지대책으로 틀린 것은?

① 와이어에 대한 팁의 크기가 맞는 것을 사용한다.
② 와이어를 모재에서 떼어 내어 아크 스타트를 한다.
③ 팁과 모재 사이의 거리는 와이어의 지름에 관계없이 짧게만 사용한다.
④ 와이어의 선단에 용적이 붙어 있을 때는 와이어 선단을 절단한다.

해설 팁과 모재 사이의 거리는 와이어의 지름에 따라 변화해야 한다.

02 다음 중 MIG 용접의 용적이행 형태에 대한 설명으로 옳은 것은?

① 용적이행에는 단락이행, 스프레이 이행, 입상 이행이 있으며 가장 많이 사용되는 것은 입상 이행이다.
② 스프레이 이행은 저전압, 저전류에서 아르곤 가스를 사용하는 경합금 용접에 주로 나타난다.
③ 입상 이행은 와이어보다 큰 용적으로 용융되어 이행하며 주로 CO_2가스를 사용할 때 나타난다.
④ 직류 정극성일 때 스패터가 적고 용입이 깊게 되며 용적이행이 안정한 스프레이 이행이 된다.

해설 스프레이 이행은 고전압, 고전류에서 얻어지고 가장 많이 사용되며 직류 정극성에서는 아크가 불안정하게 되어 많이 사용하지 않는다.

03 다음 중 CO_2 가스 아크용접에서 일반적으로 다공성의 원인이 되는 가스가 아닌 것은?

① 산소   ② 수소
③ 질소   ④ 일산화탄소

해설 다공성의 원인이 되는 가스는 질소, 수소, 일산화탄소이다.

04 다음 중 CO_2 가스 아크용접 결함에 있어 기공 발생의 원인으로 볼 수 없는 것은?

① 팁이 마모되어 있다.
② 용접 부위가 지저분하다.
③ CO_2 가스 유량이 부족하다.
④ 노즐과 모재간의 거리가 너무 길다.

해설 팁의 마모된 경우에는 아크가 불안정하다.

05 다음 중 연소의 3요소를 올바르게 나열한 것은?

① 가연물, 산소, 공기
② 가연물, 빛, 탄산가스
③ 가연물, 산소, 정촉매
④ 가연물, 산소, 점화원

해설 연소의 3요소 : 가연성물질, 산소공급원, 점화원

정답 01.③ 02.③ 03.① 04.① 05.④

06 다음 중 용접 비용을 계산하는데 있어 비용 절감 요소로 틀린 것은?

① 대기 시간 최대화
② 효과적인 재료 사용 계획
③ 합리적이고 경제적인 설계
④ 가공 불량에 의한 용접의 손실 최소화

해설 대기 시간이 커지면 비용이 그만큼 증가하게 되므로 대기 시간 최소화를 위한 설계 및 시공이 필요하다.

07 TIG 용접 토치는 공랭식과 수냉식으로 분류되는데 가볍고 취급이 용이한 공랭식 토치의 경우 일반적으로 몇 A정도 까지 사용하는가?

① 200   ② 380
③ 450   ④ 650

해설 공랭식 토치는 200A 이하의 비교적 낮은 전류에 사용되며 수냉식 토치는 650A까지 높은 전류에 사용된다.

08 다음 중 용접 작업에 있어 가용접시 주의해야 할 사항으로 옳은 것은?

① 본용접보다 높은 온도로 예열을 한다.
② 개선 홈 내의 가접부는 백치핑으로 완전히 제거한다.
③ 가접의 위치는 주로 부품의 끝 모서리에 한다.
④ 용접봉은 본 용접 작업시에 사용하는 것보다 두꺼운 것을 사용한다.

09 다음 중 일렉트로 슬래그 용접 이음의 종류로 볼 수 없는 것은?

① 모서리 이음   ② 필릿 이음
③ T 이음   ④ X 이음

해설 일렉트로 슬래그 용접 이음 종류 : 맞대기, 모서리, T , 십자, 겹침, 중간, 필릿, 변두리, 플러그, 덧붙이 이음 등이 있다.

10 다음 중 용접용 보안면의 일반 구조에 관한 설명으로 틀린 것은?

① 복사열에 노출될 수 있는 금속 부분은 단열처리 해야 한다.
② 착용자와 접촉하는 보안면의 모든 부분에는 피부자극을 유발하지 않는 재질을 사용해야 한다.
③ 용접용 보안면의 내부 표면은 유광처리하고 보안면 내부로는 일정량 이상의 빛이 들어오도록 해야 한다.
④ 보안면에는 돌출 부분, 날카로운 모서리 혹은 사용도중 불편하거나 상해를 줄 수 있는 결함이 없어야 한다.

11 다음 중 서브머지드 아크용접에 사용되는 용제에 관한 설명으로 틀린 것은?

① 소결형 용제는 용융형 용제에 비하여 용제의 소모량이 적다.
② 용융형 용제는 거친 입자의 것일수록 높은 전류에 사용해야 한다.
③ 소결형 용제는 페로 실리콘, 페로 망간 등에 의해 강력한 탈산 작용이 된다.
④ 용제는 용접부를 대기로부터 보호하면서 아크를 안정시키고, 야금 반응에 의하여 용착 금속의 재질을 개선하기 위해 사용한다.

해설 용융형 용제는 가는 입자의 것일수록 높은 전류를 사용해야 한다. 이것은 비드 폭이 넓으면서 용입이 얕으나 비드 외형은 아름답게 된다.

정답 06.① 07.① 08.② 09.④ 10.③ 11.②

12 다음 중 가스절단 작업을 할 때 주의하여야 할 안전사항으로 틀린 것은? ★★

① 산소 및 아세틸렌 병 등 빈병은 섞어서 보관한다.
② 작업자의 눈을 보호하기 위하여 차광유리가 부착된 보안경을 착용한다.
③ 납이나 아연합금 또는 도금재료를 가스절단, 용접시 중독될 우려가 있으므로 주의하여야 한다.
④ 가스절단 작업은 가연성 물질이 없는 안전한 장소를 선택한다.

해설 가스 용기는 섞어서 보관하거나, 절단을 할 때 면장갑을 끼거나, 아세틸렌 병 주변에서 흡연하면 안된다. 용접시 토치의 끝을 긁어서 오물을 털지 않는다.

13 다음 중 전기 저항 용접에 있어 맥동 점용접에 관한 설명으로 옳은 것은?

① 1개의 전류 회로에 2개 이상의 용접점을 만드는 용접법이다.
② 전극을 2개 이상으로 하여 2점 이상의 용접을 하는 용접법이다.
③ 점용접의 기본적인 방법으로 1쌍의 전극으로 1점의 용접부를 만드는 용접법이다.
④ 모재 두께가 다른 경우 전극의 과열을 피하기 위하여 사이클 단위를 몇 번이고 전류를 단속하여 용접하는 것이다.

해설 ① : 직렬식 점용접, ② : 다전극 점용접
③ : 단극식 점용접

14 다음 중 제품별 로 내 및 국부 풀림의 유지 온도와 시간이 올바르게 연결된 것은?

① 탄소강 주강품 : $625 \pm 25℃$ 판두께 25mm에 대하여 1시간
② 기계 구조용 연강재 : $725 \pm 25℃$ 판두께 25mm에 대하여 1시간
③ 보일러용 압연강재 : $625 \pm 25℃$ 판두께 25mm에 대하여 4시간
④ 용접 구조용 연강재 : $725 \pm 25℃$ 판두께 25mm에 대하여 2시간

15 TIG용접에서 교류 전원을 사용시 모재가 (−)극이 될 때 모재 표면의 수분, 산화물 등의 불순물로 인하여 전자방출 및 전류의 흐름이 어렵고, 텅스텐 전극이 (−)극이 되는 경우에 전자가 다량으로 방출되는 등 2차 전류가 불평형하게 되는데 이러한 현상을 무엇이라 하는가?

① 전극의 소손작용
② 전극의 전압 상승작용
③ 전극의 청정작용
④ 전극의 정류작용

해설 정류작용에 의한 불평형 전류를 해소하기 위해 2차 회로에 축전지 정류기와 리액터 또는 직류 콘덴서를 삽입하는 등의 방법이 있다.

16 다음 ( ) 안에 가장 적합한 내용은?

> **보기**
> 일렉트로 슬래그 용접은 용융 용접의 일종으로서 와이어와 용융 슬래그 사이에 (　　)을 이용하여 용접하는 특수한 용접 방법이다.

① 전자 빔열
② 통전된 전류의 저항열
③ 가스 열
④ 통전된 전류의 아크열

해설 일렉트로 슬래그 용접은 후판의 수직 상진 용접법

정답 12.① 13.④ 14.① 15.④ 16.②

으로 용제 속에서 와이어와 용융 슬래그간 통전된 전류의 저항열을 이용한다.

17 다음 중 가스절단 작업시 주의사항으로 틀린 것은?

① 가스절단에 알맞은 보호구를 착용한다.
② 절단 진행 중에 시선은 절단면을 떠나서는 안된다.
③ 호스는 흐트러지지 않도록 정해진 꼬임 상태로 작업한다.
④ 가스 호스가 용융금속이나 산화물의 비산으로 인해 손상되지 않도록 한다.

18 다음 중 CO_2 아크용접시 박판의 아크전압(V_0) 산출 공식으로 가장 적당한 것은?
(단 I는 용접전류 값을 의미한다)

① $V_0 = 0.07 \times I + 20 \pm 5.0$
② $V_0 = 0.05 \times I + 11.5 \pm 3.0$
③ $V_0 = 0.06 \times I + 40 \pm 6.0$
④ $V_0 = 0.04 \times I + 15.5 \pm 1.5$

해설 박판 : $V_0 = 0.04 \times I + 15.5 \pm 1.5$
후판 : $V_0 = 0.04 \times I + 20.0 \pm 2.0$

19 다음 중 방사선 투과 검사에 대한 설명으로 틀린 것은?

① 내부결함 검출에 용이하다.
② 검사 결과를 필름에 영구적으로 기록할 수 있다.
③ 라미네이션 및 미세한 표면 균열도 검출된다.
④ 방사선 투과 검사에 필요한 기구로는 투과도계, 계조계, 증감지 등이 있다.

해설 방사선 투과검사는 라미네이션 검출이 곤란하다.

20 용접법 중 소모식 전극을 사용하는 방법이 아닌 것은?

① 서브머지드 아크용접
② 피복 아크용접
③ 탄산가스 아크용접
④ TIG(불활성가스 텅스텐 아크) 용접

해설 TIG 용접은 비소모성 용접으로 전극봉의 소모가 거의 없다.

21 KS에서 "용착부에 나타난 비금속 물질"을 나타내는 용접 용어는?

① 덧살   ② 슬래그
③ 슬래그 섞임   ④ 스패터

해설 슬래그 : 용착부에 나타난 비금속 물질

22 다음 중 용접부의 검사방법에 있어 비파괴 시험으로 비드 외관, 언더컷, 오버랩, 용입불량, 표면 균열 등의 검사에 가장 적합한 것은?

① 부식 검사   ② 초음파 탐상검사
③ 외관 검사   ④ 방사선 투과검사

해설 외관(육안) 검사는 외관의 좋고 나쁨을 검사하는 것으로 검사원의 눈으로 이루어진다.

23 압축공기를 이용하여 가우징, 결함부위 제거, 절단 및 구멍 뚫기 등에 널리 사용되는 아크 절단 방법은?

① 탄소 아크 절단   ② 금속 아크 절단
③ 산소 아크 절단   ④ 아크 에어 가우징

해설 아크 에어 가우징은 용접 현장에서 결함부 제거, 용접 홈의 준비 및 가공 등 여러 가지 용도에 이용된다.

정답 17.③ 18.④ 19.③ 20.④ 21.② 22.③ 23.④

24 가스절단에서 산소용기 취급에 대한 설명이 잘못된 것은?

① 산소용기 밸브, 조정기 등을 기름천으로 잘 닦는다.
② 저장소에는 화기를 가까이 하지 말고 통풍이 잘 되어야 한다.
③ 산소 밸브의 개폐는 천천히 해야 한다.
④ 저장 또는 사용 중에는 반드시 용기를 세워 두어야 한다.

해설 기름천으로 닦으면 산소와 기름이 반응해서 폭발성 가스를 만들어 폭발의 우려가 있다.

25 200V용 아크용접기의 1차 입력이 15kVA일 때 퓨즈의 용량은 얼마(A)가 적합한가?

① 65   ② 75
③ 90   ④ 100

해설 퓨즈용량 = $\frac{1차 입력}{입력 전압(200V)}$

∴ $\frac{15000}{200} = 75$

26 용접법과 기계적 접합법을 비교할 때, 용접법의 장점이 아닌 것은?

① 작업공정이 단축되며 경제적이다.
② 기밀성, 수밀성, 유밀성이 우수하다.
③ 재료가 절약되고 중량이 가벼워진다.
④ 이음효율이 낮다.

해설 용접은 이음효율이 양호하다.

27 교류 아크용접 중 전류를 측정할 때 전류계의 측정 위치로 적합한 것은?

① 1차측 접지선   ② 1차측 케이블
③ 2차측 접지선   ④ 2차측 케이블

해설 용접 중 전류를 측정할 때 전류계의 측정위치는 2차측 케이블(전극케이블)이다.

28 산소는 대기 중의 공기 속에 약 몇 % 함유되어 있는가?

① 21 %   ② 31 %
③ 41 %   ④ 11 %

29 교류 아크용접기의 특성으로 옳은 것은?

① 수하 특성인 동시에 정전압 특성
② 상승 특성인 동시에 정전류 특성
③ 복합 특성인 동시에 정전압 특성
④ 수하 특성인 동시에 정전류 특성

30 피복 아크용접봉에 탄소량을 적게 하는 가장 큰 이유는?

① 스패터 방지를 위하여
② 균열 방지를 위하여
③ 산화 방지를 위하여
④ 기밀 유지를 위하여

31 용접전류가 높을 때 생기는 결함 중 가장 관계가 적은 것은?

① 언더컷   ② 균열
③ 스패터   ④ 선상조직

해설 선상조직은 모재가 불량하거나 용착금속의 과냉으로 인하여 발생한다.

32 아세틸렌은 액체에 잘 용해되며 석유에는 2배, 알콜에는 6배가 용해된다. 아세톤에는 몇 배가 용해되는가?

① 12   ② 20
③ 25   ④ 50

정답 24.① 25.② 26.④ 27.④ 28.① 29.④ 30.② 31.④ 32.③

해설
- 물 : 1배
- 벤젠 : 4배
- 아세톤 : 25배
- 석유 : 2배
- 알코올 : 6배

33 직류 아크 용접기에 대한 설명으로 맞는 것은?

① 발전형과 정류기형이 있다.
② 구조가 간단하고 보수도 용이하다.
③ 누설자속에 의하여 전류를 조정한다.
④ 용접 변압기의 리액턴스에 의해서 수하 특성을 얻는다.

해설 직류 아크용접기는 정류 식을 제외하고 교류 아크용접기보다 모두 구조가 복잡하다.

34 이산화탄소 아크용접에서 아르곤과 이산화탄소를 혼합한 보호가스를 사용 할 경우의 설명으로 가장 거리가 먼 것은?

① 스패터의 발생량이 적다.
② 박판의 용접조건 범위가 좁아진다.
③ 용착효율이 양호하다.
④ 혼합비는 아르곤이 80% 일 때 용착효율이 가장 좋다.

해설 혼합가스를 사용하면 용접조건 범위가 넓어진다.

35 절단부위에 철분이나 용제의 미세한 입자를 압축공기나 압축질소로 연속적으로 팁을 통하여 분출시켜 그 산 화열 또는 용제의 화학작용을 이용하여 절단하는 것은?

① 분말 절단
② 수중 절단
③ 산 소창 절단
④ 포갬 절단

해설 분말 절단의 종류에는 철분 절단, 용제를 사용하는 방법을 용제 절단이 있다.

36 TIG 용접 토치의 형태에 따른 종류가 아닌 것은?

① T형 토치
② 플렉시블형 토치
③ 직선형 토치
④ Y형 토치

해설 TIG용접 토치의 형태에는 T형, 직선형, 플렉시블형 토치가 있다.

37 다음 중 압접에 속하지 않는 용접법은?

① 스폿 용접
② 심용접
③ 프로젝션 용접
④ 서브머지드 아크용접

해설 서브머지드 아크용접은 아크용접으로 융접에 속한다.

38 모재의 열팽창 계수에 따른 용접성에 대한 설명으로 옳은 것은?

① 열팽창 계수가 작을수록 용접하기 쉽다.
② 열팽창 계수가 높을수록 용접이 쉽다.
③ 열팽창 계수와는 관련이 없다.
④ 열팽창 계수가 높을수록 용접 후 급랭해도 무방하다.

해설 열팽창계수 : 온도가 높아짐에 따라서 재료의 길이나 부피가 늘어나는 것을 의미한다. 따라서 열팽창계수가 작을수록 용접하기 쉽다.

39 연강용 용접봉의 성분 중 강의 강도를 증가시키나, 연신률, 굽힘성 등을 감소시키는 것은?

① 규소(Si)
② 인(P)
③ 탄소(C)
④ 유황(S)

해설 탄소가 증가하면 경도, 강도는 증가하나 연신률, 단면 수축률은 감소한다.

정답 33.① 34.② 35.① 36.④ 37.④ 38.① 39.③

40 가스절단작업에서 양호한 절단부를 얻기 위해 갖추어야 할 조건으로 잘못된 것은?

① 기름, 녹 등을 절단 전에 제거하여 결함을 방지한다.
② 모재의 표면이 균일하면 과열의 흔적은 있어도 된다.
③ 절단면이 평활하고 균일해야 한다.
④ 절단부가 탈탄되지 않아야 한다.

41 탄소강에 니켈이나 크롬 등을 첨가하여 대기 중이나 수중 또는 산에 잘 견디는 내식성을 부여한 합금강으로 불수강이라고도 하는 것은?

① 고속도강 ② 주강
③ 스테인리스강 ④ 탄소공구강

[해설] 스테인리스강은 12~18% Cr을 함유한 내식성이 아주 강한 강. 불수강이라고도 한다.

42 다음 중 철강의 탄소 함유량에 따라 대분류한 것은?

① 순철, 강, 주철
② 순철, 주강, 주철
③ 선철, 강, 주철
④ 선철, 합금강, 주물

43 경도가 큰 재료를 A_1 변태점 이하의 일정 온도로 가열하여 인성을 증가시킬 목적으로 하는 열처리법은?

① 뜨임 ② 풀림
③ 불림 ④ 담금질

[해설] 뜨임은 담금질한 강의 인성을 증가하고 또는 경도를 감소시키기 위해서 변태점 이하의 적당한 온도로 가열한 후에 냉각시키는 방법이다.

44 공구용 강재로 고탄소강을 사용하는 목적으로 가장 적합한 것은?

① 경도와 내마모성을 필요로 하기 때문에
② 인성과 연성이 필요하기 때문에
③ 피로와 충격에 견디어야 하기 때문에
④ 표면 경화를 할 목적으로

[해설] 고탄소강은 탄소 함유량이 많은 탄소강을 말하며, 대체적으로 0.5~1.7%의 C를 함유한 것으로 경도와 내마모성이 강하다.

45 B 스케일과 C 스케일이 있는 경도 시험법은?

① 브리넬 경도시험 ② 쇼어 경도시험
③ 로크웰 경도시험 ④ 비커스 경도시험

46 탄소강의 열처리 방법 중 표면 경화 열처리에 속하는 것은?

① 풀림 ② 담금질
③ 뜨임 ④ 질화법

[해설] 표면 경화 열처리 : 철강의 표면층을 경화시키기 위하여 실시하는 침탄 담금질, 질화, 고주파 담금질, 불꽃(화염) 담금질 등이 있다.

47 내열강의 원소로 많이 사용되는 것은?

① 코발트(Co) ② 크롬(Cr)
③ 망간(Mn) ④ 인(P)

[해설] 내열강은 높은 온도나 고온, 고압에 견디고, 내산화, 내식, 내변형, 인성, 가공성을 갖춘 합금강으로 Si, Al, Cr 등은 내고온 산화성, 내황 침식성을 갖게 하고, V, Ti, Co, Mo, W 등은 고온 고압수소에 의한 탈탄 취화 방지성을 갖게 하며, Ni, Cr 등은 탈탄 방지, Ni, Mn은 조직의 안정화를 가져온다.

정답 40.② 41.③ 42.① 43.① 44.① 45.③ 46.④ 47.②

48 알루미늄에 약 10%까지의 마그네슘을 첨가한 합금으로 다른 주물용 알루미늄 합금에 비하여 내식성, 강도, 연신률이 우수한 것은?

① 실루민 ② 두랄루민
③ 하이드로날륨 ④ Y합금

해설 하이드로날륨은 알루미늄이 바닷물에 약한 것을 개량하기 위하여 개발된 합금으로 내식성이 필요한 아케이드 지붕이나 철도차량, 객선의 갑판 구조물로 사용된다.

49 다음 중 탄소강에서 적열취성을 방지하기 위하여 첨가하는 원소는?

① S ② Mn
③ P ④ Ni

해설 적열취성은 유황 성분을 많이 함유한 강이 적열 상태에서 재질이 여리게 되는 성질로 Mn을 첨가해 방지한다.

50 다음 중 용접입열이 일정할 때 냉각속도가 가장 느린 재료는?

① 연강 ② 스테인리스강
③ 알루미늄 ④ 구리

51 스케치도의 필요성에 대한 설명 중 관계가 먼 것은?

① 실물을 보고 실물과 같은 물건을 만들고자 할 때
② 기계를 개조할 필요가 있을 때
③ 기계, 기구의 일부가 파손되어 그 부품을 만들고자 할 때
④ 기계 기구 등을 새로 구입할 때

52 그림과 같은 도면의 설명으로 틀린 것은?

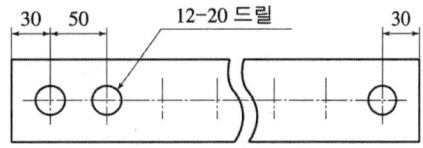

① 전체 길이가 660mm이다.
② 드릴 가공 구멍의 지름은 20mm이다.
③ 드릴 가공 구멍의 수는 12개이다.
④ 드릴 가공 구멍의 피치는 50mm이다.

해설 • 전체 길이 : (12-1)×50+60=610mm

53 그림과 같이 안지름 550[mm], 두께 6[mm], 높이 900[mm]인 원통을 만들려고 할 때 소요되는 철판의 크기로 가장 적당한 것은?(단, 양쪽 마구리는 트여진 상태이며 이음매 부위는 고려하지 않는다.)

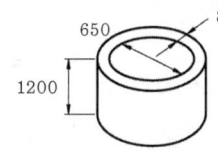

① 1200×2066 ② 1200×1765
③ 1200×2016 ④ 1200×2041

해설 (내경+t)×3.14=(650+8)×3.14=2066.12
외경의 경우는 (외경-t)×3.14로 계산한다.

54 그림의 용접 도시 기호는 어떤 용접을 나타내는가?

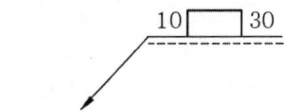

① 점용접 ② 슬롯 용접
③ 심용접 ④ 필릿용접

정답 48.③ 49.② 50.② 51.④ 52.① 53.① 54.②

55
다음 선들이 겹칠 경우 선의 우선 순위가 가장 낮은 것은?

① 중심선 ② 숨은선
③ 절단선 ④ 치수 보조선

해설 선의 우선 순위는 외형선 – 숨은선 – 절단선 – 중심선– 무게 중심선– 치수 보조선 순이다.

56
그림과 같은 부품의 도면에서 단면도의 명칭은?

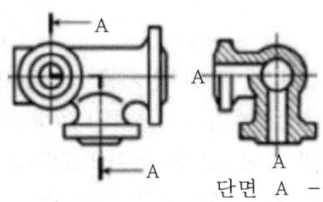

① 온 단면도
② 계단 단면도
③ 회전 도시 단면도
④ 부분 단면도

해설 계단 단면도는 투상면에 평행하게 잘린 여러 개의 단면을 하나의 단면도로 나타낸 단면도

57
다음 입체도의 화살표 방향을 정면으로 한다면 좌측면도로 적합한 투상도는?

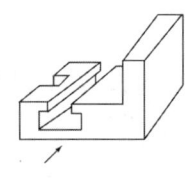

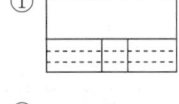 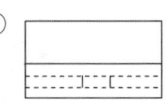
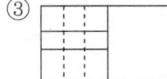 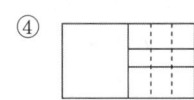

58
용접용 KSD 재료 기호가 SM 275 CN 으로 표시되었을 때의 설명 중 틀린 것은?

① 용접 구조용 압연강재이다.
② 최대 인장강도가 275kg/mm²이다.
③ C는 A,B,C의 C종이다.
④ N은 노멀이징 열처리한 재료를 표시한다.

해설 금속재료기호 표시 일부 변경 및 학습 예 : 초기 최저인장강도를 SM 41(kgf/mm2)에서 뉴톤 단위로 SS400(N/mm²), 최근은 SM 275는 최소 항복강도 275(N/mm², MPa)로 개정됨. 재료 기호 표시가 개정되었으나, 출제자에 따라 개정 전 문제를 출제할 수 있으므로 기존 기호나 수치도 같이 학습하기 바람

59
그림과 같은 제3각법 정투상도에 가장 적합한 입체도는?

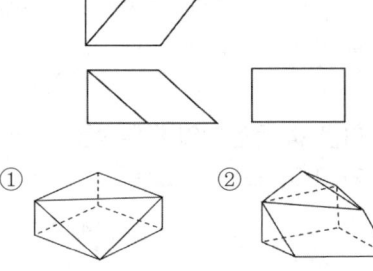

60
치수 기입이 "□20"으로 치수 앞에 정사각형이 표시 되었을 경우의 올바른 해석은?

① 이론적으로 정확한 치수가 20mm이다.
② 체적이 20mm³인 정육면체이다.
③ 면적이 20mm²인 정사각형이다.
④ 한변의 길이가 20mm인 정사각형이다.

해설 정사각형이므로 한변의 길이가 20mm이다.

정답 55.④ 56.② 57.① 58.② 59.③ 60.④

2013 제1회 이산화탄소가스아크용접기능사/ 가스텅스텐아크용접기능사 기출문제

2013년 1월 27일 시행

01 내용적이 33.7ℓ인 산소용기에 15MPa로 충전하였을 때 사용 가능한 용기 내의 산소량은?

① 약 505.5ℓ ② 약 5055ℓ
③ 약 13575ℓ ④ 약 12637ℓ

해설 V = 내용적(L)×충전압력(P)
∴ 33.7 × 150 = 5055
1MPa = 10.197kgf/cm²
10.197× 15=153 = 약 150kgf/cm²

02 산소용기 취급시 주의사항으로 틀린 것은?

① 저장소에는 화기를 가까이 하지 말고 통풍이 잘 되어야 한다.
② 저장 또는 사용 중에는 반드시 용기를 세워 두어야 한다.
③ 가스 용기 사용시 가스가 잘 발생되도록 직사광선을 받도록 한다.
④ 가스 용기는 뉘어두거나 굴리는 등 충, 충격을 주지 말아야 한다.

해설 가스 용기는 직사광선을 받지 않는 40℃ 이하의 장소에 보관해야 한다.

03 산소창 절단법으로 절단할 수 없는 것은?

① 알루미늄 판
② 암석의 천공
③ 두꺼운 강판의 절단
④ 강괴의 절단

해설 산소창 절단 : 1.5~3m 정도의 가늘고 긴 강관을 사용하며, 용광로의 팁 구멍, 후관의 절단, 주강 슬래그 덩어리, 암석 등의 구멍 뚫기에 사용된다.

04 용접전류가 100A, 전압이 30V일 때 전력은 몇 kW인가?

① 4.5kW ② 15kW
③ 10kW ④ 3kW

해설 $P = EI$
∴ $30 × \frac{100}{1000} = 3$

05 다음 중 '용착부' 용어를 올바르게 정의한 것은?

① 용접금속 및 그 근처를 포함한 부분의 총칭
② 용접작업에 의하여 용가재로부터 모재에 용착한 금속
③ 용접부 안에서 용접하는 동안에 용융 응고한 부분
④ 슬래그가 용융지에 녹아 들어가는 것

06 일미나이트계 용접봉의 일미나이트는 약 몇 % 정도인가?

① 40% ② 10%
③ 20% ④ 30%

해설 피복 용접봉의 성분계는 대부분 주성분이 30% 이상임을 나타낸다.

정답 01.② 02.③ 03.① 04.④ 05.③ 06.④

07 모재의 두께, 이음형식 등 모든 용접 조건이 같을 때, 일반적으로 가장 많은 전류를 사용하는 용접 자세는?

① 아래보기 자세용접
② 수직 자세용접
③ 수평 자세용접
④ 위보기 자세용접

해설 아래보기 자세는 다른 자세보다 높은 전류를 사용할 수 있으며 능률도 20% 이상 높일 수 있다.

08 강재를 가스절단시 예열온도로 가장 적합한 것은?

① 300~450℃   ② 450~700℃
③ 800~900℃   ④ 1000~1300℃

해설 철강의 가스절단은 강의 연소 온도인 980℃ 정도 가열된 상태에서 산소와 반응시 연소하게 되며 고압 산소에 의해 연소 반응과 함께 불려 나가게 된다.

09 아크용접에서 직류 역극성으로 용접할 때의 특성에 대한 설명으로 틀린 것은? ★★★★

① 모재의 용입이 얕다.
② 비드의 폭이 좁다.
③ 용접봉의 용융이 빠르다.
④ 박판 용접에 쓰인다.

해설 직류 역극성은 봉의 녹음이 빠르나 용입은 얕기 때문에 비드 폭이 넓어진다. 박판, 합금강, 비철금속의 용접에 사용한다.

10 용접용 안전 보호구에 해당 되지 않는 것은?

① 용접장갑   ② 용접헬멧
③ 핸드실드   ④ 치핑해머

해설 치핑해머는 안전 보호구가 아니고 용접공구이다.

11 청정 효과(Cleaning action)는 어느 용접에서 효과가 생기는가?

① 불활성가스 금속 아크용접
② 잠호 용접
③ 원자수소 용접
④ 이산화탄소 아크용접

12 아세틸렌 가스가 충격, 진동 등에 의해 분해 폭발하는 압력은 15℃에서 몇 kgf/cm² 이상인가?

① 2.0kgf/cm²   ② 1kgf/cm²
③ 0.5kgf/cm²   ④ 0.1kgf/cm²

해설 아세틸렌은 1.3kgf/cm²(0.13MPa) 이하에서 사용해야 하며, 1.5kgf/cm² 이상이면 위험하고 2.0kgf/cm²(0.97MPa) 이상이면 폭발한다.

13 다음 그림과 같은 용접순서의 용착법을 무엇이라고 하는가?

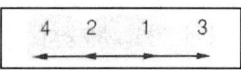

① 전진법   ② 후진법
③ 대칭법   ④ 비석법

14 고압에서 사용이 가능하고 수중절단 중에 기포의 발생이 적어 예열가스로 가장 많이 사용되는 것은?

① 부탄   ② 수소
③ 천연가스   ④ 프로판

해설 수소는 폭발 한계가 좁아 다른 가스에 비해 수압에 견딜 수 있어 수중 절단에 쓰인다.

정답 07.① 08.③ 09.② 10.④ 11.① 12.① 13.③ 14.②

15 다음 중 절단 작업과 관계가 가장 적은 것은?

① 산소창 절단
② 크레이터 절단
③ 아크 에어 가우징
④ 분말 절단

해설 절단에 크레이터 절단이란 없다.

16 피복 아크용접시 발생하는 기공의 방지 대책으로 올바르지 않은 것은?

① 용접속도를 빠르게 하고, 가장 높은 전류를 사용한다.
② 건조한 저수소계 용접봉을 사용한다.
③ 이음의 표면을 깨끗이 한다.
④ 위빙을 하여 열량을 늘리거나 예열을 한다.

해설 용접속도가 빠르거나, 용접전류를 높게 사용하면 기공이 발생할 수 있다.

17 용접작업에서 안전에 대해 설명한 것 중 틀린 것은?

① 높은 곳에서 용접작업 할 경우 추락, 낙하 등의 위험이 있으므로 항상 안전벨트와 안전모를 착용한다.
② 용접작업 중에 여러 가지 유해 가스가 발생하기 때문에 통풍 또는 환기 장치가 필요하다.
③ 가스절단은 강한 빛이 나오지 않기 때문에 보안경을 착용하지 않아도 된다.
④ 가연성의 분진 화약류 등 위험물이 있는 곳에서는 용접을 해서는 안된다.

해설 가스 절단에는 차광도 5~6번의 보안경을 착용해야 한다.

18 CO_2 가스 아크용접은 어떤 금속의 용접에 가장 적당한가?

① 알루미늄   ② 연강
③ 스테인리스강   ④ 동과 그 합금

해설 탄산가스(이산화탄소, CO_2) 아크용접은 연강용접에 가장 적합하다.

19 Ni-Cr계 합금이 아닌 것은?

① 크로멜   ② 니크롬
③ 인코넬   ④ 두랄루민

해설 두랄루민은 Al-Cu-Mg-Mn의 합금으로 Al합금의 대표적인 시효경화 합금이다.

20 스테인리스강의 용접부식의 원인은?

① 균열   ② 뜨임 취성
③ 자경성   ④ 탄화물의 석출

해설 스테인리스강은 철강에 Cr을 12% 이상 함유시킬 강으로 탄소의 침임의 경우 Cr이 탄화 크롬으로 석출하게 되면 Cr의 함유량이 적어져 내식성이 저하하게 된다.

21 기계구조물 저합금강에 양호하게 요구되는 조건이 아닌 것은?

① 항복강도   ② 가공성
③ 인장강도   ④ 마모성

22 주조한 주철계의 기계적 성질 중 인장강도가 가장 낮은 주철은?

① 구상흑연주철   ② 가단주철
③ 고급주철   ④ 보통주철

해설 보기 중에서 인장강도가 가장 낮은 주철은 보통주철이다.

정답 15.② 16.① 17.③ 18.② 19.④ 20.④ 21.④ 22.④

23 주철의 여린 성질을 개선하기 위하여 합금 주철에 첨가하는 특수 원소 중 크롬(Cr)이 미치는 영향으로 잘못된 것은?

① 내마모성을 향상시킨다.
② 흑연의 구상화를 방해하지 않는다.
③ 크롬 0.2~1.5% 정도 포함시키면 기계적 성질을 향상시킨다.
④ 내열성과 내식성을 감소시킨다.

24 알루미늄-규소계 합금으로서, 10~14%의 규소가 함유되어 이고, 알펙스(alpeax)라고도 하는 것은?

① 실루민(silumin)
② 두랄루민(duralumin)
③ 하이드로날륨(hydronalium)
④ Y 합금

해설 실루민은 내열용 알루미늄 주조 합금이다.

25 구리합금의 용접시 조건으로 잘못된 것은?

① 구리의 용접시 간격과 높은 예열온도가 필요하다.
② 비교적 루트간격과 홈각도를 크게 취한다.
③ 용가재는 모재와 같은 재료를 사용한다.
④ 용접봉으로는 토빈(torbin) 청동봉, 인청동봉, 에버듀르(ever dur)봉 등이 많이 사용된다.

26 다음 중 공정 주철의 탄소함유량으로 가장 적합한 것은?

① 1.3%C   ② 2.3%C
③ 4.3%C   ④ 6.3%C

해설 공정 주철의 종류
① 아공정 주철 : 탄소 함유량 2.1%~4.3%.
② 공정 주철 : 탄소 함유량 4.3%. 조직은 레데브라이트.
③ 과공정 주철 : 탄소 함유량 4.3%~6.68%.

27 일반적으로 냉간가공 경화된 탄소강 재료를 600~650℃에서 중간 풀림하는 방법은?

① 확산 풀림   ② 연화 풀림
③ 항온 풀림   ④ 완전 풀림

28 탄소강에서 피트(pit) 결함의 원인이 되는 원소는?

① C   ② P
③ Pb   ④ Cu

29 용접의 변 끝을 따라 모재가 파여지고 용착 금속이 채워지지 않고 홈으로 남아 있는 부분을 무엇이라고 하는가?

① 오버랩   ② 피트
③ 슬래그   ④ 언더컷

30 서브머지드 아크용접법의 단점으로 틀린 것은?

① 와이어에 소전류를 사용할 수 있어 용입이 얕다.
② 용접선이 짧거나 복잡한 경우 비능률적이다.
③ 루트간격이 너무 크면 용락될 위험이 있다.
④ 용접진행 상태를 육안으로 확인할 수 없다.

해설 서브머지드 아크용접은 대전류를 사용하므로 용입이 깊다.

정답 23.④ 24.① 25.① 26.③ 27.② 28.① 29.④ 30.①

31 피복 아크용접 결함의 종류에 따른 원인과 대책이 바르게 묶인 것은?

① 언더컷 : 용접전류가 낮을 때
  - 전류를 높게 한다.
② 오버랩 : 운봉속도가 빠를 때
  - 운봉에 주의한다.
③ 용입불량 : 용접전류가 높을 때
  - 전류를 약하게 한다.
④ 기공 : 용착부가 급랭되었을 때
  - 예열 및 후열을 한다.

해설 다른 결함은 모두 반대로 설명한 것이다.

32 판두께가 보통 6mm 이하인 경우에 사용되는 용접 홈의 형태는?

① I형 ② V형
③ U형 ④ X형

해설 V형은 6~20mm 정도의 판에 적용한다.

33 연강의 인장시험에서 하중 100N, 시험편의 최초 단면적이 50mm²일 때 응력은 몇 N/mm²인가?

① 1 ② 2
③ 5 ④ 10

해설 응력 = $\frac{하중}{단면적}$

∴ $\frac{100}{50} = 2$

34 CO_2가스 아크용접의 특징을 설명한 것으로 틀린 것은?

① 전류밀도가 높아 용입이 깊고 용접속도를 빠르게 할 수 있다.
② 박판(0.8mm)용접은 단락이행 용접법에 의해 가능하며, 전자세 용접도 가능하다.
③ 적용 재질은 거의 모든 재질이 가능하며, 이종(異種) 재질의 용접이 가능하다.
④ 가시 아크이므로 용융지의 상태를 보면서 용접할 수 있어 용접진행의 양(良)·부(不) 판단이 가능하다.

해설 CO_2 용접의 단점
① 바람의 영향을 받으므로 방풍장치가 필요하고, 이산화탄소를 이용하므로 작업장 환기에 유의해야 한다.
② 모든 재질에 적용이 불가능하다.

35 다음 중 변형과 잔류응력을 경감하는 일반적인 방법이 잘못된 것은?

① 용접 전 변형 방지책 : 억제법
② 용접 시공에 의한 경감법 : 빌드업법
③ 모재의 열전도를 억제하여 변형을 방지하는 방법 : 도열법
④ 용접 금속부의 변형과 응력을 제거하는 방법 : 피닝법

해설 빌드업법은 비드 덧쌓기법으로 다른 방법보다 오히려 변형이 증가한다.

36 TIG 용접에서 가스노즐의 크기는 가스분출 구멍의 크기로 정해진다. 보통 몇 mm의 크기가 주로 사용 되는가?

① 1~3 ② 21~27
③ 14~20 ④ 4~13

해설 TIG 용접에서 가스노즐의 크기는 가스분출 구멍의 크기로 정해지는데, 일반적으로 사용되는 크기는 4~9.5, 6~13mm가 많이 사용된다.

정답 31.④ 32.① 33.② 34.③ 35.② 36.④

37 안전, 보건표지의 색채, 색도기준 및 용도에서 비상구 및 피난소, 사람 또는 차량의 통행표지에 사용되는 색채는?

① 빨간색 ② 녹색
③ 노란색 ④ 흰색

해설 녹색 : 안전지도, 위생표시, 대피소, 구호표시, 진행 등

38 아크용접에서 기공의 발생 원인이 아닌 것은?

① 아크길이가 길 때
② 피복제 속에 수분이 있을 때
③ 용착금속 속에 가스가 남아 있을 때
④ 용접부 냉각속도가 느릴 때

해설 냉각속도가 느릴 경우 가스의 배출 시간이 생기므로 기공 발생이 적어진다.

39 용접봉을 선택할 때 모재의 재질, 제품의 형상, 사용용접기기, 용접자세 등 사용목적에 따른 고려사항으로 가장 먼 것은?

① 용접성 ② 작업성
③ 경제성 ④ 환경성

40 피복금속 아크용접에서 가용접을 할 때 본 용접보다 지름이 약간 가는 용접봉을 사용하게 되는 이유로 가장 적합한 것은?

① 용접봉의 소비량을 줄이기 위하여
② 가접 모양을 좋게 하기 위하여
③ 충분한 용입이 되게 하기 위하여
④ 변형량을 줄이기 위하여

해설 가접(가용접)시 본 용접보다 지름이 작은 용접봉을 사용하는 이유는 충분한 용입이 되게 하기 위해서이다.

41 TIG용접에서 고주파 교류(ACHF)의 특성을 잘못 설명한 것은?

① 고주파 전원을 사용하므로 모재에 접촉시키지 않아도 아크가 발생한다.
② 긴 아크 유지가 용이하다.
③ 전극의 수명이 짧다.
④ 동일한 전극봉에서 직류 정극성(DCSP)에 비해 고주파 교류(ACHF)가 사용 전류 범위가 크다.

해설 고주파 전원에 의해 아크를 발생하므로 전극이 모재에 접촉하지 않아도 되므로 전극의 수명이 길어진다.

42 가스절단 재해의 사례를 열거한 것 중 틀린 것은?

① 내부에 밀폐된 용기를 용접 또는 절단하거나 내부 공기의 팽창으로 인하여 폭발하였다.
② 역화 방지기를 부착하여 아세틸렌 용기가 폭발하였다.
③ 철판의 절단 작업 중 철판 밑에 불순물(황, 인 등)이 분출하여 화상을 입었다.
④ 가스절단 후 소화상태에서 토치의 아세틸렌과 산소 밸브를 잠그지 않아 인화되어 화재를 당했다.

해설 역화 방지기는 불꽃이나 가스가 용기 속으로 들어가는 것을 방지하는 기기이므로 용기의 폭발이 일어나지 않는다.

43 가스절단 토치의 취급상 주의사항으로 틀린 것은?

① 팁 및 토치를 작업장 바닥 등에 방치하지 않는다.
② 역화 방지기는 반드시 제거한 후 토치

정답 37.② 38.④ 39.④ 40.③ 41.③ 42.② 43.②

를 점화한다.
③ 팁을 바꿔 끼울 때는 반드시 양쪽 밸브를 모두 닫은 다음에 행한다.
④ 토치를 망치 등 다른 용도를 사용해서는 안된다.

44 용접 조건이 같은 경우에 박판과 후판의 열 영향에 대한 설명으로 올바른 것은?

① 박판, 후판 똑같이 열영향부의 폭은 넓어진다.
② 후판 쪽 열영향부의 폭이 넓어진다.
③ 박판 쪽 열영향부의 폭이 넓어진다.
④ 박판, 후판 똑같이 열영향부의 폭은 좁아진다.

해설 열영향부는 모재의 두께와 온도에 따라서 달라질 수 있다. 같은 용접 조건에서는 박판(얇은판) 쪽 열영향부의 폭이 넓어진다.

45 U형, H형의 용접 홈을 가공하기 위하여 슬로우 다이버젠트로 설계된 팁을 사용하여 깊은 홈을 파내는 가공법은?

① 치핑   ② 슬래그 절단
③ 아크에어 가우징 ④ 가스 가우징

해설 가스 가우징 : 용접부분의 뒷면을 따내거나, U형, H형 등의 둥근 홈을 파내는 작업, 홈의 깊이와 폭의 비는 1 : 1 ~ 1 : 3 정도이다.

46 아세틸렌(C_2H_2)의 성질로 틀린 것은?

① 매우 불안전한 기체이므로 공기 중에서 폭발위험성이 매우 크다.
② 비중이 1.906으로 공기보다 무겁다.
③ 순수한 것은 무색, 무취의 기체이다.
④ 구리, 은, 수은과 접촉하면 폭발성 화합물을 만든다.

47 MIG 용접에서 토치의 종류와 특성에 대한 연결이 잘못된 것은?

① 커브형 토치 - 공냉식 토치 사용
② 커브형 토치 - 단단한 와이어 사용
③ 피스톨형 토치 - 낮은 전류 사용
④ 피스톨형 토치 - 수냉식 사용

48 다음 금속 재료 중에서 가장 용접하기 어려운 것은?

① 철   ② 알루미늄
③ 티탄   ④ 니켈 경합금

해설 티탄은 비강도가 커서 많이 사용되나 용접 중 산소 등 불순물이 혼합되면 스폰지 모양으로 되어 강도가 현저히 저하된다.

49 불활성가스 금속 아크용접(MIG)의 특성이 아닌 것은?

① 아크 자기제어 특성이 있다.
② 정전압 특성, 상승 특성이 있는 직류용접기이다.
③ 반자동 또는 전자동 용접기로 속도가 빠르다.
④ 잔류밀도가 낮아 3mm 이하 얇은 판 용접에 능률적이다.

50 결함 끝 부분을 드릴로 구멍을 뚫어 정지 구멍을 만들고 그 부분을 깎아내어 다시 규정의 홈으로 다듬질한 후 보수를 하는 용접부는?

① 슬래그섞임   ② 균열
③ 언더컷   ④ 오버랩

해설 주철 보수용접에서 균열부분을 그냥 용접하면 용접 후 균열이 더 전파되므로 균열 양 끝에 작은 드릴 구멍을 만든 후 깎아내고 용접한다.

정답 44.③ 45.④ 46.② 47.③ 48.③ 49.④ 50.②

51 다음 겨냥도를 3각법으로 바르게 투상한 것은 어느 것인가?

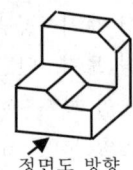
정면도 방향

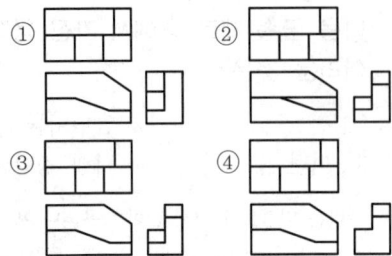

52 다음 도면은 정면도이다. 이 정면도에 가장 적합한 평면도는? ★★

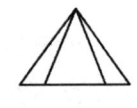

53 3개의 좌표측의 투상각이 서로 다르게 되는 축측 투상으로 평면, 측면, 정면을 하나의 투상면 위에 동시에 볼 수 있도록 그려진 투상법은?

① 부등각 투상법 ② 국부 투상법
③ 등각 투상법   ④ 경사 투상법

해설 등각 투상도는 입체 형상을 수평선을 기준으로 각각 30도 등 좌우가 같은 투상도, 부등각 투상도는 좌우 각이 다른 투상도이다.

54 한 면은 3각법으로 표현하고, 또 한면은 1각법으로 표현한 것은?

① 회전 투상도   ② 등각 투상도
③ 요점 투상도   ④ 복각 투상도

55 인접부분을 참고로 표시하는데 사용하는 선은? ★★

① 숨은선   ② 가상선
③ 외형선   ④ 피치선

해설 가상선은 가는 2점 쇄선을 사용한다.

56 화살표 방향에서 보았을 때 올바른 투상도는?

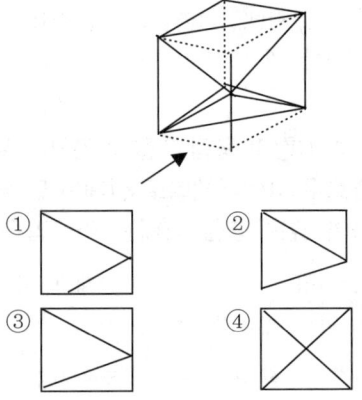

57 그림과 같은 입체도에서 화살표 방향이 정면일 경우 평면도로 가장 적합한 것은? ★★

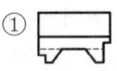

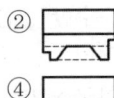

정답 51.③ 52.④ 53.① 54.④ 55.② 56.③ 57.④

58 양면 용접부 조합 기호에 대하여 그 명칭이 옳은 것은?

① K : 양면 V형 맞대기 용접
② ⋎ : 양면 U형 맞대기 용접
③ X : 양면 K형 맞대기 용접
④ ⋏ : 넓은 루트면이 있는 K형 맞대기 용접

해설 ① : K형 맞대기 용접,
③ : 양면 V형 맞대기 용접(X형 용접),
④ : 넓은 루트면이 있는 양면 V형 맞대기 용접

59 상, 하 또는 좌, 우 대칭인 물체의 중심선을 기준으로 내부와 외부 모양을 동시에 표시하는 단면도는?

① 한쪽 단면도 ② 온 단면도
③ 계단 단면도 ④ 부분 단면도

해설 물체의 1/4만 절단한 모양을 도면으로 나타낼 때 한쪽(수평 중심선의 경우 위)에 단면을 아래는 외형을 나타내는 단면도이며 전에는 반단면도라고 했었다.

60 KS 재료 중에서 탄소강 주강품을 나타내는 "SC 410"이 의미하는 것은?

① 최저 인장강도 ② 규격 순서
③ 탄소 함유량 ④ 제작 번호

해설 SC : 주강
410 : 최저 인장강도가 $410N/cm^2(42kgf/cm^2)$임을 의미한다.

정답 58.② 59.① 60.①

2013 제2회 이산화탄소가스아크용접기능사/ 가스텅스텐아크용접기능사 기출문제

2013년 4월 14일 시행

01 아크용접에서 피복제 중 아크 안정제에 해당되지 않는 것은?

① 산화티탄(TiO_2)
② 석회석($CaCO_3$)
③ 규산칼륨(K_2SiO_3)
④ 탄산바륨($BaCO_3$)

해설
- 아크 안정제 : 산화티탄, 규산나트륨, 석회석, 규산칼륨 등
- 가스 발생제 : 녹말, 톱밥, 석회석, 탄산바륨, 셀룰로오스 등
- 슬래그 생성제 : 산화철, 일미나이트, 산화티탄, 이산화망간, 석회석, 규사, 장석, 형석 등
- 탈산제 : 규소철, 망간철, 티탄철, 망간, 알루미늄 등

02 변형교정 방법 중 외력만으로 소성변형을 일으키게 하여 변형을 교정하는 방법은?

① 박판에 대한 점 수축법
② 형재에 대한 직선 수축법
③ 가열 후 해머링하는 방법
④ 롤러에 거는 방법

해설 용접변형 교정방법에서 외력만으로 소성변형을 일으켜 변형을 교정하는 방법은 롤러에 거는 방법이다.

03 용접봉의 종류에서 용융금속의 이행 형식에 따른 분류가 아닌 것은? ★★★★

① 단락형   ② 글로뷸러형
③ 스프레이형 ④ 직렬식 노즐형

해설 용융금속 이행 형식으로 단락형, 스프레이형, 글로뷸러형이 있다.

04 다음 중 침투탐상검사의 장점으로 적합하지 않은 것은?

① 자성, 비자성체 관계없이 검사가 가능하다.
② 제품의 크기, 형상 등에 크게 영향을 받지 않는다.
③ 미세한 균열도 탐상이 가능하다.
④ 검사원의 경험과 지식에 따라 크게 좌우된다.

해설 PT(침투탐상검사 : 국부적 시험이 가능하고, 미세한 균열도 탐상이 가능하다.

05 연강용 피복금속 아크용접봉의 작업성 중 직접 작업성이 아닌 것은?

① 아크 발생
② 용접봉 용융상태
③ 스패터 제거의 난이도
④ 슬래그 상태

해설 용접봉의 작업성
① 직접 작업성 : 아크 상태, 아크발생, 용접봉

정답 01.④ 02.④ 03.④ 04.④ 05.③

용융상태, 슬래그 상태, 스패터.
② 간접 작업성 : 부착 슬래그 박리성, 스패터 제거의 난이도.

06 2차 무부하 전압이 80V, 아크전류가 200A, 아크전압 30V, 내부 손실 3KW 일 때 역률(%)은?

① 48.00%   ② 56.25%
③ 60.00%   ④ 66.67%

[해설]
$$역률 = \frac{소비전력kW}{전원입력kVA}$$
$$역률 = \frac{아크전력 + 내부손실}{2차무부하전압 \times 아크전류} \times 100$$
$$\therefore \frac{(30 \times 200) + 3000}{80 \times 200} \times 100 = 56.25\%$$

07 피복 아크용접에서 직류 정극성(DCSP)을 사용하는 경우 모재와 용접봉의 열 분배율은?

① 모재 70%, 용접봉 30%
② 모재 30%, 용접봉 70%
③ 모재 60%, 용접봉 40%
④ 모재 40%, 용접봉 60%

[해설] 직류 정극성은 용접봉(-) : 30%, 모재(+) : 70%로 모재 용입이 깊고 용접봉의 녹음이 느리며, 비드 폭이 좁아 일반적으로 많이 사용된다.

08 교류 아크용접기에서 교류 변압기의 2차 코일에 전압이 발생하는 원리는 무슨 작용인가?

① 저항 유도 작용   ② 전자 유도 작용
③ 전압 유도 작용   ④ 전류 유도 작용

[해설] 전자유도 : 도체와 자속의 변화나 자장 중에서 도체를 움직일 때 도체에 기전력이 유도되는 현상. 이때 발생한 전압을 유도기전력, 흐르는 전류를 유도전류라 한다.
유도 기전력의 크기는 코일을 지나는 자속의 매초 변화량과 코일의 권수에 비례한다.(패러데이 법칙)

09 아세틸렌 가스의 자연발화온도는 몇 ℃ 정도인가?

① 250~300℃   ② 300~397℃
③ 406~408℃   ④ 700~705℃

[해설] 아세틸렌은 406~408℃가 되면 자연발화하고 505~515℃가 되면 폭발하며 산소가 없어도 780℃ 이상이 되면 자연 폭발한다.

10 수동가스절단시 일반적으로 팁 끝과 강판 사이의 거리는 백심에서 몇 mm 정도 유지시키는가?

① 0.1~0.5   ② 1.5~2.0
③ 3.0~3.5   ④ 5.0~7.0

[해설] 수동 절단시 팁 끝과 연강판 사이 거리는 백심에서 1.5~2.0mm정도 떨어지게 하며 절단부를 예열하여 900℃ 정도 되었을 때 고압 산소 밸브를 열어 절단을 한다.

11 알루미늄 등의 경금속에 아르곤과 수소의 혼합가스를 사용하여 절단하는 방식인 것은?

① 분말절단   ② 산소 아크 절단
③ 플라즈마 절단   ④ 수중절단

[해설] 플라즈마 절단의 작동 가스는 알루미늄 등의 경금속에 아르곤과 수소의 혼합가스가 사용되며 스테인리스강에 대해서는 질소와 수소의 혼합가스가 일반적으로 사용되고 있다.

정답 06.② 07.① 08.② 09.③ 10.② 11.③

12 산소 용기의 윗부분에 각인되어 있지 않은 것은? ★★

① 용기의 중량
② 최저 충전압력
③ 내압시험 압력
④ 충전가스의 내용적

해설 최저 충전 압력이 아니고 최고 충전압력임
  □ : 용기제작사 명칭 O_2 : 산소
  V : 내용적   W : 용기 중량
  TP : 내압시험 압력   FP : 최고충전 압력

13 중공의 피복 용접봉과 모재 사이에 아크를 발생시키고 중심에서 산소를 분출 시키면서 절단하는 방법은?

① 아크에어 가우징(arc air gouging)
② 금속 아크 절단(metal arc cutting)
③ 탄소 아크 절단(carbon arc cutting)
④ 산소 아크 절단(oxygen arc cutting)

14 용접에서 아크길이가 길어질 때 발생하는 현상이 아닌 것은?

① 아크가 불안정하게 된다.
② 스패터가 심해진다.
③ 산화 및 질화가 일어난다.
④ 아크전압이 감소한다.

해설 아크길이가 너무 길면 아크가 불안정하고 용융금속이 산화 및 질화되기 쉬우며, 열집중의 부족, 용입불량, 스패터가 심하게 된다.

15 용접열원으로 전기가 필요 없는 용접법은?

① 테르밋 용접
② 원자수소 용접
③ 일렉트로 슬래그 용접
④ 일렉트로 가스 아크용접

해설 테르밋 용접은 테르밋 제의 화학 반응열을 이용하므로 전기나 가스 등의 가열이 필요없는 용접이다.

16 연강용 피복 아크용접봉의 E 4316에 대한 설명 중 틀린 것은?

① E : 피복금속 아크용접봉
② 43 : 전용착 금속의 최대인장강도
③ 16 : 피복제의 계통
④ E 4316 : 저수소계 용접봉

해설 43 : 용착 금속의 최저인장 강도를 나타낸다.

17 용접기 설치시 1차 입력이 10kVA 이고 전원 전압이 200V이면 퓨즈 용량은?

① 50A   ② 100A
③ 150A   ④ 200A

해설 $\dfrac{10kVA}{200V} = 50A$

18 특수 황동에 대한 설명으로 가장 적합한 것은?

① 주석황동 : 황동에 10% 이상의 Sn을 첨가한 것
② 알루미늄 황동 : 황동에 10~15%의 Al을 첨가한 것
③ 철황동 : 황동에 5% 정도의 Fe을 첨가한 것
④ 니켈황동 : 황동에 7~30%의 Ni을 첨가한 것

해설
• 주석황동 : 황동에 주석 1% 첨가
• 알루미늄황동(알브락) : 황동에 알루미늄 2% 첨가
• 철황동(델타 메탈) : 황동에 철 1~2% 첨가

정답 12.② 13.④ 14.④ 15.① 16.② 17.① 18.④

19 탄소강의 기계적 성질 변화에서 탄소량이 증가하면 어떠한 현상이 생기는가?

① 강도와 경도는 감소하나 인성 및 충격값 연신률, 단면 수축률은 증가한다.
② 강도와 경도가 감소하고 인성 및 충격값 연신률, 단면 수축률도 감소한다.
③ 강도와 경도가 증가하고 인성 및 충격값 연신률, 단면 수축률도 증가한다.
④ 강도와 경도는 증가하나 인성 및 충격값 연신률, 단면 수축률도 감소한다.

해설 탄소강에 탄소량이 증가하면 용융점이 감소하여 경도, 강도는 증가하나 인성, 연신률, 충격값, 단면 수축률은 감소한다.

20 스테인리스강을 불활성 가스 금속아크 용접법으로 용접시 장점이 아닌 것은?

① 아크열의 집중성보다 확장성이 좋다.
② 어떤 방향으로도 용접이 가능하다.
③ 용접이 고속도로 아크 방향으로 방사된다.
④ 합금원소가 98% 이상으로 거의 전부가 용착금속에 옮겨진다.

해설 아크의 열 집중성이 좋아 TIG 용접에 비하여 두꺼운 판의 용접에 이용된다.

21 연강에 비해 고장력강의 장점이 아닌 것은?

① 소요 강재의 중량을 상당히 경감시킨다.
② 재료의 취급이 간단하고 가공이 용이하다.
③ 구조물의 하중을 경감시킬 수 있어 그 기초공사가 간단해진다.
④ 동일한 강도에서 판의 두께를 두껍게 할 수 있다.

22 다음 중 작업자가 연강판을 잘라 슬래그 해머를 만들어 담금질을 하였으나, 경도가 높아지지 않았을 때 가장 큰 이유에 해당하는 것은?

① 단조를 하지 않았기 때문이다.
② 망간의 함유량이 적었기 때문이다.
③ 탄소 함유량이 적었기 때문이다.
④ 가열온도가 맞지 않았기 때문이다.

23 가단주철의 종류가 아닌 것은?

① 산화 가단주철
② 백심 가단주철
③ 흑심 가단주철
④ 펄라이트 가단주철

해설 가단 주철의 처리방식에 따라
- 백심 가단 주철 : 파단면 색이 흰색
- 흑심 가단 주철 : 파단면 색이 검은색
- 펄라이트 가단 주철 : 입상펄라이트 조직

24 TIG 용접으로 스테인리스강을 용접하려 한다. 가장 적합한 전원 극성으로 맞는 것은?

① 교류전원   ② 직류 정극성
③ 직류 역극성   ④ 고주파 교류전원

해설 스테인리스강을 TIG 용접할 때에는 직류 정극성이 적합하다. 전극은 토륨 1~2% 함유된 것이 좋으며, 아크가 안정적이며 전극의 소모가 적다.

25 재료의 잔류 응력을 제거하기 위해 적당한 온도와 시간을 유지한 후 냉각하는 방식으로, 일명 저온풀림이라고 하는 것은?

① 재결정풀림   ② 확산풀림
③ 응력제거풀림   ④ 중간풀림

해설 응력제거 풀림은 용접에 의해서 생긴 잔류 응력을 제거하기 위한 열처리의 일종으로 구조용강의 경우에는 약 550~650℃, 주철 주물 500℃ 전후, 황동 180~200℃, 구리 합금 180~300℃, 니켈 합금 280~490℃의 온도 범위로 일정한 시간을 유지하였다가 노 속에서 냉각시킨다.

26 Mg-Al계 합금에 소량의 Zn, Mn을 첨가한 마그네슘 합금은?

① 다우 메탈 ② 일렉트론 합금
③ 하이드로날륨 ④ 라우탈 합금

해설 일렉트론 합금은 Mg-Al-Zn 합금으로서 주조용과 단조용 합금으로 사용된다. 주물로서는 실루민과 같은 정도의 강도가 있으며, 제작도 쉽고, 부식을 적당한 도료로 방지할 수 있으며 가볍고 강하기 때문에 주물로는 크랭크 케이스, 피스톤, 기어, 타이프 라이터, 자동차, 전기 공업 등에 사용된다.

27 알루미늄 합금으로 강도를 높이기 위해 구리, 마그네슘 등을 첨가하여 열처리 후 사용하는 것으로 교량, 항공기 등에 사용하는 것은?

① 주조용 알루미늄 합금
② 내열 알루미늄 합금
③ 내식 알루미늄 합금
④ 고강도 알루미늄 합금

28 금속표면이 녹슬거나 산화물질로 변화되어가는 금속의 부식현상을 개선하기 위해 이용되는 강은?

① 내식강 ② 내열강
③ 쾌삭강 ④ 불변강

해설 내식강은 내식성이 강한 합금강으로 크롬계의 대표적인 것으로는 13 크롬강, 18 크롬강 등이 있고, 니켈-크롬계의 대표적인 것으로는 18-8 스테인리스강(Cr 18%, Ni 8%) 등이 있다.

29 높은 곳에서 용접 작업시 지켜야 할 사항으로 틀린 것은?

① 족장이나 발판이 견고하게 조립되어 있는지 확인한다.
② 고소작업시 착용하는 안전모의 내부 수직거리는 10mm 이내로 한다.
③ 주변에 낙하물건 및 작업위치 아래에 인화성 물질이 없는지 확인한다.
④ 고소작업장에서 용접작업시 안전벨트 착용 후 안전로프를 핸드레일에 고정시킨다.

해설 안전모 내부의 수직 거리는 최소 25mm 이상 되어야 한다.

30 자분탐상 검사에서 검사물체를 자화하는 방법으로 사용되는 자화전류로서 내부결함의 검출에 적합한 것은?

① 교류
② 자력선
③ 직류
④ 교류나 직류 상관없다.

해설 자화 전류는 표면 결함의 검출에는 교류가 사용되며 내부결함의 검출에는 직류가 사용된다.

31 용접순서의 결정시 가능한 변형이나 잔류응력의 누적을 피할 수 있도록 하기 위한 유의사항으로 잘못된 것은?

① 용접물의 중심에 대하여 항상 대칭으로 용접을 해 나간다.
② 수축이 적은 이음을 먼저 용접하고 수축이 큰 이음은 나중에 용접한다.
③ 용접물이 조립되어 감에 따라 용접작업이 불가능한 곳이나 곤란한 경우가 생기지 않도록 한다.

정답 26.② 27.④ 28.① 29.② 30.③ 31.②

④ 용접물의 중립축을 참작하여 그 중립축에 대한 용접 수축력의 모멘트의 합이 "0"이 되게 하면 용접선 방향에 대한 굽힘이 없어진다.

32 형틀 굽힘(굴곡)시험을 할 때 시험편을 보통 몇 도까지 굽히는가?

① 180° ② 150°
③ 120° ④ 90°

[해설] 굴곡시험시 시험편은 보통 180°까지 굽힌다.

33 다음 중 불연성 물질이 아닌 가스는?

① 일산화탄소(CO) ② 이산화탄소(CO_2)
③ 질소(N_2) ④ 네온(Ne)

[해설] 불연성 가스에는 질소, 프레온, 헬륨, 네온, 이산화탄소, 탄산가스, 아르곤 등이 있다.

34 TIG 용접에서 사용되는 텅스텐 전극에 관한 설명으로 옳은 것은?

① 토륨을 1~2% 함유한 텅스텐 전극은 순 텅스텐 전극에 비해 전자 방사 능력이 떨어진다.
② 토륨을 1~2% 함유한 텅스텐 전극은 저 전류에서도 아크 발생이 용이하다.
③ 직류 역극성은 직류 정극성에 비해 전극의 소모가 적다.
④ 순 텅스텐 전극은 온도가 높으므로 용접 중 모재나 용접봉과 접촉되었을 경우에도 오염되지 않는다.

35 자동아크용접법 중의 하나로서 [그림]과 같은 원리로 이루어지는 용접법은?

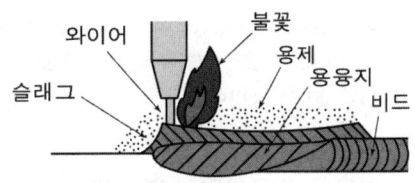

① 전자빔 용접
② 서브머지드 아크용접
③ 테르밋 용접
④ 불활성가스 아크용접

[해설] 서브머지드 아크용접은 아크가 보이지 않는 상태에서 용접이 진행된다고 하여 잠호 용접이라고도 한다.

36 전류밀도가 클 때 가장 잘 나타나는 것으로, 아크 전류가 일정 할 때 아크전압이 높아지면 용접봉의 용융 속도가 늦어지고, 아크전압이 낮아지면 용융속도가 빨라지는 특성은?

① 아크길이 자기제어 특성
② 절연 회복 특성
③ 전압 회복 특성
④ 부특성

[해설] 아크길이 자기제어 특성
아크 전류가 일정할 때 아크전압이 높아지면 용접봉의 용융속도가 늦어지고, 아크전압이 낮아지면 용융속도가 빨라지는 현상이다.

37 아크를 발생시키지 않고 와이어와 용융 슬래그, 모재 내에 흐르는 전기 저항열에 의하여 용접하는 방법은?

① TIG 용접
② MIG 용접
③ 일렉트로 슬래그 용접
④ 이산화탄소 아크용접

[해설] 일렉트로 슬래그 용접은 수냉 동판을 용접부의 양편에 부착하고 용융된 슬래그 속에서 전극 와이

정답 32.① 33.① 34.② 35.② 36.① 37.③

어를 연속적으로 송급하여 용융 슬래그 내를 흐르는 저항열에 의하여 전극 와이어 및 모재를 용융 접합시키는 방법이다.

38 다음은 잔류응력의 영향에 대한 설명이다. 가장 옳지 않은 것은?

① 재료의 연성이 어느 정도 존재하면 부재의 정적강도에는 잔류 응력이 크게 영향을 미치지 않는다.
② 일반적으로 하중방향의 인장 잔류응력은 피로강도에 무관하며, 압축 잔류응력은 피로강도에 취약한 것으로 생각된다.
③ 용접부 부근에는 항상 항복점에 가까운 잔류응력이 존재하므로 외부하중에 의한 근소한 응력이 가산되어도 취성파괴가 일어날 가능성이 있다.
④ 잔류응력이 존재하는 상태에서 고온으로 수개월 이상 방치하면 거의 소성 변형이 일어나지 않고 균열이 발생하여 파괴하는데, 이것을 시즌 크랙(season crack)이라 한다.

39 저수소계 용접봉의 건조온도에 대하여 올바르게 설명된 것은?

① 건조로 속의 온도가 100℃가열 되었을 때부터의 2~4 시간 정도 건조시킨다.
② 건조로 속에 들어있는 용접봉의 온도가 300~350℃에 도달한 시간부터 1~2시간 정도 건조 시킨다.
③ 건조로 속의 온도가 200℃일 때 용접봉을 넣은 다음부터 30분 정도 건조시킨다.
④ 건조로 속에 들어있는 용접봉의 온도가 100~200℃에 도달한 시간부터 2~3시간 정도 건조 시킨다.

해설 일반용접봉 : 70~100℃ 로 30분에서 1시간 건조

40 맞대기 용접에서 용접기호는 기준선에 대하여 90도의 평행선을 그리어 나타내며, 주로 얇은 판에 많이 사용되는 홈 용접은?

① V형 용접   ② H형 용접
③ X형 용접   ④ I형 용접

해설 I형 홈은 판두께가 6mm 이하의 경우 사용되며 홈 가공이 쉽고 루트간격을 좁게 하면 용착 금속의 양도 적어져서 경제적인 면에서는 우수하나 두께가 두꺼워지면 완전 용입이 어렵다.

41 원자수소 용접에 사용되는 전극은?

① 구리 전극   ② 알루미늄 전극
③ 텅스텐 전극   ④ 니켈 전극

해설 원자 수소 용접은 2개의 텅스텐 전극봉 사이에서 아크를 발생시키면 아크의 고열을 흡수하여 수소는 열 해리되어 분자 상태의 수소가 원자상태의 수소로 되며 모재 표면에서 냉각되어 원자 상태의 수소가 다시 결합해 분자 상태로 될 때 방출되는 열을 이용하여 용접하는 방법이다.

42 필릿용접에서 루트간격이 1.5 mm 이하일 때, 보수용접 요령으로 가장 적합한 것은?

① 목길이를 3배수로 증가시켜 용접한다.
② 그대로 용접하여도 좋으나 넓혀진 만큼 목길이를 증가시킬 필요가 있다.
③ 그대로 규정된 목길이로 용접한다.
④ 라이너를 넣든지, 부족한 판을 300mm 이상 잘라내서 대체한다.

정답 38.② 39.② 40.④ 41.③ 42.③

43 TIG용접용 텅스텐 전극봉의 전류 전달능력에 영향을 미치는 요인이 아닌 것은?

① 사용전원 극성
② 전극봉의 돌출길이
③ 용접기 종류
④ 전극봉 홀더 냉각효과

해설 텅스텐 전극봉의 전류 전달 능력은 용접기 종류와는 상관없다.

44 CO_2 가스 아크 편면용접에서 이면 비드의 형성은 물론 뒷면 가우징 및 뒷면 용접을 생략할 수 있고, 모재의 중량에 따른 뒤업기(turn over)작업을 생략할 수 있도록 홈 용접부 이면에 부착하는 것은?

① 포지셔너   ② 스캘럽
③ 엔드탭   ④ 뒷댐재

해설 뒷댐재에는 구리 뒷댐재, 글라스 테이프, 세라믹 제품 등이 있으나 일반적인 뒷댐재에는 세라믹 제품이 주로 사용되고 홈의 형상이나 재료의 두께에 따라 다양한 모양의 뒷댐재가 사용되고 있다.

45 다음 중 불활성 가스 텅스텐 아크용접에 사용되는 전극봉이 아닌 것은?

① 티타늄 전극봉
② 순 텅스텐 전극봉
③ 토륨 텅스텐 전극봉
④ 산화란탄 텅스텐 전극봉

해설 전극봉 종류에는 ②, ③, ④ 외에 산화 셀륨 텅스텐 전극봉이 있다.

46 직류 아크용접을 할 때 극성 선택에 고려되어야 할 사항으로 거리가 먼 것은?

① 용접 지그
② 피복제의 종류
③ 용접이음의 모양
④ 용접봉 심선의 재질

해설 직류 아크용접 작업 시 극성 선택의 고려사항에 용접지그는 해당사항이 없다.

47 아크를 보호하고 집중시키기 위하여 내열성의 도기로 만든 페놀(ferrule)이라는 기구를 사용하는 용접은?

① 스터드 용접   ② 테르밋 용접
③ 전자빔 용접   ④ 플라스마 용접

해설 스터드 용접은 스터드 선단에 페롤이라 불리는 보조 링을 끼우고, 스터드를 모재에서 약간 떼어 놓아 아크를 발생시켜 적당히 용융하였을 때 스터드를 용융지에 압력을 가하여 접합시키는 방법이다.

48 잔류응력의 경감 방법 중 노내풀림법에서 응력제거 풀림에 대한 설명으로 가장 적합한 것은?

① 유지온도가 높을수록, 또 유지시간이 길수록 효과가 크다.
② 유지온도가 낮을수록, 또 유지시간이 짧을수록 효과가 크다.
③ 유지온도가 높을수록, 또 유지시간이 짧을수록 효과가 크다.
④ 유지온도가 낮을수록, 또 유지시간이 길수록 효과가 크다.

49 용접전류가 용접하기에 적합한 전류보다 높을 때 가장 발생되기 쉬운 용접 결함은?

① 용입불량   ② 언더컷
③ 오버랩   ④ 슬래그 섞임

정답 43.③ 44.④ 45.① 46.① 47.① 48.① 49.②

> 해설) 언더컷은 전류가 너무 높을 때, 아크길이가 너무 길 때, 용접 속도가 적당하지 않을 때 발생한다.

50 재해와 숙련도 관계에서 사고가 가장 많이 발생하는 근로자는?

① 경험이 1년 미만인 근로자
② 경험이 3년인 근로자
③ 경험이 5년인 근로자
④ 경험이 10년인 근로자

51 치수선, 치수보조선, 지시선, 회전단면선으로 사용되는 선의 종류는?

① 가는 파선   ② 가는 1점 쇄선
③ 가는 실선   ④ 가는 2점 쇄선

> 해설) 가는 실선 : 치수선, 치수 보조선, 지시선, 회전단면선, 중심선 등

52 다음은 제3각법의 정투상도로 나타낸 정면도와 우측면도이다. 평면도로 가장 적합한 것은?

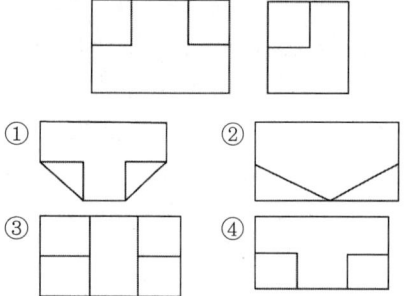

53 원호의 반지름이 커서 그 중심위치를 나타낼 필요가 있을 경우, 지면 등의 제약이 있을 때는 그 반지름의 치수선을 구부려서 표시할 수 있다. 이 때 치수선의 표시 방법으로 맞는 것은?

① 치수선의 방향은 중심에 관계없이 보기 좋게 긋는다.
② 중심점에서 연결된 치수선의 방향은 정확히 화살표로 향한다.
③ 치수선에 화살표가 붙은 부분은 정확한 중심 위치를 향하도록 한다.
④ 중심점의 위치는 원호의 실제 중심위치에 있어야 한다.

> 해설) 원호의 반지름이 커서 그 중심 위치를 나타낼 필요가 있을 경우에는 치수선에 화살표가 붙은 부분은 정확한 중심 위치를 향하도록 한다.

54 판금 제품을 만드는데 필요한 도면으로 입체의 표면을 한 평면 위에 펼쳐서 그리는 도면은?

① 전개도   ② 회전 평면도
③ 보조 투상도   ④ 사투상도

> 해설) 전개도 : 종이 박스 등과 같이 박스 모양을 평면에 그려서 불필요 부분을 제거하고 접으면 박스가 되듯 얇은 판 등에 물체의 펼친 모양을 나타낸 도면

55 물체의 일부분을 파단한 경계 또는 일부를 떼어낸 경계를 나타내는 선으로 불규칙한 파형의 가는 실선인 것은?

① 파단선   ② 지시선
③ 가상선   ④ 절단선

> 해설)
> • 지시선 : 기술, 기호 등을 표시하기 위하여 끌어내는데 사용하는 선
> • 가상선 : 인접 부분을 참고로 표시하는데 사용하는 선
> • 절단선 : 단면도를 그리는 경우, 그 절단 위치를 대응하는 그림에 표시하는데 사용하는 선

정답 50.① 51.③ 52.④ 53.③ 54.① 55.①

56 기계 재료의 종류 기호 "SM275A"가 뜻하는 것은?

① 일반 구조용 압연 강재
② 기계 구조용 압연 강관
③ 용접 구조용 압연 강재
④ 자동차 구조용 열간 압연 강판

해설
S : steel
M : 제품형상이나 용도
275 : 최저 항복강도 275MPa(N/mm^2)
A : A종
SM 275A : 용접 구조용 압연 강재이다.

57 구멍에 끼워 맞추기 위한 구멍, 볼트, 리벳의 기호 표시에서 양쪽면에 카운터 싱크가 있고, 현장에서 드릴가공 및 끼워 맞춤을 하는 것은?

①    ②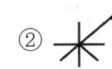
③    ④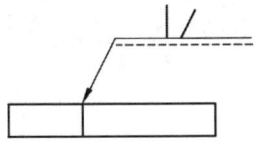

58 다음 투상도 중 1각법이나 3각법(에서 배열위치가)으로 투상하여도 정면도를 기준으로 그 위치가 동일한 곳에 있는 것은? ★★

① 우측면도   ② 평면도
③ 배면도   ④ 저면도

해설
• 1각법 : 정면도 기준으로 좌측(우측면도), 우측(좌측면도→배면도), 위(저면도), 아래(평면도)
• 3각법 : 정면도 기준으로 좌측(좌측면도), 우측(우측면도→배면도), 위(평면도), 아래(저면도)

59 그림과 같은 용접 도시 기호를 올바르게 설명한 것은?

① 가파르게 경사진 V형 맞대기 용접이다.
② 평행(I형) 맞대기 용접이다.
③ 단면 U형 이음으로 맞대기 용접이다.
④ 단면 J형 이음으로 맞대기 용접이다.

해설 용접 기호 표시에서 실선의 위에 있는 왼쪽선은 수직이며, 우측은 약간 경사진 형상이므로 왼쪽 부재는 절단 상태로 면이 수직이며, 우측 부재는 약간의 경사각을 가진 가파르게 경사진 V형 맞대기 용접을 의미한다.

60 다음 도면에 관한 설명으로 틀린 것은?
(단, 도면의 등변 ㄱ형강 길이는 160mm이다.)

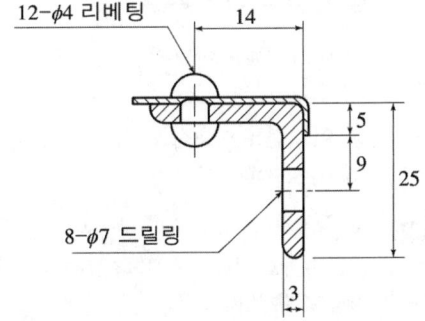

① 등변 ㄱ형강의 호칭은 L 25×25×3 −160이다.
② Ø 4리벳의 개수는 알 수 없다.
③ Ø 7구멍의 개수는 8개이다.
④ 리벳팅의 위치는 치수가 14mm인 위치에 있다.

해설 Ø4 리벳의 개수는 12개이다.

정답 56.③ 57.④ 58.③ 59.① 60.②

2013 제4회 이산화탄소가스아크용접기능사/ 가스텅스텐아크용접기능사 기출문제

2013년 7월 21일 시행

01 탄산가스를 이용한 용극식 용접에서 용강 중에 산화철(FeO)을 감소시켜 기포를 방지하기 위해 와이어에 첨가하는 원소는?

① C, Na
② Si, Mn
③ Mg, Ca
④ S, P

해설 FeO + Mn → MnO + Fe, 2FeO + Si → SiO_2 + 2Fe
기포를 방지하기 위하여 Mn, Si 등의 탈산제를 첨가한다.

02 피복 아크용접에서 용접봉의 용융 속도로 맞는 것은? ★★★

① 아크전류 × 아크저항
② 무부하 전압 × 아크저항
③ 아크전류 × 용접봉 쪽 전압강하
④ 아크전류 × 무부하 전압

해설 용융속도는 단위 시간당 소비되는 용접봉의 길이 또는 무게로 나타내며 아크전류×용접봉 쪽 전압강하로 결정된다.

03 다음 중 특히 두꺼운 판을 맞대기 용접에 의해 충분한 용입을 얻으려고 할 때 가장 적합한 홈의 형상은?

① V형
② H형
③ K형
④ I형

해설 두꺼운(후) 판 용접은 가능한 용착금속량이 적은 방법의 설계가 필요하며 H형의 경우 루트 반지름은 크게, 홈각은 작게 함으로써 용착금속을 최소화하면서 완전 용입이 가능한 홈이나 문제는 홈가공이 어렵다는 것이다.

04 연강용 피복 아크용접봉의 특성에 대한 설명 중 틀린 것은?

① 일미나이트계는 슬래그 생성계이다.
② 고셀룰로스계는 슬래그 생성계이다.
③ 고산화티탄계는 아크 안정성이 좋다.
④ 저수소계는 기계적 성질이 우수하다.

해설 고셀룰로스계는 가스 실드계의 대표적인 용접봉이다. 이는 셀룰로오스를 20~30% 정도 포함하고 있어 다량의 가스가 발생하며 이 가스에 의해 용착부를 보호하는 형식이며 피복이 얇고, 슬래그가 적으므로 좁은 홈의 용접이나 수직상진, 하진 및 위보기 용접에 우수한 작업성을 나타낸다.

05 탄소 아크 절단에 대한 설명한 것 중 틀린 것은?

① 전원은 주로 직류 역극성이 사용된다.
② 주철 및 고탄소강의 절단에서는 절단면은 가스절단면에 비하여 대단히 거칠다.
③ 중후판의 절단은 전자세로 작업한다.
④ 주철 및 고탄소강의 절단에서는 절단면에 약간의 탈탄이 생긴다.

해설 탄소 아크 절단은 탄소 또는 흑연 전극봉과 금속 사이에서 아크를 일으켜 금속의 일부를 용융 제거 절단법으로 주로 직류 정극성이 사용된다.

정답 01.② 02.③ 03.② 04.② 05.①

06 발전기형 용접기와 정류기형 용접기의 특징을 비교한 아래의 [표]에서 내용이 틀린 것은?

구분		발전기형	정류기형
①	전 원	없는 곳에서 가능	없는 곳에서 불가능
②	직류전원	완전한 직류	불완전한 직류
③	구 조	간 단	복 잡
④	고 장	많 다	적 다

① ①　　　　　　② ②
③ ③　　　　　　④ ④

해설 발전기형이 구조가 복잡해 보수 및 점검이 어렵다.

07 다음 중 용접법의 분류에서 초음파 용접은 어디에 속하는가? ★★

① 납땜　　　② 압접
③ 융접　　　④ 아크용접

해설
- 융접 : 아크용접, 가스용접, 특수용접
- 압접 : 단접, 저항용접, 유도 가열 용접, 초음파 용접, 마찰 용접, 가압 테르밋 용접, 가스 압접
- 납땜 : 연납땜, 경납땜

08 용기에 충전된 아세틸렌 가스의 양을 측정하는 방법은?

① 기압에 의해 측정한다.
② 아세톤이 녹는 양에 의해서 측정한다.
③ 무게에 의하여 측정한다.
④ 사용시간에 의하여 측정한다.

해설 용기 내의 아세틸렌은 용해 아세틸렌이라 하여 아세톤에 용해되어 있는 용해 아세틸렌이므로 무게와 대기 중에 환산량으로 측정한다.
아세틸렌 가스양 = 905(충전 후 무게 − 빈 용기 무게)로 계산한다.

09 가스 에너지 중 스스로 연소할 수 없으나 다른 가연성 물질을 연소시킬 수 있는 지연성 가스는?

① 수소　　　② 프로판
③ 산소　　　④ 메탄

해설 산소는 지(조)연성 가스이며 다른 물질을 연소시키는데 도와주는 조연성 가스이다.

10 서브머지드 아크용접법으로 조선의 대판계(大板桂) 용접, 스테인리스강 용접, 덧살 붙임용접을 할 때 사용하는 용접용 용제(flux)로 적합한 것은?

① 용융형 용제　　② 혼성형 용제
③ 혼합형 용제　　④ 소결형 용제

해설 일반적으로 소결형 용제가 많이 사용되고 있다.

11 CO_2 가스 아크용접의 보호가스 설비에서 히터장치가 필요한 가장 중요한 이유는?

① 기체가스를 냉각하여 아크를 안정하게 하기 위하여
② 액체가스가 기체로 변하면서 열을 흡수하기 때문에 조정기의 동결을 막기 위하여
③ 동절기의 용접 시 용접부의 결함방지와 안전을 위하여
④ 용접부의 다공성을 방지하기 위하여 가스를 예열하여 산화를 방지하기 위하여

해설 CO_2 가스는 액체 상태로 용기에 보관되며, 기화 시 열을 흡수하여 도관이나 조정기가 결빙할 수 있으므로 이를 방지하기 위해 조정기에 히터장치가 부착되어 있어 결빙을 방지하고 있다.

정답 06.③　07.②　08.③　09.③　10.④　11.②

12 용접 홀더 중 손잡이 부분 외를 작업 중에 전격의 위험이 적도록 절연체로 제조되어 있어 주로 많이 사용되는 것은?

① A형　　② B형
③ C형　　④ D형

해설
- A형 : 작업 중 전격의 위험이 적어 주로 사용한다.
- B형 : 손잡이 부분 외에는 절연되지 않은 노출된 형태로 전격의 위험이 있다.

13 가스 가우징에 대한 설명 중 옳은 것은?

① 용접부의 결함, 가접의 제거 등에 사용된다.
② 드릴작업의 일종이다.
③ 저압식 토치의 압력 조절방법의 일종이다.
④ 가스의 순도를 조절하기 위한 방법이다.

해설 가스 가우징은 토치를 사용하여 용접 부분의 뒷면을 따내든지, U형, H형의 용접 홈을 가공하기 위한 가공법이다.

14 피복아크용접용 기구 중 홀더에 관한 사항 중 옳지 않은 것은?

① 용접봉을 고정하고 용접전류를 용접케이블을 통하여 용접봉 쪽으로 전달하는 기구이다.
② 홀더 자신은 전기저항과 용접봉을 고정시키는 조 부분의 접촉저항에 의한 발열이 되지 않아야 한다.
③ 홀더가 400호이라면 정격 2차 전류가 400[A]임을 의미한다.
④ 손잡이 이외의 부분까지 절연체로 감싸서 전격의 위험을 줄이고 온도 상승에도 견딜 수 있는 일명 안전홀더 즉 B형을 선택하여 사용한다.

15 다음 중 발화성 물질이 아닌 것은?

① 카바이드　　② 금속나트륨
③ 황린　　　　④ 질산에틸

해설 발화성 물질 : 소방법시행령 별표의 제2류, 제3류 위험물, 스스로 발화나 발화가 쉽거나 물과 접촉하여 발화하고 가연성 가스를 발생할 수 있는 물질
① 가연성 고체로서 카바이드, 황화린, 적린, 황, 철분, 금속분, 마그네슘, 인화성 고체 등
② 자연 발화성 물질에는 황린, 금속 나트륨, 칼륨, 알킬알루미늄, 알킬리듐, 알칼리 금속, 유기금속 화합물, 금속의 수소화물, 금속의 인화합물, 칼슘 또는 알루미늄의 탄화물 등

16 가스절단 불꽃에서 아세틸렌 과잉 불꽃이라 하며 속불꽃과 겉불꽃 사이에 아세틸렌 페더가 있는 것은?

① 바깥불꽃　　② 중성불꽃
③ 산화불꽃　　④ 탄화불꽃

해설 ④ : 아세틸렌 과잉 불꽃, 속불꽃과 겉불꽃 사이에 백색의 아세틸렌 페더가 있다.

17 가스절단에서 압력조정기의 압력 전달 순서가 올바르게 된 것은?

① 부르동관 → 링크 → 섹터기어 → 피니언
② 부르동관 → 피니언 → 링크 → 섹터기어
③ 부르동관 → 링크 → 피니언 → 섹터기어
④ 부르동관 → 피니언 → 섹터기어 → 링크

18 황동 표면에 불순물 또는 부식성 물질이 녹아 있는 수용액의 작용에 의해서 발생되는 현상은?

① 탈 아연 부식　　② 자연균열
③ 고온 탈아연　　④ 경년변화

정답　12.① 13.① 14.④ 15.④ 16.④ 17.① 18.①

해설 탈아연 부식은 20% 이상의 아연을 포함한 황동이 바닷물에 침식될 경우 아연만이 용해되고 동은 남아 있어 재료에 구멍이 나기도 하고, 얇게 되기도 하는 현상이다.

19 주조시 주형에 냉금을 삽입하여 주물의 표면을 급냉시켜 백선화하고 경도를 증가시킨 내마모성 주철은? ★★

① 가단 주철 ② 구상흑연주철
③ 고규소 주철 ④ 칠드 주철

해설 칠드주철은 주물의 일부 또는 전부의 표면을 높은 경도 또는 내마모성으로 만들기 위해 금형에 접해서 주철용탕을 응고 급냉시켜서 제조하는 주철 주물이다.

20 Ni 합금 중에서 구리에 Ni 40~50% 정도를 첨가한 합금으로 저항선, 전열선 등으로 사용되며 열전쌍의 재료로도 사용되는 것은?

① 모넬메탈 ② 퍼멀로이
③ 콘스탄탄 ④ 큐프로 니켈

해설 콘스탄탄은 니켈 40~50%와 동과의 합금으로, 전기 저항이 크며 전기 저항값은 온도변화의 영향을 받는다. 동, 철판의 조합으로 기전력이 크기 때문에 열전대·계측기 등에 사용되고 있다.

21 오스테나이트 스테인리스강 용접시 유의사항으로 틀린 것은?

① 짧은 아크길이를 유지한다.
② 아크를 중단하기 전에 크레이터 처리를 한다.
③ 낮은 전류값으로 용접하여 용접입열을 억제한다.
④ 용접하기 전에 예열을 하여야 한다.

해설 오스테나이트 스테인리스강은 예열을 하지 말아야 한다.

22 순철에 대한 설명 중 맞는 것은?

① 순철은 동소체가 없다.
② 전기 재료 변압기 철심에 많이 사용된다.
③ 강도가 높아 기계 구조용으로 적합하다.
④ 순철에는 전해철, 탄화철, 쾌삭강 등이 있다.

해설 순철은 순도가 매우 높고, 철 중에 가장 연성이 크고 구리나 알루미늄보다 강도가 있으며, 전기도 어느 정도 잘 통하므로 합금재료, 촉매, 전자기 재료, 변압기 철심 등에 쓰인다.

23 합금강에 첨가하는 원소 중 고온강도 개선, 인성향상과 저온취성을 방지해 주는 원소는?

① Al(알루미늄) ② Mo(몰리브덴)
③ Cu(구리) ④ Ti(티타늄)

해설 Mo : 고온강도 개선, 인성향상, 저온취성 방지, 담금질깊이, 크리프 저항, 내식성 증가, 뜨임취성 방지

24 강이나 주철제의 작은 불을 고속 분사하는 방식으로 표면층을 가공 경화시키는 것은?

① 금속 침투법 ② 숏 피닝
③ 하드 페이싱 ④ 질화법

해설 숏 피닝은 숏이라고 하는 강제를 피가공품 표면에 20~50m/sec 속도로 다수 투사하는 냉간 가공법으로 스프링, 기어, 차축 등의 피로 수명의 개선에 기여하고 있다.

정답 19.④ 20.③ 21.④ 22.② 23.② 24.②

25 주조용 알루미늄 합금 중 라우탈 합금은? ★★

① Al-Cu-Si계 합금
② Mg-Al-Zn계 합금
③ Sn-Sb-Cu계 합금
④ Cu-Zn-Ni계 합금

해설 라우탈 합금은 단련용 알루미늄 합금의 일종으로서 480~520℃ 사이에서 단련이 잘 되고 350~450℃에서 풀림한 것은 자유롭게 가공할 수 있어 자동차, 항공기, 선박 등의 부품에 사용 된다.

26 Sn-Sb-Cu의 합금으로 주석계 화이트 메탈이라고도 부르는 것은?

① 연납
② 경납
③ 바안메탈
④ 배빗메탈

해설 배빗메탈은 주석(Sn) 80~90%, 안티몬(Sb) 3~12%, 구리(Cu) 3~7%가 표준 조성이고, 이 밖에 납(Pb), 아연(Zn) 등이 포함된 것도 있다. 경도가 비교적 작기 때문에 축과의 친화력이 좋고, 국부적인 하중에 대해 쉽게 변형이 안 되며, 유막 유지가 확실하다.

27 탄소강의 상태도에서 나타나는 반응은?

① 인장반응, 공정반응, 압축반응
② 전단반응, 굽힘반응, 공석반응
③ 포정반응, 공정반응, 공석반응
④ 흑연반응, 공정반응, 전단반응

28 경도와 강도를 높이기 위한 열처리 방법은?

① 담금질
② 뜨임
③ 풀림
④ 불림

해설 담금질 : 탄소강을 800℃ 이상 가열하여 오스테나이트 조직으로 일정시간 유지한 후에 급랭(유냉, 수냉)하여 마텐사이트 조직으로 변화시켜 재료의 경도와 강도를 높이는 작업

29 일반적으로 용접이음에 생기는 결함 중 이음 강도에 가장 큰 영향을 주는 것은?

① 기공
② 균열
③ 언더컷
④ 오버랩

30 용접 변형이 발생하는 중요 요인과 가장 거리가 먼 것은?

① 피 용접 재질
② 이음부 형상
③ 판두께
④ 용접봉의 건조 상태

해설 용접봉의 건조 상태는 용접 변형과 거리가 멀다.

31 철강에 주로 사용되는 부식액이 아닌 것은?

① 수소 1 : 물 1.5의 액
② 염산 3.8 : 황산 1.2 : 물 5.0의 액
③ 염산 1 : 물 1의 액
④ 초산 1 : 물의 3의 액

해설 수소 1 : 물 1.5의 액은 부식액으로 사용되지 않는다.

32 불활성 가스 아크용접의 특징을 올바르게 설명한 것은?

① 용융 금속이 대기와 접촉하지 않아 산화, 질화를 방지한다.
② 산화막이 강한 금속이나 산화되기 쉬운 금속은 용접이 불가능하다.
③ 교류 전원을 사용할 때에는 직류 정극성을 사용할 때보다 용입이 깊다.
④ 수평 필릿용접 전용이며, 작업 능률이 높다.

정답 25.① 26.④ 27.③ 28.① 29.② 30.④ 31.① 32.①

33 용접의 결함과 원인이 각각 짝지은 것 중 틀린 것은?

① 기공 : 저수소계 용접봉을 사용했을 때
② 오버랩 : 용접전류가 너무 낮을 때
③ 용입불량 : 이음설계가 불량할 때
④ 언더컷 : 용접전류가 너무 높을 때

해설 기공은 황, 수소, 일산화탄소 많을 때, 용접전류가 높을 때 발생하며, 저수소계 용접봉을 사용하면 기공이 줄어든다.

34 볼트나 환봉을 강판에 용접할 때 가장 적합한 것은? ★★★

① 테르밋 용접
② 스터드 용접
③ 서브머지드 아크용접
④ 불활성가스 용접

해설 스터드 용접 : 스터드를 모재에 접촉시켜 놓고, 아크를 발생시켜서, 알맞게 녹았을 때에 스터드를 용융지에 눌러서 용착시키는 용접법, 강봉, 황동봉 같은 것을 볼트 대신에 모재에 심는 방법

35 다음 중 가장 두꺼운 판을 용접할 수 있는 용접법은?

① 불활성 가스 아크용접
② 산소- 아세틸렌 용접
③ 일렉트로 슬래그 용접
④ 이산화탄소 아크용접

해설 일렉트로 슬래그 용접 : 단층 수직 상진 용접법으로, 1m 두께의 강판을 연속 용접이 가능하다.

36 불활성 가스 금속 아크용접법에서 장치별 기능 설명으로 틀린 것은?

① 용접 전원은 정전류 특성 또는 상승 특성의 직류 용접기가 사용되고 있다.
② 제어장치의 기능으로 보호가스 제어와 용접전류제어, 냉각수 순환기능을 갖는다.
③ 와이어 송급장치는 직류 전동기, 감속장치, 송급 롤러와 와이어 송급 속도 제어장치로 구성된다.
④ 토치는 형태, 냉각방식, 와이어 송급방식 또는 용접기의 종류에 따라 다양하다.

해설 불활성 가스 금속 아크용접은 직류 역극성을 이용한 정전압 특성의 직류 용접기를 사용한다.

37 교류 아크용접기의 취급관리에 대한 안전사항으로 잘못된 것은?

① 용접기는 항상 건조한 곳에 설치 후 작업한다.
② 용접전류는 용접봉 심선의 굵기에 따라 적정 전류를 정한다.
③ 용접전류 조정은 용접을 진행하면서 조정한다.
④ 용접기는 통풍이 잘되고 그늘진 곳에 설치를 한다.

해설 용접전류 조정은 용접 전에 조정해야 한다.

38 서브머지드 아크용접장치에서 용접기의 전류 용량에 따른 분류 중 최대전류가 2000A일 경우에 해당하는 용접기는?

① 대형(M형)
② 표준 만능형 (UZ형)
③ 경량형(DS형)
④ 반자동형(SMW형)

해설 전류 용량에 따른 분류
• 반자동 용접기(SMW형) : 최대 전류 900A
• 경량형 용접기(DS형) : 최대 전류 1200A
• 표준 만능형 용접기(UZ형) : 최대 전류 2000A
• 대형 용접기(M형) : 최대 전류 4000A

정답 33.① 34.② 35.③ 36.① 37.③ 38.②

39 다음 [그림]과 같이 필릿용접을 하였을 때, 어느 방향으로 변형이 가장 크게 나타나는가?

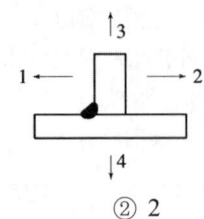

① 1　　　　② 2
③ 3　　　　④ 4

40 모재 열영향부의 연성과 노치취성 악화의 원인으로 가장 거리가 먼 것은?

① 냉각 속도가 너무 빠를 때
② 이음 설계의 강도계산이 부적합할 때
③ 용접봉의 선택이 부적합할 때
④ 모재에 탄소함유량이 과다했을 때

41 용접 후처리에서 변형을 교정하는 일반적인 방법으로 틀린 것은?

① 얇은 판에 대한 점 수축법
② 형재에 대하여 직선 수축법
③ 가열한 후 해머로 두드리는 법
④ 두꺼운 판을 수냉한 후 압력을 걸고 가열하는 법

해설 변형 교정 방법
얇은(박) 판에 대한 점 수축법, 형재에 대한 직선 수축법, 가열 후 해머링하는 방법, 두꺼운(후) 판에 대하여 가열 후 압력을 가하고 수냉하는 방법, 롤러에 거는 방법 및 피닝법, 절단에 의하여 성형하고 재용접하는 방법

42 TIG 용접에서 전극봉은 어느 한쪽의 끝부분에 식별용 색이 칠해져 있다. 이때 순 텅스텐 전극봉의 색은?

① 녹색　　　　② 적색
③ 황색　　　　④ 회색

해설 전극봉의 식별용 색은 순텅스텐(녹색), 1%토륨(노란색), 2%토륨(적색), 지르코니아(갈색) 등이다.

43 용접 작업 전의 준비사항이 아닌 것은?

① 모재 재질 확인
② 용접봉의 선택
③ 용접 비드 검사
④ 지그의 선정

해설 용접 비드 검사는 용접 작업 후 사항이다.

44 용접에서 오버랩이 생기는 원인이 아닌 것은?

① 용접봉의 선택이 불량할 때
② 용접전류가 너무 적을 때
③ 용접봉의 유지각도가 불량할 때
④ 모재의 재질이 불량할 때

해설 모재 재질이 불량한 경우에는 선상조직의 결함이 발생된다.

45 용접 작업에서 소재의 예열온도에 관한 설명 중 옳은 것은?

① 고장력강, 저합금강, 스테인리스강의 경우 용접부를 50~350℃로 예열한다.
② 연강을 0℃ 이하에서 용접할 경우 이음의 양쪽 폭 100mm 정도를 80~140℃로 예열한다.
③ 열전도가 좋은 알루미늄합금, 구리합금은 500~600℃로 예열한다.
④ 주철, 고급 내열합금은 용접균열을 방지하기 위하여 예열을 하지 않는다.

해설 주철이나 내열합금 등은 용접 전에 반드시 예열을 해야 된다.

정답 39.① 40.② 41.④ 42.① 43.③ 44.④ 45.①

46 산소와 아세틸렌 용기 및 가스절단장치 등의 사용방법으로 잘못된 것은?

① 산소병과 아세틸렌 가스병 등을 혼합하여 보관해서는 안된다.
② 가스절단장치는 화기로부터 5m 이상 떨어진 곳에 설치해야 한다.
③ 산소병 밸브, 조정기, 도관 등은 기름 묻은 천으로 깨끗이 닦는다.
④ 아세틸렌 병은 세워서 사용하며 병에 충격을 주어서는 안된다.

해설 기름 묻은 천으로 닦을 경우 폭발의 우려가 있어 피해야 한다.

47 용접부의 형상에 따른 필릿용접의 종류가 아닌 것은?

① 연속 필릿
② 경사 필릿
③ 단속 필릿
④ 단속지그재그 필릿

해설 필릿 종류에는 하중 방향에 따라 전면, 측면, 경사 필릿용접과, 용접부의 형상에 따라 연속, 단속, 단속지그재그 필릿용접이 있다.

48 용접 포지셔너를 사용하여 구조물을 용접하려 한다. 용접능률이 가장 좋은 자세는?

① 아래보기 자세   ② 직립 자세
③ 수평 자세   ④ 위보기 자세

49 방사선 투과검사에서 발견된 결함 중 원형 지시 형태인 것은?

① 균열   ② 언더컷
③ 용입불량   ④ 기공

해설 기공은 원형 지시 형태로 1종 결함에 포함된다.

50 스테인리스강을 TIG 용접시 보호가스 유량에 관한 사항으로 옳은 것은?

① 용접시 아크 보호능력을 최대한으로 하기 위하여 가능한 한 가스 유량을 크게 하는 것이 좋다.
② 낮은 유속에서도 우수한 보호 작용을 하고 박판용접에서 용락의 가능성이 적으며, 안정적인 아크를 얻을 수 있는 헬륨(He)을 사용하는 것이 좋다.
③ 가스 유량이 과다하게 유출되는 경우에는 가스 흐름에 난류현상이 생겨 아크가 불안정해지고 용접금속의 품질이 나빠진다.
④ 양호한 용접 품질을 얻기 위해 79.5% 정도의 순도를 가진 보호가스를 사용하면 된다.

해설 스테인리스강을 TIG 용접시 보호가스 유량이 과다하게 유출되는 경우에는 가스 흐름에 난류현상이 생겨 아크가 불안정해지고 용접금속의 품질이 나빠진다.

51 다음 투상도는 몇 각법으로 투상된 것인가?

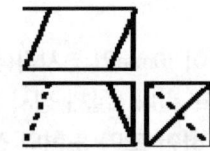

① 제3각법   ② 제2각법
③ 제1각법   ④ 제4각법

해설 도면의 입체모양

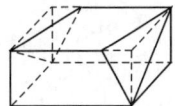

정답 46.③ 47.② 48.① 49.④ 50.③ 51.①

52 그림과 같은 입체도의 화살표 방향인 정면도를 가장 올바르게 투상한 것은?

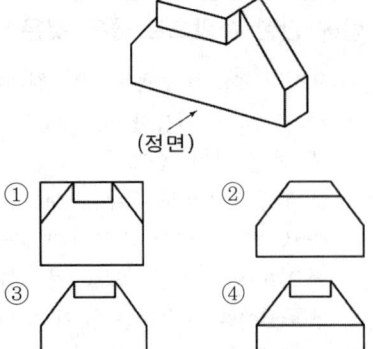

53 화살표 방향이 정면일 때 좌우 대칭인 보기와 같은 입체도의 좌측면도로 가장 적합한 것은?

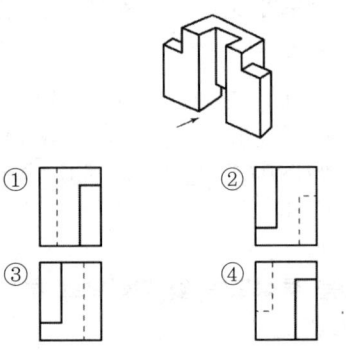

54 한 변이 10mm인 정사각형을 2 : 1로 도시하려고 한다. 실제 정사각형 면적을 L이라고 하면 도면 도형의 정사각형 면적은 얼마인가?

① $\dfrac{L}{2}$ ② 2L
③ $\dfrac{L}{4}$ ④ 4L

[해설] 2배 배척이므로 면적은 4L이 된다.

55 기계제도에서 선의 굵기가 가는 실선이 아닌 것은?

① 치수선   ② 수준면선
③ 지시선   ④ 특수지정선

[해설] 특수 지정선은 특수한 가공을 하는 부분 등 특별한 요구사항을 적용할 수 있는 범위를 표시하는데 사용되며 굵은 1점 쇄선으로 나타낸다.

56 그림과 같이 용접을 하고자 할 때 용접 도시 기호를 올바르게 나타낸 것은?

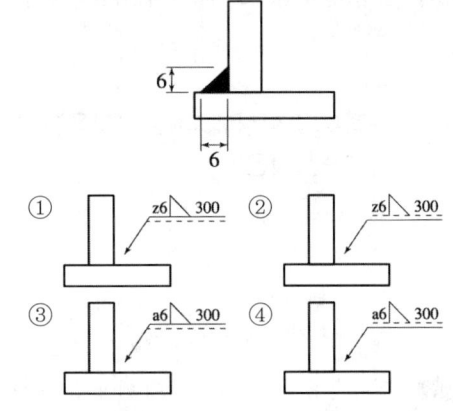

[해설] 필릿용접은 직각 삼각형으로 표시 하며 기호가 점선에 있으므로 화살표 반대쪽에서 용접하라는 의미이며, 목길이 z가 6이므로 z6으로 표시한다. a6의 경우 목두께를 의미한다.

57 굵은 일점 쇄선으로 표시되어 있을 경우 다음 중 우선적으로 검토되어야 할 사항은?

① 특수가공을 지시하는 선인가 여부
② 인접부분을 참고로 표시하였나 여부
③ 기어의 피치선인가 여부
④ 이동 위치를 표시하고 있는가 여부

[해설] 도면에서 굵은 1점 쇄선은 열처리 등 특수 가공 등을 표시할 때 사용한다.
② : 가상선(가는 2점 쇄선) 사용

정답   52.③   53.④   54.④   55.④   56.②   57.①

58 다음 도면의 (*)안의 치수로 가장 적합한 것은?

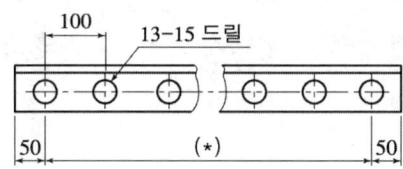

① 1400　　② 1300
③ 1200　　④ 1100

해설) 드릴 구멍 수가 13개이고 간격이 100이므로 (구멍수 13−1) × 1칸 간격 100 = 1200이 된다.

59 다음 도면에 표시된 치수에서 최소 허용 치수는?

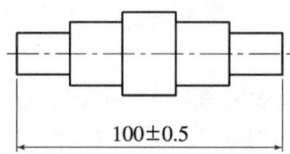

① 0.5　　② 99.5
③ 100　　④ 100.5

해설) 허용치수는 99.5 ~ 100.5이며 최소 허용치수는 99.5, 최대 허용치수는 100.5이다.

60 인쇄된 제도 용지에서 다음 중 반드시 표시해야 하는 사항을 모두 고른 것은?

보기
① 표제란　　② 윤곽선
③ 방향 마크　　④ 비교 눈금
⑤ 도면구역 표시　　⑥ 중심 마크
⑦ 재단 마크

① ①, ②, ⑤
② ①, ②, ⑥
③ ①, ②, ③, ⑤
④ ①, ②, ③, ④, ⑤, ⑦

해설) 인쇄된 제도 용지에 표제란, 윤곽선, 중심마크는 반드시 표시해야 한다.

정답   58.③　59.②　60.②

2013 제5회 이산화탄소가스아크용접기능사/ 가스텅스텐아크용접기능사 기출문제

2013년 10월 12일 시행

01 산소-아세틸렌의 불꽃에서 속불꽃과 겉불꽃 사이에 백색의 제3의 불꽃 즉 아세틸렌 패더라고 하는 것은?

① 탄화 불꽃 ② 중성 불꽃
③ 산화 불꽃 ④ 백색 불꽃

해설 탄화 불꽃은 아세틸렌 밸브를 열고 점화한 후 산소 밸브를 조금 열게 되면 아세틸렌은 주황색을 띠면서 연소하고 다량의 검정 그을음을 배출시킨다.

02 산소-아세틸렌 가스를 이용하여 가스 절단할 때 사용하는 산소압력 조정기의 취급에 관한 설명 중 틀린 것은?

① 산소용기에 산소압력 조정기를 설치할 때 압력조정기 설치구에 있는 먼지를 털어 내고 연결한다.
② 산소압력 조정기 설치구 나사부나 조정기의 각 부에 그리스를 발라 잘 조립되도록 한다.
③ 산소 압력 조정기를 견고하게 설치한 후 가스 누설 여부를 비눗물로 점검한다.
④ 산소압력 조정기의 압력 지시계가 잘 보이도록 설치하며 유리가 파손되지 않도록 주의한다.

해설 산소가 흐르는 도관이나 호스, 기기 등에 기름이 묻어 있으면 산소와 반응하여 폭발성 화합물을 형성하여 폭발 위험이 있으므로 기름은 절대 묻어 있으면 안된다.

03 다음 중 용접전류를 결정하는 요소와 가장 관련이 적은 것은?

① 판(모재) 두께
② 용접봉의 지름
③ 아크길이
④ 이음의 모양(형상)

해설 보기 중에서 용접전류를 결정하는 요소로 가장 관련이 적은 것은 아크길이이다.

04 용접기에서 AW-300이란 표시가 있다. 여기서 "300"이 의미하는 것은?

① 2차 최대 전류
② 최고 2차 무부하 전압
③ 정격 사용률
④ 정격 2차 전류

해설 AW : 교류 아크용접기, 300 : 정격 2차 전류

05 TIG용접의 단점에 해당되지 않는 것은?

① 불활성 가스와 TIG 용접기의 가격이 비싸 운영비와 설치비가 많이 소요된다.
② 바람의 영향으로 용접부 보호 작용에 방해가 되므로 방풍대책이 필요하다.
③ 후판 용접에서는 다른 아크용접에 비해 능률이 떨어진다.
④ 모든 용접자세가 불가능하며 박판용접에 비효율적이다.

해설 TIG 용접은 거의 모든 용접 자세가 가능하며 박판용접에 효율적이다.

정답 01.① 02.② 03.③ 04.④ 05.④

06 강재 표면의 홈이나 개재물, 탈탄층 등을 제거하기 위하여 될 수 있는 대로 얇게 그리고 타원형 모양으로 표면을 깎아 내는 가공법은?

① 가우징　　② 드래그
③ 프로젝션　④ 스카핑

해설 스카핑은 강재 표면의 홈이나 개재물, 탈탄층 등을 제거하기 위하여 될 수 있는 대로 얇게 그리고 타원형 모양으로 표면을 깎아 내는 가공법으로 주로 제강 공정에 많이 사용된다.

07 용접부의 외부에서 주어지는 열량을 무엇이라 하는가?

① 용접 외열　② 용접 가열
③ 용접 열효율　④ 용접입열

해설 용접입열이 충분하지 못하면 용융불량, 용입 불량 등의 용접 결함이 발생되며 일반적으로 모재에 흡수된 열량은 입열의 75~85% 정도가 보통이다.

08 피복 아크용접기에 관한 설명으로 맞는 것은?

① 용접기는 역률과 효율이 낮아야 한다.
② 용접기는 무부하 전압이 낮아야 한다.
③ 용접기의 역률이 낮으면 입력 에너지가 증가한다.
④ 용접기의 사용률은 아크시간÷(아크시간 − 휴식시간)에 대한 백분율이다.

해설 용접기 효율은 높고 역률은 낮아야 하며 사용률은 아크시간÷(아크시간 + 휴식시간)에 대한 백분율이다.

09 가스용접, 가스절단용 산소용기 취급상의 주의사항 중 틀린 것은?

① 용기 운반시 충격을 주어서는 안 된다.
② 통풍이 잘되고 직사광선이 잘 드는 곳에 보관한다.
③ 기름이 묻은 손이나 장갑을 끼고 취급하지 않는다.
④ 가연성 물질이 있는 곳에는 용기를 보관하지 말아야 한다.

해설 용기는 직사광선을 피해서 보관해야 한다.

10 주물 제품을 용접한 후 용접에 의한 잔류응력을 최소화하기 위한 조치 방법으로 틀린 것은?

① 주물을 단열재로 덮는다.
② 주물을 급랭시켜 조직을 완화시킨다.
③ 주물을 토치로 후열처리한다.
④ 주물을 로(爐)에 옮긴다.

해설 주물을 급랭 시키면 균열이 발생할 수 있으므로 천천히 식힌다.

11 스테인리스강용 용접봉의 피복제는 루틸을 주성분으로 한 (　)와 형석, 석회석 등을 주성분으로 한 (　)가 있는데, 전자는 아크가 안정되고 스패터도 적으며, 후자는 아크가 불안정하며 스패터도 큰 입자인 것이 비산된다. 본문에서 (　)에 알맞은 말은?

① 일미나이트계, 저수소계
② 저수소계, 일미나이트계
③ 라임계, 티탄계
④ 티탄계, 라임계

정답 06.④　07.④　08.③　09.②　10.②　11.④

12 피복 아크용접법의 운봉법 중 수직용접에 주로 사용되는 것은?

① 8자형 ② 진원형
③ 6각형 ④ 3각형

해설 수직 용접에는 파형, 삼각형, 지그재그형을 사용한다.

13 두께가 다른 판을 맞대기 용접할 때 응력집중이 가장 적게 발생하는 것은?

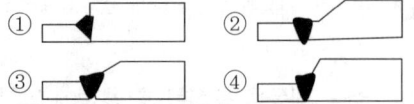

해설 보기 중에서 단면의 급변하는 부분이 가장 작은 것은 ②이므로 응력집중이 적게 발생한다.

14 가스메탈 아크용접(GMAW)에서 보호가스를 아르곤(Ar)가스와 CO_2가스 또는 산소(O_2)를 소량 혼합하여 용접하는 방식을 무엇이라 하는가?

① MIG 용접 ② FCA 용접
③ TIG 용접 ④ MAG 용접

해설 MAG 용접 : metal active gas welding의 약자로 아르곤과 CO_2가스 등의 혼합가스를 사용하는 용접법을 칭한다.

15 용접의 단점이 아닌 것은?

① 재질의 변형과 잔류응력 발생
② 제품의 성능과 수명 향상
③ 저온취성 발생
④ 용접에 의한 변형과 수축

해설 제품의 성능과 수명 향상은 용접의 장점이다.

16 아크 에어 가우징의 특징에 대한 설명 중 틀린 것은?

① 가스 가우징보다 작업의 능률이 높다.
② 모재에 미치는 영향이 별로 없다.
③ 비철금속의 절단도 가능하다.
④ 장비가 복잡하여 조작하기가 어렵다.

해설 아크 에어 가우징은 장비가 간단하고 작업 방법도 비교적 용이하여 활용 범위가 넓다.

17 가포화 리액터형 교류 아크용접기의 설명으로 잘못된 것은?

① 미세한 전류조정이 가능하여 가장 많이 사용된다.
② 조작이 간단하고 원격제어가 된다.
③ 가변 저항의 변화로 용접전류를 조정한다.
④ 전기적 전류 조정으로 소음이 거의 없다.

해설 가포화 리액터형 교류아크용접기가 가장 많이 사용되지 않는다. 일반적으로 가동 철심형이 많이 사용되고 있다.

18 다음 중 구리 및 구리합금의 용접성에 대한 설명으로 옳은 것은?

① 순구리의 열전도도는 연강의 8배 이상이므로 예열이 필요없다.
② 구리의 열팽창계수는 연강보다 50% 이상 크므로 용접 후 응고 수축시 변형이 생기지 않는다.
③ 순수 구리의 경우 구리에 산소 이외에 납이 불순물로 존재하면 균열 등의 용접 결함이 발생된다.
④ 구리 합금의 경우 과열에 의한 주석의 증발로 작업자가 중독을 일으키기 쉽다.

해설 순구리는 국부적 가열이 어려우므로 예열을 해야 하며, 용접 후 응고 수축 변형이 생기기 쉽다.

19 다음 중 용접성이 가장 좋은 스테인리스 강은?

① 펄라이트계 스테인리스강
② 페라이트계 스테인리스강
③ 마텐사이트계 스테인리스강
④ 오스테나이트계 스테인리스강

해설 오스테나이트계 스테인리스강이 용접성이 가장 좋다.

20 다음 중 일반적으로 경금속과 중금속을 구분할 때 중금속은 비중이 얼마 이상을 말하는가?

① 1.0   ② 2.0
③ 4.5   ④ 7.0

해설 경금속 : 4.5 이하
중금속 : 4.5 이상

21 다음 중 일반적인 연강의 탄소 함유량으로 가장 적절한 것은?

① 0.1% 이하   ② 0.13~0.2%
③ 1.0~1.4%   ④ 2.0~3.0%

해설 일반적으로 연강은 탄소함유량 0.2% 이하이다.

22 다음 중 기계구조용 탄소 강재에 해당하는 것은?

① SM30C   ② STD11
③ SPS7   ④ STC6

해설 SM : 기계구조용 탄소강재
30 : 탄소함유량 0.27~0.33%
C : 탄소 기호
STD11 : 냉간 금형에 쓰는 합금 공구 강재
SPS7 : 스프링 강재
STC6 : 탄소 공구 강재

23 다음 중 열처리 방법에 있어 불림의 목적으로 가장 적합한 것은?

① 급냉시켜 재질을 경화시킨다.
② 담금질된 것에 인성을 부여한다.
③ 재질을 강하게 하고 균일하게 한다.
④ 소재를 일정온도에 가열 후 공랭시켜 표준화한다.

해설 담금질 - 급랭시켜 재질을 경화
뜨임 - 담금질한 것에 인성을 부여, 조직 균일
풀림 - 재질을 연하게 하고 결정을 조절
불림 - 소재를 균질로 하고 표준화

24 다음 중 금속재료의 가공방법에 있어 (열간가공과 비교하여) 냉간가공의 특징으로 볼 수 없는 것은? ★★

① 제품의 표면이 미려하다.
② 제품의 치수 정도가 좋다.
③ 연신률과 단면수축률이 저하된다.
④ 가공 경화에 의한 강도가 낮아진(저하된)다.

해설 가공공수가 적어 가공비가 적게 든다. 냉간가공은 가공 경화에 의해 경도 강도가 증가한다.

25 주철의 결점을 개선하기 위하여 백주철의 주물을 만들고 이것을 장시간 열처리하여 탄소의 상태를 분해 또는 소실시켜 인성 또는 연성을 증가시킨 주철은?

① 회주철   ② 반주철
③ 가단 주철   ④ 칠드주철

해설 가단 주철은 열처리를 해서 가단성을 늘린 주철.

정답 19.④ 20.③ 21.② 22.① 23.④ 24.④ 25.③

얇으면서도 단단한 주물(鑄物)을 만들 수 있어 자동차나 기계의 부품 등에 쓰인다.

26 니켈에 관한 설명으로 옳은 것은?

① 증류수 등에 대한 내식성이 나쁘다.
② 니켈은 열간 및 냉간가공이 용이하다.
③ 360℃ 부근에서는 자기변태로 강자성체이다.
④ 아황산가스(SO_2)를 품는 공기에서는 부식되지 않는다.

해설 니켈은 증류수 등에 대한 내식성이 좋고, 353℃ 부근에서는 자기변태로 자성을 잃는다.

27 금속 침투법 중 칼로라이징은 철강 표면에 어떠한 금속을 침투시키는가? ★★

① 규소(Si)   ② 알루미늄(Al)
③ 크롬(Cr)   ④ 아연(Zn)

해설 Cr 침투 : 크로마이징, Si 침투 : 실리코라이징, 아연 침투 : 세라다이징

28 다음 중 탄소강의 인장강도, 탄성한도를 증가시키며 내식성을 향상시키는 성분은?

① 황(S)   ② 구리(Cu)
③ 인(P)   ④ 망간(Mn)

29 탄산가스 아크용접법으로 주로 용접하는 금속이 아닌 것은?

① 연강   ② 고장력강
③ 주강   ④ 알루미늄

해설 탄산가스(이산화탄소, CO_2) 아크용접은 알루미늄이나 비철용접에 부적합하다.

30 CO_2 가스 아크용접에서 플럭스 코어드 와이어의 단면형상이 아닌 것은?

① NCG형   ② Y관상형
③ 풀(pull)형   ④ 아코스(arcos)형

해설 복합 와이어 구조에는 ①, ②, ④외에 S관상 와이어가 있다.

31 용접선의 방향이 전달하는 응력의 방향과 거의 평행한 필릿용접은?

① 전면 필릿용접   ② 단속 필릿용접
③ 측면 필릿용접   ④ 슬롯 필릿용접

해설 측면 필릿용접 : 용접선의 방향이 작용하는 응력의 방향과 거의 평행한 필릿용접

32 이산화탄소 아크용접의 특징이 아닌 것은?

① 전원은 교류 정전압 또는 수하특성을 사용한다.
② 가시 아크이므로 시공이 편리하다.
③ MIG 용접에 비해 용착금속에 기공 생김이 적다.
④ 산화 및 질화가 되지 않는 양호한 용착금속을 얻을 수 있다.

해설 보통 직류 정전압, 상승 특성을 사용한다.

33 재해와 숙련도 관계에서 사고가 많이 발생하는 경향이 있는 것으로 가장 알맞은 것은?

① 경험이 5년인 근로자
② 경험이 3년인 근로자
③ 경험이 1년 미만인 근로자
④ 경험이 10년인 근로자

해설 재해는 숙련자보다는 미숙련자에게서 많이 발생한다.

정답 26.② 27.② 28.② 29.④ 30.③ 31.③ 32.① 33.③

34 용접 방법을 올바르게 설명한 것은?

① 스터드 용접 : 볼트나 환봉 등을 직접 강판이나 형강에 용접하는 방법으로 용접법에 해당된다.
② 서브머지드 아크용접 : 일명 잠호용접이라고도 부르며 상품명으로는 헬리아크용접이 있다.
③ 불활성 가스 아크용접 : TIG 와 MIG 가 있으며, 보호가스로는 Ar, O_2 가스를 사용한다.
④ 이산화탄소 아크용접 : 이산화탄소 가스를 이용한 용극식 용접 방법이며, 비가시 아크이다.

해설 ② 서브머지드 아크용접은 상품명으로 유니온 멜트 용접이 있다.
③ 불활성 가스 아크용접의 보호가스로 산소(O_2)는 사용되지 않는다.
④ 이산화탄소 아크용접은 가시 아크이다.

35 가스절단 작업 중 안전과 가장 거리가 먼 것은?

① 가스누출이 없는 토치나 호스를 사용한다.
② 가스 누설검사는 화기로 확인한다.
③ 용접작업은 가연성 물질이 없는 안전한 장소를 선택한다.
④ 좁은 장소에서 작업할 때 항상 환기에 신경 쓴다.

해설 가스누설 검사는 비눗물을 이용한다.

36 불활성 가스 금속 아크용접에 관한 설명으로 틀린 것은?

① 박판용접(3mm 이하)에 적당하다.
② 피복아크용접에 비해 용착효율이 높아지고 능률적이다.
③ TIG 용접에 비해 전류밀도가 높아 용융속도가 빠르다.
④ CO_2 용접에 비해 스패터 발생이 적어 비교적 아름답고 깨끗한 비드를 얻을 수 있다.

해설 불활성 가스 금속 아크용접(MIG)은 후판용접에, 불활성 가스 텅스텐 아크용접(TIG)은 박판용접에 적당하다.

37 가스절단 장치에 대한 설명으로 틀린 것은?

① 화기로부터 5m 이상 떨어진 곳에 설치한다.
② 전격방지기를 설치한다.
③ 아세틸렌 가스 집중장치 시설에는 소화기를 준비한다.
④ 작업 종료시 메인 밸브 및 콕 등을 완전히 잠근다.

해설 전격방지기는 피복 아크용접장치이다.

38 용접작업시 안전수칙(사항)에 관한 내용으로 틀린 것은?

① 용접헬멧, 용접보호구, 용접장갑은 반드시 착용해야 한다.
② 환기가 잘되게 한다.
③ 미리 소화기를 준비하여 작업 중에는 만일의 사고에 대비한다.
④ 땀에 젖은 작업복을 착용하고 용접해도 무방하다.

해설 땀에 젖은 작업복을 착용하고 용접하면 감전, 전기적 충격 등의 안전사고가 발생할 수 있다.

정답 34.① 35.② 36.① 37.② 38.④

39 모재 두께가 9~10mm인 연강판의 V형 맞대기 피복 아크용접시 홈의 각도로 적당한 것은?

① 20~40°   ② 40~50°
③ 60~70°   ④ 90~100°

해설 V형 홈의 표준 각도는 54~70° 정도가 적당하나 판이 얇을수록 각도를 크게 한다.

40 용접 분위기 가운데 수소 또는 일산화탄소가 과잉될 때 발생하는 결함은?

① 언더컷   ② 기공
③ 오버랩   ④ 스패터

해설 기공은 수소 또는 일산화탄소의 과잉, 모재 가운데 유황 함유량이 과대, 과대 전류의 사용, 용접속도가 빠를 경우에 발생한다.

41 선박, 보일러 등 두꺼운 판의 용접시 용융 슬래그와 와이어의 저항열을 이용 연속적으로 상진하면서 용접하는 것은?

① 테르밋 용접
② 일렉트로 슬래그 용접
③ 넌시일드 아크용접
④ 서브머지드 아크용접

해설 일렉트로 슬래그 용접은 원판 용접에 적당하며 1m 두께의 강판을 연속용접이 가능하다.

42 용접 작업시 전격방지를 위한 주의사항 중 틀린 것은?

① 캡타이어 케이블의 피복상태, 용접기의 접지상태를 확실하게 점검할 것
② 기름기가 묻었거나 젖은 보호구와 복장은 입지 말 것
③ 좁은 장소의 작업에서는 신체를 노출시키지 말 것
④ 개로 전압이 높은 교류 용접기를 사용할 것

43 가스절단에 의한 역화가 일어날 경우 대처방법으로 잘못된 것은?

① 아세틸렌을 차단한다.
② 산소밸브를 열어 산소량을 증가시킨다.
③ 팁을 물로 식힌다.
④ 토치의 기능을 점검한다.

해설 역화 방지 대책
아세틸렌을 차단, 팁을 물에 냉각, 토치의 기능 및 발생기 기능 점검, 안전기에 물 보충

44 서브머지드 아크용접의 기공발생 원인으로 맞는 것은?

① 용접속도 과대
② 적정전압 유지
③ 용제의 양호한 건조
④ 가 용접부의 표면, 이면 슬래그 제거

해설 용접속도가 과대하면 용접부 보호가 제대로 되지 않아 기공이 발생할 수 있다.

45 전자 빔 용접의 특징 중 잘못 설명한 것은?

① 용접변형이 적고 정밀 용접이 가능하다.
② 열전도율이 다른 이종 금속의 용접이 가능하다.
③ 진공 중에서 용접하므로 불순가스에 의한 오염이 적다.
④ 용접물의 크기에 제한이 없다.

해설 전자 빔 용접은 진공 중에서 실시하기 때문에 용접물의 크기에 제약이 많다.

정답 39.③ 40.② 41.② 42.④ 43.② 44.① 45.④

46 피복 아크용접에서 아크쏠림 현상에 대한 설명으로 틀린 것은?

① 용접봉에 아크가 한쪽으로 쏠리는 현상이다.
② 아크 블로우, 자기불림, 마그네틱 블로우 등으로 불리어진다.
③ 짧은 아크를 사용하면 아크쏠림 현상을 방지할 수 있다.
④ 교류를 사용할 경우 발생한다.

해설 아크쏠림
① 직류 대신 교류 용접기를 사용하면 아크쏠림을 방지할 수 있다.
② 아크쏠림 발생시 일어나는 현상
 - 아크 불안전, 용착금속의 재질이 변화
 - 슬래그 섞임, 기공이 발생

47 다음 중 화학적 시험에 해당되는 것은?

① 물성 시험 ② 설퍼 프린트 시험
③ 열특성 시험 ④ 함유 수소 시험

해설
• 화학적 시험 : 화학 분석시험, 부식시험, 함유 수소 시험 등
• 물리적 시험 : 물성시험, 열특성시험, 진기, 자기 특성 시험 등
• 야금학적 시험 : 육안조직, 현미경 조직, 파면, 설퍼 프린트 시험

48 MIG 알루미늄 용접을 그 용적이행 형태에 따라 분류할 때 해당되지 않는 용접법은?

① 단락 아크용접
② 스프레이 아크용접
③ 펄스 아크용접
④ 저전압 아크용접

49 다음 용접법 중 용접봉을 용제 속에 넣고 아크를 일으켜 용접하는 것은?

① 원자수소 용접
② 서브머지드 아크용접
③ 불활성 가스 아크용접
④ 이산화탄소 아크용접

해설 서브머지드 아크용접은 아크기 보이지 않는 상태에서 용접이 진행된다 하여 잠호 용접, 유니언 멜트 용접, 링컨 용접이라 한다.

50 용접부의 잔류 응력을 제거하기 위한 방법으로 끝이 둥근 해머로 용접부를 연속적으로 때려 용접 표면상에 소성 변형을 주어 용접 금속부의 인장 응력을 완화하는 방법은?

① 코킹법 ② 피닝법
③ 저온응력 완화법 ④ 국부풀림법

해설 피닝법은 끝이 구면인 특수한 피닝 해머로 용접부를 연속적으로 때려 용접 표면상에 소성변형을 주는 방법이다.

51 다음 그림에서 화살표 방향을 정면도로 선정할 경우 평면도로 가장 올바른 것은?

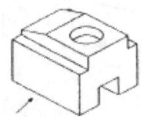

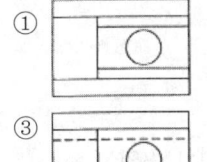 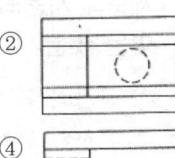

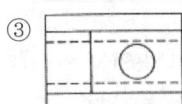 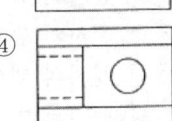

정답 46.④ 47.④ 48.④ 49.② 50.② 51.③

52 그림과 같은 양면 필릿용접기호를 가장 올바르게 해석한 것은?

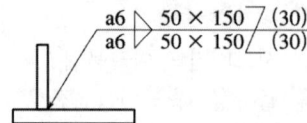

① 목길이 6mm, 용접 길이 150mm, 인접한 용접부 간격 50mm
② 목길이 6mm, 용접 길이 50mm, 인접한 용접부 간격 30mm
③ 목두께 6mm, 용접 길이 150mm, 인접한 용접부 간격 30mm
④ 목두께 6mm, 용접 길이 50mm, 인접한 용접부 간격 50mm

해설
- a : 목두께
- 50 : 용접부 개수
- 150 : 용접부 길이
- 30 : 인접한 용접부 간의 거리

53 치수를 나타내기 위한 치수선의 표시가 잘못된 것은? ★★

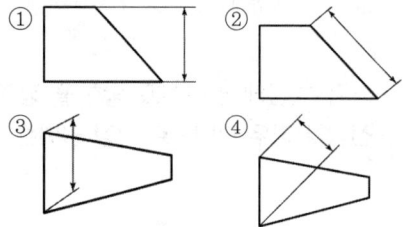

54 제도에 사용되는 문자 크기의 기준으로 맞는 것은?

① 문자의 폭
② 문자의 높이
③ 문자의 대각선의 길이
④ 문자의 높이와 폭의 비율

해설 문자 크기는 문자의 기준 높이로 한다.

55 다음 도시의 용접기호를 설명한 것 중 틀린 것은?

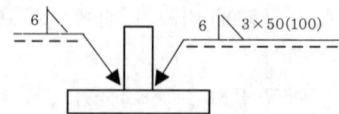

① 단속 용접 길이는 100mm이다.
② 양쪽 목길이는 6mm이다.
③ 단속 용접 수는 3개소이다.
④ 한쪽은 연속 용접, 한쪽은 단속용접을 뜻한다.

해설 단속용접부는 길이 50mm, 100mm 간격으로, 모두 화살표쪽 필릿용접을 하라는 뜻한다.

56 다음 도면은 정면도와 측면도만 도시되어 있다. 3각 투상에서 평면도로 적당한 것은 어느 것인가?

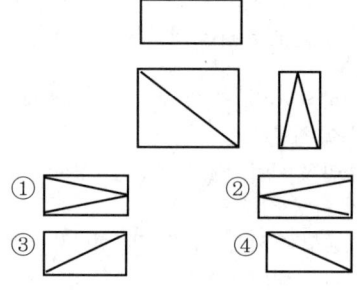

57 그림의 A 부분과 같이 경사면부가 있는 대상물에서 그 경사면의 실형을 표시할 필요가 잇는 경우 사용하는 투상도는?

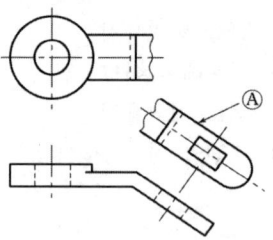

정답 52.③ 53.④ 54.② 55.① 56.① 57.④

① 국부 투상도 ② 전개 투상도
③ 회전 투상도 ④ 보조 투상도

해설 보조 투상도는 경사부가 있는 대상물에는 그 경사면의 실제 모양을 표시할 필요가 있을 경우에 보이는 부분 전체 또는 일부분으로 나타낸다.

58 기계 제도의 일반 사항에 관한 설명으로 옳바른 것은?

① 잘못 볼 염려가 없다고 생각되는 도면은 도면의 일부 또는 전부에 대하여 비례관계를 지켜야 된다.
② 길이 치수는 특별히 지시가 없는 한 그 대상물의 측정을 3점 측정에 따라 행한 것으로 하여 지시한다.
③ 다수의 선이 1점에 집중할 경우 그 점 주위를 스머징하여 검게 나타낸다.
④ 선이 근접하여 그리는 선의 선 간격은 원칙으로 평행선의 경우 선의 굵기의 3배 이상으로 하고 선과 선의 간격은 0.7mm 이상으로 하는 것이 좋다.

해설 잘못 볼 염려가 없다고 생각되는 도면은 도면의 일부 또는 전부에 대하여 비례관계를 지키지 않아도 된다.

59 그림과 같은 도면에서 가는 실선으로 대각선을 그려 도시한 면의 설명으로 올바른 것은?

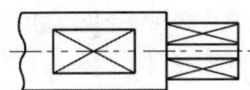

① 대상의 면이 평면임을 도시
② 특수 열처리한 부분을 도시
③ 다이아몬드의 블록 형상을 도시
④ 사각형으로 관통한 면

해설 대상의 면이 평면을 나타낸다.

60 제3각법으로 정투상한 그림과 같은 정면도와 우측면도에 가장 적합한 평면도는?

 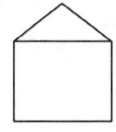
(정면도)

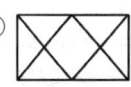

해설 도면의 입체 모양

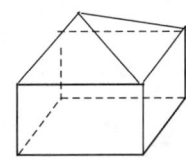

정답 58.④ 59.① 60.③

2014 제1회 피복아크용접기능사 기출문제
(구, 용접기능사)

2014년 1월 26일 시행

01 모재와 중공의 피복 용접봉 사이에 아크를 발생시켜 이 아크열을 사용하여 절단하는 방법으로 옳은 것은?

① 산소창 절단
② 플라스마 제트절단
③ 산소 아크절단
④ 스카핑

해설 산소아크절단 : 전원으로는 직류정극성이 사용되나, 교류도 사용가능하다.

02 피복 아크용접에 대한 설명으로 적합하지 않은 것은?

① 피복 아크용접은 가스 용접보다 두꺼운 판의 용접에 사용한다.
② 피복 아크용접에서 교류보다 직류의 아크가 안정되어 있다.
③ 피복 아크용접이 가스 용접보다 온도가 높다.
④ 직류 전류에서 60~75%가 음극에서 열이 발생한다.

해설 직류 전류에서 60~75%가 양(+)극에서, 35~40%는 음(-)극에서 열이 발생한다.

03 무부하 전압이 높아 전격위험이 크고 코일의 감긴 수에 따라 전류를 조정하는 교류용접기의 종류로 맞는 것은?

① 가동 철심형   ② 가동 코일형
③ 탭 전환형   ④ 가포화 리액터형

해설 교류아크용접기의 종류
① 가동 철심형 : 가동 철심으로 전류조정, 미세한 전류 조정 가능, 많이 사용
② 가동 코일형 : 코일을 이동 시켜 전류 조정, 현재 거의 사용되지 않음.

04 용접결함 중 구조상 결함이 아닌 것은?

① 슬래그 섞임
② 용입불량과 융합불량
③ 언더컷
④ 피로강도 부족

해설 피로강도 부족은 성질상의 결함이다.

05 화재 발생시 사용하는 소화기에 대한 설명으로 틀린 것은?

① 전기로 인한 화재에는 포말 소화기를 사용한다.
② 분말 소화기에는 기름 화재에 적합하다.
③ CO_2 가스 소화기는 소규모의 인화성 액체 화재나 전기 설비 화재의 초기 진화에 좋다.
④ 보통화재에는 포말, 분말, CO_2 소화기를 사용한다.

해설 전기 화재에 포말 소화기를 사용할 경우 액체이므로 감전의 위험이 커진다.

정답 01.③ 02.④ 03.③ 04.④ 05.①

06 필릿용접부의 보수방법에 대한 설명으로 옳지 않은 것은?

① 간격이 1.5mm 이하일 때에는 그대로 용접하여도 좋다.
② 간격이 1.5~4.5mm일 때에는 넓혀진 만큼 각장을 감소시킬 필요가 있다.
③ 간격이 4.5mm일 때에는 라이너를 넣는다.
④ 간격이 4.5mm 이상일 때에는 300mm 정도의 치수로 판을 잘라낸 후 새로운 판으로 용접한다.

해설) 간격이 1.5~4.5mm일 때에는 그대로 용접하여도 좋으나 넓혀진 만큼 각장을 증가시킬 필요가 있다.

07 다음 그림과 같은 다층 용접법은?

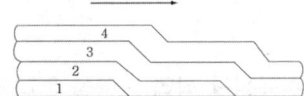

① 빌드업법　　② 케스케이드법
③ 전진 블록법　④ 스킵법

해설) 케스케이드법은 한 부분의 몇 층을 용접하다가 이것을 다음 부분의 층으로 연속시켜 전체가 계단형태의 단계를 이루도록 용착시켜 나가는 방법이다.

08 용접 작업시 작업자의 부주의로 발생하는 안염, 각막염, 백내장 등을 일으키는 원인은?

① 용접 흄 가스　② 아크 불빛
③ 전격 재해　　④ 용접 보호 가스

해설) 아크용접 등의 경우 강렬한 불빛을 차단할 적당한 차광렌즈가 부착된 헬멧 등을 사용해야 되며, 맨눈으로 장시간 아크 불빛에 노출되면 각막염, 안염 등이 생길 수 있다.

09 플라즈마 아크용접에 대한 설명으로 잘못된 것은?

① 아크 플라즈마의 온도는 10000~30000℃ 온도에 달한다.
② 핀치효과에 의해 전류밀도가 크므로 용입이 깊고 비드 폭이 좁다.
③ 무부하 전압이 일반 아크용접기에 비하여 2~5배 정도 낮다.
④ 용접장치 중에 고주파 발생장치가 필요하다.

해설) 무부하 전압이 일반 아크용접기에 비해 2~5배 정도 높다.

10 고셀룰로스계 용접봉에 대한 설명으로 틀린 것은?

① 비드 표면이 거칠고 스패터가 많은 것이 결점이다.
② 피복제 중 셀룰로오스가 20~30% 정도 포함되어 있다.
③ 슬래그 생성계에 비해 용접전류를 10~15% 높게 사용한다.
④ 고셀룰로스계는 E4311로 표시한다.

11 텅스텐 아크 절단은 특수한 TIG 절단토치를 사용한 절단법이다. 주로 사용되는 작동 가스는?

① Ar + C_2H_2　　② Ar + H_2
③ Ar + O_2　　　④ Ar + CO_2

12 전자빔 용접의 종류 중 고전압 소전류형의 가속 전압은?

① 20~40kV　　② 50~70kV
③ 70~150kV　 ④ 150~300kV

정답　06.② 07.② 08.② 09.③ 10.③ 11.② 12.③

13 다음 중 스터드 용접법의 종류가 아닌 것은?

① 아크 스터드 용접법
② 텅스텐 스터드 용접법
③ 충격 스터드 용접법
④ 저항 스터드 용접법

해설 스터드 용접법에는 아크 스터드, 충격 스터드, 저항 스터드 용접법으로 구분된다.

14 아크용접부에 기공이 발생하는 원인과 가장 관련이 없는 것은?

① 이음 강도 설계가 부적당할 때
② 용착부가 급랭될 때
③ 용접봉에 습기가 많을 때
④ 아크길이, 전류 값 등이 부적당할 때

15 다음 중 TIG 용접기의 주요장치 및 기구가 아닌 것은?

① 보호가스 공급장치
② 와이어 공급장치
③ 냉각수 순환장치
④ 제어장치

해설 와이어 공급장치는 불활성 가스 금속 용접의 주요 장치이다.

16 용접부에 X선을 투과하였을 경우 검출할 수 있는 결함이 아닌 것은?

① 선상조직   ② 비금속 개재물
③ 언더컷   ④ 용입불량

17 산소 아크 절단을 올바르게 설명한 것은?

① 아크 플라스마의 성질을 이용한 절단법
② 속이 빈 피복 용접봉과 모재 사이에 아크를 발생시켜 절단하는 방법
③ 강관을 사용하여 절단산소를 보내서 절단하는 방법
④ 금속 전극에 큰 전류를 흐르게 하여 절단하는 방법

해설 산소 아크 절단 : 중공의 피복봉을 사용하여 아크를 발생시키고 중심부에서 산소를 분출시켜 절단하는 방법, 전원으로는 직류 정극성이 사용되나, 교류도 사용 가능하다.

18 용접부의 시험검사에서 야금학적 시험 방법에 해당되지 않는 것은?

① 파면 시험   ② 육안 조직 시험
③ 노치 취성 시험 ④ 설퍼 프린트 시험

해설 노치 취성 시험은 구조용강의 용접성을 판정하는 것으로 샤르피 충격시험, 슈나트시험, 카안인열시험 등이 있다.

19 수동절단 작업 요령을 틀리게 설명한 것은?

① 토치가 과열되었을 때는 아세틸렌 밸브를 열고 물에 냉각시켜서 사용한다.
② 토치의 진행속도가 늦으면 절단면 윗 모서리가 녹아서 둥글게 되므로 적당한 속도로 진행한다.
③ 절단토치의 밸브를 자유롭게 열고 닫을 수 있도록 가볍게 쥔다.
④ 절단 시 필요한 경우 지그나 가이드를 이용하는 것이 좋다.

해설 수동 절단은 수동 가스절단을 말하며 장치가 과열되었을 때는 산소 밸브를 조금 열고 물에 냉각시켜서 사용한다.

정답 13.② 14.① 15.② 16.① 17.② 18.③ 19.①

20 탄산가스 아크용접에 대한 설명으로 맞지 않는 것은?

① 가시 아크이므로 시공이 편리하다.
② 철 및 비철류의 용접에 적합하다.
③ 전류밀도가 높고 용입이 깊다.
④ 바람의 영향을 받으므로 풍속 2m/s 이상일 때에는 방풍장치가 필요하다.

해설 가시 아크란 눈으로 용접부를 볼 수 있는 용접이며, 탄산가스 아크용접은 철 계통 용접에 적합하다.

21 불활성 가스 금속 아크용접(MIG) 제어장치의 기능으로 크레이터 처리 기능에 의해 낮아진 전류가 서서히 줄어들면서 아크가 끊어지며 이면 용접부가 녹아내리는 것을 방지하는 것을 의미하는 것은? ★★★

① 예비 가스 유출시간
② 스타트 시간
③ 크레이터 충전 시간
④ 버언 백 시간

22 일반적으로 안전을 표시하는 색채 중 특정 행위의 지시 및 사실의 고지 등을 나타내는 색은?

① 노란색   ② 녹색
③ 파란색   ④ 흰색

23 산소 프로판 가스절단에서 프로판 가스 1에 대하여 얼마 비율의 산소를 필요로 하는가?

① 8   ② 6
③ 4.5   ④ 2.5

해설 • 산소 : 프로판 = 1 : 4.5

• 산소 : 수소 = 1 : 0.5
• 산소 : 아세틸렌 = 1 : 1.1

24 용접설계에 있어서 일반적인 주의사항 중 틀린 것은?

① 용접에 적합한 구조 설계를 할 것
② 용접 길이는 될 수 있는 대로 길게 할 것
③ 결함이 생기기 쉬운 용접 방법은 피할 것
④ 구조상의 노치부를 피할 것

해설 용접 길이는 될 수 있는 대로 짧게 해야 한다.

25 피복 아크용접에서 발생하는 아크의 온도 범위로 가장 적당한 것은?

① 약 1000 ~ 2000℃
② 약 2000 ~ 3000℃
③ 약 5000 ~ 6000℃
④ 약 8000 ~ 9000℃

해설 피복 아크용접 열의 최고 온도는 약 6000℃이며, 보통 3500~5000℃ 정도이다.

26 직류 아크용접에서 역극성의 특징으로 맞는 것은?

① 용입이 깊어 후판 용접에 사용된다.
② 박판, 주철, 고탄소강, 합금강 등에 사용된다.
③ 봉의 녹음이 느리다.
④ 비드 폭이 좁다.

해설 역극성(DCRP) 특징
• 용입이 얕고, 비드 폭이 넓다.
• 용접봉의 녹음이 빠르다.
• 박판, 주철, 고탄소강, 합금강, 비철 금속의 사용된다.

정답 20.② 21.④ 22.③ 23.③ 24.② 25.③ 26.②

27 용접법 중 가스압접의 특징을 설명한 것으로 맞는 것은?

① 대단위 전력이 필요하다.
② 용접장치가 복잡하고 설비 보수가 비싸다.
③ 용접이음부의 탈탄층이 많아 용접이음 효율이 나쁘다.
④ 이음부에 첨가 금속 또는 용제가 불필요하다.

해설 가스압접의 특징
① 원리적으로 전력, 용접봉 용제가 불필요하다.
② 장치가 간단하고 설비비 및 보수비도 저렴하다.
③ 압접 소요시간이 짧고 이음부 탈탄층이 없다.

28 피복 아크용접봉에서 피복 배합제인 아교는 무슨 역할을 하는가? ★★★

① 아크 안정제
② 합금제
③ 탈산제
④ 환원가스 발생제

해설 고착제는 규산나트륨, 규산칼륨 등의 수용액이 주로 사용되며 심선에 피복제를 고착시키는 역할을 한다. 아교는 환원성 가스 발생제 역할도 한다.

29 피복금속 아크용접봉은 습기의 영향으로 기공(blow hole)과 균열(crack)의 원인이 된다. 보통 용접봉 (1)과 저수소계 용접봉 (2)의 온도와 건조 시간은?(단, 보통 용접봉은 (1)로, 저수소계 용접봉은 (2)로 나타냈다)

① (1) 70~100℃   30~60분,
  (2) 100~150℃   1~2시간
② (1) 70~100℃   2~3시간,
  (2) 100~150℃   20~30분
③ (1) 70~100℃   30~60분,
  (2) 300~350℃   1~2시간
④ (1) 70~100℃   2~3시간,
  (2) 300~350℃   20~30분

30 용접이 주조에 비하여 우수한 점이 아닌 것은?

① 보수가 용이하다.
② 복잡한 형상의 제품도 제작이 가능하다.
③ 이종 재질을 조합시킬 수 있다.
④ 이음의 강도가 작다.

해설 용접이 주조에 비하여 이음강도가 크다.

31 다음 결함 중에서 용접전류가 낮아서 생기는 결함이 아닌 것은?

① 오버랩   ② 용입불량
③ 융합불량   ④ 언더컷

해설 용접전류가 낮으면 모재가 잘 녹지 않아 용입불량이나 융합불량이 생길 수 있으며, 오버랩, 슬래그 혼입 등이 생길 수 있다.

32 다음 중 MIG용접의 특성이 아닌 것은?

① 반자동 또는 자동으로 용접속도가 빠르다.
② 아크 자기제어 특성이 있다.
③ 직류 역극성 사용 시 청정작용이 있어 Al, Mg 용접이 가능하다.
④ 전류밀도가 매우 높아 1mm 이하의 박판용접에 많이 이용된다.

해설 불활성 가스 금속 아크용접(MIG)은 후판용접에 적당하다. 불활성 가스 텅스텐 아크용접(TIG)은 박판용접에 적당하다.

정답 27.④ 28.④ 29.③ 30.④ 31.④ 32.④

33 용접기의 가동 핸들로 1차 코일을 상하로 움직여 2차 코일의 간격을 변화시켜 전류를 조정하는 용접기로 맞는 것은?

① 가포화 리액터형
② 가동코어 리액터형
③ 가동 코일형
④ 가동 철심형

해설 가동 코일형은 아크 안정도 높고 소음이 없으며 가격이 비싸 현재 사용이 거의 없다.

34 프로판 가스가 완전 연소하였을 때 설명으로 맞는 것은?

① 완전 연소하면 이산화탄소로 된다.
② 완전 연소하면 이산화탄소와 물이 된다.
③ 완전 연소하면 일산화탄소와 물이 된다.
④ 완전 연소하면 수소가 된다.

해설 $C_3H_8 + 5O_2 = 3CO_2 + 4H_2O$

35 아세틸렌 가스가 산소와 반응하여 완전 연소할 때 생성되는 물질은?

① CO, H_2O
② $2CO_2$, H_2O
③ CO, H_2
④ CO_2, H_2

해설 $C_2H_2 + 2.5O_2 = 2CO_2 + H_2O$

36 LPG 가스 취급시 화재사고를 예방하는 대책을 설명한 것 중 가장 거리가 먼 것은?

① 용기의 설치는 가급적 옥외에 설치한다.
② 용기는 직사일광의 차단이나 낙하물에 의한 손상을 방지하기 위하여 상부에 덮개를 한다.
③ 옥외의 용기로부터 옥내의 장소까지는 금속 고정 배관으로 하고, 고무호스의 사용부분은 될 수 있는 대로 길게 한다.
④ 연소기구 주위의 가연물과 충분한 거리를 둔다.

37 용접법을 융접, 압접, 납땜으로 분류할 때 압접에 해당하는 것은? ★★★

① 피복아크용접
② 전자 빔 용접
③ 테르밋 용접
④ 심용접

해설 압접 : 단접, 냉간 압접, 저항 용접(스폿, 심, 프로젝션, 플래시 맞대기, 업셋 맞대기, 방전충격), 마찰용접, 유도가열 용접, 초음파 용접, 가압 테르밋 용접 등이 있다.

38 A는 병 전체 무게(빈병 + 아세틸렌 가스)이고, B는 빈병의 무게이며, 또한 15℃ 1기압에서의 아세틸렌 가스 용적을 905리터라고 할 때, 용해 아세틸렌 가스의 양 C(리터)를 계산하는 식은?

① C = 905(B-A)
② C = 905 + (B-A)
③ C = 905(A-B)
④ C = 905 + (A-B)

39 내용적 40.7 리터의 산소병에 150kgf/cm² 의 압력이 게이지에 표시되었다면 산소병에 들어있는 산소량은 몇 리터인가?

① 3400
② 4055
③ 5055
④ 6105

해설 40.7×150 = 6105

40 저 용융점 합금이 아닌 것은?

① 아연과 그 합금
② 금과 그 합금
③ 주석과 그 합금
④ 납과 그 합금

해설 저융점 합금은 보통 주석의 용융점 232℃보다 낮은 금속의 합금을 말한다.
금 : 1063℃, 아연 : 420℃, 납 : 327℃

정답 33.③ 34.② 35.② 36.③ 37.④ 38.③ 39.④ 40.②

41 다음 중 알루미늄 합금(alloy)의 종류가 아닌 것은?

① 실루민(silumin) ② Y 합금
③ 로엑스(Lo-Ex) ④ 인코넬(inconel)

해설 인코넬은 니켈을 주체로 하여 15%의 크롬, 6~7%의 철, 2.5%의 티타늄, 1% 이하의 알루미늄·망간 규소를 첨가한 내열합금이다.

42 철강에서 펄라이트 조직으로 구성되어 있는 강은?

① 경질강 ② 공석강
③ 강인강 ④ 고용체강

해설 공석강 : 723℃에서 0.8%C가 함유된 강으로 전체가 펄라이트 조직이다.

43 황동의 가공재를 상온에서 방치할 경우 시간의 경과에 따라 성질이 악화되는 현상은?

① 경년 변화 ② 자연 균열
③ 탈아연 부식 ④ 고온 탈아연

해설 경년 변화 : 재료 내부의 상태가 시간이 경과함에 따라 서서히 변화하여 부품의 특성이 처음의 값보다 변동하는 것(일종의 시효경화)

44 가스 침탄법의 특징에 대한 설명으로 틀린 것은?

① 침탄 온도, 기체 혼합비 등의 조절로 균일한 침탄층을 얻을 수 있다.
② 열효율이 좋고 온도를 임의로 조절할 수 있다.
③ 대량 생산에 적합하다.
④ 침탄 후 직접 담금질이 불가능하다.

해설 침탄강의 경우 침탄 후 곧 담금질을 해야 경도가 얻어진다.
가스 침탄의 경우 보통 소형 제품을 다량 침탄할 수 있는 장점이 있다.

45 다음 중 풀림의 목적이 아닌 것은?

① 결정립을 조대화시켜 내부응력을 상승시킨다.
② 가공경화 현상을 해소시킨다.
③ 경도를 줄이고 조직을 연화시킨다.
④ 내부응력을 제거한다.

해설 풀림은 재료를 일정한 온도로 가열 후 로 내에서 냉각하여 내부 조직을 고르게 하고 응력을 제거하는 것으로 연화 풀림, 응력제거 풀림, 완전 풀림 등이 있다.

46 18-8 스테인리스강의 조직으로 맞는 것은?

① 페라이트 ② 오스테나이트
③ 펄라이트 ④ 마텐사이트

해설 18-8강은 18% Cr과 8%의 Ni를 함유한 스테인리스강으로 불수강이라고도 불러지는 내식성과 내열성이 매우 좋은 강이다. 철에 Cr다.

47 주철의 편상 흑연 결함을 개선하기 위하여 마그네슘, 세륨, 칼슘 등을 첨가한 것으로 기계적 성질이 우수하여 자동차 주물 및 특수 기계의 부품용 재료에 사용되는 것은?

① 미하나이트 주철 ② 구상 흑연 주철
③ 칠드 주철 ④ 가단 주철

해설 구상흑연주철은 주조한 채로 흑연이 구상(球狀)으로 되어 있는 주철. 주조할 때, 용탕에 마그네슘, 칼슘 등을 첨가하고 조직 속의 흑연을 구상화한 것으로 보통 주철에 비해 강력하고 점성이 강하다.

정답 41.④ 42.② 43.① 44.④ 45.① 46.② 47.②

48 탄소가 0.25%인 탄소강이 0~500℃의 온도 범위에서 일어나는 기계적 성질의 변화 중 온도가 상승함에 따라 증가 되는 성질은?

① 항복점 ② 탄성한계
③ 탄성계수 ④ 연신률

[해설] 강재가 온도가 상승하면 강도, 경도는 감소하고 연신률, 단면 수축률은 증가한다.

49 특수 주강 중 주로 롤러 등으로 사용되는 것은?

① Ni 주강 ② Ni-Cr 주강
③ Mn 주강 ④ Mo 주강

50 용접할 때 예열과 후열이 필요한 재료는?

① 15mm 이하 연강판
② 중탄소강
③ 18℃일 때 18mm 연강판
④ 순철판

51 단면도의 표시방법에 관한 설명 중 틀린 것은?

① 단면을 표시할 때에는 해칭 또는 스머징을 한다.
② 인접한 단면의 해칭은 선의 방향 또는 각도를 변경하든지 그 간격을 변경하여 구별한다.
③ 절단했기 때문에 이해를 방해하는 것이나 절단하여도 의미가 없는 것은 원칙적으로 긴 쪽 방향으로는 절단하여 단면도를 표시하지 않는다.
④ 가스킷 같이 얇은 제품의 단면은 투상선을 한 개의 가는 실선으로 표시한다.

[해설] 박판이나 가스킷 등의 얇은 제품은 굵은 실선으로 표시한다.

52 2종류 이상의 선이 같은 장소에서 중복될 경우 다음 중 가장 우선적으로 그려야 할 선은?

① 중심선 ② 숨은선
③ 무게 중심선 ④ 치수 보조선

[해설] 숨은 선은 대상물이 보이지 않는 부분의 모양을 표시하는데 사용되며 가는 파선 또는 굵은 파선으로 나타낸다.

53 도면의 양식 중 반드시 갖추어야 할 사항은?

① 방향 마크 ② 도면의 구역
③ 재단 마크 ④ 중심 마크

[해설] 도면의 양식에는 윤곽선, 표제란, 재단마크, 중심마크, 도면구역, 부품란, 비교눈금 등이 있으며, 반드시 갖추어야 할 양식은 중심마크, 윤곽선, 표제란이다.

54 모재의 두께가 20[mm] 이상의 용접에 적합하지 않는 글루브(홈)의 모양은?

① V형 ② X형
③ U형 ④ H형

[해설] V형으로 용접할 경우 한쪽에서 계속 용접해야 되므로 용접 변형이 매우 심하게 된다.
U형도 한쪽에서 용접이 이루어지지만, 이 U형은 홈각이 작고 루트 반지름을 크게 하여 용접하므로 용착금속량이 V형에 비해 현저히 적게 되어 변형도 그만큼 적게 된다.
가장 이상적인 형은 H형이지만 가공에 어려움이 있다.

정답 48.④ 49.③ 50.② 51.④ 52.② 53.④ 54.①

55 용접 보조기호 중 현장용접을 나타내는 기호는? ★★★

① 🚩　② ○
③ ●　④ ⦿

56 도면에 리벳의 호칭이 "KS B 1102 보일러용 둥근 머리 리벳 13×30 SV 400"로 표시된 경우 올바른 설명은? ★★

① 리벳의 수량 13개
② 리벳의 길이 30mm
③ 최대 인장강도 400kPa
④ 리벳의 호칭 지름 30mm

해설 지름 : 13mm, 길이 : 30mm, SV 400 : 리벳용 압연강재 최소 인장강도 400N/mm² (최소 항복강도 275MPa, N/mm²)
13×36 SWRM 10 : 연강선재 3종, 36 : 머리 제외한 리벳 길이

57 용접부 표면 또는 용접부 형상에 대한 보조기호 설명으로 틀린 것은?

① MR : 영구적인 이면판재 사용
② ⌒ : 볼록형
③ ─ : 평면
④ ⌣ : 토우를 매끄럽게 함

해설 MR : 제거 가능한 받침판 사용
M : 영구적인 이면판 사용

58 그림과 같은 정면도와 우측면도에 가장 적합한 평면도는?

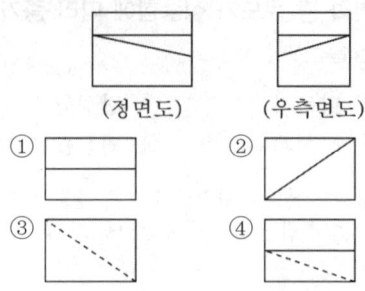

해설 문제 오류로 실제 시험에서는 ③번으로 정답이 발표되었지만 확정답안 발표시 ②, ③번이 정답 처리 되었습니다. 여기서는 ③번을 정답 처리합니다.

59 그림은 투상법의 기호이다. 몇 각법을 나타내는 기호인가?

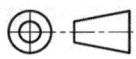

① 제1각법　② 제2각법
③ 제3각법　④ 제4각법

해설 3각법은 눈-투상면-물체로 투상도를 얻는 원리이다.

60 기계제도에서 도면에 치수를 기입하는 방법에 대한 설명으로 틀린 것은?

① 길이는 원칙으로 mm의 단위로 기입하고, 단위 기호는 붙이지 않는다.
② 치수의 자릿수가 많을 경우 세 자리마다 콤마를 붙인다.
③ 관련 치수는 되도록 한 곳에 모아서 기입한다.
④ 치수는 되도록 주 투상도에 집중하여 기입한다.

해설 제도에서는 숫자에 콤마를 붙이지 않는다.

정답　55.① 56.② 57.① 58.③ 59.③ 60.②

제2회 피복아크용접기능사 기출문제
(구, 용접기능사)

2014년 4월 6일 시행

01 고장력강에 주로 사용되는 피복 아크용접봉으로 가장 적당한 것은?

① 일미나이트계 ② 고셀룰로스계
③ 고산화티탄계 ④ 저수소계

02 가연성 가스로 스파크 등에 의한 화재에 대하여 가장 주의해야 할 가스는?

① C_3H_8 ② CO_2
③ He ④ O_2

[해설] 프로판은 가연성 가스이므로 화재에 주의해야 한다.

03 아크의 길이가 너무 길 때 발생하는 현상이 아닌 것은?

① 열량이 대단히 작아진다.
② 용입이 나빠진다.
③ 아크가 불안정(해진다)하다.
④ 전압은 상승한다.

[해설] 아크길이가 길어지면 발열량이 커(많아)진다.

04 아크용접기의 구비조건에 해당되는 사항으로 옳은 것은? ★★

① 사용 중 용접기 온도 상승이 커야 한다.
② 용접 중 단락되었을 경우 대전류가 흘러야 된다.
③ 소비전력이 큰 역률이 좋은 용접기를 구비한다.
④ 무부하 전압을 최소로 하여 전격의 위험을 줄인다.

[해설] 아크 발생이 잘되는 범위 내에서 무부하 전압이 낮아야 한다.(교류 70~80V, 직류 40~60V)

05 CO_2 가스 아크용접장치 중 용접전원에서 박판 아크전압을 구하는 식은?(단, I는 용접전류의 값이다.)

① $V = 0.04 \times I + 15.5 \pm 1.5$
② $V = 0.004 \times I + 155.5 \pm 11.5$
③ $V = 0.05 \times I + 111.5 \pm 2$
④ $V = 0.005 \times I + 1111.5 \pm 2$

06 이산화탄소의 특징이 아닌 것은?

① 색, 냄새가 없다.
② 공기보다 가볍다.
③ 상온에서도 쉽게 액화한다.
④ 대지 중에서 기체로 존재한다.

[해설] 이산화탄소는 공기보다 무겁다.

07 용접전류가 낮거나, 운봉 및 유지 각도가 불량할 때 발생하는 용접 결함은?

① 용락 ② 언더컷
③ 오버랩 ④ 선상조직

[정답] 01.④ 02.① 03.① 04.④ 05.① 06.② 07.③

해설) 오버랩은 전류가 낮거나, 용접봉 선택 불량일 때 발생하며, 방지 대책으로 적정 전류, 적정 용접봉을 선택하고 수평 필릿의 경우 봉의 각도를 잘 선택한다.

08 CO_2 가스 아크용접에서 일반적으로 용접전류를 높게 할 때의 사항을 열거한 것 중 옳은 것은?

① 용접입열이 작아진다.
② 와이어의 녹아 내림이 빨라진다.
③ 용착율과 용입이 감소한다.
④ 우수한 비드 형상을 얻을 수 있다.

09 용접 경비 절감을 위해 고려해야 할 사항으로 가장 부적절한 것은?

① 용접봉의 적절한 선정과 그 경제적 사용방법
② 용접지그의 사용에 의한 전 자세 용접의 적용
③ 고정구 사용에 의한 능률 향상
④ 용접사의 작업 능률의 향상

해설) 용접지그의 사용에 의한 아래 자세 용접의 적용으로 능률이 높아져 용접 시간 단축과 용접 경비를 줄일 수 있다.

10 주성분이 은, 구리, 아연의 합금인 경납으로 인장강도, 전연성 등의 성질이 우수하여 구리, 구리합금, 철강, 스테인리스강 등에 사용되는 납재는?

① 양은납   ② 알루미늄납
③ 은납   ④ 내열납

해설) 은납은 은의 함유량에 따라 성질이 달라지며, 철강, 스테인리스강 납땜에도 유용하다.

11 아크용접 작업 전에 감전의 방지를 위해 반드시 확인할 사항으로 가장 거리가 먼 것은?

① 케이블의 파손 여부
② 홀더의 절연 상태
③ 작업장의 환기 상태
④ 용접기의 접지 상태

해설) 작업장 환기 상태는 감전 방지를 위한 점검 사항에는 포함되지 않는다.

12 불활성 가스 아크용접에 관한 설명으로 틀린 것은?

① 아크가 안정되어 스패터가 적다.
② 피복제나 용제가 필요하다.
③ 열 집중성이 좋아 능률적이다.
④ 철 및 비철 금속의 용접이 가능하다.

해설) 피복제, 용제가 필요없다.

13 용접 후 인장 또는 굴곡시험으로 파단시켰을 때 은점을 발견할 수 있는데 이 은점을 없애는 방법은?

① 수소 함유량이 많은 용접봉을 사용한다.
② 용접 후 실온으로 수개월간 방치한다.
③ 용접부를 염산으로 세척한다.
④ 용접부를 망치로 두드린다.

해설) 은점은 수소에 의한 것으로 조직에 고기 눈처럼 나타나보이는 것으로 중요 결함은 아니며 수개월 후 대부분 없어진다.

14 가스 중에서 최소의 밀도로 가장 가볍고 확산속도가 빠르며, 열전도가 가장 큰 가스는? ★★

① 수소   ② 메탄

정답) 08.② 09.② 10.③ 11.③ 12.② 13.② 14.①

③ 프로판 ④ 부탄

해설 수소는 가장 가볍고 확산속도가 빠르다.

15 초음파 탐상법에서 널리 사용되며 초음파의 펄스를 시험체의 한쪽 면으로부터 송신하여 결함 에코의 형태로 결함을 판정하는 방법은?

① 투과법 ② 공진법
③ 침투법 ④ 펄스 반사법

해설
- 투과법 : 시험체 속에 초음파의 펄스 또는 연속파를 투과하고 뒷면에서 이를 수신하여 결함으로 인한 초음파의 장해 및 쇠약정도를 조사한다.
- 공진법 : 시험체의 두께에 따라 어떤 특정 주파수 일 때 시험체 속에 초음파의 정상파가 생겨 공진하므로 그 상황을 근거로 라미네이션을 검출할 수 있다.

16 전기 저항 점용접 작업시 용접기에서 조정할 수 있는 3대 요소에 해당하지 않는 것은?

① 용접전류 ② 전극 가압력
③ 용접전압 ④ 통전 시간

해설 전기 저항 용접의 3대 요소
전류, 통전시간, 전극 가압력

17 불활성가스 금속 아크용접에서 가스 공급계통의 확인 순서로 가장 적합한 것은?

① 용기 → 감압밸브 → 유량계 → 제어장치 → 용접토치
② 용기 → 유량계 → 감압밸브 → 제어장치 → 용접토치
③ 감압밸브 → 용기 → 유량계 → 제어장치 → 용접토치
④ 용기 → 제어장치 → 감압밸브 → 유량계 → 용접토치

18 다음 중 비용극식 불활성 가스 아크용접은?

① GMAW ② GTAW
③ MMAW ④ SMAW

해설
GMAW : 가스메탈 아크용접
GTAW : 가스 텅스텐 아크용접(TIG 용접)
SMAW : 피복 금속 아크용접

19 알루미늄 분말과 산화철 분말을 1 : 3의 비율로 혼합하고, 점화제로 점화하면 일어나는 화학반응은?

① 테르밋 반응 ② 용융 반응
③ 포정 반응 ④ 공석 반응

20 용접을 크게 분류할 때 압접에 해당 되지 않는 것은?

① 저항 용접 ② 초음파 용접
③ 마찰 용접 ④ 전자 빔 용접

해설 전자 빔 용접은 용접의 일종이다.

21 용접 현장에서 지켜야 할 안전 사항 중 잘못 설명한 것은?

① 탱크 내에서는 혼자 작업한다.
② 인화성 물체 부근에서는 작업을 하지 않는다.
③ 좁은 장소에서의 작업시는 통풍을 실시한다.
④ 부득이 가연성 물체 가까이서 작업시는 화재발생 예방조치를 한다.

해설 탱크 내나, 밀폐된 공간에는 공기(산소)가 부족하여 호흡에 문제가 클 수 있으며, 특히 용접 등을 할 경우 더욱 산소 부족의 위험이나 사고시 조치를 취할 필요가 있으므로 최소 2인 1조로 작업을 진행해야 한다.

정답 15.④ 16.③ 17.① 18.② 19.① 20.④ 21.①

22 용접시 냉각속도에 관한 설명 중 틀린 것은?

① 예열을 하면 냉각속도가 완만하게 된다.
② 얇은 판보다는 두꺼운 판이 냉각속도가 크다.
③ 알루미늄이나 구리는 연강보다 냉각속도가 느리다.
④ 맞대기 이음보다는 T형 이음이 냉각속도가 크다.

해설 알루미늄이나 구리는 연강보다 열전도도가 크므로 냉각속도도 빠르다.

23 수소 함유량이 타 용접봉에 비해서 1/10 정도 현저하게 적고 특히 균열의 감소성이나 탄소, 황의 함유량이 많은 강의 용접에 적합한 용접봉은?

① E4301   ② E4313
③ E4316   ④ E4324

해설 E4316은 저수소계로 피복제 중에 석회석이나 형석을 주성분으로 사용한 것이다.

24 다음 중 주철 용접시 주의사항으로 틀린 것은?

① 용접봉은 가능한 한 지름이 굵은 용접봉을 사용한다.
② 보수 용접을 행하는 경우는 결함 부분을 완전히 제거한 후 용접한다.
③ 균열의 보수는 균열의 성장을 방지하기 위해 균열의 양 끝에 정지 구멍을 뚫는다.
④ 용접전류는 필요 이상 높이지 말고 직선 비드를 배치하며, 지나치게 용입을 깊게 하지 않는다.

해설 용접봉은 가능한 한 지름이 가는 용접봉을 사용한다.

25 다음 중 아크 에어 가우징에 사용되지 않는 것은?

① 가우징 토치   ② 가우징봉
③ 압축공기   ④ 열교환기

해설 아크에어 가우징은 탄소 아크 절단에 압축 공기를 병용하여 전극 홀더의 구멍에서 탄소 전극봉에 나란히 분출하는 고속 공기를 분출시켜 용융 금속을 불어 내어 홈을 파는 방법이다.

26 모재를 용융하지 않고 모재 보다는 낮은 융점을 가지는 금속의 첨가제를 용융시켜 접합하는 방법은?

① 융접   ② 압접
③ 납땜   ④ 단접

해설 납땜 : 모재는 녹이지 않고 용가재만을 용융 첨가하여 표면 장력을 이용하여 접합.

27 고체 상태에 있는 두 개의 금속 재료를 융접, 압접, 납땜으로 분류하여 접합하는 방법은?

① 화학적 접합법   ② 기계적인 접합법
③ 전기적 접합법   ④ 야금적 접합법

28 구리 합금, 알루미늄 합금에 우수한 용접 결과를 얻을 수 있는 용접법은?

① 피복금속 아크용접
② 서브머지드 아크용접
③ 탄산가스 아크용접
④ 불활성가스 아크용접

29 가스절단에 영향을 주는 요소가 아닌 것은?

① 호스의 굵기   ② 팁의 크기와 모양

정답 22.③ 23.③ 24.① 25.④ 26.③ 27.④ 28.④ 29.①

③ 절단재의 재질   ④ 산소의 압력

해설 호스의 굵기는 가스절단에 영향을 주지 않는다.

30 수동 가스절단 작업 중 절단면의 윗 모서리가 녹아 둥글게 되는 현상이 생기는 원인과 거리가 먼 것은?

① 팁과 강판사이의 거리가 가까울 때
② 절단가스의 순도가 높을 때
③ 예열불꽃이 너무 강할 때
④ 절단속도가 너무 느릴 때

31 교류 아크용접기의 종류 중 조작이 간단하고 원격 조정이 가능한 용접기는?

① 가포화 리액터형 용접기
② 가동 코일형 용접기
③ 가동 철심형 용접기
④ 탭 전환형 용접기

해설 가포화 리액터형은 가변 저항의 변화로 용접전류를 조정하고 조작이 간단하고 원격제어가 된다.

32 가연성 가스에 대한 설명 중 가장 옳은 것은?

① 가연성 가스는 CO_2와 혼합하면 더욱 잘 탄다.
② 가연성 가스는 혼합 공기가 적은 만큼 완전 연소한다.
③ 산소, 공기 등과 같이 스스로 연소하는 가스를 말한다.
④ 가연성 가스는 혼합한 공기와의 비율이 적절한 범위 안에서 잘 연소한다.

33 수중 절단 작업을 할 때에는 예열 가스의 양을 공기 중의 몇 배로 하는가?

① 0.5~1배   ② 1.5~2배
③ 4~8배   ④ 9~16배

34 탄산가스(CO_2)에 대한 설명으로 틀린 것은?

① 무색, 무취의 기체이다.
② 비중은 1.53 정도로 공기보다 가볍다.
③ 대기 중에서 기체로 존재한다.
④ 물에 잘 녹는다.

해설 기체의 비중은 공기를 기준으로 공기를 1로 할 때 다른 기체의 비중을 나타낸다. CO_2 가스는 1.53으로 공기보다 무겁다.

35 철강을 가스절단하려고 할 때 절단조건으로 틀린 것은?

① 슬래그의 이탈이 양호하여야 한다.
② 모재에 연소되지 않은 물질이 적어야 한다.
③ 생성된 산화물의 유동성이 좋아야 한다.
④ 생성된 금속 산화물의 용융온도는 모재의 용융점보다 높아야 한다.

해설 생성된 금속 산화물의 용융온도는 모재의 용융점보다 작아야 한다.

36 직류용접에서 발생되는 아크쏠림의 방지 대책 중 틀린 것은?

① 큰 가접부 또는 이미 용접이 끝난 용착부를 향하여 용접할 것
② 용접부가 긴 경우 후퇴 용접법(back step welding)으로 할 것
③ 용접봉 끝을 아크가 쏠리는 방향으로 기울일 것
④ 되도록 아크를 짧게 하여 사용할 것

해설 용접봉 끝을 아크 쏠리는 방향 반대로 기울일 것

정답 30.② 31.① 32.④ 33.③ 34.② 35.④ 36.③

37 용접봉의 보관 및 취급상의 주의사항으로 틀린 것은?

① 용접 작업자는 용접전류, 용접자세 및 건조 등 용접봉 사용조건에 대한 제조자의 지시에 따라야 한다.
② 용접봉은 진동이 없고 하중을 받는 상태에서 지면보다 낮은 곳에 보관한다.
③ 저수소계 용접봉은 300~350℃에서 1~2시간 정도 건조시켜야 한다.
④ 보통 용접봉은 70~100℃에서 30~60분 정도 건조시켜야 한다.

해설 용접봉은 습기를 조심해야하기 때문에 지면보다 낮은 곳에 보관하지 않는다.

38 가스 발생식 용접봉의 특징 설명 중 틀린 것은?

① 아크가 매우 안정된다.
② 슬래그의 제거가 손쉽다.
③ 전자세 용접이 불가능하다.
④ 슬래그 생성식에 비해 용접속도가 빠르다.

해설 용착금속의 보호 방식
① 슬래그 생성식 : 슬래그로 산화, 질화 방지, 탈산작용
② 가스 발생식 : 셀룰로오스를 이용하고 전자세 용접이 가능하다.

39 전류를 통하여 자화가 될 수 있는 금속재료 즉 철, 니켈과 같이 자기변태를 나타내는 금속 또는 그 합금으로 제조된 구조물이나 기계부품의 표면부에 존재하는 결함을 검출하는 비파괴시험법은?

① 자분 탐상시험   ② 맴돌이 전류시험
③ γ선 투과시험   ④ 초음파 탐상시험

40 18-8형 스테인리스강의 특징을 설명한 것 중 틀린 것은?

① 비자성체이다.
② 18-8에서 18은 Cr%, 8은 Ni%이다.
③ 결정구조는 면심입방격자를 갖는다.
④ 500~800℃로 가열하면 탄화물이 입계에 석출하지 않는다.

해설 18-8강은 오스테나이트 조직을 갖는 스테인리스강으로 면심 입방 격자이며, 비자성체이며, 500~800℃로 가열하면 탄화물이 입계에 석출하는 입계 부식 현장을 갖는다.

41 용접금속의 용융부에서 응고 과정의 순서로 옳은 것은?

① 결정핵 생성 → 결정경계 → 수지상정
② 결정핵 생성 → 수지상정 → 결정경계
③ 수지상정 → 결정핵 생성 → 결정경계
④ 수지상정 → 결정경계 → 결정핵 생성

해설 용융금속의 응고 순서는 결정핵 생성 - 결정의 성장(수지상정) - 결정 경계 형성 순으로 응고한다.

42 질량의 대소에 따라 담금질 효과가 다른 현상을 질량효과라고 한다. 탄소강에 니켈, 크롬, 망간 등을 첨가하면 질량효과는 어떻게 변하는가?

① 질량효과가 커진다.
② 질량효과가 작아진다.
③ 질량효과는 변하지 않는다.
④ 질량효과가 작아지다가 커진다.

해설 질량 효과가 작아진다는 것은 담금질(경화)이 잘된다는 의미이다.

43 Mg(마그네슘)의 융점은 약 몇 ℃인가?

정답 37.② 38.③ 39.① 40.④ 41.② 42.②

① 650℃　② 1538℃
③ 1670℃　④ 3600℃

해설
- 철 : 1538℃,　• 텅스텐 : 3410℃
- 몰리브덴 : 2620℃　• 지르코늄 : 1900℃

44 주철에 관한 설명으로 틀린 것은?

① 인장강도가 압축강도보다 크다.
② 주철은 백주철, 반주철, 회주철 등으로 나눈다.
③ 주철은 메짐(취성)이 연강보다 크다.
④ 흑연은 인장강도를 약하게 한다.

45 강재 부품에 내마모성이 좋은 금속을 용착시켜 경질의 표면층을 얻는 방법은?

① 브레이징(brazing)
② 숏 피닝(shot peening)
③ 하드 페이싱(hard facing)
④ 질화법(nitriding)

해설 하드 페이싱은 금속 재료의 표면을 마모(磨耗)나 부식으로부터 방지하기 위하여 표면에 각종 합금층을 만드는 것을 말한다.

46 용해시 흡수한 산소를 인(P)으로 탈산하여 산소를 0.01% 이하로 한 것이며, 고온에서 수소 취성이 없고 용접성이 좋아 가스관, 열교환관 등으로 사용되는 구리는?

① 탈산 구리(동)　② 정련 구리(동)
③ 전기 구리(동)　④ 무산소 구리(동)

해설 탈산 구리는 구리 속에 함유되는 산소의 양을 특히 낮게 한 구리로 일반적으로 구리지금 속의 산소량은 0.03~0.05%인데 0.02% 이하인 것을 탈산구리, 0.01% 이하인 것을 저산소구리, 0.001% 이하인 것을 무산소구리라 한다.

47 저합금강 중에서 연강에 비하여 고장력 강의 사용 목적으로 틀린 것은?

① 재료가 절약된다.
② 구조물이 무거워진다.
③ 용접공수가 절감된다.
④ 내식성이 향상된다.

해설 고장력강은 연강보다 강도가 높아 판두께 등을 줄일 수 있어 구조물 무게가 가벼워진다.

48 다음 중 주조상태의 주강품 조직이 거칠고 취약하기 때문에 반드시 실시해야 하는 열처리는?

① 침탄　② 풀림
③ 질화　④ 금속침투

해설 풀림은 재료를 일정한 온도로 가열 후 노 내에서 냉각하여 내부 조직을 고르게 하고 응력을 제거하는 것으로 연화 풀림, 응력제거 풀림, 완전 풀림 등이 있다.

49 산소나 탈산제를 품지 않으며, 유리에 대한 봉착성이 좋고 수소취성이 없는 시판되는 동(구리)은?

① 무산소동　② 전기동
③ 전련동　④ 탈산동

해설 구리(동) 중에 산소가 있으면 수소와의 반응으로 수분을 생성하여 수소 취성을 일으키며, 또한 내식성도 나쁘기 때문에 산소를 약 0.008% 이하가 되도록 탈산제로 제거한 구리를 말한다.

정답 43.① 44.① 45.③ 46.① 47.② 48.② 49.①

50 합금강이 탄소강에 비하여 좋은 성질이 아닌 것은?

① 기계적 성질 향상
② 결정입자의 조대화
③ 내식성, 내마멸성 향상
④ 고온에서 기계적 성질 저하 방지

51 기계 제작 부품 도면에서 표제란을 설명한 것으로 옳지 않은 것은?

① 품번, 품명, 재질, 주서 등을 기재한다.
② 도면의 윤곽선 오른쪽 아래 구석에 위치한다.
③ 척도, 투상법, 도면 작성일, 제도한 사람의 이름 등을 기입한다.
④ 도번, 도면, 제도 및 검도 등 관련자 서명, 척도 등을 기재한다.

해설 표제란 : 도면의 오른쪽 아래에 그린다.
①은 부품표의 기재 사항이다.

52 기계제도 도면에서 "t120"이라는 치수가 있을 경우 "t"가 의미하는 것은?

① 모떼기
② 재료의 두께
③ 구의 지름
④ 정사각형의 변

해설 • 구의 지름 : $S\emptyset$,   • 구의 반지름 : SR
• 정사각형 변 : □   • 45도 모떼기 : C

53 리벳의 종류 중 호칭길이를 나타낼 때 머리부를 제외한 부분의 길이로 표시하는 리벳이 아닌 것은? ★★

① 얇은 납작머리 리벳
② 냄비머리 리벳
③ 접시머리 리벳
④ 둥근머리 리벳

해설 머리부를 포함한 리벳의 전체길이를 리벳 호칭 길이로 나타내는 리벳은 접시머리 리벳이다. 접시머리 리벳은 카운터 싱킹시 머리부터 전체가 묻힐 수 있기 때문이다.

54 제3각 정투상도에서 저면도의 배치 위치로 옳은 것은?

① 정면도의 오른쪽   ② 정면도의 아래쪽
③ 정면도의 위쪽   ④ 정면도이 왼쪽

해설 3각법의 특징 : KS(한국공업규격)에서는 3각법을 도면 작성 원칙으로 한다.

55 배관용 아크용접 탄소강 강관의 KS 기호는?

① PW   ② WM
③ SCW   ④ SPW

56 그림과 같이 제3각법으로 정면도와 우측면도를 작도할 때 누락된 평면도로 적합한 것은?

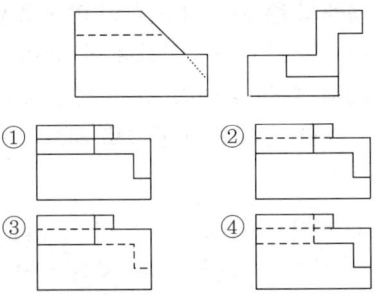

해설 입체도 형상

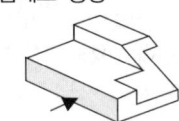

정답 50.② 51.① 52.② 53.③ 54.② 55.④ 56.②

57 기계 제작 부품 도면에서 도면의 윤곽선 오른쪽 아래 구석에 위치하는 표제란을 가장 올바르게 설명한 것은? ★★

① 품번, 품명, 재질, 주서 등을 기재한다.
② 제작에 필요한 기술적인 사항을 기재한다.
③ 제조 공정별 처리방법, 사용공구 등을 기재한다.
④ 도번, 도명, 제도 및 검도 등 관련자 서명, 척도 등을 기재한다.

[해설] 표제란은 도면관리에 필요한 사항과 도면내용에 관한 중요한 사항을 정리하여 기입하는데, 도면번호, 도면명칭, 도면작성 연월일, 척도, 투상법, 제도자, 설계자, 공사명 등을 기입한다.

58 그림과 같은 원추를 전개하였을 경우 전개면의 꼭지각이 180°가 되려면 ∅D의 치수는 얼마가 되어야 하는가?

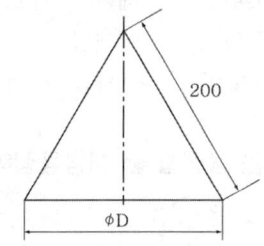

① ∅100   ② ∅120
③ ∅180   ④ ∅200

[해설] $\phi = 360 \times \dfrac{r}{L}$, $r = \dfrac{\phi L}{360} = \dfrac{180 \times 200}{360} = 100$
$D = 2r = 200$

59 단면을 나타내는 해칭선의 방향이 가장 적합하지 않은 것은?

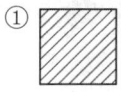 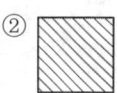
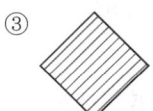 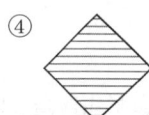

[해설] 해칭선은 외형선과 평행이 되도록 그어서는 안 된다.

60 기계제도에서 사용하는 선의 굵기 기준이 아닌 것은?

① 0.9mm   ② 0.25mm
③ 0.18mm   ④ 0.7mm

[해설] 선 굵기의 기준은 0.18, 0.25, 0.35, 0.5, 0.7, 1.0mm로 한다.

정답 57.④ 58.④ 59.③ 60.①

2014 제4회 피복아크용접기능사 기출문제 (구, 용접기능사)

2014년 7월 20일 시행

01 알루미늄을 TIG 용접할 때 가장 적절한 전류는?

① ACHF ② DCSP
③ DCRP ④ AC

해설 ACHF : 알루미늄은 청정작용이 있는 직류 역극성을 사용해야 하나 이 경우 +극인 전극의 굵기가 정극성보다 4배 정도 굵어야 되므로 +극과 −극이 동시 작용하며, 고주파 발생장치가 있는 교류를 사용한다.

02 전기 저항용접 중 맞대기 저항 용접의 종류가 아닌 것은? ★★

① 업셋 용접 ② 프로젝션 용접
③ 퍼커션 용접 ④ 플래시 비트 용접

해설 겹치기 저항 용접의 종류 : 스폿, 심, 프로젝션 용접 등

03 CO_2 가스 아크용접에서 솔리드 와이어에 비교한 복합 와이어의 특징을 설명한 것으로 틀린 것은?

① 양호한 용착금속을 얻을 수 있다.
② 스패터가 많다.
③ 아크가 안정된다.
④ 비드 외관이 깨끗하며 아름답다.

해설 복합 와이어(flux cord wire)는 용제에 탈산제, 아크 안정제 등 합금 원소가 포함되어 있어 아크도 안정되어 스패터가 적고 비드 외관이 깨끗하며 아름답다.

04 MIG 용접에서 가장 많이 사용되는 용적 이행 형태는?

① 단락 이행 ② 스프레이 이행
③ 입상 이행 ④ 글로뷸러 이행

해설 스프레이(분무형)은 스패터가 거의 없고 용착 속도가 빠르고 용입이 깊기 때문에 가장 많이 사용된다.

05 다음 가스 중에서 발열량이 큰 것에서 작은 것의 순서로 배열된 것은?

① 아세틸렌 > 프로판 > 수소 > 메탄
② 프로판 > 메탄 > 수소 > 아세틸렌
③ 프로판 > 아세틸렌 > 메탄 > 수소
④ 아세틸렌 > 수소 > 메탄 > 프로판

06 다음 용접법 중 저항용접이 아닌 것은?

① 스폿 용접 ② 심용접
③ 프로젝션 용접 ④ 스터드 용접

해설 스터드 용접은 아크용접에 속한다.

07 아크용접의 재해라 볼 수 없는 것은?

① 아크 광선에 의한 전안염
② 스패터 비산으로 인한 화상
③ 역화로 인한 화재
④ 전격에 의한 감전

해설 역화는 가스용접이나 절단시에 일어나는 현상으로 아크용접과는 무관하다.

정답 01.① 02.② 03.② 04.② 05.③ 06.④ 07.③

08 다음 중 전자 빔 용접의 장점과 거리가 먼 것은?

① 고진공 속에서 용접을 하므로 대기와 반응하기 쉬운 활성 재료도 용이하게 용접된다.
② 두꺼운 판의 용접이 불가능하다.
③ 용접을 정밀하고 정확하게 할 수 있다.
④ 에너지 집중이 가능하기 때문에 고속으로 용접이 된다.

[해설] 두꺼운 판의 용접에도 가능하다.

09 대상물에 감마선, 엑스선을 투과시켜 필름에 나타나는 상으로 결함을 판별하는 비파괴 검사법은?

① 초음파 탐상 검사
② 침투 탐상 검사
③ 와전류 탐상 검사
④ 방사선 투과 검사

[해설] 방사선 투과 검사는 감마선, 엑스선을 투과 시켜 필름에 나타나는 상으로 결함을 판별하는 방법으로 가장 많이 사용된다.

10 필릿용접에서 이론 목두께 a와 용접 목길이(각장) z의 관계를 옳게 나타낸 것은?

① a ≒ 1.4z
② a ≒ 1.0z
③ a ≒ 0.9z
④ a ≒ 0.7z

[해설] 목두께 = 목길이 z cos45° = 0.707z 이므로 목두께는 목길이 z의 70%이다.

11 MIG 용접의 용적이행 중 단락 아크용접에 관한 설명으로 맞는 것은?

① 용적이 안정된 스프레이 형태로 용접된다.
② 고주파 및 저전류 펄스를 활용한 용접이다.
③ 임계전류 이상의 용접전류에서 많이 적용된다.
④ 저전류, 저전압에서 나타나며 박판용접에 사용된다.

12 용접결함 중 내부에 생기는 결함은?

① 언더컷   ② 오버랩
③ 크레이터 균열   ④ 기공

[해설] 기공은 용접 분위기 가운데 수소 또는 일산화탄소의 과잉, 모재 가운데 유황 함유량 과대, 아크길이, 전류 조작의 부적당, 용접 속도가 빠를 때 발생되는 내부 결함이다.

13 다음 중 불활성 가스 텅스텐 아크용접에서 중간 형태의 용입과 비드 폭을 얻을 수 있으며, 청정 효과가 있어 알루미늄이나 마그네슘 등의 용접에 사용되는 전원은?

① 직류 정극성   ② 직류 역극성
③ 고주파 교류   ④ 교류 전원

[해설] 청정 효과는 ②, ④에서도 생기나, 역극성은 전극 굵기가 문제이며, ③이 적당하다.

14 용접용 용제는 성분에 의해 용접 작업성, 용착 금속의 성질이 크게 변화하므로 다음 중 원료와 제조방법에 따른 서브머지드 아크용접의 용접용 용제에 속하지 않는 것은?

① 고온소결형 용제   ② 저온소결형 용제
③ 용융형 용제   ④ 스프레이형 용제

[해설] 입자 상태의 광물성 물질로 용융형, 소결형 용제로 나누고, 소결형 용제는 제조 온도에 따라 고온 소설형, 저온 소결형으로 분류한다.

[정답] 08.② 09.④ 10.④ 11.④ 12.④ 13.③ 14.④

15 마찰용접의 장점이 아닌 것은?

① 용접작업 시간이 짧아 작업 능률이 높다.
② 피 용접물의 형상치수, 길이, 무게의 제한이 없다.
③ 이중금속의 접합이 가능하다.
④ 작업자의 숙련이 필요하지 않다.

해설 마찰용접의 특징
① 접합재료의 단면을 원형으로 제한한다.
② 용접작업 시간이 짧아 작업 능률이 높다.
③ 이중금속의 접합이 가능하다.
④ 피 용접물의 형상치수, 길이, 무게의 제한을 받는다.

16 용접봉의 소요량을 판단하거나 용접 작업시간을 판단하는데 필요한 용접봉의 용착 효율을 구하는 식은?

① 용착효율 = $\frac{용접봉사용중량}{용착금속의중량 \times 2} \times 100$
② 용착효율 = $\frac{용착금속의중량 \times 2}{용접봉사용중량} \times 100$
③ 용착효율 = $\frac{용접봉사용중량}{용착금속의중량} \times 100$
④ 용착효율 = $\frac{용착금속의중량}{용접봉사용중량} \times 100$

17 안전·보건 표지의 색채, 색도기준 및 용도에서 문자의 빨간색 또는 노란색에 대한 보조색으로 사용되는 색채는?

① 파란색 ② 녹색
③ 흰색   ④ 검은 색

18 감전의 위험으로부터 용접 작업자를 보호하기 위해 교류 용접기에 설치하는 것은?

① 시간 제어 장치 ② 전격 방지 장치
③ 원격 제어 장치 ④ 고주파 발생 장치

해설 교류 아크용접기는 무부하 전압 70~80V 정도로 비교적 높아 감전 위험이 있어 용접사를 보호하기 위해 전격 방지장치를 부착한다.

19 다음 그림은 모재 위에 피복아크용접으로 용접한 용접부의 단면 형상이다. 각각의 기호에 대한 설명이 틀린 것은?

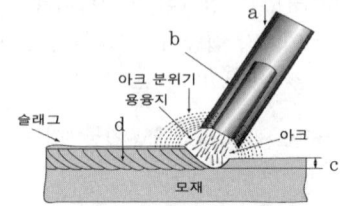

① a : 피복제   ② b : 심선
③ c : 용접비드 ④ d : 용착금속

해설 C : 용입 : 용접재료가 녹은 깊이, 용입 깊이이다.

20 용접 홈의 형식 중 두꺼운 판의 양면 용접을 할 수 없는 경우에 가공하는 방법으로 한쪽 용접에 의해 충분한 용입을 얻으려고 할 때 사용되는 홈은? ★★

① I형 홈   ② V형 홈
③ U형 홈   ④ H형 홈

해설 U형 홈은 V형에 비해 홈 폭이 좁아도 되고, 루트 간격을 0으로 해도 작업성과 용입이 좋으며 용착 금속 양도 적으나 홈가공이 다소 어려운 단점이 있다.

21 다음 중 기계적 진동이 모재의 융점 이하에서도 용접부가 두 소재 표면사이에서 형성되도록 하는 용접은?

① 테르밋 용접   ② 초음파 용접
③ 금속아크용접 ④ 원자수소 용접

해설 초음파 용접 : 초음파(18KHz)의 진동 에너지, 마찰열을 발생시켜 압접하며, 기계적 진동이 모재의

정답 15.② 16.④ 17.④ 18.② 19.③ 20.③ 21.②

용접 이하에서도 용접부가 두 소재 표면사이에서 형성되도록 하는 용접 방법이다.

22 다층 용접법의 일종으로 아래 [그림]과 같이 각 층마다 전체의 길이를 용접하면서 쌓아 올리는 가장 일반적인 방법으로 주로 사용하는 용착법은? ★★

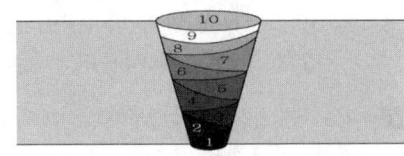

① 교호법　　② 덧살 올림법
③ 케스케이드법　④ 전진 블록법

해설
- 전진 블록법 : 한 개의 용접봉으로 살을 붙일만한 길이로 구분해 홈을 한 부분씩 여러 층으로 쌓아 올린 다음 다른 부분으로 진행하는 방법
- 케스케이드법 : 한 부분의 몇 층을 용접하다가 이것을 다음 부분의 층으로 연속시켜 전체가 계단 형태의 단계를 이루도록 용착시켜 나가는 방법

23 용접에 의한 이음을 리벳이음과 비교했을 때, 용접 이음의 장점(특성)이 아닌 것은? ★★

① 이음 구조가 간단하다.
② 판두께에 제한을 거의 받지 않는다.
③ 용접 모재의 재질에 대한 영향이 작다.
④ 기밀성과 수밀성을 얻을 수 있다.

해설 용접 특성 : 모재의 재질에 대한 영향이 크나, 이음효율이 높고, 공정의 수가 절감되며, 유밀성, 기밀성, 수밀성이 우수하다.

24 피복 아크용접 회로의 순서가 올바르게 연결된 것은? ★★

① 용접기 - 전극 케이블 - 용접봉 홀더 - 피복 아크용접봉 - 아크 - 모재 - 접지 케이블
② 용접기 - 용접봉 홀더 - 전극 케이블 - 모재 - 아크 - 피복 아크용접봉 - 접지 케이블
③ 용접기 - 피복 아크용접봉 - 아크 - 모재 - 접지 케이블 - 전극 케이블 - 용접봉 홀더
④ 용접기 - 전극 케이블 - 접지 케이블 - 용접봉 홀더 - 피복 아크용접봉 - 아크 - 모재

25 아크용접기의 코일이 1차 코일과 2차 코일이 같은 철심에 감겨져 있고, 대개 2차 코일은 고정하고 1차 코일을 이동하여 두 코일간의 거리를 조절하여 전류를 조정하는 용접기는?

① 가동 코일형　② 가동 철심형
③ 탭 전환형　　④ 가포화 리액터형

26 피복 아크용접봉에서 피복제의 가장 중요한 역할은?

① 변형 방지　② 인장력 증대
③ 모재 강도 증가　④ 아크 안정

27 용접 중에 아크가 전류의 자기 작용에 의해서 한쪽으로 쏠리는 현상을 아크쏠림(Arc Blow)이라 한다. 다음 중 아크쏠림의 방지법이 아닌 것은? ★★★

① 가용접을 한 후 전진법으로 용접한다.
② 아크의 길이를 짧게 한다.(되도록 아크를 짧게 하여 사용할 것)
③ 보조판(엔드탭)을 사용한다.
④ 용접부가 긴 경우는 후퇴법을 사용한다.

해설 아크쏠림 방지 : 교류 용접기를 사용, 후퇴법

정답　22.②　23.③　24.①　25.①　26.④　27.①

사용, 용접봉 끝을 아크가 쏠리는 반대 방향으로 기울일 것

28 발전(모터, 엔진형)형 직류 아크용접기와 비교하여 정류기형 직류 아크용접기를 설명한 것 중 틀린 것은?

① 고장이 적고 유지보수가 용이하다.
② 취급이 간단하고 가격이 싸다.
③ 초소형 경량화 및 안정된 아크를 얻을 수 있다.
④ 완전한 직류를 얻을 수 있다.

해설 발전형 용접기는 완전한 직류를 얻으며 보수와 점검이 어렵고, 구동부, 발전기부로 되어 가격이 비싸다.

29 가스 가공의 분류에 해당되지 않는 것은?

① 용제 절단   ② 스카핑
③ 천공   ④ 가스 가우징

해설 용제 절단은 가스 가공과 달리 용제를 고압 산소와 함께 분출하며 절단하는 가스 절단법이다.

30 용접봉의 용융금속이 표면장력의 작용으로 모재에 옮겨가는 용적이행으로 맞는 것은?

① 스프레이형   ② 핀치 효과형
③ 단락형   ④ 용적형

해설
- 스프레이형 : 피복제의 일부가 가스화하여 가스를 뿜어 냄으로 미세한 용적이 날려 모재에 옮겨가서 용착되는 방식
- 글로뷸러형 : 비교적 큰 용적이 단락되지 않고 옮겨가는 형식

31 저수소계 용접봉의 특징이 아닌 것은?

① 용착금속 중 수소량이 다른 용접봉에 비해서 현저하게 적다.
② 용착금속의 취성이 크며 화학적 성질도 좋다.
③ 균열에 대한 감수성이 특히 좋아서 두꺼운 판 용접에 사용된다.
④ 고탄소강 및 황의 함유량이 많은 쾌삭강 등의 용접에 사용되고 있다.

해설 저수소계는 강인성이 풍부하고 기계적 성질, 내균열성이 우수하다.

32 폭발 위험성이 가장 큰 산소 : 아세틸렌의 혼합비(%)는?

① 40 : 60   ② 15 : 85
③ 60 : 40   ④ 85 : 15

33 연강용 피복금속 아크용접봉에서 다음 중 피복제의 염기성이 가장 높은 것은?

① 저수소계   ② 고산화철계
③ 고셀룰로스계 ④ 티탄계

34 알루미늄을 가공하기 위하여 아크에어 가우징 작업을 할 때의 전원 특성으로 가장 적당한 것은?

① DCRP (직류 역극성)
② DCSP (직류 정극성)
③ ACRP (교류 역극성)
④ ACSP (교류 정극성)

해설 직류 역극성일 때 청정작용이 있기 때문에 알루미늄의 산화 피막을 제거할 수 있어 용접이나 절단 가우징이 가능해진다.

정답 28.④ 29.① 30.③ 31.② 32.④ 33.① 34.①

35 일반 가스용접 및 아크용접 보다 낮은 온도에서 용접하며, 용접봉은 모재와 같은 공정합금을 사용하는 용접법은?

① 열풍용접　② 마찰용접
③ 고주파용접　④ 저온용접

해설 저온용접 : 응용 범위는 주철, 철강, 각종 합금강의 구조물 용접과 파손 수리 용접으로부터 알루미늄 합금의 각종 제품과 구리, 청동, 각종 황동류의 제품 용접, 경질의 덧붙이 용접 등이다.

36 교류 피복 아크용접기에서 아크발생 초기에 용접전류를 강하게 흘려보내는 장치를 무엇이라고 하는가?

① 원격 제어장치　② 핫 스타트 장치
③ 전격 방지기　④ 고주파 발생장치

해설 핫 스타트 장치는 아크가 발생하는 초기에 용접봉과 모재가 냉각되어 있어 용접입열이 부족하여 아크가 불안정하므로 아크 초기만 용접전류를 높게 하는 장치

37 아크 절단법의 종류가 아닌 것은?

① 플라즈마 제트 절단
② 탄소 아크 절단
③ 스카핑
④ 티그 절단

해설 스카핑은 가스 가공법의 일종이다.

38 부탄가스의 화학 기호로 맞는 것은?

① C_4H_{10}　② C_3H_8
③ C_5H_{12}　④ C_2H_6

해설 ① 부탄　② 프로판
③ 펜탄　④ 에탄

39 아크 에어 가우징에 가장 적합한 홀더 전원은?

① DCRP
② DCSP
③ DCRP, DCSP 모두 좋다.
④ 대전류의 DCSP가 가장 좋다.

40 열간 가공이 쉽고 다듬질 표면이 아름다우며 용접성이 우수한 강으로 몰리브덴 첨가로 담금질성이 높아 각종 축, 강력볼트, 암, 레버 등에 많이 사용되는 강은?

① 크롬 - 몰리브덴강
② 크롬 - 바나듐강
③ 규소 - 망간강
④ 니켈 - 구리 - 코발트강

41 고장력강(HT)의 용접성을 가급적 좋게 하기 위해 줄여야 할 합금원소는?

① C　② Mn
③ Si　④ Cr

42 내식강 중에서 가장 대표적인 특수 용도용 합금강은?

① 주강　② 탄소강
③ 스테인리스강　④ 알루미늄강

43 아공석강의 기계적 성질 중 탄소 함유량이 증가함에 따라 감소하는 성질은?

① 연신률　② 경도
③ 인장강도　④ 항복강도

해설 탄소함유량이 증가함에 따라 연신률은 감소된다.

정답 35.④　36.②　37.③　38.①　39.①　40.①　41.①　42.③　43.①

44 다음 중 스테인리스강의 종류에 속하지 않는 것은?

① 페라이트계 스테인리스강
② 마텐사이트계 스테인리스강
③ 석출경화형 스테인리스강
④ 레데브라이트계 스테인리스강

해설 레데브라이트계 스테인리스강은 없다.

45 탄소강에 특정한 기계적 성질을 개선하기 위해 여러 가지 합금원소를 첨가하는데 다음 중 탈산제로의 사용 이외에 황의 나쁜 영향을 제거하는데도 중요한 역할을 하는 것은?

① 크롬(Cr)   ② 망간(Mn)
③ 니켈(Ni)   ④ 바나듐(V)

46 다음 중 담금질에서 나타나는 조직으로 경도와 강도가 가장 높은 조직은?

① 시멘타이트   ② 오스테나이트
③ 소르바이트   ④ 마텐사이트

해설 ④ : 강철을 담금질하면 고온에서 안정된 오스테나이트로부터 실온에서 안정한 α철과 시멘타이트로 구성되는 조직으로 변화하는 변태가 일부 저지되어 단단한 조직이다.

47 알루마이트법이라 하며, Al 제품을 2% 수산 용액에서 전류를 흘려 표면에 단순하고 치밀한 산화막을 만드는 방법은?

① 통산법   ② 황산법
③ 수산법   ④ 크롬산법

해설 ② : 15~20% 황산액을 사용하여 투명한 피막이 얻어지며, 수산법보다 강해 많이 이용된다.

48 알루미늄이나 그 합금은 대체로 용접성이 불량하다. 그 이유가 아닌 것은?

① 산화알루미늄의 용융온도가 알루미늄의 용융온도 보다 매우 높기 때문에 용접성이 나쁘다.
② 용융점이 660℃로서 낮은 편이고, 색체에 따라 가열 온도의 판정이 곤란하여 지나치게 용융이 되기 쉽다.
③ 용융응고 시에 수소 가스를 흡수하여 기공이 발생되기 쉽다.
④ 용접 후의 변형이 적고 균열이 생기지 않는다.

해설 알루미늄 용접
① Al, Al 합금은 용접성이 대체로 불량하다.
② 용융점이 660℃로 용융점이 낮아서, 가열온도가 높아지면 용융이 커진다.
③ 열팽창계수가 크고, 용접 후 변형이나 잔류응력이 발생하기 쉽다.

49 다음 가공법 중 소성가공법이 아닌 것은?

① 주조   ② 압연
③ 단조   ④ 인발

해설 소성가공법 : 단조, 압출, 인발, 전조, 판금 등

50 실용되고 있는 탄소강은 0.05~1.7% C를 함유하며, 각각 다른 용도를 갖고 있다. 탄소강에서 가공성과 강인성을 동시에 요구하는 경우에 탄소함유량이 어느 정도 함유되어 있는 것을 사용하는 것이 적당한가?

① 0.05~0.3% C   ② 0.3~0.45% C
③ 0.45~0.65% C   ④ 0.65~1.2% C

해설 탄소강에서 가공성과 강인성을 동시에 요구하는 경우에 탄소함유량은 0.3~0.45%C 정도이다.

정답 44.④ 45.② 46.④ 47.③ 48.④ 49.① 50.②

51 그림과 같은 외형도에서 파단선을 경계로 필요로 하는 요소의 일부만을 단면으로 표시하는 단면도는? ★★

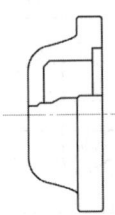

① 온 단면도   ② 부분 단면도
③ 한쪽 단면도   ④ 회전 도시 단면도

해설) 부분 단면도는 일부분을 잘라내고 필요한 내부 모양을 그리기 위한 방법이다.

52 모따기의 치수가 가로 3mm, 세로 3mm 일 때 올바른 치수기입 방법은?

① 45°×3   ② 3C
③ 3-45°   ④ C3

해설) 모따기의 치수가 3mm이고 각도가 45℃ 일 때 (가로 3mm, 세로 3mm일 때)에는 C3으로 표기한다.

53 관의 구배를 표시하는 방법 중 틀린 것은?

① ◺ 1/200   ② ◺ 0.2%
③ ◺ 5°   ④ ◺ 0.5

54 도면에서 표제란과 부품란으로 구분할 때 다음 중 일반적으로 부품란에만 기입하는 항목이 아닌 것은?

① 부품번호   ② 부품기호
③ 수량   ④ 척도

해설) 표제란 : 도면번호, 도면명칭, 척도, 투상법 등을 기입

55 그림과 같은 용접이음 방법의 명칭으로 가장 적합한 것은?

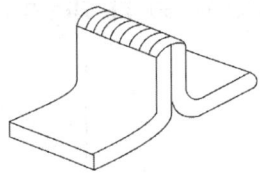

① 연속 필릿용접
② 플랜지형 겹치기 용접
③ 연속 모서리 용접
④ 플랜지형 맞대기 용접

56 특정 부위의 도면이 작아 치수기입 등이 곤란할 경우 그 해당 부분을 확대하여 그린 투상도는?

① 회전투상도   ② 국부 투상도
③ 부분 투상도   ④ 부분 확대도

해설) 부분 확대도(상세도) : 특정한 부분의 도형이 작아서 그 부분을 자세하게 나타낼 수 없거나, 치수기입을 할 수 없을 때, 그 해당부분 가까운 곳에 가는 실선으로 둘러싸고 확대하여 그리는 것

57 용도에 의한 명칭에서 선의 종류가 모두 가는 실선인 것은?

① 치수선, 치수보조선, 지시선
② 중심선, 지시선, 숨은선
③ 외형선, 치수보조선, 해칭선
④ 기준선, 피치선, 수준면선

해설) ② : 중심선은 1점 쇄선, 숨은선은 파선
③ : 외형선이 굵은 실선
④ : 피치선이 1점 쇄선

정답) 51.② 52.④ 53.④ 54.④ 55.④ 56.④ 57.①

58 그림과 같은 원뿔을 전개하였을 경우 나타난 부채꼴의 전개각(전개된 물체의 꼭지각)이 150°가 되려면 l의 치수는?

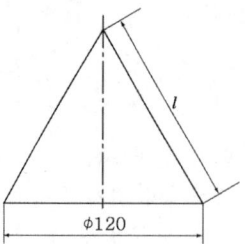

① 100   ② 122
③ 144   ④ 150

해설 $\phi = 360 \times \dfrac{r}{L} = \dfrac{D}{2l}$, $150 = 360 \times \dfrac{120}{2l}$,

$l = \dfrac{360 \times 120}{2 \times 150} = 144$

59 기계제도에서 평면인 것을 나타낼 필요가 있을 경우에는 다음 중 어떤 선의 종류로 대각선을 그려서 나타내는가?

① 가는 실선   ② 굵은 실선
③ 가는 1점 쇄선 ④ 가는 2점 쇄선

해설 도면에서 평면을 표시할 때에는 가는 실선으로 대각선을 그려서 나타낸다.

60 그림과 같은 제3각법 정투상도의 3면도를 기초로 한 입체도로 가장 적합한 것은?

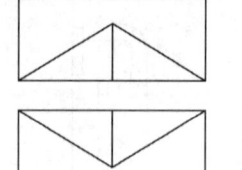
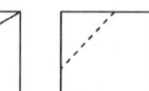

① 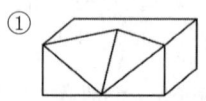   ②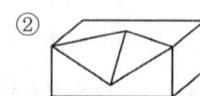

③ 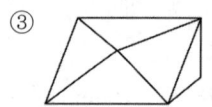   ④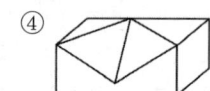

정답 58.③ 59.① 60.②

2014 제5회 피복아크용접기능사 기출문제 (구, 용접기능사)

2014년 10월 11일 시행

01 CO_2 가스 아크용접에서 후진법에 비교한 전진법의 특징 설명으로 맞는 것은?

① 용융금속이 앞으로 나가지 않으므로 깊은 용입을 얻을 수가 있다.
② 용접선을 잘 볼 수 있어 운봉을 정확하게 할 수 있다.
③ 스패터의 발생이 적다.
④ 비드 높이가 약간 높고, 폭이 좁은 비드를 얻는다.

해설 전진법은 후진법에 비해서 용접선을 잘 볼 수 있어 운봉을 정확하게 할 수 있다.

02 다음 중 용접 결함의 보수 용접에 관한 사항으로 가장 적절하지 않은 것은?

① 재료의 표면에 얇은 결함은 덧붙임 용접으로 보수한다.
② 오버랩은 정으로 따내기 작업 후 보수 용접한다.
③ 결함이 제거된 모재 두께가 필요한 치수보다 얇게 되었을 때에는 덧붙임 용접으로 보수한다.
④ 덧붙임 용접으로 보수할 수 있는 한도를 초과할 때에는 결함부분을 잘라내어 맞대기 용접으로 보수한다.

해설 재료의 표면에 얇은 결함은 연삭하고 재용접해야 된다.

03 피복 아크용접에서 언더컷(Under Cut) 발생시 방지 대책으로 맞는 것은?

① 적정한 운봉법으로 용접한다.
② 유황 함량을 검사한다.
③ 용접속도를 빠르게 한다.
④ 아크길이를 길게 한다.

해설 언더컷을 방지하기 위해서는 용접속도를 느리게 하고, 용접전류가 너무 높게 사용하지 않고, 아크길이를 짧게 유지한다.

04 용접 지그(Welding Jig) 사용시 효과를 가장 바르게 설명한 것은?

① 제품의 마무리 정밀도가 떨어진다.
② 용접변형을 촉진시킨다.
③ 작업시간이 길어진다.
④ 다량생산의 경우 작업능률이 향상된다.

05 불활성가스 금속아크용접의 용적이행 방식 중 용융이행 상태는 아크기류 중에서 용가재가 고속으로 용융, 미입자의 용적으로 분사되어 모재에 용착되는 용적이행은?

① 용락 이행　② 단락 이행
③ 스프레이 이행　④ 글로뷸러 이행

해설 **단락 이행** : 용적이 1초에 수십번 모재에 닿았다 떨어졌다 하면서 용적이 옮겨가는 형식

정답 01.② 02.① 03.① 04.④ 05.③

06 전기저항 용접법의 특징 설명으로 틀린 것은?

① 작업속도가 빠르고 대량생산에 적합하다.
② 열손실이 많고, 용접부에 집중열을 가할 수 없다.
③ 산화 및 변질부분이 적다.
④ 용접봉, 용제 등이 불필요하다.

07 토륨 텅스텐 전극봉에 대한 설명으로 맞는 것은?

① 전자 방사능력이 떨어진다.
② 아크 발생이 어렵고 불순물 부착이 많다.
③ 직류 정극성에는 좋으나 교류에는 좋지 않다.
④ 전극의 소모가 많다.

해설 토륨 함유 전극봉은 전자 방사능력이 좋으며, 아크 발생이 쉽고 불순물 부착이 적다.

08 일렉트로 슬래그 용접의 단점에 해당되는 것은?

① 용접능률과 용접품질이 우수하므로 후판용접 등에 적당하다.
② 용접진행 중에 용접부를 직접 관찰 할 수 없다.
③ 최소한의 변형과 최단시간의 용접법이다.
④ 다전극을 이용하면 더욱 능률을 높일 수 있다.

09 용접균열에 대한 대책이 아닌 것은?

① 나쁜 강재를 사용하지 않는다.
② 용접 시공을 적정하게 한다.
③ 응력이 집중되게 한다.
④ 용접부에 노치부분을 만들지 않는다.

해설 응력이 집중되면 용접균열이 발생할 가능성이 높다.

10 CO_2 가스 아크용접시 저전류 영역에서 가스유량은 약 몇 ℓ/min 정도가 가장 적당한가? ★★

① 1~5 L/min   ② 6~10 L/min
③ 10~15 L/min   ④ 16~20 L/min

해설 고전류 영역에서는 15~20L/min가 적당하다.

11 상온에서 강하게 압축함으로써 경계면을 국부적으로 소성 변형시켜 접합하는 것은?

① 냉간 압점   ② 플래시 버트 용접
③ 업셋 용접   ④ 가스 압접

12 용접부의 열영향부에 대하여 설명한 것 중 틀린 것은?

① 열영향부에 인접한 모재 중 약 200~700℃로 가열된 부분에서는 현미경 조직의 변화를 볼 수 있다.
② 결정립의 조대화 또는 재결정 및 기계적 성질과 물리적 성질의 변화가 나타나는 영역이 있다.
③ 연강의 경우 준열영향부는 노치인성이 저하하므로 취성영역이라고도 한다.
④ 오스테나이트강, 페라이트강, 동합금, 알루미늄합금 등에서는 변태가 되지 않으므로 펄라이트강과 같이 분명한 열영향부를 용접단면의 매크로 조직에서 보기 힘들다.

해설 철강의 경우 약 500℃ 이상 부분에서 현미경 조직의 변화를 볼 수 있다.

정답 06.② 07.③ 08.② 09.③ 10.③ 11.① 12.①

13 용접부의 검사에서 교류의 자장에 의해 금속내부에 와류(Eddy Current) 작용을 이용하는 것은?

① UT   ② RT
③ ET   ④ MT

해설 ET : 와전류(탐상) 검사, 맴돌이 검사,
UT : 초음파탐상검사, RT : 방사선탐상검사,
MT : 자분탐상검사

14 하중의 방향에 따른 필릿용접의 종류가 아닌 것은?

① 전면 필릿   ② 측면 필릿
③ 연속 필릿   ④ 경사 필릿

해설 필릿용접은 연속성 여부에 따라 연속 필릿, 단속 필릿으로, 방향에 따라 전면, 측면, 경사 필릿으로 구분한다.

15 모재 두께 9mm, 용접 길이 150mm인 맞대기 용접의 최대 인장 하중(N)은 얼마인가? (단, 용착금속의 인장 강도는 43N/mm²이다.)

① 716 N   ② 4450 N
③ 40635 N   ④ 58050 N

해설 $\sigma = \dfrac{P}{A} = \dfrac{P}{tl}$

$P = \sigma t l = 43 \times 9 \times 150 = 58050$

16 화재의 폭발 및 방지조치 중 틀린 것은?

① 필요한 곳에 화재를 진화하기 위한 발화 설비를 설치 할 것
② 배관 또는 기기에서 가연성 증기가 누출되지 않도록 할 것
③ 대기 중에 가연성 가스를 누설 또는 방출시키지 말 것
④ 용접 작업 부근에 점화원을 두지 않도록 할 것

해설 화재 진화를 위한 방화설비를 할 것

17 용접 변형에 대한 교정 방법이 아닌 것은?

① 가열법
② 가압법
③ 절단에 의한 정형과 재용접
④ 역변형법

해설 **역변형법** : 변형 교정법이 아니고 변형 방지법에 해당됨

18 용접시 두통이나 뇌빈혈을 일으키는 이산화탄소 가스의 농도는?

① 1~2%   ② 3~4%
③ 10~15%   ④ 20~30%

해설 CO_2 가스 농도 : 15% 이상이면 위험, 30% 이상이면 극히 위험(치사량)하다.

19 용접에서 예열에 관한 설명 중 틀린 것은?

① 용접 작업에 의한 수축 변형을 감소시킨다.
② 용접부의 냉각 속도를 느리게 하여 결함을 방지한다.
③ 고급 내열합금도 용접 균열을 방지하기 위하여 예열을 한다.
④ 알루미늄합금, 구리합금은 50~70℃의 예열이 필요하다.

해설 알루미늄 합금, 구리 합금의 예열온도는 약 200℃가 적당하다.

20 현미경 조직시험 순서 중 가장 알맞은 것은?

① 시험편 채취 – 마운팅 – 샌드 페이퍼 연마 – 폴리싱 – 부식 – 현미경검사
② 시험편 채취 – 폴리싱 – 마운팅 – 샌드 페이퍼 연마 – 부식 – 현미경검사
③ 시험편 채취 – 마운팅 – 폴리싱 – 샌드 페이퍼 연마 – 부식 – 현미경검사
④ 시험편 채취 – 마운팅 – 부식 – 샌드 페이퍼 연마 – 폴리싱 – 현미경검사

21 용접부의 연성결함의 유무를 조사하기 위하여 실시하는 시험법은? ★★★★

① 경도 시험   ② 인장 시험
③ 초음파 시험 ④ 굽힘 시험

해설
- 경도 시험 : 재료의 단단한 정도 시험
- 인장 시험 : 인장 강도, 연신률, 단면 수축률, 항복 강도 등 시험
- 초음파 시험 : 용접부의 내부 결함 검출 시험

22 TIG 용접 및 MIG 용접에 사용되는 불활성 가스로 가장 적합한 것은?

① 수소 가스   ② 아르곤 가스
③ 산소 가스   ④ 질소 가스

23 가스절단에 대한 설명으로 옳지 않은 것은?

① 표준 드래그의 길이는 보통 판두께의 20% 정도이다.
② 하나의 드래그 라인의 시작점에서 끝 점까지의 거리를 드래그 길이라 한다.
③ 주철은 포함된 흑연이 산화반응을 하므로 가스절단이 잘된다.
④ 절단 팁의 거리, 팁의 오염, 절단산소 구멍의 형상 등도 절단 결과에 영향을 끼친다.

24 아세틸렌(acetylene)이 연소하는 과정에 포함되지 않는 원소는?

① 산소(O)   ② 수소(H)
③ 탄소(C)   ④ 유황(S)

해설 아세틸렌 연소과정에서는 유황은 포함되지 않는다.

25 연강 피복 아크용접봉인 E4316의 계열은 어느 계열인가?

① 저수소계   ② 고산화티탄계
③ 철분 저수소계 ④ 일미나이트계

해설 철분 저수소계 : E4326

26 용해 아세틸렌 가스는 몇 ℃, 몇 kgf/cm^2로 충전하는 것이 가장 적합한가?

① 40℃, $160 kgf/cm^2$
② 35℃, $150 kgf/cm^2$
③ 20℃, $30 kgf/cm^2$
④ 15℃, $15 kgf/cm^2$

해설 ② 압축 산소의 충전

27 다음 (   ) 안에 알맞은 용어는?

[보기]
용접의 원리는 금속과 금속을 서로 충분히 접근시키면 금속원자 간에 (   )이 작용하여 스스로 결합하게 된다.

① 인력   ② 기력
③ 자력   ④ 응력

해설 용접의 원리는 만유인력의 법칙에 의해 원자간 거리를 10^{-8} 이상(Å 옹그스트롱) 접근시키면 접합이 가능하다는 원리이다.

정답 20.① 21.④ 22.② 23.③ 24.④ 25.① 26.④ 27.①

28 산소 아크 절단을 설명한 것 중 틀린 것은?

① 가스절단에 비해 절단면이 거칠다.
② 직류 정극성이나 교류를 사용한다.
③ 중실(속이 찬) 원형봉의 단면을 가진 강(steel)전극을 사용한다.
④ 절단 속도가 빨라 철강 구조물 해체, 수중 해체 작업에 이용된다.

해설 산소-아크 절단 : 중공(속이 빈)의 원형봉을 전극으로 사용하여 절단함

29 피복 아크용접봉의 피복 배합제의 성분 중에서 탈산제에 해당하는 것은?

① 산화티탄(TiO_2)
② 규소철(Fe-Si)
③ 셀룰로오스(Cellulose)
④ 일미나이트($TiO_2 \cdot FeO$)

30 다음 가스 중 가연성 가스로만 되어있는 것은?

① 아세틸렌, 헬륨
② 수소, 프로판
③ 아세틸렌, 아르곤
④ 산소, 이산화탄소

해설 가연성 가스란 산소와의 반응으로 연소되는 가스를 말하며, 수소, 프로판, 아세틸렌, 도시가스, 메탄 등이 있다.

31 용접 작업과 관련한 화재예방 대책으로 가장 적합하지 않은 것은?

① 용접작업 중에는 반드시 소화기를 비치한다.
② 용접 작업은 가연성 물질이 있는 안전한 장소를 선택한다.
③ 인화성 액체가 들어 있는 용기나 탱크는 내부를 완전히 세척 후 통풍 구멍을 개방하고 작업한다.
④ 가스절단 장치는 화기로부터 5m 이상 떨어진 곳에 설치하여 작업한다.

해설 절단작업은 가연성 물질이 없는 안전한 장소를 선택한다.

32 불활성 가스 금속 아크(MIG)용접에서 사용되는 와이어로 적절한 지름은?

① $\phi 4.0 \sim 4.0$[mm] ② $\phi 3.0 \sim 5.0$[mm]
③ $\phi 1.0 \sim 2.4$[mm] ④ $\phi 5.0 \sim 7.0$[mm]

해설 불활성 가스 아크용접에서 사용되는 보통 $\phi 1.0 \sim 2.4$[mm] 와이어를 사용한다.

33 좁은 탱크 안에서 작업할 때 주의사항 중 옳지 않은 것은?

① 공기를 불어넣어 환기시킨다.
② 환기 및 배기 장치를 한다.
③ 가스 마스크를 착용한다.
④ 질소를 공급하여 환기시킨다.

해설 좁은 탱크 안에 질소를 공급하면 질식사 할 수 있다.

34 연강용 피복 아크용접봉의 피복 배합제 중 아크 안정제 역할을 하는 종류로 묶여 놓은 것 중 옳은 것은?

① 적철강, 알루미나, 붕산
② 붕산, 구리, 마그네슘
③ 알루미나, 마그네슘, 탄산나트륨
④ 산화티탄, 규산나트륨, 석회석, 탄산나트륨

해설 ① 슬래그 생성제

정답 28.③ 29.② 30.② 31.② 32.③ 33.④ 34.④

35 가스 가우징용 토치의 본체는 프랑스식 토치와 비슷하나 팁은 비교적 저압으로 대용량의 산소를 방출할 수 있도록 설계되어 있는데 이는 어떤 설계 구조인가?

① 초코
② 인젝트
③ 오리피스
④ 슬로우 다이버전트

해설 슬로우 다이버전트 노즐은 유속을 빨리할 수 있으며, 가스의 소비량도 절약된다.

36 피복 아크용접에서 슬래그 혼입으로 용접결함이 발생하였다. 방지대책으로 틀린 것은?

① 전류를 약간 높게 한다.
② 슬래그를 깨끗이 제거한다.
③ 용접부 예열을 한다.
④ 루트간격 및 치수를 적게 한다.

해설 루트간격을 크게 하면 슬래그 혼입을 방지할 수 있다.

37 시험편을 인장 파단하여 항복점(또는 내력), 인장강도, 연신률, 단면 수축률 등을 조사하는 시험법은?

① 경도시험   ② 굽힘시험
③ 충격시험   ④ 인장시험

해설 인장시험으로 알 수 있는 것
인장강도, 비례한도, 탄성한도, 항복점, 연신률, 단면수축률 등. 이다.

38 용접이음부에 예열(Preheating)하는 방법 중 가장 적절하지 않는 것은?

① 연강을 기온이 0℃ 이하에서 용접하면 저온균열이 발생하기 쉬우므로 이음의 양쪽을 약 100mm폭이 되게 하여 약 50~75℃정도로 예열하는 것이 좋다.
② 일반적으로 주물, 내열합금 등은 용접균열이 발생하지 않으므로 예열할 필요가 없다.
③ 다층용접을 할 때는 제2층 이후는 앞 층의 열로 모재가 예열한 것과 동등한 효과를 얻기 때문에 예열을 생략할 수도 있다.
④ 후판, 구리 또는 구리합금, 알루미늄합금 등과 같이 열전도가 큰 것은 이음부의 열집중이 부족하여 융합불량이 생기기 쉬우므로 200~400℃ 정도의 예열이 필요하다.

해설 일반적으로 주물, 내열합금 등도 용접균열이 발생하므로 예열이 필요하다.

39 다음 중 일반적으로 가스 폭발을 방지하기 위한 예방 대책에 있어 가장 먼저 조치를 취하여야 할 사항은?

① 방화수 준비
② 착화의 원인 제거
③ 가스 누설의 방지
④ 배관의 강도 증가

해설 가스 폭발 방지를 위해 예방대책에 있어서 가장 먼저 조치를 취해야하는 것은 가스 누설의 방지이다.

40 다음 중 아크용접 작업시 용접 작업자가 감전된 것을 발견했을 때의 조치방법으로 적절하지 않은 것은?

① 빠르게 전원 스위치를 차단한다.
② 전원차단 전 우선 작업자를 손으로 이탈시킨다.
③ 즉시 의사에게 연락하여 치료를 받도

정답 35.④ 36.④ 37.④ 38.② 39.③ 40.②

록 한다.
④ 구조 후 필요에 따라서는 인공호흡 등 응급처치를 실시한다.

해설 아크용접 작업자가 감전된 상태에서 전원 차단을 하지 않고 구조작업을 실시할 경우 구조자도 감전될 수 있다.

41 표준 고속도강(high speed steel)의 성분조성은?
① W(18%)−Ni(4%)−Co(1%)
② W(18%)−Ni(6%)−Co(2%)
③ W(18%)−Cr(4%)−V(1%)
④ W(18%)−Cr(6%)−Ni(2%)

해설 고속도강(SKH) : 고속절삭 가능, 600℃ 경도 유지
표준형고속도강 : 18W−4Cr−1V−0.8C

42 황동의 고온 탈아연(dezincing)현상에 대한 설명 중 틀린 것은?
① 아연 산화물은 증발을 촉진시키는 효과가 있으며 알루미늄 산화물은 더욱 비효과적이다.
② 탈 아연을 방지하려면 표면에 산화물 피막을 형성시키면 효과가 있다.
③ 고온에서 증발에 의하여 황동 표면으로부터 아연이 탈출되는 현상이다.
④ 고온일수록 표면에 산화물 등이 없어 깨끗할수록 탈아연이 심해진다.

해설 자연균열(응력부식균열) : 냉간 가공을 한 황동이 저장 중에 자연히 균열이 일어나는 것

43 Al−Si계 합금의 조대한 공정조직을 미세화하기 위하여 나트륨(Na), 수산화나트륨(NaOH), 알칼리염류 등을 합금 용탕에 첨가하여 10~15분간 유지하는 처리는?

① 시효 처리
② 풀림 처리
③ 개량 처리
④ 응력제거 풀림처리

44 조성이 2.0~3.0%C, 0.6~1.5%Si 범위의 것으로 백주철을 열처리로에 넣어 가열해서 탈탄 또는 흑연화 방법으로 제조한 주철은?
① 가단 주철   ② 칠드 주철
③ 구상 흑연 주철 ④ 고력 합금 주철

해설 가단 주철 : 백주철을 탈탄시킨 것을 백심 가단 주철, 흑연화시킨 것을 흑심 가단 주철이라 한다.

45 구리(Cu)에 대한 설명으로 옳은 것은?
① 구리는 체심입방격자이며, 변태점이 있다.
② 전기 구리는 O_2나 탈산제를 품지 않는 구리이다.
③ 구리의 전기 전도율은 금속 중에서 은(Ag)보다 높다.
④ 구리는 CO_2가 들어 있는 공기 중에서 염기성 탈산 구리가 생겨 녹청색이 된다.

해설 구리 : 변태점이 없으며, 면심 입방 격자 구조이다.

46 담금질에 대한 설명 중 옳은 것은?
① 위험구역에서는 급랭한다.
② 임계구역에서는 서냉한다.
③ 강을 경화시킬 목적으로 실시한다.
④ 정지된 물속에서 냉각시 대류단계에서 냉각속도가 최대가 된다.

해설 담금질(Quenching, 소입) : 오스테나이트 조직으로 가열한 후 위험 구역은 서랭, 임계 구역에서 급랭하여 강을 경화시키는 열처리

정답 41.③ 42.① 43.③ 44.① 45.④ 46.③

47 열간가공과 냉간가공을 구분하는 온도로 옳은 것은?

① 재결정 온도
② 재료가 녹는 온도
③ 물의 어는 온도
④ 고온취성 발생온도

48 보통주철은 650 ~ 950℃ 사이에서 가열과 냉각을 반복하면 부피가 크게 되어 변형이나 균열이 발생하고 강도와 수명이 단축된다. 이런 현상을 무엇이라 하는가?

① 주철의 퇴보
② 주철의 부식
③ 주철의 취성
④ 주철의 성장

해설 주철의 성장(팽창)원인
① Fe_3C의 흑연화에 의한 팽창
② 페라이트 중의 고용되어 있는 Si의 산화에 의한 팽창
③ A1변태에 따른 체적 변화로 인한 팽창
④ 불균일 가열로 생기는 균열에 의한 팽창
⑤ 흡수된 가스의 팽창에 의한 부피 팽창

49 6 : 4 황동에 Fe를 1% 정도 품은 것으로 강도가 크고 내식성이 좋아 광산기계, 선박용기계, 화학기계 등에 사용되는 합금은?

① 연황동
② 델타메탈
③ 주석황동
④ 망간황동

50 다음 중 탄소량이 가장 적은 강은?

① 연강
② 반경강
③ 최경강
④ 탄소공구강

해설 철에 탄소를 함유시킨 강을 탄소강이라 하며, 탄소 함유량 증가에 따라 경도가 증가하므로 극연강, 연강, 반연강, 반경강, 경강 최경강, 탄소 공구강 순으로 부른다.

51 I 형강의 치수가 I A × B × C−D로 나타나 있다면 A, B, C, D의 대상이 지칭하는 것으로 틀린 것은?

① A = 형강 높이
② B = 형상 폭
③ C = 형강 두께
④ D = 형강 재질

해설 D : 형강의 길이, 형재 표시에 − 뒤는 길이를 나타낸다.

52 도면의 척도란에 5 : 1로 표시되었을 때 의미로 올바른 설명은?

① 축척으로 도면의 형상 크기는 실물의 1/5배이다.
② 축척으로 도면의 형상 크기는 실물의 5배이다.
③ 배척으로 도면의 형상 크기는 실물의 1/5배이다.
④ 배척으로 도면의 형상 크기는 실물의 5배이다.

해설 배척으로 도면의 형상 크기는 실물의 5배.

53 정투상도에서 물체의 형상, 기능 등을 가장 확실하고 뚜렷하게 나타내는 것을 그린 투상도는?

① 우측면도
② 평면도
③ 정면도
④ 저면도

54 도면에서 도면번호, 도면명칭, 기업(소속단체)명, 책임자 서명 등의 내용이 기입되어 있는 곳은?

① 부품란(표)
② 중심 마크
③ 도면의 구역
④ 표제란

해설 표제란은 도면의 명찰, 도명, 도면, 작성자, 척도, 각법 등을 기입한다.

정답 47.① 48.④ 49.② 50.① 51.④ 52.④ 53.③ 54.④

55 그림과 같이 지름이 같은 원기둥과 원기둥이 직각으로 만날 때의 상관선은 어떻게 나타나는가?

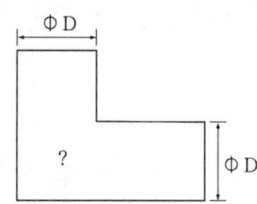

① 점선 형태의 직선
② 실선 형태의 직선
③ 실선 형태의 포물선
④ 실선 형태의 하이포이드 곡선

56 KS 재료기호 중 기계 구조용 탄소강재의 기호는? ★★★

① SM 35C   ② SS 355B
③ SF 340A   ④ STKM 20A

해설 ② 일반구조용 압연강재 B종, 항복강도가 355MPa(N/mm^2), ③ 단조강
④ STKM 20A : 기계구조용 탄소강관
SPS : 일반 구조용 탄소강관(KSD 3566)
SPP : 배관용 탄소강관,
SPA : 배관용합금강관

57 다음 중 치수기입의 원칙에 대한 설명으로 가장 적절한 것은?

① 중요한 치수는 중복하여 기입한다.
② 치수는 되도록 주 투상도에 집중하여 기입한다.
③ 계산하여 구한 치수는 되도록 식을 같이 기입한다.
④ 치수 중 참고 치수에 대하여는 네모 상자 안에 치수 수치를 기입한다.

58 다음 용접기호에서 "160"의 의미로 올바른 것은?

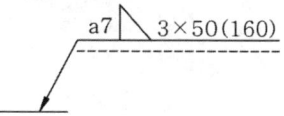

① 용접부의 간격
② 용접부 개수
③ 용접의 길이
④ 필릿용접 목두께

해설 • a7 : 목두께 7mm   • 50 : 용접 길이
• 3 : 용접부 개수 3개

59 다음 중 지시선 및 인출선을 잘못 나타낸 것은?

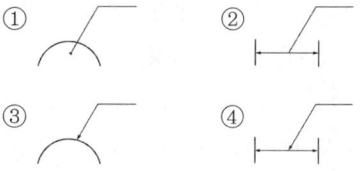

해설 화살표에 지시선으로 또 화살표가 붙으면 안 됨

60 제3각 정투상법으로 투상한 그림과 같은 투상도의 우측면도로 가장 적합한 것은?

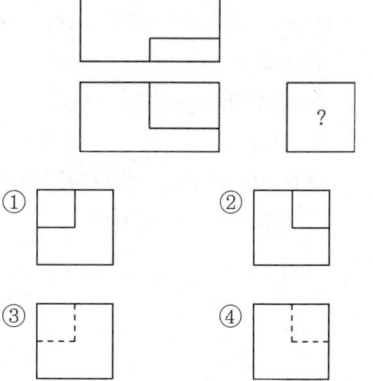

정답 55.② 56.① 57.② 58.① 59.④ 60.①

2014 제1회 이산화탄소가스아크용접기능사/ 가스텅스텐아크용접기능사 기출문제

2014년 1월 26일 시행

01 교류 아크용접기에서 정전압 특성에 관한 설명으로 옳은 것은? ★★★

① 부하 전압이 변화하면 단자 전압이 변하는 특성
② 부하 전류가 증가하면 단자 전압이 저하하는 특성
③ 부하 전압이 변화하여도 단자 전압이 변하지 않는(일정한) 특성
④ 부하 전류가 변화하지 않아도 단자 전압이 변하는 특성

해설 정전압 특성은 부하 전압이 변화하여도 단자 전압은 변하지 않는 특성을 말한다.

02 다음 중 연강 용접봉에 비해 고장력강 용접봉의 장점이 아닌 것은?

① 재료의 취급이 간단하고 가공이 용이하다.
② 동일한 강도에서 판의 두께를 얇게 할 수 있다.
③ 소요 강재의 중량을 상당히 무겁게 할 수 있다.
④ 구조물의 하중을 경감시킬 수 있어 그 기초공사가 단단해진다.

해설 소요 강재의 중량을 상당히 경감시키는 장점이 있다.

03 다음 중 안내 레일형 일렉트로 슬래그 용접 장치의 주요 구성에 해당하지 않는 것은?

① 안내 레일   ② 와이어 절단장치
③ 냉각 장치   ④ 제어 상자

해설 일렉트로 슬래그 용접 장치의 주요 구성 요소에 와이어 절단 장치는 속하지 않는다.

04 피복 아크용접에서 용접속도(welding speed)에 영향을 미치지 않는 것은?

① 모재의 재질   ② 이음 모양
③ 전류값   ④ 전압값

해설 용접속도는 모재에 대한 용접선 방향의 아크 속도로 모재의 재질, 이음모양, 용접봉의 종류 및 전류값, 위빙의 유무 등에 따라 달라진다.

05 다음 중 가스 불꽃의 온도가 가장 높은 것은?

① 산소 - 메탄 불꽃
② 산소 - 프로판 불꽃
③ 산소 - 수소불꽃
④ 산소 - 아세틸렌 불꽃

해설 ① 2700℃   ② 2820℃
③ 2900℃   ④ 3430℃

정답 01.③ 02.③ 03.② 04.④ 05.④

06 용접재료 중 비자성체이며, Cr18%-Ni8%의 18-8 스테인리스강을 다른 용어로 표현한 것은?

① 페라이트계 스테인리스강
② 오스테나이트계 스테인리스강
③ 마텐사이트계 스테인리스강
④ 석출경화형 스테인리스강

07 다음 중 직류 아크용접의 극성에 관한 설명으로 틀린 것은?

① 전자의 충격을 받는 양극이 음극보다 발열량이 작다.
② 정극성일 때는 용접봉의 용융이 늦고 모재의 용입은 깊다.
③ 역극성일 때는 용접봉의 용융속도는 빠르고 모재의 용입이 얕다.
④ 얇은 판의 용접에는 용락(burn through)을 피하기 위해 역극성을 사용하는 것이 좋다.

08 다음 중 원판상의 롤러 전극 사이에 용접할 2장의 판을 두고 가압, 통전하여 전극을 회전시키며 연속적으로 점용접을 반복하는 용접법은?

① 심용접   ② 프로젝션 용접
③ 전자빔 용접   ④ 테르밋 용접

해설 심용접은 수밀, 기밀이 요구되는 액체와 기체를 넣는 용기를 제작하는데 사용되며, 통전방법에는 단속, 연속, 맥동 통전법이 있다.

09 서브머지드 아크용접에 대한 설명으로 틀린 것은?

① 용접 장치로는 송급장치, 전압제어장치, 접촉팁, 이동대차 등으로 구성되어 있다.
② 용제의 종류에는 용융형 용제, 고온 소결형 용제, 저온 소결형 용제가 있다.
③ 엔드탭의 부착은 모재와 홈의 형상이나 두께, 재질 등이 동일한 규격으로 부착하여야 한다.
④ 시공을 할 때는 루트간격을 0.8mm 이상으로 한다.

10 다음 중 가연성 가스가 가져야 할 성질(중 맞지 않은 것은)과 가장 거리가 먼 것은? ★★

① 발열량이 클 것
② 연소속도가 느릴 것
③ 불꽃의 온도가 높을 것
④ 용융금속과 화학반응을 일으키지 않을 것

해설 연소속도는 빨라야 한다.

11 다음 중 교류 아크용접에 있어 전격방지기가 기능하지 않을 경우 2차 무부하 전압은 어느 정도가 가장 적합한가?

① 20~30V   ② 40~50V
③ 60~70V   ④ 90~100V

해설 2차 무부하 전압은 20~30V 이하로 되므로 전격을 방지할 수 있다.

12 다음 중 고속분출을 얻는데 적합하고, 보통의 팁에 비하여 산소의 소비량이 같을 때 절단속도를 20~25% 증가시킬 수 있는 절단 팁은?

① 직선형 팁   ② 산소-LP형 팁
③ 보통형 팁   ④ 다이버전트형 팁

정답 06.② 07.① 08.① 09.④ 10.② 11.① 12.④

13 아크 광선에 의한 전광성 안염이 발생하였을 때의 응급조치로 가장 올바른 것은?

① 안약을 넣고 수면을 취한다.
② 소금물로 찜질을 한 다음 치료한다.
③ 냉습포 찜질을 한 다음 치료를 받는다.
④ 따뜻한 물로 찜질을 한 다음 치료한다.

14 다음은 수중 절단(underwater cutting)에 관한 설명으로 틀린 것은? ★★

① 일반적으로 수중 절단은 수심 45m 정도까지 작업이 가능하다.
② 수중 작업시 절단 산소의 압력은 공기 중에서의 1.5~2배로 한다.
③ 수중 작업시 예열 가스의 양은 공기 중에서의 4~8배 정도로 한다.
④ 연료가스로는 수소, 아세틸렌, 프로판, 벤젠 등이 사용되나 그 중 아세틸렌이 가장 많이 사용된다.

해설 수소는 높은 수압에서 사용이 가능하고 수중 절단 중 기포발생이 적어 작업이 용이하여 가장 많이 사용된다.

15 강재의 가스절단시 팁 끝과 연강판 사이의 거리는 백심에서 1.5~2.0mm 정도 떨어지게 하며, 절단부를 예열하여 약 몇 ℃ 정도가 되었을 때 고압산소를 이용하여 절단을 시작하는 것이 좋은가?

① 300~450℃   ② 500~600℃
③ 650~750℃   ④ 800~900℃

16 내용적이 40L, 충전압력이 15.3MPa(150kgf/cm^2)인 산소용기의 압력이 5.1MPa(50kgf/cm^2)까지 내려갔다면 소비한 산소의 량은 몇 L인가? ★★

① 2000L   ② 3000L
③ 4000L   ④ 5000L

해설 $(15.3 - 5.1) \times 9.8 \times 40 = 3998.4$
$(150 - 50) \times 40 = 4000$

17 고주파 경화법의 특징 설명으로 틀린 것은?

① 급열이나 급랭으로 인하여 재료가 변형되는 경우가 많다.
② 가열시간이 짧으므로 산화 및 탈탄의 염려가 많다.
③ 마텐자이트 생성에 의한 체적변화 때문에 내부응력이 발생한다.
④ 경화층이 이탈되거나 담금질 균열이 생기기 쉽다.

해설 고주파 경화법 : 표면 경화법의 일종, 고주파 유도 전류에 의해서 강 부품의 표면층만을 급열한 후 급랭하여 경화시키는 법, 마텐사이트 생성에 의한 체적변화 때문에 내부 응력이 발생할 우려가 있다.

18 담금질 가능한 스테인리스강으로 용접 후 경도가 증가하는 것은?

① STS 316   ② STS 304
③ STS 202   ④ STS 410

해설 STS 410은 마텐사이트계 스테인리스강으로 열처리에 의해 경화가 가능한 강이다.

19 침탄법을 침탄제의 종류에 따라 분류할 때 해당되지(속하지) 않는 것은? ★★★★

① 고체 침탄법   ② 액체 침탄법
③ 가스 침탄법   ④ 화염 침탄법

해설 침탄법은 저탄소강의 표면에 탄소를 침투, 확산시켜 고탄소강으로 만든 후 담금질하여 표면을 경화

정답 13.③ 14.④ 15.④ 16.③ 17.② 18.④ 19.④

하는 방법이며, 화염 경화법은 가열과 냉각에 의한 물리적 표면 경화법으로 침탄은 일어나지 않는다.

20 다음 중 저융점 합금에 대하여 설명한 것 중 틀린 것은?

① 납 (Pb : 용융점 327℃)보다 낮은 융점을 가진 합금을 말한다.
② 가용합금이라 한다.
③ 2원 또는 다원계의 공정합금이다.
④ 전기 퓨즈, 화재 경보기, 저온땜납 등에 이용된다.

21 열처리 방법에 따른 효과로 옳지 않은 것은?

① 불림 - 미세하고 균일한 표준조직
② 풀림 - 탄소강의 경화
③ 담금질 - 내마멸성 향상
④ 뜨임 - 인성 개선

해설 풀림은 내부응력 제거, 재질을 균일하게 함.

22 고 Ni의 초고장력강이며 1370~2060Mpa의 인장강도와 높은 인성을 가진 석출 경화형 스테인리스강의 일종은?

① 마르에이징(maraging)강
② Cr 18% - Ni 8%의 스테인리스강
③ 13% Cr강의 마텐사이트계 스테인리스강
④ Cr 12 - 17%, C 0.2%의 페라이트계 스테인리스강

23 다음 중 대표적인 주조 경질 합금은?

① HSS   ② 스텔라이트
③ 콘스탄탄   ④ 켈멧

24 다음 중 강에 함유되어 있는 수소(H_2) 가스의 영향에 대한 설명으로 옳은 것은?

① 강도를 증가시킨다.
② 경도를 증가시킨다.
③ 적열취성의 원인이 된다.
④ 헤어크랙의 원인이 된다.

해설 수소(H) : 백점, 은점, 기공, 헤어크랙, 선상조직의 원인. 지연균열의 원인된다.

25 비자성이고 상온에서 오스테나이트 조직인 스테인리스강은? (단, 숫자는 %임)

① 18 Cr - 8 Ni 스테인리스강
② 13 Cr 스테인리스강
③ Cr계 스테인리스강
④ 13 Cr - Al 스테인리스강

26 구리는 비철재료 중에 비중을 크게 차지한 재료이다. 다른 금속재료와의 비교 설명 중 틀린 것은?

① 철에 비해 용융점이 높아 전기제품에 많이 사용된다.
② 아름다운 광택과 귀금속적 성질이 우수하다.
③ 전기 및 열이 전도도가 우수하다.
④ 전연성이 좋아 가공이 용이하다.

27 크롬강의 특징을 잘못 설명한 것은?

① 크롬강은 담금질이 용이하고 경화층이 깊다.
② 탄화물이 형성되어 내마모성이 크다.
③ 내식 및 내열강으로 사용한다.
④ 구조용은 W, V, Co를 첨가하고 공구용은 Ni, Mn, Mo을 첨가한다.

정답 20.① 21.② 22.① 23.② 24.④ 25.① 26.① 27.④

28 SCr이나 SNC 강은 용접열로 인하여 뜨임취성이 발생되는데 다음 중 뜨임 취성을 방지하기 위해 첨가하는 원소는?

① Cr   ② Ni
③ Mo   ④ Ti

해설 **합금 원소의 영향**
Mo : 고온강도 개선, 인성향상, 저온취성방지, 담금질깊이, 크리프저항, 내식성증가
Ni : 내식성, 강인성, 내산성 향상.
Cr : 경도, 강도증가, 함유량에 따라 내식성, 내열성, 내마멸성 증가.
Ti : 결정입자 미세화

29 용접부의 표면이 좋고 나쁨을 검사하는 것으로 가장 많이 사용하며 간편하고 경제적인 검사방법은?

① 자분검사   ② 외관검사
③ 초음파검사   ④ 침투검사

30 산업안전보건법상 화약물질 취급장소에서의 유해·위험 경고를 알리고자 할 때 사용하는 안전·보건표지의 색채는?

① 흰색   ② 녹색
③ 파란색   ④ 빨간색

31 용접 결함 중 치수상의 결함에 해당하는 변형, 치수불량, 형상불량에 대한 방지대책과 가장 거리가 먼 것은?

① 역변형법 적용이나 지그를 사용한다.
② 용접조건과 자세, 운봉법을 적정하게 한다.
③ 용접 전이나 시공 중에 올바른 시공법을 적용한다.
④ 습기, 이물질 제거 등 용접부를 깨끗이 한다.

해설 ④는 기공, 개재물 혼입의 원인이 되며, 구조상 결함의 일종이다.

32 보통 화재와 기름 화재의 소화기로는 적합하나 전기 화재의 소화기로는 부적합한 것은?

① 포말 소화기   ② 분말 소화기
③ CO_2 소화기   ④ 물 소화기

33 다음 중 용접성 시험이 아닌 것은?

① 노치 취성 시험   ② 용접 연성 시험
③ 파면 시험   ④ 용접 균열 시험

해설 금속학적 시험에는 파면시험, 매크로 조직시험, 현미경 시험이 있다.

34 용접 결함 방지를 위한 관리기법에 속하지 않는 것은?

① 설계도면에 따른 용접 시공 조건의 검토와 작업 순서를 정하여 시공한다.
② 용접 구조물의 재질과 형상에 맞는 용접 장비를 사용한다.
③ 작업 중인 시공 상황을 수시로 확인하고 올바르게 시공할 수 있게 관리한다.
④ 작업 후에 시공 상황을 확인하고 올바르게 시공할 수 있게 관리한다.

35 용접부의 인장응력을 완화하기 위하여 특수 해머로 연속적으로 용접부 표면층을 소성변형 주는 방법은?

① 피닝법
② 저온응력 완화법
③ 응력제거 어닐링법

정답 28.③ 29.② 30.④ 31.④ 32.① 33.③ 34.④ 35.①

④ 국부가열 어닐링법

해설 피닝법과 롤러에 거는 방법은 외력만으로 소성변형을 일어나게 하는 방법이다.

36 이산화탄소 아크용접에서 일반적인 용접작업(약 200A 미만)에서의 팁과 모재 간 거리는 몇 mm 정도가 가장 적합한가?

① 0~5mm ② 10~15mm
③ 40~50mm ④ 30~40mm

37 다음 중 자동 불활성가스 텅스텐 아크용접의 종류에 해당하지 않는 것은?

① 단전극 TIG 용접형
② 전극 높이 고정형
③ 아크길이 자동 제어형
④ 와이어 자동 송급형

해설 자동 TIG 용접기에는 전극 높이 고정형, 아크길이 자동 제어형, 와이어 자동 송급형이 있다.

38 다음 중 가스류 등에 의한 화재의 급수에 해당하는 것은?

① B급 ② C급
③ D급 ④ E급

39 액체 이산화탄소 25kg 용기는 대기 중에서 가스량이 대략 12700L이다. 20L/min의 유량으로 연속 사용할 경우 사용 가능한 시간(hour)은 약 얼마인가?

① 60시간 ② 6시간
③ 10시간 ④ 1시간

해설 시간당 20×60 =1200리터를 사용하므로 12700÷1200≒10.58시간이다.

40 파장이 같은 빛을 렌즈로 집광하면 매우 작은 점으로 집중이 가능하고 높은 에너지로 집속하면 높은 열을 얻을 수 있다. 이것을 열원으로 하여 용접하는 방법은?

① 레이저 용접
② 일렉트로 슬래그 용접
③ 테르밋 용접
④ 플라즈마 아크용접

41 티그 용접의 전원 특성 및 사용법에 대한 설명이 틀린 것은?

① 역극성을 사용하면 적극의 소모가 많아진다.
② 알루미늄 용접시 교류를 사용하면 용접이 잘된다.
③ 정극성은 연강, 스테인리스강 용접에 적당하다.
④ 정극성을 사용할 때 전극봉은 둥글게 가공하여 사용하는 것이 아크가 안정된다.

해설 정극성일 때는 모재가 전극봉보다 열을 많이 받으므로 전극봉을 가늘게 가공해서 사용해야 한다.

42 다음 중 반자동 CO_2 용접에서 용접전류와 전압을 높일 때의 특성을 설명한 것으로 옳지 않은 것은?

① 아크전압이 지나치게 높아지면 기포가 발생한다.
② 아크전압이 높아지면 비드가 넓어진다.
③ 용접전류가 높아지면 와이어의 용융속도가 빨라진다.
④ 용접전류가 높아지면 용착률과 용입이 감소한다.

해설 용접전류가 높아지면 용착률과 용입이 커진다.

정답 36.② 37.① 38.④ 39.③ 40.① 41.④ 42.④

43 플러그 용접에서 전단 강도는 일반적으로 구멍의 면적당 전용착금속 인장강도의 몇 % 정도로 하는가?

① 20~30%   ② 40~50%
③ 60~70%   ④ 80~90%

해설 플러그 용접의 전단 강도는 용착금속 인장강도의 약 70% 정도이다.

44 다음 중 기계적 접합법의 종류가 아닌 것은?

① 스터드 용접   ② 확관 이음
③ 코터 이음   ④ 볼트 이음

해설 스터드 용접은 야금적 접합법이다.

45 다음 중 아세틸렌 용기와 호스의 연결부에 불이 붙었을 때 가장 우선적으로 해야 할 조치는?

① 용기 내의 잔류가스를 신속하게 방출시킨다.
② 용기를 옥외로 운반한다.
③ 용기와 연결된 호스를 분리한다.
④ 용기의 밸브를 잠근다.

해설 화재 발생시 가장 우선적으로 용기의 밸브를 잠가야 한다.

46 피복 아크용접에서 용접성이 가장 우수한 용접재료로 적당한 것은?

① 주철   ② 고탄소강
③ 저탄소강 ④ 니켈강

해설 보기 중에서 피복아크용접 시 용접성이 가장 우수한 재료는 저탄소강이다.
저탄소강은 탄소함유량이 적어서 용접변형이 다른 금속에 비해서 작다.

47 화재 및 폭발의 방지 조치사항으로 틀린 것은?

① 용접 작업 부근에 점화원을 두지 않는다.
② 인화성 액체의 반응 또는 취급은 폭발한계 범위 이내의 농도로 한다.
③ 아세틸렌이나 LP 가스절단시에는 가연성 가스가 누설되지 않도록 한다.
④ 대기 중에 가연성 가스를 누설 또는 방출시키지 않는다.

해설 폭발한계 범위 이내로 하면 폭발 우려가 있다.

48 가스절단 작업시 주의사항으로 틀린 것은?

① 반드시 보호안경을 착용한다.
② 산소 호스와 아세틸렌 호스는 색깔 구분없이 사용한다.
③ 불필요한 긴 호스를 사용하지 말아야 한다.
④ 용기 가까운 곳에서는 인화물질의 사용을 금한다.

해설 가스는 종류에 따라 규정된 색채의 호스를 사용해야 한다.

49 불활성가스 금속아크용접의 용접토치 구성 부품 중 와이어가 송출되면서 전류를 통전시키는 역할을 하는 것은?

① 가스 분출기(gas diffuser)
② 팁(tip)
③ 인슐레이터(insulator)
④ 플렉시블 콘딧(flexible conduit)

해설 GMAW(MIG, MAG, CO_2) 용접의 경우 팁에서 전류 통전이 이루어진다.

정답 43.③ 44.① 45.④ 46.③ 47.② 48.② 49.②

50 다음 중 테르밋 용접의 점화제가 아닌 것은?

① 과산화바륨 ② 망간
③ 알루미늄   ④ 마그네슘

해설 점화제는 과산화바륨, 알루미늄, 마그네슘 등의 혼합 분말로 이루어져 있다.

51 그림과 같은 도면에서 지름 3mm 구멍의 수는 모두 몇 개인가?

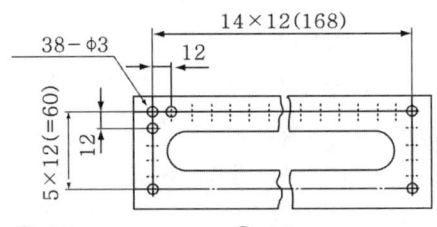

① 24   ② 38
③ 48   ④ 60

해설 38-∅3 표시에서 38은 구멍수이며, 지름이 3mm를 나타낸다.

52 원통에 정원을 뚫었을 때 전개도는?

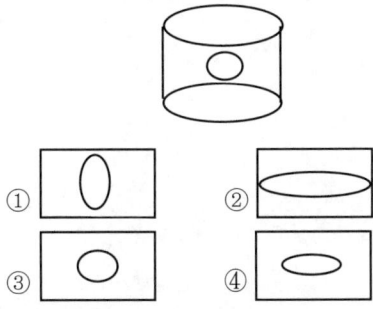

53 그림과 같은 용접기호에서 a7이 의미하는 뜻으로 알맞은 것은?

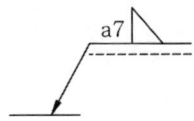

① 용접부 목길이가 7mm이다.
② 용접 간격이 7mm이다.
③ 용접 모재의 두께가 7mm이다.
④ 용접부 목두께가 7mm이다.

해설 a는 용접부 목두께를 나타낸다.

54 일반적으로 표면의 결 도시 기호에서 표시하지 않는 것은?

① 표면 재료 종류
② 줄무늬 방향의 기호
③ 표면의 파상도
④ 컷오프 값, 평가 길이

55 치수 숫자와 함께 사용되는 기호가 바르게 연결된 것은?

① 지름 : P   ② 정사각형 : □
③ 구의 지름 : ∅ ④ 구의 반지름 : C

해설 • 지름 : ∅   • 구의 지름 : S∅
• 구의 반지름 : SR

56 그림과 같은 입체도에서 화살표 방향을 정면으로 할 때 제3각법으로 올바르게 정투상한 것은?

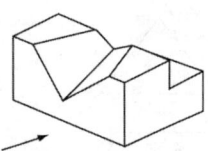

①    ②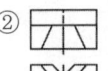

③    ④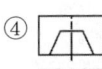
   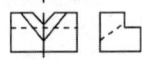

정답 50.② 51.② 52.④ 53.④ 54.① 55.② 56.②

57 다음 중 일반구조용 압연강재의 KS 재료 기호는? ★★

① SS 355 ② SGT 275
③ SM 35C ④ SM 275A

해설
- SS 490 → SS 355 : 최소항복강도 355MPa
- STK 400 → SGT 275 : 일반구조용 탄소강관
- SM400 → SM 275 : 최소항복강도 275MPa
- SM 35C : 기계 구조용 탄소강재

58 다음 겨냥도의 화살표 방향의 투상도로 가장 적합한 것은?

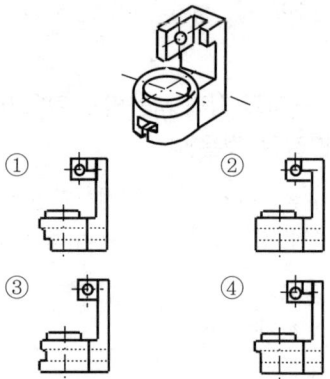

59 다음 중 직원뿔 전개도의 형태로 가장 적합한 형상은?

60 그림에서 '6.3'선이 나타내는 선의 명칭으로 옳은 것은?

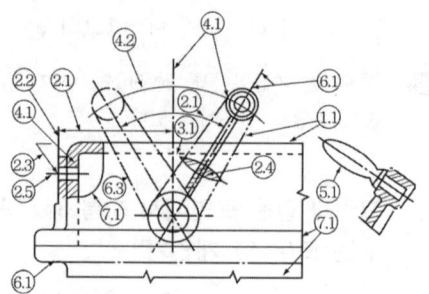

① 가상선 ② 절단선
③ 중심선 ④ 무게 중심선

해설 **가상선의 용도**
- 인접부분을 참고로 표시하는데 사용
- 가동부분을 이동 중의 특정한 위치 또는 이동한 계의 위치로 표시하는데 사용
- 가공 전 또는 가공 후의 모양을 표시하는데 사용

정답 57.① 58.② 59.② 60.①

2014 제2회 이산화탄소가스아크용접기능사/가스텅스텐아크용접기능사 기출문제

2014년 4월 6일 시행

01 다음 중 가스 압접의 특징으로 틀린 것은?

① 이음부의 탈탄층이 전혀없다.
② 작업이 거의 기계적이어서, 숙련이 필요하다.
③ 용가재 및 용제가 불필요하고, 용접시간이 빠르다.
④ 장치가 간단하여 설비비, 보수비가 싸고 전력이 불필요하다.

해설 압접은 작업이 거의 기계적이며 숙련 기술이 필요 없다.

02 절단용 산소 중에 불순물이 증가되면 나타나는 결과가 아닌 것은?

① 절단속도가 늦어진다.
② 산소의 소비량이 적어진다.
③ 절단 개시 시간이 길어진다.
④ 절단 홈의 폭이 넓어진다.

해설 불순물이 많아지면 산소 소비량이 많아진다.

03 금속나트륨, 마그네슘 등과 같은 가연성 금속의 화재는 몇 급 화재로 분류되는가?

① A급 화재   ② B급 화재
③ C급 화재   ④ D급 화재

해설 화재의 종류와 소화기
A급 화재 : 일반 화재, 분말 소화기가 적당
B급 화재 : 유류 화재, 포말 및 분말, CO_2 소화기가 적당
C급 화재 : 전기 화재, 분말, CO_2 소화기가 적당
D급 화재 : 금속 화재, 모래, 질식

04 가스절단에 영향을 미치는 인자가 아닌 것은?

① 후열 불꽃   ② 예열 불꽃
③ 절단 속도   ④ 절단 조건

해설 가스절단에 영향을 미치는 인자에는 절단조건, 절단용 산소의 순도와 압력, 예열 불꽃, 절단 속도, 절단팁, 드래그 등이 있다.

05 직류 용접기와 비교하여 교류 용접기의 특징을 틀리게 설명한 것은?

① 유지가 쉽다.
② 아크가 불안정하다.
③ 감전의 위험이 적다.
④ 고장이 작고, 값이 싸다.

해설 교류 용접기는 감전 위험이 크다.

06 피복 아크용접에서 아크열에 의해 모재가 녹아 들어간 깊이는?

① 용적   ② 용입
③ 용락   ④ 용착금속

해설 용입, 용입 깊이 : 열에 의해 모재가 녹은 깊이를 말한다.

정답 01.② 02.② 03.④ 04.① 05.③ 06.②

07 직류 아크용접의 극성에 관한 설명으로 옳은 것은?

① 직류 정극성에서는 용접봉의 녹음 속도가 빠르다.
② 직류 역극성에서는 용접봉에 30%의 열 분배가 되기 때문에 용입이 깊다.
③ 직류 정극성에서는 용접봉에 70%의 열 분배가 되기 때문에 모재의 용입이 얕다.
④ 직류 역극성은 박판, 주철, 고탄소강, 비철금속의 용접에 주로 사용된다.

해설 정극성은 용접봉의 녹음이 느리고, 모재 용입이 깊고, 비드 폭이 좁으며 일반적으로 많이 사용된다.

08 아세틸렌 가스의 성질에 대한 설명으로 틀린 것은?

① 산소와 적당히 혼합하여 연소시키면 3000~3500℃의 높은 열을 낸다.
② 15℃, 1kgf/cm²에서의 아세틸렌의 1L의 무게는 1.176g으로 산소보다 무겁다.
③ 아세틸렌 가스는 산소와 혼합되면 폭발성이 증가된다.
④ 각종 액체에 잘 용해되며 아세톤에 25배가 용해된다.

해설 아세틸렌의 특징 : 비중 0.906로 공기보다 가벼우며, 순수한 것은 무색, 무취의 기체. 혼합할 때 악취가 난다.

09 피복 아크용접봉의 피복 배합제 성분 중 고착제에 해당하는 것은?

① 산화티탄   ② 규소철
③ 망간   ④ 규산나트륨

해설 고착제 : 규산나트륨, 규산칼륨, 아교, 소맥분, 해초풀, 젤라틴 등

10 교류 아크용접기 부속장치 중 용접봉 홀더의 종류(KS)가 아닌 것은?

① 100호   ② 200호
③ 300호   ④ 400호

해설 용접용 홀더 종류에는 125호, 160호, 200호, 250호, 300호, 400호, 500호가 있다.

11 피복 아크용접작업에서 아크길이에 대한 설명 중 틀린 것은?

① 아크길이는 일반적으로 3mm 정도가 적당하다.
② 아크전압은 아크길이에 반비례한다.
③ 아크길이가 너무 길면 아크가 불안정하게 된다.
④ 양호한 용접은 짧은 아크(short arc)를 사용한다.

해설 아크전압은 아크길이와 비례한다.

12 다음 중 주철의 용접성에 관한 설명으로 틀린 것은?

① 주철은 연강에 비하여 여리며 급랭에 의한 백선화로 기계가공이 어렵다.
② 일산화탄소 가스가 발생하여 용착 금속에 기공이 생기지 않는다.
③ 주철은 용접시 수축이 많아 균열이 발생할 우려가 많다.
④ 장시간 가열로 흑연이 조대화된 경우 용착이 불량하거나 모재와의 친화력이 나쁘다.

해설 일산화탄소 가스가 발생하면 용착금속에 기공이 생긴다.

정답 07.④ 08.② 09.④ 10.① 11.② 12.②

13 균열에 대한 감수성이 좋아 구속도가 큰 구조물의 용접이나 탄소가 많은 고탄소강 및 황의 함유량이 많은 쾌삭강 등의 용접에 사용되는 용접봉의 계통은?

① 고산화티탄계 ② 일미나이트계
③ 라임티탄계   ④ 저수소계

해설 저수소계는 석회석이나 형석을 주성분으로 사용한 것으로 강인성이 풍부하고 기계적 성질, 내균열성이 우수하다.

14 다음 중 물체의 낙하 또는 비래 및 추락에 의한 위험을 방지 또는 경감하고, 머리부위 감전에 의한 위험을 방지하기 위한 용도의 안전모 기호로 옳은 것은?

① AB   ② AE
③ ABE   ④ AG

해설 안전모 용도별 기호
- AB : 물체의 낙하, 날아옴, 추락에 의한 위험을 방지 또는 경감.
- AE : 물체의 낙하, 날아옴의 의한 위험을 방지·경감하고 머리 부위 감전에 의한 위험을 방지.
- ABE : 물체의 낙하 또는 비래 및 추락에 의한 위험을 방지 또는 경감하고, 머리부위 감전에 의한 위험을 방지

15 와이어 돌출길이는 콘택트 팁 선단으로부터 와이어 선단부분까지의 길이를 의미하는데 와이어를 이용한 용접법에서는 용접결과에 미치는 영향으로 매우 중요한 인자이다. 다음 중 CO_2 용접에서 와이어 돌출길이가 길어질 경우의 설명으로 틀린 것은?

① 용착효율이 작아진다.
② 와이어 용융량은 증가한다.
③ 보호효과가 나빠진다.
④ 전기 저항열이 증가된다.

해설 와이어 돌출길이가 길어지면 와이어의 저항열의 증가로 와이어의 용융량은 증가하지만 용입은 불균일하고 감소하게 된다. 적당한 와이어 돌출길이는 와이어 지름의 8배 정도이다.

16 아세틸렌 가스의 성질에 대한 설명으로 옳은 것은?

① 수소와 산소가 화합된 매우 안정된 기체이다.
② 1리터의 무게는 1기압 15℃에서 117g이다.
③ 가스용접, 절단용 가스이며, 카바이드로부터 제조된다.
④ 공기를 1로 했을 때의 비중은 1.91이다.

해설 아세틸렌은 1리터 무게는 1.176g이며, 비중은 0.906으로 공기보다 가벼우며, 탄소와 수소로 이루어져 있다.

17 금속의 접합법 중 야금학적 접합법이 아닌 것은?

① 융접   ② 압접
③ 납땜   ④ 볼트 이음

해설 볼트 이음은 기계적 접합법이다.

18 Al-Cu 합금의 G.P 집합체(Guinier Preston Zone)에 의한 경화는?

① 섬유 경화   ② 석출 경화
③ 확산 경화   ④ 시효 경화

해설 시효 경화 : 시간의 경과에 따라 합금의 성질이 변화는 것이다.

정답 13.④ 14.③ 15.① 16.③ 17.④ 18.④

19 탄소강의 담금질 중 고온의 오스테나이트 영역에서 소재를 냉각하면 냉각 속도의 차에 따라 마텐사이트, 페라이트, 펄라이트, 소르바이트 등의 조직으로 변태되는데 이들 조직 중에서 강도와 경도가 가장 높은 것은?

① 마텐사이트   ② 페라이트
③ 펄라이트   ④ 소르바이트

20 다음 재료에서 용융점이 가장 높은 재료는?

① Mg(마그네슘)   ② Fe(철)
③ Pb(납)   ④ W(텅스텐)

해설 용융점이 가장 높은 금속 : W(3410℃)
가장 낮은 금속 : Hg(-38.8℃)

21 구리(Cu)와 그 합금에 대한 설명 중 틀린 것은?

① 가공하기 쉽다.
② 전연성이 우수하다.
③ 아름다운 색을 가지고 있다.
④ 비중이 약 2.7인 경금속이다.

해설 구리 비중은 8.9로 중금속이다.

22 구리에 30~40%Pb을 첨가한 것(70%Cu - 30%Pb 합금)으로, 고속·고하중용 베어링으로 자동차, 항공기 등에 널리 사용되는 것은? ★★★

① 켈밋(kelmet)
② 톰백(tombac)
③ 다우 메탈(dow metal)
④ 배빗 메탈(babbit metal)

해설 켈밋은 납(Pb) 23~42%의 구리-납(Cu-Pb)계의 베어링용 동합금으로 검은 부분은 Pb이고, 흰 부분은 구리(Cu)이며 고하중에 잘 견딘다.

23 오스테나이트계 스테인리스강의 표준조성으로 맞는 것은?

① Cr(18%) - Ni(8%)
② Ni(18%) - Cr(8%)
③ Cr(13%) - Ni(4%)
④ Ni(13%) - Cr(4%)

해설 오스테나이트계 스테인리스강 : 18%Cr-8% Ni 함유, 내식성이 가장 우수하며, 가공성, 용접성이 우수, 결정입계부식 발생하기 쉬움, 비자성체임.

24 다음 중 구조용 합금강에 대하여 풀림 처리를 하는 이유와 가장 거리가 먼 것은?

① 가공 후의 잔류응력제거
② 재질의 경화를 목적으로 할 때
③ 합금 원소 및 불순 원소의 확산에 의한 조직의 균일화
④ 압연·단조에 의한 가공 경화로 냉간 소성가공이 곤란한 경우

25 주강에 대한 설명으로 틀린 것은?

① 주조조직 개선과 재질 균일화를 위해 풀림처리를 한다.
② 주철에 비해 기계적 성질이 우수하고, 용접에 의한 보수가 용이하다.
③ 주철에 비해 강도는 작으나 용융점이 낮고 유동성이 커서 주조성이 좋다.
④ 탄소함유량에 따라 저탄소 주강, 중탄소 주강, 고탄소 주강으로 분류한다.

해설 주철에 비해 강도는 강도가 크고 용융점이 높고 유동성이 나빠서 주조성이 나쁘다.

정답 19.① 20.④ 21.④ 22.① 23.① 24.② 25.③

26 산소-아세틸렌 가스를 사용하여 담금질성이 있는 강재의 표면만을 경화시키는 방법은?

① 질화법　　　② 가스 침탄법
③ 화염 경화법　④ 고주파 경화법

해설 화염 경화법은 강 표면을 가열한 후 물을 분사해 급랭시키는 방법으로 부품 크기와 형상은 무관하며 설비비가 저렴하다.

27 금속의 공통적 특성에 대한 설명으로 틀린 것은? ★★★

① 열과 전기의 부도체이다.
② 금속 특유의 광택을 갖는다.
③ 소성변형이 있어 가공이 쉽다.
④ 수은을 제외하고 상온에서 고체이며, 결정체이다.

해설 연성과 전성이 많아 소성변형이 가능하며, 열과 전기를 잘 통하는 도체(양도체)이며, 이온화되면 음이온(-)과 양이온(+)이 된다. 비중이 크고 금속적 광택을 갖는다.

28 스테인리스강을 용접하면 용접부가 입계부식을 일으켜 내식성을 저하시키는 원인으로 가장 적합한 것은?

① 자경성 때문이다.
② 적열취성 때문이다.
③ 탄화물의 석출 때문이다.
④ 산화에 의한 취성 때문이다.

29 반자동 CO_2 가스 아크 편면(one side)용접시 뒷댐 재료로 가장 많이 사용되는 것은? ★★

① 세라믹 제품　　② CO_2 가스
③ 테프론 테이프　④ 알루미늄 판재

해설 뒷댐 재료는 세라믹 제품을 많이 사용하며, 백판이라고도 부른다.

30 공랭식 MIG 용접토치의 구성요소가 아닌 것은?

① 와이어　　　② 공기 호스
③ 보호가스 호스　④ 스위치 케이블

해설 공랭식은 기기가 자연 공기의 흐름에 의해 냉각되는 장치이므로 공기 호스는 없다.

31 서브머지드 아크용접용 재료 중 와이어의 표면에 구리를 도금한 이유에 해당되지 않는 것은?

① 콘택트 팁과의 전기적 접촉을 좋게 한다.
② 와이어에 녹이 발생하는 것을 방지한다.
③ 전류의 통전 효과를 높게 한다.
④ 용착금속의 강도를 높게 한다.

32 화상에 의한 응급조치로서 적절하지 않은 것은?

① 냉찜질을 한다.
② 붕산수에 찜질한다.
③ 전문의의 치료를 받는다.
④ 물집을 터트리고 수건으로 감싼다.

33 언더컷의 원인이 아닌 것은?

① 전류가 높을 때
② 전류가 낮을 때
③ 빠른 용접 속도
④ 운봉각도의 부적합

해설 전류가 낮은 경우에는 오버랩이 발생된다.

정답 26.③ 27.① 28.③ 29.① 30.② 31.④ 32.④ 33.②

34 다음 중 안전보건관리 책임자는 상시 근로자가 몇 명 이상을 사용하는 사업에 선임하여야 하는가?

① 10명　　② 50명
③ 100명　④ 300명

해설 안전보건관리 책임자는 상시 근로자가 100명 이상인 작업장(사업장)에 선임하여야 한다.

35 전기 저항 점용접작업시 용접기 조작에 대한 3대 요소가 아닌 것은? ★★★

① 가압력　　② 통전시간
③ 전극봉　　④ 전류세기

해설 전기 저항용접의 3대 요소에는 전극(봉)은 해당되지 않는다.

36 정하중에 대한 용접이음에서 응력을 계산하기 위한 치수 선정에 있어 목두께가 서로 다른 부재의 경우 적용하는 목두께로 옳은 것은?

① 얇은 쪽 부재의 두께
② 두꺼운 쪽 부재의 두께
③ 얇은 쪽과 두꺼운 쪽의 평균 두께
④ 두꺼운 쪽과 얇은 쪽 부재의 차이값

해설 구조물의 안전상 얇은 쪽 부재의 두께를 적용한다.

37 다음 중 용접결함의 분류에 있어 치수상의 결함으로 볼 수 없는 것은?

① 스트레인 변형
② 용접부 크기의 부적당
③ 용접부 형상의 부적당
④ 비금속 개재물의 혼입

해설 치수상 결함은 변형, 치수불량, 형상불량이다.

38 전격에 의한 사고를 입을 위험이 있는 경우와 거리가 가장 먼 것은?

① 옷이 습기에 젖어 있을 때
② 케이블의 일부가 노출되어 있을 때
③ 홀더의 통전부분이 절연되어 있을 때
④ 용접 중 용접봉 끝에 몸이 닿았을 때

39 다음 중 전기설비 화재에 적용이 불가능한 소화기는?

① 포말 소화기
② 이산화탄소 소화기
③ 무상강화액 소화기
④ 할로겐화합물 소화기

해설 포말 소화기 : 가연성 액체를 소화시키기 위해 사용한다.

40 수냉 동판을 용접부의 양면에 부착하고 용융된 슬래그 속에서 전극 와이어를 연속적으로 송급하여 용융 슬래그 내를 흐르는 저항열에 의하여 전극 와이어 및 모재를 용융 접합시키는 용접법은?

① 초음파 용접
② 플라즈마 제트 용접
③ 일렉트로 가스 용접
④ 일렉트로 슬래그 용접

41 다음 중 비파괴 검사 기호와 명칭이 올바르지 않게 표현된 것은?

① MT : 자분 탐상검사
② PT : 침투 탐상검사
③ RT : 방사선 탐상검사
④ UT : 와전류 탐상검사

해설 비파괴 시험과 기호

정답　34.③　35.③　36.①　37.④　38.③　39.①　40.④　41.④

UT(초음파 탐상시험), ET(와류 탐상 시험), LT(누설 시험), VT(육안 시험)

42 논 가스 아크용접(non gas arc welding)의 장점에 대한 설명으로 틀린 것은? ★★★

① 바람이 있는 옥외에서도 작업이 가능하다.
② 용접 장치가 간단하며 운반이 편리하다.
③ 용착금속의 기계적 성질은 다른 용접법에 비해 우수하다.
④ 피복 아크용접봉의 저수소계와 같이 수소의 발생이 적다.

해설 용접 전원으로 교류, 직류를 모두 사용할 수 있고 전자세 용접이 가능하며, 길이가 긴 용접물에 아크를 중단하지 않고 연속 용접을 할 수 있으나, 용착금속의 기계적 성질은 다른 용접법에 비해 다소 떨어진다.

43 전기 누전에 의한 화재의 예방대책으로 틀린 것은?

① 금속관 내에 접속점이 없도록 해야 한다.
② 금속관의 끝에는 캡이나 절연 부싱을 하여야 한다.
③ 전선 공사시 전선 피복의 손상이 없는 지를 점검한다.
④ 전기 기구의 분해조립을 쉽게 하기 위하여 나사의 조임을 헐겁게 해 놓는다.

44 용접 후 잔류응력이 있는 제품에 하중을 주어 용접부에 약간의 소성 변형을 일으키게 한 다음 하중을 제거하는 잔류응력 경감 방법은? ★★

① 로 내 풀림법
② 국부 풀림법
③ 기계적 응력 완화법
④ 저온 응력 완화법

45 다음 중 용접선 방향의 인장 응력을 완화시키는 저온응력 완화법을 올바르게 설명한 것은?

① 500℃에서 10℃씩 온도가 내려가면서 풀림 처리하는 방법
② 용접선 양측의 정속으로 이동하는 가스 불꽃에 의하여 너비 약150mm에 걸쳐서 150~200℃로 가열한 다음 수냉하는 방법
③ 500℃로 가열한 후 압력을 걸고 수냉시키는 방법
④ 용접선의 좌우 양측에 각각 250mm의 범위를 625℃에서 1시간 가열하여 공랭시키는 방법

46 용접부의 결함 검사법에서 초음파 탐상법의 종류에 해당되지 않는 것은? ★★★★★★

① 공진법   ② 투과법
③ 스테레오법 ④ 펄스반사법

해설 초음파 탐상법 : 공진법, 투과법, 펄스 반사법이 있으며, 펄스 반사법에는 수직 탐상법과 사각 탐상법으로 나누어진다.

47 불활성가스 텅스텐 아크용접의 장점으로 틀린 것은?

① 용제가 불필요하다.
② 용접 품질이 우수하다.
③ 전자세 용접이 가능하다.
④ 후판 용접에 능률적이다.

해설 후판 용접에서는 소모성 전극방식보다 능률이 떨어진다.

정답 42.③ 43.④ 44.③ 45.② 46.③ 47.④

48 시험재료의 전성, 연성 및 균열의 유무 등 용접부위를 시험하는 시험법은?

① 굴곡시험　② 경도시험
③ 압축시험　④ 조직시험

해설 굴곡시험은 용접부의 연성 결함을 조사하기 위한 방법으로 표면, 이면, 측면 시험 방법이 있다.

49 제품을 제작하기 위한 조립 순서에 대한 설명으로 틀린 것은?

① 대칭으로 용접하여 변형을 예방한다.
② 리벳작업과 용접을 같이 할 때는 리벳작업을 먼저 한다.
③ 동일 평면 내에 많은 이음이 있을 때는 수축은 가능한 자유단으로 보낸다.
④ 용접선의 직각 단면 중심축에 대하여 용접의 수축력의 합이 0(zero)이 되도록 용접순서를 취한다.

50 서브머지드 아크용접에서 맞대기 용접이음시 받침쇠가 없을 경우 루트간격은 몇 mm 이하가 가장 적합한가? ★★

① 0.8mm　② 1.5mm
③ 2.0mm　④ 2.5mm

해설 서브머지드 아크용접 홈 가공 : 받침쇠가 없는 경우 루트간격은 0.8mm 이하로 하여야 된다.

51 미터나사의 호칭지름은 수나사의 바깥지름을 기준으로 정한다. 이에 결합되는 암나사의 호칭지름은 무엇이 되는가?

① 암나사의 골지름
② 암나사의 안지름
③ 암나사의 유효지름
④ 암나사의 바깥지름

해설 나사는 숫나사의 지름을 기준으로 하며, 숫나사의 산은 암나사의 골에 접속되므로 암나사의 호칭은 골지름이 된다.

52 그림과 같은 입체도에서 화살표 방향이 정면일 경우 좌측면도로 가장 적합한 것은?

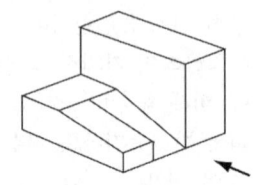

53 도면을 마이크로 필름으로 촬영, 복사할 때 등의 편의를 위해 만든 것은?

① 중심 마크　② 비교 눈금
③ 도면 구역　④ 재단 마크

해설 중심 마크는 완성된 도면을 영구적으로 보관하기 위하여 도면 위치를 알기 쉽도록 하기 위하여 표시하는 선이다.

54 바퀴의 암(arm), 림(rim), 축(shaft), 훅(hook) 등을 나타낼 때 주로 사용하는 단면도로서, 단면의 일부를 90° 회전하여 나타낸 단면도는?

① 부분 단면도　② 회전도시 단면도
③ 계단 단면도　④ 곡면 단면도

해설 회전도시 단면도는 핸들, 벨트 풀리, 기어 등을 절단면을 회전시켜서 표시하는 단면도이다.

정답　48.①　49.②　50.①　51.①　52.②　53.①　54.②

55 원호의 길이 치수 기입에서 원호를 명확히 하기 위해서 치수에 사용되는 치수 보조 기호는?

① (20) ② C20
③ 20 ④ ⌒20

56 그림과 같은 입체를 제3각법으로 나타낼 때 가장 적합한 투상도는? (단, 화살표 방향을 정면으로 한다.)

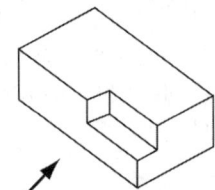

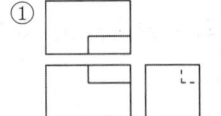 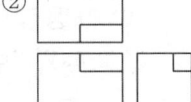

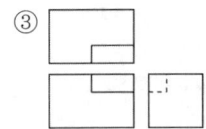 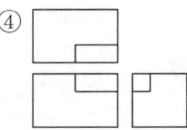

57 용기 모양의 대상물 도면에서 아주 굵은 실선을 외형선으로 표시하고 치수 표시가 ⌀int 34로 표시된 경우 가장 올바르게 해독한 것은?

① 도면에서 int로 표시된 부분의 두께 치수
② 화살표로 지시된 부분의 폭 방향 치수가 ⌀34mm
③ 화살표로 지시된 부분의 안쪽 치수가 ⌀34mm
④ 도면에서 int로 표시된 부분만 인치단위 치수

58 얇은 두께 부분의 단면도(개스킷, 형강, 박판 등 얇은 것의 단면)표시로 사용되는 선에 해당하는 것은?

① 실제 치수와 관계없이 극히 굵은 1점 쇄선
② 실제 치수와 관계없이 극히 굵은 2점 쇄선
③ 실제 치수와 관계없이 극히 가는 실선
④ 실제 치수와 관계없이 극히 굵은 실선

[해설] 얇은 두께 부분의 단면도(개스킷, 형강, 박판 등 얇은 것의 단면)표시는 굵은 실선을 사용한다.

59 용접부의 도시기호가 "a4▷3 × 25(70)"일 때의 설명으로 틀린 것은?

① ▷ - 필릿용접
② 3 - 용접부의 폭
③ 25 - 용접부의 길이
④ 70 - 인접한 용접부의 간격

[해설] a4 : 목두께 4mm, 만약 z4일 경우 목길이(각장)가 4mm를 의미함
3 : 용접부의 개수

60 냉간 압연 강판 및 강대에서 일반용으로 사용되는 종류의 KS 재료 기호는?

① SPPS ② SPHC
③ SPHD ④ SPCC

[해설]
- SPPS : 압력배광용탄소강관
- STS : 스테인리스강
- SPCC : 냉간압연강판
- SPHC : 열간 압연 연강판 및 강대(일반용), SPHD(드로잉용), SPHE(딥드로잉용)

정답 55.④ 56.④ 57.③ 58.④ 59.② 60.④

2014 제4회 이산화탄소가스아크용접기능사/ 가스텅스텐아크용접기능사 기출문제

2014년 7월 20일 시행

01 다음 중 가스절단 작업시 안전사항으로 틀린 것은?

① 주위에는 가연성 물질이 없어야 한다.
② 기름이 묻어 있는 작업복은 착용해서는 안된다.
③ 차광용 보안경은 착용하지 않도록 한다.
④ 아세틸렌 용기는 세워서 사용하여야 한다.

해설 가스절단은 광선의 강도는 낮지만, 적당한 차광도의 차광용 안경은 착용하여야 한다.

02 강의 인성을 증가시키며, 특히 노치 인성을 증가시켜 강의 고온 가공을 쉽게 할 수 있도록 하는 원소는?

① P   ② Si
③ Pb   ④ Mn

03 예열용 연소 가스로는 주로 수소가스를 이용하며, 침몰선의 해체, 교량의 교각 개조 등에 사용되는 절단법은?

① 스카핑   ② 산소창 절단
③ 분말 절단   ④ 수중 절단

해설 수중 절단은 수중에서 예열불꽃을 안정하게 착화하고 연소시키기 위해 절단팁의 외측에 압축 공기를 보내 물을 배제하고 이 공간에 절단이 행해지도록 커버가 붙어 있다.

04 다음 중 용접부의 파괴시험에서 샤르피식 시험기로 사용하는 시험방법은?

① 경도시험   ② 피로시험
③ 굽힘시험   ④ 충격시험

해설 충격시험은 인성과 취성(메짐)을 알아보기 위하여 하는 시험법으로, 샤르피형, 아이조드형 시험이 있다.

05 AW 220, 무부하 전압 80V, 아크전압이 30V인 용접기의 효율은?(단, 내부손실은 2.5kW이다.)

① 71.5%   ② 72.5%
③ 73.5%   ④ 74.5%

해설 $\dfrac{30 \times 220}{30 \times 220 + 2500} \times 100 = 72.52$

06 피복 아크용접봉의 보관과 건조방법으로 틀린 것은?

① 건조하고 진동이 없는 곳에 보관한다.
② 저소수계는 100~150℃에서 30분 건조한다.
③ 피복제의 계통에 따라 건조 조건이 다르다.
④ 일미나이트계는 70~100℃에서 30~60분 건조한다.

해설 저수소계는 사용하기 전에 300~350℃에서 1~2시간 건조한다.

정답 01.③ 02.④ 03.④ 04.④ 05.② 06.②

07 가스절단 작업을 할 때 양호한 절단면을 얻기 위하여 예열 후 절단을 실시하는데 예열불꽃이 강할 경우 미치는 영향 중 잘못 표현된 것은? ★★

① 절단면이 거칠어진다.
② 절단면이 매우 양호하다.
③ 모서리가 용융되어 둥글게 된다.
④ 슬래그 중의 철 성분의 박리가 어려워진다.

해설 예열 불꽃이 강할 때 영향
• 절단면이 거칠어지며, 드래그가 짧아진다.
• 슬래그 중의 철 성분이 박리가 어려워진다.
• 모서리가 용융되어 둥글게 된다. 모재 뒤쪽에 슬래그가 많이 달라붙어 박리가 어려워진다.

08 아크용접기에 사용하는 변압기는 어느 것이 가장 적합한가?

① 누설 변압기
② 단권 변압기
③ 계기용 변압기
④ 전압 조정용 변압기

09 다음 중 직류 아크용접기의 종류별 특성으로 옳지 않은 것은?

① 발전형은 보수와 점검이 어렵다.
② 발전형은 직류를 발전하므로 완전한 직류를 얻는다.
③ 발전형은 회전을 하므로 고장 나기가 쉽고 소음이 난다.
④ 정류기형은 옥외나 교류전원이 없는 장소에서 사용이 가능하다.

해설 정류기형 교류 전원을 입력시켜 직류로 정류하므로 전원이 없는 곳은 사용불가하다.

10 산소에 대한 설명으로 틀린 것은?

① 가연성 가스이다.
② 무색, 무취, 무미이다.
③ 물의 전기분해로도 제조한다.
④ 액체 산소는 보통 연한 청색을 띤다.

해설 산소는 조연성 가스이다.

11 다음 중 모재와 용접기를 케이블로 연결할 때 모재에 접속하는 것은?

① 용접 홀더   ② 케이블 커넥터
③ 케이블 러그 ④ 접지 클램프

해설 용접 홀더와 케이블
케이블 커넥터 : 케이블을 이어서 사용하고자 할 때 접속에 사용하는 것
케이블 러그 : 홀더용 케이블 끝에 연결하고, 그것을 용접기의 단자에 연결하는 부품.

12 정류기형 직류 아크용접기의 특성에 관한 설명으로 틀린 것은?

① 보수와 점검이 어렵다.
② 취급이 간단하고 가격이 싸다.
③ 고장이 적고, 소음이 나지 않는다.
④ 교류를 정류하므로 완전한 직류를 얻지 못한다.

해설 정류기형은 취급이 간단하고 가격이 싸며 보수 점검이 간단하다.

13 동일한 용접조건에서 피복 아크용접할 경우 용입이 가장 깊게 나타나는 것은?

① 교류(AC)
② 직류 역극성(DCRP)
③ 직류 정극성(DCSP)
④ 고주파 교류(ACHF)

정답 07.② 08.① 09.④ 10.① 11.④ 12.① 13.③

14 탄소강의 종류 중 탄소 함유량이 0.3~0.5%이고 탄소량이 증가함에 따라서 용접부에서 저온 균열이 발생될 위험성이 커지기 때문에 150~250℃로 예열을 실시할 필요가 있는 탄소강은?

① 저탄소강 ② 중탄소강
③ 고탄소강 ④ 대탄소강

15 다음 중 아세틸렌 가스의 도관으로 사용할 경우 폭발성 화합물을 생성하게 되는 것은?

① 탄소강관 ② 스테인리스강관
③ 알루미늄합금관 ④ 순구리관

해설 아세틸렌 가스는 구리, 구리합금, 은, 수은 등과 접촉하면 폭발성이 있는 화합물이 생성되므로 62%Cu 이하의 합금을 사용해야 된다.

16 아크 전류가 일정할 때 아크전압이 높아지면 용접봉의 용융 속도가 늦어지고, 아크전압이 낮아지면 용융속도가 빨라지는 특성은? ★★

① 부저항 특성
② 전압회복 특성
③ 절연회복 특성
④ 아크길이 자기제어 특성

해설 아크길이 자기 제어 특성은 전류밀도가 클 때 가장 잘 나타나고, 자동용접에서 와이어를 자동 송급할 경우 용접 중에 아크길이가 다소 변하더라도 아크는 자동적으로 자기 제어 특성에 의해 항상 일정한 길이를 유지한다.

17 피복아크용접작업에서 용접봉을 용접 진행 방향으로 70~80° 기울이고, 좌우에 대하여 90°가 되게 하며, 주로 박판

용접 및 홈 용접의 이면 비드 형성에 사용하는 운봉법은?

① 원형 비드 ② 직선 비드
③ 반달형 비드 ④ 삼각형 비드

18 시중에서 시판되는 구리 제품의 종류가 아닌 것은?

① 전기동 ② 산화동
③ 정련동 ④ 무산소동

19 암모니아(NH_3) 가스 중에서 500℃ 정도로 장시간 가열하여 강제품의 표면을 경화시키는 열처리는?

① 침탄처리 ② 질화처리
③ 화염 경화처리 ④ 고주파 경화처리

20 냉간가공을 받은 금속의 재결정에 대한 일반적인 설명으로 틀린 것은?

① 가공도가 낮을수록 재결정 온도는 낮아진다.
② 가공시간이 길수록 재결정 온도는 낮아진다.
③ 철의 재결정 온도는 330~450℃ 정도다.
④ 재결정 입자의 크기는 가공도가 낮을수록 커진다.

21 황동의 화학적 성질에 해당되지 않는 것은?

① 질량 효과 ② 자연 균열
③ 탈아연 부식 ④ 고온 탈아연

해설 질량효과는 강재의 질량의 대소에 따라서 열처리 효과가 달라지는 비율을 말한다.

정답 14.② 15.④ 16.④ 17.② 18.② 19.② 20.① 21.①

22 가공용 황동의 대표적인 것으로, 아연을 28~32% 정도 함유한 것으로 상온 가공이 가능한 황동은?

① 철황동　　② 6 : 4 황동
③ 7 : 3 황동　④ 니켈황동

23 주강제품에는 기포, 기공 등이 생기기 쉬우므로 제강 작업시에 쓰이는 탈산제는?

① P, S　　　② Fe - Mn
③ SO_2　　　④ Fe_2O_3

24 Fe-C 상태도에서 아공석강의 탄소함량으로 옳은 것은?

① 0.025~0.80%C　② 0.80~2.0%C
③ 2.0~4.3%C　　　④ 4.3~6.67%C

25 저온 메짐을 일으키는 원소는?

① 인(P)　　② 황(S)
③ 망간(Mn)　④ 니켈(Ni)

해설 저온 메짐은 어느 정도 이하의 저온에서 금속재료의 연성이 갑자기 저하하여 물러져서 파단되는 현상이다.

26 오스테나이트계 스테인리스강을 용접하여 사용 중에 용접부에서 녹이 발생하였다. 이를 방지하기 위한 방법이 아닌 것은?

① Ti, V, Nb 등이 첨가된 재료를 사용한다.
② 저탄소의 재료를 선택한다.
③ 크롬탄화물을 형성토록 시효처리 한다.
④ 용체화처리 후 사용한다.

27 다음 중 보통주철의 일반적인 주요 성분에 속하지 않는 것은?

① 규소　　② 망간
③ 아연　　④ 탄소

해설 보통주철의 주요 성분으로는 탄소, 규소, 인, 황, 망간 등이 함유된다.

28 저온뜨임의 목적이 아닌 것은?

① 치수의 경년변화 방지
② 담금질 응력 제거
③ 내마모성의 향상
④ 기공의 방지

29 현미경 시험용 부식제 중 알루미늄 및 그 합금용에 사용되는 것은?

① 초산 알코올 용액
② 피크린산 용액
③ 왕수
④ 수산화나트륨 용액

해설 현미경 시험용 부식제
• 철강용: 피크린산, 알코올액
• 스테인리스강용 : 왕수, 알코올액
• 구리 합금용 : 연화철액
• 알루미늄 및 그 합금용 : 플루오르화 수소액, 수산화나트륨, 수산화칼륨액 등

30 아크용접기의 특성 설명으로 옳은 것은?

① 부하 전류가 증가하면 단자전압이 증가하는 특성을 수하 특성이라 한다.
② 상승 특성은 직류 용접기에서 사용되는 것으로 아크의 자기 제어 능력이 있다는 점에서 정전압 특성과 같다.
③ 부하 전류가 증가할 때 단자 전압이 감소하는 특성을 상승 특성이라 한다.

정답　22.③　23.②　24.①　25.①　26.③　27.③　28.④　29.④　30.②

④ 수하 특성 중에서도 전원 특성 곡선에 있어서 작동점 부근의 경사가 완만한 것을 정전류 특성이라 한다.

해설 용접기 전원 특성
① 수하 특성 : 부하 전류가 증가하면 단자전압이 감소하는 특성
② 정전류 특성 : 수하 특성의 전원 특성 곡선에 있어서 작동점 부근의 경사가 급격한 부분의 특성
③ 상승 특성 : 부하 전류가 증가할 때 단자 전압이 다소 증가하는 특성

31 전기에 감전되었을 때 체내에 흐르는 전류가 몇 mA일 때 근육 수축이 일어나는가?

① 5mA ② 20mA
③ 50mA ④ 100mA

32 다음 중 물리적 표면 경화법에 속하는 것은?

① 고주파 경화법 ② 가스 침탄법
③ 질화법 ④ 고체 침탄법

해설 고주파 경화법은 고주파 전류를 이용하므로 물리적 표면 경화법이다.

33 TIG 용접에서 청정작용이 가장 잘 발생하는 용접전원은?

① 직류 역극성일 때
② 직류 정극성일 때
③ 교류 정극성일 때
④ 극성에 관계없음

해설 청정 작용은 모재가 음(-)극인 때 일어나며, 교류에서도 1/2은 모재가 음극이 되므로 청정작용이 일어난다.

34 다음 중 서브머지드 아크용접에서 기공의 발생 원인과 거리가 가장 먼 것은?

① 용제의 건조불량
② 용접속도의 과대
③ 용접부의 구속이 심할 때
④ 용제 중에 불순물의 혼입

해설 용접부의 구속이 심할 때는 균열의 발생 원인이 된다.

35 안전모의 일반구조에 대한 설명으로 틀린 것은?

① 안전모는 모체, 착장체 및 턱끈을 가질 것
② 착장체의 구조는 착용자의 머리 부위에 균등한 힘이 분배되도록 할 것
③ 안전모의 내부 수직거리는 25mm 이상 50mm 미만일 것
④ 착장체의 머리 고정대는 착용자의 머리 부위에 고정하도록 조절할 수 없을 것

36 매크로 조직 시험에서 철강재의 부식에 사용되지 않는 것은?

① 염산 1 : 물 1의 액
② 염산 3.8 : 황산 1.2 : 물 5.0의 액
③ 소금 1 : 물 1.5의 액
④ 초산 1 : 물 3의 액

37 용접결함과 그 원인을 조합한 것으로 틀린 것은?

① 선상조직 : 용착금속의 냉각속도가 빠를 때
② 변형 - 홈각도의 과대
③ 용입불량 : 전류가 너무 높을 때
④ 슬래그 섞임 : 전 층의 슬래그 제거가 불완전할

정답 31.② 32.① 33.① 34.③ 35.④ 36.③ 37.③

> **해설** 용입불량 : 전류가 너무 낮을 때
> 언더컷 : 용접전류가 너무 높을 때
> 기공 : 분위기 중 수소, 일산화탄소가 많을 때

38 서브머지드 아크용접의 용제에서 광물성 원료를 고온(1300°C 이상)으로 용융한 후 분쇄하여 적합한 입도로 만드는 용제는?

① 용융형 용제 ② 소결형 용제
③ 첨가형 용제 ④ 혼성형 용제

39 용접작업을 할 때 발생한 변형을 가열하여 소성변형을 시켜서 교정하는 방법으로 틀린 것은?

① 박판에 대한 점 수축법
② 형재에 대한 직선 수축법
③ 가열 후 해머질하는 법
④ 피닝법

> **해설** 피닝법 : 고속 임펠라에 의해 작은 강볼 등을 소재에 분사시켜 소재의 잔류응력을 제거하여 소성 변형시키는 방법

40 다음 중 CO_2 가스 아크용접에 적용되는 금속으로 맞는 것은?

① 알루미늄 ② 황동
③ 연강 ④ 마그네슘

> **해설** 이산화탄소 아크용접은 주로 철강류(탄소강, 고장력강 등)의 용접에 적용한다.

41 모재의 열 변형이 거의 없으며, 이중 금속의 용접이 가능하고 정밀한 용접을 할 수 있으며, 비접촉식 방식으로 모재에 손상을 주지 않는 용접은?

① 레이저 용접
② 테르밋 용접
③ 스터드 용접
④ 플라즈마 제트 아크용접

> **해설** 레이저 용접은 모재 열변형이 없으며, 이종 금속 용접이 가능하고, 정밀한 용접을 할 수 있다.

42 다음 중 금속 아크 절단법에 관한 설명으로 틀린 것은?

① 전원은 직류 정극성이 적합하다.
② 절단면은 가스절단면에 비하여 거칠다.
③ 피복제는 발열량이 적고 탄화성이 풍부하다.
④ 담금질 경화성이 강한 재료의 절단부는 기계 가공이 곤란하다.

> **해설** 금속아크절단
> ① 절단용 피복봉을 사용하고, 직류 정극성의 사용이 적합하지만, 교류 사용도 가능하다.
> ② 피복제는 발열량이 많고 산화성이 풍부하다.

43 CO_2 가스 아크용접용 와이어 중 탈산제, 아크 안정제 등 합금 원소가 포함되어 있어 양호한 용착금속을 얻을 수 있으며, 아크도 안정되어 스패터가 적고 비드의 외관이 깨끗하게 되는 것은?

① 혼합 솔리드 와이어
② 특수 와이어
③ 복합 와이어
④ 피복 와이어

> **해설** 복합 와이어(flux cored wire)
> ① 탄소강 및 저합금강 용접에 많이 사용되고 있다.
> ② 아크가 안정되고 스패터가 적게 발생되어 비드의 외관이 깨끗하고 좋은 용착금속을 얻을 수 있다.

정답 38.① 39.④ 40.③ 41.① 42.③ 43.③

44 용접시 발생되는 아크 광선에 대한 재해 원인이 아닌 것은?

① 차광도가 낮은 차광 유리를 사용했을 때
② 사이드에 아크 빛이 들어 왔을 때
③ 아크 빛을 직접 눈으로 보았을 때
④ 차광도가 높은 차광 유리를 사용했을 때

45 용접 전의 일반적인 준비 사항이 아닌 것은?

① 용접재료 확인 ② 용접사 선정
③ 용접봉의 선택 ④ 후열과 풀림

해설 후열과 풀림은 용접 후의 처리사항이다.

46 TIG 용접에서 보호 가스로 주로 사용하는 가스는?

① Ar, He   ② CO, Ar
③ He, CO_2 ④ CO, He

47 이산화탄소 아크용접의 시공법에 대한 설명으로 맞는 것은?

① 와이어의 돌출길이가 길수록 비드가 아름답다.
② 와이어의 용융속도는 아크전류에 정비례하여 증가한다.
③ 와이어의 돌출길이가 길수록 늦게 용융된다.
④ 와이어의 돌출길이가 길수록 아크가 안정된다.

48 서브머지드 아크용접에서 루트간격이 0.8mm 보다 넓을 때 누설방지 비드를 배치하는 가장 큰 이유로 맞는 것은?

① 기공을 방지하기 위하여
② 크랙을 방지하기 위하여
③ 용접변형을 방지하기 위하여
④ 용락을 방지하기 위하여

49 다음 중 용접 작업시 감전으로 인한 사망 재해의 원인과 가장 거리가 먼 것은?

① 용접작업 중 홀더에 용접봉을 물릴 때나, 홀더가 신체에 접촉되었을 때
② 피용접물에 붙어 있는 용접봉을 떼려다 몸에 접촉 되었을 때
③ 1차측과 2차측의 케이블의 피복 손상부에 접촉 되었을 때
④ 용접 후 슬래그를 제거 하다가 슬래그가 몸에 접촉 되었을 때

해설 슬래그가 몸에 접촉 되어도 전기에 감전되지 않는다.

50 다음 중 전기저항 용접에서 모재를 맞대어 놓고 동일 재질의 박판을 대고 가압하여 심(seam) 하는 용접방법은?

① 맞대기 심용접   ② 포일 심용접
③ 겹치기 심용접   ④ 매시 심용접

해설 맞대기 심용접 : 관 끝을 맞대어 가압하고 2개의 전극롤러로 맞댄 면을 통전하여 접합하는 방법
매시 심용접 : 심부의 겹침을 모재 두께 정도로 하여 겹쳐진 폭 전체를 가압하여 접합하는 방법

51 다음 중 기계제도 분야에서 가장 많이 사용되며, 제3각법에 의하여 그리므로 모양을 엄밀, 정확하게 표시할 수 있는 도면은?

① 캐비닛도   ② 등각투상도
③ 투시도   ④ 정투상도

해설 정투상도 : 부품의 정면을 보고 투상한 도

정답 44.④ 45.④ 46.① 47.② 48.④ 49.④ 50.② 51.④

52 그림과 같은 도면에서 ⓐ판의 두께는 얼마인가?

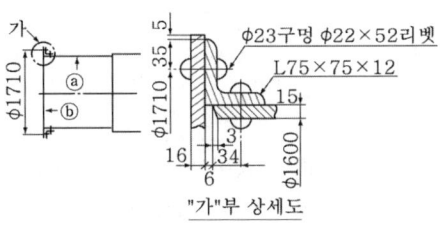

① 6mm   ② 12mm
③ 15mm   ④ 16mm

53 다음 원추를 단면한 표면에서 수직되게 보았을 때 어떤 모양이 되는가?

① 삼각형   ② 타원
③ 원   ④ 포물선

54 다음 중 단독 형체로 적용되는 기하공차로만 짝지어진 것은?

① 평면도, 진원도   ② 진직도, 직각도
③ 평행도, 경사도   ④ 위치도, 대칭도

55 기계제도에서 도면의 크기 및 양식에 대한 설명 중 틀린 것은?

① 도면 용지는 A열 사이즈를 사용할 수 있으며, 연장하는 경우에는 연장 사이즈를 사용한다.
② A4~A0 도면 용지는 반드시 긴 쪽을 좌우 방향으로 놓고서 사용해야 한다.
③ 도면에서 반드시 윤곽선 및 중심마크를 그린다.
④ 복사한 도면을 접을 때 그 크기는 원칙적으로 A4 크기로 한다.

> **해설** 폭이 넓은 쪽을 길이방향으로 사용해야 한다.

56 물체의 정면도를 기준으로 하여 뒤쪽에서 본 투상도는?

① 정면도   ② 평면도
③ 저면도   ④ 배면도

> **해설**
> • 배면도 : 물체의 뒤쪽에서 바라본 모양을 나타낸 도면
> • 정면도 : 물체의 앞에서 바라본 모양을 나타낸 도면
> • 평면도 : 물체의 위에서 내려다 본 모양을 나타낸 도면
> • 저면도 : 물체의 아래쪽에서 바라본 모양을 나타낸 도면

57 그림과 같은 용접 이음을 용접 기호로 옳게 표시한 것은?

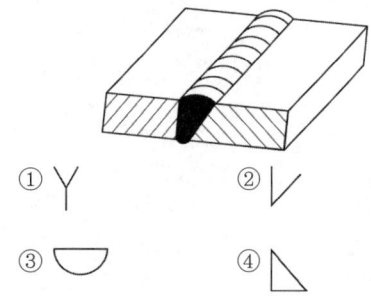

58 다음 중 치수 보조 기호를 적용할 수 없는 것은?

① 구의 지름 치수
② 단면이 정사각형인 면
③ 단면이 정삼각형인 면
④ 판재의 두께 치수

> **해설** ① : S∅, ② : □, ④ : t

정답 52.③ 53.④ 54.① 55.② 56.④ 57.② 58.③

59 다음 중 용접 구조용 압연 강재의 KS 기호는?

① SS 275
② SCW 450
③ SM 275 C
④ SCM 415 M

해설
- SS 275 : 개정 전 규격 SS 400, 일반 구조용 압연 강재
- SM 275 : 개정 전 규격 SM 400, 용접 구조용 압연 강재
- SCM 415 : 기계 구조용 합금강(Cr-Mo 함유 합금강)

60 다음 그림에서 축 끝에 도시된 센터 구멍 기호가 뜻하는 것은?

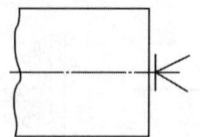

① 센터 구멍이 남아 있어도 좋다.
② 센터 구멍이 필요하지 않다.
③ 센터 구멍을 반드시 남겨둔다.
④ 센터 구멍이 필요하다.

정답 59.③ 60.②

2014 제5회 이산화탄소가스아크용접기능사/가스텅스텐아크용접기능사 기출문제

2014년 10월 11일 시행

01 아크 에어 가우징법으로 절단을 할 때 사용되어지는 장치가 아닌 것은? ★★★

① 가우징 봉　　② 컴프레서
③ 가우징 토치　④ 냉각(수냉)장치

해설 가우징 봉 : 장치가 아니고 아크를 발생하기 위한 탄소봉이다.

02 가스 실드계의 대표적인 용접봉으로 유기물을 20%~30% 정도 포함하고 있는 용접봉은?

① E4303　　② E4311
③ E4313　　④ E4324

해설 E4311 : 셀룰로스계로 환원성 가스를 많이 발생하는 봉으로 배관 용접에 많이 사용된다.

03 다음 중 구속력이 가해진 상태에서 오스테나이트계 스테인리스강 용접할 때 고온 균열을 방지하기 위해서 사용하는 용접봉은?

① 크롬계 오스테나이트 용접봉
② 망간계 오스테나이트 용접봉
③ 크롬-몰리브덴계 오스테나이트 용접봉
④ 크롬-니켈-망간계 오스테나이트 용접봉

04 가스절단에서 절단하고자 하는 판(연강판)의 두께가 25.4mm일 때, 표준 드래그의 길이는? ★★★

① 2.4mm　　② 5.2mm
③ 6.4mm　　④ 7.2mm

해설 가스절단의 표준 드래그 길이는 판두께의 1/5(20%)이다.

05 직류 아크용접의 정극성과 역극성의 특징에 대한 설명으로 옳은 것은?

① 정극성은 용접봉의 용융이 느리고 모재의 용입이 깊다.
② 역극성은 용접봉의 용융이 빠르고 모재의 용입이 깊다.
③ 모재에 음극(-), 용접봉에 양극(+)을 연결하는 것을 정극성이라 한다.
④ 역극성은 일반적으로 비드 폭이 좁고 두꺼운 모재의 용접에 적당하다.

해설 직류 정극성은 모재가 +극이며, 발열이 약 70%이기 때문에 모재는 깊이 녹는데 -극인 봉은 용융이 적어 좁고 깊게 용접된다.

06 산소 용기에 각인되어 있는 TP와 FP는 무엇을 의미하는가? ★★

① TP : 내압시험 압력, FP : 최고충전 압력
② TP : 최고충전 압력, FP : 내압시험 압력
③ TP : 내용적(실측), FP : 용기중량
④ TP : 용기중량, FP : 내용적(실측)

해설 산소용기의 TP : FP의 5/3, 250kgf/mm^2
FP : 150kgf/mm^2

정답　01.①　02.②　03.④　04.②　05.①　06.①

07 교류 아크용접기의 규격 AW-300에서 300이 의미하는 것은?

① 정격 사용률　② 정격 2차 전류
③ 무부하 전압　④ 정격 부하 전압

08 피복 아크용접봉의 용융금속 이행 형태에 따른 분류가 아닌 것은? ★★

① 스프레이형　② 글로뷸러형
③ 슬래그형　　④ 단락형

해설 용적이행형식에 슬래그형은 없다.

09 다음 중 아크 분위기 중에서 수소가 너무 많을 때 발생하는 용접결함은?

① 용입불량　② 비드 밑 균열
③ 오버랩　　④ 언더컷

해설 비드 밑 균열 : 아크 분위기 중에서 수소가 너무 많을 때 발생. 비드 아래나 용접선 가까운 곳, 열영향부에 생긴다.

10 다음 중 용접 작업에 영향을 주는 요소가 아닌 것은?

① 용접봉 각도　② 아크길이
③ 용접 속도　　④ 용접 비드

11 다음 중 용접부의 작업 검사에 있어 용접 중 작업검사 사항으로 가장 적합하지 않은 것은?

① 용접 순서, 용접전류
② 각 층마다의 융합상태
③ 용착 방법, 융합 상태
④ 용접조건, 예열, 후열 등의 처리

해설 작업 검사의 종류

① 용접 전 작업 검사 : 용접기, 지그, 작업방법, 모재상태, 홈각도, 루트면/간격, 용접사 기량 등
② 용접 중 작업 검사 : 용착방법, 용접자세, 비드모양, 슬래그 섞임, 융합상태, 용접전류, 용접순서, 균열 등

12 피복 아크용접에서 아크 안정제에 속하는 피복 배합제는?

① 산화티탄　② 탄산마그네슘
③ 페로망간　④ 알루미늄

해설 ② : 슬래그 생성제, ③ : 탈산제, 합금제

13 아크용접에서 부하전류가 증가하면 단자전압이 저하하는 특성을 무슨 특성이라 하는가?

① 상승특성　② 수하특성
③ 정전류 특성　④ 정전압 특성

14 용접전류에 의한 아크 주위에 발생하는 자장이 용접봉에 대해서 비대칭으로 나타나는 현상을 방지하기 위한 방법 중 옳은 것은?

① 직류용접에서 극성을 바꿔 연결한다.
② 접지점을 될 수 있는 대로 용접부에서 가까이 한다.
③ 용접봉 끝을 아크가 쏠리는 방향으로 기울인다.
④ 피복제가 모재에 접촉할 정도로 짧은 아크를 사용한다.

해설 아크쏠림 : 자장이 용접봉에 대해 비대칭으로 나타나 아크가 한쪽으로 쏠리는 현상, 방지법은 교류 용접, 아크가 쏠리는 방향의 반대 방향으로 기울임, 아크길이를 짧게 한다.

정답 07.② 08.③ 09.② 10.④ 11.④ 12.① 13.② 14.④

15 비파괴 검사방법 중 자분 탐상 시험에서 자화방법의 종류에 속하는 것은?

① 공진법 ② 스테레오법
③ 극간법 ④ 펄스반사법

해설 MT(자분탐상 검사) : 검사의 종류에는 극간법, 통전법, 프로드법, 코일법 등이 있다.

16 다음 중 TIG 용접에서 박판 용접시 뒷받침의 사용 목적으로 적절하지 않은 것은?

① 용착금속의 용락을 방지한다.
② 용착금속의 손실을 방지한다.
③ 용착금속 내에 기공의 생성을 방지한다.
④ 산소에 의해 외관이 거칠어지는 것을 방지한다.

17 연강용 피복아크용접봉 심선의 4가지 화학성분 원소는?

① C, Si, P, S ② C, Si, Fe, S
③ C, Si, Ca, P ④ Al, Fe, Ca, P

18 알루미늄 합금 재료가 가공된 후 시간의 경과에 따라 합금이 경화하는 현상은?

① 재결정 ② 시효경화
③ 가공경화 ④ 인공시효

19 탄소강에 적당한 원소를 첨가하면 본래의 성질을 현저하게 개선하거나 새로운 특성을 가지게 하는데 강인성, 내식성, 내산성, 저온충격저항을 증가시키는 효과를 가지는 합금원소로 가장 적당한 것은?

① 니켈(Ni) ② 코발트(Co)
③ 망간(Mn) ④ 몰리브덴(Mo)

해설 각종 합금 원소의 영향
① Ni : 내식성, 강인성, 내산성 향상.
② Mn : 내마멸성, 황의 해 방지
③ Mo : 고온강도 개선, 인성향상, 저온취성 방지, 담금질깊이, 크리프 저항, 내식성 증가, 뜨임취성 방지

20 정련된 용강을 노 내에서 Fe-Mn, Fe-Si, Al 등으로 완전 탈산시킨 강은? ★★

① 킬드강 ② 캡드강
③ 림드강 ④ 세미 킬드강

해설 ① : Al, Fe-Si, Fe-Mn 등으로 완전 탈산시킨 강, 기공이 없고 재질이 균일하고, 기계적 성질이 좋음.
③ : Fe-Mn로 조금 탈산, 불충분하게 탈산시킨 강, 기공 및 편석이 많음.
④ : 킬드강과 림드강의 중간 정도 탈산한 강, 기공은 있으나 편석은 적음.

21 합금 공구강을 나타내는 한국산업표준(KS)의 기호는?

① SKH 2 ② SCr 2
③ STD 11 ④ SNCM

22 스테인리스강의 금속 조직학상 분류에 해당하지 않는 것은?

① 마텐사이트계 ② 페라이트계
③ 시멘타이트계 ④ 오스테나이트계

23 구리에 40~50% Ni을 첨가한 합금으로서 전기저항이 크고 온도계수가 일정하므로 통신기자재, 저항선, 전열선 등에 사용하는 니켈합금은?

① 인바 ② 엘린바

정답 15.③ 16.② 17.① 18.② 19.① 20.① 21.③ 22.③ 23.④

③ 모넬메탈 ④ 콘스탄탄

해설 **콘스탄탄** : 구리-니켈 합금으로 열전대 등에 많이 쓰인다.

24 강의 표면에 질소를 침투시켜 경화시키는 표면 경화법은?

① 침탄법 ② 질화법
③ 세라다이징 ④ 고주파 담금질

해설 **표면 경화법** : 표면만을 경화시키는 방법, 질소와 철의 반응을 이용한 방법이 질화법이다.

25 합금강의 분류에서 특수 용도용으로 게이지, 시계추 등에 사용되는 것은?

① 불변강 ② 쾌삭강
③ 규소강 ④ 스프링강

해설 ① : 길이나 탄성이 온도에 따라 변하지 않는 강을 말하며, 길이 불변강으로 인바, 탄성 불변강으로 엘린바가 있다.

26 인장강도가 98~196MPa 정도이며, 기계 가공성이 좋아 공작기계의 베드, 일반기계 부품, 수도관 등에 사용되는 주철은?

① 백주철 ② 회주철
③ 반주철 ④ 흑주철

해설 인장 강도 98~196MPa는 10~20kg_f/mm^2를 말하며, 보통 주철인 회주철에 해당된다.

27 초음파 탐상법의 특징 설명으로 틀린 것은?

① 초음파의 투과 능력이 작아 얇은 판의 검사에 적합하다.
② 결함의 위치와 크기를 비교적 정확히 알 수 있다.
③ 검사 시험체의 한 면에서도 검사가 가능하다.
④ 감도가 높으므로 미세한 결함을 검출할 수 있다.

28 열처리된 탄소강의 현미경 조직에서 경도가 가장 높은 것은?

① 소르바이트 ② 오스테나이트
③ 마텐사이트 ④ 트루스타이트

해설 경도가 가장 높은 순으로 마텐사이트 > 트루스타이트 > 소르바이트 > 오스테나이트가 된다.

29 다음 중 합금 공구강이 아닌 것은?

① 규소-크롬강 ② 세륨강
③ 바나듐강 ④ 텅스텐강

해설 **합금공구강(STD 11)** : 탄소 공구강의 단점을 보완하기 위하여 Cr, W, Mo, Mn, Ni, V, Si 등 첨가, 담금질효과, 고온경도 개선,

30 다음 중 용제와 와이어가 분리되어 공급되고 아크가 용제 속에서 일어나며 잠호 용접이라 불리는 용접은?

① MIG 용접
② 시임용접
③ 서브머지드 아크용접
④ 일렉트로 슬래그 용접

해설 **서브머지드 아크용접** : 아크(arc, 원호)가 용제에 잠겨 있다 해서 잠호 용접이라 한다.

31 용접 후 변형을 교정하는 방법이 아닌 것은?

① 박판에 대한 점 수축법
② 형재(形材)에 대한 직선 수축법
③ 가스 가우징법

정답 24.② 25.① 26.② 27.① 28.③ 29.④ 30.③ 31.③

④ 롤러에 거는 방법

32 용접전압이 25V, 용접전류가 350A, 용접속도가 40cm/min인 경우 용접입열량은 몇 J/cm인가?

① 10500J/cm   ② 11500J/cm
③ 12125J/cm   ④ 13125J/cm

해설
$$H = \frac{60EI}{V}$$
$$\therefore \frac{60 \times 25 \times 350}{40} = 13125$$

33 용접 이음 준비 중 홈 가공에 대한 설명으로 틀린 것은?

① 홈 가공의 정밀 또는 용접 능률과 이음의 성능에 큰 영향을 준다.
② 홈 모양은 용접방법과 조건에 따라 다르다.
③ 용접 균열은 루트간격이 넓을수록 적게 발생한다.
④ 피복 아크용접에서는 54~70° 정도의 홈각도가 적합하다.

34 아크 플라즈마는 고전류가 되면 방전전류에 의하여 생기는 자장과 전류의 작용으로 아크의 단면이 수축된다. 그 결과 아크 단면이 수축하여 가늘게 되고 전류밀도가 증가한다. 이와 같은 성질을 무엇이라고 하는가?

① 열적 핀치효과   ② 플라즈마핀치효과
③ 동적 핀치효과   ④ 자기적 핀치효과

35 안전 보호구의 구비요건 중 틀린 것은?

① 착용이 간편할 것
② 재료의 품질이 양호할 것
③ 구조와 끝마무리가 양호할 것
④ 위험, 유해요소에 대한 방호성능이 나쁠 것

36 그림과 같이 용접선의 방향과 하중의 방향이 직교한 필릿용접은?

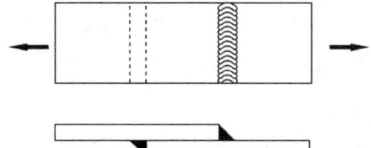

① 측면 필릿용접   ② 경사 필릿용접
③ 전면 필릿용접   ④ T형 필릿용접

해설 측면 필릿용접 : 용접선의 방향과 하중의 방향이 같은 것을 측면 필릿용접이라 한다.

37 피복 아크용접기를 설치해도 되는 장소는?

① 먼지가 매우 많고 옥외의 비바람이 치는 곳
② 수증기 또는 습도가 높은 곳
③ 폭발성 가스가 존재하지 않는 곳
④ 진동이나 충격을 받는 곳

해설 용접기 설치 장소 : 먼지, 습기가 없는 곳, 진동, 충격이 없는 곳에 설치해야 된다.

38 다음 중 B급 화재에 해당하는 것은?

① 유류 화재   ② 일반 화재
③ 전기 화재   ④ 금속 화재

39 다음 중 안내 레일형 일렉트로 슬래그 용접에 필요한 장치로 옳은 것은?

① 송급장치, 콘택트 팁
② 냉각수 및 수냉동판

③ 가이드레일, 주행대차
④ 콘택트 팁, 주행대차

해설 일렉트로 슬래그 용접에 필요한 장치 : 와이어 가이드, 냉각수, 수냉 동판 등이 있다.

40 다음 중 화재 및 폭발의 방지조치가 아닌 것은?

① 가연성 가스는 대기 중에 방출시킨다.
② 용접, 절단작업 부근에 점화원을 두지 않도록 한다.
③ 가스절단시에는 가연성 가스가 누설되지 않도록 한다.
④ 배관 또는 기기에서 가연성 가스의 누출여부를 철저히 점검한다.

41 불활성 가스 금속 아크(MIG) 용접의 특징 설명으로 옳은 것은?

① 바람의 영향을 받지 않아 방풍대책이 필요 없다.
② TIG 용접에 비해 전류밀도가 높아 용융속도가 빠르고 후판용접에 적합하다.
③ 각종 금속용접이 불가능하다.
④ TIG 용접에 비해 전류밀도가 낮아 용접속도가 느리다.

42 본 용접의 용착법 중 각 층마다 전체 길이를 용접하면서 쌓아올리는 방법으로 용접하는 것은?

① 전진 블록법 ② 케스케이드법
③ 빌드업법   ④ 스킵법

해설 빌드업법 : 덧살 올림법

43 용접부에 은점을 일으키는 주요 원소는?

① 수소   ② 인
③ 산소   ④ 탄소

44 가스절단 작업시 주의 사항이 아닌 것은?

① 가스 누설의 점검은 수시로 해야 하며 간단히 라이터로 할 수 있다.
② 가스 호스가 꼬여 있거나 막혀 있는지를 확인한다.
③ 가스 호스가 용융 금속이나 산화물의 비산으로 인해 손상되지 않도록 한다.
④ 절단 진행 중에 시선은 절단면을 떠나서는 안된다.

45 TIG 용접시 텅스텐 전극의 수명을 연장하기 위하여 아크를 끊은 후 전극의 온도가 얼마일 때까지 불활성 가스를 흐르게 하는가?

① 100℃   ② 300℃
③ 500℃   ④ 700℃

해설 텅스텐 전극봉은 가열 상태에서 공기와 접촉하면 산화될 수 있으므로 300℃ 이하까지 냉각되도록 가스가 분출되어야 한다.

46 다음 중 피복 아크용접에서 용접봉의 용융속도에 관한 설명으로 틀린 것은?

① 용융속도는 아크 전류와 용접봉 쪽 전압 강하의 곱으로 나타낸다.
② 용융속도는 아크전압과 용접봉의 지름과 관련이 깊다.
③ 단위 시간당 소비되는 용접봉의 길이 또는 무게를 말한다.
④ 지름이 달라도 종류가 같은 용접봉인 경우에는 심선의 용융 속도는 전류에 비례한다.

해설 용융속도 = 아크전류 × 용접봉 쪽 전압강하

정답 40.① 41.② 42.③ 43.① 44.① 45.② 46.②

47 다음 중 아크용접시 사용 전류의 종류에 관한 설명으로 틀린 것은?

① 정극성(DCSP)은 모재 측을 양(+)극으로 한다.
② 교류(AC)는 직류 정극성과 직류 역극성의 중간 상태이다.
③ 정극성(DCSP)은 용접봉을 음(-)극으로 하며, 비드의 폭이 좁은 특징을 나타낸다.
④ 역극성(DCRP)은 용접봉을 양(+)극으로 하며, 모재의 용입이 깊다.

48 TIG 용접에서 전극봉의 마모가 심하지 않으면서 청정작용이 있고 알루미늄이나 마그네슘 용접에 가장 적합한 전원 형태는?

① 직류 정극성(DCSP)
② 직류 역극성(DCRP)
③ 고주파 교류(ACHF)
④ 일반 교류(AC)

해설 청정 작용 : 산화막 등을 제거하는 작용으로, 직류 역극성일 때 일어난다. 실제는 고주파 교류를 사용하여 용접하므로 답은 ③이다.

49 일렉트로 슬래그 아크용접에 대한 설명 중 맞지 않는 것은?

① 일렉트로 슬래그 용접은 단층 수직 상진 용접을 하는 방법이다.
② 일렉트로 슬래그 용접은 아크를 발생시키지 않고 와이어와 용융 슬래그 그리고 모재 내에 흐르는 전기 저항열에 의하여 용접한다.
③ 일렉트로 슬래그 용접의 홈 형상은 I형 그대로 사용한다.
④ 일렉트로 슬래그 용접 전원으로는 정전류형의 직류가 적합하고, 용융금속의 용착량은 90% 정도이다.

50 용접 결함 종류가 아닌 것은?

① 기공   ② 언더컷
③ 균열   ④ 용착금속

51 다음 그림과 같은 양면 용접부 조합기호의 명칭으로 옳은 것은?

① 양면 V형 맞대기 용접
② 넓은 루트면이 있는 양면 V형 용접
③ 넓은 루트면이 있는 K형 맞대기 용접
④ 양면 U 형 맞대기 용접

52 회전도시 단면도에 대한 설명으로 틀린 것은?

① 절단할 곳의 전·후를 끊어서 그 사이에 그린다.
② 절단선의 연장선 위에 그린다.
③ 도형 내의 절단한 곳에 겹쳐서 도시할 경우 굵은 실선을 사용하여 그린다.
④ 절단면은 90° 회전하여 표시한다.

해설 회전 단면도를 도형 내에 도시할 경우는 가는 실선으로 표시한다.

53 도면에 그려진 길이가 실제 대상물의 길이보다 큰 경우 사용한 척도의 종류인 것은?

① 현척   ② 실척
③ 배척   ④ 축척

해설 실척(현척) : 실물과 같은 크기의 도면
축척 : 실물보다 작게 그린 도면

54 다음 그림은 경유 서비스 탱크 지지철물의 정면도와 측면도이다. 모두 동일한 ㄱ 형강일 경우 중량은 약 몇 kgf인가? (단, ㄱ형강(L-50×50×6)의 단위 m당 중량은 4.43kgf/m이고, 정면도와 측면도에서 좌우 대칭이다.)

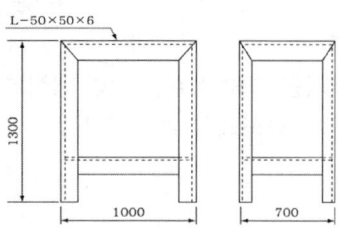

① 44.3   ② 53.1
③ 55.4   ④ 76.1

해설 중량=전체길이×무게/m
(1.3×4+1×4+0.7×4)×4.43=53.16

55 3각법으로 정투상한 아래 도면에서 정면도와 우측면도에 가장 적합한 평면도는?

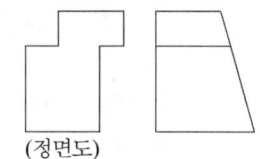

56 대상물의 보이는 부분의 모양을 표시하는데 사용하는 선은?

① 치수선   ② 외형선
③ 숨은선   ④ 기준선

해설 숨은선(은선) : 물체의 보이지 않는 부분을 도면에 나타낼 때 쓰이는 파선으로 용도에 따라 숨은선이라고 한다.

57 기계제도의 치수 보조 기호 중에서 SØ는 무엇을 나타내는 기호인가?

① 구의 지름   ② 원통의 지름
③ 판의 두께   ④ 원호의 길이

58 기계제도에서 도면 작성 시 반드시 기입해야 할 것은?

① 비교눈금   ② 재단마크
③ 구분기호   ④ 윤곽선

해설 도면에는 윤곽선, 표제란, 중심마크를 반드시 표기해야 한다.

59 재료기호가 "SGT 275C"로 표시되어 있을 때 이는 무슨 재료인가?

① 일반 구조용 압연 강재
② 일반구조용 탄소강관
③ 스프링 강재
④ 탄소 공구강 강재

해설 항복강도가 275MPa(275N/mm^2), C는 강종의 종류이다.

60 아래 그림은 원뿔을 경사지게 자른 경우이다. 잘린 원뿔의 전개 형태로 가장 올바른 것은? ★★

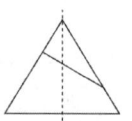

①    ②
③    ④

정답 54.② 55.① 56.② 57.① 58.④ 59.② 60.①

2015 제1회 피복아크용접기능사 기출문제 (구, 용접기능사)

2015년 1월 25일 시행

01 다음 중 테르밋 용접의 특징에 관한 설명으로 틀린 것은? ★★

① 전기가 필요없다.
② 용접 작업이 단순하다.
③ 용접 시간이 길고 용접 후 변형이 크다.
④ 용접 기구가 간단하고 작업 장소의 이동이 쉽다.

해설 테르밋 용접 : 테르밋제(알루미늄 분말 1에 산화철 분말 3~4 비율로 혼합)와 발열 촉진제로 Mg 등을 첨가하여 점화하면 약 2800℃까지 상승하며 화학 반응에 의해 용융금속이 얻어진다.

02 서브머지드 아크용접에 대한 설명으로 틀린 것은?

① 가시 용접으로 용접시 용착부를 육안으로 식별이 가능하다.
② 용융속도와 용착속도가 빠르며 용입이 깊다.
③ 용착금속의 기계적 성질이 우수하다.
④ 개선각을 작게 하여 용접 패스 수를 줄일 수 있다.

해설 서브머지드 아크용접은 용제 속에서 아크가 발생하므로 육안으로 용착부를 식별할 수 없으며, 아크가 용제에 잠겨 있다 해서 잠호 용접, 불가시 아크용접이라 부르며, 개발회사의 이름을 따서 유니온 멜트 용접이라고도 한다.

03 다음 중 용접 설계상 주의해야 할 사항으로 틀린 것은?

① 국부적으로 열이 집중되도록 할 것
② 용접에 적합한 구조의 설계를 할 것
③ 결함이 생기기 쉬운 용접 방법은 피할 것
④ 강도가 약한 필릿용접은 가급적 피할 것

해설 설계시 주의사항으로 국부적으로 열이 집중되지 않도록 해야 한다.

04 이산화탄소 아크용접법에서 이산화탄소 (CO_2)의 역할을 설명한 것 중 틀린 것은?

① 아크를 안정시킨다.
② 용융금속 주위를 중성 분위기로 만든다.
③ 용융속도를 빠르게 한다.
④ 양호한 용착금속을 얻을 수 있다.

05 이산화탄소 아크용접에 관한 설명으로 틀린 것은?

① 팁과 모재간의 거리는 와이어의 돌출 길이에 아크길이를 더한 것이다.
② 와이어 돌출길이가 짧아지면 용접 와이어의 예열이 많아진다.
③ 와이어의 돌출길이가 짧아지면 스패터가 부착되기 쉽다.
④ 약 200A 미만의 저전류를 사용할 경우 팁과 모재간의 거리는 10~15mm 정도 유지한다.

정답 01.③ 02.① 03.① 04.③ 05.②

해설 와이어 돌출길이가 길어지면 와이어의 예열이 많아진다. 와이어 돌출 길이가 짧으면 아크 안정면에서는 좋으나 용접부 관찰이 어렵고 노즐 안에 스패터가 많이 부착되어 가스 분출이 나빠지게 된다.

06 강구조물 용접에서 맞대기 이음의 루트 간격의 차이에 따라 보수 용접을 하는데 보수방법으로 틀린 것은?

① 맞대기 루트간격 6mm 이하일 때에는 이음부의 한쪽 또는 양쪽을 덧붙임 용접한 후 절삭하여 규정 간격으로 개선 홈을 만들어 용접한다.
② 맞대기 루트간격 15mm 이상일 때에는 판을 전부 또는 일부(대략 300mm) 이상의 폭)을 바꾼다.
③ 맞대기 루트간격 6~15mm일 때에는 이음부에 두께 6mm 정도의 뒷댐판을 대고 용접한다.
④ 맞대기 루트간격 15mm 이상일 때에는 스크랩을 넣어서 용접한다.

해설 루트간격이 15mm 이상이면 일부 또는 전부를 교체해야 되며, 용접부에 스크랩, 환봉이나 철사 등을 넣어 용접하면 미용착부가 생겨 강도가 부족하고 응력집중이 생기며, 슬래그 혼입, 기공 발생 등 매우 좋지 않은 방법이다.

07 용접 시공시 발생하는 용접 변형이나 잔류응력의 발생을 줄이기 위해 용접시공 순서를 정한다. 다음 중 용접시공 순서에 대한 사항으로 틀린 것은? ★★

① 제품의 중심에 대하여 대칭으로 용접을 진행시킨다.
② 같은 평면 안에 많은 이음이 있을 때에는 수축은 가능한 자유단으로 보낸다.
③ 수축이 적은 이음을 가능한 먼저 용접하고 수축이 큰 이음을 나중에 용접한다.
④ 리벳작업과 용접을 같이 할 때는 용접을 먼저 실시하여 용접열에 의해서 리벳의 구멍이 늘어남을 방지한다.

해설 용접 우선 순위 중 맞대기 이음 등 수축이 큰 이음을 먼저 용접하고 필릿용접 등 수축이 작은 이음을 나중에 용접한다.

08 용접 작업시의 전격에 대한 방지 대책으로 올바르지 않은 것은?

① TIG 용접시 텅스텐 봉을 교체할 때는 전원 스위치를 차단하지 않고 해야 한다.
② 습한 장갑이나 작업복을 입고 용접하면 감전의 위험이 있으므로 주의한다.
③ 절연홀더의 절연 부분이 균열이나 파손 되었으면 곧바로 보수하거나 교체한다.
④ 용접 작업이 끝났을 때나 장시간 중지할 때에는 반드시 스위치를 차단시킨다.

09 단면적이 $10cm^2$의 평판을 완전 용입 맞대기 용접한 경우의 견디는 하중은 얼마인가? (단, 재료의 허용응력을 $1600kgf/cm^2$로 한다.)

① 160kgf ② 1600kgf
③ 16000kgf ④ 16kgf

해설 응력 $\sigma = \dfrac{P}{A}$, $P = \sigma A = 1600 \times 10 = 16000$

10 용접 길이가 짧거나 변형 및 잔류응력의 우려가 적은 재료를 용접할 경우 가장 능률적인 용착법은?

① 전진법 ② 후진법
③ 비석법 ④ 대칭법

정답 06.④ 07.③ 08.① 09.③ 10.①

11 불활성 가스 텅스텐 아크용접(TIG)의 KS 규격이나 미국용접협회(AWS)에서 정하는 텅스텐 전극봉의 식별 색상이 황색이면 어떤 전극봉인가?

① 순텅스텐
② 지르코늄 텅스텐
③ 1% 토륨 텅스텐
④ 2% 토륨 텅스텐

해설 텅스텐 전극봉 구분 색
① : 녹색, ② : 갈색, ④ : 적색

12 다음 중 수중 절단시 토치를 수중에 넣기 전에 보조팁에 점화를 하기 위해 가장 적합한 연료가스는?

① 수소　　② 아세톤
③ 질소　　④ 이산화탄소

해설 수중 절단에는 산소-수소가스가 가장 많이 사용된다.

13 다음 중 정지 구멍(Stop hole)을 뚫어 결함 부분을 깎아내고 재용접해야 하는 결함은?

① 균열　　② 언더컷
③ 오버랩　　④ 용입부족

해설
• 언더컷 보수 : 가는 봉으로 언더컷 부분을 재용접한다.
• 오버랩 : 깎아내고 재용접한다.

14 다음 중 플라즈마 제트 절단에 관한 설명으로 틀린 것은?

① 플라즈마 제트 절단은 플라즈마 제트 에너지를 이용한 절단법의 일종이다.
② 작동 가스로는 알루미늄 등의 경금속에 대해서는 아르곤과 수소의 혼합가스가 사용된다.
③ 절단 장치의 전원에는 직류가 사용되지만 아크전압이 높아지면 무부하 전압도 높은 것이 필요하다.
④ 절단하려는 재료에 전기적 접촉이 이루어짐으로 비금속재료의 절단에는 적합하지 않다.

해설 비이행형 플라즈마 아크절단은 절단하려는 재료에 전기적 접촉이 이루어지지 않으므로 비금속재료의 절단에도 사용할 수 있다.

15 다음 중 표준불꽃(산소와 아세틸렌 1 : 1 혼합)의 구성 요소를 표현한 것으로 틀린 것은?

① 환원불꽃　　② 속불꽃
③ 겉불꽃　　④ 불꽃심

16 용접 후 변형 교정시 가열 온도 500~600℃, 가열 시간 약 30초, 가열 지름 20~30mm로 하여 가열한 후 즉시 수냉하는 변형 교정법을 무엇이라 하는가?

① 박판에 대한 수냉 동판법
② 박판에 대한 살수법
③ 박판에 대한 수냉 석면포법
④ 박판에 대한 점 수축법

17 용접 전의 일반적인 준비 사항이 아닌 것은?

① 사용 재료를 확인하고 작업 내용을 검토한다.
② 용접전류, 용접 순서를 미리 정해둔다.
③ 이음부에 대한 불순물을 제거한다.
④ 예열 및 후열처리를 실시한다.

정답 11.③　12.①　13.①　14.④　15.①　16.④　17.④

해설 후열처리는 용접 후에 실시하는 사항이다.

18 금속간의 원자가 접합하는 인력 범위는?

① 10^{-4}cm   ② 10^{-6}cm
③ 10^{-8}cm   ④ 10^{-10}cm

해설 원자간의 접합 인력 거리는 10^{-8}cm, 즉 1억분의 1cm(Å : 옹그스트롱)로 접근시키면 가열이 없어도 접합이 가능하다. 그러나 실질적으로 금속 표면은 아무리 정밀가공이 되어도 크게 확대하면 요철이 있게 되며, 표면의 산화막 등이 있어 접합이 안된다.

19 피복 아크용접봉은 염기도(basicity)가 높을수록 내균열성은 좋으나 작업성이 저하되는데 다음 중 염기도 크기를 순서대로 올바르게 나열한 것은?

① E4301 < E4316 < E4311
② E4316 < E4301 < E4311
③ E4311 < E4301 < E4316
④ E4316 < E4311 < E4301

해설 피복 아크용접봉의 작업성은 염기도가 높을수록 나쁘나 내균열성은 더 우수하다.
고산화티탄계(E4313)가 염기도가 가장 낮아 작업성은 좋으나 내균열성은 최하이다.

20 다음 중 용접작업 전 준비를 위한 점검사항과 가장 거리가 먼 것은?

① 보호구의 착용 여부
② 용접봉의 건조 여부
③ 용접결함의 파악
④ 용접설비의 점검

해설 용접결함의 파악은 용접작업 후에 점검하는 사항이다.

21 다음 중 아크길이에 따라 전압이 변동하여도 아크 전류는 거의 변하지 않는 특성은?

① 정전류 특성   ② 아크의 부특성
③ 정격사용률 특성   ④ 개로전압 특성

22 야금적 접합법의 종류에 속하는 것은?

① 납땜 이음   ② 볼트 이음
③ 코터 이음   ④ 리벳 이음

해설 야금학적 접합이란 용접을 의미한다. ②, ③, ④는 모두 기계적 집합에 속한다.

23 다음 중 핫스타트(Hot start)장치의 사용시 장점으로 볼 수 없는 것은?

① 기공(blow hole)을 방지한다.
② 비드 모양을 개선한다.
③ 아크 발생 초기의 용입을 양호하게 한다.
④ 아크 발생은 어렵지만 용착금속 성질은 양호해 진다.

해설 핫 스타트 장치는 시작 부분의 용입불량을 방지하기 위해 아크 발생시 높은 전류가 흐르도록 하는 장치이다.

24 탄소 아크 절단에 압축 공기를 병용하여 전극 홀더의 구멍에서 탄소 전극봉에 나란히 분출하는 고속의 공기를 분출시켜 용융금속을 불어 내어 홈을 파는 방법은? ★★

① 가스 스카핑   ② 금속 아크 절단
③ 가스 가우징   ④ 아크 에어 가우징

해설 가우징은 홈파기 작업을 의미하며, 가스 가우징과 아크 에어 가우징법이 있다.

정답 18.③   19.③   20.③   21.①   22.①   23.④   24.④

25 가스절단시 팁 끝이 순간적으로 막혀 가스 분출이 나빠지고 혼합실까지 불꽃이 들어가는 현상을 무엇이라 하는가?

① 인화   ② 역류
③ 점화   ④ 역화

해설
- 역류 : 토치 내부가 막혀서 고압의 산소가 아세틸렌 호스쪽으로 흐르는 현상
- 역화 : 토치의 취급이 불량할 때 순간적으로 불꽃이 토치의 팁 끝에서 빵빵 소리를 내면서 불꽃이 꺼지는 현상

26 피복배합제의 종류에서 규산나트륨, 규산칼륨 등의 수용액이 주로 사용되며 심선에 피복제를 부착하는 역할을 하는 것은 무엇인가?

① 탈산제   ② 고착제
③ 슬래그 생성제 ④ 아크 안정제

해설 규산나트륨, 규산칼륨은 슬래그 생성제, 아크 안정제, 고착제 역할을 하지만 여기서는 부착성을 물었으므로 고착제가 답이다.

27 다음 중 용접 용어에서 경사 각도를 갖도록 절단하는 것을 무엇이라 하는가? (단, 판재에 맞대기 용접 홈을 만들기 위함)

① 헬리컬(helical) 절단
② 수퍼(super) 절단
③ 베벨(bevel) 절단
④ 워엄(worm) 절단

해설 베벨절단 : 경사 각도를 갖도록 절단하는 것

28 가스절단시 예열 불꽃의 세기가 강할 때의 설명으로 틀린 것은?

① 절단면이 거칠어진다.
② 드래그가 증가한다.
③ 슬래그 중의 철 성분의 박리가 어려워진다.
④ 모서리가 용융되어 둥글게 된다.

29 황(S)이 적은 선철을 용해하여 구상흑연 주철을 제조시 주로 첨가하는 원소가 아닌 것은?

① Al   ② Ca
③ Ce   ④ Mg

해설 주철 용탕에 Mg나, Ce, Ca 등을 넣어 교반하면 흑연이 구상화되어 강인성이 좋아진다.

30 하드 필드(hadfield)강은 상온에서 오스테나이트 조직을 가지고 있다. Fe 및 C 이외에 주요 성분은?

① Ni   ② Mn
③ Cr   ④ Mo

해설 하드 필드강은 망간이 10% 이상 함유한 고망간강을 말하며 파쇄기, 착암기 부품 등에 쓰인다.

31 다음 중 아세틸렌(C_2H_2) 가스의 폭발성에 해당되지 않는 것은?

① 406~408℃가 되면 자연 발화한다.
② 마찰, 진동, 충격 등의 외력이 작용하면 폭발 위험이 있다.
③ 아세틸렌 90%, 산소 10%의 혼합시 가장 폭발 위험이 크다.
④ 은, 수은 등과 접촉하면 이들과 화합하여 120℃ 부근에서 폭발성이 있는 혼합물을 생성한다.

해설 O_2와 C_2H_2의 혼합비에서 산소가 현저히 많아 'O_2 85 : C_2H_2 15' 이상이면 폭발 위험이 있다.

정답 25.① 26.② 27.③ 28.② 29.① 30.② 31.③

32 연강용 피복 아크용접봉 중 저수소계 용접봉을 나타내는 것은?

① E 4301 ② E 4311
③ E 4316 ④ E 4327

해설
- E 4301 : 일미나이트계
- E 4311 : 고셀룰로스계
- E 4327 : 철분 산화철계

33 스터드 용접의 특징 중 틀린 것은?

① 긴 용접 시간으로 용접 변형이 크다.
② 용접 후의 냉각 속도가 비교적 빠르다.
③ 알루미늄, 스테인리스강 용접이 가능하다.
④ 탄소 0.2%, 망간 0.7% 이하시 균열 발생이 없다.

해설 스터드 용접은 용접시간이 매우 짧고 용접 변형이 적다.

34 산소 - 아세틸렌 가스절단의 장점이 아닌 것은?

① 절단기의 운반이 비교적 자유롭다.
② 아크 절단에 비해서 유해광선의 발생이 적다.
③ 열의 집중성이 높아서 용접이 효율적이다.
④ 가열할 때 열량 조절이 비교적 자유롭다.

해설 가스절단은 아크절단보다 열의 집중성이 적어 비효율적이다.

35 직류 피복 아크용접기와 비교한 교류 피복 아크용접기의 설명으로 옳은 것은?

① 무부하 전압이 낮다.
② 아크의 안정성이 우수하다.
③ 아크쏠림이 거의 없다.
④ 전격의 위험이 적다.

해설 교류 피복 아크용접기는 직류보다 무부하 전압이 높아 전격(감전) 위험이 높고 아크가 불안정하나, +, - 구분이 없으므로 자기 발생이 없어 아크쏠림이 거의 없다.

36 다음 중 가스 절단기의 압력조정기가 갖추어야 할 점으로 틀린 것은?

① 조정 압력과 사용 압력의 차이가 작을 것
② 동작이 예민하고 빙결 되지 않을 것
③ 조정 압력이 용기 내의 가스량 변화에 따라 유동성이 있을 것
④ 가스의 방출량이 많더라도 흐르는 양이 안정될 것

해설 압력 조정기는 조정 압력이 용기 내의 가스량의 변화에 따라 유동성이 없어야 한다.

37 정류기형 직류 아크용접기에서 사용되는 셀렌 정류기는 80℃ 이상이면 파손되므로 주의해야 하는데 실리콘 정류기는 몇 ℃ 이상에서 파손이 되는가?

① 120℃ ② 150℃
③ 80℃ ④ 100℃

38 다음 중 아크 에어 가우징 장치에 해당하지 않는 것은?

① 텅스텐 전극
② 용접기(전원)
③ 가우징 토치
④ 압축공기(콤프레서)

해설 텅스텐 전극은 불활성가스 텅스텐 아크용접에 사용된다.

정답 32.③ 33.① 34.③ 35.③ 36.③ 37.② 38.①

39 절단의 종류 중 아크 절단에 속하지 않는 것은?

① 탄소 아크 절단
② 금속 아크 절단
③ 플라즈마 제트 절단
④ 수중 절단

해설 수중 절단은 산소-수소를 이용한 가스절단법이다.

40 강재의 표면에 개재물이나 탈탄층 등을 제거하기 위하여 비교적 얇고 넓게 깎아 내는 가공방법은?

① 스카핑   ② 가스 가우징
③ 워터 제트 절단   ④ 아크 에어 가우징

해설 가우징은 홈을 파는 작업으로 가스를 이용한 방법과 아크열과 공기를 이용한 방법이 있다. 워터 제트 절단은 물의 초고압 수압을 이용한 절단이다.

41 그림과 같은 입체도의 제3각 정투상도로 가장 적합한 것은? ★★

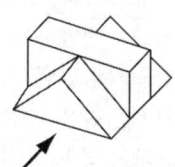

42 다음 중 저온 배관용 탄소 강관의 기호는? ★★

① SPPS   ② SPLT
③ SPHT   ④ SPA

해설 SPPH : 고압 배관용 탄소강관

43 다음 중에서 이면 용접 기호는?

① 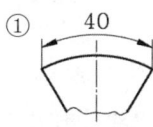   ②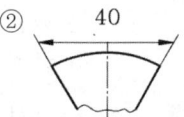

③ 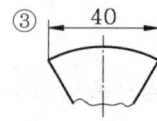   ④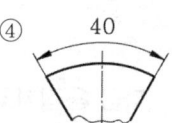

해설 ○ : 점용접, ∨ : 일면 개선형 이음

44 다음 중 현의 치수 기입을 올바르게 나타낸 것은?

해설 ① : 호, ④ : 각도

45 다음 중 대상물을 한쪽 단면도로 올바르게 나타낸 것은?

① 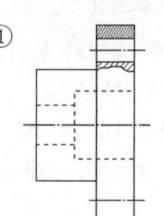   ②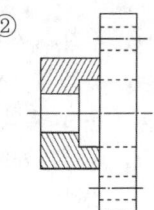

정답 39.④ 40.① 41.② 42.② 43.③ 44.③ 45.③

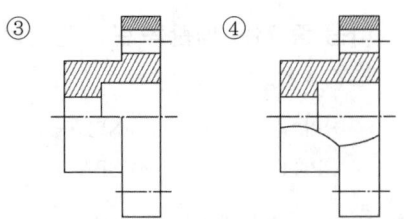

해설 한쪽 단면은 대칭인 물체에서 1/4 부분을 절단한 것으로 가상하여 나타낸 단면도로 상하 대칭인 경우 중심선에 대하여 상부에는 단면을 하단에는 외형으로 나타내는 것이 일반적이다.

46 패킹, 박판, 형강 등 얇은 물체의 단면 표시를 할 경우 실제치수와 관계없이 하나의 선으로 표시할 수 있는데, 이 때 사용되는 선은 다음 중 무엇인가?

① 극히 굵은 실선
② 가는 파선
③ 가는 실선
④ 극히 굵은 1점 쇄선

해설 아주 굵은 실선 : 얇은 부분의 단면을 도시하는데 사용하는 선

47 다음 용접기호의 설명으로 바르지 않는 것은?

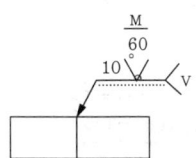

① 수직 자세로 V형 맞대기 용접을 한다.
② 용접 후 기계 가공을 한다.
③ 용접 홈의 깊이는 10mm이다.
④ 홈각은 60°이며, 화살표 반대쪽에서 용접한다.

해설 실선 기준선 위에 용접 홈 기호가 있으므로 화살표 쪽에서 용접하라는 의미이다.

48 그림과 같은 입체도에서 화살표 방향에서 본 투상을 정면으로 할 때 평면도로 가장 적합한 것은?

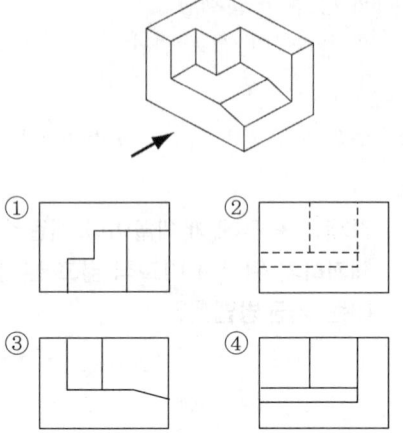

49 단면도의 표시에 대한 설명으로 틀린 것은?

① 상하 또는 좌우 대칭인 물체는 외형과 단면을 동시에 나타낼 수 있다.
② 원칙적으로 축, 볼트, 리브 등은 길이 방향으로 절단하지 아니한다.
③ 단면도를 나타낼 시 같은 절단면상에 나타나는 같은 부품의 단면에는 같은 해칭(또는 스머징)을 한다.
④ 기본 중심선이 아닌 곳을 절단면으로 표시할 수는 없다.

해설 단면은 기본 중심선에서 절단한 면으로 표시한다. 중심선에 절단선은 기입하지 않는다.

50 무게 중심선과 같은 선의 모양을 가진 것은?

① 가상선   ② 기준선
③ 중심선   ④ 피치선

해설 무게 중심선이나 가상선은 가는 2점 쇄선을

사용한다.

51 조밀 육방 격자의 결정구조로 옳게 나타낸 것은?

① FCC ② BCC
③ FOB ④ HCP

해설
- FCC : 면심 입방 격자
- BCC : 체심 입방 격자

52 전극재료의 선택 조건을 설명한 것 중 틀린 것은?

① 비저항이 작아야 한다.
② Al과의 밀착성이 우수해야 한다.
③ 산화 분위기에서 내식성이 커야 한다.
④ 금속 규화물의 용융점이 웨이퍼 처리 온도보다 낮아야 한다.

53 7 : 3 황동에 주석을 1% 첨가한 것으로 전연성이 좋아 관 또는 판을 만들어 증발기, 열교환기 등에 사용되는 것은? ★★

① 문쯔 메탈
② 네이벌 황동
③ 카트리지 브레스
④ 애드미럴티 황동

해설
- 문쯔 메탈 : Cu 60%, Zn 40%의 황동
- 네이벌 황동 : 6 : 4 황동에 Sn 1~2% 함유한 황동
- 카트리지 브레스 : 7:3 황동, 탄피 등 제조

54 탄소강의 표준 조직을 검사하기 위해 A3 또는 Acm 선보다 30~50℃ 높은 온도로 가열한 후 공기 중에서 냉각하는 열처리는?

① 노말라이징 ② 어닐링
③ 템퍼링 ④ 퀜칭

해설
- 노말라이징 : 불림
- 어닐링 : 풀림
- 템퍼링 : 뜨임
- 퀜칭 : 담금질

55 소성 변형이 일어나면 금속이 경화하는 현상을 무엇이라 하는가?

① 탄성 경화 ② 가공 경화
③ 취성 경화 ④ 자연 경화

56 납 황동은 황동에 납을 첨가하여 어떤 성질을 개선한 것인가?

① 강도 ② 절삭성
③ 내식성 ④ 전기 전도도

57 마우러 조직도에 대한 설명으로 옳은 것은?

① 주철에서 C와 P량에 따른 주철의 조직 관계를 표시한 것이다.
② 주철에서 C와 Mn량에 따른 주철의 조직 관계를 표시한 것이다.
③ 주철에서 C와 Si량에 따른 주철의 조직 관계를 표시한 것이다.
④ 주철에서 C와 S량에 따른 주철의 조직 관계를 표시한 것이다.

정답 51.④ 52.④ 53.④ 54.① 55.② 56.② 57.③

58 표면 경화 처리에서 침탄법의 설명으로 맞는 것은?

① 침탄 후 수정이 불가능하다.
② 침탄 후 열처리가 불필요하다.
③ 고체 침탄법, 액체 침탄법, 기체침탄법이 있다.
④ 표면경화 시간이 길다.

해설 침탄법을 실시한 후 수정할 수 있으며, 열처리를 실시한다.

59 다음 중 알루미늄에 관한 설명으로 틀린 것은?

① 전·연성이 우수하다.
② 산이나 알칼리에 약하다.
③ 실용금속 중 가장 가볍다
④ 열과 전기의 전도성이 양호하다.

해설 알루미늄의 비중은 2.7 정도로 마그네슘(비중 1.74)보다 무겁다

60 그림에서 마텐사이트 변태가 가장 빠른 곳은?

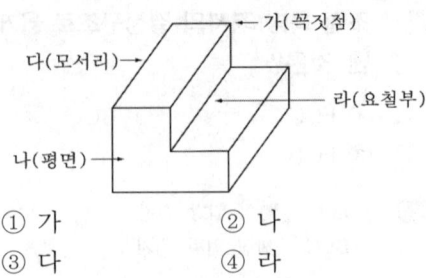

① 가 ② 나
③ 다 ④ 라

해설 마텐사이트 조직은 강을 담금질하였을 때 생기는 조직이다. 따라서 가장 빨리 냉각되는 부분이 가장 마텐사이트 변태가 가장 빠른 곳이 된다. 따라서 꼭짓점 '가'가 가장 빨리 냉각되는 부분이다.

정답 58.③ 59.③ 60.①

2015 제2회 피복아크용접기능사 기출문제
(구, 용접기능사)

2015년 4월 4일 시행

01 다음 중 용접부 검사방법에 있어 비파괴 시험에 해당하는 것은? ★★★

① 피로 시험 ② 화학분석 시험
③ 용접균열 시험 ④ 침투 탐상 시험

해설 ①, ③ : 파괴 시험
② : 금속학적 파괴시험

02 다음 중 불활성가스(inert gas)가 아닌 것은?

① Ar ② He
③ Ne ④ CO_2

03 다음 중 각 층마다 전체 길이를 용접하면서 쌓아 올리는 방법으로써 능률이 좋지만 한랭시나 구속이 클 때, 판두께가 두꺼울 때 첫 층에서 균열이 생길 우려가 있는 용착법은?

① 대칭법 ② 블록법
③ 캐스케이드법 ④ 덧살올림법

04 다음 중 KS에서 규정한 방사선 투과시험 필름 판독에서 제1종 결함에 해당하는 것은?

① 노치 및 이와 유사한 결함
② 슬래그 혼입 및 이와 유사한 결함
③ 둥근 블로홀 및 이와 유사한 결함
④ 갈라짐 및 이와 유사한 결함

해설 RT 필름 판독 결함 종류 분류
둥근 블로홀 및 이와 유사한 결함
→ 제1종 결함
슬래그 섞임 및 이와 유사한 결함
→ 제2종 결함
갈라짐 및 이와 유사한 결함
→ 제3종 결함

05 용접선과 하중의 방향이 평행하게 작용하는 필릿용접은?

① 전면 필릿용접 ② 측면 필릿용접
③ 경사 필릿용접 ④ 변두리 필릿용접

해설 전면 필릿용접 : 용접선과 하중의 방향이 직각으로 작용하는 필릿용접

06 다음 중 열영향부의 기계적 성질에 대한 설명으로 틀린 것은?

① 본드에 가까운 조립부는 담금질 경화 때문에 강도가 증가한다.
② 강의 열영향부는 본드로부터 원모재 쪽으로 멀어질수록 최고 가열온도가 높게 되고, 냉각속도는 빠르게 된다.
③ 최고경도가 높을수록 열영향부가 취약하게 된다.
④ 담금질 경화성이 없는 오스테나이트계 스테인리스강에서는 최고경도를 나타내지 않고, 오히려 조립부는 연약하게 된다.

정답 01.④ 02.④ 03.④ 04.③ 05.② 06.②

07 다음 중 TIG 용접에서 나타나는 용접부의 결함으로 볼 수 없는 것은?

① 균열(crack)
② 슬래그 혼입(slag inclusion)
③ 기공(porosity)
④ 비금속 개재물(nonmetallic inclusion)

해설 TIG 용접에서는 슬래그가 발생하지 않으므로 슬래그 혼입은 일어날 수 없다.

08 맞대기이음에서 판두께 100mm, 용접 길이 300cm, 인장하중이 9000kgf일 때 인장응력은 몇 kgf/cm²인가?

① 0.3   ② 3
③ 30   ④ 300

해설 인장강도 $\sigma = \dfrac{하중}{단면적}$

$\therefore \dfrac{9000}{10 \times 300} = 3 \text{kg}_f / \text{cm}^2$

09 다음은 용접 이음부의 홈의 종류이다. 박판 용접에 가장 적합한 것은?

① K형   ② H형
③ I형   ④ V형

해설 판두께별 홈의 형상 : I형 > V형 > K형 > H형

10 주철의 보수용접 방법에 해당되지 않는 것은?

① 스티드법   ② 비녀장법
③ 버터링법   ④ 백킹법

11 용접 작업시 안전에 관한 사항으로 틀린 것은?

① 높은 곳에서 용접작업 할 경우 추락, 낙하 등의 위험이 있으므로 항상 안전벨트와 안전모를 착용한다.
② 용접작업 중에 유해 가스가 발생하기 때문에 통풍 또는 환기 장치가 필요하다.
③ 가연성의 분진, 화학류 등 위험물이 있는 곳에서는 용접을 해서는 안된다.
④ 가스절단은 강한 빛이 나오지 않기 때문에 보안경을 착용하지 않아도 된다.

해설 가스절단의 경우도 불빛이 강하므로 적당한 차광도의 보안경을 착용해야 된다.

12 다음 전기 저항 용접법 중 주로 기밀, 수밀, 유밀성을 필요로 하는 탱크의 용접 등에 가장 적합한 것은?

① 점(spot) 용접법
② 심(seam) 용접법
③ 프로젝션(projection) 용접법
④ 플래시(flash) 용접법

해설 심용접 : 회전하는 전극과 모재 사이의 저항열을 이용하여 연속으로 점용접하는 용접법으로 기밀, 수밀, 유밀 등을 필요로 할 때 적용하는 겹치기 저항 용접법이다.

13 용접부에 결함 발생시 보수하는 방법 중 틀린 것은?

① 기공이나 슬래그 섞임 등이 있는 경우는 깎아내고 재용접한다.
② 균열이 발생되었을 경우 균열 위에 덧살올림 용접을 한다.
③ 언더컷일 경우 가는 용접봉을 사용하여 보수한다.
④ 오버랩일 경우 일부분을 깎아내고 재용접한다.

해설 균열 보수 방법 : 균열 끝부분에 작은 드릴 구멍(스톱홀)을 뚫고 균열부를 파낸 후 재용접한다.

정답 07.② 08.② 09.③ 10.④ 11.④ 12.② 13.②

14 용접부의 중앙으로부터 양끝을 향해 용접해 나가는 방법으로, 이음의 수축에 의한 변형이 서로 대칭이 되게 할 경우에 사용되는 용착법을 무엇이라 하는가?

① 전진법 ② 비석법
③ 케스케이드법 ④ 대칭법

15 불활성 가스를 이용한 용가제인 전극 와이어를 송급장치에 의해 연속적으로 보내어 아크를 발생시키는 소모식 또는 용극식 용접 방식을 무엇이라 하는가?

① TIG 용접
② MIG 용접
③ 피복아크용접
④ 서브머지드 아크용접

해설 TIG 용접 : 불활성 가스 분위기 속에서 텅스텐 전극과 모재 사이에 아크를 발생하여 용융지에 용가제를 첨가하여 용접하는 비소모식, 비용극식 용접법

16 용접할 때 용접 전 적당한 온도로 예열을 하면 냉각 속도를 느리게 하여 결함을 방지할 수 있다. 예열 온도 설명 중 옳은 것은?

① 고장력강의 경우는 용접 홈을 50~350℃로 예열
② 저합금강의 경우는 용접 홈을 200~500℃로 예열
③ 연강을 0℃ 이하에서 용접할 경우는 이음의 양쪽 폭 10mm 주위를 40~100℃로 예열한 후 실시해야 된다.
④ 주철의 경우는 용접 홈을 40~70℃로 예열

해설 연강도 0℃ 이하에서 용접할 경우 이음의 양쪽 100mm 주위를 40~100℃로 예열한 후 실시해야 된다.

17 서브머지드 아크용접에 관한 설명으로 틀린 것은?

① 장비의 가격이 고가이다.
② 홈 가공의 정밀을 요하지 않는다.
③ 불가시 용접이다.
④ 주로 아래보기 자세로 용접한다.

해설 서브머지드 아크용접은 높은 전류를 사용하는 용접으로 홈 가공에 정밀도가 요구되며 홈 간격이 0.8mm 이상일 경우 이면 받침판을 사용해야 된다.

18 안전표지 색채 중 방사능 표지의 색상은 어느 색인가?

① 빨강 ② 노랑
③ 자주 ④ 녹색

해설 ① 금지표자-바탕 : 흰색, 기본모형 : 빨간색, 관련 부호 및 그림 : 검은색
② 방사성, 고온, 전기위험 경고표자-바탕 : 노란색, 기본모형, 관련 부호, 그림 : 검은색
③ 인화, 폭발, 독성 경고표자-바탕 : 무색, 기본모형 : 빨간색(검은색도 가능)

19 용접부의 시험에서 비파괴 검사로만 짝지어진 것은?

① 인장시험 - 외관시험
② 피로시험 - 누설시험
③ 형광시험 - 충격시험
④ 초음파시험 - 방사선 투과시험

해설 파괴 시험의 종류 : 인장시험, 피로시험, 충격시험

정답 14.④ 15.② 16.① 17.② 18.② 19.④

20 용접 시공시 발생하는 용접변형이나 잔류응력 발생을 최소화하기 위하여 용접 순서를 정할 때 유의사항으로 틀린 것은?

① 동일평면 내에 많은 이음이 있을 때 수축은 가능한 자유단으로 보낸다.
② 중심선에 대하여 대칭으로 용접한다.
③ 수축이 적은 이음은 가능한 먼저 용접하고, 수축이 큰 이음은 나중에 한다.
④ 리벳작업과 용접을 같이 할 때에는 용접을 먼저 한다.

해설 용접 우선순위 : 수축이 큰 맞대기 이음 등을 먼저 용접하고 수축이 작은 필릿용접 등은 나중에 한다.

21 MIG 용접이나 탄산가스 아크용접과 같이 밀도가 높은 자동이나 반자동 용접기가 갖는 특성은?

① 수하 특성과 정전압 특성
② 정전압 특성과 상승 특성
③ 수하 특성과 상승 특성
④ 맥동 전류 특성

해설 수하 특성은 주로 수동 용접을 하는 교류 아크용접이나 TIG 용접기에 적용한다.

22 CO_2 가스 아크용접에서 아크전압에 대한 설명으로 옳은 것은?

① 아크전압이 높으면 비드 폭이 넓어진다.
② 아크전압이 높으면 비드가 볼록해진다.
③ 아크전압이 높으면 용입이 깊어진다.
④ 아크전압이 높으면 아크길이가 짧다.

해설 아크전압이 높아지면 용입이 얕고 비드 폭이 넓어진다.

23 다음 중 높은 진공 속에서 충격열을 이용하여 용융하는 용접법은?

① 전자빔 용접   ② 퍼커션 용접
③ 펄스 용접   ④ 고주파 용접

해설 전자 빔 용접 : 고진공 속에서 음극으로부터 방출되는 전자를 고속으로 가속시켜 충돌 에너지를 이용하는 용접방법이다.

24 용접기의 사용률이 40%인 경우 아크시간과 휴식시간을 합한 전체시간은 10분을 기준으로 했을 때 아크 발생시간은 몇 분인가? ★★★

① 4   ② 6
③ 8   ④ 10

해설 정격 사용률 = $\dfrac{아크시간}{아크시간 + 휴식시간} \times 100$으로 계산하며, 정격 사용률이란 아크 발생시간을 말하므로 4/10=40%가 되는 것이다
아크 시간 + 휴식 시간을 10분 기준으로 하여 위의 식으로 계산하면 4분이 된다.

25 얇은 철판을 쌓아 포개어 놓고 한꺼번에 절단하는 방법으로 가장 적합한 것은?

① 분말 절단
② 산소창 절단
③ 포갬 절단
④ 금속아크 절단

26 다음 중 서브머지드 아크용접에서 용접 헤드에 속하지 않는 것은?

① 불활성가스 공급장치
② 와이어 송급장치
③ 용제 호퍼
④ 제어장치 콘택트 팁

정답 20.③ 21.② 22.① 23.① 24.① 25.③ 26.①

해설 서브머지드 아크용접장치 : 와이어 릴과 송급모터(와이어 송급장치), 제어장치 콘택트 팁, 용접호퍼(플럭스호퍼)를 일괄하여 용접헤드라고 한다.

27 다음 중 불활성 가스 금속 아크용접 장치에 있어 제어장치의 기능과 가장 거리가 먼 것은?

① 스파크 시간 (spark time)
② 예비가스 유출시간 (preflow time)
③ 크레이터 충전 시간 (crate fill time)
④ 가스지연 유출시간 (post flow time)

해설 제어장치의 기능에는 예비 가스 유출시간, 스타트 시간, 크레이터 충전시간, 버언 백 시간, 가스 지연 유출시간이 있다.

28 다음 중 용접 흄이나 가스의 중독을 방지하기 위한 방법과 가장 거리가 먼 것은?

① 작업 중 발생하는 흄이나 가스는 흡입되지 않도록 방독마스크나 방진마스크를 착용한다.
② 밀폐된 곳에서의 용접 작업시에는 강제 순환기식 환기장치나 압축공기를 분출시키면서 작업한다.
③ 작업시 불편함을 느낄 경우 보호구는 착용하지 않아도 된다.
④ 밀폐된 장소에서는 혼자서 작업하지 말고 반드시 관리자의 관리 하에 작업하여야 한다.

해설 용접 작업시 불편함을 느낄 경우라도 보호구는 필히(반드시) 착용하여야 한다.

29 다음 중 TIG 용접기로 알루미늄을 용접할 때 직류 역극성을 사용하는 가장 중요한 이유는?

① 전극이 심하게 가열되지 않으므로 전극의 소모가 적기 때문이다.
② 전자가 모재에 강하게 충돌하므로 깊은 용입을 얻을 수 있기 때문이다.
③ 비드 폭이 좁고, 모재의 용입이 깊어지기 때문이다.
④ 산화막을 제거하는 청정작용이 이루어지기 때문이다.

해설 TIG 용접에서 알루미늄을 용접할 때 직류 역극성을 사용하면 청정작용이 있다.

30 오스테나이트계 스테인리스강의 용접시 유의해야 할 사항으로 틀린 것은?

① 아크길이를 길게 유지한다.
② 낮은 전류값으로 용접하여 용접입열을 억제한다.
③ 아크를 중단하기 전에 크레이터 처리를 한다.
④ 층간온도가 320℃ 이상을 넘어서지 않도록 한다.

해설 스테인리스강 용접은 아크길이를 짧게 유지하는 것이 좋다. 아크가 길어지면 카바이드가 석출할 수 있다.

31 다음 중 가스절단에 있어 양호한 절단면을 얻기 위한 조건으로 옳은 것은?

① 드래그가 가능한 클 것
② 절단면 표면의 각이 예리할 것
③ 슬래그 이탈이 이루어지지 않을 것
④ 절단면이 평활하며 드래그의 홈이 깊을 것

해설 양호한 절단면을 얻기 위한 조건 : 드래그가 가능한 작고, 슬래그 이탈이 잘되며, 절단면이 평활하며, 드래그 홈이 낮을 것

정답 27.① 28.③ 29.④ 30.① 31.②

32 피복 아크용접봉의 피복배합제 성분 중 가스 발생제는?

① 산화티탄　② 규산나트륨
③ 규산칼륨　④ 탄산바륨

해설　아크 안정제
산화티타늄(TiO_2), 석회석($CaCO_3$), 규산나트륨(Na_2SiO_3), 규산칼륨(K_2SiO_3) 등

33 가스절단에 대한 설명으로 옳은 것은?

① 강의 절단 원리는 예열 후 고압산소를 불어내면 강보다 용융점이 낮은 산화철이 생성되고 이때 산화철은 용융과 동시에 절단된다.
② 양호한 절단면을 얻으려면 절단면이 평활하며 드래그의 홈이 높고 노치 등이 있을수록 좋다.
③ 절단산소의 순도는 절단속도와 절단면에 영향이 없다.
④ 가스절단 중에 모래를 뿌리면서 절단하는 방법을 가스분말절단이라 한다.

34 가스절단에 사용되는 가스의 화학식을 잘못 나타낸 것은?

① 아세틸렌 : C_2H_2
② 프로판 : C_3H_8
③ 에탄 : C_4H_7
④ 부탄 : C_4H_{10}

해설　③ 에탄 : C_2H_6

35 다음 중 일렉트로 슬래그 용접에 관한 설명으로 틀린 것은?

① 수직 상진으로 단층 용접을 하는 방식이다.
② 높은 아크열을 이용하여 효율적으로 용접하는 방식이다.
③ 용융 금속의 용착량이 100%가 되는 용접 방법이다.
④ 용접 전원으로는 정전압형의 교류가 적합하다.

해설　일렉트로 슬래그 용접은 용제와 모재 사이의 저항열을 이용하여 용접하는 상진 용접법이다.

36 다음 중 용접방법과 시공방법을 개선하여 비용을 절감하는 방법에 대한 설명으로 틀린 것은?

① 적당한 아크길이와 용접전류를 유지한다.
② 피복 아크용접을 할 경우 가능한 한 용접봉이 긴 것을 사용한다.
③ 사용 가능한 용접방법 중 용착속도가 최대인 것을 사용한다.
④ 모든 용접에 안전을 고려하여 과도한 덧살 용접을 한다.

해설　용접방법과 시공방법을 개선하여 비용을 절감하기 위해서는 용착 금속량은 강도상 필요한 최소한으로 한다. 과도한 덧살용접을 하지 않는다.

37 직류 아크용접시 정극성으로 용접할 때의 특징이 아닌 것은?

① 박판, 주철, 합금강, 비철금속의 용접에 이용된다.
② 용접봉의 녹음이 느리다.
③ 비드 폭이 좁다.
④ 모재의 용입이 깊다.

해설　직류 정극성 : 모재를 +, 용접봉을 -에 연결하고 용접하는 방식으로, 모재쪽에 열이 70% 이상 발생하므로, 용입이 깊고 비드 폭이 좁아지게 된다.

정답　32.④　33.①　34.③　35.②　36.④　37.①

38 피복 아크용접 결함 중 가공이 생기는 원인으로 틀린 것은?

① 용접 분위기 가운데 수소 또는 일산화탄소 과잉
② 용접부의 급속한 응고
③ 슬래그의 유동성이 좋고 냉각하기 쉬울 때
④ 과대 전류와 용접속도가 빠를 때

39 금속재료의 경량화와 강인화를 위하여 섬유 강화금속 복합재료가 많이 연구되고 있다. 강화섬유 중에서 비금속계로 짝 지어진 것은?

① K, W   ② W, Ti
③ W, Be   ④ SiC, Al_2O_3

40 상자성체 금속에 해당되는 것은?

① Al   ② Fe
③ Ni   ④ Co

해설 강자성체 : 자성의 성질을 강하게 갖고 있는 물질, ②, ③, ④가 해당됨

41 동(Cu)합금 중에서 가장 큰 강도와 경도를 나타내며 내식성, 도전성, 내피로성 등이 우수하여 베어링, 스프링 및 전극재료 등으로 사용되는 재료는?

① 인(P) 청동   ② 규소(Si) 동
③ 니켈(Ni) 청동   ④ 베릴륨(Be) 동

42 고망간강으로 내마멸성과 내충격성이 우수하고 특히 인성이 우수하기 때문에 파쇄장치, 기차레일, 굴착기 등의 재료로 사용되는 것은?

① 엘린바(elinvar)
② 디디뮴(didymium)
③ 스텔라이트(stellite)
④ 하드필드(hadfield)강

해설
- 고망간강 : 10~14% Mn 함유한 강으로, 오스테나이트 망간강, 하드 필드강, 수인강이라고도 한다.
- 스텔라이트 : 주조경질 합금의 일종으로, Co(코발트)를 주성분으로 한 Co-Cr-W-C의 합금으로, 단조나 절삭이 안되므로 주조 후 연마나 성형해서 사용한다.

43 시험편의 지름이 15mm, 최대하중이 5200kgf일 때 인장강도는?

① $16.8 kg_f/mm^2$ ② $29.4 kg_f/mm^2$
③ $33.8 kg_f/mm^2$ ④ $55.8 kg_f/mm^2$

해설 인장강도 $\sigma = \dfrac{하중}{단면적}$

$\therefore \dfrac{5200}{\dfrac{\pi \times 15^2}{4}} = 29.4 kg_f/cm^2$

44 다음의 금속 중 경금속에 해당하는 것은?

① Cu   ② Be
③ Ni   ④ Sn

해설 경금속과 중금속의 구분은 비중 4.5(5.0)를 기준으로 4.5 이하는 경금속(가벼운 금속), 4.5 이상은 중금속(무거운 금속)이라 한다. Cu(구리) : 8.9, Be(베릴륨) : 1.84, Ni(니켈) : 8.8, Sn(주석) : 7.28

45 순철의 자기변태(A_2)점 온도는 약 몇 °C인가?

① 210°C   ② 768°C
③ 910°C   ④ 1400°C

정답 38.③ 39.④ 40.① 41.④ 42.④ 43.② 44.② 45.②

해설 ① : 시멘타이트의 자기변태점
③, ④ : 순철의 동소변태점

46 주철의 일반적인 성질을 설명한 것 중 틀린 것은?

① 용탕이 된 주철은 유동성이 좋다.
② 공정 주철의 탄소량은 4.3% 정도이다.
③ 강보다 용융 온도가 높아 복잡한 형상이라도 주조하기 어렵다.
④ 주철에 함유하는 전탄소(total carbon)는 흑연 + 화합탄소로 나타낸다.

해설 주철은 용융점이 1200℃(공정 주철은 1130℃, 4.3%C) 내외로 강보다 낮으며, 유동성이 좋아 복잡한 형상도 주조가 쉽다.

47 포금(gun metal)에 대한 설명으로 틀린 것은?

① 내해수성이 우수하다.
② 성분은 8~12%Sn 청동에 1~2%Zn을 첨가한 합금이다.
③ 용해주조시 탈산제로 사용되는 P의 첨가량을 많이 하여 합금 중에 P를 0.05~0.5% 정도 남게 한 것이다.
④ 수압, 수증기에 잘 견디므로 선박용 재료로 널리 사용된다.

해설 ③ : 인청동에 대한 설명이다.

48 황동은 도가니로, 전기로 또는 반사로 등에서 용해하는데, Zn의 증발로 손실이 있기 때문에 이를 억제하기 위해서는 용탕 표면에 어떤 것을 덮어주는가?

① 소금   ② 석회석
③ 숯가루   ④ Al 분말가루

49 건축용 철골, 볼트, 리벳 등에 사용되는 것으로 연신률이 약 22%이고, 탄소함량이 약 0.15%인 강재는?

① 연강   ② 경강
③ 최경강   ④ 탄소공구강

해설
- 극연강 : 0.12%C
- 연강 : 0.2%C 이하의 강
- 반연강 : 0.3%C 이하
- 반경강 : 0.4%C 이하
- 경강 : 0.5%C 이하
- 최경강 : 0.5~0.8%C
- 탄소공구강 : 0.6%C 이하

50 저용융점(fusible) 합금에 대한 설명으로 틀린 것은?

① Bi를 55% 이상 함유한 합금은 응고수축을 한다.
② 용도로는 화재통보기, 압축공기용 탱크 안전밸브 등에 사용된다.
③ 33~66%Pb를 함유한 Bi 합금은 응고 후 시효 진행에 따라 팽창현상을 나타낸다.
④ 저용융점 합금은 약 250℃ 이하의 용융점을 갖는 것이며 Pb, Bi, Sn, Cd, In 등의 합금이다.

해설 저용점 합금 : 일반적으로 주석의 용융점(232℃)보다 낮은 융점의 금속을 말한다.

51 치수 기입 방법이 틀린 것은?

① 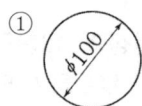   ②

③    ④

정답 46.③ 47.③ 48.③ 49.① 50.① 51.②

52 선의 종류별 용도가 잘못 짝지어진 것은?

① 가는 실선 – 치수 보조선
② 굵은 1점 쇄선 – 특수 지정선
③ 가는 1점 쇄선 – 피치선
④ 가는 2점 쇄선 – 중심선

해설) 가는 2점 쇄선 : 가상선, 무게 중심선
가는 1점 쇄선 : 중심선

53 기계제도에서 폭이 50mm, 두께가 7mm, 길이가 1000mm 인 등변 ㄱ 형강의 표시를 바르게 나타낸 것은?

① L50 × 50 × 7 – 1000
② L × 7 × 50 × 50 – 1000
③ L7 × 50 × 50 – 1000
④ L – 50 × 50 × 7 – 1000

해설) 형강 또는 평강의 치수표시
모양, 높이 × 나비 × 두께 – 길이

54 기계제도에서 대상물의 보이는 부분의 겉모양을 표시하는 선의 종류는?

① 굵은 실선   ② 굵은 파선
③ 가는 파선   ④ 가는 실선

해설) 선의 용도와 종류
① 치수선 : 가는 실선 : 치수를 기입하는데 사용되는 선
② 기준선 : 가는 1점 쇄선 : 위치 결정의 근거가 되는 것을 명시할 때 사용하는 선
③ 숨은선 : 가는 파선, 굵은 파선 : 보이지 않는 부분을 나타내는 선

55 전기 아연도금 강판 및 강대의 KS기호 중 일반용 기호는?

① SECD   ② SECE
③ SEFC   ④ SECC

56 보기 도면은 정면도와 우측면도만이 올바르게 도시되어 있다. 평면도로 가장 적합한 것은?

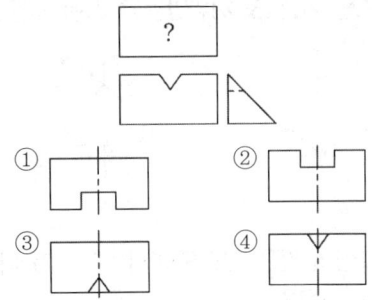

57 선의 종류와 용도에 대한 설명의 연결이 틀린 것은?

① 가는 실선 : 짧은 중심을 나타내는 선
② 가는 파선 : 보이지 않는 물체의 모양을 나타내는 선
③ 가는 1점 쇄선 : 기어의 피치원을 나타내는 선
④ 가는 2점 쇄선 : 중심이 이동한 중심궤적을 표시하는 선

58 그림의 입체도를 제3각법으로 올바르게 투상한 투상도는?

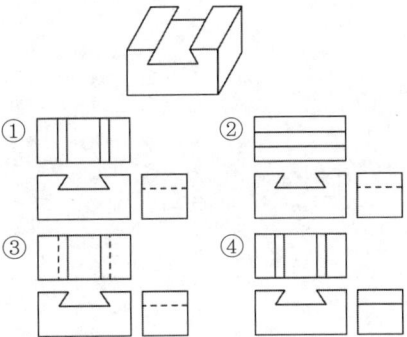

정답 52.④ 53.① 54.① 55.④ 56.③ 57.④ 58.③

59 KS에서 규정하는 체결부품의 조립 간략 표시법에서 구멍에 끼워 맞추기 위한 구멍, 볼트, 리벳의 기호 표시 중 공장에서 드릴 가공 및 끼워맞춤을 하는 것은? ★★

60 그림과 같은 단면도에서 "A"가 나타내는 것은?

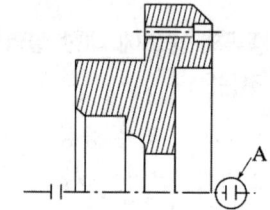

① 바닥 표시 기호
② 대칭 도시 기호
③ 반복 도형 생략 기호
④ 한쪽 단면도 표시 기호

해설 그림은 한쪽 단면도를 나타낸 것으로 중심선을 기준으로 양쪽이 동일한 형상임을 나타낸 것이다.

정답 59.① 60.②

2015 제4회 피복아크용접기능사 기출문제 (구, 용접기능사)

2015년 7월 19일 시행

01 용접에 있어 모든 열적요인 중 가장 영향을 많이 주는 요소는?

① 용접입열 ② 용접 재료
③ 주위 온도 ④ 용접 복사열

해설 용접입열 : 용접부의 가열과 용융을 위해 주어지는 열량으로 사용 모재의 재질, 두께, 형상 등에 따라 적당한 입열이 필요하다.

02 사고의 원인 중 인적 사고 원인에서 선천적 원인은?

① 신체의 결함 ② 무지
③ 과실 ④ 미숙련

03 TIG용접에서 직류 정극성을 사용하였을 때 용접효율을 올릴 수 있는 재료는?

① 알루미늄 ② 마그네슘
③ 마그네슘 주물 ④ 스테인리스강

해설 직류 정극성(DCSP) : 모재를 기준으로 모재가 +일 때의 극성을 말하며, 강, 스테인리스강 등의 용접에 적용된다. ①, ②, ③ 재료는 직류 역극성(DCRP)로 용접한다.

04 다음 중 베어링강의 구비조건으로 옳은 것은?

① 높은 취성파괴와 연성파괴
② 낮은 탄성한도와 피로한도
③ 높은 탄성한도와 피로한도
④ 낮은 내마모성과 내압성

해설 베어링강의 구비조건
① 탄성한도와 피로한도가 높아야 한다.
② 취성파괴와 연성파괴가 적어야 한다.
③ 내마모성과 내압성이 높아야 한다.

05 용접 변형 방지법의 종류에 속하지 않는 것은?

① 억제법 ② 역변형법
③ 도열법 ④ 취성 파괴법

06 솔리드 와이어와 같이 단단한 와이어를 사용할 경우 적합한 용접 토치 형태로 옳은 것은?

① Y형 ② 커브형
③ 직선형 ④ 피스톨형

해설 피스톨형은 보통 MIG 용접에 사용된다.

07 안전·보건표지의 색채, 색도기준 및 용도에서 색채에 따른 용도를 올바르게 나타낸 것은?

① 빨간색 : 안내 ② 파란색 : 지시
③ 녹색 : 경고 ④ 노란색 : 금지

해설 안전 색채
• 적색 : 금지 • 녹색 : 안내
• 노란색 : 경고

정답 01.① 02.① 03.④ 04.③ 05.④ 06.② 07.②

08 용접금속의 구조상의 결함이 아닌 것은?

① 변형 ② 기공
③ 언더컷 ④ 균열

해설 용접 결함 분류
- 치수상 결함 : 변형, 치수오차
- 구조상 결함 : ②, ③, ④ 외에 오버랩, 균열, 용입 부족, 용착 부족
- 성질상 결함. 구조상 결함 : 강도, 부족, 내식성 부족

09 금속재료의 미세조직을 금속 현미경을 사용하여 광학적으로 관찰하고 분석하는 현미경시험의 진행 순서로 맞는 것은?

① 시료 채취 → 연마 → 세척 및 건조 → 부식 → 현미경 관찰
② 시료 채취 → 연마 → 부식 → 세척 및 건조 → 현미경 관찰
③ 시료 채취 → 세척 및 건조 → 연마 → 부식 → 현미경 관찰
④ 시료 채취 → 세척 및 건조 → 부식 → 연마 → 현미경 관찰

10 강판의 두께가 12mm, 폭 100mm인 평판을 V형 홈으로 맞대기 용접 이음할 때, 이음효율 n=0.8로 하면 인장력 P는?(단, 재료의 최저인장강도는 $40N/mm^2$ 이고, 안전률은 4로 한다.)

① 960N ② 9600N
③ 850N ④ 8600N

해설
$\sigma = \dfrac{P}{A}$
$P = \sigma A = 40 \times 12 \times 100 \times 0.8 = 38400$
$S = \dfrac{\text{최대인장강도 } \sigma_u}{\text{사용응력 } \sigma_a}$

$\therefore 4 = \dfrac{38400}{\sigma_a \text{의 하중}}$,
$\sigma_a \text{하중} = \dfrac{38400}{4} = 9600$

11 다음 중 텅스텐과 몰리브덴 재료 등을 용접하기에 가장 적합한 용접은?

① 전자 빔 용접
② 일렉트로 슬래그 용접
③ 탄산가스 아크용접
④ 서브머지드 아크용접

해설 전자 빔 용접 : 10^{-4}mmHg의 고진공 속에서 음극에서 방출되는 전자를 고전압으로 가속시켜 피용접물과 충돌한 에너지에 의해 용접하는 방법으로 텅스텐 등 대기에서 반응하기 쉬운 금속이나 고용점 금속의 용접에 적합하다.

12 용접시에 발생한 변형을 교정하는 방법 중 가열을 통하여 변형을 교정하는 방법에 있어 가장 적절한 가열온도는?

① 300℃ 이하 ② 1200℃ 이상
③ 800~900℃ ④ 500~600℃

13 용접조립 순서는 용접 순서 및 용접 작업의 특성을 고려하여 계획하며, 가능한 한 잔류응력이 남지 않도록 미리 검토하여 조립 순서를 결정하여야 한다. 다음 중 용접 구조물 조립 순서에서 고려하여야 할 사항과 가장 거리가 먼 것은?

① 구조물의 형상을 고정하고 지지할 수 있어야 한다.
② 가접용 정반이나 지그를 적절히 선택한다.
③ 가능한 구속 용접을 실시한다.
④ 용접 이음의 형상을 고려하여 적절한

정답 08.① 09.① 10.② 11.① 12.④ 13.③

용접법을 선택한다.

해설 용접을 하면 재료는 수축 및 변형이 발생할 수 있으나, 가능한 구속 용접을 피한다.

14 용접부 검사법 중 파괴 시험에서 기계적 시험법이 아닌 것은? ★★★

① 굽힘 시험 ② 경도 시험
③ 인장 시험 ④ 부식 시험

해설 용접부 검사법 : 기계적 시험, 야금학적 시험, 비파괴 시험 등이 있으며, 부식 시험은 화학 시험(야금학적 시험)법의 일종이다.

15 일렉트로 가스 아크용접의 특징 설명 중 틀린 것은?

① 판두께에 관계없이 단층으로 상진 용접한다.
② 판두께가 얇을수록 경제적이다.
③ 용접속도는 자동으로 조절된다.
④ 정확한 조립이 요구되며, 이동용 냉각 동판에 급수 장치가 필요하다.

해설 일렉트로 가스 아크용접 : 일렉트로 슬래그 용접과 같이 후판 수직 상진 용접법의 일종으로 얇은 판의 용접은 비경제적이며 작업하기도 어렵다.

16 텅스텐 전극봉 중에서 전자 방사능력이 현저하게 뛰어난 장점이 있으며 불순물이 부착되어도 전자 방사가 잘되는 전극은?

① 순텅스텐 전극
② 토륨 텅스텐 전극
③ 지르코늄 텅스텐 전극
④ 마그네슘 텅스텐 전극

해설 토륨 텅스텐 전극 : 토륨(Th)을 1~2% 첨가한 용접봉으로 EWTh-1, 2로 표시하며 전자 방사능력이 뛰어나다. 순 텅스텐 전극은 Al이나 Mg 합금

의 용접에 사용된다.

17 다음 중 표면 피복 용접을 올바르게 설명한 것은?

① 연강과 고장력강의 맞대기 용접을 말한다.
② 연강과 스테인리스강의 맞대기 용접을 말한다.
③ 금속 표면에 다른 종류의 금속을 용착시키는 것을 말한다.
④ 스테인리스 강관과 연강판재를 접합시 스테인리스 강판에 구멍을 뚫어 용접하는 것을 말한다.

해설 ③은 육성용접이라고 하는 일종의 이종금속 용접의 일종이며, 내식성, 내열성 등의 향상을 위하거나 마모된 부분을 육성하기 위한 용접법의 일종이다.

18 다음 중 TIG용접에 사용하는 토륨 텅스텐 전극봉에는 몇 % 정도의 토륨이 함유되어 있는가?

① 0.3 ~ 0.5% ② 6 ~ 7%
③ 4 ~ 5% ④ 1 ~ 2%

해설 TIG용접에서 전자방사 능력을 높이기 위하여 토륨 1~2%함유한 토륨 텅스텐봉을 사용하기도 한다.

19 불활성 가스 금속 아크용접(MIG)의 용착효율을 얼마 정도인가?

① 58% ② 78%
③ 88% ④ 98%

해설 서브머지드 아크용접, 일렉트로 슬래그 용접 등은 거의 98%~100%이며, 피복 아크용접은 약 65%, FCAW는 75~85% 정도이다.

정답 14.④ 15.② 16.② 17.③ 18.④ 19.④

20 다음 중 일렉트로 슬래그 용접의 특징으로 틀린 것은?

① 박판용접에는 적용할 수 없다.
② 장비 설치가 복잡하며 냉각장치가 요구된다.
③ 용접시간이 길고 장비가 저렴하다.
④ 용접 진행 중 용접부를 직접 관찰할 수 없다.

21 AW-300, 무부하 전압 80V, 아크전압 20V인 교류 용접기를 사용할 때, 다음 중 역률과 효율을 올바르게 계산한 것은?(단, 내부 손실은 4kW라 한다.)

① 역률 : 80.0%, 효율 : 20.6%
② 역률 : 20.6%, 효율 : 80.0%
③ 역률 : 60.0&, 효율 : 41.7%
④ 역률 : 41.7%, 효율 : 60.0%

해설
역률 $= \dfrac{\text{소비전력}}{\text{전원입력}} \times 100$

∴ $\dfrac{20 \times 300 + 4000}{80 \times 300} \times 100 = 41.66$

효율 $= \dfrac{\text{아크출력}}{\text{소비전력}} \times 100$

∴ $\dfrac{20 \times 300}{20 \times 300 + 4000} \times 100 = 60.0$

22 필릿용접의 경우 루트간격의 양에 따라 보수 방법이 다른데 다음 중 간격이 1.5~4.5mm일 때의 보수하는 방법으로 가장 적합한 것은?

① 라이너를 넣는다.
② 규정대로 각장(목길이)으로 용접한다.
③ 부족한 판을 300mm 이상 잘라내서 대체한다.
④ 넓혀진 만큼 각장(목길이)을 증가시켜 용접한다.

23 피복아크용접에 관한 사항으로 아래 그림의 ( )에 들어가야 할 용어는?

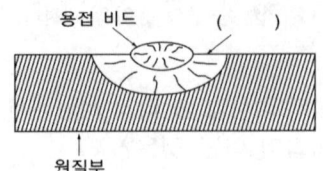

① 용락부 ② 용융지
③ 용입부 ④ 열영향부

24 다음 중 피복아크용접에서 오버랩의 발생 원인으로 가장 부적당한 것은?

① 전류가 너무 적다.
② 운봉 속도가 너무 느리다.
③ 아크 전류가 너무 낮다.
④ 용착 금속의 냉각속도가 너무 빠르다.

해설 오버랩 발생 원인 : 용접전류가 낮을 때, 운봉속도가 너무 느릴 때(위빙 불량)

25 직류 아크용접에서 용접봉의 용융이 늦고, 모재의 용입이 깊어지는 극성은?

① 직류 정극성 ② 직류 역극성
③ 용극성   ④ 비용극성

해설 모재가 +인 직류 정극성일 때 +쪽에서 열이 70% 정도 발생하므로 용입이 깊어지고 -극인 봉은 열이 30% 정도로 봉의 녹음은 적어 좁고 깊은 용접이 된다.

26 아크 점용접법에 해당하지 않는 것은?

① 불활성가스 금속아크 점용접법
② 아세틸렌 가스 금속 아크 점용접법
③ 피복아크 점용접법
④ 이산화탄소 아크용접법

해설 아세틸렌 가스 금속아크용접법은 없다.

정답 20.③ 21.④ 22.④ 23.④ 24.④ 25.① 26.②

27 아크용접기에서 부하전류가 증가하여도 단자전압이 거의 일정하게 되는 특성은?

① 절연 특성 ② 수하 특성
③ 정전압 특성 ④ 보존 특성

해설 수하 특성 : 전류가 증가하면 단자 전압이 낮아져 그 기계의 출력은 갖게 하는 특성

28 피복제 중에 산화티탄을 약 35% 정도 포함하였고 슬래그의 박리성이 좋아 비드의 표면이 고우며 작업성이 우수한 특징을 지닌 연강용 피복 아크용접봉은?

① E4301 ② E4311
③ E4313 ④ E4316

해설
- E4301 : 일미나이트계, 일미나이트 광석이 30% 이상 함유
- E4311 : 고셀룰로스계, 셀룰로스를 30% 이상 함유
- E4316(E7016) : 석회석, 형석이 주성분이지만 사용 전에 300~350℃에서 1~2시간 건조하여 수소의 원천인 수분을 완전 제거한 용접봉

29 상률(Phase Rule)과 무관한 인자는?

① 자유도 ② 원소 종류
③ 상의 수 ④ 성분 수

해설 자유도 $F = n + 2 - P$
여기서, n : 성분의 수 P : 상의 수
즉 자유도는 성분 수, 온도(온도에 따라 고상, 액상, 기상으로 변함), 압력이다. 예를 들면 압력과 성분이 일정하다면 온도에 따라 고체, 액체, 기체로 변하게 되며, 성분과 온도가 일정하다면 압력에 따라서 용융점이 달라진다.

30 공석 조성율 0.80%C라고 하면, 0.2%C 강의 상온에서의 초석 페라이트와 펄라이트의 비는 약 몇 %인가?

① 초석 페라이트 75% : 펄라이트 25%
② 초석 페라이트 25% : 펄라이트 75%
③ 초석 페라이트 80% : 펄라이트 20%
④ 초석 페라이트 20% : 펄라이트 80%

해설 공석 조직은 펄라이트이며, 펄라이트는 페라이트와 시멘타이트의 층상 조직을 말한다. 이 공석의 탄소량이 0.8%이므로 0.2%C 강은 이 중의 1/4에 해당되므로 펄라이트가 1/4 함유되어 있다는 의미이다.

31 다음 중 목재, 섬유류, 종이 등에 의한 화재의 급수에 해당하는 것은?

① A급 ② B급
③ C급 ④ D급

해설
- B화재 : 기름 화재
- C화재 : 전기 화재
- D화재 : 금속 화재

32 용접부의 시험 중 용접성 시험에 해당하지 않는 시험법은?

① 노치 취성 시험 ② 열특성 시험
③ 용접 연성 시험 ④ 용접 균열 시험

33 가스절단에서 예열불꽃이 모재 표면과의 거리는 약 몇 mm 정도가 적합한가?

① 1mm 이내 ② 1.5-2mm 이내
③ 2.5-3mm 이내 ④ 3~4mm

34 아크의 재생을 손쉽게 하고 아크를 안정하게 하여 절연 회복 특성을 향상시키는 피복제는?

① 탈산제 ② 가스 발생제
③ 슬래그 생성제 ④ 아크 안정제

정답 27.③ 28.③ 29.② 30.① 31.① 32.② 33.② 34.④

35 용입이 비교적 얕아서 얇은 판의 용접에 적당하며 기계적 성질이 다른 용접봉에 비하여 약하고 용접 중에 고온 균열을 일으키기 쉬운 결점이 있는 용접봉은?

① 고셀룰로오스계 ② 저수소계
③ 고산화티탄계 ④ 일미나이트계

36 피복 아크용접에서 사용하는 아크용접용 기구가 아닌 것은?

① 용접 케이블 ② 접지 클램프
③ 용접 홀더 ④ 팁 클리너

37 피복 아크용접에서 다음 그림과 같이 용융금속이 옮겨가는 상태는 어떤 형인가?

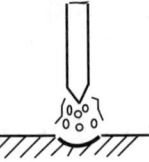

① 글로뷸러형 ② 핀치효과형
③ 단락형 ④ 스프레이형

해설 그림에서 적은 용적이 여러개 떨어지는 형상이므로 분무형, 즉 스프레이형이다.

38 용접의 특징에 대한 설명으로 옳은 것은?

① 복잡한 구조물 제작이 어렵다.
② 기밀, 수밀, 유밀성이 나쁘다.
③ 변형의 우려가 없어 시공이 용이하다.
④ 용접사의 기량에 따라 용접부의 품질이 좌우된다.

해설 용접의 특징
• 장점 : 복잡한 구조물 제작이 쉽다. 기밀, 수밀, 유밀성이 좋다. 재료비, 공정수가 적다.
• 단점 : 품질검사가 어렵다. 모재 재질의 변질, 변형이 쉽다. 응력집중에 민감하다.

39 가스절단에서 팁(Tip)의 백심 끝과 강판 사이의 간격으로 가장 적당한 것은?

① 0.1~0.3mm ② 0.4~1mm
③ 1.5~2mm ④ 4~5mm

해설 가스절단시 온도가 가장 높고 중성불꽃을 유지하는데 적합한 위치는 백심 끝에서 1.5~2mm 부분이다.

40 스카핑 작업에서 냉간재의 스카핑 속도로 가장 적합한 것은?

① 1~3m/min ② 5~7m/min
③ 10~15m/min ④ 20~25m/min

해설 스카핑의 속도는 냉간재는 5~7m/min, 열간재는 20m/min으로 상당히 빠르다.

41 열간 성형 리벳의 종류별 호칭길이(L)를 표시한 것 중 잘못 표시된 것은?

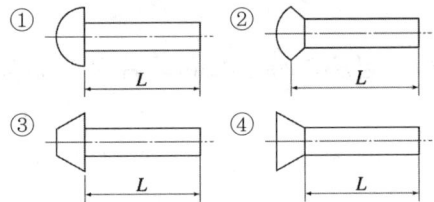

해설 접시 머리 리벳의 길이 표시는 전체 길이로 나타낸다.

정답 35.③ 36.④ 37.④ 38.④ 39.③ 40.② 41.④

42 다음 도면은 3각법으로 투상한 정면도와 평면도일 경우 우측면도로 가장 적합한 것은?

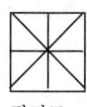
평면도

정면도

① 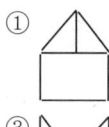 ②
③ 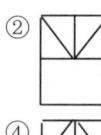 ④

43 다음 그림과 같은 KS 용접 보호기호의 설명으로 옳은 것은?

① 필릿용접부 토우를 매끄럽게 함
② 필릿용접 중앙부를 볼록하게 다듬질
③ 필릿용접 끝단부에 영구적인 덮개 판을 사용
④ 필릿용접 중앙부에 제거 가능한 덮개 판을 사용

44 도면에서 반드시 표제란에 기입해야 하는 항목으로 틀린 것은? ★★

① 재질   ② 척도
③ 투상법 ④ 도명

해설
- 부품란에 기재 사항 : 품번, 품명, 재질, 수량, 기타
- 표제란 기재 사항 : ②, ③, ④ 외에 도번, 작도 연월일, 제도자, 검토자 등

45 그림과 같은 정ㄷ형강의 치수 기입 방법으로 옳은 것은?(단, L은 형강의 길이를 나타낸다.)

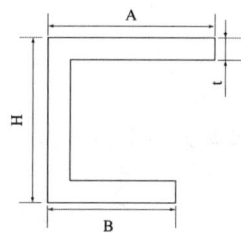

① ㄷ A×B×H×t-L
② ㄷ H×A×B×t-L
③ ㄷ B×A×H×t-L
④ ㄷ H×B×A×L-t

해설 형강의 치수 기입은 형강모양 기호 세로치수 × 가로치수 × 두께 - 길이로 표시한다.

46 선의 종류와 명칭이 잘못된 것은?

① 가는 실선 - 해칭선
② 굵은 실선 - 숨은선
③ 가는 2점 쇄선 - 가상선
④ 가는 1점 쇄선 - 피치선

해설 굵은 실선 : 용도상으로 외형을 나타내는 선이므로 외형선이라 한다. 숨은선은 파선을 말하며 보이지 않는 부분을 나타내는 선이다.

47 그림과 같은 입체도에서 화살표 방향을 정면으로 할 때 평면도로 가장 적합한 것은?

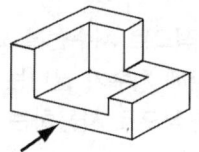

정답 42.③ 43.① 44.① 45.② 46.② 47.①

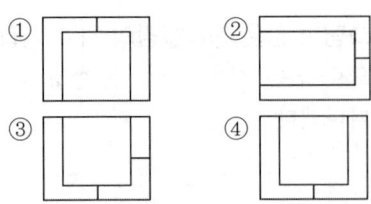

48 다음 투상도에서 정면도에 해당되는 것은?

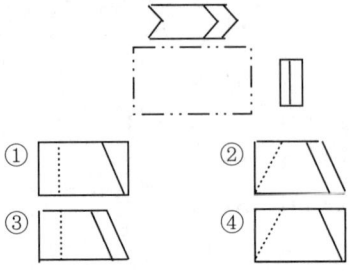

49 제1각법과 제3각법에 대한 설명 중 틀린 것은?

① 제3각법은 평면도를 정면도의 위에 그린다.
② 제1각법은 저면도를 정면도의 아래에 그린다.
③ 제3각법의 원리는 눈 → 투상면 → 물체의 순서가 된다.
④ 제1각법에서 우측면도는 정면도를 기준으로 본 위치와는 반대쪽인 좌측에 그려진다.

해설 제1각법의 저면도는 정면도의 위에, 평면도는 정면도 아래에 그린다.

50 일반적으로 치수선을 표시할 때, 치수선 양 끝에 치수가 끝나는 부분임을 나타내는 형상으로 사용하는 것이 아닌 것은?

①    ②

③    ④

51 금속의 물리적 성질에서 자성에 관한 설명 중 틀린 것은?

① 연철(連綴)은 잔류자기는 작으나 보자력이 크다.
② 영구자석 재료는 쉽게 자기를 소실하지 않는 것이 좋다.
③ 금속을 자석에 접근시킬 때 금속에 자석의 극과 반대의 극이 생기는 금속을 상자성체라 한다.
④ 자기장의 강도가 증가하면 자화되는 강도도 증가하나 어느 정도 진행되면 포화점에 이르는 이 점을 퀴리점이라 한다.

52 탄소강에 함유된 가스 중에서 강을 여리게 하고 산이나 알칼리에 약하며, 백점(flakes)이나 헤어크랙(hair crack)의 원인이 되는 가스는?

① 이산화탄소   ② 질소
③ 산소   ④ 수소

해설 H(수소) : 백점, 은점, 기공, 헤어크랙, 선상조직의 원인. 지연균열의 원인됨.

53 주요 성분이 Ni-Fe 합금인 불변강의 종류가 아닌 것은?

① 인바   ② 모넬메탈
③ 엘린바   ④ 플래티나이트

해설 모넬메탈 : Ni - 20~25%Cu 합금, 강도와 내식성이 크다.

정답 48.③ 49.② 50.④ 51.① 52.④ 53.②

54 탄소강 중에 함유된 규소의 일반적인 영향 중 틀린 것은?

① 경도의 상승 ② 연산율의 감소
③ 용접성의 저하 ④ 충격값의 증가

55 다음 중 이온화 경향이 가장 큰 것은?

① Cr ② K
③ Sn ④ H

해설 이온화 : 용액 중에 들어가면 양이온으로 되려는 대소, 이 경향이 클수록 용액에 잘 용해된다.
순서 : K >Na >Ca >Mg >Al >Mn >Zn >Cr >Fe >Cd >Co >Ni >Sn >Pb >H >Sb >Bi >Cu >Hg >Ag >Pt >Au

56 실온까지 온도를 내려 다른 형상으로 변형시켰다가 다시 온도를 상승시키면 어느 일정한 온도 이상에서 원래의 형상으로 변화하는 합금은?

① 제진합금 ② 방진합금
③ 비정결합금 ④ 형상기억합금

해설 형상기억합금 : 신금속의 하나로 처음 가공되었을 때의 온도와 형상을 기억하고 있어 변형되었을 때 처음 온도로 상승시키면 원래의 상태로 되돌아가는 합금

57 금속에 대한 설명으로 틀린 것은?

① 리튬(Li)은 물보다 가볍다.
② 고체 상태에서 결정구조를 가진다.
③ 텅스텐(W)은 이리듐(Ir)보다 비중이 크다.
④ 일반적으로 용융점이 높은 금속은 비중도 큰 편이다.

해설 리튬의 비중은 0.53 정도로 물보다 가벼우며, 이리듐의 비중은 22.5로 텅스텐 19.1보다 크다.

58 조성이 Al-Cu-Mg-Mn인 고강도 Al 합금은?

① 리우탈 ② Y-합금
③ 두랄루민 ④ 하이드로날륨

해설
• 두랄루민 : 시효경화합금으로 비행기 몸체 등의 제조에 쓰인다.
• Y합금 : Al-Cu-Ni-Mg 합금

59 다음 중 마그네슘에 관한 설명으로 틀린 것은?

① 실용금속 중 가장 가벼우며, 절삭성이 우수하다.
② 조밀육방격자를 가지며, 고온에서 발화하기 쉽다.
③ 내식성이 우수하여 바닷물에 접촉하여도 침식되지 않는다.
④ 냉간가공이 거의 불가능하여 일정 온도에서 가공한다.

해설 마그네슘의 성질
① 비중 1.74, 실용금속 중에서 가장 적다. 용융점은 650℃ 이다.
② 산류, 염류에는 침식되나, 알칼리에는 강하다.

60 황동 합금 중에서(구리에 5~20%Zn을 첨가한 황동으로), 강도는 낮으나 전연성이 좋고 색깔이 금색에 가까워, 모조금이나 판 및 선 등에 사용되는 것은? ★★

① 톰백 ② 켈밋
③ 포금 ④ 문쯔 메탈

해설
• 켈밋 : 동에 납을 30~40% 첨가한 합금으로 베어링 재료에 쓰인다.
• 문쯔 메탈 : 동 60%, 아연 40%인 6 : 4 황동을 말한다.

정답 54.④ 55.② 56.④ 57.③ 58.③ 59.③ 60.①

2015 제5회 피복아크용접기능사 기출문제 (구, 용접기능사)

2015년 10월 10일 시행

01 다음 중 용접 작업 전 예열을 하는 목적으로 틀린 것은?

① 용접 작업성의 향상을 위하여
② 용접부의 수축 변형 및 잔류 응력을 경감시키기 위하여
③ 용접금속 및 열영향부의 연성 또는 인성을 향상시키기 위하여
④ 고탄소강이나 합금강의 열영향부 경도를 높게 하기 위하여

해설 예열의 목적 : 용접부는 최초 차가운 상태에서 가열하여 용접하게 되므로 급열 급랭에 따라 균열 발생이 쉽고 용입불량 등이 발생하며, 용융지의 가스 배출 시간이 적어 기공이 생길 우려가 있다. 따라서 고탄소강 등에 예열을 하여 냉각속도를 느리게 함으로서 열영향부의 경도 상승을 줄일 필요가 있다.

02 다음그림은 아크용접기의 어떤 성질을 설명한 것인가?

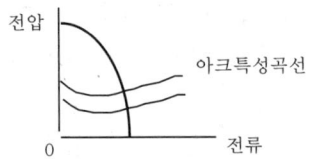

① 아크 드라이브 특성
② 정전압 특성
③ 수하 특성
④ 상승 특성

03 다음 중 다층 용접시 적용하는 용착법이 아닌 것은?

① 빌드업법　② 케스케이드법
③ 스킵법　　④ 전진블록법

해설 스킵법 : 비석법이라고도 하며 한쪽에서 일정 거리만큼 차례로 드문드문 용접한 후 다시 그 사이를 용접하는 방법으로 얇은 판의 변형 방지에 효과적이다.

04 피복아크용접시 지켜야 할 유의사항으로 적합하지 않은 것은?

① 작업시 전류는 적정하게 조절하고 정리정돈을 잘하도록 한다.
② 작업을 시작하기 전에는 메인 스위치를 작동시킨 후에 용접기 스위치를 작동시킨다.
③ 작업이 끝나면 항상 메인 스위치를 먼저 끈 후에 용접기 스위치를 꺼야 한다.
④ 아크 발생시 항상 안전에 신경을 쓰도록 한다.

해설 용접기에 스위치 넣는 순서 : 메인 스위치 - 벽 스위치 - 용접기 스위치, 스위치를 끊을 때는 위의 반대로 한다.

05 전격의 방지대책으로 적합하지 않은 것은?

① 용접기 내부는 수시로 열어서 점검하거나 청소한다.

정답 01.④ 02.③ 03.③ 04.③ 05.①

② 홀더나 용접봉은 절대로 맨손으로 취급하지 않는다.
③ 절연 홀더의 절연부분이 파손되면 즉시 보수하거나 교체한다.
④ 땀, 물 등에 의해 습기찬 작업복, 장갑, 구두 등은 착용하지 않는다.

해설 ①항은 감전(전격) 방지 사항으로는 좀 애매하지만 용접기 내부를 수시로 열 필요는 없음

06 연납과 경납을 구분하는 온도는?
① 550℃ ② 450℃
③ 350℃ ④ 250℃

07 용접 진행 방향과 용착 방향이 서로 반대가 되는 방법으로 잔류 응력은 다소 적게 발생하나 작업의 능률이 떨어지는 용착법은?
① 전진법 ② 후진법
③ 대칭법 ④ 스킵법

08 각장(leg length)에 관한 설명으로 올바른 것은?
① 본 용접을 하기 전에 정한 위치
② 모재의 좌측에서 우측까지의 거리
③ 이음의 루트에서 필릿용접의 끝까지의 거리
④ 필릿용접의 강도계산에 적용하는 루트부에서 45° 경사 길이

09 다음 중 용접 후 잔류응력 완화법(제거, 감소 방법)에 해당하지 않는 것은? ★★
① 기계적 응력완화법
② 저온응력완화법
③ 피닝법
④ 화염경화법

해설 화염 경화법 : 표면 경화법의 일종으로 응력 완화와는 전혀 무관하다.

10 용접 지그나 고정구의 선택 기준 설명 중 틀린 것은?
① 용접하고자 하는 물체의 크기를 튼튼하게 고정시킬 수 있는 크기와 강성이 있어야 한다.
② 용접 응력을 최소화할 수 있도록 변형이 자유스럽게 일어날 수 있는 구조이어야 한다.
③ 피용접물의 고정과 분해가 쉬워야 한다.
④ 용접간극을 적당히 받쳐주는 구조이어야 한다.

11 피복 아크용접 중에 정전이 되었을 때의 안전사항이 아닌 것은
① 전원 스위치는 off의 위치에 놓는다.
② 용접기 주위를 깨끗이 한다.
③ 용접물은 작업대 위에 두지 않는다.
④ 용접기 홀더는 작업대에 그대로 놓아둔다.

12 용접작업 중 지켜야 할 안전사항으로 틀린 것은?
① 보호 장구를 반드시 착용하고 작업한다.
② 훼손된 케이블은 사용 후에 보수한다.
③ 도장된 탱크 안에서의 용접은 충분히 환기시킨 후 작업한다.
④ 전격 방지기가 설치된 용접기를 사용한다.

정답 06.② 07.② 08.③ 09.④ 10.② 11.④ 12.②

해설 훼손된 케이블을 즉시 보수한다.

13 텅스텐 아크 절단시 아르곤 가스에 수소가스를 혼합시켜 사용하는 가장 큰 목적은?

① 열 입력을 증가시키기 위해
② 절단면을 아름답게 하기 위해
③ 고주파 발생을 용이하게 하기 위해
④ 아크 스타트를 용이하게 하기 위해

14 CO_2 가스 아크용접에서 기공의 발생 원인으로 틀린 것은?

① 노즐에 스패터가 부착되어 있다.
② 노즐과 모재사이의 거리가 짧다.
③ 모재가 오염(기름, 녹, 페인트)되어 있다.
④ CO_2 가스의 유량이 부족하다.

해설 CO_2 용접에서 기공 발생의 원인 : ①, ③, ④ 외에 노즐과 모재 사이(와이어 돌출길이)가 너무 길 때, 가스 유량이 과다할 때 발생한다.

15 서브머지드 아크용접의 특징으로 틀린 것은?

① 콘택트 팁에서 통전되므로 와이어 중에 저항열이 적게 발생되어 고전류 사용이 가능하다.
② 아크가 보이지 않으므로 용접부의 적부를 확인하기가 곤란하다.
③ 용접 길이가 짧을 때 능률적이며 수평 및 위보기 자세 용접에 주로 이용된다.
④ 일반적으로 비드 외관이 아름답다.

해설 서브머지드 아크용접 : 거의 자동 용접이며 레일 위에 주행 대차를 이용하여 이동하므로 용접 길이가 길 경우에 능률적이다.

16 주철 용접시 주의사항으로 옳은 것은?

① 용접전류는 약간 높게 하고 운봉하여 곡선비드를 배치하며 용입을 깊게 한다.
② 가스 용접시 중성불꽃 또는 산화불꽃을 사용하고 용제는 사용하지 않는다.
③ 냉각되어 있을 때 피닝작업을 하여 변형을 줄이는 것이 좋다.
④ 용접봉의 지름은 가는 것을 사용하고, 비드의 배치는 짧게 하는 것이 좋다.

해설 주철 용접시 주의 사항 : 최소한의 낮은 전류를 사용하여 좁고 직선 비드를 용입 깊이가 얇게 쌓으며, 가열되었을 때 피닝하여 변형을 줄이고, 가스 용접의 경우 중성불꽃을 사용한다.

17 다음 중 CO_2 가스 아크용접의 장점으로 틀린 것은?

① 용착 금속의 기계적 성질이 우수하다.
② 슬래그 혼입이 없고, 용접 후 처리가 간단하다.
③ 전류밀도가 높아 용입이 깊고, 용접속도가 빠르다.
④ 풍속 2m/s 이상의 바람에도 영향을 받지 않는다.

해설 ②는 솔리드 와이어의 경우에 한하나, 플럭스 코드 와이어의 경우 슬래그 혼입이 가능하며, 풍속 2m/sec 이하에서 작업해야 된다.

18 용접 홈 이음 형태 중 U형은 루트 반지름을 가능한 크게 만드는데 그 이유로 가장 알맞은 것은?

① 큰 개선각도 ② 많은 용착량
③ 충분한 용입 ④ 큰 변형량

해설 U형에서 루트 반지름은 U자의 아래를 말하므로 루트 반지름이 너무 적으면 용접봉이 충분히 들어

정답 13.① 14.② 15.③ 16.④ 17.④ 18.③

가지 못하여 완전(충분한) 용입이 곤란해질 수 있기 때문이다.

19 비용극식, 비소모식 아크용접에 속하는 것은?

① 피복아크용접
② TIG 용접
③ 서브머지드 아크용접
④ CO_2 용접

해설 아크용접에서 용접봉(전극)의 소모 여부에 따라 소모식, 비소모식, 전극의 용융 여부에 따라 용극식, 비용극식이라 한다. 용극식은 소모식을 의미하며, 비용극식은 비소모식을 말한다.

20 TIG 용접에서 직류 역극성에 대한 설명이 아닌 것은?

① 용접기의 음극에 모재를 연결한다.
② 용접기의 양극에 토치를 연결한다.
③ 비드 폭이 좁고 용입이 깊다.
④ 산화 피막을 제거하는 청정작용이 있다.

해설 TIG 용접에서 직류 역극성 : 모재가 -, 전극이 +인 극성으로 -쪽에서 열이 30% 발생하므로 용입이 얕고 전극은 +이므로 열이 70% 발생하므로 용접봉을 많이 녹일 수 있어 비드 폭이 넓고 용입이 얕은 비드가 형성된다.

21 재료의 접합방법은 기계적 접합과 야금적 접합으로 분류하는데 야금적 접합에 속하지 않는 것은?

① 리벳   ② 용접
③ 압접   ④ 납땜

해설 야금학적 접합은 용접을 의미하므로 리벳 작업은 기계적 접합에 속한다.

22 용접장 주위에 차광막을 치는 이유를 바르게 설명한 것은?

① 햇빛을 차단하여 작업을 원활하게 하기 위하여
② 용접장 내부를 외부에서 볼 수 없게 하기 위하여
③ 바람의 영향을 방지하기 위하여
④ 인체에 해로운 빛이 새어나가지 않게 하기 위하여

23 CO_2 가스 아크용접법으로 강풍이 부는 장소에서 용접하거나 용접부에 기름, 녹 등이 있거나, CO_2 가스 순도가 떨어질 때 어떤 현상이 일어나는가?

① 비드의 높이가 높아진다.
② 아크가 불안정해진다.
③ 용접부에 기공이 발생한다.
④ 언더컷이 생긴다.

24 불활성가스 텅스텐 아크용접에 관한 사항 중 틀린 것은?

① 아르곤(Ar) 가스를 사용한다.
② 전원은 교류나 직류를 다 사용할 수 있다.
③ 비소모식 불활성가스 아크용접법이라고도 한다.
④ 용접봉이 전극이 된다.

해설 TIG 용접은 텅스텐 봉이 전극이 되어 아크를 발생하여 모재를 용융시키고 거기에 용접봉을 공급하여 용접하는 방법이다.

25 일반적인 용접의 장점으로 옳은 것은?

① 재질 변형이 생긴다.
② 작업 공정이 단축된다.
③ 잔류 응력이 발생한다.

정답 19.② 20.③ 21.① 22.④ 23.③ 24.④ 25.②

④ 품질검사가 곤란하다.

해설 용접의 단점 : ①, ③, ④

26 용접작업을 하지 않을 때는 무부하 전압을 20~30V 이하로 유지하고 용접봉을 작업물에 접촉시키면 릴레이(relay) 작동에 의해 전압이 높아져 용접작업이 가능하게 하는 장치는?

① 아크 부스터　② 원격 제어장치
③ 전격 방지기　④ 용접봉 홀더

해설 전격 방지기 : 교류 아크용접기의 무부하 전압은 85~95V이므로 감전의 위험이 있다. 따라서 전격 방지기는 용접기가 무부하시 작동하여 무부하 전압을 30V 이하로 유지하고 있다가 용접봉을 접촉하는 순간 매우 짧은 시간에 무부하 전압을 정상으로 올려 아크 발생이 될 수 있도록 해주는 장치이다.

27 서브머지드 아크용접법에서 사용되는 용제 중 용융형 용제의 주성분이 아닌 것은?

① 규산(SiO_2)　② 산화망간
③ 페로 실리콘　④ 알루미나(Al_2O_3)

28 피복제 중에 산화티탄(TIO_2)을 약 35% 정도 포함한 용접봉으로서 아크는 안정되고 스패터는 적으나, 고온균열(hot crack)을 일으키기 쉬운 결점이 있는 용접봉은?

① E 4301　② E 4313
③ E 4311　④ E 4316

29 알루미늄과 마그네슘의 합금으로 바닷물과 알칼리에 대한 내식성이 강하고 용접성이 매우 우수하여 주로 선박용 부품, 화학 장치용 부품 등에 쓰이는 것은?

① 실루민
② 하이드로날륨
③ 알루미늄 청동
④ 애드미럴티 황동

해설
• 실루민 : Al-Si 합금
• 애드미럴티 황동 : 7:3 황동에 주석을 1~2% 첨가한 합금

30 다음 금속 중 용융상태에서 응고할 때 팽창하는 것은?

① Sn　② Zn
③ Mo　④ Bi

31 다음 중 용접자세 기호로 틀린 것은?

① F　② V
③ H　④ OS

32 전기저항용접의 발열량을 구하는 공식으로 옳은 것은?(단, H : 발열량[cal], I : 전류[A], R : 저항[Ω], t : 시간[sec]이다.)

① $H=0.24IRt$　② $H=0.24IR^2t$
③ $H=0.24I^2Rt$　④ $H=0.24IRt^2$

33 다음 중 서브머지드 아크용접용 코일의 표준무게에 해당되지 않는 것은?

① 12.5kg　② 25kg
③ 50kg　④ 75kg

해설 표준 무게 : S : 12.5kg, M : 25kg, L : 75kg

정답　26.③　27.③　28.②　29.②　30.④　31.④　32.③　33.③

34 가스절단에 사용되는 가연성 가스의 종류가 아닌 것은?

① 프로판 가스　② 수소 가스
③ 아세틸렌 가스　④ 산소

해설　가연성 가스 : 가스 자체가 연소하는 가스를 말하며 산소 자신은 연소하지 않지만 가연성 가스와 혼합하여 연소를 촉진하므로 조연성 가스라 한다.

35 환원가스 발생 작용을 하는 피복아크용접봉의 피복제 성분은?

① 산화티탄　② 규산나트륨
③ 탄산칼륨　④ 당밀

36 토치를 사용하여 용접부분의 뒷면을 따내거나 U형, H형으로 용접 홈을 가공하는 것으로 일명 가스 파내기라고 부르는 가공법은?

① 산소창 절단　② 선삭
③ 가스 가우징　④ 천공

해설
- 천공 : 구멍을 뚫는 가공
- 선삭 : 선반을 사용 회전 가공하는 작업

37 피복아크용접에서 직류 역극성(DCRP) 용접의 특징으로 옳은 것은?

① 모재의 용입이 깊다.
② 비드 폭이 좁다.
③ 봉의 용융이 느리다.
④ 박판, 주철, 고탄소강의 용접 등에 쓰인다.

해설　역극성은 양극인 봉의 발열량이 약 70%이므로 봉의 용융이 빠르고 모재의 발열량은 약 30%이므로 용입이 얇고 비드 폭은 넓어진다.

38 다음 중 아세틸렌 가스의 관으로 사용할 경우 폭발성 화합물을 생성하게 되는 것은?

① 순구리관　② 스테인리스강관
③ 알루미늄합금관　④ 탄소강관

해설　아세틸렌 가스가 흐르는 곳에 사용하면 안 되는 원소 : 구리(62% 이상 합금 포함), Ag, Hg 등과 접촉하면 폭발성 화합물을 생성하여 폭발 위험이 있다.

39 가스절단시 예열 불꽃이 약할 때 일어나는 현상으로 틀린 것은? ★★★

① 드래그가 증가한다.
② 절단면이 거칠어진다.
③ 역화를 일으키기 쉽다.
④ 절단속도가 느려지고, 절단이 중단되기 쉽다.

해설　예열 불꽃이 강할 때는 절단면이 거칠어지고 슬래그 중 철 성분의 박리가 어려워지며 모서리가 용융되어 둥글게 된다.

40 직류아크용접기와 비교하여 교류아크용접기에 대한 설명으로 가장 올바른 것은? ★★

① 무부하 전압이 높고 감전의 위험이 많다.
② 구조가 복잡하고 극성변화가 가능하다.
③ 자기쏠림 방지가 불가능하다.
④ 아크 안정성이 우수하다.

해설　②, ③, ④는 직류 용접기의 특성을 나타낸 것이다.

41 도면의 척도 값 중 실제 형상을 확대하여 그리는 것은?

① 2 : 1　② $1 : \sqrt{2}$
③ 1 : 1　④ 1 : 2

정답　34.④　35.④　36.③　37.④　38.①　39.②　40.①　41.①

해설 척도 : 실(현)척, 축척, 배척이 있다. 실척은 실제 크기대로(1 : 1) 그린 도면을 말하며, 축척은 1/2(1 : 2)식으로 나타낸 것으로 실제 크기보다 도면을 줄여 그린 것이다.

42 그림과 같은 KS 용접기호의 해석으로 올바른 것은?

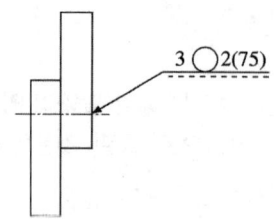

① 지름이 2mm이고 피치가 75mm인 플러그 용접이다.
② 폭이 2mm이고 피치가 75mm인 심용접이다.
③ 용접 수는 2개이고, 피치가 75mm인 슬롯 용접이다.
④ 용접 수는 2개이고, 피치가 75mm인 스폿(점) 용접이다.

43 용접부가 화살표 방향 플러그 용접을 표시하는 것은? (단, 3각법의 경우)

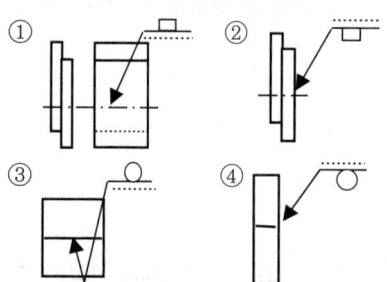

44 그림과 같은 입체도를 3각법으로 올바르게 도시한 것은?

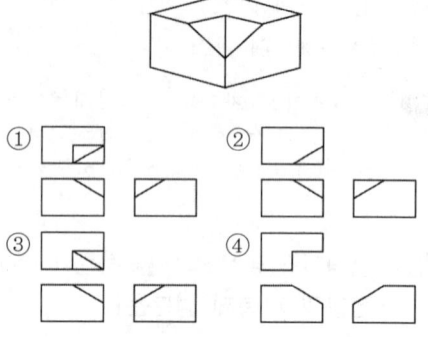

45 도면에 물체를 표시하기 위한 투상에 관한 설명 중 잘못된 것은?

① 주 투상도는 대상물의 모양 및 기능을 가장 명확하게 표시하는 면을 그린다.
② 보다 명확한 설명을 위해 주 투상도를 보충하는 다른 투상도를 많이 나타낸다.
③ 특별한 이유가 없는 경우 대상물을 가로길이로 놓은 상태로 그린다.
④ 서로 관련되는 그림의 배치는 되도록 숨은선을 쓰지 않도록 한다.

해설 도면 표시 : 이해가 가능한 한 도면은 간단 명료하게 그리는 것이 원칙이다.

46 KS 기계재료 표시기호 SS 275는 무엇을 나타내는가?

① 경도   ② 연신률
③ 탄소 함유량 ④ 최저 항복강도

해설 기계재료 재질 표시 : SS 400은 SS 41과 같은 재질이며, 규정 개정으로 SS275로 표시하며, 최저 항복강도 $275N/mm^2$를 의미한다.

정답 42.④ 43.① 44.③ 45.② 46.④

47 그림과 같이 기계 도면 작성시 가공에 사용하는 공구 등의 모양을 나타낼 필요가 있을 때 사용하는 선으로 올바른 것은?

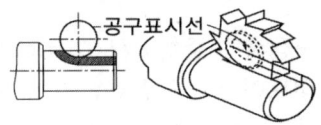

① 가는 실선   ② 가는 1점 쇄선
③ 가는 2점 쇄선 ④ 가는 파선

해설 가상선 : 가는 2점 쇄선을 사용한다. 도시 물체의 앞면을 표시할 때, 인접 부분을 참고로 나타낼 때, 가공 전 또는 후의 모양을 표시할 때, 반복을 나타낼 때, 도면 내에 90° 회전단면을 나타낼 때

48 기호를 기입한 위치에서 먼 면에 카운터 싱크가 있으며, 공장에서 드릴 가공 및 현장에서 끼워맞춤을 나타내는 리벳의 기호 표시는?

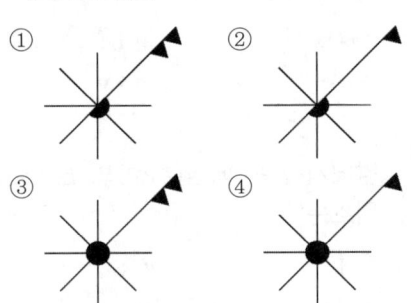

49 그림과 같은 입체도의 화살표 방향 투상도로 가장 적합한 것은?

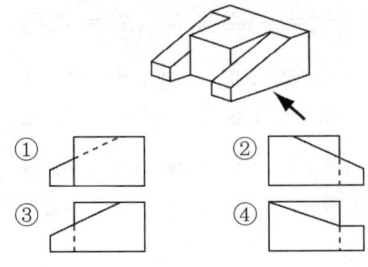

50 치수 기입의 원칙에 관한 설명 중 틀린 것은?

① 치수는 필요에 따라 기준으로 하는 점, 선 또는 면을 기준으로 하여 기입한다.
② 대상물의 기능, 제작, 조립 등을 고려하여 필요하다고 생각되는 치수를 명료하게 도면에 지시한다.
③ 치수 입력에 대해서는 중복 기입을 피한다.
④ 모든 치수에는 단위를 기입해야 한다.

해설 기계 제도는 원칙적으로 치수를 mm로 나타내며 단위를 붙이지 않는다. 그러나 인치 등으로 나타낼 필요가 있을 때는 붙여야 된다.

51 60%Cu – 40%Zn 황동으로 복수기용 판, 볼트, 너트 등에 사용되는 합금은?

① 톰백(tombac)
② 길딩 메탈(gilding metal)
③ 문쯔 메탈(muntz metal)
④ 애드미럴티 메탈(admiralty metal)

해설
- 톰백 : 구리에 아연을 5~20% 혼합한 것으로 황금색에 가까우며 금 대용으로 사용된다.
- 길딩 메탈 : 톰백의 일종으로 구리에 아연을 약 5% 첨가한 합금으로 순구리와 같이 연하고 압연가공이 쉬워 화폐, 메달 등에 쓰인다.

52 시편의 표점거리가 125mm, 늘어난 길이가 145mm이었다면 연신률은?

① 16%   ② 20%
③ 26%   ④ 30%

해설
$$\text{연신율계산} = \frac{\text{늘어난 길이} - \text{표점거리}}{\text{표점거리}} \times 100$$

$$\therefore \frac{145-125}{125} \times 100 = 16\%$$

정답 47.③ 48.② 49.③ 50.④ 51.③ 52.①

53 주철의 유동성을 나쁘게 하는 원소는?

① Mn　　② C
③ P　　　④ S

해설 인(P) : 융융점이 낮아져 유동성을 매우 좋게 한다.
황(S) : 유동성이 나빠져 주조작업이 곤란해진다.

54 주변 온도가 변화하더라도 재료가 가지고 있는 열팽창계수나 탄성계수 등의 특정한 성질이 변하지 않는 강은?

① 쾌삭강　　② 불변강
③ 강인강　　④ 스테인리스강

해설 불변강 : 온도에 따라서 길이나 탄성이 변하지 않는 강을 불변강이라 하며 인바, 슈퍼 인바, 엘린바, 코엘린바, 플레티나이트 등이 있다.

55 열과 전기의 전도율이 가장 좋은 금속은?

① Cu　　② Al
③ Ag　　④ Au

해설 전기 전도율이 큰 순서 : Ag, Cu, Au, Al, Mg

56 다음 중 오스테나이트계 스테인리스강 용접시 입계부식을 방지하기 위한 조치로 가장 적절한 것은?

① 예열과 후열을 한다.
② 탄소량을 증가 시켜 Cr_4C 탄화물의 생성을 방지한다.
③ 1050~1100℃ 정도로 가열하여 Cr_4C 탄화물을 분해 후 급랭한다.
④ Cr_4C의 생성을 돕기 위해 Ti이나 Nb를 첨가 한다.

해설 오스테나이트계 스테인리스강의 입계부식 방지 방법
① 탄소량을 감소시켜 Cr_4C 탄화물의 발생을 저지시킨다.
② Ti, Nb, Ta 등의 안정화 원소를 첨가한다.
③ 고온으로 가열한 후, Cr 탄화물을 오스테나이트 조직 중에 용체화하여 급랭시킨다.

57 구상흑연 주철에서 그 바탕조직이 펄라이트이면서 구상흑연의 주위를 유리된 페라이트가 감싸고 있는 조직의 명칭은?

① 오스테나이트(austenite) 조직
② 시멘타이트(cementite) 조직
③ 레데브라이트(ledeburite) 조직
④ 불스 아이(bull's eye) 조직

해설 구상흑연 주철의 조직 : 황소(Bull's) 눈 같다 해서 붙여진 조직

58 섬유 강화 금속 복합재료의 기지 금속으로 가장 많이 사용되는 것으로 비중이 약 2.7인 것은?

① Na　　② Fe
③ Al　　④ Co

59 강에서 상온 메짐(취성)의 원인이 되는 원소는?

① P　　② S
③ Mn　④ Cu

해설 황(S)
적열(고온) 메짐(취성)의 원인이 되는 원소

60 강자성체 금속에 해당되는 것은?

① Bi, Sn, Au　　② Fe, Pt, Mn
③ Ni, Fe, Co　　④ Co, Sn, Cu

해설 강자성체 : 자화도가 강한 물질을 말하며, 철리코(Fe 철, Ni 니켈, Co 코발트)가 대표적이다.

정답 53.④　54.②　55.③　56.③　57.④　58.③　59.①　60.③

2015 제1회 이산화탄소가스아크용접기능사/ 가스텅스텐아크용접기능사 기출문제

2015년 1월 25일 시행

01 일반적으로 가스 포갬 절단시 판과 판 사이에 최소 몇 mm 이상의 틈이 있으면 밑판이 절단되지 않는가?

① 0.05 ② 0.08
③ 0.12 ④ 0.15

해설 포갬 절단은 대체로 6mm 이하의 판을 겹쳐서 절단하는 방법으로 판 사이가 깨끗해야 되며, 산소-프로판 가스절단이 주로 이용된다.

02 불활성가스 금속 아크용접(MIG)에서 아크길이는 어느 정도 유지하는가?(단 반자동 용접에서)

① 2-4mm ② 4-6mm
③ 6-8mm ④ 8-10mm

03 저온 균열이 일어나기 쉬운 재료에 용접 전에 균열을 방지할 목적으로 피용접물의 전체 또는 이음부 부근의 온도를 올리는 것을 무엇이라고 하는가?

① 잠열 ② 예열
③ 후열 ④ 발열

04 TIG 용접에 사용되는 전극의 재질은?

① 탄소 ② 망간
③ 몰리브덴 ④ 텅스텐

해설 TIG 용접에 사용되는 전극은 아크 발생을 위한 전극이므로 용융이 되지 않도록 용융점이 높은 것이 적합하다. 따라서 금속 중 용융점이 가장 높은 텅스텐(융점 3400℃)이 적합하며 이 텅스텐도 아르곤 가스가 분출되지 않으면 바로 용융되버리므로 꼭 보호가스가 흐르도록 한 후 아크 발생을 해야 된다.

05 용접의 장점으로 틀린 것은?

① 작업 공정이 단축되어 경제적이다.
② 기밀, 수밀, 유밀성이 우수하며, 이음효율이 높다.
③ 용접사의 기량에 따라 용접부의 품질이 좌우된다.
④ 재료의 두께에 재한이 없다.

해설 ③은 단점이다.

06 이산화탄소 아크용접의 솔리드 와이어 용접봉의 종류 표시는 YGA-50W-1.2-20 형식이다. 이 때 Y가 뜻하는 것은? ★★

① 가스 실드 아크용접
② 와이어 화학 성분
③ 용접 와이어
④ 내후성강용
④ 재료의 두께에 재한이 없다.

해설 G : ①, A : 내후성, 50 : 용착금속의 최소 인장강도, W : 전극(와이어) 재질, 1.2 : 와이어 지름, 20 : 와이어 무게 20kgf

정답 01.② 02.③ 03.② 04.④ 05.③ 06.③

07 용접선 양측을 일정 속도로 이동하는 가스 불꽃에 의하여 용접선 나비의 60~150 mm(나비 약 150mm)를 150~200℃로 가열한 다음 곧 수냉하는 방법으로 주로 용접선 방향의 응력을 완화시키는 잔류응력 제거법은? ★★

① 저온 응력 완화법
② 기계적 응력 완화법
③ 노 내 풀림법
④ 국부 풀림법

해설 기계적 응력 완화법 : 용접부에 하중을 가하여 소성변형을 일으켜 응력을 제거하는 법

08 CO_2 아크용접용 와이어 중 용제가 들어 있는 와이어의 사용 전 건조온도와 시간은 얼마인가?

① 200-300℃, 1시간 정도
② 300-400℃, 30분 정도
③ 300-400℃, 1시간 정도
④ 400-500℃, 30분 정도

09 지름 13mm, 표점거리 150mm인 연강재 시험편을 인장시험한 후의 거리가 154mm가 되었다면 연신률은?

① 3.89 %   ② 4.56 %
③ 2.67 %   ④ 8.45 %

해설 연신률 = $\dfrac{\text{늘어난 거리} - \text{표점거리}}{\text{표점거리}} \times 100$

∴ $\dfrac{154 - 150}{150} \times 100 = 2.67$

10 용접균열에서 저온균열은 일반적으로 몇 ℃ 이하에서 발생하는 균열을 말하는가?

① 200~300℃ 이하
② 301~400℃ 이하
③ 401~500℃ 이하
④ 501~600℃ 이하

11 용접봉에서 모재로 용융금속이 옮겨가는 용적이행 상태가 아닌 것은? ★★★

① 글로뷸러형   ② 스프레이형
③ 단락형   ④ 핀치효과형

해설 용적이행 : 용접봉에서 모재로 용융금속이 옮겨가는 상태, 크게 ①, ②, ③이 있다.
글로뷸러형을 핀치효과형이라고도 하므로 여기서는 정답이 없는 것이나, 굳이 답을 선정하면 ④로 하는 것이 적합하다.

12 일반적으로 사람의 몸에 얼마 이상의 전류가 흐르면 순간적으로 사망할 위험이 있는가?

① 5 [mA]   ② 15 [mA]
③ 25 [mA]   ④ 50 [mA]

해설 1mA : 감전을 조금 느낄 정도
5mA : 상당히 아픔
20mA : 근육의 수축, 피해자가 회로에서 떨어지기 힘듦

13 피복 아크용접시 일반적으로 언더컷을 발생시키는 원인으로 가장 거리가 먼 것은?

① 용접전류가 너무 높을 때
② 아크길이가 너무 길 때
③ 부적당한 용접봉을 사용했을 때
④ 홈각도 및 루트간격이 좁을 때

해설 언더컷은 대체로 용접전류가 높고 속도가 빠를 때, 운봉법이 부적당할 때 생기며, 홈각도나 루트간격과는 무관하다.

정답 07.① 08.① 09.③ 10.① 11.④ 12.④ 13.④

14 〈보기〉에서 용극식 용접 방법을 모두 고른 것은?

[보기]
- ㉠ 서브머지드 아크용접
- ㉡ 불활성 가스 금속 아크용접
- ㉢ 불활성 가스 텅스텐 아크용접
- ㉣ 솔리드 와이어 이산화탄소 아크용접

① ㉠, ㉡
② ㉢, ㉣
③ ㉠, ㉡, ㉢
④ ㉠, ㉡, ㉣

해설 불활성 가스 텅스텐 아크용접은 전극 자체가 녹지 않으므로 용융금속으로 소모가 안되기 때문에 비용극식 또는 비소모식이라고 한다.

15 CO_2-O_2 가스 아크용접에서 용적이행에 미치는 영향이 아닌 것은?

① 핀치 효과
② 플라즈마 효과
③ 증발 추력
④ 실드 효과

16 전기저항 용접의 특징에 대한 설명으로 틀린 것은?

① 산화 및 변질 부분이 적다.
② 다른 금속 간의 접합이 쉽다.
③ 용제나 용접봉이 필요없다.
④ 접합 강도가 비교적 크다.

17 직류 정극성(DCSP)에 대한 설명으로 옳은 것은?

① 모재의 용입이 얕다.
② 비드 폭이 넓다.
③ 용접봉의 녹음이 느리다.
④ 용접봉에 (+)극을 연결한다.

해설 직류 정극성(DCSP) : 모재가 +이므로 발열량이 높아 모재의 용입이 깊고, 용접봉이 천천히 녹으며, 비드 폭이 좁고, 일반적인 용접에 많이 사용된다.

18 불활성가스 텅스텐 아크용접에서 모재에 나타나는 비드 모양이 넓고 용입이 얕은 때는 어느 때인가?(용접조건이 같을 때)

① 교류 역극성일 때
② 직류 정극성일 때
③ 직류 역극성을 때
④ 교류 정극성일 때

해설 역극성일 때 용입이 얕고 비드 폭이 넓어진다.

19 로크웰 경도시험에서 C스케일의 다이아몬드의 압입자 꼭지각 각도는?

① 100°
② 115°
③ 120°
④ 150°

해설 로크웰씨(HRC) 경도 측정 압입자는 120° 꼭지각의 원추형 다이아몬드를 사용하며, 비커스 경도계의 압입자는 대면각 136°의 다이아몬드 압입자를 사용한다.

20 피복 아크용접에서 용접봉의 용융속도와 관련이 가장 큰 것은? ★★

① 아크전압
② 용접봉 지름
③ 용접기의 종류
④ 용접봉 쪽 전압강하

해설 용융속도 : 단위시간당 소비되는 용접봉의 길이, 무게로 나타내며, 아크전압, 용접봉의 지름과는 관계가 없으며, 용접전류와 비례관계가 있다.
용융속도 = 아크전류 × 용접봉 쪽 전압강하

정답 14.④ 15.② 16.② 17.③ 18.③ 19.③ 20.④

21 아크 타임을 설명한 것 중 옳은 것은?

① 단위 기간 내의 작업여유 시간이다.
② 단위 시간 내의 용도여유 시간이다.
③ 단위 시간 내의 아크 발생 시간을 백분율로 나타낸 것이다.
④ 단위 사간 내의 시공한 용접길이를 백분율로 나타낸 것이다.

22 피복 아크용접기로서 구비해야 할 조건 중 잘못 된 것은?

① 구조 및 취급이 간편해야 한다.
② 전류 조정이 용이하고 일정하게 전류가 흘러야 한다.
③ 아크 발생과 유지가 용이하고 아크가 안정되어야 한다.
④ 용접기가 빨리 가열되어 아크 안정을 유지해야 한다.

23 가스 가우징이나 치핑에 비교한 아크 에어 가우징의 장점이 아닌 것은?

① 작업 능률이 2~3배 높다.
② 장비 조작이 용이하다.
③ 소음이 심하다.
④ 활용 범위가 넓다.

해설 아크 에어 가우징은 아크를 발생하여 용융시키고 고압의 공기로 불어내어 홈을 파는 방법으로 이론적으로는 소음이 적다고 되어 있으나 압축공기의 분출로 소음이 약간 크다.

24 피복 아크용접에서 아크전압이 30V, 아크 전류가 150A, 용접 속도가 20cm/min일 때 용접입열은 몇 joule/cm인가?

① 27000　② 22500
③ 15000　④ 13500

해설 $J = \dfrac{60EI}{V} = \dfrac{60 \times 30 \times 150}{20} = 13500$

25 다음 가연성 가스 중 산소와 혼합하여 연소할 때 불꽃 온도가 가장 높은 가스는?

① 수소　② 메탄
③ 프로판　④ 아세틸렌

해설
• 산소-아세틸렌 : 3420℃
• 산소-프로판 : 2900℃

26 피복 아크용접봉의 피복제의 작용에 대한 설명으로 틀린 것은? ★★

① 산화 및 질화를 방지한다.
② 스패터가 많이 발생한다.
③ 탈산 정련 작용을 한다.
④ 합금 원소를 첨가한다.

해설 스패터 발생을 적게 하며, 전기절연 작용을 하고, 아크(arc)를 안정하게 한다.

27 부하 전류가 변화하여도 단자 전압은 거의 변하지 않는 특성은?

① 수하 특성　② 정전류 특성
③ 정전압 특성　④ 전기 저항 특성

해설
• 수하 특성 : 부하 전류가 증가하면 단자전압이 감소하는 특성
• 정전류 특성 : 수하 특성의 전원 특성 곡선에 있어서 작동점 부근의 경사가 급격한 부분의 특성

28 용접기의 명판에 사용률이 40%로 표시되어 있을 때 다음 설명으로 옳은 것은?

① 아크 발생 시간이 40%이다.
② 휴지 시간이 40%이다.

정답　21.③　22.④　23.③　24.④　25.④　26.②　27.③　28.①

③ 아크 발생 시간이 60%이다.
④ 휴지 시간이 4분이다.

29 포금의 주성분에 대한 설명으로 옳은 것은?
① 구리에 8~12% Zn을 함유한 합금이다.
② 구리에 8~12% Sn을 함유한 합금이다.
③ 6 : 4 황동에 1% Pb을 함유한 합금이다.
④ 7 : 3 황동에 1% Mg을 함유한 합금이다.

30 다음 중 피절삭성이 양호하여 고속절삭에 적합한 강으로 일반 탄소강보다 P, S의 함유량을 많게 하거나 Pb, Se, Zr 등을 첨가하여 제조한 강은?
① 쾌삭강   ② 레일강
③ 선재용 탄소강   ④ 스프링강

31 스테인리스강을 TIG 용접할 때 적합한 극성은?
① DCSP   ② DCRP
③ AC   ④ ACRP

해설 스테인리스강이나 탄소강은 직류 정극성을 사용하며, Al 합금 등은 고주파 중첩 교류를 사용한다.

32 피복 아크용접 작업시 전격에 대한 주의 사항으로 틀린 것은?
① 무부하 전압이 필요 이상으로 높은 용접기는 사용하지 않는다.
② 전격을 받은 사람을 발견했을 때는 즉시 스위치를 꺼야 한다.
③ 작업 종료시 또는 장시간 작업을 중지할 때는 반드시 용접기의 스위치를 끄도록 한다.
④ 낮은 전압에서는 주의하지 않아도 되며, 습기찬 구두는 착용해도 된다.

33 직류 아크용접의 설명 중 옳은 것은?
① 용접봉을 양극, 모재를 음극에 연결하는 경우를 정극성이라고 한다.
② 역극성은 용입이 깊다.
③ 역극성은 두꺼운 판의 용접에 적합하다.
④ 정극성은 용접 비드의 폭이 좁다.

해설 직류 역극성은 모재를 -극에 연결한 경우이며, 비드폭이 넓고 용입이 얕으므로 박판 용접, 청정작용이 있어 Al, Mg 합금 용접에 적합하며, 직류 정극성은 역극성의 반대이다.

34 다음 중 수중 절단에 가장 적합한 가스로 짝지어진 것은?
① 산소 - 수소 가스
② 산소 - 이산화탄소 가스
③ 산소 - 암모니아 가스
④ 산소 - 헬륨 가스

35 피복 아크용접봉 중에서 피복제 중에 석회석이나 형석을 주성분으로 하고 피복제에서 발생하는 수소량이 적어 인성이 좋은 용착금속을 얻을 수 있는 용접봉은?
① 일미나이트계(E 4301)
② 고셀룰로스계(E 4311)
③ 고산화티탄계(E 4313)
④ 저수소계(E 4316)

해설 고셀룰로스계는 셀룰로스를 30% 이상 함유한 것으로 주로 배관용에 사용된다.

정답 29.② 30.① 31.① 32.④ 33.④ 34.① 35.④

36 피복 아크용접봉의 간접 작업성에 해당되는 것은?

① 부착 슬래그의 박리성
② 용접봉 용융 상태
③ 아크 상태
④ 스패터

37 용접작업시 전격방지를 위한 구비 사항 중 맞지 않는 것은?

① 안전한 홀더 및 보호구를 사용한다.
② 구급처치로 전격가사 상태의 사람을 발견하였을 때는 우선 물을 부어 정신이 들게 한다.
③ 스위치의 개폐는 지정한 방법으로 하고, 절대로 젖은 손으로 개폐하지 않는다.
④ 협소한 장소에서는 용접공의 몸이 열기로 인하여 땀에 젖어있을 때가 많으므로 신체가 노출되지 않도록 한다.

38 피복 아크용접봉의 심선의 재질로서 적당한 것은?

① 고탄소 림드강   ② 고속도강
③ 저탄소 림드강   ④ 반연강

39 가스절단에서 양호한 절단면을 얻기 위한 조건으로 틀린 것은? ★★★★

① 드래그(drag)가 가능한 클 것
② 드래그(drag)의 홈이 낮고 노치가 없을 것
③ 슬래그 이탈이 양호할 것
④ 절단면 표면의 각이 예리할 것

해설 ②, ③, ④ 외에 절단면이 평활하며 노치 등이 없을 것

40 용접기의 2차 무부하 전압을 20~30V로 유지하고, 용접 중 전격 재해를 방지하기 위해 설치하는 용접기의 부속 장치는?

① 과부하방지 장치
② 전격 방지 장치
③ 원격 제어 장치
④ 고주파 발생 장치

해설 고주파 발생 장치 : TIG 용접 등에서 순간적으로 약 3000V에 약전류를 통전해 전극봉을 접촉시키지 않고도 아크를 발생시킬 수 있으며, 교류에서 아크를 안정시키는 역할을 한다.

41 다음 입체도의 화살표 방향 투상도로 가장 적합한 것은?

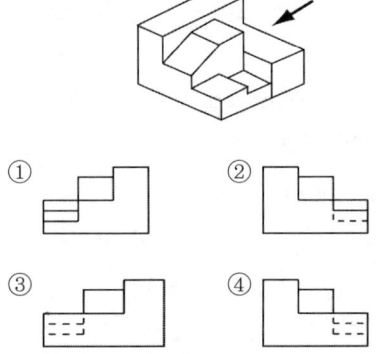

42 다음 그림과 같은 용접방법 표시로 맞는 것은?

① 현장 용접   ② 현장 전방위 용접
③ 수직 용접   ④ 공장 전둘레 용접

해설 용접기호 표시에서 기선(수평선)과 지시선 교차점에 붙인 깃발은 현장 용접을 의미한다.

정답 36.① 37.② 38.③ 39.① 40.② 41.③ 42.②

43 다음 그림은 용접이음을 나타낸 것이다. 모서리 이음에 속하는 것은?

 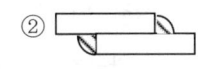

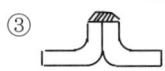

[해설] ② : 겹치기 이음, ③ : 플레어 V형이음,

44 다음 중 리벳용 원형강의 KS 기호는?
① SV ② SC
③ SB ④ PW

[해설] SC : 주강

45 대상물의 일부를 떼어낸 경계를 표시하는데 사용하는 선의 굵기는?
① 굵은 실선
② 가는 실선
③ 아주 굵은 실선
④ 아주 가는 실선

46 다음 겨냥도를 화살표 방향으로 투상한 도면으로 가장 적당한 것은?

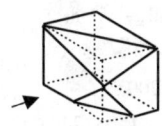

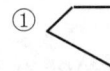

47 제3각법에 대하여 설명한 것으로 틀린 것은?
① 저면도는 정면도 밑에 도시한다.
② 평면도는 정면도의 상부에 도시한다.
③ 좌측면도는 정면도의 좌측에 도시한다.
④ 우측면도는 평면도의 우측에 도시한다.

[해설] 우측면도는 정면도 우측에 도시한다.

48 다음 치수 표현 중에서 구의 지름을 의미하는 것은?
① (24) ② t=24
③ S∅24 ④ □24

[해설] • (24) : 참고 치수 • t : 판두께
• □24 : 가로 세로 길이 24mm

49 구멍에 끼워 맞추기 위한 구멍, 볼트, 리벳의 기호 표시에서 현장에서 드릴가공 및 끼워맞춤을 하고 양쪽 면에 카운터 싱크가 있는 기호는?

① 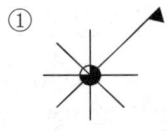 ②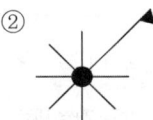

③ 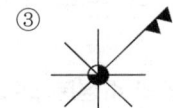 ④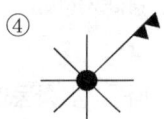

50 도면을 용도에 따른 분류와 내용에 따른 분류로 구분할 때 다음 중 내용에 따라 분류한 도면인 것은?
① 제작도 ② 주문도
③ 견적도 ④ 부품도

[해설] • 도면을 내용에 따라 분류 : 조립도, 기초도, 배치도, 배근도, 장치도, 스케치도
• 용도에 따라 분류 : 계획도, 제작도, 주문도, 승인도, 견적도, 설명도

[정답] 43.① 44.① 45.② 46.② 47.④ 48.③ 49.④ 50.④

51 Al-Cu-Si 합금으로 실리콘(Si)을 넣어 주조성을 개선하고 Cu를 첨가하여 절삭성을 좋게 한 알루미늄 합금으로 시효경화성이 있는 합금은?

① Y합금   ② 라우탈
③ 코비탈륨   ④ 로-엑스 합금

52 주철 중 구상 흑연과 편상 흑연의 중간 형태의 흑연으로 형성된 조직을 갖는 주철은?

① CV 주철
② 에시큘러 주철
③ 니크로 실라 주철
④ 미하나이트 주철

53 연질 자성 재료에 해당하는 것은?

① 페라이트 자석   ② 알니코 자석
③ 네오디뮴 자석   ④ 퍼멀로이

> 해설 연질 자성재료 : 퍼멀로이, 센더스터
> 경질 자성재료 : 페라이트, 알니코, 희토류계

54 다음 중 황동과 청동의 주성분으로 옳은 것은? ★★

① 황동 : Cu + Pb, 청동 : Cu + Sb
② 황동 : Cu + Sn, 청동 : Cu + Zn
③ 황동 : Cu + Sb, 청동 : Cu + Pb
④ 황동 : Cu + Zn, 청동 : Cu + Sn

> 해설 황동은 구리에 아연을, 청동은 주석을 넣은 것을 말하나, 청동은 아연 이외의 원소를 함유한 것

55 다음 중 비철 금속에서 나타나는 시효경화(석출 경화) 현상에 관한 설명으로 옳은 것은?

① 담금질된 재료를 160도 정도로 가열하여 시효경화를 촉진시키는 것을 자연 시효라 한다.
② 공랭 실린더 헤드 및 피스톤 등에 사용되는 Y합금은 시효경화성이 없는 합금이다.
③ 시효경화의 원인은 고용체의 용해도가 온도의 변화에 따라 심하게 변화하는 것에 기인한다.
④ 석출경화가 일어나지 않는 합금의 대표적인 것은 구리-알루미늄계의 두랄루민이다.

> 해설 시효 경화 : 시간의 경과에 따라 합금의 성질이 변화하는 것이다. 일종의 석출물 집합체(G.P-Zone, Guinier Preston Zone) 대에 의한 경화는 강도는 높아지고, 점성 강도는 저하되지 않는 특성을 가지고 있다.

56 다음 중 재결정 온도가 가장 낮은 금속은?

① Al   ② Cu
③ Ni   ④ Zn

> 해설
> • 알루미늄 : 150℃
> • 철 : 350~450℃
> • 금 : 200℃
> • 구리 : 150~240℃

57 다음 중 상온에서 구리(Cu)의 결정격자 형태는?

① HCT   ② BCC
③ FCC   ④ CPH

> 해설
> • FCC(면심입방격자) : Cu, Ni, Al, Ag, Au, γ철
> • BCC(세심입방격자) : W, Cr, Co, V, α철

정답 51.② 52.① 53.④ 54.④ 55.③ 56.④ 57.③

58 Ni-Fe 합금으로서 불변강이라 부르는 합금이 아닌 것은?

① 인바 ② 모넬메탈
③ 엘린바 ④ 슈퍼인바

해설 모넬메탈
Cu + Ni 65~70% 함유, 내열성, 내식성, 내마멸성, 연신률이 크다. 터빈날개, 펌프임펠러 등에 사용

59 다음 중 Fe-C 평형 상태도에 대한 설명으로 옳은 것은?

① 공정점의 온도는 약 723℃이다.
② 포정점은 약 4.30%C를 함유한 점이다.
③ 공석점은 약 0.8%C를 함유한 점이다.
④ 순철의 자기변태 온도는 210℃이다.

해설 Fe-C 상태도에서 공정점은 4.3%C, 1130℃이며, 순철의 자기변태점은 768

60 고주파 담금질의 특징을 설명한 것 중 옳은 것은?

① 직접 가열하므로 열효율이 높다.
② 열처리 불량은 적으나 변형 보정이 항상 필요하다.
③ 열처리 후의 연삭 과정을 생략 또는 단축시킬 수 없다.
④ 간접 부분 담금질로 원하는 깊이만큼 경화하기 힘들다.

해설 고주파 담금질 : 원하는 깊이로 경화가 가능하며, 변형이 적으며, 열처리 후 연삭을 생략할 수 있다.

정답 58.② 59.③ 60.①

2015 제2회 이산화탄소가스아크용접기능사/ 가스텅스텐아크용접기능사 기출문제

2015년 4월 4일 시행

01 용접 결함 중 치수상 결함에 해당하는 변형, 치수불량, 형상불량에 대한 방지 대책과 가장 거리가 먼 것은?

① 역변형법 적용이나 지그를 사용한다.
② 습기, 이물질 제거 등 용접부를 깨끗이 한다.
③ 용접 전이나 시공 중에 올바른 시공법을 적용한다.
④ 용접조건과 자세, 운봉법을 적정하게 한다.

해설 ②항은 습기에 의한 기공, 이물질 등에 의한 슬래그나 비금속물질 혼입 등의 구조상 결함과 관계되는 항이다.

02 TIG용접에 사용되는 전극봉의 조건으로 틀린 것은?

① 고용융점의 금속
② 전자 방출이 잘되는 금속
③ 전기 저항률이 높(많)은 금속
④ 열 전도성이 좋은 금속

해설 TIG 용접용 전극으로 전기 저항이 많으면 전극의 발열이 높아져 전극 소손이 높아진다.
TIG 용접에서의 전극의 조건 : ①, ②, ④ 외에 전기 저항률이 낮은 금속일 것

03 철도 레일 이음 용접에 적합한 용접법은?

① 테르밋 용접
② 서브머지드 용접
③ 스터드 용접
④ 그래비티 및 오토콘 용접

해설 그래비티 용접이나 오토콘 용접은 피복 아크용접법의 하나로 피더에 철분계 용접봉을 장착하여 수평 필릿용접 전용으로 하는 일종의 반자동 용접 장치, 한명이 3~4대를 관리할 수 있다. 요즘은 거의 사용하지 않음

04 통행과 운반 관련 안전조치로 가장 거리가 먼 것은?

① 뛰지 말 것이며 한 눈을 팔거나 주머니에 손을 넣고 걷지 말 것
② 기계와 다른 시설물과의 사이의 통행로 폭은 30cm 이상으로 할 것
③ 운반차는 규정 속도를 지키고 운반시 시야를 가리지 않게 할 것
④ 통행로와 운반차, 기타 시설물에는 안전 표지색을 이용한 안전표지를 할 것

해설 통행로의 폭은 80cm 이상으로 해야 된다.

05 플라즈마 아크의 종류 중 모재가 전도성 물질이어야 하며, 열효율이 높은 아크는?

① 이행형 아크   ② 비이행형 아크
③ 중간형 아크   ④ 피복 아크

해설 이행형 플라즈마 : 2차측 전기의 연결이 토치와 모재를 연결하는 형이므로, 모재는 전기가 통하는 물질이어야 된다.

정답 01.② 02.③ 03.① 04.② 05.①

06 TIG 용접에서 전극봉은 세라믹 노즐의 끝에서부터 몇 mm 정도 돌출시키는 것이 가장 적당한가?

① 1~2mm ② 3~6mm
③ 7~9mm ④ 10~12mm

해설 TIG 용접에서 노즐에서 텅스텐 전극의 돌출 길이는 이음부의 형상에 따라 다르며, 모서리 용접의 경우 1.5~2mm, 평판 맞대기 용접 등에서는 3~4mm, 필릿용접에서는 4~6mm로 한다.

07 다음 파괴시험 방법 중 충격시험 방법은?

① 전단시험
② 샤르피시험
③ 크리프시험
④ 응력부식 균열시험

해설 충격 시험의 종류에는 샤르피식과 아이죠드식이 있으며, 샤르피식은 시험편을 단순보 상태로 놓고 팬듈롬 해머로 충격을 주어 충격치를 측정하며, 아이죠드식은 내다지보 상태로 놓고 시험한다.

08 용접부 외부에서 주어지는 열량을 용접입열(weld heat input)이라 한다. 용접입열은 어떤 이음을 위하여 충분해야 한다. 만일 용접입열이 충분하지 못하여 일어나는 현상으로 맞는 것은?

① 균열(crack) ② 언더컷(under-cut)
③ 용융불량   ④ 변형(warpage)

09 레이저 빔 용접에 사용되는 레이저의 종류가 아닌 것은?

① 고체 레이저 ② 액체 레이저
③ 기체 레이저 ④ 펄스반사법

해설 펄스 반사법은 초음파 검사법의 일종이다.

10 다음 중 저탄소강의 용접에 관한 설명으로 틀린 것은?

① 용접 균열의 발생 위험이 크기 때문에 용접이 비교적 어렵고, 용접법의 적용에 제한이 있다.
② 피복 아크용접의 경우 피복아크용접봉은 모재와 강도 수준이 비슷한 것을 선정하는 것이 바람직하다.
③ 판의 두께가 두껍고 구속이 큰 경우에는 저수소계 계통의 용접봉이 사용된다.
④ 두께가 두꺼운 강재일 경우 적절한 예열을 할 필요가 있다.

해설 저탄소강은 고온으로 가열되었다가 급랭되어도 경화될 우려가 적으므로 탄소강 중에서 가장 용접이 쉽다.

11 용접(피복 아크용접) 후 실시하는 비파괴 검사방법이 아닌 것은? ★★★

① 자분 탐상법
② 피로 시험법
③ 침투 탐상법
④ 방사선 투과 검사법

해설 파괴 시험의 종류 : 충격 시험, 경도 시험, 인장강도 시험, 피로시험(동적 시험)

12 다음 중 용접이음에 대한 설명으로 틀린 것은?

① 필릿용접에서는 형상이 일정하고, 미용착부가 없어 응력 분포상태가 단순하다.
② 맞대기 용접이음에서 시점과 크레이터 부분에서는 비드가 급랭하여 결함을 일으키기 쉽다.
③ 전면 필릿용접이란 용접선의 방향이 하중의 방향과 거의 직각인 필릿용접

정답 06.② 07.② 08.③ 09.④ 10.① 11.② 12.①

을 말한다.
④ 겹치기 필릿용접에서는 루트부에 응력이 집중되기 때문에 보통 맞대기 이음에 비하여 피로강도가 낮다.

[해설] 필릿용접부는 미용착부가 있어 응력 분포 상태가 복잡하고 응력 집중이 생기기 쉽다.

13 변형과 잔류응력을 최소로 해야 할 경우 사용되는 용착법으로 가장 적합한 것은? ★★

① 후진법 ② 전진법
③ 스킵법 ④ 덧살 올림법

[해설] 보기 중 스킵법이 가장 변형과 잔류 응력이 최소가 되는 용착법이다. 스킵법 < 후진법 < 전진법 < 덧살 올림법

14 이산화탄소 용접에 사용되는 복합 와이어(flux cored wire)의 구조에 따른 종류가 아닌 것은? ★★

① 아코스 와이어 ② T관상 와이어
③ Y관상 와이어 ④ S관상 와이어

[해설] 복합 와이어 구조에 T관상 구조의 와이어는 없다.

15 용접입열의 몇%가 모재에 흡수되어 있는가 하는 비율을 무엇이라 하는가?

① 전도율 ② 온도 확산률
③ 열효율 ④ 용착효율

16 다음 중 용접 결함에서 구조상 결함에 속하는 것은?

① 기공 ② 인장강도의 부족
③ 변형 ④ 화학적 성질 부족

[해설] 구조상 용접 결함 : 기공, 언더컷, 오버랩, 슬래그 섞임, 용입불량, 균열 등
③ : 치수상 결함, ②, ④ : 성질상 결함

17 다음 TIG 용접에 대한 설명 중 틀린 것은?

① 박판 용접에 적합한 용접법이다.
② 교류나 직류가 사용된다.
③ 비소모식 불활성 가스 아크용접법이다.
④ 전극봉은 연강봉이다.

[해설] TIG 용접은 텅스텐 전극을 사용하여 아크를 발생하는 비소모식 용접법이다.

18 아르곤(Ar) 가스는 1기압 하에서 6500(L) 용기에 몇 기압으로 충전하는가?

① 100기압 ② 120기압
③ 140기압 ④ 160기압

19 불활성 가스 텅스텐(TIG) 아크용접에서 용착금속의 용락을 방지하고 용착부 뒷면의 용착금속을 보호하는 것은?

① 지그(zig)
② 포지셔너(psitioner)
③ 뒷받침(backing)
④ 엔드탭(end tap)

[해설] 뒷받침은 TIG 용접뿐만 아니라 다른 용접법에서도 이면 비드의 용락을 방지하고, 공기와의 접촉을 막기 위해 사용하는 것으로 금속 또는 세라믹, 용제 등을 사용한다.

20 구리 합금 용접 시험편을 현미경 시험할 경우 시험용 부식재로 주로 사용되는 것은?

① 왕수 ② 피크린산
③ 수산화나트륨 ④ 염화철액

[해설] 피크린산은 철강용 부식재이다.

정답 13.③ 14.② 15.③ 16.① 17.④ 18.③ 19.③ 20.④

21 용접이음의 기본형식이 아닌 것은?

① 맞대기 이음(butt joint)
② 겹치기 이음(lap joint)
③ 변두리 이음(edge joint)
④ 위보기 이음(over head joint)

해설 위보기 이음은 자세별 이음을 뜻한다. 기본 이음은 ①, ②, ③과 필릿 이음, 모서리 이음, 플러그 이음 등이 있다.

22 다음 용착법 중 다층 쌓기 방법인 것은?

① 전진법   ② 대칭법
③ 스킵법   ④ 케스케이드법

해설 • 케스케이드법 : 한 부분의 몇 층을 용접하다가 이것을 다른 부분의 층으로 연속시켜 전체가 계단형태의 단계를 이루도록 용착시켜 나가는 방법으로 다층쌓기의 일종이다.

23 다음 중 두께 20mm인 강판을 가스절단 하였을 때 드래그(drag)의 길이가 5mm 이었다면 드래그 양은 몇 %인가? ★★

① 5   ② 20
③ 25   ④ 100

해설 드래그 길이(%) = $\dfrac{\text{드래그 길이}}{\text{판 두께}} \times 100$

∴ $\dfrac{5}{20} \times 100 = 25\%$

24 가스절단에 사용되는 가스 중 불꽃 온도가 가장 높은 가연성 가스는?

① 아세틸렌   ② 메탄
③ 부탄   ④ 천연가스

해설 가스별 불꽃 온도
아세틸렌 : 3430℃, 메탄 : 2700℃

25 E7016(저수소계) 용접봉을 사용하기 전 반드시 건조를 시켜 사용하는 것을 원칙으로 하며 불충분한 건조로 인해 용접부에 일어날 수 있는 항목들을 열거하였다. 다음 중 맞는 것은?

① 크랙(crack). 불로우홀(blow hole)
② 오버랩(over lap). 불로우홀(blow hole)
③ 언더컷(undercut). 크랙(crack)
④ 언더컷(undercut). 오버랩(over lap)

해설 저수소계 피복봉은 인성이 좋아 균열의 우려가 있는 곳에 사용되며, 건조를 하여 수분을 완전 없앤 후 사용하기 때문에 기공 발생이 적게 된다.

26 가스절단시 절단면에 일정한 간격의 곡선이 진행방향으로 나타나는데 이것을 무엇이라 하는가?

① 슬래그(slag)   ② 태핑(tapping)
③ 드래그(drag)   ④ 가우징(gouging)

27 플라즈마 아크 절단에서 알루미늄 등 경금속의 동작가스로 사용되는 혼합가스는?

① 헬륨과 수소   ② 질소와 수소
③ 아르곤과 수소 ④ 네온과 수소

28 용해 아세틸렌 용기 취급시 주의사항으로 틀린 것은?

① 아세틸렌 충전구가 동결시는 50℃ 이상의 온수로 녹여야 한다.
② 저장 장소는 통풍이 잘 되어야 한다.
③ 용기는 반드시 캡을 씌워 보관한다.
④ 용기는 진동이나 충격을 가하지 말고 신중히 취급해야 한다.

해설 동결된 용해 아세틸렌 가스 용기는 35℃ 이하의 온수로 녹인다.

정답 21.④ 22.④ 23.③ 24.① 25.① 26.③ 27.③ 28.①

29 불활성가스 유량 조정기의 설치는 어떤 방법으로 설치해야 안전한가?

① 유량계는 관찰이 쉽도록 수직에서 45° 경사지게 설치하다.
② 유량 눈금관이 수평되게 설치한다.
③ 유량계 눈금판 상태는 관계없이 누설이 없도록 단단히 고정한다.
④ 유량 눈금관이 수직되게 설치한다.

30 용접 용어와 그 설명이 바르게 연결된 것은?

① 용가재 : 용착금속 중 기공의 밀집한 정도
② 용융풀 : 아크열에 의해 용융된 깊이
③ 슬래그 : 용접봉이 용융지에 녹아 들어간 비금속 물질
④ 용입 : 중단되지 않은 용접의 시발점 및 크레이터를 제외한 부분의 길이

31 직류아크용접에서 용접봉을 용접기의 음(-)극에, 모재를 양(+)극에 연결한 경우의 극성은? ★★★★

① 직류 정극성 ② 직류 역극성
③ 용극성 ④ 비용극성

해설 극성
모재를 기준으로 모재가 +이면 직류 정극성(DCSP), 모재가 -이면 직류 역극성(DCRP)이라 한다.

32 강제 표면의 흠이나 개재물, 탈탄층 등을 제거하기 위하여 얇고 타원형 모양으로 표면을 깎아내는 가공법은?

① 산소창 절단 ② 스카핑
③ 탄소아크 절단 ④ 가우징

33 가동 철심형 교류 아크용접기에 관한 설명으로 틀린 것은? ★★

① 교류 아크용접기의 종류에서 현재 가장 많이 사용하고 있다.
② 용접 작업 중 가동철심의 진동으로 소음이 발생할 수 있다.
③ 가동철심을 움직여 누설자속을 변동시켜 전류를 조정한다.
④ 광범위한 전류조정이 쉬우나 미세한 전류 조정은 불가능 하다.

해설 가동 철심형은 철심을 움직여 누설 자속의 조정으로 전류를 조절하는 교류 용접기로 광범위한 전류 조절이 어려우나 미세 전류 조정은 가능하다

34 용접 중 전류를 측정할 때 전류계(클램프 미터)의 측정위치로 적합한 것은? ★★

① 1차측 접지선 ② 피복 아크용접봉
③ 1차측 케이블 ④ 2차측 케이블

해설 전류계를 사용하여 전류 측정시 2차측 케이블의 하나를 클램프 사이에 끼우고 아크를 발생하며 전류를 측정한다.

35 저수소계 용접봉은 용접시점에서 기공이 생기기 쉬운데 해결방법으로 가장 적당한 것은?

① 후진법 사용
② 용접봉 끝에 페인트 도색
③ 아크길이를 길게 사용
④ 접지점을 용접부에 가깝게 물림

해설 후진법은 수직상태에서 용접봉을 진행방향으로 기울여 용융지가 진행방향 반대 부분에 형성되는 운봉법으로 용접봉에 가려져 진행 방향이 잘 보이지 않는 단점이 있으나 스패터가 앞서지 않으며, 용입이 깊어진다.

정답 29.④ 30.③ 31.① 32.② 33.④ 34.④ 35.①

36 원자수소 용접에 사용되는 홀더의 전극으로 적당한 것은?
① 탄소봉　② 맨 와이어
③ 복합 와이어　④ 텅스텐봉

37 피복 아크용접용 기구에 해당되지 않는 것은?
① 옵셋 플래시　② 용접봉 홀더
③ 접지 클램프　④ 전극 케이블

38 주철의 용접시 예열 및 후열 온도는 얼마 정도가 가장 적당한가?
① 100~200℃　② 300~400℃
③ 500~600℃　④ 700~800℃

39 융점이 높은 코발트(Co) 분말과 1~5 μm 정도의 세라믹, 탄화 텅스텐 등의 입자들을 배합하여 확산과 소결 공정을 거쳐서 분말 야금법으로 입자강화 금속 복합재료를 제조한 것은?
① FRP
② FRS
③ 서멧(cermet)
④ 진공청정구리(OFHC)

40 황동에 납(Pb)을 첨가하여 절삭성을 좋게 한 황동으로 스크류, 시계용 기어 등의 정밀가공에 사용되는 합금은?
① 리드 브라스(lead brass)
② 문쯔 메탈(munts metal)
③ 틴 브라스(tin brass)
④ 실루민(silumin)

해설 • 문쯔 메탈 : 60%Cu + 40% Zn 합금

• 실루민 : Al-Si계 내열합금
• tin brass : 에드미럴티 황동이나 네이벌 브레스 등을 말한다.

41 탄소강에 함유된 원소 중에서 고온 메짐(hot shortness)의 원인이 되는 것은?
① Si　② Mn
③ P　④ S

해설 황(S)은 철과 결합하면 유화철(FeS)이 되며 용융점이 980℃ 정도로 낮아지며 열처리나 고온가공 시 유화철 부분이 거의 용융점가까이 가열되었다가 냉각시 수축하면서 가장 융점이 낮은 부분이 갈라지는 현상이 생길 수 있다.

42 금속조직에서 펄라이트 중의 층상 시멘타이트가 그대로 존재하면 기계 가공성이 나빠지기 때문에 A1 변태점 부근온도 (650 ~ 700℃)에서 일정시간 가열 후 서냉시켜 가공성을 양호하게 하는 방법은?
① 마템퍼　② 구상화 풀림
③ 담금질　④ 저온 뜨임

해설 구상화 풀림 : 절삭 가공이나 소성가공의 가공성을 향상시키기 위해서 A1 변태점 부근 온도(650 ~ 700℃)에서 일정시간 가열 후 서냉시켜 가공성을 양호하게 하는 열처리 방법.

43 재료 표면상에 일정한 높이로부터 낙하시킨 추가 반발하여 튀어 오르는 높이로부터 경도값을 구하는 경도기는?
① 쇼어 경도기　② 로크웰 경도기
③ 비커즈 경도기　④ 브리넬 경도기

해설
• 로크웰 경도기 : 1.588mm 강구나, 120° 꼭지각을 갖는 다이어몬드 추를 시험체에 일정 하중으로 압입하여 경도 측정
• 비커즈 경도 : 136° 대면각을 갖는 다이어몬드 압입자를 1~120kgf 하중으로 압입하여 경도 측정

정답 36.④ 37.① 38.③ 39.③ 40.① 41.④ 42.② 43.①

44 Fe-C 평형 상태도에서 나타날 수 없는 반응은?

① 포정 반응 ② 편정 반응
③ 공석 반응 ④ 공정 반응

해설
- 포정 반응 : E(용액) + G(α고용체) ⇌ F(β고용체), 1492℃, 0.1%C 부분에서 일어난다.
- 공정 반응 : 1130℃, 4.3%C 부분에서 용액에서 2개의 고체가 정출하는 반응이며, 레데브라이트 조직이 생긴다.
- 공석 반응 : 723℃, 0.8%C 부분에서 고체에서 두 개의 고체가 석출하는 반응이며, 펄라이트 조직이 생긴다.

45 강의 담금질 깊이를 깊게 하고 크리프 저항과 내식성을 증가시키며 뜨임 메짐을 방지하는데 효과가 있는 합금 원소는?

① Mo ② Ni
③ Cr ④ Si

해설
- Ni : 강도, 인성, 저온 충격 저항성의 증가, 내열성 향상
- Cr : 내식성, 내열성, 내마모성을 향상
- Si : 전자기 특성과 내열성을 증가

46 2~10%Sn, 0.6%P 이하의 합금이 사용되며 탄성률이 높아 스프링 재료로 가장 적합한 청동은?

① 알루미늄 청동 ② 망간 청동
③ 니켈 청동   ④ 인청동

47 알루미늄 합금 중 대표적인 단련용 Al합금(고강도 Al 합금)으로 주요성분이 Al-Cu-Mg-Mn인 것은? ★★

① 알민   ② 알드레리
③ 두랄루민 ④ 하이드로날륨

해설 하이드로날륨(마그날륨) : 두랄루민의 내식성을 향상시키기 위해 Al에 6% Mg 이하를 첨가한 Al-Mg계 대표적인 합금, 내식성, 고온 강도, 절삭성, 연신률이 우수함

48 인장시험에서 표점거리가 50mm의 시험편을 시험 후 절단된 표점거리를 측정하였더니 65mm가 되었다. 이 시험편의 연신률은 얼마인가?

① 20% ② 23%
③ 30% ④ 33%

해설
$$연신률 = \frac{늘어난\ 길이 - 표점\ 거리}{표점거리} \times 100$$
$$\therefore \frac{65-50}{50} \times 100 = 30\%$$

49 면심 입방 격자 구조를 갖는 금속은?

① Cr ② Cu
③ Fe ④ Mo

해설
- 면심 입방 격자의 종류 : Ni, Cu, Al, Ap, Au, γ철 등
- 체심 입방 격자의 종류 : Mo, W, Cr, V, α철, δ철

50 노멀라이징(normalizing) 열처리의 목적으로 옳은 것은?

① 연화를 목적으로 한다.
② 경도 향상을 목적으로 한다.
③ 인성부여를 목적으로 한다.
④ 재료의 표준화를 목적으로 한다.

해설
① 풀림의 목적
② 담금질의 목적
③ 담금질한 강의 인성 부여를 위한 뜨임의 목적

정답 44.② 45.① 46.④ 47.③ 48.③ 49.② 50.④

51 물체를 수직단면으로 절단하여 그림과 같이 조합하여 그릴 수 있는데, 이러한 단면도를 무슨 단면도라고 하는가?

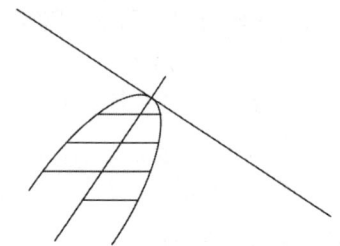

① 온 단면도　② 한쪽 단면도
③ 부분 단면도　④ 회전도시 단면도

52 단(구, 일)개선형 맞대기 용접의 기호로 맞는 것은?

① 　②
③ 　④

해설 ① 단면 V형, ③ 에지 플랜지형 용접, ④ 점(spot) 용접 기호

53 공작물을 화살표 방향에서 보았을 때 올바르게 도시한 것은 어느 것인가?

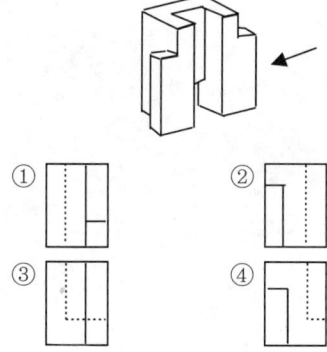

54 치수선상에서 인출선을 표시하는 방법으로 옳은 것은?

① 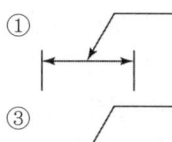　②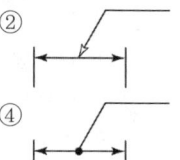
③ 　④

55 KS 재료기호 "SM10C"에서 10C는 무엇을 뜻하는가? ★★★★

① 일련 번호　② 항복점
③ 탄소 함유량　④ 최저 인장강도

해설 재료기호 뒤에 숫자와 C가 붙으면 탄소 함유량을 뜻하며, 실제 탄소 함유량×100을 한 것으로 0.05~0.15%C의 탄소 함유강, 즉, 0.1%C의 기계 구조용강을 뜻한다.을 말한다.
S는 강(steel), M은 기계(machine)를 뜻한다.
C가 붙지 않고 SS275A 등으로 나타낸 것은 최저 항복강도 $275N/mm^2$(최저 인장강도 $41kgf/mm^2$, $400N/mm^2$)의 일반 구조용강을 뜻한다.

56 그림과 같이 정투상도의 제3각법으로 나타낸 정면도와 우측면도를 보고 평면도를 올바르게 도시한 것은?

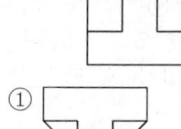

① 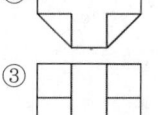　②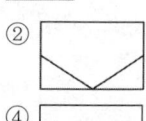
③ 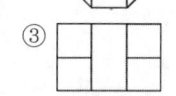　④

해설 입체도 모양

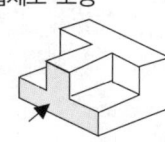

정답　51.④　52.②　53.④　54.③　55.③　56.④

57 나사의 도시법에 대한 설명으로 틀린 것은?

① 불완전 나사부는 기능상 필요한 경우 경사된 굵은 실선으로 그린다.
② 수나사와 암나사의 골을 표시하는 선은 가는 실선으로 그린다.
③ 수나사에서 완전 나사부와 불완전 나사부의 경계선은 굵은 실선으로 그린다.
④ 수나사와 암나사의 측면 도시에서 각각의 골 지름은 가는 실선으로 약 3/4의 원으로 그린다.

해설 ▶ 불완전 나사부는 기능상 필요한 경우 경사된 가는 실선으로 그린다.

58 일반적으로 시중에서 판매되는 것을 사용하기 때문에 그 모양이나 치수를 부품도에서 도시하지 않고 부품표에 호칭을 문자 등으로 표시하는 표준 부품만으로 되어있는 것은?

① 볼트, 핀, 기어, 체인
② 볼트, 와셔, 핀, 구름 베어링
③ 와셔, 핀, 풀리, 벨트
④ 작은 나사, 기어, 커플링, 축

해설 ▶ KS 규격에 의해 제작되어 시판되는 부품의 경우 별도로 도면을 작성하지 않고 호칭이나 기호 규격 등으로 부품표에 표시하면 된다.

59 다음 중 선의 종류와 용도에 의한 명칭 연결이 틀린 것은?

① 가는 1점 쇄선 : 무게 중심선
② 굵은 1점 쇄선 : 특수 지정선
③ 가는 실선 : 중심선
④ 아주 굵은 실선 : 특수한 용도의 선

해설 ▶ 가는 1점 쇄선의 용도 : 중심선, 피치선

60 다음 중 원기둥의 전개에 가장 적합한 전개도법은? ★★

① 평행선 전개도법
② 방사선 전개도법
③ 삼각형 전개도법
④ 타출 전개도법

해설 ▶ 원기둥 형상은 3각자 2개나 티자와 삼각자를 사용하여 가장 간편한 평행선 전개법으로 작성하면 된다.

정답 57. ① 58. ② 59. ① 60. ①

2015 제4회 이산화탄소가스아크용접기능사/가스텅스텐아크용접기능사 기출문제

2015년 7월 19일 시행

01 허용응력이 250MPa, 안전률은 3인 용접 구조물의 인장강도는 얼마인가?

① 750MPa ② 650MPa
③ 550MPa ④ 450MPa

해설 안전률 $S = \dfrac{극한강도}{허용응력}$

∴ 인장강도 = 허용응력 × 안전률 = 250 × 3 = 750

02 용접부의 결함은 치수상 결함, 구조상 결함, 성질상 결함으로 구분된다. 구조상 결함들로 구성된 것은?

① 기공, 변형, 치수불량
② 기공, 용입불량, 용접균열
③ 언더컷, 연성부족, 표면결함
④ 표면결함, 내식성 불량, 융합불량

해설
- 치수상 결함 : 변형, 치수불량
- 성질상 결함 : 내식성 불량, 연성 부족

03 자동 금속 아크용접법으로 모재의 이음 표면에 미세한 입상모양의 용제를 공급하고, 용제 속에 연속적으로 전극 와이어를 공급하여 모재 및 전극 와이어를 용융시켜 용접부를 대기로부터 보호하면서 용접하는 것은?

① 불활성가스 아크용접
② 탄산가스 아크용접
③ 일렉트로 슬래그 용접
④ 서브머지드 아크용접

해설 서브머지드 아크용접의 루트간격은 0.8mm 이하, 루트면은 7~16mm 정도가 적당하다.

04 레이저 용접의 특징으로 틀린 것은?

① 루비 레이저와 가스 레이저의 두 종류가 있다.
② 광선이 용접의 열원이다.
③ 열영향 범위가 넓다.
④ 가스 레이저로는 주로 CO_2 가스 레이저가 사용된다.

해설 레이저 용접은 스폿경이 작고 순간적으로 고열을 발생하므로 가열 범위가 좁아 열영향부가 매우 좁다.

05 테르밋 용접에서 미세한 알루미늄분말과 산화철분말의 중량비로 가장 올바른 것은?

① 9~10 : 1 ② 7~8 : 1
③ 5~6 : 1   ④ 3~4 : 1

해설 테르밋 용접은 테르밋제로 알루미늄 분말 3~4 : 산화철분말 1의 비율로 혼합하여 로에 넣고 과산화바륨이나 마그네슘 등의 발화촉진제를 적당히 혼합하여 점화하면 강력한 화학 반응에 의해 약 2800℃로 상승하면서 용탕이 생성되며 여기에 적당한 합금제를 첨가하여 용접부에 부어 접합하는 용접법이다.

정답 01.① 02.② 03.④ 04.③ 05.④

06 용융 슬래그와 용융 금속이 용접부로부터 유출되지 않게 모재의 양측에 수랭식 동판을 대어 용융 슬래그 속에서 전극 와이어를 연속적으로 공급하여 주로 용융 슬래그의 저항열로 와이어와 모재 용접부를 용융시키는 것으로 연속 주조형식의 단층 용접법은?

① 일렉트로 슬래그 용접
② 논 가스 아크용접
③ 그래비티 용접
④ 테르밋 용접

07 맴돌이 전류를 이용하여 용접부를 비파괴 검사하는 방법으로 옳은 것은?

① 자분 탐상 검사
② 와류 탐상 검사
③ 침투 탐상 검사
④ 초음파 탐상 검사

08 화재 및 폭발의 방지 조치로 틀린 것은?

① 대기 중에 가연성 가스를 방출시키지 말 것
② 필요한 곳에 화재 진화를 위한 방화설비를 설치할 것
③ 배관에서 가연성 증기의 누출 여부를 철저히 점검할 것
④ 용접작업 부근에 점화원을 둘 것

09 가스절단에서 절단속도에 대한 설명으로 틀린 것은?

① 절단속도는 절단산소의 압력이 낮고 산소 소비량이 적을수록 정비례하여 증가한다.
② 절단속도는 예열 정도에 따라 다르다.
③ 산소 절단할 때의 절단속도는 절단산소의 분출상태와 속도에 따라 좌우된다.
④ 산소의 순도(99% 이상)가 높으면 절단속도가 빠르다.

해설 절단속도를 높이기 위해서는 절단산소의 압력과 산소 소비량을 증가시킨다.

10 점용접에서 용접점이 앵글재와 같이 용접 위치가 나쁠 때 보통 팁으로는 용접이 어려운 경우에 사용하는 전극의 종류는?

① P형 팁   ② E형 팁
③ R형 팁   ④ F형 팁

11 CO_2 용접에서 발생하는 일산화탄소와 산소 등의 가스를 제거하기 위해 사용되는 탈산제는?

① Mn   ② Ni
③ W   ④ Cu

해설 Mn은 산소와 잘 반응하므로 탈산제로 쓰이며 나머지는 합금제로 쓰인다.

12 용접부의 균열 발생의 원인 중 틀린 것은?

① 이음의 강성이 큰 경우
② 부적당한 용접봉 사용시
③ 용접부의 서냉
④ 용접전류 및 속도 과대

해설 용접부를 서냉하면 마텐사이트의 생성이 적어 경도가 낮기 때문에 균열 발생 확률이 낮아진다.

13 다음 용접 이음부 중에서 냉각속도가 가장 빠른 이음은?

① 맞대기 이음   ② 변두리 이음
③ 모서리 이음   ④ 필릿 이음

정답 06.① 07.② 08.④ 09.① 10.② 11.① 12.③ 13.④

해설 동일한 판두께의 경우 냉각 방향이 많은 이음이 냉각 속도가 빠르다. 맞대기 이음이나 모서리 이음은 냉각 방향이 크게 2방향, 필릿용접은 3방향이므로 냉각속도가 1/3 정도 더 빠르다.

14 다음 중 플라즈마 아크용접의 장점이 아닌 것은?

① 용접속도가 빠르다.
② 1층으로 용접할 수 있으므로 능률적이다.
③ 무부하 전압이 높다.
④ 각종 재료의 용접이 가능하다.

15 가스불꽃의 구성에서 높은 열(3200 ~ 3500℃)을 발생하는 부분으로 약간의 환원성을 띠게 되는 불꽃은?

① 겉불꽃   ② 불꽃심(백심)
③ 속불꽃(내염) ④ 겉불꽃 주변

해설 가스 불꽃의 구성
① 백심 : 백색 불꽃으로 온도는 1500℃ 정도이다.
② 속불꽃 : 일산화탄소와 수소가 공기 중의 산소와 결합하여 3200 ~ 3400℃ 정도의 고열을 내는 불꽃으로 주로 이 불꽃으로 용접이 이루어진다.
③ 겉불꽃 : 연소가스가 주위 공기의 산소와 결합하여 완전 연소되는 불꽃으로 2000 ℃ 정도이다.

16 가스절단에서 충전 가스의 용기 도색으로 틀린 것은?

① 산소 - 녹색   ② 탄산가스 - 백색
③ 프로판 - 회색   ④ 아세틸렌 - 황색

해설 탄산가스는 청색이다.

17 비소모성 전극봉을 사용하는 용접법은?

① MIG 용접
② TIG 용접
③ 피복아크용접
④ 서브머지드 아크용접

해설 ①, ③, ④는 소모식(용극식) 용접법이다.

18 용접봉 지름이 9mm 정도이고, 용접전류가 400A 이상인 탄소 아크용접에 가장 적합한 차광유리의 차광도 번호는?

① 10   ② 12
③ 14   ④ 8

19 공기보다 약간 무거우며 무색, 무미, 무취와 독성이 없는 불활성 가스로 용접부의 보호 능력이 우수한 가스는?

① 아르곤   ② 질소
③ 산소   ④ 수소

20 예열 방법 중 국부 예열의 가열 범위는 용접부 양쪽에 몇 mm 정도로 하는 것이 가장 적합한가?

① 0~50mm   ② 50~100mm
③ 100~150mm   ④ 150~200mm

21 수중절단 작업시 절단 산소의 압력은 공기 중에서의 몇 배 정도로 하는가?

① 1.5~2배   ② 3~4배
③ 5~6배   ④ 8~10배

해설 수중 절단의 경우 수압의 영향 때문에 대기 중에서보다 약 2배 정도 압력이 높아야 된다.

정답 14.③ 15.③ 16.② 17.② 18.③ 19.① 20.② 21.①

22 용접기의 특성 중 부하전류가 증가하면 단자전압이 저하되는 특성은?
① 수하 특성 ② 동전류 특성
③ 정전압 특성 ④ 상승 특성

해설 ③ : 전류가 증가나 감소해도 전류가 일정한 특성이며, 상승 특성은 전류가 증가하면 전압도 다소 증가하는 특성

23 다음은 절단 조건을 열거한 것이다. 관계 없는 것은?
① 재료의 성분 중 연소를 방해하는 원소가 적을 것
② 금속의 산화, 연소 온도가 그 금속의 용융온도보다 낮을 것
③ 연소에서 생긴 산화물의 용융온도가 그 금속의 용융온도보다 낮고 유동성이 있을 것
④ 산화물의 용융온도가 그 금속의 용융온도보다 높고 냉각성이 좋을 것

24 가스절단 토치 취급상 주의 사항이 아닌 것은?
① 토치를 망치나 갈고리 대용으로 사용하여서는 안된다.
② 점화되어 있는 토치를 아무 곳에나 함부로 방치하지 않는다.
③ 팁 몇 토치를 작업장 바닥이나 흙 속에 함부로 방치하지 않는다.
④ 작업 중 역류나 역화 발생시 산소의 압력을 높여서 예방한다.

해설 역류나 역화의 원인은 아세틸렌의 압력은 낮고 산소 압력이 높을 경우에 일어나게 되므로 산소 압력을 높여서는 안된다.

25 가스절단시 다이버전트 노즐(divergent nozzle)은 보통팁에 비하여 산소 소비량이 같을 때 절단속도를 몇 % 증가시킬 수 있는가?
① 20-25% ② 30-40%
③ 45-50% ④ 50-55%.

26 보기와 같이 연강을 피복아크용접봉을 표시하였다. 설명으로 틀린 것은?

─ 보기 ─
E 4 3 1 6

① E : 전기 용접봉
② 46 : 용착금속의 최저 인장강도
③ 16 : 피복제의 계통 표시
④ E4316 : 일미나이트계

해설 E4316은 저수소계이며, 일미나이트계는 E4301로 표시한다.

27 가스절단에서 고속 분출을 얻는데 가장 적합한 다이버전드 노즐은 보통의 팁에 비하여 산소 소비량이 같을 때 절단 속도를 몇 % 정도 증가시킬 수 있는가?
① 5~10% ② 10~15%
③ 20~25% ④ 30~35%

해설 다이버전트 노즐 : 산소의 분출구가 벤츄리 모양으로 되어 있는 절단팁으로, 압력을 효과적인 속도로 바꿀 수 있어 가스 가우징 등에 사용된다.

28 직류아크용접에서 정극성(DCSP)에 대한 설명으로 옳은 것은?
① 용접봉의 녹음이 느리다.
② 용입이 얕다.
③ 비드 폭이 넓다.

정답 22.① 23.④ 24.④ 25.① 26.④ 27.③ 28.①

④ 모재를 음극(-)에 용접봉을 양극(+)에 연결한다.

해설 직류 정극성은 모재가 +, 용접봉이 -인 경우이며, 모재에서 열이 약 70% 발생하므로 모재의 녹음이 빠르고 용접봉의 녹음은 느려서 좁고 깊은 용입이 얻어진다.

29 다음 중 고탄소 경강품(주강)을 이용한 부품으로 가장 적합하지 않은 것은?

① 피아노선   ② 실린더
③ 압연기   ④ 기어

해설 주강은 탄성이 적어 피아노선으로 불가함

30 알루미늄에 대한 설명으로 옳지 않은 것은?

① 비중이 2.7로 낮다.
② 용융점은 1067℃이다.
③ 전기 및 열전도율이 우수하다.
④ 고강도 합금으로 두랄루민이 있다.

해설 알루미늄의 용융점은 660℃이다.

31 용접작업의 경비를 절감시키기 위한 유의사항으로 틀린 것은?

① 용접봉의 적절한 선정
② 용접사의 작업 능률 향상
③ 용접지그를 사용하여 위보기 자세의 시공
④ 고정구를 사용하여 능률 향상

해설 용접 지그를 사용하여 가능한 한 작업 능률이 좋은 아래보기 자세로 시공해야 된다. 아래보기 자세는 위보기 자세 등 어려운 자세보다 약 30% 이상 능률이 좋다.

32 다음 중 표준 홈 용접에 있어 한쪽에서 용접으로 완전 용입을 얻고자 할 때 V형 홈 이음의 판두께로 가장 적합한 것은?

① 1~10mm   ② 5~15mm
③ 20~30mm   ④ 35~50mm

33 프로판(C_3H_8)의 성질을 설명한 것으로 틀린 것은?

① 상온에서는 기체 상태이다.
② 쉽게 기화하며 발열량이 높다.
③ 액화하기 쉽고 용기에 넣어 수송이 편리하다.
④ 온도변화에 따른 팽창률이 작다.

34 다음 중 용접기의 특성에 있어 수하특성의 역할로 가장 적합한 것은?

① 열량의 증가
② 아크의 안정
③ 아크전압의 상승
④ 개로전압의 증가

해설 수하 특성 : 전압과 전류가 반대인 특성, 즉 전압이 높으면 전류가 낮고 전압이 낮으면 전류가 높아지는 특성으로 아크 안정 측면에서 피복 아크용접, TIG 용접 등 수동 용접의 용접기에 적합하다.

35 용접기의 사용률이 40%일 때, 아크 발생 시간과 휴식시간의 합이 10분이면 아크 발생 시간은?

① 2분   ② 4분
③ 6분   ④ 8분

해설 10분 기준 사용률을 나타내므로 10분의 40%는 4분이다.

정답 29.① 30.② 31.③ 32.② 33.④ 34.② 35.②

36 폭발압접의 특징 중 옳지 않은 것은?
① 단시간 압접이므로 공기 중에서 활성금속과 접합할 수 있다.
② 이종금속의 접합이 가능하다.
③ 열영향부가 없으므로 열처리한 재료에 적합하다.
④ 작업이 간단하며 매우 안전하나 폭음이 있다.

해설 폭발 압접은 화약을 사용하므로 위험하고 큰 폭발음이 있다.

37 교류 아크용접기의 종류 중 코일과 감긴 수에 따라 전류를 조정하는 것은?
① 탭 전환형　② 가동 철심형
③ 가동 코일형　④ 기포화 리액터형

해설 요즈음은 가동 철심형이 가장 많이 쓰인다. 가동 철심형은 가동 철심이 고정철심으로 들어가 누설 자속을 작게 하면 전류가 낮아지고 가동 철심이 고정 철심에서 멀어지면 전류가 높아지는 특성이 있다.

38 피복아크용접에서 아크쏠림 방지대책이 아닌 것은? ★★★
① 접지점을 될 수 있는 대로 용접부에서 멀리 할 것
② 용접봉 끝을 아크쏠림 방향으로 기울일 것
③ 접지점 2개를 연결할 것
④ 직류용접으로 하지 말고 교류용접으로 할 것

해설 아크쏠림방지 대책 : 큰 가접부 또는 이미 용접이 끝난 용착부를 향하여 용접할 것, 용접봉 끝을 아크쏠림 반대 방향으로 기울일 것, 용접부가 긴 경우는 후퇴법으로 용접으로 할 것

39 일반적으로 탄소 함유량이 증가함에 따라 용접성이 불량해지는데 그 이유로 틀린 것은?
① 탄소강의 인성과 전성이 증가하여 용접성이 불량해진다.
② 질량효과가 낮아지므로 경화 현상이 증가한다.
③ 경화도중에 균열 발생 우려가 있다.
④ 고온에서 내식성과 내산화성이 불량하다

40 용접봉을 여러 가지 방법으로 움직여 비드를 형상하는 것을 운봉법이라 하는데, 위빙 비드 운봉 폭은 심선 지름의 몇 배가 적당한가? ★★
① 0.5~2배　② 2~3배
③ 4~5배　④ 6~7배

해설 피복 아크용접시 위빙 운봉폭 : 일반적으로 용접봉 심선 지름의 2~3배 정도 위빙한다.

41 화살표가 가리키는 용접부의 반대쪽 이음의 위치로 옳은 것은?

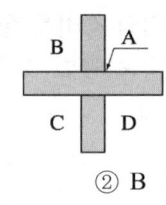

① A　② B
③ C　④ D

42 재료기호에 대한 설명 중 틀린 것은?
① SS275는 일반 구조용 압연 강재이다.
② SS275의 275는 최고 인장 강도를 의미한다.
③ SM45C는 기계 구조용 탄소 강재이다.
④ SM45C의 45C는 탄소 함유량을 의미

정답　36.④　37.①　38.②　39.①　40.②　41.②　42.②

한다.

해설 SS275에서 275는 최저 항복 강도가 275MPa임을 의미하며, SS41과 같은 재질이다.
이것은 최저 인장강도가 41kgf/mm²인 것을 41kgf/mm²에 뉴톤(N) 9.8을 곱하면 SS400N/mm²이 되었고, 규정 변경에 의해 최저 항복강도로 275MPa가 된 것이다.
SM45C : 탄소 함유량이 0.4~0.5%의 강

43 보기 입체도의 화살표 방향이 정면일 때 평면도로 적합한 것은?

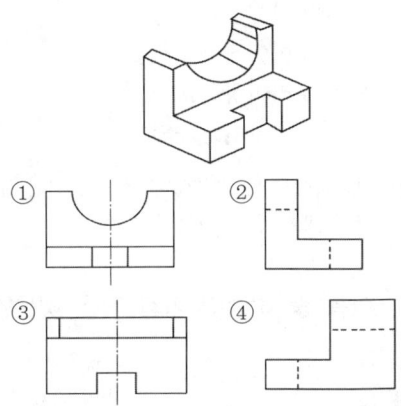

44 보조 투상도의 설명으로 가장 적합한 것은?

① 물체의 경사면을 실제 모양으로 나타낸 것
② 특수한 부분을 부분적으로 나타낸 것
③ 물체를 가상해서 나타낸 것
④ 물체를 90° 회전시켜서 나타낸 것

해설 보조 투상도 : 물체가 경사져서 측면도나 평면도 등에서 경사면의 실제 길이를 이해하기 어려울 경우 경사면에 직각방향으로 경사면의 일부만 도시한 투상도

45 용접부의 보조기호에서 영구 백킹(구, 제거 불가능한 이면 판재)를 사용하는 경우의 표시 기호는?

① [MR]   ② [P]
③ [M]   ④ [PR]

해설 [MR] : 제거 가능한 이면 판재 사용을 의미함

46 다음 그림과 같이 상하면의 절단된 경사각이 서로 다른 원통의 전개도 형상으로 가장 적합한 것은?

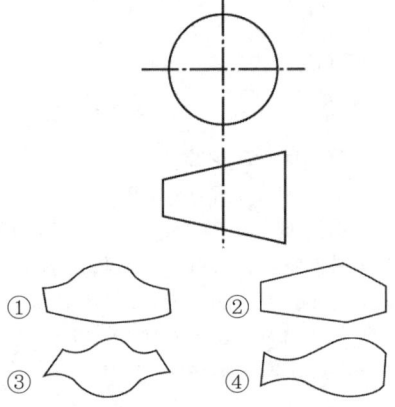

해설 ④는 ⟨⟩와 같은 형상에서 우측의 일부를 좌측으로 이동시킨 그림이다.

47 기계나 장치 등의 실체를 보고 프리핸드(freehand)로 그린 도면은?

① 배치도   ② 기초도
③ 조립도   ④ 스케치도

해설 스케치도 : 파손된 물체를 다시 제작하거나 동일한 물체의 제작 도면을 만들기 위해 컴퍼스나 자를 사용하지 않고 손으로 자유스럽게 그린 도면으로 제작시 그대로 사용하거나 제도하여 사용할 수 있다.

정답 43.③ 44.① 45.③ 46.④ 47.④

48 도면에서 2종류 이상의 선이 겹쳤을 때, 우선하는 순위를 바르게 나타낸 것은?

① 외형선 > 숨은선 > 절단선 > 중심선
② 숨은선 > 외형선 > 절단선 > 중심선
③ 절단선 > 중심선 > 숨은선 > 외형선
④ 중심선 > 숨은선 > 외형선 > 절단선

해설 외형선 > 숨은선 > 절단선 > 중심선 > 무게중심선 > 치수선 > 치수 보조선

49 관용 테이퍼 나사 중 평행 암나사를 표시하는 기호는?(단, ISO 표준에 있는 기호로 한다.)

① G   ② R
③ Rc   ④ Rp

해설 관용 나사 표시기호
- 관용 테이퍼 수나사 : R
- 관용 테이퍼 암나사 : Rc(구 기호 PT)
- 관용 평행나사 : G(구 기호 PF), 관용 평행 암나사 : Rp(구기호 PS)
- 나사 표시 기호 : R 1/2 산 14 : 관용 테이퍼 수나사 관경 1/2인치, 14산

50 보기와 같은 설명을 옳게 나타낸 용접 기호는?

― 보기 ―
루트간격 2mm, 홈 깊이 10mm, 루트 반지름 5인 U형 모재를 화살표 반대 방향에서 맞대기 용접을 한다.

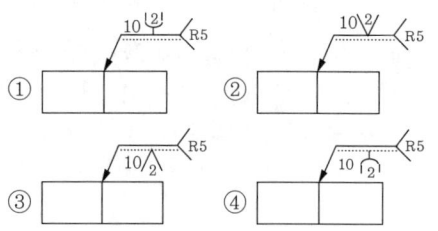

51 강의 표면 강화 방법 중 화학적 방법이 아닌 것은?

① 침탄법   ② 질화법
③ 침탄 질화법   ④ 화염 경화법

해설 화염 경화법은 물리적 경화 방법이다.

52 금속표면에 내식성과 내산성을 높이기 위해 다른 금속을 침투 확산시키는 방법으로 종류와 침투제의 연결이 잘못된 것은?

① 세라다이징 – Mn
② 크로마이징 – Cr
③ 칼로라이징 – Al
④ 실리코나이징 – Si

해설 세라다이징은 아연(Zn)을 소재 표면에 침투시켜 부식 방지 등을 하는데 쓰인다.

53 다음 중 비중이 가장 작은 것은?

① 청동   ② 주철
③ 탄소강   ④ 알루미늄

해설
- 청동 : 8.7~8.9
- 주철 : 7.1~7.3
- 탄소강 : 7.7~7.87
- 알루미늄 : 2.7

54 냉간 가공 후 재료의 기계적 성질을 설명한 것 중 옳은 것은?

① 항복강도가 감소한다.
② 인장강도가 감소한다.
③ 경도가 감소한다.
④ 연신률이 감소한다.

해설 냉간 가공을 하면 인장강도, 항복강도, 경도는 증가하고 연신률, 단면 수축률은 감소한다.

정답 48.① 49.④ 50.④ 51.④ 52.① 53.④ 54.④

55 금속간 화합물에 대한 설명으로 옳은 것은?

① 자유도가 5인 상태의 물질이다.
② 금속과 비금속사이의 혼합 물질이다.
③ 금속이 공기 중의 산소와 화합하여 부식이 일어난 물질이다.
④ 두 가지 이상의 금속 원소가 간단한 원자비로 결합되어 있으며, 원래 원소와는 전혀 다른 성질을 갖는 물질이다.

56 물과 얼음의 상태도에서 자유도가 "0 zero)"일 경우 몇 개의 상이 공존하는가?

① 0   ② 1
③ 2   ④ 3

해설 물과 얼음의 상태도에서 자유도가 0이면 얼음, 물, 수증기 3상이 공존한다. 즉 물의 성분은 1, 상의 수는 3개일 경우에 자유도 $F = n + 2 - P$. 따라서 $1 + 2 - 3 = 0$이 된다.

57 변태 초소성의 조건과 원칙에 대한 설명 중 틀린 것은?

① 재료에 변태가 있어야 한다.
② 변태 진행 중에 작은 하중에도 변태 초소성이 된다.
③ 감도지수(m)의 값은 거의 0(zero)의 값을 갖는다.
④ 한 번의 열사이클로 상당한 초소성 변형이 발생한다.

58 Mg 희토류계 합금에서 희토류 원소를 첨가할 때 미시메탈(Misch metal)의 형태로 첨가한다. 미시메탈에서 세륨(Ce)을 제외한 합금 원소를 첨가한 합금의 명칭은?

① 탈타늄   ② 디디뮴
③ 오스뮴   ④ 갈바늄

해설 용접에서 거의 다루지 않는 문제로 출제에 문제가 있다고 생각된다.
- 디디뮴(didymium) : 두 가지 희토류(稀土類) 원소 네오디뮴(neodymium)과 프라세오디뮴(praseodymium)의 혼합체, 네오듐을 주성분으로 하는 것으로 희토류 금속 원소같이 합금의 강도를 증가시키기 위하여 첨가한다.
- 오스뮴(Os) : 천연에서 산출되는 원소 중 밀도가 가장 큰 금속인 오스뮴은 회백색의 금속으로 매우 단단하며 부서지기 쉽고 고온에서도 가공하기 어렵다.
- 갈바늄 : 알루미늄(55%)과 아연(43.4%), Si(1.6%)를 혼합하여 도금한 제품

59 인장 시험에서 변형량을 원(원래) 표점 거리에 대한 백분률로 표시한 것은?

① 연신률   ② 항복점
③ 인장 강도   ④ 단면 수축률

해설 연신률은 인장 시험편에 시험 전에 일정 거리(보통 평행부 중앙에서 좌우로 각각 25mm)를 표시한 후 인장하여 파단된 후 늘어난 길이를 백분율로 표시한다.

60 강에 인(P)이 많이 함유되면 나타나는 결함은?

① 적열 메짐   ② 연화 메짐
③ 저온 메짐   ④ 고온 메짐

해설 메짐 : 취성, 여림이라고도 하며 경도는 높고 인성은 작아 쉽게 파괴될 수 있는 성질을 말하며, 적열 메짐은 고온 메짐과 같은 의미이다.

정답 55.④ 56.④ 57.③ 58.② 59.① 60.③

2015 제5회 이산화탄소가스아크용접기능사/ 가스텅스텐아크용접기능사 기출문제

2015년 10월 10일 시행

01 용접입열이 일정한 경우에는 열전도율이 큰 것일수록 냉각속도가 빠른데 다음 금속 중 열전도율이 가장 높은 것은?

① 구리　　② 납
③ 연강　　④ 스테인리스강

해설 금속의 열전도율이 큰 순서 : Ag(은) > Cu(구리, 동) > Au(금) > Al(알루미늄) 스테인리스강은 철보다도 더 느리고 선팽창계수는 철보다 50% 더 크므로 변형이 심하다.

02 전자렌즈에 의해 에너지를 집중시킬 수 있고, 고용융 재료의 용접이 가능한 용접법은?

① 레이저 용접　　② 피복아크용접
③ 전자 빔 용접　　④ 초음파 용접

03 다음은 용접성에 대한 설명이다 옳지 못한 것은?

① 모재의 높은 열전도율은 용접성을 나쁘게 한다.
② 합금원소가 많을수록 용접성은 나빠진다.
③ 모재가 후판일수록 용접성은 나빠진다.
④ 탄소당량이 적을수록 용접성은 나빠진다.

해설 탄소당량이 적을수록 용접성은 좋아진다.

04 일렉트로 슬래그 용접에서 사용되는 수냉식 판의 재료는?

① 연강　　② 동
③ 알루미늄　　④ 주철

해설 동은 열전도가 좋기 때문에 냉각능이 커서 뒷댐판이나 냉각판으로 많이 사용되며 보통 내부에 물을 통과시키면 더욱 냉각 효과가 크고 동판이 용접 중에 용착되는 현상을 방지할 수 있다.

05 용접부의 균열 중 모재의 재질 결함으로써 강괴일 때 기포가 압연되어 생기는 것으로 설피밴드와 같은 층상으로 편재해있어 강재 내부에 노치를 형성하는 균열은?

① 라미네이션(lamination)
② 루트(root) 균열
③ 응력 제거 풀림(stress relief) 균열
④ 크레이터(crater) 균열

해설 라미네이션, 라멜라테어 : 일종의 층상 결함이다. 라미네이션은 강괴의 큰 기공이 압착되어 층과 층이 형성된 부분으로 완전 용착이 안된 부분이나 밀착되어 있어 X선 탐상 등에서는 검출이 어렵고 초음파 탐상으로 탐상이 가능하다.

06 심(seam)용접법에서 용접전류의 통전 방법이 아닌 것은? ★★

① 직·병렬 통전법　　② 단속 통전법
③ 연속 통전법　　　　④ 맥동 통전법

정답 01.① 02.③ 03.④ 04.② 05.① 06.①

해설 심용접의 통전방법에는 단속, 연속, 맥동 통전법이 있으며 단속 통전법을 많이 사용한다.

07 필릿용접에서 이음강도를 간편법으로 계산할 경우 보통 얼마 정도의 목두께를 가진 것으로 계산하는가?

① 각장×0.9
② 각장×cos 45°
③ 각장×cos 60°
④ 각장×0.5

해설 목두께는 각장×cos45° 즉 각장의 0.707, 약 70% 정도를 목두께로 하면 된다.

08 다음 중 용접열원을 외부로부터 가하는 (공급받는) 것이 아니라 금속분말의 화학반응에 의한 열을 사용하여 용접하는 방식은? ★★

① 테르밋 용접
② 전기저항 용접
③ 잠호 용접
④ 플라즈마 용접

해설 테르밋 용접 : 테르밋제(알루미늄 분말과 산화철 분말)의 화학 반응열을 이용하여 용융철을 얻어서 용접부에 부어 용착시키는 용접법으로 전기가 필요 없다.

09 논 가스 아크용접의 설명으로 틀린 것은?

① 보호 가스나 용제를 필요로 한다.
② 바람이 있는 옥외에서 작업이 가능하다.
③ 용접장치가 간단하며 운반이 편리하다.
④ 용접 비드가 아름답고 슬래그 박리성이 좋다.

해설 논 가스 아크용접 : non gas란 가스가 없다는 의미, 즉 보호가스를 사용하지 않고 플럭스 코드에 탈산제 등을 강화시켜 만든 와이어로 용접하는 용접법으로 바람이 부는 옥외에서도 용접이 가능하다.

10 다음은 화학 분석에 대한 설명이다. 틀린 것은?

① 화학분석은 슬래그에 대해서는 실시할 수 없다.
② 금속 중에 포함된 불순물 가스 조성의 종류, 양 등도 화학 분석에 의해서 알 수 있다.
③ 탄소강에 대해서는 보통 탄소, 규소, 망간 등을 분석한다.
④ 모재, 용착금속 등의 금속 또는 합금 중에 포함되는 각 성분을 분석한 것이다.

해설 슬래그에는 여러 성분 들이 함유되어 있어 화학 분석을 할 수 있다.

11 CO_2 용접작업 중 가스 유량은 낮은 전류에서 얼마가 적당한가?

① 10~15ℓ/min
② 20~25ℓ/min
③ 30~35ℓ/min
④ 40~45ℓ/min

해설 CO_2 용접 가스 유량 : 낮은 전류에서는 10~15ℓ/min, 높은 전류에서는 15~20ℓ/min이 적합하다.

12 피복 아크용접 결함 중 용착 금속의 냉각속도가 빠르거나, 모재의 재질이 불량할 때 일어나기 쉬운 결함으로 가장 적당한 것은?

① 용입불량
② 언더컷
③ 오버랩
④ 선상조직

해설 용접결함의 발생 원인
• 용입불량 : 전류가 너무 낮거나 용접속도가 빠를 때, 운봉 방법 불량시
• 언더컷 : 과대 전류 사용시, 용접 속도 과대시
• 오버랩 : 언더컷 발생과 반대

정답 07.② 08.① 09.① 10.① 11.① 12.④

13 다음 각종 용접에서 전격방지 대책으로 틀린 것은? ★★

① 홀더나 용접봉은 맨손으로 취급하지 않는다.
② 어두운 곳이나 밀폐된 구조물에서 작업 시 보조자와 함께 작업한다.
③ CO_2용접이나 MIG용접 작업 도중에 와이어를 2명이 교대로 교체할 때는 전원은 차단하지 않아도 된다.
④ 용접작업을 하지 않을 때에는 TIG전극봉은 제거하거나 노즐 뒤쪽에 밀어 넣는다.

해설 전기를 사용하는 모든 용접 작업에서 용접봉이나 와이어 교체시는 전원을 차단한 후에 실시해야 된다.

14 각종 금속의 용접부 예열온도에 대한 설명으로 틀린 것은?

① 고장력강, 저합금강의 경우 홈을 50~350℃로 예열한다.
② 연강을 0℃ 이하에서 용접할 경우 이음의 양쪽 폭 100mm 정도를 40~75℃로 예열한다.
③ 열전도가 좋은 구리 합금은 200~400℃의 예열이 필요하다.
④ 알루미늄 합금은 500~600℃ 정도의 예열온도가 적당하다.

해설 알루미늄의 예열온도 : 200~400℃
0℃ 이하에서 연강 용접의 경우 용접 전에 용접부 주위 100mm 폭을 예열온도 50~100℃ 정도로 예열 후 용접하는 것이 좋다.

15 피복 아크용접용 용접봉 홀더에 관한 다음 사항 중 올바르지 않는 것은?

① 홀더를 잡고 작업할 수 없을 정도로 과열되어서는 안된다.
② 전기 절연이 잘되고 튼튼해야 한다.
③ 용접 중 떨림을 방지하기 위해 무거운 것이 좋다.
④ 지름이 다른 여러 용접봉을 쉽게 탈착할 수 있어야 한다.

16 전기 용접기의 누전시 어떻게 조치를 취해야 하는가?

① 용접기를 만지지만 않으면 된다.
② 전압이 낮기 때문에 계속 용접하여도 괜찮다.
③ 스위치를 내리고 누전된 부분을 절연시킨다.
④ 전원만 바꾸면 된다.

17 다음 사항 중 자동 아크용접법의 특징이 아닌 것은?

① 용접속도가 매 행정마다 일정하다.
② 용접봉의 낭비가 적다
③ 용접변형을 최대로 줄일 수 있다.
④ 불규칙한 용접선도 작업능률이 높다.

18 피복아크용접 작업의 안전사항 중 전격방지 대책이 아닌 것은? ★★

① 용접기 내부는 수시로 분해·수리하고 청소를 하여야 한다.
② 절연 홀더의 절연부분이 노출되거나 파손되면 교체한다.
③ 장시간 작업을 하지 않을 시는 반드시 전기 스위치를 차단한다.

정답 13.③ 14.④ 15.③ 16.③ 17.④ 18.①

④ 젖은 작업복이나 장갑, 신발 등을 착용하지 않는다.

19 서브머지드 아크용접에서 동일한 전류 전압의 조건에서 사용되는 와이어 지름의 영향 설명 중 옳은 것은?

① 와이어의 지름이 크면 용입이 깊다.
② 와이어의 지름이 작으면 용입이 깊다.
③ 와이어의 지름과 상관없이 같다.
④ 와이어의 지름이 커지면 비드 폭이 좁아진다.

해설 모든 용접에서 전류가 일정할 때 와이어나 용접봉이 굵어지면 용입이 얕아진다.

20 피복아크용접에서 용입의 대소는 무엇에 따라 결정하는가?

① I(용접전류)$\times v$(용접속도)
② $\dfrac{v(용접속도)}{I(용접전류)}$
③ $\dfrac{I(용접전류)}{v(용접속도)}$
④ I(용접전류)$\times v$(용접속도$\times 2$)

21 아크길이가 길 때 일어나는 현상이 아닌 것은?

① 아크가 불안정해진다.
② 용융금속의 산화 및 질화가 쉽다.
③ 열 집중력이 양호하다.
④ 전압이 높고 스패터가 많다.

22 아크가 보이지 않는 상태에서 용접이 진행된다고 하여 일명 잠호용접이라 부르기도 하는 용접법은?

① 스터드 용접
② 레이저 용접
③ 서브머지드 아크용접
④ 플라즈마 용접

해설 서브머지드 아크용접 : 잠호용접, 불가시용접, 유니온 멜트용접 등으로 불려지며 용제 속에서 아크가 발생되어 용접되므로 아크가 보이지 않는다 해서 잠호용접이라 한다. 호란 원호를 의미하며 영어로 arc라 한다.

23 용접기의 규격 AW 500의 설명 중 옳은 것은?

① AW은 직류 아크용접기라는 뜻이다.
② 500은 정격 2차 전류의 값이다.
③ AW은 용접기의 사용률을 말한다.
④ 500은 용접기의 무부하 전압 값이다.

해설 AW 500이란 교류 아크용접기의 정격 2차 전류가 500A라는 의미이며, 최저 100~550A의 전류를 발생할 수 있는 용접기이다.

24 직류용접기 사용시 역극성(DCRP)과 비교한 정극성(DCSP)의 일반적인 특징으로 옳은 것은?

① 용접봉의 용융속도가 빠르다.
② 비드 폭이 넓다.
③ 모재의 용입이 깊다.
④ 박판, 주철, 합금강 비철금속의 접합에 쓰인다.

해설 직류 정극성 : 용접봉의 녹음은 느리고 모재는 용융이 크므로 비드 폭이 좁고 용입이 깊다. 주로 강, 스테인리스강 용접, 후판 용접에 사용된다.

25 다음 중 부하전류가 변하여도 단자 전압은 거의 변화하지 않는 용접기의 특성은?

① 수하 특성   ② 하향 특성
③ 정전압 특성 ④ 정전류 특성

정답 19.② 20.③ 21.③ 22.③ 23.② 24.③ 25.③

26 용접기와 멀리 떨어진 곳에서 용접전류 또는 전압을 조절할 수 있는 장치는?

① 원격 제어 장치 ② 고주파 발생 장치
③ 핫 스타트 장치 ④ 전류 조정 장치

해설 핫 스타트 장치 : 후판 등에서 아크 발생 초기에 용입 부족 현상을 막기 위해 초기 전류를 용접전류보다 높게 하는 장치를 말하며, TIG 용접기 등에서 초기 전류 조절 스위치의 역할 중 초기 전류를 용접전류보다 높게 할 경우의 역할과 같다.

27 피복 아크용접봉에서 피복제의 주된 역할로 틀린 것은?

① 전기 절연 작용을 하고 아크를 안정시킨다.
② 스패터의 발생을 적게 하고 용착금속에 필요한 합금원소를 참가시킨다.
③ 용착 금속의 탈산 정련 작용을 하며 용융점이 높고, 높은 점성의 무거운 슬래그를 만든다.
④ 모재 표면의 산화물을 제거하고, 양호한 용접부를 만든다.

해설 피복제의 역할 : 용착금속의 탈산 정련 작용을 하며, 용융점이 낮고, 낮은 점성의 가벼운 슬래그를 만들어준다.

28 다음은 가접(가용접)에 대한 설명이다. 틀린 것은?

① 본 용접 전에 잠정적으로 고정하기 위한 짧은 용접이다.
② 균열, 기공, 슬래그 혼입 등 결함을 수반한다.
③ 본 용접부에 가접할 경우 반드시 갈아낸다.
④ 용접부의 시점, 종점에 가접하는 것이 좋다.

29 다음 중 경질 자성 재료가 아닌 것은?

① 센더스트
② 알니코 자석
③ 페라이트 자석
④ 네어디뮴 자석

해설 센더스트(Sendust) : 4~8%Al, 6~11%Si, 나머지는 Fe로 조성된 합금으로 투자율(透磁率)이 높은 합금. 압분자심(壓粉磁心)이나 자기헤드의 재료 등으로 사용된다. 연질이다.

30 알루미늄과 알루미늄 가루를 압축 성형하고 500~600℃로 소결하여 압출 가공한 분산강화형 합금의 기호에 해당하는 것은?

① DAP ② ACD
③ SAP ④ AMP

해설 SAP : 특수한 알루미늄 분말을 압축 성형하고 500~600℃에서 소결하여 성형한 재료이며, Sintered Aluminum Powder의 약칭이다.

31 용접기의 점검 및 보수시 지켜야 할 사항으로 옳은 것은?

① 정격사용률 이상으로 사용한다.
② 탭전환은 반드시 아크 발생을 하면서 시행한다.
③ 2차측 단자의 한쪽과 용접기 케이스는 반드시 어스(earth)하지 않는다.
④ 2차측 케이블이 길어지면 전압강하가 일어나므로 가능한 지름이 큰 케이블을 사용한다.

해설 용접기 사용시 주의사항 : 모든 용접기는 정격

정답 26.① 27.③ 28.④ 29.① 30.③ 31.④

사용률 이하로 사용해야 되며, 탭전환형의 경우 전류를 조절하면서 탭을 전환하면 탭의 소손이 크다.

32 아크용접에서 피닝을 하는 목적으로 가장 알맞은 것은?

① 용접부의 잔류응력을 완화시킨다.
② 모재의 재질을 검사하는 수단이다.
③ 응력을 강하게 하고 변형을 유발시킨다.
④ 모재표면의 이물질을 제거한다.

해설 피닝 : 용접부 등에 구면의 해머 등으로 적당히 두드려 소성 변형을 줌으로서 잔류 응력을 줄이는 법으로 일종의 안마형식이다.

33 가스절단에서 프로판 가스의 성질 중 틀린 것은?

① 증발 잠열이 작고, 연소할 때 필요한 산소의 양은 1 : 1 정도이다.
② 폭발한계가 좁아 다른 가스에 비해 안전도가 높고 관리가 쉽다.
③ 액화가 용이하여 용기에 충전이 쉽고 수송이 편리하다.
④ 상온에서 기체 상태이고 무색, 투명하며 약간의 냄새가 난다.

해설 프로판 가스 : 증발 잠열이 크고 연소시 프로판 : 산소 = 1 : 4.5 비율로 연소한다.

34 가변압식의 팁 번호가 200일 때 10시간 동안 표준 불꽃으로 용접할 경우 아세틸렌 가스의 소비량은 몇 리터인가?

① 20
② 200
③ 2000
④ 20000

해설 가변압식 토치의 팁 : 프랑스식 토치의 팁이라고도 하며, 1시간당 소비되는 아세틸렌 가스의 양을 l(리터)를 번호로 나타낸 것이다.
200×10=2000

35 다음 중 용착금속 보호 방식에 따른 피복제의 형식이 아닌 것은?

① 스프레이 발생식 아크용접봉
② 가스 발생식 아크용접봉
③ 슬래그 생성식 아크용접봉
④ 반가스 발생식 아크용접봉

해설 ①은 용적이행식의 일종이다.

36 정격 2차 전류가 200A, 아크 출력 60kW인 교류용접기를 사용할 때 소비전력은 얼마인가?(단, 내부손실이 4kW이다.)

① 64kW
② 104kW
③ 264kW
④ 804kW

해설 소비전력은 용접기가 부하 중이나 쉬는 시간에 소비되는 전력 모두를 말한다.
소비전력=아크 출력(정격 2차 전류×아크전압) +내부손실
∴ 60+4 = 64

37 수중절단 작업을 할 때 가장 많이 사용하는 가스로 기포발생이 적은 연료가스는?

① 아르곤
② 수소
③ 프로판
④ 아세틸렌

해설 수중 절단용 가스 : 수중 절단은 수압에 견딜 수 있어야 되는데 아세틸렌은 2기압 이상이면 폭발 위험이 있으므로 사용하지 않으며, 프로판은 압력이 높아지면 액화하므로 적합하지 않다.
수소는 수압에서 다른 가스보다 폭발 위험이 적어 많이 사용하며 수심 45m까지에서 사용이 가능하다.

정답 32.① 33.① 34.③ 35.① 36.① 37.②

38 다음 중 용접봉의 내균열성이 가장 좋은 것은? ★★

① 셀룰로오스계 ② 티탄계
③ 일미나이트계 ④ 저수소계

해설 피복 아크용접봉의 내균열성
염기도가 클수록 내균열성은 좋고 작업성은 나쁘다. 내균열성의 크기 순서 : 저수소계 > 일미나이트계 > 고셀룰로스계 > 티탄계

39 아크에어 가우징법의 작업능률은 가스 가우징법보다 몇 배 정도 높은가?

① 2~3배 ② 4~5배
③ 6~7배 ④ 8~9배

40 피복아크용접에서 홀더로 잡을 수 있는 용접봉 지름(mm)이 5.0~8.0일 경우 사용하는 용접봉 홀더의 종류로 옳은 것은?

① 125호 ② 160호
③ 300호 ④ 400호

해설 홀더의 종류(KSC 9607) : 160호 : 3.2~4.0, 200호 : 3.2~5.9, 300호 : 4.0~6.0, 500호 : 6.4~10.0

41 나사의 잠김 방향의 지시 방법 중 틀린 것은?

① 오른나사는 일반적으로 잠김 방향을 지시하지 않는다.
② 왼나사는 나사의 호칭 방법에 약호 "LH"를 추가하여 표시한다.
③ 동일 부품에 오른나사와 왼나사가 있을 때는 왼나사에만 약호 "LH"를 추가한다.
④ 오른나사는 필요하면 나사의 호칭 방법에 약호 "RH"를 추가하여 표시할 수 있다.

42 다음 그림과 같이 제3각법으로 정투상한 도면에 적합한 입체도는?

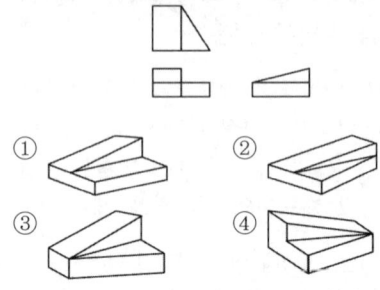

43 다음 겨냥도에서 화살표 방향이 정면도일 경우 3각법에 의한 평면도로 가장 적합한 것은?

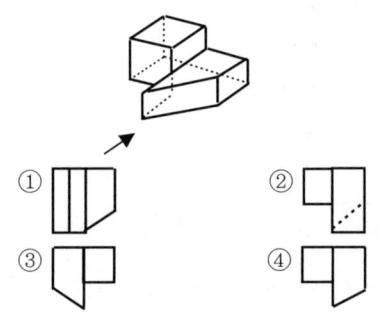

44 3각법으로 그린 투상도 중 잘못된 투상이 있는 것은?

정답 38.④ 39.① 40.④ 41.③ 42.② 43.④ 44.④

45 다음 중 열간 압연 강판 및 강대에 해당하는 재료 기호는?

① SPCC ② SPHC
③ STS   ④ SPPS

해설
- ① : 냉간압연강판 • STS : 스테인리스강
- ④ : 압력배관용 탄소강관

46 동일 장소에서(도면에서 2종류 이상의) 선이 겹칠(중복될) 경우 나타내야 할 선의 우선순위를 옳게 나타낸(나열 한) 것은? ★★

① 외형선 > 중심선 > 숨은선 > 치수보조선
② 외형선 > 치수보조선 > 중심선 > 숨은선
③ 외형선 > 숨은선 > 중심선 > 치수보조선
④ 외형선 > 중심선 > 치수보조선 > 숨은선

해설 선의 우선 순위 : 외형선 > 숨은선 > 절단선 > 중심선 > 치수 보조선

47 일반적인 판금 전개도의 전개법이 아닌 것은?

① 다각전개법 ② 평행선법
③ 방사선법   ④ 삼각형법

48 다음 중 치수 보조기호로 사용되지 않는 것은?

① W   ② S∅
③ R   ④ □

49 다음 단면도에 대해 설명으로 틀린 것은?

① 부분 단면도는 일부분을 잘라내고 필요한 내부 모양을 그리기 위한 방법이다.
② 조합에 의한 단면도는 축, 핀, 볼트, 너트류의 절단면의 이해를 위해 표시한 것이다.
③ 한쪽 단면도는 대칭형 대상물의 외형 절반과 온 단면도의 절반을 조합하여 표시한 것이다.
④ 회전도시 단면도는 핸들이나 바퀴 등의 암, 림, 훅, 구조물 등의 절단면을 90도 회전시켜서 표시한 것이다.

50 그림과 같은 도면의 해독으로 잘못된 것은?

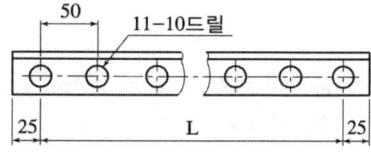

① 구멍 사이의 피치는 50mm
② 구멍의 지름은 10mm
③ 전체 길이는 600mm
④ 구멍의 수는 11개

해설 L = (구멍수 - 1) × 한 칸의 간격 크기
     = (11 - 1) × 50 = 500
∴ 전체길이 = 550

51 컬러 텔레비전의 전자총에서 나온 광선의 영향을 받아 새도 마스크가 열팽창하면 엉뚱한 색이 나오게 된다. 이를 방지하기 위해 새도 마스크의 제작에 사용되는 불변강은?

① 인바   ② Ni-Cr 강
③ 스테인리스강 ④ 플래티나이트

정답 45.② 46.③ 47.① 48.① 49.② 50.③ 51.①

52 다음의 조직 중 경도값이 가장 낮은 것은?

① 마텐사이트　② 베이나이트
③ 소르바이트　④ 오스테나이트

[해설] 조직의 경도값 크기 순서
- 시멘타이트 : 약 HB 820
- 마텐사이트 : 약 HB 720
- 투르스타이트 : 약 HB 400
- 베이나이트 : 약 HB 340
- 소르바이트 : 약 HB 270
- 펄라이트 : 약 HB 225
- 오스테나이트 : 약 HB 155
- 페라이트 : 약 HB 90

53 열처리 종류 중 항온 열처리 방법이 아닌 것은? ★★

① 마퀜칭　② 어닐링
③ 마템퍼링　④ 오스템퍼링

[해설] 일반 열처리의 종류
담금질(quenching), 불림(normalizing), 풀림(annealing), 뜨임(tempering)

54 문쯔 메탈(muntz metal)에 대한 설명으로 옳은 것은?

① 90%Cu-10%Zn 합금으로 톰백의 대표적인 것이다.
② 70%Cu-30%Zn 합금으로 가공용 황동의 대표적인 것이다.
③ 70%Cu-30%Zn 황동에 주석(Sn)을 1% 함유한 것이다.
④ 60%Cu-40%Zn 합금으로 황동 중 아연 함유량이 가장 높은 것이다.

[해설]
① : commercial bronze(톰백의 일종)
② : cartridge brass(7 : 3 황동)
③ : 에드미럴티 황동

55 자기변태가 일어나는 점을 자기변태점이라 하며, 이 온도를 무엇이라고 하는가?

① 상점　② 이슬점
③ 퀴리점　④ 동소점

[해설] 자기변태 : 조직이나 구조는 변하지 않고 자기적 성질만 변하는 것을 자기변태라 하며 일명 퀴리 포인트라 한다.

56 스테인리스강 중 내식성이 제일 우수하고 비자성이나 염산, 황산, 염소가스 등에 약하고 결정입계 부식이 발생하기 쉬운 것은?

① 석출경화계 스테인리스강
② 페라이트계 스테인리스강
③ 마텐사이트계 스테인리스강
④ 오스테나이트계 스테인리스강

[해설] 스테인리스강의 조직별 분류 : 페라이트계, 마텐사이트계, 오스테나이트계, 석출경화계, 듀플렉스 등이 있다. 오스테나이트계는 Fe-Cr-Ni 합금으로 스테인리스강 중 가장 내식성이 좋다.

57 탄소 함량 3.4%, 규소 함량 2.4% 및 인 함량 0.6%인 주철의 탄소당량(CE)은?

① 4.0　② 4.2
③ 4.4　④ 4.6

[해설] 보통 주철의 탄소 당량

$$Ceq = C\% + \frac{1}{3}(Si\% + P\%)$$
$$= 3.4 + \frac{1}{3}(2.4 + 0.6) = 4.4$$

정답 52.④　53.②　54.④　55.③　56.④　57.③

58 라우탈은 Al-Cu-Si합금이다. 이중 3~8% Si를 첨가하여 향상되는 성질은?

① 주조성　② 내열성
③ 피삭성　④ 내식성

해설 합금원소에서 Si는 주조성을 높여준다.

59 면심 입방 격자의 어떤 성질이 가공성을 좋게 하는가?

① 취성　② 내식성
③ 전연성　④ 전기전도성

해설 면심 입방 격자는 체심 입방 격자보다 전연성이 좋아 가공성이 우수하다.

60 금속의 조직 검사로서 측정이 불가능한 것은?

① 결함　② 결정입도
③ 내부응력　④ 비금속 개재물

해설 응력은 조직 검사로 알 수 없으며, 응력 측정법에 의해 측정 가능하다.

정답　58.① 59.③ 60.③

2016 제1회 피복아크용접기능사 기출문제
(구, 용접기능사)

2016년 1월 24일 시행

01 지름이 10cm인 단면에 8000kg$_f$의 힘이 작용할 때 발생하는 응력은 약 몇 kg$_f$/cm^{2}인가?

① 89 ② 102
③ 121 ④ 158

해설 응력 $= \dfrac{P}{\dfrac{\pi d^2}{4}} = \dfrac{8000}{\dfrac{3.14 \times 10^2}{4}} = 102$

02 화재의 분류 중 C급 화재에 속하는 것은?

① 전기 화재 ② 금속 화재
③ 가스 화재 ④ 일반 화재

해설 화재의 종류
- A급 화재 : 일반 화재
- B급 화재 : 유류 화재
- C급 화재 : 전기 화재
- D급 화재 : 금속 화재

03 다음 중 귀마개를 착용하고 작업하면 안 되는 작업자는? ★★

① 조선소의 용접 및 취부작업자
② 자동차 조립공장의 조립작업자
③ 강재 하역장의 크레인 신호자
④ 판금작업장의 타출 판금작업자

해설 크레인 신호자는 시력, 청력 등이 좋아야 되므로 귀를 막아서는 안된다.

04 초음파 용접법에서 초음파 진동자에 전기식 에너지를 공급하기 위한 전원 장치는?

① 진동 전달기구 ② 초음파 진동자
③ 초음파 발진기 ④ 가입기구

05 용접 작업시 전격 방지대책으로 틀린 것은? ★★

① 절연 홀더의 절연부분이 노출, 파손되면 보수하거나 교체한다.
② 홀더나 용접봉은 맨손으로 취급한다.
③ 용접기의 내부에 함부로 손을 대지 않는다.
④ 땀, 물 등에 의한 습기찬 작업복, 장갑, 구두 등을 착용하지 않는다.

해설 전격방지대책 : 절연성이 좋은 장갑을 사용하며, 전격방지기가 부착된 용접기를 사용하며, 맨손으로 봉이나 홀더, 기기 등을 만지지 않는다.

06 서브머지드 아크용접봉 와이어 표면에 구리를 도금한 이유는?

① 접촉 팁과의 전기 접촉을 원활히 한다.
② 용접 시간이 짧고 변형을 적게 한다.
③ 슬래그 이탈성을 좋게 한다.
④ 용융 금속의 이행을 촉진시킨다.

해설 와이어를 구리도금하는 이유 : 전기 전도도 향상과 와이어의 녹슴 방지

정답 01.② 02.① 03.③ 04.③ 05.② 06.①

07 기계적 접합으로 볼 수 없는 것은?

① 볼트 이음   ② 리벳 이음
③ 접어 잇기   ④ 압접

해설 접합법에는 기계적인 방법과 야금학적인 방법이 있으며, 용접, 압접, 납접은 야금학적인 방법이며, 볼트 이음, 리벳 이음, 접어잇기(시임), 나사이음 등은 기계적인 접합법이다.

08 플래시 용접(flash welding)법의 특징으로 틀린 것은?

① 가열 범위가 좁고 열영향부가 적으며 용접 속도가 빠르다.
② 용접면에 산화물의 개입이 적다.
③ 종류가 다른 재료의 용접이 가능하다.
④ 용접면의 끝맺음 가공이 정확하여야 한다.

해설 플래시 용접 : 맞대기 전기 저항용접의 일종으로 접합면의 끝맺음 가공이 정확하지 않아도 되는 장점이 있다.

09 CO_2 가스 아크용접 결함에 있어서 다공성이란 무엇을 의미하는가? ★★

① 질소, 수소, 일산화탄소 등에 의한 기공을 말한다.
② 와이어 선단부에 용적이 붙어 있는 것을 말한다.
③ 스패터가 발생하여 비드의 외관에 붙어 있는 것을 말한다.
④ 노즐과 모재간 거리가 지나치게 적어서 와이어 송급 불량을 의미한다.

해설 다공성 : 기공이 다수 있다는 의미이며, 질소, 수소, 일산화탄소 등에 의해 생긴 기공을 의미한다.

10 서브머지드 아크용접부의 결함으로 가장 거리가 먼 것은?

① 기공   ② 균열
③ 언더컷   ④ 용착

해설 용착 : 아크열에 의해 용접 와이어의 용융금속이 모재와 녹아서 접합되는 현상

11 다음이 설명하고 있는 현상은?

> 알루미늄 용접에서는 사용 전류에 한계가 있어 용접전류가 어느 정도 이상이 되면 청정 작용이 일어나지 않아 산화가 심하게 생기며 아크길이가 불안정하게 변동되어 비드 표면이 거칠게 주름이 생기는 현상

① 번 백(burn back)
② 퍼커링(pickering)
③ 버터링(buttering)
④ 멜트 백킹(melt backing)

12 박판의 스테인리스강의 좁은 홈의 용접에서 아크 교란 상태가 발생할 때 적합한 용접방법은?

① 고주파 펄스 티그 용접
② 고주파 펄스 미그 용접
③ 고주파 펄스 일렉트로 슬래그 용접
④ 고주파 펄스 이산화탄소 아크용접

13 현미경 시험을 하기 위해 사용되는 부식제 중 철강용에 해당되는 것은?

① 왕수   ② 염화제2철용액
③ 피크린산   ④ 오르화수소액

정답 07.④ 08.④ 09.① 10.④ 11.② 12.① 13.③

14 다음은 서브머지드 아크용접의 용접장치에 대하여 설명한 것이다. 틀린 것은?

① 교류 쪽이 설비비가 많고 아크쏠림이 심하다.
② 비교적 낮은 전류를 쓰는 얇은 판의 고속도 용접에서는 약 400A 이하에서 직류 역극성으로 시공하면 아름다운 비드를 얻는다.
③ 정전압 특성의 직류 아크용접기는 아크 발생의 용이성, 아크전압의 안정, 전류 조정이 우수한 점이 많다.
④ 전원으로 직류가 쓰이고 있다.

15 피복 아크용접시 적정 전류보다 높은 전류를 사용할 때 생기는 현상이 아닌 것은?

① 언더컷이 발생한다.
② 오버랩이 발생한다.
③ 블로우 홀이 발생한다.
④ 비드면이 거칠어진다.

16 논 가스(실드) 아크용접의 특징 중 맞지 않는 것은?

① 실드가스나 용제를 필요치 않는다.
② 바람이 있는 옥외작업이 가능하다.
③ 논 가스 아크법에는 직류만 사용한다.
④ 용접비드가 아름답고 슬래그 박리성이 좋다

17 서브머지드 아크용접에 관한 설명으로 틀린 것은?

① 아크발생을 쉽게 하기 위하여 스틸 울(steel wool)을 사용한다.
② 용융속도와 용착속도가 빠르다.
③ 홈의 개선각을 크게 하여 용접효율을 높인다.
④ 유해 광선이나 흄(fume) 등이 적게 발생한다.

해설 서브머지드 아크용접 : 잠호 용접(아크가 안보인다 해서 붙여진 이름), 유니온 멜트 용접, 불가시 용접 등으로 불려지며, 대전류를 사용하기 때문에 개선홈각이나 루트간격을 적게 하지 않으면 용락현상이 생길 수 있다.

18 가용접에 대한 설명으로 틀린 것은?

① 가용접시에는 본용접보다도 지름이 큰 용접봉을 사용하는 것이 좋다.
② 가용접은 본용접과 비슷한 기량을 가진 용접사에 의해 실시되어야 한다.
③ 강도상 중요한 것과 용접의 시점 및 종점이 되는 끝 부분은 가용접을 피한다.
④ 가용접은 본 용접을 실시하기 전에 좌우의 홈 또는 이음부분을 고정하기 위한 짧은 용접이다.

해설 가용접 : 가접이라고도 하며, 본용접보다 지름이 적은 용접봉을 사용하는 것이 좋다.

19 용접 이음의 종류가 아닌 것은?

① 겹치기 이음   ② 모서리 이음
③ 라운드 이음   ④ T형 필릿 이음

해설 기본 용접이음 형상에 따른 분류 : ①, ②, ④ 외에 맞대기 이음이 있다.

20 플라스마 아크용접의 특징으로 틀린 것은?

① 용접부의 기계적 성질이 좋으며 변형도 적다.
② 용입이 깊고 비드 폭이 좁으며 용접속도가 빠르다.
③ 단층으로 용접할 수 있으므로 능률적이다.

정답 14.① 15.② 16.③ 17.③ 18.① 19.③ 20.④

④ 설비비가 적게 들고 무부하 전압이 낮다.

해설 플라스마 아크용접의 특징 : 설비비가 많이 들며 무부하 전압이 높다.

21 용접 자세를 나타내는 기호가 틀리게 짝지어진(나타낸) 것은? ★★

① 위보기 자세 : O
② 수직 자세 : V
③ 아래보기 자세 : U
④ 수평 자세 : H

해설 용접자세와 기호
- 아래보기 자세 : F(Flat position)
- 수직 자세 : V(Vertical position)
- 수평 자세 : H(Horizontal position)
- 위보기 자세 : O(Overhead position)
- 전자세 : AP(All position)

22 이산화탄소 아크용접의 보호가스 설비에서 저전류 영역의 가스유량은 약 몇 L/min 정도가 가장 적당한가?

① 1~5   ② 6~9
③ 10~15 ④ 20~25

해설
- 저전류 영역(200A 이하)에서의 적정 유량 : 10~15L/min
- 고전류 영역(200A 이상) : 15(20)~25L/min

23 용접속도와 뒤틀림의 관계 중 가장 옳은 설명은?

① 용접진행 속도가 느릴수록 뒤틀림이 적어진다.
② 용접진행 속도와 뒤틀림과는 관계가 없다.
③ 용접진행 속도가 빠를수록 뒤틀림이 많아진다.

④ 용접진행 속도를 용접봉이 충분히 녹아 용착된 후 서서히 이동하면 뒤틀림이 적어진다.

해설 용접 속도는 빠를수록 뒤틀림이 적어진다.

24 규격이 AW 300인 교류 아크용접기의 정격 2차 전류 조정 범위는?

① 0~300A   ② 20~220A
③ 60~330A ④ 120~430A

해설 AW 300 : 교류 아크용접기의 정격2차 전류가 300A이며, 전류 조정 범위는 정격 전류의 20~110%이므로 60~330A이다.

25 아세틸렌 가스의 성질 중 15℃ 1기압에서의 아세틸렌 1리터의 무게는 약 몇 g인가?

① 0.151   ② 1.176
③ 3.143   ④ 5.117

해설 아세틸렌 가스 15℃ 1기압에서의 1리터의 무게는 1.176g이다.

26 강재를 가스절단시 탄소 함유량이 몇 % 이상이 되면 절단면의 경화와 균열을 방지하기 위해 예열을 해야 한다. 몇 % 이상인가?

① 0.2%   ② 0.35%
③ 0.45% ④ 1.2%

해설 탄소강은 탄소량이 약 0.3% 이상이면 오스테나이트 조직(Ac3 변태점) 이상 가열 후 급랭하면 경화될 수 있는 강이므로 급열 급랭이 일어나지 않도록 예열 또는 후열이 필요하다.

정답 21.③ 22.③ 23.④ 24.③ 25.② 26.②

27 피복아크용접시 아크열에 의하여 용접봉과 모재가 녹아서 용착금속이 만들어지는데 이 때 모재가 녹은 깊이를 무엇이라 하는가?

① 용융지　　② 용입
③ 슬래그　　④ 용적

해설
- 용입 : 용접시 모재가 녹은 깊이
- 용융지 : 용접 열에 의해 모재가 녹아있는 용탕 부분
- 용적 : 아크 등에 의해 용접봉이 녹아 떨어지는 쇳물 방울

28 직류아크용접기로 두께가 15mm이고, 길이가 5m인 고장력 강판을 용접하는 도중에 아크가 용접봉 방향에서 한쪽으로 쏠리었다. 다음 중 이러한 현상을 방지하는 방법이 아닌 것은?

① 이음의 처음과 끝에 엔드탭을 이용한다.
② 용량이 더 큰 직류용접기로 교체한다.
③ 용접부가 긴 경우에는 후퇴 용접법으로 한다.
④ 용접봉 끝을 아크쏠림 반대 방향으로 기울인다.

해설 아크쏠림 현상이며, 방지법은 문제 12와 같으며, ①, ③, ④이다. 아크쏠림 현상은 직류 사용시 자력의 형성에 의해 아크(용적)가 한쪽으로 쏠리는 현상이며, 피복아크용접의 경우 피복제의 편심에 의해서도 아크쏠림이 생긴다. 따라서 자력에 의해 아크쏠림이 일어나는 경우는 자기쏠림(불림)이라고도 한다.

29 강재 표면의 홈이나 개재물, 탈탄층 등을 제거하기 위해 얇고, 타원형 모양으로 표면을 깎아내는 가공법은?

① 가스 가우징　　② 너깃
③ 스카핑　　④ 아크 에어 가우징

해설 가우징 : 모재에 홈을 파거나 절단 구멍뚫기 등을 하는 것을 말하며 탄소 전극으로 아크를 일으켜 모재를 용융시키고 공기로 불어내는 작업을 아크 에어 가우징이라 한다.

30 가스용기를 취급할 때의 주의사항으로 틀린 것은?

① 가스용기의 이동시는 밸브를 잠근다.
② 가스용기에 진동이나 충격을 가하지 않는다.
③ 가스용기의 저장은 환기가 잘되는 장소에 한다.
④ 가연성 가스용기는 눕혀서 보관한다.

해설 가스 용기 취급시 주의사항
가연성 가스(아세틸렌 등)는 눕혀 사용하면 아세톤 등이 흘러나오므로 반드시 세워서 사용해야 된다.

31 피복아크용접봉은 금속심선의 겉에 피복제를 발라서 말린 것으로 한쪽 끝은 홀더에 물려 전류를 통할 수 있도록 심선 길이의 얼마만큼을 피복하지 않고 남겨두는가?

① 3mm　　② 10mm
③ 15mm　　④ 25mm

해설 피복 아크용접봉의 용접홀더에 물리는 부분은 약 25mm 정도 피복을 하지 않는다.

32 피복 배합제의 성분 중 탈산제로 사용되지 않는 것은? ★★

① 규소철　　② 망간철
③ 알루미늄　　④ 유황

정답 27.② 28.② 29.③ 30.④ 31.④ 32.④

해설 ④ : 탈산제로 사용하지 않음, 유황이 철에 함유되면 적열(고온) 취성의 원인이 되므로 최소한 0.05% 이하로 제한하고 있다.

33 가스절단에서 절단속도에 관한 설명으로 틀린 것은?

① 절단산소의 압력이 높고, 산소 소비량이 많을수록 절단속도는 비례적으로 감소한다.
② 모재의 온도가 높을수록 고속절단이 가능하고 산소의 순도가 낮아지면 절단속도는 급격히 저하한다.
③ 다이버전트 노즐은 고속분출을 얻는데 가장 적합한 팁이다.
④ 절단속도는 가스절단의 좋고, 나쁨을 판정하는 중요한 요소이다.

34 고셀룰로오스계 용접봉은 셀룰로오스를 몇 % 정도 포함하고 있는가?

① 0~5   ② 6~15
③ 20~30 ④ 30~40

35 전기 저항 용접을 아크용접에 비교할 때 이점이 아닌 것은?

① 열손실이 적고, 가열 열영향부를 접합부에 한정시킬 수 있다.
② 용착금속의 조직이 양호하며 정밀한 용접이 가능하다.
③ 큰 강도를 요하는 부품의 용접이 곤란하다.
④ 용접시간이 짧아 다량 생산에 적합하다.

해설 장점은 용접부가 깨끗하며, 산화 및 변형이 작으며, 조직이 치밀하다.

36 피복 아크용접에서 일반적으로 가장 많이 사용되는 차광유리의 차광도 번호는?

① 4~5   ② 7~8
③ 10~11 ④ 14~15

해설 차광유리 번호
차광의 정도를 번호로 나타내며 사용전류(아크 불빛의 세기)에 따라 적정 번호의 유리를 사용하여 눈을 보호해야 된다.
사용 전류
· 45~75A : 8번   · 100~200A : 10번
· 150~250A : 11번 · 200~300A : 12번
· 300~400A : 13번 · 400A 이상 : 14번

37 가스절단에 이용되는 프로판 가스와 아세틸렌 가스를 비교하였을 때 프로판 가스의 특징으로 틀린 것은?

① 절단면이 미세하며 깨끗하다.
② 포갬 절단 속도가 아세틸렌보다 느리다.
③ 절단 상부 기슭이 녹은 것이 적다.
④ 슬래그의 제거가 쉽다.

해설 프로판 가스는 아세틸렌 가스보다 포갬 절단 속도가 빠르다.

38 가스절단에서 구비해야 될 조건 중 틀린 것은?

① 산화물의 유동성이 좋을 것
② 모재의 성분 중 비연소물이 가능한 한 적을 것
③ 산화물의 융점이 모재의 융점보다 높을 것
④ 절단부가 연소온도에 쉽게 도달할 것

해설 산화물의 용융점이 모재보다 높으면 절단이 이루어지기 전에 정작 필요한 모재가 용융되어 제품을 사용할 수 없게 된다.

정답 33.① 34.③ 35.③ 36.③ 37.② 38.③

39 Mg 및 Mg 합금의 성질에 대한 설명으로 옳은 것은?

① Mg의 열전도율은 Cu와 Al보다 높다.
② Mg의 전기전도율은 Cu와 Al보다 높다.
③ Mg합금보다 Al합금의 비강도가 우수하다.
④ Mg는 알칼리에 잘 견디나, 산이나 염수에는 침식된다.

해설 Mg(마그네슘) : 비중이 1.74로 매우 가벼우며 융점 650℃이며, 전기 및 열전도율이 은, 구리, 금, 알루미늄, 마그네슘 순이다.

40 금속간 화합물의 특징을 설명한 것 중 틀린 것은?

① 어느 성분 금속보다 용융점이 낮다.
② 어느 성분 금속보다 경도가 높다.
③ 일반 화합물에 비하여 결합력이 약하다.
④ Fe_3C는 금속간 화합물에 해당된다.

해설 금속간 화합물 : 성분 금속간에 친화력이 클 때 화학적으로 결합하여 성분 금속과는 다른 성질을 가지며 대체로 경취하다. 강의 경우 Fe_3C 시멘타이트 조직은 대표적인 금속간 화합물이다.

41 니켈-크롬 합금 중 사용한도가 1000℃까지 측정할 수 있는 합금은?

① 망가닌   ② 우드메탈
③ 배빗메탈   ④ 크로멜-알루멜

42 주철에 대한 설명으로 틀린 것은?

① 인장강도에 비해 압축강도가 높다.
② 회주철은 편상 흑연이 있어 감쇠능이 좋다.
③ 주철 절삭시에는 절삭유를 사용하지 않는다.
④ 액상일 때 유동성이 나쁘며, 충격 저항이 크다.

해설 주철 : 압축강도가 인장강도의 3배 이상이며, 액상에서는 유동성이 좋으며, 충격저항이 작아 취성이 크다.

43 철에 Al, Ni, Co를 첨가한 합금으로 잔류 자속밀도가 크고 보자력이 우수한 자성 재료는?

① 퍼멀로이   ② 센더스트
③ 알니코 자석   ④ 페라이트 자석

해설 알니코 자석 : 알루미늄(Al), 니켈(Ni), 코발트(Co)의 합금으로 철, 니켈, 코발트는 강자성체이다.

44 물과 얼음, 수증기가 평형을 이루는 3중 점상태에서의 자유도는?

① 0   ② 1
③ 2   ④ 3

해설 자유도 F = n(성분수) + 2 - P(상수)
= 1 + 2 - 3 = 0

45 황동의 종류 중 순 Cu와 같이 연하고 코이닝하기 쉬우므로 동전이나 메달 등에 사용되는 합금은?

① 95%Cu-5%Zn 합금
② 70%Cu-30%Zn 합금
③ 60%Cu-40%Zn 합금
④ 50%Cu-50%Zn 합금

해설 톰백 : 구리에 5~20%Zn 합금으로 Cu-5%Zn을 길딩메탈이라 하며 코인잉이 쉬워 동전, 메달 등의 제조에 쓰인다.

정답 39.④ 40.① 41.④ 42.④ 43.③ 44.① 45.①

46 다음 중 KS상 탄소강 주강품의 기호가 "SC360" 일 때 360이 나타내는 의미로 옳은 것은?

① 연신률
② 탄소함유량
③ 단면 수축률
④ 인장강도

해설 SC : 탄소강 주강품
360 : 최소 인장강도(N/mm²)

47 탄소강은 온도가 높아지면 전연성이 커지나 200~300℃에서 연신률과 단면수축률이 상온보다 저하되어 단단하고 깨지기 쉬우며, 강의 표면이 산화되는 현상은?

① 적열 메짐
② 상온 메짐
③ 청열 메짐
④ 저온 메짐

해설 청열 취성(메짐) : 탄소강이 200~300℃ 정도 가열될 경우 푸르스름하게 색이 변하며 이때 상온보다 경도가 크고 연성이 적어져 경취해지는 성질을 말함

48 강에 S, Pb, P 등의 특수 원소를 첨가하여 절삭할 때 칩을 잘게 하고 피삭(절삭)성을 좋게 만든 강은 무엇인가? ★★

① 불변강
② 쾌삭강
③ 베어링강
④ 스프링강

해설 쾌삭강 : 절삭성을 높인 강을 말하며, 열처리, 단조 등의 고온 가공이나 고온에서 사용하지 않는 부품의 절삭 능력을 높이기 위해 연질 금속(Pb, S, Zn 등)을 첨가하여 제조한 강

49 주위의 온도 변화에 따라 선팽창 계수나 탄성률 등의 특정한 성질이 변하지 않는 불변강이 아닌 것은? ★★

① 인바
② 엘린바
③ 코엘린바
④ 스텔라이트

해설 불변강 : 온도에 따라 길이나 탄성이 변하지 않는 강으로 길이가 변하지 않는 강에는 인바, 슈퍼인바 등이 있으며, 탄성이 불변하는 것에는 엘린바, 코엘린바 등이 있다.

50 Al의 비중과 용융점(℃)은 약 얼마인가?

① 2.7, 660℃
② 4.5, 390℃
③ 8.9, 220℃
④ 10.5, 450℃

51 기계제도에서 물체의 보이지 않는 부분의 형상을 나타내는 선은? ★★

① 외형선
② 가상선
③ 절단선
④ 숨은선

해설 선의 종류
• 형상(용도)에 따라 굵은 실선(외형선)
• 가는 실선(치수보조선, 치수선, 지시선, 해칭선)
• 파선(숨은선)
• 가는 일점 쇄선(중심선, 피치선)
• 가는 2점 쇄선(가상선)

52 그림과 같은 입체도의 화살표 방향을 정면도로 표현할 때 실제와 동일한 형상으로 표시되는 면을 모두 고른 것은?

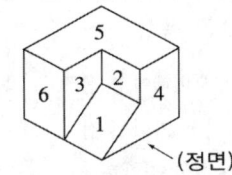

① 3과 4
② 4와 6
③ 2와 6
④ 1과 5

해설 화살표 방향에서 정면으로 보면 3과 4만 보인다. 만약 좌측에서 볼 경우는 6, 1, 2만 보인다.

정답 46.④ 47.③ 48.② 49.④ 50.① 51.④ 52.①

53 다음 중 한쪽 단면도를 올바르게 도시한 것은?

① 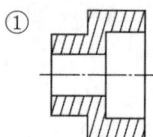 ②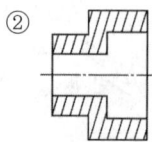
③ 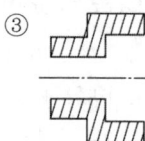 ④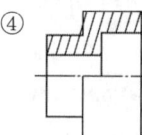

해설 한쪽 단면도 : 반단면도를 뜻하며, 대칭되는 물체를 1/4 절단했을 때의 형상을 나타낸 것으로 중심선에 대하여 상부엔 단면을 하부엔 외형을 나타낸 단면도이다.

54 제품의 일부분의 조립상태를 나타낸 도면은?

① 부품도   ② 상세도
③ 기초도   ④ 부분 조립도

55 다음의 용접 기호는 무엇을 의미하는가?

① 경사 용접부   ② 겹침 접합부
③ 표준 육성   ④ 가장 자리 용접

해설 ⌒ : 오버레이 용접(표준 육성)
Ⅲ : 가장 자리 용접
∥ : 경사 접합부

56 다음 치수 중 참고 치수를 나타내는 것은? ★★★★★

① (50)   ② □50
③ 50̄   ④ 50

해설 □ 50 : 가로 세로가 50인 정사각형
50 : 해당 부분은 비례척이 아님

57 주투상도를 나타내는 방법에 관한 설명으로 옳지 않은 것은?

① 조립도 등 주로 기능을 나타내는 도면에서는 대상물을 사용하는 상태로 표시한다.
② 주투상도를 보충하는 다른 투상도는 되도록 적게 표시한다.
③ 특별한 이유가 없을 경우 대상물을 세로 길이로 놓은 상태로 표시한다.
④ 부품도 등 가공하기 위한 도면에서는 가공에 있어서 도면을 가장 많이 이용하는 공정에서 대상물을 놓은 상태로 표시한다.

해설 주투상도
도면의 주가 되는 투상도 즉 정면도로 선정할 투상도이며, 그 물체의 특징적인 부분을 정투상도로 한다. 예를 들면 자동차의 정면은 앞쪽이지만 측면을 정면도로 잡아야 자동의 종류를 쉽게 파악할 수 있기 때문에 주투상도(정면도)는 측면이 된다.

58 그림에서 나타난 용접기호의 의미는?

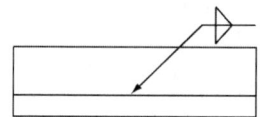

① 플래어 K형 용접
② 양쪽 필릿용접
③ 플러그 용접
④ 프로젝션 용접

해설 삼각형 모양의 기호는 필릿용접을 뜻하며, 기준선에 대해 상하로 되어 있으므로 양쪽 필릿용접을 의미한다.

정답 53.④ 54.④ 55.② 56.① 57.③ 58.②

59 양면 용접부 조합 기호에 대하여 그 명칭이 틀린 것은?

① ╳ : 양면 V형 맞대기 용접
② ⋈ : 양면 U형 맞대기 용접
③ ⟊ : 양면 개선(K)형 맞대기 용접
④ ╳ : 넓은 루트면이 있는 K형 맞대기 용접

해설 ④, 넓은 루트면을 가진 양면 V형 맞대기 용접

60 그림의 입체도에서 화살표 방향을 정면으로 하여 제3각법으로 그린 정투상도는?

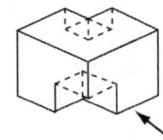

① ② ③ ④

정답 59.④ 60.①

2016 제2회 피복아크용접기능사 기출문제 (구, 용접기능사)

2016년 4월 2일 시행

01 서브머지드 아크용접에서 사용하는 용제 중 흡습성이 가장 적은 것은?

① 용융형 ② 혼성형
③ 고온 소결형 ④ 저온 소결형

해설 용융형 용제의 특성 : 비드 외관이 아름답고 흡습성이 없어 재건조가 불필요하며, 반복 사용성이 좋으며, 화학적 균일성이 양호하다.

02 고주파 교류 전원을 사용하여 TIG 용접을 할 때 장점으로 틀린 것은?

① 긴 아크유지가 용이하다.
② 전극봉의 수명이 길어진다.
③ 비접촉에 의해 용착 금속과 전극의 오염을 방지한다.
④ 동일한 전극봉 크기로 사용할 수 있는 전류 범위가 작다.

해설 고주파 교류 사용시 이점 : ①, ②, ③ 외에 동일한 전극봉 크기로 사용할 수 있는 전류 범위가 넓다.

03 맞대기 용접이음에서 판두께가 9mm, 용접선길이 120mm, 하중이 7560N일 때, 인장응력은 몇 N/mm²인가?

① 5 ② 6
③ 7 ④ 8

해설 $\sigma = \dfrac{P}{A} = \dfrac{7560}{9 \times 120} = 7$

04 용접 설계상 주의사항으로 틀린 것은? ★★

① 용접하기 쉽도록 설계할 것
② 구조상의 노치부가 생성되게 할 것
③ 결함이 생기기 쉬운 용접 방법은 피할 것
④ 용접이음이 한 곳으로 집중되지 않도록 할 것

해설 용접에서 노치는 피로강도에 치명적이므로 언더컷 등 노치가 생기지 않도록 하여야 된다.

05 용접 이음부에 예열하는 목적을 설명한 것으로 틀린 것은? ★★

① 수소의 방출을 용이하게 하여 저온균열을 방지한다.
② 모재의 열영향부와 용착금속의 연화를 방지하고, 경화를 증가시킨다.
③ 용접부의 기계적 성질을 향상시키고, 경화조직의 석출을 방지시킨다.
④ 온도분포가 완만하게 되어 열응력의 감소로 변형과 잔류응력의 발생을 적게 한다.

해설 예열의 목적은 냉각속도를 느리게 하여 연화시키거나 경화를 저지하여 균열을 방지하기 위함이다.

정답 01.① 02.④ 03.③ 04.② 05.②

06 알루미늄은 철강에 비하여 일반 용접법으로서는 그 용접이 극히 곤란한데, 그 이유 중 틀린 것은?

① 단시간에 용접온도를 높이는데는 높은 온도의 열원이 필요하다.
② 지나친 융해가 되기 쉽다.
③ 팽창계수가 매우 적다
④ 고온 강도가 나쁘며, 용접변형이 크다.

해설 알루미늄은 팽창계수($\beta \times 10^{-5}(0\sim100℃)$)가 2.38로, 안티몬 1.09, 연(납) 2.93, 크롬 0.84, 철 1.2, 텅스텐 0.45 등 다른 금속보다 매우 크다.

07 전자 빔 용접의 특징으로 틀린 것은?

① 정밀 용접이 가능하다.
② 용접부의 열영향부가 크고 설비비가 적게 든다.
③ 용입이 깊어 다층용접도 단층용접으로 완성할 수 있다.
④ 유해가스에 의한 오염이 적고 높은 순도의 용접이 가능하다.

해설 전자 빔 용접은 열영향부가 적으나 설비비는 많이 든다.

08 샤르피식의 시험기를 사용하는 시험 방법은?

① 경도시험   ② 인장시험
③ 피로시험   ④ 충격시험

해설 충격시험법에는 시편을 단순보 상태로 놓고 충격을 주는 샤르피식과 내다지보 상태로 놓고 충격을 주는 아이조드식이 있다.

09 다음 중 서브머지드 아크용접의 다른 명칭이 아닌 것은?

① 잠호 용접
② 헬리 아크용접
③ 유니언 멜트 용접
④ 불가시 아크용접

해설 헬리 아크용접은 TIG 용접의 다른 명칭이다.

10 용접제품을 조립하다가 V홈 맞대기 이음 홈의 간격이 5mm 정도 멀어졌을 때 홈의 보수 및 용접방법으로 가장 적합한 것은?

① 그대로 용접한다.
② 뒷댐판을 대고 용접한다.
③ 덧살올림 용접 후 가공하여 규정 간격을 맞춘다.
④ 치수에 맞는 재료로 교환하여 루트간격을 맞춘다.

해설 맞대기 용접 보수법 : 루트간격 6mm 이하는 한쪽 또는 양쪽을 덧살 올림하여 깎아내고 규정 간격으로 수정 후 용접한다. ② : 6mm 정도의 뒷판을 대서 용접한다.

11 한 부분의 몇 층을 용접하다가 이것을 다음 부분의 층으로 연속시켜 전체 모양이 계단 형태를 이루는 용착법은?

① 스킵법   ② 덧살 올림법
③ 전진 블록법   ④ 케스케이드법

12 산소와 아세틸렌 용기의 취급상의 주의사항으로 옳은 것은?

① 직사광선이 잘 드는 곳에 보관한다.
② 아세틸렌병은 안전상 눕혀서 사용한다.
③ 산소병은 40℃ 이하 온도에서 보관한다.
④ 산소병 내에 다른 가스를 혼합해도 상관없다.

정답 06.③ 07.② 08.④ 09.② 10.③ 11.④ 12.③

해설 가스 용기는 직사광선을 피해 그늘진 곳, 40℃ 이하의 곳에 보관하며, 아세틸렌 용기는 눕혀서 사용하면 아세톤이 유출될 수 있다.

13 피복 아크 용집의 필릿용접에서 루트간격이 4.5mm 이상일 때의 보수 요령은?

① 규정대로의 각장으로 용접한다.
② 두께 6mm 정도의 뒤판을 대서 용접한다.
③ 라이너를 넣든지 부족한 판을 300mm 이상 잘라내서 대체 하도록 한다.
④ 그대로 용접하여도 좋으나 넓혀진 만큼 각장을 증가 시킬 필요가 있다.

해설 ① : 루트간격 1.5mm 이하
④ : 1.5~4.5mm

14 용접에서 수소 시험이란 다음 중 어느 시험인가?

① 용융금속 내에 있는 수소의 양을 측정
② 용접봉에 함유한 수소의 양을 측정
③ 모재에 함유한 수소의 양을 측정
④ 응고직후부터 일정시간 사이에 발생하는 수소량 측정

15 CO_2 가스 아크 편면용접에서 이면 비드의 형성은 물론 뒷면 가우징 및 뒷면 용접을 생략할 수 있고, 모재의 중량에 따른 뒤업기(turn over) 작업을 생략할 수 있도록 홈 용접부 이면에 부착하는 것은?

① 스캘롭　　② 엔드탭
③ 뒷댐재　　④ 포지셔너

해설 이면 비드의 가우징을 생략하기 위해 금속이나 세라믹제의 뒷댐재를 부착하고 용접한다.

16 탄산가스 아크용접의 장점이 아닌 것은?

① 가시 아크이므로 시공이 편리하다.
② 적용되는 재질이 철계통으로 한정되어 있다.
③ 용착 금속의 기계적 성질 및 금속학적 성질이 우수하다.
④ 전류 밀도가 높아 용입이 깊고 용접 속도를 빠르게 할 수 있다.

해설 ②항은 단점에 해당된다.

17 현상제(MgO, $BaCO_3$)를 사용하여 용접부의 표면 결함을 검사하는 방법은?

① 침투 탐상법　　② 자분 탐상법
③ 초음파 탐상법　④ 방사선 투과법

해설 침투 탐상법은 전처리 - 침투액 분사 - 잔여액 제거 및 건조 - 현상 - 검사 순으로 한다.

18 미세한 알루미늄 분말과 산화철 분말을 혼합하여 과산화바륨과 알루미늄 등의 혼합분말로 된 점화제를 넣고 연소시켜 그 반응열로 용접하는 방법은? ★★

① MIG 용접　　② 테르밋 용접
③ 전자 빔 용접　④ 원자 수소 용접

해설 테르밋 용접 : 알루미늄 분말과 산화철 분말을 1 : 3~4 비율로 넣고 점화제를 넣어 점화하면 2800℃까지 올라가며 산화물과 용탕으로 분리된다.

19 용접결함에서 언더컷이 발생하는 조건이 아닌 것은?

① 전류가 너무 낮을 때
② 아크길이가 너무 길 때
③ 부적당한 용접봉을 사용할 때
④ 용접속도가 적당하지 않을 때

정답 13.③　14.①　15.③　16.②　17.①　18.②　19.①

해설) 전류가 너무 낮으면 오버랩이 생길 수 있다.

20 플라스마 아크용접장치에서 아크 플라스마의 냉각가스로 쓰이는 것은? ★★★

① 아르곤과 수소의 혼합가스
② 아르곤과 산소의 혼합가스
③ 아르곤과 메탄의 혼합가스
④ 아르곤과 프로판의 혼합가스

해설) 플라스마 아크용접장치의 냉각가스 : Ar + H₂의 혼합가스

21 피복아크용접 작업시 감전으로 인한 재해의 원인으로 틀린 것은?

① 1차 측과 2차 측 케이블의 피복 손상부에 접촉되었을 경우
② 피용접물에 붙어있는 용접봉을 떼려다 몸에 접촉되었을 경우
③ 용접기기의 보수 중에 입출력 단자가 절연된 곳에 접촉 되었을 경우
④ 용접 작업 중 홀더에 용접봉을 물릴 때나, 홀더가 신체에 접촉 되었을 경우

해설) ③항은 절연된 곳이기 때문에 감전 위험도가 낮다

22 보기에서 설명하는 서브머지드 아크용접에 사용되는 용제는?

[보기]
- 화학적 균일성이 양호하다.
- 반복 사용성이 좋다.
- 비드 외관이 아름답다.
- 용접전류에 따라 입자의 크기가 다른 용제를 사용해야 한다.

① 소결형   ② 혼성형
③ 혼합형   ④ 용융형

23 기체를 수천도의 높은 온도로 가열하면 그 속도의 가스원자가 원자핵과 전자로 분리되어 양(+)과 음(−) 이온상태로 된 것을 무엇이라 하는가?

① 전자빔   ② 레이저
③ 테르밋   ④ 플라스마

해설) 이 플라스마를 이용하여 절단 또는 용접을 한다.

24 정격 2차 전류 300A, 정격 사용률 40%인 아크용접기로 실제 200A 용접전류를 사용하여 용접하는 경우 전체시간을 10분으로 하였을 때 다음 중 용접 시간과 휴식 시간을 올바르게 나타낸 것은?

① 10분 동안 계속 용접한다.
② 5분 용접 후 5분간 휴식한다.
③ 7분 용접 후 3분간 휴식한다.
④ 9분 용접 후 1분간 휴식한다.

해설) 정격 사용률을 묻는 것이 아니고 허용 사용률을 묻는 문제이며 허용 사용률 계산에서 90%이므로 ④와 같이 한다. 그러나 실질적으로는 용접봉 갈아 끼우는 시간이나 슬래그 제거시간, 관찰 시간 등이 많기 때문에 70% 이상이면 연속 작업해도 아무런 문제가 없다.

허용사용율 $= \dfrac{300^2}{200^2} \times 40 = 90$

25 용해 아세틸렌 취급시 주의 사항으로 틀린 것은?

① 저장 장소는 통풍이 잘 되어야 된다.
② 저장 장소에는 화기를 가까이 하지 말아야 한다.
③ 용기는 진동이나 충격을 가하지 말고 신중히 취급해야 한다.
④ 용기는 아세톤의 유출을 방지하기 위해 눕혀서 보관한다.

정답) 20.① 21.③ 22.④ 23.④ 24.④ 25.④

26 다음 중 아크 절단법이 아닌 것은? ★★

① 스카핑
② 금속 아크 절단
③ 아크 에어 가우징
④ 플라즈마 제트 절단

해설 스카핑은 가스 불꽃을 이용하여 표면의 돌기나 홈집을 제거하는 가공법의 일종이다.

27 피복아크용접봉의 피복제 작용을 설명한 것 중 틀린 것은?

① 스패터를 많게 하고, 탈탄 정련작용을 한다.
② 용융금속의 용적을 미세화하고, 용착효율을 높인다.
③ 슬래그 제거를 쉽게 하며, 파형이 고운 비드를 만든다.
④ 공기로 인한 산화, 질화 등의 해를 방지하여 용착금속을 보호한다.

해설 피복제 역할 : ②, ③, ④ 외에 스패터를 적게 하고 탈산 정련 작용을 하며, 슬래그를 형성하여 냉각 속도를 느리게 한다.

28 용접법의 분류 중에서 융접에 속하는 것은?

① 시임 용접   ② 테르밋 용접
③ 초음파 용접 ④ 플래시 용접

해설 ①, ④는 압접에 속하는 전기 저항용접법이며, 초음파 용접은 초음파에 의한 진동열을 이용하여 용융시킨 후 가압하는 압접법이다.

29 탄산가스 아크(CO_2)용접의 특성 중 맞지 않는 것은?

① 용착금속의 기계적 성질이 좋다.
② 용입이 얕아 박판 용접에 아주 유리하다.
③ 값싼 CO_2를 사용하기 때문에 용접경비가 절약된다.
④ 가시 아크이므로 시공이 편리하다

30 2개의 모재에 압력을 가해 접촉시킨 다음 접촉에 압력을 주면서 상대운동을 시켜 접촉면에서 발생하는 열을 이용하는 용접법은? ★★★

① 가스압접   ② 냉간압접
③ 마찰용접   ④ 열간압접

31 다음은 TIG 용접을 할 때의 안전 및 유의사항이다. 설명이 옳지 않은 것은?

① 가스의 누설이 없는지 비눗물로 검사한다.
② 전기 연결부분의 접합상태를 잘 점검한다.
③ 세라믹 노즐은 단단하고 잘 부서지지 않으므로 토치에 장착할 때 힘을 가하여 단단히 고정시켜야 한다.
④ 냉각수가 잘 흐르는지 또는 누설부분이 없는지 검사한다.

32 모재의 절단부를 불활성가스로 보호하고 금속전극에 대전류를 흐르게 하여 절단하는 방법으로 알루미늄과 같이 산화에 강한 금속에 이용되는 절단방법은?

① 산소 절단   ② TIG 절단
③ MIG 절단   ④ 플라즈마 절단

해설 알루미늄은 가스(산소) 절단으로는 불가능하며, 아크 절단을 행해야 되는데 위의 아크 절단 중 금속 전극을 사용하는 절단은 MIG 절단 밖에 없다.

정답 26.① 27.① 28.② 29.② 30.③ 31.③ 32.③

33 용접기의 특성 중에서 부하전류가 증가하면 단자 전압이 저하하는 특성은?

① 수하 특성　② 상승 특성
③ 정전압 특성　④ 자기제어 특성

34 산소-아세틸렌 불꽃의 종류가 아닌 것은?

① 중성 불꽃　② 탄화 불꽃
③ 산화 불꽃　④ 질화 불꽃

해설 가스절단에 질소를 사용하지 않기 때문에 불꽃의 종류에 질화 불꽃은 없다.

35 리벳이음과 비교하여 용접이음의 특징을 열거한 중 틀린 것은?

① 구조가 복잡하다.
② 이음효율이 높다.
③ 공정의 수가 절감된다.
④ 유밀, 기밀, 수밀이 우수하다.

해설 용접법은 리벳이음에 비교하여 구조가 간단하며 무게를 줄일 수 있다.

36 스테인리스강에서 가스절단이 저해되는 요인은?

① 탄소함량에 영향을 많이 받기 때문에
② 산화물이 모재보다 고용융점의 내화물이기 때문에
③ 적열 상태가 되지 않기 때문에
④ 내부식성이 강하기 때문에

37 산소 아크 절단에 대한 설명으로 가장 적합한 것은?

① 전원은 직류 역극성이 사용된다.
② 가스절단에 비하여 절단속도가 느리다.
③ 가스절단에 비하여 절단면이 매끄럽다.
④ 철강 구조물 해체나 수중 해체 작업에 이용된다.

해설 산소 아크 절단 : 직류 정극성을 사용하며, 가스절단에 비해 절단 속도가 매우 빠르나 절단면은 거칠다.

38 탄소 전극봉 대신 절단 전용의 특수 피복을 입힌 전극봉을 사용하여 절단하는 방법은?

① 금속아크 절단
② 탄소아크 절단
③ 아크에어 가우징
④ 플라스마 제트 절단

39 다이캐스팅 주물품, 단조품 등의 재료로 사용되며 융점이 약 660℃이고, 비중이 약 2.7인 원소는?

① Sn　② Ag
③ Al　④ Mn

해설 다이캐스팅 주조는 저융점 금속의 용탕을 금속 주형에 주입하여 주조품을 제조하는 주조방법이다.

40 다음 중 주철에 관한 설명으로 틀린 것은?

① 비중은 C와 Si 등이 많을수록 작아진다.
② 용융점은 C와 Si 등이 많을수록 낮아진다.
③ 주철을 600℃ 이상의 온도에서 가열 및 냉각을 반복하면 부피가 감소한다.
④ 투자율을 크게 하기 위해서는 화합 탄소를 적게 하고 유리 탄소를 균일하게 분포시킨다.

해설 주물을 고온에서 가열, 냉각을 반복하면 성장(부피가 증가)하게 되어 균열이 발생한다.

정답　33.①　34.④　35.①　36.②　37.④　38.①　39.③　40.③

41 금속의 소성변형을 일으키는 원인 중 원자 밀도가 가장 큰 격자면에서 잘 일어나는 것은?

① 슬립　② 쌍정
③ 전위　④ 편석

42 다음 중 Ni - Cu 합금이 아닌 것은?

① 어드밴스　② 콘스탄탄
③ 모넬메탈　④ 니칼로이

해설　① : Ni 44%, Mn 1%, Cu 합금으로 전기 저항선으로 쓰인다.
니칼로이 : 50%Ni, 50%Fe의 합금으로 통신용 소형 변압기용으로 쓰이는 금속이다.

43 침탄법에 대한 설명으로 옳은 것은?

① 표면을 용융시켜 연화시키는 것이다.
② 망상 시멘타이트를 구상화시키는 방법이다.
③ 강재의 표면에 아연을 피복시키는 방법이다.
④ 연강재의 표면에 탄소를 침투시켜 경화시키는 것이다.

해설　침탄법에는 가스 침탄, 액체 침탄, 고체 침탄법이 있다.

44 그림과 같은 결정격자의 금속 원소는?

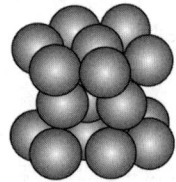

① Ni　② Mg
③ Al　④ Au

해설　그림은 조밀육방격자의 모양이며, Ni, Al, Au 등은 면심입방격자의 구조를 이루고 있다.

45 전해 인성 구리는 약 400℃ 이상의 온도에서 사용하지 않는 이유로 옳은 것은?

① 풀림취성을 발생시키기 때문이다.
② 수소취성을 발생시키기 때문이다.
③ 고온취성을 발생시키기 때문이다.
④ 상온취성을 발생시키기 때문이다.

46 구상흑연주철은 주조성, 가공성 및 내마멸성이 우수하다. 이러한 구상흑연주철 제조시 구상화제로 첨가되는 원소로 옳은 것은?

① P, S　② O, N
③ Pb, Zn　④ Mg, Ca

47 형상 기억 효과를 나타내는 합금이 일으키는 변태는?

① 펄라이트 변태
② 마텐사이트 변태
③ 오스테나이트 변태
④ 레데브라이트 변태

48 Y합금의 일종으로 Ti과 Cu를 0.2% 정도씩 첨가한 것으로 피스톤에 사용되는 것은?

① 두랄루민　② 코비탈륨
③ 로엑스합금　④ 하이드로날륨

해설　코비탈륨 : Y합금 일종, A에 Ti과 Cu를 0.2% 첨가한 합금. 고온강도가 우수하여 피스톤 등에 사용된다.

정답　41.① 42.④ 43.④ 44.② 45.② 46.④ 47.② 48.②

49 시험편을 눌러 구부리는 시험방법으로 굽힘에 대한 저항력을 조사하는 시험방법은?

① 충격시험   ② 굽힘시험
③ 전단시험   ④ 인장시험

50 Fe-C 평 형상태도에서 공정점의 C%는?

① 0.02%   ② 0.8%
③ 4.3%   ④ 6.67%

[해설] **공정점** : Fe-C 상태도 상에서 1130℃, 4.3%C 부분에서 생기며, 액체에서 2개의 고체 조직이 동시에 정출되는 점이다. 이때의 조직은 레데브라이트(오스테나이트+시멘타이트 조직의 혼합물)이 형성된다.

51 다음 용접 기호 중 오버래이 용접(표면 육성)을 의미하는 것은?

① 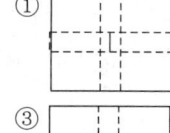   ②
③   ④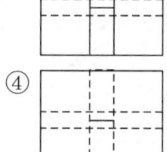

52 아래 그림과 같은 입체도에서 화살표 방향이 정면일 경우 가장 적합한 평면도는 어느 것인가?

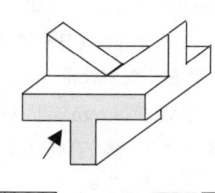

53 제3각법의 투상도에서 도면의 배치 관계는?

① 평면도를 중심하여 정면도는 위에 우측 면도는 우측에 배치된다.
② 정면도를 중심하여 평면도는 밑에 우측 면도는 우측에 배치된다.
③ 정면도를 중심하여 평면도는 위에 우측 면도는 우측에 배치된다.
④ 정면도를 중심하여 평면도는 위에 우측 면도는 좌측에 배치된다.

54 그림과 같이 제3각법으로 정투상한 각뿔의 전개도 형상으로 적합한 것은?

① 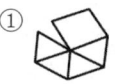   ②
③    ④

55 도면에 대한 호칭방법이 다음과 같이 나타날 때 이에 대한 설명으로 틀린 것은?

K2 B ISO 5457-A1t-TP 112.5-R-TBL

① 도면은 KS B ISO 5457을 따른다.
② A1 용지 크기이다.
③ 재단하지 않은 용지이다.
④ 112.5g/m² 사양의 트레이싱지이다.

정답 49.② 50.③ 51.① 52.③ 53.③ 54.② 55.③

56 그림과 같은 도면에서 나타난 "□40" 치수에서 "□"가 뜻하는 것은?

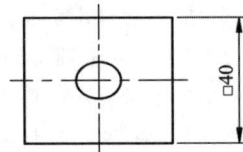

① 정사각형의 변
② 이론적으로 정확한 치수
③ 판의 두께
④ 참고치수

해설 정사각형의 가로 세로 길이가 40mm 임을 나타낸다.

57 그림과 같이 원통을 경사지게 절단한 제품을 제작할 때, 다음 중 어떤 전개법이 가장 적합한가?

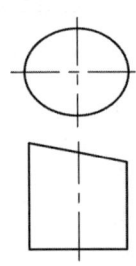

① 사각형법 ② 평행선법
③ 삼각형법 ④ 방사선법

58 다음 중 가는 실선으로 나타내는 경우가 아닌 것은?

① 시작점과 끝점을 나타내는 치수선
② 소재의 굽은 부분이나 가공 공정의 표시선
③ 상세도를 그리기 위한 틀의 선
④ 금속 구조 공학 등의 구조를 나타내는 선

해설 가는 실선은 지시선이나 인출선, 치수 보조선, 치수선 등에 사용된다.

59 그림과 같은 도면에서 괄호 안의 치수는 무엇을 나타내는가?

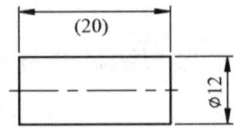

① 완성 치수
② 참고 치수
③ 다듬질 치수
④ 비례척이 아닌 치수

해설 도면에 표시되는 치수는 완성 제품일 경우의 치수(완성 치수)로 나타내는 것이 원칙이며, 일부 치수가 비례척이 아닌 경우 치수 밑에 밑줄을, 전체가 비례척이 아닌 경우 척도란에 'NS'로 표시한다.

60 다음 중 일반 구조용 탄소 강관의 KS 재료 기호는?

① SRT 275   ② SPS
③ SHN 275   ④ SGT 275

해설
- STK 400 → SGT 275 : 일반구조용 탄소강관 (최저(소) 인장강도 400N/mm²에서 최저 항복강도 275N/mm²(MPa)로 변경됨
- 건축구조용 압연강재 : SN 275A : 최적 항복강도 275MPa(N/mm²)인 A종
- 건축구조용 열간압연형강 : SHN 275
- 일반구조용 각형강관 : SPSR 400 → SRT 275~550
- 일반구조용 용접경량 H형강 : SWH275L
- 스프링강재 : SPS 1

정답 56.① 57.② 58.④ 59.② 60.④

2016 제4회 피복아크용접기능사 기출문제
(구, 용접기능사)

2016년 7월 10일 시행

01 다음 중 용접시 수소의 영향으로 발생하는 결함과 가장 거리가 먼 것은?

① 기공   ② 균열
③ 은점   ④ 설퍼

해설 설퍼 : 황을 뜻하며, 아마 황에 의한 고온 균열의 일종인 설퍼크랙(균열)을 의미함

02 다음 기체를 가벼운 것부터 무거운 것으로 된 것은?

① 수소 > 아세틸렌 > 공기 > 산소
② 산소 > 공기 > 아세틸렌 > 수소
③ 공기 > 산소 > 수소 > 아세틸렌
④ 산소 > 아세틸렌 > 공기 > 수소

03 용착금속의 인장강도가 $55N/m^3$, 안전률이 6이라면 이음의 허용응력은 약 몇 N/m^2인가? ★★

① 0.92   ② 9.2
③ 92   ④ 920

해설 허용응력 = $\dfrac{극한강도}{안전률} = \dfrac{55}{6} = 9.2$

04 팁 끝이 모재에 닿는 순간 순간적으로 팁 끝이 막혀 팁 속에서 폭발음이 나면서 불꽃이 꺼졌다가 다시 나타나는 현상은?

① 인화   ② 역화
③ 역류   ④ 선화

해설 인화 : 팁끝이 순간적으로 막혀 가스 불출 불량에 의해 토치의 가스 혼합실까지 불꽃이 도달하여 빨갛게 달구어지는 현상. 빨리 아세틸렌(프로판) 밸브를 차단한 후 산소 밸브를 차단한다.

05 다음 중 파괴 시험 검사법에 속하는 것은?

① 부식시험   ② 침투시험
③ 음향시험   ④ 와류시험

해설 부식시험 : 파괴시험의 일종으로 야금학적 시험법이다.

06 TIG 용접 토치의 분류 중 형태에 따른 종류가 아닌 것은?

① T형 토치   ② Y형 토치
③ 직선형 토치   ④ 플럭시블형 토치

07 용접에 의한 수축 변형에 영향을 미치는 인자로 가장 거리가 먼 것은?

① 가접
② 용접입열
③ 판의 예열 온도
④ 판두께에 따른 이음 형상

해설 용접부의 수축 변형 : 금속은 가열되거나 용융하면 팽창하였다가 냉각하면 수축이 일어나며 용접입열, 판의 예열 온도, 판두께, 이음 형상에 따라 다르다.

정답 01.④ 02.① 03.② 04.② 05.① 06.② 07.①

08 전자동 MIG 용접과 반자동 용접을 비교했을 때 전자동 MIG 용접의 장점으로 틀린 것은?

① 용접 속도가 빠르다.
② 생산 단가를 최소화 할 수 있다.
③ 우수한 품질의 용접이 얻어진다.
④ 용착 효율이 낮아 능률이 매우 좋다.

해설 MIG 용접 : 금속보호가스 아크용접을 말하며, 용착 효율이 98% 이상으로 좋아 능률이 매우 우수하다.

09 다음 중 탄산가스 아크용접의 자기쏠림 현상을 방지하는 대책으로 틀린 것은?

① 엔드탭을 부착한다.
② 가스 유량을 조절한다.
③ 어스의 위치를 변경한다.
④ 용접부의 틈을 적게 한다.

10 다음 용접법 중 비소모식 아크용접법은?

① 논 가스 아크용접
② 피복 금속 아크용접
③ 서브머지드 아크용접
④ 불활성 가스 텅스텐 아크용접

해설 ④ : 텅스텐 전극과 모재 사이에 아크를 발생하여 모재를 용융시키고 그 용융지에 용접봉을 녹여 접합하는 방법으로 전극이 소모되지 않는다해서 비소모식, 비용극식이라 한다.

11 다음에서 피복 용접봉으로 갖추어야 할 조건으로 맞지 않는 것은?

① 심선보다 피복제가 더 빨리 녹을 것
② 용착금속의 모든 성질을 우수하게 할 것
③ 용착금속의 탈산 정련작용을 할 것
④ 슬래그가 용이하게 제거될 것

12 용접 변형의 교정법에서 점 수축법의 가열온도와 가열시간으로 가장 적당한 것은?

① 100~200℃, 20초
② 300~400℃, 20초
③ 500~600℃, 30초
④ 700~800℃, 30초

해설 점 수축법 : 박판이 변형된 경우 볼록한 부분에 군데 군데 적당히 가열한 후 수냉하는 것을 반복하여 변형을 교정하는 방법이다.

13 다음은 서브머지드 아크용접 시공에서의 필요 조건들이다. 해당하지 않는 것은?

① 사용 심선의 종류
② 불활성 가스의 종류
③ 용접전류
④ 이음부의 홈 모양

해설 서브머지드 아크용접에서는 가스를 사용하지 않으므로 불활성 가스의 종류와는 무관하다.

14 다음 중 전자 빔 용접에 관한 설명으로 틀린 것은?

① 용입이 낮아 후판 용접에는 적용이 어렵다.
② 성분 변화에 의하여 용접부의 기계적 성질이나 내식성의 저하를 가져올 수 있다.
③ 가공재나 열처리에 대하여 소재의 성질을 저하시키지 않고 용접할 수 있다.
④ $10^{-4} \sim 10^{-6}$ mmHg 정도의 높은 진공실 속에서 음극으로부터 방출된 전자를 고전압으로 가속시켜 용접을 한다.

해설 전자 빔용접 : 고진공 속에서 고용점용접이기 때문에 용입이 깊어 후판 용접에 적당하다.

정답 08.④ 09.② 10.④ 11.① 12.③ 13.② 14.①

15 서브머지드 아크용접시 발생하는 기공의 원인이 아닌 것은?

① 직류 역극성 사용
② 용제의 건조 불량
③ 용제의 산포량 부족
④ 와이어 녹, 기름, 페인트

해설 기공 : 용접부의 기공 발생은 용제나 모재의 흡습, 건조 불량, 녹, 페인트 부착 등이며, 극성과는 무관하다.

16 안전 보건표지의 색채, 색도기준 및 용도에서 지시의 용도 색채는?

① 검은 색
② 노란색
③ 빨간 색
④ 파란 색

해설 검은색 : 금지, 경고 표지의 관련 부호 및 그림

17 X선이나 γ선을 재료에 투과시켜 투과된 빛의 강도에 따라 사진 필름에 감광시켜 결함을 검사하는 비파괴 시험법은?

① 자분 탐상 검사
② 침투 탐상 검사
③ 초음파 탐상 검사
④ 방사선 투과 검사

18 다음 중 용접봉의 용융속도를 나타낸 것은(무엇으로 표시하는가)? ★★

① 단위 시간 당 용접입열의 양
② 단위 시간 당 소모되는 용접전류
③ 단위 시간 당 형성되는 비드의 길이
④ 단위 시간 당 소비되는 용접봉의 길이

해설 용융속도 = 아크 전류 × 용접봉쪽 전압 강하 또는 단위시간당 소비되는 용접봉 무게

19 물체와의 가벼운 충돌 또는 부딪침으로 인하여 생기는 손상으로 충격 부위가 부어 오르고 통증이 발생되며 일반적으로 피부 표면에 창상이 없는 상처를 뜻하는 것은?

① 출혈
② 화상
③ 찰과상
④ 타박상

해설 창상(절창) : 칼이나 유리 등에 베인 상처, 찰과상이란 무엇에 긁히거나 스쳐서 살갗이 벗겨진 상처

20 일명 비석법이라고도 하며, 용접 길이를 짧게 나누어 간격을 두면서 용접하는 용착법은?

① 전진법
② 후진법
③ 대칭법
④ 스킵법

해설 ② : 용접봉이나 토치가 진행방향으로 기울어진 상태에서 용융지가 진행 방향 반대로 형성되는 운봉법

21 금속 산화물이 알루미늄에 의하여 산소를 빼앗기는 반응에 의해 생성되는 열을 이용한 용접법은? ★★★★

① 마찰 용접
② 테르밋 용접
③ 일렉트로 슬래그 용접
④ 서브머지드 아크용접

해설 테르밋 용접 : 알루미늄과 산화철 분말을 일정 비율로 혼합하여 마그네슘 등의 점화제를 넣고 점화하면 2800℃ 정도까지 상승하며 산화물과 용탕으로 형성되며 용탕을 용접부에 부어 용접하는 방법
불활성 가스 아크용접 : Ar, He 등의 불활성 가스를 사용하는 용접법으로 MIG 용접과 텅스텐 전극을 사용하는 TIG 용접법으로 구분된다.

정답 15.① 16.④ 17.④ 18.④ 19.④ 20.④ 21.②

22 저항 용접의 장점이 아닌 것은?

① 대량 생산에 적합하다.
② 후열 처리가 필요하다.
③ 산화 및 변질 부분이 적다.
④ 용접봉, 용제가 불필요하다.

23 정격 2차 전류 200A(AW200), 정격 사용률 40%인 아크용접기로 실제 아크전압 30V, 아크 전류 130A로 용접을 수행한다고 가정할 때 허용 사용률은 약 얼마인가? ★★★★

① 70% ② 75%
③ 80% ④ 95%

> 해설 허용 사용률(%) = $\dfrac{정격전류^2}{실제용접전류^2} \times 정격사용율$
>
> $= \dfrac{200^2}{130^2} \times 40 = 95$

24 피복 아크 용접기에서 전류가 작은 범위에서 증가하면 아크 저항은 감소하므로 아크전압도 감소하게 되는 특성은?

① 정전류 특성
② 수하 특성
③ 정전압 특성
④ 부특성(부저항 특성)

25 강재 표면의 흠이나 개재물, 탈탄층 등을 제거하기 위하여 될 수 있는 대로 얇게 그리고 타원형 모양으로 표면을 깎아내는 가공법은? ★★

① 분말 절단 ② 가스 가우징
③ 스카핑 ④ 플라즈마 절단

> 해설 가스 가우징 : 가우징 토치를 사용하여 홈을 파는 작업법

26 다음 중 야금적 접합법에 해당되지 않는 것은?

① 융접(fusion welding)
② 접어 잇기(seam)
③ 압접(pressure welding)
④ 납땜(brazing and soldering)

> 해설 야금학적 접합법 : 용접법을 말하며, 융접, 압접, 납접을 포함한다.

27 다음 중 불꽃의 구성 요소가 아닌 것은?

① 불꽃심 ② 속불꽃
③ 겉불꽃 ④ 환원불꽃

> 해설 환원 불꽃 : 불꽃의 구성요소가 아니라 불꽃의 종류에 해당한다.

28 피복 아크용접봉에서 피복제의 주된 역할이 아닌 것은? ★★★

① 용융금속의 용적을 미세화하여 용착효율을 높인다.
② 용착금속의 응고와 냉각속도를 빠르게 한다.
③ 스패터의 발생을 적게 하고 전기 절연 작용을 한다.
④ 용착금속에 적당한 합금원소를 첨가한다.

> 해설 피복제의 역할 : ① ③, ④ 외에 용착금속의 응고와 냉각속도를 느리게(급랭 방지) 하여 경화를 방지한다. 전기 절연작용을(잘 안통하게) 한다. 아크를 안정시킨다. 용착금속의 탈산 및 정련작용을 한다.

정답 22.② 23.④ 24.④ 25.③ 26.② 27.④ 28.②

29 교류 아크용접기에서 안정한 아크를 얻기 위하여 상용주파의 아크 전류에 고전압의 고주파를 중첩시키는 방법으로 아크 발생과 용접작업을 쉽게 할 수 있도록 하는 부속장치는?

① 전격방지장치
② 고주파 발생장치
③ 원격 제어장치
④ 핫 스타트장치

해설 일반 교류 아크용접기에는 거의 부착된 예가 없으며, 주로 TIG 용접장치에 부착되어 있다.

30 피복 아크용접봉의 피복제 중에서 아크를 안정시켜 주는 성분은?

① 붕사   ② 페로 망간
③ 니켈   ④ 산화 티탄

해설 붕사, 붕산 : 슬래그 생성제
페로망간 : 탈산제, 합금제
니켈 : 합금제

31 산소 용기의 취급시 주의사항으로 틀린 것은?

① 기름이 묻은 손이나 장갑을 착용하고는 취급하지 않아야 한다.
② 통풍이 잘되는 야외에서 직사광선에 노출시켜야 한다.
③ 용기의 밸브가 얼었을 경우에는 따뜻한 물로 녹여야 한다.
④ 사용 전에는 비눗물 등을 이용하여 누설 여부를 확인한다.

해설 가스 용기는 열을 받으면 급격히 팽창하여 폭발할 위험이 있기 때문에 직사광선을 피해서 40℃ 이하의 장소에 보관해야 된다.

32 피복 아크용접봉의 기호 중 고산화티탄계를 표시한 것은?

① E 4301   ② E 4303
③ E 4311   ④ E 4313

해설 ① : 일미나이트계
② : 라임티타니아계
③ : 고셀룰로스계

33 가스절단에서 프로판 가스와 비교한 아세틸렌 가스의 장점에 해당되는 것은?

① 후판 절단의 경우 절단속도가 빠르다.
② 박판 절단의 경우 절단속도가 빠르다.
③ 중첩 절단을 할 때에는 절단속도가 빠르다.
④ 절단면이 거칠지 않다.

해설
· 산소 – 아세틸렌 가스절단보다 슬래그 제거가 쉽다.
· 산소 – 아세틸렌 가스절단보다 중성불꽃의 조절이 어렵다.
· 산소 – 아세틸렌 가스절단보다 절단 개시시간이 느리다.
· 산소 – 아세틸렌 가스절단보다 슬래그 제거가 쉽고, 중성불꽃의 조절이 어려우며, 절단 개시시간이 느리다.

34 용접기의 구비조건이 아닌 것은? ★★

① 구조 및 취급이 간단해야 한다.
② 사용 중에 온도 상승이 적어야 한다.
③ 전류 조정이 용이하고 일정한 전류가 흘러야 한다.
④ 용접 효율과 상관없이 사용 유지비가 적게 들어야 한다.

해설 용접기의 구비조건 : 용접 효율이 좋고 사용 유지비가 적게 들어야 한다.

정답 29.② 30.④ 31.② 32.④ 33.② 34.④

35 불활성가스 텅스텐 아크용접에서 직류 정극성에 관한 설명 중 맞는 것은?

① 모재측에 -극, 용접봉 홀더측에 +극을 연결한 극성이다.
② 용입이 얕으며, 전극은 가열된다.
③ 용입이 깊으며, 전극은 그다지 가열되지 않는다.
④ 모재의 용입이 얕고 넓으며, 전극은 가열되지 않는다.

해설 직류 정극성은 전극이 음극이므로 열의 발생량이 30% 정도로 적어 전극은 과열되지 않는다.

36 아크의 고열과 그 집중성을 이용하여 겹친 2장의 판재 한쪽에 아크를 0.5초~5초 정도 발생시켜 전극팁의 바로 아래 부분을 국부적으로 융합시켜 용접하는 용접법은?

① 단락 옮김 아크용접법
② 논 실드 아크용접법
③ 아크 점용접법
④ 스터드 아크용접법

37 피복 아크용접봉에서 아크길이와 아크전압의 설명으로 틀린 것은?

① 아크길이가 너무 길면 불안정하다.
② 양호한 용접을 하려면 짧은 아크를 사용한다.
③ 아크전압은 아크길이에 반비례한다.
④ 아크길이가 적당할 때 정상적인 작은 입자의 스패터가 생긴다.

해설 아크전압은 아크길이에 비례한다.

38 피복 아크용접시 잠시 작업을 중단할 때 스위치는 어떻게 하여야 하겠는가?

① 스위치를 끊을 필요가 없다.
② 필요에 따라서 스위치를 끊어야 한다.
③ 스위치는 반드시 끊어 놓아야 한다.
④ 홀더만 안전한 곳에 놓으면 된다.

39 강자성을 가지는 은백색의 금속으로 화학 반응용 촉매, 공구 소결재로 널리 사용되고 바이탈륨의 주성분 금속은?

① Ti   ② Co
③ Al   ④ Pt

40 재료에 어떤 일정한 하중을 가하고 어떤 온도에서 긴 시간 동안 유지하면 시간이 경과함에 따라 스트레인이 증가하는 것을 측정하는 시험 방법은?

① 피로 시험   ② 충격 시험
③ 비틀림 시험   ④ 크리프 시험

41 금속의 결정구조에서 조밀육방격자(HCP)의 배위수는?

① 6   ② 8
③ 10   ④ 12

해설 ② : 체심입방격자의 배위수, 면심입방격자의 배위수 : 12

42 주석청동의 용해 및 주조에서 1.5~1.7%의 아연을 첨가할 때의 효과로 옳은 것은?

① 수축률이 감소된다.
② 침탄이 촉진된다.
③ 취성이 향상된다.
④ 가스가 흡입된다.

정답 35.③ 36.③ 37.③ 38.③ 39.② 40.④ 41.④ 42.①

43 금속의 결정구조에 대한 설명으로 틀린 것은?

① 결정입자의 경계를 결정입계라 한다.
② 결정체를 이루고 있는 각 결정을 결정입자라 한다.
③ 체심입방격자는 단위격자 속에 있는 원자수가 3개이다.
④ 물질을 구성하고 있는 원자가 입체적으로 규칙적인 배열을 이루고 있는 것을 결정이라 한다.

해설 체심입방격자의 단위원자 수 : 2개(8개의 격자점은 인접격자와 1/8 공유하므로 8×1/8+1(내부 원자 1개)=2

44 Al의 표면을 적당한 전해액 중에서 양극 산화처리하면 표면에 방식성이 우수한 산화 피막층이 만들어진다. 알루미늄의 방식 방법에 많이 이용되는 것은?

① 규산법
② 수산법
③ 탄화법
④ 질화법

45 강의 표면 경화법이 아닌 것은?

① 풀림
② 금속 용사법
③ 금속 침투법
④ 하드 페이싱

해설 풀림은 연화, 안정화, 구상화 등을 목적으로 하는 열처리이다.

46 비금속 개재물이 강에 미치는 영향이 아닌 것은?

① 고온 메짐의 원인이 된다.
② 인성은 향상시키나 경도를 떨어뜨린다.
③ 열처리시 개재물로 인한 균열을 발생시킨다.
④ 단조나 압연 작업 중에 균열의 원인이 된다.

해설 비금속 개재물 : 인성을 해치며, 경도를 낮게 한다.

47 헤(하)드 필드강(hadfield steel)에 대한 설명으로 옳은 것은?

① Ferrite계 고 Ni강이다.
② Pearlite계 고 Co강이다.
③ Cementite계 고 Cr강이다.
④ Austenite계 Mn강이다.

48 잠수함, 우주선 등 극한 상태에서 파이프의 이음쇠에 사용되는 기능성 합금은?

① 초전도 합금
② 수소 저장 합금
③ 아모퍼스 합금
④ 형상 기억 합금

49 탄소강에서 탄소의 함량이 높아지면 낮아지는 것은?

① 경도
② 항복강도
③ 인장강도
④ 단면 수축률

해설 철강에 탄소가 증가하면 경도, 강도가 증가하게 되므로 연신률이나 단면수축률은 낮아지게 된다.

50 3~5%Ni, 1%Si을 첨가한 Cu 합금으로 C 합금이라고도 하며, 강력하고 전도율이 좋아 용접봉이나 전극재료로 사용되는 것은?

① 톰백
② 문쯔 메탈
③ 길딩메탈
④ 코슨합금

해설 톰백 : Cu에 아연을 5~20% 첨가한 합금으로 금

정답 43.③ 44.② 45.① 46.② 47.③ 48.④ 49.④ 50.④

과 비슷한 색을 내며 아름다워 모조 금이나 장식품으로 사용된다.

51 치수 기입법에서 지름, 반지름, 구의 지름 및 반지름, 모떼기, 두께 등을 표시할 때 사용하는 보조기호 표시가 잘못된 것은?

① 두께 : D6
② 반지름 : R3
③ 모떼기 : C3
④ 구의 지름 : SØ6

해설) 판두께 : t

52 도면을 정해진 척도로 그리지 못할 경우 기입하는 방법으로 옳지 않은 것은?

① 비례척이 아님   ② BS
③ NS   ④ 치수 밑에 밑줄

53 보기와 같은 KS 용접 기호의 해독으로 틀린 것은?

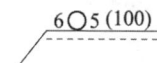

① 화살표 반대쪽 점용접
② 점용접부의 지름 6mm
③ 용접부의 개수(용접 수) 5개
④ 점용접한 간격은 100mm

해설) 용접 기호 등이 수평선(기선)의 실선에 있으면 화살표 방향, 점선에 있으면 화살표 반대쪽에서 용접함을 뜻한다.

54 좌우, 상하 대칭인 그림과 같은 형상을 도면화하려고 할 때 이에 관한 설명으로 틀린 것은?(단, 물체에 뚫린 구멍의 크기는 같고 간격은 6mm로 일정하다.)

 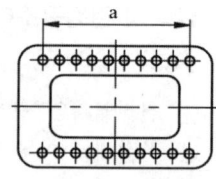

① 치수 a는 9×6(=54)으로 기입할 수 있다.
② 대칭기호를 사용하여 도형을 1/2로 나타낼 수 있다.
③ 구멍은 동일 형상일 경우 대표 형상을 제외한 나머지 구멍은 생략할 수 있다.
④ 구멍은 크기가 동일하더라도 각각의 치수를 모두 나타내야 한다.

해설) 동일 형상이 등간격으로 있을 경우 일부를 생략할 수 있다.

55 그림과 같은 제3각법 정투상도에 가장 적합한 입체도는?

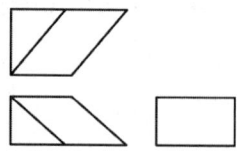

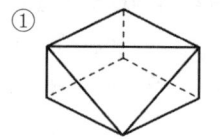 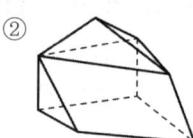
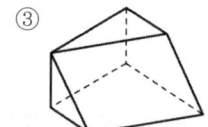 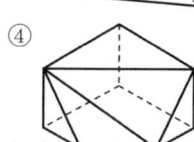

정답 51.① 52.② 53.① 54.④ 55.③

56 모서리나 중심축에 평행선을 그어 전개하는 방법으로 3각 기둥, 4각 기둥 등과 같은 각 기둥 및 원기둥을 평행하게 펼치는 전개 방법의 종류는? ★★★

① 삼각형을 이용한 전개도법
② 평행선을 이용한 전개도법
③ 방사선을 이용한 전개도법
④ 사다리꼴을 이용한 전개도법

해설
• 평행선 전개도법 : 각기둥과 원기둥을 연직 평면 위에 펼쳐 놓은 것으로 능선이나 직선면소에 직각방향으로 전개하는 방법
• 방사선 전개도법 : 각뿔이나 원뿔의 끝 지점을 중심으로 하여 방사상으로 전개하는 방법

57 SF 340A는 탄소강 단강품이며, 340은 최저인장강도를 나타낸다. 이 때 최저 인장강도의 단위로 가장 옳은 것은?

① N/m^2
② kgf/m^2
③ N/mm^2
④ kgf/mm^2

해설 모두 강도의 단위로는 맞으나 SF 340A는 인장강도가 $340N/mm^2$를 의미하므로 ③번이 답이 된다.

58 다음 도면 중 회전 단면이 아닌 것은?

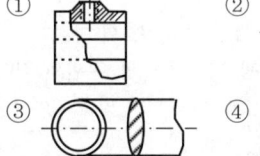

해설 ①은 부분 단면도이다.

59 한쪽 단면도에 대한 설명으로 올바른 것은?

① 대칭형의 물체를 중심선을 경계로 하여 외형도의 절반과 단면도의 절반을 조합하여 표시한 것이다.
② 부품도의 중앙 부위의 전후를 절단하여 단면을 90° 회전시켜 표시한 것이다.
③ 도형 전체가 단면으로 표시된 것이다.
④ 물체의 필요한 부분만 단면으로 표시한 것이다.

해설
② : 회전 도시 단면도
③ : 전(온) 단면도
④ : 부분 단면도

60 보기와 같은 입체도에서 화살표 방향을 정면으로 할 때 정면도로 가장 적합한 투상도는?

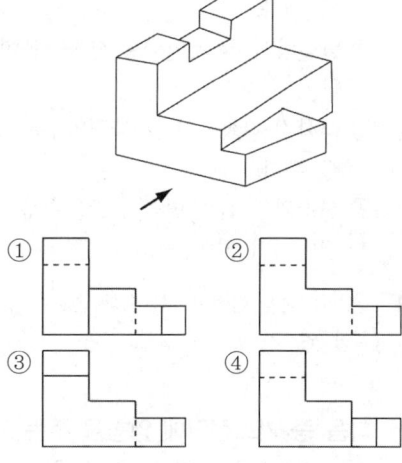

정답 56.② 57.③ 58.① 59.① 60.②

2016 제5회 피복아크용접기능사 (구, 용접기능사) CBT 복원 기출 문제

• 기출복원 문제란?
CBT시행에 따라 저자께서 수검자들의 도움으로 최대한 유형에 가깝게 복원한 문제입니다.

01 용기의 상부에 V 33.7ℓ로 각인된 용기에 15MPa로 충전하였을 때 사용 가능한 용기 내의 산소량은?

① 약 505.5ℓ
② 약 5055ℓ
③ 약 13575ℓ
④ 약 12673ℓ

해설 V = 내용적(L)×충전압력(P)
∴ 33.7 × 150 = 5055(1MPa = 10.197kgf/cm²)

02 연소의 난이성에 대한 설명이 틀린 것은?

① 예열하면 착화 온도가 낮아져서 착화하기 쉽다.
② 발열량이 큰 것일수록 산화반응이 일어나기 쉽다.
③ 화학적 친화력이 큰 물질일수록 연소가 잘 된다.
④ 산소와의 접촉 면적이 좁을수록 온도가 떨어지지 않아 연소가 잘 된다.

해설 산소와 접촉 면적이 넓을수록 온도가 떨어지지 않아 연소가 잘된다.

03 다음 중 가스절단에 영향을 주는 요소로서 가장 적합하지 않은 것은?

① 절단재 및 산소의 예열온도
② 절단 주행속도와 산소의 순도
③ 팁의 형상과 크기
④ 아세틸렌의 압력과 온도

04 다음은 피복 아크용접작업에 대한 안전사항을 나타낸 것이다. 이 중 가장 적합하지 않은 것은?

① 용접기 내부에 함부로 손을 대지 않는다.
② 저압 전기는 어느 작업이든 안심할 수 있다.
③ 전선이나 코드의 접속부는 절연물로서 완전히 피복하여 둔다.
④ 퓨즈는 규정된 대로 알맞은 것을 끼운다.

05 주철 고합금강 비철금속 등의 절단이 가능한 절단법으로 콘크리트 절단에도 이용되는 방법은?

① 탄소 아크 절단
② 분말 절단
③ 산소창 절단
④ 플라스마 제트 절단

해설 산소창 절단 : 1.5~3m 정도의 가늘고 긴 강관을 사용하며, 용광로의 팁 구멍, 후판의 절단, 주강 슬래그 덩어리, 암석 등의 구멍 뚫기에 사용된다.

06 피복 아크용접시 복잡한 형상의 용접물을 원하는 각도로 회전시킬 수 있으며, 용접 능률 향상을 위해 사용하는 지그는?

① 용접 포지셔너
② 가접 지그
③ 회전 지그
④ 역변형 지그

정답 01.② 02.④ 03.④ 04.② 05.③ 06.①

07 다음 그림에서 ( )안에 들어가야 할 내용으로 맞는 것은?

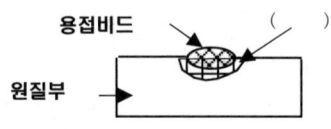

① 원질부   ② 용융부
③ 용입부   ④ 열영향부

08 전기저항 점용접법에 대한 설명으로 틀린 것은? ★★

① 인터랙 점용접이란 용접점의 부분에 직접 2개의 전극을 물리지 않고 용접 전류가 피용접물의 일부를 통하여 다른 곳으로 전달하는 방식이다.
② 단극식 점용접이란 전극이 1쌍으로 1개의 점용접부를 만드는 것이다.
③ 직렬식 점용접이란 1개의 전류 회로에 2개 이상의 용접점을 만드는 방법으로 전류 손실이 많아 전류를 증가시켜야 한다.
④ 맥동 점용접은 사이클 단위를 몇 번이고 전류를 연속하여 통전하며 용접 속도 향상 및 용접 변형 방지에 좋다.

09 피복 아크용접 중에 발생하는 결함 중 스패터의 발생 원인으로 가장 적합하지 않은 것은?

① 운봉 속도가 느릴 때
② 아크길이가 너무 길 때
③ 수분이 많은 용접봉을 사용했을 때
④ 전류가 높을 때

10 불활성 가스 텅스텐 아크용접의 상품 명칭에 해당 되지 않는 것은?

① 필러 아크   ② 아르곤 아크
③ 헬리 웰드   ④ 헬리 아크

해설 TIG용접 : GTAW라고도 하며, 비용극식, 비소모성 불활성 가스 아크용접이라고 한다.
상품명은 헬륨아크용접, 헬리 아크용접, 아르곤 아크용접이라고도 한다.

11 교류 피복아크 용접기와 직류 피복아크 용접기를 비교할 때 교류 피복 아크 용접기에 관한 설명으로 맞는 것은?

① 아크가 불안정하나 아크쏠림이 거의 없다.
② 아크는 안정되나 아크쏠림이 있다.
③ 무부하 전압이 낮으므로 감전위험이 적다.
④ 보수점검에 있어서 더 많은 노력이 든다.

12 오스테나이트계 스테인리스강의 용접시 유의해야 할 사항으로 맞는 것은?

① 예열을 한다.
② 아크길이를 길게 유지한다.
③ 용접봉은 모재 재질과 다르고, 굵은 것을 사용한다.
④ 낮은 전류값으로 용접하여 용접입열을 억제한다.

해설 오스테나이트계 스테인리스강의 용접시 유의사항은 예열을 하지 말며, 용접봉의 재질은 가능한 같거나 유사한 것을 사용하며 가급적 가는 봉을 사용하여 아크길이를 짧게 유지하여 용접하는 것이 좋다.

정답 07.④ 08.④ 09.① 10.① 11.① 12.④

13 피복 아크 용접에서 용접봉과 모재와의 사이에 전원을 걸고 용접봉 끝을 모재에 살짝 접촉시켰다가 떼면 청백색의 강한 빛을 내며 큰 전류가 흐르게 되는데, 이것을 무슨 현상이라 하는가?

① 정전기 현상　② 아크 현상
③ 스패터 현상　④ 전해 현상

14 용접지그를 사용하여 용접할 경우 일반적으로 가능하면 무슨 자세로 용접하는 것이 유리한가?

① 수직 자세　② 수평 자세
③ 아래보기 자세　④ 위보기 자세

15 가스절단에서 매니폴드를 설치할 경우 고려할 사항으로 틀린 것은?

① 필요한 가스용기의 수
② 가스용기를 교환하는 주기
③ 순간 최소 사용량
④ 사용량에 적합한 압력 조정기 및 안전기

해설 순간 최소 사용량은 의미가 없고, 순간 최대 사용량은 관계가 있다.

16 피복 배합제의 종류 중 성질과 원료를 잘못 나열한 것은?

① 탈산제- 망간철(Fe-Mn)
② 슬래그 생성제- 석회석($CaCO_3$)
③ 고착제- 규산나트륨(Na_2SiO_3)
④ 아크 안정제- 장석($K_2O. Al2O_3. 6SiO_2$)

해설 탈산제 : 규소철, 티탄철
슬래그 생성제 : 산화철, 일미나이트, 산화티탄 규사, 형석, 장석, 이산화망간,
고착제 : 규산칼륨
아크 안정제 : 규산나트륨, 석회석, 규산칼륨,

17 피복아크용접봉의 특징 중 틀린 것은?

① E4301 : 용접성이 우수하여 일반 구조물의 중요 강도 부재용접에 사용된다.
② E4311 : 가스실드식 용접봉으로 박판 용접에 사용된다.
③ E4313 : 용입이 깊어서 고장력강 및 중량물 용접에 사용된다.
④ E4316 : 연성과 인성이 좋아서 고압용기, 후판 중구조물 용접에 사용된다.

해설 E4316 : 연성과 인성이 좋아서 고압용기, 후판 중구조물 용접에 사용된다.

18 용접봉에 습기가 많이 함유되어 있는 경우 어떤 결함이 많이 발생할 수 있는가?

① 선상조직　② 기공
③ 용입불량　④ 슬래그 섞임

해설 기공을 줄이기 위해서는 용접봉 건조로를 이용하여 건조된 용접봉을 사용하면 기공을 줄일 수 있다.

19 불활성 가스 텅스텐 아크용접을 설명한 것 중 틀린 것은?

① 직류 역극성에서는 청정작용이 있다.
② 알루미늄과 마그네슘의 용접에 적합하다.
③ 텅스텐을 소모하지 않아 비용극식이라고 한다.
④ 불가시 아크용접법이라고도 한다.

해설 불가시 아크용접은 서브머지드 아크용접을 뜻한다.

20 크레이터 처리 미숙으로 일어나는 결함이 아닌 것은?

① 냉각 중에 균열이 생기기 쉽다.
② 파손이나 부식의 원인이 된다.

정답 13.② 14.③ 15.③ 16.④ 17.③ 18.② 19.④ 20.④

③ 불순물과 편석이 남게 된다.
④ 용접봉의 단락 원인이 된다.

해설 용접봉의 단락원인과 크레이터 처리는 상관관계가 없다.

21 기계 구조물용 금속재료 중 저합금강에 요구되는 조건으로 적합하지 않은 것은?

① 항복강도   ② 가공성
③ 인장강도   ④ 마모성

해설 기계 구조물에는 ①, ②, ③ 외에 내마모성(잘 마모가 안되는 성질)이 필요하다.

22 아크 용접봉 선택시 주의할 점이 아닌 것은?

① 용착금속의 기계적 성질이 좋을 것
② 되도록 낮은 전류에서 녹을 것
③ 피복제가 균일하게 코팅되어 있을 것
④ 아크가 안정되고 작업성이 좋을 것

해설 ②는 용접봉 선택 조건과 관계가 적다.

23 피복 아크용접 작업에서 아크길이 및 아크전압에 관한 설명으로 틀린 것은? ★★

① 품질 좋은 용접을 하려면 원칙적으로 짧은 아크를 사용해야 한다.
② 아크길이가 너무 길면 아크가 불안정하고, 용융금속이 산화 및 질화되기 어렵다.
③ 아크길이는 보통 용접봉 심선의 지름 정도이나 일반적인 아크의 길이는 3mm 정도이다.
④ 아크전압은 아크길이에 비례한다.

해설 아크길이가 너무 길면 용융금속이 산화, 질화가 일어나기 쉽다.

24 용접용어에 대한 정의를 설명한 것으로 틀린 것은?

① 모재 : 용접 또는 절단되는 금속
② 다공성 : 용착금속 중 기공의 밀집한 정도
③ 용락 : 모재가 녹은 깊이
④ 용가재 : 용착부를 만들기 위하여 녹여서 첨가하는 금속

해설 ※ 용접부 용어
용입 : 용접재료가 녹은 깊이.
용락 : 용접재료가 녹아서 쇳물이 떨어져 흘러내리거나 구멍이 나는 것이다.

25 아크용접기의 구비조건으로 틀린 것은? ★★★

① 구조 및 취급이 간단해야 한다.
② 아크발생 및 유지가 용이하고 아크가 안정되어야 한다.
③ 용접 중 온도상승이 커야 한다.
④ 역률 및 효율이 좋아야 한다.

해설 아크용접기는 용접 중 온도상승이 적어야한다. 온도 상승이 커지면 용접기가 소손 될 수 있다.

26 다음 중 알루미늄 합금에 있어 두랄루민의 첨가 성분으로 가장 많이 함유된 원소는?

① Mn   ② Mg
③ Cu   ④ Zn

해설 두랄루민 : Al-Cu-Mg-Mn 합금, 고강도 알루미늄합금으로 항공기, 자동차 바디재료로 사용

정답 21.④ 22.② 23.② 24.③ 25.③ 26.③

27 다음 용접부 시험 검사법 중 파괴 검사(시험)방법은?

① 형광 침투 검사
② 방사선 투과 검사
③ 맴돌이 검사
④ 현미경 조직 검사

28 산화티탄과 석회석이 주성분이고 일반적으로 피복의 두께는 두껍다. 비드 표면은 평면적이고 겉모양은 고우며 언더컷이 잘 생기지 않는 용접봉은?

① 고산화티탄계(E4313)
② 라임티타니아계(E4303)
③ 철분산화티탄계(E4327)
④ 철분산화티탄계(E4324)

29 용접 후 팽창과 수축에 의한 변형은 어떤 결함에 속하는가?

① 성질상의 결함   ② 구조상의 결함
③ 치수상의 결함   ④ 형태상의 결함

30 연강용 피복금속 아크용접봉에서 피복제 중에 산화티탄을 약 35%정도 포함한 용접봉으로 일반 경구조물 용접에 많이 사용되는 것은 무엇인가?

① 저수소계   ② 일미나이트계
③ 고산화티탄계   ④ 고셀룰로스계

31 이산화탄산가스(CO_2) 아크용접시 CO_2+Ar+O_2를 보호가스로 사용할 때의 좋은 효과로 볼 수 없는 것은? ★★

① 슬래그 생성량이 많아져 비드 표면을 균일하게 덮어 급냉을 방지하며, 비드 외관이 개선된다.
② 용융지의 온도가 상승하며, 용입량도 다소 증대된다.
③ 비금속 개재물의 응집으로 용착강이 청결해진다.
④ 스패터가 많아지며, 용착강의 환원반응을 활발하게 한다.

해설 스패터 발생이 적어진다.

32 용접부나 모재의 인성과 취성의 안정성을 조사하기 위하여 사용되는 시험법으로 맞는 것은?

① 인장 시험   ② 압축 시험
③ 굽힘 시험   ④ 충격 시험

33 용접 열원에서 기계적 에너지를 사용하는 용접법은?

① 레이저빔 용접
② 서브머지드 아크용접
③ 전자빔 용접
④ 초음파 용접

해설 초음파는 진동에너지를 사용하므로 기계적 에너지를 사용하는 용접법으로 볼 수 있다.

34 콘덴서에 저축된 전기적 에너지를 사용하는 용접법은?

① 퍼커션 용접   ② 플래시 용접
③ 오프셋 용접   ④ 프로젝션 용접

35 가스절단에 쓰이는 연료가스의 일반적 성질 중 틀린 것은?

① 연소속도가 늦어야 한다.
② 발열량이 커야 한다.

정답 27.④ 28.② 29.③ 30.③ 31.④ 32.④ 33.④ 34.① 35.①

③ 불꽃의 온도가 높아야 한다.
④ 용융금속과 화학반응을 일으키지 말아야 한다.

해설 가연성 가스는 연소속도가 빠른 것이 좋다.

36 다음 중 전기 저항 점용접법의 종류가 아닌 것은? ★★

① 맥동 점용접 ② 인터랙 점용접
③ 직력식 점용접 ④ 병렬식 점용접

37 금속을 가열한 다음 급속히 냉각시켜 재질을 경화시키는 열처리 방법은?

① 불림 ② 담금질
③ 풀림 ④ 뜨임

38 용접결함의 보수방법 중 옳지 않은 것은 어느 것인가?

① 결함이 언더컷일 경우는 가는 용접봉을 사용하여 재용접한다.
② 결함이 오버랩인 경우 일부분을 깎아내고 재용접한다.
③ 결함이 균열인 경우는 가는 용접봉을 사용하여 재용접한다.
④ 결함이 균열인 경우는 균열 양단에 드릴로서 정지구멍을 뚫고 균열부위를 깎아내고 재용접한다.

해설 균열 보수 방법 : 균열 끝부분에 작은 드릴 구멍(스톱홀)을 뚫고 균열부를 파낸 후 재용접한다.

39 KS 규격에서 연강용 피복 아크용접봉의 표준치수가 아닌 것은?

① ∅2.6mm ② ∅3.2mm
③ ∅4.0mm ④ ∅5.2mm

40 다음 중 고장력강에 해당되지 않은 것은?

① 망간(실리콘)강 ② 몰리브덴 함유강
③ 인 함유강 ④ 주강

41 불활성가스 텅스텐 아크용접(TIG용접)에서 고주파 교류(ACHF)의 특성을 잘못 설명한 것은?

① 동일한 전극봉에서 직류 정극성(DCSP)에 비해 고주파 교류(ACHF)가 사용 전류 범위가 크다.
② 긴 아크 유지가 용이하다.
③ 전극의 수명이 짧다.
④ 고주파 전원을 사용하므로 모재에 접촉시키지 않아도 아크가 발생한다.

해설 고주파 전원에 의해 아크를 발생하므로 전극이 모재에 접촉하지 않아도 되므로 전국의 수명이 길어진다.

42 주철의 조직 중에서 규소량이 적으며 냉각 속도가 빠를 때 많이 나타나는 조직은?

① 페라이트 ② 레데브라이트
③ 시멘타이트 ④ 마텐사이트

해설 흑연화를 촉진하는 규소가 적고 냉각 속도가 빠르면 시멘타이트 조직이 나타난다.

43 Cu와 그 합금이 다른 금속에 비하여 우수한 점이 아닌 것은?

① 철강에 비해 내식성이 좋다.
② 연하고 전연성이 좋아 가공하기 쉽다.
③ 철강보다 비중이 낮아 가볍다.
④ 전기 및 열전도율이 높다.

해설 구리(비중 8.9)는 철강(비중 7.89)에 비해 비중이 높다.

정답 36.④ 37.② 38.③ 39.④ 40.④ 41.③ 42.③ 43.③

44 온도의 상승에도 강도를 잃지 않으며, 복잡한 모양의 성형가공도 용이하므로 항공기, 미사일 등의 기계부품으로 사용되어지는 PH형 스테인리스강은? ★★

① 석출경화형 스테인리스강
② 마텐사이트계 스테인리스강
③ 페라이트계 스테인리스강
④ 오스테나이트계 스테인리스강

해설 석출경화형 스테인리스강
PH스테인리스강이라고도 하며, 고온강도가 높고 가공성, 용접성이 우수한 강인한 재료이다. 인장강도는 80~110kgf/mm² 정도이다.
마텐사이트 조직의 스테인리스강보다 내식성이 우수하고, 오스테나이트계 조직의 스테인리스강보다 내열성이 우수하다.

45 주철 조직 중의 흑연 형상은 다양하다. 다음 중 흑연의 형상이 아닌 것은?

① 공정상 흑연   ② 편상 흑연
③ 침상 흑연   ④ 괴상 흑연

해설 주철 조직 중의 흑연의 형상은 편상, 괴상, 침상, 구상 등이 있으며, 공정상 흑연은 없다.

46 피복 아크용접시 아크가 발생될 때 아크에 다량 포함되어 있어 인체에 가장 큰 피해를 줄 수 있는 광선은? ★★

① 감마선   ② 자외선
③ 방사선   ④ X - 선

47 펄라이트(pearlite) 바탕이고 흑연이 미세하게 분포되어 있어 인장강도 343~441N/mm²에 달하며 담금질을 할 수 있고 내마멸성이 요구되는 공작기계의 안내면과 강도를 요하는 기관의 실린더에 쓰이는 주철은?

① 미하나이트 주철(meehanite cast iron)
② 구상흑연 주철(nodular graphite cast iron)
③ 칠드주철(chilled cast iron)
④ 흑심가단주철(black-heart malleable cast iron)

48 전연성이 매우 커서 10^{-6}cm 두께의 박판으로 가공할 수 있으며 왕수 (王水)이외에는 침식, 산화되지 않는 금속은?

① 구리(Cu)   ② 알루미늄(Al)
③ 금(Au)   ④ 코발트(Co)

해설 금과 그 합금
① 비중 19.3, 용융점 1063℃
② 금은 아름다운 광택을 가지고 있으며, 왕수 이외에는 침식되지 않는다.

49 순철에 대한 설명 중 틀린 것은?

① 순철은 동소체가 있다.
② 기계 구조용으로 많이 사용된다.
③ 전기 재료 변압기 철심에 많이 사용된다.
④ 순철에는 암코철, 전해철, 카보닐철 등이 있다.

해설 순철은 α철, γ철, δ철의 동소체가 있으며 너무 연하여 구계 구조용으로 사용할 수 없으며, 전기 전도가 좋아 변압기 철심 등에 사용된다.

50 686N/mm² 이상의 인장강도를 가진 용착금속에서는 다층 용접하면 용접한 층이 다음 층에 의하여 뜨임이 된다. 이때 어떤 변화가 생기기 쉬운가?

① 뜨임 취화   ② 뜨임 연화
③ 뜨임 조밀화   ④ 뜨임 연성

정답 44.① 45.① 46.② 47.① 48.③ 49.② 50.①

51 차수 보조기호 중 지름을 표시하는 기호는? ★★

① D ② Ø
③ R ④ SR

해설 R : 반지름, SR : 구의 반지름, t : 판의 두께

52 그림과 같이 철판에 구멍이 뚫려있는 도면의 설명으로 올바른 것은?

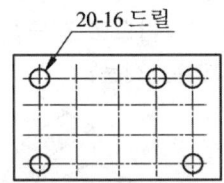

① 구멍지름 16mm, 수량 20개
② 구멍지름 20mm, 수량 16개
③ 구멍지름 16mm, 수량 5개
④ 구멍지름 20mm, 수량 5개

53 다음 그림과 같은 용접 도시 기호를 올바르게 해석한 것은?

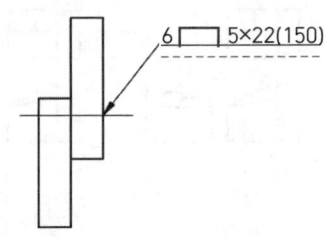

① 슬롯 용접의 용접 수 22
② 슬롯의 너비 6mm, 용접길이 22mm
③ 슬롯 용접 루트간격 6mm, 폭 150mm
④ 슬롯의 너비 5mm, 피치 22mm

해설 슬롯의 너비는 6mm, 용접부의 개수는 5, 용접길이는 22mm, 용접부 사이 간격은 150mm

54 도면의 척도 값 중 실제 형상을 축소하여 그리는 것은?

① 1 : 2 ② $\sqrt{2}$: 1
③ 1 : 1 ④ 100 : 1

해설 실척(현척) : ③, 배척 : ②, ④

55 보기와 같이 도시된 용접부 형상을 표시한 KS 용접기호의 명칭으로 올바른 것은?

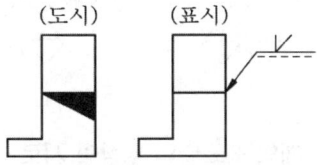

① 단면 개선형 맞대기 용접
② V형 맞대기 용접
③ 플랜지형 맞대기 용접
④ J형 이음 맞대기 용접

56 다음 중 용접구조용 압연강재의 KS 재료기호는? ★★★★

① SS 275 ② SRT 275
③ SBC1 ④ SM 275A

해설 SM 400A → 개정 SM275A, B, C, D
- SM : 기계구조용, 용접 구조용 압연강재로 같이 사용
- 275 : 최소(저) 항복강도 MPa를 나타낸다.
- A, B, C, D : 강재 종류
- SM490A → SM355A : 용접구조용 압연강재 (고장력강)
- SMA275AW : 용접구조용 내후성 열간압연강재
- SS400(최저 인장강도 400N/mm²)→개정 SS275(최저 항복강도 275MPa, 275N/mm²)

정답 51.② 52.① 53.② 54.① 55.① 56.④

57 화살표 방향이 정면도일 경우 평면도로 가장 적합한 것은?

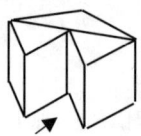

① ② ③ ④

58 3개의 좌표축의 투상이 서로 120°가 되는 축 측 투상으로 평면, 측면, 정면을 하나의 투상면 위에 동시에 볼 수 있도록 그려진 투상법은?

① 경사 투상법 ② 국부 투상법
③ 정 투상법 ④ 등각 투상법

해설 등각 투상도 : 물체 정면, 평면, 측면을 하나의 투상도에서 볼 수 있도록 나타낸 것으로 물체를 3개의 각도(120도)로 나누어 나타낸다.

59 리벳 이음 단면의 표시법으로 가장 올바르게 투상된 것은? ★★

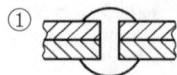 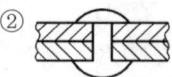

60 그림의 입체도에서 화살표 방향을 정면으로 한 3각법으로 정투상한 도면으로 가장 적합한 것은?

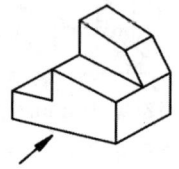

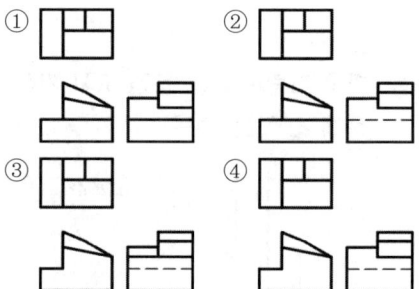

정답 57.③ 58.④ 59.④ 60.③

2016 제1회 이산화탄소가스아크용접기능사/ 가스텅스텐아크용접기능사 기출문제

2016년 1월 24일 시행

01 용접이음 설계시 충격하중을 받는 연강의 안전률은? ★★★

① 12　　② 8
③ 5　　　④ 3

해설 금속재료의 안전률

재료의 종류	정하중	반복 하중	교번 하중	충격 하중
강	3	5	8	12
주철	4	6	10	15
구리 등 연한 금속	5	6	9	15

02 다음 중 기본 용접 이음 형식에 속하지 않는 것은?

① 맞대기 이음　　② 모서리 이음
③ 마찰 이음　　　④ T자 이음

해설 마찰용접 : 압접에 속하는 용접법의 종류이다. 기본이음 형식으로는 맞대기 용접(이음), 필릿용접, 모서리 용접, 겹치기 이음 등이 있다.

03 화재의 분류는 소화시 매우 중요한 역할을 한다. 서로 바르게 연결된 것은?

① A급 화재 - 유류 화재
② B급 화재 - 일반 화재
③ C급 화재 - 가스 화재
④ D급 화재 - 금속 화재

해설
• A급 화재 : 일반 화재
• B급 화재 : 유류 화재
• C급 화재 : 전기 화재
• E급 화재 : 가연성가스 화재

04 불활성 가스가 아닌 것은?

① C_2H_2　　② Ar
③ Ne　　　　④ He

해설 불활성 가스
다른 원소와 화합하지 않는 가스, 아르곤(Ar), 헬륨(He), 네온(Ne) 등이 있다. C_2H_2는 아세틸렌 가스의 원소기호이다.

05 서브머지드 아크용접장치 중 전극형상에 의한 분류에 속하지 않는 것은?

① 와이어(wire) 전극
② 테이프(tape) 전극
③ 대상(hoop) 전극
④ 대차(carriage) 전극

해설 서브머지드 아크용접용 전극에 대차 전극은 없으며, 대차란 레일을 따라 굴러가는 장치로 용접헤드를 이동시키는 역할을 한다.

06 용접 시공 계획에서 용접 이음 준비에 해당되지 않는 것은?

① 용접 홈의 가공　② 부재의 조립
③ 변형 교정　　　 ④ 모재의 가용접

정답 01.① 02.③ 03.④ 04.① 05.④ 06.③

> **해설** 용접이음준비
> 용접 전에 준비하는 사항을 의미하며, 변형 교정은 용접한 후에 생긴 변형을 교정하는 작업이므로 용접 후처리 작업에 속한다.

07 다음 중 서브머지드 아크용접(Submerged Arc Welding)에서 용제의 역할과 가장 거리가 먼 것은?

① 아크 안정
② 용락 방지
③ 용접부의 보호
④ 용착금속의 재질 개선

> **해설** 서브머지드 아크용접용 용제의 역할
> ①, ③, ④ 등이며 용락 방지의 역할과는 전혀 무관하다.

08 다음 중 전기저항 용접의 종류가 아닌 것은? ★★

① 점용접　　② MIG 용접
③ 프로젝션 용접　④ 플래시 용접

> **해설** MIG 용접 : 용접법의 일종, Metal Inert Gas 용접(금속보호가스 아크용접)의 첫 자를 따서 MIG 용접이라 한다.

09 다음 중 용접 금속에 기공을 형성하는 가스에 대한 설명으로 틀린 것은?

① 응고 온도에서의 액체와 고체의 용해도 차에 의한 가스 방출
② 용접금속 중에서의 화학반응에 의한 가스 방출
③ 아크 분위기에서의 기체의 물리적 혼입
④ 용접 중 가스 압력의 부적당

> **해설** 기공의 생성 원인 중 가스 압력보다는 가스 유량의 부적당에 의해 기공이 생길 수 있다.

10 가스절단시 안전조치로 적절하지 않는 것은?

① 가스의 누설검사는 필요할 때만 체크하고 점검은 수돗물로 한다.
② 가스절단 장치는 화기로부터 5m 이상 떨어진 곳에 설치해야 한다.
③ 작업 종료시 메인 밸브 및 콕 등을 완전히 잠가준다.
④ 인화성 액체 용기의 용접을 할 때는 증기 열탕물로 완전히 세척 후 통풍구멍을 개방하고 작업한다.

> **해설** 가스 누설 검사 : 필요할 때만 하는 것이 아니고 수시로 해야 되며, 비눗물을 사용하는 방법이 가장 쉽게 할 수 있다.

11 TIG 용접에서 가스이온이 모재에 충돌하여 모재 표면에 산화물을 제거하는 현상은?

① 제거효과　　② 청정효과
③ 용융효과　　④ 고주파효과

> **해설** 청정 효과 : 알루미늄 등 표면의 산화막을 제거하는 효과를 청정 효과라 한다. 알루미늄의 산화막은 용융점이 2050℃로 순알루미늄의 용융점 660℃보다 3배 이상 높으며 철보다도 높아 청정작용이 안되면 용접이 어렵다.

12 연강의 인장시험에서 인장시험편의 지름이 10mm이고 최대하중이 550N일 때 인장강도는 약 몇 N/mm²인가?

① 6　　② 7
③ 8　　④ 9

> **해설** 인장강도 $= \dfrac{P}{A} = \dfrac{550}{\dfrac{\pi \times 10^2}{4}} = 7.01$

정답　07.② 08.② 09.④ 10.① 11.② 12.②

13 용접부의 표면에 사용되는 검사법으로 비교적 간단하고 비용이 싸며, 특히 자기 탐상 검사가 되지 않는 금속 재료에 주로 사용되는 검사법은?

① 방사선 비파괴 검사
② 누수 검사
③ 침투 비파괴 검사
④ 초음파 비파괴 검사

해설 표면 결함 검사법
자분 탐상시험, 침투 탐상시험이 있으며, 자기탐상이 안되는 금속(비자성금속)도 침투 탐상은 가능하다.

14 용접에 의한 변형을 미리 예측하여 용접하기 전에 용접 반대방향으로 변형을 주고 용접하는 방법은?

① 억제법
② 역변형법
③ 후퇴법
④ 비석법

해설 용접 변형 방지법
- 억제법 : 지그나 고정구 등을 사용하여 변형이 일어날 방향쪽에서 변형이 일어나지 않도록 압력을 주는 방법
- 비석법 : 용접을 일정 거리만큼 드문드문 용접한 후 다시 빈 부분을 용접하는 방법으로 박판의 변형 방지에 효과가 있는 방법

15 다음 중 플라즈마 아크용접에 적합한 모재가 아닌 것은?

① 텅스텐, 백금
② 티탄, 니켈 합금
③ 티탄, 구리
④ 스테인리스강, 탄소강

16 용접 지그를 사용했을 때의 장점이 아닌 것은?

① 구속력을 크게 하여 잔류응력 발생을 방지한다.
② 동일 제품을 다량 생산할 수 있다.
③ 제품의 정밀도를 높인다.
④ 작업을 용이하게 하고 용접능률을 높인다.

해설 용접 지그의 사용 장점 : ①항은 구속력을 크게 하여 변형 방지는 가능하지만 구속이 큰 만큼 잔류응력이 생기는 것은 피할 수 없다.

17 일종의 피복 아크용접법으로 피더(feeder)에 철분계 용접봉을 장착하여 수평 필릿 용접을 전용으로 하는 일종의 반자동 용접장치로서 모재와 일정한 경사를 갖는 금속지주를 용접 홀더가 하강하면서 용접되는 용접법은?

① 그래비트 용접
② 용사
③ 스터드 용접
④ 테르밋 용접

해설 스터드 용접 : 심기 용접이라고도 하며, 스터드 홀더에 볼트나 환봉 등을 장착하고 접합할 부분에 맞춘 후 아크를 발생하고 모재와 용접물이 용융되었을 때 접합하는 방법

18 피복 아크용접에 의한 맞대기 용접에서 개선 홈과 판두께에 관한 설명으로 틀린 것은?

① I형 : 판두께 6mm 이하 양쪽 용접에 적용
② V형 : 판두께 20mm 이하 한쪽 용접에 적용
③ U형 : 판두께 40~60mm 양쪽 용접에 적용
④ X형 : 판두께 15~40mm 양쪽 용접에 적용

해설 U형 홈
두꺼운 판을 양면 용접할 수 없는 경우 한쪽

정답 13.③ 14.② 15.① 16.① 17.① 18.③

에 U형 홈을 가공하여 용접할 때 쓰이며, 보통 판두께 16~50mm에 적용한다.

19 이산화탄소 아크용접 방법에서 전진법의 특징으로 옳은 것은?

① 스패터의 발생이 적다.
② 깊은 용입을 얻을 수 있다.
③ 비드 높이가 낮아 평탄한 비드가 형성된다.
④ 용접선이 잘 보이지 않아 운봉을 정확하게 하기 어렵다.

해설 전진법의 특징 : 스패터 발생이 많고, 용입 깊이가 낮으며, 용접선이 잘 보이므로 운봉을 정확하게 할 수 있다.

20 일렉트로 슬래그 용접에서 주로 사용되는 전극 와이어의 지름은 보통 몇 mm인가?

① 1.2~1.5   ② 1.7~2.3
③ 2.5~3.2   ④ 3.5~4.0

21 정류기형 직류 아크용접기의 전류 세기는 무엇에 의해 조정되어 지는가?

① 가동철심   ② 가변 저항
③ 가동 코일   ④ 고정 철심

22 용접 결함과 그 원인에 대한 설명 중 잘못 짝지어진 것은?

① 언더컷 - 전류가 너무 높은 때
② 기공 - 용접봉이 흡습되었을 때
③ 오버랩 - 전류가 너무 낮을 때
④ 슬래그 섞임 - 전류가 과대되었을 때

해설 슬래그 섞임 : 이전 층의 슬래그 제거가 불충분했을 때, 운봉 불량, 전류가 낮을 때 생기기 쉬우며, 전류가 높으면(과대하면) 언더컷이나 용락 위험은 있으나 슬래그 혼입은 일어나지 않는다.

23 피복아크용접에서 피복제의 성분에 포함되지 않는 것은?

① 피복 안정제   ② 가스 발생제
③ 피복 이탈제   ④ 슬래그 생성제

해설 피복제의 성분의 역할
아크 안정, 가스 발생 용접부 보호, 슬래그 생성으로 산화방지와 냉각속도 느리게 한다. 피복 이탈제란 없다.

24 피복 아크용접봉의 용융속도를 결정하는 식은? ★★

① 용융속도=아크전류×용접봉쪽 전압강하
② 용융속도=아크전류×모재쪽 전압강하
③ 용융속도=아크전압×용접봉쪽 전압강하
④ 용융속도=아크전압×모재쪽 전압강하

25 용접법의 분류에서 아크용접에 해당되지 않는 것은?

① 유도가열용접   ② TIG용접
③ 스터드용접   ④ MIG용접

해설 유도 가열 용접 : 압접법의 일종으로 아크 발생을 하지 않고 유도 전기열을 이용하여 용접부를 용융시킨 후 가압하여 용접하는 방법이다.

26 피복아크용접시 용접선 상에서 용접봉을 이동시키는 조작을 말하며 아크의 발생, 중단, 재아크, 위빙 등이 포함된 작업을 무엇이라 하는가?

① 용입   ② 운봉
③ 키홀   ④ 용융지

해설 키홀 : 맞대기 용접시 두 모재의 루트면이 용융되

어 마치 열쇠구멍(key hole) 처럼 나타난 홈의 모양을 말하며, 이 키홀이 생겨야 이면(back) 비드가 형성된다.

27 폭발 인화성 인화물질의 취급시 주의 사항으로 틀린 것은?

① 위험물은 습기가 없고 양지바르고 온도가 높은 곳에 둔다.
② 위험물 부근에서는 화기를 사용하지 않도록 한다.
③ 위험물은 취급자 이외에는 취급하여서는 안된다.
④ 위험물이 든 용기에 충격을 주든지 난폭하게 취급해서는 안된다.

28 가스절단에 사용되는 가연성 가스의 구비조건으로 틀린 것은?

① 발열량이 클 것
② 연소속도가 느릴 것
③ 불꽃의 온도가 높을 것
④ 용융금속과 화학반응이 일어나지 않을 것

해설 가연성 가스의 구비조건
①, ③, ④ 외에 연소 속도가 빠를 것

29 다음 중 가변저항의 변화를 이용하여 용접전류를 조정하는 교류 아크용접기는? ★★★★

① 탭 전환형　② 가동 코일형
③ 가동 철심형　④ 가포화 리액터형

해설 탭 전환형 : 다수의 탭(각 탭별 전류가 다름)을 만들어 탭이 바뀔 때마다 전류가 조정되는 교류 아크용접기, 요즈음은 많이 쓰이지 않는다.

30 AW-250, 무부하전압 80V, 아크전압 20V인 교류 용접기를 사용할 때 역률과 효율은 각각 얼마인가? (단, 내부 손실은 4kW이다.)

① 역률 : 45%, 효율 : 56%
② 역률 : 48%, 효율 : 69%
③ 역률 : 54%, 효율 : 80%
④ 역률 : 69%, 효율 : 72%

해설
• 역률 계산식 $= \dfrac{\text{소비전력}}{\text{전원입력}} \times 100$

$= \dfrac{20 \times 250 + 4000}{80 \times 250} \times 100 = 45\%$

• 효율 계산식 $= \dfrac{\text{아크전력}}{\text{소비전력}} \times 100$

$= \dfrac{20 \times 250}{20 \times 250 + 4000} \times 100 = 55.6\%$

31 혼합가스 연소에서 불꽃 온도가 가장 높은 것은?

① 산소 - 수소 불꽃
② 산소 - 프로판 불꽃
③ 산소 - 아세틸렌 불꽃
④ 산소 - 부탄 불꽃

해설
• 산소 - 아세틸렌 불꽃 최고온도 : 3430℃
• 산소 - 수소 불꽃 최고온도 : 2900℃
• 산소 - 프로판 불꽃 최고온도 : 2820℃
• 산소 - 부탄 불꽃 최고온도 : 2700℃

32 연강용 피복 아크용접봉의 종류와 피복제 계통으로 틀린 것은?

① E4303 : 라임티타니아계
② E4311 : 고산화티탄계
③ E4316 : 저수소계
④ E4327 : 철분산화철계

해설 E4311 : 셀룰로스가 약 30% 이상 함유된 고셀룰

정답 27.① 28.② 29.④ 30.① 31.③ 32.②

로스계
E4313 : 고산화티탄계

33 산소-아세틸렌 가스절단과 비교한 산소-프로판 가스절단의 특징으로 옳은 것은?

① 절단면이 미세하며 깨끗하다.
② 절단 개시 시간이 빠르다.
③ 슬래그 제거가 어렵다.
④ 중성불꽃을 만들기가 쉽다.

해설 산소 - 프로판 가스절단의 특징
- 산소 - 아세틸렌 가스절단보다 슬래그 제거가 쉽고, 중성불꽃의 조절이 어려우며, 절단 개시 시간이 느리다.

34 피복 아크용접에서 "모재의 일부가 녹은 쇳물 부분"을 의미하는 것은?

① 슬래그   ② 용융지
③ 피복부   ④ 용착부

35 가스 압력 조정기 취급 사항으로 틀린 것은?

① 압력 용기의 설치구 방향에는 장애물이 없어야 한다.
② 압력 지시계가 잘 보이도록 설치하며 유리가 파손되지 않도록 주의한다.
③ 조정기를 견고하게 설치한 다음 조정 나사를 잠그고 밸브를 빠르게 열어야 한다.
④ 압력 조정기 설치구에 있는 먼지를 털어내고 연결부에 정확하게 연결한다.

해설 압력 조정기 취급법 : 조정기를 용기에 견고하게 설치하고 압력 조정 핸들의 나사를 풀어놓은 후 가스 용기의 밸브를 서서히 열어야 된다. 용기 밸브가 열린 후 조정기의 나사를 시계방향으로 서서히 돌리면서 필요한 압력으로 맞추어야 된다.

36 중탄소강에 덧붙임 용접을 할 때 고려할 사항 중 틀린 것은?

① 반드시 예열, 후열을 할 것
② 예열을 할 수 없을 때는 용접부의 급랭을 피할 것
③ 예열한 다음 용접하면 후열은 하지 않을 것
④ 예열을 할 수 없을 때는 연강 또는 고장력강용 저수소계 용접봉으로 밑깔기 용접을 할 것

37 피복아크용접에서 위빙(weaving) 폭을 심선 지름의 몇 배로 하는 것이 가장 적당한가?

① 1배   ② 2~3배
③ 5~6배   ④ 7~8배

해설 용접봉 운봉 폭(위빙 폭) : 심선 지름의 2~3배, 예를 들면 지름 3.2mm 용접봉의 경우 위빙 폭은 약 7~10mm이며, 비드 폭은 12~15mm 정도 되는 것이 적당하다. 그러나 상황에 따라서 그 폭은 달라질 수 있다.

38 전격방지기는 아크를 끊음과 동시에 자동적으로 릴레이가 차단되어 용접기의 2차 무부하 전압을 몇 V 이하로 유지시키는가?

① 20~30   ② 35~45
③ 50~60   ④ 65~75

해설 자동 전격 방기기 : 용접기에 전원이 입력된 상태에서 아크가 발생하지 않을 경우(무부하인 경우) 높은 무부하 전압(보통 80~95V)에 의해 감전의 위험이 있으므로 무부하시에 전격 방지기가 무부하 전압을 20~30V 이하로 낮춘 후 용접봉을 접촉하는 순간 무부하 전압까지 상승시켜 아크 발생이 가능하게 하는 장치

정답 33.① 34.② 35.③ 36.③ 37.② 38.①

39 30% Zn을 포함한 황동으로 연신률이 비교적 크고, 인장강도가 매우 높아 판, 막대, 관, 선 등으로 널리 사용되는 것은?

① 톰백(tombac)
② 네이벌 황동(naval brass)
③ 6 : 4 황동(muntz metal)
④ 7 : 3 황동(cartidge brass)

해설 7 : 3 황동
황동에서 구리에 아연이 30%일 때 가장 연하여 연신률이 크다. 인장강도가 매우 높다고 한 것은 잘못 출제된 부분이다.

40 Au의 순도를 나타내는 단위는?

① K(carat)   ② P(pound)
③ %(percent) ④ μm(micron)

해설 Au(금)의 순도 표시 : 카렛(K : carat)
예를 들면 24카렛(케이)이 순금이며, 18카렛, 14카렛(케이) 등으로 순도를 표시한다.
예) 24k : 99.99% 순금
14k와 18k의 함량 차이
• 18k의 순금 함량 : 18 ÷ 24 = 75%
• 14k의 순금 함량 : 14 ÷ 24 = 58.5%

41 다음 상태도에서 액상선을 나타내는 것은?

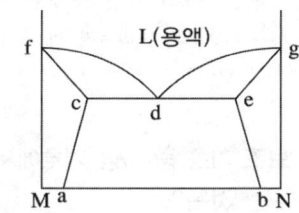

① acf   ② cde
③ fdg   ④ beg

해설 액상선 : 순금속의 경우 용점(녹는점)과 융점(응고점)이 동일하지만, 합금의 경우 그 함량에 따라 용점과 융점이 달라지며, 동일 성분%에서도 용점과 융점이 다르다. 따라서 상태도 상에서 맨 위선은 각 성분에 따른 용융점을 나타낸 것으로 이선(fdg)을 액상선이라 한다. fcdeg선은 고상선이라 한다.

42 탄소강의 담금질 효과는 냉각액과 밀접한 관계가 있는데 정지상태의 물의 냉각 속도를 1로 했을 때 다음 중 냉각 속도가 가장 빠른 것은?

① 공기   ② 소금물
③ 합성유   ④ 광물유

해설 보기에서 냉각속도가 가장 빠른 것은 소금물이다.

43 가스 절단시 사용하는 압력 조정기의 취급상 주의할 점 가운데 옳지 않은 것은?

① 조정기의 수선은 전문가에게 의뢰한다.
② 조정기의 각부에는 작동이 원활하도록 항상 기름을 친다.
③ 작업 중 저압계의 지시가 자연 증가시에는 조정기를 바꾼다.
④ 조정기는 정밀하므로 충격을 주지 않는다.

44 주철의 조직은 C(탄소)와 Si(규소)의 양과 냉각속도에 의해 좌우된다. 이들의 요소와 조직의 관계(분포)를 나타낸 것은? ★★

① C.C.T 곡선   ② 탄소 당량도
③ 주철의 상태도 ④ 마우러 조직도

해설 마우러 조직도 : 주철에서 탄소와 규소의 함량에 따라 조직의 종류를 판별할 수 있는 조직도이다.

정답 39.④ 40.① 41.③ 42.② 43.② 44.④

45 Al-Cu-Si계 합금의 명칭으로 옳은 것은? ★★

① 알민 ② 라우탈
③ 알드리 ④ 코오슨 합금

해설
- 알민 : 내식용 Al합금으로 Al - 2%Mn 미만의 합금
- 알드레이 : 내식용 Al 합금으로 Al - Mg - Si계 합금으로 시효경화처리가 가능하다.
- 코오슨 합금 : Cu - 3~4%Ni - 1%Si의 합금으로 3~6%Al을 첨가하면 강도가 높아져 내열성, 내피로성이 우수하여 선박 부품, 항공기 부품, 통신선 등에 사용된다.
- 라우탈은 알루미늄에 구리 4%, 규소 5%를 가한 주조용 알루미늄 합금으로 490~510℃로 담금질한 다음 120~145℃에서 16~48시간 뜨임을 하면 기계적 성질이 좋아진다.

46 Al 표면에 방식성이 우수하고 치밀한 산화 피막이 만들어지도록 하는 방식 방법이 아닌 것은? ★★

① 산화법 ② 수산법
③ 황산법 ④ 크롬산법

해설 Al 방식법에 염산법, 산화법은 없다.

47 다음 중 재결정온도가 가장 낮은 것은?

① Sn ② Mg
③ Cu ④ Ni

해설 재결정 온도
Sn : -7~25℃, Mg : 150℃
Cu : 200~300℃, Ni : 600℃

48 다음 중 하드필드(Hadfield)강에 대한 설명으로 틀린 것은?

① 오스테나이트 조직의 Mn강이다.
② 성분은 10~14Mn%, 0.9~1.3C% 정도이다.
③ 이 강은 고온에서 취성이 생기므로 600~800℃에서 공랭한다.
④ 내마멸성과 내충격성이 우수하고, 인성이 우수하기 때문에 파쇄장치, 임펠러 플레이트 등에 사용한다.

49 Fe-C 상태도에서 A_3와 A_4 변태점 사이에서의 결정구조는?

① 체심정방격자 ② 체심입방격자
③ 조밀육방격자 ④ 면심입방격자

해설 $A_3 \sim A_4$ 변태점 사이의 조직 : γ철, 면심입방격자의 오스테나이트 조직이다. A_3 변태점 이하에서는 체심입방격자, α철, 페라이트 조직이다.

50 열팽창계수가 다른 두 종류의 판을 붙여서 하나의 판으로 만든 것으로 온도 변화에 따라 휘거나 그 변형을 구속하는 힘을 발생하며 온도감응소자 등에 이용되는 것은?

① 서멧 재료 ② 바이메탈 재료
③ 형상기억합금 ④ 수소저장합금

해설 서멧 : 세라믹스와 금속의 적당한 조합으로 구성된 소결 재료. 금속과 세라믹스의 합성이라는 뜻, ceramics와 metals의 머리글자 세 자씩을 연결해서 만든 명칭이다.

51 용접 보조 기호 중 가공 기호에서 연삭을 나타내는 것은?

① M ② C
③ F ④ G

해설
- M : 기계 가공, C : 치핑
- F : 지정하지 않음

정답 45.② 46.① 47.① 48.③ 49.④ 50.② 51.④

52 나사의 종류에 따른 표시기호가 옳은 것은?

① M - 미터 사다리꼴 나사
② UNC - 미니추어 나사
③ Rc - 관용 테이퍼 암나사
④ G - 전구나사

해설 나사의 표시 기호
- M : 미터나사
- Rc : 관용 테이퍼 암나사

53 배관용 탄소강관의 종류를 나타내는 기호가 아닌 것은?

① SPPS 380
② SPPH 380
③ SPCD 390
④ SPLT 390

해설 금속 재료기호
- SPP : 배관용 탄소강관
- ① : 압력배관용 탄소강관
- ② : 고압 배관용 탄소강관
- ④ : 저압 배관용
- SPW : 배관용 아크용접 탄소강관
- SPPW : 수도용 아연도금강관

54 기계제도에서 도형의 생략에 관한 설명으로 틀린 것은? ★★

① 도형이 대칭 형식인 경우에는 대칭 중심선의 한쪽 도형만을 그리고, 그 대칭 중심선의 양 끝 부분에 대칭그림 기호를 그려서 대칭임을 나타낸다.
② 대칭 중심선의 한쪽 도형을 대칭 중심선을 조금 넘는 부분까지 그려서 나타낼 수도 있으며, 이 때 중심선 양끝에 대칭 그림 기호를 반드시 나타내야 한다.
③ 같은 종류, 같은 모양의 것이 다수 줄지어 있는 경우에는 실형 대신 그림 기호를 피치선과 중심선과의 교점에 기입하여 나타낼 수 있다.
④ 축, 막대, 관과 같은 동일 단면형의 부분은 지면을 생략하기 위하여 중간 부분을 파단선으로 잘라내서 그 긴요한 부분만을 가까이 하여 도시할 수 있다.

해설 대칭 중심선 도형 표시에서 대칭 그림 기호는 특별한 경우가 아니면 생략할 수 있다.

55 모떼기의 치수가 2mm이고 각도가 45°일 때 올바른 치수 기입 방법은?

① C2
② 2C
③ 2-45°
④ 45°×2

해설 모떼기 기호 C : 가로 세로 길이가 동일하며 그 크기가 10mm 이하로 모떼기를 할 부분을 표시할 때 C를 적용한다.

56 도형의 도시 방법에 관한 설명으로 틀린 것은?

① 소성가공 때문에 부품의 초기 윤곽선을 도시해야 할 필요가 있을 때는 가는 2점 쇄선으로 도시한다.
② 필릿이나 둥근 모퉁이와 같은 가상의 교차선은 윤곽선과 서로 만나지 않은 가는 실선으로 투상도에 도시할 수 있다.
③ 널링 부는 굵은 실선으로 전체 또는 부분적으로 도시한다.
④ 투명한 재료로 된 모든 물체는 기본적으로 투명한 것처럼 도시한다.

해설 도형의 도시에서 투명한 재료라 해도 기본적으로 물체 형상대로 표시해야 된다.

정답 52.③ 53.③ 54.② 55.① 56.④

57 그림과 같은 제3각 정투상도에 가장 적합한 입체도는?

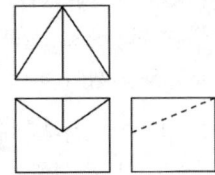

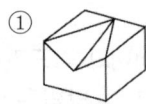 

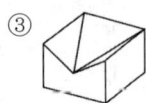 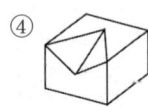

58 제3각법으로 정투상한 그림에서 누락된 정면도로 가장 적합한 것은?

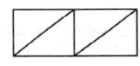

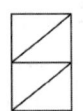

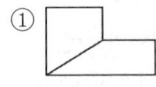 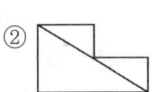

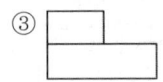 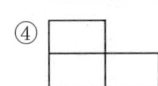

해설 도면의 입체도

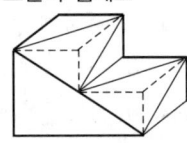

59 다음은 지름이 같은 상관체의 그림이다. 상관선이 맞지 않는 것은?

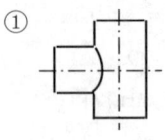 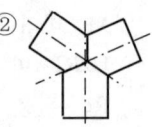

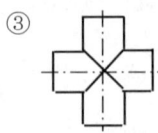 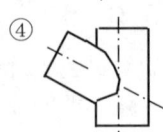

60 그림과 같은 용접기호는 무슨 용접을 나타내는가?

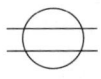

① 필릿용접 ② 비트 용접
③ 심용접 ④ 점용접

해설 ◯ : 점용접

정답 57.① 58.② 59.① 60.③

2016 제2회 이산화탄소가스아크용접기능사/가스텅스텐아크용접기능사 기출문제

2016년 4월 2일 시행

01 용접봉의 습기가 원인이 되어 발생하는 결함으로 가장 적절한 것은?
① 기공 ② 선상조직
③ 용입불량 ④ 슬래그 섞임

해설 기공 : 모재나 용접봉 피복제의 습기의 영향이나 아크길이가 길 때, 전류 과대시 생길 수 있는 결함이다.

02 산화철에 철분을 첨가한 용접봉으로 대체로 규산염을 많이 포함하여 산성 슬래그를 생성하며, 특히 수평 필릿용접에 더 많이 사용되는 것은?
① 철분 산화철계 ② 철분 저수소계
③ 철분 산화티탄계 ④ 철분 산화수소계

해설 철분계는 기본 성분에 철분을 30% 이상 높인 것으로 용착효율이 매우 높으나 주로 수평 필릿용접에 쓰이는 봉이다.

03 아크용접기의 사용에 대한 설명으로 틀린 것은?
① 사용률을 초과하여 사용하지 않는다.
② 무부하 전압이 높은 용접기를 사용한다.
③ 전격 방지기가 부착된 용접기를 사용한다.
④ 용접기 케이스는 접지(earth)를 확실히 한다.

해설 무부하 전압이 높으면 감전의 위험도가 크므로 아크 발생이 가능한 범위에서 낮은 것이 좋다.

04 다음 금속 중 냉각속도가 가장 빠른 금속은?
① 구리 ② 연강
③ 알루미늄 ④ 스테인리스강

해설 냉각속도는 판두께, 이음의 형상, 재질에 따라 다르며, 금속재료에서 동일 판두께의 경우 열전도가 큰 것일수록 냉각속도가 빠르다. 따라서 구리 > 알루미늄 > 연강 > 스테인리스강 순으로 빠르다.

05 서브머지드 아크용접에서 와이어 돌출 길이는 보통 와이어 지름을 기준으로 정한다. 적당한 와이어 돌출길이는 와이어 지름의 몇 배가 가장 적합한가?
① 2배 ② 4배
③ 6배 ④ 8배

06 다음 중 지그나 고정구의 설계시 유의사항으로 틀린 것은?
① 구조가 간단하고 효과적인 결과를 가져와야 한다.
② 부품의 고정과 이완은 신속히 이루어져야 한다.
③ 모든 부품의 조립은 어렵고 눈으로 볼 수 없어야 한다.
④ 한번 부품을 고정시키면 차후 수정 없이 정확하게 고정되어 있어야 한다.

정답 01.① 02.① 03.② 04.① 05.④ 06.③

해설 지그의 사용은 작업능률을 높이고 치수 정도를 높이며, 대량 생산을 하기 위해 사용하므로 조립이 쉽고 눈으로 확인할 수 있어야 된다.

07 다음 중 일반적으로 모재의 용융선 근처의 열영향부에서 발생되는 균열이며 고탄소강이나 저합금강을 용접할 때 용접열에 의한 열영향부의 경화와 변태응력 및 용착금속의 확산성 수소에 의해 발생되는 균열은?

① 루트균열 ② 설퍼 균열
③ 비드 밑 균열 ④ 크레이트 균열

해설 설퍼 균열 : 고온 균열의 일종으로 용접부 주위에 황의 함유량이 많은 경우 FeS를 형성하여 융점이 낮아짐에 따라 생긴 균열

08 플라스마 아크용접의 특징으로 틀린 것은?

① 비드 폭이 좁고 용접속도가 빠르다.
② 1층으로 용접할 수 있으므로 능률적이다.
③ 용접부의 기계적 성질이 좋으며 용접변형이 적다.
④ 핀치효과에 의해 전류밀도가 작고 용입이 얕다.

해설 플라스마 아크용접은 열적 핀치효과에 의해 전류밀도가 크므로 용입이 깊은 용접을 할 수 있다.

09 산소-아세틸렌 절단 작업 중 용기의 밸브 부근에서 발화되었다면 그 원인은 다음 중 어느 것에 해당하겠는가? (단 용기 부근에 화기는 없었다.)

① 아세틸렌 밸브에 기름이 묻었다.
② 역화방지 장치가 없었다.
③ 산소 밸브에 기름이 묻었다.
④ 용기의 온도가 35℃였다.

해설 산소 도관이나 기기에 기름이 묻어 있으면 폭발성 화합물을 형성하여 발화, 폭발한다.

10 다음 중 연소의 3요소에 해당하지 않는 것은?

① 가연물 ② 부촉매
③ 산소 공급원 ④ 점화원

해설 연소의 3요소 : 가연성 물질, 산소 공급원, 점화원

11 다음 중 불활성 가스인 것은?

① 산소 ② 헬륨
③ 탄소 ④ 이산화탄소

해설 불활성 가스란 다른 물질과 화합하지 않는 가스를 말하며 용접에서 사용되는 것은 아르곤(Ar)과 헬륨(He)가 있으며, 일반적으로 아르곤이 많이 쓰이며 헬륨은 가볍기 때문에 아래보기 자세에서는 보호 효과가 적고 가격이 비싸므로 위보기 자세 등에서 보통 아르곤과 혼합하여 사용되고 있다.

12 피복 아크용접 작업의 안전사항으로 옳지 않은 것은?

① 작업 전에 소화기 및 방화사를 준비한다.
② 피용접물은 코드로 완전히 접지시킨다.
③ 가스관 및 수도관 등의 배관은 이를 접지로 이용한다.
④ 장시간 작업할 경우 수시로 용접기를 점검한다.

13 저항 용접의 특징으로 틀린 것은?

① 산화 및 변질부분이 적다.
② 용접봉, 용제 등이 불필요하다.
③ 작업속도가 빠르고 대량생산에 적합하다.
④ 열손실이 많고, 용접부에 집중열을 가할 수 있다.

정답 07.③ 08.④ 09.③ 10.② 11.② 12.③ 13.④

해설 저항용접의 특징 : 열손실이 적고 용접 후 산화, 질화, 변질, 변형이나 잔류응력이 적다.

14 제품을 용접한 후 일부분에 언더컷이 발생하였을 때 보수 방법으로 가장 적당한 것은? ★★

① 홈을 만들어 용접한다.
② 결함부분을 절단하고 재 용접한다.
③ 가는 용접봉을 사용하여 재용접한다.
④ 용접부 전체 부분을 가우징으로 따낸 후 재용접한다.

해설 오버랩 결함 보수법 : 결함부를 깎아내고 재용접한다.
기공, 슬래그 섞임은 깎아내고 재용접하며, 균열은 드릴로 정지 구멍을 뚫고 균열 있는 부분을 깎아내어 규정의 홈으로 다듬질 한다.

15 서브머지드 아크용접법에서 두 전극 사이의 복사열에 의한 용접은?

① 텐덤식   ② 횡 직렬식
③ 횡 병렬식 ④ 종 병렬식

해설 텐덤식 : 2개의 전극을 독립 전원에 접속하여 용접하는 방식으로 비드 폭이 좁고 용입이 깊으며 용접 속도가 빠르다.

16 다음 중 TIG 용접시 사용하는 가스는?

① CO_2 ② H_2
③ O_2 ④ Ar

17 심용접의 종류가 아닌 것은? ★★

① 횡 심용접   ② 매시 심용접
③ 포일 심용접 ④ 맞대기 심용접

해설 매시 심용접 : 이음부의 겹침을 판두께 정도로 하고 겹쳐진 폭 전체를 가압하여 접속하는 방법

이다.

18 용접 순서에 관한 설명으로 틀린 것은?

① 중심선에 대하여 대칭으로 용접한다.
② 수축이 적은 이음은 먼저하고 수축이 큰 이음은 후에 용접한다.
③ 용접선의 직각 단면 중심축에서 대하여 용접의 수축력의 합이 0이 되도록 한다.
④ 동일 평면 내에 많은 이음이 있을 때는 수축은 가능한 자유단으로 보낸다.

해설 용접 우선 순위 : 맞대기 용접 등 수축이 큰 이음을 먼저하고 필릿용접 등과 같이 수축이 적은 이음은 후에 용접한다.

19 맞대기 용접이음에서 판두께가 6mm, 용접선 길이가 120mm, 인장응력이 $9.5N/mm^2$일 때 모재가 받는 하중은 몇 N인가?

① 5680   ② 5860
③ 6480   ④ 6840

해설 인장강도 = $\dfrac{하중 P}{단면적 A}$ 에서
하중 = 인장강도×단면적 = 9.5×6×120 = 6840N

20 다음 중 베어링으로 사용되는 화이트 메탈에 관계된 주요 원소로만 나열한 것은?

① 구리, 망간   ② 마그네슘, 주석
③ 주석, 납   ④ 알루미늄, 아연

해설 화이트메탈
Cu + Sn80~90% + Sb + Zn 고온, 고압에 견디는 베어링합금, 화이트메탈 종류에 따라 주석기, 납기, 아연기가 있으며, Pb이 포함된 화이트 메탈도 있다.

정답 14.③ 15.② 16.④ 17.① 18.② 19.④ 20.③

21 다음 용접 결함 중 구조상의 결함이 아닌 것은?

① 기공   ② 변형
③ 용입불량   ④ 슬래그 섞임

해설
- 치수상 결함 : 변형, 용접 금속부 크기 및 형상 부적당
- 구조상 결함 : 기공, 비금속 또는 슬래그 섞임, 용입불량, 융합불량, 오버랩, 언더컷, 균열 등
- 성질상 결함 : 인장강도, 항복강도 부족, 연성 부족, 피로강도 부족 등

22 다음 중 일렉트로 가스 아크용접의 특징으로 옳은 것은?

① 용접속도는 자동으로 조절된다.
② 판두께가 얇을수록 경제적이다.
③ 용접장치가 복합하여 취급이 어렵고 고도의 숙련을 요한다.
④ 스패터 및 가스의 발생이 적고, 용접 작업시 바람의 영향을 받지 않는다.

해설 일렉트로 가스 용접 : 판두께가 두꺼울수록 유리하며, 경제적이다.

23 피복 아크용접에서 용접조건에 해당되는 것은?

① 용접봉의 각도, 아크전압, 모재의 종류
② 용접봉의 각도, 아크길이, 운봉속도
③ 용접봉의 각도, 보호구의 착용, 모재의 청소
④ 용접봉의 각도, 피복제의 성분 조정, 용접전류

24 아크 용접에서 열량조절은 다음 중 어떤 방법으로 하는가?

① 주춤(hesitating)   ② 위핑(whipping)
③ 위빙(weaving)   ④ 후열(post heating)

해설 ② : 아크가 끊어지지 않을 정도로 용접봉을 수시로 떼었다 붙였다 하여 용융 풀을 냉각시키며 과열을 방지하는 운봉법, 박판이나 구멍 등을 매우는 용접시 사용하는 운봉법

25 아크용접에 속하지 않는 것은?

① 스터드 용접
② 프로젝션 용접
③ 불활성가스 아크용접
④ 서브머지드 아크용접

해설 프로젝션 용접은 전기 저항용접의 일종이다.

26 아세틸렌 가스의 성질로 틀린 것은? ★★

① 비중이 1.906으로 공기보다 무겁다.
② 각종 액체에 잘 용해되며, 물에는 1배, 알코올에는 6배 용해된다.
③ 구리, 은, 수은과 접촉하면 폭발성 화합물을 만든다.
④ 매우 불안전한 기체이므로 공기 중에서 폭발 위험성이 크다.

해설 아세틸렌의 비중 : 기체의 경우 공기를 1로 했을 때 공기보다 무거우면 1.xxx, 공기보다 가벼우면 0.xxx로 표현한다. 아세틸렌의 비중은 0.906으로 공기보다 가볍다.

27 용접용 2차 케이블의 유연성을 확보하기 위하여 주로 사용하는 캡타이어 전선에 대한 설명으로 옳은 것은? ★★

① 가는 구리선을 여러 개로 꼬아 얇은 종이로 싸고 그 위에 니켈 피복을 한 것
② 가는 구리선을 여러 개로 꼬아 튼튼한 종이로 싸고 그 위에 고무 피복을 한 것

정답 21.② 22.① 23.② 24.② 25.② 26.① 27.②

③ 가는 알루미늄선을 여러 개로 꼬아 튼튼한 종이로 싸고 그 위에 니켈 피복을 한 것
④ 가는 알루미늄선을 여러 개로 꼬아 얇은 종이로 싸고 그 위에 고무 피복을 한 것

28 피복 아크 용접에서 과대전류, 용접봉 운봉 각도의 부적합, 용접속도가 빠를 때, 아크 길이가 길 때 일어나며, 모재와 비드 경계 부분에 홈으로 나타나는 표면 결함은?

① 용입불량　　② 언더컷
③ 슬래그 섞임　④ 오버랩

29 가용접은 본 용접을 실시하기 전에 좌우의 홈 부문을 잠정적으로 고정하기 위한 짧은 용접으로 본 용접시 다음의 결함을 수반한다. 가장 관계가 적은 것은?

① 오버랩　　② 슬래그 잠입
③ 균열　　　④ 강도저하

30 아크가 발생될 때 모재에서 심선까지의 거리를 아크길이라 한다. 아크길이가 짧은 때 일어나는 현상은?

① 발열량이 작다.
② 스패터가 많아진다.
③ 기공 균열이 생긴다.
④ 아크가 불안정해진다.

[해설] ②, ③, ④항은 아크길이가 길 때의 현상이다.

31 다음은 18-8 스테인리스강의 용접에 관한 설명이다. 틀린 것은?

① 열팽창이 크고 탄소 및 크롬 함유량이 너무 많으면 용접성이 크게 변하므로 지나친 열을 사용하지 말아야 한다.
② 용접 시공을 할 때 고정공구 및 냉각용구를 쓰면 효과적이다.
③ 18-8 스테인리스강의 아크 용접에는 연강의 경우보다 전류를 다소 적게 한다.
④ 산화_탄화하기 쉬운 용접법을 쓰는 것이 중요한 일이다.

32 주철의 모재에 연강 용접봉을 사용하면 균열이 생긴다. 그 이유로 적당하지 않는 것은 다음 중 어느 것인가?

① 강과 주철의 운봉법이 다르므로
② 강과 주철의 용융점이 다르므로
③ 탄소의 함유량이 다르므로
④ 강과 주철의 팽창계수가 다르므로

[해설] 운봉법이 다르다고 균열이 생기는 것은 아니다.

33 산소 프로판 가스절단에서, 프로판 가스 1에 대하여 얼마의 비율로 산소를 필요로 하는가?

① 1.5　　② 2.5
③ 4.5　　④ 6

[해설] 산소 - 프로판 가스절단의 경우 프로판 1리터에 대하여 산소의 소비는 약 4.5리터가 소비되지만 프로판 가스의 가격이 아세틸렌 가스보다 현저히 싸고, 산소 - 아세틸렌 가스절단보다 두꺼운 판의 절단이 용이하고 산화물 제거가 쉬우며 절단면이 깨끗하므로 많이 사용된다.

34 연강을 단락옮김 아크 용접법으로 용접할 때 사용되는 규소 망간계 마이크로 와이어의 종류가 아닌 것은?

① ϕ0.76 mm　　② ϕ0.89 mm
③ ϕ1.14 mm　　④ ϕ1.34 mm

정답　28.②　29.①　30.①　31.④　32.①　33.③　34.④

35 일미나이트계 용접봉을 비롯하여 대부분의 피복 아크용접봉을 사용할 때 많이 볼 수 있으며 미세한 용적이 날려서 옮겨가는 용접이행 방식은?

① 단락형 ② 누적형
③ 스프레이형 ④ 글로뷸러형

해설 용접봉 이행 형식 중 미세한 입자(용적)이 분사되듯 날려서 옮겨지는 형식을 스프레이형 또는 분무형이라 한다.

36 전류의 저항 발열로서 와이어와 모재 맞대기부를 용융시키는 것으로 연속 주조식 단층 용접법이라 하는 용접법은?

① 서브머지드 아크용접법
② 불활성가스 아크용접법
③ 일렉트로 슬래그 용접법
④ 테르밋 용접법

37 다음 일렉트로 슬래그 용접기의 종류 중 가장 기본적이고 표준형인 것은 어느 것인가?

① 원주 이음 전용식
② 무 레일식
③ 안내 레일식
④ 간이 경량식

38 다음 용접방법 중 특히 공기의 유통이 잘 안되는 장소에서 하면 안되는 용접은?

① 서브머지드 아크용접
② 프로젝션 용접
③ 원자수소 용접
④ 탄산가스 아크용접

해설 CO_2용접은 다량의 가스를 발생하며, 또한 일산화탄소를 생성하므로 위험하다.

39 인장 시험편의 지름이 12mm이고, 인장강도가 10N/mm²일 경우 최대 하중은 얼마인가?

① 1130.4N ② 1550N
③ 1200.2N ④ 1250.8N

해설 인장강도 $\sigma = \dfrac{P}{A}$ 에서

$P = \sigma A = \sigma \dfrac{\pi d^2}{4} = 10 \times \dfrac{\pi \times 12^2}{4} = 1130.4$

40 4%Cu, 2%Ni, 1.5%Mg 등을 알루미늄에 첨가한 Al 합금으로 고온에서 기계적 성질이 매우 우수하고, 금형 주물 및 단조용으로 이용될 뿐만 아니라 자동차 피스톤용에 많이 사용되는 합금은?

① Y합금 ② 슈퍼인바
③ 코슨합금 ④ 두랄루민

해설 Y합금 : 내열용 알루미늄 합금의 대표적인 것으로 성분은 '알구니마 와이리 좋나=알Al, 구Cu, 니Ni, 마Mg, 와Y'로 연상하면 쉽게 외워진다.

41 Al-Si계 합금을 개량처리하기 위해 사용되는 접종처리제가 아닌 것은?

① 금속나트륨 ② 염화나트륨
③ 불화알칼리 ④ 수산화나트륨

42 [그림]과 같은 결정격자는?

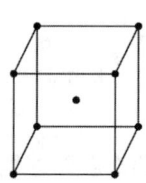 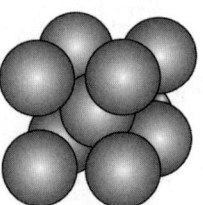

① 면심입방격자 ② 조밀육방격자
③ 저심입방격자 ④ 체심입방격자

정답 35.③ 36.③ 37.③ 38.④ 39.① 40.① 41.② 42.④

해설 체심입방격자 : 육면체의 각 모서리에 원자 1개 그 중심에 원자 하나가 있는 단위격자의 모양이므로, 입방격자란 격자상수 가로, 세로, 높이가 동일하며 격자상수간의 각도가 동일하게 90°인 결정격자이며, 대체로 경도가 크고 용융점이 높은 금속이 여기에 속한다.

43 Mg의 비중과 용융점(℃)은 약 얼마인가?
① 0.8, 350℃   ② 1.2, 550℃
③ 1.74, 650℃ ④ 2.7, 780℃

44 다음 중 Fe-C 평형 상태도에서 가장 낮은 온도에서 일어나는 반응은?
① 공석반응   ② 공정반응
③ 포석반응   ④ 포정반응

해설 공석반응 : 723℃, 0.85%C
공정반응 : 1130℃, 4.3%C
포정반응 : 1492℃, 0.18%C

45 다음 중 항복점, 인장강도가 크고, 용접성이 우수하며, 조직은 펄라이트로, 듀콜(ducol)강 이라고도 불리는 것은?
① 고망간강   ② 코발트강
③ 저망간강   ④ 텅스텐강

46 담금질한 강을 뜨임 열처리하는 이유는?
① 강도를 증가시키기 위하여
② 경도를 증가시키기 위하여
③ 취성을 증가시키기 위하여
④ 인성을 증가시키기 위하여

해설 담금질한 강은 매우 단단하며, 급격한 냉각에 의해 조직의 변태(면심에서 체심입방격자로) 되며 수축에 따른 왜곡현상으로 잔류 응력이 많이 존재하므로 인성을 부여하기 위해 고온 뜨임을 하거나 경도는 약간 낮추거나 그대로 유지하며 응력을 제거하는 저온 뜨임처리를 한다.

47 다음 중 소결 탄화물 공구강이 아닌 것은?
① 듀콜(ducole)강
② 미디아(midia)
③ 카볼로이(carboloy)
④ 텅갈로이(tungalloy)

해설 듀콜강은 저망간강(Fe에 1~2%Mn 함유한 강이며, 소결 탄화한 공구강은 초경합금으로 상품명으로 미디아, 카블로이, 당갈로이 등으로 불려진다.

48 미세한 결정립을 가지고 있으며, 어느 응력 하에서 파단에 이르기까지 수백% 이상의 연신률을 나타내는 합금은?
① 제진합금   ② 초소성 합금
③ 비정질합금 ④ 형상기억합금

해설 초소성 합금 : 소성 능력 즉 연신률이 일반 금속보다 매우 커서 수백%까지 연신이 가능한 특성을 가진 신금속의 일종이다.

49 합금공구강 중 게이지용강이 갖추어야 할 조건으로 틀린 것은?
① 경도는 HRC 45 이하를 가져야 한다.
② 팽창계수가 보통강보다 작아야 한다.
③ 담금질에 의한 변형 및 균열이 없어야 한다.
④ 시간이 지남에 따라 치수의 변화가 없어야 한다.

해설 게이지강은 공구강을 의미하므로 내마모성이 커야 된다. 따라서 로크웰 C경도(HRC) 45 이상 되어야 한다.

정답 43.③ 44.① 45.③ 46.④ 47.① 48.② 49.①

50 상온에서 방치된 황동 가공재나, 저온 풀림 경화로 얻은 스프링재가 시간이 지남에 따라 경도 등 여러 가지 성질이 악화되는 현상은?

① 자연균열   ② 경년 변화
③ 탈아연 부식 ④ 고온 탈아연

해설 ① (Season Cracking) : 냉간가공 등에 의해 재료의 내부에 생긴 잔류응력 때문에 실온 부근에 방치되어 있는 사이에 발생하는 균열

51 그림과 같이 기점 기호를 기준으로 하여 연속된 치수선으로 치수를 기입하는 방법은?

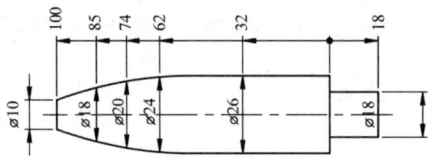

① 직렬 치수 기입법
② 병렬 치수 기입법
③ 좌표 치수 기입법
④ 누진 치수 기입법

52 아주 굵은 실선의 용도로 가장 적합한 것은?

① 특수 가공하는 부분의 범위를 나타내는 데 사용
② 얇은 부분의 단면도시를 명시하는데 사용
③ 도시된 단면의 앞쪽을 표현하는데 사용
④ 이동한계의 위치를 표시하는데 사용

해설 굵은 실선 : 물체의 외형을 나타내는 선, 아주 굵은 실선 : 부품 사이의 패킹이나 가스켓 등을 표시할 때 사용

53 나사의 표시방법에 대한 설명으로 옳은 것은?

① 수나사의 골지름은 가는 실선으로 표시한다.
② 수나사의 바깥지름은 가는 실선으로 표시한다.
③ 암나사의 골지름은 아주 굵은 실선으로 표시한다.
④ 완전 나사부와 불완전 나사부의 경계선은 가는 실선으로 표시한다.

54 다음 입체도의 화살표 방향을 정면으로 한다면 우측면도로 적합한 투상도는?

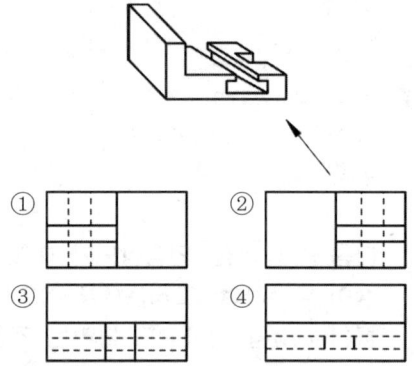

55 판을 접어서 만든 물체를 펼친 모양으로 표시할 필요가 있을 경우 그리는 도면을 무엇이라 하는가?

① 투상도   ② 개략도
③ 입체도   ④ 전개도

정답 50.② 51.④ 52.② 53.① 54.③ 55.④

56 열간 성형 리벳의 종류별 호칭길이(ℓ)를 표시한 것 중 올바르게 표시된 것은?

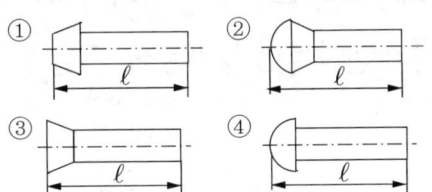

해설 머리부를 포함한 리벳의 전체길이를 리벳 호칭길이로 나타내는 리벳은 접시머리 리벳이다. 접시머리 리벳은 카운터 싱킹시 머리부터 전체가 묻힐 수 있기 때문이다.

57 그림과 같은 입체도의 정면도로 적합한 것은?

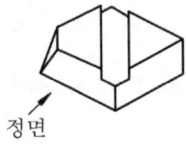

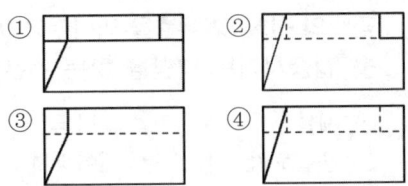

58 재료 기호 중 SPHC의 명칭은?
① 배관용 탄소 강관
② 열간 압연 연강판 및 강대
③ 용접 구조용 압연 강재
④ 냉간 압연 강판 및 강대

해설 KSD 3501(열간 압연 연강판 및 강대)
- SPHC : 일반용
- SPHD : 드로이용
- SPHE ; 딥드로잉용

59 용접 보조기호 중 "비드 표면이 평면"임을 나타내는 기호는?
① ─   ② MR
③ ⌣   ④ M

해설 ② : 제거 가능한 덮개판 사용
③ : 토우를 매끄럽게 함
④ : 제거 불가능한(영구적인) 덮개판 사용

60 기계제도에서 사용하는 척도에 대한 설명으로 틀린 것은?
① 척도의 표시방법에는 현척, 배척, 축척이 있다.
② 도면에 사용한 척도는 일반적으로 표제란에 기입한다.
③ 한 장의 도면에 서로 다른 척도를 사용할 필요가 있을 경우에 해당되는 척도를 모두 표제란에 기입한다.
④ 척도는 대상물과 도면의 크기로 정해진다.

해설 한 도면에서 서로 다른 척도를 사용할 필요가 있을 때에는 주 척도는 표제란에 기입하며, 일부 치수가 척도와 다른 경우는 치수 밑에 밑줄을 긋는다.

정답 56.③ 57.② 58.② 59.① 60.③

2016 제4회 이산화탄소가스아크용접기능사/가스텅스텐아크용접기능사 기출문제

2016년 7월 10일 시행

01 다음 용접법 중 텅스텐 전극봉을 사용하는 용접봉은?

① 불활성가스 메탈 아크용접법
② 이산화탄소 아크용접법
③ 서브머지드 아크용접법
④ 원자수소 아크 용접법

02 용접결함과 그 원인의 연결이 틀린 것은?

① 언더컷 - 용접전류가 너무 낮을 경우
② 슬래그 섞임 - 운봉속도가 느릴 경우
③ 기공 - 용접부가 급속하게 응고될 경우
④ 오버랩 - 부적절한 운봉법을 사용했을 경우

해설 언더컷 : 용접전류가 너무 높을 때 용접 속도가 빠를 때, 운봉 불량시 발생한다.

03 일반적으로 용접순서를 결정할 때 유의해야할 사항으로 틀린 것은?

① 용접물의 중심에 대하여 항상 대칭으로 용접한다.
② 수축이 작은 이음을 먼저 용접하고 수축이 큰 이음은 나중에 용접한다.
③ 용접 구조물이 조립되어감에 따라 용접 작업이 불가능한 곳이나 곤란한 경우가 생기지 않도록 한다.
④ 용접 구조물의 중립축에 대하여 용접 수축력의 모멘트 합이 0이 되게 하면 용접선 방향에 대한 굽힘을 줄일 수 있다.

해설 용접 순서 : ①, ③, ④ 외에 수축이 큰 맞대기 이음을 먼저 용접하고 필릿 이음 등 수축이 적은 이음을 나중에 한다.

04 용접부에 생기는 결함 중 구조상의 결함이 아닌 것은?

① 기공　　② 균열
③ 변형　　④ 용입불량

해설 변형, 형상 불량, 각도 불량 등은 치수상 결함이다.

05 스터드 용접에서 내열성의 도기로 용융금속의 산화 및 유출을 막아주고 아크열을 집중시키는 역할을 하는 것은?

① 페룰　　② 스터드
③ 용접토치　　④ 제어장치

06 소모식 불활성 가스 아크 용접의 상품명이 아닌 것은?

① 아르고노트 용접법
② 시그마 용접법
③ 아코(고)스 용접법
④ 필러 아크 용접법

해설 소모식 불활성 가스 아크용접은 GMAW 중 MIG 용접을 말하며, 아코스 용접법 : 아코스 상의 복합 와이어(flux cored wire)를 사용한 CO_2 용접법이다.

정답 01.④ 02.① 03.② 04.③ 05.① 06.③

07 다음 중 용접이음의 종류가 아닌 것은?

① 십자 이음   ② 맞대기 이음
③ 변두리 이음   ④ 모따기 이음

해설) 이음 형상에 따라 맞대기, T형 필릿, 변두리, 겹치기, 모서리, 십자 이음 등이 있다.

08 일렉트로 슬래그 용접의 장점으로 틀린 것은?

① 용접 능률과 용접 품질이 우수하다.
② 최소한의 변형과 최단시간의 용접법이다.
③ 후판을 단일층으로 한 번에 용접할 수 있다.
④ 스패터가 많으며 80%에 가까운 용착 효율을 나타낸다.

해설) 일렉트로 슬래그 용접 : 두꺼운 판의 상진 용접법으로 스패터가 거의 없으며 용착효율은 100%에 가깝다.

09 선박, 보일러 등 두꺼운 판의 용접시 용융 슬래그와 와이어의 저항열을 이용하여 연속적으로 상진하는 용접법은?

① 테르밋 용접
② 넌실드 아크용접
③ 일렉트로 슬래그 용접
④ 서브머지드 아크용접

10 다음 중 스터드 용접법의 종류가 아닌 것은?

① 아크 스터드 용접법
② 저항 스터드 용접법
③ 충격 스터드 용접법
④ 텅스텐 스터드 용접법

해설) 스터드 용접은 심기 용접이라고도 하며, 접합 방법에 따라 ①, ②, ③이 있다.

11 탄산 가스 아크용접에서 용착속도에 관한 내용으로 틀린 것은?

① 용접속도가 빠르면 모재의 입열이 감소한다.
② 용착률은 일반적으로 아크전압이 높은 쪽이 좋다.
③ 와이어 용융속도는 와이어의 지름과는 거의 관계가 없다.
④ 와이어 용융속도는 아크 전류에 거의 정비례하며 증가한다.

해설) 아크길이가 길어지면 아크전압이 높아지며 상대적으로 용접전류가 낮아지므로 용착률이 떨어진다.

12 플래시 버트 용접 과정의 3단계는?

① 업셋, 예열, 후열
② 예열, 검사, 플래시
③ 예열, 플래시, 업셋
④ 업셋, 플래시, 후열

13 용접결함 중 은점의 원인이 되는 주된 원소는?

① 헬륨   ② 수소
③ 아르곤   ④ 이산화탄소

해설) 수소 : 용접부에 수소는 은점, 선상조직, 비드 밑 균열 등을 일으키기 쉬우므로 가능한 적게 함유시켜야 된다.

14 다음 중 제품별 노내 및 국부풀림의 유지 온도와 시간이 올바르게 연결된 것은?

① 탄소강 주강품 : 625±25℃, 판두께 25mm에 대하여 1시간
② 기계구조용 연강재 : 725±25℃, 판두께 25mm에 대하여 1시간
③ 보일러용 압연강재 : 625±25℃, 판두께

정답) 07.④ 08.④ 09.③ 10.④ 11.② 12.③ 13.② 14.①

25mm에 대하여 4시간
④ 용접구조용 연강재 : 725±25℃, 판두께 25mm에 대하여 2시간

15 용접 시공에서 다층 쌓기로 작업하는 용착법이 아닌 것은?

① 스킵법　　② 빌드업법
③ 전진 블록법　　④ 캐스케이드법

해설 스킵법 : 비석법이라고도 하며, 박판의 용접 변형을 줄이는 방법으로 한쪽에서 드문 드문 용접한 후 다시 그 사이를 용접하는 용착법으로 다층쌓기법의 일종은 아니다.

16 액화탄산 1kg이 완전히 기화되면 상온 1기압하에서 몇 L의 가스가 발생되는가?

① 약 310L　　② 약 410L
③ 약 510L　　④ 약 610L

17 용접 작업에서 전격의 방지대책으로 틀린 것은? ★★★

① 땀, 물 등에 의해 젖은 작업복, 장갑 등은 착용하지 않는다.
② 텅스텐봉을 교체할 때 항상 전원 스위치를 차단하고 작업한다.
③ 절연홀더의 절연부분이 노출, 파손되면 즉시 보수하거나 교체한다.
④ 가죽 장갑, 앞치마, 발 덮게 등 보호구를 반드시 착용하지 않아도 된다.

해설 전격 방지 : 감전 방지를 말하며, 물기가 있는 장갑, 보호구 착용은 절대 해서는 안된다.

18 서브머지드 아크용접에서 용제의 구비조건에 대한 설명으로 틀린 것은?

① 용접 후 슬래그(Slag)의 박리가 어려울 것
② 적당한 입도를 갖고 아크 보호성이 우수할 것
③ 아크 발생을 안정시켜 안정된 용접을 할 수 있을 것
④ 적당한 합금성분을 첨가하여 탈황, 탈산 등의 정련작용을 할 것

해설 용제는 용착금속의 산화, 질화를 방지하기 위해 대기와 차단하기 위해 사용하는 것으로 슬래그에 의해 응고속도를 느리게 한다. 그러나 슬래그 제거는 쉬워야 된다.

19 MIG 용접의 전류밀도는 TIG 용접의 약 몇 배 정도인가? ★★

① 2　　② 4
③ 6　　④ 8

해설 MIG 용접의 전류 밀도는 TIG 용접의 2배, 피복 아크용접의 5~8배 크다.

20 다음 중 파괴시험에서 기계적 시험에 속하지 않는 것은? ★★★

① 경도 시험　　② 굽힘 시험
③ 부식 시험　　④ 충격 시험

해설 부식 시험 : 파괴 시험법이면서 야금학적 시험법의 일종이다.

21 서브머지드 아크 용접에 사용되는 용제의 작용이 아닌 것은?

① 아크 안정과 합금원소 첨가 작용
② 아크 주변의 보호 작용
③ 와이어의 용융속도 증가와 절전 작용
④ 화학적, 금속학적 정련 작용

해설 초음파 탐상법 : 공진법, 투과법, 펄스 반사법이 있으며, 펄스 반사법에는 수직 탐상법과 사각 탐상법으로 나누어진다.

정답 15.① 16.③ 17.④ 18.① 19.① 20.③ 21.③

22 화재 및 소화기에 관한 내용으로 틀린 것은? ★★

① A급 화재란 일반화재를 뜻한다.
② C급 화재란 유류화재를 뜻한다.
③ A급 화재에는 포말소화기가 적합하다.
④ C급 화재에는 CO_2 소화기가 적합하다.

해설 C급 화재 : 전기 화재를 뜻하며, CO_2 소화기가 적당하다.

23 TIG 절단에 관한 설명으로 틀린 것은? ★★

① 전원은 직류 역극성을 사용한다.
② 절단면이 매끈하고 열효율이 좋으며 능률이 대단히 높다.
③ 아크 냉각용 가스에는 아르곤과 수소의 혼합가스를 사용한다.
④ 알루미늄, 마그네슘, 구리와 구리합금, 스테인리스강 등 비철금속의 절단에 이용한다.

해설 ① TIG절단은 열적 핀치효과에 의해 고온 고속의 플라즈마를 발생시켜 절단하는 방법, 사용 전원으로는 직류정극성이 사용된다.
② MIG절단은 금속 전극에 대전류를 흘려 절단하고, 직류역극성을 사용한다.

24 다음 중 기계적 접합법에 속하지 않는 것은?

① 리벳   ② 용접
③ 접어 잇기   ④ 볼트 이음

해설 용접법은 야금학적 접합법의 일종이다.

25 다음 중 아크절단에 속하지 않는 것은?

① MIG 절단
② 분말 절단
③ TIG 절단
④ 플라즈마 제트 절단

해설 분말 절단 : 일반 가스절단으로 절단이 어려운 스테인리스강 등의 절단시 용제 등 분말을 고압산소와 함께 분출시켜 산화 반응을 높여서 절단하는 가스절단법의 일종이다.

26 용접시에 발생한 변형 교정 방법 중에서 가열해서 변형을 교정하는 방법이 있는데 이 때 알맞은 가열 온도는?

① 1200℃ 이상   ② 800~900℃
③ 500~600℃   ④ 400~500℃

해설 변형 교정을 위한 온도가 너무 높으면 조직 변화가 생길 수 있으므로 약 550℃ 전후로 가열하는 것이 좋다.

27 용접 중에 아크를 중단시키면 중단된 부분이 오목하거나 납작하게 파진 모습으로 남게 되는데 이것을 무엇이라고 하는가? ★★

① 피트   ② 언더컷
③ 오버랩   ④ 크레이터

해설 크레이터 : 용접 중에 아크를 중단 시키면 중단된 부분이 오목하거나 납작하게 파진 모습으로 남는 것

28 10000~30000℃의 높은 열에너지를 가진 열원을 이용하여 금속을 절단하는 절단법은?

① TIG 절단법
② 탄소 아크 절단법
③ 금속 아크 절단법
④ 플라즈마 제트 절단법

정답 22.② 23.① 24.② 25.② 26.③ 27.④ 28.④

29 일반적인 용접의 특징으로 틀린 것은?

① 재료의 두께에 재한이 없다.
② 작업공정이 단축되며 경제적이다.
③ 보수와 수리가 어렵고 제작비가 많이 든다.
④ 제품의 성능과 수명이 향상되며 이종 재료도 용접이 가능하다.

해설 용접의 특징 : 보수가 용이하고 수명이 향상되며, 제작비가 적게 든다.

30 아크용접 중 스패터가 과대하게 발생하는 원인으로 적합하지 않은 것은?

① 전류가 약함
② 아크의 길이 과대
③ 용접봉의 수분 흡수
④ 전류가 과대

해설 스패터는 봉에서 분출되는 작은 용적이 용융지 이외로 떨어진 것으로 전류가 셀수록 많이 생긴다.

31 연강용 피복 아크용접봉의 종류에 따른 피복제 계통이 틀린 것은?

① E 4340 : 특수계
② E 4316 : 저수소계
③ E 4327 : 철분산화철계
④ E 4313 : 철분산화티탄계

해설 E 4313 : 산화티탄이 30% 이상 함유한 고산화티탄계로 용입이 얕고 비드 외관이 미려하므로 박판용접, 완성 비드의 화장용 비드로 쓰인다.

32 다음 중 아크쏠림 방지대책으로 틀린 것은? ★★★

① 접지점 2개를 연결할 것
② 용접봉 끝은 아크쏠림 반대 방향으로 기울일 것
③ 접지점을 될 수 있는 대로 용접부에서 가까이 할 것
④ 큰 가접부 또는 이미 용접이 끝난 용착부를 향하여 용접할 것

해설 아크쏠림 방지대책 : ①, ②, ④ 외에 접지점을 가능한 용접부에서 멀리하며, 용접봉을 아크쏠림 반대 방향으로 기울여서 용접하거나, 되도록 아크를 짧게 하여 사용할 것, 용접부가 긴 경우 후퇴 용접법(back step welding)으로 할 것

33 철분 산화철계의 피복 아크 용접봉에 관한 설명으로 틀린 것은?

① 피복제 중에 석회석이나 형석을 주성분으로 한다.
② 용입은 중간 정도이고, 용착금속은 양호하다.
③ 스패터가 적고 슬래그의 박리성도 양호하며, 비드 표면도 곱다.
④ 두꺼운 판의 용접이나 필릿용접에 적합하다.

해설 석회석이나 형석을 주성분으로 하는 피복 용접봉은 저수소계이다.

34 산소-아세틸렌 가스절단과 비교한, 산소-프로판 가스절단의 특징으로 틀린 것은?

① 슬래그 제거가 쉽다.
② 절단면 윗 모서리가 잘 녹지 않는다.
③ 후판 절단시에는 아세틸렌보다 절단속도가 느리다.
④ 포갬 절단시에는 아세틸렌보다 절단속도가 빠르다.

해설 산소 - 프로판 절단은 후판 절단시 아세틸렌 가스절단보다 절단 속도가 빠르다.

정답 29.③ 30.① 31.④ 32.③ 33.① 34.③

35 용접기의 사용률(duty cycle)을 구하는 공식으로 옳은 것은?

① 사용률(%) = $\dfrac{휴식시간}{아크발생시간 + 휴식시간} \times 100$

② 사용률(%) = $\dfrac{아크발생시간}{아크발생시간 + 휴식시간} \times 100$

③ 사용률(%) = $\dfrac{아크발생시간}{아크발생시간 - 휴식시간} \times 100$

④ 사용률(%) = $\dfrac{휴식시간}{아크발생시간 - 휴식시간} \times 100$

해설 정격 사용률은 10분을 기준으로 순수 아크 발생시간에 대한 아크 발생시간과 휴식시간의 비율을 말한다.

36 가스절단에서 예열불꽃의 역할에 대한 설명으로 틀린 것은?

① 절단산소 운동량 유지
② 절단산소 순도 저하 방지
③ 절단개시 발화점 온도 가열
④ 잘단재의 표면 스케일 등의 박리성 저하

해설 가스절단시 예열 불꽃은 절단재를 연소 온도까지 가열하며, 절단재 표면의 스케일 등의 박리를 쉽게 해주는 역할을 한다.

37 용접봉에서 발생되는 가스는 용융금속과 아크를 대기로부터 보호하는 역할을 하는데, 저수소계 용접봉에 많이 포함되어 있는 가스는?

① 일산화탄소
② 일산화탄소+수소
③ 수소
④ 이산화탄소

해설 저수소계 봉은 완전 건조로 수소량을 1/10로 줄였으며, 환원가스인 CO_2를 많이 발생한다.

38 용접기 설치시 1차 입력이 10 kVA이고 전원전압이 200V이면 퓨즈 용량은?

① 50A ② 100A
③ 150A ④ 200A

해설 퓨즈 용량 = 1차입력 / 전원 전압
= 10×1000 / 200 = 50

39 다음의 희토류 금속원소 중 비중이 약 16.6, 용융점은 약 2996°C이고, 150°C 이하에서 불활성 물질로서 내식성이 우수한 것은?

① Se ② Te
③ In ④ Ta

40 압입체의 대면각이 136°인 다이아몬드 피라미드에 하중 1~120kg을 사용하여 특히 얇은 물건이나 표면 경화된 재료의 경도를 측정하는 시험법은 무엇인가?

① 로크웰 경도 시험법
② 비커스 경도 시험법
③ 쇼어 경도 시험법
④ 브리넬 경도 시험법

해설 로크웰 경도 : 다양한 종류가 있으며, 금속에는 주로 1.588mm의 강구나 초경강구를 사용하는 B경도와 120도 원추형 다이어몬드를 사용하는 C경도가 있다.

41 T.T.T 곡선에서 하부 임계냉각 속도란?

① 50% 마텐사이트를 생성하는데 요하는 최대의 냉각속도
② 100% 오스테나이트를 생성하는데 요하는 최소의 냉각속도
③ 최초의 소르바이트가 나타나는 냉각속도
④ 최초의 마텐사이트가 나타나는 냉각속도

정답 35.② 36.④ 37.④ 38.① 39.④ 40.② 41.④

42 1000~1100℃에서 수중냉각 함으로써 오스테나이트 조직으로 되고, 인성 및 내마멸성 등이 우수하여 광석 파쇄기, 기차 레일, 굴삭기 등의 재료로 사용되는 것은?

① 고 Mn강 ② Ni - Cr강
③ Cr - Mo강 ④ Mo계 고속도강

해설 고망간강 : 하드 필드강이라고도 하며, 망간을 10~14% 함유한 강이다.

43 다음 중 탄소강에 망간(Mn)을 함유시킬 때 미치는 영향으로 틀린 것은?

① 고온에서 결정립 성장을 억제시킨다.
② 주조성을 좋게 하며 황(S)의 해를 감소시킨다.
③ 강의 연신률을 많이 감소시키지 않고 강도, 경도, 인성을 증대시킨다.
④ 강의 담금질 효과를 감소시켜 경화능이 감소진다.

해설 망간은 강의 담금질 효과를 증가시켜 경화능이 좋아진다.

44 강괴의 종류 중 탄소 함유량이 0.3% 이상이고, 재질이 균일하며, 기계적 성질 및 방향성이 좋아 합금강, 단조용강, 침탄강의 원재료로 사용되나 수축관이 생긴 부분이 산화되어 가공시 압착되지 않아 잘라내야 하는 것은?

① 세미킬드 강괴 ② 림드 강괴
③ 킬드 강괴 ④ 캡트 강괴

해설 킬드강은 용탕에 강한 탈산제를 넣어 가스를 완전 제거 시킨 것으로 고급 강재에 쓰인다.

45 두 종류 이상의 금속 특성을 복합적으로 얻을 수 있고 바이메탈 재료 등에 사용되는 합금은?

① 제진 합금 ② 비정질 합금
③ 클래드 합금 ④ 형상 기억 합금

해설 클래드 합금 : 2중 판, 즉 클래드란 합판을 의미하며 두가지의 금속을 압연이나 육성용접 등으로 붙인 합금이다.

46 황동 중 60%Cu + 40%Zn 합금으로 조직이 $\alpha + \beta$ 이므로 상온에서 전연성이 낮으나 강도가 큰 합금은?

① 길딩 메탈(gilding metel)
② 문쯔 메탈(Muntz metel)
③ 두라나 메탈(durana metel)
④ 애드미럴티 메탈(Admiralty metel)

해설 길딩 메탈 : 톰백의 일종으로 Cu에 5% 정도의 아연을 첨가한 것으로 연하고 압인가공이 쉬워 화폐, 메달 등의 제조에 사용한다.

47 가단주철의 일반적인 특징이 아닌 것은?

① 담금질 경화성이 있다.
② 주조성이 우수하다.
③ 내식성, 내충격성이 우수하다.
④ 경도는 Si량이 적을수록 좋다.

해설 가단 주철은 백주철을 탈탄이나 흑연화시켜 연성(가단성)을 높인 것으로 경도는 규소(Si) 함량이 적을수록 높아진다. 규소는 흑연화 촉진 원소이므로 '좋다'는 의미가 높아진다는 의미라면 좀 문제가 있다.

정답 42.① 43.④ 44.③ 45.③ 46.② 47.④

48 금속에 대한 성질을 설명한 것으로 틀린 것은?

① 모든 금속은 상온에서 고체 상태로 존재한다.
② 텅스텐(W)의 용융점은 약 3410℃이다.
③ 이리듐(Ir)의 비중은 약 22.5 이다.
④ 열 및 전기의 양도체이다.

[해설] 금속의 공통성질 : 수은을 제외하고 모든 금속은 상온에서 고체이다. 수은은 금속이지만 용융점이 -38.4℃이므로 상온에서는 액체 금속이다.

49 순철이 910℃에서 Ac_3 변태를 할 때 결정격자의 변화로 옳은 것은?

① BCT → FCC ② BCC → FCC
③ FCC → BCC ④ FCC → BCT

[해설] 순철의 동소변태 : 순철은 온도에 따라 A_3 변태점(910℃) 이상에서 α철, 체심입방격자(BCC)에서 γ철 면심입방격자(FCC)로, 또 A_4 변태점(1410℃)에서 면심입방격자(FCC)에서 δ철, 체심입방격자(BCC)로 변한다.

50 압력이 일정한 Fe-C 평형상태도에서 공정점의 자유도는?

① 0 ② 1
③ 2 ④ 3

[해설] 공정점에서의 성분 수는 2개(Fe, C), 상의 수는 3개(액체, 두 개의 고체(알파철, 시멘타이트)
자유도 F = N(성분 수) - P(상의 수) + 1
  = 2 - 3 + 1 = 0

51 다음 중 도면의 일반적인 구비조건으로 관계가 가장 먼 것은? ★★

① 대상물의 크기, 모양, 자세, 위치의 정보가 있어야 한다.
② 대상물을 명확하고 이해하기 쉬운 방법으로 표현해야 한다.
③ 도면의 보존, 검색 이용이 확실히 되도록 내용과 양식을 구비해야 한다.
④ 무역과 기술의 국제 교류가 활발하므로 대상물의 특징을 알 수 없도록 보안성을 유지해야 한다.

[해설] 무역 등 국제 교류가 활발하므로 ISO 규격 등 국제 규격에 맞추어야 된다.

52 보기 입체도를 제 3각법으로 올바르게 투상한 것은?

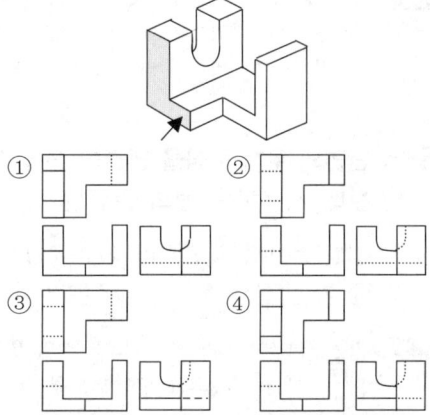

53 제1각법과 제3각법의 도면 배치 상의 차이점을 올바르게 설명한 것은?

① 정면도와 평면도의 위치는 동일하나 측면도의 좌, 우 위치는 서로 반대이다.
② 평면도의 위치는 동일하나 측면도의 좌, 우의 위치는 서로 반대이다.
③ 정면도의 위치는 동일하나 저면도와 평면도의 위치는 서로 반대이다.
④ 어느 경우나 도면의 배치는 변함없다.

정답 48.① 49.② 50.① 51.④ 52.④ 53.③

54 리벳의 호칭 표기법을 순서대로 나열한 것은? ★★

① 규격번호, 종류, 호칭지름×길이, 재료
② 종류, 호칭지름×길이, 규격번호, 재료
③ 규격번호, 종류, 재료, 호칭지름×길이
④ 규격번호, 호칭지름×길이, 종료, 재료

55 다음 중 일반적으로 긴 쪽 방향으로 절단하여 도시할 수 있는 것은?

① 리브   ② 기어의 이
③ 바퀴의 암 ④ 하우징

해설) 길이 방향으로 절단하여 단면을 표시하지 않는 부품은 회전 단면으로 표시해야 된다.
축, 기어의 이, 바퀴의 암, 키, 리브 등

56 단면의 무게 중심을 연결한 선을 표시하는데 사용하는 선의 종류는?

① 가는 1점 쇄선 ② 가는 2점 쇄선
③ 가는 실선   ④ 굵은 파선

해설) 가는 2점 쇄선 : 가상선이라고도 하며, 인접 부분의 공구 위치, 크랭크 등의 활동 범위 등을 나타내는 선

57 다음 중 스케치할 때의 주의사항이 아닌 것은?

① 기계의 구조나 기능을 충분히 조사한다.
② 기계의 안정을 위해 피로 시험을 거친다.
③ 조립시 청소를 잘하고 활동부에 적당히 기름을 친다.
④ 분해된 부품에는 번호를 기입한다.

해설) 스케치할 때 각종 재료 시험은 하지 않아도 된다.

58 보기 입체도의 화살표 방향 투상 도면으로 가장 적합한 것은?

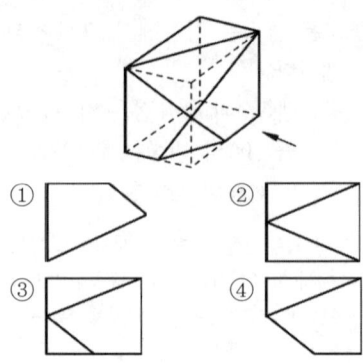

59 탄소강 단강품의 재료 표시기호 "SF 355A"에 대한 설명으로 틀린 것은?

① SF : 단강품
② 355 : 최저 항복강도
③ 355 : 최대 인장강도
④ A : 강종

해설) SF490→SF355 S : steel
F : forging(단조)
490 : 최저 인장강도가 490N/mm²(50kgf/mm²)
→ 355 : 최저 항복강도가 355N/mm²(MPa)

60 다음 그림 중 각도를 나타내는 것은?

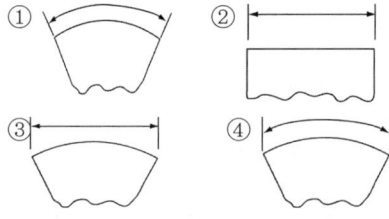

해설) ③ : 현의 표시, ④ : 호의 표시

2016 제5회 이산화탄소가스아크용접기능사/가스텅스텐아크용접기능사 CBT 기출복원문제

• 기출복원 문제란?
CBT시행에 따라 저자께서 수검자들의 도움으로 최대한 유형에 가깝게 복원한 문제입니다.

01 다음 용접법 중 이음부의 청정에 특히 유의해야 하는 용접방법은?

① 서브머지드 아크용접
② 반자동 이산화탄소 아크용접
③ 수동피복 아크용접
④ 가스 용접

02 아세틸렌 가스에 관한 설명으로 틀린 것은?

① 아세톤에 잘 용해된다.
② 보통 용접에 사용되는 아세틸렌 가스는 불쾌한 악취를 낸다.
③ 순수한 아세틸렌 가스는 무색, 무미이다.
④ 산소보다 무거우며 여러 가지 액체에 잘 용해된다.

[해설] 비중이 0.906로 공기보다 가볍다

03 피복 아크용접기의 특성 중에서 부하전류가 증가하면 단자 전압이 저하하는 특성은?

① 자기제어 특성 ② 정전압 특성
③ 상승 특성   ④ 수하 특성

04 가스절단에서 탄화불꽃에 대한 설명으로 가장 부적합한(관련이 가장 적은) 것은? ★★

① 속불꽃과 겉불꽃 사이에 밝은 백색의 제3불꽃이 있다.
② 아세틸렌 과잉불꽃이다.
③ 표준불꽃이다.
④ 산화작용이 일어나지 않는다.

[해설] 표준 불꽃은 중성 불꽃이다.

05 아크에어 가우징 작업시 압축공기의 압력(으로 적당한 것은)은 어느 정도가 좋은가? ★★★

① 3~4kgf/cm² ② 5~7kgf/cm²
③ 8~10kgf/cm² ④ 11~13kgf/cm²

06 금속 보호가스 아크용접(MIG 용접)에 사용되는 보호가스로 적당하지 않은 것은? ★★

① 아르곤 – 수소 가스
② 아르곤 – 산소 가스
③ 아르곤 – 헬륨 가스
④ 순수 아르곤 가스

[해설] MIG 용접은 알루미늄, 마그네슘 합금 등의 용접에 사용되는 용접법으로 수소는 용착금속에 악영향을 미치므로 수소를 사용해서는 안된다

07 화상을 당했을 때 응급조치 중 옳은 것은?

① 화상부의 물집을 터뜨린다.
② 화상자의 의복을 벗기지 않는다.
③ 화상면을 깨끗이 하기 위해 더운 물로

정답 01.① 02.④ 03.④ 04.③ 05.② 06.① 07.②

닦아낸다.
④ 화상부를 뜨거운 물에 담가서 화기를 빼는 것이 좋다.

08 알루미늄 주물의 용접봉으로 적당한 것은 다음 중 어느 것인가
① 저수소계 용접봉
② 일미나이트계 용접봉
③ 알루미늄-규소 합금봉
④ 구리계 용접봉

09 가스절단에 사용되는 가연성 가스의 폭발한계가 가장 큰 것은?
① 수소   ② 아세틸렌
③ 프로판   ④ 메탄

[해설] 가연성 가스의 폭발한계
수소 : 4~74, 메탄 : 5~15, 프로판 : 2.4~9.5, 아세틸렌 : 2.5~80으로 폭발한계가 가장 크다.

10 연강용 피복아크용접봉의 종류와 피복제 계통이 잘못 연결된 것은?
① E4301 – 일미나이트계
② E4303 – 라임티타니아계
③ E4316 – 저수소계
④ E4340 – 철분산화철계

[해설] E4340 : 특수계

11 불활성가스 금속 아크용접(MIG용접)의 전류 밀도는 피복아크용접에 비해 약 몇 배 정도인가? ★★
① 2배   ② 6배
③ 10배   ④ 12배

[해설] MIG용접은 전류밀도가 아크용접의 6배, TIG용접의 2배, 서브머지드 아크용접과 동일한 높은 전류밀도를 사용하므로 후판용접에 적합하다.

12 접지 클램프를 잘못 접속했을 때 일어나는 사항 중 가장 올바르지 않은 것은?
① 전력을 낭비한다.
② 아크 불로우 현상이 생긴다.
③ 열이 과도하게 발생한다.
④ 아크가 불안정하다.

[해설] 접지 불량이란 전기의 흐름 단면적이 줄어드는 현상이 생기며, 접촉부에 열이 나고 아크가 불안정하며 전력 손실이 생길 수 있다.

13 아크 에어 가우징에 사용되는 압축공기에 대한 설명으로 올바른 것은? ★★
① 압축공기의 압력은 2~3(kgf/cm^2) 정도가 좋다.
② 압축공기 분사는 항상 봉의 바로 앞에서 이루어져야 효과적이다.
③ 약간의 압력 변동에도 작업에 영향을 미치므로 주의한다.
④ 압축공기가 없을 경우 긴급시에는 용기에 압축된 질소나 아르곤 가스를 사용한다.

[해설] 압축공기의 압력은 5~7kgf/cm^{2}를 사용하며, 직류 역극성을 사용한다.

14 도면에 표시된 것을 보고 용접사가 용접한 단면이다. H로 표시된 부분을 무엇이라고 하는가?

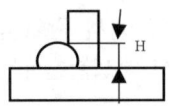

① 목두께   ② 다리길이(각장)

[정답] 08.③ 09.② 10.④ 11.② 12.② 13.④ 14.②

③ 이음 루트   ④ 이론 목두께

15 다음 서브머지드 아크용접 장치에 대한 설명 중 맞지 않는 것은?

① 와이어 송급장치, 접촉팁, 용제호퍼 등을 용접헤드(welding head)라 한다.
② 용접전류는 접촉팁에서 와이어에 송급된다.
③ 직류 전원이 설비비가 적고, 자기불림이 없다.
④ 박판에서 약 400[A] 이하에서 직류 역극성으로 고속도 용접시공을 하면 아름다운 비드를 얻을 수 있다.

16 다음 설명 중 연소가 잘 되는 조건으로 틀린 것은?

① 공기와의 접촉 면적이 클 것
② 가연성 가스 발생이 클 것
③ 축적된 열량이 클 것
④ 물체의 내화성이 클 것

해설 내화성 : 불에 잘 견디는 성질

17 다음 중 상온가공을 하여도 동소변태를 일으켜 경화되지 않는 금속재료는?

① 금   ② 주석
③ 아연   ④ 백금

해설 주석의 재결정 온도는 -7~25℃이며, 동소변태 온도는 13℃이므로 경화가 일어나지 않는다.

18 특수 용도나 목적용 합금강에서 내열강의 요구 성질에 관한 설명으로 옳은 것은?

① 고온에서 O_2, SO_2 등에 침식되어야 한다.
② 반복응력에 대한 피로강도가 적어야 한다.
③ 냉각 및 열간가공이 어려워야 한다.
④ 고온에서 우수한 기계적 성질을 가져야 한다.

해설 내열강 : Cr, Al, Si 첨가, 고온에서 기계적, 화학적 성질이 안정적이며, 가공성, 용접성이 우수하다. 종류에는 탐켄, 해스텔로이, 인코넬, 서미트 등이 있다.

19 킬드강(killed steel)을 제조할 때 사용하는 탈산제로 적합한 것은?

① C, Fe-Mn   ② C, Al
③ Fe-Mn, S   ④ Fe-Si, Al

해설 킬드강 : Al, Fe-Si, Fe-Mn 등으로 완전 탈산시킨 강, 기공이 없고 재질이 균일하고, 기계적 성질이 좋으나, 헤어크랙이 발생할 우려가 높다.

20 특수주강을 제조하기 위하여 첨가하는 금속으로 맞는 것은?

① Ni, Zn, Mo, Cu   ② Ni, Mn, Mo, Cr
③ Ni, Si, Mo, Cu   ④ Si, Mn, Co, Cu

해설 주강의 종류에는 보통주강, 특수주강(니켈, 크롬, 망간, 니켈-크롬)등이 있다.

21 합금강에서 고온에서의 크리프 강도를 높게 하는 원소는?

① O   ② S
③ Mo   ④ H

해설 Mo : 담금질 깊이, 크리프 저항, 내식성 증가, 뜨임취성 방지

22 다음은 서브머지드 아크용접에 관하여 설명한 것이다. 이 중 틀린 것은?

① 용제에 의한 야금작용으로 용접금속의 품질을 양호하게 할 수 있다.

정답 15.③ 16.④ 17.② 18.④ 19.④ 20.② 21.③ 22.②

② 특수한 장치를 사용하지 않더라도 전자세 용접이 가능하며, 이음가공의 정도가 엄격하다.
③ 용제의 단열 작용으로 용입을 크게 할 수 있고, 높은 전류밀도로 용접할 수 있다.
④ 용접 중에 대기와의 차폐가 확실하여 대기 중의 산소, 질소 등의 해를 받는 일이 적다.

해설 서브머지드 아크용접법은 용제 속에서 아크를 발생하기 때문에 아래보기나 수평 필릿 자세를 제외하고는 특수 장치 없이는 용접이 불가능하다.

23 Zn과 그 합금에 대한 설명으로 틀린 것은?

① 조밀 육방 격자형이며 청백색으로 연한 금속이다.
② 아연 합금에는 Zn-Al계, Zn-Al-Cu계 및 Zn-Cu계 등이 있다.
③ 주조성이 나쁘므로 다이캐스팅용에 사용되지 않는다.
④ 아연은 비중이 7.1, 용융점이 418℃이다.

24 경금속 중에서 가장 가벼운 금속은? ★★

① 리튬(Li)   ② 베릴륨(Be)
③ 마그네슘(Mg) ④ 티타늄(Ti)

해설 금속 중에 최소 비중은 Li(리튬, 0.53), 최대 비중은 Ir(이리듐, 22.5)이다.

25 다음 중 탄소강의 표준 조직이 아닌 것은? ★★★

① 페라이트   ② 마텐사이트
③ 시멘타이트 ④ 펄라이트

해설 강의 조직(탄소강의 표준조직)
① 오스테나이트 : γ-Fe에 탄소를 최대 2.0% 고용된 것
② 페라이트 : 연한 성질을 가지고 있어 전연성이 크다. A_2 변태점 이하에서는 강자성체이다.
③ 마텐사이트 : 담금질하여 얻어지는 조직으로 열처리 조직 중 가장 단단한 조직이다.

26 기체를 수천도의 높은 온도로 가열하면 가스원자가 원자핵과 전자로 분리되어 양(+)과 음(-)의 이온상태로 된 것을 무엇이라 하는가?

① 전자빔   ② 레이저
③ 플라스마   ④ 테르밋

해설 플라스마 : 고온의 불꽃을 이용해서 절단, 용접하는 방법으로 10000~30000℃의 고온 플라스마를 분출시켜 작업하는 방법

27 다음 중 스테인리스강을 조직별로 구분한 종류가 아닌 것은? ★★

① 오스테나이트계 ② 마텐사이트계
③ 펄라이트계   ④ 페라이트계

해설 스테인리스강의 종류는 ①, ②, ④ 외에 석출경화계, 듀플렉스 등이 있다.

28 금속침투법 중 Cr을 침투시키는 것은? ★★

① 크로마이징   ② 세라다이징
③ 칼로라이징   ④ 실리코나이징

해설 세라다이징 : Zn 침투,
칼로라이징 : Al 침투,
실리코나이징 : Si 침투

정답 23.③ 24.① 25.② 26.③ 27.③ 28.①

29 용접시공시 용접순서를 결정하는 사항으로 틀린 것은?

① 같은 평면 안에 많은 이음이 있을 때에는 수축은 되도록 자유단으로 보낸다.
② 중심선에 대하여 항상 비대칭으로 용접을 진행시킨다.
③ 용접물의 중립축에 대하여 용접으로 인한 수축력 모멘트의 합이 0이 되도록 한다.
④ 수축이 큰 이음을 가능한 먼저 용접하고 수축이 작은 이음을 뒤에 용접한다.

해설 길이가 긴 용접부의 경우 중심선에 대하여 대칭으로 용접하여 수축변형을 서로 상쇄해야 된다.

30 전기용접 작업시 감전으로 인한 재해의 원인에 대한 설명으로 틀린 것은?

① 1차 측과 2차 측 케이블의 피복 손상부에 접촉되었을 경우
② 용접기기의 보수 중에 입출력 단자가 절연된 곳에 접촉되었을 경우
③ 피 용접물에 붙어있는 용접봉을 대려다 몸에 접촉되었을 경우
④ 용접작업 중 홀더에 용접봉을 물릴 때나, 홀더가 신체에 접촉되었을 경우

해설 용접기기의 보수 중에 입출력 단자가 절연된 곳에 접촉되었을 경우는 감전되지 않는다.

31 펄스 TIG 용접기의 특징 설명으로 틀린 것은?

① 저주파 펄스용접기와 고주파 펄스용접기가 있다.
② 직류 용접기에 펄스 발생 회로를 추가한다.
③ 전극봉의 소모가 많은 것이 단점이다.
④ 20A 이하의 저 전류에서 아크의 발생이 안정하다.

해설 TIG 용접은 비소모성 용접으로 전극봉의 소모가 많지 않다.

32 교류 아크용접기를 사용할 때, 피복 용접봉을 사용하는 이유로 가장 적합한 것은?

① 전력 소비량을 절약하기 위하여
② 용착금속의 질을 양호하게 하기 위하여
③ 용접시간을 단축하기 위하여
④ 단락전류를 갖게 하여 용접기의 수명을 길게 하기 위하여

해설 피복용접봉을 사용하면 산화, 질화방지, 아크안정, 용착금속의 냉각속도의 저하 등의 역할로 용착금속의 질이 양호해진다.

33 아크용접 중에 스파크 등에 의한 화재에 대하여 가장 주의해야 할 가연성 가스는?

① LPG   ② CO_2
③ He   ④ O_2

해설 스파크 등에 의한 화재에 대하여 가장 주의해야 할 가연성 가스는 LPG 가스, 아세틸렌 가스, 수소, 부탄 등이다.

34 연소한계의 설명을 가장 올바르게 정의한 것은?

① 착화온도의 상한과 하한
② 물질이 탈 수 있는 최저온도
③ 완전연소가 될 때의 산소공급 한계
④ 연소에 필요한 가연성 기체와 공기 또는 산소와의 혼합가스 농도 범위

해설 연소한계 : 연소에 필요한 가연성 기체와 공기 또는 산소와의 혼합가스 농도 범위를 말한다.

정답 29.② 30.② 31.③ 32.② 33.① 34.④

35 원자와 분자의 유도방사현상을 이용한 빛 에너지를 이용하여 모재의 열 변형이 거의 없고 이중금속의 용접이 가능하며 미세화하고 정밀한 용접을 비접촉식 용접방식으로 할 수 있는 용접법은?

① 전자빔 용접법 ② 플라스마 용접법
③ 레이저 용접법 ④ 초음파 용접법

해설 레이저 용접의 특징
① 접촉하기 어려운 부재나 진공 또는 진공이 아닌 곳에서 용접이 가능
② 열의 영행 범위가 좁으므로 미세 정밀 용접에 접합
③ 원격 조작이 가능하고 가시 용접을 할 수 있다.

36 다음 중 용접시공의 일반적인 순서를 나타낸 것으로 옳은 것은?

① 재료준비 → 절단가공 → 가접 → 본용접 → 검사
② 절단가공 → 본용접 → 가접 → 재료준비 → 검사
③ 가접 → 재료준비 → 본용접 → 절단가공 → 검사
④ 재료준비 → 가접 → 본용접 → 절단가공 → 검사

해설 용접의 기본은 준비(재료, 공구 등) - 가공 - 가용접 - 본용접 - 검사 순으로 실시한다.

37 용접지그를 사용할 때 장점이 아닌 것은?

① 공정수를 절약하므로 능률이 좋다.
② 작업을 쉽게 할 수 있다.
③ 제품의 정도가 균일하다.
④ 조립하는데 시간이 많이 소요된다.

해설 지그를 사용하면 조립 시간이 단축된다.

38 불활성 가스 금속 아크용접토치의 구성 부품 중 노즐과 토치 몸체 사이에서 통전을 막아 절연시키는 역할을 하는 것은?

① 가스 분출기 ② 인슐레이터
③ 팁 ④ 플럭시블 콘딧

해설 인슐레이터 : 불활성 가스 금속 아크용접의 용접토시 구성 부품 중 노즐과 토치 몸체 사이에서 통전을 막아 절연시키는 역할을 하는 것

39 KS에서 규정한 방사선 투과시험 필름 판독에서 제3종 결함은?

① 갈라짐 및 이와 유사한 결함
② 슬래그 섞임 및 이와 유사한 결함
③ 둥근 블로홀 및 이와 유사한 결함
④ 노치 및 이와 유사한 결함

해설 방사선 투과 필름 판독
① 둥근 블로홀 및 이와 유사한 결함
　→ 제1종 결함
② 슬래그 섞임 및 이와 유사한 결함
　→ 제2종 결함
③ 갈라짐 및 이와 유사한 결함
　→ 제3종 결함
④ 노치 및 이와 유사한 결함

40 다음 그림과 같이 용접부의 비드 끝과 모재표면 경계부에서 균열이 발생하였다. A는 무슨 균열이라고 하는가?

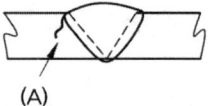

① 토우균열 ② 라멜라테어
③ 비드 밑 균열 ④ 비드 종 균열

해설 토 균열(토우균열, 지단 균열) : 비드 표면과 모재와의 경계부분에 생기는 결함

정답 35.③ 36.① 37.④ 38.② 39.① 40.①

41 다음 중 일명 포금(gun metal)이라고 불리는 청동의 주요 성분으로 옳은 것은?

① 2~5% Sn에 15~20% Zn 함유
② 8~12% Sn에 1~2% Zn 함유
③ 5~10% Sn에 10~15% Zn 함유
④ 15~20% Sn에 5~8% Zn 함유

해설 포금(gun metal) : Cu+Sn 8~12%+Zn 1~2% 내해수성 우수, 선박 재료로 많이 사용됨

42 0.4-8mm 정도의 얇은 스테인리스강판을 불활성가스 아크 용접법으로 용접할 때 순수한 아르곤을 사용할 경우 스패터가 비교적 많이 발생하므로 이를 해소하기 위하여 어떤 가스를 몇 % 정도 넣으면 좋은가?

① 탄산가스 약 25%
② 수소 5~10%
③ 산소 2~5%
④ 질소 2~5%

43 초음파 검사시 강 중의 초음파 속도는 얼마인가?

① 6000 m/sec   ② 3300 m/sec
③ 1500 m/sec   ④ 9000 m/sec

해설 초음파 속도 : 공기 중 : 약 330 m/sec, 물속 : 1500 m/sec

44 시험편에 V형 또는 U형 등의 노치(notch)를 만들고 충격적인 하중을 주어서 파단시키는 시험법은?

① 인장시험   ② 굽힘시험
③ 충격시험   ④ 경도시험

해설 충격시험 : 인성과 취성(메짐)을 알아보기 위하여 하는 시험으로, 샤르피형, 아이조드형 시험이 있다.

45 이산화탄소 아크용접의 보호가스 설비에서 저전류 영역의 가스유량은 약 몇 l/min 정도가 좋은가?

① 1~5   ② 6~9
③ 10~15 ④ 20~25

해설 이산화탄소 아크용접의 보호가스 설비에서 저전류 영역의 가스유량은 10~15이다.

46 풀림(annealing)처리시 조대한 결정립이 형성되는 원인이 아닌 것은?

① 풀림온도가 너무 높은 경우
② 용질원소의 분포가 양호한 경우
③ 냉간가공도가 너무 작은 경우
④ 풀림시간이 너무 긴 경우

해설 용질원소의 분포가 양호하면 조직이 균일해진다.

47 불활성 가스 금속 아크용접(MIG 용접)의 특징이 아닌 것은?

① 대체로 모든 금속의 용접이 가능하다.
② 수동 피복 아크용접에 비해 용착효율이 높아 고능률적이다.
③ 전류밀도가 낮아 3mm 이상의 두꺼운 용접에 비능률적이다.
④ 아크의 자기제어 기능이 있다.

해설 MIG 용접의 특징
① MIG 용접은 주로 직류 역극성이며 정전압특성(CP특성), 상승특성을 가지고 있다.
② 전극이 용접봉이어서 녹으므로 용극식, 소모식이라고 한다.

정답 41.② 42.③ 43.① 44.③ 45.③ 46.② 47.③

48 다이아몬드를 붙인 소형의 추를 일정 높이에서 시험편 표면에 낙하시켜 튀어 오르는 반발 높이에 의하여 경도를 측정하는 것은?

① 브리넬 경도   ② 로크웰 경도
③ 쇼어 경도   ④ 비커스 경도

해설 브리넬 경도 : 5, 10mm 정도의 강구 압입자로 눌러 압입자국의 크기로 경도 표시, 자국이 크면 경도 낮음
비커스 경도 : 대선각 136도의 다이아몬드 4각추로 압입하여 경도 표시

49 각종 용접부의 결함 중 용접이음의 용융부 밖에서 아크를 발생시킬 때 아크열에 의하여 모재에 결함이 생기는 결함은?

① 언더컷   ② 아크 스트라이크
③ 슬래그 섞임   ④ 언더필

해설 아크 스트라이크 : 용접이음의 용융부 밖에서 아크를 발생시킬 때 아크열에 의하여 모재에 결함이 생기는 결함

50 아크 에어 가우징의 작업 능률은 치핑이나, 그라인딩 또는 가스 가우징보다 몇 배 정도 높은가? ★★★

① 10~12배   ② 8~9배
③ 5~6배   ④ 2~3배

해설 아크 에어 가우징은 작업능률이 가스 가우징보다 2~3배 높고, 비용이 저렴하고, 모재에 나쁜 영향을 미치지 않아, 철, 비철금속 모두 사용가능하다.

51 도면에서 단면도의 해칭에 대한 설명으로 틀린 것은? ★★

① 해칭선은 가는 실선으로 규칙적으로 줄을 늘어놓는 것을 말한다.
② 단면도에 재료 등을 표시하기 위해 특수한 해칭(또는 스머징)을 할 수 있다.
③ 해칭선은 반드시 주된 중심선에 45°로만 경사지게 긋는다.
④ 단면 면적이 넓을 경우에는 그 외형선에 따라 적절한 범위에 해칭(또는 스머징)을 할 수 있다.

해설 단면에 대한 표시는 가는 실선으로 해칭하거나 색연필 등으로 단면 부분을 옅게 칠하는 방법이며 다수의 부품이 조립된 경우 다양한 각도로 경사지게 그어 나타낼 수 있다.

52 그림과 같은 용접 도시 기호를 올바르게 설명한 것은?

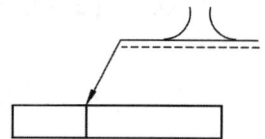

① 돌출된 모서리를 가진 평판 사이의 맞대기 용접이다.
② 평행(I형) 맞대기 용접이다.
③ U형 이음으로 맞대기 용접이다.
④ J형 이음으로 맞대기 용접이다.

해설 화살표부분의 돌출된 모서리를 가진 평판 사이의 맞대기 용접이다.

53 도면을 축소 또는 확대했을 경우 그 정도를 알기 위해서 설정하는 것은? ★★★

① 제단 마크   ② 비교 눈금
③ 도면의 구역   ④ 중심 마크

해설 비교눈금 : 도면을 축소 또는 확대했을 경우, 그 정도를 알기 위해서 설정하는 것

정답 48.③ 49.② 50.④ 51.③ 52.① 53.②

54 기계제도 치수 기입법에서 도면의 척도와 치수부분 길이가 비례하지 않는 치수를 의미하는 것은?

① <u>50</u> ② (50)
③ 50 ④ <<50>>

55 전개도법에서 꼭지점을 도면에서 찾을 수 있는 원뿔의 전개에 가장 적합한 것은?

① 방사선 전개법 ② 사각형 전개법
③ 삼각형 전개법 ④ 평행선 전개법

56 KS 기계제도 선의 종류에서 가는 2점 쇄선으로 표시되는 선의 용도에 해당하는 것은?

① 가상선 ② 치수선
③ 해칭선 ④ 지시선

해설 2점 쇄선(가상선)의 용도
① 도시된 단면의 앞쪽에 있는 부분을 표시하는 데 사용
② 가공 전 또는 후의 모양을 표시하는데 사용
③ 가공에 사용하는 공구, 지그 등의 위치를 참고로 나타내는데 사용

57 도면의 표제란에 척도로 표시된 "NS"의 의미(뜻)로 적절한(옳은) 것은?

① 나사를 표시
② 비례척이 아닌 것을 표시
③ 각도를 표시
④ 보통나사를 표시

58 그림과 같은 입체도에서 화살표 방향을 정면도로 하였을 때 우측면도로 올바른 것은?

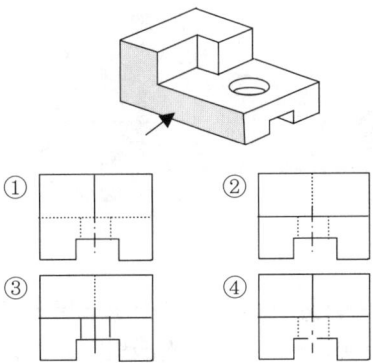

59 보기 입체도를 3각법으로 투상한 것으로 가장 가까운 것은?

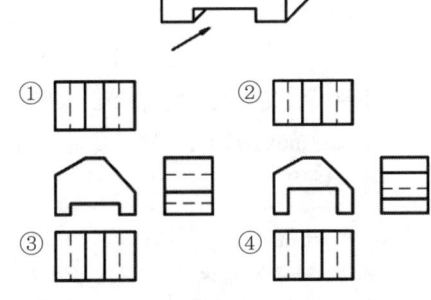

60 곡면과 곡면, 또는 곡면과 평면 등과 같이 두 입체가 만나서 생기는 경계선을 나타내는 용어로 가장 적합한 것은?

① 전개선 ② 상관선
③ 현도선 ④ 입체선

해설 상관선은 원형관 등이 만나는 실제의 형상을 나타내기 어려우므로 관습적으로 나타내는 선을 말한다.

정답 54.③ 55.① 56.① 57.② 58.④ 59.① 60.②

제1회 피복아크용접기능사 CBT 기출복원 문제

• 기출복원 문제란?
CBT시행에 따라 저자께서 수검자들의 도움으로 최대한 유형에 가깝게 복원한 문제입니다.

01 연강용 피복금속 아크용접봉의 피복제 중에 약 35%정도 산화티탄을 포함한 용접봉으로 일반 경구조물 용접에 많이 쓰이는 것은 무엇인가?

① 고셀룰로스계 ② 일미나이트계
③ 고산화티탄계 ④ 저수소계

해설 ① : 셀룰로스를 약 30% 이상 함유, 배관 용접 등에 사용

02 다음 중 고강도 황동으로 델타 메탈(delta metal)의 성분을 올바르게 나타낸 것은?

① 6 : 4 황동에 철을 1~2% 첨가
② 7 : 3 황동에 주석을 3%내의 첨가
③ 6 : 4 황동에 망간을 1~2% 첨가
④ 7 : 3 황동에 니켈을 9% 내의 첨가

03 하중의 작용 방향에 따른 필릿용접 중 용접선이 응력의 방향과 대략 직각인 필릿용접은?

① 전면 필릿용접 ② 경사 필릿용접
③ 측면 필릿용접 ④ 뒷면 필릿용접

04 연납용 용제로만 구성되어 있는 것은?

① 붕산염, 염화암모늄, 붕사
② 붕사, 붕산, 염화아연
③ 불화물, 알칼리, 염산
④ 염화아연, 염산, 염화암모늄

해설 연납용 용제의 종류
염산, 인산, 염화암모늄, 염화아연 등

05 그림과 같은 입체도를 제3각법 정투상도로 제도한 것으로 적합한 것은?

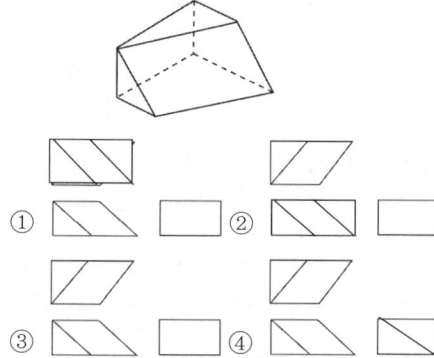

06 TIG(불활성 가스 텅스텐 아크) 용접의 상품 명칭에 해당 되지 않는 것은?

① 헬리 아크 ② 아르곤 아크
③ 헬리웰드   ④ 필러아크

해설 TIG용접 : GTAW라고도 하며, 비용극식, 비소모성 불활성 가스 아크용접이라고 한다.
상품명은 헬륨아크용접, 헬리 아크용접, 아르곤 아크용접이라고도 한다.

정답 01.③ 02.① 03.① 04.④ 05.③ 06.④

07 전기저항(점) 용접 조건의 3대 요소가 아닌 것은? ★★★

① 통전시간　　② 전류의 세기
③ 가압력　　　④ 고유저항

해설 전기 저항 용접의 3대 요소 : 용접 (통전) 전류, 통전 시간, 가압력이다.

08 주철 용탕에 Fe−Si 또는 Ca−Si 등의 접종제로 접종처리하여 흑연을 미세화하고 바탕조직을 펄라이트 조직화하여 강도와 인성을 높인 주철은?

① 흑심가단 주철
② 칠드 주철
③ 미하나이트 주철
④ 백 주철

09 다음 중 가스절단작업에서 절단속도에 영향을 주는 요인과 가장 관계가 먼 것은? ★★

① 산소의 순도　　② 산소의 압력
③ 아세틸렌 압력　④ 모재의 온도

해설 가스절단 속도에 영향을 주는 요소로 산소의 순도나 압력은 영향이 크지만 아세틸렌의 압력은 예열 불꽃을 형성하는 가스이므로 절단 속도에 크게 영향이 미치지 않는다.

10 다음 그림과 같은 용접도시 기호에 관한 설명 중 틀린 것은?

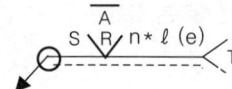

① A : 홈각도
② R : 루트간격
③ S : 용접부 길이
④ T : 특별 지시 사항

해설 수평선을 기준으로 S : 용접부 단면치수, 위나 아래로 V(용접이음 형상(I형, V형 등) 기호, R (르트 간격), A(홈각도), ― : (비드 형상 평면, 볼록, 오목 평면), M(다듬질 기호·기계가공, G : 연삭)

11 용접이란 보통 (금속의 원자 간격을 몇 cm로 하여 인력이 작용하도록 하는가) 원자들을 어느 정도로 접근시켰을 때 결합이 되는가?

① 10-2 cm　　② 10-4 cm
③ 10-6 cm　　④ 10-8 cm

해설 야금학적 접합(용접) : 원자간의 간격을 수 옹그스트롱(10-8 cm) 정도 접근시키면 접합(용접)이 이루어진다. 그러나 아무리 정밀하게 가공하여도 크게 확대해보면 요철이 있고, 산화막이 있어 실질적으로는 불가능하므로 가열 등의 방법을 사용하여 용접을 하고 있다.

12 용접 방법을 설명한 것 중 틀리게 설명한 것은?

① 스터드 용접 : 볼트나 환봉 등을 직접 강판이나 형강에 용접하는 방법으로 용접법에 해당된다.
② 서브머지드 아크용접 : 일명 잠호용접 이라고도 부르며 상품명으로는 유니언 멜트 용접이 있다.
③ 불활성 가스 아크용접 : TIG 와 MIG 가 있으며, 보호가스로는 Ar, He 가스를 사용한다.
④ 이산화탄소 아크용접 : 이산화탄소 가스를 이용한 용극식 용접 방법이며, 불가시 아크이다.

정답 07.④　08.③　09.③　10.③　11.④　12.④

해설 ④ 이산화탄소 아크용접은 가시(눈으로 볼 수 있는) 아크이다.
서브머지드 아크용접은 용재 속에서 아크가 발생하므로 불가시 용접이라고도 한다.

13 가스(산소) 절단시 예열불꽃이 너무 강한 경우 나타나는 현상으로 틀린 것은?

① 드래그가 증가한다.
② 슬래그 중의 철 성분의 박리가 어렵게 된다.
③ 절단면이 거칠게 된다.
④ 절단 모서리가 둥글게 된다.

해설 가스절단시 예열불꽃이 강하면 절단면이 거칠어지고, 예열불꽃이 약하면 드래그의 길이가 증가하고, 절단속도가 늦어진다.

14 피복아크용접기를 사용할 때 지켜야 할 사항으로 틀린 것은?

① 1차측 탭은 2차측 무부하 전압을 높이거나 용접전류를 올리는데 사용한다.
② 탭 전환은 반드시 아크를 중지시킨 후에 시행한다.
③ 정격 전류 이상으로 사용하면 과열되어 소손이 생긴다.
④ 2차측 단자의 한쪽과 용접기 케이스는 반드시 접지를 확실히 해야 한다.

해설 1차측 탭은 2측 무부하 전압을 높이거나 용접전류 올리는 것과는 관계없다.

15 다음 중 질량효과가 가장 큰 것은?

① 망간강　　② 니켈강
③ 크롬강　　④ 탄소강

16 내식성 알루미늄 합금의 종류에 속하지 않는 것은?

① 코비탈륨(Cobitalium)
② 하이드로날륨(Hydronalium)
③ 알민(Almin)
④ 알드레이(Aldrey)

해설 코비탈륨(cobitalium) 합금은(Al-1~5% Cu-0.5~2.0% Si-0.4~2% Mg-1~2% Ni-0.2% Ti-0.2~1% Cr)등이 첨가되어 있으며, 주조용 알루미늄합금이다.

17 이산화탄소(CO_2) 아크용접 결함 중 기공의 방지대책에 관한 설명으로 틀린 것은? ★★

① 노즐에 부착되어 있는 스패터를 제거한 후 용접한다.
② 산소의 압력을 높인다.
③ 순도가 높은 CO_2가스를 사용한다.
④ 오염, 녹, 페인트 등을 제거한다.

해설 이산화탄소 용접에서는 산소를 사용하지 않으며, CO_2 가스의 압력이 너무 높이면 기공이 발생할 가능성이 높아진다.

18 기계제도에서 사용하는 선의 용도에 따라 사용하는 선의 종류가 틀린 것은? ★★

① 외형선 : 가는 실선
② 숨은선 : 가는 파선 또는 굵은 파선
③ 중심선 : 가는 1점 쇄선
④ 피치선 : 가는 1점 쇄선

해설 외형선 : 굵은 실선

정답　13.① 14.① 15.④ 16.① 17.② 18.①

19 모재 용융부에 작은 돌기를 만들고 여기에 대전류와 가압력을 작용시켜 용접하는 방법은?

① 스폿 용접 ② 프로젝션 용접
③ 심용접   ④ 버트 용접

20 피복 아크용접봉으로 강판의 판두께에 따라 맞대기 용접에 적용하는 개선 홈 형식 중 가장 적합하지 않는 것은?

① 정방(I, 평)형 : 판두께 6.0mm 정도 까지 적용
② 단면V형 : 판두께 6.0~20mm 정도 적용
③ 단면 개선(/)형 : 판두께 50mm 까지 적용
④ 양면 V(X)형 : 판두께 10~40mm 정도 적용

> 맞대기 홈의 형상
> V형, ╱형050mm 이상

21 다음 중 가스 가우징에 대한 설명으로 가장 올바른 것은?

① 비교적 얇은 판을 작업 능률을 높이기 위하여 여러 장을 겹쳐놓고 한 번에 절단하는 가공법
② 침몰선의 해체나 교량의 개조, 항만의 방파제 공사 등에 사용하는 가공법
③ 용접 부분의 뒷면을 따내든지, H형 등의 용접 홈을 가공하기 위한 가공법
④ 강재 표면의 홈이나 개재물, 탈탄층 등을 제거하기 위해 표면을 얇게 깎아 내는 가공법

> 가스 가우징 : 홈의 깊이와 폭의 비는 1:1~1:3 정도이다.

22 내용적 40.7리터의 산소병에 120kgf/cm² 의 압력이 게이지에 표시되었다면 산소병에 들어있는 산소량은 몇 리터인가?

① 3400 ② 4884
③ 5055 ④ 6105

> 압축가스 용기의 가스량 계산
> 산소의 양 = 내용적×기압 = 40.7×120 = 4884

23 도면의 양식에서 반드시 마련해야 할 사항이 아닌 것은?

① 표제란 ② 중심마크
③ 윤곽선 ④ 비교눈금

> 도면에는 윤곽선, 표제란, 중심마크를 반드시 표기해야 한다.

24 슬래그, 강괴, 강편, 기타 표면의 균열이나 주름, 주조 결함, 탈탄층 등의 표면결함을 얇게 불꽃가공에 의해서 제거하는 가스 가공법은?

① 가스 가우징
② 플라스마 제트 가공
③ 아크 에어 가우징
④ 스카핑

> ① : 가스 가우징 토치를 사용하여 홈을 파는 작업

25 서브머지드 아크용접에 사용되는 용접용 용제 중 용융형 용제에 대한 설명으로 옳은 것은? ★★

① 화학적 균일성이 나쁘다.
② 미용융 용제는 다시 사용이 불가능하다.
③ 흡수성이 거의 없으므로 재건조가 불필요하다.
④ 용융시 분해되거나 산화되는 원소를 첨

정답 19.② 20.③ 21.③ 22.② 23.④ 24.④ 25.③

가할 수 있다.

해설 서브머지드 아크용접 용제의 종류
㉠ 용융형 : 흡습성이 적다. 소결형에 비해 좋은 비드를 얻을 수 있다. 미용융 용제는 다시 사용 가능하다. 용제의 화학적 균일성이 양호하다. 용융시 분해되거나 산화되는 원소를 첨가할 수 없다.
㉡ 소결형 : 흡습성이 가장 높다. 비드 외관이 용융형에 비해 나쁘다.
㉢ 혼성형 : 용융형 + 소결형

26 용착법을 용접 방향, 용접 순서, 다층 용접으로 대별할 경우 다음 중 다층 용접법에 의한 분류법에 속하지 않는 것은?

① 덧살 올림법　② 케스케이드법
③ 전진 블록법　④ 후진법

해설 용착법의 구분
㉠ 단층 용착법 : 전진법, 후진법, 대칭법, 스킵법
㉡ 다층 용착법 : 빌드업법(덧살올림법), 케스케이드법, 전진블록법

27 그림 중 O의 번호에서 '7.1' 선이 나타내는 선의 종류로 옳은 것은?

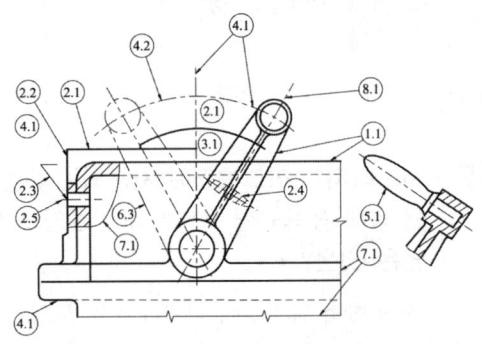

① 가상선　② 절단선
③ 중심선　④ 숨은선

해설 가상선(2점 쇄선)의 용도
① 가공 전 또는 후의 모양을 표시

② 도시된 단면의 앞쪽에 있는 부분을 표시

28 프로판 가스용 절단 팁을 잘못 설명한 것은?

① 아세틸렌보다 연소속도가 느리므로 분출속도를 빨리해야 한다.
② 예열불꽃 구멍을 크게 하여 불꽃이 꺼지지 않도록 한다.
③ 혼합실도 크게 하고 팁에서도 혼합될 수 있도록 설계해야 한다.
④ 슬리브(Sleeve)를 1.5mm 정도 가공면보다 깊게 해야 한다

29 다음 중 CO_2가스 아크용접에 사용되는 CO_2에 관한 설명으로 틀린 것은?

① 대기 중에서 기체로 존재하며, 공기보다 가볍다.
② 아르곤 가스와 혼합하여 사용할 경우 용융금속의 이행이 스프레이 이행으로 변한다.
③ 공기 중에 농도가 높아지면 눈, 코, 입에 자극을 느끼게 된다.
④ 충진된 액체 상태의 가스가 용기로부터 기화되어 빠른 속도로 배출시 팽창에 의해 온도가 낮아진다.

해설 이산화탄소는 비중이 1.53으로 공기(1)보다 무겁다.

30 청색의 겉불꽃에 둘러싸인 무광의 불꽃이므로 육안으로는 불꽃조절이 어렵고, 납땜이나 수중 절단의 예열불꽃으로 사용되는 것은? ★★★

① 산소 – 아세틸렌 불꽃
② 산소 – 수소 불꽃

③ 도시가스 불꽃
④ 천연가스 불꽃

해설 수소
㉠ 비중은 0.0899g 가장 가볍고, 확산 속도가 빠르다.
㉡ 육안으로 불꽃을 확인하기 곤란하다.

31 그림과 같은 맞대기 용접 판의 비드 수축은 무슨 수축인가?

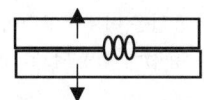

① 축방향 수축   ② 세로방향 수축
③ 가열부 수축   ④ 가로방향 수축

해설 가로방향 수축 = 횡 수축

32 구리에 3~4% Ni, 약 1%의 Si가 함유된 합금으로 인장강도와 도전율이 높아 통신선, 전화선으로 사용되는 Cu-Ni-Si계 합금은?

① 콜슨(corson) 합금
② 켈밋(kelmit) 합금
③ 포금(gunmetal)
④ CTG 합금

해설 콜슨 합금(코로손합금) : Cu + Ni + Si 인장강도와 도전율이 높아 통신선, 전화선, 전선용으로 사용

33 다음 중 저항 용접과 관계가 있는 법칙은?

① 옴 의 법칙(Ohm's law)
② 줄의 법칙(Joule's law)
③ 프레밍의 법칙(Fleming's rule)
④ 패러데이 법칙(Faraday's law)

해설 ② $=0.24 I^2 Rt$ (0.242전류×저항×시간sec)

34 다음 중 불활성 가스 텅스텐 아크(TIG) 용접에 있어 직류 정극성에 관한 설명으로 틀린 것은?

① 모재에는 양(+)극을, 홀더(토치)에는 음(-)극을 연결한다.
② 극성의 기호를 DCSP로 나타낸다.
③ 산화피막을 제거하는 청정 작용이 있다.
④ 용입이 깊고, 비드 폭은 좁다.

해설 TIG용접에서 청정작용은 직류역극성, 아르곤가스를 사용할 때 나타난다. 특히, 알루미늄 용접시 많이 발생하지만 알루미늄의 경우는 고주파 교류를 사용한다.

35 다음 중 담금질과 가장 관계가 깊은 것은?

① 금속간 화합물   ② 변태점
③ 열전대   ④ 고용체

해설 담금질(Quenching) : 강을 A3 또는 Acm선 변태점보다 30~50℃ 정도 높게 가열한 후 수냉이나 유냉으로 급랭시킨다.

36 다음 중 용접부 기계적 시험방법에 있어 충격시험의 방식에 해당 하는 것은?

① 브리넬식   ② 로크웰식
③ 샤르피식   ④ 비커스식

해설 충격시험 : 인성과 취성(메짐)을 알아보기 위하여 하는 시험으로, 샤르피형, 아이조드형 시험이 있다.

정답 31.④ 32.① 33.② 34.③ 35.② 36.③

37 다음 중 용접 준비 사항으로 올바른 것은?

① 피복 아크 용접에서 용접균열은 루트간격이 넓을(클)수록 좋다.(적어진다)
② 홈 가공은 가스절단법에 의하나 정밀한 것은 기계가공에 의하기도 한다.
③ 대전류를 사용하는 서브머지드 아크 용접은 루트간격을 0.8 mm 이상으로 크게 한다.
④ 홈 모양은 용입이 허용하는 범위에서 홈각도를 크게 하여 용착금속을 많게 한다.

해설 루트간격 좁을수록 용접균열 발생이 적다.

38 피복 아크용접시 지켜야 할 안전 사항으로 틀린 것은?

① 옥외 작업장에서 우천시는 방수복을 입고 작업하여야 된다.
② 습기가 많은 곳에서는 작업을 금한다.
③ 작업장 주변에는 인화물질을 방치해서는 안된다.
④ 홀더 선이나 어스 선은 접촉이 완전해야 한다.

39 기계제도에서 일반적으로 치수선을 표시할 때 치수선 양 끝에 치수가 끝나는 부분임을 나타내는 형상으로 사용하는 것이 아닌 것은?

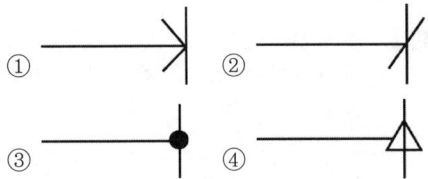

해설 ④번은 사용되지 않는다.

40 다음 중 레이저 용접이 적용되는 분야 및 응용 범위에 속하지 않는 것은?

① 우주 통신, 로켓의 추적, 광학, 계측기 등에 응용
② 가는 선이나 작은 물체의 용접 및 박판의 용접에 적용
③ 다이아몬드의 구멍 뚫기, 절단 등에 응용
④ 용접 비드 표면의 기공 및 각종 불순물의 제거

해설 레이저 용접은 미세한 용접이 가능하며 정밀 전자부품의 용접에 활용되고 있다.

41 그림과 같은 입체도에서 화살표 방향 투상도로 적합한 것은?

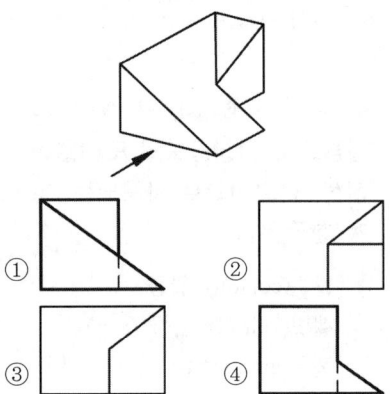

42 서브머지드 아크용접에서 용융형 용제의 특징에 대한 설명으로 옳은 것은? ★★

① 용접전류에 따라 입도의 크기는 같은 용제를 사용해야 한다.
② 비드 외관이 거칠다.
③ 흡습성이 크다.
④ 용제의 화학적 균일성이 양호하다.

해설 용융형 용제는 흡습성이 거의 없으며 비드 외관이 아름답고, 용접전류에 따라 입자의 크기

정답 37.② 38.① 39.④ 40.④ 41.① 42.④

가 다른 용제를 사용해야 한다.

43 다음 중 CO_2 가스 아크용접 결함에 있어 기공 발생의 원인으로 볼 수 없는 것은?

① 노즐과 모재간의 거리가 너무 길다.
② 용접 부위가 지저분하다.
③ CO_2 가스 유량이 부족하다.
④ 팁이 마모되어 있다.

해설 팁의 마모되었을 경우에는 아크가 불안정하다.

44 피복 아크용접시 복잡한 형상의 용접물을 자유 회전시킬 수 있으며, 용접 능률 향상을 위해 사용하는 회전대는?

① 회전 지그   ② 역변형 지그
③ 가접 지그   ④ 용접 포지셔너

해설 용접물을 자유 회전할 수 있는 고정구에는 용접 포지셔너, 용접 플레이터 등이 있다.

45 다음의 금속조직 중에서 고급주철의 바탕 조직으로 맞는 것은?

① 페라이트   ② 펄라이트
③ 오스테나이트   ④ 레데브라이트

해설 고급주철은 인장강도, 충격저항, 마모저항, 내열성이 크다. 고급주철은 인장강도가 $25kg/mm^2$ 이상의 것을 말하고, 펄라이트주철 (미하나이트주철)이라고도 한다.

46 아크용접에서 피복제 중 아크 안정제에 해당되지 않는 것은?

① 규산칼륨(K_2SiO_3)
② 산화티탄(TiO_2)
③ 석회석($CaCO_3$)
④ 탄산바륨($BaCO_3$)

해설
• 아크 안정제 : 산화티탄, 규산나트륨, 석회석, 규산칼륨 등
• 가스 발생제 : 녹말, 톱밥, 석회석, 탄산바륨, 셀룰로오스 등
• 슬래그 생성제 : 산화철, 일미나이트, 산화티탄, 이산화망간, 석회석, 규사, 장석, 형석 등
• 탈산제 : 규소철, 망간철, 티탄철, 망간, 알루미늄 등

47 가스절단에서 표준 드래그는 보통 판두께의 얼마 정도인가? ★★★

① $\dfrac{1}{4}$ ② $\dfrac{1}{5}$
③ $\dfrac{1}{10}$ ④ $\dfrac{1}{100}$

해설 드래그 길이는 주로 절단 속도, 산소 소비량 등에 의해 변화하며 절단면 말단부가 남지 않을 정도의 드래그를 표준 드래그 길이라 하는데 보통 판두께의 20% 정도이다.

48 직류아크용접에서 맨(bare) 용접봉을 사용했을 때 용접 중에 아크가 한쪽으로 쏠리는 현상을 무엇이라 하는가? ★★

① 언더컷   ② 자기불림
③ 기공   ④ 오버랩

해설 아크(자기) 쏠림은 용접전류에 의해 아크 주위에 발생하는 자장이 용접에 대해 비대칭으로 나타나는 현상을 말하며 자기 불림이라고도 한다.

정답 43.④ 44.④ 45.② 46.④ 47.② 48.②

49 용접 비드 층을 쌓아 올리는 덧살 올림법으로 변형이나 잔류응력을 고려하지 않고 보통 사용하는 것은?

① 케스케이드법(cascade method)
② 빌드업법(build-up sequence)
③ 전진 블록법(step block welding)
④ 비석 블록법((skip block welding)

50 용접기 설치 및 보수할 때 지켜야 할 사항으로 옳은 것은? ★★

① 용접 케이블 등의 파손된 부분은 즉시 절연 테이프로 감아야 한다.
② 조정핸들, 미끄럼 부분 등에는 주유해서는 안된다.
③ 셀렌 정류기형 직류아크용접기에서는 습기나 먼지 등이 많은 곳에 설치해도 괜찮다.
④ 냉각용 선풍기, 바퀴 등에도 주유해서는 안된다.

[해설] 습기나 먼지 등이 많은 곳을 피하며 가동 부분, 미끄럼 부분, 조정핸들, 냉각팬을 점검하고 주유해야 한다.

51 도면의 겨냥도에서 화살표 방향이 정면도일 경우 정면도로 가장 적합한 것은?

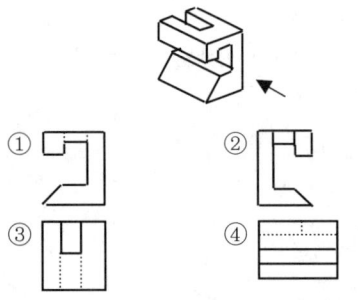

52 불활성가스텅스텐 아크용접법의 극성에 대한 설명으로 틀린 것은? ★★

① 직류 역극성에서는 전극소모가 많으므로 지름이 큰 전극을 사용한다.
② 직류 정극성에서는 청정작용이 있어 알루미늄이나 마그네슘 용접에 알곤 가스를 사용한다.
③ 직류 정극성에서는 모재의 용입이 깊고 비드 폭이 좁다.
④ 직류 역극성에서는 모재의 용입이 얕고 비드 폭이 넓다.

[해설] 직류 역극성에 청정작용이 생기므로 산화막이 강한 알루미늄이나 마그네슘 및 그 합금의 경우 직류 역극성으로 용접해야 하지만, TIG 용접의 경우 텅스텐 전극의 굵기가 4배 굵어야 되므로 고주파 교류를 사용한다.

53 철강의 열처리에서 열처리 방식에 따른 종류가 아닌 것은?

① 표면경화 열처리
② 항온 열처리
③ 내부경화 열처리
④ 계단 열처리

[해설] 내부경화 열처리는 없다.

54 탄소강에 Cr, W, V, Co 등을 첨가하여 500~600℃의 고온에서도 경도가 저하되지 않고 내마멸성을 크게 한 강은?

① 스텔라이트 ② 고속도강
③ 초경합금   ④ 합금 공구강

[해설] 고속도강(SKH) : 고속절삭 가능, 600℃ 경도 유지, HSS(하이스)라고도 함.

정답 49.② 50.① 51.① 52.② 53.③ 54.②

55 다음의 용접결함 중 구조상 결함이 아닌 것은?

① 언더컷과 오버랩
② 피로강도 부족
③ 슬래그 섞임
④ 용입불량과 융합불량

해설) 피로강도 부족은 성질상의 결함이다.

56 도면에 SS330으로 표시된 기계재료의 의미로 가장 적합한 설명은?

① 압력배관용 탄소강재로, 탄소 함유량은 0.33%
② 합금 공구강으로, 최저인장강도는 330 N/mm²
③ 열간압연 스테인리스 강관으로, 탄소 함유량은 0.33%
④ 일반구조용 압연강재로, 최저인장강도는 330N/mm²

해설) SS330 : 일반구조용 압연강재 최저인장강도 330N/mm²를 의미한다.

57 다음 설명 중 교류 아크용접기의 구비조건에 해당되는 사항으로 옳지 않은 것은?

① 무부하 전압이 낮아 전격의 위험이 적어야 된다.
② 용접 중 단락되었을 경우 저전류가 흘러야 된다.
③ 소비전력을 높아 역률이 좋은 용접기를 구비한다.
④ 사용 중 용접기 온도 상승이 적어야 한다.

해설) 소비 전력이 적어야 한다. 아크 발생이 잘되는 범위 내에서 무부하 전압이 낮아야 한다.(교류 70~80V, 직류 40~60V)

58 다음 용접법 중 전기 저항용접이 아닌 것은? ★★

① 프로젝션 용접   ② 심용접
③ 스폿 용접   ④ 전자 빔 용접

해설) 전기 저항 겹치기 용접 : ①, ②, ③
전기 저항 맞대기 용접 : 플래시 벗 용접, 업셋 용접

59 청동의 용해 주조시에 탈산제로 사용하는 P의 첨가량이 많아 합금 중에 0.05%~0.5% 정도 남게 하면 용탕의 유동성이 좋아지고 합금의 경도, 강도가 증가하여 내마모성, 탄성이 개선되는 청동은?

① 인청동
② 베빗 메탈(babbit metal)
③ 암즈 청동
④ 켈밋(Kelmet)

해설) 암즈 청동(arms bronze)
특수 알루미늄 청동의 일종, 재질이 강인하고 내식성이 풍부하여 어뢰, 항공기 부품으로 이용함

60 다음 용접부 기호의 설명으로 틀린 것은?

① ⚑ : 현장 용접
② ○ : 점용접
③ ⚑ : 공장 전둘레 용접
④ ⌒ : 볼록 비드 용접

해설) ③ : 현장 전방위(온, 전 둘레) 용접

정답) 55.② 56.④ 57.③ 58.④ 59.① 60.③

제1회 이산화탄소가스아크용접기능사/가스텅스텐아크용접기능사 CBT 기출복원문제

• 기출복원 문제란?
CBT시행에 따라 저자께서 수검자들의 도움으로 최대한 유형에 가깝게 복원한 문제입니다.

01 피복 아크 용접에서 용접 속도에 관한 설명으로 옳은 것은?

① 용접봉의 종류 및 전류값, 위빙의 유무, 모재의 재질 등에 관계없이 용접속도는 같다.
② 용접속도가 빠를 경우 오버랩이 생기기 쉽다.
③ 아크의 전압과 아크의 전류를 일정하게 유지하고 대단히 느린 속도에서 속도를 점차 증가시키면 비드 나비는 감소한다.
④ 용접 속도를 용접봉이 충분히 녹아 용착될 정도로 서서히 이동하면 뒤틀림이 커진다.

해설 용접 속도를 용접봉이 충분히 녹아 용착될 정도로 서서히 이동하면 뒤틀림이 적어진다.

02 용착법에 대해 설명한 것 중 표현이 잘못된 것은? ★★

① 전진법 : 홈을 한 부분씩 여러 층으로 쌓아 올린 다음, 다른 부분으로 진행하는 방법이다.
② 후진법 : 용접 진행 방향과 용착 방향이 서로 반대가 되는 방법이다.
③ 대칭법 : 이음의 수축에 따른 변형이 서로 대칭되게 할 경우에 사용된다.
④ 스킵법 : 이음 전 길이에 대해서 뛰어넘어서 용접하는 방법이다.

해설 전진법은 한끝에서 다른 쪽 끝을 향해 연속적으로 진행하는 방법으로 용접 길이가 짧은 경우나 변형과 잔류 응력이 그다지 문제 되지 않을 때 이용된다.

03 다음 중 리벳 구멍에 카운터 싱크가 없고 공장에서 드릴 가공 및 끼워 맞추기 할 때의 간략 표시 기호는? ★★★

① 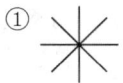 ②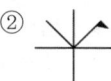

③ + ④

04 용접에 있어서 작업성을 좋게 하기 위한 필요 사항이 아닌 것은?

① 아크 안정과 집중이 좋을 것
② 아크가 조용히 나올 것
③ 슬래그 응고온도가 높을 것
④ 슬래그가 가볍고 유동성이 좋을 것

해설 슬래그의 응고 온도는 낮아야 용착금속을 용접 중에 바로 덮어 대기로부터 보호할 수 있다.

정답   01.③   02.①   03.③   04.③

05 가스의 불꽃온도 중 가장 높은 것은?

① 천연가스 불꽃
② 산소 - 아세틸렌 불꽃
③ 도시가스 불꽃
④ 산소 - 수소 불꽃

해설
- 산소 – 수소 불꽃 : 2900℃
- 산소 – 아세틸렌 불꽃 : 3430℃
- 도시가스 및 천연가스 불꽃 : 약 2530℃

06 탄소 함유량이 0.20% 이하인 탄소강 주강품 종류의 기호로 맞는 것은?

① SC 120
② SC 360
③ SC 400
④ SC 440

07 주강을 주철과 비교한 설명으로 틀린 것은? ★★★

① 주철에 비하여 용융점이 낮다.
② 주철에 비하여 용접에 의한 보수가 용이하다.
③ 주철에 비하여 강도가 더 필요할 경우에 사용한다.
④ 주철에 비하여 주조시 수축량이 커서 균열 등이 발생하기 쉽다.

해설 주철의 용융점은 1200℃ 정도이며, 주강은 1450℃ 정도로 주강의 용융점이 훨씬 높으며, 수축률이 2배 이상 크다.

08 그림과 같은 치수 기입 방법은? ★★

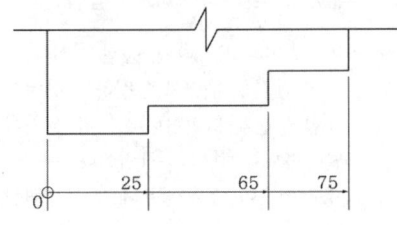

① 조합 치수 기입법
② 병렬 치수 기입법
③ 직렬 치수 기입
④ 누진 치수 기입법

09 뒤틀림 방지법의 용접요령으로 뒤틀림을 억제하는 방법이 아닌 것은?

① 이음의 용입은 될수록 적게 하고 맞춤의 이가 잘 맞도록 한다.
② 단면의 중축 또는 중심선 양쪽에 균형 있는 용착을 시켜 나간다.
③ 밖에서부터 중앙으로 용접을 진행한다.
④ 필릿용접부보다 맞대기 용접부를 먼저 용접한다.

10 합금강이 탄소강에 비하여 우수한 성질이 아닌 것은?

① 기계적 성질 향상
② 내식성, 내마멸성 향상
③ 결정입자의 조대화
④ 고온에서 기계적 성질 저하 방지

해설 합금강은 탄소강에 비해 결정입자가 미세하다.

11 피복 아크 용접에서 과대전류, 용접봉 운봉각도의 부적합, 용접속도가 빠를 때, 아크 길이가 길 때 일어나며, 모재와 비드 경계 부분에 홈으로 나타나는 표면 결함은?

① 용입불량
② 오버랩
③ 슬래그 섞임
④ 언더컷

해설 용입불량이나 오버랩, 슬래그 섞임은 전류가 낮을 때 생기는 결함이다.

정답 05.② 06.② 07.① 08.④ 09.③ 10.③ 11.④

12 시험하는 부분이 전부 용착금속으로 되어 있는 시험편은 다음 중 어느 것인가?

① 루트 굽힘 시험편
② 측면 굽힘 시험편
③ 표면 굽힘 시험편
④ 전 용착금속 시험편

13 산소-아세틸렌의 불꽃에서 속불꽃과 겉불꽃 사이에 백색의 제3의 불꽃 즉 아세틸렌 깃(feather)이라고도 하는 것은?

① 탄화 불꽃 ② 백색 불꽃
③ 중성 불꽃 ④ 산화 불꽃

해설) 탄화 불꽃은 아세틸렌 밸브를 열고 점화한 후 산소 밸브를 조금 열게 되면 아세틸렌은 주황색을 띠면서 연소하고 다량의 검정 그을음을 배출시킨다.

14 맞대기 용접할 모재를 줄로 다듬질할 때의 안전수칙으로 적합하지 않은 사항은?

① 넓은 면은 톱 작업하기 전에 삼각줄로 안내 홈을 만든다.
② 손바닥이 부르틀 우려가 있으므로 면장갑을 끼는 것이 좋다.
③ 드릴 작업에서 생긴 쇠밥은 손으로 제거하지 않는다.
④ 줄눈에 끼인 쇠밥은 와이어 브러시로 제거한다.

15 서브머지드 아크용접에서 다전극 방식에 의한 분류가 아닌 것은? ★★★★★★

① 텐덤식   ② 이행형식
③ 횡직렬식   ④ 횡병렬식

해설) 다전극 방식에는 텐덤식, 횡병렬식, 횡직렬식이 있다.

16 불활성 가스 텅스텐 아크용접에서 직류 정극성으로 용접할 때 전극 선단의 각도로 가장 적합한 것은? ★★★

① 5~10°   ② 10~20°
③ 30~50°   ④ 60~70°

해설) 직류 정극성의 전극봉 각도는 200A 이하에서는 30~50° 되게, 직류 역극성의 경우 끝을 둥글게 하는 것이 좋다.
정극성은 아크열의 집중성이 좋아 용입이 깊어진다.

17 도면에서의 지시한 용접법으로 바르게 짝지어진 것은? ★★★

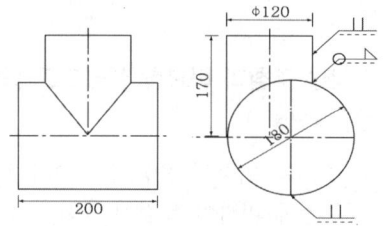

① 겹치기 용접, 플러그 용접
② 이면 용접, 필릿용접
③ 심용접, 겹치기 용접
④ 평형 맞대기 용접, 필릿용접

18 다음 보기와 같은 용착법은? ★★★

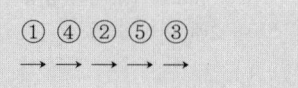

① 전진법   ② 후진법
③ 대칭법   ④ 스킵법

해설) ④ : 비석법이라고도 하며, 용접 길이를 짧게 나누어 간격을 두면서 용접하는 방법으로 피용접물 전체에 변형이나 잔류 응력이 적게 발생하도록 하는 용착법이다
① : 용접이음이 짧은 경우나, 잔류응력이 적을

정답) 12.④ 13.① 14.② 15.② 16.③ 17.④ 18.④

때 사용

② 후퇴법 : 두꺼운 판 용접
5→4→3→2→1

19 다음은 용접 이음을 설계할 때 주의 사항에 대하여 설명한 것이다. 틀린 것은? 용접 이음을 설계할 때 주의 사항으로 틀린 것은? ★★

① 구조상의 노치부를 피한다.
② 용접 구조물의 특성 문제를 고려한다.
③ 맞대기 용접보다 필릿용접을 많이 하도록 한다.
④ 용접성을 고려한 사용 재료의 선정 및 열 영향 문제를 고려한다.

해설 강도가 약한 필릿용접은 가급적 피해야 한다.

20 높은 곳에서 아크 용접을 할 때 케이블의 처리 중 옳은 것은?

① 팔에다 감고 작업한다.
② 적당한 고리에 고정시킨 다음 작업한다.
③ 발로 단단히 밟고 작업한다.
④ 어깨에다 메고 작업한다.

해설 높은 곳에서 용접할 때 용접 케이블을 몸이나 팔에 감고 하는 경우가 있는데 매우 위험한 방법이다. 무엇인가 용접기 주위를 지나가면서 케이블을 끌어당길 수 있어 몸에 감긴 케이블로 인해 작업자가 떨어질 수 있기 때문이다.

21 용접 균열의 보수방법으로 가장 옳은 방법은? ★★

① 전류를 높게 하여 재용접한다.
② 굵은 지름의 용접봉으로 재용접한다.
③ 작은 지름의 용접봉으로 재용접한다.
④ 정지구멍을 뚫어 균열부분은 홈을 판 후 재용접한다.

22 백스탭(back step) 운봉법으로 가장 적당한 아크 용접자세는?

① 아래보기 자세 ② 수직 상진 자세
③ 수평 자세 ④ 수직 하진 자세

23 다음 그림과 같은 입체도를 정투상도로 제도한 것으로 옳은 것은?

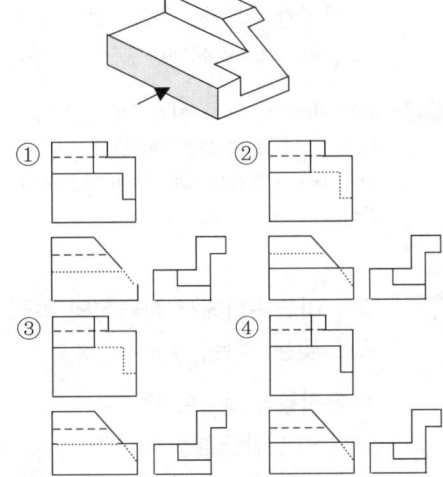

24 역류 발생시 응급조치 방법으로 맞는 것은?

① 산소 밸브를 연다.
② 모든 밸브를 동시에 연다.
③ 토치를 물에 넣어 냉각시키고 산소를 약간 잠근다.
④ 산소 밸브를 먼저 잠그고 아세틸렌 밸브를 잠근다.

해설 ③은 응급처치 후에 실시하는 방법이다.

정답 19.② 20.② 21.④ 22.② 23.④ 24.④

25 피부가 벌겋고, 쓰리고, 아픈 증세는 몇 도 화상인가?

① 1도 화상　② 2도 화상
③ 3도 화상　④ 4도 화상

26 마그네슘(Mg)의 특성을 설명한 것 중 틀린 것은? ★★★

① 비중이 약 1.74 정도로 실용금속 중 가볍다.
② 구상흑연 주철의 첨가제로 사용된다.
③ 비강도가 Al 합금보다 떨어진다.
④ 항공기, 자동차 부품, 전기기기, 선박, 광학기계, 인쇄제판 등에 사용된다.

> 해설　Mg : 비중이 1.74로 Al의 2.67보다 낮으나 강도는 비슷하므로 비강도가 더 좋다. 알칼리에는 견디나 산이나 열에는 약하다. 바닷물에 대단히 약하다.

27 직류 아크용접에서 정극성의 특징 설명으로 맞는 것은? ★★

① 용접봉의 녹음이 빠르다.
② 주로 박판용접에 쓰인다.
③ 모재의 용입이 깊다.
④ 비드 폭이 넓다.

> 해설　직류 정극성 : DCSP, 모재가 +, 용접봉이 −로 연결된 전원으로 +쪽에서 약 70%가 열이 나므로 모재의 녹음이 많고 용접봉의 녹음은 적어 좁고 깊은 용접이 이루어진다.

28 피복 아크용접에 있어 위빙 운봉 폭은 용접봉 심선 지름의 얼마로 하는 것이 가장 적절한가? ★★

① 약 6~7배　② 약 4~5배
③ 약 2~3배　④ 1배 이하

> 해설　위빙 운봉 폭은 심선 지름의 2~3배로 한다.

29 전기 저항 용접 중 원판상의 롤러 전극 사이에 용접할 2장의 판을 두고 가압, 통전하여 전극을 회전시키며 연속적으로 점용접을 반복하는 용접법은?

① 점(spot) 용접
② 프로젝션(projection) 용접
③ 플래시 벗(flash butt) 용접
④ 심(seam) 용접

> 해설　심용접은 수밀, 기밀이 요구되는 액체와 기체를 넣는 용기를 제작하는데 사용되며, 통전방법에는 단속, 연속, 맥동 통전법이 있다.

30 아크용접 작업에 관한 안전 사항으로서 올바르지 않은 것은? ★★

① 항상 정격 전류에 맞는 전류로 조절할 것
② 전류는 아크를 발생하면서 조절할 것
③ 용접기는 항상 건조되어 있을 것
④ 용접기는 환기가 잘되는 곳에 설치할 것

> 해설　전류를 조절한 후 아크를 발생시켜 용접해야 한다.

31 불활성가스 아크 용접법에 관한 설명으로 틀린 것은?

① 불활성가스 아크용접 용착부는 인성, 강도, 기밀성 및 내열성이 우수하다.
② 금속아크 용접(MIG)은 교류정전압 특성을 이용하므로 스패터가 많다.
③ TIG용접에서 교류를 이용할 때는 고주파의 약전류를 이용하여 아크를 안정한다.
④ 텅스텐 아크 용접시 역극성으로 아르곤 가스를 쓰면 청정작용이 있다.

정답　25.①　26.③　27.③　28.③　29.④　30.②　31.②

32 KS에서 기계제도에 관한 일반 사항 설명으로 틀린 것은? ★★

① 치수는 참고치수, 이론적으로 정확한 치수를 기입할 수도 있다.
② 길이 치수는 특별히 지시가 없는 한 그 대상물의 측정을 3점 측정에 따라 행한 것으로 하여 지시한다.
③ 도형의 크기와 대상물의 크기와의 사이에는 올바른 비례 관계를 보유하도록 그린다. 다만 잘못 볼 염려가 없다고 생각되는 도면은 도면의 일부 또는 전부에 대하여 이 비례 관계는 지키지 않아도 좋다.
④ 기능상의 요구, 호환성, 제작 기술 수준 등을 기본으로 불가결의 경우만 기하공차를 지시한다.

33 탄소강에 Ni이나 Cr 등을 첨가하여 대기 중이나 수 중 또는 산에 잘 견디는 내식성을 부여한 합금강으로 불수강이라고도 하는 것은?

① 탄소 공구강 ② 주강
③ 스테인리스강 ④ 고속도강

해설) 스테인리스강은 12~18% Cr을 함유한 내식성이 아주 강한 강. 불수강이라고도 한다.

34 용접 작업에서 변형교정 방법이 아닌 것은? ★★

① 형재에 대한 직선 수축법
② 롤러에 거는 방법
③ 박(얇은) 판에 대한 점 수축법
④ 노내 풀림법

해설) 노내 풀림법은 응력 제거 열처리 방법이다.

35 아크용접기 몸체에 어스를 시키는 이유는?

① 누전되었을 때 작업자의 안전을 위하여
② 용접기 효율을 높이기 위하여
③ 용접기의 과열을 막기 위하여
④ 용접기에 과잉 전류가 흐르는 것을 막기 위하여

해설) 용접기를 접지시키는 이유는 누전시 감전의 위험을 방지하기 위함이다.

36 다음 도면의 KS 용접기호를 옳게 설명한 것은?

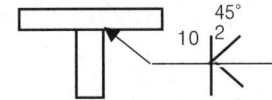

① K형 용접으로 홈의 각도 45°, 루트간격 10mm, 홈의 깊이는 2mm이다.
② H형 용접으로 홈의 각도 45°, 루트간격 2mm, 홈의 깊이는 2mm이다.
③ X형 용접으로 홈의 각도 45°, 루트 반지름 10mm, 홈의 깊이는 2mm이다.
④ 양면개선(K)형 용접으로 홈의 각도 45°, 루트간격 2mm, 홈의 깊이는 10mm이다.

37 오스테나이트계 스테인리스강은 용접시 냉각되면서 고온균열이 발생되는데 주원인이 아닌 것은? ★★★

① 구속력이 가해진 상태에서 용접할 때
② 아크길이가 짧을 때
③ 모재가 오염되어 있을 때
④ 크레이터 처리를 하지 않을 때

해설) 고온균열 발생 원인은 ①, ③, ④ 외에 아크길이가 길 때이다.

정답) 32.② 33.③ 34.④ 35.① 36.④ 37.②

38 플라즈마 아크 절단법에 관한 설명이 틀린 것은? ★★

① 가스절단과 같은 화학반응은 이용하지 않고, 고속의 플라즈마를 사용한다.
② 텅스텐 전극과 수냉 노즐사이에 아크를 발생시키는 것을 비이행형 절단법이라 한다.
③ 알루미늄 등의 경금속에는 작동가스로 아르곤과 수소의 혼합가스가 사용된다.
④ 기체의 원자가 저온에서 음(-)이론으로 분리된 것을 플라즈마라 한다.

해설 기체의 원자가 원자핵과 전자로 분리되어 (+), (-)의 이온상태로 된 것을 플라즈마라 부르며 이것은 고체, 액체, 기체 이외의 제4의 물리 상태이다.

39 맞대기 용접에서 판두께가 대략 6mm 이하의 경우에 사용되는 홈의 형상은? ★★

① I(평)형   ② U형
③ X형   ④ H형

해설 I(평)형은 홈 가공이 쉽고, 루트간격을 좁게 하면 용착 금속의 양도 적어져서 경제적인 면에서는 우수하나 두께가 두꺼워지면 완전용입이 어렵게 된다.

40 가스절단에서 이심형 절단 팁의 장점이 아닌 것은?

① 팁과 모재와의 사이를 크게 할 수 있다.
② 직선 절단에 능률적이다.
③ 전후 좌우 및 곡선 절단에 유리하다.
④ 팁의 손상이 적다.

41 일반적으로 중금속과 경금속을 구분하는 비중은? ★★

① 1.0   ② 3.0
③ 5.0   ④ 7.0

해설 일반적으로 비중이 5.0(4.5) 이상의 중금속, 5.0(4.5) 이하는 경금속이라 한다.

42 가스 실드계의 대표적인 용접봉으로 유기물을 20% ~ 30% 정도 포함하고 있는 용접봉은?

① E4301   ② E4311
③ E4313   ④ E4326

해설 E4311 : 셀룰로스계로 환원성 가스를 많이 발생하는 봉으로 배관 용접에 많이 사용된다.

43 서브머지드 아크용접에 대한 설명으로 틀린 것은?

① 개선각을 작게 하여 용접 패스 수를 줄일 수 있다.
② 용융속도와 용착속도가 빠르며 용입이 깊다.
③ 용착금속의 기계적 성질이 우수하다.
④ 용접시 용착부를 육안으로 식별이 가능하다.

해설 서브머지드 아크용접은 용제 속에서 아크가 발생하므로 육안으로 용착부를 식별할 수 없으며, 아크가 용제에 잠겨 있다 해서 잠호 용접, 또는 불가시 아크용접이라 부르며, 개발회사의 이름을 따서 유니온 멜트 용접이라고도 한다.

44 다음 용접부 검사방법 중에서 비파괴 시험(NDT)에 해당하는 것은? ★★

① 충격 시험   ② 현미경 조직 시험
③ 용접균열 시험   ④ 침투 탐상 시험

해설 ①, ③ : 파괴 시험
② : 금속학적 파괴시험

정답 38.④ 39.① 40.③ 41.③ 42.② 43.④ 44.④

45 Al-Si계 합금으로서 10~14%의 규소(Si)가 함유되어 있으며, 알펙스(alpeax)라고도 부르는 것은?

① 하이드로날륨(hydronalium)
② 두랄루민(duralumin)
③ 실루민(silumin)
④ Y 합금

해설 실루민은 내열용 알루미늄 주조 합금이다.

46 용접에 있어 모든 열적요인 중 가장 영향을 많이 주는 요소는?

① 용접입열   ② 용접 복사열
③ 용접 재료   ④ 주위 온도

해설 용접입열 : 용접부의 가열과 용융을 위해 주어지는 열량으로 사용 모재의 재질, 두께, 형상 등에 따라 적당한 입열이 필요하다.

47 다음 그림 중 A와 같은 투상도를 무엇이라 하는가?

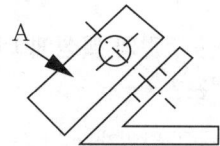

① 국부 투상도   ② 회전 투상도
③ 가상 투상도   ④ 부(보조) 투상도

해설 보조 투상도는 경사진 면을 정투상법으로 투상했을 경우 실질적인 길이나 모양을 알기 어려우므로 경사진 면과 직각으로 투상한 것이다.

48 전기저항용접 중 플래시 용접 과정의 3단계를 순서대로 바르게 나타낸 것은? ★★

① 플래시 → 업셋 → 예열
② 예열 → 업셋 → 플래시
③ 예열 → 플래시 → 업셋
④ 업셋 → 플래시 → 예열

해설 플래시 용접은 플래시 버트 용접이라고도 하며, 예열 후 불꽃이 일어나게 하여 업셋한다.

49 용접부에 오버랩의 결함이 발생했을 때 가장 올바른(적당한) 보수 방법은? ★★★★★

① 결함 부분을 절단한 후 덧붙임 용접을 한다.
② 드릴로 정지 구멍을 뚫고 재용접한다.
③ 결함 부분을 깎아내고 재용접한다.
④ 작은 지름의 용접봉을 사용하여 용접한다.

해설 언더컷 보수 방법 : 지름이 가는 용접봉을 사용하여 재용접하며, 균열의 경우는 균열 양 끝에 작은 드릴 구멍을 뚫고 균열부를 파낸 후 재용접한다.

50 TIG용접에 사용되는 전극봉의 조건으로 틀린 것은?

① 고용융점의 금속
② 전자 방출이 잘되는 금속
③ 전기 저항률이 많은 금속
④ 열 전도성이 좋은 금속

해설 TIG 용접용 전극으로 전기 저항이 많으면 전극의 발열이 높아져 전극 소손이 높아진다.

51 인장강도가 750MPa인 용접 구조물의 안전률은? (단, 허용응력은 200MPa이다.) ★★

① 3.75   ② 5.25
③ 8.12   ④ 12.04

해설 안전율 $S = \dfrac{극한강도}{허용응력}$ ∴ $\dfrac{750}{200} = 3.75$

정답 45.③ 46.① 47.④ 48.③ 49.③ 50.③ 51.①

52 용접입열이 일정한 경우에는 열전도율이 큰 것일수록 냉각속도가 빠른데 다음 금속 중 열전도율이 가장 높은 것은?

① 구리(Cu) ② 납(Pb)
③ 연강   ④ 스테인리스강

해설) 금속의 열전도율이 큰 순서 : Ag(은) > Cu(구리, 동) > Au(금) > Al(알루미늄) 스테인리스강은 철보다도 더 느리고 선팽창계수는 철보다 50% 더 크므로 변형이 심하다.

53 다음 중 MIG 용접에서 사용하는 와이어 송급 방식이 아닌 것은? ★★★★

① 푸시 언더(push-under) 방식
② 푸시(push) 방식
③ 풀(pull) 방식
④ 푸시 풀(push-pull) 방식

해설) 와이어 송급 방식 : ②, ③, ④ 외에 더블 푸시 풀 방식이 있다.

54 다음 겨냥도의 화살표 방향의 투상도로 가장 적합한 것은?

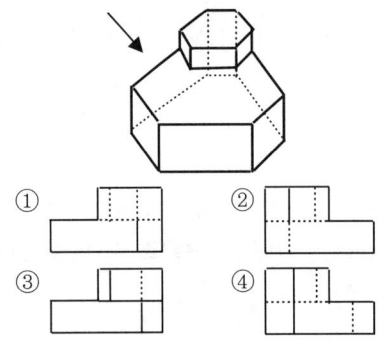

55 다음 중 탄소강에서의 잔류응력 제거 방법으로 가장 적절한 것은?

① 재료를 앞뒤로 반복하여 굽힌다.
② 재료를 일정 온도에서 일정 시간 유지 후 서냉시킨다.
③ 재료의 취약부분에 드릴로 구멍을 낸다.
④ 일정한 온도로 금속을 가열한 후 기름에 급랭시킨다.

56 다음 정투상법에 관한 설명으로 올바른 것은?

① 제1각법에서는 정면도의 왼쪽에 평면도를 배치한다.
② 제3각법에서는 평면도의 왼쪽에 우측면도를 배치한다.
③ 제1각법에서는 정면도의 밑에 평면도를 배치한다.
④ 제3각법에서는 평면도의 위쪽에 정면도를 배치한다.

해설) 1각법은 정면도를 기준으로 좌측면도는 정면도 우측에, 우측면도는 정면도 좌측에 나타내며, 3각법의 경우 정면도를 기준으로 우측면도는 정면도 우측에, 평면도는 정면도 위에 나타낸다.

57 일반적인 주강의 특성에 대한 설명으로 틀린 것은? ★★

① 주강품은 압연재나 단조품과 같은 수준의 기계적 성질을 가지고 있다.
② 주철에 비하여 용융점이 1600℃ 전후의 고온이며, 수축률도 적기 때문에 주조하는데 어려움이 없다.
③ 주철에 비하여 기계적 성질이 월등하게 좋다.
④ 용접에 의한 보수가 용이하다.

해설) 주강은 용융점이 높아 주조하기가 힘든 단점이 있다.

정답) 52.① 53.① 54.④ 55.② 56.③ 57.②

58 다음 중 Al, Cu, Mn, Mg을 주성분으로 하는 알루미늄 합금은? ★★

① 로우엑스   ② 듀랄루민
③ Y합금   ④ 실루민

해설 듀랄루민은 기본 조성은 Al 95, Cu 4, Mg 0.5, Si 0.4%로 항공기용 구조재로 사용된다.

59 Ni-Cu계 합금에서 60~70% Ni 합금은? ★★

① 알민(almin)
② 어드밴스(advance)
③ 모넬메탈(monel-metal)
④ 콘스탄탄(constantan)

해설 Ni-Cu 합금으로 내식성이 크고, 인장 강도가 연강에 비해서 낮지 않으므로 봉, 선, 단조물, 터빈 블레이드, 밸브 및 밸브 시트, 화학 공업용 용기 등으로 많이 사용된다.

60 그림과 같은 용접 기호에서 "Z3"의 설명으로 옳은 것은?

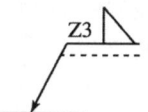

① 필릿용접부의 목두께가 3mm이다.
② 필릿용접부의 다리 길이가 3mm이다.
③ 용접을 3mm 간격으로 하라는 표시이다.
④ 용접을 위쪽으로 3군데 하라는 표시이다.

해설 필릿용접 기호 왼쪽에 a나 z와 숫자가 있는 경우 a3 는 목두께 3mm, z3은 다리길이(목길이, 각장) mm를 의미한다.

정답 58.② 59.③ 60.②

제2회 피복아크용접기능사 CBT 기출복원 문제

• 기출복원 문제란?
CBT시행에 따라 저자께서 수검자들의 도움으로 최대한 유형에 가깝게 복원한 문제입니다.

01 아크 용접시 광선에 의하여 초기에 인체에 일어나기 쉬운 질병은 다음 중 어느 것인가?

① 광선관계로 수정체에 자극을 주어 근시가 된다.
② 강렬한 광선 때문에 시신경이 피로해져서 맹인이 된다.
③ 자외선 때문에 각막과 망막에 자극을 주어 결막염을 일으킨다.
④ 강렬한 가시광선 때문에 수정체에 영향을 주어 난시가 된다.

02 가스절단에 사용되는 가연성 가스의 구비조건 중 틀린 것은?

① 불꽃의 온도가 높을 것
② 발열량이 클 것
③ 연소속도가 느릴 것
④ 용융금속과 화학반응이 일어나지 않을 것

해설 가연성 가스는 불꽃 온도가 높고, 발열량이 많으며, 연소 속도가 빠른 것이 좋다.

03 피복 아크 용접 케이블에서 지름이 0.2~0.5mm의 구리선을 수백 내지 수천선 꼬아서 튼튼한 종이로 감고 그 위에 고무피복을 한 것은?

① 1차 케이블 전선
② 접지 클램프 전선
③ 캡 타이어 전선
④ 케이블 커넥터 전선

04 펄라이트 바탕에 흑연이 미세하고 고르게 분포되어 있으며, 내마멸성이 요구되는 피스톤 링 등 자동차 부품에 많이 쓰이는 주철은?

① 미하나이트 주철 ② 구상 흑연주철
③ 고합금 주철   ④ 가단주철

해설 미하나이트 주철 : Fe-Si, Ca-Si로 접종처리하여 흑연을 미세화하여 강도를 높인 주철로, 고강도, 내마멸, 내열, 내식성이 높은 주철로 내연기관 실린더, 피스톤 링 등에 사용한다.

05 18-8 스테인리스강에서 18-8이 의미하는 것은 무엇인가?

① 몰리브덴이 18%, 크롬이 8% 함유 되어 있다.
② 크롬이 18%, 몰리브덴이 8% 함유 되어 있다.
③ 크롬이 18%, 니켈이 8% 함유 되어 있다.
④ 니켈이 18%, 크롬이 8% 함유 되어 있다.

해설 스테인리스강의 종류와 특성
① 페라이트계 : 12~17% Cr 정도 함유, 열처리 경화 가능. 자성체이다.
② 마텐사이트계 : 13% Cr, 18% Cr 강. 용접성이 취약하여 용접 후 열처리를 해야 한다. 자성체이다.
③ 오스테나이트계 : 18% Cr-8% Ni 내식성이

정답 01.③ 02.③ 03.③ 04.① 05.③

가장 우수하며, 가공성이 좋고, 용접성 우수, 열처리 불필요. 염산, 황산에 취약, 결정입계부식 발생하기 쉽다. 비자성체이다.

06 주로 전자기 재료로 사용되는 Ni-Fe 합금에 해당하지 않는 것은? ★★

① 슈퍼인바 ② 엘린바
③ 스텔라이트 ④ 퍼멀로이

해설 니켈(Ni)-철(Fe)계 합금
① 인바 : Fe-Ni36%, 선팽창계수가 적다, 줄자, 표준자, 시계의 추에 이용
② 엘린바 : Fe-Ni36%-Cr12%, 탄성률이 불변, 시계의 스프링, 정밀계측기부품
③ 플래티나이트 : Fe-Ni44~48%, 선팽창계수가 유리, 백금과 비슷하다. 전구나 진공관의 도입선에 이용
④ 초인바(초불변강) : 인바보다 선팽창계수가 더 적다.
⑤ 코엘린바 : 스프링, 태엽, 기상 관측용 재료에 사용

07 이음 홈 형상 중에서 동일한 판두께에 대하여 가장 변형이 적게 설계된 것은?

① 정방(I)형 ② 단면 V형
③ 단면 U형 ④ 양면 V(X)형

해설 X형 홈은 양쪽에서 용접을 할 수 있으므로 변형이 가장 적다.

08 산소용기의 취급상 주의할 점이 아닌 것은?

① 운반 중에 충격을 주지 말 것
② 그늘진 곳을 피하여 직사광선이 드는 곳에 둘 것
③ 산소 누설시험에는 비눗물을 사용할 것
④ 밸브의 개폐는 천천히 할 것

해설 산소 용기 취급시 주의사항
① 산소병은 40℃ 이하로 유지한다.
② 충격을 주지 않으며, 밸브 동결 시 온수나 증기를 사용하여 녹인다.
③ 누설 검사는 비눗물을 이용한다.
④ 화기가 있는 곳이나 직사광선의 장소를 피한다.

09 구멍의 표시방법에서 리벳 구멍 치수 기입이 '13-20드릴'로 표시되었을 때 올바른 해독은? ★★

① 리벳의 피치는 20mm
② 드릴 구멍의 총수는 13개
③ 드릴 구멍의 피치는 20mm
④ 드릴 구멍의 피치 길이의 합은 23×24mm

해설 13 : 구멍의 갯수, 20 : 드릴의 지름

10 고장력강용 피복아크용접봉의 특징 설명으로 틀린 것은?

① 인장강도가 50kgf/mm² 이상이다.
② 재료 취급 및 가공이 어렵다.
③ 동일한 강도에서 판두께를 얇게 할 수 있다.
④ 소요 강재의 중량을 경감시킨다.

해설 고장력강의 용접
① 고장력강은 인장강도 50kg/mm² 이상의 강도를 갖는 것을 말한다.
② 용접봉은 저수소계를 사용하며 300~350℃로 1~2시간 정도 건조하여 사용해야 된다.
③ 아크길이는 짧게 유지, 위빙폭을 작게, 엔드탭 사용

11 투상도법에서 원근감을 갖도록 나타낸 그림을 무엇이라 하는가?

① 정투상도 ② 사투상도
③ 투시도 ④ 등각 투상도

정답 06.③ 07.④ 08.② 09.② 10.② 11.③

12 아크용접에서 피복제의 역할로서 옳지 않은 것은? ★★

① 용착금속의 급랭 방지
② 용착금속의 탈산정련작용
③ 전기 절연 작용
④ 스패터의 다량 생성 작용

해설 피복제의 역할
① 아크를 안정시키며, 산화, 질화를 방지한다.
② 전기절연 작용, 용착금속의 탈산 정련작용
③ 용착효율 향상
④ 용착금속에 합금원소 첨가

13 아크 절단에 비해 산소-아세틸렌 가스 절단의 단점이 아닌 것은?

① 열효율이 낮다.
② 폭발할 위험이 있다.
③ 가열시간이 오래 걸린다.
④ 가스불꽃의 조절이 어렵다.

해설 가스절단의 단점
① 폭발 화재 위험이 크고, 탄화 및 산화 우려가 있다.
② 열영향부가 넓어서 가열시간이 오래 걸리고, 용접 후 변형이 심하다.
③ 불꽃 온도가 낮아서 용접속도 늦고, 기계적 강도가 낮고, 신뢰성이 적다.

14 금속아크 절단에 관한 설명으로 틀린 것은?

① 보통 피복봉을 사용한다.
② 피복제는 발열량이 많고 산화성이 풍부한 것이 좋다.
③ 전원은 직류 역극성이 적합하며 교류도 가능하다.
④ 심선 및 피복제의 용융물은 유동성이 좋아야 한다.

해설
1. 탄소아크절단 : 직류 정극성(DCSP)
2. 금속아크절단, 산소아크절단 :: 직류 정극성 또는 교류(AC)
3. TIG절단 : 직류 정극성
4. MIG 절단 : 직류 역극성(DCRP)
5. 아크에어가우징 : 직류 역극성이 많이 사용, 교류나 직류 정극성도 이용됨

15 탄소강에서 망간의 영향을 설명한 것으로 틀린 것은?

① 강의 점성을 감소시킨다.
② 주조성을 좋게 하며 S의 해를 감소시킨다.
③ 강의 담금질 효과를 증대시켜 경화능이 커진다.
④ 고온에서 결정립 성장을 억제 시킨다.

해설 망간(Mn) : 강도, 경도, 인성 증가, 유동성 향상, 탈산제로 쓰이며, MnS가 되어 황의 해를 감소시킨다.

16 열적 핀치 효과와 자기적 핀치 효과를 이용하는 용접은?

① 초음파 용접   ② 고주파 용접
③ 레이저 용접   ④ 플라즈마아크용접

해설 플라즈마 아크용접 : 열적핀치효과와 자기적 핀치효과가 있으며, 10000~30000℃의 고온 플라즈마를 분출시켜 작업하는 방법

17 피복 아크 용접봉의 홀더에 관한 설명으로 옳지 않은 것은?

① 홀더는 가죽 장갑을 끼고도 홀더를 잡고 작업할 수 없을 정도로 과열되어서는 안된다
② B형 홀더는 손잡이 부분 외에는 전기적으로 절연되지 않고 노출된 것이다.

정답 12.④ 13.④ 14.③ 15.① 16.④ 17.④

③ A형 홀더는 손잡이 부분 외에는 절연체로 싸놓은 것이다.
④ 절연체로 감싼 안전형 홀더는 무게가 가벼워 좋다.

18 보기 도면의 드릴가공에 대한 설명으로 올바른 것은?

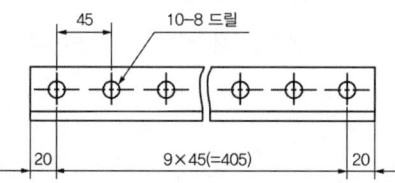

① 형강 양단에서 20mm 띄운 후 405mm 의 사이에 45mm 피치로 지름 8mm 의 구멍을 10개 뚫는다.
② 형강 양단에서 20mm 띄어서 45mm의 피치로 지름 8mm, 깊이 10mm, 구멍을 9개 뚫는다.
③ 형강 양단에서 20mm 띄어서 9mm의 피치로 지름 8mm, 깊이 10mm의 45개 뚫는다.
④ 형강 양단에서 20mm 띄어서 좌단은 다시 45mm 띄어서 9mm의 피치로 405mm의 사이에 지름 8mm, 깊이 10mm의 구멍을 45개 뚫는다.

19 다음 중 화염경화 처리의 특징과 가장 거리가 먼 것은?

① 설비비가 싸다.
② 가열온도의 조절이 쉽다.
③ 담금질 변형이 적다.
④ 부품의 크기나 형상에 제한이 없다.

해설 화염 경화법 : 재료의 조성에 변화가 일어나지 않고 요구되는 표면만을 경화하는 방법. 부품의 크기나 형상에 제한이 없고 설비비가 저렴하나, 가열온도의 조절이 어렵다.

20 아크용접기는 용접 작업에 적당하도록 어떠한 원리로 제작되어 있는가?

① 고전압 작은 전류가 흐른다.
② 저전압, 대전류가 흐른다.
③ 고전압, 대전류가 흐른다.
④ 저전압, 작은 전류가 흐른다.

해설 아크용접기는 저전압, 대전류가 흐른다.

21 일렉트로 가스 아크용접에 주로 사용되는 가스(실드 가스)는? ★★★

① Ar가스   ② He가스
③ H_2가스   ④ CO_2가스

해설 일렉트로 가스 용접의 특징 : 두께 40~50 mm 용접에 적당하나, 용접 금속의 인성이 떨어진다.

22 다음 중 스테인리스 클래드강 용접 등 이종재 용접시 발생될 수 있는 문제점과 가장 거리가 먼 것은?

① 용접 경계부의 연성 저하
② 합금원소의 HAZ 입계 침투
③ 용입량에 의한 내식성 저하
④ 재열균열 등 용접균열이 발생

23 아크쏠림에 관한 설명 중 틀린 것은?

① 직류에서 맨 용접봉 사용시 특히 심하다.
② 용접전류에 의한 아크 주위에 발생하는 자장이 용접봉에 대해 비대칭이므로 일어나는 현상이다.
③ 자기불림이라고도 한다.
④ 교류용접에서 맨 용접봉을 사용시 일어난다.

정답 18.① 19.② 20.② 21.④ 22.② 23.④

24 공작물을 1:5의 척도로 그리려고 하는데 실제길이는 50mm이다. 도면에 공작물의 길이를 얼마의 크기로 그려야 하는가?

① 10mm ② 25mm
③ 50mm ④ 100mm

해설 공작물의 척도가 1:5이고 실제길이가 50mm이면 50에 $\frac{1}{5}$인 10mm로 그리고 치수기입은 50으로 한다.

25 다음 중 아크가 길어질 때 발생하는 현상이 아닌 것은?

① 아크가 불안정하게 된다.
② 스패터가 심해진다.
③ 발열량이 감소한다.
④ 산화 및 질화가 일어난다.

26 고장력강용 피복 아크용접봉의 사용목적으로 맞지 않는 것은?

① 구조물의 무게 경감
② 용접공수의 절감 및 내식성 향상
③ 재료의 절약
④ 비드 안정 및 슬래그 제거가 용이

27 조직에 따른 구상흑연 주철의 분류가 아닌 것은?

① 페라이트형 ② 펄라이트형
③ 오스테나이트형 ④ 시멘타이트형

해설 구상 흑연 주철의 조직 : 페라이트형, 펄라이트형, 시멘타이트형이 있다.

28 가스절단기 및 토치의 취급상 주의사항으로 틀린 것은?

① 가스가 분출되는 상태로 토치를 방치하지 않는다.
② 토치의 작동이 불량할 때는 분해하여 기름을 발라야 한다.
③ 점화가 불량할 때에는 고장을 수리 점검 한 후 사용한다.
④ 조정용 나사를 너무 세게 조이지 않는다.

해설 토치에 기름을 바를 경우에는 화재 및 폭발의 위험이 있다.

29 피복금속 아크용접봉의 전류밀도는 통상적으로 $1mm^2$ 단면적에 약 몇 A의 전류가 적당한가?

① 10~13 ② 15~20
③ 20~25 ④ 25~30

30 다음 중 판금 전개도법의 종류가 아닌 것은?

① 삼각형법 ② 상관선법
③ 방사선법 ④ 평행선법

31 위빙 비드에 대한 설명에 해당되지 않는 것은?

① 박판용접 및 홈용접의 이면비드 형성시 사용한다.
② 위빙 운봉폭은 심선지름의 2~3배로 한다.
③ 크레이터 발생과 언더컷 발생이 생길 염려가 있다.
④ 용접봉은 용접진행방향으로 70~80°, 좌우에 대하여 90°가 되게 한다.

해설 박판용접 및 홈용접의 이면비드 형성시에는 직선 비드를 사용하는 경우가 많다.

정답 24.③ 25.③ 26.④ 27.③ 28.② 29.① 30.② 31.①

32 서브머지드 아크용접에서 용제의 구비 조건에 대한 설명으로 틀린 것은?

① 적당한 입도를 갖고 아크 보호성이 우수할 것
② 적당한 합금성분으로 탈황, 탈산 등의 정련작용을 할 것
③ 아크 발생을 안정시켜 안정된 용접을 할 수 있을 것
④ 용접 후 슬래그의 박리가 어려울 것

해설 서브머지드 아크용접 용제의 구비조건
① 적당한 합금성분으로 탈황, 탈산 등의 정련작용을 할 것
② 아크 발생을 안정시켜 안정된 용접을 할 수 있을 것
③ 적당한 입도를 갖고 아크 보호성이 우수할 것

33 면심입방격자(FCC)에 속하는 금속이 아닌 것은?

① Cr   ② Cu
③ Pb   ④ Ni

해설 면심입방격자(FCC)
① 전연성이 크고, 가공성 우수, 전기전도도 우수
② 종류 : γ-Fe, Au, Ag, Cu, Ni, Al, Pb, Pt

34 용접기의 전원 스위치를 넣기 전 점검사항 중 가장 관계가 먼 것은?

① 용접기의 케이스에 접지선이 연결되어 있는지 점검한다.
② 회전부나 마찰부에 윤활유가 알맞게 주유되어 있는지 점검한다.
③ 케이블이 손상된 곳은 은박 테이프로 감아 보호를 하여 사용한다.
④ 홀더의 파손여부를 점검하고, 작업장 주위의 작업위험 요소가 없는지 확인한다.

해설 은박 테이프는 전기가 통하므로 케이블이 손상된 곳은 은박테이프로 감아 보호하면 안된다.

35 금속 표면에 스텔라이트나 경합금 등의 금속을 용착시켜 표면 경화층을 만드는 법은? ★★★

① 하드 페이싱   ② 고주파 경화법
③ 숏 피닝   ④ 화염 경화법

해설 ① : 내마모 육성용접을 의미하며 스텔라이트 등 내마모성이 큰 재료를 다른 금속의 표면에 덧쌓기하여 표면의 경도를 높이는 작업

36 파이프의 접속 표시를 나타낸 것이다. 관이 접속하지 않을 때의 상태는 어느 것인가?

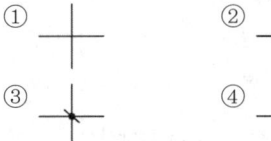

37 사람의 몸에 얼마 이상의 전류가 흐르면 순간적으로 사망할 위험이 있는가?

① 10 mA   ② 20 mA
③ 30 mA   ④ 50 mA

해설 1mA : 감전을 조금 느낄 정도, 5mA : 상당히 아픔, 20mA : 근육의 수축, 피해자가 회로에서 떨어지기 힘듦, 50mA : 상당히 위험(심장마비 발생 가능성 높다.)

38 용접부에서의 부식의 원인은 무엇인가?

① 열에 의한 응력집중 때문이다.
② 탄소 함유량의 변화 때문이다.
③ 용접부 강도가 크고 취성이 높기 때문이다.

정답 32.④ 33.① 34.③ 35.① 36.① 37.④ 38.①

④ 용접부가 열을 받았기 때문이다.

39 용융점이 낮고 주조성 및 기계적 성질도 우수하므로 대부분 다이캐스팅용이나 금형 주물용으로 사용되는 합금은?

① 납합금　　② 아연합금
③ 주석합금　④ 금합금

해설 아연과 아연합금
① 비중 7.13, 용융점 419℃
② 대기 중에 습기가 이산화탄소 작용을 받아 표면에 염기성 탄산염의 얇은 막이 생기므로 내부를 보호한다.

40 용접부의 시험법 중 비파괴 시험법에 해당하는 것은? ★★

① 경도시험　② 누설시험
③ 부식시험　④ 피로시험

해설 비파괴 시험 종류 : RT(방사선 투과시험), UT(초음파 탐상시험), PT(침투 탐상시험), MT(자분 탐상시험), ET(와류 탐상 시험), LT(누설 시험), VT(육안 시험)

41 피복 금속 아크용접봉의 내균열성이 좋은 정도는?

① 피복제의 염기성이 높을수록 양호하다.
② 피복제의 산성이 높을수록 양호하다.
③ 피복제의 산성이 낮을수록 양호하다.
④ 피복제의 염기성이 낮을수록 양호하다.

해설 염기성이 높은 피복제가 내균열성이 좋다.

42 용접을 크게 분류할 때 융접에 해당 되지 않는 것은?

① 테르밋 용접

② 일렉트로 슬래그 용접
③ 전자 빔 용접
④ 초음파 용접

해설 초음파용접만 압접에 속한다.

43 굵은 실선 또는 가는 실선을 사용하는 선에 해당하지 않는 것은?

① 외형선　② 파단선
③ 절단선　④ 치수선

해설 절단선은 1점 가는 쇄선을 사용한다.

44 볼트나 환봉 등을 피스톨형의 홀더에 끼우고 모재와 환봉사이에 순간적으로 아크를 발생시켜 용접하는 방법은? ★★★

① 전자 빔 용접　② 스터드 용접
③ 폭발 용접　　　④ 원자수소 용접

해설 스터드 용접 : 심기 용접, 볼트, 환봉 핀 등과 같은 금속 스터드와 모재 사이에 발생한 아크열로 모재 표면을 가열한 후, 스터드 압력을 작용하여 용융 압착하는 아크용접법

45 내열성 알루미늄 합금으로 실린더 헤드, 피스톤 등에 사용되는 것은?

① 알민　　　　　② Y합금
③ 하이드로날륨　④ 알드레이

해설 Y합금 : Al-Cu-Ni-Mg 합금, 실린더 헤드, 피스톤 등에 사용

46 불활성 가스 텅스텐 아크용접에서 불활성 가스로 사용 되는 것은?

① 프로판　② 수소
③ 아르곤　④ 아세틸렌

정답　39.②　40.②　41.①　42.④　43.③　44.②　45.②　46.③

해설 불활성 가스는 다른 가스와 반응하지 않는 가스로 아르곤, 헬륨, 네온, 크립톤, 크세논 등이 있다.

47 용접부의 균열 중 모재의 재질결함으로써 강괴일 때 기포가 압연되어 생기는 것으로 설퍼 밴드와 같은 층상으로 편재해 있어 강재내부에 노치를 형성하는 균열은?

① 라미네이션 균열
② 루트 균열
③ 응력 제거 풀림 균열
④ 크레이터 균열

해설 라미네이션 균열 : 용접부의 균열 중 모재의 재질결함으로써 강괴일 때 기포가 압연되어 생기는 것으로 설퍼 밴드와 같은 층상으로 편재해 있어 강재내부에 노치를 형성하는 균열 모재의 재질 결함

48 보기와 같은 KS 용접기호의 설명으로 틀린 것은?

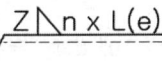

① z : 용접부 다리 길이
② n : 용접부의 개수
③ L : 용접부의 길이
④ e : 용입 바닥까지의 최소 거리

해설 Z : 용접 목두께, n : 용접 수, L : 용접 길이, e : 용접피치

49 용접작업시 아크가 길어지면 발생하는 현상에 해당되지 않는 것은?

① 오버랩이 생긴다.
② 용착금속의 성질이 나빠진다.

③ 아크가 불안정하게 된다.
④ 스패터가 심해진다.

50 용접봉의 각도와 크기가 좌우되지 않는 것은?

① 모재의 두께   ② 전류의 크기
③ 모재의 재질   ④ 용접봉의 크기

51 이산화탄소 가스 아크용접의 결함에서 아크가 불안정할 때의 원인으로 틀린 것은?

① 팁이 마모되어 있다.
② 와이어 송급이 불안정하다.
③ 팁과 모재간 거리가 길다.
④ 이음 형상이 나쁘다.

해설 이산화탄소 가스 아크용접은 아크 불안정의 원인으로 이음형상이 나쁜 것은 상관관계가 없다.

52 아래보기 단면 V형 맞대기 용접이음의 판두께 9mm, 봉지름 4.0mm로서 용접할 때 전류는?(단 루트간격은 1.5mm)

① 60 ~ 100A   ② 80 ~ 120A
③ 120 - 160A   ④ 140 - 180A

해설 용접전류는 모재 두께나, 이음의 형상 등에 따라 달라지나, 일반적으로 봉의 지름을 기준으로 ②는 지름 3.2mm 봉에 적용된다.

53 Mg-Al-Zn(Mg-Al에 소량의 Zn과 Mn을 첨가한) 합금으로 내연기관의 피스톤 등에 사용되는 것은? ★★

① 실루민   ② 두랄루민
③ Y-합금   ④ 엘렉트론

해설 일렉트론(엘렉트론) : Mg-Al-Zn 합금, 내연기관의 피스톤에 사용

정답 47.① 48.④ 49.② 50.③ 51.④ 52.③ 53.④

54 피복 아크용접봉에서 피복제의 역할 중 틀린 것은? ★★★★

① 중성 또는 환원성 분위기로 용착금속을 보호한다.
② 용착금속의 급랭을 방지한다.
③ 모재 표면의 산화물을 제거한다.
④ 용착금속의 탈산 정련 작용을 방지한다.

해설 피복제의 역할 : 아크 안정, 산화, 질화 방지, 전기 절연작용, 용착금속의 탈산정련작용, 용착금속에 합금원소 첨가, 슬래그 제거를 쉽게 하고, 파형이 고운 비드 형성, 급랭으로 인한 취성방지, 용융금속의 용적 미세화 용착효율 향상

55 용접기의 규격 AW 500의 설명 중 맞는 것은?

① AW은 직류 아크용접기라는 뜻이다.
② 500은 정격 2차 전류의 값이다.
③ AW은 용접기의 사용률을 말한다.
④ 500은 용접기의 무부하 전압 값이다.

해설 AW 500 : 500은 정격 2차 전류 값이다.

56 지름이 5cm인 원기둥을 전개했을 때의 원둘레의 길이는 얼마인가?

① 157mm   ② 187mm
③ 1570mm ④ 15.7mm

57 응급처치의 3대 요소가 아닌 것은? ★★

① 상처보호   ② 쇼크방지
③ 기도유지   ④ 응급후송

해설 응급처치 구명 4단계
• 지혈 → 기도확보, 심박동 유지 → 쇼크방지, 처치 → 상처보호, 투약
• 응급후송은 응급 처치 후에 실시한다.

58 스터드 용접에서 페롤의 역할이 아닌 것은?

① 용융금속의 탈산방지
② 용융금속의 유출방지
③ 용착부의 오염방지
④ 용접사의 눈을 아크로부터 보호

해설 페롤의 역할 : 용융금속의 유출 및 산화 방지, 용접부 오염 방지

59 구리(Cu)의 성질을 설명한 것으로 틀린 것은?

① 전기 및 열의 전도성이 우수하다.
② 비중이 철(Fe)보다 작고 아름다운 광택을 갖고 있다.
③ 전연성이 좋아 가공이 용이하다.
④ 화학적 저항력이 커서 부식되지 않는다.

해설 구리의 성질
① 비중 8.96, 용융점 1083℃, 변태점이 없다.
② 전성, 연성이 우수하고, 가공이 용이하다.
③ 황산, 염산에 용해, 습기, 탄산가스, 해수에 녹이 발생한다.

60 도면을 용도에 따른 분류와 내용에 따른 분류로 구분할 때 다음 중 내용에 따라 분류한 도면인 것은?

① 제작도   ② 주문도
③ 견적도   ④ 부품도

해설
• 도면을 내용에 따라 분류 : 조립도, ④, 기초도, 배치도, 배근도, 장치도, 스케치도
• 용도에 따라 분류 : 계획도, 제작도, 주문도, 승인도, 견적도, 설명도

정답 54.④ 55.② 56.① 57.④ 58.① 59.② 60.④

제2회 이산화탄소가스아크용접기능사/가스텅스텐아크용접기능사 CBT 기출복원문제

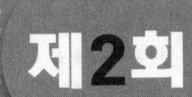

• 기출복원 문제란?
CBT시행에 따라 저자께서 수검자들의 도움으로 최대한 유형에 가깝게 복원한 문제입니다.

01 홀더 선이나 어스선의 접속이 불량하면 어떠한 해가 있는가?

① 발열로 케이블 접속부가 고장난다.
② 전격의 위험과는 관계 없다.
③ 발열량이 높아져 용접이 잘된다.
④ 아크 안정도와 관계가 적다.

02 용접 시공상 가장 균열이 발생하기 쉬운 경우는?

① 구속력이 작을 때
② 운봉각도가 부적당할 때
③ 냉각속도가 느릴 때
④ 용접전류가 클 때

해설 용접 중 균열의 원인은 구속력이 크거나, 냉각속도가 빠를 때, 전류가 과대할 때이다.

03 3~4% Ni, 1% Si를 첨가한 구리합금으로 강도와 전기 전도율이 좋은 것은?

① 켈밋   ② 암즈 브론즈
③ 네이벌 황동   ④ 코슨 합금

해설 콜슨 합금(코로손합금) : Cu + Ni + Si 인장강도와 도전율이 높아 통신선, 전선용으로 많이 사용한다.

04 이산화탄산 가스 아크(CO_2) 용접시 작업장의 CO_2 가스가 몇 % 이상이면 인체에 위험한 상태가 되는가? ★★

① 4%   ② 10%
③ 15%   ④ 30%

해설 농도가 3~4% : 두통, 뇌빈혈 농도가 15% 이상 : 위험상태, 농도가 30% 이상 : 극히 위험

05 안전을 위하여 가죽장갑을 사용할 수 있는 작업은? ★★

① 용접 작업   ② 선반 작업
③ 드릴링 작업 ④ 밀링 작업

06 스케치할 물체를 직접 종이에 대고 그리는 방법은?

① 프리핸드법   ② 프린트법
③ 본(모양) 뜨기법 ④ 사진 촬영법

해설 본뜨기법 : 불규칙한 곡선 등을 연한 납선 등으로 둘레를 만든 후 그 납선을 종이에 대고 그리는 방법

07 2차 무부하 전압이 80V, 아크전류가 200A, 아크전압 30V, 내부손실 3KW일 때 역률(%)은?

① 48.00%   ② 56.25%
③ 60.00%   ④ 66.67%

해설
$$역률 = \frac{소비전력 kW}{전원입력 kVA}$$
$$= \frac{아크전력 + 내부손실}{2차무부하전압 \times 아크전류} \times 100$$
$$= \frac{(30 \times 200) + 3000}{80 \times 200} \times 100 = 56.25\%$$

정답 01.① 02.④ 03.④ 04.③ 05.① 06.③ 07.②

08 피복 아크용접에서 직류 정극성(DCSP)을 사용하는 경우 모재와 용접봉의 열 분배율은?

① 모재 70%, 용접봉 30%
② 모재 30%, 용접봉 70%
③ 모재 60%, 용접봉 40%
④ 모재 40%, 용접봉 60%

해설 직류 정극성은 용접봉(−) : 30%, 모재(+) : 70%로 모재 용입이 깊고 용접봉의 녹음이 느리며, 비드 폭이 좁아 일반적으로 많이 사용된다.

09 KS규격의 SM45C에 대한 설명으로 옳은 것은?

① 인장강도가 45kgf/mm² 의 용접 구조용 탄소 강재
② Cr을 42~48% 함유한 특수 강재
③ 인장강도 40~50kgf/mm² 의 압연 강재
④ 화학성분에서 탄소함유량이 0.42~0.48%인 기계 구조용 탄소 강재

10 불활성가스 금속 아크용접에 관한 설명으로 틀린 것은? ★★

① TIG용접에 비해 전류밀도가 높아 용융 속도가 빠르다
② CO_2용접에 비해 스패터 발생이 적어 비교적 아름답고 깨끗한 비드를 얻을 수 있다
③ 바람의 영향을 받지 않으므로 방풍대책이 필요없다.
④ 피복아크용접에 비해 용착효율이 높아 고능률적이다

해설 바람이 부는 옥외에서는 보호 가스가 제대로 역할을 하지 못하므로 바람막이를 사용해야 한다.

11 아크용접 작업 중 인체에 감전된 전류가 20~50mA일 때 인체에 미치는 영향으로 옳은 것은? ★★★

① 고통을 느끼고 강한 근육 수축이 일어나며 호흡이 곤란하다
② 순간적으로 사망할 위험이 있다.
③ 고통을 수반한 쇼크를 느낀다.
④ 고통을 느끼고 가까운 근육이 저려서 움직이지 않는다.

해설
• 1mA : 감전을 조금 느낄 정도
• 5mA : 상당히 아픔
• 20mA : 근육의 수축, 호흡곤란, 피해자가 스스로(자력으로) 회로에서 떨어지기 힘듬.

12 보기와 같이 제3각법으로 그린 정투상도의 입체도로 적합한 것은?

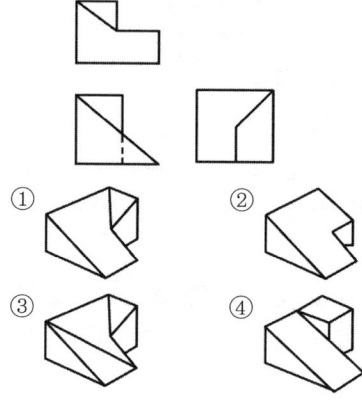

13 피복 아크 용접시 스패터에 의해 녹은 금속 입자가 튀어나오므로 용접 작업자의 얼굴이나 머리를 보호하기 위한 보호구는?

① 얼굴 덮개   ② 앞치마
③ 장갑   ④ 용접 핸드실드

정답 08.① 09.④ 10.③ 11.① 12.① 13.④

14 교류 아크용접기의 부속 장치에 해당되지 않는 것은? ★★

① 고주파 발생장치 ② 자기제어 장치
③ 전격방지 장치   ④ 원격제어 장치

해설 교류 아크용접기 부속장치에는 전격방지장치, 원격제어장치, 핫 스타트장치, 고주파 발생 장치 등이 있다

15 마그네슘의 성질에 대한 설명 중 잘못된 것은? ★★

① 비중이 1.74이다.
② 비강도가 A(알루미늄)합금보다 우수하다.
③ 면심입방격자이며 냉간가공이 가능하다.
④ 구상흑연 주철의 첨가제로 사용한다.

해설 조밀 육방 격자
① 전연성이 적고, 가공서이 나쁨
② 원자 수는 4개이며, 배위수는 12, 충진률은 74
③ 종류 : Mg, Ti, Zn, Zr, Be, Cd 등

16 다음 중 서브머지드 아크용접에 사용되는 용제에 관한 설명으로 틀린 것은?

① 소결형 용제는 페로 실리콘, 페로 망간 등의 의해 강력한 탈산 작용이 된다.
② 용융형 용제는 거친 입자의 것일수록 높은 전류에 사용해야 한다.
③ 소결형 용제는 용융형 용제에 비하여 용제의 소모량이 적다.
④ 용제는 용접부를 대기로부터 보호하면서 아크를 안정시키고, 야금 반응에 의하여 용착 금속의 재질 을 개선하기 위해 사용한다.

해설 용융형 용제는 입도가 클수록 낮은 전류를 사용해야 한다.

17 다음 중 방사선 투과 검사에 대한 설명으로 틀린 것은?

① 방사선 투과 검사에 필요한 기구로는 투과도계, 계조계, 증감지 등이 있다.
② 검사 결과를 필름에 영구적으로 기록할 수 있다.
③ 내부결함 검출에 용이하다.
④ 라미네이션 및 미세한 표면 균열이 검출된다.

해설 방사선 투과검사는 라미네이션 검출이 곤란하다.

18 보기와 같이 도시된 용접기호의 설명으로 옳지 않은 것은?

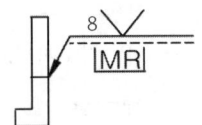

① 화살표쪽 홈 깊이는 8mm이다.
② 제거 가능한 덮개 판을 사용한다.
③ 영구적인 덮개 판을 사용하여 용접한다.
④ 화살표쪽에서 V형 맞대기용접한다.

해설 MR : 제거 가능한 백킹(덮게 판)
M : 영구 백킹(영구적인 덮개 판)

19 직류 아크용접에서 정극성과 비교한 역극성의 특징은? ★★★

① 비드 폭이 좁다.
② 용접봉의 녹음이 빠르다.
③ 모재의 용입이 깊다.
④ 후판 용접에 주로 사용된다.

해설 역극성은 용입이 얕고 용접봉의 녹음이 빠르며, 비드 폭이 넓고, 박판, 주철, 고탄소강, 합금강, 비철금속의 용접에 쓰인다.

정답 14.② 15.③ 16.② 17.④ 18.③ 19.②

20 피복 아크용접에서 피복제의 역할이 아닌 것은? ★★

① 아크를 안정되게 한다.
② 스패터를 적게 한다.
③ 용착금속에 적당한 합금 원소를 첨가한다.
④ 용착금속에 산소를 공급한다.

해설 용착 금속의 냉각 속도를 느리게 하여 급랭을 방지한다.

21 공구용 재료로서 구비해야 할 조건으로 틀린 것은?

① 열처리로 용이할 것
② 내마모성이 클 것
③ 강인성이 있을 것
④ 상온 및 고온 경도가 낮을 것

해설 공구강(공구용 재료)의 구비조건
- 상온 및 고온경도가 높을 것
- 내마모성이 클 것
- 열처리, 가공이 쉽고 가격이 저렴할 것
- 강인성 및 내충격성이 좋을 것

22 수중 절단작업에 주로 사용되는 가스는? ★★

① 아세틸렌 가스 ② 프로판 가스
③ 벤젠   ④ 수소

해설 수소는 비중은 0.0899로 가장 가볍고, 확산 속도가 빠르고, 납땜이나 수중 절단용으로 사용한다. 폭발성이 강한 가연성 가스이며, 고온 고압에서는 취성이 생길 수 있다.
아세틸렌 가스는 수압이 걸려 2기압 이상이면 폭발 위험이 있으므로 사용하지 않는다.

23 연강의 용접이음에서 설계상 이음강도가 가장 큰 것은?

① 측면 필릿 이음 ② 전면 필릿 이음
③ 플러그 이음   ④ 맞대기 이음

24 다음 도면에서 잘못된 것은?

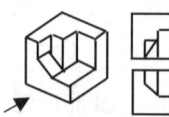

① 정면도   ② 측면도
③ 평면도   ④ 측면도, 평면도

25 다음 금속 중에서 점용접을 할 수 없는 것은?

① 고탄소강   ② 알루미늄
③ 주철   ④ 니켈강

26 용접부의 내부 결함으로서 슬래그 섞임을 방지하는 것은? ★★

① 루트간격을 최대한 좁게 한다.
② 슬래그가 앞지르지 않도록 운봉속도를 유지 한다.
③ 용접전류를 낮게 한다.
④ 전층의 슬래그는 제거하지 않고 용접한다.

해설 슬래그 섞임이 발생하는 원인은 전층의 슬래그를 제거하지 않고 용접을 하거나, 용접전류가 낮을 때 발생한다.

27 양은의 주요 성분 원소로 옳은 것은?

① Cu-Zn-Ni   ② Cu-Zn-Fe
③ Cu-Sn-Zn   ④ Cu-Sn-Pb

해설 양은(양백, 니켈황동) : 7·3황동 + Ni10~20% 은 대용품, 부식저항이 크다.

정답 20.④ 21.④ 22.④ 23.④ 4.③ 25.③ 26.② 27.①

28 불활성 가스 아크용접에 주로 사용되는 가스는? ★★

① CO_2 ② Ce
③ Ar   ④ C_2H_2

해설 불활성 가스는 다른 가스와 반응하지 않는 가스로 아르곤(Ar), 헬륨(He), 네온(Ne) 등이 있다.

29 다음 중 용접 작업에서 전류 밀도가 가장 높은 용접법은?

① 피복금속 아크용접
② 산소-아세틸렌 용접
③ 불활성 가스 금속 아크용접
④ 불활성 가스 텅스텐 아크용접

해설 불활성 가스 금속 아크용접은 전류밀도가 아크용접의 6배, TIG용접의 2배, 서브머지드 아크용접과 동일하다.

30 보기와 같은 단면도의 명칭으로 가장 적합한 것은?

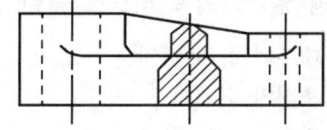

① 가상 단면도
② 회전도시 단면도
③ 보조 투상 단면도
④ 곡면단면도

해설 회전단면도 : 핸들, 축 등의 물체를 절단하여 단면 모양을 90°회전하여 표현

31 용접할 때 발생한 변형을 교정하는 방법 중 틀린 것은?

① 형재에 대한 직선 수축법
② 박판에 대한 점 수축법
③ 박판에 대하여 가열 후 압력을 가하고 공랭하는 방법
④ 롤러에 거는 방법

해설 변형 교정방법
① 박판에 대한 점 수축법을 이용하는 방법
② 형재에 대한 직선 수축법을 이용하는 방법
③ 가열 후 해머링을 실시하여 변형을 교정하는 방법
④ 두꺼운 판인 경우에는 가열 → 압력 → 수냉
⑤ 롤러에 걸거나 피닝법을 이용하여 교정하는 방법

32 산화하기 쉬운 알루미늄을 용접할 경우에 가장 적당한 용접법은? ★★

① 전기저항 용접
② 불활성가스 아크용접
③ CO_2아크용접
④ 서브머지드 아크용접

해설 불활성 가스 아크용접의 장점
① 접합이 강하고 전연성과 내식성이 풍부하다.
② 용제를 사용하지 않으므로 용접 후 청정작업이 필요치 않다.
③ 스패터나 유해 가스의 발생이 없다.
④ 스테인리스강, 알루미늄과 그 합금 등 대부분의 금속에 용접이 가능하다.

33 다음 중 아래보기 운봉법이 아닌 것은?

① 삼각형   2) 직선
③ 백 스텝   ④ 부채꼴

해설 부채꼴 운봉은 일반적으로 수직자세나 위보기 자세에 적용한다.

정답 28.③ 29.③ 30.② 31.③ 32.② 33.④

34 피복금속 아크용접봉의 피복제가 연소한 후 생성된 물질이 용접부를 보호하는 형식에 따라 분류한 방식이 아닌 것은? ★★★★★

① 가스 발생식   ② 슬래그 생성식
③ 스프레이 발생식 ④ 반가스 발생식

해설 용착금속의 보호 방식
① 슬래그 생성식 : 슬래그로 산화, 질화 방지, 탈산작용
② 가스 발생식 : 셀룰로오스 이용
③ 반가스 발생식 : 슬래그 생성식 + 가스발생식 혼합

35 가스절단에서 팁(Tip)의 백심 끝과 강판 사이의 간격으로 가장 적당한 것은?

① 0.1~0.3mm   ② 0.4~1.0mm
③ 1.5~2.0mm   ④ 4.0~5.0mm

해설 일반적으로 수동 가스절단에서는 백심과 모재 사이의 간격을 1.5~2mm 정도로 한다.

36 다음 치수 기입법에서 올바르게 설명한 것은?

① 특히 명시하지 않은 도면 내의 치수는 소재치수이다.
② 같은 치수를 기호문자로 기입하고 수치는 별도로 할 수 있다.
③ 작업을 하며 계산할 필요가 있는 치수를 기입한다.
④ 참고치수는 치수숫자 밑에 굵은 실선을 긋는다.

해설 명시하지 않은 도면 내의 치수는 완성치수이다. 치수는 가능한 계산하지 않도록 기입한다. 참고 치수는 치수에 ( )를 한다.

37 모재의 홈 가공을 U형으로 했을 경우 엔드탭(end-tap)은 어떤 조건으로 하는 것이 가장 좋은가? ★★

① I형 홈 가공으로 한다.
② X형 홈 가공으로 한다.
③ U형 홈 가공으로 한다.
④ 홈 가공이 필요 없다.

해설 모재의 홈 형상과 엔드탭의 형상은 같아야 한다.

38 다음 중 피복아크 용접봉으로 갖추어야 할 조건으로 맞지 않는 것은?

① 값이 싸고 경제적일 것
② 저장 중에 변질되지 않을 것
③ 용접작업이 용이하게 될 것
④ 심선보다 피복제가 약간 빨리 녹을 것

해설 피복제가 심선보다 빨리 녹으면 용적이 비산하게 되고 발생한 환원가스가 용착부를 보호할 수 없게 된다.

39 풀림 열처리의 목적으로 틀린 것은?

① 내부의 응력 증가
② 조직의 균일화
③ 가스 및 불순물 방출
④ 조직의 미세화

해설 풀림(어닐링, Annealing) : 강을 균일하게 하고, 결정입자의 조정, 연화 또는 냉간가공에 의한 내부응력을 제거하기 위해 적당하게 가열하고 천천히 냉각하는 것을 풀림이라고 한다.
① 목적 : 재질의 연화 및 내부응력제거
② 방법 : A1~A3 변태점보다 30~50℃ 높은 온도로 가열 후 노냉

정답 34.③ 35.③ 36.② 37.③ 38.② 39.①

40 제품의 한쪽 또는 양쪽에 돌기를 만들어 이 부분에 용접전류를 집중시켜 압접하는 방법은?

① 프로젝션 용접 ② 점용접
③ 전자 빔 용접 ④ 심용접

해설 돌기용접(프로젝션용접) : 피용접물에 돌기를 만들어 점용접하면서 평탄한 용접봉으로 압접하는 방법

41 직류 아크용접시에 발생되는 아크쏠림(arc-blow)이 일어날 때 볼 수 있는 현상으로 이음의 한쪽 부재만이 녹고 다른 부재가 녹지 않아 용입불량, 슬래그 혼입 등의 결함이 발생할 때 조치사항으로 가장 적절한 것은?

① 아크길이를 길게 사용한다.
② 접지 지점을 바꾸고, 용접 지점과의 거리를 멀리 한다.
③ 용접봉 끝을 아크쏠림 방향으로 기울인다.
④ 용접전류를 하강시킨(낮춘)다.

42 절단된 원추를 3각법으로 정투상한 정면도와 평면도가 보기와 같을 때, 가장 적합한 전개도 형상은?

43 아크에어 가우징에 사용되는 전극봉은?

① 피복 금속봉 ② 탄소 전극봉
③ 텅스텐 전극봉 ④ 플라스마 전극봉

해설 아크에어 가우징에 사용하는 전극봉은 흑연으로 된 탄소봉에 구리 도금한 전극을 사용한다.

44 용접에 사용되지 않는 열원은?

① 기계적 에너지 ② 전기 에너지
③ 위치 에너지 ④ 가스 에너지

해설 위치에너지는 용접의 열원으로 사용되지 않는다.

45 다음 중 용접의 단점과 가장 거리가 먼 것은?

① 잔류 응력이 발생할 수 있다.
② 작업자의 능력에 따라 품질이 좌우한다.
③ 열에 의한 변형과 수축이 발생할 수 있다.
④ 이종(異種)재료의 접합이 불가능하다.

해설 이종재료의 접합이 가능하다.

46 다음은 피복 아크 용접봉의 특징을 나열한 것이다. 틀린 것은?

① E 4311 : 가스실드식 용접봉으로 피복의 두께가 얇다.
② E 4301 : 내부 결함이 적고 X선 시험 성적도 양호하다.
③ E 4303 : 용입이 깊어 고장력강 및 중량물 용접에 적합하다.
④ E 4316 : 연성과 인성이 좋아 중요 구조물 용접에 적합하다.

해설 E 4303 : 라임티탄계 용접봉으로 용입이 얕아 박판이나 경량 구조물 용접에 적합하다.

정답 40.① 41.② 42.① 43.② 44.③ 45.④ 46.③

47 다이캐스팅용 알루미늄 합금으로 요구되는 성질이 아닌 것은?

① 유동성이 좋을 것
② 열간취성이 적을 것
③ 금형에 대한 점착성이 좋을 것
④ 응고 수축에 대한 용탕 보급성이 좋을 것

해설 점착성이 좋다는 말은 잘 달라붙는다는 말과 상통한다. 금형 제거 시 잘 떨어지지 않으면 불량이 발생할 수 있으므로 금형에 대한 점착성은 좋지 않아도 된다.

48 용접 결함의 분류에서 치수상 결함에 속하는 것은? ★★

① 융합불량   ② 변형
③ 슬래그 섞임 ④ 언더컷

해설
- 치수상 결함 : 변형, 치수불량, 형상불량
- 구조상 결함 : 기공 및 피트, 슬래그 섞임, 용입불량(부족), 언더컷, 오버랩, 균열, 선상조직, 은점 등
- 성질상 결함 : 인장, 경도, 피로, 부식

49 서브머지드 아크용접에서 루트간격이 몇 mm 이상이면 받침쇠를 사용하는가?

① 0.1   ② 0.3
③ 0.5   ④ 0.8

해설 루트간격 0.8mm 이하, 루트면은 7~16mm 정도가 적당하다.

50 Cr18%−Ni8%의 조성으로 되어 있는 18−8 스테인리스강의 조직계는? ★★

① 오스테나이트계 ② 페라이트계
③ 마텐사이트계   ④ 석출경화계

해설 오스테나이트계 스테인리스강은 내식성, 내열성이 우수하며 천이온도도 낮고 강인한 성질을 갖고 있다.

51 다음 중 텅스텐 아크 절단이 곤란한 금속은?

① 경합금   ② 동합금
③ 비철금속   ④ 비금속

해설 비금속은 전기가 통하지 않으므로 TIG 절단은 곤란하다.

52 다음 중 감전에 의한 재해를 방지하기 위한 우리나라의 안전전압으로 옳은 것은?

① 12V   ② 60V
③ 45V   ④ 30V

해설 안전전압은 절연파괴 등의 사고시에 인체에 가해져도 위험이 없는 전압을 말하며, 우리나라에서 일반 사업장의 안전전압은 30V로 규정하고 있다.

53 보기와 같은 KS 용접 기호 설명으로 올바른 것은?

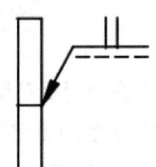

① 정방(I)형 맞대기 용접으로 화살표 쪽 용접
② I형 맞대기 용접으로 화살표 반대쪽 용접
③ H형 맞대기 용접으로 화살표 쪽 용접
④ 양면 U(H)형 맞대기 용접으로 화살표 반대쪽 용접

해설 기호가 실선에 붙어있으면 화살표 쪽에 용접하라는 의미이며, 점선에 기호가 붙어있으면 화살표 반대쪽에 용접하라는 지시이다.

정답 47.③ 48.② 49.④ 50.① 51.④ 52.④ 53.①

54 피복아크용접 작업시 전격에 관한 주의 사항으로 틀린 것은?

① 무부하 전압이 필요 이상으로 높은 용접기는 사용하지 않는다.
② 전격을 받은 사람을 발견했을 때는 즉시 스위치를 꺼야한다.
③ 작업 종료시 또는 장시간 작업을 중지할 때는 반드시 용접기 스위치를 끄도록 한다.
④ 낮은 전압에서는 주의하지 않아도 되며, 습기찬 구두는 착용해도 된다.

55 다음 중 CO_2 가스 아크 용접에서 복합 와이어에 관한 설명으로 틀린 것은?

① 비드 외관이 깨끗하고 아름답다.
② 아크가 안정되어 스패터가 많이 발생한다.
③ 양호한 용착금속을 얻을 수 있다.
④ 용제에 탈산제, 아크안정제 등 합금 원소가 첨가되어 있다.

56 용도에 따른 선의 종류에서 가는 1점 쇄선의 용도가 아닌 것은?

① 중심선   ② 기준선
③ 피치선   ④ 지시선

57 산소-아세틸렌 가스로 두께가 25mm 이하인 연강판을 산소 절단할 때 차광번호로 가장 적합한 것은?

① 10~12   ② 7~8
③ 3~4   ④ 12~14

[해설] 차광 번호 : 연납, 경납땜은 2~4번, 가스용접은 4~6번, 가스절단은 3~4번을 사용한다.

58 산업안전보건법상 안전·보건표지에 사용되는 색채 중 안내를 나타내는 색채는?

① 빨강   ② 노랑
③ 파랑   ④ 녹색

59 금속(철강) 표면에 알루미늄을 침투시켜 내식성을 증가시키는 것은? ★★★

① 칼로라이징   ② 크로마이징
③ 세라다이징   ④ 실리코라이징

[해설] 금속침투법
① 크로마이징 : Cr을 침투, 고크롬강이 되어서 스테인리스강의 성질을 갖춤
② 세라다이징 : Zn을 침투, 내식성이 좋은 표면 층을 형성
③ 실리코나이징 : Si를 침투, 방식성을 향상
④ 브로나이징 : B 침투

60 그림과 같이 대상물의 구멍, 홈 등 한 국부만의 모양을 도시하는 것으로 충분한 경우에는 그 필요 부분만을 나타내는 투상도는? ★★★

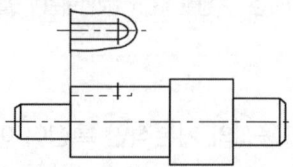

① 부분 투상도   ② 보조 투상도
③ 국부 투상도   ④ 회전 도시 투상도

[해설] 국부 투상도 : 대상물의 구멍, 홈 등과 같이 한 부분의 모양을 도시하는 것

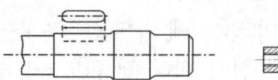 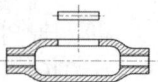

정답 54.④ 55.② 56.④ 57.③ 58.④ 59.① 60.③

제3회 피복아크용접기능사 CBT 기출복원 문제

• 기출복원 문제란?
CBT시행에 따라 저자께서 수검자들의 도움으로 최대한 유형에 가깝게 복원한 문제입니다.

01 Co로 WC, TiC, TaC 등의 금속 탄화물을 소결한 것으로서 탄화물 소결공구라 하며, 일반적으로 칠드 주철, 경질 유리 등도 쉽게 절삭할 수 있는 공구강은? ★★

① 세라믹 ② 고속도강
③ 초경합금 ④ 주조경질합금

해설 초경합금은 WC, TiC 등의 매우 단단한 금속간 화합물에 분말과 결합체로 Co 등의 분말을 혼합한 것을 압축 성형하고 고온으로 가열하여 소결한 합금이다.

02 충격하중이 연강재의 용접 이음부에 작용할 때 안전률은? ★★★

① 3 ② 5
③ 8 ④ 12

해설 연강의 안전률

정하중	반복하중	교번하중	충격하중
3	5	8	12

03 MIG용접의 기본적인 특징이 아닌 것은? ★★

① 아크가 안정되므로 박판(3mm 이하) 용접에 적합하다.
② 바람의 영향을 받기 쉬우므로 방풍 대책이 필요하다.
③ 피복 아크용접에 비해 용착효율이 높다.
④ TIG 용접에 비해 전류밀도가 높다.

해설 MIG용접의 특성
① 전류밀도가 아크용접의 6배, TIG용접의 2배이다.
② SAW 아크용접과 동일한 높은 전류밀도를 사용하므로 후판용접에 적합하다.
③ 주로 전사동 또는 반사동이며 전극은 모재와 동일한 금속을 사용한다.
④ 전극이 용접봉이어서 녹으므로 용극식, 소모식이라고 한다.
⑤ MIG 용접은 주로 직류 역극성이며 정전압특성, 상승특성을 가지고 있다.
⑥ 바람의 영향을 받기 쉬우므로 방풍 대책이 필요하다.

04 서브머지드 아크 용접에서 용제를 사용하는 경우 다음 중 용제의 작용으로 틀린 것은?

① 누전 방지
② 능률적인 용접작업
③ 용입의 용이
④ 열에너지의 발산방지

05 용접부의 다듬질 방법을 보조기호로 나타낸 것이다. 다듬질 방법을 지정하지 않을 경우 어떤 기호를 사용하는가?

① M ② G
③ C ④ F

해설 용접 보조기호 : M : 기계 가공, G : 연삭, C : 치핑

정답 01.③ 02.④ 03.① 04.① 05.④

06 TIG용접 작업에서 아크 부근의 풍속이 일반적으로 몇 m/s 이상이면 보호가스 작용이 흩어지므로 방풍막을 설치하는가?

① 0.5　　② 0.3
③ 0.1　　④ 0.05

해설 일반적으로 아크 부근에 풍속 2m/s 이상의 통풍이 있으면 보호 작용이 떨어지므로 방풍막을 설치한 후 용접해야 한다.

07 CO_2 가스 아크용접용 토치 구조에 속하지 않는 것은?

① 노즐　　② 가스 디퓨즈
③ 가스 캡　　④ 스프링 라이너

해설 가스 캡은 CO_2 가스 아크용접용 토치와는 상관관계가 없다.

08 다음 중 수평 필릿용접시 이론 목두께는 필릿용접의 크기(목길이)의 약 몇 % 정도인가? ★★

① 50　　② 70
③ 160　　④ 180

해설 필릿용접시 이론 목의 두께는 0.707h 이므로 각장(목길이)은 70%이다.

09 용접구조물의 제작도면에 사용하는 보조기호 중 RT는 비파괴 시험 중 무엇을 뜻하는가? ★★

① 초음파 탐상시험
② 자기분말 탐상시험
③ 침투 탐상시험
④ 방사선 투과시험

해설 RT : 방사선(탐상)비파괴검사, 모든 용접재질에 적용할 수 있고, 내부 결함의 검출이 용이하며, 검사의 신뢰성이 높다.

10 다음 중 용접기를 설치해서는 안되는 장소로 가장 적합한 것은?

① 옥외의 비바람이 없는 장소
② 진동이나 충격을 받지 않는 장소
③ 유해한 부식성 가스가 존재하는 장소
④ 주위온도가 10℃ 정도인 장소

해설 용접기를 설치시 피할 곳 : 유해한 부식성 가스가 있는 곳

11 서브머지드 아크용접에 사용되는 용접용 용제 중 용융형 용제에 대한 설명으로 옳은 것은?

① 화학적 균일성이 양호하다.
② 미용융 용제는 다시 사용이 불가능하다.
③ 흡수성이 거의 없으므로 재건조가 불필요하다.
④ 용융 시 분해되거나 산화되는 원소를 첨가할 수 있다.

해설 서브머지드 아크용접 용제의 종류
㉠ 용융형 : 흡습성이 적다. 소결형에 비해 좋은 비드를 얻을 수 있다.
㉡ 소결형 : 흡습성이 가장 높다. 비드 외관이 용융형에 비해 나쁘다.
㉢ 혼성형 : 용융형 + 소결형

12 다음 중 용접시 용접균열이 발생할 위험성이 가장 높은 재료는?

① 저탄소강　　② 중탄소강
③ 고탄소강　　④ 순철

해설 탄소량이 많은 강일수록 경도, 강도가 증가하므로 용접 균열 발생 위험도 커지게 된다.

정답 06.① 07.③ 08.② 09.④ 10.③ 11.③ 12.③

13 그림은 제3각법으로 정투상한 정면도와 우측면도이다. 평면도로 가장 적합한 투상도는?

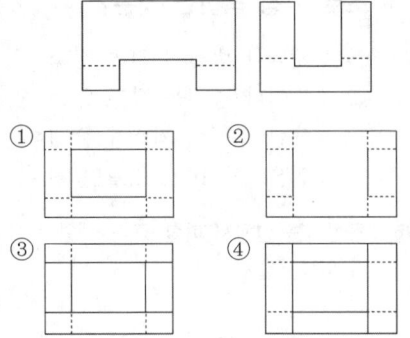

해설 $C = 905(50 - 47) = 2715$

17 고장력강 피복아크 용접봉 중 위보기 자세에 부적합한 것은?
① E 5326 ② E 5003
③ E 5000 ④ E 5316

해설 E5326은 수평 및 아래보기 자세에 적합한 용접봉으로 위보기 자세나 수직 자세에는 부적합하다.

14 피복 금속 아크용접에서 용접전류가 낮을 때 발생하는 것은?
① 기공 ② 오버랩
③ 균열 ④ 언더컷

18 용접봉의 종류와 용도의 관계가 잘못 짝 지어진 것은?
① 일미나이트계(E4301) : 일반기기 및 구조물용
② 고산화티탄계(E4313) : 박판용
③ 고셀룰로오스계(E4311) : 후판용
④ 저수소계(E4316) : 중요한 구조물의 고급용접

해설 고셀룰로오스계는 배관용에 적합하다.

15 다음 중 알루미늄 합금이 아닌 것은? ★★★★
① 라우탈(lautal)
② 실루민(silumin)
③ 두랄루민(duralumin)
④ 켈밋(kelmet)

해설 켈밋은 구리에 40%Pb를 함유시킨 베어링 합금이다.

19 대칭형의 물체는 그림과 같이 조합하여 그릴 수 있는데, 이러한 단면도를 무슨 단면도라고 하는가?

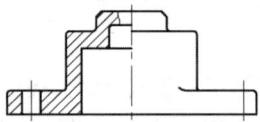

① 온 단면도 ② 한쪽 단면도
③ 부분 단면도 ④ 회전도시 단면도

해설 한쪽(반) 단면도 : 수직 중심선에 대해 왼쪽에 단면을, 오른쪽은 외형을 나타내며, 수평 중심선에 대해서는 위쪽에 단면을, 아래에 외형으로 나타낸다.

16 15°C, 1kg/cm²하에서 사용 전 용해아세틸렌 병의 무게가 $50kg_f$이고, 사용 후 무게가 $47kg_f$일 때 사용한 아세틸렌의 양은 몇 L인가? ★★★★
① 2915 ② 2815
③ 3815 ④ 2715

정답 13.③ 14.② 15.④ 16.④ 17.① 18.③ 19.②

20 다음 [그림]에 해당하는 용접이음의 종류는? ★★

① 겹치기 이음 ② 맞대기 이음
③ 전면 필릿 이음 ④ 모서리 이음

21 루틸, 산화철이 주성분으로 급랭을 방지하고 용착금속을 보호하는 방식은?

① 슬래그 생성제 ② 가스 발생제
③ 탈산제 ④ 합금제

22 아세틸렌은 각종 액체에 잘 용해된다. 그러면 1기압 아세톤 2L에는 몇 L의 아세틸렌이 용해되는가? ★★

① 2 L ② 10 L
③ 25 L ④ 50 L

[해설] 아세틸렌은 아세톤에 25배 용해되므로, 아세톤 2L는 아세틸렌 50이 용해된다.

23 가스절단 토치 형식 중 절단 팁이 동심형에 해당하는 형식은?

① 영국식 ② 미국식
③ 독일식 ④ 프랑스식

[해설] 가스절단 팁의 종류
• 동심형(프랑스식) : 전후 및 곡선절단이 가능하다.
• 이심형(독일식) : 곡선의 절단이 불가능하나, 절단면이 깨끗하며 자동절단에 사용한다.

24 탄소 아크절단에 주로 사용되는 용접 전원은?

① 직류 정극성 ② 직류 역극성
③ 용극성 ④ 교류 역극성

[해설] 탄소 아크절단 : 탄소 또는 흑연 전극봉과 금속 사이에 아크를 일으켜 절단하는 방법, 사용전원은 직류, 교류 사용 가능하지만, 일반적으로 직류 정극성이 사용한다.

25 교류 아크용접기 사용시 피복 용접봉을 사용하는 가장 적합한 이유는?

① 전력 소비량을 절약하기 위하여
② 용착금속의 질을 양호하게 하기 위하여
③ 용접시간을 단축하기 위하여
④ 단락전류를 갖게 하여 용접기의 수명을 길게 하기 위하여

[해설] 피복용접봉을 사용하면 산화, 질화방지, 아크안정, 용착금속의 냉각속도의 저하 등의 역할로 용착금속의 질이 양호해진다.

26 일반적으로 150A의 용접전류로서 금속 아크 용접을 할 때 적합한 차광유리의 차광도 번호는?

① 14번 ② 7번
③ 9번 ④ 11번

[해설] 전류 크기별 차광도 번호
• 45~75A : 8번 • 100~200A : 10번
• 150~250A : 11번 • 200~300A : 12번
• 300~400A : 13번 • 400A 이상 : 14번

27 다음 중 알루미늄(Al)에 관한 설명으로 틀린 것은?

① 전·연성이 우수하다.
② 산이나 알칼리에 약하다.
③ 실용금속 중 가장 가볍다.
④ 열과 전기의 전도성이 양호하다.

정답 20.① 21.③ 22.④ 23.④ 24.① 25.② 26.④ 27.③

해설 알루미늄의 비중은 2.7 정도로 마그네슘(비중 1.74)보다 무겁다.

28 다음 중 용접기 사용상의 주의점으로 틀린 것은?

① 정격 사용률 이상으로 사용한다.
② 탭 전환은 아크 발생을 중지한 후 행한다.
③ 냉각 팬의 점검은 주의하여 한다.
④ 1차측 탭에 의해 2차측 무부하 전압, 용접전류를 올리는데 사용하지 않는다.

29 다음에서 프로판 가스의 성질 중 옳바르지 않은 것은? ★★★

① 연소할 때 필요한 산소의 양은 1 : 1 정도이다.
② 폭발한계가 좁아 다른 가스에 비해 안전도가 높고 관리가 쉽다.
③ 액화가 용이하여(쉽고) 용기에 충전이 쉽고 용기에 넣어 수송이 편리하다.
④ 상온에서 기체 상태이고 무색, 투명하여 약간의 냄새가 난다.

해설 산소-프로판 가스가 연소할 경우 프로판 1에 산소가 약 4.5배 더 소요된다.
· 프로판 가스의 특성 : 기화가 쉽고 상용 가스 중 발열량이 가장 높아 20780cal/m³ 정도이다. 온도 변화에 따른 팽창률이 크고 물에 잘 녹지 않는다.

30 가스절단시 용접부의 시공 상태에 대한 설명으로 틀린 것은?

① 절단부에는 노치 부분이 있어야 양호한 절단면을 얻을 수 있다.
② 절단부에는 기름, 먼지, 녹, 등을 완전히 제거하여야 한다.
③ 절단부에는 청결을 유지해야 한다.
④ 절단부의 개선 면이 일직선으로 정교해야 한다.

해설 절단부에 노치 부분이 있으면 양호한 절단면을 얻기 힘들다.

31 다음 중 오스테나이트계 스테인리스강에 관한 설명으로 올바르지 않은 것은?

① 염산, 염소 가스 등에 강하다.
② 결정입계 부식이 발생하기 쉽다.
③ 소성가공이나 절삭가공이 곤란하다.
④ 18−8계의 경우 일반적으로 비자성체이다.

해설 오스테나이트계 스테인리스강은 염산, 황산에 취약하며, 결정입계부식이 발생하기 쉽다.

32 헬멧이나 핸드실드의 차광유리 앞에 보호유리를 끼우는 가장 적당한 이유는? ★★

① 시력을 보호하기 위하여
② 가시광선을 차단하기 위하여
③ 적외선을 차단하기 위하여
④ 차광유리를 보호하기 위하여

해설 차광유리를 보호하기 위해서 헬멧이나 핸드실드의 차광유리 앞에 보호유리를 끼운다.

33 정류기형 직류 아크용접기의 정류기가 아닌 것은?

① 리액턴스 정류기 ② 셀렌 정류기
③ 실리콘 정류기   ④ 게르마늄 정류기

해설 정류기형 용접기에는 리액턴스 정류기형은 없다.

정답 28.① 29.① 30.① 31.① 32.④ 33.①

34 다음 중 수동 가스절단기에서 저압식 절단 토치는 아세틸렌 가스 압력이 보통 몇 kg_f/cm^2 이하에서 사용되는가?

① $0.07kg_f/cm^2$ ② $0.40kg_f/cm^2$
③ $0.70kg_f/cm^2$ ④ $1.40kg_f/cm^2$

해설
- 중압식 토치 : $0.07 \sim 1.3 kgf/cm^2$
- 고압식 토치 : $1.3 kgf/cm^2$ 이상

35 다음 중 피복 아크용접에 있어 용접봉에서 모재로 용융금속이 옮겨가는 상태를 분류한 것이 아닌 것은? ★★

① 폭발 이행형
② 스프레이 이행형
③ 글로뷸러 이행형
④ 단락 이행형

해설 용융금속의 이행형식
단락형, 글로블러형(용적형, 핀치효과형), 스프레이형(분무상 이행형)이 있고, 용접전류, 보호가스, 전압 등이 영향을 준다.

36 다음 중 황동의 자연균열 방지책과 가장 거리가 먼 것은?

① Zn 도금을 한다.
② 표면에 도료를 칠한다.
③ 암모니아, 탄산가스 분위기에 보관한다.
④ 180~260℃에서 응력제거 풀림을 한다.

해설 황동은 암모니아에 약하다.

37 그림과 같은 용접기호(의 설명으로 옳은 것은)를 바르게 해독한 것은? ★★

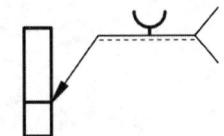

① U형 맞대기 용접, 화살표쪽 용접
② V형 맞대기 용접, 화살표쪽 용접
③ U형 맞대기 용접, 화살표 반대쪽 용접
④ V형 맞대기 용접, 화살표 반대쪽 용접

해설 실선 위에 있는 용접기호는 U형 홈을 가진 맞대기 용접을 의미하며, 실선에 기호가 표시되어 있으면 화살표쪽에서 용접함을 의미한다.

38 아크 용접공구 중 머리에 쓰고 헬멧 속에 신선한 공기를 불어넣는 공기 호스가 달려 있는 것은?

① 방진 헬멧 ② 자동 헬멧
③ 핸드실드 ④ 환기 헬멧

39 주조용 알루미늄 합금 중 유동성이 좋아 복잡한 형상의 주조에 사용되는 것은?

① 알루미늄 – 규소계 합금
② 알루미늄 – 주철계 합금
③ 알루미늄 – 니켈계 합금
④ 알루미늄 – 아연계 합금

해설 주조(주물)용 알루미늄 합금
㉠ 실루민 : Al–Si 합금, 주조성은 좋으나 절삭성이 좋지 않음.
㉡ 라우탈 : Al–Cu–si 합금, 주조성 개선, 피삭성 우수.

40 다음 절단법 중에서 두꺼운 판(강판), 주철, 강괴, 주강의 슬래그 덩어리, 암석의 천공 등의 절단에 이용되는 절단법은? ★★★★

① 산소창 절단 ② 수중 절단
③ 분말 절단 ④ 포갬 절단

해설 산소창 절단은 토치의 팁 대신에 안지름 3.2~6mm, 길이 1.5~3m 정도의 강관에 산소를 공급

정답 34.① 35.① 36.③ 37.① 38.④ 39.① 40.①

하여 그 강관이 산화 연소할 때의 반응열로 금속을 절단하는 방법이다.

41 전개도 작성시 방사선법을 사용하기에 가장 적합하지 않은 형상은?

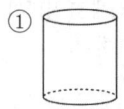 ① 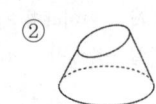 ②

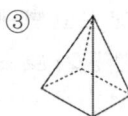 ③ 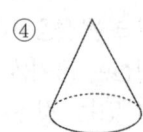 ④

해설 ②, ③, ④는 방사선 전개법을 사용하는 것이 가장 좋음

42 니켈강은 니켈에 소량의 탄소를 함유한 강으로 가열 후 공기 중에 방치하여도 담금질 효과를 나타내는 데 이와 같은 현상을 무엇이라 하는가?

① 자경성 ② 수경성
③ 유경성 ④ 고경성

해설 자경성 : 가열 후 공기 중에 방치하여도 담금질 효과를 나타내는 성질을 말하며, 일부 합금강에서 일어나는 현상이다.

43 피복아크용접봉에서 피복제의 역할로 옳은(맞는) 것은? ★★★

① 재료의 급랭을 도와준다.
② 산화성 분위기로 용착금속을 보호한다.
③ 슬래그 제거를 어렵게 한다.
④ 아크를 안정시킨다.

해설 피복제는 냉각 속도를 느리게 하여 급랭을 방지하며, 중성, 환원성 분위기로 용착금속을 보호하고, 슬래그 제거를 쉽게 하며 스패터 발생을 적게 하고, 탈산 정련작용을 하고, 스패터 발생을 적게

한다.

44 전류 조정이 용이하고 전류 조정을 전기적으로 하기 때문에 이동부분이 없으며 가변저항을 사용함으로써 용접전류의 원격 조정이 가능한 용접기는? ★★

① 탭 전환형   ② 가동 코일형
③ 가동 철심형 ④ 가포화 리액터형

해설 가포화 리액터형은 가변 저항의 변화로 용접 전류를 조정하고 전기적 전류 조정으로 소음이 없고 기계 수명이 길며 조작이 간단하다.

45 다음 중 Cu의 용융점은 몇 °C인가? ★★★

① 1083℃   ② 960℃
③ 1530℃   ④ 1455℃

해설 금속의 용융점 : 알루미늄 : 660℃, 은 : 960℃, 철 : 1530℃, 니켈 : 1455℃ 텅스텐 : 3410℃,

46 그림과 같은 심용접 이음에 대한 용접기호 표시 설명 중 옳은 것은?

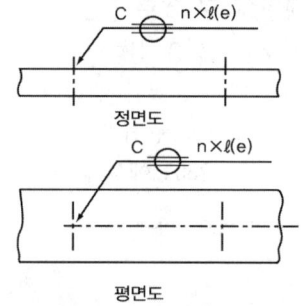

① C : 용접부의 수
② n : 용접부의 너비
③ e : 용접부의 깊이
④ ℓ : 용접 길이

정답 41.① 42.① 43.④ 44.④ 45.① 46.④

해설 C : 용접부의 너비
n : 용접부의 수
e : 인접한 용접부 간의 거리

47 시점에 가까운 부분을 크게 시점에서 멀수록 작게 나타나며 물체를 본 그대로의 그리는 도법은?

① 정투상도 ② 등각투상도
③ 투시도   ④ 사투상도

48 다음 중 강도가 가장 높고 피로한도, 내열성, 내식성이 우수하여 베어링, 고급 스프링의 재료로 이용되는 것은?

① 쿠니얼 브론즈 ② 콜슨 합금
③ 베릴륨 청동   ④ 인청동

해설 베릴륨 청동 : Cu + Be 2~3% 구리합금 중에서 가장 강도가 높음. 피로한도, 내열성, 내식성이 우수하여 베어링, 고급 스프링 재료로 사용.

49 침몰선의 해체나 교량의 개조 시 사용되는 수중 절단법에서 가장 많이 사용되는 연료가스는? ★★

① 아세톤 ② 에틸렌
③ 수소   ④ 질소

해설 수소는 다른 가스보다 수압에 안전하므로 수중 절단에 주로 사용된다.

50 도면에서 2종류 이상의 선이 같은 장소에 겹치게 될 경우에 다음 중 가장 우선 되는 것은? ★★★

① 중심선 ② 절단선
③ 외형선 ④ 숨은선

해설 선의 우선 순위 : 외형선 > 숨은선 > 절단선 > 중심선

51 연강용 피복 아크용접봉 심선의 화학성분 중 강의 성질을 좋게 하고, 균열이 생기는 것을 방지하는 것은?

① 탄소 ② 망간
③ 인   ④ 황

해설 Mn : 강도, 경도, 인성 증가, 유동성 향상, 탈산제, 황의 해를 감소시켜 고온 균열 방지에도 사용한다.

52 가스절단에서 산소용 고무호스의 사용 색은?

① 노랑 ② 흑색
③ 흰색 ④ 적색

해설 산소용 고무호스는 검은색, 흑색, 녹색을 사용한다.

53 서브머지드 아크용접 장치의 구성 부분이 아닌 것은?

① 수냉 동판 ② 콘택트 팁
③ 주행 대차 ④ 가이드 레일

해설 수냉 동판은 일렉트로 슬래그 용접에 필요하다.

54 교류 아크용접기와 비교한 직류 아크용접기의 특징을 틀리게 나타낸 것은? ★★

① 아크의 안정성이 약간 떨어진다.
② 값이 비싸고 취급이 어렵다.
③ 고장이 많아 보수가 어렵다.
④ 무부하 전압이 낮아 전격의 위험이 적다.

해설 직류 아크용접기는 교류 용접기보다 아크 안정성이 우수하며, 비피복 용접봉 사용이 가능하고, 역률이 우수하나, 구조가 복잡하다.

정답 47.③ 48.③ 49.③ 50.③ 51.② 52.② 53.① 54.①

55 제1각법에서 좌측면도는 정면도를 기준으로 어느 쪽에 배치되는가?

① 좌측 ② 우측
③ 위   ④ 아래

해설 1각법
① 투영도는 정면도, 평면도, 좌측면도로 배치
② 투상방법은 눈 → 물체 → 투상면이다.
③ 실물파악이 불량하다.

56 TIG 용접시 같은 조건에서 역극성으로 용접할 때와 정극성으로 용접할 때와의 전극 굵기의 비는?(단, 역극성 : 정극성)

① 2 : 1   ② 1 : 2
③ 1 : 4   ④ 4 : 1

57 용접봉 종류 중에서 특히 짧은 아크길이의 유지와 습기의 영향을 많이 받는 것은?

① 라임티타니아계 ② 일미나이트계
③ 고셀룰로우스계 ④ 저수소계

해설 저수소계는 아크가 불안정하고 아크가 길어질 경우 아크가 끊어질 수 있으므로 길이가 짧아야 된다.

58 연강용 피복 아크 용접봉의 심선재 재료에 대한 설명으로 옳은 것은?

① 저탄소강으로 황(S)이나 인(P) 등의 함유량은 관계없다.
② 고탄소강이며, 특히 황(S)이나 인(P) 등이 적게 함유하고 있다.
③ 극히 저탄소강이며, 특히 황(S)이나 인(P) 등을 적게 함유하고 있다.
④ 중탄소강으로 황(S)이나 인(P) 등의 함유량 등을 적게 포함하고 있다.

59 가는 2점 쇄선을 사용하는 가상선의 용도가 아닌 것은? ★★★

① 단면도의 절단된 부분을 나타내는 것
② 가공 전, 후의 형상을 나타내는 것
③ 인접부분을 참고로 나타내는 것
④ 가동 부분을 이동 중의 특정한 위치 또는 이동한계의 위치로 표시하는 것

해설 2점 쇄선(가상선)의 용도
① 도시된 단면의 앞쪽에 있는 부분을 표시하는 데 사용하는 선
② 가공에 사용하는 공구, 지그 등의 위치를 참고로 나타내는데 사용

60 액체 침탄법에 사용되는 침탄제는? ★★

① 탄산바륨   ② 가성소다
③ 시안화나트륨 ④ 탄산나트륨

해설 액체 침탄법은 용융 시안화물욕 중에서 철강을 Ac1점 이상(900~950℃)으로 가열하여 침탄시키는 방법으로 침탄제에는 $NaCN$, $BaCl_2$, Na_2CO_3, $NaCl$ 등을 첨가한 것을 사용한다.

정답 55.② 56.④ 57.④ 58.③ 59.① 60.③

제3회 이산화탄소가스아크용접기능사/가스텅스텐아크용접기능사 CBT 기출복원문제

• 기출복원 문제란?
CBT시행에 따라 저자께서 수검자들의 도움으로 최대한 유형에 가깝게 복원한 문제입니다.

01 다음 중 용접 순서를 결정하는 기준이 잘못 설명된 것은?

① 용접 구조물의 중립축에 대한 수축 모멘트의 합이 0이 되게 한다.
② 용접물 중심에 대하여 항상 대칭으로 용접한다.
③ 수축이 작은 이음을 먼저 용접한 후 수축이 큰 이음을 뒤에 한다.
④ 용접 구조물이 조립되어 감에 따라 용접 작업이 불가능한 곳이 발생하지 않도록 한다.

해설 용접 순서 결정 기준
① 수축이 큰 맞대기 이음을 먼저하고, 필릿 이음을 나중에 용접한다.
② 용접을 먼저하고, 리벳을 나중에 한다.

02 다음 겨냥도를 보고 제3각법으로 제도한 투상도는?

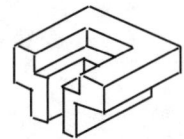

①  ②
③ ④

03 아크 용접봉 심선재의 KS 기호는?
① HSRW ② SWRW
③ MSWR ④ AWRW

04 기본 열처리 방법과 목적을 설명한 것으로 옳지 않은 것은?

① 불림 – 소재를 일정온도에서 가열 후, 급랭시켜 표준화 한다.
② 담금질 – 급랭 시켜 재질을 경화시킨다.
③ 뜨임 – 담금질된 것에 취성을 부여한다.
④ 풀림 – 재질을 연하고 균일화하게 한다.

해설 일반열처리
• 뜨임 : 담금질된 것에 인성을 부여한다.

05 TIG 용접에서 교류(AC), 직류 역극성(DCRP), 직류 정극성(DCSP)의 용입 깊이를 비교한 것 중 옳은 것은?

① AC < DCRP < DCSP
② AC < DCSP < DCRP
③ DCSP < AC < DCRP
④ DCRP < AC < DCSP

06 용접봉이 건조가 불충분하여 습기가 많은 경우 발생하는 결함으로 가장 적합한 것은?

① 슬래그 섞임 ② 기공
③ 용입불량   ④ 선상조직

정답 01.③ 02.④ 03.② 04.③ 05.④ 06.②

해설 기공을 줄이기 위해서는 용접봉 건조로를 이용하여 건조된 용접봉을 사용하면 기공을 줄일 수 있다.

07 교류 아크용접기에 비해 직류 아크용접기의 특성 설명으로 올바른 것은? ★★

① 감전의 위험이 많다.
② 아크 안정성이 떨어진다.
③ 구조가 간단하다.
④ 극성의 변화가 가능하다.

해설 직류 아크용접기는 아크가 안정하고 구조는 복합하며 유지 보수가 어려우며, 극성 변화가 가능하며, 전격위험이 적다.

08 다음 용접기호와 그 설명으로 옳지 않은 것은?

① ⋀ : 볼록 필릿용접
② ▽ : 평면 마감 처리한 V형 맞대기 용접
③ ⋁ : 이면 용접이 있으며 표면 모두 평면 마감 처리한 V형 맞대기 용접
④ ✕ : 볼록 양면 V형 용접

09 용접 중에 용융금속이 용융지에 옮겨지지 않고 비드 주위에 작은 용적이 되어 튀어나가는 현상은?

① 스패터   ② 피트
③ 슬래그   ④ 아크 불림

10 내용적 44.6L의 산소병에 120kgf/cm² 의 압력이 게이지에 표시되었다면 산소병에 들어 있는 산소량은 몇 L 인가?

① 3400   ② 5352
③ 5620   ④ 6824

해설 산소량 = 내용적×기압 = 44.6×120 = 5352

11 다음 중 림드강의 특징으로 옳지 않은 것은?

① 중앙부의 응고가 지연되며 먼저 응고한 바깥부터 주상정이 테두리에 생긴다.
② 강의 재질이 균일하지 못하다.
③ 강괴 내부에 기포와 편석이 생긴다.
④ 탈산제로 완전탈산 시킨 강이다.

해설 탈산제로 완전 탈산시킨 강은 킬드강이고, 림드강 거의 탈산처리를 하지 않은 강이다.

12 용접부의 보조기호에서 제거 가능한 이면 판재를 사용하는 경우의 표시 기호는?

① M   ② P
③ MR   ④ PR

해설 MR : 제거 가능한 백킹(이면 덮개 판)
M : 영구 백킹(영구적인 이면 덮개 판)

13 다음 그림 중에서 용접 열량의 냉각속도가 가장 큰(빠른) 것은? ★★★

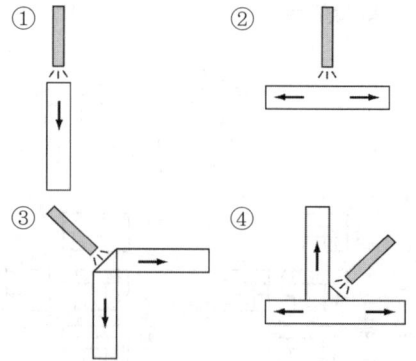

해설 열이 발산되는 곳이 많을수록 빨리 냉각된다.
④ 필릿용접부는 3방향, 나머지는 1~2방향

정답 07.④ 08.① 09.① 10.② 11.① 12.③ 13.④

으로 열이 분산된다.

14 10000℃ 이상의 고온으로 금속 재료는 물론 콘크리트 등의 비금속 재료도 절단할 수 있는 방법은?

① 탄소 아크절단(carbon arc cutting)
② 플라즈마 제트절단(plasma cutting)
③ 아크에어 가우징(arc air gouging)
④ 금속 아크절단(metal arc cutting)

15 용접면을 가볍게 접촉시키면서 대전류를 흐르게 함으로서 접촉면에 전기불꽃을 발생시켜 가열한 후 압력을 주어 용접하는 방법은?

① 심용접 ② 프로젝션 용접
③ 플래시 용접 ④ 마찰 용접

16 아크 에어 가우징은 가스 가우징이나 치핑에 비하여 여러 가지 특징이 있다. 그 설명으로 옳지 않은 것은?

① 작업방법이 비교적 용이하다.
② 모재에 악영향을 주지 않는다.
③ 작업능률이 높다.
④ 소음이 크고 응용 범위가 좁다.

> 해설: 아크에어 가우징은 응용 범위가 넓어서 스테인리스강, 알루미늄, 구리합금 등에도 사용할 수 있다.

17 주철이나 비철금속은 가스절단이 곤란하므로 철분 또는 용제를 절단용 산소에 연속적으로 공급하여 그 산화열 또는 용제의 화학작용을 이용한 절단 방법은? ★★

① 분말 절단 ② 스카핑
③ 탄소아크 절단 ④ 산소창 절단

> 해설: 분말절단 : 철, 비철, 콘크리트까지 절단은 가능하지만, 절단면이 매끄럽지 않다.

18 가스절단 작업을 할 때, 생기는 드래그는 보통(일반적으로) 판(모재) 두께의 몇 %를 표준으로 하는가? ★★★★

① 5 ② 10
③ 15 ④ 20

> 해설: 드래그
> 가스절단면에 절단 기류의 입구측에서 출구측사이의 수평거리이며, 일반적인 드래그의 길이는 판두께의 ($\frac{1}{5}$) 20% 정도이다.

19 탄소강이 황(S)을 많이 함유하게 되면 어떤 현상이 나타나는가?

① 적열 메짐 ② 청열 메짐
③ 저온 메짐 ④ 충격 메짐

> 해설: 적열 메짐(취성, 여림) : 강이 900℃ 부근에서 붉은색이 되면서 균열이 생기는 성질이며, 원인은 S이다.

20 아크쏠림(arc blow)에 관한 다음 설명 중 틀린 것은?

① 교류아크 용접에서 발생하는 현상으로 짧은 용접선으로 작은 물건을 용접할 때 나타난다.
② 자기불림이라고도 하며, 아크전류에 의한 자장에 원인 있다.
③ 용접전류에 의한 아크 주위에 발생하는 자장이 용접봉에 대하여 비대칭일 때 일어나는 현상이다.
④ 용접 중에 아크가 용접봉 방향에서 한쪽으로 쏠리는 현상이다

정답 14.② 15.③ 16.④ 17.① 18.④ 19.① 20.①

21 다음 기호에 대한 설명으로 틀린 것은?

① 이면 받침판을 사용하여 용접한다.
② 표면과 이면을 평면으로 가공한다.
③ 이면은 볼록 비드로 용접한 후 평면으로 가공한다.
④ 단면 V형 맞대기 용접 후 비드 표면을 평면으로 마감한다.

22 한 개의 용접봉을 살 붙일만한 길이로 구분해서 홈을 한 부분씩 여러 층으로 쌓아올린 다음 다른 부분으로 진행하는 용착법은? ★★

① 케스 케이드법   ② 빌드업법
③ 전진 블록법   ④ 스킵법

해설 전진 블록법

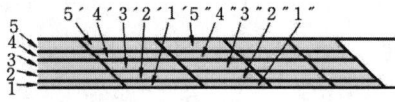

23 플라스마 아크용접에 사용되는 가스가 아닌 것은?

① 아르곤   ② 수소
③ 헬륨   ④ 암모니아

해설 플라즈마 아크용접에서 사용되는 가스는 아르곤, 헬륨, 수소, 질소, 공기 등이 사용한다.

24 이동식 전기기기에 감전 사고를 막기 위해 설치해야 하는 것은

① 전류 조절장치   ② 고압계
③ 접지 설비   ④ 전류계

25 이산화탄소 가스 아크용접에서 아크전압이 높을 때 비드 형상으로 맞는 것은? ★★

① 비드가 넓어지고 납작해진다.
② 비드가 넓어지고 볼록해진다.
③ 비드가 좁아지고 납작해진다.
④ 비드가 좁아지고 볼록해진다.

해설 이산화탄소 가스 아크용접에서 아크전압이 높아지면 비드가 넓어지고 납작해지며, 지나치게 전압이 높으면 기포가 발생된다.

26 MIG 용접에서 와이어 송급 방식(의 종류가)이 아닌 것은? ★★★

① 푸시 방식   ② 풀 방식
③ 푸시-풀 방식   ④ 포운 방식

해설 MIG 용접의 와이어 송급 방식 : ①, ②, ③ 외에 더블 푸시 풀 방식이 있다.

27 피복 아크용접에서 일반적으로 용접모재에 흡수되는 열량은 용접입열의 몇 %인가? ★★

① 40~50 %   ② 50~60 %
③ 75~85 %   ④ 90~100 %

28 화염 경화법의 장점으로 옳지 않은 것은?

① 부품의 크기나 형상에 제한이 없다.
② 일반 담금질법에 비해 담금질 변형이 적다.
③ 국부적인 담금질이 가능하다.
④ 각부의 경도가 균일하다.

해설 가열온도의 조절이 쉽지 않으므로 경도가 불균일하다.

정답 21.③ 22.③ 23.④ 24.③ 25.① 26.④ 27.③ 28.④

29 스케치시 부품의 표면에 광명단을 칠한 후 종이에 대고 눌러서 실제 모양을 뜨는 방법을 무엇이라고 하는가?

① 사진 촬영법　② 광명단 칠하기
③ 프린트법　　④ 모양뜨기법

30 인장시험에서 인장시험편의 규제 요건에 해당되지 않는 것은?

① 평행부의 길이　② 시험편의 지름
③ 시험편의 무게　④ 표점거리

[해설] 인장시험은 재료에 인장력을 가하여 늘어진 길이를 파악하여 인장, 항복, 연신률 등을 알아보는 시험으로 인장시험 규제 요건에 시험편의 무게는 해당하지 않는다.

31 아크 용접작업 중 전격이 될 수 있는 요소로서 가장 적합한 것은?

① 용접 열량이 클 때
② 어스의 접지가 불량할 때
③ 전류밀도가 낮을 때
④ 용접부가 클 때

32 일렉트로 슬래그 용접의 장점이 아닌 것은?

① 용접능률과 용접품질이 우수하므로 후판용접 등에 적당하다.
② 용접진행 중 용접부를 직접 관찰할 수 있다.
③ 최소의 변형과 최단시간의 용접법이다.
④ 다전극을 이용하면 더욱 능률을 높일 수 있다.

[해설] 일렉트로 슬래그 용접의 특징
① 용융 슬래그 중의 저항발열을 이용한다.
② 냉각속도가 느려 기공이나 슬래그 섞임은 적다.

③ 노치 취성이 크다.
④ 용접진행 중 용접부를 직접 관찰할 수 없다.

33 다음 겨냥도를 3각법으로 옳게 투상한 것은 어느 것인가?

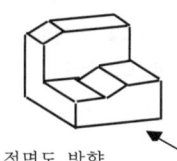
정면도 방향

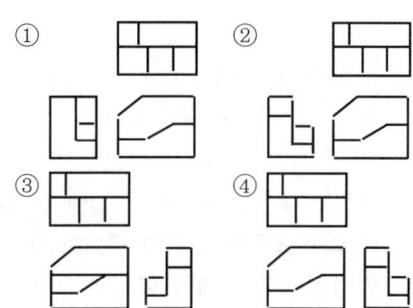

34 아크용접작업에 대한 설명 중 옳은 것은?

① 교류 용접기를 사용할 때에는 반드시 비피복 용접봉을 사용한다.
② 아크 빛은 용접재해 요소가 되지 않는다.
③ 가죽장갑은 감전의 위험이 크므로 면장갑을 착용한다.
④ 아크발생 도중에는 용접전류를 조정하지 않는다.

[해설] 아크 발생 중에 용접전류를 조정하면 용접기 고장 및 소손의 원인이 된다.

35 내열용 알루미늄 합금이 아닌 것은?

① 하이드로날륨 합금
② 로엑스(Lo-Ex) 합금
③ 코비탈륨 합금
④ Y 합금

정답　29.③　30.③　31.②　32.②　33.②　34.④　35.①

해설 하이드로날륨은 내식성이 가장 우수한 알루미늄 합금이다.

36 기체를 수천도의 높은 온도로 가열하면 그 속도의 가스원자가 원자핵과 전자로 분리되어 양(+)과 음(-)의 이온상태로 된 것을 무엇이라 하는가?

① 전자빔　　② 레이저
③ 플라스마　　④ 테르밋

해설 플라즈마 : 고온의 불꽃을 이용해서 절단, 용접하는 방법으로 10000~30000℃의 고온 플라즈마를 분출시켜 작업하는 방법

37 용접부 부근의 모재는 용접할 때 아크열에 의해 조직이 변하여 재질이 달라진다. 열영향부의 기계적 성질과 조직변화의 직접적인 요인으로 옳지 않은 것은?

① 용접기의 용량　② 모재의 화학성분
③ 냉각 속도　　　④ 예열과 후열

해설 용접기 용량과 열영향부는 큰 상관관계가 없다.

38 스테인리스강을 금속조직학적으로 분류할 때 종류가 아닌 것은?

① 마텐사이트계　② 펄라이트계
③ 페라이트계　　④ 오스테나이트계

39 KS 용접기호 'lll'로 도시되는 용접부 명칭은?

① 플러그 용접　② 수직 용접
③ 가장자리 용접　④ 스폿 용접

해설 ○ : 점(스폿) 용접을 의미한다.

40 충전가스 용기 중 암모니아가스 용기의 도색으로 맞는 것은? ★★

① 회색　　② 청색
③ 녹색　　④ 백색

해설
- 청색 : 탄산가스　・녹색 : 산소
- 백색 : 암모니아　・갈색 : 염소
- 황색 : 아세틸렌　・회색 : 아르곤, 프로판

41 탄소강에 함유된 구리의 영향으로 틀린 것은?

① Ar_1 변태점을 저하시킨다.
② 강도, 경도, 탄성한도를 증가시킨다.
③ 내식성을 저하시킨다.
④ 다량 함유하면 강재압연 시 균열의 원인이 되기도 한다.

해설 탄소강에 구리가 함유되면 내식성이 향상된다.

42 용접기에서 허용 사용률(%)을 나타내는 식은?

① $\dfrac{(정격2차전류)^2}{(실제의 용접전류)^2} \times 정격사용률$

② $\dfrac{(실제의 용접전류)^2}{(정격2차전류)^2} \times 100$

③ $\dfrac{(정격2차전류)}{(실제의 용접전류)} \times 정격사용률$

④ $\dfrac{(실제의 용접전류)}{(정격2차전류)} \times 100$

해설 허용사용률
$= \dfrac{(정격2차전류)^2}{(실제용접전류)^2} \times 정격사용률(\%)$

정답 36.③　37.①　38.②　39.③　40.④　41.③　42.①

43 불활성가스 금속 아크용접(MIG용접)의 전류 밀도는 피복아크용접에 비해 약 몇 배 정도인가? ★★

① 2배 ② 6배
③ 10배 ④ 12배

해설 MIG용접은 전류밀도가 아크용접의 6배, TIG용접의 2배, 서브머지드 아크용접과 동일한 높은 전류밀도를 사용하므로 후판용접에 적합하다.

44 피복 아크용접, TIG 용접처럼 토치의 조작을 손으로 함에 따라 아크길이를 일정하게 유지하는 것이 곤란한 용접법에 적용되는 특성은?

① 수하특성 ② 정전압 특성
③ 상승특성 ④ 단락특성

해설 정전압 특성 및 상승 특성은 자동 및 반자동 용접법에 적합한 특성이다.

45 델타메탈에 속하는 것은?

① 7 : 3 황동에 Fe 1~2%를 첨가한 것
② 7 : 3 황동에 Sn 1~2%를 첨가한 것
③ 6 : 4 황동에 Sn 1~2%를 첨가한 것
④ 6 : 4 황동에 Fe 1~2%를 첨가한 것

해설 철황동(델타메탈) : 6·4황동 + Fe1~2% 광산, 화학기계 등

46 그림과 같은 제3각 투상도의 입체도로 가장 적합한 것은?

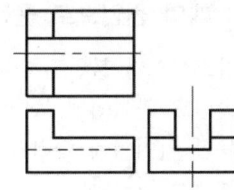

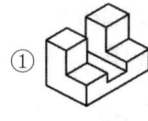 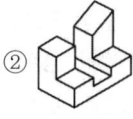
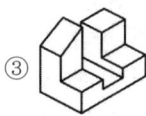 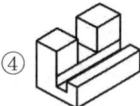

47 다음 중 CO_2 용접 토치의 부속품에 해당하지 않는 것은?

① 오리피스(orifice)
② 디퓨즈(difuse)
③ 콜릿(collet)
④ 콘택트 팁(contact tip)

해설 콜릿은 TIG 용접의 부속품이다.

48 다음 중 용접용 지그 선택의 기준(이 아닌 것으)로 적절하지 않은 것은? ★★★

① 용접 위치를 유리한 용접자세로 쉽게 움직일 수 있을 것
② 변형을 막아줄 만큼 견고하게 잡아줄 수 있을 것
③ 물품의 고정과 분해가 어렵고 청소가 편리할 것
④ 물체를 튼튼하게 고정 시켜 줄 크기와 힘이 있을 것

해설 용접 지그 : 모재를 고정시켜 주는 장치로 적당한 크기와 강도를 가지고 있어야하며, 물품의 고정과 분해가 쉽고 청소가 편리할 것

정답 43.② 44.① 45.④ 46.① 47.③ 48.③

49 다음 중 가스절단용 아세틸렌 가스가 갖추어야 할 성질로 옳지 않은 것은?

① 연소속도가 늦어야 한다.
② 연소 발열량이 커야 한다.
③ 불꽃의 온도가 높아야 한다.
④ 용융금속과 화학반응이 일어나지 않아야 한다.

해설 가연성 가스의 조건
① 불꽃의 온도가 높을 것
② 용융금속과 화학반응을 일으키지 않을 것
③ 연소속도가 빠를 것
④ 발열량이 클 것

50 수하특성에 관한 설명 중 가장 적당한 것은?

① 부하전류가 증가하면 단자전압이 저하하는 특성
② 부하전압이 증가하면 단자전압이 상승하는 특성
③ 아크전류가 증가 하여도 단자전압이 변하지 않는 특성
④ 부하전압이 변화 하여도 전압이 변화하지 않는 특성

51 일렉트로 슬래그 용접에서 용접기의 주체가 아닌 것은?

① 와이어 릴   ② 제어장치
③ 접촉 팁   ④ 용접 헤드

52 다음 중 산소용기의 각인 사항에 포함되지 않는 것은? ★★

① 내용적   ② 내압시험 압력
③ 가스충전 일시 ④ 용기의 번호

해설 가스 용기 각인
• 내용적 : V   • 내압시험 압력 : TP
• 최고 충전 압력 : FP
• 용기 중량 : W

53 아래 용접 이음 형상에 맞는 용접기호는?

① ╲╱   ② ╲╱
③ ∥   ④ ⊔

해설 ① : 가파르게 한쪽만 경사진(구, 개선각이 급격한 일면 개선형) 맞대기 용접
② : 가파르게 경사진(개선각이 급격한) V형 맞대기 용접

54 다음 중 용접 전 반드시 확인해야 할 사항으로 틀린 것은?

① 예열·후열의 필요성을 검토한다.
② 용접전류, 용접순서, 용접조건을 미리 선정한다.
③ 양호한 용접성을 얻기 위해서 용접부에 물로 분무한다.
④ 이음부에 페인트, 기름, 녹 등의 불순물이 없는지 확인 후 제거한다.

해설 용접부에 물을 뿌리면 급랭으로 경화하게 되므로 물을 분사해선 안된다.

55 탄산가스 아크 용접시 용접부에 기공이 생길 때의 원인으로 틀린 것은?

① 가스실드가 불완전하다.
② 솔리드 와이어에 녹이 있다.
③ 복합 와이어에 습기가 흡수되어 있다.
④ 용접전류가 낮다.

정답 49.① 50.① 51.① 52.③ 53.④ 54.③ 55.④

56 서브머지드 아크 용접에서 용제의 역할이 아닌 것은?

① 아크 안정
② 정련작용과 합금원소 첨가
③ 아크 주변 보호
④ 용락 방지

57 다음과 같은 용접보조 기호와 설명 중 틀린 것은?

① F : 줄 가공
② M : 기계 가공
③ C : 치핑
④ a : 목두께

[해설] F : 지정하지 않음
z : 목길이(각장)

58 다음 중 산소-프로판가스절단에서 혼합비의 비율로 가장 적절한 것은? ★★
(단, 표시는 산소 : 프로판으로 나타낸다.)

① 2 : 1   ② 3 : 1
③ 4.5 : 1   ④ 9 : 1

[해설] 산소 : 프로판 가스절단의 혼합비 = 4.5 : 1,
산소 : 아세틸렌 가스절단의 가스 혼합비 = 1 : 1

59 다음 중 서브머지드 아크용접의 장점에 해당되지 않는 것은?

① 용입이 깊다.
② 비드 외관이 아름답다.
③ 용융속도 및 용착속도가 빠르다.
④ 개선각을 크게 하여 용접 패스 수를 줄일 수 있다.

[해설] 서브머지드 아크용접의 장점
① 용착속도가 빠르고(수동용접의 10~20배) 용입(수동용접의 2~3배 정도)이 깊어 고능률적이다.
② 열효율이 높고, 비드 외관이 양호하고 용접금속의 품질을 좋게 한다.
③ 용접 패스 수를 줄일 수 있다.

60 테르밋 용접시 점화제로 사용되는 것은?

① 산화철과 산화니켈
② 이산화망간과 알루미늄
③ 과산화바륨과 마그네슘
④ 산화철과 알루미늄

[해설] 로에 알루미늄 분말과 산화철 분말인 테르밋제를 넣고 마그네슘이나 과산화바륨의 점화제를 사용하여 점화해야 테르밋제가 발열반응을 빨리 하게 된다.

정답 56.④ 57.① 58.③ 59.④ 60.③

제4회 피복아크용접기능사 CBT 기출복원 문제

• 기출복원 문제란?
CBT시행에 따라 저자께서 수검자들의 도움으로 최대한 유형에 가깝게 복원한 문제입니다.

01 용접 작업 중 감전되었을 때 허용전류가 20 ~ 50(mA) 라면 인체에 미치는 영향은 어떠한가?

① 고통을 수반한 쇼크를 느낀다.
② 고통을 느끼고 강한 근육 수축이 일어나며 호흡이 곤란하다.
③ 고통을 느끼고 가까운 근육이 저려서 움직이지 않는다.
④ 순간적으로 사망할 위험이 있다.

해설
- 1mA : 감전을 조금 느낄 정도
- 5mA : 상당히 아픔
- 20mA : 근육의 수축, 호흡곤란, 피해자가 회로에서 떨어지기 힘듦

02 그림과 같은 구조물의 도면에서 (A), (B)의 단면도의 명칭은?

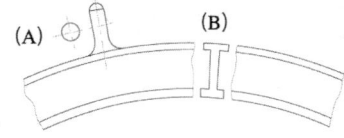

① 온 단면도
② 변환 단면도
③ 회전도시 단면도
④ 부분 단면도

해설 회전도시 단면도는 핸들, 벨트 풀리, 기어 등과 같은 바퀴의 암, 림, 리브, 훅, 축, 구조물의 부재 등의 절단면은 회전시켜 표시하는 것이다.

03 불활성가스 금속 아크(MIG) 용접시 사용하는 차광유리의 차광도 번호로 가장 알맞은 것은? ★★★

① 2 ~ 3
② 5 ~ 6
③ 12 ~ 13
④ 18 ~ 20

해설 미그용접은 12 ~ 13번 차광유리를 사용한다.

04 두랄루민(duralumin)의 합금 성분은? ★★★

① Al+Cu+Sn+Zn
② Al+Cu+Si+Mo
③ Al+Cu+Ni+Fe
④ Al+Cu+Mg+Mn

해설 두랄루민 : 알루미늄에 구리, 마그네슘, 망간을 섞어 만들어서 가벼우며, 구리가 있어 내식성이 떨어지지만, 경도가 높고 기계적 성질이 우수하여 항공기나 경주용 자동차 등을 만드는데 쓰인다.

05 CO_2(이산화탄소 가스) 아크용접에서 용착속도에 따른 내용 중 틀린 것은?

① 와이어 용융속도는 와이어의 지름과는 거의 관계가 없다.
② 용접속도가 빠르면 모재의 입열이 감소한다.
③ 용착률은 일반적으로 아크전압이 높은 쪽이 좋다.
④ 와이어 용융속도는 아크전류에 거의 정비례하며 증가한다.

정답 01.② 02.③ 03.③ 04.④ 05.③

해설 용착률은 아크전압과는 큰 상관관계가 없으며, 전류와 관계가 깊다.

06 용접설계시 주의 사항으로 틀린 것은?

① 이음부에서 될 수 있는 한 모멘트가 작용하지 않도록 한다.
② 국부적으로 열이 집중되도록 한다.
③ 현저하게 서로 다른 부재끼리 용접하지 않는다.
④ 용접이음의 형식과 응력집중을 항상 고려해야 한다.

07 다음 중 주로 입계부식에 의해서 손상을 입는 (금속재료는 무엇인가)것은? ★★

① 황동
② 18-8 스테인리스강
③ 청동
④ 다이스강

해설 18%Cr-8%Ni강 : 내식성이 가장 우수하며, 가공성이 좋고, 용접성우수, 열처리 불필요. 염산, 황산에 취약, 결정입계부식 발생하기 쉽다.

08 다음 중 아크에어 가우징에 관한 서술이 옳지 않은 것은?

① 탄소 아크절단에 압축공기를 병용한 방법이다.
② 가스 가우징보다 작업능률이 2-3배 높다.
③ 전원은 직류 정극성을 이용한다.
④ 모재에 나쁜 영향도 거의 없으며 철, 비철 어느 경우에도 사용된다.

해설 아크 가우징은 직류 역극성을 이용한다.

09 플라스마 아크용접시 매우 적은 양의 수소(H_2)를 혼입하여도 용접부가 약화될 위험성이 높은 재질은?

① 티탄
② 연강
③ 니켈합금
④ 알루미늄

해설 티탄 용접시에는 소량의 수소의 혼입만으로도 용접부가 약화될 위험성이 높다

10 다음 중 PT(침투 탐상 검사법)의 장점이 아닌 것은?

① 제품의 크기, 형상 등에 크게 구애 받지 않는다.
② 고도의 숙련이 요구되지 않는다.
③ 검사체의 표면이 침투제와 반응하여 손상되는 제품도 탐상 할 수 있다.
④ 시험 방법이 간단하다.

해설 ③은 단점에 해당된다.

11 기계제도에서의 척도에 대한 설명으로 잘못된 것은? ★★★

① 도면을 정해진 척도값으로 그리지 못하거나 비례하지 않을 때에는 척도를 'NS'로 표시할 수 있다.
② 척도는 표제란에 기입하는 것이 원칙이다.
③ 축적은 2 : 1, 5 : 1, 10 : 1 등과 같이 나타난다.
④ 척도란 도면에서의 길이와 대상물의 실제길이의 비이다.

해설
• 배척 : 2 : 1, 5 : 1, 10 : 1 등과 같이 나타낸다.
• 축척 : 1 : 2, 5 : 1, 10 : 1으로 나타낸다.

정답 06.② 07.② 08.③ 09.① 10.③ 11.③

12 TIG용접에서 아크발생이 용이하며 전극의 소모가 적어 직류 정극성에는 좋으나 교류에는 좋지 않은 것으로 주로 강, 스테인리스강, 동합금 용접에 사용되는 전극봉은?

① 토륨 텅스텐 전극봉
② 순 텅스텐 전극봉
③ 니켈 텅스텐 전극봉
④ 지르코늄 텅스텐 전극봉

해설 토륨 1~2% 함유 텅스텐 전극봉

13 다음 중 홈 가공에 관한 설명으로 옳지 않은 것은?

① 능률적인 면에서 용입이 허용되는 한 홈각도는 작게 하고 용착 금속량도 적게 하는 것이 좋다.
② 용접균열이라는 관점에서 루트간격은 클수록 좋다.
③ 자동용접의 홈 정도는 손 용접보다 정밀한 가공이 필요하다.
④ 홈 가공의 정밀도는 용접능률과 이음의 성능에 큰 영향을 끼친다.

해설 용접 홈 가공시 유의 사항
㉠ 피복아크용접에서 54~70°가 적당하다.
㉡ 루트간격이 좁을수록 용접균열 발생이 적다.

14 맞대기용접 이음에서 모재의 인장강도는 $392N/mm^2$이며, 용접시험편의 인장강도가 $440N/mm^2$일 때 이음효율은 몇 %인가? ★★

① 104.4 %   ② 112.2 %
③ 125.0 %   ④ 150.0 %

해설 $= \dfrac{용착금속강도}{모재인장강도} \times 100$, ∴ $\dfrac{45}{40} \times 100 = 112.2$ %

15 용접에 의한 수축 변형의 방지법 중 비틀림 변형 방지법으로 적절하지 않은 것은?

① 지그를 활용하며, 집중 용접을 피한다.
② 표면 덧붙이를 필요 이상 주지 않는다.
③ 가공 및 정밀도에 주의하며, 조립 및 이음의 맞춤을 정확히 한다.
④ 용접 순서는 구속이 없는 자유단에서부터 구속이 큰 부분으로 진행한다.

해설 용접순서는 구속이 큰 부분에서 구속이 없는 자유단으로 진행한다.

16 다음 중 유도방사에 의한 광의 증폭을 이용하여 용융하는 용접법은? ★★

① 서브머지드 아크용접
② 맥동 용접
③ 레이저 용접
④ 스터드 용접

해설 레이저 용접은 레이저에서 얻어진 강렬한 에너지를 가진 단색광선을 이용하여 접합하는 용접법이다.

17 금속아크용접시 지켜야 할 유의사항 중 적합하지 않은 것은? ★★

① 용접전류는 적정하게 조절하고 정리정돈을 잘한다.
② 작업 시작 전에는 메인 스위치를 작동시킨 후에 용접기 스위치를 작동시킨다.
③ 작업이 끝나면 항상 메인 스위치를 먼저 끈 후에 용접기 스위치를 꺼야 한다.
④ 아크 발생시에는 항상 안전에 신경을 쓰도록 한다.

정답 12.① 13.② 14.② 15.④ 16.③ 17.③

해설 스위치를 켤 때는 메인 스위치, 벽스위치, 용접기 스위치 순으로 켜며, 끌 때는 용접기 스위치, 벽스위치, 메인 스위치 순으로 끈다.

18 아래 그림에서 탄소강을 아크용접 한 매크로 조직 용접부 중 열영향부를 나타낸 곳은?

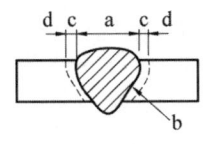

① a   ② b
③ c   ④ d

해설 그림에서 열영향부는 c이다.

19 용접기의 도선에 용량이 작은 것을 사용하는 경우 두드러지게 발생하는 현상은?

① 전압이 높아져 발열량이 많아지므로 용접이 더 잘 된다.
② 모재가 가열되어 용접부가 경화된다.
③ 전압이 낮아져 아크가 불안정하게 되고 도선에서 열이 난다.
④ 전압이 높고 열 집중력이 양호하다.

20 주철의 성장 원인이 아닌 것은? ★★

① 흡수되는 가스의 팽창으로 인해 항복되어 생기는 팽창
② 불균일한 가열로 생기는 균열에 의한 팽창
③ Fe_3C 흑연화에 의한 팽창
④ 고용된 원소인 Mn의 산화에 대한 팽창

해설 주철의 성장 원인은 ①, ②, ③ 외에 고용된 Si의 산화에 의한 팽창이 있다.

21 TIG 용접 토치는 공랭식과 수냉식으로 분류되는데 공랭식 토치의 경우 일반적으로 몇 A정도 까지 사용하는가?

① 200 A   ② 380 A
③ 450 A   ④ 650 A

해설 공랭식 토치는 200A 이하의 비교적 낮은 전류에 사용되며 수냉식 토치는 650A까지 높은 전류에 사용된다.

22 기계적 접합법을 용접법과 비교할 때, 용접법의 장점으로 옳지 않은 것은?

① 작업공정이 단축되며 경제적이다.
② 기밀성, 수밀성, 유밀성이 우수하다.
③ 재료가 절약되고 중량이 가벼워진다.
④ 이음효율이 낮다.

해설 용접은 이음효율이 양호하다.

23 용접제품 조립 중에 V홈 맞대기 이음 홈의 간격이 5mm 정도 벌어졌을 때 홈의 보수 및 용접방법으로 가장 적합한 것은?

① 그대로 용접한다.
② 뒷판을 대고 용접한다.
③ 덧살올림 용접 후 가공하여 규정 간격을 맞춘다.
④ 치수에 맞는 재료로 교환하여 루트간격을 맞춘다.

해설 루트간격별 보수 용접
• 루트간격 6~16mm : 6mm 정도의 뒷댐판을 대서 용접한다.
• 루트간격 16mm 이상 : 판의 전부 또는 일부를 대체한다.

정답 18.③ 19.③ 20.④ 21.① 22.④ 23.③

24 그림과 같이 가공 전 또는 가공 후의 모양을 표시하는데 사용하는 선을 형상에 따라 나타낸 선의 명칭은?

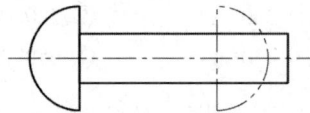

① 굵은 1점 쇄선   ② 가는 1점 쇄선
③ 가는 2점 쇄선   ④ 굵은 2점 쇄선

해설 가상선은 가공 전 또는 가공 후의 모양 표시, 인접부분을 참고로 표시, 되풀이 하는 것을 나타내는데 사용하는 선으로 가는 2점 쇄선을 사용한다.

25 다음 그림에서 우측면도로 가장 적합한 것은?

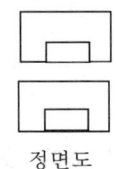
정면도

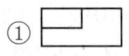
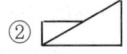

26 교류아크용접기의 종류에 속하지 않는 것은? ★★★★

① 가동 코일형   ② 가동 철심형
③ 전동기 구동형 ④ 탭 전환용

해설 교류 아크용접기 종류 : ①, ②, ④ 외에 가포화 리액터형이 있다.
직류 아크용접기 : ③, 정류기형, 엔진 구동형.

27 합금강에서 고온 크리프 강도를 높게 하는 원소는?

① O   ② S
③ Mo ④ H

해설 • Mo : 담금질깊이, 크리프 저항, 내식성 증가, 뜨임취성 방지

28 용접균열 방지를 위한 일반적인 사항으로 옳지 않는 것은? ★★

① 좋은 강재를 사용한다.
② 응력집중을 피한다.
③ 용접부에 노치를 만든다.
④ 용접시공을 잘한다.

해설 노치 : 응력집중으로 균열을 발생할 수 있다.

29 다음 중 용접시 용착 금속의 응고를 지연시켜 급랭을 방지하는 이유와 가장 거리가 먼 것은?

① 급랭에 의한 균열을 방지할 수 있다.
② 용접부에 담금질 경화가 되는 현상을 줄일 수 있다.
③ 기공, 슬래그 혼입 등 결함의 원인을 방지할 수 있다.
④ 전기 용접의 경우 소요되는 전력을 줄일 수 있다.

해설 응고를 지연시키는 것과 소요 전력은 무관하다.

30 고탄소강을 공구용 강재로 사용하는 목적으로 가장 적합한 것은?

① 경도와 내마모성을 필요로 하기 때문에
② 인성과 연성이 필요하기 때문에
③ 피로와 충격에 견디어야 하기 때문에
④ 표면 경화를 할 목적으로

해설 고탄소강은 탄소 함유량이 많은 탄소강을 말하며, 대체적으로 0.5~1.7%의 C를 함유한 것으로 경도와 내마모성이 강하다.

정답 24.③ 25.② 26.③ 27.③ 28.③ 29.④ 30.①

31 다음 중 용접부의 파괴 시험에서 아이조드식 시험기로 사용하는 시험방법은?

① 경도 시험 ② 충격 시험
③ 굽힘 시험 ④ 피로 시험

해설 충격 시험은 인성과 취성(메짐)을 알아보기 위하여 하는 시험법으로, 샤르피형, 아이조드형 시험이 있다.

32 용접모재와 전극 사이의 아크열을 이용하는 방법으로 용접 작업에서의 주된 에너지원에 속하는 용접열원은?

① 가스 에너지 ② 전기 에너지
③ 기계적 에너지 ④ 충격 에너지

해설
• 가스 에너지 이용 : 가스절단
• 기계적 에너지 이용 : 마찰압접
• 충격 에너지 이용 : 폭발 압접

33 모재 열영향부의 인성과 노치 취성 악화의 원인 중 가장 거리가 먼 것은?

① 용접봉이 부적당할 때
② 냉각속도가 너무 빠를 때
③ 이음 설계가 부적당할 때
④ 모재로부터 탄소 합금 원소가 과도하게 가해졌을 때

34 이산화탄소 가스 아크용접에 대한 설명으로 틀린 것은?

① 비용극식 용접방법이다.
② 가시 아크이므로 시공이 편리하다.
③ 전류밀도가 높아 용입이 깊다.
④ 용제를 사용하지 않아 슬래그 혼입이 없다.

해설 이산화탄소 아크용접법은 와이어(전극 역할)가 소모되므로 용극식 또는 소모식 용접법이라 한다.

35 다음 중 치수 보조기호와 설명의 연결이 옳은 것은?

① SR : 구의 반지름
② R : 정사각형의 변
③ □ : 반지름
④ ∅ : 참고치수

해설 ∅ : 원의 지름

36 다음 중 피복 아크용접용 기구가 아닌 것은?

① 주행 대차 ② 용접용 홀더
③ 접지 클램프 ④ 전극 케이블

해설 주행대차는 자동용접에서 사용된다.

37 국부 풀림법의 가열장치는?(단 용접 후 처리에서)

① arc 열 ② 저항열
③ 마찰열 ④ 유도 가열

38 용접기의 아크발생을 7분간 하고 3분간 쉬었다면(아크 발생 정지 시간이었다면), 사용률은 몇 % 인가? ★★★

① 25 % ② 40 5
③ 55 % ④ 70 %

해설 용접기 사용률
$= \dfrac{아크발생시간}{아크발생시간+아크정지시간} \times 100$
$= \dfrac{7}{10} \times 100 = 70\%$

정답 31.② 32.② 33.③ 34.① 35.① 36.① 37.④ 38.④

39 일반적으로 도면을 접을 때 도면의 어느 것이 겉으로 드러나게 정리해야 하는가?

① 부품표가 있는 부분
② 어떻게 하여도 좋다
③ 조립도가 있는 부분
④ 표제란이 있는 부분.

해설 A4 용지 이상의 도면의 경우 표제란이 위로(겉으로) 향하게 도면을 접어야 된다.

40 일반적으로 많이 사용되는 용접 변형 방지법이 아닌 것은?

① 비녀장법　② 억제법
③ 도열법　　④ 역변형법

해설 용접 전 변형 방지법
① 역변형법 : 용접 전에 변형을 예측하여 미리 반대로 변형시킨 후 용접.
② 억제법 : 구속 지그 및 가접을 실시하여 변형을 억제할 수 있도록 한 것
③ 비녀장법 : 주철의 보수 용접시 사용하는 보수 방법의 하나이다.

41 강을 담금질할 때 다음 냉각액 중에서 냉각효과가 가장 빠른 것은? ★★

① 기름　　② 공기
③ 물　　　④ 소금물

해설 담금질시 냉각능 크기 순서 : 소금물 > 물 > 기름 > 공기

42 보호가스의 공급 없이 와이어 자체에서 발생한 가스에 의해 아크 분위기를 보호하는 용접법은? ★★

① 일렉트로 슬래그 용접
② 플라즈마 용접
③ 논 가스 아크용접
④ 테르밋 용접

해설 논 실드 가스 아크용접 : 용착금속을 보호하기 위해 실드 가스나 용제를 사용하지 않고 와이어만으로 아크를 발생시켜 용접하는 방법

43 아크길이에 대한 설명이다. 틀린 것은?

① 아크길이가 짧아지면 발열량이 감소한다.
② 아크길이가 짧아지면 아크가 불안정해진다.
③ 아크길이가 길어지면 발열량이 증가한다.
④ 아크길이는 일반적으로 심선 지름과 같이하는 것이 좋다.

44 암이나 리브 등을 도형 내에 단면 도시할 때 절단한 곳에 겹쳐서 단면 형상을 그리는 경우 사용하는 선은?

① 가는 실선　② 파선
③ 굵은 실선　④ 가상선

해설 암이나 리브 등을 도형 내에 단면 도시 할 때 절단한 곳에 겹쳐서 단면 형상을 그리는 경우에는 가는 실선으로 도시하고, 도형 외에 단면을 도시할 때에는 굵은 실선을 사용한다.

45 일반적으로 구리(Cu)가 강(steel)에 비해 우수한 점이 아닌 것은?

① 화학적 저항력이 적어 부식이 용이
② 전기 및 열의 전도성이 양호
③ 전연성이 풍부하고 가공이 용이
④ 아름다운 광택과 귀금속 성질이 우수

해설 구리는 강에 비해 화학적 저항력이 커서 부식이 잘 안된다.

정답 39.④　40.①　41.④　42.③　43.②　44.①　45.①

46 다음은 조립순서 및 가접에 관한 사항이다 틀린 것은?

① 가접에는 본 용접보다 더 지름이 약간 가는 용접봉을 사용하는 것이 좋다.
② 수축이 큰 맞대기 이음을 먼저 용접하고 다음에 필릿용접을 하도록 한다.
③ 본용접을 실시할 홈 안에 가접을 하는 것은 원칙적으로 바람직하지 못하다.
④ 큰 구조물에서는 구조물의 끝에서 중앙으로 향하여 용접을 실시한다.

47 가스절단시 예열불꽃의 역할에 대한 설명으로 틀린 것은?

① 절단산소 운동량 유지
② 절단산소 순도 저하 방지
③ 절단개시 발화점 온도 가열
④ 절단재의 표면 스케일 등의 박리성 저하

해설 적당한 예열불꽃은 절단재의 표면스케일 등의 박리성을 향상시킨다.

48 직류 아크용접의 설명 중 올바른 것은?

① 용접봉을 양극, 모재를 음극에 연결하는 경우를 정극성이라고 한다.
② 역극성은 용입이 깊다.
③ 역극성은 두꺼운 판의 용접에 적합하다.
④ 정극성은 용접 비드의 폭이 좁다.

해설 역극성은 용입이 얕아 박판 용접에 적합하다.

49 다음 중 기계적 압력, 마찰, 진동에 의한 열을 이용하는 용접방식이 아닌 것은?

① 마찰 압접   ② 피복 아크용접
③ 초음파 용접 ④ 냉간 압접

해설 피복 아크용접은 전기적 에너지를 이용한 용접법이다.

50 그림과 같은 입체를 화살표 방향을 정면으로 하여 제3각법으로 투상한 도면 중 틀린 것은?

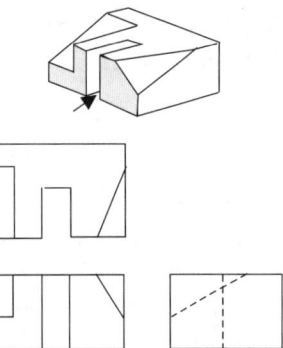

① 평면도   ② 정면도
③ 우측면도   ④ 틀린 것 없음

해설 우측면도의 경사선이 실선으로 표시되어야 된다.

51 다음 중 가스 실드계의 대표적인 용접봉으로 비드 표면이 거칠고 스패터가 많으며 수직상진, 하진 및 위보기 용접에서 우수한 작업성을 가지고 있는 용접봉은?

① E4301   ② E4311
③ E4313   ④ E4316

해설 E4301, E4316 : 슬래그 생성식

52 두께가 3.2mm 인 박판을 CO_2 가스 아크 용접법으로 맞대기용접을 하고자 한다. 용접전류 100A를 사용할 때, 이에 가장 적합한 아크전압(V)의 조정 범위는?

① 10 ~ 13(V)   ② 18 ~ 21(V)
③ 23 ~ 26(V)   ④ 28 ~ 31(V)

정답 46.④ 47.④ 48.④ 49.② 50.③ 51.② 52.②

해설 박판의 아크전압 계산식
$V_0 = 0.04 \times I + 15.5 \pm 1.5$
$= 0.04 \times 100A + 15.5 \pm 1.5 = 18 \sim 21(V)$
(후판의 아크전압 $V_0 = 0.04 \times I + 20 + 2.0$)

53 합금강이 탄소강에 비하여 향상되는 성질이 아닌 것은?

① 전·자기적 성질 ② 담금질성
③ 열전도율   ④ 내식·내마멸성

해설 합금의 특징
① 강도, 경도, 담금질 효과 증가, 연성, 전성 작아진다.
② 전기전도율, 열전도율 낮아지고, 내식성이 불량해진다.
③ 담금질 효과가 크다.

54 AW-300, 무부하 전압 80V, 아크전압 20V인 교류용접기를 사용할 때, 다음 중 역률과 효율을 올바르게 구한 것은? (단, 내부손실을 4.5kW라 한다.)

① 역률 : 80.0%, 효율 : 20.6%
② 역률 : 20.6%, 효율 : 80.0%
③ 역률 : 60.0%, 효율 : 41.7%
④ 역률 : 43.8%, 효율 : 57.1%

해설 역률과 효율 계산
㉠ 역률 $= \dfrac{소비전력}{전원입력} \times 100$
$= \dfrac{300 \times 20 + 4500}{300 \times 80} \times 100 = 43.75$
㉡ 효율 $= \dfrac{아크출력}{소비전력} \times 100$
$= \dfrac{300 \times 20}{300 \times 20 + 4500} \times 100 = 57.14$

55 다음 투상도 중 표현하는 각법이 다른 하나는?

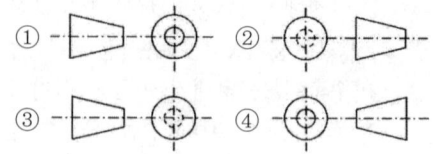

해설 ③은 1각법 표현, 나머지는 3각법 표현이다.

56 다음 중 용접법에 있어 융접에 해당하는 것은?

① 테르밋 용접   ② 저항 용접
③ 심용접   ④ 유도가열 용접

해설 융접은 어떤 열에 의하던 모재가 반드시 용융되어야 하며, 용접봉이나 와이어(필요에 따라 재살) 등의 용가재를 첨가하여 용융시키는 용접법이다.
②, ③, ④ : 모두 압접에 속한다.

57 강의 표면 경화법에 있어 침탄법과 질화법에 대한 설명으로 틀린 것은?

① 침탄법은 경도가 질화법보다.
② 질화법은 침탄법에 비하여 경화에 의한 변형이 적다.
③ 침탄법은 고온가열시 뜨임되고, 경도는 낮아진다.
④ 질화법은 질화처리 후 열처리가 필요 없다.

해설 침탄법은 질화법보다 경도가 낮으나, 재처리가 가능하며, 질화법은 한번 처리하면 재처리가 불가능하다.

정답 53.③ 54.④ 55.③ 56.① 57.①

58 그림과 같은 제3각법에 의한 정투상도의 입체도로 가장 적합한 것은?

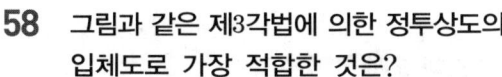

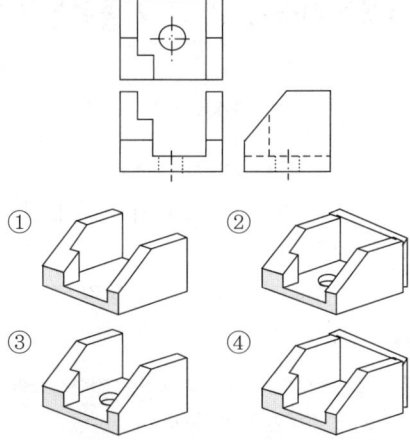

59 담금질한 철강을 A1 변태점 이하의 일정한 온도로 가열하여 인성을 증가시킬 목적으로 조작하는 열처리법은?

① 뜨임 ② 불림
③ 풀림 ④ 담금질

해설
- 저온 뜨임 : 담금질 응력 제거와 경도를,
- 고온 뜨임 : 인성 향상을 목적으로 한다.

60 용접부의 미소한 균열이나 작은 구멍들을 신속하고 용이하게 검출하는 방법으로 바자성 재료에 많이 이용하는 시험법은?

① 형광침투 검사 ② X선투과 검사
③ 초음파 검사   ④ 자기 검사

해설 형광침투 검사 : 침투탐상시 침투액에 형광물질을 넣은 침투제를 사용하는 방법으로 미세한 결함 측정에 유용하며, 검사시 어두운 곳에서 블랙라일트를 사용하여 검사한다.

정답 58.③ 59.① 60.①

제4회 이산화탄소가스아크용접기능사/가스텅스텐아크용접기능사 CBT 기출복원문제

• 기출복원 문제란?
CBT시행에 따라 저자께서 수검자들의 도움으로 최대한 유형에 가깝게 복원한 문제입니다.

01 가스절단 작업에서 드래그에 대한 설명으로 옳지 않은 것은?

① 하나의 드래그라인의 시작점에서 끝점까지의 수평 거리를 드래그 또는 드래그길이라 한다.
② 드래그 길이는 절단속도, 산소소비량 등에 의해 변화 한다.
③ 표준 드래그 길이는 보통 판두께의 50% 정도이다.
④ 절단면에 일정한 간격의 곡선이 진행방향으로 나타나 있는 것을 드래그라인이라 한다.

해설 표준 드래그 길이는 판두께의 $\frac{1}{5}$(20%) 정도이다.

02 다음 중 판금작업에서 적용하는 방법이 아닌 것은?

① 평행선 전개법   ② 사각형 전개법
③ 삼각형 전개법   ④ 방사선 전개법

해설 전개도법에 사각형 전개법은 없다.

03 가스절단에서 절단속도에 대한 설명으로 틀린 것은?

① 모재의 온도가 높을수록 절단속도는 고속절단이 가능하다.
② 절단산소의 압력이 낮고 산소 소비량이 적을수록 절단속도는 정비례하여 증가한다.
③ 산소=프로판 가스절단시 절단속도는 절단산소의 분출상태와 속도에 따라 좌우된다.
④ 99% 이상 산소의 순도가 높으면 절단속도가 빠르다.

해설 절단속도를 높이기 위해서는 절단산소의 압력과 산소 소비량을 증가시킨다.

04 서브머지드 아크용접에 사용되는 용융형 용제에 대한 설명으로 옳은 것은?

① 용융시 분해되거나 산화되는 원소를 첨가할 수 있다.
② 미용융 용제는 다시 사용이 불가능하다.
③ 흡수성이 거의 없으므로 재건조가 불필요하다.
④ 화학적 균일성이 양호하다.

해설 서브머지드 아크용접 용제의 종류
㉠ 용융형 : 흡습성이 적다. 소결형에 비해 좋은 비드를 얻을 수 있다.
㉡ 소결형 : 흡습성이 가장 높다. 비드 외관이 용융형에 비해 나쁘다.
㉢ 혼성형 : 용융형 + 소결형

05 다음 중 피복아크용접에 비교한 가스메탈 아크용접(GMAW)법의 특징으로 틀린 것은? ★★

① 용접봉을 교체하는 작업이 불필요하기 때문에 능률적이다.
② 슬래그가 없으므로 슬래그 제거시간이

정답 01.③ 02.② 03.② 04.③ 05.③

절약된다.
③ 과도한 스패터로 인해 용접재료의 손실이 있어 용착효율이 약 60% 정도이다.
④ 전류밀도가 높기 때문에 용입이 크다.

해설 가스 메탈 아크용접(GMAW, MIG)의 용착효율은 98% 정도이다.

06 40.6 리터의 산소 용기에 $150kgf/cm^2$으로 산소를 충전하여 대기 중에서 환산하면 산소는(대기압 환산용적은, 용기 속의 산소량은) 몇 리터 L인가? ★★★★

① 5055 ② 6090
③ 7077 ④ 8088

해설 산소의 양 = 내용적×기압 = 40.6×150 = 6090

07 다음 중 플라즈마 아크용접에 적합한 모재로 짝지어진 것이 아닌 것은? ★★

① 텅스텐 – 백금
② 스테인리스강 – 탄소강
③ 티탄 – 구리
④ 티탄 – 니켈 합금

해설 텅스텐이나 백금은 전자 빔 용접, 레이저 용접 등에 적합하다.

08 그림에서 A부분의 가는 실선을 사용하여 대각선으로 그린 "X" 부분이 의미하는 것은?

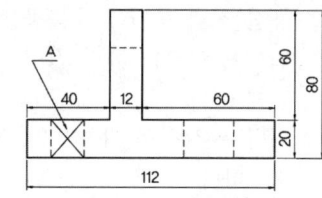

① 사각뿔 ② 평면
③ 원통면 ④ 대칭면

해설 도면에서 평면을 표시할 때에는 가는 실선으로 대각선을 그려서 나타낸다.

09 산화철 분말과 Al 분말을 혼합한 배합제에 점화하면 반응열이 약 2800℃에 달하며, 레일이음에 주로 사용되는 용접법은?

① 일렉트로 가스 용접
② 테르밋 용접
③ 스폿 용접
④ 심용접

해설 테르밋제의 점화제로 과산화바륨, 알루미늄, 마그네슘 등의 혼합분말이 사용된다.

10 가스 저장실의 환기 구멍을 아랫부분에 뚫어야 할 경우가 있는데, 그것은 다음 중 어느 경우인가?

① 탄산가스를 저장할 때
② 프로판 가스를 사용할 때
③ 불활성 가스인 헬륨이나 아르곤 가스를 저장할 때
④ 아세틸렌 가스를 저장할 때

해설 공기보다 무거운 프로판 가스의 경우 누설되었을 때 밑으로 내려가므로 아래에 환기구를 설치해야 된다.

11 다음 사항 중 맞지 않는 것은?

① 산소용기의 고압밸브는 천천히 연다.
② 조정기의 출구에 호수를 연결했을 때는 클램프를 사용한다.
③ 산소 조정기를 수리했을 때는 작동을 원활하게 하기 위해 기름을 친다.
④ 산소 조정기의 수리는 전문가에 의뢰한다.

정답 06.② 07.① 08.② 09.② 10.② 11.③

12 다음 투상도중 평면도로 바른 것은?

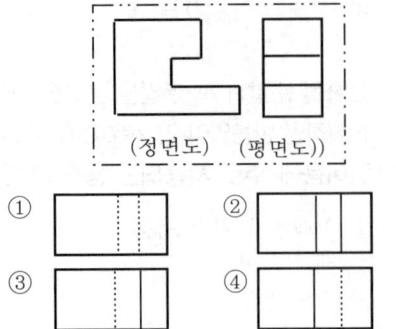

13 다음 중 TIG 용접에 있어 직류 정극성에 관한 설명으로 틀린 것은?

① 용입이 깊고, 비드 폭은 좁다.
② 극성의 기호를 DCSP로 나타낸다.
③ 산화피막을 제거하는 청정 작용이 있다.
④ 모재에는 양(+)극을, 홀더(토치)에는 음(-)극을 연결한다.

해설 TIG용접에서 청정작용은 직류역극성, 아르곤가스를 사용할 때 나타난다. 특히, 알루미늄 용접시 많이 발생하지만 알루미늄의 경우는 고주파 교류를 사용한다.

14 알루미늄 용접봉과 그 용도를 설명한 것이다. 틀린 것은

① A 6063=알루미늄-마그네슘-규소계
② A 5052=알루미늄-마그네슘계
③ A 1260= 순 알루미늄
④ A 4047=알루미늄-망간계

해설 A1000 : 순A계,   A2000 : Al-Cu계,
A3000 : Al-Mn계, A4000 : Al-Si계,
A5000 : Al-Mg계, A6000 : Al-Mg-Si계,
A7000 : Al-Zn계, A8000 : 기타

15 다음 중 아세틸렌 가스와 접촉하여도 폭발성 화합물을 생성하지 않는 것은?

① Fe   ② Hg
③ Ag   ④ Cu

해설 아세틸렌 가스와 구리, 은, 수은 등이 접촉하면 폭발성 화합물이 생성될 수 있다.

16 가스절단 중에 역류 현상이 토치 안에서 일어났을 경우 적당한 응급 조치는?

① 산소가스 밸브를 닫고, 아세틸렌 가스 밸브를 닫는다.
② 빨리 산소 밸브를 연다.
③ 산소와 아세틸렌 가스의 밸브를 동시에 연다.
④ 토치를 수중에 넣어 산소를 적게 내면서 냉각시킨다.

해설 역류는 아세틸렌 압이 낮을 때 고압산소에 의해 역류가 생기므로 산소 밸브를 먼저 잠그는 것이 좋다.

17 다음 중 용접 구조물의 본용접에 대하여 설명한 것 중 맞지 않는 것은? ★★★

① 용접 시단부의 기공 발생 방지 대책으로 핫 스타트(hot start)장치를 설치한다.
② 구조물의 끝 부분이나 모서리, 구석부분과 같이 응력이 집중되는 곳에서 용접봉을 갈아 끼우는 것을 피하여야 한다.
③ 용접 작업 종단에 수축공을 방지하기 위하여 아크를 빨리 끊어 크레이터를 남게 한다.
④ 위빙 폭은 심선 지름의 2~3배 정도가 적당하다.

해설 크레이터 부분을 채우지 않고 남게 하면 균열 발생의 우려가 있다.

정답 12.③ 13.③ 14.④ 15.① 16.① 17.③

18 텅스텐 전극봉의 종류에 해당되지 않는 것은? ★★

① 순 텅스텐
② 1% 토륨 텅스텐
③ 3% 토륨 텅스텐
④ 지르코늄 텅스텐

해설 텅스텐 전극봉 종류에는 순텅스텐, 지르코늄 텅스텐, 1% 토륨 텅스텐, 2% 토륨 텅스텐이 있다.

19 다음 중 MIG 용접의 용적이행 형태에 대한 설명으로 옳은 것은?

① 용적이행 중 가장 많이 사용되는 것은 입상 이행이다.
② 스프레이 이행은 저전압, 저전류에서 아르곤 가스를 사용하는 경합금 용접에 주로 나타난다.
③ 입상 이행은 와이어보다 큰 용적으로 용융되어 이행하며 주로 CO_2가스를 사용할 때 나타난다.
④ 직류 정극성일 때 스패터가 적고 용입이 깊게 되며 용적이행이 안정한 스프레이 이행이 된다.

해설 스프레이 이행은 고전압, 고전류에서 얻어지고 가장 많이 사용되며 직류 정극성에서는 아크가 불안정하게 되어 많이 사용하지 않는다.

20 다음 중 가스절단의 조건으로서 올바르지 않는 것은?

① 예열 불꽃의 세기는 절단이 가능한 한 최소로 한다.
② 절단속도는 가급적 늦게 하는 것이 좋다.
③ 절단면의 말단부가 남지 않을 정도의 드래그를 표준 드래그라 한다.
④ 수동절단시 팁 거리는 예열 불꽃의 백심 끝이 모재 표면에서 1.5~2.0mm 정도가 좋다.

21 다음 중 분말절단을 나타낸 것은?

① 상온 절단   ② 용제 절단
③ 수중 절단   ④ 산소창 절단

22 나사의 표시가 옳게 된 것은 어느 것인가?

① 좌, 2줄 M25×2-6H
② 좌, 1줄 M25-2-6g
③ 2줄, 좌 M25×2-A
④ 좌, M25×2-2줄

23 서브머지드 아크용접기로 스테인리스강 용접, 덧살 붙임용접 등을 할 때 사용하는 용접용 용제(flux)는?

① 혼합형 용제   ② 혼성형 용제
③ 소결형 용제   ④ 용융형 용제

해설 일반적으로 소결형 용제가 많이 사용되고 있다.

24 주철, 비철금속 등 가스절단이 어려운 재료를 절단하기 위하여 용재를 절단 산소에 혼입하여 절단을 용이하게 하여 절단하는 절단방법은 어느 것인가?

① TIG 절단
② 플라스마 제트 절단
③ 분말 절단
④ 산소창 절단

해설 일반 가스 절단으로는 절단이 곤란한 금속에 고압산소에 용제나 분말을 첨가하여 절단하는 방법이 좋다.

정답 18.③ 19.③ 20.② 21.② 22.① 23.③ 24.③

25 주철의 일반적인 특성에 대한 설명으로 틀린 것은?

① 금속재료 중에서 단위 무게당의 값이 싸다.
② 인장강도, 휨 강도 및 충격값은 크나, 압축강도는 작다.
③ 주조성이 우수하며, 크고 복잡한 것도 제작할 수 있다.
④ 주물의 표면은 굳고 녹이 잘 슬지 않는다.

해설 주철은 인장강도, 휨 강도 및 충격값은 작아 취성이 크나, 압축강도는 크다.

26 캘밋(Kelmet) 합금에 대한 설명으로 옳지 않은 것은? ★★

① 구리와 납의 합금이다.
② 저속, 저하중용 베어링에 많이 사용한다.
③ 화이트메탈보다 내 하중성이 크다.
④ 축에 대한 적응성이 우수하다.

해설 켈밋 : Cu + Pb 30~40% 고속 고하중용 베어링 재료. 베어링에 사용되는 대표적인 구리합금

27 500~600℃까지 가열해도 뜨임효과에 의해 연화 되지 않고 고온에서도 경도의 감소가 적은 특징이 있는 절삭 공구강은?

① 스프링강   ② 게이지용강
③ 고속도강   ④ 다이스강

해설 고속도강(SKH) : 고속절삭 가능, 600℃ 경도 유지, HSS(하이스)라고도 부르며, 표준형 고속도강의 성분은 W-4Cr-1V-0.8C이다.

28 보조기호와 설명의 연결이 틀린 것은?

① $\emptyset$: 지름   ② SR : 구의 반지름
③ S$\emptyset$: 원의 지름   ④ □ : 정사각형

해설 S$\emptyset$: 구의 지름

29 현장에서 서브머지드 아크용접의 간이 백킹법 중 철분 충진제의 사용목적으로 틀린 것은?

① 아크를 안정시키고 용착량을 적게 한다.
② 양호한 이면 비드를 형성시킨다.
③ 슬래그의 용융금속의 선행을 방지한다.
④ 홈의 정밀도를 보충해 준다.

해설 철분 충진제를 사용하는 목적은 홈의 정밀도를 보충하고 슬래그의 용융금속의 선행을 방지하여, 양호한 이면 비드를 얻기 위해서이다.

30 가스 질화법에서 직접 질화층을 형성하지는 않으나 질화효과를 크게 하는 원소는?

① Cu   ② Al
③ W   ④ Ni

해설 질화법
① 가스 중에서 제품을 500℃ 정도에서 일정시간 가열 유지하면, 고온에서 NH_3가 분해하여 생기는 활성 N가 강의 표면에 침입하는 것
② Al, Cr, Mo 등이 질화물을 형성하여 아주 경한 경화층을 얻을 수 있다.

31 다음 CO_2가스 아크용접법 중 복합 와이어법(용제가 들어있는 와이어 CO_2법)이 아닌 것은? ★★★★

① NCG법   ② 유니언 아크법
③ 아코스 아크법 ④ SYG법

해설 ㉠ 솔리드 와이어 혼합 가스법
$CO_2 + O_2$법, $CO_2 + Ar$법, $CO_2 + Ar + O_2$법
㉡ 용제가 들어있는 와이어 CO_2법
버나드 아크용접(NCG법), 퓨즈 아크, 아코스 아크법(컴파운드 와이어), 유니언 아크법

정답 25.② 26.② 27.③ 28.③ 29.① 30.② 31.④

32 용접 시공 전 예열을 하는 목적으로 옳지 않은 것은?

① 용접 작업성의 향상을 위하여
② 고탄소강이나 합금강 열영향부의 경도를 높게 하기 위하여
③ 용접금속 및 열영향부의 연성 또는 인성을 향상시키기 위하여
④ 용접부의 수축 변형 및 잔류 응력을 경감시키기 위하여

해설 예열을 하면 고탄소강이나 합금강 열영향부의 경도는 낮아진다.

33 다음 중 불활성 가스 금속 아크(MIG) 용접에서 주로 사용되는 보호 가스는?

① Ar   ② CO
③ O_2 ④ H

해설 불활성 가스 금속 아크용접에서 주로 사용되는 가스는 아르곤(Ar)이다.

34 일반 구조용 압연강재 SS275 에서 275가 의미하는 것은?

① 최대 압축강도   ② 최저 압축강도
③ 최저 항복강도   ④ 최저 인장강도

해설 SS41→SS400→SS275 : 41 : 최저 인장강도 41kgf/mm^2, 400 : 최적 인장강도 400N/mm^2, 275 : 최저 항복강도 275N/mm^2(MPa)이다.

35 다음 중 D급 화재에 해당하는 것은?

① 일반 화재   ② 유류 화재
③ 전기 화재   ④ 금속 화재

해설
• 일반 화재 : A급 화재, 종이, 모개 등의 화재
• 전기 화재 : C급 화재, 전기 등에 의한 화재
• 금속 화재 : D급 화재, 금속 분말 등에 의한 화재

36 다음 중 순철의 동소체가 아닌 것은?

① α철   ② β철
③ γ철 ④ δ철

해설 β철은 없다.

37 Cu 합금 중 7 : 3 황동의 주요 성분비율을 바르게 나타낸 것은?

① Cu : 30%, Al : 70%
② Cu : 30%, Zn : 70%
③ Cu : 70%, Al : 30%
④ Cu : 70%, Zn : 30%

해설 7·3황동 : Cu70%, Zn30%, 연신률 최대, 탄피, 장식품 등

38 담금질 강의 경도 증가와 시효변형 방지를 목적으로 하는 심랭처리(subzero treatment)는 몇 ℃의 온도에서 처리하는 것을 말하는가?

① 0℃ 이하   ② 300℃ 이하
③ 600℃ 이하   ④ 800℃ 이상

해설 심행(sub zero) 처리 : 초저온처리, 영하처리라고도 함

39 다음 도면은 정면도와 우측면도이다. 여기에 가장 적합한 평면도는?

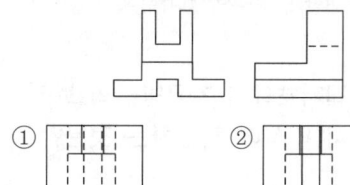

정답 32.② 33.① 34.③ 35.④ 36.② 37.④ 38.① 39.④

③ [figure] ④ [figure]

40 다음 용접부의 결함 중 치수상의 결함에 해당되지 않는 것은?
① 가로 수축　② 각 변형
③ 회전 수축　④ 언더컷

41 저항용접을 이음형상에 따라 분류할 때 맞대기 용접에 속하는 것은? ★★
① 업셋 용접　② 스폿 용접
③ 심용접　　④ 프로젝션 용접

해설
- 겹치기 용접 : 점용접, 프로젝션 용접, 심용접
- 맞대기 용접 : 업셋용접, 플래시용접, 버트심용접, 포일심용접, 퍼커션 용접

42 다음 중 60 ~ 70% 니켈(Ni) 합금으로 내식성, 내마모성이 우수하여 터빈날개, 펌프 임펠러 등에 사용 되는 것은?
① 콘스탄탄(Constantan)
② 모넬메탈(Monel metal)
③ 커프로니켈(Cupro nickel)
④ 문쯔 메탈(Muntz metal)

해설
㉠ 콘스탄탄 : Cu + Ni 40 ~ 50% 함유, 전기저항이 크고, 온도계수가 작다. 전기 저항선, 열전쌍으로 많이 사용
㉡ 모넬메탈 : Cu + Ni 65 ~ 70% 함유, 내열성, 내식성, 내마멸성, 연신률이 크다. 터빈날개, 펌프임펠러 등에 사용

43 용접기호에서 가공방법의 보조기호 중에서 연삭에 해당하는 것은?
① C　② F
③ G　④ M

해설 C : 치핑, F : 지정하지 않음,
M : 절삭, 기계 가공

44 피복 아크 용접기의 보수에 관한 사항으로 옳지 않은 것은?
① 전환탭 및 전환 나이프 끝 등 전기적 접속부는 자주 샌드페이퍼 등으로 다듬질한다.
② 용접기는 밀폐되지 않아 내부에 먼지가 쌓이므로 걸레를 잘 빨아 수시로 청소한다.
③ 조정 손잡이, 냉각용 선풍기 등에는 때때로 주유해야 한다.
④ 용접 케이블 등의 파손된 부분은 즉시 절연 테이프로 감아 절연시킨다.

45 Zn(아연)과 그 합금에 대한 설명으로 틀린 것은?
① 주조성이 나쁘므로 다이캐스팅용에 사용되지 않는다.
② 아연 합금에는 Zn−Al계, Zn−Al−Cu계 및 Zn−Cu계 등이 있다.
③ 조밀 육방 격자형이며 청백색으로 연한 금속이다.
④ 주조한 상태의 아연은 인장강도나 연신률이 낮다.

해설 아연과 아연합금
① 비중 7.13, 용융점 419℃
② 대기 중에 습기가 이산화탄소 작용을 받아 표면에 염기성 탄산염의 얇은 막이 생기므로 내부를 보호한다.

정답 40.④ 41.① 42.② 43.③ 44.② 45.②

46 성분이 같은 탄소강을 담금질함에 있어서 질량의 대소에 따라 담금질 효과가 다른 현상을 무엇이라 하는가?

① 자연 효과 ② 담금 효과
③ 경화 효과 ④ 질량 효과

해설 질량 효과 : 강재의 크기에 따라 내외부의 가열 및 냉각 속도의 차이로 인하여 담금질 효과가 변하는 것

47 다음 중 피복 아크용접이 가장 어려운 금속재료는?

① 탄소강 ② 주철
③ 주강   ④ 티탄

해설 보기 중에서 용접이 가장 어려운 재료는 티탄이다. 불활성 가스 아크용접을 이용하여 티탄을 용접한다.

48 판두께가 보통 6mm 이하인 경우에 사용되는 용접 홈의 형태로 가장 적합한 것은?

① 정방(I, 평)형 ② 단면 V형
③ 단면 U형   ④ 양면 V(X)형

해설 단면 V형은 6~20mm 정도의 판에 적용한다.

49 용접부의 시험법 중에서 크리프 시험은 무슨 시험에 해당(속)하는가? ★★

① 기계적 시험 ② 물리적 시험
③ 금속학적 시험 ④ 화학적 시험

해설
• 물리적 시험 : 물성 시험(비중, 점성, 표면장력, 탄성 등), 열특성 시험(팽창, 비열, 열전도), 전기, 자기 특성 시험(저항, 기전력, 투자율 등)
• 기계적 시험 : 인장 시험, 굽힘 시험, 경도 시험, 크리프 시험, 충격시험, 피로 시험 등
• 금속학적 시험 : 육안 조직시험, 파면 시험, 설퍼 프린트 시험 등

• 화학적 시험 : 화학분석시험, 부식시험, 함유 수소 시험 등

50 용접결함의 종류 중 치수상의 결함으로 옳지 않은 것은?

① 선상조직 ② 변형
③ 치수 오차 ④ 각도 불량

해설
• 치수상 결함 : 변형, 용접 금속부 크기 및 형상 부적당
• 구조상 결함 : 기공, 비금속 또는 슬래그 섞임, 용입불량, 융합불량, 오버랩, 언더컷, 균열 등
• 성질상 결함 : 인장강도, 항복강도 부족, 연성 부족, 피로강도 부족 등

51 CO_2 가스 아크용접시 이산화탄소의 농도가 3~4%일 때 인체에 미치는 영향으로 가장 적합한 것은? ★★

① 두통, 뇌빈혈을 일으킨다.
② 위험상태가 된다.
③ 치사량이 된다.
④ 아무렇지도 않다.

해설 이산화탄소의 농도
• 8~10% : 운동력이 떨어진다.
• 11% 이상 움직이지 못한다. 2분 이내 마비, 30분 이내 사망 위험
• 17% 이상 : 즉시 사망

52 맞대기용접에서 용접기호는 기선에 대하여 90°의 평행선을 그려 나타내며, 얇은 판에 많이 사용되는 홈의 용접은?

① 단면 V홈 용접 ② 양면V(X)홈 용접
③ 정방(I) 홈 용접 ④ 양면U(H)홈 용접

해설 정방(I, 평)형은 용접기호의 기선에 수직으로 2줄을 그어 나타내며, 보통 mm 이하의 얇은 판에 적용하는 홈의 형상이다.

정답 46.④ 47.④ 48.① 49.① 50.① 51.① 52.③

53 나사 표시기호 "L 2N M50×2 - 6h"의 설명에 대한 사항으로 틀린 것은? ★★★

① M : 유니파이나사
② 50 : 나사 지름 50mm
③ 2 : 나사의 피치
④ 6h : 나사의 등급

해설 L : 왼나사, 2N : 2줄나사, M : 미터 보통 나사, 50 : 나사 호칭지름, 2 : 나사 피치,

54 불활성 가스 금속 아크(MIG) 용접의 특징 설명으로 옳지 않은 것은?

① 바람의 영향을 받으므로 방풍대책이 필요하다.
② TIG 용접에 비해 전류밀도가 높아 용융속도가 빠르고 후판용접에 적합하다.
③ 각종 금속용접이 가능하다.
④ TIG 용접에 비해 전류밀도가 낮아 용접속도가 느리다.

해설 MIG 용접의 특징
① MIG 용접은 주로 직류 역극성이며 정전압특성(CP특성), 상승특성을 가지고 있다.
② TIG 용접에 비해 전류밀도가 높아 용접속도가 빠르다.

55 용접시 예열을 하는 목적으로 가장 거리가 먼 것은? ★★

① 균열의 방지
② 기계적 성질의 향상
③ 변형, 잔류응력의 감소
④ 화학적 성질의 향상

해설 예열의 목적
① 온도분포가 완만하게 되어 열응력의 감소로 변형과 잔류응력의 발생을 적게 한다.
② 냉각속도를 느리게 하여 수소 방출을 촉진하고, 취성 및 균열을 방지한다.

56 용접부를 끝이 구면인 해머로 가볍게 때려 용착 금속부의 표면에 소성 변형을 주어 인장응력을 완화시키는 잔류 응력 제거법은? ★★

① 피닝법
② 노내 풀림법
③ 저온 응력 완화법
④ 기계적 응력 완화법

해설 피닝법 : 용접부를 연속적으로 타격하여 표면상에 소성변형을 주어 응력을 제거하는 방법

57 플라스마 아크용접장치에서 아크 플라스마의 냉각가스로 쓰이는 것은?

① Ar + 공기의 혼합가스
② Ar + O_2의 혼합가스
③ Ar + 아세틸렌의 혼합가스
④ Ar + H_2의 혼합가스

해설 플라스마 아크용접장치에서 아크 플라스마의 냉각가스로 쓰이는 것은 아르곤과 수소의 혼합가스이다.

58 기계제도에서 대상물의 보이지 않는 부분의 모양을 표시하는 선의 종류는?

① 파선
② 1점 쇄선
③ 굵은 실선
④ 가는 실선

해설 선의 용도와 종류
㉠ 치수선 : 가는 실선 : 치수를 기입하는데 사용되는 선
㉡ 기준선 : 가는 1점 쇄선 : 위치 결정의 근거가 되는 것을 명시할 때 사용하는 선
㉢ 숨은선 : 가는 파선, 굵은 파선 : 보이지 않는 부분을 나타내는 선

정답 53.① 54.④ 55.④ 56.① 57.④ 58.①

59 점용접의 종류가 아닌 것은?

① 직렬식 점용접 ② 인터랙 점용접
③ 맥동 점용접 ④ 원판식 점용접

해설 점용접 : 두 전극 사이에 용접물을 넣고 가압하면서 전류를 통하여 접촉부분의 저항열로 융합하는 용접

60 다음 용접법 중 비용극식(비소모식) 전극을 사용하는 방법은?

① TIG 용접
② 피복 아크용접
③ 탄산가스 아크용접
④ 서브머지드 아크용접

해설 TIG 용접은 비소모성 용접으로 전극봉의 소모가 많지 않다.

정답 59.④ 60.①

제5회 피복아크용접기능사 CBT 기출복원 문제

• 기출복원 문제란?
CBT시행에 따라 저자께서 수검자들의 도움으로 최대한 유형에 가깝게 복원한 문제입니다.

01 서브머지드 아크용접에 사용되는 용접용 용제 중 용융형 용제에 대한 설명으로 옳은 것은? ★★

① 화학적 균일성이 양호하다.
② 미용융 용제는 다시 사용이 불가능하다.
③ 흡수성이 거의 없으므로 재건조가 불필요하다.
④ 용융 시 분해되거나 산화되는 원소를 첨가할 수 있다.

해설 서브머지드 아크용접 용제의 종류
① 용융형 : 흡습성이 적다. 소결형에 비해 좋은 비드를 얻을 수 있다.
② 소결형 : 흡습성이 가장 높다. 비드 외관이 용융형에 비해 나쁘다.
③ 혼성형 : 용융형 + 소결형

02 다음 중 일반적으로 모재의 용융선 근처의 열영향부에서 발생되는 균열이며 고탄소강이나 저합금강을 용접할 때 용접열에 의한 열영향부의 경화와 변태응력 및 용착금속 속의 확산성 수소에 의해 발생되는 균열은?

① 비드 밑 균열   ② 루트 균열
③ 설퍼 균열   ④ 크레이터 균열

해설 루트 균열 : 용접 첫 층의 루트 근방에 생기는 결함. 열영향부의 조직이나 용접부의 수소 함유량에 따라 발생할 수 있다.

03 피복 아크용접 결함 중 용착 금속의 냉각 속도가 빠르거나, 모재의 재질이 불량 할 때 일어나기 쉬운 결함으로 가장 적당한 것은?

① 용입불량   ② 언더컷
③ 오버랩   ④ 선상조직

해설 선상조직 : 모재 불량, 용착금속의 과냉

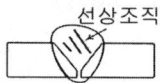

04 다음 중 CO_2 가스 아크용접시 작업장의 이산화탄소 체적 농도가 3 ~ 4%일 때 인체에 일어나는 현상으로 가장 적절한 것은?

① 두통 및 뇌빈혈을 일으킨다.
② 위험상태가 된다.
③ 치사량이 된다.
④ 아무렇지도 않다.

05 다음 중 용접 결함에서 구조상 결함에 속하는 것은?

① 기공
② 인장강도의 부족
③ 변형
④ 화학적 성질 부족

해설 구조상 결함 : 기공 및 피트, 슬래그 섞임, 용입불량(부족), 언더컷, 오버랩, 균열, 선상조직, 은점 등

정답 01.③ 02.① 03.④ 04.① 05.①

06 다음 중 이산화탄소(솔리드) 아크용접의 특징에 대한 설명으로 틀린 것은? ★★

① 전류밀도가 높아 용입이 깊다.
② 자동 또는 반자동 용접은 불가능하다.
③ 용착금속의 기계적, 금속(야금)학적 성질이 우수하다.
④ 가시 아크이므로 용융지의 상태를 보면서 용접할 수 있어 시공이 편리하다.

해설 자동 및 반자동이 가능하며, 용제를 사용하지 않아 슬래그의 혼입이 없고, 용융 속도가 빠르나, 바람의 영향을 받는다.

07 TIG 용접법의 설명으로 틀린 것은?

① 텅스텐 전극을 사용한다.
② 비금속 심선을 사용하는 비소모식이다.
③ 아르곤 가스 분위기에서 용접한다.
④ 특수 아크용접법의 일종이다.

08 다음 중 응급처치의 구명 4단계에 속하지 않는 것은? ★★★

① 쇼크방지
② 지혈
③ 상처보호
④ 균형유지

해설 응급처치 구명 4단계
지혈 → 기도확보, 심박동 유지 → 쇼크방지, 처치 → 상처보호, 투약

09 다음 중 저탄소강의 용접에 관한 설명으로 틀린 것은?

① 용접균열의 발생 위험이 크기 때문에 용접이 비교적 어렵고, 용접법의 적용에 제한이 있다.
② 피복 아크용접의 경우 피복아크용접봉은 모재와 강도 수준이 비슷한 것을 선정 하는 것이 바람직하다.
③ 판의 두께가 두껍고 구속이 큰 경우에는 저수소계 계통의 용접봉이 사용된다.
④ 두께가 두꺼운 강재일 경우 적절한 예열을 할 필요가 있다.

해설 용접균열의 발생 위험이 있는 것은 고탄소강 용접이다.

10 아크용접 작업 중 감전이 되었을 때 전류가 몇 mA 이상이 인체에 흐르면 심장마비를 일으켜 순간적으로 사망할 위험이 있는가?

① 5
② 10
③ 15
④ 50

11 다음 중 급열, 급랭에 의한 열응력이나 변형, 균열을 방지하기 위해 용접 전에 실시하는 작업은?

① 예열
② 청소
③ 가공
④ 후열

12 다음 중 홈 가공에 관한 설명으로 옳지 않은 것은?

① 능률적인 면에서 용입이 허용되는 한 홈각도는 작게 하고 용착 금속량도 적게 하는 것이 좋다.
② 용접균열이라는 관점에서 루트간격은 클수록 좋다.
③ 자동용접의 홈 정도는 손 용접보다 정밀한 가공이 필요하다.
④ 홈 가공의 정밀도는 용접능률과 이음의 성능에 큰 영향을 끼친다.

해설 용접 홈 가공시 유의 사항
① 피복아크용접에서는 54~70°도가 적당하다.
② 루트간격이 좁을수록 용접균열 발생이 적다.

정답 06.② 07.② 08.④ 09.① 10.④ 11.① 12.②

13 다음 중 용접 시공에 있어 각 변형의 방지 대책으로 틀린 것은?

① 구속지그를 활용한다.
② 용접속도를 느리게 한다.
③ 역변형의 시공법을 활용한다.
④ 개선 각도는 작업에 지장이 없는 한도 내에서 작게 하는 것이 좋다.

14 맞대기 이음에서 판두께가 6mm, 용접선의 길이가 120mm, 하중 7000kgf에 대한 인장응력은 약 얼마인가?

① 9.7 kgf/mm^2 ② 8.5 kgf/mm^2
③ 9.1 kgf/mm^2 ④ 7.6 kgf/mm^2

해설 인장응력 = $\frac{인장하중}{단면적}$ = $\frac{7000}{6 \times 120}$
= 9.7kgf/mm^2

15 다음 중 무색, 무취, 무미와 독성이 없고, 공기 중에 약 0.94% 정도를 포함하는 불활성 가스는?

① 헬륨(He) ② 아르곤(Ar)
③ 네온(Ne) ④ 크립톤(Kr)

해설 아르곤(Ar) 가스 : 비활성 기체이며 공기 중에 0.94% 존재해 비활성기체 중에서 가장 많이 존재한다.

16 다음 중 기밀, 수밀을 필요로 하는 탱크의 용접이나 배관용 탄소 강관의 관 제작 이음용접에 가장 적합한 접합법은?

① 심용접   ② 스폿 용접
③ 업셋 용접 ④ 플래시 용접

해설 ① : 점용접의 막대전극 대신 회전하는 롤러에 의해 연속적으로 점용접을 하는 방법

17 용접부의 시험법 중 기계적 시험법에 해당하는 것은?

① 부식시험
② 육안조직 시험
③ 현미경 조직 시험
④ 피로시험

해설 기계적 시험의 종류 : 굽힘, 경도, 인장, 충격시험 등

18 다음 중 겹치기 저항 용접에 있어서 접합부에 나타나는 용융 응고된 금속 부분을 무엇이라 하는가? ★★

① 용융지   ② 너깃(nugget)
③ 크레이터   ④ 언더컷

해설 박판의 대량 생산에 적당, 접합부의 일부가 녹아 바둑알 모양처럼 생긴 것을 너깃(nugget)이라고 한다.

19 다음 중 금속 산화물과 정제된 고체 알루미늄 파우더의 혼합 때 발생하는 과정에서 용접열이 얻어지고, 용융된 금속이 용가제로 되는 발열 반응으로 형성된 점화를 이용한 용접법은?

① 플라스마 아크용접
② 테르밋 용접
③ 플래시 버트 용접
④ 프로젝션 용접

20 다음 중 제2도 화상에 관한 설명으로 가장 적절한 것은?

① 피부가 붉게 되고 따끔거리는 통증을 수반하는 화상으로 피부층 중의 가장 바깥층인 표피의 손상만 가져온 화상
② 표피와 진피 모두 영향을 미친 화상으

정답 13.② 14.① 15.② 16.① 17.④ 18.② 19.② 20.②

로 피부가 빨갛게 되며 통증과 부어오름이 생기는 화상
③ 표피와 진피, 하피까지 영향을 미쳐서 검게 되거나 반투명 백색이 되고 피부 표면 아래 혈관을 응고시키는 현상
④ 표피와 진피조직이 탄화되어 검게 변한 경우이며 피하의 근육, 힘줄, 신경 또는 골조직까지 손상을 받는 화상

21 다음 방화대책의 구비조건 중 틀린 것은?
① 화재 경보기, 소화기
② 비상구, 방화사
③ 방화벽, 스프링 클러
④ 출입 표시, 스위치 관 설치

22 용해 아세틸렌 용기를 취급할 때의 주의사항으로 틀린 것은?
① 충격을 가해서는 안된다.
② 화기 가까이에 설치해서는 안된다.
③ 소금물로 누설검사를 한다.
④ 반듯이 세워서 사용한다.

23 탄소 아크 절단에 관한 설명 중 틀린 것은?
① 보통은 직류 정극성이 사용된다.
② 교류라도 절단이 안되는 것은 아니다.
③ 수랭식 홀더는 전격 때문에 사용해선 안된다.
④ 전극봉 표면에 구리 도금을 한다.

24 다음 중 속이 빈 피복봉을 사용하며, 절단속도가 빨라 철강구조물 해체, 특히 수중 해체 작업에 이용되는 절단 방법은?
① 산소 아크절단
② 금속 아크절단
③ 탄소 아크절단
④ 플라즈마 아크절단

해설 산소 아크 절단 : 중공의 피복봉을 사용하여 아크를 발생시키고 중심부에서 산소를 분출시켜 절단하는 방법, 전원으로는 직류정극성이 사용되나, 교류도 사용가능하다.

25 다음 중 고셀룰로스계 연강용 피복 아크 용접봉에 관한 설명으로 틀린 것은?
① 슬래그가 적어 좁은 홈의 용접에 좋다.
② 가스 실드에 의한 아크 분위기가 환원성이므로 용착 금속의 기계적 성질이 양호하다.
③ 수직 상진, 하진 및 위보기 자세 용접에서 우수한 작업성을 나타낸다.
④ 사용전류는 슬래그 실드계 용접봉에 비해 10~15% 높게 사용한다.

26 다음 중 가스절단에서 절단용 산소의 순도가 저하되거나 불순물이 증가되면 나타나는 현상으로 볼 수 없는 것은?
① 절단속도가 빨라진다.
② 절단면이 거칠어진다.
③ 산소의 소비량이 많아진다.
④ 슬래그의 이탈성이 나빠진다.

해설 산소에 불순물이 증가하게 되면 절단속도가 느려지고, 산소의 소비량이 증가한다.

27 다음 중 교류 아크용접기의 종류별 특성으로 가변저항의 변화를 이용하여 용접전류를 조정하는 형식은?
① 탭 전환형
② 가동 코일형
③ 가동 철심형
④ 가포화 리액터형

28 아크 용접에 관한 안전사항으로 옳지 않는 것은?

① 작업 중 앞치마나 작업복에 불이 붙어 있지 않는가 주의한다.
② 용접봉을 갈아 끼울 때는 신중히 한다.
③ 홀더의 케이블은 되도록 길게 하여야 한다.
④ 케이블의 피복이 찢어졌으면 곧 수리한다.

29 다음 중 피복 아크용접 회로의 주요 구성요소로 볼 수 없는 것은?

① 접지케이블   ② 전극케이블
③ 용접봉 홀더   ④ 콘덴싱 유닛

해설 피복금속 아크용접기의 회로
용접기 → 전극케이블 → 홀더 → 용접봉 → 아크 → 모재 → 접지케이블 → 용접기

30 금속과 금속을 충분히 접근시키면 그들 사이에 원자 간의 인력이 작용하여 서로 결합한다. 다음 중 이러한 결합을 이루기 위해서는 원자들을 몇 도 정도까지 접근시켜야 하는가?

① 10^{-6}승   ② 10^{-7}승
③ 10^{-8}승   ④ 10^{-9}승

31 다음 중 산소 및 아세틸렌 용기의 취급방법으로 적절하지 않는 것은? ★★★

① 산소용기의 밸브, 조정기, 도관, 취부구는 반드시 기름이 묻은 천으로 깨끗이 닦아야 한다.
② 산소용기의 운반 시는 충격을 주어서는 안된다.
③ 산소용기 내에 다른 가스를 혼합하면 안 되며, 산소 용기는 직사광선을 피해야 한다.
④ 아세틸렌 용기는 세워서 사용하며 병에 충격을 주어서는 안된다.

해설 산소 용기 취급시 주의사항
① 충격을 주지 않으며, 밸브 동결시 온수나 증기를 사용하여 녹인다.
② 산소용기 밸브, 조정기 등은 기름천으로 닦으면 안된다. 사용이 끝난 용기는 실병과 구분하여 보관한다.

32 다음 중 기계적 압력, 마찰, 진동에 의한 열을 이용하는 용접방식이 아닌 것은?

① 마찰 압접   ② 피복 아크용접
③ 초음파 용접   ④ 냉간 압접

33 다음 중 용접부품에서 일어나기 쉬운 잔류응력을 감소시키기 위한 열처리법은?

① 완전풀림 (full annealing)
② 연화풀림 (softeing annealing)
③ 응력제거풀림 (stress annealing)
④ 확산풀림 (diffusion annealing)

해설 응력제거풀림 : 용접부품, 단조강, 주조강, 냉간가공 부품, 담금질한 강의 잔류응력을 제거하기 위해 일반적으로 500~650℃ 정도에서 가열한 후 서냉하는 열처리.

34 용접이나 단조 후 편석 및 잔류응력을 제거하여 균일화시키거나 연화를 목적으로 하는 열처리방법은?

① 담금질(quenching)
② 뜨임(tempering)
③ 불림(normalizing)
④ 풀림(annealing)

정답 28.③ 29.④ 30.③ 31.① 32.② 33.③ 34.④

35 다음 중 아크가 발생하는 초기에 용접봉과 모재가 냉각되어 있어 아크가 불안정하기 때문에 아크발생을 쉽게 하기 위하여 아크 초기에만 용접전류를 특별히 크게 하는 장치는? ★★★★

① 핫스타트장치　② 고주파발생장치
③ 원격제어장치　④ 전격방지장치

해설 핫 스타트 장치는 아크가 발생하는 초기에 용접봉과 모재가 냉각되어 있어 용접입열이 부족하여 아크가 불안정하므로 아크 초기만 용접전류를 높게 하는 장치

36 다음 중 플라즈마(plasma)아크 용접의 특징으로 볼 수 없는 것은?

① 용접속도가 빠르므로 가스의 보호가 불충분하다.
② 용접부의 금속학적, 기계적 성질이 좋으며 변형도 적다.
③ 핀치 효과에 의해 전류 밀도가 작아지므로 용입이 얕고 비드 폭이 넓어진다.
④ 무부하 전압이 일반 아크 용접기의 2~5배 정도 높다.

37 다음의 담금질 조직 중 경도가 가장 높은 것은?

① 마텐사이트　② 오스테나이트
③ 트루스타이트　④ 소르바이트

해설 담금질 조직 중에서 경도가 가장 높은 것은 마텐사이트 이다.

38 아세틸렌은 각종 액체에 잘 용해되는데 벤젠에서는 몇 배의 아세틸렌 가스를 용해하는가?

① 4　② 14
③ 6　④ 25

해설 아세틸렌 가스는 물과 같은 양, 석유에는 2배, 벤젠에는 4배, 알코올에는 6배, 아세톤에는 25배 용해된다.

39 다음 중 토치를 이용하여 용접부분의 뒷면을 따내거나 강재의 표면 결함을 제거하며 U형, H형의 용접 홈을 가공하기 위하여 깊은 홈을 파내는 가공법은?

① 산소창 절단　② 가스 가우징
③ 분말 절단　④ 스카핑

40 다음 중 아크의 길이가 너무 길었을 때 일어나는 현상과 가장 거리가 먼 것은?

① 아크가 불안정하다.
② 스패터가 감소한다.
③ 산화 및 질화가 일어나기 쉽다.
④ 열의 집중 불량, 용입불량의 우려가 있다.

해설 아크가 길면 스패터가 증가한다.

41 다음 중 비중은 4.5 정도이며 가볍고 강하며 열에 잘 견디고 내식성이 강한 특징을 가지고 있으며 융점이 1670℃ 정도로 높고 스테인리스강보다도 우수한 내식성 때문에 600℃ 까지 고온 산화가 거의 없는 비철금속은?

① 티타늄(Ti)　② 아연(Zn)
③ 크롬(Cr)　④ 마그네슘(Mg)

해설 티탄과 티탄합금
① 비중 4.5, 용융점 1668℃
② 강한 탈산제인 동시에 흑연화 촉진제로 사용되며, 내열, 내식성이 좋다.
③ 티탄 용접시 실드 장치가 필요하다.
④ 600℃까지 고온산화가 거의 없다.

정답　35.① 36.③ 37.① 38.① 39.② 40.② 41.①

42 다음 중 보통 주강에 3% 이하의 Cr을 첨가하여 강도와 내마멸성을 증가시켜 분쇄기계, 석유화학 공업용 기계부품 등에 사용 되는 합금 주강은? ★★

① Ni 주강 ② Cr 주강
③ Mn 주강 ④ Ni-Cr 주강

해설 Cr 주강 : 보통 주강에 3% 이하의 Cr을 첨가하여 강도와 내마멸성을 증가시켜 분쇄기계, 석유화학 공업용 기계부품 등에 사용

43 다음 중 표면경화법의 종류에 속하지 않는 것은?

① 고주파 담금질 ② 침탄법
③ 질화법 ④ 풀림법

해설 표면강화에는 침탄법, 질화법, 고주파 경화법, 화염 경화법 등이 있다.

44 다음 중 일반적으로 순금속이 합금에 비해 가지고 있는 우수한 성질로 가장 적절한 것은?

① 주조성이 우수하다.
② 전기전도도가 우수하다.
③ 압축강도가 우수하다.
④ 경도 및 강도가 우수하다.

해설 합금의 특징
① 강도, 경도, 담금질 효과 증가, 연성, 전성이 작아진다.
② 전기전도율, 열전도율 낮아지고, 내식성이 불량해진다.
③ 담금질 효과가 크다.

45 다음 중 용해시 흡수한 산소를 인(P)으로 탈산하여 산소를 0.01%이하로 한 동(copper)은?

① 전기동 ② 정련동
③ 탈산동 ④ 무산소동

46 탄소강에는 탄소 이외에 각종(여러 가지) 원소에 의해 성질이 변하는데 다음 중 적열취성(고온메짐)의 원인이 되는 원소는? ★★★

① Mn ② Si
③ S ④ Al

해설 황(S)은 철과 결합하면 유화철(FeS)이 되며 용융점이 980℃ 정도로 낮아지며 열처리나 고온가공시 유화철 부분이 거의 용융점가까이 가열되었다가 냉각시 수축하면서 가장 융점이 낮은 부분이 갈라지는 현상이 생길 수 있다.

47 알루미늄 합금의 종류 중 Y합금의 주요 성분으로 옳은 것은?

① Al-Si
② Al-Mg
③ Al-Cu-Ni-Mg
④ Zn-Si-Ni-Cu-Mg

해설 Y합금 : Al-Cu-Ni-Mg 합금으로, 실린더 헤드, 피스톤 등에 사용된다.

48 다음 중 펄라이트 조직으로 1~2%의 Mn, 0.2~1%의 C로 인장강도가 440~863MPa 이며, 연신률은 13~34%이고, 건축, 토목, 교량재 등 일반 구조용으로 쓰이는 망간(Mn)강은?

① 듀콜(ducol)강
② 크로만실(chromansil)
③ 크로마이징
④ 하드필드(hardfield)강

해설 저 Mn강 : 펄라이트Mn강, 듀콜강, 인장강도

정답 42.② 43.④ 44.② 45.③ 46.③ 47.③ 48.①

가 440~863MPa이며, 연신률은 13~34%이고, 건축, 토목, 교량재 일반구조용 부분품이나 제지용 롤러 등에 이용된다.

49 다음 중 일반적으로 스테인리스강의 종류가 아닌 것은?

① 크롬 스테인리스강
② 크롬 - 인 스테인리스강
③ 크롬 - 망간 스테인리스강
④ 크롬 - 니켈 스테인리스강

해설 스테인리스강을 제조하기 위해서 첨가하는 재료에는 Cr, Ni, Mo, Mn, S, C 등이 있다.

50 다음 중 용융상태의 주철에 마그네슘, 세륨, 칼슘 등을 첨가한 것은?

① 칠드 주철   ② 가단 주철
③ 구상흑연 주철 ④ 고크롬 주철

해설 구상 흑연 주철 : 보통주철의 편상 흑연들이 용융상태에서 Mg, Ce, Ca등을 첨가하면 편상 흑연이 구상화흑연으로 변화된다. 기계적 성질이 우수하고 인장강도가 가장 크다.

51 다음 그림은 몇 각법 투상 기호인가?

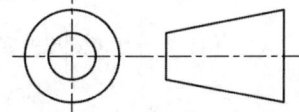

① 제1각법   ② 제2각법
③ 제3각법   ④ 제4각법

52 그림과 같은 도면에서 A 부의 길이는 얼마인가? ★★★

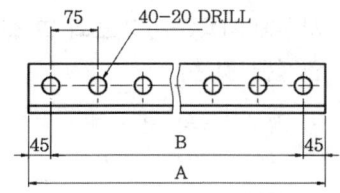

① 3000mm   ② 3015mm
③ 3090mm   ④ 3185mm

해설 $A = (75 \times 39) + 90 = 3015mm$

53 관의 끝부분의 표시방법에서 용접식 캡을 나타내는 것은?

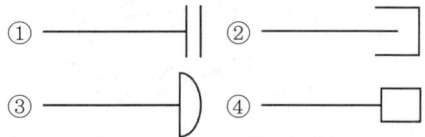

해설 ① 막힌 플랜지, ② 나사 박음식 플러그

54 그림과 같은 심용접 이음에 대한 용접 기호 표시 설명 중 틀린 것은?

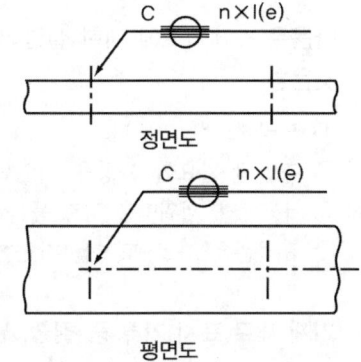

① C : 용접부의 너비
② n : 용접부의 수
③ ℓ : 용접길이
④ e : 용접부의 깊이

해설 e : 인접한 용접부 간의 거리

정답 49.② 50.③ 51.③ 52.② 53.③ 54.④

55 치수에 사용하는 기호와 그 설명이 잘못 연결된 것은?

① 정사각형의 변 − □
② 구의 반지름 − R
③ 지름 − ∅
④ 45° 모따기 − C

해설 t : 두께, SR : 구의 반지름

56 그림과 같이 입체도의 화살표 방향이 정면일 때, 우측면도로 가장 적합한 것은?

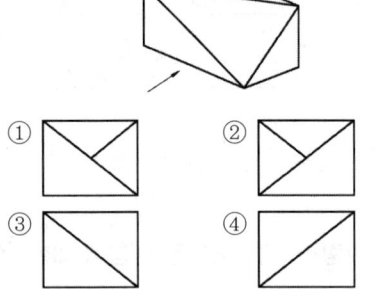

57 다음은 스케치도에 대한 설명이다. 틀린 것은?

① 프리핸드로 그린다.
② 조립에 필요한 사항을 기입한다.
③ 가공방법, 끼워맞춤 정도 등을 기입한다.
④ 규격품은 따로 도면을 작성한다.

58 기계 재료 표시 기호 중 칼줄, 벌줄 등에 쓰이는 탄소 공구강 강재의 KS 재료기호는? ★★

① HBsC1 ② SM35C
③ STC140 ④ GC200

해설 기계구조용 탄소강재 : SM35C
탄소 공구강재 : STC

용접구조용 압연강재 : SM275, 335
고속도강 : SKH
HBsC1 : 고강도황동주물 1종
GC200 : 회주철 최저인장강도 200N/mm²

59 다음 용접 기호의 설명으로 옳은 것은?

① 넓은 루트면이 있고 이면 용접된 V형 용접
② 이면 용접된 V형 용접
③ 넓은 루트간격이 있고 이면 용접된 일면 개선형 용접
④ 개선각이 급격하고 이면 용접된 V형 용접

60 전개도 작성시 평행선법으로 사용하기에 가장 적합한 형상은?

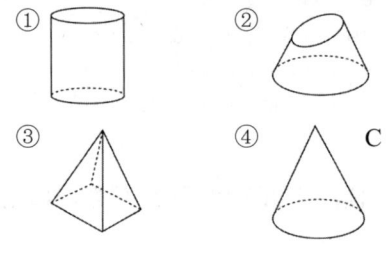

해설 ②, ③, ④는 방사선 전개법이 적합하다.

정답 55.② 56.④ 57.④ 58.③ 59.① 60.①

제5회 이산화탄소가스아크용접기능사/ 가스텅스텐아크용접기능사 CBT 기출복원문제

• 기출복원 문제란?
CBT시행에 따라 저자께서 수검자들의 도움으로 최대한 유형에 가깝게 복원한 문제입니다.

01 다음 중 산소용기에 표시된 기호 "TP"가 나타내는 뜻으로 옳은 것은?

① 용기의 내용적
② 용기의 중량
③ 용기의 내압시험압력
④ 용기의 최고충전압력

해설 V 내용적 기호
FP 최고충전 압력(kg/cm²)
W 순수 용기의 중량

02 피복 아크용접봉에서 모재로 용융금속이 옮겨가는 상태에서 비교적 큰 용적이 단락되지 않고 옮겨가는 형식은?

① 단락형   ② 스프레이형
③ 글로블러형 ④ 슬래그형

해설 글로블러형 : 대전류를 사용하는 서브머지드 아크용접에서 자주 볼 수 있다.

03 아크에어 가우징 작업에서 탄소강과 스테인리스강에 가장 우수한 작업효과를 나타내는 전원은?

① 교류(AC)
② 직류 역극성(DCRP)
③ 직류 정극성(DCSP)
④ 교류, 직류 모두 동일

04 다음 그림은 가스절단의 종류 중 어떤 작업을 하는 모양을 나타낸 것인가?

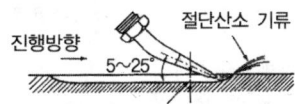

① 산소창 절단   ② 포갬 절단
③ 가스 가우징   ④ 분말 절단

해설 가스 가우징
① 용접부분의 뒷면을 따내거나, 홈을 파내는 작업
② 홈의 깊이와 폭의 비는 1 : 1 ~ 1 : 3 정도이다.

05 가스용기의 취급상 주의사항으로 잘못된 것은?

① 가스용기의 이동시는 밸브를 잠근다.
② 가스용기를 난폭하게 취급하지 않는다.
③ 가스용기의 저장은 환기가 되는 장소에 둔다.
④ 가연성 가스용기는 눕혀서 보관한다.

해설 용해 아세틸렌 가스는 아세톤을 흡수시켜 아세틸렌을 충진시킨 것이므로 빈병이라도 눕혀두면 아세톤이 유출된다.

정답 01.③ 02.② 03.② 04.③ 05 ④ 06.③

06 AW 300인 교류 아크용접기로 쉬지 않고 계속적으로 용접작업을 진행할 수 있는 용접전류는 약 몇 암페어[A] 이하 인가? (단, 이때 허용 사용률은 100%이며, 이 용접기의 정격 사용률은 40[%]이다.)

① 138[A] 이하 ② 154[A] 이하
③ 189[A] 이하 ④ 226[A] 이하

해설 허용사용률
$= \frac{(정격2차전류)^2}{(실제용접전류)^2} \times 정격사용율$,

$(실제용접전류)^2$
$= \frac{(정격2차전류)^2}{허용사용율} \times 정격사용율$

실제용접전류
$= \sqrt{\frac{300^2 \times 40}{100}} = \sqrt{36000} = 189.73$

07 다음 중 가스 절단에서 역화의 원인과 가장 거리가 먼 것은?

① 팁과 모재가 멀리 떨어졌을 때
② 팁 구멍이 막혔을 때
③ 팁이 과열되었을 때
④ 팁 구멍이 확대 변형 되었을 때

해설 역화 : 용접 중에 모재에 팁 끝이 닿아 불꽃이 순간적으로 팁 끝에 흡인되고, 빵빵 소리를 내며, 불꽃이 꺼졌다 켜졌다 하는 현상

08 지름이 3.0mm의 용접봉에서 아크의 길이는 몇 mm로 하는 것이 가장 적당한가?

① 3.0   ② 6.0
③ 9.0   ④ 12.0

해설 아크길이는 일반적으로 3mm 정도 적당하다. 아크길이는 용접봉 심선의 지름과 거의 같은 것이 좋다.

09 용접용어 중 "중단되지 않은 용접의 시발점 및 크레이터를 제외한 부분의 길이"를 뜻하는 것은?

① 용접선   ② 용접길이
③ 용접축   ④ 목길이

해설 용접길이 : 중단되지 않은 용접의 시발점 및 크레이터를 제외한 부분의 길이

10 용접작업시 사용하는 보호기구의 종류로만 나열된 것은?

① 앞치마, 핸드실드, 차광유리, 팔덮개
② 용접헬멧, 핸드그라인더, 용접케이블, 앞치마
③ 치핑해머, 용접집게, 전류계, 앞치마
④ 용접기, 용접케이블, 퓨즈, 팔덮개

해설 핸드그라인더, 용접케이블, 치핑해머, 용접집게, 전류계, 용접기, 퓨즈는 보호기구가 아니다.

11 가스절단에서 절단용 산소에 불순물이 증가되면 발생되는 결과가 아닌 것은?

① 절단면이 거칠어진다.
② 절단속도가 빨라진다.
③ 슬래그의 이탈성이 나빠진다.
④ 산소의 소비량이 많아진다.

해설 산소에 불순물이 증가하게 되면 절단속도가 느려지고, 산소의 소비량이 증가한다.

12 다음 중 피복제가 습기를 흡습하기 쉽기 때문에 사용하기 전에 300~350℃로 1~2시간 정도 건조해서 사용해야 하는 용접봉은?

① E4301   ② E4311
③ E4316   ④ E4340

정답 07.① 08.① 09.② 10.① 11.② 12.③

해설 용접봉의 건조
일반용접봉 : 70~100℃로 30분에서 1시간 건조

13 교류 아크용접기 종류 중 AW-500의 정격 부하 전압은 몇 V 인가? ★★

① 28V ② 32V
③ 36V ④ 40V

해설 AW는 교류 아크용접기를 의미하며, 뒤의 숫자는 정격 2차 전류를 의미한다.
- AW-200 : 30V 이하
- AW-300 : 35V 이하
- AW-400 : 40V 이하로 되어 있음

14 다음 중 연강용 용접봉의 성분이 모재에 미치는 영향으로 틀린 것은?

① 유황(S) : 용접부의 저항력은 증가하지만 기공 발생의 원인이 된다.
② 규소(Si) : 기공은 막을 수 있으나 강도가 떨어지게 된다.
③ 탄소(C) : 강의 강도를 증가시키지만 연신률, 굽힘성이 감소된다.
④ 인(P) : 강에 취성을 주며 가연성을 잃게 한다.

15 가스절단에서 팁의 재료로 가장 적당한 것은?

① 고탄소강 ② 고속도강
③ 스테인리스강 ④ 동합금

해설 가스용접이나 절단 팁의 재료로 가장 적당한 것은 열전도도가 가장 높은 동합금을 사용한다.

16 수하특성에 관한 설명 중 가장 적당한 것은?

① 부하전류가 증가하면 단자전압이 저하하는 특성
② 부하전압이 증가하면 단자전압이 상승하는 특성
③ 아크전류가 증가 하여도 단자전압이 변하지 않는 특성
④ 부하전압이 변화 하여도 전압이 변화하지 않는 특성

해설 ② : 상승 특성
③ 정전압 특성

17 다음 중 용접용 케이블을 접속하는데 사용되는 것이 아닌 것은?

① 케이블 러그(cable lug)
② 케이블 조인트(cable joint)
③ 케이블 커넥터(cable connector)
④ 용접 고정구(welding fixture)

해설 용접용 케이블 : 절연피복이 파열되면 절연이 열화되어 누전의 위험이 발생하기 때문에 전류의 크기에 맞는 충분한 굵기의 것을 사용해야 한다.

18 다음 중 침탄법이 질화법보다 좋은 점을 설명한 것으로 옳은 것은?

① 경화에 의한 변형이 없다.
② 경화 후 수정이 가능하다.
③ 후처리로 열처리가 필요 없다.
④ 매우 높은 경도를 가질 수 있다.

해설 침탄법은 경화 후 수정이 가능하다.

19 강에 함유된 원소 중 인(P)이 미치는 영향을 올바르게 설명한 것은?

① 연신률과 충격치를 증가시킨다.
② 결정립을 미세화 시킨다.
③ 실온에서 충격치를 높게 한다.
④ 강도와 경도를 증가시킨다.

정답 13.④ 14.① 15.④ 16.① 17.④ 18.② 19.④

해설 P : 강도, 경도 증가, 연신률 감소, 청열취성, 상온취성의 원인이 되는 원소임

20 다음 중 페라이트계 스테인리스강에 관한 설명으로 틀린 것은? ★★

① 유기산과 질산에는 침식하지 않는다.
② 염산, 황산 등에도 내식성을 잃지 않는다.
③ 오스테나이트계에 비하여 내산성이 낮다.
④ 표면이 잘 연마된 것은 공기나 물 중에 부식되지 않는다.

해설 페라이트계 스테인리스강 : 0.12% 이하의 탄소와 11 ~ 13% Cr이 함유되어 있는 강, 염산, 황산 등에 내식성을 잃는다.

21 다음 중 강괴를 용강의 탈산정도에 따라 분류할 때 해당되지 않는 것은?

① 킬드강   ② 석출강
③ 림드강   ④ 세미 킬드강

22 다음 중 순철의 동소체가 아닌 것은?

① α철   ② β철
③ γ철   ④ δ철

해설 β철은 없다.

23 다음 중 8 ~ 12% Sn에 1 ~ 2% Zn을 함유한 구리합금을 무엇이라 하는가?

① 포금(gun metal)
② 톰백(tombac)
③ 캘밋 합금(kelmet alloy)
④ 델타 메탈(delta metal)

해설 포금(건메탈) : Cu+Sn 8 ~ 12%+Zn 1 ~ 2% 내해수성 우수, 선박 재료

24 다음 중 니켈(Ni)의 성질에 관한 설명으로 틀린 것은?

① 내식성이 크다.
② 상온에서 강자성체이다.
③ 면심입방(FCC)격자의 구조를 갖는다.
④ 이황산가스를 품은 공기에도 부식이 되지 않는다.

해설 니켈의 성질
① 비중 8.9, 용융점은 1453℃이다.
② 알칼리에 대한 저항이 크다.

25 다음 중 어느 부분이나 균일하고 불연속적이며, 경계된 부분으로 되어 있는 분자와 원자의 집합 상태인 것을 무엇이라 하는가?

① 계(system)
② 상(phase)
③ 상률(phase rule)
④ 농도(concentration)

해설 상 : 어떤 물질이 어느 부분에서건 물리적·화학적으로 같은 성질을 나타낼 때를 표현하는 것이다.

26 다음 중 재료의 내, 외부에 열처리 효과의 차이가 생기는 현상으로 강의 담금질성에 의해 영향을 받는 것은?

① 심랭처리   ② 질량효과
③ 금속간 화합물   ④ 소성변형

해설 질량효과 : 강재의 크기에 따라 내외부의 가열 및 냉각 속도의 차이로 인하여 담금질 효과가 변하는 것

27 다음 중 주철의 보수 용접방법이 아닌 것은?

① 스터드법   ② 비녀장법
③ 버터링법   ④ 피닝법

정답 20.② 21.② 22.② 23.① 24.④ 25.② 26.② 27.④

해설 주철의 보수용접
① 스터드법 : 용접부에 스터드 볼트 사용
② 비녀장법 : 가늘고 긴 용접을 할 때 용접선에 직각이 되게 꺾쇠 모양으로 직경 6mm 정도의 강봉을 박고 용접하는 방법

28 다음 중 7 : 3 황동에 2%의 Fe과 소량의 주석과 알루미늄을 넣은 것을 무엇 이라 하는가?

① 듀라나 메탈(durana metal)
② 델타 메탈(delta metal)
③ 알브락(albrac)
④ 라우탈(lautal)

해설 듀라나 메탈 : 7 : 3 황동에 2%의 Fe과 소량의 주석과 알루미늄을 넣은 것으로 강도가 크며, 냉간가공은 곤란하나, 점성도 비교적 잃지 않은 특징이 있으며 주조용, 단련용으로 선판, 선박용 기계 부품으로 쓰인다.

29 다음 중 TIG용접에 사용되는 전극봉의 재료로 가장 적합한 금속은?

① 알루미늄 ② 텅스텐
③ 스테인리스 ④ 강철

30 각각의 단독 용접공정(each welding process)보다 훨씬 우수한 기능과 특성을 얻을 수 있도록 두 종류 이상의 용접 공정을 복합적으로 활용하여 서로의 장점을 살리고 단점을 보완하여 시너지 효과를 얻기 위한 용접법을 무엇이라 하는가?

① 하이브리드 용접
② 마찰교반 용접
③ 천이액상확산 용접
④ 저온용 무연 솔더링 용접

해설 하이브리드 용접 : 레이저 용접과 MIG 용접등을 혼합한 용접 등 레이저 용접의 경우 정밀 가공을 해야 하는데 MIG 용접에 의해 가공으로 가공 정도를 낮출 수 있음

31 다음 중 펄스 TIG 용접기의 특징에 관한 설명으로 틀린 것은?

① 저주파 펄스용접기와 고주파 펄스용접기가 있다.
② 직류용접기에 펄스 발생 화로를 추가한다.
③ 전극봉의 소모가 많아 수명이 짧다.
④ 20A 이하의 저전류에서 아크의 발생이 안정하다.

해설 TIG 용접은 비소모성 용접으로 전극봉의 소모가 많지 않다.

32 다음 중 아크용접 결함의 종류에 대한 발생 원인을 설명한 것으로 틀린 것은?

① 균열 : 모재에 탄소, 망간 등의 합금원소 함량이 많을 때
② 기공 : 용접 분위기 가운데 수소 또는 일산화탄소가 과잉될 때
③ 용입불량 : 이음 설계에 결함이 있을 때
④ 스패터 : 건조된 용접봉을 사용했을 때

해설 스패터 발생 원인 : 용접전류가 높을 때, 아크길이가 길 때, 수분이 많은 용접봉을 사용했을 때

33 변형 방지용 지그의 종류 중 다음 그림과 같이 사용된 지그는?

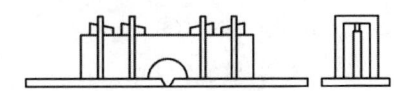

① 바이스 지그

정답 28.① 29.② 30.① 31.③ 32.④ 33.②

② 스트롱 백
③ 탄성 역변형 지그
④ 판넬용 탄성 역변형 지그

해설 스트롱 백 : 피용접재를 구속하여 위치를 올바르게 유지하기 위한 지그

34 다음 중 일명 유니언 멜트 용접법이라고도 불리며 아크가 용제 속에 잠겨 있어 밖에서는 보이지 않는 용접법은?

① 이산화탄소 아크용접
② 일렉트로 슬래그 용접
③ 서브머지드 아크용접
④ 불활성 가스 텅스텐 아크용접

35 다음 중 표면 피복 용접을 올바르게 설명한 것은?

① 연강과 고장력강의 맞대기 용접을 말한다.
② 연강과 스테인리스강의 맞대기 용접을 말한다.
③ 금속 표면에 다른 종류의 금속을 용착시키는 것을 말한다.
④ 스테인리스강판과 연강판재를 접할시 스테인리스 강판에 구멍을 뚫어 용접하는 것을 말한다.

해설 표면 피복 용접은 금속 표면에 다른 종류의 금속을 용착시키는 것을 말하는 것이다.

36 용접부의 비파괴 시험 방법의 기본기호 중 "PT"에 해당하는 것은?

① 방사선 투과시험
② 초음파 탐상시험
③ 자기분말 탐상시험
④ 침투 탐상시험

해설 RT : 방사선 투과시험
UT : 초음파 탐상시험
MT : 자분 탐상시험

37 다음 중 용접 공사를 수주한 후 최적의 공정계획을 세우기 위해서 작성하여야 하는 사항과 가장 거리가 먼 것은?

① 가공표   ② 공정표
③ 강재 중량표   ④ 인원 배치표

해설 보기 중에서 최적의 공정계획을 세우기 위한 사항으로 가장 거리가 먼 것은 강재 중량표이다.

38 다음 중 CO_2 가스 아크용접법에서 기공 발생의 원인과 가장 거리가 먼 것은?

① CO_2 가스 유량이 부족하다.
② 노즐과 모재간 거리가 지나치게 길다.
③ 바람에 의해 CO_2 가스가 날린다.
④ 엔드탭(end tab)을 부착하여 고전류를 사용한다.

39 다음 중 금속(용접)재료의 인장시험에서 알(구할) 수 없는 것은? ★★★

① 항복점   ② 단면수축률
③ 비틀림강도   ④ 연신률

해설 인장시험으로 알 수 있는 것
인장강도, 비례한도, 탄성한도, 항복점, 연신률, 단면수축률 등

40 미그(MIG)용접 제어장치의 기능으로 아크가 처음 발생되기 전 보호가스를 흐르게 하여 아크를 안정되게 하며 결함발생을 방지하기 위한 것은?

① 스타트 시간

정답 34.③ 35.③ 36.④ 37.③ 38.④ 39.③ 40.④

② 가스 지연 유출 시간
③ 버언 백 시간
④ 예비 가스 유출 시간

해설 MIG 용접 제어장치 : 기능에는 예비 가스 누출시간, 스타트시간, 크레이터 충전시간, 버언 백 시간, 가스 지연 유출시간이 있다.

41 주로 레일의 접합, 차축, 선박의 프레임 등 비교적 큰 단면을 가진 주조나 단조품의 맞대기 용접과 보수용접에 주로 사용되며, 용접작업이 단순하고, 용접 결과의 재현성이 높지만 용접비용이 비싼 용접법은? ★★★

① 가스용접 ② 테르밋 용접
③ 프로젝션 용접 ④ 플래시 버트 용접

42 다음 중 보안경을 필요로 하는 작업과 가장 거리가 먼 것은?

① 탁상 그라인더 작업
② 디스크 그라인더 작업
③ 수동가스절단 작업
④ 금긋기 작업

해설 금긋기 작업에서는 보안경을 착용하지 않아도 된다.

43 다음 중 이산화탄소 가스 아크용접의 특징으로 적당하지 않은 것은?

① 모든 재질에 적용이 가능하다.
② 용착금속의 기계적 및 금속학적 성질이 우수하다.
③ 전류밀도가 높아 용입이 깊고, 용접속도를 빠르게 할 수 있다.
④ 피복 아크용접처럼 피복 아크용접봉을 갈아 끼우는 시간이 필요 없으므로 용접 작업시간을 길게 할 수 있다.

44 다음 중 용접 금속에 기공을 형성하는 가스에 대한 설명으로 적절하지 않은 것은?

① 응고 온도에서의 액체와 고체의 용해도 차에 의한 가스 방출
② 용접금속 중에서의 기체의 화학반응에 의한 가스 방출
③ 아크 분위기에서의 물리적 혼입
④ 용접 중 가스 압력의 부적당

45 다음 중 KS상 용접봉 홀더의 종류가 200호일 때 정격 용접전류는 몇 A인가?

① 200 ② 250
③ 300 ④ 400

46 다음 중 아세틸렌 가스의 성질에 대한 설명으로 틀린 것은? ★★★

① 비중은 0.906으로 공기보다 가볍다.
② 순수한 아세틸렌 가스는 무색, 무취의 기체이다.
③ 물에는 4배, 아세톤에는 6배가 용해된다.
④ 산소와 적당히 혼합하여 연소시키면 높은 열을 낸다.

해설 아세틸렌 가스는 물과 같은 양, 석유에는 2배, 벤젠에는 4배, 알코올에는 6배, 아세톤에는 25배 용해된다.

47 다음 중 스카핑(scarfing)에 관한 설명으로 옳은 것은?

① 강재 표면의 홈이나 개재물, 탈탄층 등을 제거하기 위하여 가능한 한 얇게 표면을 깎아 내는 가공법이다.
② 침몰선의 해체나 교량의 개조, 항만과 방파제 공사 등에 주로 사용된다.
③ 용접 부분의 뒷면 또는 U형, H형의 용

정답 41.② 42.④ 43.① 44.④ 45.① 46.③ 47.①

접 홈을 가공하기 위해 둥근 홈을 파는데 사용되는 공구이다.
④ 용접 결함부의 제거, 용접 홈의 준비 및 절단, 구멍뚫기 등을 통틀어 말한다.

해설 ② : 수중 절단, ③ : 가우징

48 용접에 있어 모든 열적요인 중 가장 영향을 많이 주는 요소는?

① 용접입열　　② 용접재료
③ 주위온도　　④ 용접복사열

해설 용접에 있어서 모든 열적요인 중 가장 영향을 많이 주는 것은 용접입열이다.
용접입열에 따라서 열영향부, 열적변화, 균열 등에 여러 가지 현상이 발생할 수 있기 때문이다.

49 플라스마 아크용접에서 아크의 종류가 아닌 것은? ★★

① 관통형 아크　　② 반이행형 아크
③ 이행형 아크　　④ 비이행형 아크

해설
- 이행형 : 전원을 전극과 모재에 연결한 형식, 용접에 주로 사용
- 비이행형 : 전원을 전극과 노즐에 연결한 형식, 아크길이나 전도 여부와 관계없이 주로 절단에 이용
- 반(중간)이행형 : 전원을 전극, 노즐, 모재와 연결한 형식, 절단, 용접 모두 가능함

50 도면을 축소 또는 확대했을 경우, 그 정도를 알기 위해서 설정하는 것은?

① 중심 마크　　② 비교 눈금
③ 도면의 구역　　④ 재단 마크

해설 비교눈금 : 도면을 축소 또는 확대했을 경우, 그 정도를 알기 위해 설정하는 것

51 다음 중 안전, 보건표지의 색채에 따른 용도에 있어 지시를 나타내는 색채로 옳은 것은?

① 빨간색　　② 녹색
③ 노란색　　④ 파란색

해설 안전표지와 색채 사용
① 황색(노란색) : 주의표시, 충돌, 통상적인 위험·경고 등
② 파란(청)색 : 특정행위의 지시 및 사실의 고지
③ 백색 : 통로, 정리정돈, 글씨 및 보조색
④ 검정(흑색) : 글씨(문자), 방향표시(화살표)

52 도면에 표시된 나사 표시기호의 일반적인 해석으로 틀린 것은?

① 나사의 호칭은 반드시 나사의 종류, 호칭지름×피치×나사산 수를 표시해야 한다.
② 나사의 줄 수는 2줄, 3줄 등 주기가 없으면 한줄 나사이다.
③ 나사의 등급은 암나사 등급 다음에 수나사 등급을 적는다.
④ 나사의 감긴 방향은 왼나사의 표시문자가 없으면 오른나사이다.

53 한쪽 단면 표시법에 대한 설명으로 가장 알맞은 것은?

① 물체의 필요한 부분만 단면으로 표시한 것
② 실물의 1/2 크기로 절단하여 단면으로 나타낸 것
③ 도형 전체가 단면으로 표시된 것
④ 중심선을 경계로 하여 대칭인 물체를 반쪽만 단면으로 표시한 것

해설 ① : 부분 단면도, ③ : 전(온) 단면도

정답　48.①　49.①　50.②　51.④　52.①　53.④

54 일반 구조용 압연강재 SS400 에서 400이 나타내는 것은? ★★

① 최대 압축강도 ② 최저 압축강도
③ 최저 인장강도 ④ 최대 인장강도

해설 SS400 : 일반구조용 압연강재 최저 인장강도가 400N/mm²이다.

55 용접부 비파괴 시험방법 중 초음파 수직 탐상을 의미하는 KS용접 보조기호는?

① UT-N ② RT-W
③ MT-F ④ PT-F

56 M 10-2/1 이 나타내는 뜻은?

① 호칭지름이 10mm 인 미터나사로 피치가 2mm, 나사등급 1급
② 호칭지름이 10mm 인 미터 보통나사로서 수나사는 2급, 암나사는 1급
③ 호칭지름이 10mm 인 미터 보통나사로서 암나사는 2급, 수나사는 1급
④ 호칭지름이 10mm 인 미터 가는나사로서 암나사는 2급 수나사는 1급

57 동일한 물체를 제3각법으로 정투상한 도면 중 누락이나 틀린 부분이 없는 올바른 투상도는?

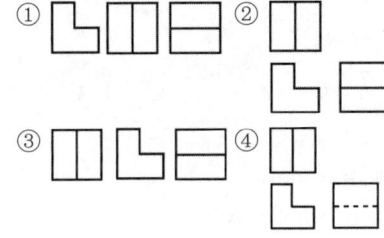

58 다음 용접기호 중 필릿용접의 병렬 단속 용접을 나타내는 것은?

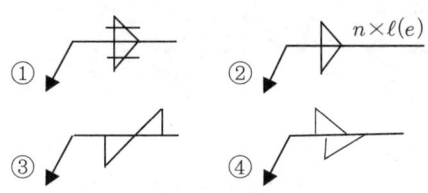

해설 ① : 연속 필릿용접, ② : 단속 필릿용접,
③ : 단속 지그재그 필릿용접

59 다음의 투상도는 어느 겨냥도에 알맞는가?

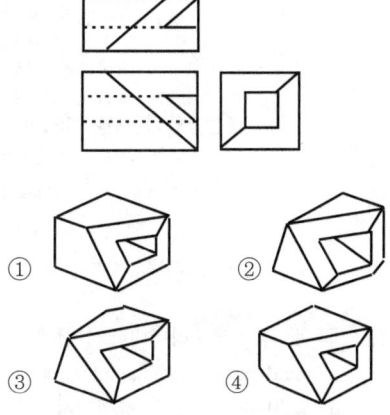

60 그림과 같이 제3각법으로 그린 투상도에 적합한 입체도는?

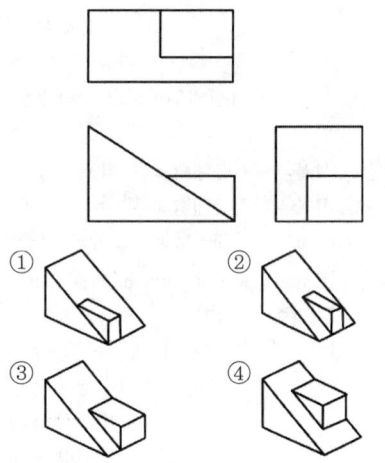

정답 54.③ 55.① 56.③ 57.② 58.④ 59.① 60.③

저자소개

정균호 전북대학교 대학원 기계공학과 졸업, 기계공학 석사
  [前] 한국폴리텍대학 산업설비학과 교수
  [現] 중소기업 산학연 평가위원, daum "용접기술", naver "용접메니아" 카페 카페지기
  [E-mail] jungkho2001@hanmail.net, jungkho2001@naver.com
  [자격증] 용접기술사, 금속재료기술사, 기계기술지도사, 용접기사, 용접기능장 등 14개
  [저 서]   (구민사) : 핵심용접공학
              고수열강 용접·특수용접기능사 필기·실기
              고수열강 용접산업기사 필기·실기
              고수열강 용접기사 필기
              고수열강 용접기능장 필기·실기
              고수열강 용접실습
              핵심용접실무실습
              핵심 금속·용접야금학개론
           (산업인력공단) : 용접설계시공, 금속보호가스용접 실기,
                         불활성가스텅스텐아크, 용접 실기,
                         피복금속아크용접 실기, NCS 피복 아크용접 실기,
                         NCS CO_2 용접 실기
           (삼천포마이스터공고) : 선박재료

나중쇠 [現] 한국폴리텍대학 인천캠퍼스 산업설비자동화과
  ]E-mail] najs3040@hanmail.net
  [자격증] 용접기능장, 용접기사
  [저 서]   (구민사) : 핵심용접공학,
              고수열강 용접·특수용접기능사 필기 실기
              고수열강 용접산업기사 필기·실기
              고수열강 용접기사 필기
              핵심용접실무실습
              핵심 금속·용접야금학개론
           (산업인력공단) : 가스용접 실기(공단)

박재원 서울과학기술대학교 대학원 재료공학과 졸업
  서울과학기술대학교 박사
  [現] 아세아항공전문학교 항공비파괴검사학부 교수
  ]E-mail] weldingtig@hanmail.net
  [자격증] 용접기술사, 특급기술자(기계), 용접기능장, 비파괴검사기사
  [저 서]   용접기능장, 용접공학, 금속재료공학, 자분탐상검사실기, 금속조직학
           (구민사) : 고수열강 용접·특수용접 필기·실기
              고수열강 용접산업기사 필기·실기
              고수열강 용접기사 필기
              고수열강 용접기능장 필기·실기

고승덕간

피부어닝장기능사 필기정리집

| 초판 인쇄 | 2024년 1월 5일
| 초판 발행 | 2024년 1월 10일
| 개정 1판 발행 | 2025년 1월 10일
| 개정 2판 발행 | 2026년 1월 15일

저 자 | 정끝춘·나풍식·박재영
발행인 | 조교혜
발행처 | 군자출판사 고림사

(07293) 서울특별시 영등포구 문래북로 116, 604호(문래동3가 46, 트리플렉스)
전 화 | (02) 701-7421
팩 스 | (02) 3273-9642
홈페이지 | www.knumimsa.co.kr
신고번호 | 제2012-0000055호 (1980년 2월 4일)
ISBN | 979-11-6875-594-9 13500

값 30,000원

※ 낙장 및 파본은 구입하신 서점에서 바꾸드립니다.
※ 본서를 무단복사, 복제, 전재 하는 것은 저작권법에 저촉됩니다.